Naturerkenntnis und Kunstschaffen

Reinhart Dittmann

Naturerkenntnis und Kunstschaffen

Die *Discours admirables* von Bernard Palissy

Übersetzung und Kommentar

DE GRUYTER

ISBN 978-3-11-046453-5
e-ISBN (PDF) 978-3-11-046568-6
e-ISBN (EPUB) 978-3-11-046469-6

Library of Congress Cataloging-in-Publication Data
A CIP catalog record for this book has been applied for at the Library of Congress.

Bibliografische Information der Deutschen Nationalbibliothek
Die Deutsche Nationalbibliothek verzeichnet diese Publikation in der Deutschen Nationalbibliografie; detaillierte bibliografische Daten sind im Internet über http://dnb.dnb.de abrufbar.

Dissertation an der Humboldt-Universität zu Berlin, Kultur-, Sozial- und Bildungswissenschaftliche Fakultät 2014.

Einbandabbildung: Le Livre des Simples médecines, französisches Manuskript, ca. 1520, nach Matthaeus Platearius, Circa Instans, Buchmalerei wahrscheinlich von Robinet Testard, Bibliothèque National de France, Paris, Ms. Fr. 12322, folio 191v.

Die Gestaltung des Übersetzungsteils basiert auf den Vorgaben des Autors.

Druck und Bindung: Hubert & Co. GmbH & Co. KG, Göttingen
∞ Gedruckt auf säurefreiem Papier
Printed in Germany

FSC www.fsc.org MIX Papier aus verantwortungsvollen Quellen FSC® C016439

www.degruyter.com

Für meinen Freund William Dixon

(1945 Villers-Ecalles – 2012 Marseille)

Inhaltsverzeichnis

Vorwort

Die *Discours admirables* aus dem Jahr 1580 gelten als das schriftliche Hauptwerk des französischen Künstlers Bernard Palissy (um 1510–1590), der vor allem für seine seltenen Keramiken im „Stil rustique" berühmt ist. Im deutschsprachigen Raum ist Palissy wenig bekannt. Seine Texte finden hier weit weniger Berücksichtigung als anderswo und es wird leicht auf ältere bereits überholte Studien zurückgegriffen, denn das rare Originaldokument scheint eine Hürde in Hinblick auf die Sprache und dessen Verfügbarkeit darzustellen. In der Kunst- und Wissenschaftsgeschichte fehlt bislang eine deutschsprachige Ausgabe der wichtigen Schriften von Bernard Palissy. Diese Lücke soll mit der vorliegenden Übersetzung geschlossen werden. Gleichzeitig soll sie helfen, zwischen den bisherigen gegensätzlichen Positionen von Glorifizierung einerseits und übermäßiger Kritik andererseits eine angemessene Neubewertung der Bedeutung von Bernard Palissy zu ermöglichen. Einige wichtige in den *Discours admirables* angesprochene Aspekte und Themen wurden bislang entweder gar nicht oder nicht ausreichend beschrieben. Im Zuge der Arbeit wurde auch die Provenienz des Berliner Exemplars der *Discours admirables* untersucht und es konnten weitere Vorbesitzer ermittelt werden.

Die vorliegende Publikation besteht aus zwei Teilen: Der erste Teil enthält die Übersetzung des Hauptwerks von Bernard Palissy, der *Discours admirables*, in die deutsche Sprache, der zweite Teil einen umfangreichen Kommentar. Beide Teile können unabhängig voneinander gelesen werden. Bei der Übersetzung war das Ziel, die besondere Sprache von Bernard Palissy zu erhalten und seine Ausdrucksweise nicht durch eine zu starke Modernisierung zu verfälschen. Der Stil von Palissy zeichnet sich durch eine, auch für die Zeit vor 1600, unorthodoxe Zeichensetzung aus, mit einer exzessiven Verwendung von Semikolon und Doppelpunkt, welche die häufig sehr langen Sätze untergliedern. Eine weitere Besonderheit ist die Verwendung eines Wortschatzes, in dem sich regionale Vokabeln Südwestfrankreichs, seit langem ungebräuchlich gewordene Ausdrücke eines alten Französisch, zusammen mit erst neu in die französische Sprache eingeführten Worten mischen. Eine Anzahl von Wörtern ist nur in den Schriften von Palissy nachweisbar und hat dort ihren einzigen Beleg. Als hilfreich hat sich bei der Übersetzung das wenig bekannte erste existierende Französisch-Deutsche Wörterbuch von Levinus Hulsius erwiesen, dessen Erstausgabe 1596 nur kurze Zeit nach den *Discours* erschien.

Der deutsche Text versucht dicht am Original zu bleiben, soweit dies bei einer Übersetzung möglich ist. Um dem Rhythmus der Sprache Palissys nahe zu bleiben, wurde stellenweise von den Regeln der Kommasetzung abgewichen. Alternativübersetzungen und problematische Textstellen werden in den Fußnoten angegeben oder diskutiert. Da aus Gründen des Umfangs der Arbeit der Originaltext nicht abgedruckt werden kann, werden Worte oder Begriffe, wenn dies nötig oder von Interesse erschien, in den Fußnoten angegeben. Dies auch, wenn gleiche Wörter in einem von Palissy intendierten Spiel mit Doppelbedeutungen unterschiedlich übersetzt werden mussten. Über den Umfang des Wortschatzes von Palissy soll hier keine Aussage getroffen werden, es gibt jedoch ausgesprochen viele Wortwiederholungen. Es wurde selten zu dem Mittel gegriffen, durch die Verwendung von Synonymen in der Übersetzung den Text zu glätten, sondern Wortwiederholungen in der Regel belassen. Ergänzungen des Textes, wenn diese zum Verständnis oder zur Lesbarkeit erforderlich waren, sind durch eckige Klammern [...] kenntlich gemacht. Satzteile in runden Klammern (...) stammen von Palissy und stehen im Original der *Discours admirables*.

Es wurde versucht, sich nicht zu weit vom Schriftsatz des Originals zu entfernen. So wurde zum Beispiel der Blocksatz übernommen und Absätze sind überwiegend nur dort vorhandenen, wo sie auch im Original stehen. Eine Kursivtype wurde entsprechend verwendet. In einigen Kapiteln der *Discours* sind im Original Marginalien vorhanden, also Stichpunkte oder Inhaltsangaben am Seitenrand. Diese Marginalien wurden dem Original entsprechend gesetzt. Zum Zeitpunkt des Beginns dieser Arbeit war noch kein digitalisiertes Exemplar der *Discours admirables* im Internet verfügbar. Es werden deshalb neben den Seitenzahlen der sehr seltenen Originalausgabe von 1580 (kursiv und fettgedruckt) auch die der Palissy Gesamtausgabe von 1996 angegeben, da diese die am besten editierte und am leichtesten zugängliche ist. Wenn beide Seitenzahlen gleichzeitig aufgeführt sind, steht die der Ausgabe von 1580 zuvorderst (Beispiel: (***195***) (217)). Mit Hilfe der im Kommentarteil genannten Seitenzahlen der Gesamtausgabe von 1996 ist sowohl die entsprechende Passage in der Übersetzung als auch in den beiden französischsprachigen Ausgaben auffindbar.

Teil I

Bernard Palissy, *Discours admirables*

Der Originaltext in deutscher Übersetzung

1 „Discours admirables“: „Erstaunliche Abhandlungen“. „Discours“: Bedeutung neben Abhandlung und Diskurs auch Reden, und Gespräche. Das Wort Discours wird bei Palissy im vollen möglichen Bedeutungsumfang verwendet. Es meint wissenschaftliche Abhandlung und Lehrbuch (Beispiel: *Traité de la Marne*), nimmt aber auch Bezug auf die literarische Form des Textes, dem Gespräch in Dialogform zwischen den Personen „Theorie“ und „Praxis“. Die Form bezieht sich sicher auch auf die real geführten Gespräche zwischen Palissy und seinen Zuhörern im Rahmen seiner Vorträge, Reden und Konferenzen. „Admirable“: erstaunlich, außerordentlich, großartig, bewundernswert, wunderbar.

2 „Secrets“ wird hier mit dem tatsächlich Gemeinten, nämlich verborgen, Verborgenheit, das Verborgene übersetzt (vgl. Duden) und nicht mit dem Wort „Geheimnisse“. Vergleiche hierzu die Verwendung von „secrets“ und die Erklärung Palissys auf Seite 25 (Palissy 1580, S. 25), die Anmerkung in der Übersetzung im Abschnitt *Über die Steine* zu Seite (***207***/230) und Hulsius 1602. Vgl. S. (***307***/326): „quelque chose de caché“.

3 „rustiques figulines“. Allgemeiner Ausdruck Palissys für seine Keramikprodukte, auch der Bassins rustiques. Schon das *Recepte* von 1563 weist ihn als ihren Erfinder aus: „Maistre Bernard Palissy, ouvrier de terre et inventeur des Rustiques Figulines du Roy & de Monseigneur le Duc de Montmorancy, Pair et Connestable de France“, Titelblatt des *Recepte veritable*, Palissy 1996, Bd. 1, S. 39. „Rustiques“ muss übersetzt werden, denn dies war zur Zeit Palissys noch keinen Stilbegriff (hierzu Kris 1926, *Der Stil „rustique“*) sondern ist wörtlich zu verstehen. „Rustique“: von lateinisch Rus, ruris – Champagne bzw. Land, Feld (PR); der Ausdruck hat aber auch einen Bezug zu lateinisch „rustica“ etc. (Palissy 1996 Bd. 1, S. 4, vgl. Pons LD). „rustique“ bedeutet nicht nur ländlich, bäuerlich, also rustikal (vgl. Duden) sondern auch roh, schlicht, einfach, ruppig und könnte in diesem Sinne mit naturbelassen, also natürlich übersetzt werden. Denn Palissy verwendet „rustique“ auch im Sinn von natürlich, wie die Begriffsverwendung für die „bassins rustiques“ nahe legt, die Naturabformungen in Naturszenarien zeigen. Vgl. „rustiquer“ (GdH). Der Ausdruck „rustique“ war in Frankreich allgemein gebräuchlich, was auch das Vorwort Palissys zum *Recepte* zeigt, wo er den Leser bittet, sich nicht an seiner „langage rustique“, also seiner schlichten Sprache, zu stören (Palissy 1996, Bd. 1, S. 54).

„figulines“, Vase en terre cuite (PR), Gefäße, Produkte aus gebranntem Ton. „figulines“ taucht im 16. Jh. in der franz. Sprache auf und geht auf das lateinische figulina, Ton, Töpfer zurück.

„Rustiques figulines“ lässt sich also etwa mit ländliche, natürliche Tonwaren übersetzen (freie Übersetzung: Natur in gebranntem Ton) oder eben rustikale Tonwaren.

4 „le sire Antoine de Ponts, Chevalier des ordres du Roy, Capitaine des cents gentilhomme.“

(I) (7)

Discours admirables[1]

über die Natur der Gewässer und der Quellen, sowohl der natürlichen, wie auch der künstlichen, über die Metalle, die Salze und Salinen, über die Steine, über die Erden, über das Feuer und die Glasuren.

Zusammen mit verschiedenen anderen vortrefflichen Verborgenheiten[2] der Naturdinge.

Erweitert um eine Abhandlung über den Mergel, die sehr nützlich und notwendig für diejenigen ist, welche sich mit der Landwirtschaft beschäftigen.

Das Ganze in Dialogen abgefasst, in denen die Theorie und die Praxis eingeführt werden.

Von Herrn Bernard Palissy, Erfinder der rustikalen Tonwaren[3] des Königs und der Königin Mutter.

Dem hohen und mächtigen Herrn, seiner Hoheit Antoine de Pons, Ordensritter des Königs, Hauptmann der hundert Edelleute, und treuem Ratgeber seiner Majestät.[4]

Zu Paris,
bei Martin le Jeune, mit dem Firmenzeichen der Schlange, vor dem College de Cambray.

1580.
Mit dem Privileg des Königs.

(**II**) (8)[5]

Auszug aus dem Privileg.

Durch Gnade und Privileg des Königs ist es Martin le Jeune, Verleger und Drucker an der Universität von Paris, gestattet, ein Buch mit dem Titel: *Discours admirables, de la nature des eaux & fontaines, tant naturelles qu'artificielles, des metaux, des sels & salines, des pierres, des terres, du feu & des emaux, & etc.* zu drucken oder drucken zu lassen. Es ist allen Verlegern, Druckern oder anderen, aus welchem Stand, mit welcher Befähigung oder unter welchen Bedingungen auch immer, untersagt [dieses Buch] zu drucken oder drucken zu lassen, noch andere als diejenigen Exemplare zu verkaufen oder zu vertreiben, die besagter Le Jeune gedruckt hat oder hat drucken lassen, unter Strafe der Beschlagnahmung der Bücher, die anderweitig gedruckt wurden und einer festzusetzenden Geldstrafe. Und dies während und bis zum Ablauf der Zeit von acht Jahren. Auf dieser Grundlage beschlossen, zu Paris, am 8. Juli 1580.

Vom Rat unterzeichnet,

De l'Estoille.[6]

---

5 Seitenzahlen: Die erste Zahl gibt die Seite des Vorspanns der Erstausgabe von 1580 an (römisch, fettgedruckt), der Vorspann der Erstausgabe ist nicht nummeriert, die zweite Zahl die der Gesamtausgabe von 1996.

6 Pierre de l'Estoile (1546–1611), Audiencier (Gerichtsvollzieher) an der Chancellerie de France. Verfasser der Mémoires-Journaux in denen er zwischen 1574–1611 die Ereignisse seiner Zeit festhielt, auch die Inhaftierung Bernard Palissys, mit dem er mutmaßlich befreundet war (siehe Pierre de L'Estoile 1825; Amico 1996, S. 229 ff. und Palissy 1996, Bd. 2, S. 8, Anm. 2).

(**III**) (9)

[Widmung]

Dem hohen und mächtigen Herrn, seiner Hoheit Antoine de Pons,[7] *Ordensritter des Königs, Hauptmann der hundert Edelleute, und treuem Ratgeber seiner Majestät.*

Die Anzahl meiner Jahre hat mich dazu bewogen, mir die Freiheit zu nehmen, euch zu berichten, dass eines Tages, als ich die Farbe meines Bartes betrachtete, mich diese an die wenigen Tage denken ließ, die mir verbleiben, um meinen Weg zu vollenden. Und dies ließ mich die Lilien und das Getreide auf den Feldern bewundern, und mehrere Arten von Blumen, die ihre grüne Farbe ins Weiße verändern, (10) wenn sie bereit (**IV**) sind Früchte hervorzubringen. Auch mehrere Bäume beeilen sich zu blühen, wenn sie spüren, dass sie ihre vegetative und natürliche Kraft verlieren. Eine solche Betrachtung erinnerte mich daran, dass geschrieben steht, man solle sich davor hüten die Gaben Gottes zu missbrauchen und das Talent[8] im Boden zu verbergen. Auch steht es geschrieben, dass besser der Tor seine Torheit verbirgt, als der Weise sein Wissen.[9] Es ist also gerecht und vernünftig, wenn ein jeder sich bemüht, seine Talente, die er von Gott empfangen hat, zu vermehren, gemäß seinem Gebot. Deshalb habe ich mich bemüht die Dinge ans Licht zu bringen, von denen Gott wollte, dass ich sie verstehe, dem Maß[10] entsprechend, das er mit mir zu teilen wünschte, um die Nachwelt davon profitieren zu lassen. Und dies weil mehrere in einem schönen Latein oder in einer anderen geschliffenen Sprache (**V**) verschiedene schädliche Gaben hinterlassen haben, um die Jugend zu missbrauchen und deren Zeit zu vergeuden: als da seien (11) ein Geber, ein Rosenroman, ein Raymond Lule, und mehrere Schüler von Paracelsus,[11] sowie mehrere weitere Alchemisten, die Bücher hinterlassen haben,

---

7 Antoine de Pons (1510–1586), Gouverneur der Saintonge. Zuerst Protestant trat er nach seiner Vermählung mit Marie de Montchenu 1556 zum katholischen Glauben über (siehe Palissy, 1996, Bd. 2, S. 9, Anm.3 und Artikel von Pierre Senillou auf https://sites.google.com/site/siresdepons/2-seigneurs-de-riberac-vicomtes-de-turenne-et-de-carlat-devenus-sires-de-pons/2-17-xvii-antoine).

8 „talent", auch: Fähigkeiten, Gaben. Von „talentum", griech. Maß- und Zahlungseinheit.

9 Ecclesiastique XLI, 19. Apokryphen, das Buch Jesus Sirach 20, 33.

10 „selon la mesure".

11 Geber, arabischer od. mittelalterlicher Alchemist (unbekannt); Rosenroman, Text in Versform mit alchemistischen Tendenzen, begonnen um 1235 von Guillaume de Lorris und weitergeführt ab 1275 von Jean de Meung; Raymond Lulle (ca. 1235–1315), auch Ramon Llull, katalanischer Alchemist; Philipp Theophrast von Hohenheim, gen. Paracelsus (1493–1541), Schweizer Mediziner und Iatrochemist. Als Schüler von Paracelsus

durch deren Studium viele, sowohl ihre Zeit, als auch ihren Besitz verloren haben. Solche schädlichen Bücher haben mich dazu veranlasst in der Erde zu schürfen, und während eines Zeitraums von vierzig Jahren ihre Eingeweide zu durchwühlen, um zu erkennen, was sie in ihrem Inneren herstellt. Und auf diesem Wege habe ich Gnade vor Gott gefunden, der mir die Geheimnisse[12] mitgeteilt hat, die bislang den Menschen unbekannt waren, selbst den gelehrtesten, wie man aus meinen Schriften, die in diesem Buche enthalten sind, ersehen wird. Ich weiß sehr wohl, viele werden sich über mich mokieren, indem sie sagen (**VI**), dass es unmöglich ist, dass ein Mann, der der lateinischen Sprache nicht mächtig ist, einen Verstand für das Wesen (12) der Natur[13] besitzt. Sie werden sagen, dass ich ziemlich verwegen bin, gegen die Auffassung einer großen Zahl berühmter und alter Philosophen anzuschreiben, welche die Naturphänomene[14] beschrieben und die ganze Erde mit ihrer Weisheit erfüllt haben. Ich weiß auch, dass andere nach dem Äußeren urteilen werden, und sagen, dass ich nur ein armer Künstler bin, um durch solche Äußerungen zu bewirken, dass man meine Schriften für schlecht hält. Tatsächlich gibt es in meinem Buch Dinge, die für Unkundige nur schwer zu glauben sind. Ungeachtet dieser Überlegungen habe ich mich von meinem Unternehmen nicht abbringen lassen, und um diesen Verleumdungen und der Böswilligkeit das Wasser abzugraben, habe ich eine Sammlung[15] aufgebaut, in der ich viele (**VII**) erstaunliche und sonderbare Dinge[16] ausgestellt habe, die ich aus dem Leib der Erde zog. Diese legen sicheres Zeugnis von dem ab, was ich sage, und so wird sich kein Mensch finden, der nicht gezwungen ist einzugestehen, dass es sich um die Wahrheit handelt, nachdem er die Dinge gesehen hat, die ich in meinem Kabinett als Beweis für diejenigen ausgestellt[17] habe, die anderweitig meinen Schriften keinen Glauben schenken würden. Wenn zufällig ein kluger Kopf vorbeikäme, welcher die Beweise, die ich in meinem Kabinett ausgestellt habe ignorieren wollte, würde ich nichts anderes als euer Urteil erbitten, welches genügt um zu überzeugen und die Meinungen derer zu ändern, welche widersprechen wollen. Ich sage es aufrichtig und ohne jede Schmeichelei: denn wie oft habe ich

kann Jacques Gohory (1520–1576) in Frankreich gelten. Palissy wendet sich hier pauschal gegen die Alchemistenliteratur, die häufig von anonymen Autoren stammt. Zu den Alchemisten und zur alchemistischen Literatur siehe: Priesener, Figalla 1998 und Schütt 2000.

12 „secrets". Es handelt sich um Naturgeheimisse. Siehe Palissy 1996, Bd. 2, S. 11, Anm. 8 (Zitat Calvin).

13 „intelligence des choses naturelles": Übersetzungsvariante: Verstand für die Naturphänomene.

14 „effets naturels".

15 „cabinet", Kabinett, Ausstellungsraum, Sammlung. Der Begriff bedeutet gleichermaßen die Räumlichkeiten wie die ausgestellten Objekte. Vgl, Palissy 1996, Bd. 2, S. 12, Anm. 11.

16 „choses admirables et monstrueuses".

17 „que j'ay preparees en mon cabinet, …".

schon seit der Zeit (**VIII**) (13) eurer Rückkehr aus Ferrara in euer Schloss in Pons ein gutes Zeugnis der Vorzüglichkeit eures Geistes empfangen, jedenfalls war es in diesen letzten Tagen, in denen es euch beliebte mir von den verschiedenen Wissenschaften zu erzählen, als da wären die Philosophie, Astrologie und andere Künste, die sich von der Mathematik ableiten. Dies, das sage ich, hat dazu geführt, dass sich mein Vertrauen in die Zuverlässigkeit und den Umfang eures erstaunlichen Verstandes verdoppelt hat, denn wie häufig hat schon bei Vielen die Anzahl der Tage ihr Gedächtnis gemindert, so habe ich doch eures eher vergrößert als verkleinert vorgefunden, was ich an den Reden erkannte, die ihr mir zu halten beliebtet. Und aus diesen Gründen dachte ich, gibt es keinen Herren auf der Welt, dem mein Werk mit mehr Recht gewidmet werden könnte als euch, denn ich weiß gut, dass es, anstatt wie viele, die das Werk für ein Märchen halten werden, voll von Lügen, (**IX**) es von euch gewürdigt und hochgeschätzt werden wird, als Rarität.[18] Und wenn es in ihm etwas Ungeschliffenes oder schlecht Geordnetes gibt, werden sie sicher sehr gut das Wesentliche aus dem Stoff[19] zu ziehen wissen, und die zu holprige Sprache[20] des Autors entschuldigen. Und mit solch einer Hoffnung erbitte ich demütig, mir die Ehre zu erweisen, dieses Werk aus der Hand eines eurer untertänigsten Diener anzunehmen.

---

18 „chose rare“, d.h. als etwas Außergewöhnliches, rares, ein Objekt zum Sammeln, z. B. für eine Kunstkammer. Hinweis auf eine geringe Auflage? Mit seinen Schriften war Palissy eigentlich nicht darauf aus, eine Rarität oder ein Sammlerobjekt zu schaffen, sondern im Gegenteil an einer massenhaften Verbreitung interessiert. Die Wortwahl ist deshalb bemerkenswert.

19 „Tirer la substance de la matiere“. Die Ausdrucksweise stellt eine gewisse Beziehung zur Chemie her.

20 „langage rude“, auch rau, grob, ungeschliffen.

(**X**) (14)

Hinweis an die Leser.

Lieber Leser, mein Wunsch, dass du von diesem Buch profitieren mögest, hat mich bewogen dich zu mahnen, dass du deinen Geist nicht von in Stuben[21] *geschriebenen Wissenschaften verblenden lässt, die mittels einer eingebildeten oder aus irgendeinem Buch herausgerissenen Theorie geschrieben wurden, mit der Einbildungskraft derjenigen, die keinerlei praktische Erfahrung besitzen; und gib Acht, dass du nicht die Meinungen derjenigen glaubst, die sagen und versichern, dass die Theorie die Praxis hervorgebracht hat.* (15) *Diejenigen die solche Lehre unterrichten, verwenden ein schlecht begründetes Argument, wenn sie sagen, dass man sich den Gegenstand im Geist ersinnen und vorstellen muss, bevor man mit der Arbeit beginnt. Wenn der Mensch seine Vorstellungen in die Tat* (***XI***) *umsetzen könnte, würde ich seine Partei ergreifen und seine Ansicht teilen, aber davon ist es weit entfernt. Denn wenn die Dinge, die im Geiste entworfen wurden, sich ausführen ließen, würden die Souffleure der Alchemie*[22] *wunderbare Dinge vollbringen und sich nicht nur während eines Zeitraums von fünfzig Jahren mit der Suche amüsieren, wie es viele taten. Wenn die Theorie, die sich in der Vorstellung der Feldherren zum Bild formt, sich ausführen ließe, würden sie niemals eine Schlacht verlieren. Ich wage zu sagen, zur Verwirrung jener, die solch eine Meinung vertreten, dass sie niemals wissen werden, wie man einen Schuh macht, ja noch nicht einmal einen Absatz, auch wenn sie alle Theorien der Welt besäßen. Ich frage diejenigen, die solch eine Auffassung vertreten, ob, nachdem sie fünfzig Jahre Bücher über Kosmographie und Meeresnavigation studiert hätten, und wenn sie die Landkarten aller Regionen besäßen, sowie einen Schiffsquadranten, den Kompass und astronomische* (***XII***) *Instrumente, es dennoch unternehmen würden, ein Schiff durch alle Länder zu führen, wie es ein wirklich sachverständiger und erfahrener Mann tut? Sie würden sich davor hüten sich in Gefahr zu begeben, was für eine*

---

21 „cabinets". Hier sind die Schreibstuben gemeint. Zu unterscheiden vom „cabinet" in seiner Bedeutung als Sammlung und Ausstellung.

22 „souffleurs d'alchemie". Der Terminus von Palissy wird beibehalten, da Souffleur auch im Deutschen gebräuchlich ist. Übersetzungsmöglichkeit: Einsager. Diese polemische Wendung von Palissy lässt auch an weitere Bedeutungen denken wie, Luftblasen produzieren, sich aufblasen.

Theorie auch immer sie gelernt haben! Und nachdem sie ausgiebig diskutiert haben, werden sie zugeben müssen, (16) *dass die Theorie durch die Praxis hervorgebracht wird. Ich habe dieses Thema vorangestellt, um all jenen den Mund zu verschließen, die sagen: Wie ist es möglich, dass ein Mensch etwas wissen und von Naturphänomenen*[23] *sprechen kann, ohne die lateinischen Bücher der Philosophen gesehen*[24] *zu haben? Eine solche Rede kann hier von mir mit Recht gehalten werden,*[25] *denn ich beweise in der Praxis an mehreren Stellen, dass die Theorie von verschiedenen Philosophen, selbst der berühmtesten und ältesten, falsch ist, wie jeder in weniger als zwei Stunden sehen und hören kann, vorausgesetzt er macht sich die Mühe* (**XIII**) *meine Sammlung*[26] *zu besuchen, in der man bemerkenswerte Dinge sehen kann, welche dort als Zeugnis und zum Beweis meiner Schriften ausgestellt sind. [Alle Exponate] sind in Reihen und Spalten*[27] *geordnet und mit genauen Erklärungen unter [jedem Stück] versehen, so dass sich jeder selbst instruieren kann. (Leser)*[28] *sei versichert, du wirst in nur wenigen Stunden, schon am ersten Tag, mehr über Naturphilosophie, die Realität der Dinge betreffend, die in diesem Buch enthalten sind, lernen, als du in fünfzig Jahren lernen könntest, wenn du die Theorien und Meinungen der alten Philosophen liest. Einige Feinde der Wissenschaft verspotten die Astrologen, indem sie sagen: Wo ist die Leiter, mit der sie in den Himmel gestiegen sind, um die Position der Sterne zu bestimmen? Aber an diesem Ort mache ich mir keine Sorgen über solchen Spott,* (17)

---

23 „effets naturels", Naturphänomenen, Naturereignissen, Naturwirkungen.

24 „sans avoir vue les livres": Palissy spricht nicht vom Lesen der Bücher.

25 „peut avoir lieu en mon endroit". Doppeldeutig, zwei Übersetzungen sind möglich: a) mit Recht, b) an meinem Wohnort. Von Palissy wird im Folgenden deutlich auf beide Aspekte angespielt.

26 „cabinet", Kabinett, Ausstellung, Sammlung.

27 „attachez par ordre ou par etages". „attacher", befestigt, möglich wäre auch die unbestimmte Übersetzung, „angeordnet". Gewählt wurde „geordnet" um das in einer Ordnung angeordnete besser zum Ausdruck zu bringen; „ordre" Ordnung, Reihenfolge. Beschreibt die Disposition der Sammlungsobjekte in einer vorgegebenen Ordnung oder Reihenfolge, einer gewissen linearen oder horizontalen Reihung. „etages" beschreibt eine in der Höhe gestaffelte Anordnung. „étage", u. a. Plattform, kann sogar ein Hinweis auf die Verwendung von „étagères", Regalen als Aufbewahrungsort für die Sammlung sein. In der Verbindung kann „ordre" und „etage" nur mit „in der Reihe oder in der Höhe", oder „in Reihen und Spalten" wiedergegeben werden. In jedem Fall geht aus der Beschreibung hervor, dass die Sammlung systematisiert und frei sichtbar gewesen ist, und nicht in Schubladen verborgen, wie die von Johann Kentmann.

28 Im Original in Klammern.

denn indem ich meine schriftlichen Ausführungen beweise, stelle ich das Auge, das Gehör und den Tastsinn zufrieden. Aus diesem Grunde (**XIV**) *werden die Verleumder bei mir keinen Erfolg haben, wie du sehen wirst, wenn du mich in meiner kleinen Akademie besuchst.*

Lass es dir wohl ergehen.[29]

---

[29] „Bien te soit". Grußformel zum Abschied, nicht mehr gebräuchlich. Mehrere Varianten: Hulsius: Glück zu!, Nicot: Pax!, Friede sei mit Dir! Glück sei mit Dir! Aber auch: Gott sei mit Dir! Beispiel Bible de Geneve 1659, Brief des Paulus an die Epheser 6,3: „Afin que bien te soit, et que tu sois de longue vie sur la terre." Bibel der Deutschen Bibelgesellschaft 1999: „Auf das dir's wohlgehe und du lange lebest auf Erden." Moderner: Lass es dir gut gehen!

(**XV**) (18)

Seitdem dieses Buch in den Druck gegeben wurde, haben mehrere Personen bei mir angefragt, ob ich nicht eine Vorlesung darüber halten könne, damit sie eine zuverlässigere Kenntnis dieser schwierigen Dinge erlangen. Dies hat mich dazu veranlasst, das Folgende zu schreiben: Wenn sich nach dem Druck dieses Buches jemand meldet, der sich nicht damit zufrieden gibt, die Dinge nur schriftlich bei sich zu Hause zu sehen, und er eine bescheidene Interpretation wünscht, kann er sich an den Verleger wenden, und dieser wird ihm meinen Wohnort nennen, wo man mich jederzeit zu einem Vortrag und einer Demonstration der in diesem Buch enthalten Dinge bereitfindet.

Und falls einer einen Brunnen, nach dem hier enthaltenen Entwurf, bauen möchte, und er nicht klar das Ziel des Verfassers zu verstehen vermag, werde ich ihm ein Modell anfertigen, durch das er leicht das weiter vorne Beschriebene verstehen wird.

(**XI**) (19)

Die Hauptthemen,

die in diesem Buch behandelt werden.

---

30 Im Original Plural. Zu Übersetzung und Erklärung der einzelnen Begriffe in diesem Inhaltsverzeichnis wird auf die folgenden Abschnitte und den Kommentarteil verwiesen.

31 „mares", vgl. marez unter 7.: „marez salans", Meeressalinen.

32 „..., bonté, mauvaistié,...", auch: seine Güte, seine [mögliche] Minderwertigkeit;

33 Seitenangaben der Originalausgabe von 1580.

34 „L'or potable", „potable" nimmt Bezug auf „l'eau potable", Trinkwasser.

35 „Mitridat", auch: Mithridat.

36 „Des glaces". Im Original Plural.

37 „les formes". Gemeint sind wahrscheinlich natürliche „Formen" in Analogie zu Gussformen, wie auch Palissy sie verwendet, also Mulden oder Bodenreliefs. Solche Gussformen oder Matrizen sind im weitesten Sinne schalenartige Objekte, also Hohlkörper. Eine passende Übertragung könnte folglich „Hohlräume" sein; zu lesen ist also: Form in Art eines Hohlraumes. Es könnte sich aber auch um Mineral- oder Kristallformen handeln.

38 „marez salans", auch: Salzgärten.

(***1***) (21)[39]

Über das Wasser und die Brunnen.

Die Theorie beginnt.

Ich war in den vergangenen Tagen (während ich über die Felder ging) sehr durstig, und als ich ein Dorf durchquerte, fragte ich, wo ich eine gute Quelle[40] finden könne, um mich zu erfrischen und meinen Durst zu löschen, worauf mir geantwortet wurde, dass es hier keinen derartigen Ort gäbe und dass ihre Brunnen[41] wegen der Trockenheit alle versiegt seien und nur noch ein Rest schlammiges Wasser auf dem Grund dieser Brunnen übrig sei. Das verursachte mir große Unannehmlichkeiten und ich war sehr erschüttert über die Schwierigkeiten, in denen sich die Einwohner des Dorfes wegen der Wasserarmut befanden. Da erinnerte ich mich eines Versprechens, das du mir vor langer Zeit gabst, um mir zu zeigen, wie man Brunnen auch an den trockensten Orten baut. Da wir jetzt Zeit haben, bitte ich dich (deinem Versprechen gemäß) mich diese Wissenschaft zu lehren, die mir sehr (22) nützlich sein wird, denn ich habe einen Grundbesitz, auf dem es keine Quellen gibt und nur einen Brunnen, der zu versiegen droht, genauso wie die anderen.(***2***)

Die Praxis.

Über die Pumpen.

Das werde ich sehr gerne tun, aber bevor ich über die Brunnen nach meiner Erfindung spreche, bin ich der Ansicht, dass ich dir einen kurzen Vortrag über die Ursachen von gutem und schlechtem Wasser halten muss, genauso wie über die Fahrlässigkeit einiger moderner Brunnenbauer, und auch über den Ursprung[42] der natürlichen Quellen. Zu diesem Zweck müssen wir die modernen Erfindungen betrachten, um ihren Nutzen und ihre Langlebigkeit zu beurteilen. Mehrere dieser sogenannten Modernen haben, da sie kein Mittel kannten, Quellen oder sprudelnde Brunnen[43] zu finden, die Erde aufgegraben, um Tiefbrunnen zu bauen. Um der harten Arbeit aus dem Wege zu gehen, das Wasser zu heben, studierten

---

39 Seitenzahlen: Die erste Zahl gibt die Seitenzahl der Erstausgabe von 1580 an (kursiv, fettgedruckt), die zweite die der Gesamtausgabe von 1996.

40 „fonteine“, Brunnen, Quelle, Springbrunnen. „Fonteine“ kann sowohl natürlichen Ursprungs als auch ein künstliches Bauwerk sein. „Fonteine“ lässt sich deshalb gleichermaßen mit Brunnen, Quelle, Springbrunnen übersetzen; „source“ ist dagegen immer eine natürliche Quelle oder Grundwasser.

41 „puits“, Brunnen. Bei „puits“ handelt es sich immer um einen künstlichen Brunnen, genauer einen Tiefbrunnen. Das Wasser wird durch einen Brunnenschacht mittels einer Hebeeinrichtung gefördert. Im Folgenden wird „puits“ zur besseren Unterscheidung von „fonteine“ meist mit Tiefbrunnen übersetzt.

42 „naissance“, Geburt, Ursprung, Herkunft, seit 1561 auch „source“, Quelle (PR).

43 „de trouver sources ne fonteines vives“. Vgl. Palissys Erdbohrer im Diskurs *Über den Mergel*, S. ***320***/336.

sie die Schiffspumpen, und obwohl sie schon von unseren Vorfahren im Altertum[44] erfunden worden waren, haben einige Handwerker[45] (mit dem Wunsch viel [Geld] zu verdienen und sich Ansehen zu erwerben, aber auch um ihren Ruf zu vergrößern) mehreren Gutsherren und anderen [Auftraggebern] geraten, Pumpen in ihren Brunnen zu installieren, aber dies so, als ob es sich nicht um eine alte Erfindung handele, sondern sie die allerersten Erfinder wären, und haben sich damit reichlich Ruhm erworben. Einige haben große Ausgaben für diese Pumpen getätigt, die auch heute noch sehr in Mode sind. Trotzdem weiß ich, sowohl aus der Praxis wie auch durch die Theorie,[46] dass diese Pumpen in Wirklichkeit eine sehr geringe Haltbarkeit besitzen, aufgrund der Gewalt der Bewegungen, die diese Pumpen, sowohl durch die Subtilität[47] des Wassers wie auch der Winde,[48] die sich in den Rohrleitungen fangen, aushalten müssen.[49] Es ist daraus zu schließen, dass alle gewalttätigen Dinge nicht von Dauer sind. (***3***) (23)

Die Theorie.

Wie kann es sein, dass du eine so ausgeklügelte[50] Erfindung verachtest, und eine überaus nützliche dazu, da du doch selbst eingestehst, dass sie von den Alten erdacht wurde und man sie zu allen Zeiten auf den Schiffen zu deren Erhaltung benutzte: denn ohne diese Pumpen würden sie sehr häufig untergehen. Es ist auch gut bekannt, dass derartige Pumpen in mehreren Erzbergwerken verwendet werden, denn anderweitig würde das Wasser sie dauernd überfluten.

Die Praxis.

Ich verachte die Erfindung der Pumpen[51] keineswegs, ich schätze sie sogar im Gegenteil sehr, und wer auch immer sie erfunden hat, tat es mit viel Beobach-

44 Im Original: „noz antiques“, unseren Alten.

45 „artisan“, Kunsthandwerker, Handwerker im Gegensatz zu „Ouvrier“: Arbeiter, Handwerker. (vgl. Anm. unten).

46 „Practique“, „Theorique“: Großschreibung im Original.

47 „subtilité“. Modewort im 16. Jh. Für Subtilité werden folgende Eigenschaften genannt: Extrem beweglich und flüssig (PR), fein, dünn, wendig, anpassungsfähig, dünnflüssig, leicht eindringend, flüchtig, empfindlich, aber auch durchdringend, aufwühlend, scharf, stark wirkend (siehe Académie, 1694). Das Wort ist im 16. Jh. auch negativ konnotiert, vgl. „subtilisme“, malice, bösartig (Godefroy). Wegen des Hinweises auf die Auswirkungen von Wasser und Luft könnte auch Heftigkeit, Gewalt oder Schärfe übersetzt werden. Bereits Hulsius belässt „subtilité“ und übersetzt Subtilheit.

48 „vent“. Palissy verwendet häufig den Begriff „Wind“ im Zusammenhang mit Luftbewegungen in Rohrleitungen. Wenn Palissy von „vent“ in Rohrleitungen spricht, ist Luftstrom, Druckluft, Druck, etc. gemeint.

49 Diese Rohre sind nicht als Druckleitungen ausgelegt.

50 „ingenieuse“.

51 Zu den Pumpen: König (Hg.) 1997, Bd. 1, S. 205, Bd. 2, S. 251 f. und BH Technik 1960, S. 676. Agricola spricht im *6. Buch* der *De re metallica* ausführlich über Pumpen und Wasserförderung, Agricola 1928, S. 120 ff.

tungsgabe und Überlegung, und hat dabei nicht die menschliche Anatomie außer Acht gelassen.[52] Denn ich weiß sehr gut, dass das Wasser welches die Leitungen hinaufsteigt, dies nur durch eine Anziehungskraft des Lufthauchs[53] tut, hervorgerufen durch das Ventil, welches eine Atmung oder ein Saugen des Windes ermöglicht, der durch die Kolbenstange[54] der Pumpe erzeugt wird. Durch den Sog und die Aufwärtsbewegung, sowohl des Ventils wie auch der Kolbenstange, tritt eine bestimmte Menge Wasser in das Rohr. Wenn besagtes Ventil an seinen Platz zurückkehrt, schließt es das Wasser und den Wind[55] ein, die nun in der Pumpe gefangen sind. Da sie dort verbleiben und durch die Bewegung besagter Stange vorwärts geschoben werden, zwingt diese das Wasser nach oben zu steigen, und dies kann nicht ohne große Gewalt vor sich gehen. Wie du feststellst, kann ein Mensch nicht spuken, ohne zuerst Wind oder Luft[56] in sich hinein zu saugen, und dies kann nur gehen, wenn das Ventil (**4**) im Hals des Menschen (das die Chirurgen Zäpfchen nennen) genauso funktioniert wie das bei den Pumpen. Und obwohl ich die Erfindung solcher Pumpen sehr hoch schätze und ich weiß, dass sie immer gefragt und von Nutzen sein werden, sowohl (24) auf den Schiffen wie auch in den Bergwerken, wird es doch für häusliche Brunnen eine sehr geringe Nachfrage geben, denn man braucht später immer Handwerker,[57] wegen der Risse, die durch die entstehenden großen Kräfte hervorgerufen werden, zudem finden sich nur sehr wenige Männer, die sie zu reparieren wissen. Ich spreche aus diesem Grunde so dreist, weil ich ganz sicher bin, dass viele innerhalb von Paris und anderswo, solche Pumpen mit großen Kosten bauen ließen, die sie am Ende wegen der häufig auftretenden Reparaturen aufgegeben haben. Auch weiß ich, dass es in unserer Zeit einen französischen Architekten[58] gab, der sich quasi Gott der Maurer oder Architekten nennen ließ. Und obwohl er einen Verdienst von Zwanzigtausend hatte und sich sehr gut den Gepflogenheiten am Hof anzupassen wusste, geschah es mehrmals, dass er sich rühmte, mittels Pumpen oder Maschinen Wasser so hoch steigen lassen zu können, wie er wolle. Durch solche Prahlerei bewegte er einen großen Herrn dazu das Wasser von einem Fluss bis zu einem hoch gelegen Garten, den er in der Nähe des Flusses besaß, zu pumpen. Er forderte die Zahlung einer Summe Geld, um die Kosten zu decken. Nachdem dies

52 Worin für Palissy die Verbindung von Mensch und Maschine, Anatomie und Technik besteht wird weiter unten erläutert.

53 „atraction d'halene".

54 „baston de la pompe", Pumpenschwengel, auch: Pleuel.

55 „le vent".

56 „du vent ou de l'air".

57 „Ouvrier", Arbeiter, Handwerker im Gegensatz zu „artisan": Handwerker, Kunsthandwerker.

58 „un architecte François". Dieser könnte Philibert de L'Orme sein, siehe: Palissy 1996, Bd. 2, S. 24, Anm. 8.

vereinbart worden war, ließ der Architekt eine große Anzahl Bleirohre herstellen, sowie im Fluss einige Wasserräder [bauen], um die (**5**) Schlegel[59] anzutreiben, welche die Ventile in Bewegung setzen. Aber als es soweit war und man das Wasser nach oben zu pumpen begann, gab es kein Rohr, das nicht wegen der gewaltigen Kraft der zusammen mit dem Wasser eingeschlossen Luft platzte. Als er sah, dass Blei zu schwach war, befahl der genannte Architekt in (25) aller Eile Rohre aus Bronze zu gießen.[60] Hierfür wurde eine große Anzahl von Gießern beschäftigt, so viele, dass die Ausgaben für diese Sachen so groß wurden, dass man mittels der Papiere der Prüfer feststellte, dass sie sich auf vierzigtausend Francs beliefen, obwohl die ganze Sache nichts wert war. In diesem Zusammenhang habe ich mehrere Pumpen gesehen, die durch die Bewegung der Ventile eine so große Menge an Sand angesaugt hatten, dass man zum Schluss die Rohre auseinanderreißen musste, um den Sand zu entfernen, der sich im Inneren befand.

Die Theorie.

Ich weiß nicht, wie das, was du sagst möglich ist, denn ich habe bereits einige Tausend Pumpenmodelle gesehen, die jede das Wasser genauso natürlich verspritzten, als wenn es eine Quelle wäre.

Die Praxis.

Du irrst dich, wenn du dich mir gegenüber auf Modelle[61] berufst, denn diese haben eine Million Menschen getäuscht, sowohl im Hausbau als auch beim Bau von Terrassen und Festungsanlagen,[62] beim Brückenbau und der Umleitung von Flüssen, im Straßenbau, beim Bau von Deichen oder Wällen, und besonders bei der Wasserförderung. Denn verschiedene, die der Förderung und dem Abpumpen des Wassers nach Modellen von Pumpen zugestimmt hatten, führten umfangreiche Bauarbeiten durch, um Pfeiler in den Flüssen zu gründen, glaubend, dass nachdem das Wasser wieder den Ort geflutet hätte, der für die Gründung der Pfeiler vorgesehen war, (**6**) es sehr einfach wäre, diesen mittels Pumpen

---

59 „maillet", die genaue Funktion im Pumpwerk ist unklar; eigentlich Schlegel, Hammer, Fäustel, ein Bildhauerwerkzeug. Wahrscheinlich ist der Schwengel gemeint, der die Drehbewegung in eine vertikale Bewegung umsetzt. Dieser treibt allerdings die Kolbenstange an und nur indirekt die Ventile, bei denen es sich um einfache Klappen handelte.

60 „fondre des tuyaux d'airein". Airein, airain, arain oder ähnlich, von latein. Aes, aeris. Erz, Bronze, Kupfer. Hulsius: „arain, Kupffer". Waren die Rohrleitungen aus Kupfer, Bronze oder Gusseisen? Dies ist nicht sicher zu sagen. Zu Metallproduktion und Gießtechnik bis 1600 siehe König (Hg.) PTG 1997, Bd. 2., zum Bronzeguss S. 384 ff., zu Gusseisenrohren S. 390. Bronze war als Gussmaterial gebräuchlicher, da reines Kupfer häufig nicht in ausreichend großen Mengen verfügbar war.

61 „modeles", hier ist gleichzeitig auch immer „Vorbilder" zu lesen.

62 „batteries", Bastionen, Schanzen, allgemein mit Festungsanlagen übersetzt.

zu entleeren. Sie bauten große Pumpen entsprechend der Modelle, die sie als passend und zuverlässig ansahen,[63] doch sie wurden von ihnen enttäuscht und ruinierten sich. Dies besonders, weil sie es nicht verstanden im Großen das zu realisieren, was ihnen im Kleinen gelang. Das Gleiche ist auch mehreren bei der (26) Umleitung von Flussläufen passiert. Wenn es eine Untersuchung dieser Vorkommnisse geben würde, fände man ein Zeugnis in Toulouse, vom Bau einer Brücke über die Garonne. Darum muss man feststellen, dass Pumpen auf Schiffen und in einigen Bergwerken nützlich und notwendig sind, aber im Fall der Tiefbrunnen ist man es aus den oben beschriebenen Gründen wirklich schnell leid. Deshalb werde ich dir nichts weiter über die Pumpen erzählen.

Die Theorie.

Und was meinst du zu dem Wasser der Tiefbrunnen? Findest du es gut oder schlecht?

Die Praxis.

Über das Wasser der Tiefbrunnen.

Ich kann nichts weiter über die Wasser der Tiefbrunnen sagen, als dass sie alle kalt und brackig sind, die einen mehr, die anderen weniger. (27) Du darfst nicht denken, dass das Wasser der Tiefbrunnen aus irgendeiner Quelle stammt, denn wenn es von einer beständigen Quelle stammte, würden sich die Brunnen sofort füllen. Deshalb muss man festhalten, dass ihr Wasser kaum von sehr weit herkommt, es handelt sich nur um die Niederschläge des Regens, der in der Umgebung der Brunnen fällt. Diejenigen Brunnen, welche (**7**) in der Stadt liegen, sind dem Eindringen verschiedener Arten von Urin[64] ausgesetzt, und falls es Privatiers in der Umgebung gibt, dürfen diese nicht daran zweifeln, dass sich das nicht bei dem Wasser in ihren Brunnen bemerkbar macht. Man muss deshalb schlussfolgern, dass alles Brunnenwasser einem kontinuierlichen Abfluss des Regenwassers entstammt, welches langsam, Schritt für Schritt, nach unten in der Erde versickert. Und dies führt dazu, dass einige der Brunnen besser sind als andere. Das bedeutet nichts anderes, als dass die umgebenden Böden frei von allen Mineralien, Salpeter und anderen Stoffen sein müssen, die das Wasser bei der Passage durch das Erdreich aufnehmen könnte. Auf jeden Fall, von dem Moment an, wo das Wasser in den Tiefbrunnen eintritt, beginnt es brackig zu werden und kann leicht giftig werden, da das Wasser nicht fließt. Wenn du die Geschichte von Jehan Sleidan[65]

63 „trouvé veritable".

64 Lies auch: verschiedener Arten von Abwässer.

65 Jean Sleidan, Deutsch: Johann S. Sleidan (Johannes Sleidanus) (1506–1556), deutscher Jurist, Diplomat und Protestant, von 1533–1536 Studium des Rechts in Paris und Orleans. Er veröffentlichte 1555 in Straßburg das Werk *De statu religionis et rei publicae Carolo V. Caesare commentarii*, auf das sich Palissy hier wahrscheinlich bezieht. Dieses Buch erschien unter dem Titel *Histoire de l'estat de la religion, et république, sous l'empereur*

gelesen hättest, wüsstest du, dass die Wasser der Brunnen und Zisternen anfällig für (28) Gifte sind. Er erzählt, dass während des Krieges, den der Kaiser Charles V. gegen die Protestanten führte, mehrere Brunnen und stehende Gewässer vergiftet wurden, und dass ein Mann ergriffen wurde, der gestand aus einem fernen Land zu kommen, eigens um diese schlechte Tat auszuführen, und der Auftrag hierzu von zwei bedeutenden Persönlichkeiten kam, deren Namen ich hier nicht nennen will. Auf dem großen Markt von Meaux en Brie, im Haus der Gillets, wollte man einen Brunnen entschlammen, und der Erste, der hinunterstieg, starb plötzlich auf dem Grund des Brunnens. Es wurde ein Anderer hinuntergeschickt um die Ursache zu ergründen, warum jener nichts mehr sagte, aber dieser starb wie der Erste. Es wurde noch ein Weiterer geschickt, (**8**) der bis zur Mitte des Brunnens hinabstieg, aber dort begann er zu schreien, um sich schnellstens wieder hinaufziehen zu lassen. Dies wurde gemacht, aber draußen fühlte er sich so krank, dass er eine Zeitlang mit dem Tode rang und nur knapp überlebte.

Genauso erzählt eine andere Geschichte, dass es früher einmal einen Arzt gab, der sich seines Geldes und seiner Praxis beraubt sehend auf den Gedanken kam, einige Drogen in die Brunnen seines Wohnortes zu werfen, so dass alle die von dem Wasser tranken von Durchfall heimgesucht wurden und sich ihnen der Magen herrlich umdrehte, so dass sie eiligst den Arzt aufsuchten. Dieser war erfreut über die Wirkung dieser Medizin, behandelte frech die Kranken, vortäuschend ihnen teure Medizin zu geben, gab er ihnen einen guten Wein zu trinken und verbat ihnen Wasser zu trinken. Durch dieses Mittel wurde die Bösartigkeit des Wassers aufgehoben, aber die Verpflegung mit Wein blieb (29) und der Arzt verdiente sehr viel. Es gibt auch einige Tiefbrunnen in der Nähe von Flüssen, deren Wasser ausschließlich aus dem nahen Fluss kommt. Dies ist bekannt, da es viel Wasser in den Brunnen gibt wenn die Flüsse Hochwasser führen, und wenn der Wasserstand in den Flüssen niedrig ist, ist es das gleiche bei den Brunnen. Dies lehrt uns, dass es einige Adern[66] gibt, die von den Brunnen zu den Flüssen laufen, durch die das Wasser zu den Brunnen gelangen kann. Einige von denen die mit der Salzgewinnung[67] in Lothringen beschäftigt sind, haben mir bestätigt, dass sie das Wasser aus (**9**) dem sie das Salz gewinnen Tiefbrunnen entnehmen. Wenn die Flüsse einen hohen Wasserstand haben, tritt Süßwasser in besagte Brunnen, was zur Folge hat, dass sie ihre Arbeit solange unterbrechen müssen, bis

---

Charles V 1557 auch in französischer Sprache. (Biographie siehe http://www.deutsche-biographie.de/sfz80411.html).

66 „veines", Adern, Venen, Wasseradern. Dieses sind auch heute noch gebräuchliche Begriffe, besonders im Bergbau und kein Zeichen für einen realen Anthropomorphismus bei Palissy.

67 „congelation du sel", eigentlich „Erstarrung des Salzes". Mögliche Alternativübersetzung: Salzsiederei, da in Lothringen Salz nur bermännisch abgebaut wird.

die Flüsse wieder in ihre normalen Grenzen zurückgekehrt sind. Davon ausgehend schlussfolgere ich, dass viele Tiefbrunnen durch das Wasser der nahen Flüsse unterhalten werden.

Die Theorie.

Da wir nun schon einmal beim Thema des Wassers sind, was hältst du vom Wasser der Tümpel?[68] In einigen Gegenden sind sie gezwungen sich derer zu bedienen, sowohl für ihren eigenen Bedarf als auch für den der Tiere.

Die Praxis.

Es gibt verschiedene Arten von Tümpeln. Einige nennen sie auch Claunes[69]. An einigen Orten ist dieser nur ein nicht sehr tiefer Graben, eingerichtet als eine einseitig geneigte Ebene, damit das Regenwasser in diesen Graben oder Tümpel[70] ablaufen kann, und die Rinder, Kühe und anderes Vieh den Ort leicht aufsuchen und verlassen können um zu trinken. Diese Gräben oder Tümpel sind nur vor der geneigten Fläche ausgehoben. Freilich kann (30) dieses Wasser nie gesund sein, weder für die Menschen noch für die Tiere, denn es wird von der Luft und der Sonne erwärmt, wodurch verschiedenste Tiere hervorgebracht werden oder sich vermehren. Weil es dort immer eine große Menge an Fröschen gibt, halten sich in der Nähe solcher Claunes Schlangen, Nattern und Vipern auf, um sich von diesen Fröschen zu ernähren.[71] Es gibt dort gewöhnlich auch Blutegel[72] (***10***), so dass die Rinder und Kühe, wenn sie zu lange in diesen Tümpeln stehen, garantiert von den Blutegeln gestochen werden. Ich habe mehrere Male Nattern und Schlangen gesehen, schlafend und eingerollt auf dem Grund des Wassers dieser Tümpel, darum sage ich, dass diese an der freien Luft liegenden und erwärmten Gewässer nicht gesund sein können. Sehr häufig sterben dort die Rinder, Kühe und anderes Vieh, die sich ihre Krankheiten in diesen derart verdorbenen Tränken zugezogen haben. Wenn die Menschen, welche die Lehren sehen, die ich im Folgenden geben werde,

---

68 „mares", verschiedene Bedeutungen, unspezifischer Ausdruck, s. a. marais, marais salants. Allgemeiner Ausdruck für Flachgewässer mit überwiegend stehendem Wasser, neben Tümpel auch Lache, Sumpf, Pfütze, evtl. Watt. Hulsius übersetzt „Pful, Weyer, Morast, mösig Land".

69 „Claunes", spezieller Terminus für „mares", Tümpel, Pfuhl, (siehe Palissy 1996, Bd. 2, *Discours*, S. 29, Anm. 25, Palissy 1996 Bd. 1, *Recepte*, S. 76, Anm. 129). Flaches, stehendes Gewässer, natürlich oder künstlich, mit lehmhaltigem Boden, als Tränke genutzt, so wie bei Palissy im *Recette* Palissy 1996, Bd. 1, S. 76 beschrieben. Godefroy nennt Palissy als Beleg und Referenz für dieses Wort. Während Palissy „claunes" als maskulines Wort verwendet, ist es bei Godefroy (fälschlicherweise) feminin.

70 „mare", vergleiche heute z. B. den Begriff „Pumpensumpf".

71 Zu zoologischen Kenntnissen siehe Petit 1962, S. 292–295.

72 „sangsues", Blutegel, Blutsauger.

mir glauben wollen, hätten sie immer reines und sauberes Wasser, sowohl für sich als auch für das Vieh.

Die Theorie.

Was hast du über die Tümpel zu sagen, die noch flacher sind, und die man in einigen Gegenden der Normandie und in anderen Ländern für die häusliche Versorgung nutzt?

Die Praxis.

Was soll ich dir anderes sagen, als dass es abgestandenes und modriges[73] Wasser ist? Aber solange es kalt ist, kann es keine Tiere produzieren, da es ohne warme Feuchtigkeit niemals zu einer Vermehrung, sowohl von tierischen als auch von pflanzlichen Dingen,[74] kommen kann. Doch wenn über solchen Gewässern und Tümpeln nur grüne Limonen wachsen, ist dies ein Zeichen von Verwesung und dem Beginn der Entstehung von Irgendetwas.[75] Je mehr dort davon erscheinen und Fäulnis verursachen, desto schädlicher wird der Genuss des Wassers.
(11) (31)

Die Theorie.

Über die Zisternen.

Was meinst du über die Zisternen, die unsere Vorgänger benutzten, wie wir sowohl an ihren Ruinen, als auch durch das Zeugnis der Schriften sehen.

Die Praxis.

Das Wasser der Zisternen stammt vom Regen, wie auch das der Claunes, aber wenn sie geschlossen, abgedeckt und gut gemauert sind, sowie einen gepflasterten Boden besitzen, ist es sehr gut möglich, dass das Wasser unvergleichlich besser ist, als das der Tümpel, da sie nichts hervorbringen können, wegen ihrer Kühle und der wenigen Luft, die in den Zisternen ist. Gleichwohl ist dieses ganze Wasser nicht von sich aus so gut, wie das, welches ich dir im Anschluss vorstellen werde. Ich schweige also jetzt von dem verdorbenen Wasser und spreche über die natürlichen Brunnen,[76] die zur Zeit bei uns in Gebrauch sind.

---

73 „eau croupie", Doppelbedeutung: abgestanden und modrig.

74 „tant des choses animees, que des vegetatives", hier liegt eine Doppelbedeutung vor, „choses animees" bezieht sich sowohl auf Tiere, tierische Dinge, meint aber auch das Bewegte, Belebte, im Sinne von beseelt. „Choses vegetatives" bezieht sich somit auf die Pflanzen, also pflanzliche Dinge, evoziert das Leben der Pflanzen in ihrer Inaktivität, meint das Unbewegte, ohne direkt von unbelebt zu sprechen. Es könnte hier evtl. auch eine Opposition von belebt, unbelebt und beseelt, unbeseelt angedeutet sein.

75 „generation de quelque chose". „Generation", Entstehung, Zeugung ist ein häufig von Palissy verwendeter Begriff. Sehr zurückhaltende Äußerung. Ist dies ein Ausdruck von Unkenntnis dessen was dort gezeugt wird?

76 „fonteines naturelles", natürliche Brunnen oder natürliche Quellen.

Die Theorie.

Und was solltest du über die natürlichen Brunnen zu berichten wissen? Da sie ja natürlich sind, wirst du nichts an ihnen auszusetzen haben, wie du es an den Tümpeln, Pumpen und Tiefbrunnen hattest, denn wenn du versuchst, gegen die natürlichen Brunnen zu argumentieren, versuchst du es gegen Gott, der sie geschaffen hat.

Die Praxis.

Du tadelst mich bevor ich gesprochen habe! Ich weiß sehr wohl, dass die Quellen der natürlichen Brunnen[77] (***12***) von der Hand Gottes gemacht sind, deshalb wüsste ich nichts von Fehlern zu berichten, die den Wassertransport der natürlichen Quellen kompromittierten (32), doch umso mehr können die Brunnenbauer, die das Quellwasser mittels Rohrleitungen, Kanälen und Aquädukten von der Quelle bis zu den Häusern, Städten und Schlössern leiten große Fehler begehen. Das ist es, worüber ich zu sprechen gedenke: Da das Leben des Menschen so kurz ist, ist es unmöglich, dass im Verlauf von so wenigen Jahren ein Mensch alle Auswirkungen des Wassers kennen kann, und wenn er sie gar nicht kennt, ist es unmöglich das Wasser zu leiten und über einen weiten Weg zu führen, ohne dass irgendwelche Fehler auftreten. Wenn man es zwei bis drei Meilen[78] weit leitet, umschlossen und eingesperrt in Rohrleitungen, werden diese nur von kurzer Haltbarkeit sein, und man muss sie häufig erneuern. Deshalb möchte ich dir gerne sagen, dass das Wasser und auch das Feuer zusammen mit Luft eine so durchdringende[79] und heftige Wirkung ausübt, dass ein Mensch sie nie unmittelbar miterlebt[80] hat, wie du hören wirst, wenn ich dir von den Erdbeben berichte. Wenn du etwa die Ruinen und Altertümer unserer Vorfahren betrachtest, wirst du eine große Anzahl von alten Pyramiden finden, die sowohl von den römischen Kaisern, als auch von den Königen Ägyptens errichtet wurden. Du findest gleichfalls eine große Anzahl von Triumphbögen, die zur Zeit der Cäsaren erbaut wurden, etwa die zwei Triumphbögen, die du in der Stadt Saintes gesehen hast: obwohl sie im Wasser stehen, sind sie doch (***13***) noch gut erhalten, und man kann nicht abstreiten, dass sie aus der Zeit der Cäsaren stammen; die Inschrift die auf ihnen angebracht ist, gibt Zeugnis davon. Ich habe diese Ausführungen vorangestellt, um dir zu zeigen,

---

77 „sources des fonteines naturelles“, Hulsius übersetzt: „Brunnenader“, „Brunnquelle“, source d'une fontaine.

78 „lieue“, Meilen. Altes Entfernungsmaß, 1 lieue = etwa 4 km (siehe PR; Larousse S. 570). L'ancienne lieue de Paris (avant 1674) = 10 000 pieds = 3,248 km (http://www.techno-science.net/).

79 „tresubtil“.

80 „ne l'a directement conneu“. Da der Mensch sie nicht unmittelbar miterlebte, konnte er sie bislang auch nicht verstehen.

dass, obwohl auch unsere Vorgänger große Ausgaben für die Aquädukte, Rohrleitungen und (33) die Schönheit der Brunnen tätigten, du mir nicht einen einzigen erhaltenen alten Brunnen wirst zeigen können, vergleichbar den Triumphbögen, Palästen und Amphitheatern.[81] Man darf aber trotzdem nicht denken, dass unsere Vorfahren in der Antike sich nicht bemüht und große Mittel eingesetzt hätten, sowohl für Brunnenanlagen als auch für andere Gebäude. Dass dies so ist, hat mir jemand versichert, der in Italien Aquädukte von fünfzig Meilen Länge[82] gesehen hat (was doch eine unglaubliche Sache ist), die errichtet wurden, um Wasser von einer Gegend in eine andere zu leiten.[83] Unsere Ahnen zeigen dadurch, dass sie sehr genau wussten, dass Wasser, welches über Aquädukte geleitet wird, sehr viel freier fließt als solches, das in Rohrleitungen eingeschlossen ist. Es ist sicher, dass es in Saintes (welche eine antike Stadt ist, wo es immer noch Überreste eines Amphitheaters und mehrerer anderer Altertümer gibt, und gleichermaßen eine große Menge Münzen der Kaiser gefunden werden) einen Aquädukt gab, dessen Ruine immer noch vorhanden ist, über den sie das Wasser aus einer Entfernung von über zwei Meilen in die Stadt kommen ließen. Obwohl die Ruine bis in die Gegenwart überdauert hat, gibt es sehr wenig Menschen die Kenntnis von den Überresten des besagten Aquädukts (***14***) haben. Deshalb behaupte ich, dass die Alten sehr viel bessere Baustoffe verwendet haben als die Zeitgenossen, und dass sie weniger auf die Kosten sahen, obgleich man keine antiken Brunnen findet. Ich behaupte dennoch nicht, dass die Quellen verloren gegangen sind, denn man weiß sehr gut, dass die antike Quelle der Stadt Saintes sich immer noch an dem Ort befindet, wo sie [damals] hervortrat. (34) Um sie zu sehen, ist der Kanzler de l'Hospital[84] von seinem Weg abgewichen (er kam von einer Reise nach Bayonne zurück) um die Güte dieser Quelle zu prüfen. Es gibt noch in einigen Tälern zwischen der Stadt und der Quelle mehrere Arkaden, über die man das Wasser dieser Quelle fließen ließ, gleichwohl ist der Zweck dieser Arkaden den einfachen Menschen unbekannt. Und wenn du wissen willst, warum ich dich auf die Arkaden in den Tälern hinweise, ist es, um dir die Unwissenheit unserer Zeitgenossen zu demonstrieren. Denn hätten die Menschen im Altertum die Rohr-

---

81 Beispiele verschiedenster antiker Bauten finden sich bei Vitruv 1547 und Vitruv 1983.

82 „cinquante lieües de long".

83 Vgl. Braun, Hogenberg 2008, *Civitates orbis terrarum*, erstmals erschienen 1572–1617, mit Stichen von Joris Hoefnagel, darunter auch einer Abbildung von Saintes. Das Werk zeigt gleichfalls Pläne Italiens und der Stadt Rom.

84 Michel de l'Hospital (um 1504–1573), ab 1560 Chancelier de France. Er begleitete den jungen König Charles IX. zusammen mit seiner Mutter Catherine de Médicis auf seiner Rundreise durch Frankreich zwischen 1564–1566. Eine Bekanntschaft mit Palissy ist möglich. Im Konflikt zwischen Protestanten und Katholiken versuchte er ausgleichend zu wirken und veröffentlichte mehrere Schriften in diese Richtung. (siehe: Mariéjol 1979; Dufey 1824; Amphoux 1969).

leitungen auf ihrem Weg von den Quellen[85] unter dem Erdboden verlegt, wäre es notwendig gewesen, sie bergauf zu führen, und dann wieder bergab, und dann wieder hinauf, so viele Male wie es Berge und Täler gibt, und zudem hätte man die Rohrleitungen an all diese Bedingungen anpassen müssen. So wie ich dir an mehreren Stellen erklärt habe, entwickelt das derart unter Druck stehende Wasser, welches sich mit den subtilen Luftströmen[86] durchmischt, so enorme Kräfte, dass bisher nie ein Mensch vollständig die Gewalt des Wassers in diesem Zustand verstanden hat. Die Effekte des [in einem Behältnis] eingeschlossenen Wassers sind bemerkenswert; es gibt sehr wenige Menschen die glauben wollen, (***15***) das Wasser, welches sich in ein Rohr von zwei Zoll ergießt und dieses ausfüllt, sich dermaßen verdichtet, dass es, wenn es gewaltsam von der Luft oder einem anderen Wasservolumen vorwärts getrieben wird, durch einen Kanal von einem Zoll Durchmesser hindurchgelangen kann. Und weil die Luft, die in den erwähnten Rohren oder Kanälen eingeschlossen ist, genauso viel Raum einnimmt wie das Wasser, haben sich die Brunnenbauer sehr häufig in ihren Unternehmungen getäuscht; selbst bei im Erdreich liegenden Rohrleitungen, weil manchmal besagte Rohre von Wurzeln verstopft werden, die in sie eindringen und dort wachsen, da sich (35) kleine Wurzelstücke zwischen die Stöße setzen. Andere [Rohre] setzen sich mit [kalkhaltigem] zur Verfestigung neigendem Wasser[87] zu, welches im Inneren der Rohre versteinert und diese verstopft. Das ist der Grund, warum die Menschen im Altertum mit großem Aufwand belüftete, offene Aquädukte bauten, um so das Wasser ohne Gewalt heranzuführen und all die beschriebenen Defekte[88] zu vermeiden. Trotzdem bin ich sicher, wenn das Wasser sich zu verfestigen beginnt,[89] sei es als Kristall oder in anderer Weise, ist es gezwungen, sich beim Erstarren zusammenzuziehen, so dass es keine Verfestigung ohne Kompression gibt.[90] Etwas Ähnliches zeigt sich in der Gewalt des Feuers, welches, wenn es im Inneren der Berge eingeschlossen ist, Wasserdampf und einen so starken Luftdruck[91] erzeugt, dass die Erde erzittert und Berge umstürzen, und sehr häufig auch die Städte und Dörfer. Deshalb haben die Menschen im Altertum ihr

85 „fonteine".

86 „les vents subtil".

87 „eaux congelative", verfestigungs- oder erstarrungsfähiges Wasser, also salzhaltiges Wasser.

88 „accidens".

89 „congeler", auch: erstarren, gefrieren, kristallisieren.

90 D. h. Palissy meint, dass Wasser beim Gefrieren sein Volumen verkleinert. Bei Wasser führt die Erstarrung allerdings nicht zu einer Volumenverringerung, genau das Gegenteil ist der Fall. Tatsächlich dehnt sich das Volumen von Wasser unterhalb und oberhalb von 4 °C aus, ganz im Gegensatz zu anderen Flüssigkeiten. Siehe Holleman-Wiberg 1976, S. 67; vgl. Palissy 1996, Bd. 2 (*Des glaces, Über das Eis*) S. 179 und S. 267–270.

91 „vent". Eine Übersetzungsmöglichkeit ist auch Blähung, was den Zustand sehr bildlich wiedergibt.

Quellwasser über Aquädukte kommen lassen, und um ihrem Wasser ein ausreichendes Gefälle zu geben, (**16**) bauten sie Arkaden durch die Täler, um sich den Bergen anzupassen. Ich kenne keinen besseren Zeugen als den Pont du Gard, welcher im Languedoc liegt. Dieser wurde eigens errichtet um den Aquädukt zu tragen, der das Tal zwischen zwei Bergen überquerte, mit dem Ziel Wasser über zehn Meilen Entfernung zur Stadt Nimes zu leiten, und dies nur um den gewaltigen Drücken und Kräften des Wassers zu begegnen, die aufgetreten wären, wenn man es vorgezogen hätte, das Wasser dem Verlauf der Berge und Täler folgen zu lassen. Diese Brücke ist ein erstaunliches Werk, denn um vom Fuß der Berge bis zu ihrer Spitze (36) zu gelangen, war man gezwungen, drei Arkadenreihen übereinander zu bauen, und gleichzeitig sind diese Arkaden von einer außerordentlichen Höhe und mit außergewöhnlich großen Steinen gebaut. Daraus können wir lernen, dass Nimes (eine antike Stadt, von der sowohl das Amphitheater als auch andere Ruinen zeugen) eine Stadt war, in der die alten römischen Kaiser und ihre Prokonsule große Ausgaben und einen gewaltigen Aufwand betrieben haben, um die Stadt zu verschönern und auszuschmücken. Sie beschäftigten dort Wissenschaftler, die Besten die es im Römischen Reich gab, wie das Bauwerk noch heute beweist. Wenn du in Rom gewesen wärst, könntest du leicht beurteilen, wie weit sich die Modernen von den Erfindungen unserer Vorfahren im Brunnenbau entfernt haben, denn es gibt nur wenige gute Häuser innerhalb Roms, die keine Brunnen haben, die von (**17**) oberirdischen Aquädukten gespeist werden. Wenn man dahingehend ein wenig das Portrait[92] der besagten Stadt Rom betrachtet, welches kürzlich gedruckt erschienen ist, kannst du darin einen hoch aufgerichteten Wasserbehälter von einer ziemlich außergewöhnlichen Größe sehen. Dieser Behälter fasst eine so große Wassermenge, dass er den größten Teil besagter Stadt Rom mit Wasser versorgt, denn von diesem Behälter gehen mehrere [weitere] Aquädukte ab, die in Zuleitungen verzweigt werden und von Straße zu Straße führen, um die Paläste und großen Häuser der Stadt mit Wasser zu beliefern. Diese Aquädukte wurden über Bögen geführt und geleitet, die sehr eng beieinanderstehen und sich trotzdem genauso hoch in die Luft erheben wie die Häuser jener Stadt. Merke dir gut, dass es einen großen Hauptaquädukt gibt, der von weit herkommt und den großen Behälter versorgt, von dem aus wiederum alle anderen Aquädukte abgehen. Also wenn die Brunnen der antiken Brunnenbauer,[93] die mit so großem Aufwand errichtet wurden, nicht bis in die Gegenwart überdauert haben, eine um wie viel kürzere Lebensdauer kann man von denen erwarten, die heutige Brunnenbauer über Berg und Tal führen, mit (37) geschweißten Bleiroh-

---

92 „pourtraict", Abbildung, Zeichnung. Das Buch über die Stadt Rom konnte nicht identifiziert werden, Palissy schreibt „Romme".

93 „les fonteines des fonteniers antiques", zu lesen ist: die Wasserbauwerke der antiken Brunnenbauer.

ren und drei oder vier Fuß unter der Erde verborgen? Wenn der Herr Architekt der Königin,[94] der Italien besucht und sich eine große Autorität und Führungsgewalt über alle Künstler dieser Dame erworben hatte, nur ein klein wenig von Naturphilosophie verstanden hätte, selbst ohne Sprachkenntnisse, würde er sicher eine Mauer oder eine Bogenkonstruktion im Tal von Saint-Cloud errichtet haben, um darüber sein Wasser ganz behutsam und schonend von der Brücke von Saint-Cloud bis zur Umfassungsmauer des (**18**) Parks fließen zu lassen. Er hätte die besagte Mauer dieses Parks verstärkt, um das Wasser darüber zu leiten, und am Ende des Parks, in einer Ecke, einige Bögen errichtet, diese immer weiter bis ins Innere des Parks verkleinernd; dann hätte die Fontäne[95] länger gehalten und es wären nicht so viele Wartungsöffnungen auszuführen gewesen.

Die Theorie.

Da du so viele Mängel an den flachen Gewässern, den Brunnen und den Leitungen oder Rohren der Brunnen findest, will ich nun eine Bitte äußern, um zu erfahren, was der Grund dafür ist, dass die einen Quellen von Naturbrunnen[96] besser sind als die anderen.

Die Praxis.

Der Grund warum ein Quellwasser besser ist als ein anderes.

Ein Mann der Bergwerke, Gruben und Gräben begangen und die unterschiedlichen Arten Ton untersucht hat, und danach strebte, die verschiedenen (38) Arten der Salze und andere Dinge in der Erde[97] kennenzulernen, kann leicht den Grund für die gute Qualität oder die Minderwertigkeit des Wassers beurteilen, das von natürlichen Quellen stammt. Und um eine sichere Beurteilung abzugeben, muss man zuerst bedenken, dass es keinen Teil in der Erde gibt, welcher nicht mit irgendeiner Art von Salz gefüllt wäre, welches die Entstehung verschiedener Dinge bewirkt, sei es Stein, Schiefer oder irgendeine Art von Metall oder Mineral. Und es ist sicher, dass die inneren Schichten der Erde auch nicht untätiger sind wie die äußeren, die täglich Bäume, Büsche, Dornensträucher[98], Gewächse mit Sta-

---

94 Philibert de l'Orme (um 1510–1570) oder Jean Bullant (um 1515–1578), französische Architekten.

95 „fonteine". Da es sich hier eindeutig um einen künstlichen Brunnen im Park handelt, wird „fonteine" mit Fontäne oder Springbrunnen übertragen.

96 „sources des fonteines naturelles". Mögliche weitere Übersetzungen dieser schwierigen Kombination aus zwei Begriffen gleicher Bedeutung (Quelle = Quelle) sind: Quellwasser der natürlichen Brunnen, Ursprung der Naturbrunnen, Grundwasser der natürlichen Quellen.

97 „autres choses fossiles", „fossile" von lat. fossilis, ausgegraben. Palissy verwendet den Begriff „Fossilien" wie Agricola, der ihn 1546 (*De rerum fossilium*) prägte. Allgemein für alle in der Erde zu findenden Stoffe, wie Minerale, Steine und Versteinerungen.

98 Dornensträucher, z. B. der Brombeerstrauch. Beachte die botanische Unterscheidung von Dornen und Stacheln.

cheln[99] und alle Arten von Pflanzen hervorbringen.[100] Man muss also schließen, dass es unmöglich ist (**19**), dass die Grundwasserströmungen[101] durch die Adern der Erde verlaufen können, ohne dass sie irgendeine Sorte Salz mit sich führen, welches im Wasser gelöst ist und von den Menschen nicht erkannt werden kann und nicht seiner Beurteilung zugänglich ist. Und falls das Salz giftig ist, macht es auch das Wasser giftig; so führt etwa das Wasser, welches durch Kupferbergwerke fließt, ein sehr schädliches Salz von Vitriol[102] oder Couperose[103] mit sich fort. Dasjenige, welches durch aluminiumhaltige[104] oder salpeterhaltige Adern fließt, kann nur die salzartige Substanz aufnehmen, durch die es auch fließt. Und wenn ein Quellwasser durch die Bäume und Stämme fließt, die im Erdreich vermodern, dann kann dieses Wasser nicht schlecht sein, denn das Salz von verfaultem Holz ist nicht so giftig wie das von Couperose.[105] Ich will nicht sagen, dass es nicht irgendwelche Bäume, also (39) konsequenterweise irgendwelche Pflanzen gibt, deren Salze vielleicht giftig sind, auch soll man nicht denken, dass alles Wasser, das sich zum Trinken eignet, vollkommen frei von Gift ist, denn eine kleine Spur Gift in einer großen Menge Wasser hat keine Kraft um seine schädliche Natur zu entfalten. So kann zum Beispiel das Wasser, das Adern[106] mit Vorkommen an gewöhnlichem Salz[107] durchquert, nicht schlecht sein. [Das Wasser], welches durch die Kanäle[108] im Fels fließt, kann nichts anderes als die Art von Salz aufnehmen, das zur Bildung[109] dieser Felsen geführt hat. Dieses Salz lässt sich durch die Calcinierung der Steine, die aus diesen Felsen gebrochen werden bestim-

---

99 Bäume und Sträucher mit Stacheln, wie etwa Weißdorn und Schlehe.

100 „produisent".

101 „cours des fontaines", Lauf des Quellwassers, Grundwasserleiter.

102 Schwefelsäure, nach ihren Eigenschaften durchsichtig und ölig zu sein, Vitriol genannt, aus vitrum (lat.)= Glas und oleum (lat.)= Öl. Die Säure bildet verschiedene Salze, sogenannte Sulfate. (Holleman-Wiberg 1976, S. 335). Es gibt auch Kupfervitriol, Kupfer(II)-Sulfat, das blaue, durchsichtige Kristalle bildet (ebenda S. 794).

103 „Coperose" oder „Couperose", von coupri rosa, rose de cuivre. Verschiedene Stoffe gleicher Bezeichnung, alles Sulfate, so z. B. Couperose blanche (Zinksulfat), -bleue (Kupfersulfat), -verte (Eisensulfat). Palissy meint wahrscheinlich überwiegend Kupfersulfat.

104 „veines alumineuses", Lagerstätten von Aluminiumhaltigen Mineralien (PR). Alaun, Alun, verschiedene Substanzen, darunter Aluminiumsulfat, das zum Gerben verwendet wird (Holleman-Wiberg 1976, S. 656 f.).

105 „couperose". Da keine chemische stoffliche Eindeutigkeit des Begriffs gegeben ist, wird der alte Originalbegriff verwendet.

106 „veines", auch: Venen, Lagerstätten, Flöze.

107 „sel commun", gewöhnliches Salz, Speisesalz, d. h. Natriumchlorid (NaCl).

108 „les canaux des rochers", Grundwasserleiter im Fels.

109 „Congelation", eigentlich: Erstarrung, Verfestigung. Palissy behauptet also, dass sich das Wasser, im Falle von aus Kalkstein bestehenden Felsen mit Kalk anreichert, es nimmt sogenannte Härtebildner auf.

men.[110] Wenn solche Steine gebrannt[111] werden, spürt man bei der Geschmacksprobe mit der Zunge die ätzende Wirkung und Schärfe des Salzes. Dieses kann, wenn es sich im Wasser befindet, genauso gut wie in der Erde auch im Körper des Menschen[112] zur Steinbildung (**20**) führen, außer wenn der Grund vorliegt, den ich oben erwähnte, dass eine große Menge Wasser die Wirkung einer kleinen Giftmenge auslöscht.[113] Es ist eine Tatsache, dass es Brunnen gibt, die Fieber bei denen auslösen, die aus ihnen trinken. Ich habe nie einen Fremden in das Land der Bigorre[114] ziehen sehen, um dort zu leben, den nicht sehr schnell das Fieber erwischt hätte. Man sieht in diesem Land eine Menge Männer und Frauen, die einen Hals[115] so groß wie zwei Fäuste haben, und es ist ganz sicher, dass das Wasser ihnen dieses Leid verursacht, entweder wegen der Kälte des Wassers oder aufgrund der Gesteine, die es durchlaufen hat. Plinius berichtet im 30. Buch seiner Naturgeschichte, Kapitel 16[116] von einer Quelle in Arkadien, deren Wasser (40) so gefährlich ist, dass es jedes Gefäß auflöst, in das es gegossen wird: Und es ließ sich kein Gefäß finden, um es aufzunehmen. Zu diesen Äußerungen könnte ich hinzufügen, dass Plutarch darüber im Leben Alexander des Großen schrieb, dass einige glaubten, Aristoteles hätte Antipater darin unterrichtet, wie man das Wasser

---

110 „Calcination", auch: Kalzination. Das Verfahren (Calcinieren) bezeichnet eigentlich die Herstellung von Brennkalk (CaO) aus Kalkstein (Calciumkarbonat, $CaCO_3$) durch Brennen bei 900–1000° C. Der Brennkalk wird nach dem sogenannten Löschen zu Calziumhydoxid ($Ca(OH)_2$) reduziert, der zur Bereitung von Luftmörtel im Bauwesen eingesetzt wird. (Holleman-Wiberg 1976, S. 691). Allgemein wurde der Begriff vor allem in der Frühen Neuzeit, spez. in der Alchemie, aber auch für Verfahren verwandt, bei der Stoffe unter sehr großer Hitzeeinwirkung umgewandelt werden (PR; Priesner, Figalla 1998, S. 190 f. u. 41; Schütt 2000, S. 325–327; Haage 2000, S. 16; vgl. zur aktuellen Bedeutung Holleman-Wiberg 1976, S. 723 f.).

111 Gebrannt, d. h. calciniert.

112 Hinweis auf Nieren- und Gallensteine (vgl. Palissy 1996, Bd. 2 (*Discours*), S. 48, Palissy 1996, Bd. 1 (*Recepte*), S. 113).

113 Obwohl dies heute allgemeine Lehrmeinung ist, konnte der Disput mit der Homöopathie, begründet von Ch. F. S. Hahnemann 1755–1843, bisher nicht endgültig gelöst werden. Die Homöopathie behauptet, dass auch Substanzen in äußerst geringer Dosierung, selbst unterhalb der Nachweisgrenze, eine Wirkung ausüben.

114 Pays de Bigorre, heute Département Pyrénées, mit dem Hauptort Tarbes, vgl. *Discours* S. **28**/47.

115 Gemeint ist ein Kropf. Auch Vitruv schildert Auswirkungen verschiedenen Wassers auf den menschlichen Organismus, siehe Vitruv 1983, 8. Buch, Kap. III, S. 402 ff.

116 Plinius 1562, Livre XXX, Cap. XVI, S. 501. Es handelt sich um das Wasser des Styx. Dies ist die einzige exakte Quellenangabe in den *Discours*. Diese Textstelle findet sich erstaunlicherweise bei verschiedenen Plinius-Ausgaben nicht immer im XXX. Buch. Als Beispiel sei die Ausgabe von Philipp Hedwig Külb, *Cajus Plinius Secundus Naturgeschichte*, Stuttgart 1840 angeführt, dort befindet sich die entsprechende Textstelle im *II. Buch*, Kap. CVI.11., S. 244 f. Es ist deshalb wahrscheinlich, dass Palissy die von Antoine Du Pinet herausgegebene französische Übersetzung von 1562 verwendete.

fassen könne, nämlich in der Vertiefung eines Henkels, und dass auf diese Weise Alexander vergiftet wurde. Es ist eine Tatsache, dass, genauso wie verschiedene Arten von Salz in der Erde vorkommen, es auch verschiedene Öle gibt, bezeugt durch das Öl des Petrols, das aus den Felsen hervortritt. Man darf vermuten, dass Bitumen[117] nichts anderes als Öl ist, bevor es sich verfestigt hat. Genauso wie das Grundwasser[118] von dort, wo es durchfließt, verschiedene Arten von Salzen mitbringt (***21***), würde vergleichbar, auch dort befindliches Öl von diesem mitgenommen werden. Indem wir solches Wasser trinken, trinken wir damit oftmals sowohl das Öl wie auch das Salz. Hast du nicht bei einigen Historikern gelesen, dass es einen Fluss und verschiedene Quellen gibt, aus denen eine (41) große Menge Bitumen fließt, welches von den Bewohnern dieser Länder aufgefangen wird, die damit einen großen Handel treiben und es in fremde Länder transportieren lassen?[119] Und zur Bestätigung und zum Beweis dessen, was ich sage, nämlich, dass Öle und Salze das Wasser verderben und giftig machen können, [verweise ich auf] diejenigen, welche die Quellen und Flüsse beschrieben haben, diese legen Zeugnis davon ab, dass solche Wasser schädlich sind, und selbst die Vögel von deren Geruch sterben.[120] Die Grundwasser,[121] welche Tonlagerstätten durchqueren, können nur schädliche Salze aufnehmen, da es kaum tonige Böden gibt, in denen nicht irgendwelche schwefelhaltigen Markasite oder Ausgangsstoffe von Metallen vorkommen. Außerdem gibt es sehr wenige tonhaltige Erden, die nicht verschiedene Farben hätten, wie weiß, rot, gelb, schwarz, grau und Vermischungen dieser Farben. Diese Farben werden verursacht von schwefelhaltigen Mineralen, die in selbigen enthalten sind. Wie wir in Wirklichkeit wissen, besitzen Eisen, Blei, Silber, Antimon und mehrere andere Minerale an sich eine gelbe Färbung, von der die gelben Erden ihre Farbe annehmen. Dies ist nun ein unwiderlegbarer Beweis (***22***) dafür, dass die Wasser, welche tonhaltige Erden durchfließen, Salze mitführen, die denen ähneln, die in diesen Erden vorhanden sind. Diese Erden würden niemals erhärten, gebrannt werden können, sich zusammenfinden, noch sich verbinden[122], wenn nicht durch die Eigenschaft des Salzes, das in den Erden enthalten ist. Wegen des erwähnten Salzes eignen sich diese zur Herstellung von

---

117 Palissy benutzt und kennt drei unterschiedliche Begriffe für Mineralölprodukte: „huille", „petrolle", „huille de petrolle", und „bitume". Petrole wird nach dem Petit Robert erst ab 1610 verwendet, vorher petroleum. Synonyme im 16. Jh. für Bitumen: Pech, Teer.

118 „eaux souzternees", Grundwasser.

119 Vgl. Plinius 1562, Livre V, Cap. XVI, S. 183: „Der See von Sodom".

120 Siehe Vitruv, 8. Buch, Kap. III und IV; Plinius, Buch XXXI.

121 „sources".

122 Palissy benennt allgemein als Möglichkeiten zur Neukombination von Stoffen: Mischung, chemische Verbindung und mögliche Zustandsänderungen. Erhärten beinhaltet auch: ausfällen, auskristallisieren. Mit Brennen (cuyre) bezieht sich Palissy auf die Zustandsänderung des Tones beim Brennen im Ofen.

Mauerziegeln, Dachziegeln und aller Arten von Gefäßen zur Bedienung der Menschen.[123] Dies werde ich noch klarer ausführen, wenn ich über die Tone und über die Steine spreche. (42) Ich würde damit meine Ausführungen über die Qualität des Wassers beenden, wenn du mit dem, was ich gesagt habe, zufriedengestellt bist.

Die Theorie.

Ich gebe mich mehr als zufrieden mit dem was du vorgetragen hast, obwohl ich bisher nichts über die Ursache des heißen Wassers gehört habe, das es in mehreren Ländern gibt, ja sogar in Frankreich, an einem Ort namens Cauterets,[124] in Banieres[125] und an mehreren anderen Orten.

Die Praxis.

Über die Ursache des heißen Wassers.

Ich kann dir nichts anderes versichern, was die Wärme des Wassers hervorrufen kann, als dass es die vier weiter vorne erwähnten Stoffe sind, nämlich der Schwefel, die Kohle, der Torf und das Bitumen, aber keiner dieser Stoffe kann das Wasser erhitzen, wenn nicht zuerst das Feuer daran gelegt wurde oder sich im Inneren von einem der vier Stoffe entzündete.[126] Du wirst mich fragen, wer denn unter der Erde Feuer gelegt haben könnte, um diese Dinge zu verbrennen? (***23***) Darauf antworte ich, dass nur ein Felsbrocken herunterfallen oder sich gegen einen anderen neigen muss, um einen Funkenschlag hervorzurufen der ausreicht, um eine Schwefelader zu entzünden. Von da aus kann das Feuer einem dieser vier Stoffe folgen, derart, dass das Feuer nie erlischt, solange es genug Substanz findet, sich zu nähren. Und wenn eines dieser Vier entzündet ist, kann das Wasser, welches in dem Felsmassiv eingeschlossen ist und kontinuierlich immer weiter hinunterläuft bis zu dem Ort, wo die besagten Stoffe brennen, nicht vorbeifließen, ohne sich zu erhitzen, und dieses kann nicht geschehen ohne dass es zu einem gewaltigen Sturm[127] kommt, hervorgerufen durch [das Zusammentreffen von] Feuer und Wasser.

Über die Erdbeben.

Eine Sache, welche die (43) Philosophen über Erdbeben gesagt haben, werde ich niemals zugestehen, nämlich, dass irgendein Erdbeben ohne das Vorhandensein von Feuer eintreten kann. Ich gestehe ihnen sehr gerne zu, dass das Wasser, mit der darin enthaltenen, [unter Druck stehenden] Luft, Schlösser, Städte und Berge beschädigen kann, sowohl durch die Wirkung der Druckluft, die sich in

---

123 „pour le service de l'homme".

124 Cauterets, Ort im Departement Hautes-Pyrénées.

125 „Banieres", Ortsbestimmung unsicher. In der Auvergne nahe Saint-Flour existiert ein kleiner Ort gleichen Namens. Vielleicht Bavière, Bayern?

126 Ist hierin ein Hinweis auf eine mögliche Selbstentzündung dieser Stoffe zu sehen?

127 „tourment", Qual, Schrecken, Reißen, Bersten; „tourmente": Sturm, Unwetter.

den Hohlräumen befindet, als auch durch das ausströmende unter Druck stehende Wasser, das durch seine große Subtilität und Heftigkeit verschieben, zerstören und zerrütten kann, was sich darüber befindet. Dies geschieht, indem es das Erdreich verdrängt auf dem diese Dinge aufsitzen und indem es die Fundamente unterhöhlt, wodurch diese ohne irgendeine Hilfe oder Einwirkung des Feuers in die Tiefe gerissen werden können. Aber Erdbeben können nur verursacht werden (**24**), wenn zuerst Feuer, Wasser und Luft zusammen vorhanden sind. Einige Historiker erzählen, dass es in gewissen Ländern Erdbeben gibt, die zwei Jahre lang gedauert haben (was leicht zu glauben ist) und dieses kann nicht auf eine andere Weise geschehen, als wie ich es oben beschrieben habe. (44) Bevor die Erde bebt, muss sich zuerst eine große Menge eines der vier Stoffe (die ich oben genannt habe) entzünden, und nach dessen Entzündung, muss es auf seinem Weg auf einige Wasseransammlungen[128] im Fels treffen. Wenn das Feuer so groß ist, dass es die Kraft hat, im Fels enthaltenes Wasser zum Kochen zu bringen, dann wird durch das Feuer, das erhitzte Wasser und die in ihm enthaltende Luft ein Dampf erzeugt, der durch seine Kraft die Felsmassive, Erdmassen und Häuser, die sich darauf befinden, emporhebt.[129] Und weil die Kraft des Feuers, des Wassers und der Luft nicht eine so große Masse auf die eine oder andere Seite werfen kann, lässt sie diese erzittern, und während sie erzittert, bilden sich einige kleine Öffnungen, die dem Feuer, dem Wasser und den Winden etwas Luft geben und dadurch die Gewalt, die sonst alles umgestürzt hätte, beruhigt. Aber wenn die drei Stoffe, welche für das Beben verantwortlich sind, sich bei ihrer Tätigkeit nicht etwas Luft verschaffen würden, gäbe es keinen noch so gewaltigen Berg, der nicht plötzlich umgestürzt werden könnte, wie es an mehreren Orten geschah, wo durch Erdbeben verschiedene Gebirge zu Tälern umgewandelt wurden, und Täler in Berge durch die gleiche (**25**) Einwirkung. Und wenn diese Erdbeben Städte, Schlösser und Berge niederlegten, trat dies ein, da die oben genannten drei Stoffe in einem heftigen Kampf miteinander lagen und die unter Druck stehenden Winde nicht entweichen konnten. So musste es notwendigerweise sein, dass entweder die Dinge die sich auf diesen drei Elementen befanden, siegten und sie diese Elemente erstickten, oder aber dass diese Elemente, die sich zusammengefunden hatten, in ihrer gewaltigen Stärke den Sieg davon trugen, indem sie sich eine Öffnung schufen, um weiter zu leben. Willst du, dass ich dir das Buch der Philosophen nenne, in dem ich diese schönen Geheimnisse[130] gelernt habe? Das war

---

[128] „receptacles d'eaux", Wasserssack, Wasserlinse, Wasserreservoir.

[129] Vgl. die Abbildungen in der *Cosmographie* von Münster, z. B. Münster 1556, franz., livre II, S. 275 (Vulkan) und Münster 1556, franz., livre III, S. 425 (Erdbeben zerstört die Stadt Basel).

[130] „Secrets": ironisch gemeint. „Die Praxis" macht sich über „die Theorie" lustig. Ein Geheimnis, das man in einem gedruckten Buch ausspricht, ist natürlich keines mehr. Palissy berichtet auch nichts Neues, er verrät kein Geheimnis, sondern berichtet etwas

nur ein zur Hälfte mit Wasser gefüllter Kessel,[131] in dem beim Kochen (45) das Wasser von der Hitze ein wenig schroff auf dem Kesselboden bewegt wurde und sich bis über den Kesselrand erhob. Dies hätte nicht geschehen können, wenn sich durch das Feuer in dem Wasser keine bewegte Luft gebildet hätte, zumal der Kessel nur zur Hälfte gefüllt war, als das Wasser kalt, und er voll, als es heiß war. Die Öfen, in denen ich meine Arbeiten herstelle, haben mich sehr viel über die Gewalt des Feuers gelehrt. Aber zwischen [der Beschäftigung mit] den anderen Dingen die mir die Erdbeben hervorrufende Kraft der Elemente verdeutlichten, befasste ich mich mit einer Bronzekugel, die mit nur sehr wenig Wasser im Inneren, wenn sie auf Kohlen erhitzt wird, einen so heftigen Luftstoß entweichen lässt, so dass dieser das Holz im Feuer zum Brennen bringt, obwohl es erst am gleichen Tag geschlagen wurde.[132]

(***26***)

Die Theorie.

Damit hast du dich in deinen eigenen Worten verfangen, denn oben sagtest du, dass Wasser und Luft durch die Gewalt des Feuers, die ihnen entgegengesetzt ist, vorwärtsdrängen und toben, da sie nicht gemeinsam existieren können, was die Erdbeben und die Umwälzung von Städten und Schlössern verursacht, so wie es mehrere entzündete Fässer mit Kanonenpulver fertigbringen würden. Und nun beweise ich das Gegenteil mit Hilfe deiner Aussagen. Denn du sagst, dass die heißen Wasser (die man zum Baden nutzt, wie in Aigues-chaudes, Cauterets, in Banieres oder auch in Aachen in Deutschland, im Savoie, in der Provence oder an anderen Orten) durch ein Feuer, entweder von Schwefel, Kohle, Torf oder Bitumen erhitzt werden, das kontinuierlich unter der Erde brennt. Und das, obwohl ich sehr genau weiß, dass es diese heißen Quellen schon seit sehr langer Zeit gibt und sie immer noch in dem gleichen Zustand sind, ja es gibt sie sogar so lange Zeit, dass sich die Erinnerung daran verloren hat. Wenn es so wäre, wie du sagst, hätten Feuer, Luft und Wasser sich dann nicht schon seit langer Zeit gegenseitig (46) vernichtet, und die Kanäle und Gewölbe, durch die das Wasser fließt, nach allen Seiten zerschlagen und gesprengt? Oder wenigstens würden sie (nach dem, was du sagst) ein kontinuierliches Beben der Erde erzeugen.

---

seit langem Bekanntes. Die Dinge, die er mitteilt sind also höchstens unbekannt, weil sie nicht genügend Beachtung fanden. Gerade dies will Palissy ändern.

131 Das erste von Palissy erwähnte und durchgeführte Experiment. Ein auch für Palissy elementarer, primitiver Versuch. Er zeigt, dass alles dies natürlich keine Geheimnisse sind.

132 Vgl. Vitruv Buch 1, VI, S. 39, die Beschreibung der „aeolipilae", der Windkugeln. Palissy scheint diese zum Feuermachen selbst verwendet zu haben.

Die Praxis.

Du hast meinen Ausführungen ziemlich schlecht zugehört, denn als ich dir über die Erdbeben berichtete, hatte ich dir gesagt, dass beim Beben durch die Kraft der drei unter der Erde eingeschlossenen Elemente (***27***) kleine Öffnungen entstehen, durch die ein Teil der Kraft und des Dampfdrucks dieser Elemente entweicht. Denn sonst würden die Elemente alle Gewölbe über den [unterirdischen] Kanälen, wo die Bewegung entsteht, zum Einsturz bringen.[133] Du hast mir erzählt, dass dies alles in den Gewölben geschehen müsste, wo das Wasser der Bäder sich durch den gleichen Effekt erhitzt, der auch die Erdbeben verursacht. Hierauf antworte ich, dass die Ursache warum die Erde nicht durch diese Feuer erschüttert oder geschüttelt werden kann, die ist, dass es einen Kanal gibt, durch den das Wasser strömt und hinausfließt, der die Gewalt der Elemente beruhigt. Denn diese [Elemente] saugen Luft und atmen durch den Kanal, aus dem das Wasser abfließt. Und so wie ein Mensch nicht mit eng geschlossenem Kragen leben kann, der die Luft in seinem Körper einschließt, so vermag auch das Feuer nicht ohne Luft zu leben. Und genauso wie Mensch und Tier, denen man die Luftwege verstopft, große Anstrengungen unternehmen werden, um sich zu befreien, so sieht sich auch das Feuer bedroht, wenn es von einem zu großem Luftüberfluss belagert wird, den es durch die in Bewegung versetzte Feuchtigkeit selbst herbeigeführt hat, sage ich.[134] Da es durchaus nicht sterben will, macht es die Berge dem Erdboden gleich, um auszuatmen, mit dem Ziel zu überleben.[135] Und das ist eine so gewisse Feststellung, dass kein Philosoph sie mit legitimen (47) Mitteln anzugreifen wüsste. Ich werde Weiteres dazu sagen, wenn wir über die Alchemie sprechen.
(***28***)

Die Theorie.

Da wir jetzt das Thema des heißen Wassers[136] behandeln, nenne mir den Grund, warum so viele Menschen, sowohl in Frankreich als auch in Deutschland, in diesen

133 „tourneroyent cul sur pointe", von unten nach oben drehen, auf den Kopf stellen.

134 Palissys Begründung verwirrt zuerst. Nicht der Luftmangel, die Unmöglichkeit der Inhalation (von Palissy an anderer Stelle als „aspiration" bezeichnet) führt hier zum Ersticken von Mensch, Tier und unterirdischem Feuer. Es ist die im „Körper" gefangene Luft, die Verhinderung der Exhalation oder des Ausatmens die eine Bedrohung darstellt. Im Untergrund erzeugt das Feuer wie im von Palissy auf S. ***25***/45 f. beschriebenen Beispiel des Wasserkessels einen Überdruck von Luft und Wasser, der sich den Weg freisprengen will.

135 Palissy greift hier für seine Argumentation zu Analogie und Leibmetaphorik. Beeindruckende Abbildungen von Erdbeben und Vulkanen finden sich in Sebastian Münsters *Cosmographia*, siehe Münster 1556.

136 „eaux chaudes", heißes Wasser. Im Deutschen spricht man von heißen Quellen. Vgl. Vitruv, 8. Buch, Kap. III.

Wassern baden? Kannst du irgendwie beurteilen, ob sie etwas nutzen, um alle Krankheiten zu heilen? Ich bitte dich, sag mir, wenn du darüber irgendwelche Kenntnisse besitzt.

Die Praxis.

Alles, was ich von diesen Dingen wissen kann, ist dass, genauso wie der Fisch, der Speck und anderes Fleisch durch die Einwirkung des Salzes gestärkt und gehärtet werden, es auch sein kann, dass die Salze, die in das heiße Wasser gemischt sind, einige verdorbene in den Körpern der sich Badenden gelöste Flüssigkeiten erhärten könnten. Aber ich möchte sichergehen, dass du nicht glaubst, dass sie gegen alle Krankheiten helfen können, denn ich bin wirklich weit entfernt von solch einer Meinung. Ich habe mich einige Jahre in Tarbes aufgehalten, dem Hauptort der Bigorre, und ich habe dort mehrere Kranke die Bäder aufsuchen sehen, und sie sind genauso krank zurückgekommen, wie sie vorher waren. Andererseits, wenn das Feuer dieses Jahr an einem Ort ist, wo es ein gewisses Mineral gibt, (48) und dieses die Eigenschaft besitzt einige Krankheiten zu heilen, findet das Feuer vielleicht im nächsten Jahr ein anderes Mineral, dessen Salz nicht die gleiche Wirkung besitzt wie das erste. Nun deshalb sage ich, dass die ganze Sache ziemlich unsicher ist, zumal die Wasser aus unbekannten Gegenden stammen.

Warum man im heißen Wasser badet, und von seinen Wirkungen.

(**29**)

Die Theorie.

Und das Wasser aus Spa, im Lütticher Land, willst du etwa behaupten, dass die Heilung dort unsicher sei? Kommen dort nicht täglich kranke Leute mit verschiedenen Krankheiten hin, die einige Zeit an diesem Ort bleiben, um das Wasser zu trinken und sich dadurch wohlfühlen? Ist es nicht sogar so, dass selbst unfruchtbare Frauen dorthin fahren, mit dem Ziel schwanger zu werden?

Über das Wasser in Spa.

Die Praxis.

Deine Frage passt hier nicht ins Thema, denn das Wasser in Spa ist nicht heiß. Trotzdem, um auf deine Frage zu antworten, sage ich dir, dass wenn das Wasser in Spa eine Schwangerschaft bei Frauen auslösen könnte, würde es stattliche Wunder vollbringen. Ich weiß schon, dass einige dorthin gefahren sind, um das Wasser dort zu trinken, die mehr Gewinn durch das Trinken von Wein gehabt hätten. Ich will nicht behaupten, dass das Wasser dort nicht nützlich gegen Nierensteine sei, denn mehrere haben davon eine Erleichterung verspürt. Und die Ursache dafür ist, dass es zum Urinieren zwingt, und da es nicht lange in den gewöhnlichen Organen verbleibt, haben die Stoffe, welche die Steinbildung verursachen, nicht genügend Zeit sich zusammenzufinden, um zu erhärten und zu versteinern. Einige Mediziner (49) und weitere Personen halten es für sicher, dass diese Wasser Eisenvorkommen durchqueren, und beziehen ihr Argument aus der Tatsache, dass der Quellenschlund sich Gelb färbt. Dieses Argument wird, wie du hören wirst, sehr gut durch die Beweise begründet, die ich dir später nenne. In mehreren Städten des Lütticher Landes finden sich Quellen (***30***), welche die gleichen Eigenschaften aufweisen. Aber die Einwohner aus Spa haben die [Eigenschaften ihres Wassers] als Erste veröffentlicht, woraus sie einen großen Gewinn ziehen. Wenn es so ist, das Eisenvorkommen derartige Eigenschaften haben, wird sich im Gebiet der Ardennen eine große Anzahl von Quellen finden, die eine ebenso gute Qualität haben, wie die eben erwähnte, denn die Erde dieses Landes ist voll mit Eisenvorkommen; die gelbe tonhaltige Erde, die es dort gibt, legt davon Zeugnis ab.

Die Theorie.

Du hast mir vorhin zu verstehen gegeben, dass wenn das Wasser der Bäder von Banieres, Cauterets, Argelais oder Aachen eine Kraft besäße, um Krankheiten zu heilen, würde es von den Eigenschaften der Salze herrühren, und nun sagst du, dass Eisenvorkommen die Ursache für diese Eigenschaft des Wassers aus Spa sind.

Die Praxis.

Wenn du meinen ganzen Diskurs gehört hast, wirst du verstehen, dass das Eisen von nichts anderem erzeugt wird, als von einem Salz. Aber weil dieses Thema besser zu dem Punkt passt, wo bewiesen wird, dass sich Salz in allen Dingen befindet, werde ich es mir bis dahin aufsparen.

Die Theorie.

Wenn dies alles so wäre, würden wir niemals frische Butter essen![137] Ich habe noch nie jemanden gesehen, der dermaßen auf die Salze fixiert ist. Aber meinst du mir weismachen zu können, (50) dass es unter der Erde Salz gibt und dass das Wasser es mitführt, um die Wirkung eines Medikaments hervorzurufen?

Die Praxis.

Du bist wenig weise, solch eine Frage zu stellen. Hast du nicht gehört, dass jene die aus Polen (***31***) kommen erzählen, dass die Salzgruben in jenem Land erstaunlich tief sind? Hast du auch nichts davon gehört, dass es Salzbrunnen in Lothringen gibt? Es scheint mir, dass ich dies bereits früher erwähnt habe. Ist es nicht bekannt, dass es im Bearn salzige Quellen gibt, aus denen man das Salz gewinnt, welches den größten Teil dieses Landes und das Bigorre beliefert? Und das ist nicht alles:

---

[137] Bedeutung unklar. In Frankreich wird häufig gesalzene Butter gegessen. Der „Theorie" ist natürlich bekannt, dass das Kochsalz nachträglich zugesetzt wird und nicht schon in Rohmilch und Rohbutter enthalten ist. Die Argumentation der „Praxis" zielt natürlich auf etwas anderes ab.

Denn wenn es überhaupt kein gewöhnliches Salz[138] mehr in der Erde und den [unterirdischen] Wasserläufen gäbe, wo das Feuer entzündet ist und das heiße Wasser durchfließt, wird es anstelle dessen mehrere andere Arten geben. Denn wenn das Feuer, das in den unterirdischen Bereichen entfacht ist, Marmor oder eine andere Steinart findet, deren Feuchte nicht fest gebunden[139] ist, wird das Feuer sie calcinieren und zu Kalk reduzieren. Das Wasser, das durch diesen Kalk durchfließt, löst das Salz auf, welches sich vorher im Marmor oder anderen unvollendeten Steinen[140] befand. Ich bezeichne als unvollendete [oder imperfekte] Steine diejenigen, (51) die sich calcinieren lassen. Die vollendeten [oder perfekten Steine] werden niemals calcinieren, sondern verglasen.[141] Wenn das brennende Feuer, welches die Hitze des Wassers verursacht, sich über den Torf hermacht, der voll von kleinen Wurzeln und deshalb brennbar ist, wird das Salz welches in ihnen enthalten ist zurückbleiben, wenn der Torf und die Wurzeln verbrannt sind; und das Salz, das in dieser Asche enthalten ist, wird vom Wasser, wenn es sie durchfließt, aufgenommen. Genauso kann es mit der Asche des Schwefels und der Erdkohle geschehen. Und selbst wenn das Wasser nicht auf die Arten salzig würde, wie ich sie beschrieben habe (obwohl es nicht anders sein kann) (***32***), wird es durch das Salz gesalzen, welches kontinuierlich mit dem Wasser heruntertropft, das durch die Erde fließt, um dahin zu gelangen, wo die Feuer entzündet sind. Man muss also schlussfolgern, dass es in den heißen Wassern mehrere und verschiedene Arten von Salzen gleichzeitig gibt: Ich sage sowohl gewöhnliches Salz[142] als auch Vitriolsalz[143] und Alaunsalze,[144] Cuperose[145] und alle Arten von Mineralien. Zusätzlich zu dem was ich erwähnt habe, kann es mehrere Arten von

---

138 „sel commun", Kochsalz, NaCl.

139 „dont humeur ne soit fixe", deren Saft, nicht fixiert, gebunden ist. Vgl. Haage 2000, S. 16 und Schütt 2000, S. 301. In der Wortwahl zeigt sich ein entfernter Anklang an die antike Säftelehre. Neben „Saft" sind die allgemeinen Begriffe Feuchtigkeit und Flüssigkeit übliche Übersetzungen. Siehe Lexikon von Palissy, *Erläuterung der problematischsten Begriffe.*

140 „pierres imparfaites", unvollendete Steine, auch imperfekte, unvollkomme. Dies bezeichnet zweierlei, in erster Linie solche Steine deren Bildung noch nicht zu einem Ende gekommen, also nicht abgeschlossen ist. Ihre Eigenschaften können sich weiter verbessern, das heißt, sie können härter und dichter werden, also weniger angreifbar gegen Umwelteinflüsse. Deshalb sind sie auch im qualitativen Sinne noch nicht vollendet, nicht vollkommen, sie haben noch keine hohe Qualität erreicht. Imperfekte Steine können sich zersetzen und pulverisieren (calzinieren). Demgegenüber können vollendete oder perfekte Steine nur schmelzen und erstarren zu einem glasähnlichen Produkt.

141 „vitrifier", vitrifizieren, verglasen, sintern.

142 Chloride, wie NaCl, also Kochsalz.

143 Sulfate, siehe Anm. zu S. ***19***/38.

144 Doppelsulfatsalze, z. B. des Aluminiums und des Kaliums, $K\,Al(SO_4)_2 \cdot 12H_2O$.

145 Sulfate.

Salzen geben, die den Sanden und Kieselsteinen untergemischt sind, derart, dass sie durch die Gewalt des Feuers zum Verglasen[146] gezwungen werden. Es kann so gewesen sein, dass dies durch Zufall jenen passierte, die zuerst das Glas erfanden. Einige erzählen, dass nachdem die Kinder Israels mehrere Wälder in Brand gesetzt hatten, das Feuer so groß wurde, dass es den Salpeter[147] zusammen mit dem Sand solange erhitzte, bis diese [Masse] die Berge herunterfloss und hinunterrann, so dass man in der Folge versuchte diese Erfindung, die sich durch Zufall ereignet hatte, (52) künstlich nachzuahmen, um Gläser herzustellen. Andere erzählen, dass das Beispiel vom Meeresstrand bezogen wurde, dort wo einige Piraten gelandet waren und ihren Kessel zum Kochen bringen wollten, und keinen Rost oder keinen Feuerbock hatten. Sie nahmen salpeterhaltige Steine, auf die sie dicke Holzscheite und eine große Menge kleineres Holz legten, wodurch eine so starke Glut hervorgerufen wurde, dass die besagten Steine zu schmelzen begannen, und nachdem sie flüssig waren auf dem Sand zerflossen, was zur Folge hatte, dass der Sand sich mit dem Salpeter vermischte und genauso verglaste wie der Salpeter, und das Ganze ergab eine durchscheinende (***33***) und glasige Masse. Auch sage ich dir, derjenige der die Orte, an denen die Feuer die unter der Erde und den Bergen brennen sehen könnte, wird dort verschiedene verglaste Stoffe unterschiedlicher Farben vorfinden. Auch würde man geschmolzenes Gold, Silber und andere Metalle und Mineralien finden; denn wie ich dir letztes Mal sagte, ist die Oberfläche der Erde voll von verschiedenartigsten Pflanzen, und ganz genauso müht sich auch das Innere täglich um verschiedenartige Dinge herzustellen. Darüber hinaus habe ich bereits weiter oben erwähnt, dass die Feuer, die unter der Erde eingeschlossen sind, nur Erdbeben zu erzeugen vermögen, wenn sie nicht atmen können und der Luftstrom zurückgehalten wird. Zum Beweis meiner Aussage bin ich von mehreren vertrauenswürdigen Personen darüber unterrichtet worden, dass man an Orten mit schwefelhaltiger Erde des Nachts eine große Zahl kleiner Löcher im Erdboden sehen kann, aus denen Flammen schlagen, die von Schwefel herrühren, der in der Erde verbrennt. Diese Menschen berichten, dass die Löcher nicht größer als Wurmlöcher sind, und man an den Rändern der Einlässe dieser Löcher Schwefel findet, den die Flammen des Feuers aus der Tiefe der Erde nach oben getragen haben, und dass besagte Feuer nur in der Nacht erscheinen. Du kannst daraus erkennen, dass das Feuer, wenn es durch diese Löcher atmet, ohne jede Gewalt oder ein (53) Erdbeben brennt. Genauso verhält es sich mit jenem, welches das Wasser der Bäder erhitzt, denn es schöpft Luft durch den Wasserlauf. Bis jetzt habe ich mir Mühe gegeben, dir den Grund für gute (***34***) oder schlechte Wasserqualität zu vermitteln, sowohl was die natürlichen Quellen als auch die Brunnen, Flachgewässer oder andere Wasserbecken betrifft, und das Ganze mit

146 „vitrifier", rasches Erstarren aus der Schmelze (siehe PR).

147 „nitre", Salpeter, Nitrat.

dem Ziel, dass du besser die Güte von Quellwasser erkennst, da ich dich lehren will, Brunnen auch an den trockensten Orten anzulegen. Ich werde also alle anderen Fragen beiseitelassen, um auf die Ursachen der natürlichen Quellen zu sprechen zu kommen, da es unmöglich ist, auf welche Art auch immer, die Natur zu imitieren, ohne zuerst ihre Wirkungsweise zu studieren und sie als Schablone und zum Vorbild[148] zu nehmen. Denn es gibt nichts auf der Welt von Perfektion, als wie die Werke des Souveräns. Indem wir uns an den großartigen Naturgesetzen[149] ein Beispiel nehmen, die er uns hinterlassen hat, gelangen wir zu deren Nachahmung.

Vom Ursprung der natürlichen Quellen.

Nachdem ich lange Zeit und sehr genau den Ursprung der Quellwasser von natürlichen Brunnen[150] und den Ort, von dem sie herkommen könnten untersucht hatte, erkannte ich am Ende unmittelbar, dass sie nur vom Regen herrühren und von ihm erzeugt werden.[151] Nun das ist der Grund, der mich bewogen hat, den Regen aufzufangen, um dies nachzuahmen und mich dabei der Natur, so weit es mir möglich war, anzunähern. Indem ich den Gesetzen[152] des obersten Brunnenbauers folge, halte ich es für gesichert, das es mir gelingt Brunnen und Fontänen[153]

148 „patron et exemplaire". Technisches Vokabular der Serienproduktion zur Vervielfältigung von Werkstücken, Zeichnungen etc., auch in der Keramikproduktion von Palissy. „Patron", Modell, Form, Schablone, Muster, aber auch als Nebensinn Meister; und „exemplaire", Vorbild, Muster, mit dem Ziel der Produktion mehrerer Exemplare. Ein weiteres Beispiel ist der Buchdruck.

149 „formulaire". „Naturgesetze" ist eine freie Übersetzung. Es gibt zwei mögliche Übersetzungsstränge:
1.- „Regeln" könnte eine zusammenfassende allgemeine Übersetzung sein. Von „formule", Formel, Rezept. „formulaires", Liste, Buch mit „Formeln", (vgl. Littré) „formulaires", Formular, Vordruck (Pons FD), im 15. Jh. neu in die franz. Sprache eingeführt (PR). PR bringt in diesem Zusammenhang das Synonym „codex", Gesetze. Vgl. Godefroy „formulier, formulaire". Eine Möglichkeit der Deutung könnte sich aus dem Nebensinn, Formelbuch, hergeleitet von Formel, formule ergeben. „formule", Formel, Rezept. Model, Akt, welches den exakten Wortlaut enthält (PR). Hieraus lässt sich ein Zusammenhang mit Rezept und mathematischer Formel, physikalischer Gesetze ableiten. Auch durch solche „Vorschriften" lässt sich ein Vorgang wiederholen, multiplizieren, vervielfältigen. Vgl. lateinisch „formula", Vorschrift, Regel, Gesetz. Cotgrave stützt diese Deutung: „formulaire, …, a President for the drawing of a Deed." „formule, …,a certain rule".
2.- „Formen" ist eine gänzlich andere Bedeutungsrichtung. Hulsius übersetzt „formulaire, der Gestalt eines Dings" mit Bezug zu „formule, ein Gestalt"; Form. Vgl. lat. Forma und EWFS, Stichwort „formule" und „forme".

150 „la cause des sources de fontaines naturelles".

151 Hiermit legt Palissy eindeutig die Grundlagen für die moderne Hydrologie, vgl. Vitruv, 1983, 8. Buch.

152 „formulaire". Die Formeln, die Gesetze Gottes, des obersten Brunnenbauers regeln den Wasserkreislauf. Diese „Formulierung" bezeichnet die Naturgesetze.

153 „des fonteines". Es wird an die dreifache Bedeutung Quelle, Brunnen, Fontäne (Springbrunnen) erinnert und versucht, dies in der Übersetzung zum Ausdruck zu bringen.

zu bauen, deren Wasser genauso gut, rein und klar sein wird, wie das der natürlichen Quellen.
(54)

Die Theorie.

Nachdem ich nun deine Rede gehört habe, muss (***35***) ich dir sagen, dass du ein großer Idiot bist. Hältst du mich für so unwissend, dass ich dir mehr glauben würde, als einer so großen Zahl von Philosophen, die alle sagen, dass alles Wasser aus dem Meer kommt und dass es auch dahin zurückfließt? Es gibt keinen, bis hin zu den Alten, der das nicht sagt, und zu allen Zeiten haben wir alle daran geglaubt. Du bist ziemlich überheblich, uns eine ganz neue Lehre glauben machen zu wollen, als wenn du der fähigste Philosoph wärst.

Die Praxis.

Wenn ich nicht ganz von meiner Meinung überzeugt wäre, hättest du mich sehr beschämt. Doch weder deine Beleidigungen noch deine schöne Rede beeindrucken[154] mich, denn ich bin ganz sicher, dass ich mich gegen dich durchsetzen werde und gegen alle, die deiner Meinung sind, sei es nun Aristoteles oder alle berühmten Philosophen die jemals gelebt haben, denn ich bin vollkommen sicher, dass meine Ansicht wahr ist.

Die Theorie.

Kommen wir also zum Beweis: Gib mir einige Erklärungen, durch die ich erkennen kann, ob deine Meinung irgendeinen Anschein von Wahrheit besitzt.

Die Praxis.

Meine Erklärung ist die, dass Gott die Grenzen des Meeres festgesetzt hat und sie diese nicht überschreiten, so wie es im Buch der Propheten[155] geschrieben steht. Wir sehen durch die Wirkungen, dass dies den Tatsachen entspricht.[156] Denn (55) obwohl (***36***) das Meer in mehreren Regionen höher als das Land ist, besitzt es die größte Höhe in der Mitte, hält aber, durch Gottes Gebot, an den Rändern ein [gemäßigtes] Maß ein, um nicht das Land zu überfluten.[157] Wir haben sehr gute Zeugen dieser Umstände, und unter den Werken Gottes ist besonders dieses wirklich herrlich, denn wenn du Acht auf die furchtbaren Wirkungen des Meeres

154 „m'estonne", Hulsius: erschrecken; Pons FD: erstaunen, verwundern. PR: être ébranlée, zum Wanken bringen.

155 Siehe Jeremias V, 22 und Psalm 104, 9.

156 Diese Erklärung Palissys steht im Widerspruch zum Rest der *Discours*.

157 Zwar kann das Meer aufgrund unterschiedlicher Einwirkungen, z. B. der Mondanziehung, tatsächlich in der Mitte häufig höher stehen als am Rand, es ist aber unklar ob Palissy darauf anspielt.

gegeben hättest, würdest du sagen, es scheine, dass es innerhalb von vierundzwanzig Stunden zweimal herankommt, um das Land zu bekämpfen, um es untergehen zu lassen und zu überfluten. Und sein Kommen ähnelt einer großen Armee, die naht, um das Land zu bekämpfen; und seine Spitze, wie der Stoßtrupp in einer Schlachtordnung, trifft tobend gegen die Felsen und die Begrenzungen des Landes, begleitet von einem so furchtbaren Lärm, dass es scheint, als wolle das Meer alles zerstören. Aber da es einige Kanäle[158] an den Rändern des Meeres in den angrenzenden Landstrichen gibt, haben Einige Mühlen an diesen Kanälen errichtet, in die man mehrere Tore einbaute, um das Wasser beim Auflaufen der Flut [gezielt] in den Kanal einfließen zu lassen, damit es durch sein Kommen die besagten Mühlen zum Mahlen bringt.[159] Und wenn es beim Eintritt in den Kanal das Tor geschlossen vorfindet und keinen geschickteren Diener als sich selbst antrifft, öffnet es das Tor und lässt zu seinem Vergnügen die Mühle mahlen. Und wenn es zurückkehren will, schließt es, wie eine gute Dienerin, selbst das Tor des Kanals, um ihn mit Wasser gefüllt zu lassen. (***37***) Dieses Wasser lässt man anschließend eine Verengung passieren, so dass es weiterhin die Mühle am Laufen hält. Aber wenn es so wäre, wie du sagst, gemäß der Meinung der Philosophen, dass das Quellwasser den Brunnen aus dem Meer zufließt, müsste das Wasser zwangsläufig salzig sein, wie das des Meeres, zudem wäre es erforderlich, dass das Meer höher als die höchsten Berge stände, was nicht der Fall ist.

Genauso wie das Wasser in die Kanäle eingetreten ist und die Mühlen mahlen lässt und die Boote, die mit Salz, Holz und anderen Dingen von der Meeresküste beladen sind, auf mehreren und verschiedenen (56) Kanälen mit sich trägt, muss es dem Meer folgen, der großen Armee, die gekommen ist, der Erde ein Gefecht zu liefern.[160] Ich behaupte also, dass in genau gleicher Weise auch die Quellen, Flüsse und Bäche mit ihm zurückkehren [und sich füllen] müssten, und es gleichfalls notwendig wäre, dass sie während der Abwesenheit des Meeres austrocknen, genauso wie die Kanäle bei Flut gefüllt sind und während der Ebbe austrocknen. Sieh nun, ob deine guten Philosophen eine ausreichende Erklärung besitzen, um meiner zu widersprechen. Es ist wirklich eine offensichtliche Tatsache, dass, wenn sich das Meer zurückzieht, es an vielen Stellen mehr als zwei große Meilen[161] den Sand entblößt, so dass man trockenen Fußes laufen kann und man muss vermuten, dass, wenn sich das Meer zurückzieht, mit ihm auch die Fische[162] entfliehen. Es gibt einige Arten Fische die eine Schale tragen, wie die Miesmu-

---

158 „canaux". Palissy lässt offen, ob es sich um einen künstlich angelegten Kanal oder einen natürlichen Wasserlauf handelt, in den ein Tor eingesetzt wurde.

159 Die Beschreibung Palissys entspricht auch der Funktionsweise einer Schleuse.

160 „escarmocher", eigentlich „scharmützeln".

161 „deux grands lieues", etwa 8 bis 10 Kilometer.

162 „poissons". In der Frühneuzeit wurden alle im Wasser lebenden Tiere generell als Fische bezeichnet.

scheln, Herzmuscheln,[163] Kammuscheln,[164] Dreiecksmuscheln,[165] Austern und mehrere Arten von Burgaus[166], welche in der Art einer (***38***) Schnecke gebaut sind, und die nicht gerne dem Meer folgen. Aber auf ihren Panzer vertrauend, heften sich diejenigen, die nur eine Schale besitzen an die Felsen, während solche die zwei haben auf dem Sandstrand bleiben.[167] Viele Arten von jenen, die wie der Griff eines Messers[168] geformt sind, der etwa einen halben Fuß lang ist, halten sich bereits lange vorher [,vor dem Einsetzen der Ebbe,] im Sand versteckt, und dann können die Fischer sie suchen und einsammeln. Es ist eine bemerkenswerte Sache, dass die Austern, die zehn bis zwölf Meilen vom Meer weggebracht wurden, die Stunde seiner Rückkehr spüren, an der es sich den Orten nähert, wo sie ihre Wohnorte gewählt hatten, so dass sie sich von sich aus öffnen, um Nahrung aus dem Meer aufzunehmen, so als wenn sie noch dort wären. Und weil sie dieses natürliche Verhalten haben, weiß der Krebs genau, dass sie sich mit geöffneten Türen zeigen, wenn das Meer wieder in seine Grenzen zurückgekehrt ist, und hält sich deshalb in der Nähe ihrer (57) Behausungen auf. Sobald die Auster ihre zwei Schalen geöffnet hat, nimmt der erwähnte Krebs, um die Auster zu täuschen, ein Steinchen und legt es zwischen die beiden Schalen, so dass sie sich nicht mehr schließen können, anschließend kann er die besagte Auster verspeisen. Doch die Mäuse

---

163 „sourdons", eine Art „bucarde". Littré : „Terme de zoologie. Coquille en forme de coeur de boeuf qui loge un mollusque", aus dem Griechischen, Bedeutung Ochse und Herz. Wikipedia.fr: allgemeine Regionalbezeichnung für Herzmuscheln. Zu den folgenden Muscheln vgl. *Über die Steine* S. ***223***/245, sowie Abbildung und Erläuterung im Patois Oléronais: http://www.cabuzel.com/oleron/content/view/70/113/.

164 „petoncles", Kammuscheln. Name für verschiedene Arten von Muscheln mit zwei Klappen. Siehe PR und den Schluss der *Discours* mit der Beschreibung der Pilger von St. Michel. Zu den Petonkles, Kammuscheln zählen auch die Jakobsmuscheln, auf die Palissy dort vielleicht anspielt, sie aber als „sourdons" bezeichnet.

165 „availlons", vgl. Godefroy, diese Stelle dient als Beleg des Wortes. Die Moluskel konnte nicht sicher identifiziert werden. Es handelt sich aber höchst wahrscheinlich um die lokal im Südwesten Frankreichs als „lavagnon" oder „Lavignon" bezeichnete, sehr häufig vorkommende Dreiecksmuschel. Andere übliche Namen sind „pignon" oder „donance des canard", Donax anatinum, Dreiecks- oder Koffermuschel. Auch: Donax vittatus. Vgl. *Discours* S. ***223***/245, ***225***/247.

166 „burgaus" oder „burgauts", Perlmuttschnecken. (vgl. Académie). Littré „burgau", „burgaudines": „La plus belle espece de nacre." Vulgärbezeichnung für Perlmuttartige Muscheln mit einer Klappe, d. h. es handelt sich um eine Schnecke. Herkunft überwiegend von den Antillen. Bezeichnung wird manchmal auch für das Perlmutt selbst verwendet (Académie), deshalb auch: „burgaudines" (PR) genannt. Trompetenschnecke?

167 Palissy unterscheidet die Mollusken anhand der Anzahl der Schalen oder Klappen. Eine Schale: Meeresschnecken, zwei Schalen: Muscheln.

168 „manche de couteau". Hierbei handelt es sich um „couteau" oder „solen gaine", *Solen marginatus* genannte Muscheln. Von Linné *Solen vagina* genannt, Messerscheide oder Gemeine Scheidenmuschel; zur Familie der Schwertmuscheln (Solenidae) gehörig.

haben den Grund, warum Austern zwei Schalen besitzen nicht erkannt, denn an mehreren Orten, die recht weit vom Meer entfernt liegen, ist es vorgekommen, dass die Austern, als sie das Kommen der Flut spürten, sich öffneten, wie ich es oben beschrieben habe, und dass Mäuse, die sie offen stehen sahen, sie aufessen wollten.[169] (***39***) Als die Auster den Schmerz des Bisses verspürte, begann sie die Schalen zu schließen und zusammenzupressen. Hierdurch sind mehrere Mäuse gefangen worden, denn sie legten keinen Stein zwischen die zwei [Schalen] wie der Krebs. Was die großen Fische betrifft, haben die Fischer der Saintonge etwas Schönes erfunden um sie zu täuschen; denn sie haben an besonderen Stellen im Meer mehrere verschieden große und dicke Stangen eingepflanzt und an diesen Rollen befestigt, an denen sie die Seile für ihre Reusen oder Netze befestigen. Sobald sich das Meer zurückgezogen hat, lassen sie ihre Netze über den Sand gleiten, wobei sie indessen das Seil, welches von einem Ende zum anderen reicht, auf den Rollen belassen. Und wenn das Meer zurückkehrt, kommen die Fische mit ihm und suchen hier und da Nahrung. Dabei machen sie sich keine Sorgen wegen der Netze auf dem Sandboden, denn sie schwimmen ja darüber. Wenn die Fischer sehen, dass das Meer bereit ist, sich wieder zurückzuziehen, heben sie ihre Netze, die an den Stangen befestigt sind, bis an die Wasseroberfläche, dabei ist die Unterkante besagter Netze durch viele Steine und durch Bleigewichte gespannt, die sie straff nach unten ziehen. (58) Die Seeleute warten, nachdem sie ihre Reusen und Netze gespannt und in beschriebener Weise hochgezogen haben, bis das Meer abgelaufen ist. Und weil das Meer sich entfernen will, wollen die Fische ihm folgen, wie sie es gewohnt sind. Aber sie werden sich getäuscht finden, da die Netze sie aufhalten und sie so von den Fischern gefangen werden, wenn das Meer fort ist.

(***40***) Aber um letztendlich nicht von unserem Thema abzuweichen, werde ich dir ein weiteres Beispiel geben. Man muss als gesichert annehmen, dass das Meer im Sommer den gleichen Wasserstand hat wie im Winter, und wenn ich behauptete, sogar einen höheren, würde ich nicht lügen, denn die höchste Flut tritt bei Vollmond in den Monaten März und Juli ein. Während dieser Zeit bedeckt das Meer mehr Land in den Küstengebieten der Inseln der Saintonge als zu jeder anderen Jahreszeit. Wenn es so wäre, dass das Wasser welches die Quellen speist, vom Meer kommt, wieso können sie dann im Sommer austrocknen, da doch das Meer nicht im Geringsten kleiner ist als im Winter? Bedenke diese Worte und du wirst verstehen, dass auch wenn das Meer die Quellen des [ganzen] Universums mit seinen Brüsten stillte, sie doch nie in den Monaten Juli, August und September austrocknen könnten, zu einer Zeit, in denen ja eine unendliche Zahl von Brun-

---

[169] Alciat 1574, S. 132–133. Vgl. Lees-Jeffries 2010, S. 26, mit Abbildung „The greedy mouse with its head stuck in an oyster“ aus Geoffrey Whitney, *A Choise of Emblemes*, London 1586, S. 128.

nen austrocknet. Ich muss mich weiter mit dir und deinen lateinischen Philosophen streiten, denn du findest nichts gut, außer wenn es von den Lateinern kommt. Ich sage dir, als allgemeine und sichere Regel, dass das Wasser niemals höher steigt als die Quelle [liegt], aus der es stammt. Ist dir nicht bekannt, dass es mehr Quellen in den Bergen als in den Tälern gibt. Und selbst wenn es so wäre, dass das Meer höher als die höchsten Berge stände, wäre es dennoch unmöglich, dass das Quellwasser im Gebirge vom Meer her käme. Und der Grund ist der: Um Wasser von einem hochgelegenen Ort zu einem anderen, (***41***) ebenso hohen zu leiten, ist es zwingend, dass der Kanal durch den das Wasser fließt vollkommen dicht ist, damit nichts hindurchdringen kann, denn sonst wird das Wasser, nachdem es ins Tal hinabgeflossen ist, niemals an hochgelegene Orte zurücksteigen, sondern aus dem nächsten Loch, das es findet, austreten. Also muss ich jetzt schlussfolgern, dass, wenn das Meer genauso hoch wäre wie die Berge, (59) das Wasser nicht bis in die hohen Bergregionen steigen könnte, wo die Quellen entspringen. Denn die Erde ist an vielen Stellen voller Löcher, Spalten und Abgründe, und das Wasser würde, wenn es vom Meer käme, durch die ersten [besten] Löcher, Quellen und Abgründe die es findet, in die Ebene wegfließen. Bevor es zu den Gipfeln der Berge steigen könnte, wären alle Ebenen überschwemmt und mit Wasser bedeckt. Dass die Erde wirklich durchlöchert ist, zeigen die dauernd brennenden Feuer, die aus den Tiefen hervortreten und schwefelhaltige Dämpfe mit sich führen, es würde nur ein einziges Loch oder eine einzige Erdspalte brauchen, um alle Ebenen zu überfluten. Nun, geh und hole jetzt deine lateinischen Philosophen, um mir ein Gegenargument zu liefern, das genauso leicht zu verstehen ist, wie dieses, welches ich dir vorgestellt habe.

Die Theorie.

Du sagst, wenn das Quellwasser vom Meer herstammt, wäre es so salzig wie das Meerwasser, doch die allgemeine und einhellige Meinung ist, dass das Wasser während seiner (***42***) Passage durch die Erdschichten entsalzen wird.

Die Praxis.

Diejenigen die solch eine Meinung vertreten, verstehen gar nichts davon, denn es ist eher anzunehmen, dass das Meersalz aus der Erde stammt und dorthin sowohl durch das Flusswasser getragen wird, das sich in das Meer ergießt, als auch durch die starken Sturmfluten, die gewaltsam an die Klippen und salzhaltigen Böden [der Küste] schlagen. Denn man muss festhalten, dass es in mehreren Ländern Salzklippen gibt. Ein Autor hat in seinen Werken geschrieben, dass ein Land existiert, wo die Häuser aus Steinsalz gebaut sind; wenn dies alles in Betracht gezogen wird, muss man wahrheitsgemäßere Argumente anführen, um mir glauben zu machen, dass das Wasser der Quellen und Flüsse vom Meer herrührt. (60)

Die Theorie.

Nun dann lass mich deine Meinung hören; woher glaubst du könnte es kommen, wenn es nicht aus dem Meer stammt?

Die Praxis.

Du musst wirklich glauben, dass alles Wasser was es gibt, gab und geben wird schon am Anfang der Welt erschaffen wurde. Und weil Gott nichts in Untätigkeit belassen wollte, befahl er ihm zu kommen, zu gehen und zu produzieren.[170] Dies tut es ohne Unterlass, so wie ich gesagt habe, dass das Meer nicht aufhört zu Kommen und zu Gehen. Gleiches gilt für das im Winter fallende Regenwasser, es steigt im Sommer wieder nach oben, um abermals im Winter niederzufallen. Sowohl das Wasser, die Wärmestrahlung der Sonne und die trockenen Winde lassen, wenn sie auf die Erde treffen, große Mengen Wasser [verdunsten und] (***43***) nach oben steigen; das Wasser sammelt sich in der Luft und bildet Wolken, die getrennt hierhin und dorthin[171] aufbrechen, als von Gott gesandte Herolde. Und indem die Winde besagte Dämpfe weiter treiben (61) fällt das Wasser wieder zurück auf alle Teile der Erde, und wenn es Gott beliebt, dass diese Wolken (die nichts weiter als eine Ansammlung von Wasser sind) sich auflösen, wandeln sich die genannten Dämpfe in Regen um, der auf die Erde fällt. *[Wasserkreislauf.]*

Die Theorie.

Wirklich, jetzt erkenne ich mit einem Mal, was für ein großer Lügner du bist, denn wenn es sich so verhielte, dass das Meerwasser in die Luft steigt und später auf die Erde niederfällt, wäre das Salzwasser. Da hast du dich nun in deinen eigenen Worten verfangen.

Die Praxis.

Das hast du sehr schlecht theoretisiert.[172] Glaubst du mich mit diesem Punkt zu überrumpeln? Da bist du noch weit von entfernt.[173] Hättest du bedacht, auf welche Weise sich das gewöhnliche Salz bildet, würdest du nicht solch ein Argument vorgebracht haben. Denn falls es zuträfe, was du sagst, könnte man niemals Salz gewinnen. Du musst verstehen, wenn die Salzsieder[174] Meerwasser in ihre Flach-

---

170 Ziemlich wage Beschreibung von Palissy. Der folgende Satz ist eine Beschreibung der Tiden in Kurzform.

171 „sont parties d'un coté & d'autre comme…“, auch: überallhin.

172 „theoretiqué“: Palissy verwendet das nicht mehr gebräuchliche Wort „theoretiquer“, deutsch: theoretisieren, durchdenken, um gegen die Person „Theorique“ zu polemisieren.

173 „Tu és bien long de ton compte“, andere Übersetzungsmöglichkeit: Da kommst du noch lange nicht auf deine Kosten.

174 „sauniers“, auch Salzbauern. Zur Seesalzgewinnung siehe Diskurs *Über das gewöhnliche Salz*.

becken oder Kompartimente[175] leiten, um es durch den Einfluss der Sonnenwärme und des Windes zum Erstarren zu bringen, würde es sich niemals verfestigen, wenn nicht Wärme und Wind das Süßwasser, das unter das salzige gemischt ist, nach oben steigen ließe. Und wenn das Süßwasser verdunstet ist, beginnt das Salzwasser Krusten[176] zu bilden und sich zu verfestigen. So beweise ich, (***44***) dass die aus dem Wasser des Meeres aufgestiegenen Wolken nicht salzig sind. Denn wenn die Sonne und der Wind das Salzwasser des Meeres verdunsten ließen, könnten sie auch jenes aus dem man das Salz gewinnt zum Verdunsten bringen, und auf diese Weise wäre es unmöglich Salz zu gewinnen. So, damit sind deine Argumente entkräftet.
(62)

Die Theorie.

Und was wird aus der Meinung der ganzen Philosophen, die sagen, dass die Quellen, Flüsse und Bäche von einer dichten Luft erzeugt werden, die unter den Bergen aus Hunderten von Höhlen austritt, die sich in diesen Bergen befinden? Sie behaupten, dass sich diese Luft verdickt und sich einige Zeit später auflöst und in Wasser verwandelt, welches der Ursprung der Quellen und Flüsse ist.

Die Praxis.

Über die Winde.

Verstehst du genau, was du sagst? Da ist Luft, die sich am Gewölbe der Höhlen und Felsen verdickt und die sich dann zu Wasser auflöst? Gesetzt den Fall, dass dies so ist, erscheint mir doch die Ausdrucksweise unsauber. Du sagst, dass es verdichtete Luft ist, und dann, dass sie sich zu Wasser auflöst. Das wäre also das nach oben steigende Wasser, entsprechend dem, welches ich beschrieben habe und das man als Wolken[177] bezeichnet, welche, wenn sie sich der Erde nähern, die Luft verdunkeln, durch eine Kompression, die sie mit sich bringen und die dazu führt, dass die Luft durch die Kompression des Wassers, das sich in Form von Wolken gesammelt hat, sehr stark bewegt wird. Und dass dem so ist, bemerkst du, (***45***)

---

175 „parquetages". Hulsius überetzt „parquet": „ein kleiner umzäunter Ort". Dies passt gut auf die Flachbecken der Meeressalinen, die nichts anderes sind als ein begradigter ebener Boden mit angehäufelten niedrigen Einzäunungsdämmen, also dammähnlichen Aufwerfungen, ähnlich Rabatten. (Vgl. *Discours*, S. ***65***/79).

176 Palissy verwendet das in dieser Form unbekannte Verb „craimer", welches vielleicht mit „crémer", „Rahm ansetzen" in Beziehung stehen könnte. In jedem Fall ist die Bedeutung eindeutig, da die beginnende Kristallisation der Salze gemeint ist. Agricola 1556, S, 468 ff. nennt dies „Bildung von Salzkrusten", dieser Begriff wird deshalb auch hier verwendet. In der Lokalsprache des Oléron gibt es zwei potentielle Herleitungen: „Cré ou crée ou craie: La croissance. Il a fait son cré : il n'ira pas plus loin, car il est arrivé au bout de sa croissance" ; und „Crème (la): Autre nom de la fleur de sel ou sel fin." (Patois Oléronais)

177 „nuées", Wasserdampf.

wenn sich die Wolken auflösen und in Wasser zurückverwandeln,[178] du wirst dann erkennen, dass die Winde nichts anderes als eine Kompression der Luft[179] sind, hervorgerufen durch den Niederschlag. Zumal sich die Winde sofort beruhigen, nachdem das Wasser auf die Erde gefallen ist. Daher kommt das Sprichwort: Ein kleiner Regen besänftigt einen starken Wind.[180] So verursacht also der Regen die Winde, die [wiederum] durch die Regenfälle beruhigt werden; und die Luft,[181] die sich verfinstert hatte, beginnt sich aufzuhellen. Ich will dir verständlich machen, dass ich nicht abstreite, das Wasser, welches in den Höhlen und Grotten[182] der Berge eingeschlossen ist, nicht gegen die Felsen und Gewölbe dunstet,[183] die unterhalb der Grotten liegen, aber ich leugne, dass es die alleinige Ursache für den Ursprung der Quellen ist, und zwar weit entfernt davon. Denn wenn du bedenkst, dass seit der (63) Erschaffung der Welt beständig Quellen, Flüsse und Bäche aus den Bergen kommen, verstehst du leicht, dass es unmöglich ist, das besagte Höhlen Wasser für ein Jahr liefern können, selbst nicht einmal für einen Monat, bei so vielen Flüssen, wie täglich fließen. Man muss also schlussfolgern, dass das Wasser welches aus den Höhlen strömt, weder aus dem Meer noch aus den Abgründen[184] kommt. Denn ich weiß, es ist eine Tatsache, dass aus den Hohlräumen in den Felsen eine ungeheure Wassermenge fließt, in verschiedenen Gebirgen sieht man sie wie einen großen, dichten Rauch[185] austreten, der nach oben steigt und die Luft trübt, indem er sich überall (***46***) in ihr verteilt, und wenn der Dunst sich auflöst, ist es nichts anderes als Wasser. Ich habe mehrere Male in den Ardennen solche dichten Dämpfe austreten sehen und diejenigen, die dies wie ich sahen, sagten, dass es in Kürze regnen würde, weil sie sicher waren, dass besagte Dämpfe sich zu Wasser auflösen. Ich sah in den Bergen der Pyrenäen mehrere Male solche Dämpfe austreten, die, als sie aufstiegen, zu Schnee gefroren, und kurze Zeit später bedeckte dieser Schnee die ganze Erde. Ich streite also nicht ab, dass die Wasserdämpfe in den unterirdischen Hohlräumen eine große Menge

---

178 „reduites", reduzieren.

179 „une compression d'aër", also eine Luftdruckerhöhung.

180 „petite pluye abat grand vent", vgl. Pradez 1933, S. 264: Sprichwort, Kleine Ursache, große Wirkung.

181 In allgemeiner Redensart würde man sagen: „und der Himmel der sich verfinstert hatte". Vermutlich benutzt Palissy hier gezielt den Begriff „air" und nicht „ciel" um keine Konfusion mit dem Himmel und seinen religiösen, astrologischen Konnotationen zu erzeugen.

182 „les cavernes & goufres des montaignes". „Caverne" und „gouffre" sind als Synonyme zu verstehen. Die „gouffres" sind Grotten, wie zum Beispiel der „Gouffre de Cabrespine" im französischen Département Aude, im Pyrenäenvorland.

183 „ne se puissent exaller contre les rochers".

184 „abymes".

185 „fumée", Rauch. Seltsame Verwendung des Wortes, gemeint ist Wasserdunst, also Wasser das beim Austritt fein versprüht und einen Nebel bildet.

Wasser enthalten können, aber es ist notwendig, dass sie übergeben und ausgetragen wird von den Postillionen[186] und Boten Gottes, das heißt: den Winden, Gewittern und Stürmen, da es geschrieben steht, dass sie die Herolde des Gerichts Gottes (64) sind.[187] Folglich ist das Wasser durch den Regen in die [unterirdischen] Hohlräume gelangt, dem Regen, der sowohl durch die Verdunstung des Wassers auf dem Meere[188] als auch auf dem Lande und aller feuchten Dinge entsteht. Indem die feuchten Dinge trocknen entweicht der Wasserdampf, der in die Luft aufsteigt, um wieder [als Wasser] niederzufallen. So steigt alles Wasser unaufhörlich nach oben und sinkt wieder herab. Genauso wie die Sonne und der Mond keine Ruhepause haben, hört auch das Wasser nicht auf sich zu mühen, um zu erzeugen, zu produzieren, zu kommen und zu gehen, wie Gott es ihm befohlen hat.

Die Theorie.

Du hast eben mit einer Definition geendet (***47***), dass alle Quellen und Flüsse aus nichts anderem als aus Regenwasser hervorgehen. Diese Annahme ist ziemlich weit von der allgemeinen Meinung entfernt. Ich bitte dich daher, mir eine vernünftige Erklärung zu liefern, so dass ich ihren Wahrheitsgehalt prüfen kann und sie mich davon überzeugt, dass deine Behauptungen sich auf begründete Beweise[189] stützen.

Die Praxis.

Bevor man zu den Begründungen kommt, ist der Ursprung[190] der Berge und zwangsläufig auch der Täler zu erörtern, und nachdem diese Dinge von ganz nahe[191] betrachtet und untersucht[192] wurden, wirst du unmittelbar den Grund verstehen, warum sich in gewissen Gegenden keine Wasserquelle findet, um Brunnen zu bauen, nicht einmal unter der Erde. Und wenn du diese Sachen ver-

---

186 „qu'elle y été mise et portée par les postes et messagers de Dieu": Die Verbindung von „messagers" und „justice", Gericht, ist eine deutliche Anspielung auf den 1576 von König Henri III eingerichteten königlichen Postdienst, den „messagers royaux". Siehe Schroeder 1996, S. 35.

187 Möglicherweise Hiob, 37 und Psalm 104.

188 In der Hydrologie als Verdunstung freier Wasserflächen bezeichnet, vgl. Nützmann 2000, S. 33 f.

189 „preuve legitime". Auch hier ein Anklang an eine Justizterminologie.

190 „cause", auch: Ursache (Ursprung) und Fall. Palissy könnte hier, wie auch an anderen Stellen, auf die Gerichtsterminologie rekurrieren.

191 „de bien pres", auch: ganz genau. Es wurde eine wörtliche Übersetzung gewählt, da es Palissy wirklich um eine Betrachtung der konkreten Objekte aus kurzer Distanz ging.

192 „considerer" wird doppelt übersetzt, da anscheinend hier beide Bedeutungen angesprochen sind.

standen hast, wird es dir leicht fallen zu glauben, dass alle Quellen ihren Ursprung im Regen haben.

Der Grund für die Form der Berge.[193]

Kommen wir also zur Gebirgskunde: Warum sind die Berge höher als das Land? Das hat keinen anderen Grund als die Form des Menschen, denn wie der Mensch in seiner Höhe und Breite durch die Knochen gestützt wird, ohne die der Mensch gedrungener wäre als ein (65) Kuhfladen, genauso würden im entsprechenden Fall, wenn es keine Steine und Minerale gäbe, die das Skelett des Körpers der Berge bildeten, die Berge sofort in Täler verwandelt werden, oder wenigstens wären alle Länder flach und eben, durch den Einfluss der Wässer, die Erde und Berge mit sich reißen würden, geradewegs hinab in die Täler.[194] Indem du diese Überlegung in deinem Gedächtnis (**48**) behältst, wirst du den Grund begreifen, warum es mehr Quellen und Bäche gibt, die in den Bergen entspringen, als im Rest des Landes; denn die Felsen und Berge halten das Regenwasser zurück, wie es auch ein Kupfergefäß tut. Das erwähnte Wasser, welches auf die besagten Berge fällt und durch den Erdboden und die Spalten sickert, fließt immer weiter nach unten und ohne Halt, bis es auf einen Untergrund aus Stein oder Fels trifft, der ohne Risse[195] oder sehr dicht ist. Auf solch einem Untergrund setzt es sich dann ab und sammelt sich.[196] Nachdem es einen Kanal oder eine andere Öffnung gefunden hat, tritt es als Quelle,[197] Bach oder als Fluss hervor, je nachdem wie groß die Öffnung und die [unterirdischen] Wasseransammlungen[198] sind. Da solch ein Quellwasser nicht (gegen seine Natur) wieder in die Berge hinaufsteigen[199] kann, fließt es nach unten ins Tal. Und obwohl viele der Ursprünge dieser Quellen[200] die aus den Bergen kommen zu Beginn nicht einmal groß sind, fließt ihnen von überall Hilfe zu um sie größer werden und anwachsen zu lassen, besonders aus

193 „form des montagnes", die Form der Berge. Interessant ist die Übersetzungsvariante „Körper", die einige Zeilen später von Bedeutung ist, wenn es im französischen Text heißt „les os de la form des montagnes", wo „form" eigentlich nur mit „Körper" übersetzt werden kann, also: „die Knochen" oder „das Skelett des Körpers der Berge". Um die Fragestellung mittels Analogie zu verdeutlichen, bemüht Palissy an dieser Stelle die Anthropomorphie.

194 Natürliche Erosion, z. B. Erdrutsch.

195 „pierre ou rocher bien contigu et condencé". „contigu", aneinander rührend (Hulsius), d. h. dicht, ohne Zwischenraum und Risse.

196 „se reposent", sich absetzen, sich ausruhen. Dormir, schlafen (Ménage). D. h. das Wasser verbleibt am Ort und fließt nicht ab, sondern sammelt sich dort. Palissy beschreibt die Grundwasserbildung.

197 „fontaine". Das Grundwasser tritt als Quellwasser aus dem Untergrund nach außen, ans Tageslicht. Die Quelle oder natürliche Brunnen wird zu einem oberirdischen Phänomen.

198 „les receptacles", Behälter, Becken, Sammelbecken, Ansammlung. Grundwasserbecken.

199 „jetter".

200 „commencemens des sources", Ursprünge der Quellen.

den Gebieten und Bergen, die links und rechts der Quellen liegen.[201] So, das war in wenigen Worten die Ursache für die Entstehung der Quellen, Flüsse und Bäche, und du brauchst keinen anderen Grund zu suchen als diesen hier. Wenn die Philosophen geschrieben haben, dass die Quellen durch eine verdichtete Luft erzeugt werden, die am Fuß der Berge hervorquillt, handelt es sich um Wasser, das ursprünglich vom (**49**) Regen herstammt, der erst niedergefallen ist, bevor er wieder nach oben steigt. (66)

Warum es im flachen Land keine Quellen so wie in den Bergen gibt.

Kommen wir jetzt zum Grund, warum es nicht ebenso gut Quellen im flachen Land und in ebenen Landschaften wie in den Bergen gibt. Du musst verstehen, wenn das ganze Erdreich sandig, locker oder schwammartig[202] wie die Ackerböden[203] wäre, fände man niemals Grundwasser,[204] in welcher Gegend auch immer. Denn das Regenwasser, welches auf den besagten Erdboden fällt, würde immer weiter nach unten fließen, bis zum Zentrum und niemals innehalten können, um Brunnen oder Quellen[205] zu bilden. Denn der Grund, warum sich das Wasser sowohl in Quellen wie in Tiefbrunnen sammelt, ist kein anderer, als dass es einen Untergrund aus Stein oder aus Tonerde vorfindet, der Wasser genauso gut wie Stein zurückhalten kann. Wenn jemand Wasser in sandigen Böden sucht, wird er niemals welches finden, außer falls der Untergrund unter der wasserführenden [Schicht] aus Ton, Stein, Schiefer, oder einem Mineral besteht, welcher das Regenwasser zurückhält, nachdem es die Erdschichten durchlaufen hat. Du könntest einwenden, mehrere Quellen gesehen zu haben, die in sandigem Erdreich, ja selbst direkt im Sand, entspringen. Darauf antworte ich, wie oben, dass es darunter irgendeinen Untergrund aus Stein gibt, und wenn das Grundwasser höher als die Sandschichten steigt, liegt das daran, dass es auch von weiter oben kommt.[206] Lass dich nicht durch deine festgefügte Meinung täuschen, denn du wirst keine zuverlässigeren Erklärungen finden, als die, welche ich dir an verschiedenen Stellen dieser Abhandlung gegeben habe. Wenn du mir nicht glauben willst, muss ich (**50**) großer Idiot[207] dir noch mehr darüber erzählen. Ich werde also das Thema über die Ursprünge des Quellwassers beenden.

---

201 Frühneuzeitliche Formulierung hydrologischer Grundbegriffe wie oberirdisches hydrologisches Einzugsgebiet, Wassereinzugsgebiet und Wasserscheide. Vgl. Nützmann 2000, S. 35 ff.

202 „spongieuse", schwammartig. Bei Böden spricht man von bindigen Böden. Vgl. *Discours*, S. **63**/78.

203 „terre labourable", bearbeitbarer Boden; eine Analogie zur anderen bearbeitbaren Erde, den Töpferton.

204 „source de fontaine", „Brunnenquellen" (siehe Hulsius), gemeint sind unterirdische Wasservorkommen, die durch den Bau von Tiefbrunnen erschlossen werden können.

205 „pour faire puits ny fontaines".

206 Das Prinzip der kommunizierenden Röhren hat Palissy wohl als erster so klar formuliert.

207 Zitat: Rückgriff auf die Rede der „Theorie", *Discours*, S. **35**/54.

Die Theorie.

Wir halten uns tatsächlich schon lange bei diesem Thema auf und ich bin wirklich enttäuscht, denn von Beginn an hattest du versprochen mir zu zeigen, wie man Brunnen auch an den trockensten Orten baut und überall wo ich will, aber bisher hast du darüber noch kein einziges Wort verloren.
(67)

Die Praxis.

Du bist nicht sehr verständig, glaubst du denn, dass der kluge Arzt jemals ein Medikament an einen Kranken verschreiben wird, wenn er nicht vorher den Grund der Krankheit kennt? War es nicht genauso notwendig, bevor ich dich lehre, wie man Brunnen baut, dir die Ursache aufzuzeigen, wie Quellen auf natürliche Weise entstehen? Weißt du nicht mehr, dass ich dir schon am Anfang versprochen hatte, dich den Bau von Brunnen zu lehren, die jene des obersten Brunnenbauers nachahmen? Und wie könnte dies geschehen, ohne dass man zuerst die Natürlichen betrachtet? Nun, darum wollte ich dich zuerst dazu bewegen, dass du eine solche Betrachtung anstellst. Und obwohl ich dir bereits sehr viel über das Wesen der Quellen erzählt habe, will ich dir noch deutlicher zu verstehen geben, dass es unmöglich ist, dass sie durch das Meer entstehen können, da ich einen Grund vorhin vergessen habe zu erwähnen. Es ist nämlich so, dass es keine Leere unter dem Himmel gibt,[208] denn wenn sich das Meer [wieder] aus den Kanälen, Hohlräumen, (**51**) Löchern und Gängen zurückzieht, in die es eingetreten war, als es hoch stand, lässt das Wasser nicht so schnell die Löcher und Kanäle wieder leerlaufen, als dass sie sich nicht mit Luft füllen könnten. Und wenn das Wasser, welches vom Meer zurückkehrt, die Luft umschließt und [in sich] einschließt, die während seiner Abwesenheit Besitz von den erwähnten Löchern ergriffen hat, wird sie dem [eindringenden] Wasser einen Widerstand entgegensetzen, wenn sie nicht eine gewisse Atmungsmöglichkeit findet, um ihm Platz zu machen. Und wenn dies in einer Glasphiole[209] passiert, sei sie nun groß oder klein, was glaubst du, um wie viel sicherer kann dies erst in einem Wasserlauf[210] passieren, der vom Meer bis (68) in die Berge der Auvergne führt? Wenn du behauptest, dass es zwischen den Bergen und dem Meer mehrere kleine Entlüftungsmöglichkeiten geben kann, durch die die Luft vor dem einströmenden Wasser entweichen kann, antworte ich, dass wenn die Luft durch sie austritt, wird es auch das Wasser tun. Es ist sicher, dass das Meerwasser mit einer solch großen Geschwindigkeit kommt, dass,

---

208 Siehe Palissy 1996, S. 67, Anm. 107: Auseinandersetzung mit dem Vakuum.

209 „fiole de verre". Bauchige Flasche mit langem engen Hals. Vielleicht ein Hinweis auf chem. Experimente Palissys und ein Beleg dafür, dass sich ein elementares Laborutensil im Besitz Palissys befunden hat?

210 „canal d'eau".

wenn es einen vollkommen geschlossenen Kanal vom Meer bis in die Berge gäbe und es so hoch wie die Berge stände, das Wasser, wenn es überhaupt bis in die Berge käme, wegen der großen Distanz und der zusammen mit ihm eingeschlossenen Luft den Kanal sprengen würde. Und wie ich bereits früher sagte,[211] wenn es trotzdem geschähe, dann würden die Flüsse, Bäche, Brunnen und Quellen in den Bergen versiegen, wenn das Meer sich von dort zurückzieht. Dies ist eine genauso sichere Regel, wie jene, die ich weiter oben erwähnte, nämlich, dass die Brunnen und Flüsse, wenn sie [ihr Wasser] vom Meer bezögen, salzig wären. Ich habe noch ein weiteres ausgezeichnetes (***52***) Beispiel, und das letzte zu diesem Thema. Dieses bezieht sich auf das Küstengebiet und die Inseln der Saintonge, dort gibt es in einigen Ortschaften und Dörfern Brunnen mit Süßwasser und andere mit Salzwasser. Man kann dadurch ganz klar erkennen, dass dort wo die Brunnen Salzwasser enthalten, diese durch Meerwasser gespeist[212] werden und das die Brunnen mit Süßwasser, die sich in der Nähe derjenigen mit Salzwasser befinden und genauso nahe am Meer liegen, sich durch die Abflüsse des Regens anreichern, die von der dem Meer abgewandten Seite[213] kommen. Und zudem gibt es, das muss festgehalten werden, mehrere kleine Inseln, einige haben sogar nicht einmal einen Morgen[214] festes Land, die im Meerwasser liegen und vollständig von ihm umgeben sind, auf denen es [aber] Süßwasserbrunnen gibt. Das gibt klar zu erkennen, dass dieses Süßwasser weder aus einer Quelle noch aus dem Meer stammt, sondern vom Abfluss des Regens, das die Erde durchströmt, bis es auf eine wasserundurchlässige Schicht trifft, wie ich es dir bereits beschrieben habe. Nachdem ich verstanden hatte, dass ohne jeden Zweifel das Wasser der natürlichen Quellen vom Regen herrührt und es diese entstehen lässt, hielt ich es für eine große Ignoranz derjenigen, die wasserlosen Grundbesitz[215] (69) haben, dass sie nichts über die Möglichkeiten des Brunnenbaus wissen, da Gott das Wasser sowohl über sandige Böden als auch über die anderen schickt, und es wirklich sehr wenig Wissenschaft bedarf, um zu verstehen es aufzufangen und zu sammeln. Würden die Menschen im Altertum nicht über die Werke Gottes nachgedacht haben, hätten sie sich vom Gras der Viehweiden ernährt [und] (***53***) ausschließlich die Feldfrüchte genommen, so wie sie ohne Bearbeitung wachsen. Aber sie wollten sich darin üben mit Vernunft zu pflanzen, zu säen und zu kultivieren, um der Natur zu helfen, deshalb wurden die ersten Erfinder von guten Dingen die der Natur halfen

---

211 Wiederholung von *Discours*, S. ***37***/56. Der anschließende Satz spielt auf die Ebbe an.

212 „abreuvez de l'eau de mer".

213 Also von der Landseite.

214 „un arpent de terre". Altes Agrarmaß, 1 arpent=100 perches=20–50 ares (PR). „ares", Ar, Flächenmaß von 100 m² (Duden). „Morgen", ein fünftel bis ein halber Hektar, ca. 2000 bis 5000 m² (http://de.wikipedia.org).

215 „heritages steriles d'eaux".

von unseren Vorfahren so sehr geschätzt, dass sie diese für Teilhaber[216] des Geistes Gottes hielten. Ceres, die sich einfallen ließ Weizen zu säen und zu kultivieren, wurde Göttin genannt; Bacchus, ein guter und ordentlicher Mensch (und überhaupt kein Säufer, als den ihn die Maler darstellen), wurde verehrt, da er auf den Gedanken kam Wein anzubauen und zu kultivieren; genauso Priapos[217] dafür, dass er die Bodenteilung erfunden hatte, damit jeder seinen Teil anbaut; Neptun dafür, dass er die Navigation erfand. Und natürlich wurden folgerichtig alle Erfinder nützlicher Dinge als Teilhaber an den Gaben Gottes verehrt: Bacchus hatte erfolgreich den wilden Wein gefunden, Ceres erfolgreich den wilden Weizen entdeckt. Aber dieses reichte nicht aus, um sie so angenehm zu ernähren, als wenn die Dinge verpflanzt [und kultiviert][218] worden wären. Wir (70) erkennen dadurch, dass Gott wünscht, dass wir arbeiten, um der Natur zu helfen, da durch das Verpflanzen der Dinge diese sehr viel köstlicher sind als die wild wachsenden. Und da uns Gott reines und klares Wasser bis vor unsere Tür schickt, das nichts kostet, außer der Einrichtung eines Ortes, wo es aufgefangen und gesammelt werden kann, wäre es da nicht eine große Faulheit von uns, wenn wir, nachdem wir eine gute Erfindung kennengelernt haben, um das von Gott geschickte (***54***) Wasser aufzufangen und zu sammeln, in unserer Faulheit verkommen und nicht würdig sind, solchen Segen zu empfangen? Aber ich werde meine Pflicht getreu dem dir gegebenen Versprechen erfüllen. Ich versichere, wenn du es verachtest, wirst du auf ewig unwürdig sein in den Genuss von Brunnenwasser zu kommen. Ich sage das, weil ich davon ausgehe, dass du einigen Grundbesitz hast, auf dem du das Wasser sammeln kannst, entsprechend werde ich dich unterweisen.

---

216 „participants". Übersetzung entsprechend Hulsius, heute üblicherweise Beteiligte, Teilnehmer.

217 Palissy schreibt: „Priapus". Sohn des Dionysos (o. a. entspr. d. Quelle) und der Aphrodite, in der griechischen Mythologie ein Gott der Fruchtbarkeit, Beschützer von Vieh, Bienen, Fischen und Früchten.

218 „transplantez". Hulsius: verpflanzt. Ergänzung, da für Palissy umpflanzen, verpflanzen, transplantieren ein Synonym für kultivieren ist, welches zu einer Verbesserung von Qualität und Ertrag der Nutzpflanzen führt. Vielleicht spricht Palissy auch das Prinzip der „Baumschule" an. „Der deutsche Begriff Baumschule hat seinen Ursprung darin, dass in einer Baumschule die Gehölze aufgeschult (angepflanzt) und anschließend über Jahre herangezogen werden. Spätestens alle fünf Jahre werden sie ausgegraben und verpflanzt. In der Fachsprache wird das Wort «verschult» verwendet." „Der wichtigste Zweck des Umpflanzens ist …, den Wurzelballen kompakt und vital zu halten, …. Konkret heißt das, dass ein Gehölz in der Baumschule … alle 5 Jahre verschult (verpflanzt) werden muss. Mit dieser Maßnahme wird die Pflanze gezwungen, nahe beim … Stamm junge, vitale Wurzeln zu bilden. Diese sind entscheidend für die Wasser- und Nährstoffaufnahme." (http://www.hauenstein-rafz.ch/de/pflanzenwelt/sammelsurium/Baumschule-eine-Schule-fuer-Baeume.php).

Die Theorie.

Bitte spann mich also nicht auf die Folter, sondern zeige mir unverzüglich die Art und Weise wie man vorgeht.

Die Praxis.

Ich kann dich nicht vernünftig beraten, wenn ich nicht von dir höre, ob der Ort, wo du deinen Brunnen anlegen möchtest, gebirgig oder flach ist, denn die Sache muss je nach der Beschaffenheit des Ortes geplant werden, sonst arbeitet man umsonst.

Die Theorie.

Ich habe ein Landhaus, in dessen Nähe es einen recht steilen Berg gibt, und mein Haus befindet sich nahe dem Fuß des Berges.

Die Praxis.

Wenn das so ist, ist es eine große Erleichterung um einen kostengünstigen Brunnen zu bauen, und ich werde dir sagen wie: Es gibt keinen Berg, der (71) nicht auf Felsen gründet, dies habe ich dir bereits mehrfach gesagt. Du kannst also versichert sein, eine große Wassermenge zu fördern und zu deinem (***55***) Haus hinableiten zu können, wenn du aufpasst, dass es kein Loch oder eine längs des Berges verlaufende Spalte gibt. Pass also auf, dass es keine Öffnungen gibt, durch die dein Wasser versickern könnte. Und wenn es welche gibt, verschließe diese mit Steinen und Erde und erhöhe dann die Peripherie um die Stelle herum, die du zur Aufnahme des Regenwassers ausersehen hast. Nachdem du diese Aufkantung[219] in der Bauweise einer Landstraße fertiggestellt hast, wird alles Wasser das in deine Einfassung fällt zu der Stelle fließen, die du dafür vorgesehen hast. Wenn das geschafft ist, baust du zwei Sammelbecken,[220] die hintereinander angeordnet sind; das zweite soll niedriger als das erste sein, damit das Wasser des ersten schon

219 „rempart", Festungsmauer, Wall, Wehr. Gemeint ist eine (Brunnen-) Einfassung, die wie eine Chaussee oder Landstraße errichtet ist, aus massiven Feld- oder Felssteinen. Das ganze Bauwerk ist unklar beschrieben, seine Höhe unbestimmt. Vermutlich ist diese gering, nur eine Aufkantung in Höhe eines Kantsteines, da Bezug auf den Straßenbau genommen wird. Das erste Becken ist ein Flachbecken, welches eine große Oberfläche bedeckt. Im Folgenden wird klar, dass es sich nicht um die Einfassung einer natürlichen Quelle handelt, die an der Flanke des Berges austritt. Es könnte sich um eine halbkreisförmige Einfassung am Bergfuß handeln, die sowohl von oben kommendes Regenwasser, als auch Oberflächenwasser und temporär austretendes, aufsteigendes Bodenwasser aufnimmt. Der Brunnen würde also Wasser sammeln, aber nicht kontinuierlich wieder abgeben, daher der spätere Hinweis der „Theorie", dass das Bauwerk in Wahrheit eine Zisterne sei.

220 „receptacles".

gereinigt in das zweite fließt. Um das Wasser zu reinigen, muss es durch eine Sandschicht geleitet werden, die du vor dem ersten Becken anlegst. Und die Steine des ersten Sammelbeckens müssen ohne Mörtel vermauert werden, damit das Wasser zum zweiten Becken laufen kann. Oder besser: Konstruiere ein Sieb aus Stahl oder nimm ein Blech, in das du kleine Löcher bohrst, damit nur das Wasser durchlaufen kann. Auf diese Weise wird das Wasser, wenn es durch den Sand und das erste Sammelbecken gelaufen ist, gut gereinigt sein, wenn es am Fuß in das zweite Becken eintritt, denn das erste ist groß und unbedeckt wie ein See. Man muss [zudem] eine dritte Stufe bauen, etwas niedriger als die zwei anderen, aus dem das Wasser für den häuslichen Verbrauch entnommen wird. Wenn du die Oberfläche des Bassins, auf der Seite auf der du das Wasser entnimmst, schmücken möchtest, kannst du sie dekorieren so wie es dir (**56**) gut erscheint, entweder in der Art eines Felsens oder anderweitig. Wenn es dir möglich ist, Bäume links und rechts zu pflanzen, kannst du sie in Form eines Tonnendaches oder Kabinetts krümmen, um dem Brunnen Schönheit zu verleihen.[221]
(72)

Die Theorie.

Sicher, aber wenn mein Haus ein von Gräben umgebenes Schloss wäre, wird mir [dein Vorschlag] nichts nützen.

Die Praxis.

Wenn es sich so verhält, muss das Wasser vom Bassin mit Rohren bis ins Innere des Schlosses geleitet werden, genauso wie du es an den Brunnen in Paris und denen der Königin siehst, das man quer durch die Gräben leitet. Innerhalb besonderer Holzelemente, die zu diesem Zweck ausgehöhlt wurden und überdeckt sind, befinden sich Bleirohre, durch die das Wasser zu den Brunnen fließt.[222]

Die Theorie.

Ich erkenne plötzlich, dass es anscheinend etwas Wahres in dem gibt, was du sagst. Trotzdem, wenn ich alles machen würde, was du sagst, hätte ich anschließend nichts anderes als eine Zisterne gebaut. Ich bin sicher, dass diejenigen, die meinen Brunnen sehen, ihn auch kaum anders bezeichnen werden.

Die Praxis.

Denkst du etwa die Wahrheit zu erkennen und das Gewicht meiner Worte zu verstehen, wenn du keine Erinnerung mehr an das hast, was ich vorher über den

---

221 Wiederaufnahme des Gartenprojektes aus dem *Recepte veritable* mit seinen Kabinetten und der nach Art der „ars topiaria" geformten Bäumen. Vgl. z. B. Lecoq 1990.

222 Hinweis: Palissy verwendet hier eine Kombination aus Holz- und Bleirohren und keine Steinzeugrohre. Vgl.Kommentarteil Kap. III.1 *Palissys hydrologisches Modell.*

Ursprung der natürlichen Quellen sagte? Es ist sicher, wenn du nur einen Teil von dem Ganzen was ich erzähle behältst, wirst du nichts begreifen! (***57***) Ja, jede Person die die guten Beispiele und ausgezeichneten Beweise, die ich dir vorhin gegeben habe hört, wird stets zugeben, dass der Brunnen den zu bauen ich dich lehren will, nicht Zisterne genannt werden kann. Im Gegenteil, er wird mit gutem Recht sogar natürliche Quelle[223] genannt werden, da das Wasser, welches er abgeben wird, aus dem gleichen kostbaren Gut stammt wie die anderen Quellen. Es gibt keinen Unterschied, außer in zwei Punkten: Der erste ist, dass man geholfen hat, es aufzufangen und zu sammeln, oder besser gesagt, das Gut zu empfangen, das uns angeboten wird. (73) Aber was sage ich? Verursacht es keine Mühe? Und scheut man keine Kosten, um das Quellwasser in die Städte und zu den Schlössern zu leiten? Braucht man dort kein Mauerwerk, wie bei der Konstruktion die ich dir zeige, und wer ist es, der sie rechtmäßig Zisterne nennen wird, da sie sich doch in nichts von einer natürlichen Quelle unterscheidet? Ich sagte dir, dass sie in allem einer natürlichen Quelle ähnelt, außer in zwei Punkten: Der erste ist, wie ich dir sagte, dass man der Natur hilft, ganz genauso wie auch das Aussäen von Weizen, das Beschneiden des Weinstocks und das Bearbeiten des Weingartens nichts anderes ist, als der Natur zu helfen. Der zweite ist von größerem Gewicht, und kann nicht verstanden werden, wenn du den Beginn meiner Ausführungen nicht behalten hast. Wenn du sie vollkommen verstanden hast, kannst du durch die Beweise die ich angeführt habe beurteilen, dass keiner der natürlichen Brunnen Wasser produziert von dem man überzeugt sein kann, dass es genauso gut ist, wie das [Wasser] von dem, den ich dir gerade zu bauen zeige. Der Grund dafür ist, wie (***58***) du gehört haben konntest, dass die Erde voll von verschiedenen Sorten an Salzen und Mineralien ist und dass es unmöglich ist, dass Wasser, welches durch die Wasserleiter[224] im Felsgestein und durch die Erdschichten fließt, nicht irgendwelche giftigen Salze oder Mineralien aufnimmt, was bei dem Wasser des Brunnens, den ich dir gerade zu bauen zeige, nicht passieren kann. Genauso gut weißt du, dass es eine allgemeine Regel ist, dass das leichteste Wasser auch das Beste ist.[225] Ich frage dich, gibt es ein leichteres Wasser als das Regenwasser? Ich habe dir vorher gesagt, dass das Wasser bevor es niederfällt, zuerst aufgestiegen ist. Dies geschieht aufgrund einer heißen Verdunstung,[226] folglich kann das aufsteigende Wasser nur sehr wenig erdige Substanz mitnehmen und noch weniger Mineralstoff.[227] Und dieses Wasser, das daher leicht durch Verdunstung empor-

223 „fonteine naturelle", natürlicher Brunnen, natürliche Quelle. Die Begriffe „source" und „fonteine" werden von Palissy auch hier unterschiedslos durcheinander gebraucht.

224 „conduits", Leitungen, Rohre.

225 „les eaux les plus legeres". Interessanter Hinweis auf die „leichtesten Wasser". Wasser, das viele Mineralstoffe enthält ist in der Tat schwerer als destilliertes Wasser.

226 „chaude exalation", auch: heiße Verdunstung, Ausdünstung, Verdampfung.

227 Die Aussage von Palissy über die Verdunstung ist widersprüchlich, auf Seite ***43***/60 der *Discours* wird feststellt, das verdunstetes Wasser keine Salze mitnimmt.

gestiegen ist, fällt wieder auf die Erdoberfläche zurück. Wie du natürlich weißt, ist es frei von allen Mineralien und anderen Dingen, die das Wasser schlecht machen können. Deshalb kann ich schlussfolgern, dass das Wasser der Brunnen entsprechend meinem Entwurf (74) gewiss besser sein wird, als das der natürlichen, und dass meine Brunnen deshalb nur als natürliche Brunnen bezeichnet werden dürfen. Ganz genauso wie Obstbäume ihren Namen nicht dadurch ändern, dass sie gepfropft und verpflanzt werden, können meine Brunnen nicht deshalb den Namen ändern, weil sie besser sind als die anderen. Und falls es erlaubt wäre, ihren Namen zu ändern, (***59***) müsste man die natürlichen Quellen wilde [Quellen] nennen, im Vergleich zu denen, [deren Bau] ich dir zeige. Genau wie auch die Obstbäume, deren Holz natürlich wächst, wilde genannt werden, aber wenn man sie umpflanzt [und kultiviert][228] nennt man sie natürlich.[229] Und um dir besser verständlich zu machen, dass das Regenwasser am leichtesten und damit am besten ist, frage die Färber und Zuckerraffineure, sie werden [dir] sagen, dass das Regenwasser für ihre Aufgaben und aus mehreren anderen Gründen das am besten [geeignete] ist. Wenn du diese klaren Beweise,[230] die ich dir beigebracht habe, nicht glauben willst, verweise ich dich darauf bei dem großen Vitruv[231] nachzusehen, der derjenige von denen ist, die über das Wasser gesprochen haben, der am vernünftigsten darüber spricht. Er beweist in seinem Buch durch hinreichende Gründe,[232] dass Regenwasser das Beste und Gesündeste ist.

Die Theorie.

Ich erkenne jetzt, was du sagst, ist sehr einfach zu realisieren und das Wasser aus solchen Brunnen wird bestimmt gut sein; aber ich befürchte eine Schwierigkeit: Wenn es einen starken Gewitterregen gibt, wird das Wasser, welches mit großer Gewalt an den Hängen des Berges herunterläuft, eine große Menge Erdreich, Sand und andere Sachen mit sich führen, die den Abfluss des Brunnens oder den Ablauf des Wassers, welches dorthin fließt, behindern.
(***60***) (75)

Die Praxis.

Wirklich, jetzt erkenne ich, dass deine Urteilskraft nicht gestört ist, und da ich sehe, dass du meinen Worten Aufmerksamkeit schenkst, werde ich dir später eine

---

228 „transplantez". Siehe Anmerkung *Discours*, S. ***53***/69.

229 „francs", hier: natürlich oder wirklich (PR). Palissy will mit diesem Wort den natürlich, aber in einer Kultur oder Obstplantage wachsenden und gepflegten Baum, im Gegensatz zum wild wachsenden bezeichnen. Der „natürliche Baum" wird aber auch zur anderen Seite abgegrenzt, denn er ist weder veredelt noch gepfropft.

230 „belles preuves".

231 Von Palissy „Victruve" geschrieben, vgl Vitruv, 8. Buch.

232 „raisons suffisante", hinreichender Grund, im Gegensatz zu „raison neçessaire", notwendiger Grund.

Zeichnung[233] oder einen Entwurf für den Bau deines Brunnen anfertigen, der dem Platz oder Ort angemessen ist, den du mir angegeben hast. Und um der Tücke der Wassermassen zu begegnen, die sich während eines Unwetters in kurzer Zeit sammeln können, ist es notwendig, dass, nachdem du dein Auffangbecken[234] zur Aufnahme von Wasser angelegt hast, du große Steine quer durch die tiefsten Kanäle legst, die in dein Auffangbecken münden. Dadurch wird die Kraft des Wassers und der Sturzbäche amortisiert und dein Wasser wird sich beruhigt in die Sammelbecken begeben.

Die Theorie.

Muss ich, wenn es entlang des Berges, wo ich mein Wasserauffangbecken[235] anlegen will, Bäume gibt, diese fällen?

Die Praxis.

Im Namen Gottes, nein, hüte dich davor, denn die Bäume werden dir in dieser Angelegenheit noch sehr dienlich sein! Es gibt in vielen Regionen Frankreichs und besonders in Nantes Holzbrücken, wo man, um die Gewalt des Wassers und des Eises zu brechen, welche die Pfeiler dieser Brücken beschädigen könnten, eine große Menge Holz vor den Brückenpfeilern aufgerichtet hat, denn ohne dies würden sie nicht lange halten. Ähnlich werden dir die Bäume sehr helfen, die entlang des Bergs (***61***) gepflanzt sind, an dem du dein Auffangbecken anlegen willst, um die übermäßige Gewalt des Wassers zu bekämpfen. Ich bin weit davon entfernt dir zu raten, die Bäume zu fällen, ich würde dir sogar raten (76) welche zu pflanzen, wenn es keine gäbe, denn sie werden helfen zu verhindern, dass das Wasser die Erde ausspült. Dadurch wird die Grasnarbe, auf der das Wasser sehr sanft geradewegs in dein Wasserbecken hinunterfließen wird, geschützt. Ich muss dich auf einen besonderen Punkt hinweisen, der nur Wenigen bekannt ist: Von den Blättern der Bäume, wenn sie in das Wasserbecken fallen und dem unten [im Becken] wachsenden Grün, vor allem von den faulenden Früchten, falls die Bäume welche tragen, nimmt das Wasser im Becken die Salze dieser Früchte, Blätter und Gräser auf und verbessert die Wasserqualität deines Brunnens beträchtlich, und verhin-

---

233 „pourtrait ou dessin“. Erwähnung einer Zeichnung, die nicht in dem Buch enthalten ist. „Pourtrait“ kann mehreres bedeuten: ein Portrait im traditionellen Sinn, eine Abbildung oder ein Bild (z. B. ein Gemälde) eines beliebigen Gegenstandes, aber auch dessen mündliche oder schriftliche Beschreibung. „pourtrait“, Porträt, Zeichnung, Abbildung, Entwurf. Hulsius: Abriß, Entwerfung.

234 „par terre“. Hierbei handelt es sich um das zuerst beschriebene Becken, das Flachbecken zum Auffangen des Wassers, „parterre“ wird im Folgenden deshalb mit Auffangbecken übersetzt, zur Abgrenzung von den als Sammelbecken bezeichneten Bassins. Durch das Anordnen von Steinen werden die Kanäle zu sogenannten Tosbecken, die der Beruhigung stark bewegter Wassermassen dienen. Die Beschreibung entspricht auch heute gebräuchlichen Bauten des Wasserbaus.

235 „parterre“.

dert jede Fäulnis.[236] Wenn wir über die Salze reden, wirst du diesen Punkt besser verstehen, deshalb spreche ich jetzt nicht weiter darüber.

Die Theorie.

Ich habe ein weiteres Landhaus, aber die Berge sind wenigstens eine achtel Meile[237] vom Haus entfernt. Gäbe es nicht eine Möglichkeit auch dort einen Brunnen anzulegen? Denn wenn das Wasser fällt, geht es über den Wiesen, ziemlich weit von meinem Haus entfernt, nieder.

Die Praxis.

Hast du kein Mittel das Wasser am (**62**) Fuß des Berges zurückzuhalten und es den Weg in Richtung deines Grundstückes nehmen zu lassen? Wenn du es bis in die Ebene, in Richtung deines Hauses geführt hast, musst du es den letzten Teil des Weges durch Rohre aus Blei, Ton oder Holz leiten. Du wirst das gut machen, das ist eine einfache Angelegenheit.

Die Theorie.

Und wenn ich einen Brunnen in einer ländlichen Gegend bauen will, wo der Erdboden überall eben ist, wie man es allgemein auf dem Lande sieht? Gibt es eine Möglichkeit das zu bewerkstelligen?
(77)

Die Praxis.

Aber ja, doch mit höheren Kosten als in den Bergen, denn da wo der Platz eben ist, muss man mit Manneskraft ein Gefälle anlegen.

Die Theorie.

Wie kann man ein Gefälle anlegen, wenn es dort kein natürliches gibt?

Die Praxis.

Das ist noch nicht schlimm, denn es ist recht einfach, ein Gefälle durch den Einsatz menschlicher Arbeitskraft herzustellen. Aber das Schlimmste ist, dass man zum Pflastern gezwungen ist, da man auf der einen Seite aufschütten muss und auf der anderen abtragen, ansonsten wird das Ganze nicht halten.

Die Theorie.

Man muss also insgesamt feststellen, dass das Ganze nicht machbar ist, also sprechen wir nicht weiter davon.

---

236 Vgl. *Discours*, S. **10**/30 wo Früchte, nämlich die grünen Limonen, ein Zeichen der Fäulnis sind.

237 „demy quart de lieüe". „lieüe", Hulsius: französische Meile, etwa 3–4 km.

Die Praxis.

Doch, doch, und die Sache ist sogar ziemlich einfach, vorausgesetzt man will genügend Zeit und Geld aufwenden.

Die Theorie.

Dann sag mir bitte wie du in diesem Fall vorgehen (***63***) möchtest.

Die Praxis.

Ich würde zuerst ein Feld in unmittelbarer Nähe des Hauses wählen, und dort je nach der Größe meiner Familie mein Wasserauffangbecken[238] anlegen. Und nach dem Spannen meiner Messschnüre würde ich eine Anzahl Tagelöhner damit beschäftigen die Erde in der Nähe meines Hauses auszuheben, wo ich (78) die Wassersammelbecken[239] errichten möchte, und sie ans andere Ende des [späteren] Auffangbeckens schaffen lassen. Durch diese Vorgehensweise werde ich die zum Haus hin liegende Seite genauso schnell um zwei Fuß abgetragen haben, wie ich zum Aufschütten der anderen Seite brauche, da sie um vier Fuß höher liegt. Dies ist eine günstige Höhe, die ausreicht, um das ganze in deinem Auffangbecken anfallende Regenwasser abzuleiten. Die Kosten des Ganzen sind nicht so hoch, als dass sie nicht einer Diskussion wert wären. Aber was die Kosten für die Pflasterung betrifft, sind diese mehr oder weniger hoch, je nach der Art der Baustoffe, die sich vor Ort finden.

Die Theorie.

Und warum muss man den Boden des Auffangbeckens pflastern?

Die Praxis.

Weil du mir erzählt hast, dass es ein Flachland ist, und du dich bereits bemüht hast dort Brunnen anzulegen, wofür deine Vorfahren und du schon viel ausgegeben haben. Aber wenn es nicht gelingt, [dort] Wasser zu finden, liegt es daran, ich habe es dir vorhin gesagt, dass die ganze Erde sandig und schwammartig[240] ist und das

238 „parterre“.

239 „receptacles“.

240 „Spongieuse“, schwammartig. „Qui est d'une structure poreuse, semblable à celle de l'eponge“ (Bescherelle). Diese Bezeichnung von Palissy ist für Sandböden unpassend, da „schwammartig“ eine saug- oder wasseraufnahmefähige Eigenschaft voraussetzt. Palissy charakterisiert aber die Sandböden gerade durch ihr Vermögen das Wasser nicht zu halten, so dass es, wie in einem Sieb, geradewegs hindurchläuft. Bindige Böden ließen sich viel eher „schwammartig“ nennen. Zu bindigen Böden zählen Schluffe, Tone und Gemische daraus, wie Lehm oder Mergel. Bindige Böden halten das Wasser zurück und speichern Teile in ihrer Matrix. Erst durch diese Wasseraufnahme in seinem Porenraum erlangt Ton seine Dichtungs- und Sperrfähigkeit. Vgl. Witt 2007 und *Discours*, S: ***65*** f./

Regenwasser sofort versickert, sobald es niedergefallen ist. Wenn alle Böden so wären, könnte es niemals Grundwasser geben. Quellen entstehen nur, wenn die Böden einen Untergrund aus Fels oder irgendwelchen Gesteinen[241] besitzen. (***64***). Nachdem die Erde von einem Ende deines Wasserbeckens zum anderen transportiert worden ist und alles vorbereitet wurde, um das Regenwasser aufzunehmen, wird dir dies alles deswegen kaum nützen, denn das Wasser findet nichts, wodurch es aufgehalten wird. Darum sage ich, ist es notwendig dein Wasserbecken zu pflastern, damit es Wasser zurückhalten kann. Ich will damit nicht sagen, dass es ein behauener Pflasterstein sein muss oder harte Steine zu wählen sind, wie die in den Städten, auch braucht man sie nicht in einem Sandbett zu verlegen, wenn dieser nicht vor Ort verfügbar ist, sondern man kann sie, nur ganz grob zugerichtet, in einfacher Erde verlegen. So stelle ich mir das vor, (79) damit du nicht denkst, die Ausgaben wären zu hoch. Und wenn sich platte Steine finden, wie man sie vielerorts sieht, muss man sie flach verlegen, damit sie eine größere Fläche abdecken, dadurch lässt sich verhindern, dass die Erde das Wasser aufsaugt; dabei ist es ganz gleichgültig, wie sie verlegt werden.

Die Theorie.

Und wenn ich meinen Brunnen an irgendeinem Ort errichten will, wo es überhaupt keine Steine gibt?

Die Praxis.

Wenn es überhaupt keine Steine gibt, nimm Ziegelsteine für den Boden.

Die Theorie.

Und wenn es weder Stein noch Ziegel gibt?

Die Praxis.

Mach den Boden aus Tonerde.

Die Theorie.

Und wie? Saugt Ton etwa kein Wasser (***65***) wie andere Erde auf?

Die Praxis.

Nein, denn wenn das Wasser tonige Erde durchdringen könnte, wäre es niemals möglich Salz durch Sonnenwärme zu gewinnen. Denn zu diesem Zweck sind die

79 f. Nichtbindige oder rollige Böden, und hierzu zählen neben Geröll, Schotter, Kies auch sandige Böden, aber diese haben, wie Palissy richtig feststellt, gegenteilige Eigenschaften: das Wasser fließt leicht ab.

241 „les terres sond foncées de pierre ou de quelque mineral“.

Dämme[242] und Kompartimente[243] der Salzgärten auf einer Schicht aus Ton gegründet und dadurch wird das Meerwasser, welches in den Kompartimenten eingeschlossen wurde, zurückgehalten, damit es sich verfestigen und in Salz verwandeln[244] kann. Aber du musst festhalten, dass die Tone, (80) deren man sich zur Wasserhaltung bedient, vorbereitet[245] werden müssen. Ich werde dir beschreiben, nach welcher Art die Inselbewohner sie aufbereiten. Als Erstes nehmen sie eine Anzahl Pferde, die sie in einer Reihe hintereinander am Schweif aneinander binden und beim ersten Pferd, zur Führung der Gruppe, befindet sich ein Mann, der die Zügel in der Hand hält. Mit der anderen Hand gibt er ihnen unversehens einen Hieb mit einer Peitsche, um sie anzutreiben solange den Platz entlang zugehen, bis der Ton gut weich geschlagen und geknetet[246] ist. Anschließend wird er eingeebnet,[247] und so in Form gebracht, dass er als Sperrschicht für das Wasser dienen kann. Und da ich dir vorschlug, du könntest den Boden deines Auffangbeckens aus Ton machen, wenn kein Stein oder keine Ziegelsteine vorhanden sind, werde ich dir noch mehr darüber erzählen, wenn ich das gewöhnliche Salz behandele.

Die Theorie.

Und wenn mein Auffangbecken mit Steinen, Ziegeln oder Ton gepflastert wäre, könnte mein Feld mir nur (***66***) dazu dienen das Wasser aufzufangen, und dies wäre ein großer Verlust für einen armen Mann, der nur wenig Land besitzt und es allein für einen Brunnen verwendet.

Die Praxis.

Wenn du mir doch glauben willst, das besagte Auffangbecken wird dir großen Gewinn bringen und sehr nutzen, zum Beispiel um dort eine große Zahl Obstbäume aller Arten anzupflanzen. Pflanze sie in geraden Linien und pflastere dann dein Becken und an jedem Baum lässt du drei oder vier Zoll Erde ungepflastert, so dass die Pflasterung nicht das Wachstum der Bäume behindert. Und wenn das

242 „champs" von „chant", Schmalseite, Kante, Aufkantung. Hier also Aufwerfung oder Damm. Übersetzung folgt Palissy 1996, Bd. 2, S. 79, Anm.121. Zweite Bedeutung von „champs", Feld, ist hier ebenso gebräuchlich und sinnvoll. Zum Aufbau der Salzgärten vgl. *Discours*, S. ***43***/61.

243 „parquetage", Kompartimente, Fächer oder abgeteilte Felder. Vgl. S. ***43***/61, dort mit Flachbecken übersetzt. Vgl. *Discours, Über das Salz,* S. ***181*** f./203.

244 „pour estre congelée et reduite en sel", entspricht: „ …, damit das Salz kristallisieren kann".

245 „conroyer" (altfranz.), siehe „corroyer" (PR), vorbereiten, zubereiten. Bei der Lederherstellung: schlagen bis zur Erweichung; auch der Ton wird zuerst geschlagen und geknetet, damit er weich und bearbeitbar wird. Vgl. GdH: „conroie, -rei, Préparation d'une substance, spécialem. du cuir".

246 „conroyer".

247 „aplanir", einebnen, glätten, planieren.

durchgeführt ist, kannst du Erde bis zu einer Höhe von einem Fuß oder mehr auf das Pflaster schaffen lassen. Danach kannst du jede Art von Gemüse aussäen, die du möchtest; und so werden die Bäume wachsen und die Erde wird Früchte tragen und wird dir viele Früchte bringen und selbst Holz, um zu heizen; und es wird in der Gegend kein Stück Land geben, das einen so großen Ertrag bringt, da es zu vielerlei nutzt: (81) zuerst für den Brunnen, als zweites für die Früchte, als drittes für das Holz, als viertes für Dinge, die du im Becken pflanzen wirst. Falls du dort nichts von dem pflanzen willst, was wir besprochen haben, säe dort Heu, das dir als Grünfutter dienen kann, und zum Schluss wird es eine sehr angenehme Promenade sein, also ein Stück Land, welches fünf schöne Annehmlichkeiten bieten wird.

Die Theorie.

(**67**) Richtig, aber wenn ich das gepflasterte Auffangbecken mit Erde bedecke und etwas darinnen säe, wird das Wasser, welches hindurchfließt, die Saat überfluten, die ich ausgesät habe.

Die Praxis.

Du hast sehr schlecht behalten was ich dir mehrfach geschildert habe, nämlich dass die schwammartigen Erden und die Ackerböden kein Wasser zurückhalten können. Deshalb musst du begreifen, dass der Regen, der in dein Auffangbecken fällt, durch die Erde bis auf das Pflaster läuft, und auf dem Pflaster angekommen, folgt das Wasser dem Gefälle und läuft bis zum Sandfilter, der an die Sammelbecken grenzt, und durchströmt den Sand beim Weiterfließen, um sich zum ersten Bassin zu begeben. Dies muss dich zu der Überlegung führen, dass Regenwasser, welches über den Bergen, Gebieten und allen Orten mit einer Geländeneigung in Richtung zu den Flüssen und Quellen fällt, sich nicht unmittelbar dorthin begibt. Denn wenn es so wäre, würden alle Quellen im Sommer austrocknen; aber das Wasser, das während der Winterzeit auf den Erdboden fällt, kann nicht schnell hindurchlaufen, sondern [versickert und] fließt ganz allmählich hinab, bis es eine undurchlässige Schicht irgendeiner Art findet; und wenn es auf Felsgestein trifft, folgt es der Seite mit dem Gefälle, um sich zu den Flüssen zu begeben. Daher kommt es, dass es unter diesen Flüssen mehrere kontinuierliche Quellen[248] gibt. Und so, da es nur nach und nach versickern und [die Bodenschichten] passieren kann, werden alle Quellen von einem Winterende zum anderen versorgt.
(**68**) (82)

---

248 „Sources continuelles", Grundwasser, in Bodenschichten dauernd vorhandenes Wasser. Das Grundwasser wird laufend mit neuem, versickerndem Regenwasser versorgt, d. h. angereichert.

Die Theorie.

Du hast mir den Entwurf von drei Brunnen gegeben, zwei in den Bergen und einen im Flachland. Aber da jener im Flachland nicht ohne Kosten entstehen kann und nicht jeder die Bequemlichkeiten der Berge hat, wüsstest du keine Erfindung, die du mir überlassen könntest, die den Landarbeitern im Flachland hilft, ohne dass sie gezwungen sind, den Boden zu pflastern? Denn nicht alle haben die Möglichkeit Pflastersteine zu verwenden, weil es selbst in einigen Gegenden weder Gestein, noch Ziegel oder Ton gibt.

Die Praxis.

Wenn ich ein Dorfbewohner wäre und mein Wohnhaus auf freiem Feld stände, hätte ich die Hoffnung Mittel und Wege zu finden, um einen Brunnen zur Versorgung meiner Familie zu bauen.

Die Theorie.

Bitte sage mir doch, wie du das bewerkstelligen würdest.

Die Praxis.

Ich würde ein Stück Land in der Nähe meines Hauses wählen, und nachdem ich es an einem Ende erhöht hätte, wie ich es dir vorhin beschrieben habe, nähme ich verschiedene Holzhämmer[249] und schlüge die Erde ziemlich gleichmäßig. Nachdem sie geschlagen und begradigt ist, würde ich die zwei Sammelbehälter bauen, wie ich es dir oben erläutert habe und irgendwo entweder eine Wiese oder ein Waldstück suchen, wo die Erde eine geschlossene dicke Grasnarbe besitzt, um aus dieser eine große Anzahl von Rasensoden zu stechen, damit ich genug (**69**) hätte, um den ganzen Boden meines Auffangbeckens innen zu befestigen. Damit die Wurzeln der Gräser von einer Grassode in die andere wachsen, verfülle ich die Verbindungsstöße mit einer feinen Erde, und dadurch werden die Wurzeln leicht von der einen zur anderen Grassode wachsen, und so wird daraus (83) eine Pflasterung mit einer Grasnarbe wie eine Wiese werden, die das Wasser durch das Gefälle bis zum Sammelbecken leitet.

Die Theorie.

Und glaubst du, dass das Regenwasser nicht durch diesen Rasen hindurchgelangt, oder um es besser zu sagen, dass die Erde es trinkt, ohne ihm Zeit zu geben sich zum Sammelbecken zu begeben?

---

249 „maillets de bois“, auch: Holzschlegel.

Die Praxis.

Und denkst du, dass ich dir solch einen Rat gäbe, ohne zuerst die natürlichen Wiesen untersucht zu haben? Ich habe über eintausend gesehen, die nicht einmal ein Gefälle von drei Fuß hatten, wo trotzdem das Regenwasser zur tiefsten Stelle der Wiese floss und dort eine ziemlich lange Zeit verweilte, bevor die Erde es aufgesaugt hatte. Denn die Menge an Gräsern und Wurzeln verhindert, dass die Erde das Wasser aufsaugen kann wie die Ackerböden. Ich will nicht behaupten, dass die Risse, die im Sommer durch die Trockenheit entstehen, nicht einen Teil des Wassers aufnehmen könnten, wenn die Böden ausgetrocknet[250] sind, aber die Neigung oder das Gefälle des Auffangbeckens führt dazu, dass der größte Teil des Niederschlagswassers schnell in die Sandpackung fließt, die sich vor dem ersten Reservoir befindet. Wenn du wenigstens den Rand deines Auffangbeckens mit mehreren (***70***) Baumarten säumst, wird dies deinem Becken etwas Schatten spenden, so dass die Sonne deine Grünfläche nicht aufreißen lässt. Dazu würde ich das Gras dieses Rasens wachsen lassen, ohne es zu schneiden, denn das Regenwasser, welches von oben aus dem Auffangbecken nach unten läuft, wird die Grashalme niederdrücken und dann nutzen sie als Abdeckung der Risse in der Erde. Und wenn diese Gräser verfaulen, wird ihr Salz vom Wasser in das Sammelbecken getragen und führt zu einer Verbesserung des Wassers, wie ich sagte.
(84)

Die Theorie.

Du hast mir so viele Gründe genannt, dass ich gezwungen bin zuzugeben, dass die natürlichen Brunnen nur durch das Regenwasser entstehen. Trotzdem habe ich Quellen gesehen, die so groß sind, dass sie Mühlen zum Mahlen bringen und andere, die der Ursprung von Flüssen sind, und das ist nicht möglich, wenn es nicht noch andere Ursachen als den Regen gäbe.

Die Praxis.

Du täuscht dich, denn du verstehst nicht, dass [das Wasser] der großen Quellen aus sehr großer Entfernung kommt, da sich die Felsen sehr weit fortsetzen, und das Wasser einen natürlichen [unterirdischen] Kanal findet, den es selbst im Verlauf einer langen Zeitspanne[251] hergestellt hat. Ganz genauso wie du es bei den großen Flüssen siehst, in die viele kleine Flüsse münden, geschieht es im entsprechenden Fall innerhalb des Bauches der Berge:[252] es gibt dort Hauptkanäle, die das

250 „alterées".

251 „long espace de temps". Einer der wenigen Hinweise bei Palissy der den Zeitraum geologischer Veränderungen betrifft.

252 „matrice des montagnes".

Quellwasser führen, in die mehrere andere (**71**) münden. Ich sage, dies geschieht genauso im Inneren der Berge, wie es bei allen Flüssen sichtbar passiert. Und suche nicht mehr nach den Ursachen für die Größe oder Kleinheit der Quellen, denn du wirst keinen wahreren Grund finden.

Die Theorie.

Und falls das Feld, welches ich zur Auffangfläche gemacht habe, um das Wasser zur Versorgung meines Brunnen zu sammeln, nicht für das ganze Jahr reicht und bei großer Hitze austrocknet, auf welche Weise kann ich einem Wassermangel vorbeugen?

Die Praxis.

Das Mittel ist sehr einfach, man braucht keinen großen Geist dazu um es zu kennen. Wenn dein Auffangbecken nicht ausreicht, füge noch ein weiteres Stück Land an, (85) und pflastere es in gleicher Weise, wie ich es dir gesagt habe und auf diese Weise wirst du nie Wassermangel haben.

Die Theorie.

Ich habe bisher einen Hauptpunkt noch nicht gehört, nämlich ob der Brunnen kontinuierlich sprudelt oder ob man das Wasser mit einem Wasserhahn zapfen muss?

Die Praxis.

Ich habe dir vorhin gesagt, dass du an der Vorderseite deines Brunnens eine Verschönerung oder Ausschmückung anbringen kannst, wie sie dir gut erscheint und dass ein Wasserhahn an dieser Seite nötig ist.

Die Theorie.

Wenn das so ist, muss ich das Wasser zapfen, wie den Wein aus einem Fass und deshalb kann (**72**) er sich nicht Brunnen nennen, denn die natürlichen Brunnen sprudeln immer.

Die Praxis.

Wenn ich noch nie Brunnen sprudeln gesehen hätte, würdest du mir eine Menge einreden. Weiß man nicht sehr genau, dass diejenigen von Paris und eintausend andere mit Wasserhähnen gezapft werden?

Die Theorie.

Richtig, aber du hast mir gesagt, dass die Brunnen, die du mich zu bauen lehrst, mir und meinem Vieh dienen werden; willst du, dass sie ihr Maul unter einen Wasserhahn halten?

Die Praxis.

Ich verstehe nicht, wie du solch eine Frage stellen kannst, weißt du nicht, wie man nebenan ein [weiteres] Reservoir bauen kann, außerhalb des Wegs zu deinem Brunnen, um Wasser zur Tränkung deines Viehs zu entnehmen? Ich würde an der Seite des Brunnens einen zusätzlichen Wasserhahn anbringen, und wenn das Vieh getränkt werden soll, muss man ihn öffnen und das Wasser in die Tränke laufen lassen, und dann trinken die Tiere frisches, reines und klares Wasser. (86)

Die Theorie.

Richtig, aber es ist schade so viel Land nur für Brunnen zu verbrauchen.

Die Praxis.

Ich habe nie einen Menschen mit so wenig Geist kennengelernt! Schätzt du so wenig den Nutzen von Brunnen? Gibt es etwas auf der Welt, was wichtiger wäre? Weißt du nicht, dass Wasser eines der Elemente ist, (***73***) ja sogar das erste unter allen, ohne das nichts seinen Anfang nehmen kann? Ich sage: kein tierisches Ding, noch pflanzliches, noch mineralisches, selbst nicht einmal die Steine, wie du hören wirst, wenn ich von ihnen spreche.

Genauso habe ich dir erzählt, dass du alle Baumarten in dein Auffangbecken pflanzen kannst. Schätzt du also einen Boden als nutzlos ein, der Obstbäume oder andere [Bäume] hervorbringt? Ich muss dir jetzt eine lange Rede über deine Unkenntnis und der von hunderttausend anderen halten, die ich nicht genug verabscheuen kann, aber mein Verstand ist nicht fähig genügend gegen solche Ignoranz anzuschreien. Zuerst sieh an, was ich dir erzählt habe, dass weder Mensch noch Tier ohne Wasser leben können. Auch behaupte ich, genauso wenig ohne Feuer. Nun, darum sage ich, wenn dein Auffangbecken nur dazu dienen würde Holz zu liefern, wäre dies die schönste Sache, die du auf deinem Grundstück haben könntest. Ich sagte dir weiter oben, dass du Holz haben wirst, sowie Früchte, und du alle Arten von Nahrung in deinem Auffangbecken ernten kannst, ohne dass das Wasser auf irgendeine Art verdorben wird. Denkst du, dass dies für einen klugen Menschen wenig bedeutet, der die Nützlichkeit von Holz schätzt, und der, mehr als alles andere, sich bemüht (87) davon etwas auf seinem Besitz zu haben? Was würdest du ohne Holz machen? Wirst du dein Abendessen in der Sonne kochen? Ich bitte dich, bedenke ein wenig, ob du jemanden finden wirst, aus welchem Stand auch immer, der darauf verzichten könnte. Schau, wie wenig Handwerker (***74***) es gibt, die ihr Leben ohne Hilfe des Holzes verdienen. Wenn du Häuser bauen willst, wird Holz gebraucht, sowohl für die Tragbalken, Deckenbalken, wie für die Dachsparren, für das Brennen des Kalks [und] für das Herstellen des Mauerwerks; wenn es darum geht, Werkzeuge und Instrumente herzustellen, für die Bearbeitung welches Materials auch immer braucht man Kohle um es zu schmieden. Wenn es darum geht ein Schiff zu führen, um mit fremden Ländern Handel zu treiben, braucht man Holz für den Schiffbau, wenn es darum geht Verteidigungswaffen zu besitzen, muss man sie aus Holz montieren. Man braucht Holz um Fuhrwerke und Karren zu bauen. Die Feldherren, Schlosser und Goldschmiede und alle jene die Kohle[253] herstellen, was würden sie machen, wenn sie auf Holz verzichten müssten? Kurz, wenn die Rede davon ist Mühlen zu bauen, Leder zu gerben, zu färben, Weinfässer oder andere Dinge herzustellen, auf die man nicht verzichten kann, für alle diese Sachen braucht man notwendigerweise Holz. Was die Früchte betrifft, wie Birnen, Äpfel, Kirschen, Kastanien, Pflaumen und andere Arten, würde man sie pflücken, wenn man keine Bäume pflanzte? Wenn ich aufschreiben wollte, wie nützlich Holz ist, und das man unmöglich darauf verzichten kann, würde ich nie zu Ende kommen.

253 Lies: Holzkohle.

(**75**) (88)

Mitteilung an den Gouverneur und die Einwohner von Jacques Pauly, früher Brouage[254] genannt.

Als Fortsetzung der Abhandlung über die Brunnen hielt ich es für gut durch diese Schrift den Gouverneur von Brouage über die ausgezeichneten Möglichkeiten und die Nützlichkeit zu unterrichten, die dieser Ort bietet, um einen Brunnen gemäß meinem Entwurf anzulegen, und das zu geringen Kosten, da es an diesem Ort bereits Holz für Pumpen (89) *gibt, welches schon aufgebohrt ist, man muss es nur noch ineinander stecken.*[255] *Zudem ist, ausgehend vom Wald bei Yers*[256] *bis zum Ort Jacques Pauly, früher Brouage, das Gefälle an diesem Ort so gut geeignet, dass man im Ort Jacques Pauly das Wasser eines Brunnens über eine Lanze hoch spritzen lassen könnte. Und dies sage ich, nachdem ich von der großen Wasserknappheit gehört habe, die man an diesem Ort erlebte, während einer Belagerung dieser Stadt, die in unserer Zeit durchgeführt wurde.*[257]

---

254 Brouage, auch Jacopolis genannt, nach dem Gründer Jacques de Pons; im 16. und 17. Jh. bedeutende Hafen- und Festungsstadt im heutigen franz. Département Charente-Maritime. Das Meer vor Brouage ist seit dem 18. Jh. verlandet, so dass die Stadt nun im Landesinneren liegt.

255 Die Rede ist von bereits fertiggestellten Holzrohren. Holzrohre fanden häufig Verwendung, sie sind auch auf einem Stich in Agricolas *De re metallica* zu sehen, siehe Agricola 1928, S. 148.

256 Yers oder Hiers, ein Ort drei Kilometer von Brouage entfernt. Später gemeinsamer Ortsname Hiers-Brouage.

257 Brouage wurde 1577 während des 6. Religionskrieges durch die Truppen von Charles de Lorraine, duc du Mayenne, dem Bruder von Henri de Guise und einer der Heerführer der katholischen Ligue belagert (siehe Aubigné 1616, S. 439 ff. und Miquel 1980, S. 353 ff.).

(**76**)[258] (91)

Über den Mascaret[259] der im Fluss Dordogne in der Guyenne[260] entsteht.[261]

Die Theorie.

Du hast mir vorhin einen ziemlich langen Vortrag über die Wirkungen des Wassers, des Feuers und der Erdbeben gehalten, aber du hast mir nichts über den Grund für das Wesen des Mascaret erzählt.

Die Praxis.

Und was nennst du Mascaret? Ich habe nie vom Mascaret sprechen gehört, auch weiß ich nicht, was das sein kann, wenn du es mir nicht sagst.[262]
(92)

Die Theorie.

Man nennt Mascaret einen großen Berg aus Wasser,[263] der sich im Fluss Dordogne, in der Gegend von Libourne bildet, und dieser Berg entsteht nur im Sommer,

---

258 „74". Falsche Seitenzahl korrigiert. Es hat sich hier ein weiterer Fehler eingeschlichen: die Ornamentbordüre des Titels steht auf dem Kopf.

259 Lokale Bezeichnung für die Springflut an der französischen Atlantikküste, die besonders gewaltig zum Frühlings- und Herbstanfang auftritt. Dies ist im Streitgespräch der Grund dafür, dass die Person „Praxis" in Paris den Mascaret nicht kennt. Das Werk von Palissy ist eines der ersten Belege für dieses Wort aus dem Gasconischen (siehe: TLF, DAG und FEW). An der Atlantikküste sind abhängig von Land und Region auch andere Worte für dieses Naturphänomen bekannt. In keinem anderen Buch der Frühneuzeit wird diese Flutwelle beschrieben, die Palissy aus eigener Anschauung kennen müsste.

260 Alte Bezeichnung eines Teils des heutigen Départements Charente-Maritime im Süd-Westen Frankreichs, lange Zeit selbstständig oder unter englischer Besetzung.

261 *Über den Mascaret* ist Teil des Diskurses *Über das Wasser und die Brunnen*.

262 In diesem Dialog kehrt sich das Verhältnis zwischen den Personen „Theorie" und „Praxis" um. „Theorie" kennt das Phänomen und gibt eine annähernd korrekte Erklärung der Ursachen, während „Praxis", der sonst als Empiriker aufgrund von eigener Anschauung oder Experimenten argumentiert, hier ohne Kenntnis des Phänomens spekuliert und herumtheoretisiert. Was ist der Grund für diesen erstaunlichen Bruch im Aufbau der *Discours*? Kam es in der Druckerei zu einer Verwechslungspanne? Festzustellen ist jedenfalls, dass die Seitenzahl 79 falsch ist und auf dieser Seite der Name einer Dialogperson („Die Praxis"?) vergessen wurde, auch die Seitenzahl 74 war bereits unrichtig. Dagegen spricht, dass Palissy im Anhang *Auszug der wichtigsten Sentenzen*, S. **365**/377 diese Behauptungen bestätigt.

263 Eine Dünung. Im Deutschen spricht man von einer Gezeitenwelle, diese wird durch die Tide ausgelöst. Voraussetzung ist ein großer Tidehub und eine bestimmte Geometrie der Flussmündung.

sogar in ganz friedlichen Perioden, wenn das Wasser vollkommen ruhig ist. Aber ganz plötzlich in einem Moment, zu einem unvorhersehbaren Zeitpunkt, in einem Augenblick, bildet sich der Wasserberg, läuft sehr schnell das Wasser entlang und legt manchmal einen sehr langen Weg zurück, manchmal aber auch einen kürzeren. Und in seinem Verlauf bringt der Berg alle Boote zum Kentern, die er auf seinem Weg findet, weshalb die Bewohner in der Nähe des Flusses, wenn sie (**77**) die Bildung des Mascarets beobachten, beginnen von überall zu schreien: „Vorsicht der Mascaret! Vorsicht der Mascaret!", und die Flussschiffer, die zu diesem Zeitpunkt auf dem Fluss sind, fliehen ans Ufer um ihr Leben zu retten, welches sonst dem Ende nah wäre.

Die Praxis.

Und was sagen die Einheimischen, wo dieser Mascaret entsteht?

Die Theorie.

Sie sind nicht alle einer Meinung. Die einen sagen dies und die anderen sagen das. Jedenfalls halten es die Einwohner von Bordeaux, Libourne und Guitres für sicher, dass der Grund nichts anderes als die auflaufende Flut des Meeres ist, die mit dem ablaufenden Wasser des Flusses zusammentrifft, und sie wollen daraus ableiten, dass der Kampf zwischen den beiden Wassern das Entstehen dieses großen Berges bewirkt. Nun, das ist die klarste und überwiegende Meinung der Bewohner des Landes.
(93)

Die Praxis.

Und du, was hältst du für den Grund dieser Erscheinung?

Die Theorie.

Ich folge der Meinung der anderen.

Die Praxis.

Weder du noch die anderen begreift irgendwas, denn wenn es so wäre, dass die auflaufende Meeresflut und das ablaufende Wasser der Dordogne den Mascaret hervorrufen, würden sich genauso gut Mascarets in der Gironde wie in der Dordogne bilden, ja selbst in der Charente und im (**78**) Fluss Loire.[264] Ja selbst, um es mit einem Schlag noch deutlicher zu sagen, in allen Flüssen, die ins Meer münden,

---

[264] Der Fluss Dordogne vereinigt sich im Nordwesten von Bordeaux mit der Garonne zur Gironde, die etwa 100 km weiter nördlich in den Atlantik mündet. Tatsächlich bildet sich wirklich in vielen Flüssen eine dem Mascaret vergleichbare Flutwelle. Ihr Eintreten ist unter anderem von der Geometrie der Flussmündung abhängig.

und trotzdem haben wir nie davon gehört, dass es, außer in dem erwähnten Fluss Dordogne, während der Herbstmonate und an stillen Tagen einen Mascaret gibt.[265] Deshalb sollte man einen anderen Grund dafür suchen, um zu einer Erkenntnis dieses Phänomens zu gelangen.

Die Theorie.

Ich bitte dich, sage mir also welches der Grund dafür sein könnte.

Die Praxis.

Ich kann weder denken noch glauben, dass es etwas anderes sei, als Luft die in irgendeinem unterirdischen Kanal eingeschlossen ist, der vom Fluss Garonne[266] bis unter den Fluss Dordogne verläuft, und es ist durchaus glaubhaft, dass dies nur durch die unter den Gewässern eingeschlossene Luft geschehen kann. Trotzdem könnte die Luft es wegen ihrer Schwäche nicht bewerkstelligen, wenn sie nicht durch ein auslösendes Moment vorwärtsgetrieben würde. Man muss also denken und glauben, dass, wenn beim Fallen des Meeresspiegels, [bei Ebbe,] (94) der Fluss Garonne wegen der Abwesenheit des Meeres Niedrigwasser führt, sich einige leergelaufene Kanäle von der Dordogne bis zur Garonne mit Luft füllen. Diese sind deshalb mit Luft gefüllt, wenn das Meer zurückkehrt, das die Garonne anschwellen und den Wasserstand steigen lässt, welche daraufhin so angeschwollen in die Kanäle eintritt, die sie bei ablaufendem Wasser hat leer laufen lassen. Und daher kommt es, dass die Luft in den Kanälen zwischen zwei Flüssen eingeschlossen ist und vom Wasser der Garonne stark (***79***)[267] vorwärts gedrückt wird. Die Luft flüchtet vor dem Wasser, und bei der Flucht wird sie unter der Dordogne eingeschlossen, und da sie eingeschlossen ist, lässt sie das Wasser wie einen Berg ansteigen. Aber da die Luft das Wasser nicht gleich durchdringen kann, baut sie es zu großer Höhe auf ohne sich zu deformieren oder abzuschwächen, bis das steigende Wasser durch irgendeine Bewegung an einigen Stellen schwächer wird und es das eingeschlossene Wasser an den schwächsten Stellen zum Aufbrausen bringt. Wenn das Wasser derart aufgeschäumt ist, kann die Luft entweichen und die Wassermassen sinken sofort in sich zusammen, und der Fluss kehrt zu seiner früheren Ruhe zurück. Du musst keinen anderen Grund suchen, um die Ursache für den Mascaret zu verstehen.

---

265 Seltsame Argumentation: Bis dahin hatte die „Praxis" noch nie vom Mascaret gehört und nun weiß sie zu berichten, dass es nur im Fluss Dordogne, vor allem während der Herbstmonate zu diesem Ereignis kommt. Die „Theorie" erwähnte dies nicht. Die ganze folgende Argumentation steht im Widerspruch zu den von Palissy verkündeten Intentionen der *Discours*.

266 Die Garonne kann im Bereich des Zusammenflusses zur Gironde als stellenweise parallel zur Dordogne angenommen werden.

267 „63". Fehlerhafte Seitennummerierung des Originals korrigiert.

Die Theorie.

Ich finde, dass deine Behauptung der Wirklichkeit widerspricht, denn wir wissen, dass die Wellen gewöhnlich im Meer entstehen, auch solche die so hoch wie Berge sind, und selbst in der Passage von Maumusson[268] sind diese Wellen so groß, dass die Schiffe sie nicht ohne die Gefahr eines Schiffsbruchs durchqueren können und deshalb geht eine große Zahl von ihnen in der Meerenge verloren. (95)

[Die Praxis][269]

Das beeinflusst meine Behauptung nicht. Denn niemals werden die Meereswellen durch etwas anderes als den Wind erzeugt, der dazu führt, dass das Meerwasser ansteigt. Der Grund warum es in der Passage von Maumusson stärker anschwillt und ansteigt, ist der, dass es dort Felsen gibt, gegen die das Meerwasser von den Winden gedrückt wird und an die es heftig schlägt. Dies führt zu einem großen Anstieg des Wassers, ich sage, (**80**) einem Anstieg so groß, dass das Getöse noch in sieben Meilen Entfernung zu hören ist. Und wenn das Meer so aufgewühlt ist, sehen sich die Schiffe vor es zu durchqueren, denn die Wellen würden sie gegen die Felsen schleudern und sie augenblicklich zerdrücken. Doch dem widerspricht nicht im Mindesten meine Behauptung den Mascaret betreffend. Denn ich sage dir, dass der Mascaret sich im Herbst an den stillsten Tagen bildet und wenn der Fluss Niedrigwasser führt.[270] Wenn der Mascaret durch den Wind ausgelöst würde wie die Meereswellen, erschiene und bildete er sich häufiger im Winter, und nicht im Sommer. Im Winter hat ihn aber nie ein Mensch beobachtet. Mir ist ebenfalls gut bekannt, dass das Land, welches die Dordogne und die Garonne trennt, eine Spitze zwischen Bordeaux und Blaye bildet, dort wo die zwei Flüsse

268 Die Meerenge von Maumusson liegt in der Nähe des ehemaligen Hafens von Brouage zwischen der Isle d'Oléron und der Point d'Arvent.

269 [„Practique"]: Auslassung im Original. Der Text (von „Theorique") läuft ohne Zäsur im Blocksatz weiter: „...n'y peuvent passer sans estre en peril de naufrage, & s'en pert grand nombre audit passage. Cela ne fait rien contre mon dire. Car iamais les vagues de la mer..." Nach „passage" beginnt der neue Satz mit „cela" irregulär und unüblich für das Traktat in Kleinschreibung. Es findet an dieser Stelle aber offensichtlich ein Personenwechsel statt. Die Herausgeber der Palissy Werkausgabe ergänzen unkommentiert „Praxis" (Palissy 1996, Bd. 2, S. 95) da es nach der bisherigen Abfolge im Dialog nur dessen Antwort sein kann. Trotzdem bleiben Zweifel angesichts der Fehlerhäufung.

270 Widersprüchlich. Am Beginn des Dialogs wusste die „Praxis" nicht, was der Mascaret ist und hier kennt sie das Phänomen plötzlich ganz genau. In diesem ganzen Dialog theoretisiert die „Praxis" und spricht scheinbar ohne eigne Anschauung. Dies obwohl, wie die geographische Beschreibung glaubhaft macht, Palissy den Ort genau kennt. Ebbe und Flut werden in dieser Passage völlig vergessen, obwohl sie an anderer Stelle richtig beschrieben sind.

sich treffen; diese Spitze gegenüber Boure[271] nennt man den Schnabel von Ambez. Ich habe einige Male an dieser Spitze gestanden, dort wo es mehrere Häuser oder Pachthöfe gibt. Diese sind oberirdisch gegründet, denn wenn man ein Fundament ausheben würde, stieße man auf Wasser, welches das Bauen verhinderte. Man braucht nicht daran zu zweifeln, dass ein großes Stück Land dieser Spitze auf der einen Seite durch das Wasser und auf der anderen, in Richtung des Hochlandes, durch das feste Land gehalten wird. Dies habe ich erkannt, weil ich die Erde um mich herum zum Schwingen brachte, als ich mich auf ihr bewegte, so als wenn es ein Dielenboden wäre. Ich bemerkte auch (***81***), dass im Monat August und September der Erdboden (96) der besagten Spitze von so großen Rissen durchfurcht ist, dass sehr häufig selbst das Bein eines Menschen hineinpasst. Das lässt mich glauben und bestätigt mich, dass der Mascaret nur durch eingeschlossene Luft hervorgerufen wird, von der ich auch andere Beispiele kenne, wie den Regen, wenn er von den Hausdächern in die Rinnsteine läuft, und der dabei durch die Winde runde Blasen bildet, die platzen, wenn der Wind daraus entweicht. Ich habe auch mehrfach über die natürlichen Quellen nachgedacht, die in ähnlicher Weise eingeschlossenen zu Kugeln geformten Wind mitführen, die ihre runde Form behalten, bis die Luft sie zum Zerplatzen bringt. Da du ja siehst, dass die Luft, wenn sie durch das Gewicht des Wassers vorwärts gedrückt wird, die Kraft hat, eine so große Menge Wasser zu heben, kannst du aus diesem Umstand erkennen, dass solche oder ähnliche Sachen ein Erdbeben auslösen können, wenn auch nicht so groß wie die drei Stoffe, die ich im schriftlichen Diskurs über die Ursachen der Beben in diesem Buch behandelt habe.

---

[271] Die Orte existieren nach wie vor: „Boure", Bourg; „Ambez", Ambès; „Blaye", unverändert Blaye.

(***82***) (99)

An den Leser.

Lieber Leser, mein hohes Alter und die Verschiedenheit der Menschen ließen mich die verschiedenen Leidenschaften und unsäglichen Weltanschauungen im Universum kennenlernen. Ich fand unter diesen diejenige, die sich mit der Multiplikation[272] *oder Vervielfachung, der Generation oder Zeugung und der Augmentation oder Vermehrung von Metallen beschäftigt, hartnäckiger im Gehirn verschiedener Menschen verankert, als jede andere Auffassung. Ich weiß, dass viele sich um diese Wissenschaft bemühen, ohne an Betrug und Arglist zu denken, sondern aus Überzeugung, dass sie möglich ist, und deshalb möchte ich hier schriftlich erklären, dass ich drei Arten von Personen in keiner Weise tadeln möchte. Dies sind die Adeligen,* (100) *die diese Wissenschaft betreiben um ihren Geist zu beschäftigen, sowie als eine Art Entspannung, ohne dabei von dem Streben nach unrechtmäßigem Gewinn angetrieben zu werden. Die Zweiten sind alle Arten von Naturphilosophen,*[273] *für die es notwendig ist, die Natur zu erforschen. Die Dritten sind diejenigen, die Macht und Vermögen*[274] *besitzen, und die glauben, dass die Sache machbar ist und die sie auf keinen Fall missbrauchen wollen. Ich habe versucht gegen eintausend andere anzureden, die wegen ihrer Unkenntnis und geringen* (***83***) *Erfahrung einer solchen Wissenschaft unwürdig und vollkommen unfähig sind sie [auszuüben]. Auch weil sie nicht die Mittel haben die Verluste durch auftretende Fehler auf sich zu nehmen, sind sie gezwungen, die äußere Färbung und die Metallsorte zu fälschen. Aus diesen*

---

272 „multiplication", Vervielfachung, Vervielfältigung. Alchemistischer Grundbegriff, siehe Schütt 2000, S. 302–304. Dieser und die zwei Folgenden sind Begriffe von Verfahren oder Operationen der Alchemie, die mehrdeutig oder unbestimmt sind (ebenda, S. 302). Multiplication oder Multiplicatio lässt sich nach Schütt als *qualitative* Vervielfältigung bezeichnen. Als eine Übersetzungsvariante bietet sich vielleicht Fortpflanzung an. Siehe auch Priesener, Figala 2000, S. 56 und Haage 2000, S. 17. „Augmentation" ließe sich als *quantitative* Vervielfältigung oder besser als Vermehrung bzw. Zunahme bezeichnen, PR nennt ein treffendes Synonym: Addition. In den alchemischen Traktaten werden die beiden Begriffe Multiplicatio und Augmentatio nicht klar geschieden. Der besseren Klarheit im Text wegen werden sowohl die von Palissy verwendeten Begriffe und die Übersetzungen angegeben. Generation und Augmentation sind keine spezifisch alchemistischen Begriffe. Augmentation und Multiplikation lassen sich nicht scharf trennen. Hulsius verweist sogar weiter: „augmenter voyez multiplier". „multiplier, vermehren"; „multiplication, manigfeltigung." Die Übertragung alchemischer Begriffe ist schwierig. Hans-Werner Schütt dazu stellt fest: „Die Übersetzung von ihrer [*der Alchemisten*] in unsere Sprache gelingt uns nicht" (Schütt 2000, S. 316) „Die Alchemisten lieben sich dunkel auszudrücken, deshalb … müssen wir den wissenden Sophisten für einen bewussten Wortverdreher halten" (ebenda, S. 316).

273 „physitiens", vgl. Hulsius und Cotgrave. Neuere Übersetzung: Naturwissenschaftler.

274 „pouvoir", Macht, Vermögen, es lässt sich nicht entscheiden, was hier gemeint ist.

Gründen habe ich mir vorgenommen scharfzüngig zu argumentieren, mit unangreifbaren Beweisen, ich meine unangreifbar durch diejenigen über die ich spreche werde. Doch ich rede nicht von demjenigen, der durch seine Arbeit viel geleistet hat, so dass er möglicherweise Gottes Güte bewegt hat ihm ein solches Geheimnis zu offenbaren. Da sich aber mein Verstand nicht an den Glauben gewöhnen kann, dass solch eine Sache möglich ist, bis ich (101) *das Gegenteil gesehen habe und die Wirklichkeit mir widerspricht, bin ich sogar im Gegenteil davon überzeugt, dass es keine größeren Feinde der Wissenschaft als die Ignoranten gibt. Ich hätte keine Scham mich unter ihnen in der ersten Reihe einzuordnen, was die Urzeugung der Metalle angeht. Falls es jemanden geben sollte, dem Gott diese Gabe verliehen hat, möge er meine Unkenntnis verzeihen, aber ich werde meiner Überzeugung in diesem Punkt folgend gleich die Feder in die Hand nehmen, um im Weiteren deutlich zu machen, was ich darüber denke, oder um es besser zu sagen, was ich darüber durch ziemlich harte Arbeit gelernt habe, und dies nicht in ein paar Tagen oder durch die Lektüre von verschiedenen Büchern, sondern indem ich die Erdmatrix*[275] *analysierte,*[276] *wie man in der anschließenden Abhandlung sehen kann.*

---

275 „matrice de la terre". Hier lässt sich „matrice" nicht mit „Gebärmutter" übersetzen, sondern nimmt den heutigen geologischen Begriff Matrix vorweg (siehe Haubold, Daber 1989, S. 237). Der Begriff Palissys der auch mit „Erdmasse" übersetzt werden könnte wird deshalb beibehalten.

276 „anatomizant", ziemlich ungewöhnlicher Ausdruck, von Anatomie abgeleitet. Vgl. Cotgrave.

(**84**) (102)

Abhandlung über die Metalle und die Alchemie.

Die Theorie.

Mir scheint, du hast genug über die Fontänen erzählt. Ich möchte, dass du mir gemäß deinem Versprechen einige Kenntnisse über die Metalle vermittelst, denn ich weiß, dass sich in Frankreich eine große Zahl Menschen jeden Tag dem alchemistischen Werk widmen,[277] und viele machen damit großen Gewinn, da sie scheinbar einige nette Geheimnisse gefunden haben, sowohl um Gold und Silber zu mehren als auch zu anderen Zwecken; alles Dinge, die ich gerne wissen und verstehen möchte.

Die Praxis.

Dadurch kannst du erkennen, wie der unersättliche Geiz der Menschen zu den Übeln dieses verkommenen Jahrhunderts führt! Es ist nicht die Maßlosigkeit unter den Menschen, die zu mehr Diebstahl und Betrügereien führt, sondern der Geiz; so steht es geschrieben, dass der Geiz die Wurzel allen Übels ist. Es ist klar, das Verschiedene (103) die danach strebten reich zu werden diverse Leiden kennenlernten; dadurch das du erfahren willst wie man Gold und Silber macht und vermehrt kann ich nun besser erkennen, dass du zu den Geizkragen gehören willst. Viele Äußerungen des Geizes lassen sich durch Heuchelei verbergen, aber der Geiz von denjenigen, die Gold und Silber (**85**) machen wollen, kann sich nicht verbergen und ihre Intentionen können nur auf die gleiche Stufe mit den Habgierigen und Faulpelzen gestellt werden, die, um einer nützlichen und rechtschaffenen Arbeit aus dem Weg zu gehen, wissen möchten wie man Gold und Silber macht, um im Wohlstand zu leben und mit wenig Arbeit berühmt zu werden. Da sie durch solche Begehrlichkeit angetrieben werden und nicht fertigbringen das herzustellen was sie suchen, verfahren sie so wie sie es können, ob nun rechtmäßig oder unrechtmäßig. Das ist nun ein Punkt den kein Mensch mit aufrichtigem Geist sich schämen würde abzustreiten; darum, das kannst du mir glauben, wirst du niemals eine Zuneigung für diese Dinge entwickeln.

---

277 „l'euvre de l'alchemie". Das alchemistische Werk ist ein Begriff der Alchemie, es wurden das Große und das Kleine Werk, Opus minor und Opus Magnum unterschieden. Das Große Werk diente der Herstellung des „Lapis philosophorum", im Kleinen Werk wurde die Umwandlung zu Silber durchgeführt. Siehe hierzu Priesner, Figala 2000, S. 261 ff. und Haage 2000, S. 15 f.

Die Theorie.

Du gibst mir hier schreckliche Charakterzüge. Du willst mich hier quasi eines Übels beschuldigen, das ich noch nicht begangen habe. Andererseits, willst du mir glauben machen, dass es übel wäre, Antimonöl oder Goldöl zu nehmen und mit diesen Ölen mittels einer philosophalen Kunst[278] Silber in Gold umzufärben? Ist es denn schlecht, Silber in Gold zu verwandeln? (104) Wenn ich feines Kupfer nehme und ihm sein Phlegma[279] oder die rote Färbung entferne und es zur Farbe von Silber reduzieren könnte, ich meine derart, dass es die Kupellation[280] überstände und alle anderen Untersuchungen, was für ein Übel wäre es, wenn ich es durchführen könnte, vorausgesetzt, dass es gutes Silber[281] ist?
(***86***)

Die Praxis.

Du kannst es ruhig machen und arbeiten so viel du willst, und verbrauche deine Tage und dein Vermögen, wie es viele tausend Andere getan haben, es wird dir nie gelingen.

Die Theorie.

Aber ich weiß doch ganz genau, dass verschiedene das was ich sage erreicht haben. Besitzen wir nicht viele ausgezeichnete Bücher, die uns unter anderem ein Gebert, Arnauld de Villeneuve, (105) der Rosenroman und viele andere hinterlassen haben.[282] Selbst einige unserer Vorfahren haben früher einen Stein der Weisen hergestellt, von dem man ein bestimmtes Gewicht dem Gold hinzufügen und dieses so um das einhundertfache vermehren konnte. Einige versuchen es auch heute, obwohl sie wissen, dass es ein altes Verfahren ist,[283] und dies nennt sich das Große Werk.

Die Praxis.

Oh Gott! Bist du noch so naiv und unwissend das zu glauben? Glaubst du, dass die Menschen in der Vergangenheit nicht eine Lüge verborgen hätten, weil sie genau-

278 „art philosophal", Kunst den Stein der Weisen oder Stein der Philosophen herzustellen, d. h. die alchemistische Kunst.

279 „flegme". Phlegma, rote Färbung von Kupfer.

280 „endurera la coupelle & tous autres examens": Prüfverfahren in einem speziellen Tiegel, Kupell genannt, in dem die Reinheit von Edelmetallen geprüft wurde. Siehe Priesner, Figala 2000: Kupellation S. 337, Kupell S. 211. Siehe auch Schütt 2000, S. 39 und 136. Vgl. auch Holleman-Wiberg 1976, S. 798.

281 D. h. gediegenes, reines Silber.

282 Bekannte Alchemisten, siehe Anmerkung in der Übersetzung der *Widmung*.

283 „que cela a esté fait autre fois", wörtlich: „..., das dieses früher gemacht wurde."

so gut wie heute wussten, wie man Geld durch Betrug anzieht? Weißt du nicht, dass David zu seiner Zeit sagte: „Herr hilf uns, denn wir sind aller rechtschaffenen Menschen beraubt." Die Menschen (so sagt er) sind voller Heuchelei und reden das Gegenteil von dem was sie denken.[284] Und Salomon sagt, dass die Ungerechtigkeit so groß ist, dass es nicht einen Handwerker gibt, der nicht auf seinesgleichen neidisch ist.[285] Glaubst du, ich (**87**) würde einem Gebert, Arnauld de Villeneuve[286] oder dem Rosenroman glauben, wenn sie Gottes Werken widersprechen? Oder glaubst du, ich wäre so ungebildet, dass ich nicht genau wüsste, dass Gold und Silber und alle anderen Metalle göttliche Werke sind, (106) und dass es ein verwegenes Unternehmen gegen Gottes Ruhm ist, sich das aneignen zu wollen, was in seine Zuständigkeit fällt? Denn die ganze Macht, die dem Menschen über die Metalle gegeben wurde, besteht darin, die Unreinheiten[287] zu beseitigen, sie zu reinigen, zu analysieren und aus ihnen die Arten von Gefäßen oder Geld herzustellen, die ihm genehm sind, und dies ist mit dem Sammeln und Kultivieren von Saatgut vergleichbar. Denn es fällt dem Menschen allein zu, das Korn von der Spreu zu trennen, die Kleie vom Mehl und aus dem Mehl Brot zu backen, und die Trauben zu pressen, um Wein zu gewinnen. Aber es ist Aufgabe Gottes sie wachsen zu lassen, ihnen Geschmack und Farbe zu geben. Ich behaupte, dass ebenso wenig wie der Mensch dies beeinflussen kann, er es auch bei den Metallen nicht vermag.

Die Theorie.

Wie bitte? Du sprichst hier vom Säen, als wenn die Metalle aus Samen hervorgehen, wie der Weizen oder andere Pflanzen.

Die Praxis.

Solch eine Meinung habe ich nicht geäußert, noch solch ein Argument ohne einen gewissen Grund vorgetragen. Ich weiß doch allzu gut, dass alle nach Reichtum Gierenden, die versuchen zu erfahren wie man Gold und Silber macht, (**88**) wenn man sie darauf anspricht, dass sie bereits lange auf der Suche sind und man kein Ergebnis sieht, alle gleichermaßen antworten werden, dass auch der Bauer geduldig die Zeit und die Saison der Ernte abwartet, nachdem er gesät hat, (107) und sie müssten genauso warten. Und [dann werden sie sagen], dass so etwas nur durch die Zeugung[288] geschehen kann, welche sie entschieden haben in ihren Gefä-

---

[284] Nach Psalm 12.

[285] Nach Buch Jesus Sirach IV, 4.

[286] Auch Arnaldus de Villanova (um 1235–1311), bedeutender spanischer Alchemist, Mediziner und Astrologe der an der Universität von Montpellier praktizierte.

[287] „excrements", Exkremente, Unreinheiten.

[288] „generation". Vgl. Haage 2000, S. 138.

ßen[289] durchzuführen, die sie als Gebärmutter zur Generierung von Metallen nutzen. Und dies, sagen sie, war von den antiken Philosophen gut durchdacht und geplant worden: Denn genauso wie man die Weizensaat ausstreut, um eine Vermehrung in der zweiten Generation zu erzielen, lassen sie auch ihre Stoffe (so sagen sie), nach ihrem Entwurf gären oder generieren, gemäß dem Gewicht und Maß, das sie sich überlegt haben, nachdem sie durch Calcinationen,[290] Destillationen oder andere Verfahren die einen Stoffe von den anderen getrennt haben. Um das zu erreichen, setzen sie die Dinge einer sehr geringen Hitzeentwicklung aus um die Gebärmutter einer Frau oder eines Tieres zu imitieren, denn sie wissen, dass die Fortpflanzung bei sehr geringer Wärme vor sich geht. Um immer ein dauerndes gleichmäßiges Feuer zu haben, überlegten sie sich eine Lampe mit einem exakt bemessenen Docht. Wenn sich ihre Stoffe in der Gebärmutter befinden, erhitzen sie sie mittels der Wärme der Lampe und warten so lange bis ihre Eier ausgebrütet sind. Einige haben mehrere Jahre gewartet, wie zum Beispiel der großartige Maigret,[291] ein gebildeter Mann und sehr erfahren in diesen (***89***) Dingen, der dennoch nicht seine Absichten[292] realisieren konnte, sich aber rühmte, dass er den Fève[293] gefunden hätte, wenn nicht seine Lampe vor der Zeit durch die Kriege gelöscht worden wäre. (108) Andere bauen Öfen, deren Feuer sehr weit von dort entfernt ist, wo ihre Eier ausgebrütet werden. Aber um sicherzustellen, dass die Öfen kontinuierlich eine langsame[294] und mäßige Hitze entwickeln, bauen sie eiserne Ofentüren ein, die sie entsprechend dem Hitzegrad öffnen, den ihr Feuer erreichen soll. Diese Menschen schlafen kaum, viele Gedanken schnüren ihre Brust zusammen und ihr Geist wird von Sorgen geplagt, wenn sie der Zeit der

---

289 Siehe Haage 2000, S. 57 u. 189; Priesner Figala 2000, S. 52 u. 211.

290 „calcinations". Die Calzination oder Calcinatio „ist im weitesten Sinne eine Pulverisierung … mit Hilfe des Feuers. Der Begriff ist auch heute noch im Gebrauch, calcinieren bedeutet Glühen" (Holleman-Wiberg 1976, S. 723–724). Er entstand durch das Brennen von Calciumcarbonat.

291 Laurent Meigret (1496–1556), genannt „le magnifique", Valet de chambre du Roi und Financier, der auch Gelder an Anne de Montmorency verlieh und als passionierter Alchemist galt, was allerdings ungesichert ist. Siehe François 1947 und Hausmann 1980, S. 9. Vgl. S. ***343***/356. Interessant ist, dass Louis Meigret Albrecht Dürers *Vier Bücher von menschlicher Proportion* ins Französische übersetzte, vgl. hierzu Hausmann 1980, z. B. S. 21 und 96: Albrecht Dürer, *Les Quatre livres d'Albert Durer, peinctre et géométrien très excellent, de la proportion des parties et pourtraicts des corps humains, traducts par Loys Meigret, Lionnois, de langue latine en françoise*, Paris, 1557. Palissy erwähnt Dürer S. ***269***/289.

292 „deseing" (dessin).

293 „feve", Bohne (große dicke Bohne), wurde in den Blätterteigkuchen gelegt, der in Frankreich traditionell am Heilig-Dreikönigstag gegessen wird. Derjenige, der den fève findet, wird zum König für einen Tag gekrönt. In späterer Zeit wurde die Bohne durch einen figürlich oder künstlerisch gestalteten fève aus Porzellan etc. ersetzt.

294 „chaleur lente", d. h. eine geringe Wärme.

Besichtigung ihrer Brut[295] entgegen schmachten. Dies ist einer der Punkte durch den ich aufzeige, wie die Alchemisten das Wort Samen und andere Terme missbrauchen. Nicht ohne Grund habe ich gesagt, dass es Gottes Aufgabe ist, den Stoff zu säen, aus dem die Metalle sind und sie wachsen zu lassen, und den Menschen obliegt es sie zu ernten, zu reinigen und zu untersuchen, zu schmelzen und zu schmieden, um sie in jene Form zu bringen, die ihnen günstig und nützlich erscheint, um ihnen dienstbar zu sein.

Die Theorie.

Das war aber eine ziemlich lange Rede und trotzdem verstehe ich sie nicht. Soviel ich weiß, ist es den Menschen erlaubt alle Arten von Samen zu säen, aber du nennst die Metalle göttliche Samen und willst mich daran hindern sie zu säen.

Die Praxis.

Das hast du viel besser gesagt, als du dachtest, (***90***) [nämlich] dass die Substanzen der Metalle göttliche Samen sind. Ich behaupte sogar so göttlich, dass sie den Menschen unbekannt sind, ja unsichtbar.[296] Daran braucht man nicht zu zweifeln, und glaube mir, wenn es darum ginge dies zu beweisen, würde ich es dir so klar aufzeigen, dass du gezwungen wärst, meinen Absichten und Schlussfolgerungen zuzustimmen.
(109)

Die Theorie.

Dann bitte ich dich also mir einen langen Vortrag darüber zu halten, durch den ich erkennen kann, ob deine Behauptungen der Wahrheit entsprechen.

Die Praxis.

Du musst also als gesichert annehmen,[297] dass alles Wasser auf der Welt welches es gab und geben wird an einem einzigen Tag erschaffen wurde. Und wenn es sich so mit dem Wasser verhält, sage ich dir, dass die Samen der Metalle und aller Minerale und aller Steine auch an einem einzigen Tag erschaffen wurden. Genauso verhält es sich mit der Erde, der Luft und dem Feuer, denn der oberste Schöpfer

---

295 „couvée". Polemischer Ausdruck. Gemeint ist, wie auch oben, wenn von Eiern gesprochen wird, das Große Werk.

296 Das heißt, dass sie von den Menschen nicht erkannt werden können und nicht seiner Beurteilung zugänglich sind, wie etwa in Wasser gelöstes Salz, das selbst mit optischen Instrumenten unsichtbar ist.

297 Es wird hier eine Art Axiom aufgestellt, der keines Beweises bedarf, bzw. innerhalb des Systems nicht bewiesen werden kann. Aus dem Folgenden ist abzuleiten, dass es nach der Schöpfung nur noch Umwandlungsprozesse gibt.

hat nichts leer gelassen,[298] und da er vollkommen ist, hat er nichts unvollkommen gelassen. Aber, wie ich dir schon viele Male gesagt habe als ich über die Quellen sprach, hat er der Natur befohlen[299] zu arbeiten, zu produzieren und zu erzeugen, sich zu verbrauchen und zu zerstören. So wie das Feuer verschiedene Dinge aufzehrt, so nährt und unterhält es verschiedene andere. Die über die Ufer tretenden Gewässer verderben und zerstören viele Dinge, und trotzdem könnte ohne sie kein Ding sagen „Ich bin".[300] Und ganz so wie Wasser und (***91***) Feuer auf der einen Seite etwas zerstören, erzeugen und gewinnen sie andererseits etwas. Demzufolge kann ich nichts anderes über die Metalle sagen, als dass deren Substanz ein im gewöhnlichen Wasser (110) gelöstes und verflüssigtes Salz ist und das dies Salz den Menschen unbekannt ist. Da es unter das gewöhnliche Wasser gemischt ist und von gleicher Farbe wie das flüssige, lichtdurchlässige[301] oder transparente Wasser ist es nicht zu erkennen und jedem unbekannt, es besitzt kein sichtbares Merkmal, durch das die Menschen es vom gewöhnlichen Wasser unterscheiden könnten. Das ist eine Besonderheit die, wie ich glaube, vielen Menschen die denken gute Philosophen zu sein, verborgen und unbekannt ist. Erinnere dich an diesen Punkt und behalte ihn [im Gedächtnis] um ihn gegen all diejenigen zu benutzen, die dich glauben machen wollen, die Erzeugung von Metallen ließe sich auf manuellem Wege bewerkstelligen. Denn auch wenn dir nur dieser eine Fakt bekannt ist, reicht er aus, um gegen alle Ansichten der Alchemisten zu überzeugen.

Die Theorie.

Sie an! Aber wie könnte ich sie durch diesen Punkt überzeugen? Ich sehe nicht, dass sie damit überzeugt werden könnten.
(111)

Die Praxis.

Ich zerbreche mir umsonst den Kopf. Ich frage dich, sage mir mit welcher Methode führen die Alchemisten die Zeugung, Multiplikation und Vermehrung der Metalle durch, und wenn du es mir gesagt hast, (***92***) werde ich dir zeigen, dass du das Prinzip nicht wirklich verstanden hast, das ich dir vermittelt habe.

---

298 „n'a rien laissé de vuide", d. h. sowohl: er hat keine Leere gelassen, als auch, dass er nichts unbestimmt ließ.

299 „il à commandé". Mögliches Synonym: „vorgeschrieben". Der Natur wurden Gesetze „eingeschrieben".

300 „. . .nulle chose ne pouroit dire je suis." Bedeutung: Und trotzdem könnte ohne sie kein Ding existieren. Anführungszeichen wurden ergänzt. Sehr persönlicher Stil Palissys.

301 „diaphane".

Die Theorie.

Die Alchemisten führen die Calcination, Destillation, Putrefaktion und Infusion[302] mit einem indirekten Feuer[303] durch.

Die Praxis.

Und warum verwenden sie so viele verschiedene Arten Feuer?[304]

Die Theorie.

Weil sie einige davon anmachen um Kupfer, Gold, Silber und andere Metalle zu zerstören. Wenn sie diese zerstört, calciniert und pulverisiert haben, stellen sie einen Haufen aus mehreren dieser Stoffe her. Und weil das Quecksilber verdunstet, das sie gerne verwenden bei starkem Feuer,[305] ist es angebracht, dass sie sich eines nicht sehr heißen Feuers bedienen. Nachdem sie das Quecksilber, welches sie Mercure[306] nennen, in ein gut abgedichtetes (112) und verschlossenes Gefäß getan haben, versuchen sie es stufenweise zu fixieren[307] und bei kleinem Feuer einzufangen,[308] um es zu zwingen sich zu verfestigen,[309] so dass es etwas später ein größeres Feuer ertragen kann. Deshalb besitzen sie viele verschiedene Sorten Gefäße und diverse Arten von Öfen.

Die Praxis.

Ich verlange keinen anderen Beweis als denjenigen, den du mir gegeben hast, um dir zu zeigen, und zwar durch dein eigenes Eingeständnis, dass alle Alchemisten in Frankreich Metalle mit Hilfe des Feuers erzeugen; gleichwohl hatte ich dir als zuverlässigen Leitsatz und (***93***) sichere Methode genannt, dass die Metalle aus

---

302 „putrefaction“ oder Putrefactio, Verfaulung, Fäulnis, Verwesung. Die Putrefaktion besteht in der längeren Erwärmung eines Stoffes in einem geschlossenen Gefäß. Mit dem Ziel der Zersetzung. „infusion“: Infusion, Aufguss, einen Stoff in eine heiße Flüssigkeit tauchen, siehe Palissy Bd. 2, S. 111, Anm. 34. Zu den alchemistischen Verfahren siehe Priesner, Figala 2000, S. 51 ff.

303 „par feux de reverberation“, durch Hitzestrahlung, also durch eine indirekte Erhitzung, wie etwa in einem Wasserbad, dem „bain-marie“, siehe PR und Priesner, Figala 2000, S. 57.

304 Zu verstehen ist auch: so viele verschiedene Arten der Erwärmung.

305 „feu“, Feuer und Hitze sind Synonyme, da hohe Temperaturen nur durch Feuer erzeugt werden konnten. Zu lesen ist: bei starker Erwärmung.

306 „Mercure“, Quecksilber, Mercurium, Hydragyrum („Wassersilber“), siehe: Holleman-Wiberg 1976, S. 830.

307 „ils taschent à le fixer petit à petit“. Fixieren ist ein Begriff aus der Alchemie und kann mit binden oder festmachen übersetzt werden, siehe Priesener, Figala 2000, S. 211.

308 „captiver“.

309 „se congeler“, zu „congelation“ vgl. Legrand 1992, S. 148 f.

einem Wasser[310] entstehen, nämlich einem salzigen Wasser, oder um es genauer zu sagen, aus einem aufgelösten Salz. Und wenn es sich so verhält (die Wirklichkeit ist tatsächlich so),[311] dann versuchen alle Alchemisten etwas durch Zerstörung aufzubauen. Das Feuer ist der Vernichter des Wassers, wo es hingelangt muss es das Wasser vertreiben, denn wenn es dieses nicht vertreibt, wird es von ihm getötet, da ja Feuer und Wasser einander entgegengesetzt sind. Es ist also der pure Wahnsinn versuchen zu wollen Metalle durch das Feuer zu erzeugen, da dieses ja der Feind und Zerstörer von jenen ist.[312]

Die Theorie.

Ich habe sehr wohl verstanden, dass du mir sagtest, die Metalle entstünden aus einem verflüssigten Salz, aber das tangiert nicht meine Äußerungen, ganz (113) im Gegenteil, es bestätigt mich. Der Grund ist der, dass das im Meerwasser gelöste Salz wie alle metallischen Salze unerkennbar ist, und trotzdem verfestigt es sich und scheidet sich vom Wasser durch die Einwirkung des Feuers.

Die Praxis.

Du täuscht dich. Alles durch Kälte Verfestigte löst sich durch Wärme auf, alles unter Wärmeeinwirkung Verfestigte löst sich in Feuchtigkeit auf, wie das von dir erwähnte Salz, es verfestigt sich in der Hitze und löst sich in Flüssigkeit auf. Also die Metalle lösen sich alle unter Wärmeeinfluss auf, es folgt also daraus, dass sie alle durch Flüssigkeit entstanden sind und sich verfestigt haben. Da bist du nun nach Art der Praktiker[313] von der Verteidigung ausgeschlossen.
(***94***)

Die Theorie.

Du willst mich wohl zum Narren halten, mir weismachen, dass die Metalle in Feuchtigkeit entstehen oder erstarren.

Die Praxis.

Wenn du es nicht glaubst, gehe dir die Gruben ansehen, wo man Gold, Silber und andere Metalle abbaut und du wirst feststellen, dass man in den meisten Tag und Nacht das Wasser abpumpen muss, um das Metall zu gewinnen, das es dort gibt.

---

310 Ein Synonym für Wasser ist Flüssigkeit, es ließe sich also auch allgemeiner übersetzen: dass die Metalle aus einer salzigen Flüssigkeit entstehen.

311 Klammersetzung von Palissy.

312 Palissy bespricht hier die Entstehung der Metalle und nicht die Reinigung und Trennung der Metalle.

313 „practiciens", auch Fachleute.

Eines Tages befahl Antoine König von Navarra[314] die Ader (114) irgendeiner Silbermine auszubeuten, die man in den Pyrenäen fand. Aber als man bereits eine beachtliche Menge abgebaut hatte, zwang das einströmende Wasser die Schachtmeister alles aufzugeben. Man kennt verschiedene Beispiele von Bergwerken, die aus diesen Gründen aufgegeben wurden. Du wirst es also sehr seltsam finden, wenn ich dir im Folgenden beweise, dass ein Stein sich ohne Wasser weder verfestigen noch bilden kann, und wenn Wasser vorhanden ist, geschieht es also mittels Feuchtigkeit, was genau dem Verfahren derjenigen die versuchen Metalle durch das Feuer zu erzeugen entgegengesetzt ist. Ich könnte dir dazu viele sehr treffende Beispiele nennen, um meine Aussage zu stützen, aber da sich sehr viel bessere finden werden, wenn ich über das Wesen, die Substanz und die Verfestigung aller Steine spreche, werde ich den Rest meiner Beweise bis dahin zurückstellen.

Die Theorie.

Du kannst sagen, was du willst, aber ich habe einen (***95***) Philosophen getroffen, der einen Teston[315] in meiner Gegenwart vermehrte, und damit es keinen Betrug dabei gäbe, ließ er es mich selbst machen.

Die Praxis.

Und wie?
(115)

Die Theorie.

Er ließ mich einen Teston wiegen und ebenso viel Quecksilber und ließ mich alles in einen Schmelztiegel geben, der in das Feuer gesetzt wurde. Er gab mir ein Pulver zum Mischen, das die Eigenschaft besaß das Quecksilber einzufangen.[316] Dann ließ er mich pusten, bis das Ganze zusammengeschmolzen war, und im geschmolzenen Zustand fand sich ein Gewicht von zwei Teston guten Silbers, denn das Quecksilber war durch die Eigenschaft des Pulvers, das er mir gab, fixiert[317] worden; und ich selbst hatte das Ganze zusammengegeben, deshalb gab es keinen Betrug.

---

314 Antoine de Bourbon (1518–1562), duc de Vendôme, Titularkönig von Navarra. Zuerst den Protestanten nahestehend, entschied er sich später für das katholische Lager.

315 „Teston", Silbermünze, alte Währung im 16. Jh. mit einer Abbildung des Herrschers, entspricht etwa 10 Sous. (siehe GdH).

316 „d'arrester le vif argent". Einfangen, binden; mögl. Verwandtschaft zum Verb „fixer".

317 „s'estoit fixé", „fixer", fixieren, binden, festigen, steif werden lassen. Die Fixation ist ein alchemistisches Verfahren (vgl. Schütt 2000, S. 302: und Priesner, Figala 2000, S. 211, „das Festmachen flüchtiger Körper", auch teilweise als Koagulation bezeichnet (Haage 2000, S. 6 u. 16). Schütt. 2000, S. 301: „Fixatio ... und Coagulatio ... ist die Verfestigung

Die Praxis.

Erzähle mir ein wenig, wie hast du das gemacht?

Die Theorie.

Während die Stoffe schmolzen, habe ich sie mit einem Stab verrührt.

Die Praxis.

Woher hast du diesen Stab genommen?

Die Theorie.

Aus einer Ecke, den ersten in meiner Reichweite.

Die Praxis.

Ich wusste genau, dass man dich getäuscht hat. Denn dieser Meisterphilosoph hat den Stab [extra] neben dich gestellt, weil er genau wusste, (**96**) dass du ihn benutzen würdest um die Stoffe zu verrühren. Er hat dich also getäuscht, indem er Silber am Ende innerhalb des Stabs anbrachte, und während du die Stoffe im Tiegel verrührtest, schmolz das Wachs mit dem er das Silber am Ende des Stabes verschlossen hatte, (116) und das Silber fiel in den Schmelztiegel, und das Quecksilber sowie das Pulver verschwanden im Rauch. Auf diese Art verblieb nichts im Tiegel als das Silber des Testons und soviel wie das [zusätzliche] Silber wog, dass er in den Stab gesteckt hatte. Auf diese Weise verdoppelte er deinen Teston.

Die Theorie.

Ist es wirklich möglich, dass er plante, mich auf diese Weise zu betrügen?

Die Praxis.

Aber mein Freund, das ist wirklich einer der einfachsten Kniffe mit dem sie die Menschen betrügen. Wenn ich dir alle Möglichkeiten des Betrugs die sie kennen und von denen man mir berichtet hat aufzählen wollte, ich würde nicht ans Ende kommen. Wenn er das Silber nicht auf diese Art in den Schmelztiegel gegeben hat, hätte er dich ein Silberpulver hinzufügen lassen, das dir unbekannt gewesen wäre und dich glauben lassen, dass das Pulver das Quecksilber gebunden hat. Dieses Pulver hätte genauso viel gewogen, wie er für die Gewichtsvermehrung des Silbers brauchte. Hätte er die Vermehrung nicht auf diese Weise durchgeführt,

---

der Substanz etwa durch Auskristallisation, … wenn dabei ein festes Produkt entsteht. Die Alchemisten reden von Fixatio, wenn Substanzen wie Schwefel und Quecksilber, die in der Hitze flüchtig sind, verfestigt wurden.“

hätte er das Silber auf eine andere Art zugesetzt. Er hätte das Silber in einem großen Stück Kohle verbergen können, mit dem er den Schmelztiegel von dir hätte abdecken lassen. Die Kohle und das Silber wären in den Tiegel gefallen, so konntest du nicht davor entkommen (**97**) getäuscht zu werden. Sag mir bitte, hat er dir die Multiplikation von Silber gezeigt?

Die Theorie.

Nein.

Die Praxis.

Und warum er hat dies alles in deiner Gegenwart gemacht?

Die Theorie.

Er wollte es mir gegen Bezahlung zeigen.
(117)

Die Praxis.

Hatte ich dir nicht ausdrücklich gesagt, dass es nichts als Betrug ist? Denn wäre es eine wahre Wissenschaft hätte er nicht gezögert sie dir zu zeigen, aber er versuchte seine Netze auszuwerfen, um an dein Geld zu kommen. Und nachdem du getäuscht worden warst, bist du so unvorsichtig gewesen damit anzugeben. Doch es ist nichts anderes passiert, als das man sich ziemlich über dich lustig gemacht hat. Ich weiß genau, dass es in Frankreich über Zweitausend gab, die auf diese Weise getäuscht wurden, und man hat nie von einem gehört, der versucht hätte sein Geld durch einen Prozess wieder zurückzubekommen.[318]

Die Theorie.

Und du vermutest, dass viele Leute auf diese Weise versuchen die Menschen zu täuschen?

Die Praxis.

Ich behaupte, nicht nur auf diese Weise, sondern ich weiß, dass sie eintausend andere sehr viel raffiniertere Arten benutzen, mit denen sie Menschen mit dem schärfsten Verstand täuschen und sogar diejenigen, welche sich einbilden äußerst vorsichtig zu sein. (**98**) Der Herr von Courlange, Kammerdiener des Königs, kannte viele solcher Finessen, (118) deren er sich hätte bedienen können. Denn

[318] Vielleicht um sich von diesen Geschäftspraktiken abzugrenzen, bot Palissy später an, das Vierfache der Kursgebühr zurückzuerstatten, wenn sich herausgestellt hätte, dass seine Behauptungen nicht der Wahrheit entsprächen (siehe Diskurs *L'art de terre*).

eines Tages, als vor dem König Charles dem Neunten[319] über diese Dinge gesprochen wurde, prahlte er damit, in Art eines Scherzes, dass er ihm beibringen könne Gold und Silber zu machen. Um die Sache auszuprobieren, forderte der König den Herrn von Courlange auf, es sofort in die Tat umzusetzen. So geschah es, und am Tag des Experiments brachte Courlange zwei mit klarem Quellwasser gefüllte Phiolen mit, die so gut präpariert waren, dass, wenn eine Nadel oder ein anderes Objekt aus Eisen in die eine der Phiolen getaucht wurde, es sofort die Farbe von Gold annahm und wenn das Eisenstück in die andere Phiole getaucht wurde, es die Farbe von Silber bekam. Anschließend wurde Quecksilber in die Phiolen gegeben, das sich sofort verfestigte; in der einen Phiole goldfarben, in der anderen silberfarben. Daraufhin nahm der König die zwei Barren mit zu seiner Mutter um sich zu rühmen, dass er gelernt hätte Gold und Silber herzustellen. Und trotzdem war es nur ein Trick, wie mir Courlange selbst mitteilte. Darum habe ich dir gesagt, dass der Betrug mit dem dich der Andere packen wollte, ziemlich ungeschickt war.

Die Theorie.

Sag doch was du willst, aber ich weiß, dass mehrere Alchemisten herausgefunden haben wie man ein Medium Silber und ein Tiercelet Gold[320] macht, welches sie (***99***) regelmäßig herstellen; davon bin ich vollkommen überzeugt.
(119)

Die Praxis.

Und ich bin vollkommen davon überzeugt, wenn deren Medium aus Silber und ihr Tiercelet aus Gold der Probe in der Kupelle[321] unterzogen würden, wird sich

---

319 Charles IX, König von Frankreich (1550–1574), Sohn von Henri II. und Catherine de Médicis.

320 „medium d'argent“; „tiercelet d'or“: Ergebnisse alchemischer Operationen, die darin bestehen eine Menge Silber um die Hälfte, und eine Menge Gold um ein Drittel zu vergrößern.

321 „... estoit mis à la coupelle“, l'epreuve de la coupellation. Vgl. S. ***85***/104. Test der Kupellation, sogenannte Feuerprobe, auch als Abtreiben im Tiegel bezeichnet. Die Kupellation ist ein Reinigungs-, Test- und Probierverfahren: Die Kupellationsprobe wurde in einem kleinen Tiegel, Kupelle oder Kapelle genannt, durchgeführt. Alternativ wurde ein flacher dreieckiger Tontopf verwendet, Probierscherben genannt. Das kleine Gefäß wurde für den Test mit Asche ausgefüttert. Zur Ermittlung des Edelmetallgehalts einer Probe mittels „Cupellatio“ wurde ihr reines Blei zugeschlagen, das während des Prozesses die Edelmetalle aufnahm, selbst aber zu Bleiglätte (PbO) umgesetzt wurde, die gemeinsam mit Verunreinigungen von der Asche aufgenommen wurde. Dabei ließ die Asche nur das Gold oder Silber durch (siehe Schütt 2000, S. 19, 39, 136f. u. 297 f.). Die Trennung der Schmelze im Tiegel geschieht durch Oxidation, wobei Blei und alle unedlen Metalle in Oxide verwandelt werden und mit der Bleiglätte abfließen. Vgl. Agricola

nichts Gutes darin finden als das, was naturgemäß hineingegeben worden wäre, und den Rest, was hinzugefügt wurde, wird man als Fälschung erkennen. Ich weiß nur zu gut, dass alle Zusätze und Verfälschungen die diese Leute fähig sind herzustellen, eintausend Falschmünzer hervorgebracht haben, denn sie können ihre Ware nur als Münzen absetzen, denn wenn sie diese als Barren verkauften, würden sich die unechten Stoffe in der Schmelze befinden. Doch die Münzen werden sie leicht bei allen möglichen Leuten los. Aus diesem Grund sind sie gezwungen, wenn sie hart gearbeitet haben und sich nicht von ihren Verlusten erholen, Zuflucht in den Münzen zu suchen. Eines Tages wurde ein Falschmünzer aus dem Bearn in der Diözese von Saintes gefangen genommen, bei dem vierhundert für die Prägung vorbereitete Testons gefunden wurden. Wären sie geprägt worden, gäbe es weder einen Goldschmied noch sonst irgendjemanden der sie nicht für gut befunden hätte. Denn sie widerstanden dem Schlagtest mit dem Hammer, der Probe mit dem Probierstein,[322] der Schmelzprobe und dem Klangtest, alles schien in Ordnung. Aber nachdem man sie zur Probe in die Kupelle legte, wurde die Fälschung erkannt. Zu dieser Zeit gab es einen Vogt[323] in Saintes mit Namen Grimaut, der mir versicherte, dass, als man dem Falschmünzer den Prozess machte, dieser ihm die Namen und Beinamen von (120) einhundertsechzig[324] Männern preisgab, die in sein Geschäft (**100**) verwickelt waren, ihr Alter, ihren Stand, ihren Wohnort und andere gesicherte Auskünfte. Und als ich jenen Vogt fragte, warum er nicht die in seiner Liste aufgeführten Falschmünzer ihrerseits verhaften ließ, antwortete er mir, dass er das nicht wagte, da unter ihnen mehrere Richter und Magistrate waren, sowohl aus dem Bordelais, dem Périgord, wie auch dem Limousin; und hätte er sie verärgert, hätten sie eine Möglichkeit gefunden ihn töten zu lassen. Wenn Ungerechtigkeit unter den Großen entsteht und unter jenen, deren Aufgabe es ist andere zu bestrafen, entzündet sich ein so großes Feuer, das unmöglich durch menschliche Kraft zu löschen ist. Wenn ich von allen Missbräuchen berichten wollte, die unter dem Deckmantel gerechter Arbeit begangen werden, würde ich nie zu Ende gekommen. Ich habe dir nur dieses eine Beispiel gegeben, damit du niemals Lust bekommst nach der Zeugung, Vermehrung oder Verfestigung von Metallen zu forschen, denn dies ist ein Werk,

---

1928, S. 195 u. 204 f., vgl. den Probierstein S. 218; PR, Stichwort coupellation, coupelle und Holleman-Wiberg 1976, S. 798.

322 „la touche“, touchau, pierre de touche (vgl. PR). Ein Stück Jaspis diente als Versuchsmittel. Siehe Agricola 1928, S. 218. Agricola behandelt Probierverfahren im *7. Buch* von *De re metallica*, ebenda, S. 188 f.

323 „prevost“, verschiedene Bedeutungen: Vogt, Feldrichter, Magistrat, Probst, die genaue Funktion konnte nicht geklärt werden.

324 „huit vints“, 160. Eine sehr hohe Zahl. Es ließe sich spekulieren, ob nicht „vingt huit“, 28 gemeint ist.

das sich durch Gottes Gebot unsichtbar und in einem äußerst verborgenen[325] Vorgang vollzieht, so dass es dem Menschen nie gegeben war dies zu erkennen.

Die Theorie.

Du kannst mir predigen so viel wie du willst, aber ich kenne mehrere wohlsituierte Männer und bedeutende Persönlichkeiten, die jeden Tag diese Dinge erforschen und die sich für nichts auf der Welt den Münzen verschreiben würden, schon deshalb, weil sie ausreichend Mittel besitzen, um darauf zu verzichten.
(***101***)

Die Praxis.

Ich gestehe, dass es verschiedene Herren gibt, wohlsituierte Männer und bedeutende Persönlichkeiten, die sich mit der Alchemie beschäftigen und viel dafür ausgeben. (121) Lass sie nur machen: das bewahrt sie vor einem noch größeren Laster. Und dann besitzen sie ja ein Einkommen um diese Dinge zu erproben. Was die Mediziner angeht, indem sie in der Alchemie forschen, lernen sie die Natur zu verstehen, und das hilft ihnen bei ihrer Kunst, und dabei lernen sie die Unmöglichkeit dieses Unterfangens kennen. Ich habe einige Steine gefunden, transparent wie Kristall, ohne jede Farbe und ohne Flecken, trotzdem kann man durch Untersuchung direkt zum Vorschein bringen, dass es Metall in den besagten Steinen gibt, obwohl diese genauso klar, rein und transparent sind, als wie damals, als sie sich noch im Wasser befanden.

Die Theorie.

Du behauptest weiterhin, dass es unmöglich ist, und du willst deine Meinung gegen diejenige von mehreren tausend Menschen durchsetzen, die unvergleichlich gelehrter sind als du, die dich erröten lassen, wenn du es wagen würdest, mit ihnen zu diskutieren, denn du hast nicht viele Argumente und sie werden dir eine Million anführen, auf die du nichts zu entgegnen weißt.

Die Praxis.

Wenn es nur um die Argumente ginge, hätte ich eine Menge, von denen das kleinste genügte, um mich gegen diejenigen durchzusetzen, die sie mir gegenüber vorbringen könnten.
(***102***)

Die Theorie.

Bitte nenne mir also eines der guten Argumente, von denen du sprichst.

---

325 „tresocculte“.

Die Praxis.

Wenn die Alchemisten Gold oder Silber herstellen wollen, calcinieren (122) und pulverisieren sie ihre Metalle, und nachdem sie sie durch die Calcination pulverisiert haben, arbeiten sie daran diese Stoffe neu zu bilden.[326] Folglich, wenn sie durch dieses Verfahren neue Metalle außerhalb der Matrix[327] erzeugen können, wo sie zuerst entstanden sind, wäre es für sie sehr viel einfacher eine Nuss, eine Birne oder einen Apfel wieder zu erschaffen, die sie vorher zu Pulver zerkleinert haben. Sage also dem Tüchtigsten unter ihnen, dass er eine Nuss zerstoße, ich meine die Schale und den Kern, und nachdem er sie pulverisiert hat, soll er sie in sein Alchemistengefäß legen, und könnte er die Stoffe einer zerstoßenen Nuss oder Kastanie wieder zusammensetzen, [also] sie in den gleichen Zustand zurückführen, in dem sie vorher waren, würde ich zugestehen, er sei [auch] fähig Gold und Silber zu machen. Aber ich gebe mich wiederum Illusionen hin, denn selbst wenn sie sie wieder zusammensetzten und von Neuem eine Nuss oder eine Kastanie herstellen könnten, hieße dies trotzdem nicht sie hundertfach zu multiplizieren und zu vermehren,[328] wie sie dies behaupten [wenn sie sagen], dass, wenn sie den Stein der Weisen fänden, sich jedes Gewicht um das Hundertfache vergrößern ließe. Nun ich weiß, dass sie genauso gerne das eine, wie das andere machen werden.

Die Theorie.

Warum erwähnst du Nüsse (***103***), Kastanien und andere Früchte, da es sich doch um wachsende, lebendige Wesen[329] handelt, die sich nur innerhalb langer Zeit entwickeln können und zuerst einmal müssen sie (123) aus Samen[330] aufkeimen. Es gibt keinen Grund die Früchte mit den Metallen zu vergleichen, da ihr Körper und ihre Ausführung nicht empfindsam sind.

Die Praxis.

Darauf antworte ich, dass es viel leichter ist eine sichtbare Sache nachzumachen, als eine unsichtbare. Die Früchte wachsen sichtbar heran und trotzdem ist es

326 Ein Grundprinzip in der Chemie.

327 „matrice“, Matrix. Gemeint ist hier die Gesteinsmatrix, welche für Palissy die natürliche geologische Umgebung während der Entstehung der Metalle bildet.

328 „pas la multiplier ny augmenter“. Auch: weder zu vervielfältigen, noch zu vergrößern.

329 „ames vegetatives“, „ame“: Seele, Leben, Wesen; „vegetative“: pflanzlich, wachsend, lebendig. Betont werden soll sowohl der Charakter eines pflanzlichen, lebendigen, wie empfindsamen und wachsenden Wesens. Gemeint sind nicht die Früchte, sondern die Entwicklung des ganzen Baumes.

330 „semence“, Samen, Saat, Keim. Zum Begriff Samen siehe Palissy 1996, Bd. 2, S. 109, Anm. 29; vgl. EWFS.

unmöglich sie nachzumachen, aber immer noch leichter als die Metalle. Aber wenn die Früchte sich, so wie du sagst, durch einen Wachstumsprozess bilden und die Metalle tote und unempfindliche Körper sind, will ich dir an dieser Stelle ein Geheimnis offenbaren, von dem du noch nicht gehört hast. Wisse also, dass Gott von dem Moment an als er die Welt erschuf, alle vorhandenen und zukünftig existierenden Substanzen in sie hineingelegt hat, denn anders könnte kein Ding wachsen[331] oder Gestalt annehmen. Man muss glauben, dass die gepflanzten und gesäten Bäume schon am Anfang der Existenz ihrer Art durch Gottes Gebot mit dem Wachstum und der Vermehrung[332] begannen und das seitdem (wie ich dir bereits gesagt habe, als ich von den Quellen sprach) die Menschen die wilden Samen ausgesät, kultiviert und verpflanzt haben. Aber diese Samen könnten nicht wachsen und sich vermehren wenn der für die Vermehrung verantwortliche Stoff sich nicht in der Erde befände. Man muss also (***104***) schlussfolgern, dass seitdem die Erde erschaffen wurde mit ihr alle pflanzlichen[333] Substanzen, alles Süße, alles Bittere, alle Farben, Düfte und Eigenschaften erschaffen wurden. Und daher kommt, dass jeder der Samen, der auf den Erdboden gestreut wird, Gerüche und Eigenschaften anzieht und in sich aufnimmt. Einige ziehen die giftigen und verderblichen Stoffe an, indem sie alle diese Dinge aus dem Boden aufnehmen.

Die Theorie.

Alles was du oben vorgebracht hast widerlegt meine Meinung nicht.
(124)

Die Praxis.

Doch, denn genauso wie ich dir erklärt habe, dass die Samen oder Substanzen aller wachsenden Dinge bereits am Anfang der Welt zusammen mit der Erde erschaffen wurden, genauso habe ich dir bereits erzählt, dass alle mineralischen Stoffe (die du als tote Körper bezeichnest) sich bemühen Samen[334] zu produzieren, um so weitere hervorzubringen. Auch sind die Minerale nicht so vollständig tot, dass sie nicht nach und nach immer bessere Dinge gebären[335] und hervorbrächten. Um es dir besser verständlich zu machen, die mineralischen Stoffe sind

331 „vegeter".

332 „accroissement", Wachstum, Vermehrung.

333 „vegetative", kann gleichzeitig bedeuten pflanzlich, wachsend, belebt.

334 „semences", Samen. Der wirksame Teil des Samens von Samenpflanzen wird Keim, Keimling oder Embryo genannt. (Siehe BH Biologie). Die Übersetzung von „semence" mit Keim ist also möglich und sinnvoll. Dies schafft die Verbindung zu dem noch heute in der Chemie gebräuchlichen Begriff Kristallkeim, wie der Beginn jedes Kristalls genannt wird. Vgl. A. Klein 2005, S. 28.

335 „enfannent".

innerhalb der Erdmatrix mit dem Wasser vermischt und in diesem nicht zu erkennen, genauso wie jede menschliche und tierische Kreatur in einer Art Wasser[336] erzeugt wurde. Und untergemengt innerhalb des Wassers gibt es eine höhere Art von Substanz,[337] welche andere von ihrer Art anzieht, um sich zu entwickeln. Aber man darf nicht denken (***105***), dass vor ihrer Bildung und Erstarrung ihre Farbe im Wasser erkannt werden könnte. Denn genauso wie du weißt, dass die Kastanien zu Beginn ihrer Entwicklung weiß sind, und schwarz, wenn sie ausgereift sind, so sind die Äpfel schwarz am Beginn und rot in der Reife, die Weintrauben grün am Anfang und schwarz in der Reife, ebenso haben die Metalle in ihrem frühesten Zustand keine andere Farbe als die des Wassers. Das habe ich durch viel Arbeit herausgefunden; ich versichere, dass ich niemals die Absicht hatte, (125) darin der Alchemie nachzueifern, denn ich hielt diese Sache immer für unmöglich. Ich sage sogar, für so vollkommen ausgeschlossen, dass kein Mensch mir vernünftige Erklärungen geben könnte, dass sich das machen ließe. Als ich über die vielfältigen Werke und die gute Ordnung nachdachte, die Gott der Welt zu Grunde gelegt hatte, war ich über die Vermessenheit der Menschen sehr verwundert. Denn ich sehe, dass es verschiedene Schalen von Fischen[338] gibt, die einen so wunderschönen Glanz haben, wie keine noch so schöne Perle auf der Welt. Unter vielen gibt es eine in der Sammlung im Kabinett von Herrn Rasce[339], die einen so enormen Glanz besitzt, dass sie wegen ihrer schönen Politur wie ein Karfunkel[340] aussieht. Wenn ich das sehe, sage ich zu mir selbst, warum pulverisieren die, die behaupten zu wissen wie man Gold macht, nicht eine Anzahl von diesen Schalen[341] und stellen aus ihnen eine Paste her, um damit einen schönen Pokal[342] zu formen. Ich bin sicher, dass eine mit diesem Material gut ausgeführte Schale teurer und (***106***) kostbarer als Gold wäre. Oder aber liegt es daran, dass sie nicht untersuchen, woraus der Fisch sein schönes Haus geformt hat und keine ver-

---

336 D. h. Sperma und Fruchtwasser.

337 „matiere supresme".

338 „coquilles de poissons". Schalen von Fischen. Coquille, eigentlich Schale, wird als Synonym für Muschel benutzt. Palissy spricht hier von Muschelschalen und den Gehäusen von Meeresschnecken. An anderen Textstellen können aber auch die Schalen von Krebsen usw. gemeint sein.

339 Rasse de Noeuds, französische Gelehrtenfamilie. Welches Mitglied gemeint ist, bleibt unklar, möglicherweise François Rasse de Nœuds, Chirurg in Paris. Es existieren verschiedene Schreibweisen des Namens, z. B. auch de Neus. Siehe Audiat 1868, S. 275 und Verryn-Forrer 1968, S. 389–417.

340 „escarboucle", Karfunkel. Edelstein, Bezeichnung für die roten Granate oder für Rubin.

341 Also Muschelschalen und Schneckengehäusen.

342 „coupe", Trinkschale, Kelch, Pokal. PR: Gefäß zum Trinken, weiter als tief, dass auf einem Fuß ruht. Aber auch ein individuell geformtes, halbkugelförmiges Gefäß auf einem Fuß, mehr oder weniger hoch. Larousse: Gefäß, mit oder ohne Fuß, breit aber von geringer Tiefe. Vgl. EWFS und Académie.

gleichbaren Werkstoffe verwenden, um daraus ein schönes Gefäß zu schaffen? Der Fisch, der dieses Gehäuse baut, ist nicht so glorreich[343] wie der Mensch, er ist ein Tier, das wirklich wenig Gestalt besitzt,[344] und trotzdem weiß er etwas zu erschaffen, was der Mensch nicht (126) erschaffen könnte. In irgendeinem Teil des Ozeanischen Meeres lebt eine große Zahl von Fischen, die alle ein Gehäuse auf dem Rücken tragen, diese halten sich an den Felsen fest. Und weil dieser Fisch von seiner Schale bedeckt ist, macht er sechs Löcher über sich, um Luft zu bekommen oder um Nahrung aufzunehmen. Und sowie er seine Schale vergrößert, schafft er ein neues Loch und schließt ein anderes. Die größte dieser Muscheln ist nicht größer als die Hand eines Menschen. Das Innere der Muschelschale hat die Farbe einer Perle und ist viel schöner, denn sie nimmt die Farben des Regenbogens an, wie der Stein den man Opal nennt. Das Äußere dieser Muschelschale ist wegen des Meereswassers, welches es umgibt, ziemlich rau und ungefällig. Aber wenn die Kruste entfernt wurde, ist die Außenseite dieser Muschel genauso schön wie die Innenseite. Dieser Fisch ist formlos und trotzdem kann er etwas, was die Alchemisten nicht machen könnten. Es existiert eine Insel, auf der es eine so große Menge dieser Fische gibt, dass deren Bewohner mit ihnen die Schweine mästen.[345] Sie kochen sie, um sie von ihren Schalen loszureißen und die Muschelschalen verbrennen sie (***107***) um Kalk herzustellen.

Die Theorie.

Warum hältst du mir einen so langen Vortrag über eine Muschel, obwohl doch unser Thema die Alchemie ist.

Die Praxis.

Das mache ich, um dich von deinem Irrtum zu überzeugen und all jene, die deiner Meinung sind. Ich habe den unförmigsten Fisch den man in allen Meeren finden kann als Beispiel genommen, da er ein Haus zu bauen weiß, das so schön bemalt ist, wie alle Alchemisten der Welt (127) kein vergleichbares schaffen könnten. Ich habe häufiger die Farben im Inneren der Muschelschalen bewundert und nicht deren Ursache verstanden. Trotzdem, letztendlich habe ich mir überlegt, dass der Regenbogen keine andere Ursache als die Sonne haben kann, die direkt durch den Regen scheint, wenn dieser dem Anblick der Sonne gegenüberliegt, denn man sah noch nie einen Regenbogen, wenn die Sonne ihm nicht gegenüberstand, genauso wenig wie man je einen Regenbogen gesehen hat, wenn der Regen nicht in die Richtung seiner Entstehung fiel. Demzufolge habe ich gedacht, dass dieser Fisch,

---

343 „glorieux", glorreich, ruhmwürdig; oder ruhmsüchtig: Hulsius, rumrächig, d.h. rachsüchtig. Hier auch glorreich im Sinne von großartig, glanzvoll.

344 Das heißt ziemlich formlos oder unförmig ist.

345 Plinius, Naturgeschichte, II, LIX.

wenn er sein Haus baut, sich dazu auf einen Felsen im Meer setzt, wo die Wassertiefe nicht sehr groß ist, und in der Zeit, während der Fisch sein Haus formt und die Sonne durch das Wasser dringt, ruft diese die Farben des Regenbogens im Wasser hervor, und das Material der Muschelschalen, das bei seiner Entstehung und Verfestigung [noch] wässrig und flüssig (***108***) ist, hält die durch Reflexion des Sonnenlichts im Wasser hervorgerufenen Farben zurück. Auf diese Weise existieren Zeit und Jahreszeiten genauso gut für die Menschen wie für die Tiere. Die Pflanzen die keine Sinne besitzen klären uns darüber auf. Ich habe mehrfach gesehen, wie Schnecken[346] ihre Häuser bauten, aber nie hat ein Mensch sie eines im Winter bauen sehen. Die Bienen[347] oder Honigfliegen und weitere Tiere tun es auch nicht. Deshalb ist leicht zu schlussfolgern, dass die Metalle und alle Minerale eine Jahreszeit für ihre Entstehung haben, die uns unbekannt ist. Wir können aus diesen Dingen die Torheit derjenigen ersehen, die Gold und Silber außerhalb der Erdmatrix erzeugen wollen, und zudem wollen sie etwas erzeugen, ohne die Substanzen zu kennen, die ihr Wesen ausmachen. Und noch schlimmer, sie wollen etwas durch das Feuer herstellen, was natürlicherweise durch das Wasser entsteht. Die Substanzen der Metalle sind (wie ich dir oben sagte) auf eine Weise verborgen, dass es für den Menschen unmöglich ist sie zu erkennen, bevor sie erstarrt sind.[348] Genauso wenig wie jemand von einem Wasser, in dem man Salz gelöst hat, sagen kann, dass es salzig ist, bevor man es mit der Zunge probiert hat.

Die Theorie.

Und woher weißt du diese Dinge und vor allem worauf berufst du dich, um zu wagen so vielen gelehrten Philosophen zu widersprechen (128), die so schöne Bücher über Alchemie verfasst haben, schon weil du weder Griechisch, (***109***) noch Latein und kaum gutes Französisch beherrscht?

Die Praxis.

Ich werde es dir sagen. Es geschah, dass ich eines Tages ein Pfund Salpeter[349] in einem vollständig mit Wasser gefüllten Kessel kochte und auflöste. Anschließend ließ ich ihn abkühlen, und als er kalt war, fand ich Salpeter, der sich beim

---

346 „limaces“, Meeresschnecken oder Ackerschnecken, heute nur noch als Bezeichnung für Nacktschnecken gebräuchlich.

347 Vgl. Amico, 1996, S. 11, Abdruckform einer Biene mit Beschriftung von Palissy oder seiner Werkstatt.

348 d. h. „sie kristallisiert sind“.

349 „salpestre“, Salpeter, Kaliumnitrat, KNO_3. Er kristallisiert in Form rhombischer bitter schmeckender Prismen aus. Siehe Holleman-Wiberg 1976, S. 728 f. Natriumnitrat (Chilesalpeter), Nitronatrit, $Na(NO_3)$, kristallisiert als idiomorpher Kristall würfelförmig aus. Siehe: Strübel, Zimmer 1991, S. 248 und Holleman-Wiberg 1976, S. 722.

Erstarren als lange eisähnliche Stücke,[350] die eine Quaderform besaßen, am Kessel festgesetzt hatte. Einige Zeit später kaufte ich einen Kristall, der aus Spanien mitgebracht worden war, dieser war genauso geformt,[351] wie der Salpeter den ich aufgelöst hatte. Ich verstand, dass, obgleich die Metalle tote Körper sind (wie du gesagt hast), der Kristall trotzdem nicht so vollkommen tot ist, dass es ihm nicht gegeben ist, zu wissen wie er sich vom anderen Wasser trennen und sich mitten in diesem diamantförmig mit Ecken und Spitzen bilden kann. Und wie es dem Kristall, dem Salpeter und dem gewöhnlichen Salz möglich ist zu erstarren, um einen festen vom gewöhnlichen Wasser getrennten Körper zu bilden, ist es auch den mineralischen Stoffen gegeben derartiges fertigzubringen, wie ich es mit einem Stück Schiefer beweise, das du hier siehst, in dem mehrere Markasite[352] eingeschlossen sind. Und nicht ohne Grund habe ich den Schiefer erwähnt, denn er liefert mir den Beweis für das, was ich oben behauptet habe. Du siehst, dass die metallischen Markasite die in ihm eingeschlossen sind quadratische Flächen besitzen, vergleichbar einem Würfel. Wenn ich dich fragte, welcher dieser zwei als Erster entstanden ist, der Schiefer oder der Markasit, wüsstest du mir nicht (***110***) zu antworten. Ich spiele also den Priester Martin,[353] ich werde mir selbst antworten, und indem ich als (129) Argument die Muschelschalen benutze, beweise ich, dass diese im Wasser entstanden sind und inzwischen versteinerten, genauso wie das Wasser und der Schlick, in dem sie lebten. Und genauso wie die Muscheln vorher entstanden sind, bevor sie und der Ort, wo sie lebten, versteinerten, sind auch die Markasite in diesem Schiefer vor dem Schiefer entstanden.[354] Es ist sicher, dass sie mit einem Gemisch aus Wasser und Erde bedeckt waren als sie sich bildeten, welches sich inzwischen zu Schiefer reduzierte. Und die Markasite haben eingeschlossen im Schiefer ihre eigene Form behalten, wie die Muscheln, die sich eingefasst im Stein befinden. Schließ nun daraus, dass diese Markasite

---

350 „glaçons longs, ayant forme quadrangulaire". „glaçon", ein Stück Eis, vgl. TLF. quadrangulaire.

351 „qui estoit formé", kann auch heißen: „der genauso gebildet wurde" oder „der genauso entstanden war".

352 Markasit, FeS_2, aus dem Arabischen für Feuerstein, Synonyme; Binarit, Eisenkies oder Graueisenkies, Hydro-Pyrit. Rhombisch-Diapyramidale Kristalle (Strübel, Zimmer 1991). Markasit ist also ein Sulfid. Als eine Kristallmodifikation existiert der Pyrit oder Schwefelkies, dieser dient hauptsächlich zur Gewinnung von Schwefelsäure (Holleman-Wiberg 1976, S. 918).

353 Redensart. Méry 1828, S. 195 definiert „faire le prêtre Martin" als alten familiären proverbialen Ausdruck, bei dem eine Person Fragen stellt und sich selbst die Antworten gibt. Möglicherweise stammt das Motiv aus der mittelalterlichen Textsammlung *Le Roman de Renart*, Branche XVII, *Ysengrin et le pretre Martin*. Der *Roman de Renart* entstand zw. 1170–1250. Siehe Barre 2010 und http://classes.bnf.fr/renart/.

354 Palissy nimmt für die Markasite den gleichen Bildungsprozess wie für die Fossilien an.

aus einem Stoff gebildet werden, der sich (vor seiner Entstehung) unerkannt im Wasser befand, und durch eine Ordnung die Gott der Natur zu Grunde legte,[355] gruppierten sich die Substanzen die vorher ungebunden waren derart, dass die Menschen von den Werken Gottes über die Maßen entzückt sein müssten und erkennen sollten, dass es eine große Dummheit ist zu denken, dieses in solch einem Ding[356] nachahmen zu können. Einige Zeit nachdem ich auf das oben geschilderte aufmerksam geworden war, wanderte ich mit gesenkten Kopf über die Felder um die Werke der Natur zu betrachten, als ich einige Grubenarbeiter traf, die Eisenminerale recht tief aus der Erde förderten, und das Eisenmineral bestand aus Steinen, etwa von der (***111***) Größe eines Hühnereies. Ich gebe die Größe an, denn in den Ardennen ist das Eisenmineral sehr viel kleiner. Nun, das Mineral, welches die Arbeiter förderten, hatte keine [bestimmte] Form, die einen Steine waren länglich, die anderen rund [oder] mit zwei Spitzen, entsprechend dem Ort, wo der Stoff zur Zeit seiner Erstarrung verweilte. Einige Zeit später fand ich hiervon einige ziemlich große Steine deren ganze Oberfläche wie mit kleinen Diamantenspitzen übersät war. Ich dachte mehrere Jahre darüber nach, was der Grund für die Form dieser Spitzen sein könne, und da ich den Grund nicht verstand, legte ich sie einige Zeit beiseite und kümmerte mich nicht weiter darum. Und genauso ein anderes Mal, als ich den Grund für die Entstehung sämtlicher Steine suchte, die auf der einen Seite kleine Diamantenspitzen besaßen; diese Spitzen waren ungetrübt, klar, rein (130) und transparent wie Kristall und auf der anderen Seite dunkel, rau und nicht sehr gefällig. Aber da sie sich an ein und demselben Ort verfestigt hatten, erkannte ich, dass der durchscheinende Teil aus reinem Wasser gebildet worden war und der undurchsichtige Teil aus einem trüben mit Erde versetzten Wasser. Aber was die Diamantenspitzen angeht, hatte ich bis dahin noch nicht deren Ursache verstanden. Eines Tages geschah es jedoch, dass mir jemand ein Zinnmineral zeigte, das auch solche Spitzen ausgebildet hatte; [und] ein anderes Mal wurde mir ein Silbermineral gezeigt, das noch mit dem Felsen, in dem die Substanzen dieses Silbers sich (***112***) verfestigt hatten, verbunden war; auch dieses Mineral besaß Diamantenspitzen. Als ich diese ganzen Dinge durchdachte, verstand ich, dass alle Steine und Salzarten, Markasite und andere Minerale, die durch die Erstarrung in Wasser entstehen, in sich eine dreieckige, viereckige, oder fünfeckige Form enthalten, und dass die Seite mit welcher sie sich im Boden oder am Felsen befinden nur die Form des Untergrunds von dem Ort abbilden kann, an welchem sie während der Zeit ihrer Verfestigung lagerten. Nun, das reicht aus, um die Meinung derjenigen umzustoßen, die mit den umgekehrten

---

355 „par un ordre que Dieu a mise en nature": Aussage kann als den Dingen eingeschriebene Naturgesetze gewertet werden.

356 Gemeint ist sicher ein Alchemistengefäß, eine Art künstliche Gebärmutter oder Retorte.

Mitteln versuchen Gold und Silber zu machen. Denn da ja Formen mit Diamantenspitzen in Gold- und Silberbergwerken, Blei- und Zinnminen oder in Gruben mit anderen Metallen vorkommen, kannst du dich vergewissern, dass ihre Hauptsubstanz nichts anderes als ein lösbares Salz ist, das zusammen mit den anderen Wassern wohnt, sich von diesen trennt, wobei es die Stoffe anzieht, die es liebt, um sie zu verfestigen und in Metall umzuwandeln.[357] Und obwohl die Philosophen behauptet haben, dass Gold aus Schwefel und Quecksilber besteht, bleibe ich dabei, dass der Schwefel den wir sehen, sich nicht mit den mineralischen Stoffen oder ihren Samen vermischen kann. Ich gebe gerne zu, (131) dass es im Wasser eine Art Öl gibt,[358] welches, wenn es mit Wasser und Mineralsalz vermengt wird, bei der Entstehung der Metalle behilflich ist. Bei der vollständigen Eindampfung[359] der Metalle erstarrt das Öl inmitten des Metalls und nimmt den Namen Schwefel an.[360] Es gibt Geheimnisse (***113***) in allen Bereichen der Natur die sehr gut verborgen und unbekannt sind, so dass je mehr ein Mensch von Philosophie versteht, er desto mehr die Zufälle fürchtet, die gewöhnlich bei allen Schmelzarbeiten, metallurgischen Arbeiten und beim Umgang mit dem Feuer eintreten.[361] Ist es nicht ein merkwürdiger Umstand und einer Betrachtung wert, dass es in Montpellier gewisse Wasser gibt, in denen man Kupfer zu Grünspan reduziert und es gleich in deren Nähe andere gibt, mit denen man das nicht kann? Gibt es nicht auch Wasser, das sich gut zum Färben eignet und um Gemüse zu kochen, und wieder anderes ganz in deren Nähe, ist nicht dazu zu gebrauchen? Ich habe in der Zeit als die Glasmaler groß in Mode waren, weil sie die Figuren für die Glasfenster der Tempel erschufen, gesehen, dass diejenigen die diese Figuren malten,

---

357 „reduire", sehr weit gespannter Begriff: zurückführen, vermindern, verkleinern, auch: reduzieren. In der Chemie auch heute in der Reduktion-Oxidation (Redox-Chemie) verwendet. Allgemeine Übersetzung als „Umwandeln" scheint am angebrachtesten zu sein (siehe Larousse). In der Kochkunst ist es immer noch gebräuchlich von „reduzieren" zu sprechen, um durch das Kochen eines flüssigen Nahrungsmittels, z. B. eines Rotweines oder einer Sauce, durch Wasserverdampfung zu einer Verdickung und zu einer höheren Konzentration der Geschmacksstoffe etc. zu gelangen. Dies entspricht Palissys pragmatischer Vorstellung dieses geologischen Vorgangs.

358 „parmy les eaux il y a quelque genre d'huile": unklar, vgl. Palissy 1996, Bd. 2, S. 131, Anm. 74.

359 „parvenuz en leur perfaite decoction". Die Decoction ist ein Standardverfahren der Alchemie und – in der Küche. Bedeutung nach Schütt 2000, S. 295 u. 307: eindampfen, ausschwitzen, verflüchtigen, verdunsten. In der Geologie sind folgende verwandte Begriffe gebräuchlich: Eindampfungsfolge (Ausscheidungsfolge) und Evaporation, siehe Haubold, Daber 1989, S. 138 und Murawski 1983. Vgl. *Discours* Kapitel *Über die Metalle*, S. ***124***/146; *Über das trinkbare Gold* S. ***146***/165 und *Über die Steine* ***237***/257.

360 Versuch von Palissy seine Theorie mit der elementaren Substanzlehre der Alchemisten in Übereinstimmung zu bringen.

361 „en toutes entreprises fusibles, metalliques, & vulcanistes".

weder Knoblauch noch Zwiebeln zu essen wagten, denn hätten sie davon gegessen, wäre die Farbe nicht auf dem Glas haften geblieben. Ich habe einen gewissen Jean de Connet gekannt, der einen so übel riechenden Atem hatte, dass die gesamte Malerei, die er auf den Glasscheiben ausführte, [auf ihnen] überhaupt nicht halten konnte, (132) obwohl er sehr geschickt in seiner Kunst war. Die Historiker sagen, wenn eine Palme am Ufer eines Flusses stände und eine weitere am anderen Ufer dieses Flusses, dass dann die Wurzeln unter dem Fluss von dem einen Ufer zum anderen wachsen würden, wegen der großen Freundschaft oder Affinität, die sie füreinander empfinden. Es ist genauso gewiss, dass stillende Frauen, die weit von ihrem schlafenden Kind entfernt sind, an ihren Brustwarzen spüren, wenn diese beim Erwachen schreien. Ich habe eine sittsame, weise und ehrenhafte Frau gesehen, die, (***114***) als ihr Mann auf dem Feld war, durch eine geheimnisvolle Bewegung den Tag verspürte, an dem ihr Mann zurückkehrte. Solche Bewegungen gibt es nicht nur bei Menschen und Tieren, sondern auch bei Pflanzen und Metallen. Und genauso wie die belebten Stoffe sich Nahrungsmittel bedienen, und nachdem sie die nahrhafte Substanz verwertet haben, den Rest in die Ausscheidungsgefäße schicken, entwickeln vergleichbar auch die Metalle Exkremente, die nach ihrer Entstehung überflüssig sind. Ich betrachte also den Schwefel als eine Art Kolophonium[362] oder Exkrement, das zur Entstehung beigetragen hat, nachdem diese vollständig abgeschlossen ist, sind die Exkremente überflüssig; und so wie bei den menschlichen und tierischen Kreaturen geschieht dies auch bei allen pflanzlichen. Und darum haben die Nüsse und Kastanien eine Hülle aus Exkrementen,[363] und wenn sie ihre Vollendung[364] erreichen, werfen sie ihre Hülle ab, wie ein unnützes Exkrement. Genauso produzieren alle Samen oder Pflanzen im vegetativen Zustand[365] irgendetwas, um ihnen während einer begrenzten Zeit zu helfen und zu dienen. Vergleichbar trennen diejenigen, welche die (133) metallischen Minerale läutern,[366] den Schwefel vom Metall als ein unnützes Ding, genauso wie der Feldarbeiter den Weizen vom Stroh trennt. Darum habe ich dir gesagt, dass der gewöhnliche Schwefel nicht so beschaffen sein kann, wie zu dem Zeitpunkt als er die Metalle erzeugte, und dass er vorher nur ein unbekanntes Öl gewesen sein konnte. Genauso bemerkst du, dass (***115***) Gummi nur ein Wasser[367] ist, wenn es sich im Baum befindet, aber wenn es austritt und den

---

362 Kolophonium, nicht destillierbarer Rückstand bei der Wasserdampfdestillation des Harzsaftes verschiedener Pflanzen (BH Biologie). Verwendung u. a. für die Bögen von Saiteninstrumenten.

363 „robbe excrementale“, Ausscheidungsprodukte.

364 „perfection“.

365 „plantes vegetatives“, siehe Artikel Bernal u. a. 1994, S. 205. Auch: Pflanzen in der Wachstumsphase, vereinfachter Ausdruck: wachsende Pflanzen.

366 „affiner“, läutern, reinigen, veredeln.

367 „eau“. Wasser und Flüssigkeit sind in der Frühneuzeit Synonyme.

Stamm hinunterfließt, trocknet es aus, erhärtet und nimmt dann die Bezeichnung Gummi an. Das Terpentin[368] ist ein Öl, welches von den Pinien ausgeschwitzt[369] wird, und wenn es [in der Sonne] brät, erhärtet es und nennt sich Pechharz.[370] So musst du dir vorstellen, wie die Entstehung der Metalle vor sich geht, durch Stoffe und Kräfte, die für den Menschen unerkennbar sind.[371] Und denke nicht, dass Quecksilber[372] etwas anderes als der Anfang eines Metalls ist, das von einer wässrigen und salzigen Substanz[373] gebildet oder begonnen wurde. Ich meine nicht von dem gewöhnlichen Salz, denn mir ist bekannt, dass die Zahl der Salzarten nach unserer Kenntnis unendlich ist, wie ich es dir zu verstehen geben werde, wenn ich im Anschluss über die Salze spreche.

Die Theorie.

Du bist ziemlich schnell zugegen um die Philosophen zu verleumden, und dabei gibt es keine schönere Sache auf der Welt als die Philosophie. Denn durch Philosophie stellt man die nützlichsten Destillate der Medizin her die man finden kann, genauso extrahiert[374] man mit der Philosophie alle Düfte, Eigenschaften und Geschmacksstoffe, sowohl aus Gewürzen als auch aus allen wohlriechenden Stoffen.
(134)

Die Praxis.

Du machst dich wirklich über mich lustig, zu sagen, dass ich einen Hass auf die Philosophie habe, und dabei weißt du sehr gut, dass ich nichts in größerer Achtung halte und sie jeden Tag erforsche, und was ich sage, ist nicht gegen die heutigen Philosophen gerichtet, die dieses Namens (***116***) würdig sind. Aber ich spreche gegen jene, die eher verdient haben Antiphilosophen als Philosophen genannt zu werden. Denn ich lobe die Destillateure und Hersteller von Extrakten sehr und halte diese Wissenschaft für sehr nützlich und gewinnbringend. Ich beabsichtige ausschließlich gegen diejenigen zu argumentieren, die nur um selbst angenehm zu leben, sich ein Geheimnis widerrechtlich aneignen wollen, das Gott für sich allein reserviert hat, wie etwa die Macht alle Pflanzen und alle Dinge wachsen und gedeihen zu lassen. Denn es ist Gott selbst gewesen, der die Saat der Metalle in die Erde gestreut hat. Und Diese wollen versuchen ein Werk zu erschaffen, das

368 „terebentine". Das Terpentin wurde ursprünglich aus dem Harz der Pinien gewonnen.
369 „distiller", auch: destillieren.
370 „poix-rasine".
371 „matieres & vertus inconnues aux hommes".
372 „le vif argent".
373 „matiere aqueuse & salsitive".
374 „tire", auch: herausziehen, daher das deutsche Substantiv Auszug für Extrakt.

nur verborgen in der Erde entsteht, von dem sie weder das Mittel noch die Stoffe kennen, nicht durch welche Kraft, nicht auf welche Weise und auch nicht in welcher Zeit diese Sache zur Vollendung gelangen kann. Man hat eine gewisse Vorstellung von der Zeit die der Weizen und andere Samen brauchen, um zur Reife zu gelangen, aber von den Samen der Metalle haben sie kein Zeugnis. Genauso wenig hat man Kenntnis der Kraft,[375] durch welche die Substanzen sich binden und erstarren. Ich weiß aber genau, dass diese Dinge eine Kraft besitzen, welche die einen zu den anderen hinziehen, wie ein Magnet Eisen anzieht. Einige Male nahm ich einen Stein aus einem spaltbaren Material, nachdem ich ihn so fein wie Rauch zerkleinert und zerstoßen hatte, mischte ich das so entstandene Pulver unter den Ton, und einige Tage später, als ich diese Erde verarbeiten wollte, stellte ich fest, dass dieser Stein begonnen hatte, sich wieder zusammenzufinden, und das, obwohl er ***(117)*** (135) so fein unter die Erde gemengt worden war, dass kein Mensch einen Stein finden könnte, der so groß wie die kleinen Atome ist,[376] die man in den Sonnenstrahlen sieht, wenn sie in das Zimmer scheinen; ein Phänomen, das ich sehr bemerkenswert finde. Das muss dich davon überzeugen, dass die Substanzen der Metalle sich auf bemerkenswerte Weise vereinigen und verfestigen, gemäß dem Gesetz[377] und der bewundernswerten Kraft die Gott ihnen verliehen hat.

Die Theorie.

Du magst noch so sehr gegen die Alchemie anreden, ich habe jedenfalls mehrere Philosophen getroffen, die mir umfangreiche Erklärungen über die Erzeugung von Gold und anderer Metalle gegeben haben.

Die Praxis.

Ich vermute, dass diejenigen, die du Philosophen nennst, in Wahrheit nur die größten Feinde der Philosophie sind. Denn wenn du wüsstest, was Philosophie ist, würdest du erkennen, dass diejenigen welche versuchen Gold und Silber zu machen, nicht diesen Titel verdienen, denn Philosophie heißt „Freund der Weisheit".[378] Da Gott die Weisheit ist, kann man nicht die Weisheit lieben, ohne Gott zu lieben. Und ich bin verwundert, wie ein Haufen Falschmünzer, welche sich nur in Täuschung und Betrug üben, keine Scham haben, den Rang eines Philosophen anzunehmen. Nun, wie ich seit dem Anfang feststelle, ist die Gier die Wurzel allen Übels, und diejenigen, die versuchen Gold und Silber zu machen, können nicht vom Titel Raffke befreit werden, und wenn sie Raffgierige sind, können sie nicht Philosophen genannt werden, noch zu denen zählen ***(118)*** (136) die die

375 „vertu", vgl. Cotgrave.
376 Der Staub.
377 „suyvant l'ordre", den Dingen eingeschriebene Naturgesetze, vgl. *Discours*, S. ***110***/129.
378 „amateur de sapience". Anführungszeichen wurden ergänzt.

Weisheit lieben. Ich habe dieses Thema vorangestellt, da diejenigen welche versuchen Gold und Silber zu machen, immer das Wort im Munde führen, dass die Geheimnisse der Metallherstellung nur den „Kindern der Philosophie“[379] gehören. Und sie sagen es nicht nur mündlich, sondern setzen es in die gedruckten Bücher; so wurde in Lyon ein Buch über das trinkbare Gold gedruckt, in der Zeit als König Henri der Dritte aus Polen zurückkehrte.[380] In diesem Buch steht eindeutig geschrieben, dass die Alchemie nur den Kindern der Philosophie offenbart werden darf. Wenn sie Kinder der Philosophie sind, sind sie Kinder der Weisheit und in Konsequenz Kinder Gottes. Wenn es sich so verhielte, wäre es gut, wenn wir alle der Religion der Alchemisten angehörten.

Die Theorie.[381]

Du hast dich oben mir gegenüber auf die Kastanien, Nüsse und andere Früchte berufen, doch das berührt [meine Argumentation] nicht, denn die Metalle sind eine Sache und die Früchte eine andere.

Die Praxis.

Ich schäme mich, dass diese Unterhaltung so lange dauert, doch wegen deiner Unbelehrbarkeit werde ich noch einmal über dieses Thema sprechen. Betrachte doch nur das Beispiel des Magneten, der durch eine einzigartige Kraft Eisen an sich zieht, obwohl er kein lebendiges Wesen besitzt. Und wenn das (137) außerhalb der Erdmatrix so ist, wieviel größer glaubst du wird die Kraft (***119***) erst in der Erde sein, wenn er sich noch im flüssigen Zustand befindet? Der Magnet ist nicht der Einzige, der die Kraft besitzt Dinge anzuziehen, die er liebt. Kennst du nicht

---

379 „enfans de philosophie“. Anführungszeichen wurden ergänzt, da Zitat aus dem von Palissy erwähnten Buch, siehe unten, und polemische Reaktion auf „amateur de sapience“.

380 Henri III. (1551–1589), König von Frankreich. Am 21. Februar 1574 wird er im Krakauer Schloss zum polnischen König gekrönt. Am 14. Juni erfährt er vom Tod seines Bruders Karl IX. und verlässt am 18. Juni die Stadt. Seine Krönung zum französischen König findet am 13. Februar 1575 in Reims statt. Bei dem Buch kann es sich nur um das 1575 von Alexandre de la Tourette, einem Anhänger Paracelsus, geschriebene und in Lyon verlegte Buch *Bref discours des admirables vertus de l'or potable*, … handeln. Das Werk ist Henri III. gewidmet. Der umfangreichere Teil des Buches ist eine *Apologie de la tresutile science d'Alchemie.* Zur Biographie von de la Tourette ist kaum etwas bekannt. Einige Angaben finden sich: http://www.amis-arbresle.com.preview11.oxito.com/ article.php?id_article=112. De la Tourette war der erste „Président de la cour des monnaie à Paris“ und „Conseiller du roi, président des ses monnoyes.“ Im gleichen Jahr 1575 schreibt Jacques Gohory, gleichfalls ein Anhänger der Lehren Paracelsus, eine Erwiderung: *Discours responsif à celui d'Alexandre de la Tourrete sur les secrets de l'art chymique et confection de l'or potable.* Vgl. *Discours*, Kapitel *Über das trinkbare Gold.*

381 Die folgenden Seiten des Texts der *Discours*, S. ***118***/136–***121***/139 (ab dieser Stelle) werden später fast wörtlich auf den S. ***133***/150–***137***/152 wiederholt.

den Gagat[382] und den Bernstein, die das Stroh anziehen? Genauso auch das Öl, ins Wasser gegossen sammelt es sich getrennt vom Wasser. Willst du bessere Beweise als gewöhnliches Salz, Salpeter, Alaun, Couperose und jede Art von Salz? Wenn diese im Wasser gelöst sind, können sie sich vollständig von diesem trennen und einen eigenständigen Körper bilden, der deutlich erkennbar und vom Wasser getrennt ist. Und ich bekräftige noch einmal, was ich dir oben bereits erzählt habe, indem ich wiederhole, dass der Samen der Metalle flüssig und vom Menschen nicht wahrzunehmen ist. Und genauso wie ich dir erklärt habe, dass der Samen des flüssigen Salzes sich vom gewöhnlichen Wasser trennt, um zu kristallisieren,[383] verhält es sich auch mit metallischen Substanzen. Du musst hier noch genauer philosophieren:[384] Betrachte die Samen, wenn man sie in die Erde streut, haben sie nur eine Farbe, aber im Wachstum und in der Reife bilden sich mehrere verschiedene Farben aus. Die Blüten, Zweige, Blätter und die Knospen, alle werden verschiedene Farben haben, und selbst in einer Blüte wird es verschiedene Farben geben. Du wirst finden, dass es sich ähnlich mit den Schlangen, den Raupen und den Schmetterlingen verhält, die mehrere schöne Farben ausbilden. Wir werden beim Philosophieren jetzt noch darüber hinausgehen. Du wirst zugeben, da alle diese Dinge ihre Nahrung aus der Erde aufnehmen, dass auch ihre Farbe aus der Erde stammt. Und soll ich (***120***) dir sagen auf welche Weise [das geschieht] und was der Grund dafür ist? Wenn du durch alchemistische Kunst die verschiedenen Farben aus der Erde ziehen könntest, wie es diese kleinen Tiere tun, würde ich dir zugestehen, dass du ebenso (138) die metallischen Substanzen herausziehen und sie zusammensetzen kannst, um Gold und Silber zu machen. Aber wie ich dir bereits mehrfach erläutert habe, gehst du ganz der Natur entgegengesetzt vor. Du hast durch meine Argumente vernommen, dass alle metallischen Substanzen wässrig sind und sich im Wasser bilden, und trotzdem willst du sie mit Hilfe des Feuers schaffen, was sein Gegenteil ist. Habe ich dir nicht eindeutig durch ein mit Markasiten durchsetztes Stück Schiefer gezeigt, dass die metallischen Substanzen im Wasser noch flüssig sind und sie sich gegenseitig anziehen, um sich in einen Körper umzuwandeln? Und wie ich immer wieder sagte, sind sie nicht wahrnehmbar[385] und nicht unterscheidbar vom anderen Wasser, bis zu ihrer Verfestigung.

---

382 „jayet", auch „jais" (PR), Stein von Gagas, antike Stadt in Kleinasien, griechisch „gagantes", als Gagat oder Pechkohle bezeichnet. Sehr harte Varietät der Braunkohle („lignite"), poliert als Schmuckstein verwendet.

383 „se congeler", sich verfestigen, erstarren. Der Klarheit wegen und im Zusammenhang mit dem Begriff Keim, wird der allgemein übliche Begriff kristallisieren verwendet.

384 „philosopher", philosophieren, nachdenken. D. h. noch genauere Betrachtungen und Untersuchungen anstellen.

385 Sie verhalten sich wie Unbekannte in einer Gleichung, man muss ihre Existenz bejahen, aber man kann sie nicht bestimmen und benennen. Eine derartige „Gleichung" lässt sich in der Frühneuzeit noch nicht lösen.

Die Theorie.

Ich finde es sehr befremdlich, dass du sagst, die metallischen Substanzen könnten im Wasser nicht erkannt werden, da man doch das Gegenteil sieht. Denn alle, seitdem es Philosophen gibt, sagen, dass sämtliche Metalle aus Schwefel und Quecksilber zusammengesetzt sind. Wenn es so ist, warum sollte ich glauben, dass sie sich nicht im Wasser erkennen können? Denn ich bin sicher, wenn es welche im Wasser gibt, werde ich sie sehr wohl erkennen.

Die Praxis.

Wieso kannst du dich nicht erinnern, dass ich das gewöhnliche Salz und auch die anderen erwähnte, um dir (***121***) verständlich zu machen, dass genauso wie das Salz keine Farbe besitzt, wenn es im Wasser gelöst ist, auch die metallischen Substanzen bis zu ihrer Verfestigung keine Farbe haben? Aber sie nehmen sie an, wenn sie sich verbinden und erstarren, genauso wie alle Fruchtarten ihre Farbe während des Wachstums und in der Reife ändern. Wenn ich die menschlichen und tierischen Samen anführen wollte, würde man dort irgendwelche Farben vor ihrer Entwicklung finden? Nein! Genauso wenig bei den Metallen. Ich habe dir bereits oben gesagt, dass du niemals Schwefel oder Quecksilber vor ihrer Kristallisation gesehen hast, und dass sie vorher (139) nicht die Farbe besaßen, die sie jetzt haben und sie unerkannt waren, genauso wie das Salz im Meerwasser nicht wahrzunehmen ist.[386] Vor langer Zeit dachte ich mit dem Thema der Alchemie abschließen zu können, da ich meinte, indem ich über die Steine spreche, würdest du die Wahrhaftigkeit meiner Beweise erkennen. Aber da ich finde, dass du einen beschränkten Verstand hast und allzu sehr auf deiner Meinung beharrst, bin ich gezwungen, um das Ganze zu beenden, dir zu sagen, dass man nichts anderes über die Metalle sagen kann, als was die menschliche, tierische oder pflanzliche Natur an Wissen vermittelt. Das heißt, wenn die Kastanien, die Nüsse und alle anderen Früchte in der Erde ausgesät werden, sind in den Samen bereits die Wurzeln, Zweige, die Blätter und alle Bestandteile, [nämlich] Eigenschaften, Farben und Gerüche angelegt, die der Baum ausbildet, wenn er geboren[387] wird. Auch in den Samen der menschlichen und tierischen Wesen sind die Knochen, die Haut, (***122***) das Blut und alle weiteren Teile enthalten. Und da du ja siehst, dass keines dieser Dinge seine ursprüngliche Farbe behält, sondern sie während des Wachstums ihre Farbe ändern, heißt das, dass in einem Ding mehrere Farben angelegt sind. Genauso musst du also annehmen, dass die Samen der Metalle (die flüssige und wässrige Substanzen sind) Farbe, Gewicht und Härte ändern. Die erste

[386] Hier endet die Textpassage der Seiten ***118***/136–***121***/139, die auf den Seiten ***133***/150–***137***/152 fast wörtlich wiederholt wird.

[387] „... quand il sera né". D. h. wenn er auskeimt.

Kenntnis von diesen Dingen erlangte ich in einer Abbaugrube von Tonerde, die in einer Ziegelei nahe Saint-Sorlin de Marennes[388] auf einer der Inseln der Saintonge liegt. Dort fand ich in der Erde eine große Zahl von Markasiten verschiedener Größe und verschiedenen Gewichts. Alle waren so geformt, dass man urteilen konnte, dass sie aus einem flüssigen Stoff entstanden waren und dieser in den Tagen seiner Verfestigung von oben nach unten hinabgeflossen war, ganz so als wenn man geschmolzenes Wachs allmählich heruntertropfen lässt, um es zu verfestigen. (140)

Die Theorie.

Ich habe deine Beweisführung sehr wohl verstanden. Aber wäre es nicht von sehr großem Nutzen für Frankreich, wenn es fünf oder sechs Männer gäbe, die ihr Ziel erreichten, den Stein der Weisen der alten Philosophen zu erlangen? Denn ich habe verschiedene Alchemisten sagen hören, dass sie, wenn sie es erreicht hätten, ausreichend Gold produzieren würden, um Krieg gegen alle Gegner zu führen, ja sogar gegen die Türken.
(***123***)

Die Praxis.

Zwischen deinen ganzen bisherigen Worten gibt es keine, die so weit von der Weisheit entfernt sind, als die, die du gerade ausgesprochen hast. Doch ich sage im Gegenteil, eine Pest, ein Krieg oder eine Hungersnot in Frankreich wären besser als sechs Männer, die Gold in solch großer Menge herstellen könnten, wie du sagst. Denn nachdem man sicher wäre, dass diese Sache durchführbar ist, würde die ganze Welt die Kultivierung der Erde verachten und sich dem Versuch des Goldmachens widmen und dadurch läge die Erde brach, und alle französischen Wälder würden höchstens dazu ausreichen während eines Zeitraums von sechs Jahren Holzkohle für die Alchemisten zu liefern. Diejenigen, die die Historiker gelesen haben, erzählen, dass ein König, welcher mehrere Goldgruben in seinem Königreich entdeckte, die Mehrzahl seiner Untertanen dazu einsetzte, das Mineral zu fördern und zu veredeln. Dies führte dazu, dass die Böden brach liegen blieben und in dem Königreich eine Hungersnot ausbrach. Aber (141) die Königin, die umsichtig und ihren Untertanen gegenüber gütig war, ließ im Geheimen Kapaune, Hühner, Tauben und andere Tiere aus purem Gold machen, und als der König speisen wollte, ließ sie ihm dieses Fleisch servieren. Darüber war er sehr erfreut, ohne zu verstehen worauf die Königin hinauswollte. Aber als er sah, dass man

---

388 Der Ort konnte nicht lokalisiert werden. Marennes ist eine Kommune auf dem Festland vor der Insel Oléron. Es existiert ein Ort namens Saint-Sorlin-de-Conac weit abseits der Inseln an der Gironde.

ihm kein anderes Fleisch brachte, begann er sich zu ärgern. Daraufhin bat ihn die Königin demütig zu bedenken, dass Gold keine Nahrung sei[389] und es besser wäre (***124***) seine Untertanen zur Bebauung der Felder einzusetzen, als um Goldminen zu suchen. Wenn du dich nicht an ein solch gutes Beispiel halten willst, gehe in dich und sag dir selbst, wenn es in Frankreich sechs solcher Männer gäbe, wie du sagst, die Gold machen könnten, dann würden sie eine derart große Menge herstellen, dass der Geringste unter ihnen Monarch werden möchte und sie sich deshalb untereinander bekriegten. Und nachdem das Wissen bekannt würde, entstünde so viel Gold, dass dieses große Geringschätzung erführe, weil keiner es gegen Brot oder Wein tauschte. Ich will nicht behaupten, dass es nicht gerecht ist, wenn Prinzen Leute in die Minen schicken, besonders Kriminelle zur Zwangsarbeit, um diese Minerale auszubeuten, um sie sowohl einerseits in der Wirtschaft zu verwenden als auch zur Herstellung der notwendigen Instrumente und Werkzeuge, die man aus diesen Metallen fabriziert.

Die Theorie.

Du hast mir hier oben viele Argumente gegen diejenigen geliefert, welche Metalle mittels Wärme herstellen und dich gleichfalls gerühmt ein fünftes Element[390] beweisen zu können. Mit solchen Dingen kann ich mich nicht zufriedengeben, wenn ich keinen zuverlässigeren Schluss erhalte.
(142)

Die Praxis.

Ich kann nichts anderes über die Metalle schlussfolgern, als dass was ich dir schon oben berichtet habe, nämlich, dass alle metallischen Substanzen flüssig, fließend und durchsichtig[391] sind, und im gewöhnlichen Wasser bis zu ihrer Erstarrung nicht zu erkennen. Und was das fünfte Element angeht, kann ich dir keinen (***125***) anderen Beweis geben, als denjenigen, den ich öffentlich vor meinen Zuhörern gab, wo du zugegen warst, der Beweis wurde dort durch einen Stein geführt, den du hier siehst.[392]

---

389 Der Hinweis, dass Gold keine Nahrung, also vom menschlichen Körper nicht zu verwerten ist, kann als ein Vorgriff auf das folgende Kapitel *Über das trinkbare Gold* angesehen werden, das sich mit den hypothetischen medizinischen und therapeutischen Anwendungen kritisch auseinandersetzt.

390 Ein fünftes Element wurde bislang nicht erwähnt.

391 „liquides, fluides et diafanes", liquides, fluides sind Synonyme: Es scheint, dass für Palissy diese Begriffe eine gewisse Unterschiedlichkeit besaßen. Um dies herauszuarbeiten wird fluides, flüssig zu fließend variiert.

392 Hinweis auf die Vorlesungen in Palissys Akademie und mineralischen Sammlung, behandelt vor allem im Diskurs *Über die Steine*, S. ***208*** ff./230 ff. Zu den ausgestellten Steinen siehe auch das Kapitel *Kopie der Schriften*, S. ***348*** f./361 f. Palissy beschreibt den

Erinnerst du dich nicht, dass ich sagte, als ich die Demonstration dieses Steines durchführte, dass alle Steine die eine dreieckige, fünfeckige oder viereckige Form besitzen, oder Spitzen wie Diamanten, sich im Wasser gebildet haben und sie diese Formen anders nicht annehmen konnten. Als ich dieses Argument verwendete, zeigte ich ihnen diesen Stein [hier], der aus drei verschiedenen Stoffen zusammengesetzt ist: Das Äußere dieses Steins ist ein klarer und reiner Kristall, dessen äußere Oberfläche aus diamantähnlichen Spitzen gebildet wird, und der nächstfolgende Teil darunter besteht aus einem silberhaltigen Mineral, und der dritte Teil ist ein gewöhnlicher Stein. Das, was ich gewöhnlich nenne, bezeichnen einige als Tuff, ähnlich dem in den Steinbrüchen. Dieses gibt klar zu erkennen, dass dieser sich zuerst bildete und nach seiner Entstehung wurde die Substanz des Silbers die von oben herunterlief, im Zustand vor ihrer Verfestigung, von dieser Steinschicht aufgehalten und erstarrte dort kurze Zeit später als Silbermineral. Und in späterer Zeit wurde die kristalline Substanz[393] auf diesem Mineral zurückgehalten, erstarrte und bildete diamantähnliche Spitzen. Und während dieser Zeit stand das gewöhnliche Wasser höher als diese Stoffe, denn anders hätte sich (***126***) der Kristall nicht mit Spitzen gebildet. Du weißt (143) doch, dass all diejenigen, denen ich diesen Stein vorführte, meinen Argumenten zugestimmt haben, ohne jeden Widerspruch. Und um auf den Beweis [für das] fünfte Element zu sprechen zu kommen: Auch hierfür diente mir dieser Stein als Beweisstück, denn ich bewies ihnen, dass sich nie Kristall oder andere Steine mit Spitzen oder Facetten ausbilden können, wenn sie sich nicht im gewöhnlichen Wasser[394] befunden hätten. Und das ist eine Tatsache. Der Kristall, der Diamant und alle transparenten Steine wurden aus wässrigen Substanzen[395] gebildet, da sich der Kristall[396] und andere transparente Steine im Milieu des gewöhnlichen Wassers bilden und jede Affinität mit diesem während des Erstarrungsprozesses[397] zurückweisen, nicht anders als Talg, Fett, Öle, Pechharz oder andere solcher Stoffe, die sich vom Wasser abscheiden. Man muss also schlussfolgern, dass das Wasser aus dem sich der Kristall bildete von einer anderen Art ist als das gewöhnliche Wasser, und wenn es von einer anderen Art ist, dann können wir feststellen, dass es zwei Arten Wasser gibt, eines ist exhalativ oder verdunstungsfähig und das andere essenziell,

---

Stein im Nachfolgenden als auf Tuff ähnlichem Muttergestein gewachsenen Kristall und Silbermineral. War an dieser Stelle möglicherweise eine Abbildung vorgesehen?

393 „matiere cristalline".

394 „eaux communes".

395 „matieres aqueuses".

396 „le cristal". Als Kristall wird in der Frühneuzeit meist nur der Bergkristall bezeichnet. Palissy sieht den Bergkristall und alle anderen Kristalle durch den gleich geologischen Prozess entstanden.

397 „en leur congelation", d. h. während ihres Abscheidungs- oder Kristallisationsprozesses. Zur Kristallisation siehe z. B. Klein, A. 2005, S. 28 f. und Nacke 2012, S. 10 f.

verfestigungsfähig und generativ.[398] Diese zwei Wasser sind auf eine Weise miteinander vermischt, dass es unmöglich ist sie zu unterscheiden, bevor sich das eine der zwei verfestigt hat.

Die Theorie.

Wenn du solch eine Rede hältst, wird man sich über dich lustig machen, denn die Philosophen halten es für erwiesen, dass es nur vier Elemente (***127***) gibt, aber wenn zwei Arten von Wasser existieren, wie du sagst, gäbe es fünf.

Die Praxis.

Ich habe es dir durch den Kristall ziemlich verständlich gemacht, der sich (144) bei der Erstarrung, die sehr häufig im Schnee stattfindet, von dem anderen Wassern trennt. Und das gewöhnliche Wasser, das als Schnee verbleibt, löst sich auf, aber der Kristall kann sich nicht auflösen, weder in der Sonne noch im Feuer.[399] Dies ist ein zuverlässiges Argument um zu zeigen, dass gewöhnliches Wasser nur kommt und geht, aufsteigt und niederfällt,[400] wie ich es dir beschrieben habe, als ich über die Brunnen sprach. Und ich wage dir noch zu sagen, dass die verfestigungsfähigen Wasser auch evaporieren und exhalieren[401] können und ihre Heimat und ihr Wohnort sich, bis zu ihrer Verfestigung, im gewöhnlichen Wasser befinden.

Die Theorie.

Es gibt sehr wenige Menschen, die das glauben werden, was du sagst, denn sie möchten sich lieber an die alten Philosophen halten.

Die Praxis.

Sag was du willst, aber wenn du alle Dinge, die durch die Auswirkungen des Feuers entstanden sind, genau untersucht hast, wirst du feststellen, dass das was ich

---

398 „l'une est exalative et l'autre essencive, congelative & generative". „Exalative" oder „exhalative", verdunstugsfähig, flüchtig, von exhalieren, ausdunsten, verdunsten. „Essencive": Die Form „essencive" ist ungebräuchlich und findet sich nur bei Palissy, entspricht „essentielle". Suffix -ive, -if ist Adjektivbildend und zeigt eine Qualität an (Larousse 1990, S. 22; PR, Liste der Suffixe). Vgl. essence. „Sel essenstielle", siehe Lemery 1690, S. 487 f. „Essentielle", essenziell, wesentlich, wesenhaft, substanzhaft, substanzbildend, lebensnotwendig, vgl. Duden. „Generativ", erzeugungsfähig, denn durch die Verdunstung, durch Reduktion scheiden sich „Salze" und Kristalle ab.

399 Auch wenn Palissy den Bergkristall wie schon Plinius, *Buch XXXVII* in Beziehung zum Schnee setzt, ist er für ihn ein Kristallisationsprodukt und nicht mehr aus komprimiertem Schnee oder gefrorenem Wasser entstanden.

400 „aller & venir, monter & descendre". Palissy spricht damit den kompletten Wasserzyklus an.

401 „sont aussi evaporatives & exhalatives", d. h. sie können verdunsten, ausdünsten und verdampfen.

sage der Wahrheit entspricht, und du wirst mir beipflichten, dass der Anfang und Ursprung aller natürlichen Dinge das Wasser ist. Das erzeugungsfähige oder generative Wasser der menschlichen und tierischen Samen ist nicht das gewöhnliche Wasser, das Wasser welches das Keimen aller Bäume und Pflanzen bewirkt ist [auch] nicht das gewöhnliche Wasser, und obgleich weder ein Baum, eine Pflanze, (**128**) noch ein menschliches Wesen oder ein Tier ohne die Hilfe des gewöhnlichen Wassers leben könnte, gibt es in ihm doch ein anderes keimfähiges, verfestigungsfähiges[402] Wasser, ohne das kein Ding sagen könnte „Ich bin".[403] Dieses ist es, welches alle Bäume und Pflanzen keimen lässt (145) und das ihre Entwicklung bis zum Ende unterstützt und unterhält. Und selbst wenn ihr Ende gekommen ist und sie vom Feuer aufgezehrt werden, befindet sich das erzeugungsfähige oder generative Wasser in der Asche, aus der man Glas machen kann, dies ist vergleichbar mit dem Wasser, aus dem sich der Kristall gebildet hat. Und denke nicht, das Getreide und sonstige Trockenpflanzen[404] anders überleben könnten, denn das exhalative oder verdunstungsfähige Wasser, welches bis zu ihrem Wachstumsende in ihnen vorhanden war, ist durch die Einwirkung der Sonne verdunstet, während das verfestigungsfähige Wasser weiterhin die Form des Strohs aufrecht erhält. Genauso siehst du, dass der Mensch, obwohl er anscheinend nur gewöhnliches Wasser trinkt, er beim Trinken und Essen auch dieses generative Wasser[405] aufnimmt, welches alles in allem Nährstoffe sind. Und Kraft der Natur[406] wird die Härte der Knochen durch die Aktivität des verfestigungsfähigen Wassers bedingt und darum gibt es verschiedene Arten von Knochen, die ein stärkeres Feuer überstehen als Natursteine. Es ist einfacher im Feuer einen Naturstein zu zersetzen als die Knochen eines Schaffußes oder Eierschalen. Du kannst dadurch erkennen, dass das kristalline Wasser,[407] welches das Sehen ermöglicht, eine gewisse Ähnlichkeit mit dem generativen Wasser besitzt, aus dem Brillen, der Kristall und Spiegel gemacht sind.

---

402 „une autre germinative congelative". „Germinative" siehe S. **298**/318 u. **363**/376. Vgl. mit „generative" in „essencive, congelative & generative" auf S. **126**/143.

403 Ähnliche Formulierung wie S. **90**/109.

404 „plantes sêches". Palissy rechnet offensichtlich alle Pflanzen, die an überwiegend trokkenen Standorten überleben, zu den Trockenpflanzen, und nicht nur die Xerophyten. Zu Trockenpflanzen siehe BH Biologie.

405 „eau generative", erzeugungsfähiges, wachstumsförderndes Wasser, identisch mit dem erstarrungs- oder verfestigungsfähigen Wasser.

406 „l'effect de nature", effet, action, causer (siehe PR, Verweis auf ricochet), das Wirken der Natur, (weitergehend ließe sich sagen, die Naturgesetzen) Palissys Denken demonstriert einen direkten Zusammenhang von Ursache und Wirkung. Vgl. Hulsius: effect & pouvoir, Krafft / Vermögenheit.

407 „l'eau cristalline": Kristallwasser, hier die Augenflüssigkeit, das Augenwasser des Glaskörpers. Kristallwasser, siehe Holleman-Wiberg 1976, S. 65, eigentlich chemisch gebundenes Wasser in Mineralien.

(***129***) (146)

Die Theorie.

Mir scheint es, dass du dir widersprichst, wenn du über dieses generative Wasser redest, denn über Salze sagst du, dass Salz in allen Dingen vorkommt und dass ohne es nichts existieren würde.

Die Praxis.

Du wirst keinen Widerspruch in meinen Äußerungen finden. Willst du, dass ich das Meerwasser als Salz bezeichne, obwohl es frei im gewöhnlichen Wasser herumtreibt?[408] Ich kann die fließenden, flüssigen und wässrigen Dinge[409] nur als Wasser bezeichnen, solange sie noch nicht vom gewöhnlichen Wasser zu unterscheiden sind. Nicht anders die Metalle vor ihrer Verfestigung, denn wie ich dir sagte, haben die metallischen Substanzen bis zu ihrer Verfestigung keine andere Farbe als Wasser.

Die Theorie.

Du hast mir viele Male gesagt, dass die metallischen Substanzen vor ihrer Erstarrung[410] flüssig waren wie das gewöhnliche Wasser, doch trotzdem kann ich nicht verstehen, wie das wahr sein kann, wenn du mir keine verständlicheren Beweise gibst.

Die Praxis.

Ich wüsste dir keine vollständigeren Beweise zu geben als diejenigen, die ich meinen Schülern gezeigt habe, natürlich in deiner Gegenwart, und die, wie du [deshalb] weißt, aus einer großen Zahl in Metall umgewandelter Holzstücke bestehen. Erinnerst du dich nicht daran, dass ich sie fragte, als ich dieses Holz zeigte, wie es (***130***) möglich sei, dass sich Holz in Metall verwandelt, wenn es nicht zuerst lange Zeit in metallischem Wasser gelegen hat, das mit dem gewöhnlichen Wasser vermischt ist? Und wenn das metallische Wasser nicht genauso flüssig und subtil[411] ist wie das gewöhnliche, (147) wie konnte es dann in das Holz eindringen und es in allen seinen Teilen durchtränken, ohne ihm seine bisherige Form zu nehmen? Das ist ein Punkt, durch den alle die ihn bedenken gezwungen sind, meiner Meinung nachzugeben. Ich werde dir einen weiteren noch sichereren Beweis geben, um dir zu zeigen, wie winzig[412] die metallischen Substanzen sein müssen,

---

408 „vagante parmy les eaux communes".

409 Siehe Anmerkung S. ***125***/142.

410 „congelation", Erstarrung und Verfestigung werden synonym benutzt.

411 „subtil", inhaltlich mit „dünn" zu übersetzen, als Ergänzung zu flüssig, d. h. dünnflüssig.

412 „subtil".

um wirken zu können, und die Dinge, von denen ich sprechen will, in Metall zu verwandeln, ohne sie zu deformieren. Zuerst finden sich eine große Anzahl Schalen von Fischen, die, nachdem sie eine Zeitlang in metallischen Wassern lagerten,[413] sich in Metall verwandelten, ohne ihre Form zu verlieren. Von solchen Muschelschalen habe ich in der Sammlung von Herrn de Roisi[414] eine größere Menge gesehen. Meinerseits besitze ich eine, die ich dem Bauleiter für die Mauerwerksarbeiten der Festungsanlagen von Brest in der äußeren Bretagne[415] zeigte, der mir bestätigte, dass sich eine große Menge davon in dieser Gegend findet. Im Kabinett von Herrn Race,[416] dem berühmten Chirurgen der Stadt Paris, gibt es einen Stein aus einem Kupfermineral,[417] in dem ein Fisch aus dem gleichen Material enthalten ist. Im Land von Mansfeld[418] befindet sich eine große Menge von Fischen die sich in Metall (148) verwandelt haben, und dies finden all diejenigen seltsam die ohne Philosophie leben; sie werden nie zu einer (***131***) Erkenntnis der Ursachen dieses Phänomens gelangen können, obgleich es ziemlich einfach ist, wie ich anschließend zeigen werde. Aber erst einmal muss ich die Ausführungen vorziehen, die ich dir über die Ursache der versteinerten Muscheln und des versteinerten Holzes mitzuteilen habe. Die Muschelschalen bestehen aus einer dünnen zusammengepressten und sehr dichten, äußerst harten Substanz. Trotzdem ziehen diese Muschelschalen, wenn sie lange Zeit in gewöhnlichem Wasser lagern, das generative kristalline Wasser[419] an, von dem ich bereits gesprochen habe, welches den Stoff aus dem Muscheln bestehen in Steinmaterial überführt, ohne etwas an ihrer Form zu verändern. Ich brauche keinen anderen Zeugen als dich, da du anwesend warst, als ich meinen Zuhörern eine große Zahl in Stein verwandelter Muschelschalen verschiedener Spezies zeigte, und nicht nur Muschelschalen, sondern auch Fische und mehrere Holzstücke.[420] Es fällt deshalb leicht

---

413 „croupi", ursprüngliche Bedeutung von s'accroupir, absetzen, hocken, verweilen, zu stehend (Gewässer) zersetzen, verfaulen etc., siehe auch die Übersetzungsvariante ablagern weiter unten.

414 Henri de Mesmes, Seigneur de Roissy et de Malisse (1532–1596), nördlich von Paris. Vgl. Palissy 1996, Bd. 2, S. 147, Anm. 103. Henri de Mesmes hinterließ seine Memoiren, die im 19. Jh. veröffentlicht wurden, siehe de Mesme 1970, zu seiner Sammlung (ausschließlich die Bibliothek) S. 109 ff.

415 „basse Bretagne", eigentlich untere oder niedere Bretagne, zur besseren Lokalisierung mit äußere Bretagne übersetzt. Westlich einer ungefähren Nord-Süd-Linie St. Brieux-Vannes gelegene Landesteile in der Bretonisch gesprochen wurde.

416 François Rasse des Nœuds. Siehe Anmerkung S. ***105***/125.

417 „pierre de mine d'airain".

418 „Mansfeld", eine Bergbaustadt in Sachsen. Vgl. die *Cosmographie* von Sebastian Münster, Münster 1556.

419 „au cristaline generative".

420 „non seulement coquilles, mais aussi des poissons : aussi plusieurs pieces de bois." Da sowohl coquilles als auch poissons erwähnt sind, ist eindeutig, dass es sich bei diesen

zu schlussfolgern, dass die in Metall verwandelten Fische in gewissen Gewässern und Seen lebten, deren Wasser sich mit anderen metallischen Wassern durchmischt hatte. [Diese Wasser] haben sich inzwischen als Mineralerze verfestigt und sowohl den Fisch als auch den Schlick erhärtet; wobei das gewöhnliche Wasser verdunstet ist, gemäß dem allgemeinen Gesetz das ihnen, so wie ich es dir weiter oben beschrieben habe, eingeschrieben wurde. Und als das Wasser zu Metall erstarrte, gab es in ihm einige tote Körper, etwa Menschen oder Tiere, die auch in Metall umgewandelt wurden, und darüber besteht gar kein Zweifel. Und ganz genauso wie du siehst, dass das abwärts rinnende (***132***) gewöhnliche Wasser verschiedene störende Stoffe[421] mit sich trägt, wie etwa Erde, Sand und anderen Schmutz, sind die metallischen Wasser während ihrer Verfestigung genauso unrein; sie verfestigen alle Sachen, die sich in ihnen befinden. Deshalb geben sich die Seigerer[422] große Mühe das Reine vom Unreinen zu trennen, das wirst du viel klarer in der Schlussfolgerung hören, die ich in der Abhandlung über die Steine ziehen werde. (149) Du weißt, der Grund der mich bewegt hat dir diese Dinge mitzuteilen ist nur, zu verhindern, dass du jemals Gefallen daran findest, dich jenen anzuschließen die Metalle generieren wollen. Denn durch die Lehren, die ich dir gegeben habe, kannst du leicht erkennen, dass sie sich täuschen, wenn sie etwas mit dem Feuer vollbringen wollen, was durch Wasser vor sich geht. Ich kann dir versichern, dass ich eine große Zahl solcher Forscher kennengelernt habe, die so ignorant sind, dass sie glauben, sie könnten den Geist[423] in Tongefäßen eingeschlossen halten, etwas was vollkommen unmöglich ist.

Die Theorie.

Und was bezeichnen sie als Geist?

Die Praxis.

Als Geist bezeichnen sie alle flüchtigen Stoffe und insbesondere das Quecksilber, das ein Wasser[424] ist, welches wie das gewöhnliche Wasser verdunstet, wenn es sich in der Nähe des Feuers[425] befindet. Sie vertreten die Auffassung, wenn sie

tatsächlich um Fische handelt. Vgl. Kapitel *Über das Wasser* S. ***37***/56 und *Über die Steine*, S. ***203***/226.

421 „incommoditez", ce qui gêne, cause du désagrément, siehe TLF.

422 „affineurs", im Französischen allgemeine Bezeichnung von Berufen zur Verfeinerung, Veredelung, Raffination jeder Art von Rohstoff. Für die Metallurgie mit Seigerer zu übersetzen, vgl. DWB Grimm.

423 „les espris", Dämpfe, Gase, Dünste, also z. B. alkoholische Dämpfe, daher die Bezeichnungen Spirituosen, Himbeergeist, Weingeist etc. für Äthanol.

424 „eau". Palissy verwendet hier die Bezeichnung Wasser als ein Synonym für Flüssigkeit, was in der Frühneuzeit durchaus üblich war.

425 „..., quand il est pressée du feu." Alternativübersetzung: „wenn es dem Feuer ausgesetzt wird." Da Quecksilber schon bei leichter Erwärmung, ja bei Zimmertemperatur verdun-

irgendeine Erde fänden, aus der sie Gefäße herstellen könnten, in denen man Quecksilber erhitzen kann, dann würde es dort zu Silber erstarren und damit (***133***) schmiedbar werden. Aber die armen Leute täuschen sich so grundlegend, dass ich mich schäme es zu sagen. Denn [auch] wenn das Gefäß einhundert Klafter[426] dick wäre, es wäre unmöglich zu verhindern, dass es platzt, wenn es dicht verschlossen ist, selbst wenn es im Inneren nur wenig Feuchtigkeit gäbe. Wie ich dir bereits zu verstehen gegeben habe, als ich über die Erdbeben sprach, entwickeln feuchte Stoffe die mit dem Feuer in Berührung kommen besondere Kräfte und können es nicht ertragen eingesperrt ohne Luft zu sein, wie du am [Beispiel] des Bronzeapfels[427] gesehen hast. Und (150) selbst die Eier, die Kastanien, die Nüsse und andere Früchte sind gezwungen zu platzen, wenn die enthaltene Flüssigkeit erhitzt wird, und deshalb ist man gezwungen die Kastanienschale zu zerbrechen, um zu verhindern, dass der erhitzte Saft sie zum Platzen bringt. Wenn die guten Leute diese Auswirkungen bedenken würden, nähmen sie keine Tongefäße um den Geist aufzufangen.

Die Theorie.[428]

Du hast dich oben mir gegenüber auf die Kastanien, Nüsse und andere Früchte berufen, um meiner Meinung über die Alchemie entgegenzutreten, doch das berührt [meine Argumentation] nicht, denn die Metalle sind eine Sache und die Früchte eine andere.

Die Praxis.

Ich schäme mich, dass diese Unterhaltung so lange dauert, doch wegen deiner Unbelehrbarkeit bin ich gezwungen, noch einmal über dieses Thema zu sprechen. Bist du wirklich so dumm, dass du nicht an das Beispiel des Magneten denkst, der durch eine einzigartige Kraft Eisen an sich zieht, obwohl er kein lebendiges Wesen

---

stet, ähnlich dem Wasser, d. h. in den gasförmigen Zustand übergeht, wurde eine Übersetzung gewählt, die dieses zum Ausdruck bringt. Feuer wiederum ist in der Frühneuzeit ein Synonym für eine Wärmequelle, und ganz allgemein für Wärme und Hitze, da diese kaum anders als mittels eines Feuers erzeugt werden konnte.

426 „toise", Klafter, Längenmaß, das überwiegend in der Holzwirtschaft gebräuchlich ist. Ein Klafter entspricht etwa sechs Fuß, rund einhundertachtzig Zentimeter.

427 „pomme d'airain", Bronzekugel, vgl. Kapitel *Über das Wasser*, S. ***5***/25 und ***25***/45. Hulsius übersetzt „airain" oder „arain" mit Kupfer. Im Deutsch-Französischen Teil liest man allerdings: „Kupffer & / allerley metall / arain". Üblicherweise wird im 16. Jh. airain noch entsprechend des mittelalterlichen und lateinischen Sprachgebrauchs für Erz verwendet, es ist auch für Kupfer und Legierungen aus Kupfer, wie Bronze im Gebrauch, wie das Kapitel *Über das Wasser* zeigt.

428 Beginn der fast wörtlichen Wiederholung des Texts der Seiten ***118***/136–***121***/139 der *Discours*. Für Anmerkungen wird auf diese Seiten verwiesen. Der Text ist hier auf den Seiten ***133***/150–***137***/152 wiederholt.

besitzt? Und wenn (***134***) das außerhalb der Erdmatrix so ist, wieviel größer glaubst du wird die Kraft erst in der Erde sein, wenn er sich noch im flüssigen Zustand befindet? Und glaubst du, der Magnet sei der einzige, der die Kraft besitzt Dinge anzuziehen, die er liebt? Kennst du nicht den Gagat und den Bernstein, die das Stroh anziehen? Genauso, siehst du nicht das sich Öl, ins Wasser gegossen, getrennt vom Wasser sammelt? Willst du bessere Beweise als gewöhnliches Salz, Salpeter, Alaun, Couperose und jede Art von Salz? Wenn diese im Wasser gelöst sind, können sie sich vollständig von diesem trennen und einen eigenständigen Körper bilden, der deutlich erkennbar und vom Wasser getrennt ist. Ich bekräftige noch einmal, was ich dir oben bereits erzählt habe, indem ich wiederhole, dass der Samen der Metalle flüssig und vom Menschen nicht wahrzunehmen ist, ganz genauso wie gelöstes Salz, das auch nicht im gewöhnlichen Wasser vor seiner vollständigen Erstarrung erkannt werden kann. Es ist deshalb auch (151) vollkommen sicher, dass der Samen der Metalle nicht erkannt werden kann, wenn er im flüssigen Zustand mit dem Wasser vermischt ist, bis zu seiner Erstarrung.[429] Und genauso wie ich dir erklärt habe, dass der Samen des flüssigen Salzes sich vom gewöhnlichen Wasser trennt, um zu kristallisieren, verhält es sich auch mit den metallischen Substanzen. Du musst hier noch genauer philosophieren: Betrachte die Samen, wenn man sie in die Erde streut, haben sie nur eine Farbe, aber im Wachstum und in der Reife bilden sich mehrere verschiedene Farben aus. Die Blüten,[430] Zweige, Blätter und die Knospen, (***135***) alle werden verschiedene Farben haben, und selbst in einer Blüte wird es verschiedene Farben geben. Du wirst finden, dass es sich ähnlich mit den Schlangen, den Raupen und den Schmetterlingen verhält, die in vielen wunderbaren Farben gezeichnet sind; selbst mit noch sehr viel Mühe könnte kein Maler oder Sticker ihre schönen Werke kopieren.[431] Wir werden beim Philosophieren jetzt noch darüber hinausgehen. Du wirst zugeben, da alle diese Dinge ihre Nahrung aus der Erde aufnehmen, dass auch ihre Farbe aus der Erde stammt. Und soll ich dir sagen auf welche Weise [das geschieht] und was der Grund dafür ist? Wenn du mir einleuchtende Gründe für das Obenstehende nennst und du mit deiner alchemistischen Kunst die verschiedenen Farben aus der Erde ziehen könntest, wie es diese kleinen Tiere tun, würde ich einsehen, dass du ebenso die metallischen Substanzen herausziehen und sie zusammensetzen kannst, um Gold und Silber zu machen. Aber was! Ich habe dir

---

429 Die letzten anderthalb Sätze von „...ganz genauso wie gelöstes Salz“ bis „Erstarrung“ sind zusätzlich eingeschoben und nicht in der ersten Textpassage vorhanden.

430 „la fleur“, im Original Singular, im Unterschied zur ersten Textpassage. Geändert um die Einheit zu wahren.

431 Die Satzteile „die in vielen wunderbaren Farben gezeichnet sind; selbst mit noch sehr viel Mühe könnte kein Maler oder Sticker ihre schönen Werke kopieren“ sind in der ersten Textpassage nicht vorhanden.

bereits so viele Male gesagt, dass du vollkommen entgegen der Natur vorgehst und du siehst durch meine Argumente genau, dass die metallischen Substanzen alle wässrig sind und sich im Wasser bilden, und du willst sie mit Hilfe des Feuers schaffen, was sein Gegenteil ist. Habe ich dir oben nicht eindeutig durch ein mit Markasiten und anderen Steinen und Mineralen durchsetztes Stück Schiefer demonstriert, dass die metallischen Substanzen im Wasser noch flüssig sind und sie sich gegenseitig anziehen, um sich in einen Körper umzuwandeln? (Und wie ich immer wieder sagte,) sie sind nicht wahrnehmbar und ununterscheidbar vom anderen Wasser, bis zu ihrer Verfestigung.
(***136***) (152)

Die Theorie.

Ich finde es sehr befremdlich, dass du sagst, die metallischen Substanzen könnten im Wasser nicht erkannt werden, da man doch das Gegenteil sieht. Zudem sagen alle Philosophen, dass sämtliche Metalle aus Schwefel und Quecksilber zusammengesetzt sind. Wenn es so ist, warum willst du mir glauben machen, dass sich Schwefel und Quecksilber nicht im Wasser erkennen lassen? Denn ich bin sicher, wenn es Schwefel und Quecksilber im Wasser gibt, werde ich sie erkennen.

Die Praxis.

Ich sehe schon, dass ich meine Zeit verliere. Du bist heute ein genauso großer Dummkopf wie gestern. Hast du überhaupt keine Erinnerung daran, dass ich das gewöhnliche Salz und auch die anderen erwähnt habe? Ich versuchte dir verständlich zu machen, dass genauso wie Salz keine Farbe besitzt, wenn es im Wasser gelöst ist, auch die metallischen Substanzen bis zu ihrer Kristallisation keine Farbe haben; aber sie nehmen ihre Farbe an, wenn sie sich verbinden und erstarren, ebenso wie du alle Fruchtarten während des Wachstums und in der Reife ihre Farbe ändern siehst. Wenn ich die menschlichen und tierischen Samen anführen wollte, würde man dort nicht genausowenig irgendwelche Farben finden wie bei den Metallen vor ihrer Bildung? Habe ich dir nicht bereits oben gesagt, dass du nie wirst behaupten können, jemals Schwefel oder Quecksilber vor ihrer Kristallisation gesehen zu haben? Denkst du, dass das Quecksilber und der Schwefel seit dem (***137***) Anfang die Farben besitzen, die sie heute haben? Ich weiß genau, dass dies nicht so ist und dass sie vorher unsichtbar waren, wie [auch] das Salz im Meerwasser unsichtbar ist.[432]

---

[432] Ende der fast wörtlichen Wiederholung des Texts von Seite ***118***/136–***121***/139 der *Discours*.

(153)

Ebenso wie ich in der vorangegangenen Abhandlung die alchemistische Medizin verworfen habe, da sie keinen Einfluss auf die Erzeugung, Vermehrung und Fixierung der Metalle hat, empfinde ich es als gut und zum Thema gehörend auch die Einflüsse des trinkbaren Goldes zu verwerfen, da ich es als für die körperliche Ernährung des Menschen schädlich erachte.

(**138**) (155)

Abhandlung über das trinkbare Gold.[433]

Die Theorie.

Auch wenn du mir die besten Gründe der Welt lieferst, wirst du es nicht schaffen, dass ich die Alchemie verachte, denn ich weiß, dass einige gute Dinge erschaffen, ja in der Medizin mit ihrer Hilfe praktisch Wunder vollbringen; ein Beispiel dafür ist das trinkbare Gold, welches die Alchemisten erfanden. Dies ist eine Sache von großem Gewicht und des Lobes würdig, denn es erweckt quasi die Toten wieder zum Leben, heilt alle Krankheiten, es pflegt die Schönheit, verlängert das Leben und erhält den Menschen fröhlich. Was könntest du dagegen einwenden?

Die Praxis.

Wie, du verharrst immer noch in diesen Träumereien? Ist dir nicht ein kleines Buch zu Gesicht gekommen,[434] das während der ersten Auseinandersetzungen[435] gedruckt wurde, indem ich hinreichend bewiesen habe, dass Gold nicht als Heilmittel[436] dienen kann, sondern (156) eher ein Gift ist? Mehrere Doktoren der Medizin waren nachdem sie meine Argumente gesehen hatten auf meiner Seite. Sogar sosehr, dass es seit einiger Zeit einen Doktor der Medizin und Dozenten an der medizinischen Fakultät gibt, welcher in Paris den Lehrstuhl innehat, der meine Auffassungen bestätigt. Er präsentierte sie seinen (**139**) Schülern als vollkommen gesicherte Lehrmeinung. Wenn es nur dies wäre, reichte es bereits um dich in deiner Argumentation zu verwirren.

Die Theorie.

Wie kannst du es wagen solch eine Rede zu halten, da viele tausend Ärzte so lange Zeit Gold als Heilmittel für Kranke verschrieben haben und es selbst die arabischen Ärzte anwendeten, die von allen die hervorragendsten waren?

Die Praxis.

Ich stimme dir zu, dass es eine unendliche Zahl von Ärzten gibt, die Goldstücke in den Mägen von Kapaunen kochen und dann die Brühe den Kranken zu trinken

---

433 Palissy greift mit diesem Diskurs in die immer noch schwelende Diskussion um das trinkbare Gold ein und versucht seinen *Discours admirables* durch die Behandlung eines aktuellen Themas mehr Beachtung zu verschaffen. Vgl. Anm. zu S. **118**/136. In diesem Kapitel wiederholt Palissy seine früheren Aussagen, s. unten.

434 Palissy verweist auf sein 1563 in La Rochelle verlegtes Buch *Recepte veritable*, siehe Palissy 1563, S. Giiij recto ff. und Palissy 1996, Bd. 1, S. 120–123.

435 Der erste Religionskrieg 1561–1563, siehe www.museeprotestant.org/Pages/Notices.php?scatid=3&noticeid =886&lev=1&Lget=DE.

436 „restaurant“, siehe spätere Fußnote.

geben. Sie behaupten, dass die Brühe etwas von der Substanz des Goldes aufgenommen habe, da die Goldstücke durch das Salz und von dem Fett an der Oberfläche etwas weißlich geworden waren. Was falsch war, denn hätten sie diese Stücke nach (157) dem Kochen gewogen, würden sie festgestellt haben, dass sie noch genauso schwer sind wie vorher. Andere ließen die Goldstücke feilen und gaben die Feilspäne den Kranken in etwas Fleisch zu essen, das war schlimmer, als wenn sie Sand gegessen hätten. Andere nahmen Blattgold wie es die Maler verwenden, aber eine Sorte nutzte soviel wie eine andere.

Die Theorie.

Auch wenn Gold in der Form wie du es erwähnst, den Kranken nicht hilft, kannst du nicht leugnen, dass es ihnen (**140**) hilft, wenn es trinkbar ist. Denn die Alchemisten, die es trinkbar machen, calcinieren[437] es zu einem sehr feinen Pulver, und wenn es mit einem Likör vermischt wird, kann es genauso leicht vom Körper aufgenommen werden wie das Fett von Kapaunen[438] in einer Suppe. Das ist die Art und Weise wie Gold dazu dienen kann den Kranken zu heilen und zu ernähren.[439] (158)

Die Praxis.

Du verstehst nicht genau was ich sage. Dir ist doch bekannt, dass das Feuer der Schmelzöfen pures Gold nicht zersetzen kann, wie sollte also der Magen eines Kranken es verzehren,[440] da er bereits so geschwächt ist, dass er nicht einmal mehr einen gekochten Apfel verdauen könnte?

Die Theorie.

Du machst dich über mich lustig! Wurde das Gold nicht bereits verzehrt,[441] als es trinkbar geworden ist? Der Alchemist, der es trinkbar machte, hat es genauso flüssig wie klares Wasser gemacht.

Die Praxis.

Du täuscht dich und verstehst nichts von dem was ich sage. Oder du tust nur so, als ob du nichts verstehen willst. Denn auch wenn alle Alchemisten das Gold als Suppe zubereiteten, die zarter als eine feine Essenz oder die fünfte Destillation von Wein ist, würde ich weiterhin behaupten, dass sie nichts hergestellt hätten, das als Nahrung dienen könnte. Die Wahrheit ist, wenn sie Gold ohne jede Zufü-

---

437 D. h. sie Zersetzen es.

438 „graisse de chapon". Kapaune: gemästete Hähne.

439 „restaurer et nourir".

440 „consommer", verarbeiten, konsumieren.

441 „consommer", Wortspiel mit dem Wort „consommer".

gung auflösen könnten, wäre ich auf ihrer Seite, natürlich vorausgesetzt, dass es sich bei einer Temperatur (***141***) auflösen ließe, die der des Magens sehr ähnlich ist. Denn welchen Nutzen könnte sonst eine Substanz für den Magen haben, wenn seine natürliche Wärme nicht fähig ist, sie aufzulösen, wie er es mit Fleisch macht, welches ihm als Nahrung gegeben wird. (159) Genug damit! Sie verfälschen, calzinieren und pulverisieren nur, und setzen dann andere Liköre zu, um es trinkbar zu machen. Weiß ich etwa nicht, dass alle harten, trockenen und durstigen Dinge die pulverisiert wurden, sich mit anderen Likören trinken lassen? Das will aber trotzdem nicht heißen, dass sie als Nahrung dienen können; du könntest gut Sand oder irgendwelchen Staub trinken. Wirst du deshalb sagen, dass dies eine Nahrung ist? Natürlich nicht, das weiß man.

Die Theorie.

Das ist alles nicht sicher. Denn man nimmt Gold als Speise[442] ein, wie das vollkommenste aller Lebensmittel,[443] und man sagt, dass ein Mensch der sich von Gold ernährt unsterblich würde, genauso wie Gold, das sich nicht zersetzen kann und unvergänglich ist.

Die Praxis.

Wirklich, das hast du diesmal fürwahr gut gesagt! Denn wenn ein Mensch sich von Gold ernähren könnte, oh, was wäre er dann für ein herrliches Idol. Ich bin begeistert, dass du keine Scham hast solch eine Rede zu halten, da diese Rede ausreicht, um den ganzen Streit mit dir zu beenden! Du behauptest, dass Gold, der Auffassung[444] dieses Jahrhunderts entsprechend, unvergänglich ist. Andererseits, wenn es unvergänglich ist, muss der Magen des Menschen sich davor hüten es zu verzehren, denn die Zeit, (***142***) die Erde, die Luft und das Feuer können es nicht verzehren. Auf welche Art sollte es also im Magen verdaut werden? Denn die Leistung des menschlichen Magens besteht darin, das zu kochen und zu verdauen, was ihm gegeben wird, und was als Nahrung tauglich ist, wird zu allen Gliedmaßen geleitet, um Fleisch und Blut zu vermehren und alles, was sonst Teil des Menschen ist, und der Rest wird als Exkrement nach außen geleitet. Doch ich frage dich, derjenige, der sich von Gold ernährt, (160) ohne etwas anderes zu essen, kann der Exkremente hervorbringen? Wenn du Ja sagst, ist Gold also nicht unvergänglich; wenn du Nein sagst, braucht man für Jene, welche sich von trinkbarem Gold ernähren, weder Toilettenräume noch Stühle mit Löchern.

---

442 „restaurant".

443 „alimens".

444 „selon le cours de ce siecle", „cours" eigentlich dem Gang, Verlauf, aber auch Lehre dieses Jahrhunderts, vgl. TLF.

Die Theorie.

Es ist unmöglich, deine Meinungen zu widerlegen! Trotzdem, es gibt mehrere die geschrieben haben, dass trinkbares Gold wunderbare Eigenschaften besitzt. Hast du nicht ein kürzlich gedrucktes Buch gesehen, indem es heißt, dass Paracelsus der deutsche Arzt, mit einer Arznei von trinkbarem Gold eine Anzahl Leprakranker geheilt hat.[445] Und du, der du nichts weiter als ein Erdarbeiter[446] bist, ohne jede Sprachkenntnisse, (161) außer derjenigen, die dir deine Mutter beibrachte, du wagst es einer solchen Persönlichkeit zu widersprechen? Jemandem der über fünfzig Bücher über die Medizin verfasst hat und der eine einzigartige Stellung unter den Medizinern besitzt, ja sogar als ihr Monarch gilt?

Die Praxis.

Sogar wenn Paracelsus und alle Mediziner die jemals existiert haben mir dieses gepredigt hätten, würde ich (***143***) immer behaupten, wenn trinkbares Gold in einen Schmelztiegel gegeben und belüftet wird, dass dann der Likör der dem Gold zugegeben wurde, verdunsten, verbrennen und zersetzt wird, während das Gold, welches suppenartig verarbeitet wurde, sich wieder in einen Barren verwandelt. Wenn der menschliche Magen genauso heiß wie ein Schmelzofen wäre, würde auch er das trinkbare Gold in eine Masse oder einen Barren zurückverwandeln. Wäre es anders, ließe sich Gold nicht als unveränderlich und ewig bezeichnen, wie du sagst.

Die Theorie.

Und was wird aus der Behauptung von Paracelsus, dass er damit viele Leprakranke geheilt hat?

Die Praxis.

Ich vermute, dass Paracelsus klüger ist als du und ich. Vielleicht hat er, nachdem er eine besondere Medizin mit Hilfe der unvollkommenen Metalle,[447] Markasite

---

445 Palissy nimmt hier möglicherweise Bezug auf das Buch *Demosterion* von Roch Le Baillif de la Rivière aus dem Jahr 1578. Im Vorwort (Au lecteur) wird berichtet, dass Paracelsus neun Leprakranke in Nürnberg heilte. Siehe Palissy 1996, S. 160, Anm. 12 und Le Baillif 1578, Blatt ẽij.

446 „un tarracier", siehe TLF, siehe „terrassier", „1580 tarracier « ouvrier de terre (ici pour signifier: ignorant) » (B. Palissy, *Discours admirables*. . . .)." Erster Beleg für dieses Wort. Arbeiter, der die Erde und den Boden bearbeitet, terrassiert. Mechanische Arbeit im Gegensatz zu den artes liberales und den Akademikern, die Alchemie betreiben. Um die Disziplinen des „Erdbodens" in die Wissenschaften einzugliedern, erfindet Palissy in den *Discours* den Begriff „L'Art de Terre".

447 „metaux imperfaits", d. h. der unedlen Metalle.

oder anderer Grundstoffe[448] erfand, glauben gemacht, dass es trinkbares Gold sei, um sie als wirkungsvoller darzustellen und sie sich (162) besser bezahlen zu lassen. Das ist die einfachste List, die er angestrebt haben könnte. Ich habe weitaus Gerissenere in einer kleinen Stadt des Poitou kennengelernt. Dort gab es einen Arzt, der genauso ungelehrt war, wie man dergleichen im ganzen Land traf, aber gleichwohl gelang es ihm mit einer einzigen List fast bewundert zu werden.[449] Er besaß ein geheimes Studierzimmer gleich in der Nähe der Eingangstür seines Hauses und konnte durch ein kleines Loch diejenigen beobachten, die ihm ihren Urin brachten. Nachdem sie in den Hof eingetreten waren, setzte sich seine genau instruierte Frau auf einen Holzklotz nahe dem Studierzimmer, das [dort] ein mit einer Kulisse (**144**) verdecktes Fenster besaß, und befragte die Überbringer des Urins, woher sie kämen, und sagte ihnen, dass ihr Mann gerade in der Stadt wäre, aber bald zurück sein würde. Sie hieß sie sich zu ihr zu setzen und fragte sie aus, an welchem Tag die Krankheit zum Ausbruch gekommen wäre, welches Körperteil erkrankt sei und entsprechend über alle Auswirkungen und Anzeichen der Krankheit. Während die Befragten auf die Fragen antworteten, hörte der Herr Arzt alles mit, ging durch eine Hintertür hinaus und trat durch die Vordertür wieder ein, wo der Befragte ihn kommen sah, während die Frau sagte: „Hier ist ja mein Mann, reden sie mit ihm“. Der Bote überreichte ihm gleich den Urin, den der Herr Doktor mit sehr großer Selbstbeherrschung genau betrachtete und anschließend einen Vortrag über die Krankheit hielt, indem er das wiedergab, was er durch den (163) Überbringer in seinem Studierzimmer gehört hatte. Und als der Bote wieder zum Haus des Kranken zurückgekehrt war, erzählte er wie von einem großen Wunder über das große Wissen dieses Arztes, der die ganze Krankheit erkannt hatte, sofort nachdem er den Urin sah.[450] Durch dieses Hilfsmittel vergrößerte sich der Ruf dieses Arztes von Tag zu Tag. Darum sagte ich dir, dass Paracelsus vielleicht nur glauben machen wollte, dass seine Medizin trinkbares Gold wäre, und er es nie verwandte.

Die Theorie.

Ich weiß nicht, wie du das meinst? Du hast oben gesagt, dass Paracelsus vielleicht irgendeine Medizin aus irgendwelchen Metallen oder (**145**) anderen Grund-

[448] „ou autres simples“, wörtlich: oder andere Einfache, sinngemäß ergänzt zu Grundstoff. Vgl. Abhandlung *Über den Mergel*, S. **335**/349. „Simples“ wird auch für Heilkräuter benutzt.

[449] Siehe Audiat 1864, S. 299: Audiat identifiziert ihn mit Baptiste Galland, genannt Marcou aus Luçon, nahe La Rochelle. Damit liegt der Ort noch in der Saintonge, an der Grenze zum Poitou. Vgl. ebenda, S. 300 ff.

[450] Die Urinbegutachtung war auch ein beliebtes Bildmotiv. Ein Beispiel ist Gerard ter Borch (1617–1681), *Die Konsultation* (1635), Öl auf Leinwand, Gemäldegalerie Berlin, Kat.-Nr. 791C.

stoffen gegen Lepra herstellte und dann vortäuschte, dass es trinkbares Gold sei, um besser bezahlt zu werden. Da er Medizin aus Metallen machen kann, warum kann dann Gold nicht genauso gut als Medizin dienen, wie die anderen Metalle?

Die Praxis.

Du täuscht dich. Dein Wunsch die Sache gut zu finden verhindert, dass du meine Argumente verstehst. Ich habe dir nicht gesagt, dass Paracelsus Metalle nimmt, sondern unvollkommene Metalle oder irgendwelche Markasite, oder ein anderes Mineral, wie es Antimon sein könnte, dass viele in der Medizin verwenden. (164)

Die Theorie.

Da hast du dich selbst verfangen, denn da du zugibst, das Antimon als Medizin zu gebrauchen ist, sage ich, dass Gold genauso gut dafür verwendbar ist, denn Antimon ist ein Metall; aus diesem Grund fällt mir der Sieg zu, und du musst eingestehen, dass du geschlagen bist.

Die Praxis.

Da zeigt sich, dass du genauso weise bist wie vorher, zu behaupten das Antimon ein Metall ist und als Medizin verwendet wird. Dabei weißt du doch genau, dass unser ganzer Disput nur die Frage betrifft, ob es [zur Einnahme] als Heilmittel[451] geeignet ist, was soviel heißt wie Wiederherstellung der Natur. Vordergründig drückst du dich schlecht aus, wenn du sagst, Antimon sei ein Metall, denn es ist erwiesen, dass es nur eine Art Markasit ist, oder besser der Anfang eines Metalls, zudem behauptest du, ich hätte gesagt, dass es in der Medizin verwendet wird. (***146***) Das ja, aber nicht als Heilmittel, denn wenn es als Heilmittel dienen könnte, ließe es sich essen wie sonst Fleisch. Aber weit gefehlt, denn wenn der Mensch mehr als vier bis sechs Körner davon einnimmt, begibt er sich in Lebensgefahr. Nun sagen aber jene, die den Wert von trinkbarem Gold hervorheben wollen, dass ein Kranker es zweimal am Tag nehmen kann; deshalb ist Antimon nicht dazu geeignet, die Brauchbarkeit von Gold als Nahrungsmittel zu beweisen, denn ein vollkommenes Metall[452] kann sich nicht durch die Wärme des Magens verändern.

---

[451] „restaurant", Mehrfachbedeutung Nahrungs-, Stärkungs- und Heilmittel. Erst seit Anfang des 16. Jh. in der französischen Sprache, vom Verb restaurer restorer (Altfr.) und Lat. restaurare abgeleitet, (retablir la force par la nouriture, boisson reconfortante, siehe PR); „ce qui répare les forces, aliment ou remède fortifiant", siehe TLF. Vgl. EWFS. Palissy erklärt die Bedeutung selbst im Nebensatz, „restaurant" bedeutet hier Heilmittel. Auf S. ***147***/165 verwendet er „restaurant" auch in der Bedeutung Speise, Nahrungsmittel, da er es von Medikament unterscheidet („il ne peut servir de medicine, ny de restaurant"). Siehe auch S. ***338***/351 (*Über den Mergel*).

[452] „metal perfait", perfektes oder vollkommenes Metall. Gold wird später üblicherweise als Edelmetall (metal precieux) bezeichnet.

Aber mit Antimon verhält es sich nicht so, denn seine Wirkung ist toxisch, und durch seine Giftigkeit greift es alle Teile des Magens, des Bauches und des ganzen Körpers an. (165) Dies geschieht durch Exhalation[453], die von ihm selbst verursacht wird, denn [das Antimon] ist unvollkommen; zudem wurde es aus dem Bergwerk gefördert bevor seine Decoction[454] zur Vollendung[455] gelangt war. Die vollkommenen Metalle können deshalb keine Dämpfe im Magen produzieren, wie es Antimon tut. So muss man über diese Sachen sprechen, mit fundierten Beweisen, die auf einer gewissen Ursache fußen, und nicht indem man die Himmelskörper heranzieht, wie einige, die um die Heilwirkung von Gold zu beweisen, bis in den Himmel hinaufsteigen, um Sonne, Mond, Merkur und weitere Planeten zu holen, bis zur Zahl Sieben, da sie sagen, dass diese die Metalle und den menschlichen Körper beherrschen. Ich verstehe nichts von Astrologie, aber ich weiß doch, dass der menschliche Körper nur durch Dinge ernährt werden kann, die (***147***) verderblich sind, und da Gold nicht verderben und im menschlichen Körper nicht verdaut werden kann, sage ich und halte [die Behauptung] aufrecht, dass es weder als Medizin noch als Speise[456] dienen kann. Genauso wenig können auch Sachen die auf der Zunge keinen Geschmack hervorrufen, als Nahrung dienen, denn Gott hat die Zunge geschaffen um die Dinge zu sondieren, die nützlich für die anderen Teile des Körpers sind. Man kann feststellen, wenn ein Mensch sehr krank ist, gibt man ihm das zarteste Fleisch, wenn man ihm Früchte gibt, werden sie gekocht, damit sie schneller zersetzt werden. Anders kann der geschwächte Magen sie nicht verdauen, um den nahrhaften Saft in alle Teile des Körpers zu schicken, und den Rückstand zu den Ausscheidungsorganen. Wenn also ein geschwächter Magen viel arbeitet um einen gekochten Apfel zu verdauen, wie (166) kannst du dann glauben, dass er Gold verdauen kann? Und da der Körper nichts verzehren kann, außer Dinge, von denen die Zunge vorher einen Geschmack entnehmen konnte, bevor sie weiter wandern, wie kann er dann Gold verzehren? Du kannst es mit der Zunge probieren soviel du willst, es wird nach nichts

453 „exalation“, Ausdunstung, Ausdampfung.

454 „decoction“. Begriff eines Verfahrens der Alchemie, hier von Palissy auf einen natürlichen Vorgang angewandt. Schütt 2000, S. 295 versucht „decoctio“ folgendermaßen zu erklären: „Decostio – das könnte Eindampfen oder Ausschwitzen, aber auch Verflüchtigen heißen“. Eine genaue Begriffsbestimmung scheint nicht mehr möglich zu sein. Es ist ein Verdampfungsvorgang wie beim Kochen gemeint. (Siedungsprozess). Der in Geologie übliche Begriff ist Evaporation. Vgl. Anm. zu S. ***112***/131.

455 „sa decoction fut venue en sa perfection“. D. h. bevor seine Eindampfung, also die Verdunstung des Wassers zum vollständigen Abschluss gekommen ist. (Vgl. S. ***112***/131) Wenn dieser Prozeß vollendet ist, stehen am Ende vollkommene Metalle (perfaits metaux). „perfection“, wortwörtlich Vollendung, Vollkommen.

456 „ne peut servir de medecine, ny de restaurant“.

schmecken. Möchtest du, dass ich dir ein interessantes Detail[457] nenne, bevor ich meine Rede beende? Falls die Zunge einen Geschmack aus einem Stück Gold ziehen könnte, versichere ich dir, dass sich sein Gewicht verringern würde und zwar um soviel wie die Zunge an sich zieht. Auch sage ich dir, dass, wenn du an einer Blüte mit der Nase riechst, du ihren Duft desto mehr verringerst je öfter du sie vor deine Nase hältst. Und merke dir auch noch folgenden Punkt, nämlich das in allen Dingen, die du der Zunge anbietest und aus denen du einen Geschmack ziehst, der Geschmack nichts anderes als das Salz ist, das in dem enthalten ist, was du probierst. Denn das Salz ist von solcher Beschaffenheit, dass es sich auflöst, wenn es mit Feuchtigkeit in Berührung kommt, und wenn die Flüssigkeit warm ist, löst es sich noch schneller auf. Nun führt die Zunge einen warmen Saft mit sich, der dafür sorgt, dass sofort etwas Salz des angebotenen Stoffes angezogen wird. Nun deshalb sage ich, wenn die Zunge einen Geschmack aus Gold ziehen könnte, wäre dies ein Salz und das Gold würde sich um die Menge verringern, die die Zunge an sich gezogen hat. Und da keine Nährstoffe aus ihm herausgezogen werden können, ist es einfach zu schlussfolgern, dass Gold nicht als Nahrungsmittel dienen kann.

457 „un beau trait".

(169)

Über das Mithridat oder das Theriak.[458]

Nachdem ich einen sich seit langer Zeit festgesetzten Fehler, Gold als Heilmittel betreffend, auseinandergenommen habe, bekam ich Lust auch etwas über das Mithridat zu sprechen, bevor von den Salzen die Rede sein soll.
(***149***)

Die Theorie.

Hast du irgendwas gegen das Mithridat einzuwenden?

Die Praxis.

Ja sicher! Doch um letztendlich die Mediziner nicht unzufrieden zu machen und ihnen dadurch Gelegenheit zu geben meine anderen Werke zu kritisieren, spreche ich darüber nur in Form eines Disputs,[459] indem ich mein Argument daraus beziehe, dass einige sagen, dreihundert Sorten an Wirkstoffen[460] seien notwendig (170), um sie zusammenzusetzen. Das empfinde ich ist weit entfernt von meiner Kapazität, und ich kann mir nicht vorstellen, dass so viele Sorten von Einzelstoffen sich zusammen in einem Magen befinden können, ohne sich gegenseitig zu stören.

Die Theorie.

Wenn du solch eine Rede hältst, werden dich sehr viele Leute hassen. Willst du es wirklich wagen so vielen angesehenen Medizinern zu widersprechen, die diverse Male sorgfältig diese Materie untersucht haben, und die mehrfach an den Universitäten und medizinischen Schulen diskutiert worden ist? Ich weiß, dass in einer Stadt in Deutschland von den Magistraten den Ärzten dieses Ortes angeordnet wurde sich zusammenzuschließen, um gemeinsam zu überlegen ein Mittel gegen das Gift der Pest finden, die damals in dieser Stadt aufgetreten war. Daraufhin hatten die Mediziner nichts Besseres gefunden als das Mithridat, das sie ver-

---

458 Das Mithridat war ein Oberbegriff für Gegengifte, (aber manchmal auch allgemein für Heilmittel). Der Name rührt vom König Mithridat her, der durch seine tägliche Einnahme einer kleinen Dosis Gift berühmt war. Theriak, ein griechischer Terminus, bezeichnet ein gegen Vergiftungen angewendetes Allheilmittel. Siehe Krünitz 1773–1858. Der erste Beitrag in diesem Diskurs wird außergewöhnlicherweise nicht von einem der zwei Gesprächspartner eingeleitet und überschrieben. Vgl. Anm. 35.

459 „par maniere de dispute". Ein wissenschaftliches Streitgespräch mit wechselseitigem Austausch von Argumenten, ohne dass die Lösung des erörterten Problems von vornherein bekannt ist.

460 „drogues".

schrieben und das aus einer ganzen Anzahl solcher Einzelsubstanzen zusammengestellt wurde. Deshalb sage ich, wenn du so vielen gelehrten Männern widersprichst, wird man dich für verrückt (***150***) halten.

Die Praxis.

Aber ist es nicht möglich, dass sich die Mediziner in der Zusammensetzung des Mithridats täuschen können, genauso wie sie sich getäuscht haben, als sie sich der Meinung der Araber bezüglich des Goldheilmittels anschlossen? Denn du hast durch das Obenstehende gut verstanden, dass dies ein offensichtlicher Unfug ist. Die weisen Ärzte werden sich davor hüten schlecht zu finden was ich darüber sage, denn (171) ich tue es in der Art eines Disputes und dies wird sie anregen nachzudenken, ob es irgendwelche vernünftigen Gründe in meinen Argumenten gibt.

Die Theorie.

Und welches sind deine Argumente?

Die Praxis.

Sie sind durchaus beachtenswert, unter anderen habe ich drei besondere: Das Erste besteht in der Betrachtung eines aus mehreren Blumen zusammengestellten Straußes. Nie wird der Geruch dieses Straußes so gefällig sein, als wenn er nur aus einer Blumenart besteht. Dadurch kannst du erkennen, dass Gerüche, die miteinander vermischt sind, eine Konfusion erzeugen, so dass es dir nicht möglich ist zu beurteilen welche die vollkommenste und beste unter ihnen ist. Genauso verhält es sich [zweitens], wenn du einen Kapaun, ein Rebhuhn, eine Schnepfe, eine Taube und alle Sorten von Fleisch nimmst. Das Ganze, gut gekocht und zubereitet, gibst duin einen Mörser und zerstößt es gemeinsam, um es dann zu essen. Sie werden gut sein. Aber werden sie dir genauso gut schmecken, als wenn du sie einzeln gegessen hättest? Man weiß genau, dass es nicht so ist. Genauso, wenn du [drittens] (***151***) Azurblau, Zinnoberrot, Massikot[461] und jede andere Farbe nimmst und du sie gemeinsam zermahlst und daraus eine Mischung herstellst. Du wirst feststellen, dass die unbedeutendste von allen alleine schöner war, als wenn sie alle zusammengemengt sind. Das bringt mich dazu zu denken, dass so viele Einzelstoffe[462] zusammen ihre Wirkung nur gegenseitig aufheben und zunichte machen können, dasselbe gilt für die Düfte, Geschmacksstoffe und Farben. Ich bitte dich auch, bedenke einwenig welcher Zusammenklang[463] in einer Musik

461 „massicot", Massicot, gelbes Bleioxid (PbO) auch Bleiglätte genannt. Koschatzky 2003a, S. 27.

462 „simples". Heilkräuter, die im Französischen ebenfalls „simples" heißen. Elementare, d. h. nicht zusammengesetzte Substanzen, d. h. ein Medikament bestehend aus nur einer Substanz.

463 „accord", Zusammenklang, Akkord.

eintritt, wenn dreihundert Musiker gemeinsam singen. Vor einigen Tagen (172) habe ich ein Buch gesehen, das die Apotheker für die Komposition ihrer Medikamente[464] benutzen, und den Apotheker nach den französischen Namen der Wirkstoffe[465] des Mithridats gefragt. Er gab sie mir gerne, unter anderem nannte er mir Gipsstein und Alabaster.[466] Das gibt mir zusätzliche Sicherheit in meiner Argumentation, denn ich weiß, dass sowohl das eine wie das andere unverdaulich ist. Und wenn sie calciniert sind, ist es nichts anderes als Gips.[467] Ich habe ein altes Buch gesehen, das sagt, Gips sei tödlich, da er die Röhren[468] verstopft. Dadurch habe ich festgestellt, dass einige Dinge schreiben, die sie nicht verstehen. Denn nur weil sie verschiedene Male gesehen haben, dass man Löcher in Wänden mit Gips verschließt, dachten sie sich, dass er das Gleiche im menschlichen Körper anrichtet. Doch das ist falsch, denn der Gips erhärtet niemals wenn er trinkbar gemacht wird, und wenn man mehr Wasser zusetzt als notwendig, (***152***) verliert er seine ganze Stärke. Es ist also kein begründetes Argument zu sagen, dass der Gips die Verdauungswege[469] verstopft. Ich glaube, dass er genauso gut für das Mithridat wie für andere Medikamente ist. Wenn ich ein Electuarium[470] oder ein Medikament aus seltenen Steinen zusammenstellen wollte, interessierte es mich zuerst folgende zwei Sachen zu wissen: Erstens, aus welcher Substanz die Steine gebildet sind, und dann, ob der Magen in der Lage ist sie zu verdauen. Da die grünen Steine durch die Couperose gefärbt sind, können sie naturgemäß nur schädlich sein.
(173)

Die Theorie.

Aber das ist genau wegen dieser Gründe, die du hier vorträgst, dass man mehrere Heilkräuter zusammentut, da einige zu streng, zu scharf, zu ätzend und zu mild

464 „composition de leurs drogues".

465 „drogues".

466 „gif et alabastre".

467 „platre", „gypse", Gips. Die Unterscheidung von Palissy zwischen „gif" und „platre" ist unklar. Alle Wörterbücher geben als Bedeutung für das im 13.–16. Jh. verwendete „gif" „gypse" und „platre", also Gips an. „Gif" entspricht laut GhD „Gip" und könnte vom deutschen Gips abgeleitet sein. Cotgrave schreibt auch Franz. „Gips". Siehe Godefroy. Vgl. Murawski 1983, S. 82. Vielleicht handelt es sich um Anhydrit, vgl. Holleman-Wiberg 1976, S. 696. Gebrannter (calcinierter) Gips wird Halbhydrat genannt.

468 „les conduits".

469 „conduits", Leitungen, Röhren etc., zur Klarheit hier mit Verdauungswegen übersetzt.

470 „electoire". Auch „electuaire" genannt, von vlat., spätlat. Electuarium, nach griech. ekleikton, Arznei. So genanntes Heilmittel weicher Konsistenz aus Pulvern, die mit einer süßen Substanz, etwa Sirup, vermischt wurden (PR). Deutsch: Latwerge, breiig zubereitetes Arzneimittel (siehe Duden u. Pons FD). Electuarium wird auch als andere Bezeichnung für Mithridat gebraucht.

sind, und einige sogar giftig, wenn man sie gesondert einnimmt: Doch um sie zu korrigieren, mischt man süße Mittel darunter.

Die Praxis.

Deine Erklärung zeigt eine sehr große Schwierigkeit auf. Ich weiß nur, dass es in einer Kombination aus dreihundert Einzelstoffen zwangsläufig Stoffe gibt, von denen einige schwerer zu verdauen sind als andere und das lässt mich denken, dass diejenigen welche im Magen am schnellsten gar sind, gemäß der Naturordnung[471] die ersten sein werden, die zur Ernährung weitergegeben werden. Ganz ähnlich, wie ich dir durch bestimmte Markasite aufgezeigt habe, dass die Substanzen, die eine gewisse Affinität aufweisen, sich in der Erdmatrix trennen und verbinden können. Dies, behaupte ich, kann genauso gut im Magen (**153**) vor sich gehen, dies heißt, dass die Nährstoffe auf die Gliedmaßen verteilt werden und die Schadstoffe als Exkremente ausgeschieden werden. Falls es unter den ganzen Einzelstoffen einen gibt, der nicht vom Magen verdaut werden kann, wie können wir dann davon ausgehen, dass er von Nutzen ist? Ich finde auch das Electuarium sehr sonderbar, denn es ist eine Medizin aus zerriebenen Steinen, von denen ich weiß, dass einige so fest sind, dass es dem Magen unmöglich ist, sie zu verdauen. Doch eine unverdauliche Substanz ist für den Magen nicht von Nutzen.

Die Theorie.

Wie, du wagst es das Mithridat, das seit so langer Zeit geschätzt wird, zu verwerfen? Viele die es nüchtern einnahmen, wurden vor Vergiftung (174) bewahrt, und selbst als der König Mithridates tot war, fand man in seinem Arbeitszimmer unter seinen wertvollsten Arbeiten das Rezept des besagten Mithridats, und da er es jeden Morgen einnahm, konnte er nicht vergiftet werden.

Die Praxis.

Deine Ausführungen sind kein Einwand gegen meine [Argumentation]. Da das Gegengift von Mithridates nur aus vier Einzelkomponenten bestand, nämlich aus Nüssen, Feigen, Raute und Salz; das ist weit von dreihundert entfernt. Um zu erkennen ob ein Mittel als Gegengift geeignet ist, muss man zuerst wissen, was ein Gift ist. Jemand hat in seinen Schriften dargelegt, dass es dreihundert verschiedene Arten gibt. Wenn dem so ist, wer wird (**154**) behaupten, das Mithridat gegen alle Arten von Gift hilft? Was das Gegengift von Mithridates betrifft, gibt es starke Gründe, mit denen man über seinen Nutzen urteilen kann. Um ein Urteil abzugeben, muss man zuerst dem Sublimat[472] Aufmerksamkeit schenken, da es

---

471 „l'ordre naturel".

472 „sublimé", Quecksilberchlorid ($HgCl_2$), sehr starkes Gift. Siehe Holleman-Wiberg 1976, S. 836 ff.

das häufigste Gift und keine ölige, sondern eine wässrige Substanz ist, und die öligen Substanzen haben keine Affinität zu den wässrigen. Man muss folglich vermuten, dass diejenigen die das Gegengift von Mithridat aus vier Komponenten zusammenstellten, bedachten, das Sublimat und einige andere Gifte, wenn sie sich im Magen oder Darm befinden, sich festsetzen und sich in den Ort hineinschneiden, wo sie sich befinden. Auf diese (175) Weise ist ihre Wirkung verderblich und tödlich. Um solche Folgen zu vermeiden, ist es notwendig, dass das Gegengift aus öligen Substanzen zusammengesetzt ist, die leicht zu essen sind, um den Magen nicht zu schädigen. Wir können nicht verneinen, dass Nüsse ölig und angenehm zu essen sind. Feigen enthalten ein Salz, welches sehr stark ätzend und auflösend wirkt, so dass im Land um Agen[473] und in den angrenzenden Gegenden, wo es sehr viele Feigenbäume gibt, diejenigen die Feigen essen bevor sie reif sind wegen der Schärfe der Milch dieser Feigen aufgerissene Lippen bekommen. Die Milch der Feigen besitzt eine besondere Fähigkeit dickflüssige, klebrige Stoffe aufzulösen. Wenn die Maler Eiweiß benutzen, um ihre Farben anzurühren, setzen sie klein (***155***) geschnittene Feigen zu, oder etwa die Sprosse[474] der Zweige des Feigenbaumes, und sofort wenn dieses mit dem Eiweiß verrührt wird löst es sich auf und wird so klar wie Quellwasser, ohne jede Klebrigkeit. Ich sage dies, um zu verstehen zu geben, dass das Mithridat, welches aus diesen vier Teilen besteht, durch die ölige Natur der Nüsse Magen und Darm einfetten und wegen der Eigenschaften der Feigen und der Raute das Gift auflösen könnte. Was das Salz betrifft, ist es sicher, dass es dem Gift entgegen wirkt, wie ich dir noch erzählen werde, wenn ich über die Salze spreche. Nun, aus diesem Grund kann das Mithridat nicht schlecht sein, aber es kann nicht gegen alle Gifte und Schlangengifte[475] wirken. Wenn ich den Grund wüsste, könnte ich darüber sprechen. Das Gift der Pest ist unsichtbar. Es kommt am Tag und in der Nacht, so wie Gott es ihm aufgetragen hat. Einige sagen, dass die Ursachen (176) von Syphilis, Pest und Lepra unbekannt sind.[476] Ich weiß, dass jede Krankheit durch ihr Gegenteil kuriert werden kann. Aber wenn ich nicht die Krankheit kenne, wie könnte ich dann ihr Gegenteil kennen. Man braucht nicht daran zu zweifeln, dass es einige Dinge gibt, die durch ihre Frigidität[477] tödlich sind und andere durch ihre große Hitzeentwicklung und extreme Korrosivität, [wieder] andere ersticken

---

473 Agen, Stadt in Südwestfrankreich. Vermuteter Geburtsort von Palissy.

474 „gittes". Siehe Anm. Diskurs *Über den Mergel*, S. ***329***/344.

475 „poizons et venins", Gifte. Eigentlich Synonyme, sind „venins" aber vor allem Schlangengifte und andere tierische Giftstoffe, diese sind vielleicht gemeint, obwohl im nächsten Satz vom „venin de la peste" die Rede ist.

476 „verole", „peste", „lepre". „Verole" kann sowohl Pocken (Variole oder petite verole), als such Syphilis (grande verole) meinen. Vgl. Palissy 1996, Bd. 2, S. 176, Anm. 17 und Cotgrave.

477 „frigidité", Kälte.

die Lebenskräfte, indem sie sich gewöhnlich im Gehirn konzentrieren, denn sie entwickeln sich aus Dämpfen in der Luft. Im Ozeanischen Meer, etwa um Ostern herum, lassen sich eine große Zahl von Fischen fangen, die so groß wie Kinder sind, welche man Maigres[478] nennt, die den Fischern viel Geld einbringen. Ich habe (***156***) mehrere Male Männer und Frauen gesehen, denen die Haut vom Körper, den Händen und dem Gesicht abpellte, weil sie die Leber dieses Fisches aßen, und man sagt, dass dies passiert, wenn der Fisch an heißen Tagen gefangen wird. Doch da die Natur der verschiedenen Gifte nur schwer zu erkennen ist, sage ich wegen der Form des Disputs, ich vermag nicht zu glauben, dass eine Rezeptur mit dreihundert Einzelstoffen so gut sein kann wie die von Mithridates, die nur aus vier besteht.

---

478 „maigres", engl. „meagre", Knochenfisch oder Adlerfisch. PR: großer, wegen seines Fleisches sehr geschätzter Fisch, auch „sciène" genannt. Littré: „Sciène", Genre de poissons de l'ordre des acanthoptérygiens, où l'on distingue la sciène aigle, de Cuvier, dite vulgairement maigre et aigle de mer (Europe). Siehe www.fishbase.org: *Argyrosomus regius, Familie:* Sciaenidae (Adlerfische, Trommler. Ordnung: Perciformes (Barschartige). Klasse: Actinopterygii (Strahlenflosser). Vgl. S. ***214***/238 und Larousse. Da dieser Fisch bis vor kurzer Zeit im deutschen Sprachraum vollkommen unbekannt war, der Name Maigre ein alter und sogar im englischen Sprachgebiet üblicher Name ist, wird dieser verwendet.

(***156***) (177)

Über das Eis.

Die Theorie.

Ich habe noch nie einen so starrköpfigen Menschen wie dich gesehen, denn sowie du dir etwas in den Kopf gesetzt hast, ist es unmöglich, dich vom Gegenteil zu überzeugen. Das erinnert mich an den Tag, als du an der Seine standest, gegenüber den Tuilerien,[479] wo mehrere Personen, selbst Schiffer, sagten und versicherten, dass das auf dem Fluss treibende Eis vom Grund aufsteigt, wenn es stark friert, trotzdem behauptetest du das Gegenteil.

Die Praxis.

Nennst du es Starrköpfigkeit die Wahrheit zu behaupten?
(***157***)

Die Theorie.

Wie? Beharrst du weiterhin auf deiner verrückten Meinung?
(178)

Die Praxis.

Ich behaare darauf und ich werde darauf behaaren solange ich lebe, denn ich weiß, dass meine Behauptung der Wahrheit entspricht. Wasser kann nicht auf dem Grund des Flusses gefrieren, wenn nicht zuerst die gesamte Oberfläche zugefroren ist und vollkommen zu fließen aufgehört hat. Ich bin sehr erfreut, dass du mich an dieses Gespräch erinnerst und du mir meine Meinung vorwirfst, denn dies wird mir als Argument dienen, um zu beweisen, dass wenn schon hinsichtlich eines sichtbaren und leicht zu verstehenden Gegenstandes eine so große Zahl von Menschen das Gegenteil der Wahrheit behauptet, indem sie sagen, dass die vom Fluss mitgeführten Eisschollen auf dessen Grund gefrieren, sie sich noch viel leichter in Fragen inwendiger Dinge täuschen können, wie sie es etwa beim trinkbaren Gold taten, welches mich veranlasste über das Mithridat zu sprechen.

Die Theorie.

Weißt du nicht mehr, dass einige vor deiner Nase versichert haben, dass sie in Zeiten des Frosts gewöhnlich die Eisschollen vom Grund des Wassers aufsteigen sehen? Erinnerst du dich auch nicht mehr, dass einige gelehrte Leute (die du nicht

---

479 „tuileries“, Ziegeleien. In den Tuilerien, am Louvre gelegen, hatte auch Palissy sein Pariser Atelier.

zu überzeugen wusstest) mittels philosophischer Gründe zeigten, dass dies den Tatsachen entspricht?

Die Praxis.

Je mehr du mich zu verwirren versuchst, je mehr bin ich von meiner Ansicht überzeugt, und es gibt keinen Menschen auf der Welt der mich erröten ließe, denn ich weiß, dass es unmöglich ist, dass sich das Eis (***158***) auf dem Grund des Wassers bildet.

Die Theorie.

Aber da dir deine Gegner wahrheitsgetreue Argumente[480] vorgetragen haben, müsstest du auch deine vorstellen, damit man erkennen kann, ob sie besser sind als ihre.
(179)

Die Praxis.

Wenn ich mir die Mühe machen wollte um Argumente zu suchen, würde ich eintausend Zuverlässigere finden, als die, die meine Kontrahenten anführen. Zuerst muss man es als erwiesen ansehen, dass alle Fische im Wasser sterben würden, wenn die Flüsse auf dem Grund zuzufrieren begännen, wie sie behaupten, daran besteht gar kein Zweifel. Es fände sich keine Eisscholle, die nicht ganz mit Fischen gespickt wäre. Ich glaube, du kennst nicht die tödlichen Auswirkungen von Eis. Seine gefährliche Wirkung ist gewaltig: Wenn das Wasser gefriert[481] übt es einen so großen Druck aus, dass die Dinge die sich in ihm befinden, ihm nicht widerstehen können, selbst die Lebewesen, so stark sie auch sein mögen, geben ihren Geist auf. Betrachte das Getreide wenn es gefroren ist, du erkennst kaum, dass es verloren ist – bis zum Tauwetter! Doch wenn es aufgetaut ist, stellst du fest, dass der Eisdruck es zerstört hat, und es gibt keinen anderen Grund warum es stirbt. Falls du dachtest mich glauben zu machen die Fische (***159***) könnten dem Frost besser widerstehen als die Steine, täuscht du dich. Ich weiß, dass die Steine in den Bergen der Ardennen härter als Marmor sind und trotzdem brechen die Bewohner dieses Landes diese Steine nicht im Winter, da sie frostempfindlich sind. Verschiedene Male hat man schon während des Tauwetters die aufgetauten Steine herabstürzen sehen, bevor sie gebrochen werden konnten, wodurch mehrerer Personen den Tod fanden. Du weißt, dass das Brunnenwasser im Winter wärmer ist als im Sommer, da die Luft (180) die im Sommer warm ist sich in der Frostperiode zurückzieht, um vor ihrem Gegenteil zu flüchten. Erinnerst du dich nicht? Als wir in die Steinbrüche von Saint-Marceau gegangen sind, war ich tropf-

480 „raisons naturelles".
481 „conglacer".

nass von Schweiß, obwohl die Luft außen ziemlich kalt war. Wäre es in einer warmen Jahreszeit gewesen, hätten wir es drinnen sicher kühl gefunden. Einige sagen, dass aus diesen Gründen der Mensch im Winter besser isst als im Sommer, denn die natürliche Wärme hält sich zusammengepresst im Inneren auf und hilft dem Magen bei der Verdauung.[482] Hier nun ein anderes Beispiel, das dir für alles als Beweis ausreichen müsste. Die Flüsse beginnen an den äußersten Rändern und auf der Oberfläche zuzufrieren, und wenn es durchgehend eine Nacht gefroren hat, sinkt der Wasserstand der Hauptströmung und des Rests des Wassers, das nicht zugefroren ist. Wenn er etwas gesunken ist, brechen die Eisschollen, die (***160***) am Uferrand festgehalten werden ab und fallen in das Wasser, sie nehmen dabei eine ganze Menge Erde und Steine mit, die dazuführen, dass das Eis eintaucht. Das Eis, das sich im Wasser befindet und auf die Wärme des Grundes trifft, beginnt zu schmelzen, und wenn es sich so zu erwärmen beginnt, werden sich die Erde und die Steine, welche [das Eis] dazu zwangen in die Tiefe abzusinken, von den Eisschollen befreit. Die Eisschollen, die auf einmal leichter sind, steigen nach oben zur Oberfläche auf. Und wenn es eine große Menge davon gibt, reißt das Wasser sie mit, bis sie einen Widerstand vorfinden, wo sie verharren. Wenn sie Halt gefunden haben, verschweißen sie miteinander, und auf diese Weise frieren die Flüsse über die ganze Breite zu. Das ist der Grund, warum sich [diese Leute] täuschen und der sie dazu bringt zu behaupten, dass die Flüsse auf dem Grund vereisen. Wenn es so wäre, wo würden die Fische leben, wenn die Flüsse zugefroren sind. Es ist eine erwiesene Tatsache, dass verschiedene Meeresfische sich zur Zeit der großen Kälte in die Tiefe des Meeres zurückziehen. Das wurde durch die Fischer der Region von Saintes überprüft, die im Sommer Maigres und (181) Tintenfische[483] in so großer Zahl fischen, dass ein einziger Mann [Fische] für mehr als 500 Pfund[484] jedes Jahr salzen und trocknen lässt, aber diese Fische fängt man nicht im Winter. Wenn das schon bei den Meeresfischen so ist, wie viel mehr gilt dies erst für Flussfische. Das reicht bis zu den Fröschen, die auf den Grund tauchen, ja sogar in den Schlick, um sich während der Kälte am Leben (***161***) zu erhalten. Denn anders würden alle Fische sterben. Einige, die Moskau, Preußen und Polen besucht haben,[485] berichten, dass im Winter die Fischer dieser Länder mit großer Mühe die Eisdecke von bestimmten Flüssen oder Seen aufbrechen, und nachdem sie ein Loch auf der einen und auf der anderen Seite gemacht haben, bringen sie die Netze in das eine Loch ein und durch das andere jagen sie

482 „concoction".

483 „seiches".

484 „pour plus de cinq centz livres". Es ist die Währungseinheit livres gemeint.

485 Möglicherweise kannte Palissy Personen, die selbst Deutschland und Osteuropa bereist hatten, vgl. Erwähnung von Mansfeld S. ***130***/147. Der Bericht könnte aber auch ebenso aus der *Cosmographie* von Sebastian Münster gezogen sein.

die Fische; auf diese Weise fangen sie eine große Menge Fisch. Verwirre und bündle jetzt deine Gedanken wie du willst, du wirst es nicht schaffen mich glauben zu machen, dass der Fluss auch auf dem Grund vereist und dass sich der Aufenthaltsort der Fische zwischen den beiden Eisschichten befindet. Ein anderes Beispiel: Betrachte ein wenig die Form der Eisschollen wenn der Fluss zuzufrieren beginnt, sie haben nur eine Form, sie sind einfach platt, wie das Glas, dessen sich Glasmaler bedienen. Und wenn sie nicht ganz eben sind? Die buckligen Formen treten auf, wenn es ein zweites Mal gefriert. Die ersten Eisschollen bilden ein Hindernis, dies führt zu einer Bewegung des Wassers, so dass das dagegen laufende Wasser hoch spritzt; später, wenn die Menge an Eisschollen zunimmt, werden sie durch die Bewegung des Wassers gezwungen sich übereinander zu schieben. Doch wenn sich diese Eisschollen auf dem Grund des Flusses gebildet hätten, müssten sie notwendigerweise die Form der Spalten, Gräben und Vertiefungen des Flussbettes aufweisen, und zudem könnten sie nicht anders (182) als die Erde und den Sand des Ortes mitführen, an dem sie sich gebildet haben. Wenn es also so wäre, dass das Wasser zuerst auf dem Grund des Flusses gefriert, müsste (***162***) die Kälte aus der Tiefe des Erdbodens kommen, das widerspricht aber der Wirklichkeit. Denn wenn sie aus dem Erdboden käme, müsste das Grundwasser[486] zuerst gefrieren und genauso die Tiefbrunnen und [auch] der Wein in den Kellern, und falls die Kälte durch die Luft kommt (was der Wirklichkeit entspricht) und sie das Wasser auf dem Grund zum Gefrieren bringen soll, müsste das Wasser schwammartiger[487] sein, als alle anderen Dinge auf der Welt; aber zudem würde es an der Oberfläche immer noch zuerst gefrieren, da die Kälte mit der Luft kommt. Aber das [Wasser] ist weit davon entfernt schwammartig zu sein, ich finde nichts was kompakter[488] wäre, und das es sich so verhält, kannst du an ihm selbst feststellen wenn es gefroren ist, denn es hat dann weder Löcher noch Venen oder Arterien.[489] Du kannst es auch an den Diamanten erkennen, die aus einem reinen erstarrten Wasser[490] bestehen, wenn sie nur geringfügig porös wären, ließen sie sich nicht polieren. Man muss also feststellen, dass die Kälte von der Luft herrührt und dass der Fluss kompakt oder dicht wie der Kristall ist, sowie dass die Kälte der Luft von oben in Kontakt mit ihm kommt und nicht auf den Grund des Gewässers

---

486 „les sources des fonteines".

487 „spongieuse", schwammig, schwammartig, d. h. porös, offenporig.

488 „alize", glatt und sehr kompakt, siehe Dupuy, 1902, S. 280, vgl. Godefroy. Vgl. Palissys *Erläuterung der problematischsten Begriffe*, S. ***378***/391.

489 „ny trou ny veine, ny artere", die Sprache des Originals wurde hier genauso übernommen.

490 „d'une eau pure congelée". Bei der Übersetzung wurde für „congelée" die Übertragung erstarren, wie im Bereich der Mineralogie und Chemie gewählt. Der Ursprung dieses Wortes wird an dieser Stelle sehr schön deutlich und es wäre durchaus möglich gewesen, hier gefrieren zu übersetzen.

(183) vordringen kann. Zudem existiert auf dessen Grund eine natürliche Wärme, die zum Teil durch verschiedene aus dem Inneren der Erde stammende kleine Quellen unterstützt wird, was es ermöglicht, dass die Fische in großen Wassertiefen am Leben bleiben.

Die Theorie.

Unterstellen wir, dass dem so ist. Es scheint mir aber, dass es nicht notwendig war, einen so langen Diskurs (**163**) zu führen und dass die Zeit sehr viel besser genutzt worden wäre, wenn wir uns über die anderen Dinge die du mir versprochen hast unterhalten hätten.

(**163**) (185)

Über die verschiedenen Salze.

Die Praxis.

Ich hatte eigentlich gedacht, dass ich dir nach dem trinkbaren Gold und dem Mithridat etwas über das Salz erzählen werde, aber du selbst hast mich unterbrochen, da du mir den Disput vorwarfst, den ich früher über das Eis geführt hatte. Doch kommen wir zum Thema, denn ich will dir zeigen, dass es keine Sache ohne Salz gibt. Wenn du ein Mann von Geist bist (und so schätze ich dich ein), wirst du, indem wir uns über die Salze unterhalten, einige Geheimnisse kennenlernen, die dich am besten von der Unmöglichkeit der Zeugung von Metallen überzeugen können, und das umso mehr als die Salze viel von jenen genutzt werden, die sich mit der Verfälschung, Vermehrung und Denaturierung der Metalle beschäftigen.[491]

Die Theorie.

Und wie? Du sprichst von Salzen, so als wenn es mehrere Sorten gäbe.

Die Praxis.

Ich habe dir [bereits] gesagt, dass es davon eine so große Zahl gibt, dass es keinem Menschen (186) möglich ist sie zu nennen. (**164**) Und ich behaupte zudem, dass es nichts auf der Welt gibt, das kein Salz enthält, sei es im Menschen, in den Tieren, den Bäumen, den Pflanzen oder in anderen Arten der Vegetation, ja selbst in den Metallen. Ich gehe noch weiter zu behaupten, dass keine Pflanze ohne die Wirkung des Salzes, das sich in den Samen befindet, wachsen kann. Und das heißt auch, falls das Salz dem Körper des Menschen entzogen würde, zerfiele er in weniger als einem Augenblick zu Staub.[492] Wenn das Salz von den Steinen der Gebäude getrennt würde, zerfielen diese sofort zu Staub. Falls das Salz den Dachbalken, den Deckenbalken und den Sparren entzogen würde, zerfiele alles zu

---

[491] „adulterer, augmenter et sophistiquer les metaux." „Adulterer", verändern, aber auch fälschen, verfälschen (PR), verändern meistens im Sinne von verderben. „Augmenter", vermehren. „Sophistiquer", verfälschen, denaturieren, verfeinern, verbessern. Die Begriffe werden im 16. u. 17. Jh. fast ausschließlich abwertend verwendet. „Augmenter", als von Palissy kritisiertes Verfahren der Alchemie zeigt, dass auch die Bedeutung der anderen beiden assoziierten Worte pejorativ zu verstehen ist. Der ganze Satz ist eine Polemik, da die Person „Theorie" unbelehrbar der Alchemie zugeneigt ist. Der Satz lässt sich zweifach lesen, sowohl: „Jenen, …die sich mit der Veränderung, Vermehrung und Verbesserung der Metalle beschäftigen.", als auch: „Jenen, …die sich mit der Verfälschung, Vermehrung und Denaturierung der Metalle beschäftigen."

[492] „poudre", eigentlich Puder oder Pulver.

Staub. Gleiches kann ich vom Eisen, Stahl, Gold und Silber[493] sagen und von jedem anderen Metall. Wer mich fragt, wie viele verschiedene Arten von Salz es gibt, dem würde ich antworten, dass es genauso viele gibt, wie unterschiedliche Arten von Geschmacksstoffen und Düften existieren.

Die Theorie.

Nenne doch einige, wenn du möchtest, dass ich glaube, was du sagst.

Die Praxis.

Die Couperose ist ein Salz, das Nitrat ist ein Salz, das Vitriol ist ein Salz, (187) Alaun ist ein Salz, Borax ist ein Salz, Zucker ist ein Salz, das Sublimat, der Salpeter, das Steinsalz, das Salzkraut,[494] das Tartrat,[495] das Ammoniaksalz, das alles sind verschiedene Salze. Wenn ich alle nennen wollte, würde ich nicht enden. Das Salz, welches die Alchemisten Alkali nennen, wird aus einem Kraut gewonnen, das in den Salzgärten (***165***) auf den Inseln der Saintonge wächst. Das Salz des Tartrats ist nichts weiter als das Salz der Weintrauben, welches dem Wein seinen Geschmack und Geruch gibt und seine Zersetzung verhindert. Infolgedessen stelle ich noch einmal fest, dass der Geschmack aller Stoffe vom Salz herrührt und dass es die Ursache des Wachstums, der Vollkommenheit, der Reife und der gesamten Qualität der Nahrungsmittel ist. Und obwohl es viele Bäume und Pflanzenarten gibt, deren Salze stärker gebunden und schwerer herauszulösen sind als die des Weines und des Salzkrautes, gibt es von diesen trotzdem in allen Bäumen und Pflanzen genauso viel oder genauso wenig, als wie die genannten brauchen, sonst würden verschiedene Sorten Asche nicht zum Bleichen der Wäsche taugen. An der Wirkung der Aschen kannst du erkennen, dass in allen Dingen Salz enthalten ist. Aber du darfst nicht denken, dass die Aschen ohne die Eigenschaften der Salze eine Bleichkraft hätten, denn sonst ließen sie sich mehrmals verwenden. Da das Salz, das in diesen Aschen enthalten ist, sich im Wasser, das man in den Waschbottich gießt, auflöst, fließt es durch die Wäsche und vermittels seiner Kraft und Schärfe oder Bissigkeit wird der Schmutz in der Wäsche gelöst, aufgeweicht und mit dem Wasser ausgespült. Das Wasser wird nachher Waschlauge genannt, da in ihm das Salz aus der Asche verbleibt, welches durch die Aktion des Wassers aufgelöst wurde (188), und die Aschen, die nun entsalzt sind, haben keine Kraft mehr weitere Wäsche zu bleichen und man wirft sie als unbrauchbar weg. Anderes Beispiel: Wenn (***166***) die Hersteller von Salpeter dieses aus der Erde gewinnen, gehen

---

493 „fer", „acier", „or", „argent".

494 „Salicor, salicorne", Salzkraut, Glasschmelze. Die Asche fand in der Glasherstellung Verwendung.

495 „tartre", Tartrat, Weinstein. Tartrat, Salz der Weinsäure (Duden). Vgl. Beyer 1976, S. 294.

sie ähnlich wie bei der Waschlauge vor. Und wenn sie das Salpeter gewonnen haben, sind die Aschen und die Erde aus denen sie das Salz extrahiert haben überflüssig, da sich das Salz, das der Grund für das Verfahren war, sich nicht mehr in ihnen befindet. Wenn du nicht genügend Beispiele besitzt um zu glauben, dass sich Salz in allem Holz und in allen Pflanzen befindet, beobachte die Gerber von Leder, sie nehmen die Rinde der Eichen, und nachdem sie diese getrocknet und pulverisiert haben, wird sie unter das Leder gemischt, das sie in besonderen Behältern gerben. Wenn das Leder die vorbestimmte Zeit mit dieser Rinde zugebracht hat, nimmt der Gerber sein Leder und wirft die Rinde als überflüssige Sache fort. Es ist wahr, dass man an Orten wo Holz teuer ist, Klumpen in der Form eines Käses aus dieser Rinde macht, die man trocknen lässt und aus Holzmangel verbrennt; aber die Asche ist wertlos, da das Salz bereits herausgelöst wurde. Kannst du daraus nicht erkennen, dass es nicht die Rinde ist, die das Leder gehärtet und gegerbt hat, sondern das Salz, das in ihr enthalten war? Denn sonst könnte die Rinde mehrmals gebraucht werden; aber sobald das Salz herausgelöst wurde, dringt es wegen seiner Feuchtigkeit ins Leder ein und übt zu seinem eigenen Nutzen eine Anziehung darauf aus. Du musst festhalten, dass das Salz bei allen Holzsorten hauptsächlich in der Rinde vorhanden ist; Holz ohne Rinde liefert keine gute Asche. Monsieur Sisty, der Arzt des Herzogs de Montpensier[496], zeigte mir einmal eine Rute des Balsamum[497] oder des Zimtbaums (***167***), die ungefähr vier Fuß lang und ungefähr einen Zoll dick war; (189) er ließ mich die Rinde probieren, die den natürlichen Geschmack von feinem Zimt hatte, aber der Rest des Holzes besaß nicht mehr Geschmack als ein Stein. Deshalb verwenden die Gerber nur die Rinde, da in ihr das Salz enthalten ist. Sonst könnte der Rest des Holzes, wenn es pulverisiert wäre, genauso gut gebraucht werden wie die Rinde. Um meine Beweisführung fortzusetzen, dass es Salz in allen Dingen gibt, [ein weiteres Beispiel]: Die Ägypter hatten den Brauch, die Körper ihrer Könige und Prinzen zu salzen, was wir einbalsamieren nennen. Die Historiker berichten, dass sie sie mit Nitrat[498] und aromatischen Gewürzen einbalsamierten. Du musst dir merken, dass Nitrat ein konservierendes Salz ist und die Verwesung verhindert. Trotzdem hätte es nicht die Verwesung während vieler tausend Jahre[499] verhindern können

---

496 François de Bourbon (1542–1592), Duc de Montpensier. 1569 kämpfte er gegen die Hugenotten in der Saintonge.

497 „une verge de balsamum, ou de canelle". „balsamum", auch: balsamine, Springkrautgewächse, Balsaminaceae. Es sind viele Arten bekannt, in ganz Asien verbreitet, hier wahrscheinlich unspezifisch für einen Balsam produzierenden Strauch gebraucht, eventuell mit dem Zimtbaum gleichgesetzt. „canelle", Zimt, Zimtbaum, Cinnamomum, aus Indien und Südchina stammend.

498 „nitre", Salpeter. Nitrit oder Nitrat, Säuren oder Salze auf Stickstoffbasis, z. B. Salpetersäure.

499 „par tant de mil annees". Eine der wenigen Zeitangaben von Palissy.

ohne die Anwesenheit der erwähnten aromatischen Gewürze. Deren Salz hat die Unvergänglichkeit dieser damit einbalsamierten Körper bewirkt.

Die Mumie.

Und außerdem wird das Fleisch dieser Körper Mumie genannt, wegen dieser Gewürze mit denen sie eingepudert wurden. Die ägyptischen Prinzen bewahrten die Mumien auf, damit sie ihnen bei Krankheiten helfen.[500] Ich würde eher glauben, dass eine solche Mitteleinnahme sinnvoller sein könnte als die von trinkbarem Gold. Einige Moderne wollten die Alten imitieren und Mumien aus Gehenkten und Geköpften machen. Doch derjenige, der sie etwas einweichen ließe, würde sie in einen stinkenden Kadaver zurückverwandeln, da (***168***) sie nicht mit Gewürzen behandelt wurden, die die gleichen Eigenschaften besitzen wie die der alten (190) Ägypter. Man sagt auch gemeinhin, dass die Duftstoffe, Rhabarber,[501] Gummis[502] und aromatischen Gewürze alle verfälscht[503] wurden, bevor sie bis zu uns gelangten, und das gewöhnliche Salz hat nicht die Konservierungskraft wie die aromatischen [Gewürze], die aus dem Glücklichen Arabien[504] und anderen heißen Ländern kommen. Und weil es unser Thema ist zu beweisen, dass es Salz in allen Dingen gibt, werde ich den Punkt voranstellen, dass man aus allen Aschen Glas machen kann, obwohl einige schwieriger zu schmelzen sind als andere, und wenn es kein Salz im Holz und in den Gräsern gäbe, wäre es unmöglich aus ihnen Glas zu machen.

Die Eigenschaften der Salze.

Es ist ausreichend bewiesen, dass Salz in allen Dingen vorkommt, sprechen wir [nun] von ihren Eigenschaften und Kräften, die so beachtlich sind, dass kein Mensch sie bislang vollständig erfasst hat. Das Salz bleicht alle Dinge, das Salz erhärtet alle Dinge, es konserviert alle Dinge, es gibt allen Dingen Geschmack. Es ist ein Mastix[505] der alle Dinge verbindet und verkittet, er führt die Mineralstoffe zusammen und bindet sie, und aus einigen tausend Teilen macht er eine Masse. Salz lässt alle Dinge klingen, ohne Salz könnte kein Metall einen Ton von sich geben. Das Salz erfreut die Menschen:[506] es bleicht die Haut, wodurch es den vernunftbegabten Kreaturen Schönheit verleiht: es pflegt die Liebe zwischen Mann

---

500 Das der Gebrauch von Mumien zu Heilzwecken auch in Europa üblich war, zeigt die Handschrift *Le Livre des simples médecines* nach Matthaeus Platearius *Circa Instans*, ca. 1520, Illumination wahrscheinlich von Robinet Testard, Bibliothèque nationale de France, Paris, Ms. Français 12322, Folio 191v.

501 „Rubarbe", rhubarbe, von reubarbarum, Wurzel der Barbaren (PR), im Original wie ein Eigenname in Großschreibung. Die Wurzel des Rhabarbers, der aus Asien stammt, wurde als Heilmittel angewendet, z. B. für Magen- und Darmleiden.

502 „gommes". Im Original im Plural. Vgl. *Le Livre des simples médecines*, Ms. Français 12322, Folio 191r, s. Anm. oben.

503 „adulterées". Vgl. S. ***163***/185.

504 „l'Arabie heureuse", auch Arabia felix, Yemen auf der Arabischen Halbinsel. Übersetzung des arabischen Namens: Glückliches Land zur rechten Hand Allahs. Vgl. Griep 2006.

505 „mastic", Mastix, Kitt, siehe Duden, PR und Académie.

506 Zeichensetzung mit Doppelpunkten folgt dem Original, genauso wie die anschließende Kleinschreibung.

und Frau: wegen der Festigkeit, die es den Genitalien verleiht: es hilft bei der Zeugung:[507] es verleiht den Kreaturen (***169***) eine Stimme, genauso wie den Metallen. Salz bewirkt, dass sehr fein pulverisierte Kieselsteine zu einer Masse verbunden werden können, um Gläser und jede Art von Gefäßen zu formen: Mit Hilfe des Salzes kann man (191) alle Dinge lichtdurchlässig machen. Salz bringt alle Samen zum Sprießen und Wachsen.[508] Es gibt sehr wenige Personen, die den Grund kennen, weshalb Mist der Saat nützt, und sie bringen ihn nur aus Gewohnheit aus und nicht wegen einer Philosophie. Der Dung, den man aufs Feld schafft, wäre zu nichts nütze, wenn er nicht das Salz enthielte, welches Stroh und Heu beim Verfaulen dort zurückließen. Diejenigen, welche die Misthaufen der Willkür des Regens aussetzen sind sehr schlechte Wirtschafter und verfügen kaum über eine durch Erfahrung erworbene Philosophie, geschweige denn [über Kenntnisse] in Naturphilosophie. Denn der Regen, der auf die Dunghaufen fällt, fließt irgendwelche Täler hinunter und trägt das Salz, das sich in der Nässe aus dem Dung löst mit sich fort, und aus diesem Grund bringt er keinen Nutzen mehr, wenn er aufs Feld gebracht wird. Die Sache ist ziemlich leicht zu verstehen, und wenn du das nicht glauben willst, beobachte was der Bauer tut, wenn er den Dung auf sein Feld gebracht hat, er wirft ihn beim Abladen zu kleinen Häufchen auf und einige Tage später verteilt er ihn über das Feld und lässt nichts am Platz der Häufchen zurück. Du wirst feststellen, dass das Getreide schöner, grüner und stärker an dem Ort ist, wo die Häufchen lagen als auf dem Rest des Feldes. Und das kommt daher, (***170***) weil der Regen welcher auf die Haufen fiel, das Salz aufnahm, als er durch sie hindurchfloss und in der Erde versickerte. Dadurch erkennst du, dass nicht der Mist der Grund für das Wachstum[509] ist, sondern das Salz, welches die Samen in der Erde aufgenommen haben. Selbst wenn ich das Thema der Misthaufen schon früher behandelt habe, in einem kleinen Buch, das ich während der ersten Unruhen drucken ließ,[510] wie ich dir berichtete, ist es doch hier wie mir scheint nicht überflüssig, denn dadurch kannst du lernen, aus welchem Grund alle Exkremente zum Wachstum der Saat beitragen können. Ich sage alle Exkremente, ob von den Menschen oder von den Tieren. Das ist wiederum die (192) Bekräftigung einer Äußerung, die ich mehrfach wiederholt habe, als ich über die Alchemie sprach, nämlich, als Gott die Welt erschuf, füllte er sie mit allen Arten an Samen. Aber wenn jemand mehrere Jahre in Folge ein Feld bestellt ohne es zu düngen, werden die Samen für ihr Wachstum das Salz aus der Erde ziehen, und der Erde wird dann aus diesem Grund das Salz fehlen und sie kann kein neues produzieren. Deshalb muss man [den Boden] düngen oder einige Jahre ruhen lassen, so dass der Salz-

507 Der Satz kann auch folgendermaßen zusammengezogen gelesen werden: „... wegen der Festigkeit, die es den Genitalien verleiht, hilft es bei der Zeugung."

508 „Le sel fait vegeter & croitre tõutes semences."

509 „generation".

510 Erneuter Verweis auf das *Recepte veritable*, siehe Palissy 1996, Bd. 1, S. 65 f. und 75.

gehalt durch Regen oder Wolken wieder etwas zunehmen kann. Denn alle Erdböden bestehen aus Erden,[511] aber die einen sind salziger als die anderen. Ich spreche nicht nur vom gewöhnlichen Salz, sondern ich spreche von vegetativen Salzen, [solchen die für das pflanzliche Wachstum notwendig sind].[512] Einige sagen, dass es nichts Schädlicheres als Salz für die Saat gibt und aus diesem Grund verurteilt (***171***) man denjenigen, der ein schweres Verbrechen begangen hat, dazu, dass sein Haus dem Erdboden gleichgemacht und sein Ackerboden mit Salz bestreut wird, so dass dieser nie wieder eine Saat hervorbringen kann. Ich weiß nicht, ob es eine Gegend gibt, wo das Salz ein Feind der Saat ist, doch weiß ich bestimmt, dass man auf den Bossis,[513] den Böschungen der Salzteiche in der Saintonge Getreide erntet, das ebenso schön ist wie andernorts wo ich jemals war, und dass obwohl die Bossis aus dem Aushub der Salzteiche aufgeschüttet wurden, ich will sagen, aus den Ablagerungen vom Grund dieser Salzfelder. Dieser Aushub und Schlick ist genauso salzig wie das Meerwasser und trotzdem gedeihen die Samen dort genauso gut, wie in jedem Boden den ich jemals sah. Ich weiß nicht, wo unsere Richter Gelegenheit hatten, als Zeichen der Verdammnis Salz in die Erde zu säen, wenn es nicht irgendeine Gegend gäbe, wo das Salz der Feind der Saat ist.
(193)

Die Theorie.

Vielleicht machen die Richter dies nicht aus dem Grund, weil das Salz ein Feind der Samen ist, sondern eher weil das Salz ein Samen ist, der nicht wächst.

Die Praxis.

Du kannst sagen was du willst, aber ich weiß, dass einige Mediziner und weitere Personen mir versichert haben, dass das Salz ein Feind der Saat ist. Und deshalb stelle ich dieses Problem voran, um die Salze ausführlich zu behandeln und meine Ausführungen weiterzuführen, damit ich dir zeigen kann, dass das Salz weder der Feind der Pflanzen noch der empfindsamen Wesen ist. Die Weinstöcke im Land der Saintonge, die inmitten (***172***) der Meeressalinen[514] gepflanzt wurden, bringen eine schwarze Traubensorte hervor, die sie Chauchetz[515] nennen, aus die-

---

511 „Car toutes terres sont terres."

512 „sels vegetatifs." Die Bedeutung ergibt sich aus. vegetatif, erzeugungsfähig, wachstumsfördernd. Text wurde ergänzt, um die Bedeutung zu verdeutlichen.

513 „bossis", siehe Kapitel *Über das gewöhnliche Salz*, S. ***181***/203, Aufschüttungen und Böschungen am Rande der Salzteiche, die auch dem Salztransport dienen. Siehe Dupuy 1902, S. 287.

514 „marez salans", auch: Salzgärten oder Salzteiche.

515 „Chauchetz", Burgundische Rebsorte, im Burgund als Chauché bezeichnet. Es existiert ein Pinot gris (Grauburgunder, weiß) und ein Pinot noir (Rotburgunder, rot). Als Likörwein wird in der Charente ein Pineau hergestellt.

sen [Trauben] wird ein Wein gewonnen, der nicht weiniger schätzenswert ist als der Hypocras[516], und man macht mit ihm Rösties[517], genauso wie mit dem Hypocras. Und dieser Wein ist so fruchtbar, dass ein Weinstock mehr Früchte trägt wie sechs von ihnen in Paris. Deshalb sage ich, dass Salz weit davon entfernt ist, ein Feind der Lebewesen zu sein, es unterstützt im Gegenteil die Güte, Süße, Reife, Vermehrung und Haltbarkeit der Weine. Und das Salz unterstützt nicht allein diese Dinge, sondern auch die Luft, deren Dünste salzig sind. Auf den genannten Inseln und auf den Salzwiesen[518] pflückt man ein salzhaltiges Gras, welches man Salzkraut[519] nennt, aus dem man das schönste Glas herstellt. Es wird (194) dort auch Wermut gepflückt, der Absinth Saintonnique genannt wird, wegen der Region Saintes, aus der er stammt. Diese Pflanze hat die Eigenschaft, wenn man sie kocht, den Sud nimmt und in Mehl einrührt, daraus frikassierte Krapfen an Schweinefleisch oder in Butter macht und diese Krapfen isst, dass sie alle im Menschen wie auch in den Kindern vorhandene Würmer aus dem Körper vertreibt und sie abführt. Bevor ich Kenntnis von diesem Kraut hatte, starben sechs meiner Kinder durch Würmer.[520] Das erfuhren wir sowohl, indem wir sie öffnen ließen, aber auch weil sie diese oft durch ihren Mund ausschieden und wenn sie dem Tod nahe waren, kamen die Würmer aus den Nasenlöchern heraus. Die Länder der Saintonge, Gascogne, (***173***) die Region von Agen, Quercy[521] und das Land um Toulouse[522] sind stark von solchen Würmern betroffen und es gibt wenig Kinder, die nicht von ihnen befallen sind, da die Früchte in diesen Regionen so süß sind. Das sage ich, weil mir die Ärzte in Paris bescheinigten, dass es an diesem Ort selten Würmer bei Kindern gibt; indessen kommen sie in den Ardennen bei ihnen sehr häufig vor. Ich weiß nicht, ob das vom Bier herrührt oder von der Milch. Ich kann nur über die Regionen Zeugnis ablegen, die ich besucht habe.[523] Auf den Felsen der Inseln der Saintonge erntet man (195) Meerfenchel,[524] auch Steinbrech[525] genannt, der aufgrund der Meeresluft eine außergewöhnliche Qualität und einen

---

516 „hippocras“, auch „Hypocras“, nach Hippokrates. Süßwein, der mit Gewürzen, wie Zimt und Nelken versetzt wurde (PR).

517 „rosties“, Rösties, z. B. geröstete Scheiben Brot, die in diesen aromatischen, bzw. aromatisierten Wein gestippt oder mit ihm getränkt werden, siehe PR u. Palissy 1996, Bd. 2, S. 193, Anm. 25.

518 „marez salans“, Salzwiesen, Salzgärten, Salzteiche, Salzsümpfe, Meeressalinen. Allgemein Anlagen zur Produktion von Meersalz. Es lässt sich aber nicht unterscheiden, ob Palissy von einem natürlichen Biotop oder künstlichen Anlagen spricht, vgl. S. ***179***/201.

519 „salicorne“, Salzkraut oder Queller, *Salicornia europaea agg.*, siehe BH Biologie.

520 Die wenigen bekannten biographischen Angaben zur Familie Palissys sind in Kat. Saintes 1990, S. 137 zusammengestellt.

521 „Quercy“ im Département Lot, in der Region Midi-Pyrénées, Südfrankreich.

522 Palissy schreibt „Toloze“.

523 Dieser Satz Palissys könnte programmatisch über den ganzen *Discours admirables* stehen.

524 „criste-marin“, *Crithmum maritimum*.

525 „perce-pierre“, *Saxifraga*, es existieren viele verschiedene Arten.

intensiven Duft besitzt. Wenn er frisch ist, sind Salate daraus hervorragend und verschiedene legen ihn ein, um das ganze Jahr davon essen zu können. In Paris haben einige diesen Meerfenchel angepflanzt, aber er hat bei weitem nicht die Qualität von demjenigen, der natürlich auf den Felsen an der Meeresküste wächst. Ich will hierdurch nicht beweisen, dass gewöhnliches Salz für alle Pflanzenarten angenehm ist, aber ich weiß genau, dass die salzhaltigen Böden der Saintonge alle Arten von Früchten tragen, die dort angepflanzt werden. Diese haben eine solche Süße und so viel Geschmack, wie an keinem anderen Ort wo ich gewesen bin. Wilde Gräser, Dornensträucher und Disteln wachsen dort so munter wie in keinem anderen Land. Wenn das Salz ein Feind der Pflanzen wäre, würde es auch ein Feind (***174***) der menschlichen Natur sein. Die Burgunder werden das nicht behaupten, denn wenn ihnen bekannt gewesen wäre, dass Salz ein Feind der menschlichen Natur sei, hätten sie nicht beschlossen, bei der Taufe Salz in den Mund der kleinen Kinder zu legen und man würde sie nicht gesalzene Burgunder nennen, wie man es aber tut. Die Tiere werden auch nicht behaupten, dass Salz ihr Feind ist, denn die Ziegen essen soviel davon, wie man ihnen vorsetzt und selbst die Mauern zum Pinkeln werden von ihnen wegen des im Urin enthaltenen Salzes aufgesucht, um sie abzulecken. Tauben, die nicht genügend Salz für ihre Bedürfnisse vorfinden, werden sich, wenn sie eine alte Mauer finden, deren Mörtel aus Kalk und Sand besteht und die im Verfall begriffen ist, (196) jeden Tag über diese Mauer hermachen. Und die Menschen die ohne Philosophie leben sagen die Tauben fressen den Sand. Aber das ist der Hohn, dies wäre das trinkbare Gold für die Tauben, denn Sand ist unverdaulich. Man braucht nicht zu denken, dass sie etwas anderes als den Kalk suchen, der im Mörtel enthalten ist, wegen seines Salzgehaltes, und wenn sie ein Sandkorn verschlucken, ist es gegen ihren Willen und ihren Vorsatz. Die Austern ernähren sich zum größten Teil von Salz, und ihre Schalen, die sie selbst herstellen, sind daraus gemacht. Man sieht sehr gut, dass dem so ist, denn ihre Schalen zerspringen, wenn man sie ins Feuer wirft in der gleichen Weise wie das gewöhnliche Salz. Wenn das gewöhnliche Salz die Eigenschaft besitzt, die Genitalien (***175***) zu erregen (wie ich erwähnte), ist es ein sicherer und gut bestätigter Umstand, dass die Austern die gleiche Reaktion zeigen. Dies ist die Bestätigung für meine Behauptung, dass sich die Austern hauptsächlich von Salz ernähren.[526] Und um besser zu zeigen, dass das Salz nicht der Feind der Pflanzen ist, schauen wir uns ein wenig die Arbeitsweise der Bauern in einigen Gegenden der (197) Ardennen an.[527] Diese schlagen Holz in großer Menge, legen es so auf dem Boden aus, dass von unten Luft herankommt, anschließend bedecken sie das

---

526 Ein Zirkelschluss.

527 Palissy gibt im Folgenden eine Beschreibung der Brandrodung und Fruchtfolge oder Felderwirtschaft, die seit der Antike in verschiedenen Varianten üblich war, um die Ertragsfähigkeit der Böden zu sichern. Neu sind hingegen die Gedanken zur Waldbewirtschaftung .

Holz mit vielen Erdschollen, das heißt mit bewachsener Erde in der Art von Grassoden, dann verbrennen sie das Holz unter der Erdabdeckung, derart, dass auch die Wurzeln des Bewuchses in den Erdschollen mit verbrennen. Und wenn die Erde und das Wurzelwerk unter dem starken Feuer gelitten haben, breiten sie es auf den Feldern als Düngung aus, bearbeiten die Erde und säen dort Roggen. Dort wo vorher nur Wald stand, gedeiht der Roggen sehr schön. Dies machen sie alle sechzehn Jahre, denn sie lassen das Feld sechzehn Jahre lang ruhen, oder in einigen Gegenden sechs Jahre, in anderen nur vier; während dieser Zeit wird das Feld nicht bearbeitet und produziert Wald genauso groß und dicht wie vorher. Auf einer ebenso großen Ackerfläche, wie sie für das Ansäen in einem Jahr brauchen, fällen sie das Gehölz und verbrennen (***176***) die Grassoden, wie ich es beschrieben habe, und in gleicher Weise jedes Jahr, bis sechzehn Jahre vergangen sind. Dann beginnen sie von Neuem auf der ersten Ackerfläche, welche sie sechzehn Jahre zuvor bearbeitet hatten, wo sie das Gehölz [jetzt wieder] genauso groß vorfinden, wie beim ersten Mal. Ich erwähne dies aus zwei Gründen, erstens, weil mein Vortrag über das Salz noch nicht abgeschlossen ist und die Bauern dieses Landes sagen, dass auf diese Weise der Boden erwärmt wird, da er sonst nichts hervorbringen würde, weil die Gegend zu kalt ist. Dazu sage ich, dass Wasser welches [bereits] gekocht hat, leichter gefriert als das andere. Auch beeinflusst das Feuer, das sie machen, nicht das Wachstum der Früchte, also muss man unterstellen, dass es auf das Salz zurückzuführen ist, welches die verbrannten Bäume, Gräser und Wurzeln dort hinterlassen haben. Der zweite Grund ist der, deutlich zu machen, wie glücklich diejenigen sind, die in gemäßigten und fruchtbaren Regionen mit einer jährlichen Ernte wohnen. Diese armen Leute sind in großer Not, wenn das Jahr regnerisch ist und sie in der passenden Jahreszeit (198) nicht den Wald abbrennen können. In der besten Zeit des Jahres ernten sie weder Wein, noch Früchte oder andere Sachen, sondern nur Roggen. Und in jedem Dorf hat der Arme genauso viel Land für seinen Anbau zur Verfügung wie der Reiche. Wenn das Salz der Feind der Saat ist, wäre es sicher, dass das Holz und die Gräser die sie verbrennen nicht den Boden verbessern, sondern ihn unfruchtbar machen würden, denn indem man das Holz verbrennt, verbleibt das Salz, dass in ihm enthalten ist im Boden. Wenn ich (***177***) alle Eigenschaften der Salze kennen würde, denke ich, könnte ich großartige Dinge tun. Einige Alchemisten bleichen Kupfer mit dem Salz des Tartrats oder mit anderen Salzarten; das Salz ist sehr nützlich beim Färben. Alaun, welches ein Salz ist, zieht die brasilianische Farbe, die Gallapfelfarbe[528] und andere Stoffe an, um sie auf Tuch, Leder und Seide zu fixieren, so gut, dass die Färber manchmal wenn sie ein weißes Tuch rot einfärben wollen, es

528 „couleurs du bresil, de la gale, & autres natieres". „Couleurs du bresil", Farbe aus Brasilholz, roter bis rotbrauner Farbton, „couleurs du de la gale". Gallapfeltinte, schwarzer Farbstoff. Siehe Koschatzky 2003a, S. 23 f. und 101.

in alaunhaltigem Wasser einweichen. Das im Wasser gelöste Alaunsalz ist dafür verantwortlich, dass das Tuch den Farbstoff, den man für es zubereitet hat, aufnehmen kann und ein anderes Tuch, welches nicht in Alaunwasser gebadet worden ist, wird dies nicht können. Das Salz ist also ein Dienstmädchen, das die Farbe bei einem löst, um sie einem anderen zu übergeben. Einige Salze härten das Eisen und die Klingen der Waffen, so dass man Eisen schneiden kann als wenn es Holz wäre. Ich bin kaum fähig die Vorzüglichkeit der Salze zu beschreiben und auch nicht ihre bemerkenswerten Eigenschaften, ich werde jedoch, wenn ich von den Steinen spreche, etwas von dem erwähnen, was vergessen wurde, auch deshalb, da man nicht über sie reden kann, ohne hin und wieder die Salze zu erwähnen. (199)

Die Theorie.

Du sprichst bereits lange über die Salze, aber bisher hast du noch kein Wort über die Definition von Salz verloren und es ist doch das Wichtigste zu verstehen, was Salz ist.

Die Praxis.

Definition von Salz.

Ich wüsste dazu nichts anderes zu sagen, als das Salz (***178***) ein fester, greifbarer Körper ist und für seine Eigenschaften bekannt, Konservator und Erzeuger aller Dinge zu sein und sich innerhalb von etwas Anderem zu befinden, wie in Holz und allen Arten von Pflanzen und Mineralen. Es ist ein unerkannter und unsichtbarer Körper, wie ein Geist, und trotzdem nimmt es einen Raum ein und hält die Sache, in die es eingebunden ist, zusammen. Und wenn es niemals feucht würde, könnten einige Sachen, in die es eingebunden ist, dauerhaft sein. Das Salz im Holz etwa würde dieses am Verfaulen hindern, und wenn es nicht feucht wird, entstünden im Holz niemals Würmer. Denn es kann niemals eine Fortpflanzung stattfinden, ohne Anwesenheit einer warmen Feuchtigkeit aus einem Fäulnisprozess. Heu, Stroh und ähnliche Dinge sind durch das in ihnen enthaltende Salz beständig, wenn sie gut getrocknet wurden, nicht feucht werden und an einem trockenen Ort lagern. Es gibt einige Salze, die an trockenen Orten ihre erworbene Form bewahren und wenn sie an einen feuchten Ort gelegt werden, sich in Öl verwandeln, hierfür ist Tartrat ein Beispiel und das Salz des Salzkrautes ein anderes. Dieser Punkt, wenn er gut verstanden wurde, kann sehr zur Verständlichkeit des Vortrags beitragen, den ich über die Entstehung der Metalle gehalten habe, denn es ist notwendig, dass du wirklich alles hörst und verstehst, da diese ganzen Stoffgebiete so eng miteinander verzahnt sind, dass eins das andere verständlich macht.

(***179***) (201)

Über das gewöhnliche Salz.

Die Theorie.

Ich hätte nicht gedacht, dass es so viele Sorten Salz gibt, auch nicht, dass sie so viele Eigenschaften besäßen, wenn du es mir nicht gesagt hättest. Aber da wir über die Salze sprechen, bitte ich dich, bevor wir zu etwas anderem übergehen, mir einen Diskurs über die Gewinnung des gewöhnlichen Salzes zu halten, wie sie auf den Inseln der Saintonge betrieben wird und mir in einer Abbildung das Aussehen der Meeressalinen zu zeigen und zu erklären, wie sie aufgebaut sind,[529] denn du kennst sie gut. Zudem habe ich dich sagen hören, dass du früher vor Ort einen Auftrag hattest, um diese Sümpfe[530] aufzunehmen.

Die Praxis.

Das ist wahr, das war zu der Zeit, als man die Gabelle[531] in diesem Land einführen wollte. Da du Lust hast diese Dinge zu hören, sei mein Zuhörer und ich werde dir gerne einen Vortrag darüber halten und außerdem werde ich dir eine Abbildung von ihnen zeigen.[532]

(202) Da das Meer fast vollkommen von großen Felsen oder über dem Meeresspiegel liegendem Land gesäumt ist, musst du zuerst verstehen, dass es für die Anlage von Meeressalinen notwendig ist, eine Ebene zu finden, die unter dem Meeresniveau liegt, (***180***) denn sonst wäre es unmöglich ein Verfahren zu entwickeln, um durch Sonnenwärme Salz zu gewinnen. Und man darf vermuten, wenn man an irgendwelchen anderen Meeresküsten Frankreichs einen geeigneten Platz zur Anlage von Meeressalinen gefunden hätte, dass es solche an meh-

---

529 „& me monstre la figure de la forme comme sont fait les marez salans :...“, weiterer Hinweis auf vorgesehene, aber fehlende Abbildungen. Zum völligen Verständnis der folgenden Beschreibung wären sie notwendig gewesen. Die genaue Funktion der einzelnen Anlagenteile lässt sich aus der Beschreibung Palissys nämlich nicht klar erkennen. Vgl. die Abbildung der Salzgärten in Agricola 1928, S. 468.

530 „marez“, Sümpfe, gemeint sind die marais salants, die Salzgärten oder Meeressalinen. Siehe Anm. Kapitel *Über die verschiedenen Salze*, S. ***172***/193.

531 „la gabelle“, Bezeichnung für die Salzsteuer. Die Steuer wurde in den bis dahin nicht dieser Steuer unterworfenen Provinzen Guyenne und Saintonge auf einen Beschluss des Königs Francois I. im Jahre 1542 eingeführt. Palissy war entsprechend erhaltener Urkunde 1543 mit der Vermessung und Aufnahme der Salzproduzierenden Küstengebiete beschäftigt. Die Salzsteuer führte zu steigender Unzufriedenheit der Bevölkerung und einem blutig unterdrückten Aufstand im Jahre 1548.

532 „je t’en montreray une figure“.

reren Orten gäbe. Doch es reicht nicht aus, eine platte Fläche[533] oder ein Gelände zu finden, das unterhalb des Meeresspiegels liegt. Denn es ist auch erforderlich, dass die Böden dort wo man die Salzteiche errichten will tragfähig, bindig oder zäh[534] sind, wie die aus denen man Töpfe, Backsteine und Ziegel macht. In Antwerpen lebt ein Grundherr, der sehr viel für den Bau von Meeressalinen in den Niederlanden ausgegeben hat, die in Form und Aussehen denjenigen auf den Inseln der Saintonge gleichen, aber obwohl er genügend tiefliegende Gegenden fand, um das Meereswasser hineinfließen zu lassen, konnte er sein Ziel doch nicht erreichen, da die Erde [dort] nicht so klebrig und bindig wie diejenige der Saintonge war. Und er verlor seine Investition, da die Böden, die er für die Anlage der Salzteiche ausheben ließ, das Wasser nicht halten konnten, da sie trocken und sandig waren.

Obwohl unsere Vorgänger auf den Inseln der Saintonge einige plane oder tiefliegende an das Meer grenzende Flächen fanden und die Böden des Untergrundes von Natur aus klebrig und tonhaltig waren (203), reichte dies nicht um ihren Entwurf zu realisieren, denn es musste ein Verfahren erfunden werden, wie diese Erde zu bearbeiten[535] ist, die Art und Weise wie das geschieht, (***181***)[536] beschreibe ich dir später.

Wenn unsere Vorgänger nicht ein großes Urteilsvermögen und viel Verstand bei der Anlage der Salzgärten gezeigt hätten, wäre nichts von Wert dabei herausgekommen. Nachdem sie sich also die planen unter dem Meeresniveau liegenden Flächen aufmerksam in Augenschein genommen hatten, fanden sie, dass es notwendig sein würde einen Kanal durchzustechen, der das Meerwasser leicht zu den für die Salzgewinnung vorgesehenen Orten bringt. Nachdem sie also bestimmte Kanäle gegraben hatten, ließen sie das Wasser aus dem Meer in ein großes Becken strömen, das sie Jard[537] nannten, und bauten eine Schleuse an diesem

533 „platin", surface plate, platte, plane, Fläche der Salzgärten. Vgl. Patois Oléronais und Dupuy 1902, S. 324.

534 „tenantes, glueuses ou visqueuse". Als Untergrund sind also Tonböden erforderlich.

535 „conroyer", entspricht corroyer, vorbereiten, zubereiten. Konkret auf Ton und Leder bezogen heißt dies, den Ton schlagen oder kneten, auf den Untergrund bezogen ist verfestigen gemeint. Siehe Hulsius: conroyer, eben machen, vgl. GdH, conroier, conreer, preparer.

536 Seitenzahl im Original „118".

537 „un grand receptacle qu'ils ont nommé le jard", auch jar oder jas genannt. Erstes großes Reservoir, wo das Meerwasser gesammelt wird, wie es Palissy im Folgenden beschreibt. Funktion: Wasservorratsbecken und Vorreinigung. GdH verweist auf die Abstammung jart, und Deutsch gart. Das Wort weist somit sowohl auf Bezeichnungen Teich als auch auf Gärten (jardin) in den Meeressalinen oder Salzgärten hin. Dieser Teich, wegen der Umfassungsböschung und intensiven Pflege auch Garten genannt, wird von Palissy als Becken bezeichnet. Jard wäre somit ein programmatischer Name der gesamten Anlage. Das Wort hat im Englischen in jar, Glas, Krug oder in Yard überlebt. Vgl. Cotgrave: jard,

Jard, und nachdem diese fertiggestellt war, bauten sie an deren Ende weitere große Becken, die sie Conchen[538] nannten, in diese lassen sie das Wasser aus dem Jard in einer geringeren Menge fließen, als die welche in den Jard selbst hineinfließt. Und aus diesen Conchen leiten sie das Wasser in den Forans[539] durch einen ausgehöhlten Baumstamm, den sie Amezau[540] nennen, der unter dem Bossis,[541] der Böschung

---

jar, the first great receptacle or pond salt water where of salt is made. Jard findet sich als Teil vieler Ortsnamen an der Küste der Vendée und der Charente. Englisch „yard" bedeutet gleichfalls Garten. Cotgrave hat sich offensichtlich auf Palissy bezogen. Das erste Becken wird heute in der Region Jas genannt. Siehe: Patois Oléronais: „ « Jhas ou jhâ », Premier bassin dans un marais salant aussi appelé « vasais », situé juste après la « varagne » du « russon », servant à la décantation de l'eau de mer. C'est dans le « jhâs » que l'eau de mer commence à se réchauffer, le poisson y trouve un milieu propice, c'est dans le « jhâs » que l'on faisait autrefois les plus belles pêches d'anguilles tous les deux ans, pêches partagées par tous les détenteurs sauniers du marais."
„Le terme de « jhâs » est aussi utilisé pour un trou rempli d'eau douce ressamblant à une mare : « Jh'ai bouché l'jhâs dau Vivier avec des délives »: j'ai bouché la mare du « Vivier » (lieu-dit) avec des gravats."
Alle folgenden Bezeichnungen gehören der Fachsprache der Salzgärtner oder Salzsieder an.

538 „Conches", zweite Stufe einer Meeressaline, wo das Meerwasser sich durch die Sonneneinstrahlung zu konzentrieren beginnt. Diese Becken haben eine geringere Höhe. Von Lateinisch concha für Muschel, Muschelschale, Gefäß abgeleitet. Hulsius übersetzt Wassergeschirr, Ölfaß. Siehe Patois Oléronais: „Deuxième partie d'un marais salant, où l'eau de mer continue à se concentrer en sel par évaporation. Ce sont des bassins en longueur, parfois en « bouteilles ». L'ensemble des conches d'un marais salant constitue la « métière »." Vgl. Cotgrave: „certaine receptacles for sea-water (as in Amezeau.)".

539 „Forans". Unklar, möglicherweise abgeleitet von forer, bohren. Mögliche Bedeutung „forage", Bohrloch. (Husius: „for", draußen), Littré: forants, s. m. pl. Terme de marine. Se dit quelquefois des mâtereaux (kleine Masten). Sapins de France qui arrivent dans les ports à l'état de bois rond. Dupuy 1902, S. 305: « réservoir intermédiaire entre les conches et les entablements », interpretiert ausschleißlich diese Textpassage Palissys. Vgl. Cotgrave, auch er referiert 1611 nur diese Passage ohne die Funktion dieses Anlagenteils zu kennen. Palissy scheint der Einzige gewesen zu sein, der dieses Wort überliefert hat.

540 „Amezau", „Amedeau ou ameneau ou aveneau ou amezau". Regionale Bezeichnung. Kleiner Kanal, der das Meerwasser von den Conchen in die Salzteiche oder Kompartimente leitet, siehe Patois Oléronais. Möglicherweise von amesir, amaissier, beruhigen abgeleitet, vgl. GdH u. FEW.

541 „Bossis", Böschung, erhöht liegender Fahrweg, der die einzelnen Salzfelder trennt. Palissy erklärt diesen Begriff später. Siehe: Patois Oléronais: Bossis, Petite « bosse » dans une saline ou une « claire ». Le bossu et la bossue, surnoms donnés aux bossus et aux bossues. „Bosse": Partie surélevée dans un marais salant, formée par la terre creusée lors de la fabrication du marais salant. Les bosses étaient cultivées (principalement avec des céréales). Voir « vie ». Actuellement les « bosses » sont abandonnées ou au mieux utilisées pour l'élevage intensif des bovins. „Vie ou vée", Levée de terre séparant deux rangées « d'aires » dans un marais salant. C'est de là qu'est tiré le sel. C'est sur la « vie » qu'on trouve le « mulon » et le « coubiat »."

liegt. (204) Und von diesem Forans aus lassen sie es [dann] durch zwei ausgehöhlte Hölzer fließen, die sie als Pertuis des poelles[542] bezeichnen, damit es zu gewissen Plätzen gelangt, die sie Entablemants, Viresons und Moyens[543] nennen. Diese sind so angeordnet, dass das Wasser aus dem man Salz gewinnen will, kreisen kann und einen langen Weg zurücklegen muss, und dies in verschiedenen Stufen, bevor man es in die Kompartimente[544] des Karrees leitet, welche für die [eigentliche] Salzgewinnung vorgesehen sind. Man muss anmerken, (***182***) dass sich die Wassermenge kontinuierlich verringert, wenn das Wasser von einem Becken zum anderen fließt, da man es über mehrere Stufen innerhalb der Becken oder von einem Becken zum anderen leitet, damit das Wasser gut vorbereitet und erwärmt ist, bevor es in die Salz produzierenden Flächen geschickt wird, das heißt vor Schaffung einer Öffnung, um in die entsprechenden Flächen zu fließen, wo man es als Salz zum Erstarren bringt. Denn es gibt bestimmte Tablettes[545] die man

---

542 „Pertuis des poelles", zu übersetzen etwa mit Sieltopf. Ein „pertuis" ist eine Verengung (Enge), ein Siel. Vgl. Patois Oléronais: „Pertuis", autre nom du « gourmas »: dispositif de régulation de l'eau dans un marais salant constitué d'une planchette percée, fermée par des chevilles. Voir: « pale et palette », « veurdot » et « brassour »," siehe Anmerkung folgende Seite zu „tableau".

543 „Entablemants", wahrscheinlich ein Absetzbecken für den vom Wasser mitgeführten Sand, evtl. von „en table" abgeleitet. Siehe Patois Oléronais: „Table", Réserve d'eau très longue dans un marais salant. L'entablement fait suite au « mors » avant d'amener l'eau dans les « muants » à côté des « aires » du champs saunant où se fait l'évaporation finale dans le marais.
„Vire sous", „viresons", vielleicht ein Bewegungsbecken, Bezug zum Wortstamm virer, drehen, bewegen, vgl. GdH, „vire" oder „vivre": siehe: Patois Oléronais: Non générique pour les différentes réserves d'eau présentes dans un marais salant c'est à dire les « tables » et les « muants » du « champ saunant ».
„Moyens", Mittel, entweder Verbindungskanäle, siehe PR „voies et moyens" oder Mittelbecken. Vielleicht ist aber auch das „Muant" gemeint: « Réserve d'eau dans un marais salant. Ce bassin parachève l'échauffement de l'eau salée avant sa distribution dans les « aires » par les « brassours » (Patois Oléronais).

544 „les parquets du quarré destiné à faire le sel." „Parquets", „Parquetage", Kompartimente, Abteilungen oder Fächer. Wasserbecken der Salinen, hier handelt es sich um die eigentlichen Kristallisationsbecken. Vgl. *Über das Wasser*, S. ***65***/79. Siehe Patois Oléronais: „Quarre (ine)", Aussi appelé « carré », c'est une aire « saunante » de 35 à 38 m². Voir: « aire ». „aire", Aussi appelée « carré » ou « quarre ». Partie carrée d'un marais salant, où le sel cristallise et où se fait la récolte. La suface fait de 35 à 38 m². Voir : « champs saunant », Partie du marais salant où se trouvent les « aires » où on récolte le sel."

545 „tablettes", also Schieber, Bretter aus Holz, die den Abfluss der einzelnen Becken verschließen und den Zufluß regulieren. Siehe Anmerkung vorhergehende Seite, Patois Oléronais zu „Pertuis." Vgl. dort: „pale et palette", Partie en bois mobile de la « varagne » ou tout autre « pertuis » dans un marais salant. Bouchon fermant le tonneau à sa partie inférieure et nom des chevilles qui ferment les trous (« pertuis ») du « gourmas » dans un marais salant."

hebt, um das Wasser, welches von den Viresons und Entablements und anderen Stufen kommt, in diese Flächen abfließen zu lassen.

Aber die ganzen Anlagen sind nicht ohne harte Arbeit und mit sehr viel Zeitaufwand entstanden, denn man musste die Quadratur[546] des Salzfeldes tiefer ausheben als den vom Meer kommenden Kanal und die Jards und Conchen, um zwischen den oben erwähnten Stufen und Abteilungen ein Gefälle oder eine Neigung zu schaffen, damit das Wasser bis in die große Quadratur des Salzfeldes läuft. Und man muss festhalten, dass man beim Graben dieser großen Quadratur den Boden und Aushub ringsherum an die Begrenzung dieser Rechteckfläche schafft, der, wenn er ganz ringsherum liegt, ein großes Planum bildet, das man Bossis[547] nennt, das zum Absetzen der großen Salzhaufen dient, die sie Vaches de Sel[548] nennen. Im Winter, wenn die Jahreszeit für die Herstellung von Salz vorüber ist, bedecken sie diese Salzhaufen mit Schilfrohr, das sich wegen seines Nutzens gut verkauft. Diese Bossis dienen auch dazu von Salzteich zu Salzteich zu gelangen, (205) um jederzeit Menschen und Pferde bewegen zu können. Es ist also erforderlich, dass sie sehr breit sind, je nachdem wie groß die Distanz ist um das Salz zum Schiff zu bringen, denn wenn jemand (***183***) ein oder zwei Vaches de Sel verkauft hat, ist bei weiten Entfernungen eine große Zahl von Tieren notwendig, um das Salz an Bord zu bringen. Das Ganze geschieht mit einer so erstaunlichen Geschwindigkeit, dass man glaubt, wenn man dies vorher noch nie gesehen hat, es seien Schwadronen, die sich gegenseitig schlagen wollen. Es gibt Menschen an Bord der Boote die nur die Säcke entleeren, und einen weiteren der sie markiert. Jedes Tier trägt nur einen Sack auf einmal, und diejenigen welche die Pferde führen sind gewöhnlich kleine Jungen, die sogleich, wenn das Pferd abgeladen und der Sack entleert wurde, schnell auf ihr Pferd springen und geschwind bis zur Vache de Sel galoppieren, wo sich weitere Männer befinden, welche die Säcke füllen und sie auf die Pferde laden, und wenn sie dann wieder beladen sind, führen diese Jungen sie in aller Eile zu den Schiffen zurück. Da alle in großer Eile kommen und gehen, müssen die Bossis oder Plattformen ziemlich breit sein, denn sonst würden die Pferde aneinanderstoßen. Höre jetzt etwas über die Technik, mit der die Salinen[549] in die Lage versetzt werden, zu verhindern, dass der Boden

546 „la quadrature“, beschreibt die große Rechteckfläche des Salzfeldes, das aus einzelnen wiederum meist rechteckigen und quadratischen Salzteichen besteht, so dass sich ein netzähnliches, schachbrettartiges System mit „quadratischen“ Einheiten ergibt.

547 „bossis“, Böschung, Buckel, Damm, siehe oben.

548 „vaches de sel“, wörtlich Kuh aus Salz, große Salzhaufen, so genannt wegen ihrer ellipsoiden Kegelform, die an ein Euter erinnert. Heute auch „mulons“ oder „pilot de sau“ genannt. Vgl. Patois Oléronais : „Vache de sau“, Tas de stockage du sel sur la « bosse » ou « tasselier » pouvant être le résultat de plusieurs récoltes annuelles. Voir: « robe » et « salorjhe ».“

549 „les marez“.

das Wasser aufsaugt, welches zur Entsalzung eingeleitet wird. Wenn das gesamte Karree [der Saline] gegraben und der Aushub entfernt wurde, und bevor man die Wege und einzelnen Kompartimente[550] baut, wird eine größere Zahl von Pferden und Stuten verwendet, die sie alle aneinander binden, so dass sie gemeinsam laufen, und man führt sie sodann in die große Rechteckfläche, (***184***) wo man die Saline bauen will. Es gibt eine Person, die das erste Pferd mit einer Hand führt, in der anderen hält sie eine Peitsche. Diese [Person] führt die Pferde und Stuten schnell herum, solange bis der Boden der Sohle gut durchgeknetet ist und er das Wasser halten kann, wie ein Gefäß aus Kupfer.[551] Und wenn die Erde gut geschlagen ist, errichten sie ihre Wege und Kompartimente in geraden Linien,[552] mit dem notwendigen Gefälle von Stufe zu Stufe, so genau, dass weder ein Maurer noch (206) ein Vermesser mit allen Werkzeugen der Geometrie besser nivellieren könnte, da sie mit dem Wasser nivellieren, denn das Wasser zeigt ihnen genau die höher oder tiefer liegenden Stellen.

Nachdem der Boden so geknetet wurde, formen sie ihre Wege und Kompartimente,[553] als handele es sich um Töpfererde.[554] Aus diesem Grund habe ich vorhin behauptet, sogar wenn man ein Gelände findet, welches unterhalb des Meeresspiegels liegt, wäre es unmöglich Meeressalinen anzulegen, falls die Böden dort nicht von Natur aus tonhaltig und zäh wie die der Töpfer sind.

Es gab noch eine weitere schwere Aufgabe, die von unseren Vorgängern ausgeführt werden musste, um die Salzgärten anzulegen. Man darf nicht daran zweifeln, dass die Ersten die diese errichteten, Lagen in größtmöglicher Nähe eines natürlichen Wasserweges wählten, denn ohne das Vorhandensein eines Kanals wäre es schwierig das Salz, welches in den Salinen entsteht, zu den Schiffen im offenen Meer zu bringen, denn die großen Schiffe können wegen ihrer Dimensionen nicht bis an die Küste gelangen. Deshalb (***185***) kommen die Salzhändler mit kleinen Barken die ins Innere des Flachlandes gelangen so nah sie können zum Salz, das sie später verkaufen wollen, sie werfen Anker und man bringt das Salz zuerst in diese Barken, dann fährt man mit diesen Barken bis zum Schiff, wo man es in dieses umlädt. Man muss anmerken, dass man sehr häufig in bestimmte Kanäle nur bei Flut hineinfahren kann, und wenn man auslaufen will und das Meer zurückgegangen ist, muss man auf die nächste Flut warten. Und obwohl man einige natürliche Kanäle vorfand, war es dennoch notwendig die Natur zu unterstützen, damit die Barken und kleinen Schiffe sich den Orten nähern können wo

550 „parquetages“, ließe sich in diesem Zusammenhang auch mit Gärten oder Felder übersetzen.

551 „airain“.

552 „par lignes directe“.

553 „parquetages“.

554 „terre potier“.

man das Salz gewinnt. Und man braucht nicht zu bezweifeln, dass unsere Vorgänger nicht auch dazu gezwungen waren Kanäle in Gegenden anzulegen, in denen es von Natur aus keine gab, denn sonst hätten sie kein Salz in diesen Salzgärten gewinnen können, zumal die Plattformen so unzugänglich[555] sind, dass man denken könnte, es wäre ein Labyrinth. Man kann (207) sich kaum eine Meile entfernen, ohne gezwungen zu sein mehr als sechs zurückzulegen, wegen des Umwegs den man machen muss um hinauszugelangen. Wenn ein Fremder dort eingeschlossen wäre, könnte er kaum ohne einen Führer hinausfinden, denn man muss eine Menge Brücken[556] erkennen, die man einmal rechts und einmal links suchen muss, manches Mal ganz in der entgegengesetzten Richtung in die man gehen will; denn es ist wichtig zu wissen, dass die gesamte plane Fläche der Salzgärten von Kanälen, Jards, Conchen und den Salzfeldern[557] durchschnitten ist. Einige (***186***) dieser Felder sind quadratisch, andere lang und schmal, wieder andere haben die Form eines Dreiecks, damit die ganze Fläche des Landes für Salinen genutzt werden kann. Genauso wie in einer Stadt die ersten Erbauer aus Bequemlichkeit gewöhnlich rechteckige Parzellen für sich absteckten und die letzten die von den Anderen [übrig gebliebenen] Parzellen und Reststücke nahmen, so wie sie sie noch vorfanden, passierte Ähnliches auch in den Salzgärten, denn die Ersten ergriffen soweit es ihnen möglich war Besitz von den am besten geeigneten Plätzen in der Nähe der Kanäle und des Meeres, und diejenigen, die als letzte kamen, nahmen die Flächen, die nicht so beschaffen waren, wie sie es sich wünschten, sondern sie legten ihre [Salinen] manchmal an Orten recht weit entfernt von den Kanälen und der Meeresküste an. Das hatte zur Folge, dass sich diese [Flächen] nicht gut verkauften, zumal die Kosten des Salztransports zu hoch waren.

Andere legten Salinen an, die nur einen geringen Wert besitzen, da ihnen häufig das Wasser fehlt wenn es am dringendsten gebraucht wird, da die Kanäle, Jards und Conchen nicht tief genug liegen, um ihren Bedarf an Meerwasser zu decken. Man muss hier einen wichtigen Punkt erwähnen, in jeder Meeressaline gibt es einen Kanal, der durch Menschenhand errichtet wurde, um das Meerwasser in den Jard zu leiten, und andere Kanäle, ähnlich kleinen Flüssen, dienen dem Verkehr der Barken zwischen den Salzgärten, und mit diesen bringt man das Salz zu den großen Schiffen, wie ich es vorhin beschrieben habe. So sind wegen des Nutzens (208) und der Nachfrage (***187***) nach Salz alle Böden der Ebene der Salzsümpfe bearbeitet, befestigt und von Gräben durchzogen. Deswegen habe ich

---

555 „oblique", siehe PR (oblique, 2, indirect), nicht auf geradem Wege. Vgl. TLF, déviation d'une ligne und Godefroy.

556 „pontages", Brückenbauwerke, kleine Brücke, Stege, Übergänge.

557 „champs de marez", Salzfelder, dies sind Teiche und müssten deshalb eigentlich Salzteiche genannt werden.

oben gesagt, falls sich ein Fremder in der Mitte der Meeressalinen befände, hätte er Schwierigkeiten wieder hinauszufinden, selbst wenn er den Ort wohin er gehen will, sähe, denn sehr häufig wird er kehrt machen müssen, um die Stege zu suchen. Außerdem gibt es dort weder Wege noch Straßen, nur die Bossis, die in indirekten Linien[558] angelegt wurden und es ist nicht möglich dort einen anderen Weg als die Bossis zu finden, welche hoch liegen, da der ganze Aushub der Salzteiche in sie eingebracht wurde. Falls man im Winter dort wäre, sähe man die ganzen Salzfelder von Wasser bedeckt, wie große Teiche, ohne eine Spur[559] von ihnen zu sehen. Aus diesem Grund waren einige Maler enttäuscht, die auf die Inseln [der Saintonge] geschickt wurden um in Erfahrung zu bringen, warum es unmöglich ist, mit einer Armee die Salzfelder zu durchqueren, zumal sie in einer Jahreszeit dort hingefahren waren als das Wasser die ganzen Salinen bedeckte, und von ihnen nur unbestimmte Abbildungen[560] mit zurückbrachten. Zu der Zeit als man die Salzsteuer[561] in Guyenne einführen wollte, entsandten der Sieur de la Trimouille[562] und General Boyer einen gewissen Meister Charles[563] (ein ganz ausgezeichneter Maler) auf die Inseln um die Übergänge festzuhalten. Dieser Maler brachte genaue und wahrheitsgetreue Abbildungen der Siedlungen und Dörfer mit, aber was die Gestalt der Meeressalinen betraf, waren seine Abbildungen sehr konfus, da damals die gesamten Salzgärten von Wasser bedeckt waren. Um es dir besser verständlich zu machen: (**188**) Es ist unbedingt erforderlich, dass, nachdem die heißen Tage vorüber sind und es keinen Hinweis auf die Salzherstellung mehr gibt, die Salzsieder zur Erhaltung (209) der Salinen bestimmte Kanalabflüsse[564] öffnen, die durch den Jard und die Conchen führen und sie so das Wasser in die Salzgärten fließen lassen, bis alle Teiche bedeckt sind. Denn wenn sie die Salzgärten unbedeckt ließen, würde der Frost sie zerstören, so dass man sie jedes Jahr erneuern müsste, aber durch das Wasser werden sie von einem Jahr auf das folgende erhalten.

Und damit du besser verstehst, dass Salz nicht etwas ist, was sich leicht und mit geringen Kosten produzieren lässt, ist es wichtig festzuhalten, dass man Salz nur während drei oder vier Monaten im Jahr, in den Zeiten großer Hitze, gewinnen kann. Als erste Vorbereitung zur Salzgewinnung muss man das Meerwasser bei Vollmond im Monat März hereinlassen, denn zu dieser Zeit ist der Wasser-

---

558 „lignes obliques“, siehe Anm. vorhergehende Seite.

559 „sana apparoire aucune forme“. „Apparoire“ siehe apparaitre, vgl. TLF.

560 „figures incertaines“.

561 „la gabelle“, siehe Anm. S. **179**/201.

562 Möglicherweise Louis III. de la Tremouille (1521–1577), duc de Thouars, verheiratet mit Jeanne de Montmorency.

563 „mestre Charles“, konnte nicht identifiziert werden. Vgl. Palissy 1996, Bd.2, S. 208, Anm. 15.

564 „les bondes“, Spundlöcher, Abflussöffnungen, vgl. Pons FD, TLF, Godefroy.

stand des Meeres bei Flut höher und stärker angeschwollen als in jeder anderen Jahreszeit. Und wenn es seinen höchsten Stand erreicht hat, öffnen die Salzgärtner[565] die Spünde der Leitungen[566] zu den Kanälen und großen Gräben, um das große Becken zu füllen, welches sie Jard nennen. Dieser muss so viel Wasser enthalten, wie man zur Salzerzeugung bis zum Vollmond im Monat Juli braucht, wenn das Meer wieder einen genauso hohen Wasserstand wie im Monat März erreicht. Zu diesem Zeitpunkt bemüht sich jeder Salzsieder seinen Jard zu füllen. Doch trotz aller Arbeit und Eile, welche die früheren Salzsieder (***189***) aufwendeten, gab es einige Salzgärten, zum Beispiel wenn ein Sommer sehr heiß war, die einen Teil des Sommers nichts produzierten, denn wenn es während dieser Zeit an Wasser im Jard mangelte, hatten sie keine Möglichkeit diesen wieder aufzufüllen, außer zur Zeit der Grandes Malignes,[567] wie sie die Flut nennen, wenn das Meer zu einer imposanten Höhe aufläuft. Deshalb sind die Salzgärten, die sich in der Nähe der Häfen befinden und bei jedem Mondstand mit Wasser vollaufen können, sehr viel mehr geschätzt als die anderen.

(210) Man muss hier noch einen Punkt festhalten, wenn es bei der Salzgewinnung eine ganze Nacht oder einen ganzen Tag lang regnet, ja sogar für nur zwei Stunden, kann man in den folgenden fünfzehn Tagen kein Salz gewinnen, denn man ist gezwungen die ganzen Salzteiche zu reinigen und das Wasser aus ihnen zu entfernen, sowohl das Salz- als auch das Süßwasser. Das heißt, wenn es alle fünfzehn Tage einen Tag regnet, wird man nie Salz durch Sonnenwärme gewinnen. Deshalb ist es wahrscheinlich, dass man in regnerischen und kalten Regionen und Gegenden kein Salz, nach der Verfahrensweise gewinnen kann, wie sie auf den Inseln der Saintonge praktiziert wird, auch wenn alle anderen Bedingungen, die ich oben genannt habe, erfüllt sind.

Es ist außerdem notwendig zu verstehen, dass, bevor mit der Salzherstellung begonnen werden kann, zuerst das ganze Wasser aus den Salzteichen entfernt werden muss, das im Winter eingelassen wurde, um sie zu schützen, was nicht wenig Arbeit bedeutet. Wenn alle Salzteiche gereinigt sind, was gewöhnlich im Monat Mai geschieht, wenn das Wetter (***190***) sich zu erwärmen beginnt, öffnen [die Salzgärtner] die Spundlöcher,[568] um so viel Wasser einzulassen, wie sie brauchen. Dieses lassen sie in die Conchen, Entablements, Moyens und Viresons flie-

565 „les sauniers", auch: Salzsieder. Salzgärtner werden die Arbeiter in den Meeressalinen genannt.

566 „ils desbondent les conduits".

567 „grand malignes". Immer noch gebräuchlicher Terminus im Süd-Westen Frankreichs für die besonders hoch auflaufende Springflut. Die höchsten Springfluten treten bei Neu- und Vollmond auf, vor allem wenn Sonne, Erde und Mond auf einer Geraden liegen. Ebbe und Flut verstärken sich in dieser Konstellation. Vgl. Diskurs *Über das Wasser* und Patois Oléronais: Stichwort „grand maline".

568 „les bondes".

ßen, damit es sich zu erwärmen beginnt, und wenn es erwärmt ist, geben sie mit Bedacht etwas in die Flächen,[569] wo man das Salz kristallisieren[570] lässt. Und um dir noch eindringlicher zu demonstrieren, welchen Aufwand diese Meeressalinen erfordern, musst du wissen, dass es in jedem Salzfeld zwei Schleusen[571] gibt, die wie Brücken gebaut sind, die wegen der großen Dimensionen des Holzes nicht ohne hohe Kosten errichtet werden können, denn es ist erforderlich, dass die Pfosten auf [tragfähigem] Untergrund unter dem Bett des sehr tiefen Kanals ruhen und die Querbalken müssen (211) Menschen und Pferde beim Überqueren der [Schleuse] tragen. Die Salzgärtner nennen die eine dieser Brücken[572] La Varengne[573] und die andere Le gros Mas,[574] da sie auch dazu dient das Wasser des Jards zurückzuhalten. Außer diesen Brücken gibt es in jedem Salzgarten mehrere Holzelemente, die über die ganze Länge durchlöchert sind, um das Wasser nach und nach durchzulassen. In jedem Salzfeld wird natürlich auch ein Holzstück gebraucht, welches genauso lang wie ein großer Baumstamm ist, dieses ist über die ganze Länge ausgehöhlt und [die Salzgärtner] nennen es Amezau,[575] dieser Baumstamm muss wirklich sehr dick sein; und die anderen Teile, die kleiner sind, werden entsprechend ihrer Dicke durchbohrt. Ich erzähle dir das, damit du verstehst, dass, wenn das Holz in den Meeressalinen verfault oder verbrennt, die Wälder der Guyenne nicht ausreichen werden, um es zu ersetzen. Und es gibt keinen Menschen, der die Arbeit miterlebt hat, die es gemacht hat alle Salzgärten der (***191***) Saintonge anzulegen, der nicht urteilen würde, dass es mehr gekostet hat, sie zu errichten als notwendig wäre, um eine zweite Stadt wie Paris zu bauen.

---

569 „aires“, Wasserbecken, siehe Patois Oléronais : „Aussi appelée « carré » ou « quarre ». Partie carrée d'un marais salant, où le sel cristallise et où se fait la récolte. La suface fait de 35 à 38 m2. Voir : « champs saunant ».

570 „... où l'on fait cresmer le sel.“ Cresmer leitet sich von crème, Rahm, Sahne ab.

571 „en chascun champ de marez il y a deux ecluses“.

572 „ponts“. Diese Bauwerke sind in erster Linie Schleusen zum Stau und der Regulierung des Wassers.

573 „la varegne“ oder varaigne. Nach PR regionaler Ausdruck für die Öffnung, durch die das Meerwasser in die Meeressalinen eintreten kann. Erstmals in den *Discours admirables* von Palissy attestiert. Siehe Patois Oléronais : „Varagne, Vareigne ou varaigne“, Petite écluse ou porte, généralement en bois, située entre le « russon » et le « jhâs », permettant de contrôler l'arrivée de l'eau salée dans un marais salant et les « claires » à huîtres. C'est par cette porte qu'une « prise de marais » est alimentée en eau de mer.“

574 „le gros mas“, siehe Patois Oléronais: „Gourmas ou Gourmet ou groumât“, Ecluse dans un marais salant, généralement en bois, généralement constituée d'une planche à trous fermés par des chevilles (« verdoc ») permettant de faire passer l'eau contenue dans le « jhas » par les « cois » vers les « branches » et les « conches ». Voir : « apianit » et « charghe ».“ Schleuse die den Zustrom des Wassers vom Jard zu den Conchen regelt. Möglicherweise haben Palissy oder der Drucker das Wort verkehrt verstanden.

575 Siehe Anmerkung zu S. ***181***/203.

Die Theorie.

Sieh an! Aber diejenigen, die darüber geschrieben haben, sagen, dass das Salz vom Schaum des Meeres stammt und selbst ein Autor, der, seitdem das Salz so teuer ist, ein kleines Buch über die Bedeutung und Nützlichkeit von Salz geschrieben hat, behauptete das so.[576] Und genauso sagte er, dass wir sehr glücklich sein könnten, wenn wir eine Quelle mit Salzwasser in Frankreich hätten, wie in Lothringen oder in anderen Ländern.

Die Praxis.

Du konntest sehr gut aus meinen Ausführungen das Gegenteil dieser Behauptungen vernehmen, es ist nicht notwendig, dass ich irgendetwas davon wiederhole. Und was den Autor betrifft, den du erwähnst, versteht er die Dinge selbst nicht richtig die er in seinem (212) Buch beschreibt und viele, die ihm glauben, werden [dadurch] getäuscht. Denn selbst wenn es hundert salzhaltige Quellen in Frankreich gäbe, würden sie nicht für das halbe Königreich ausreichen. Und weiterhin, wenn es Eintausend gäbe, wären sie unnötig, denn wo gibt es das Holz um dieses Salz zu gewinnen? Ich wage sogar zu behaupten, dass alle Wälder Frankreichs in hundert Jahren nicht soviel Salz aus salzhaltigen Quellen oder Salzgruben herstellen könnten, wie in einem Jahr in der Saintonge mit Sonnenwärme gewonnen wird, nicht während eines [ganzen] Jahres, sondern ausschließlich in der Zeit von Mitte Mai bis Mitte September, denn in der restlichen Zeit lässt sich keines herstellen. (***192***) Es gibt Gruben und Quellen in Lothringen, aus denen man große Mengen Salz gewinnt, aber ich bitte dich, bedenke einwenig den großen Aufwand.[577] Der Heizkessel, in dem man das Wasser kocht, hat eine Länge von dreißig Fuß und ist genauso breit. Er ist über einem Ofen gemauert, der zwei Öffnungen hat und an jeder stehen zwei Männer, die ununterbrochen Holz in ihn hineinwerfen. Es gibt eine große Anzahl von Fuhrwerken um das Holz zu transportieren und Männer die es am Ofen aufschichten, andere sind im Wald damit beschäftigt, es zu schlagen. Man nimmt als gesichert an, dass jedes Jahr tausend Morgen oder Quartiere Wald gefällt werden müssen, um diese Öfen zu unterhalten, und die Nachfrage ist so groß, dass die Anweisung besteht, viertausend Quartiere Wald zum Schlagen für die Unterhaltung dieser Öfen zu reservieren. In jedem Jahr holzt man tausend Quartiere ab und nach vier Jahren, wenn die viertausend gefällt sind, fangen sie wieder bei den ersten tausend an. Also bedenke,

---

576 Palissy 1996 Bd. 2, S. 211, Anm. 19 vermutet, dass es sich um Jean de Marconvilles Traktat *De la dignité et utilité du sel et de la grande cherté et presque famine d'iceluy en l'an présent 1574*, Paris 1574 handelt.

577 Agricola behandelt im *12. Buch* seines *De re metallica* auch Salzproduktion aus Solebergwerken, siehe Agricola 1928, S. 466 ff.

wenn jemand in Frankreich tausend Quartiere dichten Wald besäße, wer würde die Schlagrechte dieses Holzes für einen Preis abgeben, der beim Verkauf für Salz zu erzielen wäre, für dessen Erzeugung man zehntausend Quartiere braucht? Es ist sicher, dass das Holz mehr wert ist und es mehr Geld einbringt als das Salz. Und obwohl das Holz dem Herzog von Lothringen nichts kostet, sind die Kosten Salz mit Hilfe des Feuers zu erzeugen so hoch, dass Salz (213) in Lothringen dreimal so teuer wie in Frankreich ist. Ach, wieviel mehr Glück als (***193***) die anderen Nationen hat da doch Frankreich! Und obwohl man in Portugal [Salz] durch Sonnenwärme gewinnt, ist dieses doch nicht so bekömmlich[578] wie das aus der Saintonge, denn es ist sehr scharf und korrosiv, so dass einige die damit Speck gesalzen haben, Löcher und Einschnitte fanden, die die großen Salzkörner quer durch den Speck hindurch hervorriefen. Was dasjenige aus Lothringen angeht, ist es weit davon entfernt so gut konservieren zu können wie das aus der Saintonge, da häufig der Speck in dieser Gegend voll mit Würmern ist, nachdem er gesalzen wurde. Mehrere ausländische Königreiche, die in ihren Ländern Salzvorkommen haben, lassen aus diesem Grund trotzdem welches aus Frankreich kommen, und wenn sie dieses haben, verbessern und vermehren sie ihres damit. In den Ardennen weiß man sehr gut, dass das Salz der Saintonge besser als das aus Lothringen ist und deshalb sind sie darauf bedacht, dieses zu bekommen. Sie erkennen es an seiner Farbe und Größe, da die Salzkörner die durch Sonnenwärme gewonnen wurden, größer sind als die mit Hilfe des Feuers erzeugten, und dies lässt glauben, dass das Salz aus der Saintonge so weiß ist, wie es kein anderes sein kann. Aber da die Erde der Meeressalinen schwarz ist, können diejenigen welche das Salz gewinnen es nicht aus den Teichen[579] ziehen, ohne auch etwas vom Boden abzukratzen und unterzumischen, was ihm einen Teil seines Weiß nimmt. Trotzdem, zu Beginn der Salzgewinnung stellen die Salzsieder Salz her, das so weiß wie Schnee ist, dieses wird zu Tisch gereicht und sie machen es ihren Eltern und Freunden zum Geschenk, die verstreut auf dem Festland leben.[580] Sie schöpfen (***194***) [zuerst] das weiße Salz ganz oben ab, bevor sie [das andere Salz] bis auf den Grund abkratzen und ohne dabei die Erde zu bewegen. Es ist also nicht die Schuld des Wassers, dass das Salz in der Saintonge nicht so weiß wie in anderen Ländern ist. (214) Man darf also nicht mehr die Meinung haben, dass es durch den Meeresschaum entsteht, wie man bis heute glaubte.

578 „naturel", auch: natürlich, rein.

579 „aires", Flächen, der Klarheit halber mit Teich übersetzt.

580 Die Rede ist vom Fleur du sel.

Salz bleicht alle Dinge.
Und es lässt alle Dinge klingen.
Es stärkt alle Dinge.
Es ist der Gefährte aller Lebewesen.
Es pflegt die Liebe zwischen Mann und Frau:
Es hilft bei der Vermehrung aller Tiere und Pflanzen.
Es verhindert die Verwesung und erhärtet alle Dinge. (215)
Es verhilft zur Sehkraft und zu Brillengläsern.
Ohne Salz wäre es unmöglich, irgendeine Art von Glas herzustellen.
Alle Dinge können durch seine Kraft verglasen.[581]
Es verhilft jedem Lebewesen zu einer Stimme, ja sogar allen Arten von Metall und Musikinstrumenten.

---

581 „vitrifier“.

(***195***) (217)

Über die Steine.

Die Theorie.

Ich bin sehr zufrieden, diesen Diskurs über das gewöhnliche Salz gehört zu haben, denn ich dachte nicht, dass zu dessen Gewinnung so viel Arbeit notwendig ist und das war schon Wert ans Licht gebracht zu werden, denn ich vermute sehr stark, dass die Kosmographen[582] noch nie etwas darüber geschrieben haben. Nun bitte ich dich, mir etwas über die Steine zu erzählen, da du mir gegenüber erwähntest, ich würde in der Diskussion darüber einige interessante Geheimnisse[583] erfahren. Ich möchte wirklich wissen, was du mir darüber zu sagen hast, denn die einen behaupten, dass sie schon bei der Erschaffung der Welt entstanden seien und die anderen, dass sie jeden Tag wachsen.
(218)

Die Praxis.

Da ich sehe, dass du ein so starkes Interesse an der Alchemie hast, bin ich froh dir etwas über die Steine erzählen zu können, denn vielleicht wirst du dich meiner Meinung anschließen können, wenn ich etwas über ihre Entstehung und ihr Wesen berichte. Diejenigen, die vertreten, dass die Steine bereits bei Erschaffung der Welt entstanden sind, irren und diejenigen, die behaupten, dass sie wachsen, irren auch. Es ist notwendig, dass du dir ins Gedächtnis zurückrufst, was ich bereits mehrfach gesagt habe als ich über die Quellen und über die Alchemie sprach, nämlich, dass sich nichts unter dem Himmel in Ruhe befindet; alle Dinge verändern sich während sie sich formen,[584] und bei der Umformung verändern sie

---

582 „les cosmographes", z. B die *Cosmographia* von Sebastian Münster, die *Universalis Cosmographia* von Martin Waldseemüller oder die *Cosmographie universelle* von André Thevet.

583 „beaux secrets".

584 „il n'y a nulle chose sous le ciel en repos, & que toutes choses se travaillent en se formant, & en se deformant tournent bien souvent de nature à autre, & de couleur à autre." Ergänzung durch Verwendung beider Wortbedeutungen von „se former", da nach Palissy sich die Dinge entwickeln und gleichzeitig eine Form ausbilden. Auch schien es angebracht das Wort „se former", „formen" in der Übersetzung zu erhalten. Anschließend wurde „se deformant" mit Umformung übertragen um die wichtige Beziehung zwischen beiden Teilsätzen zu erhalten. Palissy gebraucht „deformer" synonym für alle Umwandlungsvorgänge und nicht nur für Deformationen im engeren Sinn. Er bezeichnet damit alle Umwandlungs- und Umbildungsvorgänge und zielt besonders auf die „Metamorphosen" ab, sowohl in der Biologie als auch in der Mineralogie, dort vor allem die Fossilien. Sehr allgemein gehalten resümiert Palissy Entwicklungsprozesse wie sie im Abschnitt *Über das Salz* dargelegt sind, nämlich vom Samen und Keim zur erwachsenen Pflanze

häufig (***196***) ihre Natur und ihre Farbe. Wenn es so wäre, dass die Steine schon bei der Gründung der Welt[585] erschaffen wurden und seitdem keine mehr entstehen, gäbe es heute keine mehr. Denke an die große Menge Steine die jeden Tag verbraucht[586] werden, ein Teil durch den Frost, der sie so fein wie Asche werden lässt, ein anderer Teil in den Kalköfen, ein weiterer Teil durch die Maurer und Steinmetze. Es ist gewiss, wenn man ein Wohnhaus aus behauenem Naturstein baut, wird die Hälfte durch die Bearbeitung mit dem Hammer zu Staub werden; auch du weißt, dass die Pferde, Karren und Fuhrwerke, wenn sie wieder und wieder [über die gleiche Stelle] fahren, eine große Menge davon abtragen. Wenn du die Felsen entlang des Meeres aufmerksam betrachtet hast, wirst du gesehen haben, wie die tobenden Fluten einen Großteil dieser Felsen zerstört haben. Andererseits führen der Ost- und der Südwind zur Auflösung des Salzes, welches das Gestein in seinem Wesen zusammenhält, so dass es zu Staub zerfällt. Daher kommt es, dass einige sagen, dass solche Steine frostempfindlich[587] oder porig[588] sind. Tatsächlich werden Gesteine, aus denen das Wasser entwich, (219) bevor ihre Decoction[589] abgeschlossen war zu Pulver zerfallen, falls sie von Wasser durchnässt werden und sie dem Frost ausgesetzt sind, deshalb sind sie so anfällig durch Winde und Frost zerstört zu werden. Wenn du dies alles durchdenkst, wirst du erkennen, dass wenn die Steine schon bei der Gründung der Welt geschaffen worden wären und seitdem keine mehr entstanden sind, dass man dann schon seit langem (***197***) keinen einzigen mehr fände. Ich sage nicht, dass Gott am Anfang nicht die Berge und Täler geschaffen hätte, diese Berge, die nur aus Felsen hervorgegangen sind, wie ich es dir erzählt habe, als ich über die Quellen sprach.

Die Theorie.

Und warum hast du mir gegenüber also bestritten, dass die Steine wachsen?

Die Praxis.

Das streite ich auch weiterhin ab, denn die Steine haben keine lebende Seele, sondern sind empfindungslos. Deshalb können sie nicht durch einen lebendigen Prozess wachsen, sondern durch eine Zunahme durch Erstarrung.[590]

---

und Frucht oder vom Wasser und den in ihnen gelösten Salzen über den Kristallkeim zum „ausgewachsenen“ Kristall, Mineral oder Gestein.

585 „fondation du monde“.

586 „consumée“.

587 „gelisse“, vgl. S. ***303***/323 („jolices“).

588 „pierres gelisses ou venteuses“, auch: frostklüftig oder windig. Vgl. S. ***303***/322.

589 „decoction“, siehe Palissy 1996, S. 219, Anm. 6, Eindampfung, Abscheidung, Verdunstung. Vgl. Anm. S. ***112***/131 u. ***146***/165.

590 „augmentation congelative“, verfestigende Zunahme oder Zuwachs bei der Verfestigung bzw. Erstarrung, das heißt, es erfolgt eine Zunahme an erstarrendem Stoff oder Zuwachs von sich verfestigender Materie. Palissy erklärt dies im Folgenden.

Die Theorie.

Und was bezeichnest du als Zunahme durch Erstarrung?
(220)

Die Praxis.

Das ist ein Merkmal das dir gut dabei helfen kann die Entstehung der Metalle zu verstehen. Ich bezeichne als Zunahme durch Erstarrung [einen Vorgang], so etwa, wie wenn geschmolzenes Wachs auf eine bereits erstarrte Wachsmasse tropft und dann auf dieser Masse zusammen mit ihr erstarrt, diese wird sich dadurch entsprechend vergrößern, da etwas hinzugefügt wird. Auf die gleiche Weise sind die Felsgesteine der Gebirge durch Regenfälle vermehrt worden, welche eine gesteinsbildende Substanz[591] mitführten. Aber die wirkliche Addition[592] der Steine und die zuverlässigste ist diejenige, welche in den Gesteinen vor sich geht, die sich noch im Leib der Erde befinden. Denn genauso wie ich über die Metalle gesagt habe, dass sie nicht außerhalb der Erdmatrix (***198***) erzeugt werden können und es notwendig ist, dass sie sich eingeschlossen in einer feuchten und wasserhaltigen Umgebung befinden, wie es auch bei der Entwicklung der menschlichen Lebewesen der Fall ist, können auch die Gesteine der Lagerstätten nur verborgen in Hohlräumen innerhalb der Erdmatrix entstehen. Dort erhalten sie jeden Tag einen Zuwachs [an Feststoff] durch die Verfestigung, und das geht auf die Weise vor sich, die ich mehrfach beschrieben habe und die die wichtigste Grundlage meiner Argumentation ist, nämlich, dass schon als Gott die Welt erschuf, er sie mit allen Substanzen versah. Nun können aber die steinbildenden und die metallischen Substanzen innerhalb des Erdreichs und folglich auch die sich im Wasser befindlichen nicht erkannt werden. Das Regenwasser, welches durch die Erde sickert, nimmt die Salze, die ebenfalls nicht wahrnehmbar sind, in sich auf. Diese Salze oder metallischen Stoffe sind fließfähig und strömen zusammen mit dem Wasser, das in der Erde versickert, bis sie auf irgendeinen (221) Untergrund treffen, wo sie sich stauen. Und falls sie über einem Steinbruch oder einer Gesteinslagerstätte zurückgehalten werden, durchdringen die Stoffe, da sie flüssig sind, die Erdschichten, und werden sich verfestigen und erhärten wenn sie auf die [undurchlässige] Schicht stoßen, und bilden einen Körper und eine Masse mit dem anderen [dort bereits vorhandenen] Gestein. Deshalb sage ich, dass die Steine nicht wachsen, sondern vielmehr das sie zunehmen können, infolge einer Addi-

591 „matiere pierreuse".

592 „addition". Die Verwendung dieses Synonyms für „augmentation" zeigt am deutlichsten was Palissy unter Zuwachs versteht.

tion durch Verfestigung.[593] Dies führt dazu, dass alle aneinanderstoßenden Lager[594] immer nur quer verlaufende Fugen,[595] Adern und Schichtungen aufweisen, aber niemals senkrecht von oben nach unten abfallende. Das ist eine wirkliche Bestätigung dafür, dass die Verfestigung (**199**) dieser Gesteine nicht auf einen Schlag erfolgte, sonst würde sich das Gestein nie spalten, sondern wäre an einer Stelle genauso hart wie an einer anderen. Und wenn man es spalten will, findet man gewöhnlich gewisse Fugen die man Fins oder Schichtgrenzen[596] nennt, das trifft es gut, denn dass ist die Grenze einer Verfestigung, die sich innerhalb eines Zeitabschnitts ereignete, gemäß meiner Ausführung, dass die Verfestigungen der Felsgesteine oder Schichtenfolgen[597] nicht auf einen Schlag erfolgten.

Die Theorie.

Und wo hast du das niedergeschrieben gefunden, oder besser, sag mir, in welche Schule du gegangen bist, in der du das gehört hast, was du da behauptest?

Die Praxis.

Ich hatte kein anderes Buch als den Himmel und die Erde, welches jedem bekannt ist und es ist jedem möglich, in diesem schönen Buch (222) lesen zu lernen. Nun, nachdem ich in ihm gelesen hatte, befasste ich mich mit den Wissenschaften von der Erde,[598] denn ich hatte keine Astrologie studiert, um die Sterne betrachten zu können. Und da ich sehr genau die Natur [der Dinge] betrachtete, erkannte ich durch die Form verschiedener Steine die den Eiszapfen ähneln,[599] welche von den Regenrinnen der Häuser herabhängen wenn es friert, dass die Steine aus irgendeinem flüssigen Stoff gemacht und entstanden sind, der abtropft wie Wasser. Ich war zehn Jahre lang der Meinung gewesen, dass gewöhnliches Wasser sich durch irgendeine verfestigende Eigenschaft[600] zu Stein umwandelt und insbesondere

593 „elles peuvent augmenter par une adition congelative." Vgl. vorstehende Anmerkungen. „Augmentation" und „addition" sind Synonyme. Addition: Hinzufügung. Mögliche Synonyme zur Übersetzung für „zunehmen" wären auch: anwachsen, sich vergrößern. Erstarrung und Verfestigung werden synonym verwendet.
Addition durch Verfestigung bedeutet Addition von Feststoff, eine Hinzufügung an noch flüssiger Substanz, die auf bereits vorhandener fester Materie erstarrt.

594 „carrieres contigues", Schichtenfolge.

595 „les fins", auch: Begrenzungen, Lagerstöße, Grenzflächen oder Trennfugen, d.h. die Fugen verlaufen waagerecht oder schräg. Den Begriff klärt Palissy selbst im *Recepte*, siehe Palissy 1996, Bd. 1, S. 99.

596 „fins", Begriff von Palissy und deutsche Übersetzung.

597 „carrieres contigues", siehe Anm. oben.

598 „j'ai consideré les matieres terrestres", auch: … befasste ich mich mit den Stoffen des Bodens bzw. der Bodenkunde.

599 Gemeint sind Tropfsteine, Stalaktiten und Stalagmiten.

600 „vertu congelative".

der Kristall, der sich, wie ich fand, in nichts vom Wasser unterscheidet. Indessen manifestieren sich die (**200**) Wissenschaften demjenigen der nach ihnen forscht; seit einiger Zeit habe ich erkannt, dass der Kristall sich im Wasser verfestigt, und da ich einige Kristallstücke mit Spitzen wie Diamanten gefunden habe, begann ich darüber nachzudenken, was die Ursache dafür sein könnte. Während solcher Grübeleien befasste ich mich mit dem Salpeter, der, wenn er in heißem Wasser gelöst wird, mitten im Kessel in dem es gekocht wurde, oder an dessen Wandungen erstarrt. Und selbst wenn er vom Wasser bedeckt ist, wird er auf jeden Fall erstarren. Auf diese Weise erkannte ich, dass das Wasser welches sich zu Stein oder Metall verfestigt, nicht das gewöhnliche Wasser ist. Denn wenn es gewöhnliches Wasser wäre, würde es überall gleichmäßig erstarren,[601] wie es das beim Gefrieren tut. So begriff ich also durch die Erstarrung[602] des Salpeters, dass der Kristall sich nicht an der Oberfläche verfestigt, sondern inmitten des gewöhnlichen Wassers; (223) derart erstarren alle Steine von viereckiger, dreieckiger oder fünfeckiger Form im Wasser. Seitdem ich dies weiß, fand ich mehrere Minerale aus Eisen, Zinn oder Silber, die eine Kristallform besaßen, was mich vermuten ließ, dass alle diese Dinge im Wasser erstarrt waren, wie ich dies beschrieben habe, als ich über die Alchemie sprach. Und als eine Bestätigung dessen was ich sage, [erwähne ich als Beispiel], dass ich einen Steinschneider traf (mit Namen Pierre Seguin), der einen Bergkristall[603] gefunden hatte, in dessen Innerem sich Wasser befand, das nicht erstarrt war, und in diesem Wasser gab es eine kleine schwarze Verschmutzung, die (**201**) leichter als das Wasser war, denn als er den Stein auf eine andere Seite drehte, blieb die Verschmutzung weiterhin oben. Und so wie dieser Steinschneider ihn geschliffen und in einen Ring eingefasst hatte, glaubten einige fest, dass ein Geist in ihm eingeschlossen sei, da sie keine Ahnung von den verborgenen Seiten dieser Philosophie[604] haben. Es gab einen Troisrieux genannten neugierigen Mann, der ein gutes Urteilsvermögen hatte, dieser besaß einen anderen Bergkristall, in dem, wie in dem oben erwähnten, Wasser einge-

---

601 „elle (*l'eau*) se congeleroit egalement par tout", hier müsste eigentlich congeler mit „gefrieren" übersetzt werden, da es Palissy aber um eine Analogiebildung ging, wird auch in der Übersetzung überwiegend der gleiche Terminus gebraucht. Synonyme für „congeler": gefrieren, erstarren, sich verfestigen, kristallisieren, abscheiden und bedingt auch erhärten. Siehe: Holleman-Wiberg 1976, S. 11 und 812 ff. (weitere chem. Begriffe: niederschlagen, ausfällen). Durch diese Argumentation beweist Palissy, dass der Bergkristall nicht wie ausgehend von Plinius bis ins 17. Jh. gedacht aus gefrierendem Wasser entsteht.

602 „par la congelation du salpestre", hier wäre inhaltlich Kristallisation die passendere Übersetzung.

603 „pierre de cristal".

604 „secrets de ceste philosophie", neben „Geheimnissen" auch: von den nicht wahrnehmbaren Seiten oder Verborgenheiten der Naturdinge.

schlossen war. Aber er war schön betrogen worden, denn als er ihn einem Steinschneider gab, um ihn wie eine Träne schleifen zu lassen, fand man beim Schneiden eine kleine Bohrung, durch die das Wasser, welches nicht erstarrt war, ausfloss. Ich fand auch einige Kiesel[605] mit vorspringenden Ecken, die innen hohl waren und mehrere Spitzen wie Diamanten besaßen. Dies lehrte mich, dass, als sich diese Kiesel (224) bildeten, sie mit Wasser gefüllt waren und das gewöhnliche Wasser seitdem verdunstet ist und den erstarrungsfähigen Feststoff[606] in der Form eines hohlen Steins zurückgelassen hat. Das sind die Lehrbücher meines Studiums.

Die Theorie.

Und denkst du, ich glaube, dass sich Wasser zu Stein reduzieren kann?

Die Praxis.

Ich sagte dir, dass ich lange dieser Meinung war. Aber jetzt sage ich dir, dass es nicht das gewöhnliche Wasser ist, sondern ein Salzwasser, das du nicht vom gewöhnlichen Wasser unterscheiden kannst, dennoch ist es flüssig und genauso rein wie (***202***) gewöhnliches Wasser. Und dafür habe ich einen guten Zeugen, denn als ich letztes Jahr, [also] 1575,[607] in Paris gewesen bin, gab es dort einen Mediziner namens Choysnin,[608] dessen Gesellschaft und Umgang mir ein großer Trost waren. Nachdem er mich so über die Natur sprechen hörte und wissend, dass er ein Liebhaber der Philosophie war, bat ich ihn mich in die Steinbrüche (225) bei Saint Marceau[609] zu begleiten, um ihm jeden Zweifel darüber zu nehmen, was ich ihm über die Entstehung der Steine berichtet hatte. Und dieser, von großem Eifer angetrieben und ohne sich Mühen zu ersparen, ließ sofort Fackeln aus Wachs bringen und kam zusammen mit einem Medizinstudenten namens Milon. Wir gingen gemeinsam fast eine Meile in diesem Steinbruch, geführt von zwei Steinbrucharbeitern, und dort sahen wir, was ich bereits vor langer Zeit

605 „cailloux“, Kieselsteine. Von Palissy häufig verwendete, unspezifische Bezeichnung aller Arten von Steinen. Hulsius: „kleine Steine“. „Caillou“, üblich für kleinere Steine oder Bruchgestein, also gerundetes oder eckiges Lockergestein, wie z. B. Kieselsteine, Kies, Geröll, auch Steinbrocken. Palissy beschreibt hier Drusen, auch Geoden genannt, siehe Murawski 1983 und Diderot, d’Alembert 1751: „Cailloux garnis de crystaux endedans.“ Abtg. Histoire Naturelle. Règne Minéral. 2. Collection. Planche I. Minéralogie, 2éme Collection: Crystallisations. http://portail.atilf.fr/cgibin/getobject_?a.141:26:1./var/artfla/encyclopedie/textdata/IMAGE/.496220.

606 „a laissé la matiere congelative en forme d’un caillou creux“.

607 Das Datum könnte darauf hindeuten, dass die *Discours* 1576 geschrieben wurden, vgl. Palissy 1996, Bd. 2, S. 224, Anm. 26. Dies ist auch ein Hinweis darauf, dass Palissy sich 1575 nur sporadisch in Paris aufhielt.

608 François Choisnyn, Kanoniker an Notre-Dame de Paris, siehe Dupuy 1902, S. 199.

609 „Saint Marceau“, liegt heute in Paris.

durch die Gesteinsformen kannte, die hängenden Eiszapfen ähnlich sehen. So hatte ich nämlich bereits eine große Anzahl der Steine gesehen, die auf Befehl der Königin, der Mutter des Königs,[610] aus Marseille aus einer Höhle die sich La Mauve Lourière[611] nennt, herbeigeschafft worden waren. Diese trägt jenen Namen, weil die Wölfe dort häufig Schafe und Ziegen fraßen, die sie gerissen hatten. Zudem hatte ich eine große Menge derartiger Steine in der Grotte von Meudon[612] gesehen, die aus den Küstengebieten hierher gebracht worden waren. Ich sah gleichfalls welche in den Felsen entlang der Loire. Aber als wir in den Steinbrüchen von Paris waren, sahen wir das Wasser heruntertropfen,[613] welches in unserer Gegenwart erstarrte. Deshalb kannst du diesen Punkt nicht abstreiten, denn ich habe einen guten Zeugen. (***203***)

Die Theorie.

Nun, zu sagen, dass sich jeden Tag Steine bilden, ist eine ziemlich befremdliche Sache.
(226)

Die Praxis.

Ich behaupte nicht allein die Steine, sondern auch die Metalle, und ich sage dir, dass sich Holz und Gräser in Stein umwandeln können.

Die Theorie.

Wenn du das behauptest, werden dir das kaum Leute glauben, und ich rate dir, halte niemals eine Rede, die so weit von der Wahrheit entfernt ist.

Die Praxis.

Ich habe früher Esel wie dich getroffen, die meine Äußerungen sehr seltsam fanden und hinter mir her schrien wie nach einem Fuchs, so dass ich mich häufig schämte; jedoch habe ich immer wieder festgestellt, dass die Wissenschaft keinen größeren Feind besitzt als die Ignoranz. Jetzt bringt man mich für [meine Ansichten] nicht mehr zum Erröten, denn ich bin mir meiner Sache zu sicher. Und ich

---

610 Catherine de Médicis (1519–1589), Königin von Frankreich.

611 La Mauve Lourière bei Marseille konnte nicht lokalisiert werden. Möglicherweise handelt es sich um die Grotten von La Baume-Loubière nahe Chateau Gombert zwischen Marseille und Septemes-les-Vallons. Vgl. Palissy 1777, S. 726.

612 Künstliche Grotte des Schlosses von Meudon (zerstört), begonnen 1556 vom Architekten Philibert de l'Orme, weitergeführt 1559 von Francesco Primaticcio. Siehe Hautecœur 1948, S. 627. Bei Hautecœur auch Ausführungen zu weiteren zeitgleichen Grotten und zu den Architekten de l'Orme und Primaticcio; zu Palissy S. 371.

613 „distiler". Hulsius: „distiller, gemächlich abtropffen".

sage, nicht nur Holz kann sich in Stein umwandeln, sondern auch die Körper der Menschen und Tiere.

Die Theorie.

Das ist ja noch seltsamer, dass Menschen, Tiere und Holz sich in Stein verwandeln können.

Die Praxis.

Was das Holz betrifft, so habe ich dir über hundert in Stein und Kiesel umgewandelte Stücke gezeigt, was den Menschen angeht, habe ich keinen gesehen, aber ich habe ein zuverlässiges Zeugnis von einem angesehenen Mann, einem Mediziner, der sagt, dass er in der Sammlung[614] eines Edelmannes den Fuß eines versteinerten Menschen gesehen habe. (***204***) (227) Und ein anderer Arzt hat mir versichert, den Kopf eines Menschen gesehen zu haben, der gleichfalls versteinert war. Ein Herr Julles, der in Paris wohnt, hat mir versichert, dass es in Deutschland einen Prinzen gibt, welcher in seiner Sammlung den Körper eines Menschen besitzt, der größtenteils versteinert ist. Ich bin mir ganz sicher, wenn ein Körper an einem Ort begraben liegt, wo es stehendes Wasser gibt, in dem sich verfestigungsfähiges Wasser befindet, aus dem sich der Kristall[615] sowie andere metallische und steinartige Stoffe bilden, dass dieser Körper dann versteinern wird. Da der erstarrungs- oder verfestigungsfähige Samen die Natur eines Salzes[616] hat und das Salz im menschlichen Körper, wegen der Affinität der beiden Arten zueinander, die verfestigungsfähige Substanz anzieht, die auch salzartig ist, werden sie erstarren, erhärten und den toten Körper versteinern. Dies beweise ich durch Buchenholz, welches am salzhaltigsten ist und aus dem man am leichtesten Glas macht.

Die Theorie.

Also schon wieder eine Äußerung die nach meinem Urteil noch weiter von der Wirklichkeit entfernt ist als alle bisherigen, und ich glaube nicht im Mindesten, dass sich der menschliche Körper in Stein umwandeln kann.

Die Praxis.

Ich behaupte nicht nur allein in Stein, sondern ich sage, dass sich sowohl der Mensch als auch Holz und Gräser in Metall umwandeln können. Und dies kann geschehen, wenn ein Mensch an einem unter Wasser stehenden Ort begraben

---

614 „le cabinet“.

615 Die Rede ist vom Bergkristall.

616 „la semence congelative est d’une nature salcitive“. „Semence“, Samen oder Keim, beide Übersetzungen sind möglich. „Salcitive“ von „sals, sel“, eine salzartige Natur, siehe Dupuy 1902, S. 329, vgl. Cotgrave.

wird, wo die Erde mit dem Samen von Vitriol oder Couperose gesättigt ist, denn dieser Samen ist nichts anderes als (***205***) ein Salz, das niemals untätig ist. Und wie ich bereits sagte, üben die Salze eine Anziehungskraft aufeinander aus. Das Salz des in der Erde liegenden toten Körpers zieht das andere Salz an, welches von (228) einer anderen Art sein muss, und die zwei Salze werden gemeinsam erhärten und den menschlichen Körper in einen metallischen Stoff umwandeln, zumal die Natur des Couperose oder Vitriol genannten Salzes nichts anderes bewirken kann, als die Dinge in Kupfer umzuwandeln,[617] die es an seinem Aufenthaltsort vorfindet. Ich nenne dir diese Beziehung als einen unwiderlegbaren und gesicherten Punkt.

Die Theorie.

Du hast gesagt, dass es ein gesicherter Punkt ist. Ja wenn ich dir nur glauben könnte. Das ist wohl die ganze Gewissheit, die ich von dir bekomme.

Die Praxis.

Ich habe diese Punkte nicht vorgebracht, ohne darüber wirklich Gewissheit zu haben. Vor langer Zeit hat man mir versichert, dass es eine angesehene Persönlichkeit in der Auvergne gibt, die einen Pfahl besitzt, der aus einem Teich herausgezogen worden war. Dieser Pfahl bestand zum Teil aus Holz, zum Teil aus Stein und zum anderen Teil aus Eisen. Man muss wissen, der Teil, der in der Erde steckte, hatte sich in Eisen umgewandelt, der Teil, welcher sich im Wasser befand, in Stein und der Teil außerhalb des Wassers war noch aus Holz. Als ich davon hörte, setzte ich mich an die Aufgabe, um den Grund dafür herauszufinden. Und an irgendeinem Tag auf der Suche nach Ton[618] fand ich einige Stücke in Metall (***206***) umgewandeltes Holz und ich bemerkte, dass in dieser Erde eine große Menge Vitriol vorhanden war. In diesem Moment verstand ich, dass, sobald das Holz in der Erde verwest, es mit dieser salzartigen oder vitriolischen Substanz durchtränkt wird, welche die Verfestigung und Transmutation[619] der Natur des Holzes in einen metallischen Stoff bewirkt. Da mir bekannt war, dass die salzhaltigsten Stoffe sich am schnellsten in Stein umwandeln, (229) bemühte ich mich herauszufinden, aus welcher Holzart diese metallischen Stücke bestanden. Ich erkannte

617 „convertir en airain". In Kupfer (Kupfererz) umwandeln (Hulsius: „arain, Kupffer"). Palissy denkt hier an die Kupferschieferfische aus Mansfeld, vgl. S. ***130***/147.

618 „terre argileuse", eigentlich Lehm, tonhaltige Erde, tonige Erde. Da Palissy Töpfer ist, kann er hier nur Tonerde meinen. Vgl. Anm. nächste Seite, „terre d'argile".

619 „transmutation", Transmutation, Terminus eines Verfahrens der Alchemie. Ziel ist die Vervollkommnung der unedlen Metalle und deren Umwandlung in Silber oder Gold. Siehe Priesner, Figala 2000, S. 22. Hier aber in einem ganz wörtlichen Sinn, als sprachlicher Ausdruck für Verwandlung zu verstehen. (Synonym für „Metamorphose"). Siehe Hulsius: „Transmutation, Verenderung", vgl. DWB.

sie an ihrer Form, denn da ich berücksichtigte, dass der Ort, an dem ich sie fand, früher mit Rebstöcken bepflanzt war, die ausgerissen worden waren, um Ton für die Ziegelherstellung abzubauen, sah ich, dass die Stücke metallisierten Holzes Ähnlichkeiten mit den Stämmen und Ästen[620] der Weinstöcke besaßen, die an diesem Ort ausgerissen worden waren. Jetzt hegte ich keinen Zweifel mehr, dass es die Stämme der Weinstöcke waren, die von Holz zu Metall transmutiert[621] worden waren, und zwar nicht durch das Feuer, wie es die Alchemisten außerhalb der Erdmatrix durchzuführen versuchen. Denn ich fand und stellte bei der Betrachtung aus großer Nähe fest, dass diese Dinge in der erwähnten Tonerde,[622] welche eine kalte Natur hat, transmutiert waren; einige sagen, dass sie aus diesem Grund den Blutfluss[623] mindert, wenn sie mit Essig auf die Stirn gelegt wird. Nachdem ich sicher war, dass diese Weinstöcke sich durch die Eigenschaften der Couperose verfestigt hatten und zu einem metallischen Stoff transmutiert waren, begriff ich, dass es noch eine weitere wirksame und förderliche Ursache (***207***) für das Verhalten der Couperose gab: Genauso wie das Salz eines von Erde bedeckten toten Körpers an wasserhaltigen Orten durch deren gegenseitige Affinität andere Salze anziehen kann, können auch die Salze des Weinstocks bei der Erstarrung und Transmutation des Holzes geholfen haben. Und auch darin bin ich mir sicher, wissend dass das Salz des Weins, welches man Tartrat[624] nennt, eine große Kraft auf die Metalle ausübt. Ich weiß, dass verschiedene Alchemisten damit Kupfer bleichten, was zur Folge hatte, dass dadurch Verschiedene betrogen wurden. Einige machen eine Enthaarungscreme aus diesem Tartrat, was ich mich nicht zu sagen traue, da ich fürchte, du könntest mich für einen Lügner halten, da die Sache unmöglich scheint. Nun, nachdem ich alle diese Dinge verstanden hatte und davon wirklich überzeugt war, dachte ich, da ich viel (230) Zeit in die Erforschung der Böden, der Gesteine, des Wassers und der Metalle[625] investiert hatte und auch das Alter mich drängt, meine Talente, die Gott mir gegeben hat, zu vermehren,

---

620 „jambes & pieds des vignes", wörtliche Übersetzung: Beine und Füße der Weinstöcke. „Pied" ist im Französischen eine übliche Bezeichnung für Stamm, während „jambe" nicht verbürgt ist, aber wahrscheinlich die Äste oder Zweige meint.

621 „transmuées" entspricht „transmutées", transmutiert, verwandelt. Hulsius: transmuër, verendern. Das Verb, welches sich, wie oben erwähnt, nicht auf das alchemische Verfahren bezieht, wird in der Übersetzung beibehalten, sonst benutzt Palissy üblicherweise das Wort „se reduit".

622 „Dens laditte terre d'argile", vgl. Anm. oben, „terre argileuse" ist zweifellos Tonerde und an vielen Stellen sind beide Begriffe Synonyme.

623 „le flus de sang", mehrdeutig, auch: Blutsturz, Durchblutung.

624 „tartare", Tartarus, Weinstein oder „tartrate", Tartrat, Salz der Weinsäure. (Duden)

625 „eaux des metaux", Wasser der Metalle, also metallische Wässer, d. h. nach dem Modell Palissys die gelösten metallischen Salze. Dies macht in dieser Aufzählung aber keinen Sinn, wahrscheinlich handelt es sich um einen Druckfehler und es müsste heißen: „eaux et metaux", was auch den Kapiteln der *Discours* entspricht.

und es gut wäre all die großartigen verborgenen Dinge[626] ans Licht zu bringen, um sie der Nachwelt zu hinterlassen. Aber da es ein anspruchsvolles Stoffgebiet ist, was auch nur von wenigen Menschen beherrscht wird, wollte ich mich [beim Abfassen der Discours] keiner zu großen Unsicherheit aussetzen, da ich zuerst nicht wusste, ob die Lateiner vielleicht umfangreichere Kenntnisse darin besitzen als ich. Ich machte mir deshalb große Sorgen, denn ich hatte noch nie die Meinung dieser Philosophen gesehen, um zu wissen, ob sie bereits die oben erwähnten Dinge beschrieben hatten. Es hätte mir [die Sache] sehr erleichtert (***208***) Latein zu verstehen und die Bücher der besagten Philosophen lesen zu können, um von den einen zu lernen und um den anderen zu widersprechen. Aus diesen Überlegungen heraus kam ich auf den Gedanken Plakate an den Straßenkreuzungen von Paris aufstellen, um die herausragendsten Mediziner und andere [Gelehrte] zu versammeln, denen ich versprach, in drei Unterrichtsstunden alles zu zeigen, was ich über Quellen, Steine, Metalle und andere Naturphänomene wusste. Und damit sich bei mir nur die Gelehrtesten und Wissbegierigsten einfänden, schrieb ich auf meine Plakate, dass keiner Zugang erhielte der nicht einen Ecu Eintritt am Beginn jeder Unterrichtsstunde entrichtete. Dies machte ich teilweise, um zu sehen, ob ich nicht durch meine Zuhörer einige Widersprüche erfahren könnte, die mir eine größere Sicherheit bezüglich des Wahrheitsgehaltes böten, als die von mir angeführten Beweise. Denn ich wusste sehr wohl, dass wenn ich Unrecht hätte, es die Griechen und Lateiner mir gegenüber gäbe, die sich mir widersetzen und mich nicht schonen würden, einerseits wegen des Ecu, den ich von jedem genommen hatte, anderseits auch wegen der Zeit die ich sie amüsiert hatte.[627] Es gab unter meinen Zuhörern wirklich sehr wenige, die nicht von irgendeiner Sache profitiert hätten, (231) während der Zeit die sie meinem Unterricht beiwohnten. Das ist der Grund warum ich sage, wenn sie mich als Lügner entlarvt hätten, wäre ich ganz schön in Verlegenheit geraten, denn ich setzte auf meine Plakate, dass, wenn sich die versprochenen Behauptungen als nicht wahrheitsgemäß herausstellten, ich ihnen das Vierfache erstatten würde. Aber Gott sei Dank widersprach mir nie jemand

---

626 „beaux secrets", hier also die unbekannten, unentdeckten Dinge; eigentlich die schönen oder bedeutenden Geheimnisse. Es geht hier aber nicht um Dinge, die nicht offenbart werden dürfen, ganz im Gegenteil. Palissy spielt im gesamten Text nicht auf Geheimnisse oder Hermetik an, sondern auf das noch den menschlichen Augen entzogene, das nicht wahrnehmbare; auch dieses muss erforscht und sichtbar gemacht werden. Hulsius übersetzt: „secretement, heimlich, im Verborgenen; lieu secret: verborgener Orth." Es geht bei Palissy um die unbekannten Dinge, die Verborgenheiten, die entdeckt und erforscht, also ans Licht gebracht werden müssen. Vgl. Anm. Titelseite, **I**/7.Thematisch nimmt Palissy ein Motiv der Widmung wieder auf, vgl. S. **IV**/10.

627 „que je les eusse amusez". Obwohl nicht reflexiv gebraucht, auch in dem Sinne: „als auch wegen der Zeit die ich ihnen geraubt hatte" zu verstehen.

auch nur mit einem Wort. Das durchdenkend und erkennend, dass ich keine zuverlässigeren (***209***) und zudem in der Wissenschaft gefestigteren Zeugen haben konnte als jene, nahm ich mir die Freiheit dir dies alles, was gut bezeugt ist, zu erzählen, damit du keinen Zweifel daran hast, dass diese Dinge wahr sind. Und um dir noch mehr Gewissheit zu geben, werde ich hier eine Liste angesehener, ehrenwerter und gelehrter Leute erstellen, die an meinen Lehrveranstaltungen teilnahmen, die ich während der Fastenzeit des Jahres 1575 abhielt,[628] wenigstens von jenen, deren Namen und Beruf ich erfahren habe. Diese [Personen] haben mir versichert, dass sie jederzeit bereit wären, Zeugnis über die Wahrhaftigkeit aller dieser Dinge abzulegen und dass sie alle Mineralsteine und monströsen[629] Formen gesehen haben, jene, die du in meinen letzten Unterrichtsstunden im Jahre 1576 sahst. Ich habe den [Unterricht] fortgeführt, um eine größere Zahl von Zeugen zu haben.

Es folgt die Liste dieser Zeugen, welche die oben beschriebenen Dinge vor dem Druck dieses Buches gesehen haben.[630]

(232) Und zuerst Maître François Choinin und Herr de la Magdalene, alle beide Ärzte der Königin von Navarra.

Alexandre de Campege, Arzt des Bruders des Königs.

Herr Milon, Mediziner.

Guillaume Pacard, Arzt von Saint-Amour in der Grafschaft Burgund, Diözese von Lion.

Philibert Gilles, Mediziner, gebürtig aus Muy in der Grafschaft Burgund.

Herr Drouyn, Arzt, aus der Bretagne stammend.

(***210***) Herr Clement, Arzt aus Dieppe.

Jehan de Pont, aus der Diözese Aire, Mediziner.

Herr Misere, Arzt aus dem Poitevin.

(233) Jehan de la Salle, Arzt aus Mont de Marsan.

Herr de Pena, Mediziner.[631]

Herr Courtin, Mediziner.

---

628 Die Jahreszahlen 1575 und 1576 auf dieser Seite sind im Original der *Discours* von 1580 ausgeschrieben.

629 Der Ausdruck im Original „formes monstreuses" wurde hier so belassen, zu übersetzen etwa mit: ungestaltete Gebilde. Es gibt allerdings eine Vielzahl unterschiedlicher Bedeutungsvarianten, z. B.: missgestaltet, wunderlich, wundervoll, seltsam, siehe Hulsius, Monstruosité, Ungestaltigkeit. Es existiert zudem mit „Muster" eine interessante Übersetzungsvariante für „monstre", vgl. Hulsius und Cotgrave.

630 Zu den einzelnen Personen siehe Anm. in Palissy 1996, Bd. 2, S. 232 ff. Ein Großteil ist nicht oder nicht sicher zu identifizieren.

631 Pierre Pena, Botaniker und Mediziner, veröffentlichte 1571 in London das *Stirpium Adversaria nova perfacilis vestigatio,*... Siehe Dupuy 1902, S. 213.

Alle obenstehend genannten sind Doktoren der Medizin.

Herr Paré, Erster Chirurg des Königs.[632]

Herr Richard, ebenfalls Chirurg des Königs.

Die Herren Paiot und Guerin, Apotheker in Paris.

Seine Hoheit Marc Lordin de Saligny aus dem Bourbonnais, Ordensritter des Königs.[633]

(234) Herr d'Albene und Abbé d'Albene, sein Bruder.

Jaques de Narbonne, Wahlvorschlagsberechtigter an der Kathedrale von Narbonne.[634]

Herr de Camas, provenzalischer Edelmann.

Der Adlige Jaques de la Primaudaye aus der Region von Vendome.[635]

La Roche Larier, Edelmann aus der Touraine.

Herr Bergeron, Advokat am Pariser Obersten Gericht[636], Gelehrter und Experte der Mathematik.

Maître Jehan de Clony, Diözese Rennes in der Bretagne, ebenfalls Advokat am Parlament von Paris.

Brunel de Saint-Jaques aus Salies im Bearn, Diözese von Dax, diplomiert in den Rechtswissenschaften.

Jehan Poirier, Student der Rechtswissenschaft, Normanne.

Herr Brachet d'Orleans und Herr du Mont.

(235) Maître Philippe Olivin, Gouverneur des Seigneur du Chateau Bresi, Gelehrter der Sprachwissenschaften.

(***211***) Maître Bertolome Prieur, ein in den Künsten erfahrener Mann.

Maître Michel Saget, ein Mann von Verstand und großem Geist.

Maître Jan Viret, Kunstexperte und Mathematiker.

Ich habe einst ein Buch über die Subtilität gesehen, das Cardan[637] hatte drucken lassen, wo er behandelt aus welchem Grund sich eine so große Zahl versteinerter Muscheln bis hinauf zu den Berggipfeln findet, selbst innerhalb des Felsgesteins. Ich war sehr zufrieden einen so groben Fehler zu sehen und damit die Gelegenheit

---

632 Ambroise Paré (1510–1590), Chirurg des Königs und einer der Begründer der modernen Chirurgie veröffentlichte umfangreiche Schriften zur Medizin, siehe Paré 1970; die bekannteste in der Liste von Palissy aufgeführte Person.

633 „Messire", auch: Seine Gnaden.

634 „presenteur".

635 Jacques de la Primaudaye, Bruder von Pierre de La Primaudaye, dem Herausgeber der *Académie française, divisée en dix-huit journées [traitant] de l'institution des mœurs, …*, Paris 1577.

636 „parlement de Paris".

637 Jérome Cardan (1501–1576), *De la subtilité*, erstmals 1556 in französischer Sprache erschienen, ins Französische übersetzt von Richard le Blanc, siehe Cardano 1556.

zu haben einem so geschätzten Mann zu widersprechen; andererseits war ich verärgert, dass die Bücher der anderen Philosophen nicht wie dieses hier ins (236) Französische übersetzt worden waren, um zu sehen, ob ich ihnen nicht auch hätte möglicherweise widersprechen können, wie ich Cardan in der Frage der versteinerten Muscheln[638] widersprach.

Die Theorie.

Wie? Willst du so gelehrten Persönlichkeiten widersprechen, du, der du ein Nichts bist? Wir wissen, dass Cardan ein berühmter Mediziner ist, der in Toledo gelehrt hat und der mehrere Bücher in lateinischer Sprache verfasst hat, und du, der du nur deine Muttersprache beherrschst, worin willst du ihm widersprechen?

Die Praxis.

Darin, dass er über die versteinerten Muscheln, die über die ganze Welt verstreut sind, sagte, sie wären durch das Meer dort hingespült worden, als die Wasser während der Tage der Sintflut die höchsten Gipfel überfluteten. Und da (***212***) das Wasser die ganze Erde bedeckte, hätten sich die Fische über die ganze Welt verbreitet, und als das Meer sich in seine Grenzen zurückzog, ließ es die Fische zurück und die [gehäuse- und] schalentragenden Fische verwandelten sich zu Stein ohne dabei ihre Form zu verändern. Das ist die Aussage und Meinung von Herrn Cardan.

Die Theorie.

Das ist sicherlich eine sehr gute Erklärung und ich kann nicht glauben, dass es nicht die Wahrheit sei.

Die Praxis.

Denkst du mir eine solche Dummheit einreden zu können? Denn es ist doch sicher, dass alle Lebewesen[639] irgendeine Kenntnis vom Zorn Gottes und den Bewegungen der Sterne, von den Blitzen und den Stürmen haben, dies sieht man täglich in den Meeresregionen. Es gibt (237) mehrere Vogelarten, die sich vor den Stürmen auf dem Meer an die ruhigen Flüsse zurückziehen, um darauf zu warten, dass sich die Unwetter beruhigen und nachher an das Meer zurückkehren, wie vordem. Unter diesen Vögeln gibt es eine Art, die weiß und so groß wie Tauben sind, Seemöwen[640] genannt, die sich bei Sturm an ruhige Gewässer zurückziehen. Man sieht für gewöhnlich die Schweinswale[641] (dies sind große Fische) bei

---

638 „coquilles lapifiées".

639 „especes d'ames", auch: beseelten Arten.

640 „goilants", oder goëlands.

641 „porcilles", oder pourcille, pourceau. Populärer Name für den Marsouin. Schweinswal, auch als Meerschwein oder Braunfisch bezeichnet. Gehört zur Familie der Delphine und der Gattung der Wale.
Siehe: http://www.tierenzyklopaedie.de/behrmann/schweinswale.html.

aufziehendem Sturm an die Meeresküsten kommen, dies ist ein Zeichen für die Bewohner des Landes, dass ein Sturm bevorsteht. Und was die Fische betrifft die ein Gehäuse[642] tragen, heften (***213***) sie sich zu Zeiten eines Unwetters an die Felsen, so dass die Wellen sie nicht losreißen können. Andere Arten von Fischen verstecken sich auf dem Grund des Meeres an einer Stelle, wo die Winde keine Kraft haben, um weder das Wasser noch die Fische in Bewegung zu versetzen. Nun dies ist ein hinreichender Beweis, um abzustreiten, dass die Meeresfische sich während der Tage der Sintflut über die Erde verbreitet haben. Hätte sich Cardanus[643] das Buch Genesis angesehen, hätte er anders gesprochen, denn dort legt Moses Zeugnis ab, dass während der Tage der Sintflut die Untiefen aufbrachen und sich die Fenster des Himmels öffneten[644] und dass es während eines Zeitraums von vierzig Tagen regnete. Diese Regengüsse und hervorbrechenden unterirdischen Wassermassen überfluteten die Erde mit Wasser und nicht die Überschwemmungen des Meeres.

Die Theorie.

Aber wie willst du denn erklären aus welchem Grund diese Muscheln in den Steinen eingeschlossen wurden, wenn nicht auf die von Cardanus beschriebene Art und Weise?

Die Praxis.

Wenn du allerdings die große Zahl an versteinerten Muscheln bemerkt hast die sich im Boden befinden, wirst du erkennen, dass das Festland (238) mit seinen Flüssen, Quellen und Bächen kaum weniger schalentragende Fische hervorbringt als das Meer. Man sieht in den Teichen und Bächen mehrere Arten von Miesmuscheln[645] und andere schalentragende Fische. Falls diese Schalen in den Boden fallen und wenn es in diesem einen salzartigen Samen[646] gibt, werden sie versteinern.

(***214***)

642 „poisson portant coquille".

643 „Cardanus". Im Original lateinischer Personenname. Palissy schreibt meist französisch „Cardan".

644 „les abymes et ventailles du ciel furent ouvertes". „Ventaille", Visier am Helm einer Rüstung. Sintflut, siehe 1. Moses, 7,1–8,12.

645 „moules", heute ausschließlich Miesmuschel, war das Wort früher sowohl allgemeiner Name für Muschel als auch speziell für Miesmuschel. Sowohl Muschel als auch moule gehen auf lat. musculus, Mäuschen, Muschel, Miesmuschel zurück (PR, Duden). Palissy will unterstreichen, dass es auch im Süßwasser Muscheln und Krebse gibt.

646 „semence salcitive". Salzartige, salzbildende Samen, Kristallkeim.

Die Theorie.

Ich werde niemals glauben, dass es auf dem Festland fast ebenso viele schalentragende Fische wie im Meer gibt; man weiß genau, dass es im Meer keinen Ort gibt, der nicht vollkommen mit ihnen angefüllt ist und dass es im Erdboden und in den Flüssen nur sehr selten einige an besonderen Orten geben kann.

Die Praxis.

Du täuschst dich, wenn du denkst, dass es an allen Stellen des Meeres schalentragende Fische gibt: Denn genauso wie die Erde Pflanzen hervorbringt, die nicht in jedem Land wachsen, so gedeihen etwa Orangenbäume, Feigenbäume, Palmen, Mandelbäume und Granatapfelbäume nicht in jedem Land; auch im Meer gibt es gewisse Gegenden in denen man Makrelen fischt, andere Gegenden wo man Heringe fischt, in anderen Tintenfische, in [wieder] anderen Maigres[647] und wir sind gezwungen, selbst Kabeljau[648] in der Neuen Welt zu fangen. Alle schalentragenden Fische leben in Küstennähe und entstehen zum Teil aus salzhaltigen Substanzen, die von den Ufern des Landes in Meeresnähe abgetragen und vom Wasser aufgenommen werden. Man muss also schlussfolgern, dass es genauso wie bei den Pflanzen bestimmte Gegenden gibt, wo die Samen der Fische Nahrung finden können und andere, wo sie dies nicht können. (239) Ich (***215***) will damit nicht sagen, dass es heutzutage genauso viele gepanzerte Fische wie früher auf dem Festland gibt. Denn es ist gewiss, dass die Menschen diejenigen Tiere und Fische die sich zum Essen eignen so hartnäckig jagen, dass sie am Ende deren Samen dadurch ausrotten.[649] Ich habe mehrere Bäche gesehen, in denen man eine so große Zahl Neunaugen[650] fing, dass man dort heute keine mehr antrifft. Ich sah zudem andere Bäche, in denen man Tausende von Flusskrebsen[651] fing; dort kommen heute keine mehr vor. Ich habe Flüsse gesehen, in denen man Lachs[652] fing und heute gibt es dort keinen mehr. Und dass das Festland oder dessen Flüsse gleichfalls gepanzerte Fische hervorbringen wie das Meer beweise ich durch die versteinerten Muscheln, die man an verschiedenen Stellen zu Tausenden und Millionen findet. Ich besitze eine große Anzahl davon die versteinert und deren Samen ausgestorben[653] sind, weil sie zu sehr gejagt wurden. Das ist etwas was

---

647 „maigre“ oder sciène, Adlerfische oder Knochenfische. Siehe *Über das trinkbare Gold,* Anm. S. ***155***/176.

648 „molues“, auch: morues. Kabeljau oder Dorsch. Vgl. ***223***/245.

649 „les hommes les poursuyvent de si pres qu'en fin ils en font perdre la semence“.

650 „lamproyons“, lamproie, lamprillon. Littré: „Noms vulgaires de l'ammocète branchial, poisson de l'ordre des chondroptérygiens“. Neunauge oder Lamprete.

651 „escrevisse“, Flusskrebs. Diese Bezeichnung umfasst eine Vielzahl von im Süßwasser lebenden Zehnfüßern, die kleinen Hummern ähneln; Familie der Astacoidae.

652 „saumon“.

653 „...dont la semence en est perdue“, wörtlich: deren Samen verloren ist.

man jeden Tag sieht, die Menschen essen Fleisch, welches man früher um nichts auf der Welt verzehrt hätte. Zu meiner Zeit traf man sehr wenig Menschen die Schildkröten oder Frösche gegessen hätten, aber heute essen sie alles Mögliche, was man damals für gewöhnlich nicht aß. Selbst zu meiner Zeit hätte man nicht die Füße, den Kopf oder den Bauch eines Schafes gegessen und heute ist es das, was man für das Beste hält. Und deshalb bleibe ich dabei, dass die gepanzerten Fische, die (**216**) versteinert in verschiedenen Steinbrüchen vorkommen, (240) an genau diesem Ort [an dem sie sich jetzt befinden] entstanden sind, als das Felsgestein noch [nichts anderes als] Wasser und Schlick war. Diese [Stoffe] versteinerten zusammen mit den besagten Fischen, was du viel ausführlicher hören wirst, wenn ich von den Felsen der Ardennen berichte.

Die Theorie.

Mit diesen Ausführungen hast du nichts gegen die Auffassung von Cardan gesagt, denn du bist nicht auf die Ursache für die Versteinerungen der Muscheln eingegangen.

Die Praxis.

Einige wurden zu Boden geworfen nachdem man den Fisch gegessen hatte, und in der Erde zogen sie durch ihre salzartige Eigenschaft ein generatives Salz[654] an, das sich mit dem aus der Muschelschale an einem wasserhaltigen oder feuchten Ort verband. Die Affinität dieser dem gemischten Körper[655] hinzugefügten Substanzen ließ die Hauptmasse erhärten und versteinerte sie. Dies ist der Grund dafür und du brauchst keinen anderen suchen. Und was die Gesteine betrifft in denen mehrere verschiedene Arten von Muscheln vorhanden sind, sogar falls sich eine sehr große Menge einer einzelnen Art darin befindet, wie bei jenen im Vorort Saint Marceau bei Paris, haben sich diese auf die im Folgenden beschriebene Art und Weise gebildet: Es war ein großes Wasserbecken[656] vorhanden, in dem eine unendliche Zahl von gepanzerten Fischen lebte, deren Gehäuse pyramidale Formen besaßen.[657] Und diese Fische waren in dem Wasser des Beckens durch eine langsame Erwärmung[658] gezeugt worden, sei es in dem sich (**217**) das unbedeckte Becken durch die Sonne erwärmte, oder aber die langsame Erwärmung wurde [durch eine Wärmequelle] unter der Erde hervorgerufen, wie ich es in den erwähnten Steinbrüchen erlebte. Ich hebe diese Schwierigkeit am Anfang hervor,

654 „sel generatif", etwa wachstumsförderndes oder erzeugungsfähigens Salz.

655 „corps mixte".

656 „receptacle d'eau". Palissy verwendet fast ausschließt diesen Begriff, gleichgültig ob es sich um eine natürliche oder künstliche Wasseransammlung oder Wasserbecken handelt.

657 Wasserschnecken.

658 „chaleur lente", bedeutet auch: geringe Wärme.

denn es gibt in dem erwähnten Steinbruch eine Steinader die nur fünf oder sechs Fuß unter der Erde liegt. Diese Schicht enthält (241) ebenso viele [Versteinerungen] wie alle übrigen Böden der gesamten Gegend dort und sie hat nicht einmal eine Stärke von anderthalb Fuß, aber eine große Ausdehnung. Ich denke, dass der wahrscheinlichste Grund dafür derjenige ist, dass es dort früher einmal einen großen See gab, in dem diese Fische lebten, deren Zahl war ebenso groß, wie die Anzahl der Schalen die man heute dort findet. Und weil dieser See mit irgendeinem salzartigen und generativen Samen[659] gefüllt war, ist er inzwischen erstarrt, nämlich das Wasser, die Erde und die Fische [zusammen]. Das wirst du besser verstehen, wenn ich anschließend über die Steine der Einöden[660] in den Ardennen spreche. Und deshalb findet man häufig in den Felsen am Meer alle möglichen Arten von schalentragenden Fischen. Daraus folgt also, dass nachdem den Fischen das Wasser fehlte, der Boden und der Schlick, wo sie lebten, aufgrund der gleichen generativen Eigenschaft[661] versteinerte, welche die Fische selbst versteinern ließ. Es befinden sich [also heute] genauso viele versteinerte Muscheln in dem [festen] Gestein, wie sich [damals] zusammen mit dem Schlick verfestigten und vorher dort als Fische lebten. Der Schlick und die Muschel haben durch ein und dieselbe Eigenschaft, und durch die gleiche auf sie einwirkende Ursache, ihre Natur verändert. Ich habe diesen Punkt (***218***) vor meinen Zuhörern bewiesen, in dem ich ihnen einen großen Stein zeigte, den ich in der Nähe von Soubise,[662] einer Stadt nahe der Meeresküste, aus einem Felsen schlagen ließ. Dieser Felsen war früher vom Meereswasser bedeckt, und bevor er in Stein umgewandelt wurde gab es dort eine große Zahl verschiedener Arten gepanzerter Fische. Die Fische starben im Schlick, nachdem sich das Meer von dort zurückgezogen hatte,[663] und der Schlick und die Fische versteinerten gemeinsam. Es ist sicher, dass sich das Meer aus dieser Gegend zurückzog, ich habe es überprüft während der Zeit, als es einen Aufstand in der Saintonge gab, weil man dort die Salzsteuer[664] einführen wollte. Denn zu diesem Zeitpunkt war ich beauftragt das Land der Meeressalinen aufzunehmen[665] und ich befand mich auf der Insel Broue,[666] welche eine Landspitze

659 „semence salcitive & generative", siehe Kapitel *Über die Metalle und die Alchemie*, S. ***126***/ 143 ff.

660 „deserts", Hulsius: Wüstung, Wildnis; Pons FD: Wüste Einöde.

661 „vertu generative".

662 Soubise, ein Ort im Arrondissement von Marennes, Charentes-Maritimes.

663 „la mer s'est retirée". In der heutigen Geologie als Regression bezeichnet, siehe Haubold, Dauber 1989, S. 345 f. (vgl. dort auch das Stichwort Sedimentationszyklus).

664 „la gabelle".

665 „je fus commis pour figurer le pays des marez sallans". Palissy war beauftragt die Gebiete der Salzgärten zu vermessen und zu kartographieren (abzubilden).

666 „L'isle de Broue", Insel im ehemaligen Golf von Brouage. Die Insel existiert nicht mehr, da der Golf verlandet ist. „La tour de Broué", ein Donjon des 11. Jh., liegt nahe Saint-Sornin, Charente-Maritime.

zum Meer bildet, dort wo noch immer eine Turmruine steht. Die Bewohner des Landes (242) bescheinigten mir gesehen zu haben, dass früher der Kanal des Hafens von Brouage bis zum Fuß dieses Turmes führte und dass man diesen Turm errichtet hatte, um den Piraten und Seeräubern die Einfahrt zu verwehren, da sie in Kriegszeiten häufig kamen, um ihr Wasser an einem Brunnen aufzufrischen, der sich in der Nähe des Turmes befand. Dieser Turm nennt sich La tour de Broüe nach der Insel, auf der er errichtet ist, die sich Broüe nennt, von dem der Hafen von Brouage seinen Namen bezog.[667] Und da es heute unmöglich ist, entlang des Kanals zu gehen um zum Turm zu gelangen, kann man daran erkennen, dass sich das Meer von dort zurückgezogen (***219***) hat, und dass es an einem anderen Ort genauso viel zurückgewinnen kann, wie etwa in der Nähe der Küste von Alvert, nicht weit der Straße von Maumusson,[668] die sehr gefährlich ist. Die Einwohner des Landes erzählen, dass sie früher von der Insel Alvert[669] auf die Insel Oléron gelangen konnten und nur einen Pferde- oder Ochsenkopf in eine kleine Rinne oder einen kleinen Meeresarm legen mussten, der an beiden Enden mit dem großen Meer verbunden war. Und heute nehmen Schiffe jeder Größe diesen Weg, welcher die kürzeste Verbindung von Bordeaux nach La Rochelle oder in die Bretagne, nach Flandern oder England ist, und vorher musste man die Insel Oléron umrunden. Nun, das ist eine Bestätigung dafür, wie das Meer einerseits abnimmt und sich andererseits ausbreitet. Dieses Zeugnis versichert mir, dass der Felsen welcher ganz voll mit verschiedenen Arten von Schalentieren ist, früher Meeresschlick war, der Fische hervorbrachte. Wenn mir Einige nicht glauben wollen, werde ich ihnen diesen Stein zeigen, um jeden Widerspruch im Keim zu ersticken. Und weil es mit Muscheln angefüllte Gesteine auch bis hinauf zu den Gipfeln der höchsten Berge gibt, darfst du nicht glauben, dass diese Gehäuse dadurch gebildet wurden, wie (243) einige behaupten, dass die Natur spielt, um etwas Neues hervorzubringen. Als ich die Formen der Steine aus großer Nähe betrachtete, fand ich heraus, dass keiner von ihnen die Form einer Muschel oder eines anderen Tieres annehmen kann, wenn nicht das Tier (***220***) [vorher] selbst seine Form gebaut hat. Man muss deshalb annehmen, dass es bis hinauf in die höchsten Berge gepanzerte Fische und andere Arten gab, die in manchen Mulden[670] oder Wasser-

---

667 Dieser Satz ist ein gutes Beispiel für die manchmal doch recht einfache Ausdrucksweise von Palissy.

668 „passage de Maumusson", heute Pertuis de Maumusson, Meerenge zwischen der Insel Oléron und der Spitze von Arvert.

669 „liesse d'Alvert". Name unklar, alle Herausgeber von Palissy Werkausgaben gehen von einem Druckfehler aus und verbessern zu „l'isle", Insel. Es handelt sich um die Halbinsel Presqu'îsle d'Arvert auf dem Festland, auf der anderen Seite der Meerenge, gegenüber der Ile d'Oléron.

670 „cassars", siehe Patois Oléronais : „Casse", Trous entre les rochers, rempli d'eau à marée basse. Voir « banche ». C'est aussi une flaque d'eau dans les chemins ou les champs." Vgl. Cotgrave. Siehe Kommentarteil Kapitel VI.3. *Fossilien.*

becken gezeugt wurden, deren Wasser mit Erde sowie einem verfestigungsfähigen und generativen Salz vermischt war, das Ganze reduzierte sich [anschließend] zu Stein, zusammen mit der Panzerung der Fische, welche ihre Gestalt behielt. Und sage mir nicht, dass das Regenwasser also irgendeine salzartige und generative Substanz mit sich führe, denn genau das ist ganz unzweifelhaft.[671] Denn wenn es anders wäre, könnten die Kröten und Frösche die häufig zusammen mit dem Regen [vom Himmel] fallen nicht in der Luft gezeugt werden; andererseits sieht man häufig sehr hohe Mauern, auf denen Bäumchen und Gräser wachsen, diese könnten ohne die Samen oder Flüssigkeiten die vom Regen mitgeführt werden, weder entstehen noch gezeugt werden. Wenn der Regen nicht irgendeine generative Substanz mit sich führen würde, könnte er nicht zum Wachstum der Samen beitragen und selbst die Früchte [der Obstbäume] werden, wenn man sie mit einem nicht salzhaltigen Wasser gießt, schnell verfaulen. Das ist der Grund warum ich meine, dass Salz der Halt und der generative und konservierende Klebstoff[672] aller Dinge ist. Ich behaupte aber dennoch nicht, dass alle Salze stechend oder beißend seien. Du wirst feststellen, dass alle versteinerten Muscheln härter als die sie umgebende Steinmasse sind und dass aus dem Grund, weil sie mehr salzige Substanz enthalten. Doch (***221***) obwohl ich bereits die Meinung von Cardan über die monströsen Steine ziemlich auseinandergenommen habe, möchte ich noch ausführlichere Beweise meiner Auffassung geben, die seiner entgegengesetzt ist, und das besonders, da es sehr wenige Menschen gibt, die nicht (244) wie er erklären, dass die Schalen der versteinerten Fische in den Bergen als auch in den Tälern aus der Zeit der Sintflut stammen. Um dieser Meinung entgegenzutreten und das Gegenteil zu beweisen, habe ich mehrere Abbildungen[673] von versteinerten Muscheln angefertigt, die sich zu Tausenden in den Bergen der Ardennen finden, und nicht nur von den Schalen, sondern auch von Fischen, die zusammen mit ihren Schalen versteinerten. Um deutlicher zu machen, dass das Meer diese Muscheln nicht zur Zeit der Sintflut dorthin geschwemmt hat, zeige ich dir hier die Abbildung eines Felsens[674] aus den Ardennen nahe der Stadt Sedan. In diesem Fels und mehreren weiteren finden sich Muscheln von allen Arten, die hier auf diesem Papier dargestellt sind,[675] [und zwar] vom Gipfel des Berges bis an seinen Fuß, obwohl dieses Gebirge höher als alle Häuser und selbst höher als der Kirchturm von Sedan ist. Und die Bewohner dieser Gegend brechen jeden Tag Steine zum Bauen im Gebirge und finden dabei sowohl tief unten als auch hoch oben diese Muscheln, ja selbst tief im festen Gestein eingeschlossen; ich kann ver-

671 Dass der Regen Salze enthält, widerspricht den Aussagen Palissys an anderen Stellen der *Discours*.

672 „mastiq“, Mastix.

673 „figures“.

674 „je te monstreray presentement la figure d'un rocher“.

675 „figurées en ce papier“.

sichern, dass ich eine Art gefunden habe die sechzehn Zoll Durchmesser hatte. Ich frage jetzt denjenigen, (***222***) der die Meinung von Cardan vertritt, durch welche Pforte das Meer eintritt, um diese Muscheln in das dichteste Gestein hineinzubringen? Ich habe dir oben zu verstehen zu geben, dass diese Fische am gleichen Ort entstanden sind, wo sie auch ihre Natur geändert haben, dabei bewahrten sie ihre Form, die sie auch zu ihren Lebzeiten hatten. Deshalb werde ich die gleichen Worte wiederholen und sage, dass sich in den oben erwähnten Felsgesteinen Löcher, Hohlräume und Becken befinden, die mit Wasser gefüllt sind, welches durch die Spalten dieser Felsen eingetreten ist und von oben nach unten hinabläuft, und beim Hinunterfließen versteinert es, wie wir jetzt natürlich wissen, (245) in der Art des Eiswassers,[676] das von oben [die Hänge] der Berge nach unten läuft.[677] Es ist also zu schlussfolgern, dass bevor die Muschelschalen versteinerten, die Fische die sie schufen in dem Wasser lebten, welches die Wasserbecken dieser Berge füllte. Und seitdem versteinerten das Wasser und die Fische gleichzeitig, daran gibt es gar keinen Zweifel. In den Bergen der Ardennen befinden sich zu Tausenden versteinerte Miesmuscheln, die vollkommen denen gleichen, die in der Maas leben, dem Fluss, der in der Nähe dieser Berge vorbeifließt. Ich habe früher über die Behausungen der Austern im Ozeanischen Meer nachgedacht, aber ich habe niemals lebende Austern oder deren Schalen in ebenso großen Mengen gesehen, als jene, die sich in verschiedenen Felsformationen der Ardennen befinden. Obwohl diese versteinert (***223***) sind, waren sie doch lebendig. Und deshalb müssen wir annehmen, dass in verschiedenen Gegenden des Festlandes die Gewässer salzig sind, wenn auch nicht so stark wie das Meer, aber sie sind ausreichend salzig um alle Arten von gepanzerten Fischen hervorzubringen. Man muss also annehmen, wie ich vorstehend erläutert habe, dass genauso wie die Erde in einer Landschaft Bäume und Pflanzen der einen Gattung hervorbringt und in einer anderen Landschaft, die einer anderen Gattung produziert, wie ja auf einigen Feldern Farne wachsen und auf anderen Holunderbüsche, auf wieder anderen Disteln und Dornensträucher, genauso auch das Meer in einer Gegend Fische hervorbringt, die in einer anderen nicht leben könnten. Es ist sicher, dass die Austern, die Miesmuscheln, Dreiecksmuscheln,[678] Kammuscheln[679], Herzmuscheln[680]

---

676 „eaux glacées".

677 Vergleich von Stalaktiten mit dem Eis von „Gletschern" (Eisflächen, Eiszapfen).

678 „availlons". Zu den verschiedenen Muscheln vgl. S. ***37***/56, ***225***/247 und S. ***359***/370. Dreiecks- oder Koffermuschel. Fam. Donacidae (Donax). Patois Oléronais: „Donace des canards, Donax anatinum." Ce coquillage, appelé « lavagnon » en patois est très commun sur les plages du sud de l'île, particulièrement à la grande plage de Saint-Trojan." Vgl. Buchner 1913, S. 146 f.

679 „petoncles", Kammuscheln, spez. Archenkammuscheln.

680 „sourdons", Herzmuscheln; Littré, Dupuy: „bucarde", Meeresmuschelart, vgl. S. ***359***/ 70.

und alle Arten der Burgaus,[681] die ein Gehäuse in Form einer Wendelschnecke[682] haben, dass alle diese Arten, sage ich, sich an den Felsen im Meer in Ufernähe aufhalten, was die anderen Fischarten nicht tun. Diejenigen, welche den Kabeljau[683] in drei- oder vierhundert Meilen Entfernung fischen werden mir hierin beipflichten (246). Und da die Orangenbäume, die Feigen- und Olivenbäume, sowie die Gewürzpflanzen nicht in kalten Ländern leben können, leben in gleicher Weise die Fische nur an Orten, an denen es Gott gefiel die Samen für ihre Zeugung und Ernährung zu säen, genauso wie er es, wie ich vorstehend erläutert habe, mit den Samen der Metalle, aller Minerale und der Pflanzen tat. Bis hierher habe ich nur über die versteinerten Muscheln gesprochen, aber da ich überall nach Orten forschte und mich erkundigte, wo ich diese als Beweis (***224***) meiner Behauptungen finden könnte, wurde mir berichtet, dass es im Valois, in der Nähe eines Ortes namens Venteul,[684] eine große Menge versteinerter Muscheln gibt. Ich fuhr deshalb an diesen Ort [und] nahe einer Einsiedelei am Berg bei diesem Ort fand ich eine große Zahl verschiedener Arten der Schalen dieser Fische, ähnlich derjenigen aus dem Ozeanischen Meer und von woanders. Unter den Muscheln befinden sich Purpurschnecken und Trompetenschnecken[685] verschiedener Größen, häufig genauso lang wie der Schenkel eines Menschen. Diese Gehäuse sind nicht versteinert, sondern sie befinden sich noch in dem gleichen Zustand wie früher, als der Fisch noch drinnen war. Dies muss dich überzeugen, dass es einst Gewässer an diesem Ort gab, die Fische hervorbrachten, welche diese Gehäuse schufen. Aber da es einen Mangel an gewöhnlichem und an generativem Wasser gab, konnte der Berg nicht versteinern und blieb Sand. Doch falls dieser Berg versteinert wäre wie die Ardennen und verschiedene andere [Gebirge] wären auch diese Muscheln versteinert, und an welcher Stelle das Felsgestein auch gehauen würde, fände man sie eingeschlossen innerhalb des Fels, in der gleichen Weise wie du es in den Steinbrüchen von Saint Marceau bei Paris siehst. Nachdem ich diesen Berg gesehen hatte, entdeckte ich einen weiteren in der Nähe von Soissons,[686] wo es versteinerte Muscheln verschiedener Arten zu Tausenden gibt, (247) die so dicht aneinander liegen, dass man nicht weiß, wo man den Fels dieses Berges brechen

---

681 „burgauts", burgau oder burgant. Perlmuttschnecke der Antillen, siehe *Über das Wasser*, Anm. ***37***/56.

682 „en façon de limace" (limacon, colimacon, PR). Zur Übersetzung auch Jünger 1994, Bd. 2, S. 282 Mitte: „Auch sah ich wieder die kleine Wendelschnecke vielfach im Haustein der Uferbrüstung abgedrückt."

683 „moules" (sic), Miesmuscheln. Widerspruch zu dem vorher Gesagten, wahrscheinlich ein Druckfehler, gemeint sind „molues", auch „morues" genannt, Kabeljau, Dorsch, wird z.B. im Nordatlantik gefangen. Vgl. S. ***214***/238 und Palissy 1996, Werke 2, S. 245, Anm. 94.

684 Venteul im Valois, nicht sicher zu bestimmen, siehe Plaziat 1990, S. 3 und Plaziat 2011, S. 258, 265. Valois, franz. histor. Region südl. v. Soissons, vgl. Karte *Le pays de Valois* (1618) von Jodocus Hondius (1563–1612).

685 „pourpres et buccines".

686 Soissons, nordfranzösische Stadt in der Picardie.

(**225**) sollte, ohne auf eine große Menge dieser Schalen zu treffen. Diese bezeugen uns, dass sie nicht aus dem Meer kamen, sondern an diesem Ort entstanden sind und zur gleichen Zeit wie der Boden versteinerten, und das Wasser in dem sie lebten versteinerte ebenfalls. Einige Zeit nachdem ich verschiedene versteinerte Muscheln und Fische entdeckt[687] hatte, beschloss ich, die von mir versteinert aufgefundenen präzise wiederzugeben und in einer Zeichnung festzuhalten,[688] um sie mit den gewöhnlichen [Exemplaren] zu vergleichen, die man heutzutage verwendet. Aber da mir die Zeit nicht erlaubte mein Vorhaben auszuführen[689] als ich dies wollte, verschob ich die Anfertigung dieser Zeichnungen um einige Jahre und sammelte im Rahmen meiner Möglichkeiten immer mehr Versteinerungen. Letztendlich fand ich mehr Arten von jenen Fischen und deren Gehäusen versteinert in der Erde als von modernen Arten, die [heute] im Ozean leben.[690] Und obwohl ich die versteinerten Gehäuse von Austern, Herzmuscheln,[691] Dreiecksmuscheln,[692] Napfschnecken,[693] Miesmuscheln,[694] Bohrmuscheln,[695] Schwert-

687 „recouvert" (recouvrer, recouvré), wiedererlangen, wieder finden, wieder entdecken; sowie finden, entdecken in den Besitz bringen. Nicht zu verwechseln mit „recouvrir, recouvert", wiederbedecken, verbergen, überdecken. Siehe Dupuy 1902, S. 326 u. Littré: Anmerkung zu „recouvrer": „Il faut se garder de confondre recouvrer et recouvrir, c'est-à-dire d'employer recouvrir au lieu de recouvrer. (...) Cette faute était fréquente du temps de Vaugelas et au XVIe siècle."

688 „je fus d'avis de reduire ou mettre en peinture". „reduire": Académie 1694: „Il signifie quelquefois, Rediger. Reduire en art. reduire en methode. il a reduit toute la Morale en tables. reduire en bon ordre. reduire en meilleure forme. „ou mettre en pourtraiture", d.h. rediger, ausarbeiten, darstellen, wiedergeben (PR verweist auf „dresser", aufnehmen, aufzeichnen.) Verdopplungen durch Synonyme sind im 16. Jh. gängig.

689 „mettre en execution mon dessein".

690 „en fin j'aye trouvé plus d'especes de poissons ou coquilles d'iceux, petrifées en la terre, que non pas des genres modernes, qui habitent en la mer Oceane." Noch einmal: Die Population der in der Erde aufgefundenen Arten an versteinerten Fischen und Muscheln übersteigt die der im Ozean lebenden modernen Gattungen.

691 „sourdons", auch „bucarde" genannt, Meeresmuschelart, siehe Patois Oléronais: „Bucarde comestible, *Cardium edule*. S'il y a un coquillage facile à ramasser, c'est sans contestation la bucarde, appelée généralement « coque » et « sourdon » en patois", vgl. Dupuy 1902, S. 331. Siehe auch S. ***359***/371, S. ***37***/56, ***223***/245, ***225***/247.

692 „availlons", Patois Oléronais: „lavagnon", häufig vorkommende Dreiecks- oder Koffermuschel, Donax anatinum oder anatinus, auch Donax vittatus genannt." Vgl. S. ***37***/56, ***223***/245.

693 „jables". Mit den „gembles" im *Recepte* identisch, siehe Palissy 1996, Bd. 1, S. 211, dort auch als „oeil de bouc" bezeichnet. Dieses ist wiederum eine andere Bezeichnung für „lepas" oder „patelle". Allgemeine deutsche Bezeichnung: Napfschnecke. Siehe Patois Oléronais: „Patelle", *Patella vulgata*. Ce gastéropode, en forme de cône, est très commun sur tous les rochers de l'île. La patelle, « bernicle » ou « jambe » en patois,...".

694 „moucles" Bretonische Form der Benennung der gewöhnlichen Miesmuschel, „moule".

695 „d'alles", siehe Patois Oléronais: von „Daïl (le) ou daille, Coquillage des rochers appelé, pholade (Pholas dactylus, Mollusque Lamellibranche comestible)." Deutsch: Bohrmuschel, Pholade, Dartelmuschel, Pholas Linn, siehe Krünitz. Engl. Common piddock.

muscheln,[696] Kammuscheln, Seeigeln, Krebsen,[697] Burgaus[698] und anderen Arten von Spiralschnecken die den Ozean bewohnten gefunden habe, fand ich doch auch an mehreren Orten, sowohl in den milden Landschaften der Saintonge als auch in den Ardennen und in der Champagne welche, deren Arten uns unbekannt sind und die man nur in versteinerter Form (***226***) findet. Deshalb erlaubte ich mir meinen Schülern zu sagen, dass ich es merkwürdig finde, dass die Herren Belon und Rondelet,[699] die sich [große] Mühe gaben, die Fische zu beschreiben und abzubilden,[700] die sie auf (248) ihrer Reise nach Venedig fanden, sich nicht dem Studium der Fische widmeten, die früher reichlich in unseren Regionen lebten und sich dort vermehrten, denn die Gesteine in denen die Fische zur gleichen Zeit versteinerten als diese erstarrten, dienen uns in der Gegenwart als Verzeichnis oder Original der Formen[701] der entsprechenden Fische. Es finden sich in der Champagne und in den Ardennen [auch] solche, die verschiedenen Spezies einiger Arten von Purpurschnecken, Trompetenschnecken und anderen großen Spiralschnecken ähneln, deren Arten man aber nicht im Ozeanischen Meer findet und die man nur dank der Seefahrer kennt, die sie häufig aus Indien und Guinea mitbringen. Dadurch erfuhr ich, dass es in mehreren und verschiedenen Gegenden der gemäßigten Regionen früher eine Population und Vermehrung solcher Fische gab, und das besonders dadurch, da man, wie ich bereits sagte, einige findet die noch nicht versteinert sind, weil der Boden wo sie damals lebten noch [lockere] Erde ist, oder um es deutlicher zu sagen, er noch aus Sand besteht. Aber die anderen, die sich im Gestein der Berge befinden, versteinerten als der [ganze] Ort wo sie lebten erstarrte,[702] das heißt, das Wasser, der Schlick und alles was sich dort befand, wie ich dir bereits viele Male erläutert habe, um es dir (***227***) besser begreiflich zu machen. Du siehst in meinem Sammlungskabinett, das ich zu diesem Zweck eingerichtet habe, verschiedene Formen dieser gepanzerten Fische, weil man sehr wenige andere versteinerte findet, da die Weichteile verwesen

---

696 „couteleux", lokaler Term in der Charente, Coutelet ou coutâ, Couteau (coquillage) (Ensis ensis ou Ensis siliqua pour le couteau noir), solen gaine. Eine kleinere Art wird Messerscheide genannt. Vgl. Patois Oléronais.

697 „escrevisses". Eigentlich Flusskrebs, hier aber als Meeresbewohner aufgeführt, deshalb scheint eine allgemeine Übersetzung angebracht.

698 „burgaulx" oder burgaus, Perlmuttschnecke, in den Antillen beheimatete Schnecke, die von dort eingeführt wurde, Palissy fand sie jedoch versteinert im Gestein der Ardennen.

699 Pierre Belon (1517–1564), französischer Naturforscher und Biologe, veröffentlichte *L'Histoire naturelle des estranges poissons marins*, Paris, 1551. Guillaume Rondelet (1507–1566), französischer Arzt und Biologe schrieb *L'histoire entière des Poissons*, Lyon, 1554.

700 „descire & figurer".

701 „nous servent à present de registre ou original des formes desdits poisons." „Original des formes" ließe sich auch mit „Belegexemplar" oder „Belegmuster" übersetzen.

702 „s'est conglacé".

bevor sie versteinern können.[703] Und weil dies so ist, habe ich mehrere Schalen[704] oder Panzer von versteinerten Langusten[705] und Krebsen gefunden, die sich vor der Versteinerung, aufgrund der eintretenden Verwesung ihres Fleisches voneinander gelöst hatten. Indessen habe ich in den Bergen der Ardennen diese großen Muscheln[706] gefunden, die gewöhnlich in den Teichen leben und bei ihnen festgestellt, dass der Fisch genauso versteinert war (249) wie das Gehäuse.

Und da wir ja das Thema Steine behandeln, müssen wir zuerst ihre Formen untersuchen. Und bei der Erforschung der Ursache habe ich festgestellt, dass der Kristall seine Gestalt im Wasser annimmt, denn anders bekäme er keine Formen mit Spitzen, Flächen und Kanten, wie man sie bei einem Kristall vorfindet. Ich fand auch heraus, dass alle Markasite und Minerale die eine fünfeckige, dreieckige, viereckige oder achteckige Form besitzen im Wasser gebildet wurden; wie ich bereits oben sagte, findet man [zum Beispiel] Steine aus einem Eisenmineral, die Spitzen ausgebildet haben. Im Innern der Steinbrüche, dort wo man in den Ardennen Schiefer abbaut, befindet sich im Wasser inmitten des Schiefers, eine große Menge natürlich vorkommender kubischer Markasite. (***228***) Diese Markasite werden aus vier polierten Flächen oder Facetten gebildet, die alle die gleiche Größe besitzen, die Farbe von Eisen oder Blei haben [und] ziemlich glänzend sind. Ich habe andere gesehen, die sieben oder acht natürlich gebildete Flächen wie die eben erwähnten aufweisen. Eine bestimmte Person hat mir versichert, dass es im Languedoc und in der Provence Markasite gibt, die sechsunddreißig gleichmäßig geteilte Flächen haben. Aber alle diese Bildungen entstehen im Wasser und können auch nur [dort] entstehen. Wir sehen auch, dass das Salz welches im Wasser erstarrt,[707] falls man es sich verfestigen lässt ohne das es bewegt wird, eine fünfeckige oder quadratische Gestalt annimmt, wie ich es beim Salpeter beschrieben

Über die Formen.

---

703 D. h. man findet viele Mollusken und Crustaceen, aber wenige veritable Fische.

704 „escailles“, auch: Schuppen. Vgl. PR, GdH.

705 „locuste“, heute eigentlich Heuschrecke, hier in diesem Zusammenhang aber langoustes, Langusten; beide Namen aus lat. locusta hervorgegangen. Siehe TLF: „début XIIIe s. locuste marine « crustacé, crevette. Empr. au lat. locusta « sauterelle; langouste », v. langouste.“ Es könnte auch die Langustine gemeint sein. Vgl. Patois Oléronais: „Langouste (Palinurus vulgaris) „Il faut faire attention à la confusion possible en patois oléronnais. En effet, la langouste se nomme « biche » et le homard se nomme « langoute ».“ In der Gegend von Oléron wird die Languste „biche“ und der Hummer „langoute“ genannt. Siehe ebenda „Langoustine (Nephrops norvegicus)“.

706 „moules“, eigentlich Miesmuschel, diese leben aber in Salz- oder Brackwasser und nicht in richtigem Süßwasser. Im französischen Sprachraum werden wegen ihrer ähnlichen Schalenform aber auch die Flussmuscheln (*Unionacea*) als moules oder moules d'eau douce bezeichnet, hierzu zählt auch die Große Teichmuschel (*Anodonta cygnea*), Um diese dürfte es sich hier handeln.

707 „le sel qui est congelé dedens l'eau“, das heißt, das Salz, welches im Wasser auskristallisiert.

habe. Dagegen nehmen die Kiesel oder andere besondere Steine die keine gegliederte Form[708] besitzen ihre Gestalt entsprechend der Form des Loches oder des Beckens an, in dem die Stoffe zur Ruhe gelangen und wo sie sich verfestigten. Und es bilden sich so jeden Tag Steine und Kiesel dieser Art. Denn wenn der Sommer zu Ende geht und die Gräser, das Stroh, das Heu und anderes Grünzeug auf den Feldern zu verrotten beginnt, (250) sammelt das Regenwasser das vegetative Salz,[709] welches in dem Stroh, den Gräsern und allen Pflanzen enthalten ist, die sich in der Wärme zersetzen, so dass es gemeinsam abfließt. Dieses Salz, das dadurch aufgelöst wurde und im Boden flüssig ist, führt zum Entstehen von neuen Pflanzen und Steinen. Diese Art von Steinen entsteht gewöhnlich entsprechend der Größe (***229***) der Materie, die manchmal groß, manchmal klein und manchmal genauso fein wie Sand ist, wenn entsprechend wenig Materie vorhanden ist. Über die ausgedehnten kontinuierlichen Schichtgesteine[710] habe ich seit Beginn genügend gesprochen, es gibt aber eine andere Art von Gesteinen, aus denen man Schleifsteine[711] herstellt, um jede Art von Schneidflächen zu schärfen. Wenn du sie genau betrachtest und die Härte dieser Steine bedenkst, wirst du feststellen, dass sie zuerst im Sand entstanden, und nachdem der Sand einige Zeit im Erdboden lagerte, hat er sich unter Einwirkung des Regens mit Wasser und erstarrungsfähigen Salzen vollgesogen, die alle diese kleinen Sandkörner verbunden und zu einem großen Stein zusammengeschweißt haben. Und da der Sand, anders als die zweite Generation des Steins, aus einem reineren Wasser entstand, ist dies der Grund dafür, warum er härter als die zweite Masse ist, und daher kommt es, dass diese Masse, da sie weicher ist, bei der Bearbeitung des Stahls[712] ausgespült und abgenutzt wird. So bleiben die Sandkörner immer höher stehen und die Hohlräume zwischen den Körnern bewirken die Schärfe und Rauheit der Schleifsteine, daher kommt ihre Kraft und Fähigkeit Werkzeuge zu schleifen. Dass ich eines Tages ein ganzes Muid Sand aus Estampes[713] kaufte, ver-

---

708 „forme divisée".

709 „sel vegetatif", vegetatives Salz, übersetzt: wachstumsförderndes Salz, passend wäre auch Salz der Pflanzen. Der Begriff pflanzliches Salz ist keine mögliche Übersetzung, da Palissy keine organischen, sondern nur anorganische Salze kannte. Vgl. Palissy 1996, Bd. 1, *Recepte*, S. 105 f. und *Discours*, S. ***239***/259 f.

710 „pierres contigues", aneinandergrenzendes, zusammenhängendes Gestein. (siehe Anm. unten).

711 Siehe Meyers 1905–1909: „Je nach der Bestimmung ist das Material für die M. (*Mahlsteine*) verschieden, nämlich: Sandstein, Basalt, Trachyt, Granit, Porphyr, Quarz." Vgl. König 1997, Bd. 2, S. 81.

712 „ferrements", eigentlich Instrumente, Werkzeuge, Waffen aus Eisen und Stahl.

713 „muy" oder mui, muid, altes Volumenmaß für Flüssigkeiten, Korn u. Salz. In Paris entsprach ein Muid 263 Liter Wein und 1872 Liter trockenem Stoff (PR). Estampes ist ein Ort im Arrondissement Beaunce am Fluss Essone.

mittelte mir die Kenntnis dieser Sachen. Indem ich ihn siebte und trennte fand ich mehrere aus diesem Sand gebildeten Steine, die durch die zweite Flüssigkeit[714] zusammengehalten wurden, die den Sand verklebte, so dass (***230***) (251) man sofort sah, dass diese Steine aus Sand entstanden waren. Auf diese Weise bin ich von Stufe zu Stufe zu einer Kenntnis dieser Dinge gelangt. Es gibt eine weitere Art von Steinen, die keine besondere Gestalt besitzen, sondern in aneinandergrenzenden Schichten[715] liegen, wie etwa die Gesteine in den Steinbrüchen, und diese Art kann sich nur bilden, wenn sie wenigstens so hart wie Marmor wird. Dieses sind die Steine die aus den Tonerden hervorgegangen und sich häufig in Marmor, Jaspis, Chalcedon und in andere harte Steine umgewandelt haben. Aber weil ich die Härte, das Gewicht und die Farben getrennt behandeln wollte, spare ich mir dieses Thema auf, um es zu gegebener Zeit zu behandeln und werde fortfahren über die Formen zu sprechen, von denen ich gute Kenntnisse besitze. Was das versteinerte Holz betrifft, so behält es seine vorherige Form. Es gibt [auch] verschiedene Arten von Früchten, die, selbst wenn sie versteinert sind, die Form behalten die sie vorher besaßen. Ich habe eine versteinerte Birne verloren, genauso schön geformt, wie sie es vor ihrer Substanzänderung war. Ich besitze in meiner Sammlung[716] immer noch eine versteinerte Quitte, eine versteinerte Feige und eine versteinerte Steckrübe, die die gleiche Gestalt wie vor ihrer Versteinerung haben. Herr Race,[717] der berühmte und hervorragende Chirurg hat mir einen vollkommen versteinerten Taschenkrebs[718] gezeigt, er zeigte mir auch einen versteinerten Fisch und mehrere Pflanzen eines bestimmten Krautes, ebenfalls versteinert. Ich sah auch mehrere Seeigel,[719] die (***231***) versteinert waren, ohne im Geringsten ihre Form verloren zu haben. Es gibt in der Stadt Angers einen Goldschmiedemeister namens Marc Thomaseau, der mir eine Blume zeigte, (252) die versteinert war, ein ganz zauberhaftes Ding, besonders da man von ihr die Unter- und die Oberseite der zartesten und feinsten Teile der Blüte sieht. Ich habe eine Tongrube aufgespürt in der es eine unendliche Anzahl von steinernen metallischen Markasiten ver-

---

714 „liqueur seconde". Vgl. Palissy 1996, Bd. 2, S. 250, Anm. 102. Bei dieser zweiten Flüssigkeit handelt es sich um das verfestigungsfähige Wasser, welches zu den Sandkörnern als zweites hinzutritt, um diese zu verkleben.

715 „sont contigues", eigentlich benachbart, aneinandergrenzend, nebeneinanderliegend. Palissy meint damit kontinuierliche Gesteinsformationen, die sich in Schichten aufeinander ablagern, in Abgrenzung zu Einzelsteinen und Kristallen. Siehe auch etwas weiter oben.

716 „dans mon cabinet".

717 Zu Race siehe Anm. S. ***105***/125 und ***130***/147.

718 „cancre", cancer oder crabe. Taschenkrebs, Cancer pagurus, in Oléron auch als „dormeur" oder „tourteau" bezeichnet, vgl. Patois Oléronais. Versteinerte Pflanzen vgl. S. ***360***/371.

719 „chastaignes marines" oder oursin, *Psammechinus miliaris*, vgl. Patois Oléronais.

schiedener Größe gibt, die einen groß wie eine Handfläche, die anderen wie Joachimsthaler oder Testons,[720] diese haben mich sehr viel mehr über Philosophie gelehrt als Aristoteles. Und da es ja so ist, dass ich Aristoteles nicht lesen konnte, habe ich in den Markasiten gelesen und habe durch diese erfahren, dass die generative Substanz der Markasite fließend, flüssig und wässrig war, und dies habe ich durch die Untersuchung ihrer Formen verstanden. Sie sind tatsächlich so gestaltet, als ob jemand flüssiges Wachs in sehr großer Menge nach unten tropfen ließ,[721] wobei die hinuntergetropfte Menge zuerst größer war als beim dritten Mal und sich dann jedes Mal weiter verringerte. Und bei der Verfestigung bildete das Wachs beim ersten Mal eine ausladendere Form als beim zweiten Mal und beim zweiten Mal wiederum eine ausladendere als beim dritten, und dies geschieht wegen der Abnahme an Materie. Denn ich sah selbstverständlich in den Markasiten, dass die Tropfen die als letztes herunterfielen ein Anzeichen von Stoffmangel zeigten. Dies (***232***) kann man nicht leicht verstehen ohne den Gegenstand selbst zu sehen, deshalb kannst du vorbeikommen, um ihn in meiner Sammlung zu betrachten. Es gibt viele andere Steine, die das Relief[722] des Untergrundes [wo sie entstanden sind] angenommen haben, wie einige weitere Steine die ich sah, welche man Adlersteine[723] nennt. Gleichgültig was man darüber sagt, glaube ich,

---

720 „jocondales & testons“, Geldstücke verschiedener Währungen. Jocondale, Silbermünze, siehe Palissy 1996, Bd. 2, S. 252, Anm. 108; Teston, Silbermünze, siehe GdH.

721 „jetté de la cire fondue en bas“. „Jeter“, hier gießen, fließen, wird auch im Metallguß verwendet: „Jeter le métal dans le moule“. Gewählt als Übersetzung wurde „tropfen“, da Palissy dies zwei Sätze später durch Verwendung von „les goutes qui tomboyent“ so präzisiert. Vgl. PR, Huguet und Palissy 1996, Bd. 2, S. 220. Die Beschreibung Palissys scheint eher auf die Entstehung von Stalagmiten als die von Markasiten zu passen. Es stimmt deshalb, wenn er im Folgenden sagt: „Dies kann man nicht leicht verstehen ohne den Gegenstand selbst zu sehen“. Auch hier fehlt also eine Abbildung.

722 „qui se sont formées selon le sujet qu’ils sont pris“. Die Gestalt des Untergrunds wird abgeformt.

723 „pierre d’aigle“ oder aetite, Adlerstein, Aetit oder Goethit, Eisenmineral (DudenG 1968). Siehe PR: „Pierre d’aigle“, qu’en pretendait se trouver dans les nids. Varieté d’oxyde de fer hydrate (anc. mineralogie).“ Vgl. Strübel, Zimmer 1991 und Holleman-Wiberg 1996, S. 918. Siehe: Diderot, d’Alembert 1751–1765, http://portail.atilf.fr/cgi-bin/getobject_?a.92:303:25./var/artfla/encyclopedie/textdata/IMAGE/ und P.W. Hartmann, Das große Kunstlexikon, http://www.beyars.com/kunstlexikon/lexikon_144.html: Auch „Klapper- oder Krallenstein“ genannt, Bezeichnung für nuss- bis kindskopfgroße hohle Braun- oder Toneisensteine von meist beiger bis rötlichbrauner Farbe, in deren Innerem eine konzentrische Schicht einen beweglichen Kern bildet. Wird ein solcher meist runder bis nierenförmiger Stein geschüttelt, «klappert» der Inhalt. Da man keine Öffnung sieht, durch die etwas ins Innere hätte gelangen können, hatten Adlersteine in früherer Zeit den Ruf des Unerklärbaren, Geheimnisvollen. Dem Volksglauben nach werden Adlersteine von Adlern in die Nester getragen. Wenn es ihre Größe erlaubte, wurden sie als Anhänger gefasst. In Mesopotamien galten Adlerstein als Schutz gegen Abortus und als Talisman für eine leichte Geburt.“ Vgl. Klapperstein als

(253) dass es nichts anderes als eine versteinerte Frucht ist, und was sich darin bewegt ist der Kern, der, da er geschrumpft ist, jetzt an jede der Seiten schlägt, wenn man den Stein schüttelt. So können Steine durch unterschiedliche Untergründe und Umstände verschiedene Formen annehmen:[724] Diese Dinge sind uns unbekannt, da wir sie nicht beobachten können. Mehrere [Personen] haben mir versichert, dass es in Rom einen See mit Namen Tivoli gibt, dessen Wasser, welches durch die Flüsse abläuft, die Pflanzen und andere Dinge an deren Ufern benetzt und sich dort verfestigt. Ich habe einige dieser Steine gesehen, die von diesem See mitgebracht wurden, sie sind ganz weiß und wegen ihrer schwammartigen Poren und den Vertiefungen, die die Gräser hineingebohrt haben und die zu verwickelten Formen führten, ausgesprochen schön. Hiermit beende ich die Ausführungen über die Formen und werde über die Ursache der Farben sprechen.

Es gibt eine große Anzahl von Stoffen, welche die Farben der Steine hervorrufen, und verschiedene unter ihnen sind dem Menschen unbekannt. Trotzdem, die Erfahrung, die zu allen Zeiten die Lehrmeisterin der Künste ist, hat mich gelehrt, dass Eisen, Blei, Silber und Antimon nur gelbe Farbtöne ergeben. (**233**) Da ich diese Gewissheit habe, kann ich ganz sicher sagen, dass verschiedene gelbe Steine ihre Färbung von einem dieser Minerale annehmen. Ich will damit sagen, wenn das Wasser durch den Erdboden fließt in denen die Samen dieser Metalle vorkommen und es diese [aufnimmt und] mit sich davonträgt, rufen diese die Farbgebung während des Erstarrungsprozesses hervor, da alle metallischen Substanzen salzartig sind und es zu keiner Verfestigung ohne Salz kommt, (254) wie ich bereits häufig gesagt habe. Auch die Einfärbung entstand also bereits zum Zeitpunkt der Gesteinsbildung,[725] bevor die Stoffe erhärtet waren. Ich fasse unter die gelben Steine, die seltenen als auch die gewöhnlichen Steine zusammen, wie zum Beispiel den Topas. Ich zähle auch den Sand hierzu, da eine große Menge von ihm eine gelbe Farbe besitzt. Dies ist eine der Ursachen für die [Farbe der] gelben Steine. Es gibt eine weitere vollkommen gewisse und belegte Ursache: Holz, welches im Boden verfault, gibt durch Auflösung und Verwesung das in ihm enthal-

[Über die Farben.]

Flintstein, http://www.budstone.de/feuerstein/feuerstein.htm: „Diese Feuersteinkugeln beinhalten den Kugelschwamm «Plinthosella squomosa». Unter bestimmten Umständen ist dieser in seiner Flinthülle locker und kann beim Schütteln rasseln, dann hat man einen sogenannten Klapperstein."

724 „Voila comment les pierres peuvent avoir dibers formes par divers sujets", sinngemäß ergänzt: So können die Steine verschiedene Formen haben, je nach den verschiedenen Orten und Weisen, wie sie entstanden sind. Palissy spielt damit vor allem auf die unterschiedliche Form des Untergrundes und des Hohlraumes an, wo sie entstanden, aber auch ob sie in Schichten, als Sedimentgestein oder als Tropfstein, in Kristallform, etc. gebildet wurden.

725 „a esté faite des le temps de l'essence de la pierre". Alternative Übersetzung: zu Beginn der Existenz der Steine.

tende Salz ab, (wobei durch den Abfluss des Regens das Salz des Holzes dessen Farbstoffe mitnimmt). Das Wasser und die erstarrungsfähigen Substanzen führen zur Verfestigung und erzeugen [auch] die Farbe eines Steins, der sich im erstbesten Becken bilden wird, dort wo sich solche flüssige Materie staut, daran gibt es keinen Zweifel. Denn ich weiß, dass das gelbe Glas, welches man in Lothringen für die Glasmaler herstellt, aus nichts anderem als aus verfaultem Holz hergestellt wird. Dies bezeugt was (***234***) ich sage, dass Holz Glas[726] gelb färben kann. Wenn du dir einmal Bohlen oder Dielen und andere Teile angesehen hast und das Holz noch grün ist, weil es frisch gesägt wurde, wirst du sehen, wenn es darauf regnet, dass das Wasser, welches an der Unterseite der Bretter abtropft, gelb wird. Es gibt auch verschiedene Kräuter und Pflanzen die die Substanzen, aus denen die Steine entstehen, färben können, unter anderem hat der Halm des Hafers die Fähigkeit zu einer starken Gelbfärbung. Der Absinth Saintonique hat auch eine stark gelbe Färbung, es ist bekannt, dass sich die Färber eines Krautes bedienen, das sie Färberwau[727] nennen und aus dem sie ihre gelben Farben machen.

Über Blau und Azur.

Ich kenne weder Pflanze, noch Mineral oder irgendeinen Stoff, (255) der die Steine Blau oder Azur färben könnte, außer dem Saphre,[728] welcher eine Mineralerde ist, der, aus Gold, Silber und Kupfer extrahiert, fast keine Farbe besitzt, außer vielleicht Grau, welches etwas ins Violett geht. Dennoch, wenn der Saphre in die Masse eines glasartigen Stoffes eingebunden wird, schafft er einen wunderschönen Azur. Dadurch kann man erkennen, dass alle Steine von azurblauer Farbe ihren Farbton durch diesen Saphre erhalten. Damit du eine zuverlässige Bestäti-

---

726 „qui est un tesmoignage de ce que je dy, que le bois peut teindre le bois (sic) en jaune," dies bezeugt was ich sage, dass Holz Holz (sic) gelb färben kann. Irrtum des Originals korrigiert, vgl. ähnliche Stelle S. ***241***/261.

727 „Gaude", auch „pastel", Reseda, Wau oder Färberwau, auch Färbeginster oder Waid genannt. Siehe: http://www.filzlexikon.de/found-faerben.html?fillex/faerben/reseda.html.

728 „saphre". Es wird die Originalschreibweise verwendet, vgl. die folgende Anm. zu „Saphregruben". „Saphre" oder „safre", siehe Palissy 1996, Bd. 2, S. 255, Anm. 117. Andere Bezeichnungen Kobaltoxid, Smalte, oder Azurblau, Kobaltblau, Kobaltglas. Vgl. Strübel, Zimmer, 1991: Kobaltblau und Lavendulan; Holleman-Wiberg, 1976, S. 571, 575, 937 und 938: Nutzung als Farbstoff für feuerfeste Glasuren. Smalte: pulverisiertes Kalium-Kobalt-Silicat. Siehe: Kühn u. a. 2002, *Reclam Handbuch der künstlerischen Techniken*, S. 37, 320, 322 und 367. Vgl. andere blaue Farbstoffe wie Azurit (basisches Kupfercarbonat) und Lapislazuli (Lasurit oder Lasurstein, Ultramarin). PR: „Safre" von „Saphir" (sieh „azur", „smalt"). Saphir, Edelstein, Korund mit blauer Färbung, „smalt": seit 1570 in d. franz. Spr., aus dem Ital. „smalto", Emaille, pulverisiertes blaues Glas (PR). „Azur" von Lapis-Lazuli, Azurstein, durch Kobaltoxid blau gefärbtes Glas; Ausgangspunkt für Kobaltgrau (safre, smalt) Duden: Smalte, auch Schmalte. Zu „Saphre" und „Saphir", Palissy 1996, Bd. 1, *Recepte*, S. 116 (Palissy schreibt dort irrtümlich „souphre"). Laut Palissy erhält der Saphir seine blaue Farbe weil das Wasser, welches zu seiner Entstehung führte, durch die Saphrelagerstätten floss und dabei den Farbstoff aufnimmt.

gung meiner Behauptungen erhältst, betrachte ein wenig die Steine die man Lapislazuli nennt. Diese haben eine so lebhafte Azurfarbe, wie es sie sonst nirgends auf der Welt gibt, und in diesen Steinen befinden sich einige Adern und kleine goldene Einsprenkelungen; an einigen Stellen auch (***235***) ein Grün, welches an das Chrysocolla[729] der Alten erinnert, das wir heute als Borax[730] bezeichnen. Diejenigen, die heute Borax herstellen, fabrizieren durch ein Verfahren welches sie geheim halten ein weißes [Borax]. Dasjenige der Alten, das diese Chrysocolla nannten, wurde in Wasserkanälen gewonnen, die aus den Kupfer- und Saphregruben[731] abliefen. Und obwohl ich sehr häufig erwähnt habe, dass es Salz in den Metallen gab und dass ihre Erstarrung sich (256) Kraft dieses Salzes vollzog, musst du dir nun vor allem diesen Punkt merken, nämlich, dass das Chrysocolla oder Borax nichts anderes als ein Salz war, welches vom Wasser aufgenommen wurde, als es durch die Kupfergruben[732] floss. Das hervortretende Süßwasser des Regens, das aus den Gruben herausgeleitet wurde und dieses Salz aufgenommen hatte, verdunstete, und als es verdunstet war, blieb der Feststoff,[733] welches das Salz ist, das entlang der Kanäle außerhalb [der Grube] erstarrte, dort zurück, wo das Wasser es hintrug. Das so kristallisierte Salz verwendete man um Gold, Silber und Kupfer zu schweißen. Doch muss man anmerken, dass das Chrysocolla nur grün war weil es gelegentlich mit dem Couperosesalz auftrat, welches das Kupfermineral erzeugte. Es war nicht mein Vorhaben an dieser Stelle über die grünen Farben zu sprechen, sondern über Azur, aber da es im Lapislazuli nun einmal Grün gibt, konnte ich es nicht umgehen über beide gleichzeitig zu sprechen. Dadurch kannst du sehen, dass Saphre in den Gold- und Kupfergruben gewonnen wird, denn wenn es kein Gold in den Saphregruben gäbe, würde sich keines im Lapis[734] befinden, und wenn es dort (***236***) kein Kupfer gäbe, würde darin [auch] kein Grün vorkommen. Auf diese Weise sind die Stoffe zusammengefügt und deshalb wird es nach und nach immer wieder Gelegenheiten geben, die Bedeutung der Salze hervorzuheben.

Die Theorie.

Es scheint mir, dass deine Auffassung ziemlich weit von der Realität entfernt ist, und dass um so mehr als du sagst, dass der Saphre eine so schöne blaue Farbe im

729 Auch Chrysocoll, siehe Strübel, Zimmer 1991, S. 78.

730 „borras“, Natriumsalz der Borsäure. Borax, siehe Strübel, Zimmer 1991, S. 52; Holleman-Wiberg 1976, S. 631, vgl. Palissy 1996, Bd. 2, S. 255, Anm. 118.

731 „minieres de cuivre & de safre“. Durch die enge Verbindung von „saphre“ mit den Kupfergruben, Azur, Azurblau, Lapslazuli, bleibt eine Unsicherheit ob es sich bei „saphre“ um die Kobaltverbindung „safre“ auch Smalte genannt oder die Kupferverbindung Azurit handelt.

732 „en passant par les minieres d’airain“.

733 „le fixe“.

734 „le lapis“, Lapislazuli.

Lapislazuli erzeugt und trotzdem meinst du, dass der Saphre keine lebhafte und schöne Farbe besitzt. Wie kann das also gehen? Kann der Saphre wirklich etwas abgeben, was er nicht hat?

Die Praxis.

Natürlich ist dein Argument sehr gut begründet, trotzdem bin ich sicher, dass azurblaues Glas mit Saphre hergestellt wird, und ich weiß natürlich auch, (257) dass dieser bevor er gemeinsam mit den glasartigen Stoffen eingeschmolzen wird, keine Farbe besitzt. Auch ist mir bekannt, dass ihm das Salzkraut[735] seinen lebhaften Farbton verleiht, obwohl er keine [eigene] Farbe hat, genauso wenig wie das gewöhnliche Salz. Man schmilzt oder verflüssigt ihn zusammen mit den Kieseln oder dem Sand, und ich weiß auch, dass die drei Stoffe zusammen ein ausgesprochen schönes Azur ergeben, das heißt, nachdem die Stoffe verflüssigt wurden und von Neuem erstarrt sind und man aus ihnen Glasgefäße in jener Gestalt geformt hat, die man ihnen geben wollte.

Die Theorie.

Ich habe dir hier zwei Argumente in Erwiderung deiner Rede vorzuschlagen: Zuerst sagst du, dass das Salz des Salzkrauts dafür verantwortlich ist, dass der Saphre eine azurblaue Farbe (***237***) annimmt und dann sagst du, dass dies alles durch die Kraft des Feuers geschieht. Der Lapislazuli kann also seine Farbe nur mittels dieser zwei Wege annehmen, jedoch gibt es am Ort, wo der Lapis gefunden wird, weder Feuer noch Salzkraut.

Die Praxis.

Darauf antworte ich, dass das Vitriolsalz im Boden bewirkt was das Salzkraut im Feuer der Glasmacher erreicht. Was die Decoction,[736] die Evaporation angeht, ist es nicht verwunderlich zu sehen, dass mehrere Decoctionen im Erdinneren vonstattengehen, denn diese vollziehen sich in allen Arten von Steinen und Metallen und selbst in den tonigen Erden, diejenigen die zu einem Zeitpunkt schwarz sind, werden zu einer anderen Zeit weiß.

Die Theorie.

Und willst du daraus schließen, dass es keinen anderen Stoff gibt, der eine azurblaue Farbe ergibt als Saphre?

Die Praxis.

Ich kenne keinen anderen.

---

735 „Salicor".

736 „decoction", Evaporation, vergleiche Anm. *Über die Metalle*, S. ***112***/131, ***146***/165 und Stichwort Evaporation in Haubold, Daber 1989, sowie Murawski 1983.

(258)

Die Theorie.

Du verstehst also nichts davon, denn man sieht deutlich, dass der Lapislazuli und der Saphir[737] die lebhafte Farbe von Azur haben und dennoch geht der Türkis mehr ins Azurfarbene als jede andere Farbe. Jedoch gibt es einen großen Unterschied, er enthält etwas grüne Farbe, andererseits ist der Saphir ein lichtdurchlässiger Körper, der Türkis und der Lapis aber sind undurchsichtig. Ich beweise dadurch, dass diese verschiedenen Farben nicht in einem Gegenstand vorkommen können.
(***238***)

Die Praxis.

Du täuscht dich, denn der Grund dafür, dass ein Saphir transparent und lichtdurchlässig ist, besteht darin, dass er aus einer wässrigen, reinen und klaren Substanz entstanden ist, aber mit dem Lapis verhält es sich nicht so, denn unter seine Substanz ist Erde gemischt, welche seine Farbe trübt. Deshalb ist er auch sehr viel schwächer, wie man an den verschiedenen Äderungen sehen kann, die er aufweist; an diesen Stellen kann er nicht so gut poliert werden, wie an den anderen. Die kleinen goldenen Äderchen und die grünen Stellen zeigen, dass sich seine Bestandteile schlecht vermischt haben. Und für den Türkis lässt sich der gleiche Grund anführen, wenn man weiß, dass die [enthaltende] Erde seine Substanz undurchsichtig macht, und was das wenige Grün hervorruft, ist nichts weiter als irgendeine Kupfersubstanz, welche unter die anderen Stoffe gemischt ist. Deshalb muss man immer wieder dem Saphre die Ehre zuerkennen, der Hauptgrund für alle Azurfarben zu sein. Die Steine, die einen Purpurfarbton haben, bestehen aus (259) ähnlichen Substanzen, außer dass sie noch irgendeine Sorte eines roten Farbstoffs enthalten, der bewirkt, dass sich der Azur ins Purpur wendet.

Die Theorie.

Du sagst, dass du außer dem Saphre keinen Stoff kennst, der Azur ergibt, und trotzdem gibt es Einige die ihn mit Kupfer herstellen.

---

737 „saphir". Hier spricht die „Theorie" plötzlich vom „Saphir" und nicht mehr vom „Saphre". Handelt es sich um eine Verwechselung oder um eine Gleichsetzung von Saphir und Saphre bzw. Safre? Ist Saphir vielleicht eine Abkürzung für das Safireum des Theophilus Presbyters und deshalb mit Safre identisch? Das ist zweideutig, da am Beginn „Saphre" als Mineralerde beschrieben wird, während der hier erwähnte „Saphir" transparent und offensichtlich mit dem Edelstein identisch ist. Saphir wird an dieser Stelle drei Mal in Folge verwendet, dies sind die einzigen Male im ganzen Text, anschließend wird wieder „Saphre" benutzt. Vgl. den Eintrag „Saphre" im Wörterbuch von Palissy am Schluss der *Discours* S. ***382***/396.

Die Praxis.

Das gelingt ihnen nicht auf natürlichem Wege, sondern durch Zufall. (***239***)

Die Theorie.

Und wie kannst du dabei bleiben, dass nur der Saphre Azur erzeugen kann, wo wir doch viele tausend blaue Blüten sehen, darunter die Iris[738] aus der man eine blaue Farbe gewinnt?

Die Praxis.

Du gehst schlecht aufs Thema ein, denn ich spreche über die Farben der Steine und du antwortest mir mit den Farben der Maler. Es ist ein langer Diskurs von den mineralischen Farben bis zu den Farben, die man aus Pflanzen gewinnt, denn alle aus Pflanzen hergestellten Farben, besitzen keine lange Lebensdauer, wie etwa der Safran und das Blasengrün,[739] die Sonnenblume und andere solche Farbstoffe. Aber diejenigen der Steine, die aus Mineralen stammen oder die aus calcinierten Metallen gewonnen werden, verlieren ihre Farbe nicht.

Die Theorie.

Wie gut du auch argumentieren kannst, hier hast du dich selbst so verfangen, dass es dir wohl kaum gelingen wird dich zu rechtfertigen, da du mir vorher gesagt hast, dass die gelben Steine ihren (260) Farbton von verfaultem Holz und verschiedenen Pflanzenarten annehmen und nun behauptest du das Gegenteil.

Die Praxis.

Was ich gesagt habe, ist gesagt und ich bin nicht bereit irgendetwas davon zu widerrufen. Als ich dir sagte, dass die Steine gelegentlich durch verfaulendes Holz und Kräuter gefärbt werden können, habe ich nicht gesagt, dass der Stein gefärbt werden kann, nachdem die Substanzen hart geworden sind, sondern ich habe dir sehr genau mitgeteilt, dass sie durch einige Holz- und Krautarten gefärbt werden können, während (***240***) die Stoffe flüssig und fließfähig sind. Die Stoffe können nachdem sie ausgehärtet sind diese Farbstoffe zurückhalten, und der Grund dafür warum sie nicht ihre Farbe verlieren können wie diejenigen der Maler, ist, dass sie

---

738 „flambe", alte Bezeichnung für einige Irisarten, manchmal auch für Gladiolen gebraucht.

739 „le verd de vessie", Blasengrün, Saft der Beeren des Kreuzdorns. Siehe: http://kremer-pigmente.de/37380.htm; Diderot, d'Alembert 1751–1765, Stichwort Nerprun (page 11:103): „Ses baies sont aussi de quelque ressource dans les arts: on en fait une couleur que l'on nomme verd de vessie qui sert aux Peintres & aux Enlumineurs. ..."; Académie: „Verd. s. m. .... verd de vessie verd de terre." „Verd de vessie", Blasengrün. Saft der Beeren des Purgirkreutzdorns, vgl. Hahnemann 1773, Bd. 1, S. 131.

in der Masse eingeschlossen sind. Da weder die Luft noch der Wind in diese Masse eindringen können, werden die Farben konserviert. Wenn du die Maler über die pflanzlichen Farben befragst, werden sie dir antworten, dass sie zur Verwitterung neigen.[740] Um diese Tatsache etwas besser zu verstehen, betrachte eine Dublette:[741] Du wirst einige Steinschneider finden, die aus Drachenblut[742] oder einer anderen Substanz einen sehr schönen Rubin- oder Granatfarbton schaffen, und nachdem sie zwei Kristallstücke zerteilt haben, färben sie eines mit dieser roten Farbe und kleben das andere darauf. So wird das Rot zwischen den beiden Steinen in seiner Schönheit geschützt, anders würde es seine Farbe nicht behalten. Auf ähnliche Weise bewahren die natürlichen Steine ihre in sie eingeschlossenen Farben. Ich habe hierzu noch zwei weitere Argumente, die ich dir vorstellen will. Eines betrifft [die Tatsache] die ich dir berichtete, dass die Steine manchmal ihre Farbe von Holz und Pflanzen annehmen können, (261) ich sprach jedoch nicht von den Blumen, denn die Farbe der Blüten ist nur von kurzer Dauer; wie man sieht, verlieren die Rosen, der Mohn und andere Blumen ihre Farben nach kurzer Zeit. Aber so verhält es sich nicht mit den Farbstoffen die von (***241***) verfaultem Holz stammen, denn ich habe dir weiter oben erzählt, dass verfaultes Holz zur Herstellung von gelbem Glas verwendet wird. Das ist gleichbedeutend damit, als wenn ich gesagt hätte, dass der Farbstoff des Holzes während seiner Verwesung gebunden[743] wird und aus diesem Grund bei der extremen Hitze im Brennofen nicht zerstört wird, was eine bemerkenswerte Sache ist. Genauso mag es einige Kräuter[744] geben, deren Farbe fixiert werden kann. Doch nun das zweite Argument, das sehr wichtig ist. Wenn du mir entgegnest, die Farbstoffe der Pflanzen seien nicht dauerhaft, werde ich dir das oben Gesagte erwidern, [nämlich], dass verfaultes Holz Glas gelb macht. Und weil du dich nicht mit solch einem Beweis zufriedengeben würdest, werde ich dir sagen, dass es unter allen farbigen Steinen nur sehr wenige gibt, deren Farbe dauerhaft ist.[745] Ich habe mehrere Male schwarzen Marmor, Kieselsteine und schwarze Steine, sowie andere verschiedener Farben, wie Jaspis, Chalcedon und [farbig] gemaserten Marmor calciniert, aber ich habe dadurch immer nur festgestellt, dass die Farben im Feuer verloren gingen, und obwohl Achat und Chalcedon nicht calcinierbar sind, sondern [schmelzen und] verglasen,[746] verlieren sie doch ihre ganzen Farben, wenn sie im Feuer unter-

---

740 „elles sont sujectes à s'esventer".

741 „un doublet", Imitation eines Edelsteins, siehe PR, vgl. Palissy 1996, Bd. 2, S. 260, Anm. 124.

742 „sang de dragon", Drachenblut, Harz eines Baums auf den Kanarischen Inseln.

743 „s'est fixée".

744 „simples".

745 „la teinture soit fixe".

746 „se vitrifient", d.h. sie erstarren glasig aus der Schmelze, verwandeln sich in Glas, vgl. Larousse.

sucht werden. Deshalb ist es unzweifelhaft, dass die Pflanzen an die Substanzen der Steine irgendwelche Farbstoffe abgeben können bevor sie erhärtet sind, wie ich ein andermal sagte. Was die Smaragde betrifft, ist es unzweifelhaft, dass ihre Farben von der Couperose[747] hervorgerufen werden, das heißt, von irgendeinem klaren Wasser, welches durch (***242***) Lagerstätten mit Kupfer- und Couperosemineralen floss. Was die schwarzen Steine betrifft, kann ihre Färbung auf verschiedene (262) Art und Weise hervorgerufen werden. Wir kennen verschiedene Bäume, die einen schwarzen Farbton genauso wie der Gallapfel haben, unter anderem führen die Nussbäume, die Erlen oder Schwarzerlen[748] zu einer Schwarzfärbung. Und wenn sie im Erdboden vermodern kann ihr Farbstoff zurückgehalten werden, um manchmal bei der Entstehung der Steine dienlich zu sein; auf jeden Fall färbt sich die Erde dort wo sie verrotten schwarz. Ich habe auch schon häufiger festgestellt, dass die Steine vielfach die Farbe der Erde ihres Entstehungsortes besitzen, und diejenigen die im Sand liegen, haben häufig auch die Farbe des Sandes, wo sie gefunden werden. Trotzdem befinden sich oft weiße Steine in schwarzer Erde und dies liegt daran, dass der Stoff aus dem sie sich gebildet haben, seine Farbe bei der Decoction änderte, was recht häufig bei verschiedenen Mineralen vorkommt und allgemein bei allen Früchten der Erde, die eine andere Farbe haben wenn sie reif sind als am Beginn ihres Wachstums. Was die Farben von gemasertem Marmor, Jaspis, Porphyr, Serpentin und anderen Arten angeht, werden deren Farben von verschieden Infiltrationen des Wassers hervorgerufen, welches von der Erdoberfläche bis dorthinunter fließt wo sich die Steine bilden. Das von mehreren und verschiedenen Orten der Erde[749] kommende Wasser nimmt beim Durchströmen der [Bodenschichten] deren verschiedene Farbstoffe auf, (***243***) die [später] in den Gesteinen vorhanden sind. Denn falls ein Teil des Wassers im Vorbeifließen auf ein Kupfer- oder Couperosemineral stößt, wird es [nachher] grüne Flecken auf den Steinen hinterlassen, wenn es tropfenweise auf sie fällt. Gleichzeitig werden andere Tropfen fallen, die Eisenerzlager durchlaufen haben, diese fallen (wie ich es beschrieben habe) in das [unterirdische] Wassersammelbecken, wo sich das Gestein bildet, diese Tropfen werden beim Erstarren gelb. [Wieder] andere Tropfen rufen verschiedene andere Farben hervor, welche diverse Zeichnungen in diesen Steinen produzieren.

---

747 Es könnte sich um basisches Kupfercarbonat von grüner Farbe handeln, dies ist allerdings keine Couperose, d.h. kein Sulfat. „Couperose", Kupfervitriol, Kupfer(II)-sulfat $CuSO_4$ besitzt eine Blaufärbung, siehe Holleman-Wiberg 1976, S. 794 f. Auch Chrysokoll oder Kupfergrün ($Cu(SiO_3) \cdot n\, H_2O$) hat eine grüne Färbung.

748 „aulnes ou vergne".

749 „endroits de la terre".

(263)

Die Theorie.

Wenn es so wäre wie du sagst, müssten die Zeichnungen[750] alle rund sein, wie beim Porphyr. Aber da wir im Jaspis, Marmor und in Mischsteinen Figuren[751] sehen, die mit seltsamen Ideen geschaffen wurden,[752] zeigt dies, dass sie nicht von herabtropfendem Wasser herrühren, wie du behauptest.

Die Praxis.

Wenn du an meinem Unterricht teilgenommen hättest, wüsstest du, dass ich Recht habe, denn es gab dort mehrere Männer, die ein wenig gelehrter sind, als du es bist. Trotzdem gelang es mir sie davon zu überzeugen, dass meine Schilderung der Wirklichkeit entspricht, und es gab dort nie jemanden der mir darin widersprechen konnte. Es ist allerdings wahr, dass ich eine Abbildung[753] in ihrer Gegenwart anfertigte, um ihnen meine Behauptungen verständlich zu machen. Es ist wahr, falls die Tropfen welche von oben herunterfallen sich sogleich verfestigten, nachdem sie heruntergetropft sind; würden sie, entsprechend der Größe des fallenden Tropfens nur gerundete Formen[754] bilden. (**244**) Aber da die sich verfestigende Materie Buckel bildet, finden die Stoffe, die gleichzeitig von verschiedenen Stellen heruntertropfen, einen unregelmäßigen Untergrund vor und sind gezwungen in die Täler zu laufen. Und so werden drei oder vier Wasserstrahlen, die in der Farbe voneinander abweichen, gezwungen, wenn sie auf einen Buckel oder kleinen Berg fallen, nach unten abzufließen, und während des Fließens zeichnet jede von ihnen eine kleine Ader in der Farbe, die sie mitführt. Hinzukommt [Folgendes]: Weil [die Rinnsale] wegen der Gewalt des Hinabströmens sehr schnell abwärtsfließen, vermischen sie sich miteinander in dem sie verwirbeln, wie zwei Flüsse die sich treffen. Da eine weitere Wasserinfiltration,[755] oder zwei oder drei, plötzlich gemeinsam am gleichen Ort auftreten können, werden sie sich letztendlich gegenseitig bekämpfen oder verdrängen, so dass daraus konfuse Figuren entstehen. Was den Porphyr oder weitere Steine mit kreisförmigen Zeichnungen betrifft, können diese beim Sturz des Wassers entstehen, wenn

750 „figures“, wie auch im vorherigen Satz.

751 „figures“.

752 Theorie spielt zweifellos auf die so genannten Bildsteine an.

753 „figure“. Als Übersetzung wurde Abbildung gewählt, obwohl Palissy sowohl eine Zeichnung als auch ein dreidimensionales Objekt angefertigt haben könnte, um seinen Zuhörern ein gleichfalls dreidimensionales Problem verständlich zu machen. Obgleich nicht durch den Begriff „figure“ abgedeckt, wäre auch eine Demonstration des Vorgangs denkbar, etwa das Abtropfenlassen eingefärbter Flüssigkeiten auf eine Unterlage.

754 „figure“.

755 „descentes“, chutes (PR).

Tropfen herunterfallen, und beim Herabfallen trennen sich mehrere kleine Tropfen von den großen, (264) wie man es bei besagtem Porphyr sieht. Ich habe auch Porphyr gesehen, der auf andere Weise entstand, dabei verfestigte[756] sich ein sandiger Boden und mit diesem der Sand, der sich in ihm befand. Wenn man diesen Porphyr schnitt, [sah man,] dass die Sandkörner die weißer waren die Sprenkelung bewirkten. Um zu wissen wie der Chalcedon und mehrere Arten des Jaspis (**245**) ihre Farbe erlangten, muss man die tonhaltigen Böden untersuchen, und dabei wird man feststellen, dass mehrere von ihnen die gleichen Farben wie der Chalcedon besitzen. Es gibt auch welche, die ähnliche Zeichnungen wie Achat aufweisen. Über das was noch zu sagen übrig bleibt werde ich dann sprechen, wenn ich das entsprechende Thema behandle.

Die Theorie.

Du hast vorhin versprochen, mir den Grund zu nennen, weshalb einige Steine härter sind als andere. Du würdest mir eine Freude machen, wenn du [jetzt] darüber sprichst.

Die Praxis.

Über die Härte der Steine.

Das ist sehr leicht zu zeigen und hierzu werde ich dich einfach in die Pariser Steinbrüche schicken, deren Gesteine oben weich sind, bis ungefähr zu einer Tiefe von zehn bis zwölf Fuß. Diese weichen Steine werden Moellons[757] genannt, da sie nicht sehr dicht sind. Aber unterhalb der Moellons befindet sich ein Gestein das man als Liais[758] bezeichnet, dieses ist so dicht, dass man es in jeder beliebigen Größe [zu Tage] fördern kann, und da diese Steine äußerst hart sind, fertigt man aus ihnen gewöhnlich Treppenstufen und auch die Bedachung von Bauwerken.[759] Dieser Beweis (265) müsste dir genügen, denn du kannst an diesen Gesteinen ersehen, dass sie nur aus dem Grund unten härter sind als oben, weil das Wasser, welches die Böden durchströmt, [solange] nach unten fließt, bis es im Untergrund auf eine Schicht aus irgendeinem Ton stößt, die das Wasser nicht (**246**) so

---

756 „congeler".

757 „moilon" oder moellon. Sehr poröser Bruchstein, häufig in der Region Paris verwendet, von molleux, mollig, weich. Häufige Verwendung als „pierre sêche", Trockenmauerwerk. „Moellon" von moelle, weich, füllig, markig. „Markig", da einige Steinsorten eine Entsprechung im äußeren Erscheinungsbild haben, sie sind porig. Siehe: http://www.pierreseche.com/vocabulaire_pierreseche_M.html.

758 „liais". Dichter und harter, fein körniger Kalkstein (PR). Siehe auch: „Pierre de liais", Diderot, d'Alembert, 1751 ff., http://portail.atilf.fr/cgi-bin/getobject_?a.92:303:24./var/artfla/encyclopedie/textdata/IMAGE/.877126.

759 Sind hier Gewölbedecken gemeint? (PR) vermutet gallische Herkunft mit der Bedeutung „comme lit", als Bett, als Lagerung, d.h. Verwendung als Sockel und Fundament von Bauwerken.

rasch wie die oberen durchdringen kann, und [deshalb] dort gestaut wird.[760] Wenn die erste Schicht sich verfestigt hat, dient diese als Gefäß um weiteres Wasser aufzufangen, welches durch die Bodenschichten nach unten fließt, und auf diese Weise hatten diese Gesteine immer einen Überschuss an Wasser, was dafür sorgte, dass sie härter sind als die oben liegenden. Du musst festhalten, dass das oben liegende Gestein nur deshalb weicher ist, weil das Wasser dort nicht verweilen konnte bis die Verfestigung abgeschlossen war. Und dieser Mangel an Wasser hat zwei Hauptgründe, der eine ist, wie ich sagte, dass das Wasser immer weiter nach unten fließt und die oberen Schichten verlässt, der andere, dass der Erdboden im Sommer durch die Sonneneinstrahlung austrocknet, und daher kommt es, dass er keine vollkommenen Steine[761] hervorbringt. Und solche oben liegenden Steine könnten Markasite genannt werden, denn oberhalb der Lagerstätten von Metallen und an weiteren Orten finden sich unvollkommene Metalle, die man wegen ihrer Unvollkommenheit Markasite nennt.[762] Und genauso wie die an den tiefsten und wasserreichsten Orten verfestigten Steine vollkommener als die anderen sind, stellt man fest, dass die vollkommensten Metalle sich häufig im Wasser befinden, welches man unter großer Mühe abpumpen muss. Man darf also als gesichert annehmen, dass es zwei Ursachen gibt, die den Steinen ihre Härte verleihen, die eine ist der Überschuss an Wasser, die andere die lange Decoctionszeit, denn mehrere Gesteine können (***247***) durch Wasser entstehen und sind dennoch nicht hart. Wir haben ein sehr gutes Beispiel in den Gipsbrüchen von Montmartre bei Paris, denn dort befinden sich einige Gipsadern, die man (266) als Gif[763] oder Miroirs[764] bezeichnet und die sich wie Schiefer spalten lassen, genauso dünn wie Papierblätter und genauso klar wie Glas. Dieser ist wie eine Art Talg, seine Lichtdurchlässigkeit oder Transparenz zeigt uns sehr gut, dass der größte Teil seiner Substanz[765] nichts weiter als Wasser ist, trotzdem lässt er sich calcinieren und man verarbeitet ihn genauso wie Gips. Man muss also daraus schließen, dass eine übereilte Verfestigung den Gesteinen nicht gestattet zu erhärten, und

---

760 Wasserundurchlässige Bodenschicht.

761 „pierres en leur perfection". Vergleiche Palissys Hypothese der vollständigen und unvollständigen Steine.

762 „marcassites", Markasit. Bis Mitte des 19. Jh. mit Pyrit gleichgesetzt. Dass der Name Markasit „imperfection" bedeuten soll ist unbekannt. Der Name leitet sich vom Arabischen, vielleicht Persischen marqašita, Feuerstein, Schwefelkies her (siehe PR).

763 Die französische Sprache kennt zwei Bezeichnungen für Gips, platre und gypse oder gif. Diese lassen sich nicht genau trennen: platre hauptsächlich lockeres gebranntes Material, während gypse eher Gipsstein meint.

764 „miroir", Spiegelstein genannt, eine Abart von Gips, ähnlich Frauen- oder Marienglas, ein Calciumsulfat $(CaSO_4)\ 2H_2O$. Alabaster ist ebenso ein Gipsstein. Vgl. Strübel, Zimmer 1991; Holleman-Wiberg 1976, S. 696.

765 „essence". Vgl. mit „matiere principale" S. ***252***/270.

dies kann man an diesem Ort erkennen, wo sich der Gips befindet. Denn dies ist eine sandige Region und die Böden in der Nähe der Gipsbrüche sind ausgetrocknet, es gibt dort einige Felsen aus sehr leichten und weichen Steinen, die auf der Zunge kleben wie der Bolus aus Armenien,[766] und diese Felsen haben nur eine sehr geringe Dichte. Auf diese Art beweise ich, dass die Gesteine, bei denen es sehr früh zu einem Wassermangel kam, nicht hart sein können. [Ein Hinweis] um ein Gestein gut bestimmen zu können, bei dem während der Entstehung Wassermangel herrschte: In der Gegend des Bigorre[767] finden sich kaum Gesteine, sondern nur harte Kiesel.[768] Das Land ist kalt und sehr regnerisch, es gibt dort eine große Menge Flüsse, da es in der Nähe der Berge liegt. Deshalb kann es während der Gesteinsbildung in diesem Land keinen Wassermangel geben, die Bewohner sind auch gezwungen (***248***) ihr Mauerwerk aus Bruchsteinen[769] zu bauen, das sich wegen seiner Härte nicht zerkleinern lässt. In den Ardennen sind die Böden sehr sandig, und die Gesteine in den Steinbrüchen bestehen aus keinen anderen Stoffen als die Böden dort. Aber da das Land sehr regnerisch ist, ist das Gestein dort sehr hart, scharfkantig und abstoßend, so sehr, dass diejenigen welche bauen, gezwungen sind weiche Steine aus Frankreich einzuführen um die tragenden Mauern der Kamine, die Fensterkreuze, Gesimse, Friese und Architrave zuschneiden zu können, denn mit den Steinen dieser Region kann man keine Zierleisten herstellen. Die Arbeiter in den Steinbrüchen, die sie fördern, machen alles umgekehrt wie in (267) Paris, denn sie verwenden nur die oberen [Gesteinsschichten], und wenn sie das am wenigsten dichte Material entfernt haben und sie auf das stoßen was die Pariser Liais nennen, sind sie gezwungen aufzugeben, da der Stein zu hart ist. Die Gesteinslagerstätten,[770] von denen ich spreche, sind auf eine Weise

766 „boliarmeny", bol d'armenie. Bolus, Kugel aus Armenien, bestehend aus Lehm (tonhaltiger Erde, terre d'argileuse), wurde als Medikament verwendet (PR). Siehe auch Meyers, vgl. Priesner, Figala 2000, S. 357, Terra sigillata, Siegelerde.

767 Departement Bearn, Hauptort Tarbes. Vorland der Pyrenäen.

768 „cailloux", Kiesel, Kieselstein. Kies oder Geröll u. ä. Der Begriff stellt insofern ein Problem dar, da Cailloux als Begriff für kleine Steine gilt, überwiegend aus Quarz. Dies trifft bei Palissy nicht zu, Cailloux können auch große Felsen sein, es sind Einzelsteine im Gegensatz zum kontinuierlichen Schichtgestein, also auch so genannte Findlinge. Cailloux sind im Allgemeinen gerundet. Die inhaltlich passende Übersetzung wäre Geröll. Auch die erwähnte Druse wird als Cailloux bezeichnet. Hilfreich ist hierzu Artikel im Krünitz, Stichwort Kiesel, Kieselstein. Vgl. aber DMF: „(Petite) pierre, fragment de roche" und TLF.

769 „cailloux". Traditionelles Natursteinmauerwerk im ländlichen Raum wird häufig aus Bruchsteinen errichtet.

770 „pierrieres", eigentlich Steinbrüche (carrieres), siehe Dupuy 1902, S. 323. Der Bodenaufbau ist also folgender: auf eine Sandschicht folgt eine Kalkschicht, darauf wiederum eine Sandschicht. Bei der Sandschicht handelt es sich wegen der erwähnten Härte wahrscheinlich um Sandstein.

gebildet, wie man sie kaum vergleichbar findet, denn nach einer Gesteinsschicht von etwa eineinhalb bis zwei Fuß Dicke stößt man auf eine weitere Sandschicht, und alle Gesteinslager in dieser Gegend sind genauso aufgebaut. Der Sand, welcher die Gesteinsschichten trennt, ist genauso hart und genauso gut verdichtet, wie der Kalkstein[771] der aus Frankreich importiert wird und aus dem sie ihre Fensterrahmen hauen. Dies finde ich sehr seltsam und ich kann nur davon ausgehen, dass der Sand begonnen hat, sich zu versteinern. In den Wäldern der Ardennen liegen eine große Menge Kieselsteine[772] (***249***) verschiedener Größe und Farbe, von denen sich die größte Zahl entlang der in den Tälern fließenden Bäche befindet, da das Regenwasser welches die Berge hinabläuft das Salz der verrotteten Bäume in die Bäche dieser Täler spült, was wiederum ein Beweis dafür ist, dass Kieselsteine nicht hart werden können, ohne dass es einen Überfluss an Wasser gibt. Im Allgemeinen befinden sich die härtesten Gesteine in den kalten und regnerischen Regionen, wie man etwa an den Bergen der Pyrenäen sieht, in denen es einen schönen Marmor gibt. Es gibt auch welchen in Dinan,[773] [ebenfalls] eine kalte und regnerische Gegend. In den Bergen der Auvergne findet man Kristall und dies alles entsteht nicht ohne reichlich Wasser und Kälte. Man weiß gut, dass in Freiburg im Breisgau sich der schöne Kristall in den Bergen befindet in denen fast immer Schnee liegt und entsprechend dem was ich über die Gegend des Bigorre sagte, nämlich, dass es dort nur Kieselsteine gibt, da das Land regnerisch und kalt ist, kann man das gleiche von einem Großteil der an die Ardennen grenzenden Landschaften sagen und besonders für den Weg der von Mezières nach Antwerpen führt. Das ist das Erstaunlichste was ich bisher gesehen habe, (268) denn entlang der Maas, in der Gegend von Liège, fließt dieser Fluss zwischen Bergen die eine erstaunliche Höhe haben. Sie bestehen zum großen Teil aus einem Stoff der den weißen Kieseln[774] ähnelt und zum anderen Teil aus grauem [Gestein], und damit du nicht denkst, dass das Gebirge (***250***) aus verschiedenen Kieseln besteht, behaupte ich, dass ein großer Berg, nur ein [einziger] Kiesel ist. Und ich füge hinzu, dass es dort verschiedene Berge gibt, auf denen aufgrund ihrer großen Härte weder Bäume noch Pflanzen wachsen. Wegen ihrer großen Härte sind sie

---

771 „pierre blanche", allgemeiner unspezifischer Begriff für weißes Gestein, gewöhnlich Kalkstein.

772 „cailloux", auch: Kies, Schotter, Gesteins- oder Felsbrocken etc. Hier aber sicher aufgrund der Erwähnung ihrer unterschiedlichen Farbe entspr. ihrer Hauptbedeutung „Kiesel". Siehe: Meyers, hier Stichworte: Kieselstein und Mühlsteinproduktion bei Paris) und Krünitz, Oekonomische Encyklopädie, http://www.kruenitz1.uni-trier.de: „Noch kein Schriftsteller hat der **Kiesel=Felsen** gedacht, wo nähmlich dergleichen Steine in großen Flötzen und Felsen liegen, von welchen die Kiesel, die wir in den Bächen und auf den Feldern liegen sehen, abgerissene Brocken sind." (Hervorhebung Verfasser)

773 Dinan, Stadt in der Bretagne, im Westen Frankreichs, Département Côtes d'Armor.

774 „cailloux blancs".

nutzlos, denn da sie sich nicht behauen lassen kann man sie nicht für Bauten verwenden. Und unter dieser Gesteinsschicht, sehr viel tiefer unter der Erde, befinden sich die Schieferbrüche. Genauso wie in den Ardennen sind die Häuser im Bigorre ebenfalls mit Schiefer gedeckt, der üblicherweise in kühlen Regionen verwendet wird.

Die Theorie.

Nenne mir doch bitte jetzt den Grund für die unterschiedlichen Gewichte.

Die Praxis.

Ein Mensch mit guter Urteilskraft erkennt dies hinreichend aus den Erklärungen die ich bereits gegeben habe. Denn das, was die Härte bewirkt, ist auch für das Gewicht der Steine verantwortlich, deshalb dürfte dir bekannt sein, dass es keinen anderen Grund dafür gibt als das Wasser. Denn alle leichten Steine wie die Kreide und einige Kalksteine[775] sind nur deshalb leicht, weil ihnen bei der Entstehung Wasser fehlte und die Steine deshalb schwammartig und voller Poren blieben. Und deshalb wirst du, wenn du einen Kreidestein[776] nimmst, ihn wiegst und anschließend ins Wasser legst und ihn, nachdem er gewässert wurde, wieder wiegst, am Gewicht feststellen, dass er schwammig ist, weshalb er sehr viel Wasser aufgesaugt hat. Wenn du einen Kiesel oder irgendein Stück Kristall wässerst, wirst du feststellen, dass er kein Wasser (***251***) wie der leichte Stein aufsaugt, denn er hat sich bereits während der Verfestigung vollgetrunken.[777]
(269)

Die Theorie.

Bitte nenne mir den Grund für die Fixation der Steine,[778] denn ich kenne einige die sich calcinieren lassen, und wenn sie calciniert sind, sind sie leichter als vorher, und sobald man Wasser dazugibt, zerfallen sie zu Staub. Andere werden weiß, fleckenlos und verflüssigen sich, behalten aber immer ihre Masse.

Die Praxis.

Es gibt zwei Gründe für die Fixation der Steine, der eine ist das Überangebot an Wasser und der andere die lange Decoctionszeit. Man muss anmerken, dass alle

---

775 „pierres blanches".

776 „pierre de croye".

777 „il en a beu son soul", er ist gesättigt. Redewendung wurde übernommen und deshalb „boire, beu" mit „trinken" und nicht wie vorher mit „aufsaugen" übersetzt.

778 „...qui causent la fixation des pierres". Term der Alchemie, chemische Operation der Festigung, Bindung. Hier ist jedoch ein natürlicher Vorgang gemeint, sogar das Ergebnis: Fixation oder Fixierung, Festigkeit, Haltbarkeit und Zusammenhalt der Steine. Vgl. S. ***92***/112 und ***95***/115.

Steine die calcinieren eine unvollständige Decoction[779] hatten. Nun, das ist es, was ich dir in wenigen Worten über die Dauerhaftigkeit der Steine sagen kann. Es gibt einige Regionen oder Klimate,[780] dort wo das strenge Wetter und heftige Winde, Frost und Kälte eine gewisse Sprödigkeit[781] der Steine und Bäume hervorrufen, wie wir es an den Eisenbergwerken in den Ardennen auf den Ländereien des Duc de Bouillon sehen. Denn genauso wie ich die Steine dieser Gegend als spröde,[782] derb und abstoßend beschrieben habe, ist das Eisen, das in den Hüttenwerken dieses Landes geschmiedet wird auch spröde, hart und zerbrechlich.[783] Und nicht nur im Eisen verspürt man das unangenehme Klima,[784] auch die Gehölze an den Säumen und Rändern der Wälder sind ruppig, hart, gekrümmt und schlecht geeignet, um für die Arbeit verwendet zu werden. Auch der Wein (***252***) kann in dieser Landschaft nicht wachsen, da der Sommer nicht lange dauert. Auf den Ländereien des Duc de Bouillon gibt es sehr viel Eisenerz, aber das Mineral hat nur sehr feine Körner und den Nachteil, dass man es tief in der Erde suchen muss, was wiederum ein Beweis dafür ist was ich über die Metalle gesagt habe, nämlich, dass sie nicht durch das Feuer erzeugt werden können. Genauso wie (270) einige Pflanzen und Früchte in einer Landschaft gedeihen und in einer anderen nicht wachsen können, haben auch die Gesteine in einem bestimmten Klima kaum Ähnlichkeiten mit denen in anderen Klimaten, dies gilt auch für die tonhaltigen Erden.[785]

Die Theorie.

Du hast mir viele Gründe für die Formen, Farben, die Härte und das Gewicht der Steine genannt. Diese Dinge zu verstehen fiel mir leicht, weil du sie vorgeführt hast. Aber wenn ich jetzt einem anderen über das, was du mir gezeigt hast instruieren müsste, würde ich damit große Schwierigkeiten haben, da ich keine Beweise

779 „sont imparfaites en leurs decoction“.

780 „climats“, lateinisch für „Gegend“.

781 „aigreur“, siehe Lexikon von Palissy am Schluss der *Discours*. Spröde bedeutet auch leicht zerbrechlich.

782 „aigre“, im folgenden Satz die Eigenschaft des Stahls betreffend, auch mit der Bedeutung „scharf“.

783 „frayable“, zerbrechlich. Siehe Godefroy für diese Belegstelle, 1. brüchig, also „friable“ und 2. kostspielig; dies scheint gleichfalls möglich. Im Bezug zu den beschriebenen Steinen und der Waffenproduktion ist die Abstammung von „frayeur“, Angst, Furcht begründet und eine Übersetzung von „frayable“ (siehe TLF) mit einschüchternd, schrecklich oder furchtbar, also „effrayable“ sinnvoll. Vgl. Nicot: „Effrayable....Terrifica vox“.

784 „l’air“.

785 „terres argileuses“, hier Ton, im heutigen Sprachgebrauch aber Lehm. Palissy verarbeitet als Töpfer nur Ton, aber keinen Lehm. „Terre d’argile“ und „terres argileuses“ werden von Palissy meist synonym gebraucht.

besitze, so wie du sie hattest, als du die Demonstrationen durchführtest. Deshalb möchte ich, dass du mir in wenigen Worten einen hübschen zusammenfassenden Schluss formulierst, wie du es für die Metalle und das generative Wasser getan hast.

Die Praxis.

Wenn du noch im Kopf hast was ich dich gelehrt habe, wirst du dich erinnern, dass ich in der abschließenden Schlussfolgerung bezüglich der Entwicklung[786] der Steine, vor meinen Zuhörern bewies, dass die Hauptsubstanz[787] allen Gesteins nichts anderes als eine erstarrungsfähige Substanz ist, aus welcher (***253***) der Kristall, der Diamant und alle durchsichtigen Steine zusammengesetzt sind. Erinnerst du dich nicht, dass ich dir verschiedene Steine aus Achat zeigte, aber auch andere, die an der Oberfläche hellkristallin[788] aber im Inneren dunkel und opak sind? Sagte ich nicht, und bewies es auch, dass alle undurchsichtigen und farbigen Steine, gleichgültig welche Farbe sie haben, nur zufällig opak und farbig sind? Zum Beispiel das Gestein, aus welchem die Schleifsteine zum Schärfen der Waffen gemacht werden, das durch einen Sand opak geworden ist, der unter die erstarrungsfähige Substanz gemischt ist. Andere Steine wurden durch die Beimengung von Erde trübe, die sich mit dem Wasser vermischt hatte. Du müsstest genug über die Ursachen gehört haben, als ich über die Farben der Steine sprach, aber um dir nochmals die Beweise (271) in Erinnerung zu bringen, die ich in meinem Unterricht geliefert habe, erinnere dich daran, was ich damals sagte. Betrachte den Bergkristall und du wirst feststellen, dass sich während seiner Erstarrung seine Substanz im Wasser befand, wie ich mehrere Male feststellte. Wenn das Wasser wegen der [enthaltenen] Erde getrübt ist, sinkt die Erde immer nach unten, wie die Hefe in einem Weinfass.[789] So geschieht es, dass sich das saubere und das unsaubere Wasser gemeinsam verfestigen, aber der obere Teil wird zu klarem und reinem Kristall und der untere zu einem trüben Kristall. Genauso verhält es sich mit den metallischen Substanzen, die immer irgendetwas mit sich führen, was ihre Unreinheit verursacht.

---

786 „l'effet des pierres". Verwirklichung, Realisierung, Vollendung, Ausformung.

787 „matiere principale". Vgl. mit „essence" 247/266.

788 „candide", a) von candir, siehe Dupuy; PR: kristallieren, b) von candeur, hell. Gegensatz „tenebreux".

789 „poinson de vin", Weinfass. Siehe Hulsius: „Weinfaß/deren vier ein Fuder halten."

(***254***) (273)

Über die Tone.[790]

Die Theorie.

Als du über die Quellen und über die Gesteine sprachst, hast du sehr häufig die tonhaltigen Böden[791] erwähnt und trotzdem habe ich bisher von dir überhaupt nicht gehört, was Ton eigentlich ist.

Die Praxis.

Ich habe von einem gewissen Buch eines Autors gehört, welches die Gesteine und Böden behandelnd erzählt, dass der Ton[792] seinen Namen von einem Dorf namens Argis erhielt, da an diesem Ort die ersten Tongefäße hergestellt wurden. Man nennt seit dieser Zeit alle Erden[793] die geeignet sind, um daraus Töpfe herzustellen Tone,[794] genauso wie man den armenischen Bolus, der in Frankreich abgebaut wird, als bolus armenus[795] bezeichnet, obwohl er nicht aus Armenien stammt. Indessen habe ich seitdem von einigen Lateinern gehört, dass dies ein Irrtum ist und dass jeder Boden der sich zur Herstellung (274) von Gefäßen eignet, wegen seiner Bindigkeit Ton genannt wird, und sie sagen, Ton bedeute fette Erde. Solche Ansichten forderten mir doppelten Mut ab um darüber zu sprechen, denn dies zeigte mir, dass sich die Lateiner und Griechen genauso gut irren können wie die Franzosen. Sie bezeichnen tatsächlich Ton als fette Erde, obwohl sie weit davon entfernt ist (***255***) fett zu sein, da man Ton sogar zum Entfetten benutzt, was durch das Walken des Tuches bezeugt wird. Und einige Kurzwarenhändler machen daraus Pastillen[796] zur Entfettung, um sie zu verkaufen. Es ist ganz gewiss, dass der Ton keine Gemeinsamkeiten mit fetten Stoffen hat und sich genauso wenig mit Fett mischen lässt wie Öl mit Wasser. Der Grund, warum Ton den Tüchern das Fett entzieht, liegt allein darin, dass Fett für ihn ein Widersacher ist. Genauso wie die Wärme die Feuchtigkeit verjagt, vertreibt der Ton das Fett von dort, wo es am stärksten ist.

---

790 „terres d'argile", Tonerden, Tone, tonige oder tonhaltige Böden.

791 „terres d'argileuse", siehe Anm. zu S. ***252***/270. „Terre d'argile" und „terres argileuses" werden von Palissy überwiegend synonym gebraucht.

792 „terres d'argile".

793 „terres", Erden, auch Böden.

794 „terre d'argile".

795 „boliarmeny" oder „bolus armenus", rötliche, eisenhaltige Erde. siehe Anm. zu S. ***247***/266 und Palissy, 1996, Bd. 2, S. 350, Anm. 73.

796 „trochisques", Pastillen, Pillen ähnlich, siehe Wörterbuch von Palissy *Erläuterung der problematischsten Begriffe* am Ende der *Discours*.

Die Theorie.

Wie willst du denn die Töpfererde[797] nennen, wenn nicht fette Erde? Ich weiß doch genau, dass der Leim,[798] den einige Besq[799] nennen, aus Fetten[800] zusammengesetzt ist. Einige machen ihn aus der Rinde eines Baumes der Stechpalme[801] genannt wird, andere nehmen die Beeren einer bestimmten Mistel,[802] die am häufigsten auf Apfelbäumen wächst, diese ist sehr klebrig. Einige nennen diese Mistel auch Besq, (275) doch eignen sich beide gut um Vögel[803] zu fangen, und wenn man sie benutzt, muss man feuchte Hände haben, sonst bleiben sie an den Händen kleben. Auf jeden Fall sagen sowohl Franzosen als auch Lateiner, wenn sie von den tonigen Böden sprechen, dass dies eine zähe, fette und klebrige Erde ist und einige haben selbst geschrieben, dass der Ton ein bindiger, klebriger und viskoser Boden ist.[804]

(***256***)

Die Praxis.

Du gibst mit deinen eigenen Worten selbst zu, dass diejenigen welche so was erzählen nichts davon verstehen, denn es gibt nichts Gegensätzlicheres als zähe Stoffe und Wasser. Nun ist der Ton gänzlich aus wässrigen Stoffen zusammengesetzt und deshalb können sie sich aneinanderheften. Ton löst sich in Wasser auf, aber alle viskosen und öligen Substanzen werden dort härter. Es wäre sehr viel passender ihn teigigen [oder pastösen] Boden[805] anstelle viskosen Boden zu nennen, denn Mehl zur Teigherstellung lässt sich wie Ton in Wasser einrühren.

---

797 „la terre des potiers".

798 „glu", Vogelleim, als Köder verwendet. Leimruten, auch Porzellankitt, siehe Pons FD; Gummi, Klebstoff, siehe DMF.

799 „besq" oder besc, bzw. besch. Siehe Dupuy 1902, S. 285 und Palissy 1996, Bd. 2, S. 274, Anm. 6, Okzitanische Bezeichnung für Viscum, le gui, Mistel, Viscum album, weißbeerige Mistel (Laubholzmistel, Viscum album, siehe BH Biologie, S. 570). „besc" im Occitanischen auch „vesc" genannt, oder vesca, glue (siehe Occitan: http://dobloc.free.fr/dobloc/Frances/index.htm). Nicht zu verwechseln mit vesce, Wicke, Vogelwicke, auch alt „vecce", von lat. vicia (PR): spez. Kornwicke; auch „Vesce noire", „verre de vessie", „nerprun" „ers" oder „lentille batarde", Linsenwicke genannt.

800 „matieres grasses", auch: fette Substanzen.

801 „houx", *Ilex aquifolium,* Gemeine Stechpalme.

802 „brandon". Mistel, „gui" trägt weiße Beeren aus denen der Leim „glu" gewonnen wird (PR). Wörtl. Übersetzung etwa Flammenbusch. Da die Pflanze als „brandon", Fackel, Feuer u. ä. bezeichnet wird (vgl. Hulsius, TLF u. Dupuy 1902, S. 287), könnte es sich um die nur im Mittelmeerraum beheimatete rotbeerige Mistel, *Víscum cruciátum* handeln.

803 Es gibt die sogenannten Mistelfresser, Familie der Singvögel, *Dicaeidae,* siehe BH Biologie S. 570.

804 „terre tenante, glueuse & visqueuse".

805 „terre pasteuse", pastöser, teigiger Boden.

Die Theorie.

Welchen Unterschied stellst du zwischen ihnen fest, da doch alle zur Herstellung von Gefäßen geeignet sind?

Die Praxis.

Zwischen den Tonen[806] gibt es von einem zum anderen einen so erheblichen Unterschied, dass es keinem Menschen möglich ist, die Unterschiede die zwischen ihnen bestehen aufzuzählen. Einige sind sandig, weiß und sehr mager und erfordern aus diesem Grund ein starkes Feuer, bevor sie so gebrannt werden können, wie es notwendig ist. Solcher Ton[807] ist sehr gut (276) zur Herstellung von Schmelztiegeln geeignet, da er einer außergewöhnlich starken Hitze widersteht. Es gibt andere Arten, die sich wegen der in ihnen enthaltenen metallischen Substanzen verformen und schmelzen, wenn sie einer großen Hitze ausgesetzt werden. Ich habe einige Öfen von Ziegelbrennern gesehen, wo die Gewölbebögen derart geschmolzen waren, dass die Gewölbe (***257***) voll von herabhängenden Gebilden waren, wie die Eiszapfen an den Dachrinnen von Häusern die man bei Frost sieht. Es gibt weitere Arten [Ton], die beim Brennen zu Dachziegeln oder Mauersteinen vom Werkmeister große Aufmerksamkeit verlangen, damit er sie erst aus dem Ofen holt, wenn sie ganz abgekühlt sind. Zudem müssen diejenigen welche sie verwenden darauf achten alle Luftöffnungen ihrer Brennöfen zu verstopfen, sobald ihre Ofenbeschickung[808] fertig gebrannt ist, denn wenn sie auch nur etwas Zug beim Abkühlen bekommen, werden die Stücke zerreißen. Es gibt eine Sorte in Savigny im Beauvais,[809] die, wie ich glaube, sonstwo in Frankreich nicht ihresgleichen hat, denn sie widersteht einem enormen Feuer, ohne (277) in irgendeiner Weise beschädigt zu werden und hat die Eigenschaft sich so dünn und fein bearbeiten zu lassen wie keine andere. Und wenn sie extrem stark gebrannt wurde, erhält sie einen leichten gläsernen Glanz, welcher von ihrer eigenen Substanz herrührt. Das hat zur Folge, dass aus diesem Ton hergestellte Gefäße Wasser genauso gut halten wie Gefäße aus Glas. Es gibt andere Erden, die an sich schwarz sind, aber durch das Brennen weiß wie Papier werden. Andere Arten sind gelb, werden aber durch das Brennen rot. Es gibt einige Sorten, die von schlechter Beschaffenheit sind, da sie kleine Steine enthalten. Wenn daraus [gefertigte] Gefäße gebrannt werden, reduzieren sich die in ihnen enthaltenen

806 „terre argileuse“.

807 „terre“. Palissy wechselt ununterbrochen zwischen den Worten „terre“, „terre argileuse“ und „terres d’argile“. Er gebraucht alle drei Worte häufig synonym.

808 „leur besogne“.

809 Die Gegend um Beauvais in der Picardie war ein lokales Zentrum der Keramikproduktion, vgl. Palissy 1996, Bd. 2, S. 276, Anm. 13.

Steinchen zu Kalk, (***258***) und sobald die Luftfeuchtigkeit in sie eindringt, blähen sie sich auf und bringen das Gefäß an der Stelle zum Bersten, wo sie eingeschlossen sind. Weil die Steinchen beim Brennen calciniert werden, gehen auf diese Weise viele Gefäße zu Bruch, gleichgültig wie viel Arbeit man investiert hat. Es gibt andere Arten von Ton die ziemlich gut sind und recht gut Hitze ertragen, aber sie besitzen eine sehr geringe Festigkeit und sind so locker, dass man aus ihnen nur leichte Gefäße machen kann. Wenn man sie etwas höher modellieren will fallen sie in sich zusammen, da sich [das Material] nicht aufrecht halten kann. Grundsätzlich sind alle Tone und besonders die sehr feinen gefährdet im Feuer zu bersten, bevor sie vollständig gebrannt sind. Aus diesen Gründen sind jene die [Ton] verarbeiten gezwungen, die Hitze nach und nach zu steigern, um (278) die Feuchtigkeit in den zu brennenden Stücken zu eliminieren. Der Brand geht so langsam vor sich, dass bei sehr dicken Stücken und wenn eine große Quantität vorhanden ist, das Feuer manchmal [ununterbrochen] drei oder vier Tage und Nächte lang unterhalten werden muss; und wenn der Brand einmal begonnen hat und derjenige welcher das Feuer steuert einschläft und die Arbeiten abkühlen lässt, bevor sie vollständig gebrannt sind, wird das Werk unfehlbar verloren sein. Durch solche Zwischenfälle hatten einige Ziegelbrenner große Verluste. Es bedeutet keine Abweichung vom Thema, wenn ich dir eine weitere sehr merkwürdige unbekannte Tatsache[810] mitteile, nämlich, dass verschiedene Kalkbrenner durch ganz ähnliche Vorfälle (***259***) große Verluste erlitten. Falls zwischen dem Zeitpunkt wenn der Stein des Kalkofens sich erwärmt, bis zu dem Moment wo er rotglühend wird und die Flamme zwischen den Steinen hindurchzustreichen beginnt, derjenige, welcher das Feuer regelt, einschläft und [dann] beim Erwachen feststellt, dass die Flamme gesunken und die Temperatur gefallen ist bevor der Stein bis zum gewünschten Umfang calciniert wurde, wird es ihm, auch wenn er anschließend wieder beginnt Holz in seinen Brennofen nachzulegen, und auch wenn er das ganze Holz der Ardennen verfeuerte, nicht gelingen das Feuer wieder auflodern zulassen und sein Gestein in Kalk zu verwandeln; aber er wird seine ganze Produktion verloren haben. Ich kannte mehrere die durch solche Vorfälle verarmten. Jene, die bei der Ausübung der Töpferkunst[811] ungeduldig sind, verlieren viel, sehr häufig durch ihre Ungeduld, denn wenn sie die im Ton enthaltende, verdunstungsfähige Feuchtigkeit nicht langsam austreiben, sondern ihn, bevor sie verschwunden ist, sogleich einem starken Feuer aussetzen, dann ist es absolut sicher, dass die Hitze und die Feuchtigkeit bei ihrem Zusammentreffen wegen ihrer Gegensätzlichkeit einen Donner auslösen werden. Ich weiß, dass die

---

810 „un autre secret fort etrange", auch: eine sehr merkwürdige Sache.

811 „l'art de terre", Töpferkunst, die Kunst der Tonverarbeitung. Siehe Erklärung von Palissy, er sei kein Töpfer, im Diskurs *Über die Töpferkunst*. Zum Begriff siehe Anm. zu S. ***254***/282.

natürlichen Donner aus dem gleichen Grund entstehen, nämlich durch Hitze und Feuchtigkeit, da sie einander feindlich sind und nicht gemeinsam existieren können. Wenn das Feuer (als der Stärkste) auf die in Teilen der Erde[812] enthaltende Feuchtigkeit trifft, will es sie (279) als seinen Feind gewaltsam vertreiben, und da die Feuchtigkeit zu stark bedrängt wird, will sie in aller Eile flüchten, doch da (***260***) das Feuer ihr keine Zeit lässt um die kleinen Ausgänge zu finden, durch die sie eingetreten ist, ist sie gezwungen von dort zu flüchten und bringt dabei die Stücke, in die sie eingeschlossen ist, zum Bersten und zerbricht sie. Ich habe beobachtet, wie einige Bildhauer[813] die nur vom Hörensagen mit der Töpferkunst[814] vertraut waren und noch ziemlich unerfahren in der Bodenkunde,[815] die Öfen mit den Figuren[816] beschickten, die sie vorher gemacht hatten, um sie so zu brennen, wie sie es sich vorstellten. Jedenfalls hatten sie das vor. Aber sobald sie das große Feuer entfachten, war es ziemlich erheiternd (obwohl es nicht für alle etwas zu lachen gab) die Figuren zerspringen zu hören und unter sich eine Kanonade zu veranstalten, wie von einer großen Anzahl Arkebusen[817] oder wie von Kanonenschüssen. Der arme Meister war ziemlich verärgert, wie ein Mann dem man sein Eigentum geraubt hatte, denn als der Tag gekommen war, um den Brand aus dem Ofen zu holen, war der Brennofen noch nicht einmal ganz geöffnet, als er bereits von den einen [Figuren] die gespaltenen Köpfe, von den anderen die abgerissenen Arme und kaputten Beine so deutlich sah, dass der arme Mann als er seine Figuren herausholte ziemlich verwirrt war und sehr viel Mühe hatte die Einzelteile zu finden, denn verschiedene waren so klein wie Fliegen. Und da er sie nicht zusammensetzen konnte, war er häufig gezwungen, seinen Figuren Nasen aus Stoff oder anderen Materialien zu geben. Die in der Töpferkunst erfahrenen Männer schaffen nicht derart unbedacht, sondern achten darauf, zuerst das Naturell des Bodens kennenzulernen,[818] und nachdem sie dieses kennen, überlegen sie, in (***261***) welcher

---

812 „dedens les parties de la terre". „terre", Erde, Ton. „terre" ist hier eigentlich mit Ton zu übersetzen, es wurde aber „Erde" gewählt um die Analogie zur Beschreibung der Erdbeben im Diskurs *Über das Wasser* zu erhalten.

813 „tailleurs d'images", genaue wörtliche Übertragung des deutschen Begriffs Bildhauer. Vgl. Palissy 1996, Bd. 2, S. 279, Anm. 18. Der im Französischen ungewöhnliche Begriff führt die Herausgeber der Palissy Werkausgabe zur Deutung als Schnitzer von Krippenfiguren, Heiligenfiguren oder Statuetten.

814 „l'art de terre".

815 „la connaissance des terres", auch: Kenntnis der Tone und Böden. Beachte: Palissy wählte nicht das Wort Töpferkunst, poterie oder l'art de terre. „l'art de terre" und „la connaissance des terres" bedingen einander.

816 „images".

817 „harquesbusades", harquesbuse oder arquesbuse, Deutsch: Arkebuse oder Hakenbüchse, Handfeuerwaffe des 15.–16. Jh. an die um sie abzufeuern von Hand Feuer gelegt werden musste.

818 „connoistre le naturel de la terre", auch: die Charakteristik oder die Natur des Bodens, bzw. der Erde.

Materialstärke sie ihr Werk ausführen, welches sie brennen wollen, denn sie wissen, dass die dicksten Stücke diejenigen sind, die am ehesten Gefahrlaufen im Feuer zu zerspringen. Außerdem achten sie darauf nur Ware zu brennen, die gut getrocknet ist. Und im Ofen setzen sie dickwandige Ware (280) länger einem kleinen Feuer aus als einer dünnwandigen. Indem die Temperatur[819] langsam erhöht wird, geben sie der Feuchtigkeit Gelegenheit allmählich und ohne Gewalt zu entweichen. Und wenn der Meister feststellt, dass die Feuchtigkeit verschwunden ist, gestattet er dem Feuer soviel Kraft zu entfalten, wie ihm notwendig erscheint. Das Feuer gibt sich nun mit ganzer Freude hin und die [Hitze] dringt in gänzlicher Freiheit sogar bis ins Innere der umschlossenen und unzugänglichen Partien der aus diesem Ton gefertigten Werkstücke vor. Durch diese Vorgehensweise wird man sich darüber klar, dass der Ton zwei Wasser enthält, eines ist flüchtig, hinzugefügt und akzidentiell das andere fixiert, eingebunden und essentiell.[820] Die freie, hinzugefügte Feuchte lässt sich evaporieren und wenn sie evaporiert ist, transformiert die fest eingebundene [Feuchte] die Substanz des Tons in einen Stein.[821] Trotzdem geschieht dies nicht ohne vorherige Einwirkung der Feuchtigkeit, denn die Feuchte muss notwendigerweise alle Teile zusammenführen und als Klebstoff fungieren, um beliebige Formen von Arbeiten möglich zu machen.

Es gibt einige Arten von Böden, die man nicht lange dem kleinen Feuer[822] aussetzen darf. Diese Tone sind meist grobkörnig, sandig und schwammartig, und da sie offene Poren besitzen (***262***) verdunstet die Feuchtigkeit schneller wenn sie durch das Feuer vertrieben wird. Es gibt andere Tone, die so kompakt sind oder so wenig porös, dass jene, die sie verarbeiten, gezwungen sind, Sand zuzusetzen, um zu vermeiden während einer sehr langen Zeit ein schwaches Feuer unterhalten zu müssen, damit ein Bruch des Ofeninhalts vermieden wird. Der Grund, warum die Zugabe von Sand dazu führt, dass ein Stück schneller bei stärkerem Feuer gebrannt werden kann als reiner Ton allein, liegt darin, dass er die feinen Tonteilchen unterteilt, und da aufgrund seiner Feinheit [reiner Ton] sehr kompakt und verdichtet ist, führt die [Zugabe] von Sand zur Bildung von (281) Poren durch die die Feuchtigkeit schneller verdunsten kann, um dem Feuer, seinem Widersacher, Platz zu schaffen. Aus diesem Grund setzen die Pariser Töpfer all ihren Arbeiten

819 „le feu".

820 „deux humeurs, l'une évaporative & accidentale, & l'autre fixe & radical". „Accidentale", oder accidentel: hinzugefügt, unwesenhaft, also ungebunden, nicht fest integriert, auch zufällig, akzidentiell. „Radicale": radikal, verwurzelt, fest gebunden, integriert; fundamental, wesensmäßig, essentiell. Eine Substanz, die in den Komplex fest integriert, fest eingebunden ist, vgl. TLF.

821 „la radicale transmue la substance de terre en pierre." „transmuer", transmuter, Hulsius übersetzt mit „verendern". Siehe Transmutation. „humeur radical", fest gebundene Feuchte, vgl S. ***301***/321 und heutige Lehrbücher zur Baustoffkunde über die Werkstoffe Zement, Beton, Ziegel, siehe z. B. Strobl 2005.

822 „le petit feu", d.h. einer geringen Temperatur.

Sand zu. In der Umgebung von Paris gibt es drei Sorten von Tonböden, die feinste findet man in Gentilly,[823] welches ein Dorf in der Nähe jener Lagerstätte ist. Aber es gibt bestimmte Stellen an denen in diesem Boden große Mengen metallischer und schwefelhaltiger Markasite vorkommen, deshalb wollen besagte Töpfer ihn nicht verwenden, höchstens zur Herstellung von Mauersteinen oder Dachziegeln. Der Grund, aus welchem sie diese Erde nicht für gute Arbeiten verwenden, besteht darin, dass beim Brennen diese Markasite einen schwarzen stinkenden Rauch entwickeln, der das ganze Werk schwärzt, welches von Gelb und Grün bedeckt ist. Es gibt einen weiteren Ton in einem Dorf mit Namen Chaillot[824] nahe Paris, aus dem man Dachziegel herstellt; er ist etwas grobkörniger als der aus Gentilly und enthält (***263***) eine große Menge Markasit, der aber von einer anderen Art als der in Gentilly ist. Ich erzähle dies alles, um dir verständlicher zu machen, dass, wenn es bereits in einer so kleinen Region verschiedene Arten von Ton gibt, in der ganzen Ausdehnung eines Königreiches eine große Zahl sehr verschiedenartiger existieren kann. Ich habe die Unterschiede zwischen den Böden und ihre Eigenschaften nicht ohne große Kosten und Mühen kennengelernt. Ich habe mir mehrere Male Erde aus Poitou[825] beschafft und mit ihr über einen Zeitraum von sechs Monaten gearbeitet, bevor ich meine Ofenfüllung komplett hatte, denn die Gefäße waren sehr fein ausgearbeitet und hatten einen ziemlich hohen Preis. Doch gleichzeitig mit den Gefäßen aus dem (282) Ton von Poitou fertigte ich einige aus der Erde der Saintonge, mit der ich bereits einige Jahre zuvor gearbeitet hatte. Und obwohl ich ziemlich erfahren in der Erzeugung des Hitzegrades[826] war, der für diesen Ton erforderlich ist, dachte ich, dass alle Tone bei der gleichen Temperatur gebrannt werden könnten. Ich brannte [deshalb] meine Werke aus der Erde von Poitou zusammen mit denen die aus dem Ton der Saintonge [gemacht waren], was mir einen großen Verlust einbrachte. Da die Arbeiten aus dem Ton der Saintonge fertig gebrannt[827] waren, dachte ich, die anderen wären es auch, aber als ich begann meine Gefäße zu glasieren, rochen sie noch feucht, und es gab ein unerfreuliches Gelächter über mich, denn die glasierten Stücke begannen sich aufzulösen und in Stücke zu zerfallen, wie ein Kalkstein (***264***) den man wässert – und das obwohl die Gefäße aus dem Ton der Saintonge in dem gleichen Ofen, bei der gleichen Temperatur und genauso lange gebrannt worden waren und sich in gutem Zustand befanden. Deshalb ist ein Mensch, der die Töpferkunst[828] ausübt

823 Gentilly, südlicher Pariser Vorort.

824 Chaillot, ehem. westlicher Pariser Vorort.

825 Die ehemalige Provinz Poitou grenzt im Norden an die Saintonge an.

826 „degré du feu“, Temperatur, vgl. S. ***275***/295.

827 „cuite“, gar sein, gebacken.

828 „l’art de terre“, Irdene Kunst, Bodenkunst, Bodenkunde. Zu „irden“ siehe Kruenitz, Oekonomische Encyklopädie. Die Übersetzung des Begriffs „l’art de terre“ ist ein Kompromiss. Palissy verstand sich nicht als Töpfer und „l’art de terre“ war keine Töpferei.

wegen der unbekannten Eigenschaften und der Verschiedenheit der Böden immer lernbegierig. Es gibt Tone, die [problematisch sind], weil die aus diesen Tonen durch Abformung hergestellten Gefäße,[829] auch wenn sie vernünftig gebrannt werden und sie genauso viel Hitze erhalten wie sie brauchen kaputtgehen, als wenn sie nicht gebrannt worden wären, was nicht bei anderem Ton passiert. Es gibt gewisse Sorten, die dermaßen zäh und so außergewöhnlich fein sind, dass sie sich dünn wie eine Schnur ausziehen lassen. Ich habe Frauen gesehen, die solche Erde verarbeiten, um Henkel für Töpfe herzustellen. Sie nehmen eine Handvoll davon, halten ihn in der einen Hand und mit der anderen ziehen sie ihn so weit in die Länge, wie sie den Arm in die Höhe recken können. Wenn das vollbracht ist, lassen sie ein Ende nach unten hängen, ohne das der Ton reißt, und legen das Ganze auf einen Haufen, (283) um ihre Henkel herzustellen. Dies lässt sich nicht mit sandigem Ton machen, denn dieser ist zu kurz und brüchig. Es gibt weitere sehr schlechte Arten von Ton, denn wenn sie etwas zu stark gebrannt werden, neigen sie zum Verbrennen und dazu, schwarz und rissig zu werden, und die Gefäße, die [im Ofen] (***265***) unter ihnen stehen, erdrückt vom Gewicht der über ihnen stehenden, krümmen sich und verziehen das Maul,[830] als wenn sie aus einer dehnbaren Masse beständen. Es gibt in Richtung der Ardennen Tonböden die sehr nass sind, lange zum trockenen brauchen oder gefährlich beim Brennen sind, weil sie irgendein Eisenmineral enthalten. Ich fand mehrfach eine Art, die recht sauber, fein und geschmeidig war und den Anschein gab ein guter [Ton] zu sein, so dass ich der großen Hoffnung wegen ihn verwenden zu können einige Stücke daraus modellierte,[831] die ich dann an die heißeste Stelle des Brennofens legte. Aber als ich meine Stücke herausholte, sah ich, dass sie geschmolzen waren und dieser Ton über die Asche gelaufen war, wie geschmolzenes Blei. Man findet antike Gefäße[832] aus rotem Ton, der ohne glasiert worden zu sein glänzt, und einige nennen die Gefäße aus dieser Erde Vaisseaux de barc.[833] Ich weiß nicht warum sie so genannt

---

Keramikkunst und Bodenkunde waren für ihn eine allumfassende Wissenschaft. Diese Bodenkunst beinhaltete Konzept und Entwurf des Kunstwerks, die Tonverarbeitung, aber vor allem die wissenschaftliche Kenntnis der Böden.

829 „… sont moultez". Einer der wenigen Hinweise von Palissy auf den Herstellungsprozess seiner Gefäße.

830 „tordent la guelle". Umgangssprachlich für: das Gesicht verziehen. Palissy beschreibt auch die Ausgussöffnung einer Karaffe, die mit „guelle", Tülle bezeichnet wird, und die sich beim Brennen verformt hat.

831 „former".

832 „vaisseaux antiques". Hulsius: „vaisseaux de terre, ein irden Geschirr".

833 „vaisseaux de barc", Begriff unklar, vgl. Palissy Bd. 2, S. 283, Anm. 28. Lexika beziehen sich auf Palissy als erster Referenz. Die Herausgeber der Gesamtausgabe mutmaßen eine Herkunft z. B. aus dem provenzalischen „bart, bard" für Schlick oder Ton. Eine andere Hypothese wäre „barc", alte Form von „barque", Kahn, Nachen. Dies ergibt eine inter-

werden, ich weiß aber sehr wohl, dass sie früher viel verwendet wurden, denn man findet Bruchstücke in großer Menge in den antiken Städten. Mehrfach entdeckte man sie in Grabstätten, gefüllt mit Münzen der damals herrschenden Kaiser; während Zeremonien, die man in späterer Zeit aufgab, wurden sie diesen beigegeben. Wenn ich die ganze Vielfalt der tonhaltigen Böden beschreiben sollte, würde ich nie zum Ende kommen; du wirst größere Kenntnisse darin erwerben, wenn ich die Töpferkunst, l'Art de terre, behandle, deshalb werde ich jetzt nicht weiter darüber sprechen.

essante Formanalogie zu den Gefäßen und Schalen von Palissy, den „bassins", besonders die frühen Bassins sind Nachenförmig gestaltet.
Godefroy: 1. barc, baq, s.m., bateau plat, bac, (also Barke). 2. barc, s.m., Wort unbekannter Herkunft für ein Gefäß Godefroy gibt als Belegstelle und Beispiel diese Passage des Palissy-Textes an. Idem DMF: barc, Barke. Mögliche Interpretation des Wortes: Gefäß in Form einer Barke, Gefäß in Form eines Nachens, Duden (Barke) griech. bäris = Nachen. Dies wird gestützt durch Littré: „barque, 2. Sorte de vase à l'usage du teinturier sur soie. Espèce de bassin de brasseur."

(**266**) (285)

De l'art de terre. Über die Töpferkunst, von ihrem Nutzen, über die Glasuren und den Brand.[834]

Die Theorie.

Du hast mir vorhin versprochen, als du mir einen langen Vortrag über die Mannigfaltigkeit der Tone[835] gehalten hast, mich die Töpferkunst zu lehren. Ich war darüber sehr erfreut, dachte ich doch, dass du mir diese Kunst in ihrer Gesamtheit zeigen würdest, aber ich war ganz verblüfft, dass du, anstatt fortzufahren, dies auf ein anderes Mal verschieben willst, um mich von meinem Interesse[836] welches ich für diese Kunst hege abzubringen.

Die Praxis.

Glaubst du, dass ein Mensch mit Verstand so einfach die Geheimnisse einer Kunst preisgeben würde, die dem der sie erfunden hat, sehr viel gekostet hat? Was mich betrifft, bin ich nicht dazu bereit, wenn ich nicht genau weiß, zu welchem Zweck. (286)

Die Theorie.

Du besitzt also keine Nächstenliebe! Wenn du so dein Geheimnis verborgen halten willst, nimmst du es mit ins Grab und keinen wird es kümmern. Aber dein Ende wird verflucht sein, denn es steht geschrieben, dass jeder der eine Gabe von Gott erhalten hat, sie an andere weitergeben solle. Deshalb kann ich feststellen, wenn du mir nicht zeigst, was (**267**) du über die fragliche Kunst weißt, missbrauchst du die Gaben Gottes.

Die Praxis.

Das gilt nicht für meine Kunst, noch für deren Geheimnisse oder verschiedener anderer. Ich weiß sehr wohl, dass ein gutes Heilmittel gegen die Pest oder eine andere gefährliche Krankheit nicht unter Verschluss gehalten werden darf. Die

---

834 „L'art de terre, de son uilité, des emaux & du feu." Das Wort „feu" ist hier nicht mit „Feuer" zu übersetzen, da hier speziell der „Brand" der Keramiken besprochen wird (selbstverständlich mittels Feuer). Dieser Diskurs ist unter dem Kurztitel *De l'art de terre* die bekannteste Schrift Palissys. Der Begriff „l'art de terre", Irdene Kunst hat für Palissy eine besondere Bedeutung, die weit über die Töpferkunst hinausreicht, siehe Anm. S. **264**/282.

835 „terres argileuses".

836 „L'affection". Hulsius: Lust, Begirdt. Da die „Lust" bei der „Theorie" eher sachlich begründet ist, wird mit „Interesse" übersetzt.

Wissen und Geheimnisse die allgemein verbreitet werden müssen.

Geheimnisse der Landwirtschaft dürfen nicht unter Verschluss gehalten werden. Die Risiken und Gefahren der Seefahrt dürfen nicht unter Verschluss gehalten werden. Das Wort Gottes darf nicht unter Verschluss gehalten werden. Die Wissenschaften, welche gemeinhin der ganzen Gesellschaft[837] von Nutzen sind, dürfen nicht unter Verschluss gehalten werden. Aber mit meiner Töpferkunst und mehreren anderen Künsten verhält es sich nicht so.

Gewöhnliche Dinge werden missachtet und rare geschätzt.

Es gibt verschiedene gelungene Erfindungen, die besudelt und verachtet werden, weil sie zu große Verbreitung unter den Menschen fanden. Es gibt auch verschiedene Dinge, die in den Häusern der Prinzen und Edelleute sehr bewundert werden, von denen man weniger Aufhebens machen würde als von einem alten Wasserkessel, wenn sie alltäglich wären. Ich bitte dich, schau dir die Gläser[838] an, die, weil (287) sie unter den Menschen zu weit verbreitet sind, für solch einen Spottpreis zu haben sind, dass die meisten von denen die sie herstellen armseliger[839] leben als die Lastenträger von Paris. Das Gewerbe ist nobel und die Menschen die es ausüben sind es auch, mehrere die es ausüben sind sogar Edelmänner, aber sie bevorzugen Bürger zu sein, um die Subsidien der Prinzen zahlen zu können. Ist es nicht ein Unglück was den Glasmachern[840] im Périgord, im Limousin, in der Saintonge, in der Region von (***268***) Angoulême, in der Gascogne, im Béarn und im Bigorre zugestoßen ist? In diesen Ländern sind die Gläser dermaßen mechanisiert,[841] dass sie auf den Dörfern von Marktschreiern angepriesen und verkauft werden, sogar von solchen die Lumpen und Altmetall anbieten, so dass diejenigen die sie herstellen und jene die sie verkaufen sehr viel arbeiten, um leben zu können.

Geheimgehaltene Erfindungen bringen Profit ein.

Denke ein wenig an die emaillierten Knöpfe, die eine so löbliche Erfindung sind, diese wurden (288) am Anfang für drei Francs das Dutzend verkauft. Aber da die Erfinder ihre Erfindung nicht geheim hielten, hat kurze Zeit später das Streben nach Gewinn oder die Armut der Personen dazu geführt, dass eine so große Menge hergestellt wurde und sie gezwungen waren, die [Knöpfe] für einen

837 „republique".

838 „les verres". Hierunter ist die gesamte Glasproduktion zu verstehen, also Trinkgläser, Fensterverglasungen und auch die Glasmalerei.

839 „mecaniquement", auch: manuell, mechanisch, mechanisiert, gleichförmig, monoton. Für Palissy eine Tätigkeit für die wenig Überlegung notwendig ist. Diese Stelle ist aufschlussreich für die Bedeutung der „arts mécaniques", von denen sich Palissy abgrenzt. Hier, im Zusammenhang mit einem geringen zu erzielenden Preis und der Arbeit als Lastenträger, nur mit armselig und miserabel zu übersetzen. Hulsius: „mecaniquement, wie ein Handtwercksmann". Vgl. Anm. zu S. ***268***/287.

840 „verriers". Gemeint sind hier alle Glasproduzenten, inkl. der Glasmaler.

841 „mechanizez", manuell, Tätigkeit des Handwerks, der Handarbeit. Mécanique bedeutet für Palissy gleichermaßen, dass Arbeiten und Produkte entwertet und gering geschätzt werden. Vgl. Anm. zu S. ***267***/287.

Sou[842] das Dutzend abzugeben. Dadurch sind diese zu einer derartigen Geringschätzung gelangt, dass sich heute die Menschen schämen welche zu tragen und sagen, dass sie nur für Vagabunden taugen, da sie zu billig sind. Hast du nicht die Emailleure in Limoges[843] gesehen, deren Kunst so abgewertet wurde, weil sie ihre Erfindung nicht geheim hielten, dass sie Schwierigkeiten haben, ihren Lebensunterhalt mit dem zu bestreiten, was sie für ihre Werke bekommen. Ich bin sicher gesehen zu haben, dass man drei Sous für ein Dutzend Ansteckmedaillen zahlte, die man an Hüten trägt. Diese waren sehr gut gearbeitet und das Email so gut auf dem Kupfer aufgeschmolzen, dass kein Gemälde genauso viel Vergnügen bereitet hätte. Und so etwas kam nicht nur einmal vor, sondern mehr als hunderttausendmal und nicht nur bei besagten Medaillen, sondern auch mit (***269***) Wasserkannen, Salzgefäßen und anderen Arten von Gefäßen und Bilderzählungen,[844] die sie entwarfen und herstellten; eine ziemlich bedauernswerte Sache. Hast du nicht auch bemerkt, wie viel Schaden die Buchdrucker den geschickten Malern und Illuminatoren[845] zugefügt haben? Ich erinnere mich die als Holzschnitt[846] gedruckten (289) Geschichten der Jungfrau Maria gesehen zu haben, nach der Erfindung[847] eines Deutschen mit Namen Albert.[848] Diese Bilderzählungen werden eines Tages, weil sie im Überfluss hergestellt wurden, nur noch Missachtung erfahren, da man jede Geschichte für [nur] zwei Liards[849] kaufen kann, und dies obwohl die Originalzeichnung von großer Erfindungsgabe war.[850] Siehst du nicht

842 „solz", sou. Alte franz. Münze aus Nickel, früher Gold, ein zwanzigstel eines Livre. Unten schreibt Palissy „sols". „Sol", von lat. solidum, mittelalterliche Form von Sou, siehe PR.

843 Zu Maleremails aus Limoges siehe Netzer 1999.

844 „histoires", Geschichten, vgl. Präzisierung in den nächsten Sätzen über die Holzschnitte von Albrecht Dürer, alternativ „Bildgeschichten".

845 „peintres & pourtrayeurs sçavants". „Pourtrayeur" wird in der Frühneuzeit allgemein für „Maler" verwendet, bei Palissy auch für diejenigen, welche Abbildungen in Büchern herstellen. Da hier die künstlerische Gestaltung von Büchern vor dem Buchdruck angesprochen ist, scheint Illuminator die treffende Übersetzung zu sein (das Wort Illustrator taucht erst im 19. Jh. auf). Vgl. Godefroy: pourtrayeur, portraior, peintre.

846 „imprimées de gros traits", wörtlich: gedruckt in breiten Linien.

847 „l'invention", Es ist nicht eindeutig, ob sich „invention" auf die Erfindung der Holzschnittkunst oder nur auf die konkrete Bildfindung bezieht, gemeint und zu lesen wäre dann „Entwurf".

848 Gemeint ist Albrecht Dürer (1471–1528). Die folgende Aussage bezieht sich auf die Historie der Jungfrau Maria, kann aber auch verallgemeinernd verstanden werden.

849 „liars", liard, alte franz. Kupfermünze, Wert ein viertel Sou. Entspricht dem altdeutschen Münzwert Heller.

850 „la pourtraiture fut d'une belle invention". Auch diese Aussage kann allgemeiner gelesen werden: „obwohl die Zeichenkunst eine großartige Erfindung war".

auch, wie viel Schaden die Abformerei[851] verschiedenen geschickten[852] Bildhauern zugefügt hat? Nachdem einer von ihnen lange Zeit damit zugebracht hat irgendeine Figur[853] eines Prinzen, einer Prinzessin oder eine andere herausragende Figur anzufertigen, wird er, falls diese irgendeinem Abformer[854] in die Hände fällt, eine so große Stückzahl davon anfertigen, dass [später] sowohl der Name des [ursprünglichen] Schöpfers[855] wie auch sein Werk vergessen sein werden. Und wegen der Schnelligkeit, mit der die Abformerei arbeitet, kann man diese Figuren für einen Spottpreis abgeben, zum großen Leidwesen desjenigen, der das erste Stück[856] meißelte. Ich habe erlebt, wie stark die Missachtung gegenüber der Skulptur wegen dieser Abformerei geworden ist, die ganze Gascogne und andere umliegende Regionen (290) waren überschwemmt mit abgeformten Figuren aus Ton, die für nur zwei Liards das Stück zum Verkauf auf den Jahrmärkten und Wochenmärkten angeboten wurden. Es passierte sogar zur Zeit als (**270**) man begann Gürtel und andere modische Kleidung mit Korsetts zu tragen, dass ein Mann, welcher deshalb im Gefängnis saß und zu Peitschenschlägen verurteilt worden war, mit einem Ballen voller Kruzifixe und dem Ruf „Kruzifix, Kruzifix als Korsettstange" durch die ganze Stadt Toulouse lief.[857] Du kannst leicht durch dieses Beispiel und eintausend ähnliche feststellen, dass es besser ist, wenn ein Mann oder eine kleine Gruppe mit einer Kunst ihren Gewinn macht und ehrenvoll lebt, als wenn eine große Anzahl Menschen sich gegenseitig schädigt, weil sie über keine Mittel zum Leben verfügen, außer um die Kunst zu entweihen[858] und die Dinge halbfertig liegen zu lassen. Denn das ist genau, was man gemeinhin in allen Künsten feststellen kann, da die Zahl derer die sie ausüben zu groß ist. Trotzdem, wenn ich davon ausgehen kann, dass du das Geheimnis meiner Kunst[859] genauso sicher verwahrst, wie es dieses verlangt, würde ich keine Schwierigkeiten machen dich zu unterrichten.

Die Theorie.

Bitte bringe es mir bei, ich verspreche dir, es genauso geheim zu halten, wie ein Mann den du in die Lehre nehmen würdest.[860]

---

851 „moulerie", Gießerei, das Herstellen von Abgüssen.
852 „sculpteurs savants", auch: gelehrte oder kundige Bildhauer.
853 „figure", d.h. ein Bildnis, eine Statue, eine Skulptur.
854 „mouleur".
855 „l'inventeur", auch: Erfinder.
856 „la premiere piece", das erste Stück, also das Original.
857 Diese Erzählung ist unbekannt und unklar.
858 „profaner".
859 Das Werkstattgeheimnis.
860 „S'il te plaist de me l'apprendre je te promets de le tenir aussi secret qu'homme à qui tu le pourois enseigner." Übersetzungsvariante: „wie ein Mann, den du für würdig hältst,

Die Praxis.

Was von einem Töpfer[861] verlangt wird.

Ich möchte viel für dich tun und dich mit ebenso viel gutem Willen voranbringen wie mein eigenes Kind, aber ich fürchte, wenn ich dich die Töpferkunst lehre, wird es eher dazu führen, dass du zurückfällst, anstatt weiterzukommen. Der Grund dafür liegt vor allem in zwei Dingen, ohne die es unmöglich ist irgendetwas in der Töpferkunst zu Wege zu bringen. Erstens musst (291) du aufmerksam, flink und fleißig sein und dich gut betragen. Zweitens brauchst du (***271***) ein Vermögen um die Verluste zu tragen, die bei der Ausübung dieser Kunst eintreten. Doch da du nicht über dergleichen verfügst, rate ich dir deinen Lebensunterhalt mit etwas anderem zu verdienen, was bequemer und weniger riskant ist.

Die Theorie.

Ich glaube, dass du diese Sachen nicht aus Mitleid für mich sagst, sondern weil es dich ärgert dein Wort zu halten und mir die Geheimnisse deiner Kunst zu enthüllen. Wie dem auch sei, ich weiß, dass du [selbst] kein großes Vermögen besessen hast, um die Verluste und Fehler zu tragen, die bei der Arbeit in dieser Kunst eintreten können, als du mit dieser Kunst begannst.

Die Praxis.

Du hast Recht, ich habe nicht viel besessen. Aber ich verfügte über Fähigkeiten, die du nicht hast, denn ich beherrschte die Zeichenkunst.[862] Man dachte in unserem Land, dass ich begabter in der Kunst der Malerei[863] sei als ich es tatsächlich war, deshalb rief man mich häufig um Abbildungen bei Rechtsstreitigkeiten zu erstellen.[864] Wenn ich solche Aufträge übernahm, wurde ich sehr gut bezahlt, zudem habe ich lange Zeit die Glasmalerei[865] ausgeübt, bis zu dem Moment, wo (292) ich sicher war von der Töpferkunst leben zu können. Während ich darum rang diese Kunst zu beherrschen, habe ich dabei auch gelernt die Alchemie mit

von dir unterrichtet zu werden." Die Antwort der Praxis beschreibt deutlich Eigenschaften, die von einem Lehrling erwartet werden.

861 „ouvrier de terre". Palissy umgeht auch hier das Wort „potier", Töpfer, sondern spricht vom „ouvrier de terre", Erdarbeiter oder erweitert Hersteller von Tonwaren.

862 „la pourtraiture", auch portraiture, siehe Cotgrave und DMF. Vgl. Palissy 1996, Bd. 2, S. 291, Anm. 20. In welcher Form Palissy die „Zeichenkunst" ausübte, d.h. die Erstellung von Abbildungen, also auch solche technischer Natur oder Katasterpläne, ist nicht bekannt. Da sich Palissy hier aber auf die Zeit vor Ausübung der Töpferkunst bezieht ist auszuschließen, dass hier Abformungen und Objekte in Ton gemeint sind.

863 „l'art de peinture".

864 „faire des figures pour les proces".

865 „vitrerie", auch: Glasmacher, Glaser. Da der Beruf aber im Zusammenhang mit der Zeichenkunst Erwähnung findet, dürfte Palissy die Glasmalerei meinen.

leerem Magen zu betreiben,[866] das durchzustehen würde dich sehr verdrießen. Nun auf diese Weise habe ich während der Zeit überlebt,[867] die ich brauchte, um diese Kunst zu beherrschen.

(***272***)

Die Theorie.

Ich weiß, dass du große Armut und viel Kummer erdulden musstest, um sie zu erlernen. Aber das wird mir nicht so gehen! Denn es ist dir deshalb so ergangen, weil du Frau und Kinder zu versorgen hattest. Da du vorher keine Kenntnisse in der [Töpferkunst] besaßest, warst du gezwungen alles zu erraten, denn du konntest ja deinen Haushalt nicht verlassen, um das Handwerk in irgendeinem Betrieb zu erlernen. Auch hattest du keine Mittel zur Unterhaltung von Hilfskräften, die dich auf dem Weg in dieser Kunst unterstützt hätten. Alle diese Hindernisse verursachten deine oben erwähnten Sorgen und deine Not. Aber das wird mir nicht so gehen, denn wegen deines Versprechens wirst du mir alle Verfahren schriftlich geben, um Verluste und Risiken des Brandes zu vermeiden, und auch die Stoffe aus denen du deine Glasuren machst und ihre Menge, ihre Anteile und ihre Zusammensetzung.[868] So vorgehend, warum sollte ich dann keine schönen Sachen zu Wege bringen, ohne Gefahr zu laufen etwas zu verlieren, da mir deine Verluste nun einmal als Beispiel dienen können, um sie zu vermeiden und mich bei der Ausübung dieser Kunst leiten werden.

Die Praxis.

Pannen, die denjenigen zustoßen, welche die Töpferkunst ausüben oder mit Glasuren arbeiten.

Auch bei der Verwendung von tausend Stapel Papier[869] auf denen ich dir alle Pannen notiere, die mir bei der Ausübung dieser Kunst widerfuhren, kannst du versichert sein, gleichgültig wie gut deine Auffassungsgabe ist, werden dich trotzdem noch tausend Rückschläge treffen, die man nicht aus Büchern lernen kann. (293) Und selbst wenn sie dir schriftlich vorlägen, würdest du es nicht glauben, (***273***) bis die Praxis dich tausendmal in Bedrängnis bringt. Dennoch, damit du mich keinen Lügner nennst, werde ich dir hier der Reihe nach alle Geheimnisse

866 „j'ai apprins à faire l'alchimie avec les dents". Übersetzung des Ausdrucks folgt der Bedeutungsklärung der Herausgeber der Ausgabe Palissy 1996, Bd. 2, S. 292, Anm. 22. Dieser Ausdruck konnte allerdings in keinen Lexika, Enzyklopädien etc. aufgefunden werden. Folgende alternativen Deutungen könnten treffender sein: „…, habe ich dabei auch die Alchemie gelernt, in dem ich mir daran die Zähne ausgebissen habe" oder „…, in dem ich die Zähne zusammengebissen habe."

867 „j'ay eschappé le temps". Wörtliche Übersetzung: ich habe die Zeit durchgestanden, überstanden.

868 „la dose, mesures & composition", auch: Dosierung, Gewicht und Komposition.

869 „mille rames de papier". Ein Stapel Papier enthielt fünfhundert Blatt, insgesamt also fünfhunderttausend Blatt Papier.

auflisten, die ich in der Töpferkunst entdeckt[870] habe, zusammen mit der Zusammensetzung und verschiedenen Eigenschaften der Glasuren. Zudem werde ich dir die Verschiedenartigkeit der Tone beschreiben, das ist etwas, was du dir sehr gut merken musst. Damit du dies alles besser verstehst, werde ich dir einen Vortrag[871] [über meine Forschungen] halten, seit dem Beginn als ich es mir zur Aufgabe machte diese Kunst zu erlernen,[872] und darin wirst du von den Missgeschicken hören die ich ertragen musste bevor es mir gelang mein Ziel zu erreichen. Ich glaube, nachdem du dies alles gehört hast, wirst du wenig Lust verspüren dich in diese Kunst zu stürzen. Und ich bin sogar überzeugt, genauso begierig wie du jetzt bist dich ihr zu nähern, genauso wirst du anschließend versuchen dich von ihr zu entfernen. Denn du wirst sehen, dass man ein Objekt weder in Angriff nehmen noch ausführen kann, um es zu Schönheit und Perfektion zu führen, außer durch große und äußerste Anstrengung, aber nie nur durch diese allein, sondern immer begleitet von eintausend Ängsten.

Es wird nichts Hervorragendes vollbracht, außer durch große Anstrengung.[873]

Die Theorie.

Ich bin ein einfacher Mensch wie du, und da dir dies ohne einen Lehrherrn gehabt zu haben möglich war, wird es für mich sehr viel einfacher sein, nachdem ich von dir eine vollständige Darstellung des gesamten Verfahrens[874] erhalten habe, nebst aller Mittel mit denen du an dein Ziel gelangt bist.
(***274***) (294)

Die Praxis.

Deinem Wunsch gemäß sollst du erfahren, dass es [jetzt] fünfundzwanzig Jahre her ist, als man mir einen Pokal[875] aus Ton zeigte, gedreht und glasiert, von solch einer Schönheit, dass ich von da ab in eine gedankliche Diskussion mit mir selbst verfiel, weil ich mich mehrerer Äußerungen erinnerte, die einige zum Besten gaben, um sich über mich lustig zu machen, als ich die Bilder malte.[876] Ich sah also, dass man begann sie in dem Land in dem ich lebte nicht zu schätzen, und weil es auch keine große Nachfrage mehr nach der Glasmalerei gab, begann ich zu überlegen, dass ich Gefäße aus Ton oder andere schön arrangierte Dinge herstellen

---

870 „trouvé".

871 „un discours".

872 „de chercher ledit art".

873 Alternative Formulierung (Verzicht auf die doppelte Verneinung des Originals): „Es wird nur durch große Anstrengung etwas Hervorragendes vollbracht."

874 „entier discours de toute maniere de faire", d.h. aller Ausführungsangaben.

875 „une coupe de terre".

876 „lorsque je peindois les images". Welche Art von Bildern malte Palissy und in welcher Technik wurden sie ausgeführt? Im Zusammenhang mit dem anschließenden Satz scheint es nahezuliegen, dass Palissy von der Glasmalerei spricht.

könnte, wenn es mir gelänge, die Erfindung der Glasurherstellung aufzudecken,[877] denn Gott hatte mir gegeben, dass ich einiges von der Zeichenkunst verstehe.

Der Autor brachte sich die Töpferkunst selbst bei.

Und von da an, ohne Rücksicht darauf, dass ich keine Kenntnisse tonhaltiger Böden besaß, machte ich mich an die Erforschung der Glasuren, wie ein Mensch der im Dunkeln herumtastet. Ohne zu wissen aus welchen Stoffen solche Glasuren hergestellt werden, zerstampfte ich in jenen Tagen alle möglichen Stoffe, von denen ich dachte, dass sie zu etwas führen würden. Nachdem sie zerstoßen und zerkleinert waren, kaufte ich eine Anzahl Tontöpfe, die ich in Stücke zerschlug, und trug die von mir zermahlenen Stoffe auf diese auf. Ich kennzeichnete jedes Stück und notierte getrennt davon zur Erinnerung die Inhaltsstoffe, die ich auf jeden einzelnen [der Scherben] aufgetragen hatte. Dann baute ich einen Brennofen nach meiner Fantasie und legte die Stücke zum Brennen hinein, um zu sehen, ob meine (***275***) (295) Mixturen[878] eine weiße Farbe ergeben würden, denn ich suchte keine andere als die weiße Glasur, da ich gehört hatte, dass die weiße Glasur die Grundlage für alle weiteren Glasuren bildet. Doch da ich niemals gesehen hatte wie man Ton brennt noch wusste, bei welcher Temperatur[879] diese Glasur schmelzen würde, gelang es mir auf diese Weise nicht etwas zu erreichen, selbst wenn meine Mixturen gut gewesen wären. Einmal war alles zu stark erhitzt, ein andermal zu wenig, und wenn diese Mischungen zu kurz gebacken[880] oder verbrannt waren, konnte ich nicht feststellen, was die Ursache dafür gewesen war, dass ich nichts Vernünftiges zustande brachte und ich machte die Inhaltsstoffe dafür verantwortlich. Obwohl das Ergebnis einige Male hätte gut geheißen werden können oder ich wenigstens meinte einige Indizien für das finden zu können, was ich anstrebte, konnte ich das Feuer nicht so regeln, wie die Stoffe es verlangten! Aber zusätzlich beging ich dabei einen noch schwerwiegenderen Fehler als den oben erwähnten, denn beim Einbringen meiner Proben[881] in den Ofen arrangierte ich sie ohne Überlegung, auf eine Weise, dass, selbst wenn die Stoffe die besten der Welt und die Temperatur ihnen angepasst gewesen wäre, es trotzdem unmöglich war, etwas Gutes zu schaffen. Da ich mich mehrere Male bei großen Kosten und Mühen geirrt hatte, verbrachte ich meine Tage damit neues Material zu zerstoßen und zu zerkleinern, unter großen Geldausgaben neue Brennöfen zu bauen, und mit dem Verbrauch von Holz und Zeit.

Erzählung des Autors auf welche Art er lernte Glasuren herzustellen.

---

877 „si j'avois trouvé l'invention de faire des emaux", das Verfahren der Glasurherstellung aufzudecken.

878 „drogues".

879 „degré du feu". „degré" siehe TLF und PR. TLF: „Température": „2. 1547 « degré de chaleur » (J. Martin, Architecture de Vitruve, V, X ds Gdf. Compl.)", vgl. S. ***263***/282, Hitze, Hitzegrad.

880 „estoyent trop peu cuite", zu kurz gebrannt.

881 „epreuves", auch: Versuchsstücke, Versuchskörper.

(**276**) Nachdem ich einige Jahre derartig unvorsichtig herumexperimentiert[882] hatte, mit Bekümmernis und Seufzern, weil ich nicht erreichte (296) was ich wollte und mich der nutzlosen Ausgaben erinnerte, entschloss ich mich, um den hohen Kosten entgegenzuwirken, die Mischungen die ich testen wollte, zum Brennen an einen Töpfer zu schicken. Nachdem ich das nun entschieden hatte, kaufte ich einige Tongefäße und zerschlug sie wie gewöhnlich in Stücke, glasierte drei- bis vierhundert Bruchstücke und schickte sie einer Töpferei anderthalb Meilen von meinem Wohnort entfernt, mit der Bitte an die Töpfer meine Proben in einem ihrer Öfen zu brennen. Dies machten sie gerne: Aber als sie ihre Ofenladung gebrannt hatten und meine Proben herauszogen, erntete ich dafür nur Hohn und Verlust, denn es befand sich kein gutes Exemplar darunter, da das Feuer dieser Töpfer nicht heiß genug war und meine Proben nicht wie verlangt und mit Überlegung zusammen mit ihren Arbeiten hineingeschoben worden waren. Weil ich keine Vorstellung hatte, aus welchem Grund sich meine Proben schlecht verhielten, machte ich wie oben erwähnt, die Bestandteile [der Glasuren] dafür verantwortlich. Wiederum schuf ich neue Kompositionen und schickte sie den gleichen Töpfern, um mit ihnen genauso wie vorher zu verfahren. Ich machte das mehrmals, immer verbunden mit hohen Kosten, Zeitverlust, Verwirrung und Betrübnis.

(**277**) Als ich sah, dass ich auf diese Weise nicht mein Ziel erreichte, nahm ich eine Auszeit, beschäftigte mich mit meiner Kunst der Malerei und der Glaserei[883] und beschloss, mich nicht mehr für die Suche nach den Geheimnissen der Glasuren zu interessieren. Einige Tage später trafen einige vom König entsandte Kommissare ein um die Gabelle in der Saintonge einzuführen. Diese wandten sich an mich, um die Inseln und Gebiete im Umkreis aller Meeressalinen dieses Landes zeichnerisch aufzunehmen.[884] Nachdem nun aber der Auftrag abgeschlossen und ich mit etwas Geld ausgestattet war, ergriff mich von neuem das Verlangen die [Erforschung] (297) der Glasuren fortzusetzen. Da ich sah, dass ich weder in meinen eigenen Brennöfen, noch in denen der erwähnten Töpfer etwas erreichte, zerschlug ich etwa drei Dutzend ganz neue Tontöpfe, und bestrich nach dem Zerstampfen einer großen Menge unterschiedlicher Substanzen mit einem Pinsel alle ausgebreiteten Bruchstückchen der Töpfe mit diesen Mixturen. Aber du

---

882 „bastelé“, basteler, bateler, Kunststücke vorführen, als Gaukler auftreten, siehe PR; GdH nennt als Bedeutung mit der Angabe dieser Textstelle von Palissy „faire le sot“, den Dummkopf spielen; vgl. Dupuy, 1902. DMF: bateler, seine Zeit verlieren, Godefroy: „basteler“, perdre son temps en vaines expiriences“.

883 „mon art de peinture et de vitrerie“, möglich sind auch folgende Beziehungen der Kunstformen: Malerei und Glasmalerei, sowie Glasmalerei und Glaserei.

884 „figurer“, hier wahrscheinlich: kartographieren. Da sowohl sprachlicher Ausdruck als auch genaue Tätigkeit von Palissy und deren Ergebnis wage sind, wurde eine allgemeine Formulierung gewählt.

musst wissen, dass es von zwei- oder dreihundert Bruchstücken nur jeweils drei mit identischer Zusammensetzung gab. Nach Abschluss dessen, nahm ich alle Stücke und brachte sie in eine Glashütte[885] um zu sehen, ob sich meine Stoffe und Mischungen in den Öfen einer Glashütte besser verhielten. Ihre Öfen sind heißer als diejenigen der Töpfer und ich beschickte ihre Schmelzöfen mit all meinen Proben. Am darauf folgenden Tag, als ich sie herausholen ließ, sah ich, dass ein Teil meiner Mixturen begonnen hatte (***278***) zu schmelzen, dies ermutigte mich noch mehr nach der weißen Glasur zu suchen, für die ich bereits sehr viel gearbeitet hatte.

Was die anderen Farben betraf, machte ich mir keine Sorgen. Für dieses magere Resultat in der Entwicklung der weißen Glasur musste ich zwei zusätzliche Jahre arbeiten, während derer ich nur zwischen den nächstliegenden Glashütten hin und her lief, um endlich ans Ziel meiner Wünsche zu gelangen. Gott wollte, als ich anfing meinen Mut zu verlieren und mich ein letztes Mal zu einer Glashütte begab, begleitet von einem Mann, der mehr als dreihundert Sorten von Proben trug, dass sich unter diesen Proben eine befand, die innerhalb von vier Stunden nach der Beschickung des Ofens geschmolzen war. Diese Probe erwies sich als weiß und glänzend und machte mich dermaßen glücklich, dass ich glaubte, ein neuer Mensch zu sein; ich dachte in diesem Augenblick eine völlige Perfektion der weißen Glasur erzielt zu haben. Aber ich war von meiner Vorstellung weit entfernt: diese Probe war einerseits sehr gelungen, aber andererseits missraten. Gelungen, weil sie ein erster Schritt war und mir ermöglichte zu erkennen, was ich erreicht hatte, missraten, weil [die Probe] nicht die richtige Dosierung oder das erforderliche Mischungsverhältnis besaß. Ich war in diesen Tagen ein so großer Dummkopf, denn sobald ich dieses Weiß hergestellt hatte, (298) das einzigartig schön war, begann ich Gefäße aus Ton herzustellen, obwohl ich bisher von Tonen gar nichts wusste. Nachdem ich mich in einem Zeitraum von sieben bis acht Monaten damit (***279***) beschäftigte Gefäße zu produzieren, begann ich einen Brennofen ähnlich jenen der Glasmacher zu errichten, den ich mit unsäglicher Mühe baute, denn ich musste ihn ganz alleine mauern, meinen Mörtel selbst anmachen und das Anmachwasser dazu holen, auch die Ziegelsteine musste ich alleine auf meinem eigenem Rücken heranschaffen, denn ich hatte keine Mittel einen einzigen Mann zu entlohnen, mir in dieser Angelegenheit zu helfen. Ich brannte meine Gefäße ein erstes Mal, aber als der zweite Brand beginnen sollte erlebte ich so viele Enttäuschungen und Schwierigkeiten, wie kein Mensch es für möglich halten würde. Denn anstatt mich von den vorangegangenen Anstrengungen erholen zu können, musste ich während eines Zeitraums von über einem Monat Tag und Nacht arbeiten, das Material zerstoßen, aus dem ich dies schöne Weiß in dem Ofen der Glasmacher hergestellt hatte, und nachdem die Stoffe zer-

---

885 „verrerie“.

kleinert waren, trug ich sie auf die von mir gefertigten Gefäße auf. Dann entfachte ich das Feuer in meinem Ofen in zwei Ofenlöchern, so wie ich es bei den Glasmachern gesehen hatte. Ich beschickte den Brennofen mit den Gefäßen, um die aufgetragenen Glasuren zum Schmelzen zu bringen. Aber es war ein großes Unglück für mich: Obwohl ich sechs Tage und Nächte vor dem Ofen zubrachte, ohne Unterbrechung Holz in beiden Ofenöffnungen verbrennend, war es unmöglich die Glasuren zum Schmelzen zu bringen. Ich war ein verzweifelter Mensch, und obgleich ich von der Arbeit vollständig benebelt[886] war, spekulierte ich, dass es in meiner Glasur zu wenig von der Substanz gab, welche (***280***) die anderen zum Schmelzen bringen sollte. Als ich das erkannte, machte ich mich daran die entsprechende Substanz zu zerstoßen und zu mahlen, ohne trotzdem meinen Ofen ausgehen zu lassen. Ich hatte also doppelte Arbeit: zerstampfen, mahlen und den Ofen heizen. Als ich meine Glasur zusammengemischt hatte, war ich gezwungen wiederum Töpfe zu kaufen, um meine Glasur erproben zu können,[887] da alle (299) Gefäße die ich vorher gemacht hatte verloren waren. Als ich die Bruchstücke [dieser Töpfe] mit der Glasur überzogen hatte, stellte ich sie in den Ofen, der immer noch auf großer Flamme brannte. Aber daraufhin passierte mir ein anderes Malheur, welches mir großen Verdruss bereitete, denn mir ging plötzlich das Holz aus. Ich war gezwungen die Pfosten, welche die Latten meines Gartenzaunes hielten, zu verbrennen, und als diese verbrannt waren, war ich genötigt die Tischplatten und Dielenbretter meines Hauses zu verbrennen,[888] um die [Proben der] zweiten Mischung zum Schmelzen zu bringen. Ich kann kaum sagen, was für eine große Angst ich hatte, denn ich war vollkommen am Ende und ausgedörrt[889] wegen der Arbeit und der Hitze des Ofens, seit einem Monat trocknete mein Hemd nur noch auf meinem Körper. Um mich zu trösten, mokierte[890] man sich zudem über mich, und selbst jene, welche mir hätten helfen müssen, verbreiteten

886 „etourdi", Ursprung von turdus, Wacholderdrossel, von besoffen sein, auch: erledigt, kopflos sein.

887 „afin d'esprouver ledit esmail".

888 „je fus contraint brusler les estapes qui soustenoyent les trailles de mon jardin, [...] je fus contraint brusler les tables & plancher de la maison". „table", Tischplatte oder Arbeitsplatte, siehe DMF, und „plancher", dalle, Dielenbretter, siehe DMF. Vor allem auf diesen Satz geht der Mythos um Palissy zurück, da er etwas Bedeutendes opfert, um sein Ziel zu erreichen. Siehe Fragonard 1992, S. 27, vgl. Palissy 1996, Bd. 2, S. 299, Anm. 32. Fragonard und die Herausgeber der Palissy Werkausgabe lesen anstatt „plancher", „planche", Brett, was eine Verdoppelung des Wortes „table" bedeutete, und wollen zum Ausdruck bringen, dass Palissy nicht sein Haus, sondern nur einige untergeordnete Einrichtungsgegenstände verbrannte. „Plancher", Dielen entspricht hingegen sowohl der Dramaturgie dieser Textstelle als auch der Satzergänzung „de la maison" besser.

889 „tari & desseché". Doppelung des gleichen Begriffs, ausgetrocknet, verdörrt, versiegt, also wie ein Brunnen.

890 „on se moquoit de moy".

in der Stadt, dass ich meinen Fußboden verfeuerte.[891] Auf diese Weise sorgte man dafür, dass ich meine Glaubwürdigkeit[892] verlor und man mich für wahnsinnig hielt. Die anderen behaupteten, ich versuche Falschgeld zu machen, was ein Übel wäre, das mich lebendig verdorren[893] ließe, und ich lief deshalb, wie ein Mensch der sich schämt, ganz gebeugt durch die Straßen. (**281**) Ich war vielerorts verschuldet, hatte gewöhnlich zwei Kinder bei Ammen in Pflege, deren Lohn ich nicht zahlen konnte und keiner stand mir bei. Sondern im Gegenteil, sie lästerten über (300) mich in dem sie sagten, es geschieht ihm recht vor Hunger zu sterben, weil er seinen Beruf vernachlässigt. Alle diese Berichte kamen mir zu Ohren wenn ich durch die Straßen ging, trotzdem blieb noch einige Hoffnung die mich ermutigte durchzuhalten, da die letzten Versuche ziemlich gut gelungen waren. Infolgedessen dachte ich genug zu wissen, um meinen Lebensunterhalt zu verdienen, obwohl ich noch sehr weit davon entfernt war (wie du im Folgenden hören wirst). Du darfst es nicht als schlecht ansehen, wenn dieser Diskurs etwas lang ausfällt, denn ich möchte dafür sorgen, dass du aufmerksamer für das wirst, was dir nützen kann.

Nachdem ich mich einige Zeit ausgeruht hatte mit dem Bedauern, dass keiner Mitleid mit mir hegte, sagte ich mir in meinem Herzen:[894] Was stimmt dich denn traurig, da du doch gefunden hast, was du suchtest? Arbeite nun und du wirst deine Verleumder beschämen. Aber mein Verstand[895] sagte andererseits: Du hast nichts mit dem du dein Vorhaben fortführen könntest, wie willst du deine Familie ernähren und die notwendigen Dinge kaufen, um die Zeit von vier bis fünf Monaten durchzustehen, die nötig ist, bevor du daran denken kannst, von deiner Arbeit zu profitieren? Während ich von solcher Traurigkeit und inneren Konflikten ergriffen war, gab mir die Hoffnung etwas Mut. Ich überlegte, dass es sehr lange dauern würde eine Ofenfüllung vollständig mit meinen eigenen Händen herzustellen. Um dies abzukürzen und (**282**) Zeit zu gewinnen und schneller enthüllen zu können, dass ich das Geheimnis der weißen Glasur entdeckt hatte,

---

891 Diese Bemerkung kann nur auf Palissys Frau bezogen sein, von der er zum Zeitpunkt der Veröffentlichung der *Discours admirables* bereits „geschieden" war. Zudem Wiederholung „que je faisait brusler le plancher." (Beachte: „plancher" im Singular).

892 „perdre le credit", kann im Zusammenhang mit dem Folgenden auch als Verlust der Kreditwürdigkeit interpretiert werden.

893 „seicher (secher) sur les pieds", vertrocknen wie eine Pflanze, eigentlich übertragene Redensweise: sich zu Tode langweilen, hier aber wohl bildlich und quasi wörtlich gemeint. Vergleiche Diskurs *Über das Salz*, die Strafe für Falschmünzer war das Versalzen der Ländereien des Schuldigen, damit die Pflanzen verdorren.

894 „je dis à mon ame".

895 „Mais mon esprit disoit d'autre part". Beide, Herz und Verstand befragt Palissy in diesem Moment.

engagierte ich einen einfachen Töpfer[896] und gab ihm einige Entwürfe,[897] damit er mir Gefäße nach meiner Anordnung[898] erschaffe. Während er diese Sachen produzierte, beschäftigte ich mich mit einigen Medaillen. Aber das war ein jämmerlicher Zustand, denn ich war gezwungen den Töpfer in einer Taverne zu verpflegen, auf Kredit, denn ich besaß in meinem [eigenen] Haus nicht die Mittel dazu.[899] Nachdem wir (301) über sechs Monate gearbeitet hatten und es daran ging die angefertigten Arbeiten zu brennen, musste ein Ofen gebaut und der Töpfer entlassen werden, dem ich in Ermangelung von Geld gezwungen war meine Kleidung als seinen Lohn zu geben. Aber da ich keine Baustoffe[900] besaß, mit denen ich meinen Brennofen errichten konnte, machte ich mich daran, jenen, welchen ich nach Art der Glasmacher gebaut hatte abzutragen, um mich der Baustoffe aus dessen Überresten zu bedienen. Doch da der Ofen während sechs Tagen und Nächten sehr stark erhitzt worden war, hatten sich der Mörtel und die Ziegel des Ofens verflüssigt und waren glasig erstarrt,[901] derart, dass ich beim Demontieren[902] zerschnittene und an vielen Stellen aufgerissene Finger bekam, weshalb ich gezwungen war, meine Suppe mit in Tüchern verbundenen Fingern zu essen. Nachdem der Ofen abgetragen worden war, musste der neue errichtet werden, was nicht ohne große Mühe vor sich ging, da ich Wasser, Mörtel und Ziegelsteine ohne irgendwelche Hilfe holen musste und keine Ruhepause hatte. Dies vollbracht, unterzog ich die Werke einem ersten Brand, und fand dann durch Geldanleihen oder auf andere Weise (***283***) die Mittel um Stoffe[903] zur Herstellung der Glasuren zu erhalten, um damit die Exemplare zu glasieren,[904] die beim ersten Brand gut gelungen waren. Nach einigen Tagen war ich vom Zerstoßen und Calcinieren meiner Substanzen erschöpft, aber ich beschloss sie ohne irgendwelche Hilfe mit einer Handmühle,[905] die normalerweise von zwei kräftigen Männern gedreht werden muss, zu mahlen. Der Wunsch ans Ziel meines Unternehmens zu gelangen ließ mich Dinge vollbringen, die ich [sonst] als unmöglich angesehen hätte. Als diese Farbstoffe[906] gemahlen waren, überzog ich alle meine Gefäße und

---

896 „un potier commun".

897 „pourtraits". „Porträts" sind hier Entwürfe für Keramiken, wahrscheinlich Ausführungszeichnungen.

898 „selon mon ordonnance".

899 „je n'avois nul moyen en ma maison." Es bleibt offen, ob die finanziellen Mittel dazu nicht vorhanden waren oder ob die Ausstattung des Hauses und die familiäre Situation dies nicht zuließen. „Mittel" gleich „Möglichkeit".

900 „estofes", Stoffe, gemeint sind Baustoffe, Baumaterialien.

901 „liquifié & vitrifié".

902 „desmaçonnant", interessante Form, „entmauern", vgl. Godefroy.

903 „estofes", Stoffe. Bisher verwendete Palissy nur „substances" oder „materiaux".

904 „pour couvrir laditte besogne", zu bedecken, zu überziehen, d.h. zu glasieren.

905 „moulin à bras".

906 „couleurs".

Medaillen mit dieser Glasur. Als alles aufgetragen und im Ofen angeordnet[907] war, entfachte ich das Feuer. Während ich dachte aus meinem Brand drei- oder vierhundert Livres ziehen zu können, schürte ich das Feuer bis es einige Anhaltspunkte und Hoffnung gab, (302) dass meine Glasuren geschmolzen waren und mein Brand[908] gelungen sei. Am nächsten Tag als ich mein Werk aus dem Ofen holte, nachdem ich zuerst das Feuer löschte, vergrößerten sich meine Schwermut und die Schmerzen dermaßen, dass ich jegliche Fassung verlor. Denn obwohl meine Glasuren und die Arbeiten gelangen, waren dennoch zwei Pannen beim Brand eingetreten, die alles verdorben hatten. Damit du dich vorsiehst, werde ich dir sagen, um welche es sich handelt. Anschließend berichte ich dir noch von einer Reihe anderer, damit mein Unglück dir zu deinem Glück verhilft und mein (***284***) Verlust dir Gewinn bringt. Tatsächlich war der Mörtel, den ich für das Mauern des Ofens benutzt hatte, voll von kleinen Steinchen[909] gewesen, die durch die Heftigkeit des Feuers (als meine Glasuren [gerade] zu schmelzen begannen) in viele Teile zersprangen und zu verschiedentlichem Krachen und Donnern im Ofen führten. Folglich sprangen die Splitter der Steinchen gegen meine Arbeiten; die Glasur, die bereits flüssig und eine klebrige Substanz geworden war, fing die Steinchen auf und hielt sie auf allen Oberflächen meiner Gefäße und Medaillen fest, die ohne diesen [Vorfall] sehr schön gewesen wären. Da ich feststellte, dass mein Ofen ziemlich heiß war, ließ ich ihn bis zum nächsten Morgen abkühlen; ich war in diesem Moment so enttäuscht, wie ich es kaum ausdrücken kann, und nicht ohne Grund, denn meine Ofenfüllung kostete mich mehr als einhundertzwanzig Ecu. Ich hatte mir das Holz und die Baustoffe geliehen und sogar einen Teil meiner Lebensmittel, um diese Arbeit erledigen zu können. Ich hatte meine Gläubiger mit der Hoffnung hingehalten, dass sie mit dem Geld bezahlt würden, das ich für meinen Brand erhielte,[910] was zur Folge hatte, dass mehrere bereits am Morgen angelaufen kamen, als ich begann den Ofen zu leeren. Mein Kummer verdoppelte sich dadurch, dass ich, während ich meine Arbeit aus dem Ofen zog, nur Schmähungen erfuhr und in Bestürzung verfiel. Alle meine Stücke waren von kleinen Steinsplittern übersät, die sich rundherum an allen Gefäßen festgesetzt und mit der Glasur verbunden hatten, so das beim Drüberfassen (303) die kleinen Steinchen wie Rasierklingen (***285***) in die Hände schnitten. Obgleich meine Arbeit durch diesen Vorfall verloren war, wollten einige sie trotzdem für einen Spottpreis kaufen. Aber da das meinen Ruf geschädigt und mich in meiner Ehre herabgesetzt hätte, zerschlug ich meinen gesamten Brand vollständig in Stücke und legte mich

---

907 „arrangé".

908 „fournée".

909 „cailloux", siehe Anm. Diskurs *Über die Steine*.

910 Dies kann als eine frühe Form von Risikokapital und Risikoinvestment angesehen werden.

in Melancholie nieder, und das nicht ohne Grund, denn ich besaß keine Mittel mehr um meine Familie zu versorgen. Ich hörte in meinem Haus nichts als Vorwürfe; anstatt mich zu trösten überhäufte man mich mit Flüchen. Meine Nachbarn, die von dieser Angelegenheit hörten, sagten, dass ich ein Irrer wäre und mehr als acht Francs für diese von mir zerstörte Arbeit hätte bekommen können. Diese ganzen Berichte verstärkten nur meinen Schmerz.

Nachdem ich einige Zeit im Bett geblieben war und [dabei] nachgesonnen hatte, dass ein Mensch, der in einen Brunnen gefallen ist, die Pflicht hat zu versuchen sich zu befreien, begann ich in ähnlicher Lage einige Bilder zu malen[911] und bemühte mich auf verschiedene Weise Geld aufzutreiben. Dann sagte ich mir, dass alle meine Verluste und Missgeschicke vorüber wären und dass es nichts mehr gäbe, was mich daran hindern könne schöne Stücke zu fertigen – und ich nahm die Arbeit in dieser Kunstform wieder auf, wie zuvor. Aber bei einem weiteren Brand ereignete sich ein Zwischenfall, auf den ich nicht gefasst war: Die Macht der Flammen des Feuers schleuderte große Aschenmengen gegen meine Stücke, so dass überall dort wo die Asche mit meinen Gefäßen in Berührung (***286***) kam, diese rau und matt wurden, da die verflüssigte Glasur sich mit der Asche verband. Ohne Rücksicht auf diese ganzen (304) Verluste behielt ich die Hoffnung mit Hilfe dieser Kunst wieder auf die Beine zu kommen,[912] denn ich ließ eine große Zahl von Hauben[913] aus Ton bei mehreren Töpfern anfertigen, um meine Gefäße[914] zu umschließen, wenn ich sie in den Ofen stellte. Mithilfe der Hauben waren meine Gefäße endlich vor der Asche geschützt. Die Erfindung erwies sich als nützlich und dient mir bis heute.[915] Doch nachdem ich das Problem mit der Asche gelöst hatte, passierten mir andere Fehler und Missgeschicke, wenn sich etwa nach einem Brand herausstellte, dass dieser [zum Beispiel] einmal zu stark gebrannt war und ein anderes Mal zu schwach, und alles verloren war. Deshalb war ich immer noch ein Anfänger, da ich nicht zwischen zu viel und zu wenig unterscheiden konnte. Einige Male war meine Arbeit auf der Vorderseite zu stark gebrannt und überhaupt nicht auf der Rückseite, ein andermal, als ich dies vermeiden wollte, verbrannte ich die Rückseite und die Vorderseite war überhaupt nicht gebrannt. Einige andere Male war sie rechts gut gebrannt und links ver-

---

911 „je me mis à faire quelques peintures".

912 „ de me remonter", wieder zu erholen.

913 „lanterne", Laterne, Haube, Schirm. Von Palissy verwendetes Gerät als Hilfsmittel zum Schutz seiner Keramiken beim Brand. Ihre Form ist nicht bekannt, insbesondere ob ihre Hülle wie eine Laterne durchbrochen war. Palissy könnte ihr Erfinder gewesen sein, da es keinen anderen Bericht oder einen Hinweis in dieser Zeit auf solch ein Instrument gibt.

914 „vaisseaux".

915 „m'a servi jusques aujourd'huy": Ist dieser Hinweis so zu werten, dass Palissy 1576 (Niederschrift der *Discours*) oder 1580 (Veröffentlichung der *Discours*) weiterhin Keramiken produzierte (d.h. in Paris)?

brannt. Einmal waren meine Glasuren zu klar,[916] ein andermal zu dick aufgetragen, was mir große Verluste bescherte. Einige Male, als ich verschiedene Glasuren im Feuer hatte, waren einige bereits verbrannt, bevor die anderen überhaupt anfingen zu schmelzen. Kurz, ich experimentierte[917] auf diese Weise fünfzehn oder sechzehn Jahre herum; als ich gelernt hatte mich vor einer Gefahr zu hüten, ereignete sich eine andere [Panne], an die ich nie gedachte hätte. Während dieser Zeit baute ich mehrere (**287**) Brennöfen, bis ich über das Wissen verfügte, wie ich sie gleichmäßig beheizen konnte. Letztendlich fand ich einen Weg einige Gefäße mit unterschiedlichen ineinanderlaufenden Glasuren in der Art von Jaspis[918] zu schaffen. Dies ernährte mich einige Jahre, aber während ich von diesen Dingen lebte, versuchte ich immer darüber hinaus zu gelangen, was Kosten [zur Folge hatte] und Einsatz[919] [forderte], wie du es auch jetzt noch von mir kennst. Nachdem ich das Verfahren (305) zur Herstellung von Rustikastücken[920] erfunden hatte, hatte ich mehr Schwierigkeiten und Sorgen als [jemals] zuvor. Denn nachdem ich eine gewisse Anzahl an Bassins rustiques[921] hergestellt und gebrannt hatte, erwies sich, dass einige meiner Glasuren sehr schön und gut, andere aber schlecht geschmolzen waren, und wieder andere waren sogar verbrannt, weil sie aus verschiedenartigen Substanzen bestanden, die unterschiedliche Schmelzpunkte besaßen.[922] Das Grün der Eidechsen war verbrannt, bevor die Farbe der Schlangen schmolz. Auch die Farbe der Schlangen, Flusskrebse, Schildkröten und Krabben[923] war bereits geschmolzen bevor das Weiß überhaupt seine Schönheit erlangt hatte. Diese ganzen Fehler bereiteten mir viel Arbeit und versetzten mich in große Schwermut, bevor es mir gelang meine Glasuren bei gleicher Temperatur[924] schmelzbar zu machen, so dass ich meinte, dabei bereits mit einem Fuß im Grab zu stehen. Während ich mich mit diesen Angelegenheiten herummühte, war ich während eines Zeitraums von zehn Jahren so stark abgemagert,[925] dass meine eigene Person ganz formlos geworden war und es keinen Hinweis auf Muskeln an Armen oder Beinen gab, so dass meine Beine überall den gleichen Wuchs

916 „clers“, d.h. zu fein, zu dünn.

917 „bastelé“.

918 „Divers emaux entremeslez en maniere de jaspe“.

919 „avecques frais & mises“, genau: mit Kosten und Einsatz. Mit Einsatz kann sowohl finanzieller Einsatz, also Investitionen, wie auch persönlicher Einsatz, also Arbeitszeit, Kraft und Engagement gemeint sein.

920 „pieces rustiques“, Naturstücke, vgl. Palissy 1996, S. 305, Anm. 42.

921 „bassin rustique“, Eine Schale, Becken im rustikalen Stil. Bassin rustique erscheint an dieser Stelle das erste Mal in den *Discours*.

922 „qui estoyent fusibles à divers degrez“, die bei unterschiedlichen Graden schmelzbar waren.

923 „cancres“, im Meer lebende Krabben oder Taschenkrebse.

924 „à un mesme degré de feu,“, beim gleichen Hitzegrad.

925 „escoulé“, eigentlich ausgelaufen, abgelaufen, wie Wasser oder die Zeit.

(***288***) besaßen und die Bänder, mit denen ich unten meine Hosenbeine befestigte, mir mit dem Rest der Hosen auf die Hacken herunterrutschten, sobald ich loslief. Ich ging häufig auf der Wiese[926] von Saintes spazieren, um meine Misere und meine Sorgen zu überdenken, besonders weil (306) ich selbst in meinem Haus keine Ruhe hatte, und gleichgültig was ich tat, nichts gut gefunden wurde.[927] Ich wurde verachtet und alle verspotteten mich, trotzdem machte ich stets einige Gefäße in unterschiedlichen Farben, die mich mehr schlecht als recht ernährten. Aber bei ihrer Herstellung fügte mir die Unterschiedlichkeit des Tons, von der ich glaubte sie würde mich voranbringen, in kurzer Zeit größeren Schaden zu, als alle vorangegangenen Zwischenfälle. Da ich mehrere Gefäße aus unterschiedlichen Tonen gemacht hatte, verbrannten die einen bereits, bevor die anderen vollständig gebacken waren; einige hatten eine Glasur erhalten und waren für dieses Vorgehen sehr geeignet, die anderen enttäuschten mich bei all meinen Versuchen. Nun gelangen aber meine Glasuren nicht alle auf einem Objekt gleich gut, weshalb ich mehr als ein Mal enttäuscht war und weiterhin Kummer hatte und Schwermut empfand. Trotzdem ließ mich die Hoffnung, die ich hegte, in meiner Aufgabe so mutig fortfahren, dass ich, um die Personen die mich besuchten zu unterhalten, mehrmals Anstrengungen unternahm zu lachen, obwohl ich im Inneren sehr traurig war.

Ich konnte meine Aufgabe weiterverfolgen, weil ich viel Geld für einen Teil meiner (***289***) Arbeiten erhielt, die gelungen waren, aber es bedrängte mich eine andere, mit dem Vorausgegangenen zusammenhängende[928] große Verzweiflung, denn die Hitze, der Frost, die Winde, der Regen und herabtropfendes Wasser[929] verdarben einen Teil meines Werkes, bevor es gebrannt war, so dass ich mir Sparren, Dachlatten, Dachziegel und Nägel leihen musste, um mir zu behelfen. Doch da ich kein Baumaterial besaß, war ich sehr häufig gezwungen, mit Efeu[930] oder anderem Grünzeug zurechtzukommen. Doch in dem Maße wie meine Fähigkeiten

---

926 „la prairie de Xaintes". Bei den Wiesen von Saintes handelt es sich wahrscheinlich um die ausgedehnten Flusswiesen und Auen an der Charente.

927 „quèn ma maison mesme je ne povois avoir nulle patience, ny faire rien qui fut trouvé bon." Dritte Bemerkung zur prekären häuslichen Situation.

928 „conquatenée" oder concatenée, siehe Wörterbuch von Palissy.

929 „pluyes et gouttieres", Hier sind mit „gouttieres" nur Wassertropfen gemeint, vgl. gleiches Wort S. ***299***/319. Palissy verwendet es abweichend von der üblichen Bedeutung, wie Regenrinne, Traufe, Tropfkante der Traufe, siehe TLF und PR. Godefroy: Wasserabrisskante an den Dachtraufen. Godefroy: „goutier, Spoute of water." Spoute, Wasserspeier, Wasserstrahl. Die einfachen Häuser besaßen meistens keine Regenrinnen.

930 „liarre". Nach Dupuy 1902, S. 314. „lierre", Efeu. PR: lierre, aus l'ierre. Doch ist es vorstellbar, Efeu als Baumaterial zu verwenden? Oder meinte Palissy mit „liarre", „liard", die Schwarzpappel, deren Zweige als Ersatz für Korbweide verwendet wurden. „liard" von „lier", verbinden. Eine interessante Beziehung ergibt sich über „lier" zu „lierne", Gewölberippe (vgl. Bauten der Gotik), Querbalken.

wuchsen zerstörte ich, was ich erschaffen hatte, und baute es etwas besser. Das führte dazu, dass einige Handwerker,[931] wie zum Beispiel die Ofensetzer,[932] Schumacher, Sergeanten, Notare[933] und auch ein Haufen alter Frauen, all jene, die ohne zu bedenken, dass meine Kunst nicht ohne große Behausung ausgeübt werden kann, sagten, dass ich nichts anderes täte als aufbauen und zerstören, und sie tadelten mich für das, was [eigentlich] hätte ihr Mitleid erwecken müssen, da ich doch (307) gezwungen war die nötigen Dinge für meine Verpflegung zu verwenden und um die Bedingungen zu schaffen,[934] die meine Kunst erfordert. Und was schlimmer ist, die Triebfedern[935] dieser Schmähungen und Verfolgungen[936] waren die Angehörigen meines eigenen Hauses.[937] Diese waren so weit von der Realität[938] entfernt, dass sie verlangten, ich solle die Arbeit ohne Werkzeug verrichten, ein wirklich mehr als unsinniger Vorschlag. Doch je unsinniger die Sache war, desto extremer bedrückte mich der Kummer. Bereits seit einigen Jahren hatte ich keine Mittel mehr um meine Öfen zu überdachen, ich war jede Nacht Wind und Regen ausgesetzt, ohne irgendwelche (**290**) Hilfe oder einen Trost, einzig die Eulen sangen auf der einen Seite und von der anderen heulten Hunde. Manchmal erhob sich ein Wind oder es kamen Stürme auf, die dermaßen kräftig über meine Öfen hinweg und unter sie hindurch bliesen, dass ich gezwungen war alles zu verlassen, was den Verlust meiner Arbeit zur Folge hatte. Ich befand mich mehrmals, nachdem ich alles verlassen hatte, in einem Zustand, dass ich wegen des niedergegangenen Regens nichts Trockenes mehr am Leibe trug. Ich ging um Mitternacht oder im Morgengrauen schlafen, herausgeputzt wie ein Mann, den man durch alle Schlammpfützen der Stadt gezogen hatte. Und wenn ich mich zurückzog, taumelte ich ohne Kerze herum, fiel dabei von großer Trübsal erfüllt, wie ein vom Wein Betrunkener, erst zur einen und dann zur anderen Seite, zumal ich, nachdem ich lange gearbeitet hatte, meine ganze Arbeit verloren sah. Doch wenn

---

931 „artisan".

932 „chauffetiers". Wortstamm von „chauffetiers": vgl. GdH: „chau...", aus „chal...", zu: „chalfete, -föire", chalt von chaloir, Herd, Wasserkessel. FEW, DMF: „[Sens incertain] « Celui qui a la charge d'entretenir le feu dans une cuisine » ou « Celui qui a la charge des chauffettes (chauffe-plats) »." Der mögliche Beruf „Heizer" fällt aus, da diese keine Handwerker sind.

933 „cordonniers", Schumacher, „sergens", Gerichtsdiener oder Unteroffizier, „notaires", Notare waren nicht nur Juristen, sondern auch öffentliche Schreiber.

934 „eriger", eigentlich errichten, aufzubauen.

935 „motif".

936 „persecutions", Husius: „Verfolgung." Das Wort ist in diesem Kontext ungewöhnlich. Es wurde gerade in dieser Zeit der Protestantenkriege häufig zur Bezeichnung der Christenverfolgung gebraucht.

937 Welche Familienmitglieder außer Palissys Frau waren hieran beteiligt? Die Söhne scheiden aus, da er mit ihnen eine Werkstattgemeinschaft bildete.

938 „raison", hier auch „Ausgangspunkt" möglich.

ich mich derart verdreckt und durchnässt zurückzog, fand ich in meinem Zimmer eine zweite Heimsuchung[939] vor, die noch schlimmer war als die erste, und es verwundert mich heute, dass ich nicht von Traurigkeit aufgezehrt wurde.

Die Theorie.

Warum ersinnst du mir ein so langes Lied? Doch wohl eher um mich von meinem Vorhaben abzuhalten, als mich ihm näher zu bringen. (308) Du hast mir dort oben wirklich ein paar schöne Vorträge betreffend der in der Töpferkunst eintretenden Fehler gehalten, aber das dient nur zu meiner Abschreckung, denn über die Glasuren hast du mir bislang nichts erzählt.
(**291**)

Die Praxis.

Stoffe aus denen die Glasuren gemacht werden.[940]

Die Glasuren, aus denen ich meine Arbeiten herstelle, bestehen aus Zinn, Blei, Eisen, Stahl,[941] Antimon, Saphre, Kupfer, Sand,[942] aus Salzkraut,[943] aus Pottasche,[944] aus Lithargit,[945] aus dem Stein des Périgord.[946] Das sind die charakteristischen Stoffe, aus denen ich meine Glasuren mache.[947]

---

939 „persecution", Verfolgung, Quälerei.

940 Zu den Glasuren siehe Piccolpasso 1860, *Les trois livres de l'art de potier*, verfasst für den Kardinal de Tournon im Jahr 1548 und im 12. Jh. Theophilus Presbyter, *De Diversis Artibus*, siehe Brepohl 1999.

941 „acier", Stahl. Hulsius: „acier, m., Stahel".

942 „arene", Sandfläche, seit dem 19. Jh. auch Begriff für tonigen Sand (PR).

943 „salicort", oder „salicor, salicorne", Asche aus Salzkraut, Glasschmalz, ergibt Soda (Natriumcarbonat), siehe Dupuy 1902, Holleman-Wiberg 1976 und folgende Anmerkung.

944 „cendre gravelée" oder Tartre, Asche des Weinsteins. Siehe Dupuy 1902, S. 332. Palissy erklärt im *Recepte* den Begriff selbst, „das Salz des Weins (also den Weinstein, Tartrat), das man „cendre gravelée" nennt." Godefroy: Pottasche (Kaliumcarbonat) aus Weinstein hergestellt. Name Pottasche von dem französischen Potassium abgeleitet. Siehe Holleman-Wiberg 1976, S. 725: „Aus dem Erdboden kommt das Kalium in die Landpflanzen, bei deren Veraschung es in Kaliumcarbonat übergeht, während See- und Strandpflanzen bei der Veraschung Natriumcarbonat (Soda) ergeben" und S. 729, vgl. 569: „dient zur Herstellung von Kaliglas".

945 „litarge", auch „litharge", Lithargit oder Goldglätte. α-PbO, Bleioxid von gelber Farbe, siehe Strübel, Zimmer, 1991, S. 205. Vgl. Palissy 1996, Bd. 2, S. 308, Anm. 47, Bleioxyd, dient zur Herstellung von Bleiweiß und einigen gelben Farbtönen. Zudem gibt es Bleioxid, α-PbO, genannt Massicotit oder Bleiglätte, siehe Strübel, Zimmer 1991, S. 220. Vgl. Holleman-Wiberg 1976, S. 592 und Kühn u.a. 2002, *Reclams Handbuch der künstlerischen Techniken*, S. 27 u. 238.

946 Ungeklärt. Das Périgord ist eine Landschaft und frühere Provinz im Südwesten Frankreichs.

947 Palissy verrät nicht die Komposition seiner Glasuren. Die gleichen Stoffe finden in der Glasherstellung und der Glasmalerei Verwendung und sind seit Theophilus bekannt.

Die Theorie.

Sicher, aber so wie du es sagst, bringst du mir gar nichts bei. Denn ich habe aus dem Vorstehenden mit deinen eigenen Worten vernommen, dass du sehr viel verloren hast bevor du die Glasuren in erprobten Dosierungen verwenden konntest, deshalb weißt du sehr gut, wenn du mir nicht das Mischungsverhältnis nennst, kann ich mit der Kenntnis der Stoffe [allein] nichts anfangen.

Die Praxis.

Die Fehler, welche ich bei der Dosierung der Glasuren beging, haben mich mehr gelehrt, als die Dinge, die mir gelangen. Deshalb bin ich der Ansicht, dass du arbeiten solltest, um die Zusammensetzung [selbst] herauszufinden, genauso wie ich es tat, sonst bekämst du die Wissenschaft zu billig[948] und das könnte vielleicht ein Grund für dich sein, sie mit Geringschätzung zu behandeln. Doch, ich weiß sehr wohl, es gibt Leute auf der Welt, die Geheimnisse und (309) Künste billig machen, aber nur solche, denen sie nichts kosten. Aber all jene, die sie mit großen Ausgaben und harter Arbeit ausüben geben sie nicht so leicht heraus.

Die Theorie.

Es gelingt dir, dass ich die Dinge unerhört wichtig (***292***) finde. Wenn es sich um irgendeine bedeutende Wissenschaft handelte, für die es einen großen Bedarf gäbe, gelänge es dir gut sie vorteilhaft darzustellen, da du schon eine manuelle Kunst hoch schätzt, die man leicht entbehren kann.

Die Praxis.

Nun, an dieser Äußerung erkenne ich jetzt, dass du unwürdig bist etwas über die Geheimnisse dieser Kunst zu erfahren. Und dann bezeichnest du sie als manuelle Kunst, als ars mechanica,[949] deshalb wirst du von mir nichts mehr über sie erfahren. Es ist bekannt, dass es in dieser Kunst einige mechanische Arbeitsschritte gibt, wie [zum Beispiel] das Schlagen des Tons. Es gibt Einige, die nur Gefäße für einfaches Küchengeschirr herstellen, ohne dass irgendwelche Proportionen[950] eingehalten werden müssen, diese können «mechanische» [Tätigkeiten] genannt werden. Aber was die Regelung des Feuers betrifft, kann sie nicht am Maßstab der artes mechanicae gemessen werden, denn du musst wissen, um einen Brand gut

---

948 „trop bon marché“. Zu billig bedeutet hier: auf zu einfachem Weg, ohne Mühe. Aber wie häufig bei Palissy spielen auch ökonomische Hintergedanken eine Rolle.

949 „art mecanique“, ars mechanica, „artes mechanicae“, Handwerkskunst, manuelle Tätigkeit, im Gegensatz zu den ars liberales oder freien Künsten, mit denen sie im Folgenden verglichen werden. Siehe: Haage 1996, S. 45 f. und Pochat 1986, S.129 ff.

950 „mesure“.

durchzuführen, besonders wenn die Ware glasiert ist, muss das Feuer mit einer derart umsichtigen Philosophie gelenkt werden (310), dass es dabei keinen noch so geistreichen Menschen gibt, der dafür nicht hart arbeitete und häufig dabei enttäuscht wird. Zudem ist, um den Ofen gut zu beschicken, eine ausgezeichnete Kenntnis der Geometrie erforderlich.

Weiterhin weißt du, dass man an mehreren Orten Tongefäße herstellt, die mit einer derartigen Geometrie entworfen wurden, so dass sich ein großes Gefäß auf einem kleinen Fuß hält, selbst wenn der Ton noch weich ist; nennst du das etwa [manuell oder] mechanisch? Du weißt wohl nicht, dass man das Messen mit dem Zirkel nicht mechanisch (***293***) nennen kann, nur weil dieses alltäglich geworden ist, und weil die Arbeiter die ihn benutzen arm sind? Alle Künste zu deren Ausübung Zirkel, Lineal, Zahlen, Gewichte und Maße erforderlich sind, dürfen nicht mechanisch genannt werden. Und da du die Töpferkunst in den Rang der manuellen Künste versetzen willst und du ihre Nützlichkeit[951] als gering einstufst, will ich dir jetzt zu verstehen geben, dass diese größer ist, als ich es ausdrücken kann. Bedenke doch wie viele der Künste ohne die Töpferkunst[952] unnütz wären, ja vollkommen scheiterten. Die Gold- und Silberschmelzer müssten ihre Arbeit einstellen, denn ohne Schmelzöfen und Tongefäße können sie nichts ausrichten, da sie außer Gefäßen aus Ton weder Steine noch andere Materialien finden werden, welche ihnen das Schmelzen von Metallen ermöglichten.

Die nichtmechanischen Künste.

Die Nützlichkeit der Töpferkunst.

Berufe die nicht ohne die Töpferkunst auskommen.

Die Glasmacher müssten ebenso aufgeben, denn sie haben keine andere Möglichkeit die Substanzen zur Herstellung ihrer Gläser zu schmelzen als in Tongefäßen. Die Goldschmiede und Gießer sowie jede mögliche andere Form und Art von Gießerei wären ausgelöscht, denn es wird sich keiner finden, der ohne Ton auskommen könnte. Betrachte auch die Hufschmiede[953] und Schlosser, und du wirst sehen, dass alle ihre Essen aus Ziegeln gebaut sind, denn wenn sie aus Steinen beständen würden diese sofort aufgezehrt. (311) Sieh dir die ganzen Schmelzöfen an, du wirst feststellen, dass sie alle aus gebrannter Erde[954] bestehen. Ebenso jene, die [selbst] mit Ton arbeiten machen ihre ganzen Brennöfen aus Ton, wie die Mauer- und Dachziegelbrenner (***294***) sowie Töpfer.[955] Kurz, es findet sich weder Stein noch Mineral oder ein anderer Stoff, der zum Bau eines Glasschmelz- oder Kalkofens oder anderen der oben erwähnten [Feuerstellen] dienen könnte und lange haltbar ist. Du siehst, wie auch die einfachen Gefäße aus Ton für die Gesellschaft[956] nützlich sind, [und] du erkennst ebenso den Nutzen von gebranntem Ton für die Dachdeckung der Häuser. Du weißt natürlich, dass man in vielen Län-

951 „utilité".

952 „l'art de terre".

953 „forges des marechaux et serruriers".

954 „terre".

955 „tuiliers, briquetiers & potiers".

956 „republique".

dern keinen Schiefer kennt und nur Ziegel für die Bedachung verwendet. Glaubst du nicht, dass Ton einen großen Nutzen für die Leitung von Quellwasser besitzt? Es ist allgemein bekannt, dass Wasser, welches in Tonleitungen fließt, sehr viel besser und gesünder ist als jenes das durch Bleirohre geleitet wird. Was meinst du, wie viele Städte gibt es, die mit Ziegel errichtet wurden, da es keine Möglichkeit gab Steine zu beschaffen? Was denkst du, wie hoch haben unsere Vorfahren den Nutzen der Töpferkunst eingeschätzt? Es ist gut bekannt, dass die Ägypter und andere Nationen verschiedene prunkvolle Gebäude errichteten – dank der irdenen Kunst.[957] Es gab mehrere Kaiser und Könige, die große Pyramiden aus Ton[958] errichten ließen, um die Erinnerung an sich zu verewigen, und einige von ihnen ängstigten sich, dass ihre Pyramiden durch Feuer zerstört werden könnten, wenn sie aus Naturstein beständen. Da sie aber wussten, dass Feuer nichts gegen Gebäude aus gebrannter Erde[959] ausrichten kann, ließen sie sie aus Mauerziegeln erbauen. Zeugen dafür sind die Kinder Israels, die (**295**) schrecklich[960] unterdrückt wurden in dem sie die Ziegelsteine für diese Bauten herstellen [mussten]. Ich würde es nicht schaffen alle Anwendungen der irdenen Kunst zu notieren, (312) deshalb überlasse ich es dir selbst weiter über ihren Nutzen nachzudenken. Was ihre Wertschätzung angeht, war es nicht immer so, dass sie dermaßen missachtet wird wie heute. Die Historiker bescheinigen uns, dass, als die Töpferkunst erfunden wurde, Gefäße aus Marmor, Alabaster, Chalcedon und Jaspis in Misskredit fielen, sogar für den Dienst in den Tempeln wurden verschiedene Gefäße aus [gebranntem] Ton[961] verwendet.

957 „l'art de terre".
958 „terre", gemeint ist natürlich gebrannter Ton, siehe unten.
959 „terre cuite".
960 „merveilleusement", vgl. TLF: „B. – [Modifie un adj.] Extrêmement, infiniment".
961 „vaisseaux de terre", auch: irdene Gefäße.

(**295**) (315)

Vom Auffinden und Erkennen der Erde genannt Mergel, mit der man unfruchtbare Böden in Ländern und Regionen düngt, in denen sie bekannt ist: eine Sache von großer Bedeutung und unentbehrlich für alle die Ländereien besitzen.

Die Theorie.

Ich erinnere mich eine kleine Abhandlung[962] gesehen zu haben, die du während der ersten Unruhen hast drucken lassen, in welcher mehrere Geheimnisse der Natur und selbst der Landwirtschaft enthalten sind. Dennoch, obwohl du ausführlich auf die Misthaufen eingegangen bist, hast du doch nichts über eine Erde gesagt, die sich (**296**) Mergel nennt. Ich erinnere mich gut, dass du in deinem Buch versprochen hattest zu prüfen, ob er in der Saintonge oder anderen Gegenden wo er bislang unbekannt ist vorkommt. Ich habe mich mehrmals erkundigt, ob du vielleicht ein anderes Buch geschrieben hast, indem du möglicherweise über diese Erde sprichst, aber ich habe nichts gefunden. Deshalb, wenn du irgendein Wissen oder eine Kenntnis darüber besitzt, (316) verheimliche[963] es mir nicht. Es wäre nicht recht von dir, ein für die Gesellschaft[964] nützliches Geheimnis zu verschleiern.

Die Praxis.

Tatsächlich hatte ich in meinem von dir erwähntem Buch versprochen den Mergel in der Saintonge zu suchen, denn damals lebte ich in diesem Land und dachte dort mein Lebensende zu verbringen. Und da es in diesem Land keine Informationen über Mergel gab und ich ihn aus dem Armagnac[965] kannte, hätte ich meinem Wohnort gerne einen Dienst erwiesen oder irgendetwas Profitables hinterlassen. Aus diesen Gründen strengte ich mich an, eine umfassende Kenntnis dieser Erde zu erlangen. Dennoch, wenn sie genauso bekannt und verbreitet wäre wie in den anderen Ländern, wie im Brie oder in der Champagne, bräuchte ich nicht darüber zu sprechen, die Landarbeiter, die [den Mergel] verwenden, interessieren sich nicht dafür den Grund zu erfahren, warum er den Boden fruchtbar macht, und obwohl die Ursache [für diese Wirkung] nicht jedem bekannt sein

---

962 „un petit träité", gemeint ist die zweite Schrift von Palissy, La recepte veritable, erschienen in Saintes 1563.

963 ne me le cele point".

964 „republique", lat. res publica, siehe PR, auch: Staat, Allgemeinheit.

965 „Armaignac", Armagnac, Landschaft und frühere Grafschaft im Südwesten Frankreichs im Vorland der Pyrenäen, bis 1607 unabhängig.

muss, können doch die Mediziner, alle Physiker, Philosophen und Naturkundler sehr viel von der Lektüre der Ursachen und Gründe profitieren über die ich dir (***297***) in Fortsetzung unserer Ausführungen berichten werde.

Die Theorie

Zuallererst möchte ich von dir hören, was Mergel eigentlich ist.
(317)

Die Praxis.

Der Mergel ist im Allgemeinen ein weißer Boden, den man unterhalb der anderen Erde abbaut. Gewöhnlich hebt man Gruben aus um ihn herauszuholen, diese haben die gleiche Gestalt wie die Zugbrunnen zur Wasserförderung. In den Regionen, wo dieser Boden Verwendung findet, verteilt[966] man ihn auf sterilen Feldern,[967] in der Art und Weise wie man Mist verteilt, zuerst in kleinen Häufchen, dann zerstreut man ihn auf den Feldern, wie man es auch mit dem Mist macht. Wenn die unfruchtbaren Böden mit dieser Erde gedüngt wurden, reicht dies für zehn oder zwölf Jahre. Einige sagen, dass man in verschiedenen Landstrichen dann dreißig Jahre lang keinen mehr ausbringen muss. Bestimmte Mergelsorten finden sich bereits am Grubeneingang und setzen sich eine Anzahl von Klafter[968] in die Tiefe fort. An anderen Orten und Gegenden muss man mehr als vier oder fünf Klafter tief graben, bevor man auf den Beginn einer Mergelschicht stößt. Nun, das ist es, was ich von jenen erfahren konnte, die regelmäßig Mergel anwenden. Indessen habe ich von einer gewissen Person gehört, dass die Felder, auf denen er ausgebracht wurde, im ersten Jahr kaum vom Mergel profitieren, was ich sehr sonderbar finde.

Die Theorie.

Warum findest du es sonderbar, wenn (***298***) sie behaupten, dass der Boden im ersten Jahr nachdem er gemergelt[969] wurde nichts produzieren wird? (318) Wenn du den Grund berücksichtigtest, der das Wachstum der Früchte antreibt,[970] würdest du eine solche Erklärung nicht sonderbar finden. Es gibt keinen Menschen auf der Welt, der mich glauben lassen könnte, dass der Mergel für die Anzucht[971]

966 „on la boute", verschiedene Bedeutungen; eine mittelalterliche Variante von setzen, stellen, legen, vgl. TLF.

967 „champs steriles", unfruchtbare Felder.

968 „toise", Klafter, altes Längenmaß, ein toise entspricht sechs pieds, fast zwei Meter, siehe PR. Ein Klafter zwischen 1,80–1,95 m.

969 „marnée", marner, aus dem Substantiv abgeleitetes Verb, mit Mergel düngen. Übersetzung orientiert sich am Deutschen Wörterbuch der Brüder Grimm, im Duden nicht mehr vorhanden.

970 „qui peut actionner la vegetation".

971 „generation".

hilfreich sein kann, außer vielleicht aufgrund der in ihm enthaltenden Wärme. Da wir sehen, dass nichts im Winter wächst und eine Saat niemals aufgehen wird, wenn es nicht die Wärme von oben durch die Kraft der Sonne gäbe. Obwohl die Sonne das Wachstum aller Dinge bewirkt, trocknet sie doch die Feuchtigkeit aus, wenn es zu heiß ist und die Pflanzen können nicht wachsen. Die Sonne ist also das Leben, und wenn sie zu heftig scheint, ist sie auch der Tod. In gleicher Weise ist der Mergel, hervorgerufen durch die Wärme, der Grund für die Keimung und das Wachstum bei der Vermehrung der Pflanzen.[972] Aber man muss vermuten, dass sein Wärmgehalt sehr groß[973] ist, wenn er frisch gefördert wurde, so dass er die Pflanzen verbrennt. Deshalb kann die Samengeneration, die im ersten Jahr in der Erde ausgesät wurde, nicht wachsen.

Die Praxis.

Tatsächlich ist deine Erklärung sehr stark und sehr einfach für diejenigen zu verstehen, die nur ein geringes Empfinden für das Wesen der Natur[974] besitzen, aber bei mir wird dein Argument niemals Gehör finden.

Die Theorie.

Ich werde dir jetzt ein anderes liefern, gegen das (***299***) du keinen legitimen Einwand haben kannst, und wenn du widersprechen möchtest, wird dich der einfachste Landarbeiter in den Ardennen beschämen. Du musst mir notwendigerweise zugeben, dass der in den glühenden Brennöfen gebrannte Stein sich durch die Gewalt des Feuers zu Staub reduziert und die in den Steinen enthaltene Feuchtigkeit verdampft. Es verbleibt nichts (319) weiter als das Erdige,[975] angefüllt mit einer feurigen Kraft, und aus diesem Grund nennt man ihn Kalk oder Chaux,[976] denn er ist chaude, heiß, ja sogar so heiß, dass es mehrfach vorkam, wenn man diese Steine auf Stroh liegend in die Häuser trug, sich diese Häuser durch die Bewegung von Wassertropfen,[977] die bei Regen auf den Kalk fielen, entzündeten. Und genauso wie diese Steine aus Kalk durch Feuchtigkeit aufgelöst werden, wenn ihnen beim Herausziehen aus dem Ofen welche angeboten wird, werden sich die Steine des Mergels auflösen, wenn man sie aus der Grube holt und wie die Kalksteine zu Staub zerfallen. Ich habe noch ein schönes Argument und einen hinreichenden Beweis um meine Rede abzuschließen: Da jene an die Waldge-

---

972 „est cause de generation germinative ou vegetative des plantes".

973 „que sa chaleur est si grand...".

974 „ chose naturelles", res naturae.

975 Beispiel für die Vier-Elementen Lehre.

976 Französischer Text und deutsche Übersetzung werden gleichzeitig angegeben, um die Analogie der Orthographie und Phonetik von „Chaux" und „chaude" zeigen zu können.

977 „mouvement de certaines gouttieres d'eau". Es ist ausgeschlossen, dass an dieser Stelle Regenrinnen, Wasserspeier, Traufen, Tropfkanten o. ä. gemeint sind. Vgl. S. ***289***/306.

biete der Ardennen angrenzenden Böden wegen des Schnees und der Kälte dieses Landes kalt sind, hatten die Landarbeiter gewisser Gegenden aus Mangel an Mist den Einfall ihre Äcker mit Kalk zu düngen, in genau der gleichen Art und Weise in der man gewöhnlich Dung dafür nimmt. Mit diesem Mittel gelang es ihnen die Felder, die vorher nichts (***300***) produzierten, fruchtbar zu machen. Denn da der Kalk durch seine Wärme einen großen Nutzen bringt (denn tatsächlich erzählen die Landarbeiter, dass der Kalk die Böden erwärmt und die Saat keimen lässt), kann ich nicht daraus schließen, dass der Mergel nur durch seinen Wärmegehalt auf den Feldern etwas bewirkt?

Die Praxis.

Gute Erklärungen, wie jene die du abgegeben hast, werden immer als gut anerkannt werden, unter der Bedingung, dass es (320) keine besseren gibt als deine. Und obgleich deine Argumente einen großen Anschein von Wahrheit besitzen, werde ich dir Erklärungen geben, die richtiger als deine sind. Erstens, wenn du von einem Mergelboden[978] sagst, er löse sich wie Kalk in Feuchtigkeit auf, antworte ich darauf, dass dies alle trockenen Böden tun und besonders alle tonigen Böden. Und was den anderen Grund betrifft, den du anführen könntest, dass der Mergel genauso weiß wie Kalk ist, antworte ich darauf, dass es grauen, schwarzen, gelben Mergel gibt; mithilfe dieser Farben beweise ich, dass dies Argument anfechtbar ist.

Die Theorie.

Ich weiß nicht, welchen Einwand du gegen meine Behauptungen vorbringen könntest, denn wir wissen doch, wenn Mist beim Wachstum der Samen hilft, liegt dies an seiner Wärme, und was für den Mist wahr ist, gilt auch für Mergel und Kalk.

Die Praxis.

Du willst also behaupten und schlussfolgern, dass der Mist (***301***) warm ist?

Die Theorie.

Möchtest du, dass ich eine so offensichtliche Tatsache leugne? Wissen wir nicht, dass man Bleilamellen wegen dieser großen Wärme in Misthaufen auflöst und so in Bleiweiß[979] umwandelt? Weiß man nicht, dass mehrere Methoden des Färbens von Seide in heißen Misthaufen ausgeführt werden? Ist es nicht genügend

---

978 „la terre de marne".

979 „ceruse", cerosa, cerussa, psimithium, Bleiweiß, Bleicarbonat, Cerussit, Pb[CO3], siehe z. B. Kühn u. a., 2002, Reclams Handbuch der künstlerischen Techniken, S. 18 f.; Strübel, Zimmer 1991, S. 67 f.

bekannt, dass mehrere Alchemisten (321) warmen Dung[980] benutzen um die Eier ihrer Essenzen auszubrüten? Wir brauchen nur zu den Ferkeln zu gehen, um Beweise für die Wärme des Dungs zu finden, denn sehr häufig dienen ihnen die Misthaufen als Wärmestube oder Schwitzbad um sich aufzuwärmen.

Die Praxis.

Das Ganze ist ziemlich schlecht verstanden und kein Einwand gegen mich. Natürlich wissen wir, dass Heu und Stroh verfaulen, wenn sie von Wasser befeuchtet werden, und beim Verfaulen führt die Fäulnis zu einer großen Wärmeentwicklung in Heu und Stroh, bis zur vollständigen Auflösung der essentiellen Substanz[981] und danach besitzt der Mist keine Wärme mehr. Wir wissen auch, dass gebrannte Kalksteine Feuer verursachen, dieses Feuer in ihnen dauert solange an, bis sie eingeäschert und pulverisiert sind, und nachher gibt es keine Hitze mehr. Wir wissen ebenfalls, dass kochendes Wasser heiß ist, solange es durch das Feuer bewegt oder berührt wird, aber nachdem es sich außerhalb des Feuers beruhigt hat, ist es genauso frostempfindlich wie Wasser (***302***) das nicht erhitzt wurde. Auch wissen wir, dass eine durch einen Unfall verursachte Wunde oder Quetschung, eine Entzündung[982] der verletzten Partie nach sich zieht, die wegen des Unfalls und der entstehenden Fäulnis wärmer als gewöhnlich ist, wie ich es für Stroh und Heu beschrieben habe, die sich durch den Vorgang der Fäulnis erwärmen und nicht weil die Wärme dauerhaft in ihnen vorhanden ist. Wir wissen auch, dass zwei Kiesel oder andere harte Materie, wenn sie gegeneinander geschlagen werden, Blitze oder Funken[983] (322) von Feuer sprühen lassen, das heißt aber nicht, dass die Kieselsteine heiß wären, sondern ich will sagen, dass diese Vorgänge außergewöhnliche Wärme hervorrufen. Deshalb muss man schlussfolgern, dass es einen anderen Grund für das Keimen der Samen gibt. Als ich mir die als Mergel bezeichnete Erde von ganz nah besah, fand ich, dass sie nichts anderes als eine Sorte toniger Erde ist. Wenn sich das so verhält, ist dies genau das Gegenteil der von dir vorgetragenen Argumente: denn wir halten es für

---

980 Die Alchemisten benutzten Pferde- und Kuhmist um eine beständige, mäßige Wärme zu erhalten, siehe Priesner, Figala 2000, S. 57.

981 „essence radicalle". Unklarer Ausdruck. Ist dies die fest gebundene Feuchte, „humeur radicale"?, vgl. „humeur radicale", S. ***262***/280 und ***339***/353. Auch für die Herausgeber der Palissy Werkausgabe handelt es sich um eine „seltsame Formulierung", Palissy 1996, Bd. 2, S. 321, Anm. 16. Vgl. Dupuy 1902, S. 303: essence = existence. Womöglich fest gebundene Substanz, die Grundsubstanz oder essentielle Substanz, vgl. DMF.

982 „apostume", vgl. DMF.

983 „buettes ou estincelles", „buettes" oder „bluette", Dupuy 1902, S. 286: bluette, etincelle, siehe Recette, Palissy 1996, Bd. 1, S. 110, Anm. 244 und Bd. 2, S. 398, Anm. 44. Marot: étincelle ou go utelette. Vgl. Littré. Hulsius: „bluette, f., Glinstern, Funkenfeuer". Glinster, Glinstern etwa Glanz, Glitzer, (Glitzern). Glitzer ist veraltet, deshalb übersetzt mit Blitze.

erwiesen, dass der tonige Boden kalt und trocken ist, wie du vernommen hast, als wir über die Metalle und Minerale sprachen, als ich dir nachwies, dass in mehreren Tonböden Markasite vorkommen, sogar metallisiertes und versteinertes Holz. Und wenn der Boden aus Mergel warm wäre, müsste der Boden aus Ton es gleichfalls sein und alles was ich über die Tone, die Steine und Metalle schrieb wäre falsch. Man muss also an diesem Ende anfangen und am Schluss feststellen, dass Mergel eine Art Ton[984] ist, welcher mehrere Jahre (***303***) den Einflüssen der Witterung[985] ausgesetzt war, dass er auskühlte oder gefror, selbst schon beim ersten Frost. Doch selbst wenn er im Erdinneren warm gewesen wäre, könnte er den Erdboden nur ein einziges Jahr erwärmen. Das Gleiche gilt für Mist und Kalk. Der Boden wird aber durch den Mergel über einen Zeitraum von zehn bis dreißig Jahren verbessert, es ist deshalb einfach zu folgern, dass dies nicht auf die in ihm enthaltene Wärme zurückzuführen ist, denn wenn man an verschiedenen Orten Mergel fördert, stellt man fest, dass er nicht durch die Einflüsse der Witterung oder des Regens zersetzt werden kann, solange bis der Frost seine Arbeit erledigt hat. Der Frost findet die Steine aus Mergel hart wie Kreide vor, zersetzt sie und verwandelt sie in Staub, wie das häufig bei weichem Gestein passiert. Diese Gesteine nennt man frostempfindlich,[986] ich habe weiter oben darüber gesprochen. Und um mit der ganzen Diskussion Schluss zu machen, erzähle ich dir noch, dass der Mergel eine Erde war, bevor er zu Mergel wurde, eine tonhaltige Erde. Und die Vorstufe des Kreidesteins[987] war am Beginn Mergel, und ich sage dir weiter, dass die Kreide, welche sich noch (323) im Leib der Erde befindet, zu Kalkstein[988] werden wird, und ich sage dir noch eine weitere Sache, die zu glauben dich noch mehr verstören wird, an allen Stellen an denen es Vorkommen von calcinierbaren Steinen gibt, sind diese zuerst Mergel gewesen, bevor sie zu Steinen wurden. Denn anders als calciniert könnten sie nicht die Felder verbessern.

Die Theorie.

Ich habe niemals einen in seinen Ansichten (***304***) unbelehrbareren Menschen als dich getroffen! Glaubst du so törichte Menschen zu finden, die dir das was du an Ansichten äußerst glauben werden? Du wirst eine ganze Zahl finden, die sich darüber lustig machen werden und dich von jeder Vernunft verlassen sehen. Meinerseits habe ich mich entschlossen nichts von dem zu glauben, was du behaup-

984 „la terre de marne est une espece d'argile".

985 „injure du temps", auch: Unbilden der Witterung, Erosion. Durch die Elemente, die Zeit, das Wetter hervorgerufene Schäden (PR), auch: Zahn der Zeit (Pons FD).

986 „jolices", jelices oder gelisses. Auch „frostklüftig", d.h. sie bilden Frostklüfte. Vgl S. ***196***/ 218 (gelisse). Siehe Dupuy, 1902, S. 308, „gelice", gélive, vgl. TLF. Pons FD: gelive, eisklüftig, frostrissig.

987 „pierre de craye".

988 „pierre blanche".

test, wenn du mir keine einsichtigen und verständlichen Beweise vorlegst, mit denen du mich überzeugst, dass es etwas anderes als die Wärme in Kalk, Mergel und Mist gibt, die dem Wachstum der Saat dient. Denn, wie ich dir sagte, da ja der Mergel den Feldern im ersten Jahr kaum nützt, ist dies ein Zeichen, wie ich feststellte, dass die zu große in ihm enthaltene Wärme seine Wirkung verhindert.

Die Praxis.

Du täuschst dich. Du verstehst nicht was ich dir sage, denn es ist weder eine alltägliche Sache, noch trifft es für alle Orte zu, dass der Mergel im zweiten und in den folgenden Jahren seine Aufgabe besser erfüllt als im ersten. Aber hier muss ein wichtiger Punkt erwähnt werden, der großes Gewicht besitzt und den du durch die folgenden Ausführungen verstehen wirst: Der Mergel verwandelt sich nämlich während einer langen Decoctionszeit[989] in Kreide oder einen anderen Stein. Und wenn (324) Mergel die Decoction durchläuft, erhärtet er dabei derart, dass Regengüsse ihn nicht mehr auflösen können, wie es für die Aufgabe notwendig wäre, so dass er in kleinen Stücken, ohne sich zu verflüssigen, innerhalb der Erdkrumme auf den Äckern liegen bleibt. Dies führt dazu, dass er dem Boden keine Würze[990] geben kann, bevor er nicht aufgelöst und verflüssigt wurde. Weil dies nicht (***305***) sofort im ersten Jahr geschehen kann, werden die Fröste einige Zeit später die Auflösung dieses Mergels bewirkt haben, der bereits begonnen hat sich zu zersetzen; und derart aufgelöst und verflüssigt unterstützt er das Wachstum und das Keimen der Samen, die ihm präsentiert werden. Nun, das ist ein Punkt, den du dir merken und als erwiesen festhalten musst. Das lässt sich ganz leicht im Valois, im Brie und in der Champagne überprüfen, in diesen Ländern kommt der Mergel in großer Fülle vor, und noch reichhaltiger ist das Vorkommen an Kreide, die früher einmal Mergel war und sich durch die lange Decoction in Kreidestein verwandelte. Du konntest einen Teil dieser Erläuterungen [bereits] in meiner Abhandlung über die Steine hören.[991]

Die Theorie.

Und ich frage dich, wenn es so ist, wie du sagst, dass der kreidehaltige Boden zuerst Mergel war, könnte die Kreide doch anstatt des Mergels verwendet werden, vorausgesetzt natürlich, dass sie vorher pulverisiert wird. Denn wenn es so ist, wie du sagst, befindet sich die gleiche Kraft, die im Mergel enthalten war, noch in der Kreide.

---

989 Vollständige Eindampfung, bei der eine Verdichtung stattfindet und sämtliches Wasser ausgetrieben wird.

990 „saveur".

991 Siehe *Discours* S. ***246***/265.

Die Praxis.

Du hast sehr gut geurteilt, aber da die Kreide versteinert ist, kann sie sich nicht auflösen und es würde nicht ausreichen sie zu Pulver[992] zu verarbeiten, außerdem würde sie pulverisiert zu viel kosten. Aber wenn die Fröste die Kreide zersetzen, könnte sie als Mergel dienen; als Beweis meiner Behauptungen (325) verweise ich dich auf das oben Gesagte, nämlich dass der durch Feuer zersetzte Kalkstein dazu genutzt wird die Böden zu mergeln oder zu düngen. (***306***) Möchtest du ein schöneres Zeugnis, musst du noch [einen Schritt] weitergehen und die Ursache für die Unterschiede der Farben des Mergels[993] betrachten. Die Ursache der weißen Mergelsorten liegt in ihrer langen Decoction begründet, was die schwarzen anbelangt, kann es verschiedene Ursachen geben, wovon die wesentlichste ist, dass die Stoffe vor nicht langer Zeit begannen sich zu verfestigen, und solche Mergel zersetzen sich am leichtesten. Sie können auch irgendwelches verrottetes Holz oder Minerale enthalten, welche die Stoffe schwarz gefärbt haben. Was die gelben [Farbtöne] betrifft, die Eisen-, Blei-, Silber- und Antimonminerale, alle diese Minerale können Mergel gelb färben. Deshalb existiert Mergel in verschiedenen Farben.

Die Theorie.

Da du behauptest, dass die Wärme des Mergels, der Misthaufen und des Kalks nicht die bestimmende Ursache des Samenwachstums[994] ist, lass mich also hören durch welche Eigenschaft Mergel auf unfruchtbare Böden einwirkt.

Die Praxis.

Als ich dir sagte, man dürfe nicht der Temperatur[995] des Mergels die generative [oder wachstumsfördernde] Kraft zusprechen, wollte ich dadurch nicht vollkommen dem Mergel die Wärme absprechen, aber dadurch die unsinnige Ansicht derjenigen zerstören, welche die gesamte Wirkung der Wärme zuschreiben, ich meine die gesamte innerliche und äußerliche. Es ist gut bekannt, dass Salz innerlich warm ist und aus diesen Gründen wird gesagt, dass es (***307***) die geschlechtliche Vermehrung[996] unterstützt. Jedoch wirst du bei kalter Witterung feststellen, dass (326) das Salz genauso kalt wie das Wasser oder die Steine ist. Es ist also festzustellen, dass sein Wärmegehalt nur wirksam werden kann, wenn er nicht durch eine gegensätzliche Wärme bewegt[997] wird, das heißt, insofern es die

992 „poussiere“, eigentlich Staub, Asche.

993 „aux marnes“. Original im Plural.

994 „vegetations seminales“.

995 „chaleur de la marne“.

996 „generation genitale“, vergleiche Diskurs Über die verschiedenen Salze, S. ***174*** f./196.

997 „esmue“, von „emouvoir“, in Bewegung versetzen, erregen, anregen. Hier in der Bedeutung „neutralisiert“.

Samen betrifft. Man muss also etwas weiter denken[998] und die wesentliche, antreibende und wirksame Ursache in diesem präzisen Fall untersuchen, und man wird dann etwas Verborgenes[999] entdecken, was die Menschen nicht erfassen können.

Die Theorie.

Bitte, wenn du etwas darüber weißt, spanne mich nicht auf die Folter, sondern gib mir klar zu verstehen, was du darüber denkst.

Die Praxis.

Wenn du beim Lesen der Fortsetzung dieses Buches[1000] deine Ohren weiter geöffnet hättest, würde dir klar geworden sein, was es damit auf sich hat, denn ich habe dir vorher berichtet, dass es ein fünftes Element[1001] gibt, welches den Philosophen bisher nie bekannt war und dieses fünfte Element ist ein generatives Wasser, klar oder rein, subtil[1002] und mit dem anderen Wasser unerkennbar vermischt. Dieses Wasser, das zusammen mit dem gewöhnlichen Wasser vorkommt, erhärtet und verfestigt sich zusammen mit allen ihm untergemischten Dingen. Und genauso wie das gewöhnliche Wasser durch die Anziehung der Sonne nach oben steigt, sei es in Form von Wolken, Dünsten oder Dämpfen, wird auch das zweite Wasser, welches ich als fünftes Element bezeichne, von dem anderen mitgeschleppt. Und wenn (***308***) das gewöhnliche Wasser hinunterzulaufen beginnt und durch die Täler fließt, entweder in Form von Flüssen, Bächen oder Quellen, oder als Regen, behaupte ich, gleichgültig in welcher Form es abfließt [und] an welchem Ort es stagniert, bildet[1003] (327) sich irgendein Objekt;[1004] und vor allem werden auf genau diese Weise Kiesel, Gesteine und Lagerstätten gebildet, eine vollständig erwiesene Tatsache, wie du feststellen kannst, wenn du meinen Diskurs über die Steine liest. Doch kommen wir jetzt zum Wesentlichen, sehen wir wie dies vonstattengeht. Nachdem du gut verstanden hast, dass es ein

998 „il faut donc philosopher plus loing", vgl. ähnliche Ausdrücke S. ***119***/137 u. ***134***/151.

999 „quelque chose de caché", etwas Verborgenes. Dies ist es, was Palissy unter dem Wort Geheimnis (der Natur) oder „secret" versteht.

1000 „le subsequent de ce livre". Gemeint ist wohl das vorliegende Buch, die *Discours*, als eine Art Fortsetzung des *Recepte veritable*, von welchem am Anfang die Rede war und welches dort einige Themen wieder aufnimmt und vertieft.

1001 „element cinqiesme". Wie bereits ausgeführt, handelt es sich für Palissy nicht um das fünfte Element der Alchemisten, sondern um das „zweite Wasser", auch als „verfestigungsfähig" oder „generativ", etc. bezeichnet. Dies verdeutlicht sich im Folgenden. Vgl. z. B. S. ***125*** f./142 f., Palissy 1996, Bd. 2, S. 326, Anm. 30.

1002 „claire ou candide, subtil", „subtil", d. h. dünnflüssig.

1003 „il se forme".

1004 „quelque chose".

Wasser gibt, das generativ und ein anderes welches exhalativ[1005] ist, wird es dir leichtfallen zu verstehen, dass das verfestigungsfähige Wasser[1006] generativ ist, dieses bezeichne ich als fünftes Element. Wenn es vom gewöhnlichen Wasser in ein Becken oder an einen Ruheort bewegt wurde, wird es sich, in Ruhe befindend, dort verfestigen und irgendeinen Stein bilden, entsprechend der Menge der sich dort ablagernden Materie und [dabei] die Form seines Aufenthaltsortes[1007] annehmen. Nachdem es sich derart verfestigt hat, wird das gewöhnliche Wasser manchmal vom Boden aufgesogen und läuft tiefer hinunter oder es verdunstet und geht in Dampf, ja selbst in Wolken über und lässt seinen Begleiter zurück, denn es kann ihn nicht mehr tragen. Das ist ein Lehrsatz,[1008] der dir zu verstehen geben soll, dass bevor der Mergel zu Mergel wurde, er ein Boden war, in den die beiden Wasser eindrangen und einige Zeit verblieben; in dieser Ruhephase verfestigte sich das ruhende, generative Wasser und das evaporative,[1009] verdunstungsfähige floss weiter oder verdunstete[1010] einfach (***309***), wie ich es oben beschrieben habe, und der Boden, wo das verfestigungsfähige Wasser sich abgeschieden hatte und erhärtet war, wurde durch den Einfluss des verfestigungsfähigen Wassers, das gemeinsam mit ihm einen Körper bildete, folglich weiß. So kommt es, dass sich der Boden durch die Wirkung des generativen Wassers in Mergel verwandelte. Es ist nicht dieser Boden, der dann auf die Felder gebracht wird und sich Mergel nennt, der die Erde fruchtbar macht, sondern das verfestigungsfähige Wasser, welches sich in diesem Boden staute. Das stagnierende Wasser verfestigte und bleichte den Boden, wie von mir beschrieben, und wenn die Saat auf dem mit Mergel verbesserten Boden ausgebracht wird, nehmen [die Samen] nicht die (328) ihr Wachstum fördernde Substanz aus dem Boden auf, sondern nähren sich vom generativen und verfestigungsfähigen Wasser, welches ich das fünfte Element nenne. Wenn die Samen über mehrere Jahre hinweg das generative Wasser herausgezogen haben, ist der Mergel nutzlos wie der Bodensatz[1011] nach einer durchgeführten Eindampfung oder Decoction, genauso verhält es sich mit dem Mist und dem Kalk.

1005 „exalative“, exhalativ, von Exhalation, exhaler, Evaporation, evaporieren, scheinbar nur von Palissy gebraucht. Hulsius: „Exhalation, ausdampffung.“ Verdunstungsfähig, zur Evaporation fähig.

1006 „l‘eau congelative“, auch: erstarrungsfähiges Wasser.

1007 „la forme de son giste“. Auch: Gestalt.

1008 „sentence“, Urteil, Maxime, Grundsatz, siehe TLF, DMF. Académie: „Apophtegme, jugement“. Vgl. Palissys Auszug der wichtigsten Sentenzen im Anhang der *Discours* S. ***362 f.***/375 f.

1009 „vaporative“.

1010 „s’est exalée“.

1011 „marcq“, marc, auch: Mark, Bodensatz, Rückstand.

Die Theorie.

Du möchtest also den Schluss ziehen, dass die pflanzlichen Samen das fünfte Element, welches du als generatives Wasser bezeichnest, aufsaugen, wie ein Mensch Wasser oder Wein durch ein Spundloch saugt und die Hefe einen Rückstand auf dem Fassboden bilden lässt.[1012]

Die Praxis.

Du sprichst wahr, daran kann man nicht zweifeln, aber es ist erforderlich (***310***) subtilere Überlegungen anzustellen, denn die pflanzlichen Samen könnten das generative Wasser nicht anziehen, ohne dass es vom gewöhnlichen Wasser befeuchtet wird. Und merke, wenn der Boden vom Regen, Sprengen oder sonst wie feucht wird, nehmen die Pflanzen das gewöhnliche Wasser zusammen mit dem verfestigungsfähigen auf. Das gewöhnliche Wasser verhindert die zu schnelle Verfestigung, daher kommt es, dass Weizen und andere Samen bis zur Reife grün bleiben. Und wenn sie reif sind und der Stengel die Absorption beendet und nur noch Nährstoffe herzustellen hat, verschwindet das verdunstungsfähige Wasser und das generative bleibt zurück. Während die Decoction der Pflanzen zum Abschluss kommt, ändert sich auch die Farbe, wie dies ebenso bei den Steinen und allen Arten von Mineralien geschieht. Ich habe dir in meinen anderen Abhandlungen bei der Besprechung der Minerale erläutert, dass alle Arten von Früchten während der (329) Reifezeit die Farbe ändern. Deshalb habe ich dir immer, wenn ich über das fünfte Element sprach, gesagt, dass, obwohl es ein Wasser inmitten des anderen Wassers ist, es sich dabei um jenes handelt, welches Stroh und Heu und alle Arten von Bäumen und Pflanzen, sogar die Menschen und die Tiere aufrecht hält. Ich sagte dir auch, dass die Knochen von Mensch und Tier aus dieser großartigen generativen Substanz gehärtet und aufgebaut[1013] sind, und du siehst, dass zu Beginn der Mergel ein weicher und lockerer[1014] Boden ist und dann zu einem härteren Mergel wird, und von Mergel zu Kreide und von Kreide zu Stein, durch die Eigenschaft (***311***) dieses Wassers. Die menschlichen und tierischen Knochen sind, behaupte ich, aus dem gleichen Wasser wie oben (diese sind steinartig, und wenn sie trocken sind, brechen sie wie Stein). Am Beginn sehr weich, wie ich es vom Mergel sagte, werden sie dann hart wie ein Stein, sobald sie die Decoction und Reife erreicht haben. Genauso wie du feststellst, dass die

---

1012 „laisseroit la lie faire son marcq au fond du tonneau." „Lie" bezeichnet Rückstand und Hefe; „marc" neben Bodensatz auch das Mark, Konzentrat, welches beim Pressen der Früchte zurückbleibt und das in der Weinherstellung in der deutschen Fachsprache „Trester" heißt (z. B. Marc de Champagne).

1013 „sont endurcis & formez".

1014 „fluante", fluer = couler (GdH), „coulant", u. a. flüssig, locker.

Steine und Kiesel, welche aus diesem verfestigungsfähigen Wasser entstanden sind und geformt wurden, dem Feuer standhalten und nicht im Feuer aufgezehrt werden können, sondern verglasen,[1015] erkennst du auch, dass dies generative Element, von dem ich sprach, nicht abgebaut werden kann, wenn es in Stroh und Heu enthalten ist, denn wenn du Stroh, Heu oder Holz verbrennst, verschwindet alles gewöhnliche Wasser als Rauch, aber dies generative Wasser, welches das Heu und das Stroh aufrechthielt, ernährte und es wachsen ließ, verbleibt in der Asche und kann nicht aufgezehrt werden, sondern verglast wenn es sich in den glühenden Schmelzöfen befindet, und aus diesen Aschen lässt sich Glas herstellen, welches genauso transparent und klar[1016] ist, wie es das generative Wasser vor seiner Verfestigung war. Und genauso wie es sich mit der Holzasche und den Steinen verhält, die wegen dieses generativen Samens die Auswirkungen des Feuers ertragen, kannst du gleichfalls feststellen, dass nichts dem Feuer sosehr widersteht, wie die Knochen einiger Tiere. Wie du mehrere Male miterlebt hast, als ich (330) die Knochen von Schafsfüßen verbrannte, ist es nicht möglich sie im Feuer zu verbrennen, genauso wenig wie Eierschale, gleichgültig wie groß die Hitze in den Schmelzöfen ist. Dies sollte dich (***312***) davon überzeugen, dass Gott eine Ordnung in der Natur eingerichtet hat, derart dass die Knochen das generative Wasser angezogen haben und im Allgemeinen reichlicher anziehen als die anderen Körperteile. Und wie ich an anderer Stelle sagte, ist es unzweifelhaft, dass ein guter Teil davon im Augapfel[1017] vorhanden ist, und weil dieser feucht ist und verdunstungsfähiges Wasser enthält, verhindert dieses, dass der Augapfel versteinert. Wir haben Spiegel und Brillen, die uns bezeugen, dass es eine gewisse Verwandtschaft zwischen den Augen, den Brillen und den Spiegeln gibt. Und glaube nicht, dass irgendwelche Dinge poliert oder als Spiegel oder Brille genutzt werden könnten, wenn es nicht die bewundernswerte Eigenschaft des fünften Elements gäbe, welches sich mit den anderen Stoffen verbindet und welches sie härtet, klar und polierfähig macht, vermittels der Kräfte, die ihm der Souverän eingeschrieben hat. Ein anderer Beweis: Glaubst du nicht, dass den gepanzerten Fischen im Meer, in den Teichen und in ruhigen Flüssen[1018] dieses Element bekannt ist? Wie könnten sie sonst ihre Schalen inmitten der Gewässer erschaffen[1019] und wie könnten die Schalen inmitten der Nässe erhärten und trocknen,

---

1015 „se vitrifient“, auch: schmelzen, sintern.

1016 „candide“.

1017 „prunelle des yeux“, üblicherweise „Pupille“, früher auch „Augapfel“. Hulsius: la prunelle de l’œil, der Augapffel.

1018 „& és etans & rivieres douces“. „Douces“ könnte sich möglicherweise auch auf das Süßwasser „eaux douces“ beziehen, ergänzt zu: ... und in den Teichen und Flüssen mit Süßwasser. Vgl. die Diskussion über die Existenz von Schalentieren im Süßwasser im Diskurs *Über die Steine*.

1019 „former“.

wenn sie nicht die verfestigungsfähige Materie inmitten des Wassers auszuwählen wüssten? Du weißt selbstverständlich, dass diese großen Purpurschnecken und Trompetenschnecken[1020] genauso harte Schalen wie Stein haben oder sogar noch härter, und trotzdem war die Substanz flüssig und nicht von uns zu erkennen, bevor der Fisch sein Haus formte. Man muss also am Schluss zu der Feststellung kommen, wie ich in der Abhandlung über die Metalle beweise (***313***), dass der Kristall aus diesem generativen Wasser inmitten des gewöhnlichen Wassers gebildet wird [und] das dieser Samen[1021] oder dieses generative Wasser (331) nicht allein der Entstehung der Gesteine dient, sondern auch die Substanz und das Erzeugende aller belebten und wachsenden Dinge[1022] ist, in Übereinstimmung mit der menschlichen Erfahrung,[1023] und [dabei] der Ordnung und der bewundernswerten Kraft folgend, die Gott der Natur [als Gesetz] eingeschrieben[1024] hat. Du hast vorhin gehört, dass alle Steine in ihrer Ausgangsgestalt[1025] klar[1026] sind und die opaken[1027] sind es nur zufällig, da es zwischen der Substanz Erde und Sand gibt, die sich zusammen mit der Materie verfestigen und erhärten. Daher kommt es, dass die Materie die zuerst hell und klar war, trübe und dunkel wird. Trotzdem ist kein Stein so trübe, dass man ihn am Ende nicht durch die Kraft des Feuers transparent bekommen könnte, denn das Ausgangselement,[1028] von dem ich sehr häufig sprach, bindet die Stoffe und macht sie transparent, da es in seinem Wesen transparent ist. Dies kann nicht leicht bewiesen werden, höchstens durch die Praxis,[1029] und die Theorie kann diese Dinge selbstverständlich nicht erklären. Ich habe dir alle diese Beweise dargelegt, für den Fall, dass du unfruchtbaren Boden besitzt und du dir Mühe gibst auf deinem Besitz Mergel zu finden, um die sterilen Böden zu düngen, damit sie in jeder Saison große Erträge einbringen. Dadurch wirst du ein guter Familienvater sein und als ein leuchtendes Vorbild unter den Faulen wirst du ein gutes Beispiel geben und die Nachbarn werden Schwierigkeiten haben dir nachzufolgen.

1020 „poupres & busibes" (pourpres & buccines), vgl. S. ***224***/246 und *Recepte*, Palissy 1996, Bd. 1, S. 212.

1021 „semence", oder: Keim.

1022 „de toutes choses animées & vegetatives", auch: „aller tierischen und pflanzlichen Dinge".

1023 „selon le cours humain", unklare Formulierung.

1024 „a commandé à nature", der Natur vorgeschrieben hat.

1025 „forme principale", siehe TLF: „3. 1452 « la chose principale » (J. De Bueil, Le Jouvencel, Soc. Hist. de Fr., I, 33 ds Gdf. Compl.). Empr. au lat. principalis « originaire, primitif »" ; Hulsius : „Principe, anfang.", ursprüngliche, eigentliche Form. Auch: hauptsächlich.

1026 „candide", auch: weiß, hell, kristallin. Siehe Hulsius.

1027 „tenebreuse", auch: trübe, dunkel.

1028 „element principal", auch: Hauptelement, vgl. siehe oben „forme principale". Gemeint ist das fünfte Element oder generative Wasser.

1029 „par les practiques", d. h. durch Versuche.

(***314***)

Die Theorie.

Bitte, mach mir die Freude, bring mir bei wie man den Mergel, von dem du sprichst, erkennt. Wenn ich wüsste, wie man ihn erkennt, böte ich meine ganzen Kräfte auf, um festzustellen, ob es möglich ist, auf meinem Besitz welchen zu finden.

Die Praxis.

Ich glaube nicht, dass jene, die zuerst Böden mit Mergel verbesserten, dies durch eine imaginierte Theorie taten. (332) Ich denke vielmehr, dass die, welche als Erste diese Erfindung machten, sie entdeckten ohne sie zu suchen, da [auch] mehrere andere Wissenschaften sich von sich aus darboten. Zum Beispiel kannst du dir vorstellen, dass die Abformtechnik[1030] durch die Schritte eines Menschen erfunden wurde, der mit nackten Füßen auf feinem Sand oder einem Boden aus Ton ging. In diesem Boden oder im Sand wird man selbstverständlich die liegende Gestalt, die Falten, Senken, Erhebungen und Vertiefungen der Form jedes Fußes sehen. Dies, behaupte ich, war ausreichend um am Anfang die Abformtechnik und den Buchdruck zu erfinden. Demzufolge fällt es leicht zu glauben, dass der Mergel zuerst dadurch entdeckt wurde, dass beim Ausheben einer Grube oder eines Grabens irgendjemand den Aushub aus der Tiefe der Grube auf das angrenzende Feld warf und sich herausstellte, dass das auf diesem Feld ausgesäte Getreide kräftiger und dicker an den Stellen war, wo der Grubenaushub hingeworfen wurde. (***315***) Es ist möglich, dass die Eigentümer, als sie dies sahen, im nächsten Jahr den Boden dieser Grube [als Dünger] benutzten, ihn auf dem Rest des Feldes verteilten, und später feststellten, dass Mergel genauso gut oder sogar besser als Mist ist. Die Entdeckung des Mergels kann auch auf der Suche nach Wasser, beim Graben von Brunnen erfolgt sein: An irgendeinem Ort, beim Graben eines sehr tiefen Brunnens, warf man den Bodenaushub für den Schacht dieses Brunnens auf das ganze umliegende Land und verteilte ihn dort, und nachdem der Boden bearbeitet und besät war, fand man, was man nicht erwartet hatte, nämlich, dass die Samen welche auf den mit dem Aushub vom Brunnenbau bedeckten Teilen des Feldes ausgesät worden waren, dicker, schöner und kräftiger wurden. Nun, das sind zwei Ereignisse durch welche die Ersten, die Mergel anwendeten, hätten aufmerksam werden können und ich wage dir zu sagen und versichere dir, dass (333) das eine wie das andere wahr ist und sich noch immer an Orten ereignen kann, an denen Mergel bislang noch nie verwandt wurde. Ich werde dir ein unwiderlegbares Argument geben: Mergel findet sich nämlich manchmal bereits weit oben oder sehr nahe der Erdoberfläche, und wenn man immer weiter in die Tiefe,

1030 „la moullerie“.

in Richtung Zentrum gräbt, findet sich weiterer Mergel dann erst wieder, nachdem man einen Schacht von fünfzehn bis zwanzig Fuß Tiefe ausgehoben hat, manchmal sogar von mehr als fünfundzwanzig Fuß. Und wenn man auf den Beginn dieser Mergelschicht gestoßen ist, muss man sie von dort nach oben fördern, mit so großer Mühe, als wenn man Wasser aus einem Brunnen emporzieht. Nun deshalb habe ich dir gesagt und versichert, wenn man (***316***) durch Zufall Mergel beim Abteufen von Schächten oder beim Ausschachten von Gräben fand, versuchte man seit ihrer Erfindung[1031] in den Ländern, in denen [diese Erde] Anwendung findet und bekannt ist, sie auch in sehr großer Tiefe anzutreffen. Man darf also feststellen, dass Mergel nicht durch das Erlernen einer Theorie gefunden werden kann, genauso wenig wie verborgenes Wasser, das keine Quelle besitzt. Ebenso wie die Tonschichten liegen auch die Mergelschichten manches Mal nahe der Erdoberfläche und manches Mal müssen sie aus großer Tiefe geholt werden, wie ich es oben beschrieben habe. Wenn du also Mergel finden willst, rate ich dir dem guten Beispiel eines normannischen Familienvaters zu folgen, der in einer normannischen Gemeinde lebend, große Mühen auf die Kultivierung seiner Böden verwendete und trotzdem jedes Jahr gezwungen war Getreide außerhalb der Gemeinde hinzuzukaufen, da die gesamte Gemeinde unfruchtbar war; es gab dort niemanden, der Getreide zur Vorratshaltung erntete. Als eine Teuerung eintrat und die Bewohner zum Kauf des Getreides in die nächstliegende Stadt gingen, wurden sie von den anderen Gemeinden verflucht, welche sagten, sie wären der Grund für (334) die Verteuerung des Getreides. Es geschah [aber], dass der von mir anfangs erwähnte gute Familienvater einige Tage lang seinen mit einer weißen Erde gefüllten Hut nahm, die er in einer Grube fand und diese auf irgendeinen Fleck seines von ihm besäten Feldes brachte und die Stelle markierte, wo er die Erde hingeschüttet hatte. Als die Samen aufgegangen waren, bemerkte er, dass das Getreide dort dick, (***317***) grün und kräftig war, nicht zu vergleichen mit dem restlichen Feld. Als er das sah, düngte er im folgenden Jahr alle Felder mit dieser Erde, die daraufhin reichlich Früchte trugen. Nachdem seine Nachbarn und alle Bewohner der Gemeinde über dieses Ereignis informiert waren, beeilten sie sich diesen Mergelboden zu finden und ernteten nach der Düngung ihrer Äcker Früchte in größerer Menge als alle anderen Gemeinden. Nun, das ist die sicherste Art Mergel zu finden, die ich kenne. Um dir bessere Wege aufzuzeigen, wie du Mergel suchen und erkennen kannst, will ich dir die Erkenntnis näher bringen, dass Mergel nichts anderes als ein über einen sehr langen Zeitraum abgelagerter Boden ist, der immer feucht gehalten wurde durch das Wasser, welches er absorbierte, derart, dass alle in [diesem Boden] enthaltenen versteinerungsfähigen Dinge in feine Erde umgewandelt wurden. Diese

---

1031 „depuis l'invention estant trouvé". Die Entdeckung der Anwendung des Mergels wird als Erfindung bezeichnet (siehe auch weiter oben).

Erde, gereinigt von jeder Art zersetzbarem Dreck, absorbierte eines der zwei Wasser, nämlich das verfestigungsfähige und dieses verfestigungsfähige Wasser bildete einen Körper mit der Erde, die hierdurch erhärtete, nicht so hart wie ein Stein, obwohl dies bereits der Beginn der Gesteinsbildung ist. Aber da sie bereits vor ihrer vollständigen Decoction aus ihrer Lagerschicht herausgebrochen wurde, kann sie sich durch Regenfall und Frost auflösen, nachdem sie vom Ort ihrer Entwicklung[1032] entfernt wurde. Und da der [Mergel] ein unvollständiger Stein ist, lässt er das Wasser, welches (***318***) ihn verfestigte, an dem Ort zurück wo er aufgelöst und zerbrochen wird, und das Wasser, welches ihn zusammenhielt, verflüssigt sich auf dem Feld und wird von den dort ausgesäten Samen aufgefangen, aufgesogen und aufgenommen, wie ich es oben beschrieben habe. Aber weil dieses (335) Thema von großem Gewicht ist, will ich diesen Punkt für dich an einem verständlicheren Beispiel wiederholen (damit du ihn besser verstehst): Der Speck oder das Fleisch eines Schweins verliert beim Salzen nicht seine Form, und wenn es entsalzen ist, behält es ebenfalls seine Form. Wie du für gewöhnlich siehst, kann es in einem Topf verschiedene Sorten Frischfleisch geben, unter denen und innerhalb des Topfes sich ein Stück Speck befinden kann, welches dem ganzen anderen Frischfleisch Geschmack verleiht, wie auch die ganze Brühe im Topf durch das im Speck enthaltene Salz gesalzen wird, trotzdem behält der Speck seine Form. Die Destillateure entziehen dem Zimt seinen Geschmack, seinen Geruch und die Kraft, ohne den Zimt seiner Form zu berauben. Dadurch kannst du ebenfalls verstehen, dass der Speck das Wasser[1033] im Topf auch nicht durch seine [eigene] Eigenschaft gesalzen hat, sondern mittels des Salzes in dem er [vorher] lag. Dieses Salz wurde durch die Kraft des Wassers aus dem Speck extrahiert, ohne dass er seine Gestalt verlor. Genauso ziehen die Samen das Salzige[1034] aus dem Mergel an sich, welches vorher das generative Wasser war, und nachdem es von den Samen angezogen wurde, ist der Mergel nichts weiter als ein unfruchtbarer Boden, genauso wie die Rinde des Zimts, nachdem die Wirkstoffe daraus entzogen wurden. (***319***) Ich werde dir noch ein Geheimnis verraten, Salz könnte nämlich niemals Schweinefleisch konservieren oder zu Speck machen, noch folglich anderes Fleisch konservieren, wenn nicht zuerst das Salz aufgelöst würde. Wenn das Salz nur das Umgebende berührt, ohne sich zu verflüssigen, kann es weder dort eindringen, noch die Verwesung verhindern. Nun deshalb wirst du verstehen, dass die Samen nichts aus dem Mergel ziehen können, bei dem bereits die Versteinerung eingesetzt hat, wenn er nicht zuerst im Acker zersetzt wird, genauso wenig wie ein [Stück] Fleisch Salz [aufnehmen kann], welches

1032 „lieu du formation". Formation: Beispiel für ursprüngliche Anwendung eines geologischen Terminus.

1033 „l'eau du pot", das heißt, die vorher als Brühe bezeichnete Flüssigkeit im Topf.

1034 „la vertu salsitive".

sich nicht aufzulösen oder zu verflüssigen vermag. Ich gebe mir Mühe, so gut ich kann, um dir verständlich zu machen, (336) dass es kein Gestein gibt, das sich in Folge von Regenfällen oder Frösten auflöst, welches nicht als Dünger auf Feldern dienen kann. Weil jedes Gestein durch das fünfte Element gebildet, gestützt und erhärtet wird, welches alle Dinge von der Entstehung bis zum Ende begleitet, brauchen viele Stoffe deshalb weder Feuer oder Wasser noch die Witterungseinflüsse[1035] zu fürchten. Hierfür sind die Tone ein Beispiel, die durch seine Aktivität entstanden sind und die ohne irgendwelchen Schaden zu nehmen im Wasser liegen können; aus ihnen geschaffene Gefäße oder Ziegelsteine widerstehen dem Feuer der Schmelzöfen und selbst die Schmelzöfen werden daraus hergestellt.

Die Theorie.

Du hast mir hier oben viele Erklärungen gegeben, trotzdem bin ich nicht zufrieden wegen (***320***) des zweckmäßigsten Wegs um diesen Mergelboden schnell zu finden.

Die Praxis.

Ich kann dir keinen zweckmäßigeren Weg nennen als den, welchen ich selbst beschreiten würde. Wenn ich [Mergel] in irgendeiner Provinz, in der diese Entdeckung noch nicht gemacht wurde, erschließen wollte, würde ich immer sämtliche Flächen aufsuchen, wo sich die Töpfer, Mauerstein- und Dachziegelbrenner für ihre Werke bedienen und mit dem Erdreich jedes Landstücks einen Teil meines Feldes düngen, um zu sehen, ob sich die Erde verbessert. Ferner hätte ich gern einen recht langen Erdbohrer,[1036] dieser Erdbohrer besäße am hinteren Ende eine Hülse, in die ich einen Stab einsetzte, an welchem es am anderen Ende quer einen Stiel in Form eines Bohrers gäbe. Nach seiner Herstellung würde ich alle Gruben auf meinem Grundbesitz aufsuchen, in sie (337) meinen Erdbohrer bis zur vollen Länge seines Stiels hineintreiben und nach dem Herausziehen aus dem Loch, im Hohlraum [des Bohrers] nachsehen, welche Bodenart er mit hochgebracht hätte. Wenn er gereinigt ist, würde ich den ersten Stiel entfernen und einen sehr viel längeren einsetzen, den Erdbohrer zurück ins Loch stecken, das ich bereits zuvor gemacht hätte und mit Hilfe des längeren Stiels tiefer in die Erde hineinbohren. Auf diesem Wege, da ich verschiedene Stiele mit unterschiedlicher Länge besitze, könnte man erfahren welches die tiefen Bodenschichten sind. Und ich stelle mir vor, nicht allein auf meinen Besitztümern in den Gräben

[1035] „injure du temps", auch: Zahn der Zeit oder Erosion.

[1036] „tariere", Spiralbohrer. Dies ist die erste bekannte Beschreibung einer Bodensonde zur Entnahme von Bodenproben, seit dem 19. Jh. eines der Standardgeräte für geologische Untersuchungen. Vgl. Diderot, d'Alembert 1765, Bd. 15, S. 917, das dort beschriebene Gerät ist indes nur ein gewöhnlicher Bohrer und kommt ausschließlich für militärische Minierarbeiten zum Einsatz.

zu schürfen,[1037] sondern auch auf (***321***) allen Ackerflächen, bis ich in der Spitze meines Erdbohrers einen Nachweis für Mergel mitbrächte. Und wenn ich irgendeinen Hinweis fände, würde ich an dieser Stelle einen Schacht herstellen, in der Art wie man einen Brunnen baut.

Die Theorie.

Sicher. Aber falls es Fels unterhalb deiner Ländereien gäbe, wie man es in mehreren Regionen sieht, wo alle Böden auf Felsgesteinen liegen?

Die Praxis.

Wirklich, das wäre ärgerlich. Doch vielerorts sind die Gesteine sehr weich, besonders dann, wenn sie sich noch im Boden befinden, deshalb scheint es mir, dass ein Erddrillbohrer[1038] sie leicht durchdringen würde, und nach dem Drillbohrer könnte man den anderen Erdbohrer ansetzen. Auf diesem Weg fände man die Mergelschicht, selbst Wasser um Brunnen zu bauen, das sehr häufig höher steigt als der Ort, an dem die Spitze des Bohrers es aufgespürt hat. Dies lässt sich bewerkstelligen, vorausgesetzt, dass es höher steigt als die Sohle des von dir hergestellten Bohrlochs.[1039]
(338)

Die Theorie.

Ich finde sehr befremdlich, dass du sagst, falls der Fels mich daran hindert die Erde zu durchbohren, muss auch der Fels durchbohrt werden. Und falls es Fels gibt, brauche ich ihn nur zu durchbohren, obwohl ich doch Mergel suche?
(***322***)

Die Praxis.

Das hast du falsch verstanden, denn wir wissen, dass in vielen Gegenden die Böden aus verschiedenen Bänken[1040] aufgebaut sind, und wenn man diese beim Grubenbau durchsticht, findet man zuweilen eine Erdschicht, eine andere aus Sand, eine Gesteinsbank und eine weitere aus toniger Erde. Gewöhnlich sind die Bodenschichten derart aus voneinander unterscheidbaren Bänken aufgebaut. Ich werde dir nur ein Beispiel geben, welches dir als Erläuterung für alles dienen

---

1037 „fouiller“.

1038 „tariere torcière“. Das Wort „torcière“, von „tors“ ist nur von Palissy bezeugt. Vgl. zur Wassersuche S. 2/22.

1039 Es muss sich um gespanntes Grundwasser (also unter Druck stehendes Wasser) handeln.

1040 „bans“, oder „banc“, siehe PR „banc“, III., Bank ; siehe GdH „ban“, von Deutsch Band, Bänder (). Bank ist, wie auch Bänder, ein geologischer Begriff, siehe Murawski 1983, S. 17 u. 18.

muss, was ich dir darüber jemals zu sagen wüsste. Untersuche die Tongruben die nahe Paris zwischen den Dörfchen Auteuil und Chaillot[1041] liegen und du wirst sehen, dass zuerst eine dicke Erdschicht abzutragen ist, um die Tone zu finden, dann eine weitere mächtige Kiesschicht,[1042] anschließend stößt man dann auf eine Felsschicht und unterhalb des Fels findet sich eine mächtige Schicht Ton, aus dem man die gesamten Dachziegel von Paris und der angrenzenden Orte herstellt. Nicht nur an diesem Ort allein ist es günstig den Ton unterhalb des Fels abzubauen, sondern [auch] an mehreren anderen Orten. Wenn du dich gut an die Abhandlung über die Steine erinnerst, konntest du dort erfahren, dass der zur Vollkommenheit gelangte Ton als Auffangbecken fungierte, um das verfestigungsfähige Wasser zurückzuhalten, welches den darüber liegenden Fels hervorbrachte.

Die Theorie.

Wir sprechen über die Suche nach Mergel und du erzählst mir etwas über Ton: mir scheint, dass das nicht recht zum Thema passt.
(339)

Die Praxis.

(***323***) Das verstehst du ganz falsch. Ich sagte dir oben, das verfestigungsfähige Wasser hätte nicht allein in der Erde gewirkt um sie in Mergel umzuwandeln, sondern wirkte auch in Tonböden, in Gesteinen und in Holz, mehr noch, in allen generativen Dingen, selbst bis in die Lebewesen.[1043] Glaubst du, dass der generative Samen der menschlichen und tierischen Arten gewöhnliches und verdunstungsfähiges Wasser ist? Ich wage dir zu sagen, genauso wie der menschliche Samen in sich [bereits] die Knochen, das Fleisch und alle eindeutigen Merkmale der menschlichen Form trägt, sind auch die Stämme, Zweige, Blätter, Blüten und die Früchte, die Eigenschaften, die Farben, die Gerüche im pflanzlichen Samen enthalten und das Ganze gemäß einer Ordnung, die durch die bewundernswerte Voraussicht Gottes festgelegt wurde. Du darfst es nicht befremdlich finden, dass ich dir Beispiele anhand der Tone gebe, damit sie dir für den Mergel nützen, denn vor einiger Zeit bin ich durch die Landstriche des Valois und der Champagne gekommen, dort sah ich mehrere mit Mergelhäufchen geschmückte Felder, arrangiert in Art der von Misthaufen, und da es auf den Mergel regnete, der aus großen und kleinen Klumpen bestand, bemerkte ich, dass sie sich durch den Regenschauer aufzulösen begannen. Nun, ich nahm einen dieser Klumpen, der bereits flüssig wie ein Teig geworden war und formte, nachdem ich ihn in meinen

1041 „Chaliot“.
1042 „gravier“.
1043 „choses animées“.

Händen geknetet hatte, eine Anzahl kleiner Pastillen daraus. Diese ließ ich bei hoher Temperatur backen,[1044] und als sie fertig gebrannt waren, stellte ich fest, dass sie hart geworden waren, in gleicher Weise wie Ton. (***324***) Jetzt erkannte ich, dass beide die gleiche Wirkung haben konnten, wenn nicht an allen Orten, so doch wenigstens in einigen Gegenden.
(340)

Die Theorie.

Wahrhaftig. Aber die Tonböden besitzen verschiedene Farben, am häufigsten grau, und der Mergel ist weiß, deshalb passt das nicht zusammen.

Die Praxis.

Tatsächlich ist der Mergel im Valois, im Brie und in der Champagne im Allgemeinen weiß, trotzdem existieren gute Zeugnisse dafür, dass es in einigen Regionen Flanderns und Deutschlands, selbst in verschiedenen Teilen Frankreichs grauen, schwarzen und gelben [Mergel] gibt, wie ich am Anfang sagte; deshalb rate ich dir, dich nicht von der Farbe ablenken zu lassen, denn der graue und schwarze Mergel kann im Laufe seiner Decoction weiß werden, und genauso wie weißen Mergel gibt es auch weiße Tone. Ich erinnere mich, über Partenay[1045] nach Bresuire im Poitou gegangen zu sein und von Bresuire weiter nach Thouars; in diesen ganzen Gegenden sind die Tonböden blendend weiß und entsprechend auch die Kieselsteine, von denen es in diesen Regionen eine ganze Menge gibt. Dies ließ mich vermuten, dass die Tone auch als Mergel verwendet werden können und vor allem diejenigen mit der die Tuchfabrikanten ihre Tücher walken und entfetten. Aber wir sehen auch, dass die Schmelztiegel der Goldschmiede, welche aus der Region Anjou, aus der Nähe von Troyes und mehreren anderen Orten eingeführt werden, aus einer sehr (***325***) weißen Erde bestehen, vergleichbar dem Mergel. Im unteren Burgund liegt ein Dorf, wo man einen dem Mergel vergleichbaren Ton abbaut, und ich glaube, dass es sich um nichts anderes handelt. Dennoch hält sie dem Feuer derart stand, dass alle Glasmacher des größten Teils der Ardennen aus dieser Erde hergestellte Gefäße benutzen und selbst die Glasmacher Antwerpens, die Kristallglas herstellen, sind gezwungen diese zu bestellen, obwohl sie ziemlich teuer verkauft werden, da sie sehr lange Zeit in den glühenden Schmelzöfen (341) verbleiben können. Ich habe beobachtet, wie man

---

1044 „cuire", eigentlich: backen, kochen, sieden; in der Keramikherstellung: brennen. Ton wird zu Stein gebacken, das Ergebnis: Backsteine.

1045 Parthenay, Gemeinde im Département Deux-Sèvres der Region Poitou-Charentes. Bressuire und Thouars liegen jeweils etwa vierzig km entfernt. Palissy beschreibt hier möglicherweise kaolinhaltige Böden, wie sie für die Herstellung von Porzellan erforderlich sind. Die Keramiken der Werkstätten von Saint-Porchaire, die von Palissy nicht erwähnt werden, verwenden ebenfalls weißen Ton, siehe Kat. Écouen 1997.

einen Brunnen in den Ardennen aushob: Bevor man auf Wasser stieß, war eine ziemlich dicke Bodenschicht auszuheben, und nach der Erdschicht fand sich felsiger Untergrund von großer Stärke, und unter dem Fels befand sich eine Tonschicht so weiß wie Kreide, die ich testete und zur Herstellung von Gefäßen als geeignet befand. Dennoch, obwohl ich sie nicht hierauf untersuchte, glaube ich, dass dieser Boden ein hervorragender Mergel[1046] ist. Wenn sich mein Beruf beim Herumreisen ausüben ließe, könnte ich mehr Hinweise auf solche für die Allgemeinheit sehr nützlichen Dinge geben. Nun, jedenfalls ist ein Weg erschlossen.[1047] Wenn du ein neugieriger Mensch mit viel Energie bist, wirst du mit Hilfe der von mir angegebenen Methoden forschen können, beim Forschen wirst du gewiss gesichertere Erkenntnisse erwerben, welche ich dir nicht zu vermitteln wüsste, denn man sagt gemeinhin, es ist einfacher etwas einer Erfindung hinzuzufügen, auch sagt man, wissenschaftliche Erkenntnisse eröffnen sich demjenigen, (***326***) der nach ihnen sucht.

Die Theorie.

Ist es nicht ausreichend den Mergel mit Hilfe der Hände zu erkennen, da der Mergel wie der Ton ein fetter Boden ist und Ton durch den Gebrauch der Hände erkannt wird? Denn es gibt keinen, der bei der Handhabung von eingeweichtem Ton nicht sagt, schau an, welch eine fette, zähe Erde! Auch die Lateiner sagen, dass Ton fette Erde bedeutet.

Die Praxis.

Du hast ziemlich schlecht behalten, was ich im Buch über die Tonböden schrieb, denn ich sagte dir, dass die Lateiner und Franzosen diesen Terminus falsch gebrauchen, wenn sie den Ton als fette Erde bezeichnen. Wäre sie fett, wäre es unmöglich sie in Wasser aufzulösen oder durch Frost zu zersetzen, denn alle Fette und viskosen, öligen [Stoffe] widerstehen dem Wasser und können nicht irgendeine (342) Affinität zu ihm besitzen. Im Gegenteil, sogar die Ton- und Mergelböden verjagen alle fetten, viskosen und öligen Flecken und aus diesen Gründen verwenden die Walker sie zum Entfetten des Tuchs.

Die Theorie.

Ich finde an einigen Stellen deiner Reden einen recht bekannten Widerspruch, denn du sagtest mir vorhin, dass selbst die Felsen aus der Materie hervorgegangen wären, die für das Wachstum der Samen förderlich ist und trotzdem habe ich Regionen kennengelernt, wo alle Böden mit Felsen und Steinen übersät sind. Alle derartigen Böden (***327***) haben über dem Fels nur eine sehr geringe Erdüber-

---

[1046] „marne". Mergel wird hier als Synonym für Dünger verwendet.

[1047] „toutesfois voila un chemin ouvert." Auch: der Weg ist geebnet, beschritten, aufgezeigt.

deckung und die dort ausgesäte Saat kann kaum gedeihen,[1048] so bleibt das Getreide, welches [nur] kleine Ähren trägt, niedrig, denn die Pflanze kann auf dem Fels keine Nahrung finden.

Die Praxis.

Hast du denn nicht verstanden was ich dir gesagt habe? Wenn das Salz sich nicht auflöst, und wenn das Salzkorn ganz und unversehrt bleibt ohne sich aufzulösen oder kleiner zu werden, können der Speck, die Fische und alle Fleischsorten nicht salzig werden. Falls die Natur dieses steinigen Landes so beschaffen ist, dass die dort auf der Oberfläche niedergehenden Regenfälle eine so große Menge verfestigungsfähiges Wasser enthalten, dass sie, wenn sie von oben niederfallen, eine Kruste hinterlassen und den mit nur wenig Erdreich bedeckten Fels vergrößern, widerlegt das nicht meine Äußerungen, denn ich sagte dir, dass seit der Verfestigung des Wassers und mit seiner Verwandlung zu Stein die Samen nur Saft aus ihm ziehen können, falls der Stein vorher aufgelöst wird, genauso wie ich dir sagte, dass Fleisch kein Salz aufnehmen kann, solange sich dieses nicht auflöst und kleiner wird. Das ist eine vollkommen sichere Schlussfolgerung.
(343)

Die Theorie.

Und dennoch sah ich mehrere Wälder in gebirgigen Regionen, in denen die Bäume eine beachtliche Größe besitzen, obwohl der Boden dort nur aus Felsen besteht, mit ganz wenig Erdbedeckung auf der Oberfläche der Felsen, und die Wurzeln dieser Bäume verlaufen kreuz und quer zwischen dem Felsgestein der (***328***) Berge.

Die Praxis.

Wenn du dir gut behalten hättest, was ich dir in Bezug auf die Steine sagte, würdest du nicht solch ein Argument vortragen. Du musst begreifen, dass die Baumwurzeln nicht die Felsen durchdringen können. Du musst also annehmen, dass die Bäume Wurzeln schlugen, bevor die Erde in der sie sich befinden sich verfestigte. Und da die Bäume während ihres Wachstums reichlich generatives Wasser[1049] aufnahmen, verteilten sie dieses auch in die Blätter und Früchte, genauso wie in die Zweige und Wurzeln. Weil die Blätter und Früchte jedes Jahr von den Bäumen fallen, beginnen sie zu verfaulen, und beim Verfaulen geben sie (genauso wie die Kräuter in den Wäldern) während der Fäulnis gewöhnliches und gene-

---

[1048] „proufiter", gedeihen, aber auch: Nutzen ziehen. Wie im Folgenden deutlich wird, scheint die Theorie der Auffassung, dass Getreide aus der Anwesenheit von Gestein einen Nutzen ziehen müsste.

[1049] „l'eau generatives", hier: nährstoffhaltiges Wasser.

ratives Wasser an den umgebenden Boden ab, der folglich unter anderem aus Blättern und Früchten besteht. Einige Zeit später verdunstet durch die Kraft der Sonne das gewöhnliche Wasser, und das generative Wasser bewirkt, dass die Erde, welche aus Blättern, Früchten und anderen Pflanzen des Waldes hervorging, zu Stein wird. Denn anders kann das, was du behauptest, nicht eintreten. Tatsächlich wirst du bei der Untersuchung der Baumwurzeln feststellen, dass es keine [Bäume] gibt, die nicht genauso viele Wurzeln wie Äste besitzen, denn anders könnten sie im Kampf nicht standhalten, dem sie durch den Angriff der Winde ausgesetzt sind. Und wenn du über den Grund nachdenken wolltest, warum Bäume so gewundene Wurzeln haben, wirst du feststellen, dass der Grund dafür kein anderer ist, als dass sie wie Menschen (***329***) im Gebirge die am leichtesten zu gehenden Wege und Pfade suchen; auch die Wurzeln suchen während ihres Wachstums die Stellen im Boden auf, (344) die am leichtesten, weichsten und am wenigsten steinig sind. Wenn irgendein Stein vor der Wurzel liegt, umgeht sie diesen Stein auf ihrem Weg und wendet sich nach rechts oder links, da sie die auf ihrem Weg liegenden Felsen nicht durchdringen kann.

Die Theorie.

Und trotzdem, die Zweige der Bäume die dem Wind keinen Widerstand bieten sind genauso verbogen und gegabelt wie die Wurzeln, jedoch ist die Luft an einer Stelle nicht härter als an einer anderen. Es muss also zwangsläufig einen anderen Grund geben, als den von dir genannten.

Die Praxis.

Was die Wurzeln angeht, habe ich dir die Wahrheit gesagt, aber betreffs der Zweige gibt es eine andere Ursache. Die Zweige vermehren beim Wachstum die Sprosse,[1050] wobei jeder für sich in der Luft die Freiheit sucht und sich ausbreitet, indem er sich von den anderen Sprossen soweit entfernt wie er kann, um nach Belieben Luft zu haben. Aus solch einem Grund können die Sprosse, die Nachbarschaft der anderen fliehend, nicht direkt nach oben wachsen, was du an den Nuss-, Birn- und Apfelbäumen und verschiedenen anderen Baumarten erkennen kannst. Am Beginn ihres Wachstums wächst der Stengel direkt nach oben, bis die Lebenskraft[1051] übermäßig stark ansteigt, was bewirkt, dass er sich verzweigt, (***330***) indem er mehrere Sprosse hervorbringt, wie überlaufendes Wasser. Ich habe dies an mehreren Exemplaren beobachtet, zuerst sah ich dies bei Eichen, Nussbäumen, Kastanien und mehreren anderen Baumarten, die in ländlichen

---

[1050] „gittes“, siehe Godefroy: „gitte, s. f., jet, rejet“. Die *Discours* dienen als Beleg dieses Wortes. Erklärung im *Recepte*, Palissy 1996, Bd. 1, S. 78. Godefroy erwähnt, dass dieses Wort noch heute (d. h. im 19. Jh.) in Zentralfrankreich verwendet wird. Vgl. Über das Mithridat, S. 155/175. jet, rejet = Trieb, Schössling.

[1051] „vertu radicale“.

Gegenden wuchsen. Unter diesen fand ich nie einen der direkt nach oben wuchs, so wie jene, die in den Wäldern von anderen Bäumen umgeben sind, welche verhindern, dass sie sich seitlich ausbreiten. Ich habe auch nie festgestellt, dass Waldbäume so übermäßig fruchtbar (345) wären, wie die im offenen Gelände, genauso wenig das deren Früchte ebenso schmackhaft wären, wie jene die Luft und Sonne zur Genüge haben. Folglich ist es einfach zu schlussfolgern, dass die Waldbäume, die von anderen Bäumen umgeben sind und ringsum nicht über Sonnenlicht und Luft verfügen können, gezwungen sind höher nach oben zu wachsen, um Luft und Sonne zu suchen, die sie als Nahrung und für ihr Wachstum begehren. Da ich nach der Kenntnis der Ursachen forschte, ging ich zuweilen durch einen Wald, welcher drei Meilen breit war; um den Weg zu verbessern, hatte man quer durch den Wald für eine Schneise von acht oder zehn Fuß[1052] Breite die Bäume geschlagen. Beim Durchqueren des Forsts bemerkte ich, dass bei allen links und rechts des Weges stehenden Bäumen eine große Zahl der Zweige in Richtung des Weges wuchsen, aber nur (***331***) sehr wenige zum Wald hin; dies zeigte mir, dass es dem Stamm Vergnügen bereitete, die Äste zum Weg hin wachsen zu lassen, da dies die luftigste Stelle war. Ich bemerkte auch, dass sich die Bäume am Waldrand krümmten oder zum Boden hin beugten oder warfen, als wenn die anderen Bäume ihre Feinde wären. Tatsächlich sind sehr häufig verschiedene Obstbäume sowohl in Gärten als auch an anderen Orten wegen des Schattenwurfs ihrer Nachbarn, andere Bäume mit denen sie nicht zusammenstehen mögen, gekrümmt.

Die Theorie.

Mit deinen Äußerungen willst du sagen, dass nachdem die Blätter, Früchte und Zweige der Bäume und Pflanzen verfault sind, sie sich in Stein verwandeln können?

Die Praxis.

Das habe ich gesagt und dann noch, wie du im Diskurs über die Metalle gehört haben könntest, dass nicht nur die verfaulten Dinge (346) versteinern,[1053] sondern sogar vor ihrer Verwesung fossilisieren[1054] können, wie du es am Holz und den Muscheln gesehen hast. Ich wage weiter zu behaupten, dass es keine Boden-

---

1052 „toise".

1053 „lapifier".

1054 „petrifier", Synonym zu lapifier. Da im Deutschen kein Synonym zu versteinern existiert, wurde das inhaltlich korrekte, aber erst zeitlich spät (ab etwa 1830) in seiner heutigen Bedeutung belegte Wort fossilisieren verwendet. Vgl. Krünitz, versteinerte Lebewesen werden dort zu den uneigentlichen Fossilien gerechnet, im Gegensatz zu den wahren Fossilien oder Mineralien. Meyers Konversationslexikon von 1885 gibt bereits die heute gebräuchliche Hauptdefinition an.

art gibt, die nicht auf natürliche Weise durch die Wirkung des fünften Elements, von dem ich oben sprach, versteinern könnte.

Die Theorie.

Und was ist mit dem Tripolit?[1055] Kann er versteinern?

Die Praxis.

Nicht nur der Tripolit, auch Ocker, der armenische Bolus[1056] und all die versteinerten Minerale (***332***) wie Hämatit,[1057] Ochran[1058] und der Pierre noire,[1059] dies alles sind nichts anderes als versteinerte, trocknende und adstringente Erden,[1060] wie eine Art von Siegelerde.[1061]

Die Theorie.

Was bezeichnest du als Siegelerde?
(347)

Die Praxis.

Siegelerde ist eine andere Bezeichnung für Terra lemnia. Einige haben ihr diesen Namen wegen ihres Fundortes gegeben und du kannst festhalten, dass diese Erde

1055 „tripollit", Tripolit oder Tripel, alter Name für Kieselgur, andere Bezeichnungen Saugschiefer, Bergmehl, Diatomeenerde, Diatomeenpelit, Diatomit, Infusorienerde, Kieselmehl, Novaculit, Novaculite, Tripolite, Celite. Weißliche, pulverförmige Substanz, die hauptsächlich aus Siliciumdioxid, den Schalen fossiler Kieselalgen (Diatomeen) besteht. Siehe Strübel, Zimmer 1991, S. 182.

1056 „boliarmeni", von Bol, Bolus, Heilerde, siehe Strübel, Zimmer 1991, S. 50. Rote, eisenhaltige, adstringente Erde. Der Bolus wurde genauso wie Ocker (s. u.) als Malgrund verwendet, siehe Kühn u. a. 2002, Reclams Handbuch der künstlerischen Techniken, S. 310.

1057 „sanguine", Hämatit, Rötelstein und diverse weitere Bezeichnungen, siehe Strübel, Zimmer 1991, S.146.

1058 „orcane" eigentlich „ocrane", Ochran von lat. ochra, gelb, blaß, eisenhaltiges Tonmineral aus Oravita, Rumänien, siehe Strübel, Zimmer 1991, S.250, andere Bezeichnung für den Bol.

1059 „pierre noire", Schwarzstein. Es existieren verschiedene Minerale, die schwarz in ihrem Namen führen, siehe Strübel, Zimmer 1991, S. 310. Möglicherweise schwarze Kreide, ein harter Tonschiefer, seit dem 15. Jh. verwendet, siehe Kühn u. a. 2002, Reclams Handbuch der künstlerischen Techniken, S. 310 u. S. 42: Schieferschwarz. Schieferschwarz auch als „l'ampélite" bezeichnet, siehe TLF. Krünitz verzeichnet unter Schwarzstein: „Schwarzstein, Schwachstein, in einigen Gegenden ein Name des Braunsteins, wegen seiner schwarzgrauen Farbe." Vgl. Strübel, Zimmer 1991, S. 55: Braunstein, Varietät Schwarzbraunstein, Hausmannit.

1060 „terres petrifiées, diccicatives & astringentes". Adstringenzien wirken zusammenziehend und blutstellend (Duden).

1061 „terre sigillée", Siegelerde, Terra lemnia, wegen ihrer Herkunft von der griechischen Insel Lemnos, weiterer Fundort Sachsen, auch Terra sigillata, bolartige Erde, andere Bezeichnung des Bol, vgl. Strübel, Zimmer 1991, S. 343.

nichts weiter als eine Art Mergel oder Ton ist, die tief in der Erde abgebaut wird, wie auch die Tone und die Mergel. Man sagt, dass diese Erde sehr stark adstringent wirkt und durch ihre Wirkung vor Gift schützt, sowie durch ihre adstringente Eigenschaft den Blutfluss stoppt. Aus diesen Gründen öffnen die Menschen in den Ländern in denen sie abgebaut wird jedes Jahr die Grube oder das Loch, in das sie hinabsteigen um sie abzubauen, und nachdem sie diese diskret hinaufbefördert haben, schließen sie das Loch wieder bis zum nächsten Jahr. Und weil sie einen Tribut auf diese Erde besitzen, öffnen sie das Loch mit großem Pomp, begleitet von Zeremonien. Das Land in welchem diese Erde gefördert wird, ist heutzutage von den Türken besetzt, weshalb diese den Gewinn einstreichen; besagte Erde wird in Pastillenform, mit dem türkischen Wappen markiert, verkauft. Nun, deshalb nennt man sie Siegelerde. Mir scheint, sie gestempelte Erde zu nennen wäre treffender. Und da sie markierte oder gestempelte Erde genannt wird, lässt mich dies vermuten, dass sie weich (***333***) ist, wenn man sie fördert, wie Ton im Allgemeinen. Denn obwohl sie ziemlich hart ist und man sie häufig in großen Schollen über der Schulter trägt, ist sie dennoch feucht, so dass sie sich leicht stempeln lässt. Kommen wir jetzt zum Grund für ihre Nützlichkeit, wo kann solch eine Wirkung herrühren? Wenn du meine Äußerungen über die Verfestigungen[1062] verstanden hast, wirst du wissen, dass die Eigenschaft dieser Erde nur von den gewöhnlichen und verfestigungsfähigen Wassern herrührt, welche Erdschichten durchdrangen, bevor sie von einem Fels aufgestaut wurden. Am Ort, wo die Wasser sich stauten, hielt die dort vorhandene subtile und feine Erde die Eigenschaft des verfestigungsfähigen Wassers fest und es bildete sich eine Verbindung und Ligatur,[1063] das heißt, Erde und Wasser machten eine partielle Decoction[1064] durch und es kam zum Beginn der Versteinerung, und währenddessen ließen sie das gewöhnliche Wasser abfließen, versickern oder verdunsten und es (348) verblieb nur das verfestigungsfähige Wasser in der Erde. Dieses verlor bei der Erstarrung die Farbe und die Erscheinung, die es vorher besaß, und nahm die Farbe der Erde an, der es sich anheftete. Und weil sie noch nicht die vollständige Decoction oder Versteinerung[1065] erreicht hatte, ist es klar, dass bei der Einnahme durch den Mund, die in ihr enthaltene Kraft des verfestigungsfähigen Wassers in der Wärme und Feuchtigkeit des Magens gelöst wird. Und wenn sich die Substanzen verflüssigt haben, profitiert der Körper von der in der Erde enthaltenen verfestigungsfähigen Materie und die Erde [selbst] wird als Exkrement (***334***) auf gewöhnlichem Weg ausgeschieden. Das muss dich davon überzeugen, dass dieses verfestigungsfähige Wasser eine salzige Natur besitzt,

---

1062 „congelations".

1063 „association & ligature".

1064 „decoction moderée". Schwache oder mäßige, das heißt unvollständige Eindampfung. Evaporation.

1065 „parfaite decoction ou petrification", vollständige Eindampfung.

entsprechend dem was ich dir oben zu verstehen gab, dass Schlangengift durch die Kraft des Speichels neutralisiert[1066] werden kann, [und zwar] aufgrund des Salzes. Ich hatte obenstehend eine Insel voller Schlangen, Nattern und Vipern erwähnt, die sich auf einer dem Seigneur de Soubise gehörenden Insel befinden.[1067] Ich erzählte dir auch, dass jene, die von tollwütigen Hunden gebissen werden, mit Meersalz geheilt werden können und selbst einige durch alten Speck, und dies rührt einzig von einer salzenden Eigenschaft her. Ich habe dir, als ich über die Salze sprach, ausreichend klargemacht, dass nicht alle Salze beißend oder ätzend sind, um dir verständlich zu machen, dass ich damit nicht sagen will, dass die salzende Eigenschaft[1068] der salzhaltigen Erde ein gewöhnliches Salz ist, ich will nur sagen, dass seine Wirkung durch eine salzige Eigenschaft hervorgerufen wird.

Die Theorie.

Bitte sage mir, ob es möglich ist in Frankreich eine Erde zu finden, welche die gleiche Wirkung besitzt, wie jene von der du berichtet hast, denn in allen deinen Abhandlungen machst du keinen Unterschied zwischen den Stoffen, die zur Verfestigung der Steine, der Mergel oder der tonhaltigen Böden führen. Da du der Kraft der Siegelerde die gleiche Ursache zuschreibst, wie der, die zur Verfestigung (349) der Erden, Gesteine und Mergel dieses Landes führte, warum findet man dann in Frankreich keine Erden, die die gleiche Wirkung besitzen, da sie doch durch das gleiche Prinzip entstanden, (***335***) wie ich sagte?

Die Praxis.

Ich kann dir keinen gegenteiligen Grund nennen, außer dass in warmen Regionen die Früchte oder wenigstens ein Teil von ihnen wesentlich besser sind als in kalten Ländern, wie du es in [verschiedenen] Regionen Frankreichs siehst; sobald man Paris auf dem Weg ins Septentrion[1069] passiert, kann man keine Kürbisse,[1070] Melonen, Orangen, Feigen oder Oliven mehr ernten, genauso wenig wie viele andere Früchte die in den warmen Gegenden wachsen, und selbst Weintrauben

1066 eigentlich: „est gueri", geheilt

1067 Palissy erwähnt in den *Discours* weder diese Insel noch tollwütige Hunde. Auch in den Schriften *Grotte rustique* oder *Recepte vertiable* sind sie nicht enthalten. Der „Seigneur de Soubise" ist Jean de Parthenay-Soubise (1512–1566). Im Traktat *La Grotte rustique* ist „Monsieur de Soubise" von Palissy als Zeuge benannt, siehe Palissy 1996, Bd. 1, S. 8, sowie Anm. 29 u. 30. Siehe https://fr.wikipedia.org/wiki/Jean_V_de_Parthenay und Soubise 1879. Jean de Parthenay-Soubise war der Schwager von Antoine de Pons und der Schwiegervater des Duc de Rohan sowie einer der frühen Unterstützer Palissys.

1068 „vertu salsitive".

1069 „vers le Septentrion", nach Norden, vgl. TLF.

1070 „pompons", GdH: Form von Pepon, Melonen- oder Gurkenart, vgl. Godefroy. Hulsius: „Pompon, m. ein Kürbiß".

gelangen nicht mehr zur völligen Reife wie in den südlichen Gegenden Frankreichs, der Champagne und der Picardie. Du weißt auch gut, dass Gewürze [und] Zucker im Königreich Frankreich nicht gedeihen. Du weißt sehr wohl, dass die Schwarze Johannisbeere und alle duftenden Gummisorten in warmen Regionen geerntet werden, selbst der Rhabarber und andere in der Medizin verwendete Heilkräuter. Es ist leicht vorstellbar, dass die Sonne einige kraftvollere Eigenschaften in einigen Regionen hervorruft als in anderen, und man sieht, selbst in einer einzigen Region kann eine Pflanzenart eine erstaunlich größere Wirksamkeit besitzen als eine andere, die im gleichen Land heranwuchs. Ich hatte dir als Beispiel die Weinberge von La Foye-Monjaut genannt, die zwischen Saint Jean d'Angély und Niort liegen, diese Reben bringen einen Wein hervor, der nicht weniger geschätzt wird als der Hippocras[1071], und ganz in der Nähe liegen andere Weinberge, deren Reben niemals zur völligen Reife gelangen, dieser [Wein] (***336***) wird weniger geschätzt als der von kleinen, wilden Trauben. Deshalb kannst du dir vorstellen, dass die Böden (350) nicht die gleichen Eigenschaften besitzen, obwohl sie sich in der Farbe und im Äußeren ähneln, jedoch will ich daraus nicht schlussfolgern, dass es in Frankreich keine Vorkommen von Terra lemnia geben kann, welche die gleiche Wirkung haben wie die Siegelerde. Und ich würde das Argument verwenden, dass die ersten Gefäße [aus Ton] in Argis[1072] hergestellt wurden, wie einige behaupten, und seitdem werden alle als Gefäße aus Erde,[1073] [das heißt aus Argis,] bezeichnet. Da man eine Erde, die derjenigen in Argis vergleichbar ist, in allen Ländern entdeckt, fällt es auch nicht schwer zu glauben, dass sich ebenfalls Terra lemnia [woanders] finden ließe. Ich würde eher das andere Argument verwenden: Da ja auf den Inseln der Marennes und in La Foye-Monjaut ein Wein gelesen wird, der die Süße und Güte des Hippocras besitzt und dessen Güte von der Eigenschaft eines Salzes herrührt, das wir Tartrat nennen, und weil in der Region von Narbonne und in der Saintonge das gewöhnliche Salz gewonnen wird, und obwohl die salzige Eigenschaft der Terra lemna nicht die des gewöhnlichen Salzes ist, schlussfolgerte ich, dass in irgendeiner Gegend [Frankreichs] auch eine Terra lemnia gefunden werden könne, die die gleiche Wirkung besitzt, wie jene, die in der Türkei gewonnen wird, von der ich bereits sprach, da doch auch in einigen Teilen Frankreichs Weintrauben und andere Früchte gelesen werden, die eine ebenso große Süße enthalten wie Datteln, Feigen und andere Früchte, die aus heißen Ländern kommen. Ich werde dir (***337***) noch ein weiteres Beispiel nennen: Du weißt, dass die Alten den Bol aus

---

1071 „hippocras", auch hypocras. Vgl. Diskurs Über die verschiedenen Salze S. ***172***/193.

1072 „argis", Argos, antike Stadt in Griechenland. Wiederaufnahme der Argumente von S. ***254***/273.

1073 „vaisseaux de terre d'argil", gemeint ist „vaisseaux de terre d'argis", Gefäße aus der Erde von Argis (s. o.).

Armenien wegen seiner adstringenten Wirkung sehr schätzten. Und trotzdem, seitdem er in Frankreich Anwendung findet, wird selbst der [hier] in diesem Land geförderte, und den man in verschiedenen Gegenden Frankreichs antrifft, mit dem gleichen Namen belegt wie derjenige aus Armenien, denn wie du weißt, nennen ihn die Lateiner bollus armenus und in Französisch [heißt er] Bolearmeny.[1074] Wir kennen noch eine weitere Sorte, die noch stärker trocknend wirkt, als die oben erwähnte, aus denen die Maler Porträtzeichenstifte (351) fertigen, welche sie Hämatit [oder] Rötelstein[1075] nennen. Dieser eignet sich sehr gut um Gesichter nach der Natur zu zeichnen, [denn] er besteht aus einem äußerst feinen Korn. Es existiert eine weitere Art des Hämatits, der sehr hart ist. Wegen seiner Härte lässt er sich schneiden und wie Steine aus Jaspis oder Agathe polieren, obgleich diese nicht so hart sind. Einige ließen diesen Stein bearbeiten, um ihn zum Brünieren und Polieren von Gold und anderem zu verwenden.[1076] Wenn du diesen Stein genau betrachtest, wirst du erkennen, dass es keinen Unterschied zwischen diesen zwei Hämatiten gibt, höchstens, dass der eine versteinerte, da er mehr verfestigungsfähiges Wasser erhielt, was ihn schwerer und härter machte, während der andere weich blieb. Dieser, aus dem man die Rötelstifte macht, blieb durstig,[1077] da vor seiner vollständigen Decoction ein Wassermangel eintrat. Und weil wir am Beginn unseres Gesprächs ausschließlich über den Mergel (***338***) sprachen, sage ich dir jetzt, das vielerorts der Mergel dazu verwendet wird weiße Zeichenstifte für weiße Zeichnungen herzustellen, genauso wie der Hämatit rote Linien zieht.

Die Theorie.

Ich finde hier eine Sache sehr merkwürdig, nämlich, dass du einer Million Menschen widersprichst, sowohl Verstorbenen wie auch Lebenden, denn sie alle sagen und halten es für erwiesen, dass Mergel und Ton fett sind und dass Böden aufgrund des im Mergel enthaltenen Fetts verbessert werden. Und du verstockter Unverbesserlicher willst dich mit allen anlegen!

Die Praxis.

Wenn du meine Äußerungen gut durchdacht hättest, die ich oben gemacht habe, als ich vom trinkbaren Gold, dem essbaren Gold,[1078] den Fetten und über das Wasser sprach, hätte dir bekannt sein müssen, dass wenn Menschen durch eine

---

[1074] „bolearmeny".

[1075] „pierres sanguines", Sanguin, Hämatit, siehe Strübel, Zimmer 1991, S. 146, auch „Blutstein" genannt. Abart des Poteisensteins, siehe Koschatzky 2003b, S. 96 f.

[1076] Vgl. Kühn u. a. 2002, Reclams Handbuch der künstlerischen Techniken, S. 185.

[1077] „alterée", siehe PR und Palissys *Erläuterung der problematischsten Begriffe*, S. ***378***/391.

[1078] „de l'or potable, du restaurent d'or, …." Siehe *Über das trinkbare Gold* und auch Anm. zu S. ***146***/164.

(352) falsche Auffassung genährt werden, es schwierig ist, ihnen diese aus dem Kopf zu bringen, selbst jenen, die die Naturphänomene recht wenig berücksichtigen. Erinnerst du dich nicht, dass ich früher in Paris die gelehrtesten Mediziner, Chirurgen und andere Naturforscher versammelte, die mir zustimmten, dass die Philosophen, Physiker, die verstorbenen und gegenwärtigen, sich in dem getäuscht hatten, was sie über die Goldspeise, den Goldtrank, die Metalle, das Wasser und über die Steine sagten, und auch in einigen anderen Gebieten, über die ich wie du weißt, Vorlesungen hielt, und dass es nie jemanden gab, der mir widersprach? (***339***) Jedoch fand sich ein Alchemist, der den Ruf hatte, sich über die Vermehrung der Metalle den Kopf zu zerbrechen, um von dort zum Münzen zu gelangen. Dieser, sage ich, war ziemlich unzufrieden mit dem, was ich über das trinkbare Gold erzählte, denn er gab vor, Gold zur Färbung von Silber zubereiten zu können. Das ist unmöglich, ausgenommen allein an der Oberfläche, um damit zu täuschen. Wie du weißt, spricht die Zunge, wenn das Herz überläuft: Von meinen Ausführungen begeistert, wartete dieser, dass die Versammlung sich auflöste und kam dann zu mir, um mir mitzuteilen, dass er trinkbares Gold auf zwei Weisen herstellen könne. Seine Leidenschaft hatte dazu geführt, dass er schlecht zugehört hatte, denn ich sagte nicht, dass Gold sich nicht trinkbar machen ließe, denn ich kenne mehrere Weisen um es trinkbar zu machen, sondern ich sagte, dass auch wenn es trinkbar wäre, es sich niemals im Menschen umwandeln würde, um ihm als Nahrung zu dienen, weil es nicht verdaut werden kann. Und um auf die hartnäckigen, falschen Auffassungen bezüglich der Böden, die von ihnen fett genannt werden, zurückzukommen, führe ich die gleiche Erklärung an, die ich bereits benutzte als ich über die Tone sprach, dass es nämlich in diesen Böden zwei [Sorten] Wasser gibt, eines ist gewöhnlich, verdunstungsfähig und ein Feind des Feuers, das andere ist (353) verfestigungsfähig, dieses ist dafür verantwortlich, dass die Erde nur Staub ist, dass sie eine Masse bildet, und dass sie im Feuer erhärtet. Ich würde alle diese Allwissenden[1079] fragen, wenn die fest eingebundene, essentielle Feuchte,[1080] welche die Teile der Erde zusammenfügt, fett wäre, könnte sie dann dem Feuer widerstehen? Weiß man denn nicht genau,

---

1079 „dictionaires“. Wortverwendung unklar, in jedem Fall aber außergewöhnlich, da Wörterbücher bislang kaum existierten. Das Wort ist erst 1501 in der franz. Sprache nachweisbar (vgl. PR, TLF). Auch den Herausgebern der Palissy-Werkausgabe ist die Bedeutung unklar, siehe Palissy 1996, Bd. 2, S. 353, Anm. 81. Bedeutungsmöglichkeiten: Person, die alles weiß (PR); Herausgeber von Wörterbüchern und Lexika, Leute die sich mit fertigen Antworten begnügen, daraus abgeleitet: Alleswisser oder Allwissende. Dupuy 1902, S. 297 f. geht davon aus, dass Palissy die Wörterbücher selbst meint.

1080 „humeur radicale“, siehe Priesner, Figala 1998, S. 350 „humidum radicale“, dort übersetzt mit Grundfeuchtigkeit. Alternativ: essentielle, fundamentale oder substantielle Feuchtigkeit oder Flüssigkeit, fest gebundene oder verwurzelte Feuchtigkeit. Fundamentalfeuchte, Feuchte-Radikal. Vgl. Böhme 2004, S. 91 f.

dass jedes dicke, ölige Fett im Feuer verbrennt? Wissen wir nicht auch, (***340***) dass die Tuchmacher ihre Tuche mit Ton entfetten oder mit Mergel; wenn er [selbst] fett wäre, wie könnte er dann [anderes] entfetten? Es gibt Einige, die, um zu beweisen er wäre fett, behaupteten, dass verschiedentlich Brunnen eine Sohle aus Mergel besäßen, um damit zu beweisen, dass dieser fett sei. Aber so etwas ist kein guter Beweis, denn wir wissen, dass alle Arten tonhaltiger Böden während sie sich unter der Erde befinden Wasser stauen, aber aus ihrer Grube hinaufgezogen können sie kein Wasser zurückhalten, ausgenommen solange sie so weich wie Teig sind, aber nach der Austrocknung[1081] lösen sich diese Erden sofort auf, wenn man sie in Wasser legt. Aber wenn sie fett wären, wie man behauptet, würden sie sich niemals in Wasser auflösen, genausowenig wie Talg, Wachs, Pechharz oder andere fette Stoffe. Es ist absolut sicher, wenn du zwei Stücke Mergel oder Ton nimmst, und wenn du zwei Gefäße hast, von denen das eine mit Öl und das andere mit Wasser gefüllt ist, und du in jedes Gefäß einen Klumpen Mergel oder Ton legst, dass derjenige, den du in Öl legst, sich niemals auflöst, aber dass jener, den du in Wasser legst, auseinanderfallen und sich wie Kalkstein auflösen wird, denn wir wissen, dass die fetten und öligen Substanzen wasserabweisend sind und besagte Erden aus wässrigen[1082] Substanzen zusammengesetzt sind, deshalb können sie sich nicht verbinden oder untereinander mischen. Jene, die Mergel (***341***) und Ton als fette Böden bezeichnen, müssen deshalb also andere Gründe suchen als (354) die von mir oben genannten. Falls sie diese Böden teigig nennten, drückten sie sich viel besser aus und sagten die Wahrheit, denn wir wissen Mehl und Wasser besitzen eine große Affinität, so dass sie sich, wenn man sie miteinander vermengt, sofort in einen teigigen Körper verwandeln. Man muss sie also teigige, pastöse Böden nennen, und keinesfalls fett oder viskos.

Die Theorie.

Ich finde es befremdlich, dass du sagst, nicht nur die verwesten Dinge könnten sich in Stein verwandeln, sondern sogar jedes Ding ohne seine Form zu verlieren. Wie ist es möglich, dass Wasser, wie du behauptest, in feste Körper eindringen kann, wenn diese nicht zuerst durch Verwesung verändert wurden.

Die Praxis.

Wie kannst du wagen das Gegenteil vom dem zu behaupten, was ich gesagt habe, da ich dir doch bei der Behandlung des Wesens und der Form der Steine mehrere

---

1081 „succées". Unklar, siehe Palissy 1996, Bd. 2, S. 353, Anm. 82, vielleicht „sechées", getrocknet? Oder „sucées", Partizip von sucer, saugen, ein-, aussaugen; in diesem Zusammenhang frei mit „entwässert" zu übersetzen? Möglich ist ein Schreibfehler, Sinnzusammenhang lässt „sechées", ausgetrocknet wahrscheinlich erscheinen. Hulsius, „succez, m. fortgang." bietet eine weitere mögliche Herleitung: d.h. nach dem Fortgang des Wassers (vgl. TLF, succeder, 3 b).

1082 „aveuses", Form unbekannt, „aqueuses" (ggf. „baveuse").

in Stein umgewandelte Muschelschalen[1083] zeigte, obwohl deren Schalen vorher genauso solide[1084] gewesen waren, wie es ein Gefäß aus Glas oder irgendeinem Metall ist?

Die Theorie.

Es ist also notwendig, dass es nichts gibt, was nicht porös ist, und wenn dem so wäre, könnten Gefäße keine Flüssigkeit halten, gleichgültig aus welcher Materie sie beständen, und doch stellt man das Gegenteil fest.

Die Praxis.

Ich zweifle nicht daran, dass alle Dinge (***342***) porös sind. (355) Aber diese Dinge, welche aus dichterer Materie bestehen, haben so winzige[1085] Poren, dass die Flüssigkeiten sie natürlich nicht durchdringen können, außer durch irgendeinen Zufall. Du hast damals gesehen, wenn ich meine Farbstoffe im Winter mahlen wollte, dass ich den Stößel erwärmte und nachdem ich ihn auf die Marmorplatte legte, zog der ganz heiße Stößel durch seine Hitze das Wasser aus der Marmorplatte, obwohl es den Anschein hatte, das der Marmor ganz trocken war. Nun, das ist ein Argument, das dich davon überzeugen sollte, dass der Marmor porös war und dass durch seine Poren die Wärme des Stößels die Feuchtigkeit anzog. Anderes Beispiel: Du weißt, dass Waffen- und Klingenschmiede,[1086] wenn sie Waffen und Klingen härten wollen, diese erhitzen bis sie rot werden,[1087] anschließend tauchen sie sie zum Abkühlen in Wasser, wodurch die Schneiden der Eisenwaren[1088] und Waffen sehr viel härter werden. Ich frage dich, wenn das Eisen und der Stahl beim Tauchen nicht irgendeine Substanz bis ins Innerste aufnehmen und dass in allen Teilen, könnten sie dann durch die Wirkung des Wassers so hart werden? Man weiß natürlich, dass dies nicht der Fall ist, denn wenn die Schneide oder der Harnisch nur an der Oberfläche erhärtete, würde dies nichts nützen. Man muss also schlussfolgern, dass die Rüstungen, wenn sie heiß sind, durchtränkt werden und irgendein Wasser anziehen, ein anderes als das verdunstungsfähige, welches für Stählung sorgt und sie stärkt. Wie soll ich dir das demonstrieren, wie dir das besser verständlich machen, (***343***) dass die Rüstungen nicht durch das verdunstungsfähige Wasser gekräftigt werden? Du musst begreifen, um besagte Rüstungen zu

---

1083 „coquilles“.

1084 „solides“, fest, hart, massiv, dicht, solide, von lat. solidus.

1085 „subtiles“.

1086 „les forgeurs d’armes & de taillans“.

1087 D.h. bis zur Rotglut.

1088 „ferrements“, siehe GdH: Werkzeuge, Instrumente, Waffen. PR: Ursprünglich von Waffen, Klingen, wird die Wortbedeutung allgemein für Eisenwaren, Schlösser („ferrure“) verwendet. Vgl. S. ***364***/377 u. ***373***/384.

tauchen, besitzen einige diverse Geheimnisse,[1089] einige setzen dem Wasser in das sie ihre Rüstungen tauchen Salz zu, einige nehmen Essig, andere Kalkstein, wieder andere feinst gemahlenes Glas. Und zweifele nicht daran, dass gemahlenes Glas (356) nicht zur Härtung von Eisen und Stahl dienen könnte. Ich behaupte nicht, das es verwendet werden kann solange es Glas ist, doch gut zerkleinert wird das Salz des Glases sich im gewöhnlichen Wasser verflüssigen, und dann werden die dort hineingetauchten Rüstungen ihren Gewinn von diesem verflüssigten Salz haben, welches sie anziehen um sich zu stärken, und nicht das gewöhnliche Wasser, welches nicht gebunden werden kann. Zur Zeit des verblichenen Königs von Navarra[1090] verließen zwei Goldschmiede Genf, um eine Keule und einen Hirschfänger[1091] an den Hof dieses Königs zu bringen, für diese Arbeit hatten sie eine Zeit von zwei Jahren aufgewendet, um diese Stücke zu verzieren und auszuschmücken oder zuzurichten. Und da sie wunderschön und von hohem Preis waren, hatten sie an nichts gespart, damit diese Keule und der Hirschfänger aus guten Materialien geschmiedet und wie in solchem Fall üblich in verschiedene Wasser getaucht wurden, was zur Härtung dieser Waffen führt. Ich weiß nicht, ob sie von dem berühmten Maigret[1092] gehärtet worden waren, von dem das Gerücht ging, dass er nach der Erzeugung von Gold oder dem Stein der Weisen suchte. Er hatte ein Wasser entdeckt, durch das die Rüstungen eine bemerkenswerte Härte (***344***) erhielten. Da ich nicht weiß, wer den Stahl härtete, werde ich meine Ausführungen weiterführen, der Hirschfänger, von dem ich spreche, war so gut gehärtet, dass man damit Kaminroste oder Feuerböcke aus Eisen durchschneiden konnte, als wenn sie aus Holz wären, ohne dass der Hirschfänger einen Schaden nahm. Dies sind Beweise, die dir meine Reden über den Mergel genügend verständlich machen müssten, denn da die Samen nicht vollkommen durch die Wirkung des gewöhnlichen Wassers genährt werden, werden es auch die Metalle nicht. Ich gebe dir zur Bestätigung meiner Behauptungen, dass jenes was die Qualität des Mergels bestimmt, auch zur Verfestigung der Steine führt, ein weiteres gutes Beispiel: Es gibt in den Ardennendörfern Daigny und Givonne mehrere Hüttenwerke, (357) [sowie] weitere Hüttenwerke im Dorf Haraucourt,[1093] diese liegen höchstens zwei Meilen voneinander entfernt,

---

[1089] „secrets", Werkstattgeheimnisse, geheime Methoden.

[1090] Wahrscheinlich ebenfalls Antoine de Bourbon (1518–1562), König von Navarra, vgl. S. ***94***/113.

[1091] „une masse & un coutelas", „masse" Herrscherinsignie, Zepter siehe PR, weiter unten werden beide Objekte aber als Waffen bezeichnet, weshalb es sich nur um eine Keule, einen Morgenstern o. ä. handeln kann. Académie: „Masse. Espece d'arme faite de fer, fort pesante par un bout, qui ne perce ny ne tranche, mais assomme. Il l'assomma d'un coup de masse."

[1092] Zur Person Maigrets siehe S. ***88***/107.

[1093] Daigny, Givonne und Haraucourt sind Vororte von Sedan, dem Wohnort von Palissy in der Zeit von etwa 1572–1576. In Haraucourt befanden sich Hüttenwerke bis ins 20. Jh.

trotzdem wird in den Hütten von Haraucourt weiße Erde verwendet, die man in ziemlich großer Tiefe abbaut. Diese Erde wird dort dem Eisenmineral zugesetzt um das Schmelzen dieses Minerals zu erleichtern und in Daigny und Givonne wird aus dem gleichen Grund das Gestein abgebaut, welches man bei der Kalkherstellung verwendet und das sie Pierre de Castille[1094] nennen. Dieses Gestein wird, wie sie erzählen, von ihnen gebrochen, um beim Schmelzen der Erze behilflich zu sein. Da ja die Salze der Bäume beim Schmelzen aller Dinge behilflich sind, siehst du darin nicht einen augenscheinlichen Beweis, dass alle Gesteine eine salzende Fähigkeit besitzen und somit auch alle Erden die noch nicht versteinert sind, wie jene (***345***) die man in Haraucourt verwendet, denn sie hat die gleiche Wirkung wie die Gesteine in Daigny und Givonne.

Die Theorie.

Es scheint mir, dass du dir widersprichst, wenn du manchmal sagst, dass sich die Gesteine durch die Eigenschaft des Salzes verfestigt haben und anschließend sagst, dass es ein Wasser war.

Die Praxis.

Es scheint mir, dass du ein wirklicher Dickkopf bist, denn ich erinnere mich dir vorhin gesagt zu haben, dass man nicht Meerwasser als Salz zu bezeichnen pflegt, obwohl es salzig ist, sondern man nennt es Wasser solange bis es erstarrt ist und ab dem Moment wird es Salz genannt; man sagt auch nicht, dass Wasser vereist ist, bevor es nicht [tatsächlich] gefriert, aber wenn es gefroren ist, nennt man es Eis; man bezeichnet die Milch vor ihrer Verfestigung[1095] nicht als Käse, (358) ebenso wenig kann ich die erwähnten Dinge nicht mit einem anderen Terminus als der Form benennen, die sie dann in diesem Moment besitzen, dies habe ich seit Beginn des Schreibens darüber gesagt. Ich denke, es gibt einen zuverlässigen Beweis zur Widerlegung jener Behauptung, dass der Mergel den Feldern im ersten Jahr kaum Nutzen bringt: Es ist sicher, dass er doch [schon] wirkt, genauso wie im folgenden [Jahr], vorausgesetzt, dass er vor Wintereinbruch auf den Feldern verteilt wurde, denn der Mergel ist unwirksam, wenn er nicht vorher durch den Frost aufgelöst wird. Ich wurde von den Bewohnern der Champagne, des Brie und der Picardie auch darauf hingewiesen, dass in gewissen Gegenden der Mergel nichts (***346***) anderes als Kreide ist und es in mehreren Gegenden dieser Regionen einen Mangel an Steinen gibt und [die Bewohner] deshalb mitunter gezwungen

---

[1094] „pierre de castille". Entweder Gestein aus Kastillien oder „castille", deformiert von „castine", Kalkstein. Siehe Godefroy: „castillé, cotillé, adj., qualifie uns sorte d'alun." Also möglicherweise Alaunstein, Alunit oder: Castillit, Gemenge von Zn-Cu-A-Erzen (veraltete Bezeichnung), siehe Strübel, Zimmer 1991, S.66.

[1095] „sa congelation", Verfestigung, Erstarrung. In diesem Zusammenhang: Gerinnung.

sind Mauern aus Kreide zu bauen, wenn sie in einer Grube feststellen, dass er gut verdichtet und zu Kreide reduziert ist. Dies kann nicht in allen Fällen gelingen, denn an einigen [Stellen] lassen sich nur kleine Stücke fördern, es gibt selbst welche die noch flüssig und schlammig sind, und wie ich vorher sagte, sind sie nicht alle weiß, sondern haben verschiedene Farben. Hast du nicht die Samen betrachtet, die, wenn man sie in eine mit Wasser gefüllte Phiole gibt, aufgehen und sich im Wasser bewegen? Gleichwohl halten wir es für erwiesen, dass kein belebtes Ding[1096] ohne Luft existieren kann, es ist folglich unerlässlich, das beide, das Wasser und die Phiole, porös sind, denn anders könnten diese in der Phiole eingeschlossenen Tiere nicht überleben. Gleiches behaupte ich hinsichtlich der Tiere des Meeres und der Flüsse; wenn Wasser nicht einige Poren besäße, könnten die Fische nicht leben. Hast du nicht bemerkt, dass bei feuchtem Wetter und wenn es hin und wieder gegen die Fenster regnet oder schneit, es quer durch die [Fenster] hindurch feucht wird, im Inneren, auf der Raumseite? Glaubst du, dass die Sonne durch die Fenster scheinen könnte, wenn es nicht (359) porös wäre? Sicherlich nicht. Auch das Feuer könnte nicht durch die Töpfe und Kessel aus Metall gelangen, wenn es in ihnen nicht einige Poren gäbe. Obgleich Eierschalen sehr dicht sind, kannst du dennoch feststellen, dass einige kleine Wassertropfen, die aus dem Inneren des Eies stammen, aus ihrer Schale austreten, wenn man sie in die Glut legt.

[1096] „chose animée", belebtes Ding oder Lebewesen. Handelt es sich um pflanzlichen oder tierischen Samen? Vielleicht dient Palissy hier Fischlaich als Beispiel. Die Herausgeber der Palissy-Werkausgabe halten diese Beispiele der *Discours* für besonders schwierig zu interpretieren, vgl. Palissy 1996, Bd. 2, S. 358, Anm. 93.

(***347***) (361)

Kopie der Schriften,

die unter den bemerkenswerten Objekten angebracht sind, welche der Autor dieses Buches zusammengestellt hat und innerhalb der Sammlung in seinem Kabinett[1097] *in eine Ordnung brachte, um alle in diesem Buch enthaltenen Tatsachen zu beweisen (denn Einige möchten sie nicht glauben), damit jene welche die Mühe des Weges nicht scheuen, um diese innerhalb der Ausstellung zu betrachten, nach der Inaugenscheinnahme mit der Gewissheit gehen, dass sie von allen in diesem Buch geschriebenen Dingen überzeugt sind.*

Genauso wie alle Sorten der Metalle und andere schmelzbare Stoffe die Gestalt der Hohlräume oder Gussformen[1098] annehmen, in die sie hineingegeben oder hineingegossen werden (selbst auf die Erde gekippt, nehmen sie die Form des Ortes an, wo der Stoff ausgekippt oder ausgegossen wurde), genauso nehmen auch sämtliche gesteinsbildenden Substanzen die Form des Ortes an, an welchem die Substanzen erstarren. Und da die metallischen Körper[1099] bis zu dem Moment, in dem sie die Gussform in der die Materie erstarrte verlassen, nicht erkennbar sind, verhält es sich ebenso mit den steinbildenden Substanzen,[1100] (***348***) die in ihrem ursprünglichen Zustand[1101] flüssig, fließfähig und wässrig sind. Um

[1097] „mis par ordre en son cabinet". Verdoppelung des Begriffs, da mit „cabinet" sowohl auf die Räumlichkeiten als auch auf die Sammlung und die Nutzung als Ausstellungsraum verwiesen wird.

[1098] „les formes des creux ou moules". Interessant ist, dass „moules", Form, Gussform, wie auch Muschel oder Miesmuschel bedeutet und eine Verbindung zum deutschen „Mulde" aufweist. Das Wort Gussform verweist nicht nur auf den Hohlkörper, die Mulde, sondern bezieht auch den Ausdruck Aufwölbungen mit ein. „Moule" kann sowohl als funktionaler Gegensatz zu „creux", dem unbestimmten Hohlraum, „Form" im konkreten Sinne von Gussform (Modell) bedeuten als auch einen geometrischen Gegensatz zu „creux" (Hohlraum), eine konkave Gestalt, also eine Aufwölbung, bezeichnen. Die Wortwahl evoziert sowohl den künstlerischen Vorgang des Metallgusses wie auch das Erstarren einer beliebigen Flüssigkeit in der Natur (Gesteinsgenese. „Creux" oder „moules" sind in beiden Fällen „Vorbilder" für den „Abguss". Die Beschreibung von Palissy trifft ebenso auf geschmolzenes Gestein wie Lava zu und hätte ihm die Möglichkeit geboten, auch diesen geologischen Vorgang zu behandeln. Die Erwartung Magma illustriert zu sehen wird aber enttäuscht.

[1099] „formes". Hier beschreibt Palissy den Metallguss, welchen er anschließend als Vergleich zur Erläuterung der Gesteinsbildung heranzieht.

[1100] „matieres lapidaires".

[1101] „premiere essence", auch: erstem Wesen, Wesensart oder ursprünglicher Substanz, ihrem wesentlichen Bestandteil, siehe Dupuy 1902 S. 303, „essence: existence", in ihrer ersten Existenz.

etwaigen Verleumdungen aus Unwissenheit[1102] oder Böswilligkeit zuvorzukommen, [von Personen,] die nur meine Schriften kennen oder nur meine Zeichnungen[1103] gesehen haben, sage ich, habe ich hier an (362) diesem Ort[1104] eine große Anzahl von Steinen als Beweisstücke ausgestellt, mittels derer du leicht erkennen kannst, dass die Behauptungen und Beweise, die ich in der Abhandlung über die Steine niedergelegt habe der Wahrheit entsprechen. Und wenn du nicht vollständig von Sinnen bist, wirst du dies nach der Präsentation der Natursteine[1105] einräumen, welche ich in meinem Buch abgebildet[1106] habe, denn nicht alle die mein Buch sehen werden,[1107] werden [auch] die Mittel und die Möglichkeit[1108] haben diese Naturobjekte [selbst] zu betrachten, aber jene, die sie in ihren natürlichen Formen[1109] erblicken, werden gezwungen sein einzuräumen, dass sie unmöglich ihre Formen hätten annehmen können, ohne dass ihre Substanz zuerst flüssig oder fließfähig war.

Wenn du das gut verstehen willst, begib dich ins Innere der Steinbrüche, in denen man große Mengen Gestein oder andere Minerale abgebaut hat. Wenn diese Steinbrüche noch gewölbt sind, wirst du in den meisten von ihnen bestimmte hängende Spitzen[1110] vorfinden, die durch das Wasser entstanden sind, welches täglich durch die Erde auf das Felsgewölbe sickert. Und das Wasser, welches von überall auf die Minerale des Felsgesteins läuft, wird dir die Beweise, die du anschließend sehen wirst, verdeutlichen. Denn [dadurch] wirst du (***349***) verstehen, dass das Wasser, das erstarrt ist, seitdem diese Steine aus dem Fels gebrochen wurden, weder die gleiche Farbe, Form, noch die gleiche Härte besitzt wie das Hauptgesteinslager.[1111]

Beim Überdenken des Obigen wirst du auch verstehen, dass es eine unendliche Zahl von Steinen gibt, die zwei Zustandsformen[1112] besitzen und andere,

---

1102 „ignorance".

1103 „plattes figures", flache Abbildungen. Siehe Wooldrige 1998, insbesondere die Note d'expert, vgl. Palissy 1996, Bd. 2, S. 361, Anm. 1. Dies ist ein weiterer Hinweis, vielleicht der deutlichste, dass die *Discours* ursprünglich mit Abbildungen versehen werden sollten und Bilder der von Palissy gesammelten Mineralien und Fossilien existierten.

1104 D.h. im Kabinett, den Ausstellungsräumen.

1105 „demonstration des pierres naturelles".

1106 „lesquelles j'ay figuré en mon livre", vor allem „figurer" bildlich darstellen, abbilden, zeigen, vgl. TLF.

1107 „qui verront le livre", beachte: „verront", das Buch sehen.

1108 „n'auront pas le moyen ..." Beide Wortbedeutungen von „moyen" sind von Palissy intendiert und werden in der Übersetzung wiedergegeben.

1109 „formes naturelles", ihre tatsächlichen Formen, ihren Naturzustand, also – die wirklichen Objekte.

1110 „mesches pendantes", „meche", auch „Docht", gemeint sind Stalaktiten oder Tropfstreine.

1111 „la principale carriere." Auch: der Hauptsteinbruch.

1112 „qui ont deux essence", die zwei Wesensarten, zwei Naturen besitzen, die aus zwei Bestandteilen, Essenzen, Substanzen bestehen. Siehe Littré.

welche durch Addition[1113] gebildet wurden, das Ganze vollständig aus flüssigen Stoffen, wie du leicht aus den Beweisstücken erkennst, die ich dir hier geordnet in Reihen[1114] aufgestellt habe.

Die Steine, die sich an der Luft verfestigt haben, können keine andere Gestalt annehmen, als jene die du [hier] siehst, ein Teil von ihnen bildete sich wie die an Regenrinnen hängenden Eiszapfen.

Und weil ich sagte, dass alle Steine in ihrem ursprünglichen Zustand durchscheinend und (363) transparent oder kristallin sind, musst du also verstehen, dass jene die du hier siehst, opak sind, weil das mit dem gewöhnlichen Wasser vermengte verfestigungsfähige Wasser Erde oder Sand mitführte. Die Erde oder der Sand verfestigt sich zusammen mit der kristallinen Substanz und macht sie opak, ja verlieh ihr sogar ihre Farbe, entweder die des Sandes oder der Erde, wie du es natürlich durch diese Figuren[1115] erkennen kannst, wenn du ihre Formen aufmerksam betrachtest.

Du kannst auch durch ihre unregelmäßigen und ungefälligen Formen beurteilen, dass sie dennoch aus fließfähigen Stoffen entstanden sind, so dass du leicht feststellen kannst, welche Seite sich oben oder (***350***) unten befand, so als wenn es sich um eine metallische Substanz handelte.

An den anderen folgenden Steinen kannst du auch erkennen, dass sie mit der flachen Seite nach unten gebildet wurden, und dass sie schrittweise und durch additive Erstarrung[1116] entstanden, und nicht durch Wachstum, wie einige behaupten; die Additionsschichten[1117] sind an diesen Steinen erkennbar.

Du siehst auch, dass die Steine aus Gips, Talk und Schiefer sich wie ein Buch aufbauen und blätterweise lösen und dies, weil die Substanzen wiederholt, nach und nach, durch die Erdschichten hinabströmten, deshalb konnten die Verfestigungen nur stufenweise vonstattengehen, weshalb sie sich nicht so gut miteinander verbinden konnten, als wenn sich die Materie mit einem Mal verfestigte.

1113 „ont esté formées“, vgl. folgende Seite: „par additions congelatives“.

1114 „les preuves, que je t'ay mises icy par rangs.“ „rang“, Reihe, Reihenfolge, Ordnung, Anordnung, Rang.

1115 „figures“. Die Zeichnung des Gesteins.

1116 „par additions congelatives“.

1117 „les additions asses sont connues aux dites pierres.“. „les additions“, Addition, Hinzufügung. Die additions asses (assies) sind also Schichtenfolgen. „asses“, Form unbekannt. Deutung als „assis“ von „asseoir“ u. ä. Hulsius: „assis, nieedergesezet“. In regionalen Dialekten „assir“, sitzend, geschichtet, abgelagert, abgesetzt. „Assir“ wird auch heute noch in der Region von Saintes benutzt (siehe Patois Oléronais) und findet sich im kanadischen Französisch; Konjugation nach der 3. Gruppe, entsprechend servir. Vgl.: „assire“ siehe Godefroy: „assire, asseire, v.a. placer“. „Asses“ entspricht demzufolge im heutigen Sprachgebrauch „assise“, Schicht, Schichtung, Lage. Geologischer Begriff für parallele Schichten: „Strate“ (PR).

Manchmal kommt es auch vor, wie du hier siehst, dass sich zwischen zwei durch [sukzessive] Erstarrung gebildete Schichten Erde oder Sand ablagert.

An diesen Steinen kannst du leicht erkennen, dass sie in mehreren Malen gebildet wurden und in diversen weiteren Verfestigungsschichten[1118] durch die heruntertröpfelnden Stoffe entstanden.

Alle diese Arten, die du hier angefüllt mit Kieseln und verschiedenen (364) Muschelarten siehst, entstanden innerhalb des Erdbodens an irgendeinem von Wasser bedeckten Ort und es sind Steine von doppelter Stofflichkeit:[1119] Denn die Muscheln und Kiesel, die sich in ihnen befinden entstanden vor der Masse, und ihr Gepräge ist aus diesem Grund schwerer und härter als die Masse selbst. Einige Zeit nachdem das verdunstungsfähige Wasser aus ihr entwichen war und dort das (***351***) verfestigungsfähige Wasser hinterließ, versteinerte dieses den Schlick, in dem sich die Muscheln und Kiesel befanden. Und da der Boden bereits durch die Abwesenheit des flüchtigen Wassers ausgetrocknet[1120] war, wurde die Hauptmasse aufgrund der Porenzahl in dieser Masse, weicher und leichter.

Und du darfst nicht denken, dass die Natur diese Muscheln grundlos[1121] geformt hätte, im Gegenteil, sie entstanden aus Fischen,[1122] die wie die anderen Tiere auch lebendig waren, und glaube keinesfalls, dass diese Gegenstände zur Zeit der Sintflut entstanden. Denn obwohl sie sich oben auf den wasserlosen Bergen finden, gab es doch, als ihre Schalen ihre Gestalt annahmen, zu der Zeit dort Wasser, in welchem sich verschiedene Lebewesen aufhielten, welche eingeschlossen wurden als der Schlamm versteinerte. Dies wirst du, wenn du in der Lektüre der folgenden Texte fortfährst, besser verstehen.

Hier siehst du eine große Zahl [von Exemplaren] aus zu Stein umgewandeltem Holz, das wie die Muscheln im Wasser versteinerte und dieses Holz versteinerte gleichzeitig mit der Gesteinsmasse, in dem dieses Holz festhängt, und das Ganze ist überhaupt nicht außerhalb des Wassers vor sich gegangen und kann es [auch] nicht.

Hier siehst du auch einige Holzstücke, welche in verfestigungsfähigem Wasser versteinerten, von welchem alle Dinge ihren Anfang nahmen und ohne das kein Ding sagen kann „Ich bin".[1123] Nun, deshalb (***352***) habe ich es als das fünfte Element bezeichnet, obwohl es das erste Element genannt werden müsste.

[1118] „diverses congélations adjoutees".

[1119] „double essence", von doppelter Wesensart, d.h. mit zwei Grundbestandteilen, der Ursprungssubstanz oder Hauptbestandteil (ursprünglichen Zustand), d.h. der flüssigen gesteinsbildenden Substanz und dem zusätzlichen zweiten Bestandteil, den Einschlüssen, den Kieseln, Muscheln, der Erde, dem Sand usw.

[1120] „alteree".

[1121] „sans sujet", d.h. „sans raison" (PR, „sujet", II; Larousse, „raison", V), grundlos, ohne Ursache, ohne Grund, voraussetzungslos.

[1122] „poissons animez".

[1123] „sans laquelle nulle chose ne peut dire je suis." Ähnliche Formulierung wie S. ***90***/109, ***128***/145.

(365) Damit du überzeugt bist, dass alle Dinge porös sind, wie ich es in meinem Buch dargestellt habe, betrachte die große Zahl von mit Schalen gepanzerten Fischen, die ich vor deine Augen hingelegt habe, die jetzt alle versteinert sind und dies durch die Eigenschaft des verfestigungsfähigen Wassers, dass diese Muscheln vollständig durchdrang, wobei es deren Natur in eine andere veränderte, ohne in irgendeiner Weise ihre Form zu zerstören.

Und weil einige nicht genug von einer falschen Auffassung bekommen können die besagt, die versteinerten Muscheln seien während der Sintflut über das ganze Land geschwemmt worden, selbst bis hinauf auf die Berggipfel, beantwortete und widerlegte ich solch eine Meinung in einem oben stehenden Abschnitt. Und damit die Schriften meines Buches leichter überprüfbar sind, habe ich vor deine Augen [Exemplare] aller Arten versteinerter Muscheln hingestellt, welche entdeckt und unter hundert Millionen anderer ausgewählt wurden, die täglich in den Bergregionen und in den Felsen der Ardennen gefunden werden. Diese ganz von den Schalen gepanzerter Fische durchdrungenen Felsen wurden weder hergestellt noch erzeugt nachdem die Gebirgsbildung abgeschlossen war, sondern du musst [im Gegenteil] annehmen, dass bevor der Berg aus Gestein bestand, dort an dem Ort, wo sich diese Fische befinden, früher Gewässer, Teiche oder andere Becken waren,[1124] in denen diese Fische lebten und Nahrung suchten. Deshalb kannst du leicht erkennen, dass ich (***353***) die Wahrheit sage, wenn ich behaupte, dass es in den lockeren Böden[1125] ebenfalls drei Arten Wasser[1126] gab, wie im Meer: Das heißt, die gleichen Fische, die im Meer lebten und die miteinander die Population vermehrten, sind genauso gebaut wie in den Bergen, wo die Panzer dieser Fische ganz genauso aussehen wie diejenigen der Fische im Meer.

Und zur Bestätigung des Obenstehenden betrachte alle Arten der Fische, die ich vor deine Augen platziert habe und du wirst darunter eine Anzahl finden, deren Samen ausgestorben[1127] sind und wir wissen heute nicht einmal wie man sie nennen soll. Aber das kann nicht verhindern, (366) dass allen bekannt wird, dass ihr Aussehen uns deutlich erkennen lässt,[1128] dass sie früher lebendig waren und diese Formen nicht anders als durch lebendige Wesen entstehen konnten.

Für die folgenden Abschnitte muss dir genügen, dass die Beweise alle bekannt sind, [und] das der primäre Stoff aller Steine aus flüssigen, fließfähigen und kris-

---

1124 Rarer Hinweis von Palissy auf größere geologische Veränderungen? Existierten die Gebirge noch nicht?

1125 „terres douces".

1126 „trois especes d'eaux", wurde bislang im Text nicht erwähnt. Vgl. S. ***363***/376: „Es gibt zwei Wässer,…" und S. ***366***/378: „Im Meer gibt es drei Arten von Wässer, das gewöhnliche, das salzige und das vegetative oder verfestigungsfähige".

1127 „desquels la semence en est perdue".

1128 „nous donne claire connaissance", „… eine genaue Kenntnis davon vermittelt, dass…".

tallinen Substanzen besteht. In gleicher Weise sind die metallischen Substanzen ebenfalls fließfähig, wässrig und kristallin. Genauso wie die opaken[1129] Steine dies deshalb sind, weil sie aus einem Gemisch von Erde und Sand bestehen, das dem Primärstoff[1130] untergemischt ist, können die Metalle in gleicher Weise nicht durchscheinend oder kristallin erscheinen, sondern sind wegen der mit der reinen Substanz[1131] vermengten Stoffe unrein. Diese untergemischten Stoffe (***354***) machen die Metalle unrein, scharfkantig und spröde, was sie nicht sein würden, wenn es keine Opposition von Erde oder Sand oder andere Interposition [eines dazwischen geschobenen Stoffs] gäbe. Selbst Schwefel ist ein Feind der Metalle nach deren Erstarrung, deshalb muss es durch die Seiger als auszuscheidender Stoff[1132] entfernt werden.

Um dich dazu anzuhalten, deine Ohren zum Hören und deine Augen zum Sehen zu trainieren, habe ich hier bestimmte Steine und Minerale aller Metallarten ausgestellt, damit du einen speziellen Punkt von großer Bedeutung verstehst: Durch alle Steine, die vor deinen Augen stehen, kannst du leicht erkennen, dass alle heute und früher lebenden Alchemisten sich getäuscht haben, wenn sie durch Zerstörung etwas aufzubauen gedachten, indem sie etwas durch Feuer erzeugen wollten, was durch Wasser entsteht und mit Wärme, was durch Kälte geschieht. Deshalb wollte ich diese offensichtlichen Beweise vor deine Augen hinstellen.

Merke dir dieses einfache Argument, das durch den Gegenstand selbst bewiesen wird gut (367), und sieh dir alle metallischen Minerale genau an, du wirst an der Oberfläche des Metalls eine Vielzahl[1133] von Spitzen vorfinden, die auf natürliche Weise in Facetten[1134] geschnitten, wie von Künstlerhand bearbeitet sind. Die Mehrzahl dieser Spitzen sind aus kristallinen Substanzen gebildet oder besser gesagt aus Kristall, wodurch ich sofort erkennen konnte und mich überzeugte, dass niemals irgendeine Spitze auf natürliche Weise außerhalb des Wassers entstanden ist. Aber (***355***) es ist sicher, dass alle Stoffe die sich im Wasser verfestigen, an der Oberfläche hervorstehend, dreieckige, viereckige oder fünfeckige Körper ausbilden. Ich sage, sie wurden durch eine wunderbare Natur geformt, und genauso wie es den Pflanzen gegeben ist, eine festgelegte Ordnung einzuhalten, wie du feststellen kannst, wenn du Rosen und Weißdorn[1135] be-

---

1129 „tenebreuses“, opak oder trübe.

1130 „matiere essencielle“, „essencielle“, siehe „essence“, der wesentliche Bestandteil, der Hauptbestandteil.

1131 „l’essence pure“.

1132 „matieres excrementales“, Exkrement, Ausscheidung, Absonderung. Hulsius: „excremens, Dreck“; „excrementeus, dreckerich“.

1133 „un nombre infini“, eine unendliche Zahl.

1134 „pointes taillees par faces naturellement“, auch: zu regelmäßigen Flächen geschnitten.

1135 „groisiliers“, eigentlich Johannisbeere, diese hat aber keine Dornen. Stachelbeere: „groseille maquereau“. Hulsius: „Grosselles, Stichelbeer.“ „Grosselier, Hagendorn.“ Siehe DWB: „Hagedorn“, Weißdorn.

trachtest, welche zu ihrer Verteidigung stechende Dornen ausbilden, so entwickeln auch die metallischen und steinbildenden Stoffe eine Art Harnisch oder Rüstung an der Oberfläche mit zugespitzten Steinen; genauso vermögen [auch] verschiedene Fische mehrere Schalen[1136] zu schaffen, wie du es bei Krebsen und verschiedenen anderen Arten von Fischen siehst.

Sieh doch ob ich ein Lügner bin: Siehst du nicht die verschiedenen Exemplare von Gold- und Silbermineralien, die dir mit Gewissheit zeigen, dass sie im Wasser entstanden sind? Unter all den anderen, siehst du dort eines, dessen erste Schicht nicht aus Gestein besteht? Zeigt dir das nicht deutlich, dass der Stein sich zuerst verfestigte? Und darauf erkennst du eine weitere Schicht aus Silbermineral. Und als dritte Stufe gibt es eine mit Diamantspitzen gestaltete Schicht aus Kristall, und da ich dir erklärte, dass diese zugespitzten, in Facetten geschnittenen Formen nicht außerhalb des Wassers entstehen können, wirst du mir also zustimmen, dass das Silbermineral, das sich unter dem Kristall befindet, auch im Wasser erstarrt ist, wie du bei (368) der Fortsetzung der Besichtigung dieser Gegenstände erkennen wirst.

(***356***) Du erkennst auch an den anderen metallischen Steinen gewisse Spitzen, wie die hier oben Genannten. Und trotzdem gibt es in ihnen mehrere Arten von Metall, wie [zum Beispiel] Silber, Blei und Kupfer. Diese sind aufgrund der schwefelhaltigen Böden und anderer Exkremente ebenfalls unrein und machen die Metalle scharfkantig und spröde. Nachdem diese Exkremente durch die Anwendung des Feuers ausgeschieden und getrennt wurden, sind diese Metalle schmelz- und schmiedbar, wie man an den Münzmetallen sieht.

Hier jetzt ein Abschnitt,[1137] der dich zum Verweilen anhalten sollte, um nachzudenken und allem oben Gesagten zu vertrauen. Betrachte den Schiefer vor dir, der mit Markasiten angefüllt ist, die sich in Form quadratischer Würfel gebildet haben.[1138] Es ist sicher, dass der Schiefer sich im Wasser verfestigte und dass vor seiner Verfestigung die Materie, die im Wasser nicht zu erkennen war, sich von diesem Wasser abschied, wie Öl, das keine Affinität mit Wasser besitzt; und die Substanz dieser Markasite, welche aus metallischen Substanzen entstanden, bildete bei ihrer Verfestigung und Trennung vom Wasser Pentaeder und nahm während der Verfestigung ihre Farbe an. Es ist notwendigerweise erforderlich, dass sich diese Markasite vor der Bildung des Schiefers bildeten und erstarrten. Siehst du nicht diese kristallinen Steine, die ich als Beleg der bemerkenswertesten und schwierigsten (***357***) in meinem Buch enthaltenen Demonstration hierher

1136 „escailles", auch „Schuppen" und als Begriff für Schindeln und Dachziegel gebräuchlich, vgl. Godefroy, EWFS und GdH, von Fränk./Deutsch „Schale".

1137 „un article", der „Abschnitt" scheint ein Bereich der Mineralien-Ausstellung zu sein.

1138 „en façon d'un dé carré".

gelegt habe? Obwohl diese Steine genauso klar und kristallin wie reines Wasser sind, ist in ihnen doch metallische Substanz vorhanden, welche in der Masse in keiner Weise zu erkennen ist, außer wenn die metallische Substanz durch die Untersuchung bei sehr hoher Temperatur nachgewiesen wird,[1139] was du an einem Exemplar aus dem gleichen Stoff sehen kannst, der nach dem Schmelztest Silberfarbe annahm. Dadurch darfst du versichert und fest davon überzeugt[1140] sein, dass (369) die Metalle den Wassern untergemischt und bis zu ihrer Erstarrung unerkennbar sind.

Merke also, dass die metallischen Stoffe unerkennbar in Boden und Wasser enthalten sind, sie sind so flüssig und winzig,[1141] dass sie die Körper[1142] oder körperhaften Substanzen durchdringen, wie die Sonne die Glasscheiben, denn anders könnten die metallischen Wässer keine Form[1143] in Metall umwandeln, wenn die Form nicht zuerst aufgelöst würde. Wir sehen jedenfalls, dass mehrere Schalen von Fischen metallisch sind und ihre Stofflichkeit[1144] änderten, wenn sie in Gegenwart metallischer Substanzen verrotteten. Wie du siehst, sind hier auch mehrere Holzstücke vorhanden, die sich in Metall umgewandelt haben, nachdem sie in Gewässern verrotteten, in denen es metallische Wässer gab.

Du siehst selbstverständlich, dass alle diese in Stein umgewandelten Muschelformen früher lebende Fische waren und obwohl (***358***) die Erinnerung und Kenntnis[1145] all dieser Arten verloren gegangen ist, können wir dennoch mittels der anderen [heute] noch vorkommenden Arten,[1146] die gleichfalls in Stein umgewandelt wurden, leicht erkennen, dass die Natur keines dieser Objekte ohne Ursache[1147] hervorbringt, wie ich weiter oben ausführte. Und aus diesem Grund reservierte ich ein spezielles Regalbrett[1148] für diese Arten. Von der Art,

---

1139 „par l'examen du feu bien chaud". Feuer ist häufig gleichbedeutend mit Temperatur; aus dem Folgenden geht hervor, dass der Stoff nicht verbrannt und dem Feuer direkt ausgesetzt wird, sondern bei hoher Temperatur geschmolzen wird.

1140 „croire", siehe Larousse.

1141 „subtil".

1142 „corps".

1143 „forme". Palissy legt offensichtlich Wert auf die Verwendung dieses Wortes, weshalb es hier übernommen wird. Palissy spielt auf die von ihm beschriebenen Kupferschieferfische aus Mansfeld an, vgl. S. ***130***/147, zum metallischen Holz S. ***129***/146 f.

1144 „substance", andere Übersetzung; Stoff, Wesen, Substanz.

1145 „de toutes ces especes la memoire & usage en est perdue". „Usage", Gewohnheit, Gebrauch, was einem vertraut ist, was gebräuchlich ist. Für Palissy bedeutet „usage" wahrscheinlich zweierlei: Zum einen die verlorene Kenntnis der Arten (wir sind nicht mit ihnen vertraut) und zum anderen die nicht mehr mögliche Nutzung, denn die Fische können weder gefangen noch gegessen werden.

1146 „les autres especes qui sont en usage".

1147 „sans sujet", siehe Anm. zu S. ***351***/364, ohne Grund, ohne Grundlage.

1148 „un parquet". Palissy reservierte ein Regal oder ein Regalbrett für die Fossilien ausgestorbener Arten.

die du hier siehst, welche in Gestalt einer Spirallinie geformt ist,[1149] habe ich ein [Exemplar] gesehen, welches einen Durchmesser von sechzehn Zoll[1150] besaß.

Ich habe diesen Stein[1151] [hier] vor dich hingelegt, um dir verständlich zu machen, dass alles was ich über Erdbeben sagte, der Wahrheit entspricht, denn du siehst hier in diesem Stein die Auswirkungen der Luft und des Wassers, in Bewegung gesetzt durch das Feuer. (370) Gleichgültig wie groß der Stein ist, besteht er immer aus sehr wenig Materie, denn die drei Elemente haben ihn dermaßen aufgebläht und schwammartig gemacht, dass du feststellst, wenn die Materie wieder so dicht wäre wie vorher, bevor sie dem Feuer ausgesetzt wurde, sie einhundert Mal kleiner sein würde als jetzt. Aber weil sie flüssig und kochend heiß war, als das Feuer sie umwälzte, verfestigte sie sich spontan und die Luft, die sie während der Bewegung durch das Feuer aufblähte, blieb bis heute in ihr eingeschlossen. Und deshalb ist der Stein so leicht, dass er auf dem Wasser schwimmt, wie alle anderen leichten Dinge.

Ich sagte dir, dass die Metalle vor ihrer Verfestigung im Wasser nicht erkannt werden können, genauso verhält es sich, wenn sie sich im Boden befinden, und aus diesem Grund habe ich dieses große Stück (***359***) aus gebranntem Ton vor deine Augen hingelegt, welches wie ein großes Gefäß[1152] geformt war, aber als es mit dem Feuer in Berührung kam, verflüssigte sich [das Material], verbog sich und verlor vollständig seine Form, als wenn es heiß geschmiedet worden wäre, und es sich ohne zu zerbrechen ausgebreitet hätte, wie es alle schmiedbaren Dinge tun. Sollte dich dies nicht überzeugen, dass es in der Erde, aus der man diese Gefäße herstellt, irgendwelche nicht erkennbare metallische Substanz gibt? Denn sonst wäre es eher zerbrochen, anstatt sich zu verbiegen.

Betrachte genau die Formen dieser Fische, die man Dreiecksmuscheln[1153] nennt, sie wurden auf einem Feld am Rande der Ardennenwälder gefunden, und auf dem Teil des Landes wo man sie fand, bildet die Oberfläche eine tiefe Senke, was mich wie oben vermuten lässt, dass früher das Wasser eher dort stagnierte als

---

1149 Bei diesem Objekt handelt es sich wahrscheinlich um einen Ammoniten.

1150 „Et pour ces causes j'ay mis un parquet à part & du genre que tu voy estre formé en façon de ligne spiral, j'en ay veu un qui avoit seize poulce de diametre", „seize pouce", etwa 45 cm, siehe Palissy 1996, Bd. 2, S. 369, Anm. 18. Palissy erwähnt Ammoniten bereits im *Recepte*, vgl. Bd. 1, S. 96. Aufschlussreich ist der Vergleich mit S. ***353***/365.

1151 In der folgenden Textpassage könnte es sich z. B. um Bimsstein handeln, ein vulkanisches, in der Schmelze entstandenes Gestein. Palissy gesteht indirekt zu, dass es durch Kontakt mit dem Feuer entstand. Diese Art der Gesteinsbildung bleibt sonst in den *Discours* unerwähnt.

1152 „grande vase". Die Herausgeber der Palissy-Werkausgabe sehen darin eine misslungene Platte („plat raté", siehe Palissy, 1996, Bd. 2, S. 370, Anm. 20), also ein Bassin rustique von Palissy. „Vase" bedeutet aber vor allem Vase oder allgemein Gefäß. Es wird sich also eher um einen misslungenen Krug gehandelt haben.

1153 „availlon", Dreiecksmuschel, siehe S. ***223***/245.

an einem anderen Teil des Felds, und diese Fische wurden dort gezeugt, vermehrten sich und lebten dort, so wie sie es im Meer getan hätten. Im Ozeanischen Meer, an der Küste der Saintonge, lebt eine große Zahl dieser Fische. Und wie ich weiter oben sagte, verdunstete das Wasser auf diesem Feld und es trocknete aus und der Schlick und die Fische (371) verwandelten sich zu Stein, von welchen man heute eine unendliche Zahl findet.

Und auf einem anderen Feld fand ich eine unendliche Zahl von Fischen, die man Herzmuscheln[1154] nennt, mit denen die Michelets ihre Mützen oder Hüte verschönern, wenn sie [auf ihrer Pilgerfahrt] vom Saint-Michel[1155] kommen. Und der Grund, warum die Muschelschalen nicht weiß sind (***360***) wie die anderen, liegt darin, dass die [Muscheln] und die Böden in denen sie leben Eisenminerale enthalten.

Siehst du hier nicht die in Stein verwandelten Früchte, die sich durch die gleichen, von mir oben deduzierten[1156] Ursachen veränderten?

Alle Steine, welche du an dieser Stelle siehst, bestehen aus Achat oder Chalcedon, die früher einmal Ton waren, wie du im folgenden Regalfach[1157] sehen wirst.

Betrachte etwa diese Tonklumpen,[1158] die das Aussehen von Achat oder Chalcedon besitzen und du wirst verstehen, dass ihre Umwandlung in Stein [bereits] in die Wege geleitet war und nur noch die Decoction fehlte, durch welche die Gesteine zur Vollendung gelangen.[1159]

Schau einmal, hier sind zwei Steine, welche die Gestalt von Gräsern bewahrt haben, über diese hat sich die Materie gelegt, bevor sie verfestigt waren.[1160]

Es gibt Fische und andere Tiere, die Steine im Kopf haben,[1161] die sich wie die anderen aus flüssigen Substanzen bildeten.

1154 „sourdons", Herzmuschel. Littré, Dupuy: „bucarde", Meeresmuschelart. Vgl. Patois Oléronais. Der Hinweis auf das Pilgerabzeichen ließe eher an die Jakobsmuschel denken, die eine Kammuschel, „petoncle", ist.

1155 Der Mont-Saint-Michel mit seinem Kloster in der Bretagne.

1156 „que j'ay deduites", abgeleitet. Zu den versteinerten Früchten vgl. S. ***230***/251.

1157 „parquet". Vgl. DMF u. Dupuy 1902, S. 322, „parquets, compartiment", Vokabular der Beschreibung der Salzgärten: „parquets", „parquetages". Fächer, Abteilung, Abschnitt. Vgl. GdH und EWFS. Parquet ließe sich allgemein mit Fläche oder Kästchen, Abteilung übersetzen. Ein Hinweis, dass die Regale von Palissy nach Art der Kunstkammerregale (vgl. Heinrich 1996; Platearius ca. 1520) gebaut waren? Siehe auch Palissy 1996, Bd. 2, S. 369, Anm. 17: „parquet": planche, présentoir. Zu Achat und verfestigtem Ton vgl. S. ***244*** f./264.

1158 „mottes de terres".

1159 „par laquelle les pierres viennent en perfection." Das heißt für Palissy: Die Gesteinsbildung kommt zum Abschluss und erreicht damit qualitativ seinen vollkommensten Zustand, es wird Hartgestein.

1160 Fossile Pflanzen, siehe *Discours*, S. ***230***/251 und ***231***/252.

1161 „qui ont des pierres en la teste". Palissy kennt scheinbar keinen Namen für diese Steine, die in keiner Mineralogie, wie der von Gesner fehlen (siehe Gesner 1565). Die Steine

Mittels dieser spitzkantigen Steine die innen hohl sind[1162] beweise ich, dass sie während ihrer Entstehungszeit (372) vollkommen mit verdunstungsfähigem Wasser gefüllt waren.

Diese Steine [hier], die wie du siehst voller Löcher sind, entstehen im Watt des Meeres, in dem verschiedene Fische mit Namen Bohrmuscheln[1163] lebten, diese sind so lang wie ein Messergriff und mit zwei Schalen gepanzert. Als das Watt sich in Stein umwandelte, starben die Fische in ihm und es (***361***) verblieben [dort] Löcher im Stein.

Und um dir zu zeigen, dass alle im Wasser entstehenden Dinge Facetten bilden und nicht anders, betrachte hier die Couperose oder das Vitriol, den Salpeter und alle weiteren Salzsorten, die während ihrer Erstarrung vom Wasser bedeckt sind.

---

trugen verschiedene Namen, etwa „limacius" (Steine im Kopf von „limaçon", Schnecken, vgl. Hulsius), bézoards oder bezaar, Bezoar (siehe PR, Steine z. B. im Kuhmagen. Es wurde erzählt, dass sich diese Steine auch in den Köpfen von Ochsen finden.), crapaudines (Krötensteine, siehe DWB). Palissy beschreibt die Steine im Körper von Mensch und Tier bereits im *Recepte*, siehe Palissy 1996, Bd. 1, S. 113, vgl. dort Anm. 250–252, mit einem Hinweis auf die Sammlung des Königs von Navarra in Pau.

1162 „pierres cornues qui sont creuses dedens", „Géode" (vgl. PR), Geode oder Druse genannt, siehe Murawski 1983, S. 42 u. 75. Vgl. S. ***201***/223. Die Drusen wurden bereits im *Recepte* erwähnt, siehe Palissy Bd. 1, S. 106.

1163 „dailles". Dupuy 1902, S. 293 nennt für daille oder dail auch die Bezeichnung „pholade". Vgl. Haubold, Daber 1989, S.312, Pholadidae, Bohrmuschel. Vgl. auch Patois Oléronais und *Discours* S. ***225***/247.

(***362***)[1164] (375)

Auszug der wichtigsten Sentenzen,[1165]

die im vorliegenden Buch enthalten sind, die ans Ende gestellte Zahl verweist auf die Seite. Diejenigen ohne Seitenzahl sind im Allgemeinen aus dem ganzen Diskurs[1166] zusammengetragen und beziehen sich nicht auf eine bestimmte Stelle.

Obwohl alle Philosophen schlussfolgerten, dass es nur vier Elemente gibt, existiert dennoch ein fünftes, ohne das kein Ding sagen könnte „Ich bin". Seite[1167] 125, 126, 127, 128.

Zu keiner Zeit hat der Mensch die Reaktionen des Wassers und des Feuers verstanden. 12.

Jene, die behaupten, dass die Gewässer aus dem Meer gespeist werden und dass sie dorthin zurückkehren, (376) irren sich. 34, 35.

Alle Quellen und Flüsse aus Süßwasser werden ausschließlich durch Regenwasser gespeist. 34 & 47.

Die heutigen Brunnenbauer täuschen sich täglich, sie verstehen nicht die Reaktionen[1168] des in unterirdischen Rohrleitungen eingeschlossenen Wassers. Die Menschen der Antike haben aus diesen Gründen Aquädukte erfunden. 12 & 15.

(***363***) Alle Pumpen und Maschinen zur Wasserförderung können wegen der gewaltigen Kräfte nicht von Dauer sein. 2.

Ohne die durch das Feuer entfesselte Kraft des Wassers könnte es keine Erdbeben geben. Seite 23.

Es gibt zwei Wässer, das eine ist exhalativ oder verdunstungsfähig und das andere verfestigungs- und keimfähig.[1169] 126.

Wie die Samenflüssigkeit aller Lebewesen vom Urin verschieden ist, unterscheidet sich auch das verdunstungsfähige Wasser vom verfestigungsfähigen.

1164 Dieses und die folgenden Kapitel des Anhangs haben keine Seitennummerierung.

1165 „Extrait des sentences principales contenues au present livre, ...". „Sentence", Erkenntnisse, siehe Pons DF, PR, auch: Urteile, Sentenz, Maxime, Grundsatz, Lehrsatz.

1166 „de tout le discours", beachte hier die Singularform von „discours".

1167 Die angegebenen Seitenzahlen sind die in der Erstausgabe von 1580 genannten, und nicht immer korrekt.

1168 „les effets".

1169 „congelative & germinative". „Germinative" siehe auch S. ***298***/318, vgl. mit „generative" in „essencive, congelative & generative" auf S. ***126***/143.

Alles menschliche Leben[1170] hat mit wässrigen Substanzen begonnen, selbst die Stoffe aus denen die harten Samen[1171] bestehen können nicht neu keimen,[1172] wenn sie vorher nicht verflüssigt[1173] werden, denn anders können sie weder saugen, noch den verfestigungsfähigen Stoff anziehen, welchen ich das fünfte Element nenne.

Wie alle Arten von Pflanzen, ja selbst alle Lebewesen in ihrem Anfangszustand[1174] aus flüssigen Substanzen bestehen, bilden sich am Anfang auch alle Steine, Metalle und Minerale aus flüssigen Stoffen. 104.

Durch den Einfluss[1175] des verfestigungsfähigen Wassers können sich die Körper von Menschen, von allen Tieren und allen Pflanzen in Stein umwandeln. 203, 204.

Man kann an allen Orten Brunnen bauen. 52, 53, 54, 55.

Im Ton gibt es zwei Wasser, eines ist verfestigungs- (***364***) und das andere verdunstungsfähig. 261.[1176]

Eine Heilung durch das Wasser der Kurbäder ist ungewiss. 28.

Das Wasser, welches sich zum Färben eignet, bezieht seine Wirkung ausschließlich (377) aus dem Salzgehalt des Wassers, welchen es beim Durchströmen der Böden aufnimmt.

Die Wirkungen[1177] des Wassers, das geeignet ist, um Eisenwaren[1178] zu tauchen und zu härten,[1179] rührt nur von einer salzigen Substanz her, welche im verwendeten Wasser enthalten ist.

Die künstlichen Quellen[1180] sind besser als die natürlichen. 57, 58, 59.

Es gibt kein schlechtes Wasser an sich. Wenn es eine schlechte Qualität besitzt, liegt der Grund dafür in den Böden des Ortes, die sie durchströmen. 18.

Regenwasser ist besser und sicherer als Quellwasser. 58, 59.

Wenn der Erdboden auf Gestein oder einem tonigen Boden gegründet ist, wird man niemals eine Quelle finden, um einen Springbrunnen oder Ziehbrunnen[1181] zu bauen. 48, 49.

1170 „choses humaines“.
1171 „semences dures“.
1172 „generer de rechef“.
1173 „ne soyent liquifiees“, d. h. die nicht befeuchtet werden.
1174 „en leur premiere essence“.
1175 „l’action“.
1176 „291“. Falsche Seitenzahl wurde korrigiert.
1177 „les effects“.
1178 „ferrements“. Vgl. S. ***342***/355 u. S. ***373***/384.
1179 Endurcir & attremper“. „Tremper“ wurde in seiner eigentlichen Bedeutung „tauchen“ übersetzt, um den Vorgang herauszustellen. Eine Übersetzung im stark übertragenen Sinne ist „erhärten und stählen“.
1180 „fonteines“.
1181 „(trouver) source pour faire fonteine ou puits“.

Die Maserungen im Kernholz,[1182] welche in der Möbelherstellung geschätzt werden und die Zeichnungen, welche sich in Marmor, Jaspis, Porphyr, Achat, Chalcedon und vielen anderen Arten von Steinen befinden, entstehen nur zufällig, sie rühren vom Versickern oder Abfluss der verfestigungsfähigen Wässer her.

Der Glanz der harten und dichten Steine legt Zeugnis davon ab, dass sie vom nicht wahrnehmbaren Wasser gebildet wurden. Und da das Wasser die Türme, Schlösser oder andere nahe dem Fluss befindliche Gebäude reflektiert, tun dies auch die glänzenden Steine. (***365***)

Die polierten Metalle bewirken durch die Eigenschaft des fünften Elements das Gleiche.

Der schreckliche Mascaret, der sich im Fluss Dordogne ereignet, wird nur durch eingeschlossene Luft hervorgerufen, die durch die Wasser der Garonne und des Meeres verdichtet wird, welches in die Gironde eindringt.[1183] 74.

Wenn die Flüsse und Quellen in den Bergen vom Meer herkommen, wie man sagt, müsste das Wasser sich notwendigerweise an einer Stelle vom Meer trennen, an der es höher liegt als alle Berge und es müsste einen dicht geschlossenen Kanal geben, welcher vom besagten hoch gelegenen Meer zu den Gipfeln der Berge verläuft. Falls der Kanal erst am Meeresufer beginnt, würde das Wasser niemals höher steigen als die Meeresküste und falls der Kanal, welcher das Wasser der Flüsse in die hohen Lagen der Berge bringt, berstet, ist es sicher, dass die ganze Welt überschwemmt würde. 40,41.

Wenn das verfestigungsfähige Wasser nicht von dem gewöhnlichen Wasser mitgeführt würde, hätte es (378) keine Wirkung.

Wenn das gesamte Wasser auf der Erde eine verfestigungsfähige Natur besäße, würde sich die Erde binnen Kurzem in Stein verwandeln.

Wenn es im Menschen kein anderes als nur das gewöhnliche Wasser gäbe oder den Urin,[1184] könnte es niemals Steine in seinem Körper erzeugen.

Verschiedene Wasser erzeugen bei denen die sie trinken Steine, da im gewöhnlichen Wasser auch eine Menge verfestigungsfähiges Wasser vorhanden ist. (***366***)

Ähnlich wie klares Wasser, das sich zur Aufnahme sämtlicher Farben eignet, können auch weiße Böden diese aufnehmen.

1182 „figures du coeur du bois".

1183 Die phantasievolle aber unrichtige Erklärung der S. ***76***/91–***81***/96 wird hier von Palissy bestätigt.

1184 „ou celle de l'urine". Auch Urin wird als eine Art Wasser betrachtet. In der Frühneuzeit wurde gerne jede Flüssigkeit als Wasser bezeichnet. Wasser, wässrig war häufig ein Synonym für Flüssigkeit, flüssig.

Im Meer gibt es drei Arten von Wasser, das gewöhnliche, das salzige und das vegetative oder verfestigungsfähige [Wasser].[1185]

Die Wirklichkeit ist konträr und setzt sich über die lächerliche Meinung[1186] derjenigen hinweg, die behaupten, dass sich das Eis auf dem Grund des Flusses Seine bildet. 156.

Unter allen sichtbaren Dämpfen[1187] ist das gewöhnliche Wasser der sicherste Zeuge dafür, dass alle verdunstungsfähigen Minerale aus wässrigen Stoffen bestehen und aus diesen Gründen sublimierbar[1188] sind.

Obwohl das Land und das Meer täglich neue Kreaturen und verschiedene Pflanzen, Metalle und Minerale hervorbringen, hat doch Gott bei der Erschaffung der Welt alle Samen in die Erde gelegt die existieren und jemals existieren werden: Da er vollkommen ist, hat er nichts Unvollkommenes hinterlassen.[1189] 90, 103.

Genauso wie alle Gerüche, Farben und Eigenschaften im Boden nicht wahrnehmbar sind, sind (379) auch alle steinbildenden und metallischen Substanzen im Wasser und im Boden ungeordnet und unerkennbar, und dies solange, wie sie nicht mittels einer unbekannten Erstarrungsweise in eine körperhafte Form umgewandelt sind. 108, 121, 124.

Alle die mittels des Feuers Metalle zu generieren versuchen wollen durch Zerstörung etwas aufbauen. 93.

(***367***) Ähnlich wie sich in den Samen aller Lebewesen die Knochen und Haare nicht vom Fleisch unterscheiden lassen, kann auch kein Mensch die metallischen Substanzen vor ihrer Bildung und Verfestigung erkennen. 121, 122.

Wenn jemand die Farben, Geschmacksstoffe und Eigenschaften wahrnehmen könnte, denn die Pflanzen wissen sie aus der Erde aufzunehmen und zu entziffern,[1190] würde ich sagen, dass es solch einem Menschen möglich wäre, Gold und Silber zu machen. 120, 135.

1185 Vgl. S. ***353***/365 und ***363***/376, d.h. die dritte Art ist gewöhnliches Salzwasser, das nur Kochsalz enthält.

1186 „lourdise", Dummheit oder grober Irrtum. Vgl. GdH, „Lourdaud": Tölpel, tölpelhaft.

1187 „esprits visibles".

1188 „ils sont sublimatoires".Das heißt, sie lassen sich direkt von der festen in die gasförmige Phase überführen.

1189 Daraus lässt sich ableiten, Gott hat bei der Erschaffung der Welt die Samen, d.h. den Bauplan, die Merkmale, den Code, die Naturgesetze, die Funktionsweise der Welt festgelegt und seitdem ist die Natur sich selbst überlassen und entwickelt, produziert bzw. reproduziert sich selbst auf Grundlage dieser allgemeinen, funktionalen Vorgaben oder Gesetze. Vgl. S. ***116***/134, ***195*** f./218 und die Feststellung Palissys, das „die Steine nicht am Beginn der Welt geschaffen wurden." S. ***369*** f./381.

1190 „desbrouiller", entziffern, entwirren, lesen können.

Die Metalle haben keine Farbe, sondern sind vor ihrer Verfestigung und Decoction wie Wasser. 91, 105.

Weder hatte der Mensch zu irgendeiner Zeit Kenntnisse über Schwefel oder Quecksilber vor Beginn ihrer Entstehung,[1191] noch wird er die von den aromatischen Pflanzen aus dem Boden extrahierten Farben und Gerüche sehen können, bevor diese Pflanzen sie aufgenommen haben. 114, 121, 137.

Wären die metallischen Stoffe nicht flüssig und fließfähig, es wäre unmöglich, dass sie die monströsen Steine hervorbrächten, die ich in meiner Sammlung ausgestellt habe. 125, 126, 130.

Durch die Wirkung der noch flüssigen metallischen Stoffe können sich die Körper von Menschen, Tieren, Fischen und allen Pflanzen und Baumarten in Metall umwandeln. 131, 203.

(***368***) Gold lässt sich auf verschiedene Arten trinkbar machen, es kann aber nicht als Nahrung oder Heilmittel[1192] dienen. 138.

Mach das Gold trinkbar, auf welche Art du willst, selbst wenn der Magen des Kranken, dem du es verabreichst, so heiß wie ein glühender Schmelzofen wäre, wird die Hitze des Magens das trinkbare Gold, anstelle es als Nährstoff in die Glieder[1193] zu transportieren, es zu einem Barren machen, denn anders wird Gold nicht fixiert.[1194] 143.

Metalle können künstlich vermehrt werden, aber nicht auf ehrliche Art und Weise. (380) 95, 96, 97, 98, 99.

Antimon ist ein unvollkommenes Metall, das Erbrechen auf beiden Seiten des Menschen verursacht, weil es wegen der natürlichen Wärme des Magens ausgestoßen wird; diese Ausstoßung des Giftstoffs[1195] regt alle vitalen Kräfte an. 145, 146.

Mit verschiedenen Arten von Markasiten beweise ich, dass alle Metalle aus flüssigen Stoffen hervorgegangen sind. 110, 111, 112, 122, 131.

Diejenigen, welche geschrieben haben, dass die Metalle in den Bergwerken wachsen wie Bäume, haben nichts verstanden und sagen die Unwahrheit.

Diejenigen, welche sagen und schrieben, dass unsichtbare Geister die Menschen in den Stollen töten, irren.[1196]

1191 „au paravant qu'il eut commencement de generation". D. h. nach Palissy, vor ihrer Materialisierung oder Kristallisation aus der flüssigen Phase. Vgl. vorhergehenden Merksatz.

1192 „servir de restaurant". Um die Auffassung Palissys zu verdeutlichen, werden hier beide Bedeutungen angegeben, vgl. Kapitel *Über das trinkbare Gold*.

1193 „és membres nutritifs", möglich auch: in die Verdauungsorgane.

1194 „autrement l'or ne pouroit estre fixe".

1195 „exalation veneneuse", frei übersetzt: Ausscheidung der Giftstoffe.

1196 „les esprits invisibles". Palissy spielt auf den Irrglauben der Existenz von Berggeistern an. Dies könnte sich möglicherweise auf Agricolas Buch von den Lebewesen unter Tage beziehen, indem beschrieben wird, dass Berggeister Grubenarbeiter und Pferde töten, siehe Agricola 1928, S. 540. Der verwendete Begriff „les esprits" ist von dem gleichlau-

So viele Alchemisten, wie es auf der Welt gibt und gab, haben sich getäuscht, weil sie dachten, dass durch Feuer in Bewegung versetzte Destillat[1197] in abgedichteten Gefäßen eingeschlossen halten zu können. 132.

Wenn ein Gefäß aus Ton oder aus irgendeinem Metall so (***369***) dick wäre wie ein Berg und es einen gasförmigen oder flüchtigen Stoff enthielte, müsste das Gefäß doch zwangsläufig platzen, wenn es mit dem Feuer in Berührung käme, falls es nicht in dem Gefäß irgendein Loch gäbe, um als Fluchtmöglichkeit für die dort eingeschlossene, gasförmige oder flüchtige Materie[1198] zu dienen. 133.

Es wäre für einen Alchemisten einfacher ein gepelltes, zerquetschtes Ei oder eine gemahlene Kastanie oder Haselnuss in ihren früheren Zustand[1199] zurückzuführen, als Metalle zu erzeugen. 102.

Genauso wie Öl sich vom Wasser als kleine scheibenförmige Flecken[1200] trennt, reagieren auch Talg[1201] und alle Arten von Fett. Auch die steinbildenden und metallischen Substanzen können sich vom gewöhnlichen Wasser trennen. 109, 119, 126, 134.

(381) Ebenso wie Luft einen Ort ausfüllt und einen Platz besetzt hält, verhält sich Feuer in geschmolzenen Metallen, aus diesem Grund schrumpfen geschmolzenes Eisen und andere Metalle bei der Erstarrung.

Ganz so wie Gott der Erdoberfläche aufgetragen[1202] hat sich zu bemühen, die für Mensch und Tier notwendigen Dinge zu produzieren und keimen zu lassen, ist es sicher, dass das Innere und der Schoß der Erde das gleiche tun, indem sie verschiedene Arten von Steinen, Metallen und anderen notwendigen Mineralien produzieren. 90.

Jene, die behaupten, dass die Gesteine am Anfang der Welt entstanden, irren und verstehen (***370***) nichts davon. 195.

Und jene, die sagen, dass die Steine wachsen, irren genauso. 195.

---

tenden im folgenden Lehrsatz zu unterscheiden, der die Bedeutung Destillat, Geist, Gase, Dämpfe besitzt. Berggeister werden von Agricola auch im *De re metallica*, S. 187 erwähnt. Im Buch von den Lebewesen unter Tage beschreibt Agricola, dass die Geister durch einen giftigen Hauch aus ihrem Rachen Bergleute töten. So finden Geister und giftige Gase unter Tage doch zusammen. Von Geistern ist in den *Discours* nicht die Rede.

1197 „les esprits esmeus par le feu", gemeint sind die durch Destillation entstehenden Dämpfe und Gase, auch „Destillat" oder „Geist" genannt.

1198 „matiere spirituelle oder exalative".

1199 „de faire tourner en son premier estre". Vgl. Ausdruck „premier essence".

1200 „rondeau" Verschiedene Bedeutungen, von denen keine in diesem Zusammenhang üblich ist: 1. Musik: Rondo, 2. Gedichtform, Ringelgedicht, 3. Scheibe, z. B. Töpferscheibe. Vgl. TLF, Godefroy.

1201 „suif", Talg oder Unschlitt.

1202 „a commandé", auch: hat übertragen, siehe Larousse.

Jene, die denken, dass die Steine bereits am Beginn ihrer Entstehung[1203] ihre [endgültige] Härte erreicht hätten, verstehen nichts davon. 245, 246.

Jene, die sagen, dass die Böden und Gesteine ihre Farben bereits zu Beginn ihrer Existenz annehmen, verstehen nichts davon.

Genauso wie die Früchte aller Arten ihre Farben in der Reifezeit ändern, tun dies auch die Steine, Metalle und andere Minerale, ja selbst die Tone während der Decoction.[1204] 122.

Der Stoff aller Gesteine, sowohl der gewöhnlichen, wie auch der seltenen und edlen ist kristallin und lichtdurchlässig. 199.

Alle farbigen oder opaken Steine sind nur aufgrund einer zufälligen Störung[1205] der lichtdurchlässigen Materie opak oder farbig, welche vor (382) der Verfestigung dieser Steine eintrat. 253.

Alle Tone sind der Ausgangspunkt[1206] von Gesteinen. 301.

Es gibt weder Steine, noch irgendwelche Lebewesen auf der Welt, die, wenn sie sich zersetzen lassen, nicht als Dung oder Mergel dienen könnten, um die Böden fruchtbar zu machen.

Jene, die schrieben, dass die sich im Gestein befindlichen Muscheln aus der Zeit der Sintflut stammen, haben einen schweren Fehler begangen. 211, 212.

(***371***) Wie die Knochen dem Menschen seine Form geben, sind es auch die Steine, welche den Gebirgen ihre Gestalt geben. 47, 197.

Je härter, kompakter und dichter die Steine sind, umso leichter erhalten sie einen schönen Glanz.

Ohne Gestein gäbe es keinen einzigen Berg. 47.

Einige Gesteine und Felsen sind hohl, weil beim Wachstum[1207] der steinbildenden Stoffe Luft eingeschlossen wurde, als diese sich darüber verfestigten und sie von der eingeschlossenen Luft aufgebläht wurden.

Einige andere Gesteine und Felsen sind wegen der störenden Gegenwart[1208] von Tonen hohl, diese verhinderten, dass die heruntertröpfelnden[1209] Stoffe sich verdichten[1210] konnten. Diese Art von Steinen, [zum Beispiel] die Mühl-

---

1203 „des la premiere formation", vgl. Ausdruck: „des la premiere essence" oder „premiere estre", s. o.

1204 „decoction", ließe sich hier auch mit „Sedimentierung" übersetzen.

1205 „par accident", Zufall, Störung. Siehe Larousse, dort Beispiel aus dem Bergbau.

1206 „commencement", auch: sind der Ursprung von Gesteinen.

1207 „à la venue", Ankunft, aber eben auch: Wachstum, Entwicklung. Siehe TLF u. EWFS. Dies verunklart die Aussagen Palissys, dass Steine und Metalle nicht wachsen. Palissy verwendet eine überkommene Redeweise, allerdings ist er entschuldigt, denn auch heute redet man vom Kristallwachstum.

1208 „apposition", freie Übersetzung, vgl. S. ***378***/391, in seinem Wörterbuch erläutert Palissy den Begriff.

1209 „matiere distillante".

1210 „ne se peut cendencer".

steine, die in La Ferté sous Jouarre[1211] gebrochen werden, legen davon Zeugnis ab.

Kreide und Mergel sind unvollendete Steine,[1212] in denen das verfestigungsfähige Wasser vor Abschluss ihrer vollständigen Verfestigung fehlte. 308, 309, 311.

Ähnlich verhält es sich mit allen weichen Gesteinen, die wegen ihrer Unvollkommenheiten[1213] calcinieren, da sie dem Feuer keinen Widerstand leisten können. 247.

Alle harten Gesteine sind dies wegen [dem Vorliegen] zweier notwendiger Voraussetzungen: erstens, weil sie während ihrer Verfestigung und Entstehung soviel Wasser zur Verfügung hatten wie sie brauchten, zweitens, weil sie während der Zeit bis zur Vollendung der Verfestigung[1214] nicht von ihrem Platz entfernt wurden.[1215] 246.

(***372***) Wenn der Gips, auch Gipsstein[1216] genannt, und der Alabaster in der Erde verblieben wären, hätten sie sich zu harten Gesteinen entwickelt, vorausgesetzt, dass der Untergrund (383) ihrer Lagersituation Wasser halten kann, sonst nicht.

Falls der Hauptbestandteil aller Steine nicht ein kristallklares und transparentes Wasser[1217] wäre, würde es niemals Diamanten, Kristall, Smaragd, Rubin oder Granat geben, noch irgendwelche lichtdurchlässigen Steine.

Alle gehörnten Steine[1218] sind dies durch Zufall und bilden sich in der Erde entsprechend dem Ort und der Form [des Untergrundes], wo sich die Substanz staut und verfestigt. 228.

Alle Steine bilden sich aus fließfähigen und flüssigen Stoffen. 199.

Alle Steine und Metalle mit Facetten oder Spitzen haben sich im Wasser verfestigt. 111, 112, 200, 227.

1211 La Ferté-sous-Jouarre ist eine kleine Gemeinde etwa sechzig Kilometer östlich von Paris.

1212 „pierres imperfaites". Unvollendete Steine, unfertige, unvollständige, also auch unvollkommene Steine.

1213 „imperfections", d.h. ihre Mangelhaftigkeit oder Imperfektion aufgrund ihrer Unfertigkeit, Unvollendetheit.

1214 „à la perfection de la congelation". Perfektion, Vollendung, Abschluss der Decoction. Gegensatz zu „pierres imperfaites".

1215 Hinweis von Palissy, das die Verfestigung der unvollkommenen Gesteine möglicherweise noch nicht zum Abschluss gekommen ist, weil sie von ihrem Entstehungsort entfernt wurden. Dies kann zwei Gründe haben, das Gestein wurde vorher gebrochen oder es wurde aufgrund geologischer Veränderungen von seinem Ort entfernt. Dies impliziert, dass der Gesteinsbildungsprozess heute noch nicht zum Abschluss gelangt ist, s. u.

1216 Siehe: *Über die Steine*, S. **246** f./265 f.

1217 „eau candide & transparente". Der Mehrfachbedeutung von „candide", rein, klar, kristallin, weiß. Wird in der Übersetzung „kristallklar" Rechnung getragen.

1218 „pierres cornues", wörtlich gehörnte Steine. Spitzkantig, gezackt, gezahnt, gemeint sind Steine mit spitz hervorstehenden Kristallen oder aufgewachsenen Ablagerungen.

Die Zahl der verschiedenen Salzarten ist unbegrenzt. 115, 163.
Es gibt nichts, in dem es kein Salz gäbe. 163, 164.
Jene, die behaupten, dass gewöhnliches Salz der Feind der Samen wäre, irren. 170, 171, 172.
Salz bewirkt, dass alle Arten von Früchten und Pflanzen Geschmack besitzen. 165, 168, 194.
Das Salz, welches in allen Pflanzen, Metallen und Mineralen enthalten ist, bestimmt ihre Eigenschaften. 164, 168, 194.
Das Salz bleicht alle Dinge. 165, 168, 194.
Es gibt allen Dingen einen Klang. 168, 194.
(***373***) Es macht alle Dinge transparent. 169.
Es ist die Ursache für die Wirkungsweise von Spiegeln und Brillen. 194, 312.
Es ist der Grund für Freundschaft und Zeugungskraft. 168, 194.
Es ist verantwortlich für die Stimme und bewirkt die Unverderblichkeit. 168.
Es zieht die Farbstoffe an. 177.
Es entzieht dem einen, um es dem anderen zu geben. 177.
Genauso wie es den Metallen Klang verleiht, so auch den von Menschen geschaffenen Gesängen oder Kirchenliedern,[1219] um gleichermaßen Mensch und Tier zu erfreuen. 169, 194.
(384) Ohne Salz ist es unmöglich Glas herzustellen. 168, 194.
Das Salz ist ein Gegengift.
Ohne Salz könnte nichts Glanz annehmen.
Ohne Salz hätten Klingen[1220] weder die Kraft zu schneiden noch könnten sie gehärtet werden. 168, 177, 194.
Es ist unmöglich, das die Zunge Geschmack an irgendeinem Ding findet, wenn dieses nicht zuerst aufgelöst wird und sie nicht irgendeinen Teil des Salzes anzieht, welches in dem [von der Zunge] berührtem Ding enthalten ist. 147, 148.
In der Rinde des Holzes ist fast das gesamte Salz des Baumes enthalten. 166.
Wenn es kein Salz in der Rinde des Holzes gäbe, könnte es weder Leder gerben noch Tücher reinigen und wäre unbrauchbar zum Wäschewaschen.[1221] 166.
Wenn es kein Salz in Heu und Stroh gäbe, könnten die Misthaufen nicht den Boden verbessern. 169.
Ohne das Salz in den Gewürzen würden die damit einbalsamierten Körper verwesen. 167, 194.

[1219] „chansons ou cantiques", „chansons": Lieder, Gesänge; „cantiques": von lat. canticum, Cantica, Loblieder, Kirchenlieder. Siehe Adler (Hg.) 1980, Bd. 2, 446 ff.

[1220] „ferremants" Vgl. S. ***342***/355 und S. ***364***/377.

[1221] „à la buée". Heute: Dunst, Schwitzwasser. Bis zum 14./15. Jh.: Wäsche, Schmutzwäsche.

Ohne die Wirkung des Salzes besäße nichts einen Geruch. 164.

(**374**) Die Siegelerde besitzt keine Gift neutralisierende Eigenschaft, allenfalls aufgrund der Wirkung des Salzes oder des verfestigungsfähigen Wassers. 331.

Die Aschen aller Holzarten, Bäume und Sträucher eigenen sich wegen des aus Heu und Stroh stammenden, in diesen Hölzern enthaltenen Salzes, zur Glasherstellung. 168.

Wenn es kein Salz in den Steinen gäbe, würden sie calciniert nicht den Gerbern von Nutzen sein, um die Verwesung des Leders zu verhindern.

Die Schalen der Meeresfische sind sehr gut zur Kalkherstellung geeignet und dies ist ein Beweis für ihren Salzgehalt.[1222]

Das Salz der Weintrauben zerstört Kupfer und macht es zu Grünspan.[1223]

In allen menschlichen Wesen existiert eine auf dem fünften Element basierende Anfangsform, anderenfalls blieben alle natürlichen Dinge (385) gestaltlos vermengt.[1224] 128.

Die Zahl an verschiedenen Arten von Ton ist unbeschreiblich. 256.

Die Eigenschaften[1225] der Tone sind bemerkenswert, ja unbeschreiblich. 257, 258, 259.

Alle Erden können zu Ton werden.

Jene, die behaupten, dass tonige Böden fett und viskos sind, verstehen nichts davon. 254, 255.

1222 „Les coquilles des poissons de la mer ne sont fort bonnes [sic] à faire chaux, & est attestation de la salcitude qui est en elles." Das „ne" sorgt für Missverständnisse. Es widerspricht der ganzen Argumentation von Palissy und seinen bisherigen Aussagen (auch den vorstehenden). Es kann sich hier nur um einen Druckfehler oder eine verunglückte Benutzung des „ne expletif" handeln, vgl. Fuchs 2001, S. 144 f. Muschelschalen und Muschelbänke wurden seit dem Altertum und bis in unsere Zeit weltweit zur Herstellung von Kalk verwendet, der als Baustoff und Dünger herangezogen wird, siehe z. B. Wolfram 1833, S. 53.

1223 „vert de gris".

1224 „demeuroyent combustées ensemble". Bedeutung ist in diesem Zusammenhang nicht eindeutig. Siehe Palissy 1996, S. 385, Anm. 9: zusammen verbrennen, amalgamiert. Etymologie von „combustion", Hulsius: „combustible, des man verbrennen kan." Com-: mit, zusammen ; -bustées (-bustir, -buster) GdH: „bust" (16. Jh.), „buche", Scheit, Holzscheit, „bucher", hier siehe EWFS; „grob behauen, zerkleinern"und PR: Verb „bucher" (16. Jh.) und Dialekt von „buche", schlagen, stoßen etc.. Vielleicht ein Begriff aus der Berufspraxis von Palissy, um verschiedene Pigmente zusammen zu zerstoßen? Vgl. auch: GdH: „busche", „buscheter", „buschier II. frapper, cogner". Vgl. Pons LD: „comburo" 3., totschlagen. Eine Verbindung mit dem Feuer erscheint an dieser Stelle wenig wahrscheinlich, da Palissy seine Argumentation auf einer Entstehung aller Stoffe aus dem Wasser aufbaut. Gewählt wird eine Übersetzung, die dem Sinn der ungeordneten Vermengung einspricht.

1225 „effets", Übersetzung dem Inhalt entsprechend.

Der Stoff, welcher die Böden tonig macht, ist derselbe der bewirkt, dass Mergel (***375***) auf unfruchtbaren Böden Früchte produzieren und wachsen lassen kann.

Mittels der in diesem Buch beschriebenen Verfahren lässt sich in allen Provinzen Mergel finden.

Alle Dinge, so kompakt oder dicht sie auch seien, sind porös.

Die Mumie der Modernen ist nur ein Kadaver.[1226] 167.

(386) Das Plombusti[1227] der Modernen wird nicht fachgerecht hergestellt.

Die Architekten und Bildhauer nutzen die Gelegenheit berühmt zu werden, da sie die Erfindungen der Heiden zu imitieren wissen und sie wollen als [deren] Erfinder geehrt werden.

Die überflüssigsten menschlichen Werke sind die am meisten geschätzten.

Dinge, von denen die Zunge keinen Geschmack aufnehmen kann, lassen sich vom Körper nicht als Nahrung nutzen. 147.

Da der Körper zersetzbar ist, will er auch nur von zersetzbaren Dingen ernährt werden. 146, 147.

Wenn es nicht das erwähnte fünfte [Element] im Augapfel gäbe, könnten Brillen nicht die Sehkraft verbessern. 312.

So wie Gott festgelegt[1228] hat, dass in jedem Samen alle erforderlichen Stoffe für die Zeugung zukünftiger Generationen vorhanden sind, wie zum Beispiel im Samen vom Ei das Eiweiß, das Eigelb und die Schale enthalten sind, und in dem der Walnussbäume die Nüsse, seine Hülle, die Schale, der Baum, die Blätter und Zweige (diese unerkennbaren Substanzen zeigen sich während ihrer Reifung), sind genauso auch das Fleisch, (***376***) die Knochen, das Blut und alle Teile des Menschen in einem einzigen [Samen] enthalten und eingeschlossen. Und ebenso wie Gott festlegte, die gesteinsbildenden Stoffe der Härte entsprechend zu trennen, ist in gleicher Weise das Knochenmaterial von Mensch und Tier erhärtet, das zum Teil auch zur steinbildenden Substanz gehört: Dies kann man an den Eierschalen erkennen und an den Knochen der Schaffüße und verschiedener anderer Tiere, deren Knochen besser dem Feuer widerstehen als irgendein Stein, der sich finden lässt.

[1226] „La momie des modernes n'est que charongne." Mit den „modernes" sind als Gegensatz zu den „Alten" die zeitgenössischen Wissenschaftler gemeint. Freie Übersetzung: „Die modernen Mumien sind nur vergammelnde Kadaver."

[1227] „Le plombusti", wurde bislang nicht erwähnt. Siehe Palissy 1996, Bd. 2, S. 396, Anm. 12: Chemische Verbindung die beim Verbrennen von Blei mit ebensoviel Schwefel entsteht. Das entstehende schwarze Pulver wird plumbum usti, bzw. plombusti, gebranntes Blei genannt. Für Dupuy unbekannt, siehe Dupuy 1902, S. 324. Andere Bezeichnung: plumbum ustum, Bleiasche. Siehe: Lemery 1721, Sp. 893–894 und Hahnemann 1773–1798, Bd. 1, S. 134.

[1228] „que Dieu a ordonné".

Das Mithridat der Alten war nur aus vier Wirkstoffen zusammengesetzt. 153.

Die dreihundert Grundstoffe, welche die Modernen in ihr Mithridat mischen, können nicht zusammenwirken, wie auch alle Farben eines Malers zusammengemischt keinen schönen Farbton ergeben. 150.

(387) Ebenso riecht ein Strauß aus vielen Blumen nicht so gut wie eine einzelne Rose. 150.

Mehrere gemischt gehackte Fleischsorten werden nicht so schmackhaft sein wie ein einzelner Kapaun. 150.

Ohne den Einfluss von Feuchtigkeit würde sich nichts zersetzen oder verwesen. 178.

In gut versiegelten Grabstätten behalten die Körper für immer die Form, welche sie bei der Grablegung besaßen, wegen der Luft, die mit ihnen eingeschlossen wurde.

Alle Bäume und anderen Pflanzen würden während ihres Wachstums geradewegs nach oben streben, wenn keiner der von mir in diesem Buch erwähnten Zwischenfälle einträte. (***377***) 330, 331.

So wie die Flüsse, Bäche wegen der Berge geschlängelt sind, sind auch die Wurzeln aller Bäume und Pflanzen nur aufgrund der Position der Gesteine oder Böden schief, die an einer Stelle härter zu durchdringen sind als an einer anderen. 328, 329, 330, 331.

Der Mergel ist der Feind der Pflanzen, die nicht von den Bauern ausgesät wurden und gestattet es ihnen nicht inmitten des ausgesäten Getreides zu wachsen.[1229]

Der Schwefel, das Harz,[1230] das Pechharz und das Bitumen sind nichts anderes als verfestigte Öle.

Im Flachland[1231] verschiedener Regionen und Länder weit entfernt vom Meer, ja selbst in den höchst gelegenen Gegenden der Ardennen, kommt der gleiche Samen vor, der im Meer für die Existenz aller Arten von Fischen da ist. Dies habe ich überprüft und beweise es durch die versteinerten Muscheln, welche sich zu Millionen in den Ardennen und mehreren anderen Regionen finden, wie man in diesem Buch sehen kann.

Die Winde entstehen nur durch eine Verdichtung der Luft.

Es gibt sehr wenige Dinge auf der Welt, die sich nicht künstlich transparent machen ließen.

Der Mergel ist ein natürlicher und göttlicher Dünger, Feind aller selbstgenügsamen Pflanzen und wachstumsfördernd für jede Saat, die von den Bauern ausgesät wird.

1229 D. h. , der Mergel vernichtet das Unkraut. Aber es düngt die Saat, wie unten dargelegt, siehe Palissy 1996, Bd. 2, S. 387, Anm. 14. Dies wurde bislang nicht gesagt.

1230 „geme“ oder „gemme“. Harz von Bäumen, welches auch künstlerisch zu Gemmen verarbeitet wird. Hierzu gehört auch Bernstein.

1231 „terres douces“, gemäßigte Regionen, als Gegensatz zu den Bergen.

(***378***)[1232] (391)

Erläuterung der problematischsten Begriffe.[1233]

Accrimonie.[1234] Schärfe, bezieht sich auf beißende, [ätzende] Sachen, welche auf der Zunge stechen, wie einige Arten von Salz, zum Beispiel die Couperose oder das Vitriol.

Additions.[1235] Hinzufügungen, Additionen, sind das bei Gesteinen und Metallen hinzugefügte Material, welches sich sukzessive, [in mehreren Schichten,] verfestigt und mit der Ausgangsmasse verbindet.

Aigres.[1236] Spröde, brüchig sind Dinge, die leicht unter einem Hammer zerbrechen.

Alizes.[1237] Dicht, kompakt, sind feste Dinge, wie der Kieselstein und zusammengedrücktes Brot, welches keine Gelegenheit hatte aufzugehen, und alle Sachen, die so zusammengedrängt sind, dass es keine sichtbaren Poren gibt. (392)

Alterées.[1238] Durstig, ausgetrocknet, sind die unvollendeten Steine, wie Kreide, Gips und alle leichten Gesteine, denen das Wasser vor ihrer vollständigen Decoction fehlte.

1232 Dieses Kapitel der Originalausgabe von 1580 trägt keine Seitennummerierung.

1233 „Explication des mots plus difficiles." Dies ist ein kleines von Palissy erstelltes Lexikon. Zuerst wird der von Palissy benutzte Begriff im französischen Originaltext wiedergegeben, gefolgt von der deutschen Übersetzung des Begriffs und der von Palissy erläuterten Bedeutung. Wie im französischen Original wurde nach dem zu erklärenden Wort ein Komma gesetzt. Wurden in der deutschen Übersetzung mehrere Übertragungsmöglichkeiten verwendet, werden auch diese genannt. Abweichend vom Original werden wegen der besseren Lesbarkeit die Stichwörter kursiv geschrieben. Zu diesem Lexikon siehe Palissy 1996, Bd. 2, S. 390. Mit der Aufstellung Palissys kann diejenige von Dupuy 1902, S. 277 ff., „Mots de la langue de Palissy qui appellent une explicatin ou peuvent donner lieu à des remarques" verglichen werden. Die Auswahl der Wörter durch Palissy erstaunt. Viele der aufgeführten Begriffe werden auch dem damaligen Leser keine Schwierigkeiten bereitet haben, andere zum Verständnis wichtige Worte fehlen dagegen, so etwa von im Text nicht geklärten regionalsprachlichen Fachwörtern der Salzgärten, die einem Pariser früher genausowenig verständlich gewesen sein dürften wie einem heutigen Leser. Seine Kriterien der Selektion für diese Wortliste könnte nur Palissy selbst erläutern.

1234 „Accrimonie", „acrimonie".

1235 „Additions", sukzessive Ablagerung von Sedimentationsschichten, aber auch von Einschlüssen. In den *Discours* wird der Begriff auch in Zusammenhang mit der Alchemie verwendet, hat dort aber die Bedeutung Vermehrung oder Multiplikation.

1236 „Aigre" von lat. „aeger", schwach, krank, deshalb brüchig und spröde, siehe Palissy 1996, Bd. 2, S. 391, Anm. 2. Übliche Bedeutung: sauer, schneidend, vgl. Hulsius und Littré.

1237 „Alizes", „alis", siehe DMF, TLF. Stoffe mit dieser Eigenschaft können leicht poliert werden und sind glänzend (Zweitbedeutung), vgl. „lisse".

1238 „Alteré", siehe PR „Alterer" II. Synonym assoiffé, trocken, vgl. Palissy 1996, Bd. 2, S. 392, Anm. 4. Von Palissy auch mit „schwammartig" gleichgesetzt. Gegensatz: „désaltérer", Durst löschen, tränken, (trinken) (PR).

Amalgame. Amalgam, wird von den Alchemisten das Gold genannt, wenn es aufgelöst und mit Quecksilber gemischt wurde.

Antimoine.[1239] Antimon, ist ein unvollendetes Metall, der Anfang von Blei und Silber.

Appositions.[1240] Anlagerungen, Beifügungen, sind untergemengte Bodenstoffe,[1241] die sich zwischen zwei Verfestigungsschichten (***379***) von Gesteinen und Metallen legen und die Masse an dieser Stelle weich und unrein machen.

Aqueducts. Aquädukte, sind Wasserleitungen, für welche die Menschen des Altertums mehrere Arkaden bauten, um das Wasser zu transportieren.

Attraction. Anziehungskraft, bedeutet, den Farbstoff oder die Eigenschaft irgendeines Stoffes anzuziehen, wie [zum Beispiel] kochendes Wasser die Brasilianische Farbe[1242] oder Alaun den menschlichen Speichel anzieht.

Bitumen. Bitumen ist eine Art Pech, mit dem man die Schiffe fettet,[1243] damit sie der Fäulnis widerstehen, und obwohl Einige bestimmte Mixturen verwenden, wie etwa Baumharz,[1244] Fett und Pechharz, findet man es doch natürlich an verschiedenen Orten.

Calciner. Calcinieren, sagt man bei allem, was sich durch das Feuer in Kalk oder in Staub verwandelt. (393)

Circonference. Umfang, ist eine Linie die um eine runde oder rechteckige Figur herum verläuft, und zwar um die gesamte Figur.

Concasser.[1245] Zerstoßen, gebrochen, sagt man von Dingen, die grob zerkleinert sind.

Concatenees.[1246] Verkettet, sagt man bei verbundenen, aneinander geketteten Dingen.

1239 „Antimoine". Das Antimon oder Stibium (auch Grauspießglanz genannt, siehe Strübel, Zimmer 1991, S. 19) war noch nicht als eigenständiges Metall (Element) entdeckt worden.

1240 „Appositions". Siehe Auszug der wichtigsten Sentenzen, S. ***371***/382, bis zu diesem Eintrag kommt das Wort in den *Discours* nicht vor.

1241 „matieres terrestres", auch: Erdsubstanzen.

1242 „couleur du bresil", Farbstoff aus einer Familie von Bäumen mit rot-orangenem Farbstoff (Rotholz, Brasilholz). (PR, Pons FD), siehe Kühn 2002, Reclams Handbuch künstlerischen Techniken, S. 23 f. u. 82 f.

1243 „gresser", „graisser" fetten, schmieren" und „grasse", von Lat. crassus, dick. Vgl. DMF, TLF. Bedeutung: beschichten, kalfatern.

1244 „jesme", Gemmen, siehe GdH, DMF und Palissy 1996, Bd. 2, S. 392, Anm. 10, Produkt aus Baumharzen zum Kalfatern. Vgl. Littré, Supplément.

1245 Vgl. EWFS.

1246 „Concatenees", „concatener". Siehe GdH und DMF: „Lier, enchaîner, verrouiller". Vgl. Dupuy 1902, S. 292.

Congeler.[1247] Verfestigen, erstarren, sagt man zu allem was nach dem Schmelzen erhärtet, wie Wasser, das in der Kälte erhärtet.

Decoction.[1248] Decoction, Eindampfung, Evaporation, darunter versteht man Metalle, die zu ihrer Vollendung gelangt sind, wie auch Gesteine, wenn sie vollkommen erhärtet sind, wie Nussschalen.

Diaphane. Durchscheinend, transparent, bezieht sich auf alle klaren Dinge, durch (***380***) die hindurch man alle Dinge sehen kann, die sich den Augen darbieten.

Dilater. Ausdehnen, benutzt man für Dinge, die sich nach allen Seiten ausbreiten, wie etwa über die Ufer tretende Flüsse, Bäume und Pflanzen, so wie man es bei Kürbissen[1249] und Gurken sieht.

Dissoudre. Auflösen, zersetzen, benutzt man für Dinge, welche ihre Form verlieren, wie Eis und Schnee, wenn sie die milde Jahreszeit nahen fühlen.

Esmail. Glasur, Emaille, ist ein künstlicher aus verschiedenen Stoffen zusammengesetzter Stein.[1250] (394)

Esmailler. Glasieren, emaillieren, sagt man für Dinge, welche mit einer flüssigen oder beim Brand geschmolzenen Glasur oder Emaille bemalt sind.

Spirale.[1251] Spirale, ist eine Linie, die aus einer umlaufenden Drehung[1252] entsteht, in Art eines Schneckengehäuses.

Esprits, ou matieres spirituelles. Dämpfe, Gase, Geister oder spirituelle Stoffe, sind Quecksilber oder alle Stoffe, welche sich in der Wärme nach oben erheben: Wie Wasser aus einem nassen Tuch.

Evaporer. Verdunsten, heißen flüssige Dinge, die man unter dem Einfluss des Feuers nach oben aufsteigen lässt.

Fixes. Beständig, unveränderlich, fest gebunden sind Objekte, welche das Feuer bis zum Schmelzen ertragen, wie Glas, Gold, Silber und anderes Metall.

1247 „Congeler" ist mehrdeutig, da dieser Begriff bei Palissy jede Art der Erstarrung und Verfestigung bezeichnet, siehe Palissy 1996, Bd. 2, S. 393, Anm. 13, vgl. Legrand 1992.

1248 „Decoction", wird hier von Palissy als der Endzustand definiert, wenn Metalle das Stadium ihrer „Vollendung" erreicht haben. In den *Discours* steht hingegen die Decotion als Vorgang und Prozess im Vordergrund, vgl. ein Beispiel von Palissy S. ***246***/265. Siehe auch Palissy 1996, Bd. 2, S. 393, Anm. 14.

1249 „citrouilles", potiron, Kürbis, vgl. Littré, PR, Pons FD.

1250 Hier äußert sich Palissy glasklar: Glasur und Emaille sind künstliche Steine. Da diese in Palissys Ofen aus der Schmelze heraus entstehen, ist ihm natürlich bekannt, dass die Gesteinsbildung nicht nur im Wasser und in der Kälte erfolgt, obwohl dieser Vorgang als der einzig mögliche in den *Discours* postuliert wird.

1251 Palissy weicht an dieser Stelle von der alphabetischen Aufstellung ab. Auch „L'ocre jaune" steht alphabetisch an der verkehrten Position, da er wegen des Artikels unter „L" eingeordnet ist.

1252 „voute", auch: Wölbung, Gewölbe, Bogen, weitere Ableitungen aus dem gleichen Stamm: aus volte, volvita, volute, aus Lat. volutus, PPP von volvere, drehen, rollen, ringeln. Vgl. EWFS.

Fossiles. Fossilien, sind Mineralstoffe, für deren Auffindung die Erde aufgegraben werden muss.[1253]

Frangible.[1254] Fragil, nennt man spröde und brüchige Stoffe.

Fusible. Schmelzbar, sind Dinge, welche sich bei der Hitze des Feuers verflüssigen oder schmelzen, wie Blei, Zinn und weitere Metalle. (***381***)

Imbiber.[1255] Trinken, absorbieren, durchfeuchten, getränkt, sagt man von Sachen, die zu ihrer Veränderung[1256] manche flüssige Stoffe aufsaugen.

Incliner. Neigen, wir nennen Neigung, Schrägstellung, wenn die Gefäße nach einer Seite hin gekippt werden, um die Flüssigkeit zu entnehmen, so dass der Bodensatz unten im Gefäß verbleibt.

Lamines. Lamellen, Blätter, sind kleine Tafeln aus Blei oder einem anderen Metall, die zum Calcinieren geschmiedet wurden oder für andere Aufgaben Verwendung finden. (395)

Lapifier ou petrifier.[1257] Versteinern, sagt man von Dingen, die in ihrer ersten Existenz[1258] Erde, oder Wasser, oder Holz waren, die sich in Stein verwandelten.

Liquides.[1259] Flüssig, nennt man alle Dinge, die klar wie Wasser sind, oder wie Glas im Schmelzofen.

L'ocre jaune. Gelbes Ocker,[1260] ist ein Samen und der Anfang von Eisen und geht am Ende in Eisen über, wenn er vom Wasser genügend getränkt und genährt wird; du siehst auch, dass rostiges Eisen wieder die Farbe von Ocker annimmt.

Luter. Kitten, die Destillateure und die Hersteller von Scheidewasser[1261] bezeichnen als Kitt jene Erde mit der sie ihre Glasgefäße bedecken und abdecken, um sie feuerbeständig zu machen, was sie sonst nicht wären.

1253 Der Begriff der Fossilien orientiert sich an der Definition von Agricola. Objekte nach der heutigen Definition werden von Palissy als Versteinerungen (petrification) bezeichnet.

1254 „Frangible", von „frange", Fransen, ausfransen. Eigenschaft leicht auszufransen, Schartenbildung im Metall. Siehe DMF: „Qui se brise facilement, friable." Vgl. oben „aigre".

1255 „Imbiber", siehe EWFS. Palissy verwendet auch „embiber", sowohl in aktiver wie passiver Bedeutung.

1256 „alteration". Vgl. Beziehung zu „alterer", durstig, ausgetrocknet, resultiert daraus vielleicht auch Flüssigkeitsaufnahme? Gegensatz: „desalterer", Durst löschen, tränken, (trinken) etc. (PR).

1257 Im Deutschen ist kein Synonym zu „versteinern" bekannt. Vgl. „Fossiles" und „Petrifier".

1258 „premiere essence", siehe Dupuy 1902, S. 303, auch: in ihrem Ausgangs- oder Ursprungszustand.

1259 Palissy verwendet sehr häufig das Synonym „fluide".

1260 Ocker ist eine Mischung verschiedener Erden, die durch enthaltene Eisenoxyde gefärbt werden, vgl. S. ***331***/346.

1261 „eau forte", Flüssigkeit zur Herstellung von Gravuren, Salpetersäure.

Maleables. Schmiedbar, sind jene Sachen, die einer [Bearbeitung] mit dem Hammer ohne Rissbildung standhalten, wie Gold, Silber und andere formbare[1262] Metalle.

Marcasites. Markasite, sind unvollendete Metalle. Ihre Bestandteile bilden sich manchmal in quadratischer Form[1263] (***382***) wie Würfel, wenn sie im Wasser entstehen und erstarren.

Marne. Mergel, ist ein natürlicher Dünger, der in Gruben ähnlich den Lagerstätten von Gesteinen und Metallen abgebaut wird, manchmal sehr tief in der Erde.

Mordicatives. Beißend, ätzend, werden die Stoffe genannt, welche auf der Zunge beißen, quasi bis zur Verletzung.

Obliques.[1264] Gebogen, gekrümmt, sind geschlängelte Linien.

Oleagineuse. Ölig, sind Dinge, welche die Natur von Öl besitzen und (396) sich mit diesem vertragen, wie es das Wachs, der Schwefel, das Pechharz und andere Stoffe tun.

Peintures & teintures.[1265] Farben und Färbelösungen sind unterschiedlich, denn die Färbelösungen sind alle *diaphanes*, durchsichtig, da sie keinen Körper besitzen, und geben sowohl Innerem wie Äußerem Farbe, dies können die Farben nicht, da sie einen Körper haben.

Pentagones. Pentagone, Fünfecke sind Gebilde mit fünf Ecken, *Hexagones*, Hexagone haben sechs, *Heptagones*, Heptagone besitzen sieben, und so weiter.

Petrifier.[1266] Versteinern, sagt man bei Dingen, die ursprünglich[1267] als Holz entstanden, oder als Muschel, oder als Pflanze und die sich seitdem in Stein verwandelten.

1262 „dontable", von „donter", alte Form (12. Jh.) von „dompter" (siehe GdH, PR); „dompter", bezwingen, unterwerfen, bändigen, zähmen.

1263 „façon".

1264 „Obliques, sont lignes tortues". „Obliques", hier gebogen, gekrümmt, krumm (vgl. Hulsius), auch indirekt (TLF, vgl. *Über das gewöhnliche Salz*, S. ***187***/208). Gegensatz zu direkt, geradlinig. „tortue", auch gewunden.

1265 „teintures" sind als Farblösungen oder Färbemittel Lasuren ähnlich, in denen die farbgebenden Substanzen vollständig gelöst sind, während die Farben Pigmente als noch körperhafte Feststoffe enthalten. „Teinture" nennen sich auch die Farblösungen welche in den Färbereien, „teintureries", zum Einsatz kamen, die Palissy mehrfach erwähnt. Der Verweis auf den Körper kann man auch als einen Hinweis auf den materiellen Träger auffassen. Die Färbungen ziehen ein und verwandeln die Farbe des Körpers an sich, die Alchemisten denken sogar, sie würden das Material, die Substanz des Körpers selbst transformieren; „teintures" ziehen ein und übertragen ihre Farbe, während die „Peintures" auf der Oberfläche des Trägers verbleiben und eine eigene materielle Deckschicht bilden.

1266 Vgl. „Lapifier".

1267 „en premiere essence".

Pyramides. Pyramiden, sind mit einer Spitze nach oben zeigende Gebilde, als Nachahmung oder in Anlehnung des Feuers, für die man das Wort Pyramide prägte.

Quadrangle. Quadrat, Viereck, ist eine quadratische Form, die sich wegen ihrer vier Ecken Viereck nennt. (***382***)

Salsitive[1268] *ou salsitives.* Salzig, sind Dinge, die auf der Zunge piken, wie das Salz, Alaun und die calcinierten Steine.

Saphre.[1269] Safre, Smalt, Azur, Kobaltblau, ist eine Erde, die in Goldminen gefunden wird, dieses ist eine beständige Erde,[1270] genauso wie Gold selbst, aus der man eine azurblaue Farbe für Glasuren herstellt.

Sel commun. Gewöhnliches Salz, Kochsalz, ist jenes, welches wir täglich essen, dieses unterscheidet man von den anderen, denn es gibt verschiedene Arten.

Souffleuses.[1271] Aufgeblasen, belüftet, mit Luft gefüllt, sind die Dinge, die kein geschmolzenes Metall (397) aufnehmen wollen, wie Erde [und] poriger Sand, die eingeschlossene Luft enthalten, welche verhindert, dass die Metalle sauber die Form der Dinge annehmen, in die sie hineingegossen werden.

Sousterreines. Unterirdisch, sind die Dinge, welche unter der Erde liegen, wie die Kanäle, mit denen man die Brunnen versorgt.

Sublimer.[1272] Sublimieren, sagt man von Dingen, die aufsteigen und nach oben hin in Rauch aufgehen, wenn sie mit dem Feuer in Berührung kommen.

Sulphurées. Geschwefelt, schwefelig, sind alle Stoffe die Schwefel enthalten, wie Metalle und alle Arten Markasit.

Superficies.[1273] Deckschicht, oberflächlich, darunter versteht man die Dinge, die rundum irgendeine runde, quadratische oder andere Masse umschließen,

---

1268 „Salcitive", siehe GdH, „salse". Siehe Dupuy 1902, S. 329 und Erklärung von Palissy im *Recepte.*

1269 „Saphre" oder „Safre", Kobaltblau, Kobaltoxyd, siehe PR, von „saphir", Saphir: blau gefärbtes Glas welches den Saphir imitiert, auch: „azur", „smalt". Vgl. S. ***234*** f./255 u. ***239***/259; Palissy 1996, Bd. 2, S. 255, Anm. 117. Zu Smalt siehe Kühn u. a. 2002, Reclam Handbuch der künstlerischen Techniken, S. 37.

1270 „terre fixe".

1271 „Souffleuse", „soufflé", „gonflé" (vgl. PR), belüftet, luftig, mit Luft gefüllt. „Souffleuse" ist ein Begriff aus der Glasherstellung, wo das heiße geschmolzene Glas geblasen wird. Es wird im gesamten Text der *Discours* nicht verwendet. Vgl. S. ***162***/182 und die Anm. Siehe Palissy 1996, Bd. 2, S. 182, Anm. 11, „spongieux", schwammartig wird von Palissy als unglückliches Synonym verwendet.

1272 „Sublimer" ist also ein Synonym zu verdunsten, verdampfen, vgl. „Evaporer". Zum Begriff Sublimation in der Alchemie, vgl. Priesner, Figala 2000, S. 53 und Haage 2000, 169 f. Sublimation von sublimare (lat.), emporschweben. Bei der Sublimation geht ein Stoff in den gasförmigen Zustand über.

1273 „Superficies", Oberfläche, oberflächlich. Palissy verwendet den geometrischen Begriff anders, nämlich auf die kunsthandwerkliche Arbeit bezogen, z.B. die Vergoldungsschicht von Silberobjekten, was wiederum auch eine alchemistische Praxis ist. Palissy

wie wenn man irgendein Stück Silber vergoldet hätte und sich die Vergoldung nur an der Oberfläche befindet.

Tenebreuses. Opak, undurchsichtig,[1274] sind die Steine, durch die hindurch man nichts sehen kann, wie man das bei Kristall und Glas kann.

Terrestres. Erdig, sind Stoffe, die nicht verdunsten können oder sich durch Feuer sublimieren lassen.

Triangle. Dreieck, ist eine Figur mit drei Ecken.

Trochisques. Pastillen, sind runde Objekte, wie Pillen, die durch einen auf die Oberseite ausgeübten Druck flach gepresst wurden.

Varenne.[1275] Varenne, ist gewöhnlich eine rote Erde (die etwas von der Natur des Tons besitzt), aus der man die Formen für jede Art von Guss macht und um Brennöfen zu errichten und Glasgefäße abzudichten.

Visqueux. Viskos, zäh, ist gleichbedeutend mit *gluant*, klebrig. (398)

Vitrifier. Verglasen, sintern, sagt man von Dingen, die den Glanz und den Schimmer von Glas annehmen, wenn sie in den Schmelzöfen stark erhitzt werden.

ENDE.

---

benutzt „superficies" in der Bedeutung von „surface" und damit in geologischer Weise, d.h. er meint, wenn er Oberfläche sagt, die Deckschicht.

1274 Normalerweise schattig, dunkel. Gegensatz von „Diaphane", vgl. dort.

1275 „Varenne", siehe Palissy 1996, S. 397, Anm. 42: Begriff aus West- oder Zentralfrankreich für einen tonähnlichen, festen Boden mit Kiesanteil. Siehe Dupuy 1902, S. 334 f., „varaines", „vareneuse": sandiger, siliziumhaltiger Ton, siehe TLF, die Verwendung bei Palissy stellt den einzigen Wortbeleg dar. Vgl. „varaigne", (PR, auch: „garenne") Begriff verwendet in den Meeressalinen.

Teil 2
Kommentar

I. Einleitung

1. Der Mythos

„Lieber Leser, da es Gott beliebte, dass dieses Buch in deine Hände fiel, bitte ich dich, sei nicht so träge oder leichtfertig, dich nur mit der Lektüre der Einleitung oder eines Teils dieser zufriedenzugeben."[1] Mit diesen einleitenden Worten wendet sich Palissy in seinem 1563 erschienenen Buch *Recepte veritable* an den Leser und spricht damit die Befürchtung aus, dass seine Schriften unberücksichtigt bleiben könnten. Jean Céard stellte kurz vor dem 400-jährigen Todestag Palissys 1987 fest,[2] dass diese Befürchtungen bezüglich der Indifferenz der Nachwelt nicht ganz unbegründet waren, da die bis dahin einzige umfassende Studie erst im Jahr 1902 publiziert wurde.[3] Auf eine aktuelle Werkausgabe, welche die erste kommentierte Gesamtausgabe überhaupt war, musste man bis zum Jahr 1996 warten.[4] Diese mangelnde Aufmerksamkeit erstaunt besonders in Frankreich, wo Bernard Palissy der Keramikkünstler und Erfinder der „rustiques figulines" ein Mythos ist. In Deutschland ist er jedoch, selbst unter Kunsthistorikern, weitgehend unbekannt. Schnecken, Schlangen, Muscheln und Blattwerk in gebranntem glasiertem Ton, Keramiken mit solchen Monstrositäten, die früher Bewunderung auslösten, gelten heute vielfach als schlechter Geschmack, als ein Kitsch des 16. Jahrhunderts.[5] Der Mythos ist jener eines armen Töpfers, welcher seine Möbel und die Dielen seines Hauses verbrannte, um den Brennofen beheizen zu können, um, mit Hartnäckigkeit seine Idee einer neuen Keramikkunst verfolgend, ans Ziel zu gelangen. Und welcher, berühmt geworden, trotz Verfolgung die gleiche Festigkeit im Beharren auf seinem Glauben zeigte. Weswegen er sogar

1 Palissy 1996, Bd. 1 (*Recepte*), S. 54. „Ami Lecteur, puisqu'il a pleu à Dieu que cest ecrit soit tombé entre tes mains. Je te prie ne soit si paresseux ou temeraire, de te contenter de la lecture du commencement, ou partie d'iceluy."

2 Céard 1987, S. 77.

3 Dupuy 1902.

4 Eine überarbeitete zweite Auflage erschien zu Palissys 500. Geburtstag im Jahr 2010.

5 Lecoq 1987, S. 28; Daston, Park 2002, S. 433.

von König Henri III. in seiner Zelle in der Bastille besucht worden sein soll, in welcher er, als Protestant geworfen, später starb.[6]

Diese Lebensgeschichte, im 19. Jahrhundert popularisiert, lernt in Frankreich jedes Kind in der Schule, als ein Vorbild moralischen Handelns. Der Mythos geht hauptsächlich auf das 19. Jahrhundert zurück, die Romantik fand in ihm eine Verkörperung ihrer großen Ideale. Die Figur von Palissy diente als Vorlage für Romane wie *La recherche de l'absolu* und *Illusions perdues* von Honoré de Balzac (1799–1850) sowie für zahlreiche historische Gemälde.[7]

Das tatsächliche Wissen über Leben und Werk von Palissy ist jedoch, verglichen mit dem über andere Künstler der Zeit, nur spärlich. Ähnlich marginale biographische Kenntnis besitzen wir womöglich sonst nur vom italienischen Maler Giorgione (1478–1510). Die Beständigkeit des Mythos, die seine Person verklärt, verdankt sich dem Umstand, dass sich sein Leben im Nebel des Vagen verbirgt, seine Keramiken rar sind und seine Bücher weitgehend unzugänglich waren.

Schuld an der geringen Kenntnis des Werks von Palissy ist möglicherweise zudem die strikte Trennung zwischen Kunst und Kunsthandwerk. Das Kunsthandwerk ist wieder auf die Stufe der „artes mechanicae" zurückgefallen und hat seine frühere Bedeutung als autonomes Kunstobjekt weitgehend eingebüßt. Dieser Umstand, der sich deutlich in den wesentlich geringeren Besucherzahlen von Kunstgewerbemuseen im Verhältnis zu den Museen für moderne Kunst ausdrückt, wurde auch von Prof. Wilhelm Hornbostel, ehemaliger Direktor des Museums für Kunst und Gewerbe in Hamburg, kritisiert.[8] Die Keramik ist quasi zu einem reinen Gebrauchsobjekt degradiert worden. Trotz des Versuchs einer

---

6 Als einer der Begründer des Mythos kann der bedeutende französische Dichter und Historiker Théodore Agrippa d'Aubigné (1552–1630) gelten. D'Aubigné berichtet vor allem in seinen Werken *Tragiques* (1616) und *L'Histoire Universelle* (1616–1620) von der Lebensgeschichte Palissys. D'Aubigné war nicht nur Palissys Zeitgenosse und ebenfalls Protestant, sondern stammte zudem auch aus der Saintonge. Zur Mythenbildung: Lecoq 1987, S. 26 und Schrenck, Surget 1992, S. 17–23. Vgl. auch Kris 1926, S. 181.

7 Romane von Honoré de Balzac, um 1834. Für Alphonse de Lamartine war dagegen weniger das keramische Werk entscheidend, um Palissy 1852 in sein mehrbändiges Werk *Histoire de l'humanité par ses grands hommes* aufzunehmen, als vielmehr „la «parabole» de sa vie" (Lecoq, 1987, S. 27). Beispielhaft für die bildende Kunst sei genannt: Alexandre-Evariste Fragonard, „*Bernard Palissy brûlant les tables et plancher de sa maison*", 1829, Ölgemälde, Sèvres, Archives de la Manufacture nationale.

8 „«Aberwitzig» nennt Wilhelm Hornbostel, Direktor des Museums für Kunst und Gewerbe Hamburg, die Trennung zwischen «edler freier» und angewandter Kunst. «Picassos Bilder hängen in der Kunsthalle, aber seine Keramik-Taube ist bei uns, abgewertet als angewandt. Der deutsche Horizont bedrückt mich geradezu. Wir müssen wieder zu einem ganzheitlichen Denken kommen.»", siehe Hofmann 2000, S. 14. Von Interesse zur Diskussion um die aktuelle Stellung des Kunsthandwerks ist auch der Beitrag von Herbst 2000, S. 13.

Aufwertung als Designobjekt im 20. Jahrhundert gilt sie weiterhin überwiegend als Gebrauchskunst, während sie früher bevorzugtes Sammelobjekt und stark in Kunstkammern vertreten war. So schenkte beispielsweise der sächsische Kurfürst August der Starke im Frühjahr 1717 dem preußischen König Friedrich Wilhelm I. 600 Reiter samt Pferden, um dafür an 151 Porzellangefäße zu kommen.[9] Eines der wertvollsten Beutegüter am Ende des Siebenjährigen Krieges 1756–1763 waren hingegen für Friedrich II. den Großen wiederum die kostbaren Schneeballvasen der Porzellanmanufaktur Meißen in Sachsen.[10]

Grundlage der späteren Mythenbildung als auch seines Rufs als einem der Begründer der bodenkundlichen Fächer waren die *Discours admirables*, welche Bernard Palissy selbst als sein wichtigstes Werk ansah. Angesichts der Tatsache, dass Palissy mit dieser Schrift zu den frühesten Begründern der Fachgebiete Hydrologie und Geologie gerechnet und häufig auf seinen bedeutenden Beitrag zur Fossilienkunde hingewiesen wird, erstaunt es umso mehr, dass er in der aktuellen historischen Forschung nur gestreift oder sogar übergangen wird,[11] auch liegt keine seiner Schriften bislang in deutscher Sprache vor.

Hier will diese Arbeit Abhilfe schaffen. Mit der vorliegenden Übersetzung der *Discours admirables*, die für verschiedene Fachgebiete historisch wichtige Aussagen enthalten, verbindet sich die Hoffnung, dass Bernard Palissy verstärkt in der Forschung seiner Bedeutung gemäß Berücksichtigung findet.

2. Bernard Palissy. Ein biographischer Abriss

Jahr und Ort der Geburt von Bernard Palissy sind unbekannt, genauso wie Herkunft und Beruf seiner Eltern, zudem gibt es nur wenige präzise und gesicherte Angaben über den Verlauf seines Lebens.[12] Ein großer Teil der biographischen Angaben stammt von ihm selbst, so wie er sie in seinen Büchern, besonders in den *Discours admirables,* überliefert hat. Sämtliche bekannten Dokumente zu seinem Leben, wie Rechnungen, Auszüge aus Kirchenbüchern etc., wurden von Léonard N. Amico umfangreich recherchiert und in seiner Publikation *À la recherche du paradis terrestre* aufgelistet.[13]

---

9 Timm 2010, S. 58.

10 Hierzu: Kat. Potsdam 2012 (*Friederisiko: Friedrich der Große*).

11 Dieser Ansicht ist auch Jean Céard, siehe Céard 1987, S. 81.

12 Biographische Angaben: Audiat 1898, Hanschmann 1914, Revue de l'Art, Nr. 78, 1987; Palissy 1996, Bd. 2, S. 401ff. und vor allem Amico 1996, S. 13–45. Autobiographische Angaben von Palissy in: Palissy 1996, Bd. 2, *Discours admirables*, Kapitel *De l'art de terre* und Bd. 1, *Recepte,* S. 187 ff.

13 Amico 1996, Annex III, S. 229–240.

Es wird davon ausgegangen, dass Palissy um 1510 in der Nähe von Agen, einer kleinen Provinzstadt in Südwest-Frankreich, geboren wurde.[14] Nach Palissys eigenen Angaben absolvierte er eine Lehre als „verrier", eine Berufsbezeichnung, die sowohl das Handwerk der Glasmacher als auch jenes der Glasmaler umfasst. Wegen allgemein zurückgehender Aufträge sei er aber gezwungen gewesen diesen Beruf aufzugeben. Spätestens 1539 ließ sich Palissy in Saintes, dem Zentrum der Saintonge[15], nieder und betrieb dort eine Töpferwerkstatt. Diese Region war bereits für die Keramikherstellung renommiert.[16] Zur Finanzierung des Lebensunterhalts seiner kinderreichen Familie[17] und der Durchführung von Experimenten zur Keramikherstellung übte Palissy verschiedene Tätigkeiten aus, so erwähnt er in *L'art de terre* das Vermessungswesen und die Malerei, „la pourtraiture". Nachgewiesen ist seine Tätigkeit als Landmesser, da er ab 1543 einen schriftlich überlieferten Auftrag zum Vermessen der Inseln und Salzteiche in der Saintonge ausführte, die der Erhebung einer Salzsteuer („la gambelle") diente.[18] Ein Aufstand gegen diese Steuer wurde 1548 durch den Connétable Duc de Montmorency blutig niedergeschlagen. Nachdem Palissys Versuche zur Entwicklung von neuen Keramiktypen erfolgreich verliefen und der französische König Henri II. auf seiner Frankreich-Tour 1555 bei einem Besuch in seinem Atelier ein großes Bassin im „Stil rustique" von ihm erwarb, begann Palissy mit dem Entwurf und der Realisierung einer Grotte für seinen Förderer, den obersten Heerführer Frankreichs, den Connétable de France, Duc Anne de Montmorency,[19] vermutlich für dessen Schloss in Écouen.

Zusammen mit Philibert Hamelin (?–1557)[20] war Palissy 1556 einer der Mitbegründer der reformierten Gemeinde von Saintes, die sich zusammen mit der Nachbarregion um La Rochelle sehr früh zu einem der Zentren des Protestantismus in Frankreich entwickelte. Wegen dieses Engagements, das sich gegen die

---

14 Diese Annahme folgt den Angaben in De Grudé, Du Verdier 1584.

15 Die Saintonge entspricht etwa dem heutigen französischen Département Charente-Maritime.

16 Die bekannteste Keramikware ist die von Saint-Porchaire, einem Ort etwa 15 km im Nord-Westen von Saintes. Vgl. Kat. Ecouen 1997.

17 Die wenigen bekannten Angaben zu Palissys Familie finden sich in Kat. Saintes 1990, Annex, S. 137.

18 Die ältesten erhaltenen Karten der Gegend Poitou-Charente und der Küste Südwestfrankreichs entstanden um 1580. Der Auftrag für Vermessungsarbeiten an Palissy im Jahre 1543 ist also bemerkenswert. Hierzu: Kat. Saintes 1990.

19 Duc Anne de Montmorency, Connétable de France (1493–1569). Zu Montmorency: Bedoz Rezak 1990 und Rival 1995.

20 1555 hatte Palissy gemeinsam mit Philibert Hamelin Vermessungsaufgaben ausgeführt. Hamelin wurde am 12. April 1557 in Bordeaux wegen Häresie und Zerstörung von „icones" in der Kathedrale von Poitou verurteilt, und anschließend erdrosselt und verbrannt. Vgl. Palissy 1996, Bd. 1, S. 193, Anm. 496 u. 498.

katholische Kirche richtete, wurde Palissy unter der Anklage, den Hauptaltar der Kathedrale von Saintes demoliert zu haben, 1562 in der Conciergerie in Bordeaux eingekerkert.[21] Dort begann er seine schriftstellerische Tätigkeit und schrieb die Traktate *La grotte rustique* und *La recepte veritable*. Bereits letztere Schrift zeigt, dass Palissy seriöse naturkundliche Forschungen betrieb. Der Connétable Anne de Montmorency, Hauptauftraggeber von Palissy, obwohl als oberster Feldherr des Königs wesentlich an der Niederschlagung der Protestanten beteiligt, erwirkte Palissys Freilassung aus der Haft und seine vorübergehende Rehabilitierung. Seine Arbeit für bedeutende Adelshäuser Frankreichs machte sein Atelier erfolgreich und Palissy berühmt. 1567, im Todesjahr des Connétable Anne de Montmorency, verließ Palissy seine Wahlheimat Saintes, um sich auf Einladung der französischen Königinmutter Catherine de Médicis (1519–1589), die als Witwe von Henri II. die Staatsgeschäfte für ihren minderjährigen Sohn Charles IX. führte, in Paris niederzulassen und für sie in den Gärten der Tuilerien eine große Grotte zu realisieren. Das Pariser Atelier am Rande des Tuileriengartens wurde von Palissy gemeinsam mit seinen beiden Söhnen Mathurin und Nicolas geleitet. In Paris trat ein Wandel in der Produktion des Ateliers ein, die den Anforderungen des Marktes und den Wünschen seiner Auftraggeber entsprechend erweitert wurde, wobei sich der Schwerpunkt auf die Herstellung der „orfèvrerie de terre" verlagerte. Diese Neuausrichtung dürfte sich nicht unbedingt mit Palissys Vorstellungen gedeckt haben.[22]

Der vierte Religionskrieg zwang Palissy 1572 Paris zu verlassen. Durch die Flucht entging Palissy den Massakern der Bartholomäusnacht. In Sedan, am Rande der Ardennen, außerhalb Frankreichs, wo Palissy wie auch vielen weiteren Protestanten Exil gewährt wurde, gründete er ein neues Atelier, in dem die seit etwa 1570 nachzuweisende Zusammenarbeit mit seinen Söhnen Nicolas und Mathurin weitergeführt wurde. 1573 heiratete dort seine Tochter Catherine den Bildhauer Michel Sagot aus Blois. Seine andere Tochter Marie ehelichte 1575 den Sedaner Kaufmann Charlemagne Moreau, Palissy wurde im gleichen Jahr Großvater. Doch Sedan, wo er ein Haus kaufte und gedachte sich auf Dauer einzurichten, brachte ihm kein Glück. Die schon in Saintes angespannte Beziehung zu seiner Frau verschärfte sich. Die Familienverhältnisse eskalierten dermaßen, dass die gesamte Familie von den Eucharistiefeiern in der Kirche durch das „Consitoire" ausgeschlossen wurde, hinzu kamen Urheberrechtskonflikte mit seinem Schwiegersohn Charlemagne Moreau.[23] Mediationsversuche der Gemeindeautoritäten

21 Amico 1996, S. 230; Palissy 1996, Bd. 2, S. 404.

22 Palissy 1996, Bd. 1, S. XIV. Poulain 1992, S. 187–199.

23 Amico 1996, S. 41 f. und 234 ff. Es ist nicht ausgeschlossen, dass die Rolle der Kirchenleitung im Familienkonflikt auch sein Verhältnis zur Institution der reformierten Kirche trübte. Der Duktus der *Discours* unterscheidet sich sehr zu dem des *Recepte* in Bezug zur Religion.

blieben erfolglos und konnten die Ehe nicht retten. Es kam zum Bruch mit seiner Frau, deren Name in den *Discours* nirgends erwähnt wird. Palissy tilgt praktisch ihren Namen, bis heute ist er unbekannt. Etwa 1576 verließ Palissy bereits wieder Sedan, um nach Paris zurückzukehren, allein, ohne seine Familie. Das Atelier in Sedan wurde von seinem Sohn Mathurin, dem er bereits 1575 Prokura gegeben hatte, weitergeführt.[24] Möglich ist, dass er 1575 bis 1576 zwischen Sedan und Paris pendelte, da Palissy 1575 in Paris naturkundliche Konferenzen abhielt. Obwohl ein Desaster in familiärer Hinsicht, war der Aufenthalt in den Ardennen gewinnbringend für seine naturkundlichen Studien. In Paris, es herrschte vorübergehende Ruhe im konfessionellen Konflikt, führte er die naturwissenschaftlichen Forschungen fort, erweiterte seine mineralogische Sammlung und gründete in Zusammenhang mit dieser eine „kleine Akademie", in der er zwischen 1575 und 1584 kostenpflichtige öffentliche Vorlesungen und Seminare abhielt.

Ab etwa 1576 ist nur noch die wissenschaftliche Tätigkeit von Palissy bezeugt, ob sein Keramikatelier in den Tuilerien nach 1576 noch arbeitete und er in Paris weiterhin künstlerisch tätig war, ist nicht dokumentiert.[25] 1580 veröffentlichte er in Paris das wissenschaftliche Traktat *Discours admirables,* ein Resümee seiner Seminare und lebenslangen geowissenschaftlichen Untersuchungen. Palissy scheint, wie Marie-Madeleine Fragonard mit einigem Recht feststellt, das dritte Mal seinen Beruf gewechselt zu haben.[26] Hat sich Palissy also ab 1576 ausschließlich seiner akademischen Tätigkeit gewidmet? Noch 1584 schreibt *La Croix du Maine*: „Palissy, über sechzig Jahre alt, gedeiht in Paris und gibt Seminare in seiner Wissenschaft und seinem Beruf."[27] 1585 wurde durch das Edikt von Nemours der protestantische Glauben abermals verboten und die Protestanten hatten das Land zu verlassen – Palissy aber blieb. Bereits 1586 verhaftet, aber 1587 vorläufig wieder freigelassen mit der Auflage, das Land innerhalb von zwei Wochen zu verlassen, wurde er, verborgen lebend, im Zuge des Ligue-Aufstandes 1588 erneut wegen seines protestantischen Glaubens inhaftiert und diesmal zum Tode verurteilt. Nach zwei Jahren Haft starb Palissy im Dezember 1590 im Kerker der Bastille.[28]

---

24 Amico 1996, S. 41: Bis 1584 fährt Palissy wegen gerichtlicher Auseinandersetzungen regelmäßig nach Sedan. Mit dem letzten Gerichtsdokument verliert sich 1584 auch die Spur der Werkstatt in Sedan. Es ist unklar, ob die Werkstatt weiterbestand oder sich auflöste. Vgl. Kat. Écouen 1997.

25 Palissy 1996, Bd. 2, S. 407 f.

26 Palissy 1996, Bd. 1, S. XV.

27 Palissy 1996, Bd. 2, S. 408. Auch das Vorwort der *Discours* könnte in diese Richtung deuten (Palissy 1996, Bd. 2, S. 9–13). De Grudé, Du Verdier 1772, Bd. 1, S. 73: „Il florit à Paris, âgé de soixante ans & plus & fait leçons de sa science & profession."

28 Palissy 1996, Bd. 2, S. 409; Amico 1996, S. 45. Für einen Besuch von Henri II. bei Palissy in der Bastille gibt es keinen Beleg.

3. Werkübersicht

Da das vielschichtige Werk von Palissy nicht ausreichend bekannt ist und sich immer wieder widersprüchliche und inkorrekte Angaben in der Literatur finden, scheint es sinnvoll, einen kurzen Überblick über sein Gesamtwerk zu geben. Palissy hat zwei eng miteinander verzahnte Werkgruppen geschaffen, zum einen sein künstlerisches Hauptwerk, die Keramiken, zum anderen schriftstellerische Arbeiten, die naturwissenschaftliche und künstlerische Themen behandeln.

Das schriftstellerische Werk umfasst drei Bücher, die alle zu Lebzeiten von Palissy veröffentlicht wurden. Dies stellt eine Besonderheit dar, da viele bedeutende Traktate der Renaissance häufig erst weit nach dem Tod ihrer Verfasser verlegt wurden.[29] Diese Texte sind die Hauptquelle zu Person und Werk von Palissy, ihre Lektüre ist deshalb unerlässlich für das Verständnis seiner Keramiken.[30]

Es wird davon ausgegangen, dass Palissy erst im Alter von 52 Jahren während der Haftzeit in der Conciergerie von Bordeaux zu schreiben begann. Dort verfasste er: „*Architecture et Ordonnance de la Grotte Rustique de Monseigneur le Duc de Montmorency, Pair et Connétable de France*",[31] das 1563 in La Rochelle im Verlag Barthélemy Berton erschien. Diese erste Veröffentlichung ist eine Beschreibung der für seinen Hauptauftraggeber, den Connétable Anne de Montmorency, entworfenen Grotte, möglicherweise für den Schlosspark von Écouen.[32] Die bereits fertiggestellten Elemente seien, nach Aussage Palissys, während der Eroberung von Saintes 1562–63 durch die katholischen Truppen im ersten Religionskrieg von der Zerstörung bedroht gewesen. Sein Atelier in Saintes soll in dieser Zeit mehrfach verwüstet worden sein.[33] Einerseits war das Traktat über die *Grotte* eine Projektbeschreibung, die aber vorgibt, auch Zustandsbeschreibung zu

29 Vgl. Kat. Saintes, 1990. Benvenuto Cellini (1500–1571) verfasste 1558–1564 ebenfalls eine Autobiographie, diese erschien erst 1728 in Neapel; auch die Schriften von Leonardo da Vinci und Michele Mercati teilten dieses Schicksal.

30 Lecoq 1987, S. 29. Alle Texte erschienen 1996 in einer neuen kommentierten Werkausgabe in 2 Bänden (Bernard Palissy, *Oeuvres complètes*, Mont-de-Marsan, 1996) unter der Leitung von Marie-Madeleine Fragonard. Wenn nicht anders angegeben, wird aus dieser Ausgabe zitiert. Die ausufernden Buchtitel können auch als Inhaltsangabe gelesen werden. Im Folgenden sind sie einmal vollständig wiedergegeben. Später werden die drei Traktate mit den folgenden Kurztiteln bezeichnet: 1. *Grotte*, 2. *Recepte* und 3. *Discours*.

31 Zu Deutsch: „Architektur und Gestaltung der Grotte im ‚Stil rustique' für den Herzog von Montmorency, Lehnsherr und Oberster Heerführer Frankreichs".

32 Écouen, Schloss des Connétable im Norden von Paris, welches ab etwa 1538 aus einer mittelalterlichen Festung, möglicherweise nach Plänen der französischen Architekten Bullant und Goujon, als Renaissanceresidenz neu entstand. Vgl. Bedoz Rezak 1990, S. 287 ff.

33 Palissy 1996, Bd. 1, S. 10–12 (*Grotte*, Widmung).

sein, um sie für den Fall ihrer Zerstörung zu dokumentieren. Andererseits war es als Appell an den Connétable gedacht, als einer der einflussreichsten Personen Frankreichs, seinen Einfluss geltend zu machen, die Haftentlassung ihres Erbauers zu erreichen. Zudem war es das Ziel, die Grotte gesichert einzulagern, um Zerstörungen zu verhindern. Weiterhin ist der Aufsatz als Werbeschrift für zukünftige Auftraggeber anzusehen.

Im gleichen Jahr erschien ebenfalls im Verlag Barthélemy Berton „*Recepte veritable, par laquelle tous les hommes de la France pourront apprendre à multiplier et augmenter leurs thrésors. Item, ceux qui n'ont jamais eu cognaissance des lettres, pourront apprendre une Philosophie necessaire à tous les habitans de la terre. Item, en ce livre est contenu le dessein d'un jardin autant delectable et d'utile invention, qu'il en fut onques veu. Item, le dessein et ordonnance d'une Ville forteresse, la plus imprenable qu'un homme ouyt jamais parler*".[34] Diese zweite Veröffentlichung ist von allen drei Schriften vielleicht das bekannteste Werk und von großer Bedeutung für die Geschichte der Gartenkunst, da hier ein Gartenentwurf ausführlich beschrieben wird. Zwar sind noch einige Gärten und Grotten des 15. und 16. Jahrhunderts erhalten, aber Entwurfszeichnungen oder schriftliche Konzepte der entwerfenden Gartenarchitekten sind äußerst selten.[35] Das *Recepte* wird von drei Widmungen eingeleitet, mit denen Palissy sich für seine Befreiung aus der Haft bedankt. Diese richten sich an den Maréchal de Montmorency, den ältesten Sohn des Connétable und an den Connétable Anne de Montmorency selbst sowie an die Königin Mutter Catherine de Médicis. Das *Recepte* bezeichnet Palissy erstmals als Erfinder der „Rustiques Figulines du Roy".[36] Diesen Ehrentitel führt er fortan und benutzt ihn auch noch 1580 auf dem Titelblatt der *Discours*. Wie schon der Buchtitel nahelegt, ist das *Recepte* eine heterogene Komposition verschiedener Themen: Der Text entwirft in schriftlicher Form

34 „Recepte veritable [Anleitung], mit welcher alle Menschen in Frankreich lernen können ihr Vermögen zu mehren. Auch jene, die noch nie Zugang zur Bildung hatten, können so eine Philosophie erlernen, die allen Bewohnern der Erde nützlich ist, ebenfalls ist in diesem Buch der Entwurf eines Gartens enthalten, der eine genauso angenehme wie nutzbringende Erfindung ist und noch nie gesehen wurde. Ebenfalls der Entwurf und die Gestaltung einer Festungsstadt, die uneinnehmbarste, von der Menschen jemals gehört haben."

35 Zum Gartenentwurf von Palissy vor allem: Lecoq, 1990.

36 „Maistre Bernard Palissy, ouvrier de terre et inventeur des Rustiques Figulines du Roy & de Monseigneur le Duc de Montmorancy, Pair et Connestable de France", Titelblatt *des Recepte*, Palissy 1996, S. 39. Dieser Titel wurde ihm vielleicht auch verliehen, um seine Haftentlassung zu erleichtern. „Rustiques figulines" lässt sich etwa mit natürliche, ländliche Tonwerke übersetzen. Der Ausdruck hat einen Bezug zu „rustica" (Palissy 1996 Bd. 1, S. 4); „rustique" war allgemein gebräuchlich, was auch das Vorwort Palissys zum *Recepte* zeigt, wo er den Leser bittet, sich nicht an seiner, „langage rustique", seiner schlichten Sprache, zu stören (Palissy 1996, Bd. 1, S. 54).

eine umfangreiche Gartenanlage, die sich an den Traditionen der italienischen und französischen Renaissancegärten orientiert. In diesen Garten sind Grotten integriert, die derjenigen seiner ersten Veröffentlichung ähneln. Das Gartenkonzept wird zum Anlass genommen, essenzielle Qualitäten von Böden und Mineralien zu erörtern, den Nährstoffhaushalt der Pflanzen zu beschreiben, um schließlich die in der Landwirtschaft gängigen Praktiken zu kritisieren und alternative Methoden der Düngung vorzuschlagen, mit dem Ziel, die Erträge zu verbessern. Palissy weist in diesem Zusammenhang auf die düngende Wirkung von Mergel hin. Die große Vision des gartenkünstlerischen Entwurfs wird durch rein naturkundliche Themen vorbereitet. Ein Entwurf für eine Festungsstadt, die aus dem spiralförmigen Aufbau einer Meeresschnecke abgeleitet wird, beschließt den Text. Ein wichtiger Beweggrund für das Traktat war es zudem, eine historische Darstellung der konfessionellen Auseinandersetzungen in Saintes während des ersten Religionskrieges aus Sicht eines protestantischen Beteiligten, nämlich Palissy selbst, und damit einen Augenzeugenbericht zu verfassen. Obwohl im Buchtitel nicht erwähnt, nimmt diese Darlegung einen breiten Raum ein. Garten und Festungsstadt werden in Erwartung weiterer Auseinandersetzungen als Fluchtburg und Exil der Protestanten konzipiert. Es ist wenig plausibel, dass das *Recepte* ausschließlich im Gefängnis und den wenigen verbleibenden Monaten bis zum Druck entstanden sein soll. Der große Umfang und die thematische Breite deuten vielmehr auf lange Vorarbeiten hin. Während die *Grotte*, da sie für einen bestimmten Zweck geschrieben wurde, nur in wenigen Exemplaren gedruckt worden sein dürfte, erschien das *Recepte* in einer Auflage von 1500 Exemplaren, was für die Zeit um 1550 eine enorme Auflagenhöhe war. Selbst die 1499 bei Manuntius in Venedig erschienene erfolgreiche Erzählung *Hypnerotomachia Poliphili* wurde nur in 500 bis 600 Stück gedruckt, was für Roswitha Stewering bereits eine ungewöhnlich hohe Auflage ist.[37] Ein Teil der Exemplare trägt die Jahreszahl 1564, was auf eine zweite Auflage hinweist, tatsächlich scheint es sich aber eher um einen Druckfehler oder eine Korrektur im Verlaufe des Drucks gehandelt zu haben.[38]

Erst 1580 publizierte Palissy in Paris sein drittes Traktat: „*Discours admirables, De la nature des eaux et fonteines, tant naturelles qu'artificielles, des metaux, des sels & salines, des pierres, des terres, du feu & des emaux. Avec plusieurs autres excellens secrets des choses naturelles. Plus un traité de la Marne, fort utile & necessaire, pour ceux qui se mellent de l'agriculture. Le tout dressé par dialogues, esquels sont introduits la theorique & la practique.*“ Dieses liegt hier erstmals in deutscher Übersetzung vor und wird im Folgenden kommentiert. Die *Discours admirables* waren, wie Palissy schreibt, als sein Vermächtnis gedacht und über-

37 Stewering 1996, S. 1.

38 Droz 1960, zu Palissy S. 14, 24 f. und 27 f.

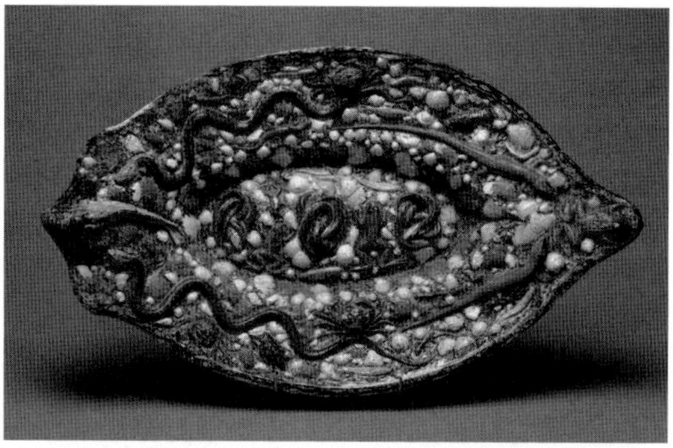

Abb. 1 Bernard Palissy, Bassin rustique „en forme de nacelle" (in Form eines Kahns), gebrannter und glasierter Ton, L: 75,5 × B: 45,5 cm, Lyon, Musée des Beaux-Arts.

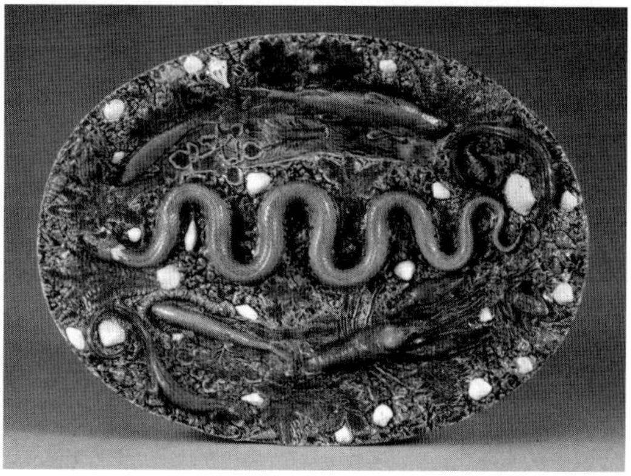

Abb. 2 Atelier Palissy oder Nachfolger, Ovales Bassin rustique, gebrannter und glasierter Ton, L: 52,5 × B: 40,2 cm, Paris, Musée du Louvre.

wiegend eine Zusammenstellung von naturwissenschaftlichen Grundsatztexten zu Problemen der Geologie, Mineralogie und Hydrologie. Im Abschnitt *Über die Töpferkunst, von ihrem Nutzen, über die Glasuren und über den Brand*, der wesentlich zur späteren Mythenbildung beigetragen hat, beschreibt Palissy autobiographisch den Weg der Entwicklung seiner Keramik und erläutert, ohne allerdings genaue Rezepturen preiszugeben, die für die Herstellung erforderlichen technischen Voraussetzungen und wissenschaftlichen Kenntnisse.

Diese drei Veröffentlichungen sind die Hauptquelle über Palissy und sein Werk.[39] Die Bücher sind in Dialogform abgefasst, ein in der Frühneuzeit übliches und beliebtes Stilmittel.[40] *L'Architecture et Ordonnance de la Grotte Rustique* und

39 Der früher Palissy zugeschriebene Text „*Devys d'une grotte pour la Royne, Mère du Roy*" ist durch Bautier 1987, S. 84 ff. als eine Fälschung des 19. Jahrhunderts entlarvt worden, trotzdem wird er weiterhin in der wissenschaftlichen Argumentation genutzt und zitiert, vgl: Daston, Park 2002, S. 336 und Anm. 79, S.483. Vgl. Kapitel *Kopie oder Original*.

40 Vgl.: Vulcan 2000. *Utopia* von Thomas Morus erschien 1516 ebenfalls in Dialogform. Auch die Hauptwerke von Galilei sind als Dialoge abgefasst.

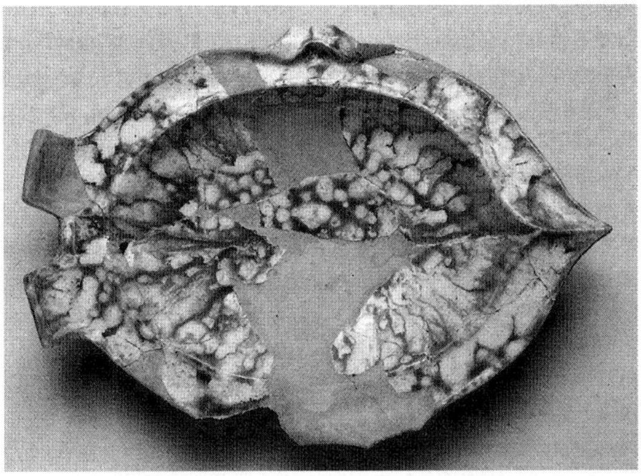

Abb. 3 Bernard Palissy, Schale in Jaspis-Imitation, gebrannter und glasierter weißer Ton, L: 27,5 × B: 21,3 cm, Écouen, Musée de la Renaissance.

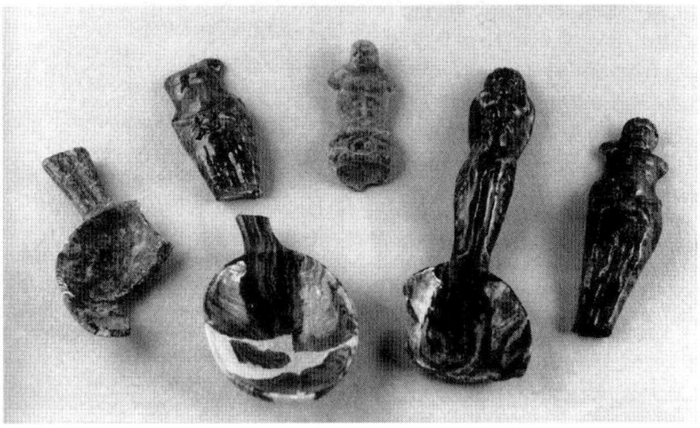

Abb. 4 Bernard Palissy, Löffel in Jaspis-Imitation, gebrannte, unglasierte und glasierte marmorierte Tonmasse, Paris, Musée du Louvre.

La Recepte veritable sind ein Gespräch zwischen „Demande" und „Response", während in den *Discours admirables*, da als wissenschaftliche Veröffentlichung angelegt, das Gespräch zwischen „Theorique" und „Practique" geführt wird.

Der andere Werkkomplex und Ausgangspunkt schriftstellerischer Tätigkeit und naturkundlicher Forschung sind die Keramiken. Dass Palissy sowohl in künstlerischer als auch in wissenschaftlicher Hinsicht ein Experimentator war, zeigt sich bereits rein äußerlich in seinen sehr verschiedenartigen Tonwerken. Prinzipiell lassen sich in seiner Produktion vier verschiedene Typen unterscheiden:

1. „Céramiques rustiques" oder „rustiques figulines" genannte Keramiken mit Naturabdrücken von Pflanzen und Tieren (Abb. 1, Abb. 2, Taf. I und Taf. II). In dieser Technik wurden sowohl Bassins, also Schalen oder Platten, als auch „aiguières", Kannen, ausgeführt.
2. Mineralien- und Gesteinsimitationen. Hierzu gehören die berühmten „céramiques jaspées" genannten Jaspis-Imitate in gebranntem Ton. (Abb. 3, Abb. 4 und Taf. III).

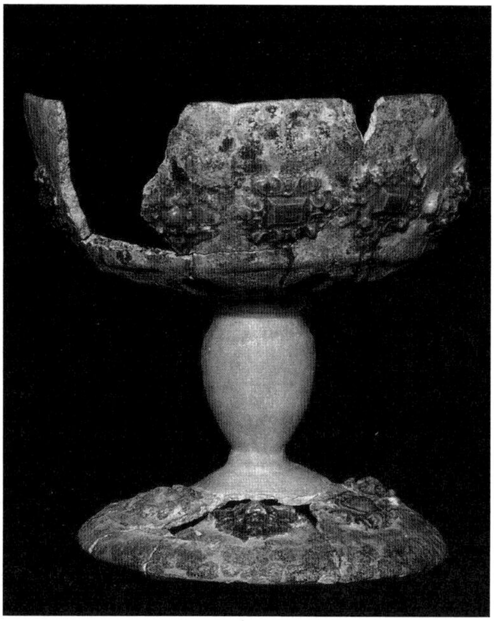

Abb. 5 Bernard Palissy, Pokalfragment in Lapislazuli-Imitation, gebrannter und glasierter Ton, H: 14,5 cm, Écouen, Musée de la Renaissance.

3. Ornamental und figürlich verzierte Keramiken, die überwiegend durch Abgüsse anderer Kunstwerke, vornehmlich von Medaillons und Goldschmiedearbeiten, entstanden, auch als „orfèvrerie de terre" bezeichnet (Abb. 5 und Taf. V). Es handelte sich um Nachahmungen oder Kopien kunstgewerblicher Objekte in Keramik.
4. Versuche in Keramiktechniken anderer Werkstätten, etwa im Stil von Saint-Porchaire.[41]

Zu diesem zweiten Werkkomplex sind schließlich auch die Grotten zu rechnen. Diese können sowohl zur Architektur oder Gartenarchitektur wie auch zur Töpferkunst gerechnet werden, da ausschließlich die vorstehend genannten keramischen Techniken Anwendung fanden. Vermutungen, dass sich aufgrund seines beruflichen Werdegangs eine Urheberschaft von Realisierungen in anderen Kunsttechniken, etwa von farbigen Glasfenstern, nachweisen ließe, haben sich bislang nicht bestätigt.[42]

---

41 Kat. Saintes 1990, S. 66. Während Dominique Poulain auf Basis der Grabungsergebnisse am Louvre feststellt, dass es keinen gesicherten Anhalt für eine Produktion von Bassins rustiques in Paris gibt, hält Kris die Annahme, dass Palissy seine alte Arbeitsweise und die Herstellung der Bassins rustiques in Paris aufgegeben haben könne, für „widersinnig" (Kris 1926, S. 186).

42 Amico 1987, S. 62.

Das reiche Gesamtwerk Palissys ist meist auf ein Bild reduziert, das nur die Keramikbassins mit Naturabformungen im „Stil rustique" kennt. Die Naturabdrücke haben die ganze Aufmerksamkeit auf sich gezogen, so dass die anderen Keramiktypen nahezu unbekannt sind. Dennoch wurden diese vielleicht in größeren Stückzahlen als die kompliziert und langwierig herzustellenden Bassins rustiques produziert. Sie entsprachen den Luxusbedürfnissen des Hofes und gewährleisteten die Rentabilität der Werkstatt.[43]

4. Kopie oder Original

So unzweifelhaft ist, dass Palissy tatsächlich der „Inventeur des Rustiques Figulines du Roy" ist, also die Bassins rustiques seine originäre Kreation sind, kann doch von fast keiner Keramik rechtmäßig behauptet werden, dass genau diese aus seiner Hand stammt. Bei dem überwiegenden Teil der Werke ist nämlich die Urheberschaft von Palissy nicht gesichert. Es ist bislang nicht möglich, die Herkunft der Stücke mit Sicherheit zu bestimmen.[44] Bei allen Objekten kann es sich entweder um eine seiner eigenen Arbeiten als auch um eine Werkstattarbeit, die eines direkten Nachfolgers oder sogar eine späte Kopie handeln. Anderseits sind namentlich keine Töpfer oder Werkstätten sicher feststellbar, welche zu seiner Lebenszeit oder kurz danach ähnliche Keramiken hergestellt hätten.[45] Eine Nachahmung wäre wegen des großen Erfolgs der Bassins rustiques vermutlich verlockend gewesen. Ein Werkverzeichnis aller bekannten Keramiken wurde bislang nicht aufgestellt.

Die erste umfassende wissenschaftliche Untersuchung des keramischen Werkes von Palissy ist Leonard N. Amico zu verdanken.[46] Um die Problematik der Zuordnung zu untersuchen, versuchte Amico eine Analyse auf drei Ebenen,[47] indem er erstens die Keramiken mit den Funden von Grottenfragmenten aus den archäologischen Grabungen im Pariser Louvre verglich, zweitens diese nach einer gemeinsamen Ästhetik eingruppierte und drittens eine Datierung mit Hilfe des

43 Poulain in: Lestringant 1992, S. 187–199, vgl. mit Kat. Saintes 1990, S. 67.

44 Amico 1996, S. 85. Nur ein Bassin des Musée des Beaux-Arts de Lyon wurde bislang eindeutig als aus der Werkstatt Palissy stammend identifiziert, siehe Poulain 1993.

45 Amico 1996, S. 85. Ein anonymes französisches Manuskript beschreibt um 1570 vergleichbare Herstellungstechniken des Naturabdrucks: Anonym 16. Jh., *Recueil de recettes et secrets concernant l'art du mouleur, de l'artificier et du peintre*, Français Ms. 640 (anc. 7107), Paris, Bibliothèque nationale de France. Département des manuscrits, siehe Amico 1996, S. 88. Amico datiert das Werk auf „zwischen 1570–1590". Vgl. Kapitel *Die Bassins rustiques*.

46 Amico 1987, Amico 1996.

47 „... une méthode en trois temps", Amico 1987, S. 62.

Thermolumineszenzverfahrens oder durch Zuordnung zu einem bereits datierten Objekt versuchte. Amico listet mehr als 60 Werke im „Stil rustique“ auf, die sich in amerikanischen und europäischen Museen befinden und die mit dieser Kombination aus physikalisch-technischen Labor-Analyseverfahren und ikonographischen vergleichenden Studien untersucht wurden. Dabei erwies sich, dass höchstens zehn „céramiques rustiques“ Bernard Palissy und seinen Söhnen sicher zugeordnet werden können.[48]

Bei den Grottenfragmenten handelt es sich um Fundstücke aus archäologischen Grabungen im Bereich des Louvre, die im 19. Jahrhundert und in den Jahren 1984 bis 1990 durchgeführt wurden. 1985 stieß man bei diesen Grabungen, in Vorbereitung der Baumaßnahmen zur Erweiterung des Louvre, im Bereich des früheren Schlosses der Tuilerien,[49] auf das Pariser Atelier von Palissy und seinen Brennofen. Entdeckt wurden dort im Wesentlichen Fragmente der Grotte sowie Herstellungsformen, sogenannte Matrizen. Da mit großer Sicherheit davon ausgegangen werden kann, dass es sich hierbei tatsächlich um das Atelier von Palissy und um Produktionen aus seiner Werkstatt handelt, werden die gefundenen Fragmente und Formen seitdem als Vergleichsobjekte benutzt. Doch wird die Sache dadurch verkompliziert, dass Palissy die Brennöfen der Tuilerien nicht allein nutzte.[50] So besteht, penibel betrachtet, das Problem der Zuschreibung trotzdem weiterhin. Solange keine eindeutig Palissy zuzuordnenden Vergleichsobjekte bekannt sind, lassen sich „seine“ Produkte nicht von möglichen Kopien unterscheiden.

Bei den gefundenen Fragmenten, Formen usw. handelt es sich zudem nicht nur um Fragmente der realisierten Grotte, sondern auch um Ausschuss. Dies gilt vor allem für die Funde des 19. Jahrhunderts. Bei dem damaligen Fundort handelte es sich nicht, wie ursprünglich angenommen, um einen Ofen von Palissy, sondern um einen Abfallentsorgungsplatz. Bei vielen Grottenfragmenten dürfte es sich also um misslungene Exemplare mit Herstellungsfehlern oder um nicht weiter verwendete Formen handeln. Aus den eigenen Berichten Palissys ist bekannt, dass wegen der aufwendigen und schwierigen Produktion häufig Stücke nicht seinen Vorstellungen entsprachen oder missrieten.[51]

Weder lassen sich die bekannten Bassins rustiques sicher dem Atelier von Palissy und seinen Söhnen zuordnen, noch sind im 16. Jahrhundert andere Werkstätten namentlich bekannt, welche die später sogenannte Palissy-Ware her-

48 Amico 1987, S. 61.

49 Tuilerie: Ziegelei. Die Bezeichnung nimmt Bezug auf die Geschichte des Ortes. Palissy integriert sich in einen seit Langem bestehenden Werkstattkomplex, wo hauptsächlich Ziegler arbeiteten.

50 Willesme 1994, S. 90.

51 Palissy 1996, Bd. 2, S. 294 ff. (*De l’art de terre*).

gestellt hätten. Keines der Objekte ist signiert oder trägt eine Werkstattmarke. Doch aufgrund seiner Traktate und der Funde in den Tuilerien des Louvre ist Palissy der einzige Künstler, dessen Name in der Frühneuzeit als Schöpfer dieser Objekte gesichert ist. Als ein Schritt zu deren Authentifizierung wurde deshalb versucht, das Problem der Echtheit im Wesentlichen auf ein Datierungsproblem zu reduzieren.[52] Amico listet zwanzig Bassins rustiques auf, die mit dem zerstörungsfreien Verfahren der Thermolumineszenzanalyse untersucht wurden.[53] Die damit durchgeführte Altersbestimmung ergibt Herstellungsdaten mit einer Fehlertoleranz von etwa 200 Jahren. Es lassen sich also nur Kopien und Objekte des 19. Jahrhunderts zweifelsfrei von Originalen des 16. Jahrhunderts unterscheiden.[54] Von den zwanzig untersuchten Objekten waren drei eindeutig Fälschungen und immerhin fünf ließen keine eindeutige Bestimmung mit diesem Verfahren zu. Diese physikalisch-technische Untersuchungsmethode hilft bei der Datierung und Bestimmung der Echtheit also nur bedingt weiter. Ob die untersuchten und ins 16. Jahrhundert datierbaren Objekte zudem tatsächlich aus der Werkstatt von Bernard Palissy stammen, lässt sich auf diese Weise nicht zeigen. Alle anderen Keramiktypen aus der Produktion von Palissy wurden bislang nicht untersucht. Der Grund mag sein, dass besonders die Jaspis-Keramiken genauso selten wie unbekannt sind. Da keine Objekte im Handel auftauchen, sind vermutlich kaum Kopien vorhanden.

Im Jahr 2011 veröffentlichte Jean-Claude Plaziat eine Studie, die die verbleibenden bislang als Originale bewerteten Stücke noch einmal dramatisch reduzieren würde.[55] Bereits im 19. Jahrhundert wurde festgestellt, dass auf vielen Bassins Abdrücke fossiler Muscheln vorhanden sind. Es handelt sich bei diesen ausschließlich um Bassins, die bisher der zweiten Schaffensperiode in Paris oder Sedan zugerechnet wurden. Bei diesen führen scheinbare Unstimmigkeiten bei den verwendeten Fossilien hinsichtlich Lagerstätten und Art sowie eine für Palissy untypische Ausführung Plaziat zu dem Schluss, dass die von ihm als „Schlange auf einer Insel mit Fossilien" benannten Typus nicht von Palissy, sondern erst von einem späten Nachfolger und Bewunderer des 18. Jahrhunderts her-

52 Tatsächlich lassen sich die einzelnen Keramikstile und Produktionsstätten klar voneinander trennen, wie eine Untersuchung über die Keramiken von Saint-Porchaire zeigt (siehe Kat. Écouen 1997). Über die Produktion des Ateliers in Sedan und dessen mögliche Fortführung nach Palissys Rückkehr nach Paris ist nichts bekannt; ob es bei dem Urheberrechtsstreit mit seinem Schwager um die Bassins rustiques ging, gleichfalls nicht.

53 Amico 1996, Annex IV, S. 241.

54 Auskunft Rathgen-Forschungslabor, Dez. 2003, Herr Dr. Gödecke; zu Altersbestimmungen von Keramiken allgemein: Riederer 1994, S. 228 ff.

55 Plaziat 2011.

gestellt wurden.[56] Diese kritische Bestimmung wird auf den gesamten „Schlange auf einer Insel“-Typ, zu dem sowohl das bekannte Pariser Bassin (Abb. 2 und Taf. II) als auch das Hamburger Bassin[57] gehören, übertragen. Obwohl Zweifel an dieser These angebracht sind, erstaunt schon, anders als in der Grotte, die Verwendung von Fossilienabdrücken auf den Bassins, da sie deren Konzept widerspricht. Ein denkbares Argument, dies zu erklären, wäre, dass Palissy zur Verwendung von Fossilienabdrücken gezwungen war, da ihm möglicherweise in Paris und später in Sedan keine maritimen Muscheln und Meeresschnecken zur Verfügung standen.[58] Er hätte sicher sein können, dass keiner in der zweiten Hälfte des 16. Jahrhunderts diesen Austausch bemerkte. Mittlerweile wurden im Louvre und in den großen französischen Sammlungen alle bisher Palissy oder seinem Atelier zugeschriebenen Bassins aberkannt und der Einschätzung Isabelle Perrins folgend einem unbekannten französischen Künstler am Ende des 16. oder Anfang des 17. Jahrhunderts zugeschrieben.[59] Es wäre eine pluridisziplinäre Analyse der Keramiken dringend notwendig, um die Befunde zu prüfen. Bewahrheitete sich die radikale Einschätzung Plaziats, ließe sie die weiterhin der Werkstatt Palissy zugeschriebenen Originale gegen null laufen. Nur noch der Typ mit bootförmiger Silhouette, den das Lyoneser Becken repräsentiert (Abb. 1 und Taf. I), wird von Plaziat als Arbeit Palissys akzeptiert.[60] Existierten nicht die Traktate *Recepte veritable* und *Discours admirables*, Palissy würde immer mehr zu einer Schimäre.

Auch über die Grotten von Palissy liegen keine gesicherten Erkenntnisse vor. Trotz der Grabungen der 1980er Jahre im Louvre bleibt alles weiterhin in der Schwebe. Aus Rechnungen, durch Augenzeugenberichte, sowie aus eigenen Schilderungen von Palissy ist bekannt, dass er an mindestens zwei Grotten arbeitete, einer vermutlich für das Château d'Écouen des Connétable Anne de Montmorency und einer zweiten in den Tuilerien des Louvre, für die Königinmutter

56 Plaziat 2011, S. 259 ff. Plaziat nimmt Bezug auf eine Studie von Isabelle Perrin (siehe Perrin 1998, 2002). Selbst der anonyme Schreiber des Pariser Manuskripts Ms. Fr. 640 (s. o.) empfiehlt die Abformung von Versteinerungen (siehe Kries 1926, S. 143).

57 Klier 2004, Tafel 7 und 8.

58 In jedem Fall ist zu fragen, warum vom Künstler, wer immer dieser war, Fossilien auf den Bassins abgebildet wurden, manchmal sogar zusammen mit rezenten Arten. Plaziat versäumt dies. Dass es sich um „Lehrmittel“ gehandelt haben könnte, an denen rezente und ausgestorbene Arten im Vergleich zu studieren waren, ist unwahrscheinlich. Keiner wäre ohne Anleitung durch einen Spezialisten in der Lage gewesen, die Unterschiede zu erkennen.

59 Siehe Musée du Louvre, http://www.louvre.fr/oeuvre-notices/bassin-rustiques-figulines: „France (fin du XVIe siècle – début du XVIIe siècle).“ „Traditionnellement proposé comme une œuvre de Bernard Palissy, passé maître dans ces formes d'ornementation appelées « rustiques figulines », ce plat est considéré par les chercheurs comme une œuvre plus tardive.“ Siehe: Perrin 1998, 2002.

60 Plaziat 2011, S. 259.

Catherine de Médicis. Die Bruchstücke, welche bei den Grabungen im Louvre gefunden wurden, bestätigen die Arbeit an der Grotte der Tuilerien. Für diese lässt sich eine Bauzeit zwischen 1567 und 1572 annehmen.[61] Die Lage der Grotte, welche größtenteils als unterirdisches Bauwerk geplant und vollkommen mit Keramiken ausgekleidet war, ist jedoch unbekannt, und es ist unsicher, ob sie jemals fertiggestellt worden ist.[62]

Bei der Grotte für den Schlosspark in Écouen kann durch die ausführliche Beschreibung, die Palissy von ihr gibt, nicht nur davon ausgegangen werden, dass er an ihr arbeitete, sondern auch, dass sie 1563 schon sehr weit fortgeschritten gewesen sein dürfte. Trotzdem sind von dieser Grotte weder Fragmente bekannt, noch ist ihr Bauplatz überliefert. Es wird deshalb mit Recht spekuliert, ob nicht beide Grotten identisch sein könnten und die bereits fertigen Einzelteile der Grotte, die für Écouen bestimmt waren, nach dem Tod von Anne de Montmorency von Saintes nach Paris in die neuen Gärten des Schlosses der Tuilerien verbracht wurden.[63] Die Bewertung der Quellen erweist sich nach den letzten Funden wieder einmal als uneindeutig. Ging die Forschung bislang einheitlich davon aus, dass ein Augenzeugenbericht der Schweizer Gesandten von ihrem Besuch im Jardin des Tuileries im Jahre 1575 als ein Beweis für Existenz und schlechten Zustand der Grotte anzusehen sei,[64] wird dieser von Willesme auf ein erst 1987 gefundenes mögliches weiteres Werk von Palissy, einen Brunnen, bezogen, der weit im Osten der Gärten der Tuilerien, in unmittelbarer Nähe des Schlosses und des Ateliers von Palissy lag.[65]

Es soll an dieser Stelle nicht versucht werden, die Spekulationen bezüglich der Realisierung der Grotten zu klären. Die Problematik der Zuschreibung wurde vor allem dargestellt, um den unsicheren schwankenden Boden, auf dem sich die

61 Willesme 1994, S. 93.

62 Willesme 1994, S. 91.

63 Willesme 1994, S. 91. Der Tuileriengarten wurde ab etwa 1564 im Westen des Louvre für die Königinmutter Catherine de Médicis im Stil der französischen Renaissance angelegt.

64 Kris 1926, S. 179: „Cum inter ceteros fuit extructus fons instar rupis, in qua rupe ex opere figulinario erant confecta varia animalia, velutt serpentes, cochleae, testudines, lacteri, crapones, ranae et omnis generis animalium aquatilium, quae animalia aquam ex ore fundebant quin ex rupe ipsa videbatur excudere aqua. Haec maximis inpensis et miro artificio fuernut parata. Nunc autem quia nemo excolit, ruinam minantur." Siehe auch Palissy 1996, S. 407.

65 Willesme 1994, S. 93 und Anm. 17. Brunnen waren in den allermeisten Renaissance- und Barockgärten vorhanden und auch Bestandteil vieler Grotten. Es braucht sich also nicht um ein separates Bauwerk gehandelt zu haben. Zu den Tuilerien siehe: Hautecoeur 1924 und Hautecoeur 1943. Der Ausdruck „fons" (s. o.) ist schon Kris 1926 (S. 179, Anm. 115) aufgefallen. Für ihn kann es indes „kein Zweifel sein, dass es sich hier um Palissys Grotte handelt."

Forschung bewegt, zu illustrieren. Von den Keramiken werden nur einige wenige Beispiele herangezogen, die genaue Klärung der Urheberschaft Palissys ist dabei für diese Untersuchung sekundär. Durch die Grabungen im Louvre hegte man anfangs die Zuversicht, die Forschungen auf eine gesicherte Grundlage stellen zu können, tatsächlich hat sich diese Hoffnung aber nicht vollkommen erfüllt.[66]

[66] Siehe: *Revue de l'Art* 1987 und Amico 1996. Obwohl einige früher als gesichert geltende Erkenntnisse revidiert wurden, halten sich verschiedene überholte Meinungen weiterhin in wissenschaftlichen Beiträgen, z. B. Daston, Park 2002, S. 255 u. S. 336 und Anm. 79 auf S. 497.

II. Discours admirables

1. Anmerkung zu den Traktaten

Die einzigen unzweifelhaften Erzeugnisse Palissys sind seine schriftlichen Veröffentlichungen. Diese sind die einzigen authentischen Objekte, deren Entstehungszeit genau bekannt ist, wohingegen die Keramiken mit vielen Unsicherheiten belastet sind. Die Traktate sind insofern ebenso wichtig wie die Keramiken – eines kann nicht ohne das andere verstanden werden. Eine Frage ist natürlich, ob man allen autobiographischen Angaben in seinen Schriften glaubt. Zeigt doch die Lektüre, dass gerade die Texte *L'Architecture et Ordonnance de la Grotte Rustique* und *Recepte veritable* auch profaneren Zielen dienten als nur der Darlegung künstlerischer Konzepte und Forschungsergebnisse. So war der Grottenentwurf auch mit der Intention geschrieben worden, eine Haftentlassung zu erreichen. Palissy erkannte zudem die Möglichkeit, durch die starke Verbreitung von Druckschriften seinen Bekanntheitsgrad zu steigern, was sich verkaufsfördernd auf seine Keramikproduktion ausgewirkt haben könnte. Gerade das *Recepte* ist an einigen Stellen ein regelrechtes Werbeprospekt. Weiterhin hat Palissy mit seinen autobiographischen Angaben in *L'art de la terre*, die geradezu um moralische Unterstützung durch den Leser werben, gezielt die Grundlage zur Mythenbildung seiner Künstlerbiographie gelegt.[1] Trotz mancher Einschränkungen liegt bislang allerdings kein Hinweis vor, den Angaben von Palissy zu misstrauen, sie sind nach wie vor die sicherste, aber leider vielfach auch die einzige Primärquelle über sein Leben und Werk.[2] Es erstaunt, wie gegensätzlich nicht nur die Kerami-

---

1 Fragonard 1992, S. 25–37. Allgemein zur biographischen Mythenbildung: Kris, Kurz 1995. Die autobiographischen Passagen wurden während der Jahre des Streits geschrieben, der zum Bruch der Familie Palissy führte, auch 1580 dauerten die heftigen Auseinandersetzungen in der Familie noch an. Die Ereignisse haben in den *Discours* ihre Spuren hinterlassen.

2 Es muss Ernst Kris widersprochen werden, der Palissys Künstlerbiographie „als methodisch angelegte Fiktion" ansieht. (Kris 1926, S. 184). Palissy hat fraglos dramatisiert, auf eine Fiktion deutet aber nichts hin.

ken, sondern auch die Traktate von Palissy ausgelegt werden, so dass in Forschungsbeiträgen vollkommen konträre Meinungen koexistieren. Bis heute hat es die Forschung nicht geschafft, sich von einigen pauschalen Urteilen und der Mythologisierung des 19. Jahrhunderts zu lösen.

Nachdem die Texte von Palissy im 16. und der ersten Hälfte des 17. Jahrhunderts in der gelehrten Diskussion naturwissenschaftlicher Probleme scheinbar unberücksichtigt geblieben waren, galten später vor allem die *Discours*, besonders für französische Wissenschaftler, als Meilenstein der Geowissenschaften,[3] deren Einzeldisziplinen Geologie, Hydrologie, Mineralogie oder Paläontologie in Palissy einen ihrer Ahnherren erkennen. Im 19. Jahrhundert wurde seine Bedeutung regelrecht verklärt. Auch die Literaturwissenschaft entdeckt mittlerweile die Bedeutung von Palissy für ihr Fachgebiet. Charakteristisch ist hierfür ein Beitrag auf dem Kolloquium zum 400. Todesjahr von Palissy 1990 in Saintes, einem Kolloquium, auf welchem der literarische Aspekt seines Werks einen breiten Raum einnahm.[4] Nachdem die Autorin Marie-Madeleine Fragonard die Beiträge von Palissy zur Entwicklung der Naturwissenschaften relativiert hat, macht sie in ihm den ersten Verfasser eines publizierten autobiographischen Künstlerporträts aus und sieht in ihm, durch die Verbindung von Autobiographie und Automythographie, sogar den Begründer des autobiographischen Romans.[5] Eine vergleichbare Autobiographie schrieb der florentinische Bildhauer und Goldschmied Benvenuto Cellini (1500–1571) in den Jahren zwischen 1557 und 1566. Anders als bei Palissy wurde Cellinis Lebensgeschichte aber erst viele Jahre nach seinem Tod im Jahre 1728 gedruckt.[6] Hieraus erwächst eine exponierte Stellung von Palissy für die französische Literatur der Renaissance, da in seinen Texten viele regionale und fachspezifische Termini erstmals bezeugt sind. Die literaturwissenschaftliche Emanzipation geschieht aber auf Kosten der bereits etablierten naturwissenschaftlichen Bedeutung des Künstlers.

Fragonard kritisiert bei der Analyse der naturwissenschaftlichen Bedeutung der Traktate von Palissy überwiegend formale Kriterien, wie die Verwendung der ersten Person, die Dialogform, die Verwendung von Anekdoten, die zweideutige Sprache[7] etc., aber auch die Trivialität einiger beschriebener Experimen-

3 Siehe z. B. Ellenberger 1988, S. 135.

4 Colloque Bernard Palissy, Saintes, 29. und 30. Juni 1990. Siehe: Lestringant 1992.

5 Fragonard 1992, S. 25–39.

6 Cellini 2000. Siehe auch Bredekamp 2000. Cellini verfasste zudem zwei kurze *Traktate über die Goldschmiedekunst und die Bildhauerei*, die bereits zu seinen Lebzeiten erschienen. Zu Legendenbildung und Künstlerbiographien Kris, Otto 1995.

7 Der Gebrauch von Worten, die aus einer alchemistischen Laborpraxis stammen, macht noch keinen alchemistischen Text im hermetischen Sinne. Zu den Anthropomorphismen in den Traktaten siehe Kapitel II.4. *Sprache und Anthropomorphismen*. Auch heute vielleicht trivial erscheinendes Wissen musste irgendwann ein erstes Mal schriftlich

te.[8] Es werden Eigenheiten des Textes kritisiert, die für den überwiegenden Teil der wissenschaftlichen Veröffentlichungen im 16. Jahrhundert typisch sind. Fragonard geht, kurz gesagt, bei ihrer Bewertung der wissenschaftlichen Qualitäten der Traktate Palissys von der äußeren Form einer naturwissenschaftlichen Abhandlung des 20. Jahrhunderts aus und misst das Wissen des 16. Jahrhunderts mit dem unserer Zeit. Die Stärke des literarischen Textes macht in gewissem Sinne für sie die Schwäche des wissenschaftlichen aus.

Der Begriff Naturwissenschaft und die in der Forschung angewandten Methoden sind selbstverständlich auf die Gegebenheiten der Frühen Neuzeit zu beziehen und dürfen nicht an den seit dem 19. Jahrhundert etablierten Standards gemessen werden.[9] Wissenschaftliche Standards und gesellschaftliche Bedingungen befinden sich in kontinuierlichem Wandel, es ist deshalb unangemessen, den damaligen Forschern das Attribut wissenschaftlich abzusprechen wollen, wie es verschiedentlich getan wird, und so die Ernsthaftigkeit ihrer Bemühungen um Wissenszuwachs zu leugnen. Sonst wären alle gleichermaßen Esoteriker oder Gaukler.

Auch eine überkritische Bewertung, wie jene von Fragonard, sollte grundsätzlich von der Ernsthaftigkeit der naturwissenschaftlichen Untersuchungen und künstlerischen Umsetzungen Palissys ausgehen und nicht deren Bedeutung etwa mit einer Tendenz zur „Automythographie“ aufwiegen und dadurch in Abrede stellen.[10] Dass die „hinreißende“ Selbstdarstellung seines Künstlerschicksals eine „methodisch angelegte Fiktion“ sein könnte, darf nicht dazu verführen, die technischen Neuerungen in den Fayencen von Palissy zu unterschätzen, meinte bereits 1926 der Wiener Kunsthistoriker Ernst Kris.[11] Heute wird verstärkt der literarische, erzählerische Gehalt der Schriften analysiert und bewertet. Ihre eigentliche Intention, die naturwissenschaftlichen und künstlerischen Aussagen, wird dadurch heruntergespielt. Zur historischen Bewertung der geologisch-hydrologischen und künstlerischen Anschauungen Palissys kann nicht nur literaturwissenschaftlich und linguistisch argumentiert werden. Widersprüchlichkeiten der Texte, wie sie im 16. Jahrhundert keine Seltenheit sind, dürfen nicht dadurch beseitigt werden, dass man die Dialoge als psycho-

---

fixiert werden, um dieses zu sichern und von dort ausgehend das Wissen erweitern zu können.

8 Marie-Madeleine Fragonard, *Introduction* zu: Palissy 1996, dort: Bd. 1, S. XI–XLVII.

9 Vgl. Ellenberger 1988, Bd. 1, S. 188 mit Betrachtungen zum Status der Wissenschaft bei Goropius. Zöllner 2006 setzt in seiner Untersuchung der Zusammenhänge von Wissenschaft und Kunst bei Leonardo da Vinci, „Wissenschaft“ und „wissenschaftlich“ konsequent in Anführungszeichen (dort z. B. S. 2). Siehe hierzu auch Breidbach 2005, S. 160.

10 Fragonard 1992, S. 33–34. Vgl. Kirsop 1961, S. 137.

11 Kris 1926, S. 184.

logische, romaneske Studien analysiert; und Inhalt und Form dürfen nicht ausschließlich an unseren Maßstäben gemessen werden. Dass man Palissy in seiner Zeit zu situieren habe, fordert Jean Céard, der eine bedachte und differenziertere Haltung als Fragonard einnimmt und feststellt, dass die wissenschaftsgeschichtliche Bestandsaufnahme des Werks von Palissy erst am Anfang steht.[12] Die letzten Aufsätze von Stephen Jay Gould zeigen beispielhaft, wie respektvoll sich wissenschaftliche Texte inhaltlich und geschichtlich analysieren lassen.[13]

2. Der Buchkörper

Mit den *Discours admirables* publizierte der französische Keramikkünstler Bernard Palissy 1580 sein drittes schriftstellerisches Werk. Die *Discours* sind, obwohl die Pluralform des Titels eine Sammlung unabhängiger Abhandlungen oder Diskurse nahelegt, ein in sich geschlossenes, als Einheit konzipiertes Werk und wurden 1580 im Verlag Martin Le Jeune gedruckt. Martin le Jeune war nach dem Druckprivileg Buchhändler und Verleger an der Universität von Paris. Das Traktat ist Antoine de Pons gewidmet, der Gouverneur der Saintonge und wie Palissy Naturaliensammler war. Die Auflagenhöhe der *Discours* ist nicht bekannt.[14] Da das Buch in einer nur kurzen Ruhephase der von heftigen Auseinandersetzungen geprägten Religionskriege erschien,[15] Palissy als Protestant bereits seine Protektion verloren hatte und zeitweise zwischen Sedan in den Ardennen, wohin er sich nach der Bartholomäusnacht ins Exil geflüchtet hatte, und Paris pendelte, würde es erstaunen, wenn die Auflage hoch gewesen wäre. Die Publikation stand insofern unter einem eher ungünstigen Stern. Neuauflagen der *Discours* gab es bislang nur selten und dann nur innerhalb von Werkausgaben oder in Form von Auszügen.[16] Die *Discours* wurden nach dem Tode von Palissy bereits 1636 zusammen mit dem *Recepte* wiederaufgelegt, allerdings unter dem neuen reißerischen Titel *Le moyen de devenir riche* und mit einem gefälschten Vorwort von Palissy versehen.[17] Die erste authentische Neuauflage der Schriften von Palissy brachten Faujas de Saint-Fond und Gobet 1777 in Paris heraus, also fast 200 Jahre nach seinem erstmaligen Erscheinen, das 19. Jahrhundert sah drei Neu-

---

12 Céard 1992, S. 155–166.

13 Gould 1999 und 2002a, b, c.

14 Vgl. Kapitel I.3. *Werkübersicht* zur Auflagenhöhe des *Recepte*.

15 6. Religionskrieg 1776–1577, 7. Krieg 1579–1580, 8. Krieg 1585–1598 (siehe: Rössler 1956, S. 364–393; www.museeprotestant.org/Pages/Notices.php?scatid=3&noticeid=886&lev=1&Lget=DE.

16 Siehe Kapitel III.1. *Palissys hydrologisches Modell*, es existiert eine sehr frühe englische Übersetzung des Diskurses *Über das Wasser*.

17 Palissy 1636.

ausgaben und 1996, als Nachklang des 400. Todesjahres Palissys im Jahr 1990, erschien die letzte Wiederveröffentlichung.[18]

Wie viele Exemplare der *Discours admirables* erhalten sind, ist unbekannt. In vielen großen Bibliotheken weltweit ist das Werk vorhanden.[19] Weitere Stücke existieren in Privatsammlungen, und in längeren zeitlichen Abständen tauchen verschiedentlich einige bei Auktionen oder in Antiquariaten auf.[20] Die Provenienz lässt sich selten sehr weit zurückverfolgen. Eine Ausnahme ist das Exemplar der British Library, welches aus dem Besitz von Sir Hans Sloane (1660–1753) stammt und zusammen mit dessen umfangreicher Sammlung und Bibliothek den Gründungsbestand des British Museum darstellte. Möglicherweise erwarb Sloane das Werk bereits während seines Studiums in Frankreich, also etwa um 1680, das heißt einhundert Jahre nach Drucklegung.[21]

Eingesehen wurden die Exemplare der Bibliothèque National de France in Paris und der Staatsbibliothek zu Berlin. Beide unterscheiden sich nur hinsichtlich Besitzervermerken und späterer zusätzlicher Eintragungen. Sie weisen keine Besonderheiten auf.[22] Der Pariser Band trägt auf Titelblatt und letzter Seite einen Stempel als Besitzvermerk der französischen Bibliothèque Royal, zudem wurde das Erscheinungsjahr handschriftlich auf 1586 verbessert, dies aber später korrigiert, indem rechts davon erneut 1580 hinzugesetzt wurde.

Das makellos erhaltene Exemplar der Staatsbibliothek zu Berlin besitzt auf der Innenseite des vorderen Buchdeckels das Exlibris „Ex legato Aemilii Osanni 1842" (Abb. 6 und Taf. XI). Auf der Rückseite des Titelblattes (Abb. 7 und Taf. XII) unterhalb des Druckprivilegs weisen zwei runde Bibliotheksstempel es zuerst als Bestand der Bibliothek der Friedrich-Wilhelms-Universität zu Berlin aus, bevor es 1903 in die Königlich-Preußische Bibliothek, den Vorläufer der heutigen

---

18 Diese erste kommentierte Werkausgabe in 2 Bänden von 1996, hg. unter Leitung von Marie-Françoise Fragonard, wurde 2010 als Nachdruck in einem Band neu aufgelegt (Palissy 1996, Palissy 2010).

19 Die französische Nationalbibliothek wie auch die Bibliothèque Interuniversitaire de Santé in Paris besitzen z. B. jeweils zwei Exemplare, eines befindet sich im Pariser CNAM (also fünf in Paris), eines in London, zwei in Glasgow und ein Exemplar in der Staatsbibliothek in Berlin. Ein zehntes in Weimar ist beim Brand der Herzogin Anna Amalia Bibliothek vernichtet worden.

20 Es wurden in den letzten fünfzehn Jahren im öffentlichen Handel insgesamt vier verschiedene Exemplare festgestellt. Händler waren Sotheby's, Aguttes, Christie's und Librairie Thomas Scheler Paris, die Preise bewegten sich zwischen 6.250 und 28.000 €.

21 Vgl. Kapitel VI.3 *Fossilien* und VII.3 *Der Mansfelder Kupferschiefer*.

22 Das Berliner Exemplar (Jr 1050 R) hat drei Ankreuzungen mit Bleistift auf den Seitenrändern der Seiten 300, 301 und 343 im Diskurs *Über den Mergel*. Nach zur Verfügung stehenden vereinzelten Abbildungen von in Auktionen gehandelten Exemplaren der *Discours*, etwa der Titelseite, weisen diese neben Besitzvermerken, Anstreichungen oder Beschädigungen keine Abweichungen auf.

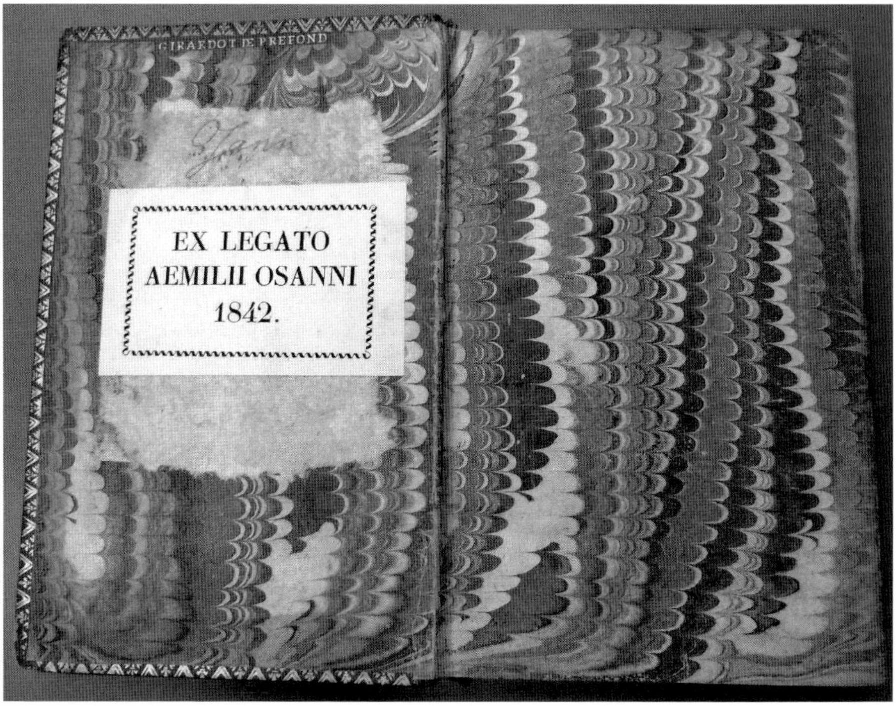

Abb. 6 Bernard Palissy, *Discours admirables*, Paris, 1580, innerer Buchdeckel und Vorsatzpapiere, buntes Kammpapier, mit Exlibris Nachlass Emil Osann und darüber am oberen Rand Goldprägung des Namens von Girardot de Préfond, Staatsbibliothek zu Berlin.

Staatsbibliothek zu Berlin, überführt wurde.[23] Das Buch ist ein kleines Stück Berliner Universitätsgeschichte, da es ursprünglich durch den Nachlass eines ihrer Professoren in die Sammlung des Vorgängers der Universitätsbibliothek der heutigen Humboldt-Universität gelangte. Emil Osann (1787–1842) war zuerst Arzt in Berlin, später ordentlicher Professor für Heilmittelkunde an der Friedrich-Wilhelms-Universität. Sein Spezialgebiet war die Wirkung von Heilquellen, was sein Interesse an den *Discours admirables* erklärt, da sich Bernard Palissy im ersten Diskurs *Über das Wasser* ausführlich mit diesem Thema auseinandersetzt.[24]

23 Oberer Bibliotheksstempel, rot: „Ex Biblioth. Legia Berolinensi.“, unterer Stempel, schwarz: „Ex Biblith. Universitatis Frider. Guil. Berolin.“ Alte und aktuelle Signaturen befinden sich auf den Vorsatzpapierseiten 1v und 2r, auf 1v: die aktuelle Signatur der Staatsbibliothek zu Berlin Jr 1050 R, darüber eine alte Signatur 2661 m; auf 2r: Akzessionsjahr/ Nummer 1903. 14172.

24 Siehe: Hirsch 1887, S. 458–459 [Onlinefassung] und Friese 1910, S. 84 f. Osann war ein Bruder des Philologen und Archäologen Friedrich Gotthilf Osann sowie Neffe und Schwiegersohn von C. W. Hufeland.

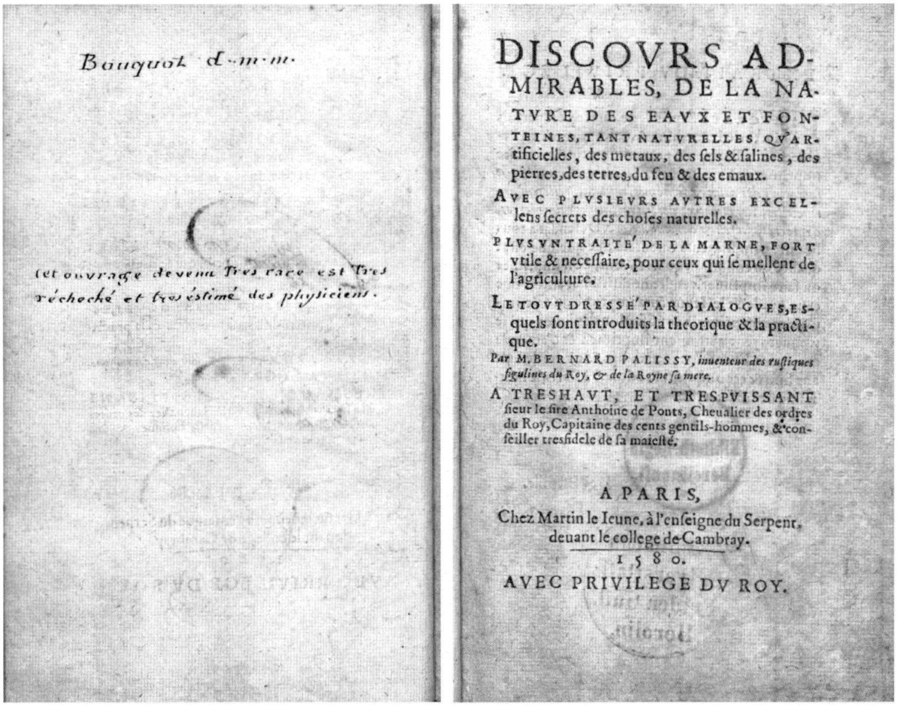

Bouquot d.m.m.

cet ouvrage devenu tres rare est tres
réchoché et trésestimé des physiciens.

DISCOVRS AD-
MIRABLES, DE LA NA-
TVRE DES EAVX ET FON-
TEINES, TANT NATVRELLES QV'AR-
tificielles, des metaux, des ſels & ſalines, des
pierres, des terres, du feu & des emaux.

AVEC PLVSIEVRS AVTRES EXCEL-
lens ſecrets des choſes naturelles.

PLVS VN TRAITE' DE LA MARNE, FORT
vtile & neceſſaire, pour ceux qui ſe mellent de
l'agriculture.

LE TOVT DRESSE' PAR DIALOGVES, ES-
quels ſont introduits la theorique & la practi-
que.

Par M. BERNARD PALISSY, *inuenteur des ruſtiques
figulines du Roy, & de la Royne ſa mere.*

A TRESHAVT, ET TRESPVISSANT
ſieur le ſire Anthoine de Ponts, Cheualier des ordres
du Roy, Capitaine des cents gentils-hommes, & con-
ſeiller tresfidele de ſa maieſté.

A PARIS,
Chez Martin le Ieune, à l'enſeigne du Serpent,
deuant le college de Cambray.
1580.
AVEC PRIVILEGE DV ROY.

Abb. 7 Bernard Palissy, *Discours admirables*, Paris, 1580, Titelblatt, Staatsbibliothek zu Berlin. Abteilung Historische Drucke, Signatur: Jr 1050 : R.

Das Exlibris von Osanni ist auf das bunte marmorierte Kammpapier des ersten Vorsatzpapieres geklebt, das an dieser Stelle eine großflächige Beschädigung durch den Abriss eines früheren Exlibris aufweist, von dem der kleine Rest der unteren linken Ecke zeigt, dass es rechteckig gewesen sein muss. Auf der Fehlstelle oberhalb des Exlibris wurde mit Bleistift handschriftlich zusätzlich der Name „Osann“ notiert. Darüber, am oberen Rand des Buchdeckels, findet sich mit „Girardot de Préfond“ ein weiterer Name, als Goldprägung im Leder der Buchbindung, das farbige Kammpapier wurde dort am Rand ausgeschnitten. Paul Girardot de Préfond konnte als ein weiterer Vorbesitzer identifiziert werden. Als Mitglied einer wohlhabenden, in Clamecy, Burgund und Paris tätigen Holzhändlerfamilie besaß er eine bedeutende historische Bibliothek.[25] Im April 1757 wurde

25 Siehe: Annie Charon (Hg.), http://elec.enc.sorbonne.fr/cataloguevente/notice23.php. Die Zuordnung der Bibliothek zu dem möglicherweise 1765 verstorbenen Paul Girardot de Préfond wird von der Autorin als nicht sicher bezeichnet. Für diese Zuordnung spricht indes ein Exlibris in dem Buch von Simon Rosarius (de Rosier), *Antithese des faicts de Iesus Christ et du pape,* Genf, *1578,* der Bibliothèque municipale de Lyon

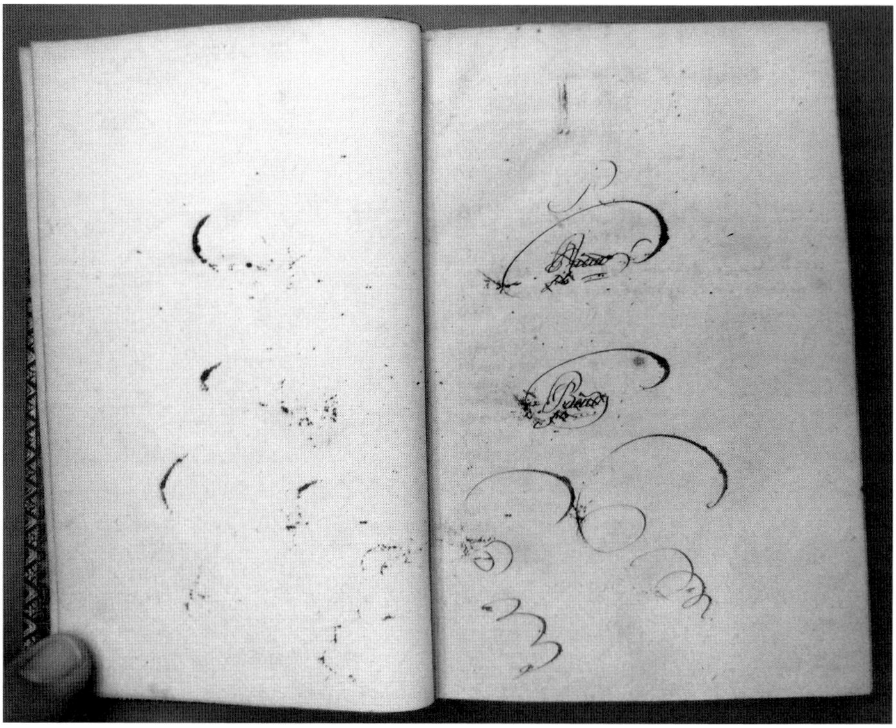

Abb. 8 Bernard Palissy, *Discours admirables*, Paris, 1580, fliegende Vorsatzblätter mit Signaturen, Tintenspritzer und Abdrücken auf gegenüberliegender Seite, rechts Detailausschnitt, Staatsbibliothek zu Berlin .

diese durch den renommierten Pariser Buchhändler Guillaume-François Debure versteigert. Der Auktionskatalog weist das Berliner Exemplar der *Discours admirables* als Los-Nummer 358 aus.[26] Das Buch ist in braunes Leder gebunden, der Buchschnitt ist vergoldet. Der mit Nervuren und zarten Goldornamenten verzierte Rücken trägt in Goldschrift auf schwarzem Grund die Beschriftung

(Signatur SJ AR 1/39), das beschriftet ist mit „Ex musaeo Pauli Girardot de Prefond", siehe: http://sged.bm-lyon.fr/Edip.BML/Publiimg/PROV/PROV879.HTML. Dass ein wohlhabender Sammler sich lange vor seinem Tod von seiner Bibliothek trennt, ist ungewöhnlich.

26 De Bure le jeune 1757, S. 54. Die *Discours admirables* sind in der Abteilung „VII. Histoire naturelle. Histoire naturelle particuliere des Elémens, des Métaux, Minéraux, Fossiles, Pierres, Eaux, Fontaines, Fleuves, etc." gelistet. Das Buch von Simon Rosarius (de Rosier), *Antithese des faicts de Iesus Christ et du pape*, der Bibliothèque municipale de Lyon (siehe Anm. 25) ist nicht im Katalog enthalten und war offensichtlich nicht Teil der Auktion.

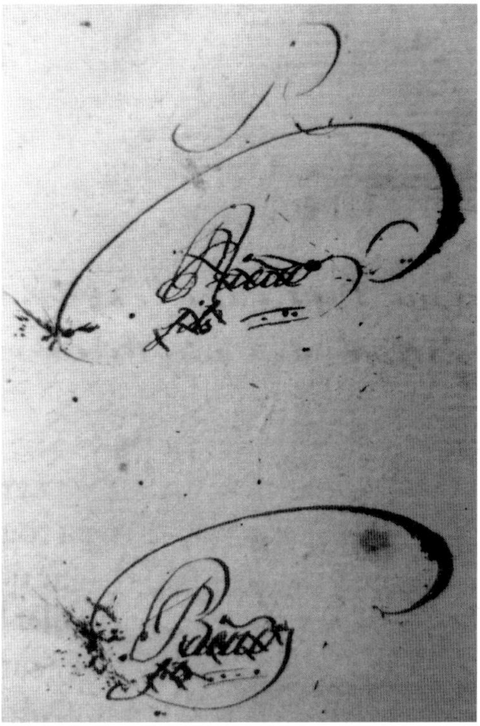

PALISSY S. LES EAUX. Auf dem unteren Teil des Buchrückens sind die Reste einer alten Bibliothekssignatur 266…, ..n.. in gleicher Ausführung sichtbar. Diese korrespondiert mit einer Signatur in Bleistift auf dem Vorsatzblatt 1v: 2661 m. Wahrscheinlich geht die Buchbindung auf Girardot de Préfond zurück und es könnte sich um seine Bibliotheksnummer handeln.[27]

Auf Seite 2r des Vorsatzpapiers befinden sich zwei mit Tinte gleichartig ausgeführte schwungvolle Signaturen (Abb. 8). Unter den von einer späteren Hand durchgestrichenen und kaum lesbaren Namen steht jeweils ebenfalls ausgekreuzt das Wort „fils". Da sich beide Handschriften im Duktus unterscheiden, könnte es

[27] Das Muster der Goldprägung des Leders durch das Bindeeisen im inneren Buchdeckel des Berliner Exemplars der *Discours admirables* ähnelt dem im Buch *Antithese des faicts de Iesus Christ et du pape* der Bibliothèque municipale de Lyon (siehe Anm. 25). Es wurde auch das gleiche farbige marmorierte Kammpapier als Vorsatzpapier verwendet. Es kann deshalb davon ausgegangen werden, dass es sich um den gleichen Buchbinder handelt. Das Exemplar der *Discours admirables* aus der Berliner Staatsbibliothek wurde also Mitte des 18. Jahrhunderts durch Girardot de Préfond neu gebunden. Girardot de Préfond sammelte nachweislich aber auch Drucke mit kostbaren alten Bindungen (siehe Le Bars, 2013).

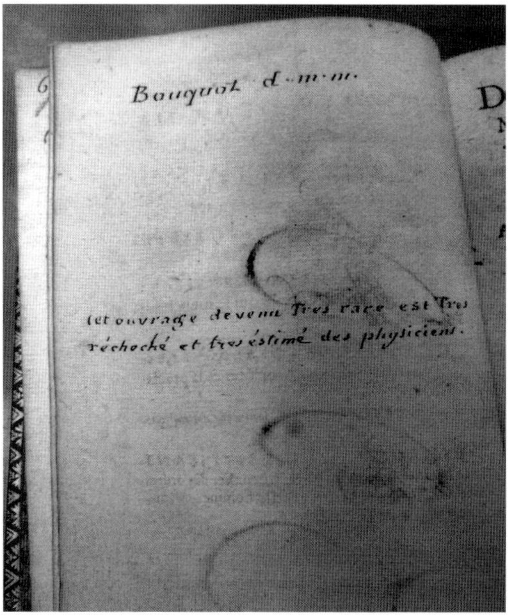

Abb. 9 Bernard Palissy, *Discours admirables*, Paris, 1580, fliegendes Vorsatzblatt gegenüber Titelblatt, handschriftliche Eintragungen in schwarzer Tinte, oben: „Bouquot d.m.m.“, Mitte: „Cet ouvrage devenu Tres rare est Tres récheché et tres éstimé des physiciens.“, Staatsbibliothek zu Berlin.

sich um zwei Partner eines Betriebes handeln. Die Schrift hat sich auf das gegenüberliegende Blatt abgedrückt und beide Blätter sind mit einer Vielzahl kleiner Tintenspritzer und weiterer Schleifen übersät. Wann die Eintragungen entstanden, die an kalligraphische Schriftversuche erinnern, ließ sich nicht bestimmen.

Auf dem unmittelbar dem Titelblatt gegenüberliegenden letzten Vorsatzblatt befindet sich oben mit Tinte geschrieben ein Name, gefolgt von einer Abkürzung: „Bouquot d·m·m“ (Abb. 9 und Taf. XII). Mit Bouquot konnte jetzt ein weiterer Vorbesitzer identifiziert werden, ebenfalls aufgrund eines Auktionskatalogs. Es handelt sich um „M. Bouquot, Docteur en Médecine de Montpellier, à Troyes“, dessen Bibliothek im März 1809 in seinem Haus in der Grand Rue in Troyes versteigert wurde.[28] Das Berliner Exemplar der *Discours admirables* ist als N° 23 in der Rubrik „Chymie“ aufgeführt. Am Ende der Bücherliste wird auf eine weitere

28 *Catalogue des Livres de feu M. Bouquot*, Troyes, 1809, S. 28. Nach der bibliographischen Notiz der Bibliothèque National de France fand der Verkauf am 20. März 1809 statt. Ein Auktionator oder der Verleger des Katalogs werden in diesem nicht genannt. Familienangehörige oder Nachkommen von Bouquot waren im 19. Jh. in Troyes und später auch in Paris als Verleger und Buchhändler tätig. Möglich wäre, dass dieser Buchkatalog das erste Werk in einem neuen Erwerbszweig der Familie Bouquot darstellte und der Verkauf durch diese selbst organisiert und durchgeführt wurde. Die Abkürzung „d.m.m.“ könnte für „Docteur en Médecine de Montpellier“ stehen.

Auktion im Anschluss hingewiesen, bei der die naturkundliche Sammlung von Bouquot, bestehend unter anderem aus Muscheln, Mineralien und Bergkristallen, zum Aufruf kam. Es wäre denkbar, dass Emil Osann die *Discours admirables* bereits im Jahr seiner Promotion bei diesem Verkauf erwarb.[29] In einer weiteren Handschrift in Seitenmitte unterhalb des Namens Bouquot steht die Notiz: „cet ouvrage devenue Très rare est Très récheché et très éstimé des physiciens".[30] Die Fehler in der Orthographie könnten darauf hindeuten, dass es sich um den Vermerk eines nichtfranzösischen Besitzers, vielleicht Emil Osann, und den spätesten Eintrag handelt.

Innerhalb des Œuvres von Bernard Palissy ist das Buch neben den Keramiken als gleichrangig anzusehen. Im Folgenden werden der Buchkörper und das äußere Erscheinungsbild der *Discours admirables* hier erstmals ausführlich beschrieben. Das Traktat besteht aus insgesamt 400 Seiten im Oktav-Format (in-8°): die ersten 8 Blatt (nur mit Lagenzählung), weder paginiert noch foliiert, dann 316 Seiten paginiert und 68 Seiten am Ende erneut ohne Seitenzählung. Die Bibliotheksangaben sind in dieser Hinsicht nicht immer exakt. Die erste Abteilung, die genau einem Druckbogen, also einer Lage, entspricht, enthält die einleitenden Abschnitte Druckprivileg, Widmung und Vorwort, die zweite Abteilung den elf Kapitel umfassenden eigentlichen Hauptteil des Buches, die dritte Abteilung die Kapitel des Anhangs, die *Kopie der Schriften*, den *Auszug der wichtigsten Sentenzen* und die *Erläuterung der problematischen Begriffe*.

Die *Discours admirables* sind mit einer Höhe von etwa 160 mm, einer Breite von 100 mm für die Blattgröße und einer Stärke von 18 mm ein kleinformatiges Buch.[31] Es kann als extremes Klein-Oktavformat klassifiziert werden, an der Grenze zum 16°. Die typischen, bei der Durchsicht des Papiers sichtbaren von den Metalldrähten des Schöpfsiebs herrührenden rechtwinkligen Linien oder Rippen sind sehr ausgeprägt. Das Wasserzeichen konnte nicht lokalisiert werden. Es kam ein Dünndruckpapier mit einem hohen Anteil an größeren, deutlich sichtbaren Fasern zur Verwendung.

Die Lagennummerierung, eine für den Herstellungsprozess verwendete Zeichenkombination, steht auf den Recto-Seiten, leicht außermittig rechts unter-

---

29 In seiner *Physikalisch-medicinische Darstellung der bekannten Heilquellen der vorzüglichsten Länder Europa's*, Bd. 1 von 1826 berichtet Osann auf S. 127 auch über die Qualität des Trinkwassers in Chalons und Troyes.

30 „Dieses sehr selten gewordene Werk ist sehr gesucht und wird von Naturforschern sehr geschätzt." Auf die Seltenheit wird bereits im Verkaufskatalog der Bibliothek Bouquot kurz hingewiesen („rare"), siehe *Catalogue des Livres de feu M. Bouquot*, 1809, S. 28.

31 Ein im Jahr 2004 bei Christie's in Paris versteigertes stark beschnittenes Exemplar hat sogar nur eine Größe von 151 × 101 mm, siehe: http://www.invaluable.com/auction-lot/palissy,-bernard-1510-1590-.-i-discours-admirab-moairfucu4-8-m-wn1g-3qwx2q.

halb des Textfeldes, jeweils vor der vorweggenommenen ersten Silbe der folgenden Seite. Für die Lagenzählung wird eine Buchstaben-Zahlen-Kombination mit arabischen Ziffern verwendet. Die rechtsseitigen Blätter, beginnend mit dem ersten Kapitel „Des eaux et fontaines", sind folgendermaßen durchorganisiert: Die ersten 4 Blätter sind z. B. mit A1 bis A4 bezeichnet, worauf 4 unbezeichnete folgen, was für eine Lage eine Gesamtanzahl von 8 Blättern oder 16 Seiten ergibt. Nach dem Erreichen des Buchstaben Z springt die Chiffrierung auf Aa bis Aa 4 um. Hiervon abweichend werden für die erste Lage mit den einleitenden Texten die Chiffren *2 bis *4 zur Lagenzählung genutzt, das Titelblatt verzichtet auf eine Indizierung.[32] Der Vorspann findet also auf genau 16 Seiten, inklusive Titelblatt, Platz. Das Buch enthält somit 25 Gruppen mit jeweils 8 Blättern oder 16 Seiten, das heißt, es umfasst insgesamt, einschließlich des Titelblattes, exakt 400 Seiten. Jede dieser Gruppen entspricht einem Druckbogen; das Buch besteht somit aus 25 Druckbögen, die jeweils 8-mal gefaltet das In-octavo-Format ergeben. Da die Druckbögen nicht standardisiert waren, weichen die tatsächlichen Größen von Büchern in diesem Format voneinander ab. Die *Discours* wurden wie früher üblich als sogenannter Buchblock ausgeliefert, die Druckbögen wurden gefaltet und gestapelt, aber nicht beschnitten oder gebunden. Ein haltbarer Einband wurde nach individuellem Geschmack erst vom jeweiligen Eigentümer bei einem Buchbinder in Auftrag gegeben. Die einzelnen Exemplare der *Discours* unterscheiden sich folglich leicht im Äußeren.

Die Paginierung mit arabischen Ziffern befindet sich jeweils oberhalb bündig am äußeren Rand des Schriftfeldes. Sie beginnt mit der ersten Seite des ersten Kapitels und endet mit Seite 361, der letzten Seite der *Kopie der Schriften unter den Ausstellungsobjekten*, eines Teils des Anhangs. Dieser Abschnitt, obwohl mit Seitenzahlen versehen, wird nicht im Inhaltsverzeichnis aufgeführt.

Der fast durchgängig in Blocksatz gedruckte Schriftspiegel ist 125 mm auf 71 mm groß und umfasst in der Regel 30 Zeilen plus einer Kopfzeile (lebender Kolumnentitel) mit zentrierter Kapitelüberschrift in Majuskeln sowie der links- bzw. rechtsbündigen Seitenzahl. Konsequenz der Verwendung von dünnem Druckpapier ist bei starkem Auftrag der schwarzen Druckfarbe, dass diese häufiger von der Rückseite nach vorne durchschlägt. Auch ist ein Abdruck der Schrift auf die gegenüberliegende Seite feststellbar. Es wird eine Antiquatype verwendet, einzelne Textteile stehen in Kursive, auch Italique oder Italica genannt. Durch die Verwendung einer kleinen Schriftgröße und eines geringen Zeilenabstands ergibt sich ein äußerst kondensiertes Schriftbild. Der Blocksatz ist perfekt gesetzt, Blattgröße und Schriftspiegel sind harmonisch aufeinander abgestimmt. Vom

---

32 Diese Lagennummerierung mit einem der Zahl vorweg stehenden Asterix findet sich auch in Cardanos im Verlag Guillaume Le Noir in Paris gedrucktem *De la subtilité* von 1566.

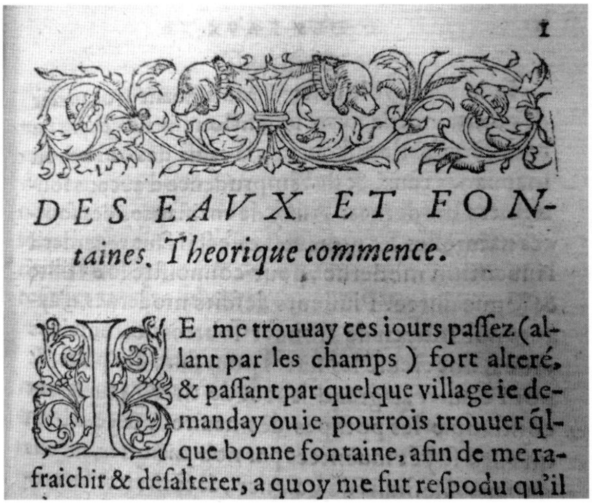

1

DES EAVX ET FON-
taines. Theorique commence.

IE me trouuay ces iours paſſez (al-
lant par les champs) fort alteré,
& paſſant par quelque village ie de-
manday ou ie pourrois trouuer q̃l-
que bonne fontaine, afin de me ra-
fraichir & deſalterer, a quoy me fut reſpodu qu'il

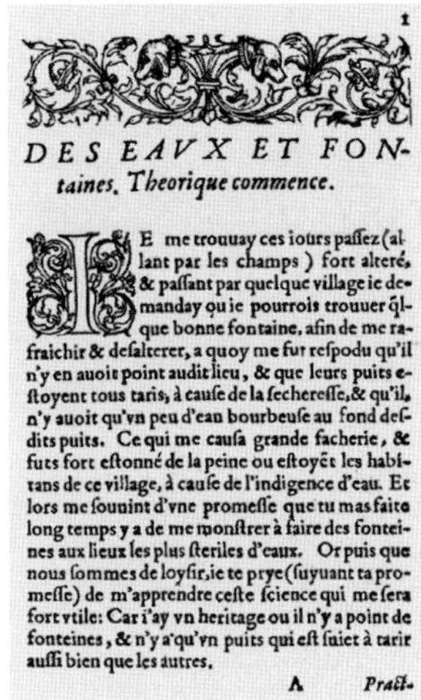

1

DES EAVX ET FON-
taines. Theorique commence.

IE me trouuay ces iours paſſez (al-
lant par les champs) fort alteré,
& paſſant par quelque village ie de-
manday ou ie pourrois trouuer q̃l-
que bonne fontaine, afin de me ra-
fraichir & deſalterer, a quoy me fut reſpodu qu'il
n'y en auoit point audit lieu, & que leurs puits e-
ſtoyent tous taris, à cauſe de la ſechereſſe, & qu'il
n'y auoit qu'vn peu d'eau bourbeuſe au fond deſ-
dits puits. Ce qui me cauſa grande facherie, &
fus fort eſtonné de la peine ou eſtoyẽt les habi-
tans de ce village, à cauſe de l'indigence d'eau. Et
lors me ſouuint d'vne promeſſe que tu mas faite
long temps y a de me monſtrer à faire des fontei-
nes aux lieux les plus ſteriles d'eaux. Or puis que
nous ſommes de loyſir, ie te prye (ſuyuant ta pro-
meſſe) de m'apprendre ceſte ſcience qui me ſera
fort vtile: Car i'ay vn heritage ou il n'y a point de
fonteines, & n'y a qu'vn puits qui eſt ſuiet à tarir
auſſi bien que les autres.

A Pract-

Abb. 10 Bernhard Palissy, *Discours admirables*, Paris, 1580, Seite 1, Kapitel *Des eaux et fontaines*, Buchschmuck.

allgemeinen Erscheinungsbild weichen die ersten sechzehn ohne Paginierung ausgeführten Seiten des Vorspanns ab. Deren erste drei Teile (Druckprivileg, Widmung und Vorwort) sind in einer übergroßen Kursivtype gedruckt, während das anschließende Inhaltsverzeichnis in einer so geringen Schriftgröße gesetzt ist, dass fast der Eindruck einer Verkleinerung entsteht, denn auch der Schriftspiegel weicht mit 110 mm Höhe deutlich ab.

Die Namen der Gesprächspartner im Dialog, „Theorique" und „Practique", erscheinen zentriert im Schriftblock in Kursiv. In drei Kapiteln, *Des eaux et fontaines*, *De l'art de terre* und *Des sels divers* sind Marginalien vorhanden, um einige angesprochene Themen besser kenntlich zu machen und die Übersichtlichkeit des Textes im Blocksatz zu verbessern. Für diese findet die Kursivtype mit halber Buchstabengröße Verwendung. Markant ist auf dem Titelblatt (Abb. 7 und Taf. XII) der dekorative Wechsel von Groß- und Kleinschreibung und unterschiedlicher Schrifthöhe sowie unten auf der Seite eine wie von Hand gezogene, leicht geschwungene Linie, eingeschoben zwischen dem Schriftzug „devant le college de Cambray" und der Jahreszahl 1580.

Die Kapitel starten nicht immer auf einer neuen Seite, sondern beginnen häufig ohne Absatz direkt im Anschluss an das vorhergehende, selbst im unteren Drittel einer Seite. Alle Kapitelüberschriften in Majuskeln werden stets von einer Ornamentbordüre oder Vignette aus floralen Motiven bekrönt, diese trennt auch die einzelnen Textabschnitte optisch voneinander. Es finden vier verschiedene Bordüren Verwendung. Der Typ für die Bekränzung des Kapitels *Des Eaux et Fontaines* (Abb. 10) taucht im Text insgesamt viermal auf und ist der am dritt-

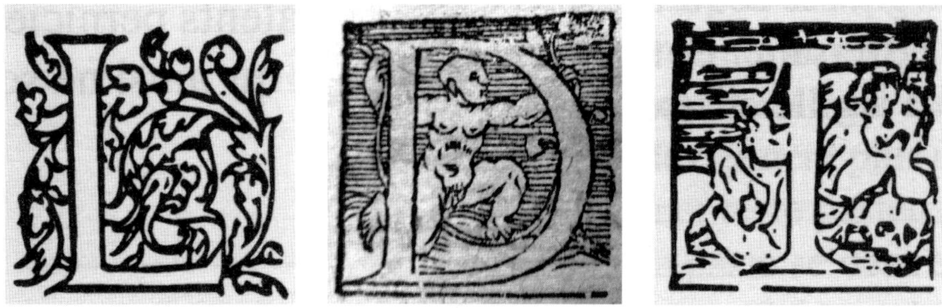

Abb. 11 Bernhard Palissy, *Discours admirables*, Paris, 1580, Buchschmuck: a) Initiale « L » der Widmung an Antoine de Pons, b) Initiale « D » des Vorwortes, c) Initiale « T », S. 254, *Des terres d'argile*s, d) Cul-de-lampe am Schluss vom *Hinweis an den Leser.*

häufigsten benutzte. Die Bordüre besteht aus zwei Ranken, die in der Mitte des Ornaments zusammengebunden sind und sich dann wieder nach außen zurückdrehen, um schließlich in Verdickungen zu enden, die wie Hundeköpfe aussehen. Eine Zuordnung der einzelnen Bordürentypen zu bestimmten Themen gibt es nicht.

Alle Kapitelanfänge sind durch Initialen in Quadratform typographisch gestaltet. Die meisten Initialen sind vollständig und bündig in den Textblock integriert. Sie werden wie das „L" zu Beginn der Widmung von Blätterwerk und Ranken umspielt. Wo diese auf ein florales Motiv verzichten, taucht ein Putto mit einem am Boden liegenden Schädel auf.[33] Die Initiale eines der einleitenden Absätze zeigt abweichend davon eine muskulöse männliche Figur, die beide Schenkel des Buchstaben D auseinanderzieht.[34] (Abb. 11) Als dritte Art der Ausschmückung füllt ein Cul-de-lampe die zwei einzigen Leerstellen innerhalb des Buches, am Ende der Widmung und des „Hinweis[es] an die Leser", dort wo der Text bereits im oberen Viertel der Seite endet. Die meisten Ornamente werden im Buch mehrfach verwendet und scheinen Standardelemente der Druckwerkstatt gewesen und nicht individuell für dieses Werk gestaltet worden zu sein. Eine Vignette, die wiederholt in den *Discours* vorhanden ist, wurde vom Drucker und

33 Palissy 1996, Bd. 2, S. 273 (*Des terres d'argile*).

34 Palissy 1996, Bd. 2, S. 18 (vor dem Inhaltsverzeichnis, *Les principaux points traitez en ce livres / Die Hauptthemen, die in diesem Buch behandelt werden*).

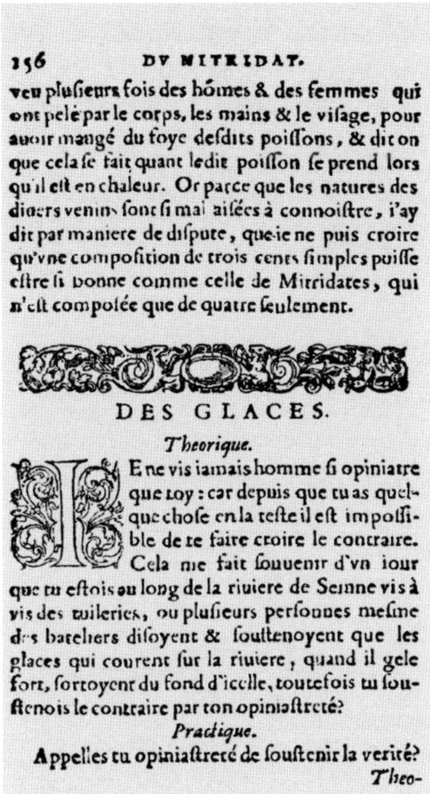
156 DV MITRIDAT.

veu plusieurs fois des hômes & des femmes qui ont pelé par le corps, les mains & le visage, pour auoir mangé du foye desdits poissons, & dit on que cela se fait quant ledit poisson se prend lors qu'il est en chaleur. Or parce que les natures des diuers venins sont si mal aisées à connoistre, i'ay dit par maniere de dispute, que ie ne puis croire qu'vne composition de trois cents simples puisse estre si bonne comme celle de Mitridates, qui n'est composée que de quatre seulement.

DES GLACES.

Theorique.

Ie ne vis iamais homme si opiniatre que toy: car depuis que tu as quelque chose en la teste il est impossible de te faire croire le contraire. Cela me fait souuenir d'vn iour que tu estois au long de la riuiere de Seinne vis à vis des tuileries, ou plusieurs personnes mesme des batelliers disoyent & soustenoyent que les glaces qui courent sur la riuiere, quand il gele fort, sortoyent du fond d'icelle, toutesfois tu soustenois le contraire par ton opiniastreté?

Practique.

Appelles tu opiniastreté de soustenir la verité?

Theo-

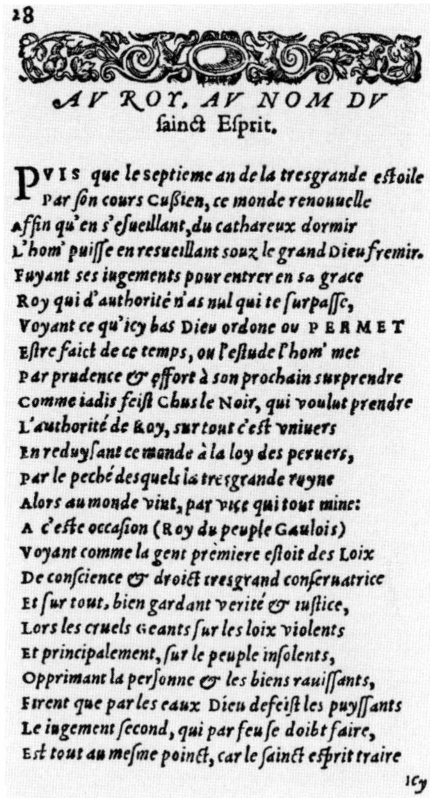
28

AV ROY, AV NOM DV sainct Esprit.

PVIS que le septieme an de la tresgrande estoile
Par son cours Cußien, ce monde renouuelle
Affin qu'en s'esueillant, du cathareux dormir
L'hom' puisse en resueillant souz le grand Dieu fremir.
Fuyant ses iugements pour entrer en sa grace
Roy qui d'authorité n'as nul qui te surpasse,
Voyant ce qu'icy bas Dieu ordone ou PERMET
Estre faict de ce temps, ou l'estude l'hom' met
Par prudence & effort à son prochain surprendre
Comme iadis feist Chus le Noir, qui voulut prendre
L'authorité de Roy, sur tout c'est vniuers
En reduysant ce monde à la loy des peruers,
Par le peché desquels la tresgrande ruyne
Alors au monde vint, par vice qui tout mine:
A c'este occasion (Roy du peuple Gaulois)
Voyant comme la gent premiere estoit des Loix
De conscience & droict tresgrand conseruatrice
Et sur tout, bien gardant verité & iustice,
Lors les cruels Geants sur les loix violents
Et principalement, sur le peuple insolents,
Opprimant la personne & les biens rauissants,
Firent que par les eaux Dieu defeist les puyssants
Le iugement second, qui par feu se doibt faire,
Est tout au mesme poinct, car le sainct esprit traire

Icy

Abb. 12 Gleiche Ornamentbordüren in Bernard Palissy, *Discours admirables*, *Des glaces*, Paris, 1580, S. 156 (links) und Guillaume Postel, *Les premiers éléments d'Euclide chrestien*, Paris, 1579, S. 28 (rechts), beide gedruckt im Verlag Martin Le Jeune Paris.

Verleger Martin Le Jeune bereits 1579 in Guillaume Postels (1510–1581)[35] Schrift *Les premiers éléments d'Euclide chrestien* benutzt (Abb. 12).[36] Dieser Buchschmuck lockert den mit Strenge gesetzten Text des Buches leicht auf, das gänzlich unbebildert ist. Während auf der Titelseite von Postels Schrift noch das Signet des Verlegers, eine sich um ein Kreuz windende Schlange, prangt (Abb. 13), verzichtet Martin Le Jeune bei den *Discours admirables* auf dieses.[37]

---

35 Guillaume Postel war ein exzentrischer Katholik und Universalgelehrter, mit Schwerpunkt auf Theologie und Sprachwissenschaft. Zu Postel: Secret 1964, S. 203–235 und Claude Postel 1992.

36 Postel 1579, S. 3 und 28. Diese Vignette leitet beispielsweise das Kapitel *Über das Eis* der *Discours admirables* S. 156/177 ein.

37 Das Verlagssignet findet sich auch auf weiteren Veröffentlichungen des Hauses Martin Le Jeune: M. Heret, *Les problemes d'Alexandre Aphrodisé*, Paris 1555; Joachim Chambri-

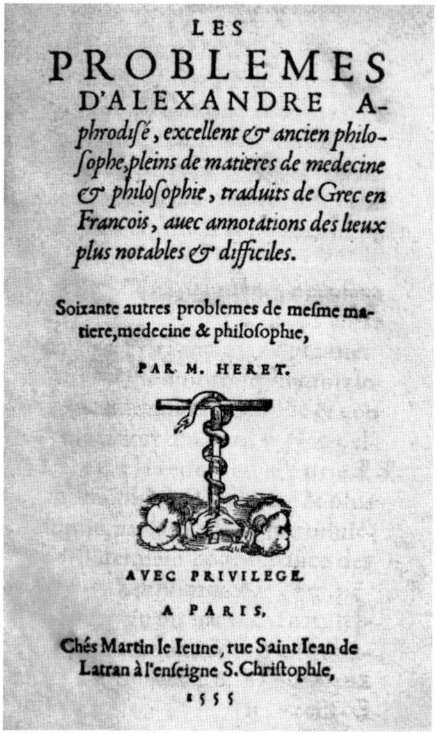
LES
PROBLEMES
D'ALEXANDRE A-
phrodiſé, excellent & ancien philo-
ſophe, pleins de matieres de medecine
& philoſophie, traduits de Grec en
Francois, auec annotations des lieux
plus notables & difficiles.

Soixante autres problemes de meſme ma-
tiere, medecine & philoſophie,

PAR M. HERET.

AVEC PRIVILEGE.

A PARIS,

Chés Martin le Ieune, rue Saint Iean de
Latran à l'enſeigne S.Chriſtophle,
1555

Abb. 13 Verlagssignet des Verlegers Martin Le Jeune, Paris, auf der Titelseite von M. Heret, *Les problemes d'Alexandre Aphrodisé*, Paris, 1555.

Im gesamten Text wimmelt es von Druckfehlern, ob dies alles Fehler der Druckwerkstatt sind oder auch Schreibfehler von Palissy, lässt sich natürlich nicht sagen.[38] Die Druckfehler sind teils leicht erkennbar, so z. B. in der Seitennummerierung: Auf Seite 75 folgt noch einmal die Seitenzahl 74, zudem steht hier die Vignette auf dem Kopf, oder die vorletzte nummerierte Seite wird mit 160 anstatt 360 bezeichnet. Weder der Drucker noch Palissy haben also den Drucksatz Korrektur gelesen. Eine weitere Auffälligkeit ist die extreme Inkonsistenz der Schreibweise. So ist zum Beispiel die Orthographie von gleichen Wörtern innerhalb des Textes unterschiedlich: Die Stadt Rom wird auf Seite 17 „Rome" und eine Seite weiter „Romme" geschrieben. Dies zeigt einerseits, dass die französische Sprache im 16. Jahrhundert bislang nicht kodifiziert war und der

---

er und Geofroy le Tellier, *Retardement de la mort par bon regime ou Conservation de santé*, Paris 1561 und dem erwähnten Werk von Postel, siehe Postel 1579, S. 1.

38 Dies ist ein geläufiges Phänomen im Buchdruck des 16. und 17. Jh., das auch Wilsdorf in seinem Beitrag zur Ausgabe von Münsters *Cosmographia* von 1598 beschreibt, siehe Wilsdorf 1954, S. 84.

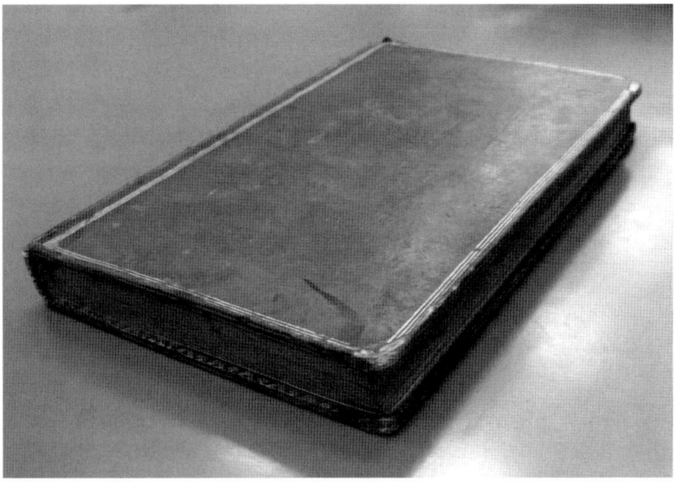

Abb. 14 Bernard Palissy, *Discours admirables*, Paris, 1580, Buchkorpus, Staatsbibliothek zu Berlin. Abteilung Historische Drucke, Signatur: Jr 1050 : R.

Prozess der Herausbildung zur Hochsprache, so fortgeschritten er auch in Frankreich war, noch voll im Gange ist, anderseits könnte es aber auch bedeuten, dass sowohl Palissy als auch der Drucker dem Umstand keine große Bedeutung beimaßen, ob man Rom nun mit einem „m" oder mit zweien schreibt. Es sind aber auch Verständnisschwierigkeiten mit dem wissenschaftlichen Vokabularium, das verstärkt seit Mitte des 16. Jahrhunderts durch Übersetzungen in die französische Sprache eindringt, die zu einer Massierung typographischer Fehler führen. So gelingt es den Druckern nicht, „receptacle" korrekt zu schreiben.[39] Möglich ist allerdings auch, dass Gründe vorlagen, die eine übereilte Fertigstellung des Buches notwendig machten.

Nicht sofort auffallend, aber umso kurioser ist eine andere Unregelmäßigkeit, die sich nicht ohne Weiteres erklären lässt: Eine längere Passage wird fast wörtlich wiederholt und ist zweimal vorhanden. In der *Abhandlung über die Metalle und die Alchemie* sind etwa zweieinhalb Seiten, beginnend auf Seite 118 im Original und endend auf Seite 120, bis auf kleinere Abweichungen fast völlig identisch mit dem entsprechenden Text beginnend auf Seite 133 bis fast zum Ende des Kapitels auf Seite 136.[40] Handelt es sich um ein Versehen des Setzers? Wurde ein ursprünglich für diese Stelle vorgesehener Textteil übersehen oder vergessen

39 Fragonard in: Palissy 1996, Bd. 1, S. XXX. Siehe auch Kapitel II.4. *Sprache und Anthropomorphismen.*

40 In Palissy 1996, Bd. 2, S.136–138, Wiederholung auf S. 150–152 (*Traité des metaux et alchimie*). Vgl. Palissy 1996, Bd. 2, S.137, Anm. 90 und S.150, Anm. 111.

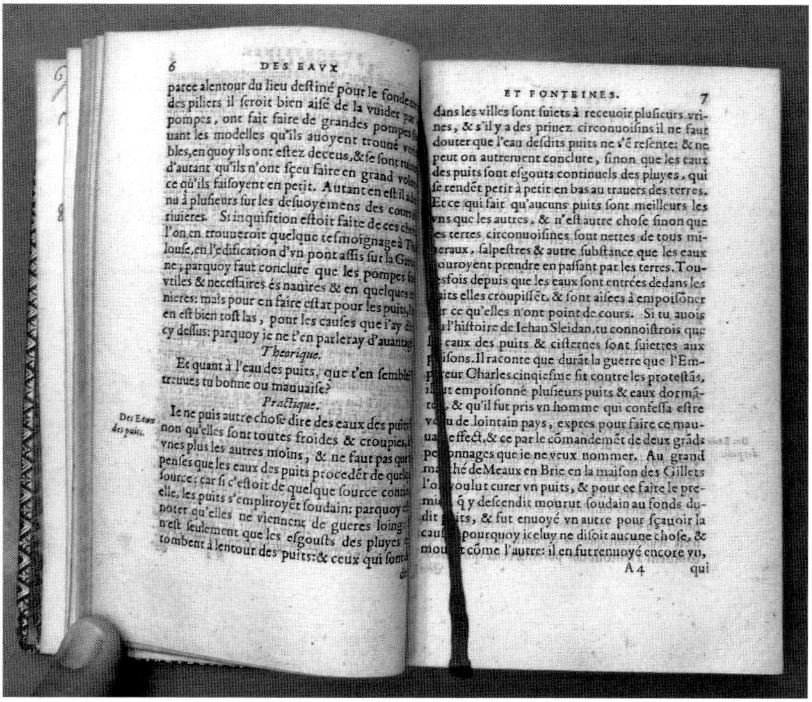

6 DES EAVX
parce alentour du lieu destiné pour le fonde
des piliers il seroit bien aisé de la vuider par
pompes, ont fait faire de grandes pompes
uant les modelles qu'ils auoyent trouué
bles, en quoy ils ont estez deceus, & se sont
d'autant qu'ils n'ont sçeu faire en grand vol
ce qu'ils faisoyent en petit. Autant en est il a
nu à plusieurs sur les desuoyemens des cour
riuieres. Si inquisition estoit faite de ces ch
l'on en trouueroit quelque tesmoignage à T
louse, en l'edification d'vn pont assis sur la Gar
ne; parquoy faut conclure que les pompes
vtiles & necessaires és nauires & en quelques
nieres: mais pour en faire estat pour les puits,
en est bien tost las, pour les causes que i'ay d
cy dessus: parquoy ie ne t'en parleray d'auanta

Theorique.

Et quant à l'eau des puits, que t'en semble
treuues tu bonne ou mauuaise?

Practique.

Des Eaux des puits.

Ie ne puis autre chose dire des eaux des puits
non qu'elles sont toutes froides & croupies,
vnes plus les autres moins, & ne faut pas que
penses que les eaux des puits procedēt de quel
source: car si c'estoit de quelque source conti
elle, les puits s'empliroyēt soudain: parquoy
noter qu'elles ne viennent de gueres loing:
n'est seulement que les esgousts des pluyes
tombent à lentour des puits: & ceux qui sont

ET FONTEINES. 7
dans les villes sont suiets à receuoir plusieurs vri-
nes, & s'il y a des priuez circonuoisins il ne faut
douter que l'eau desdits puits ne s'ē resente: & ne
peut on autrement conclure, sinon que les eaux
des puits sont esgouts continuels des pluyes, qui
se rendēt petit à petit en bas au trauers des terres.
Et ce qui fait qu'aucuns puits sont meilleurs les
vns que les autres, & n'est autre chose sinon que
es terres circonuoisines sont nettes de tous mi-
neraux, salpestres & autre substance que les eaux
pourroyent prendre en passant par les terres. Tou-
tesfois depuis que les eaux sont entrées dedans les
puits elles croupissēt, & sont aisees à empoisōner
r ce qu'elles n'ont point de cours. Si tu auois
u l'histoire de Iehan Sleidan, tu connoistrois que
les eaux des puits & cisternes sont suiettes aux
isons. Il raconte que durāt la guerre que l'Em-
reur Charles cinqiesme fit contre les protestās,
t empoisonné plusieurs puits & eaux dormā-
, & qu'il fut pris vn homme qui confessa estre
v u de lointain pays, expres pour faire ce mau-
ua effect, & ce par le cōmandemēt de deux grāds
pe onnages que ie ne veux nommer. Au grand
ma ché de Meaux en Brie en la maison des Gillets
l'o voulut curer vn puits, & pour ce faire le pre-
mi q̄ y descendit mourut soudain au fonds du-
dit its, & fut enuoyé vn autre pour sçauoir la
cau pourquoy iceluy ne disoit aucune chose, &
mou t cōme l'autre: il en fut renuoyé encore vn,
A 4 qui

Abb. 15 Bernard Palissy, *Discours admirables*, Paris, 1580, Doppelseite 6 und 7, *Des eaux et fontaines*, Staatsbibliothek zu Berlin.

und irrtümlicherweise mit einem anderen vertauscht? Oder musste eine erzwungene Streichung so kompensiert werden?

Beim Druck scheint also alles auf eine große Ökonomie der Mittel hin konzipiert worden zu sein. Der ganze Text musste auf exakt vierhundert Seiten Platz finden, um die Druckblätter optimal auszunutzen, Schriftgröße und Gestaltung hatten sich unterzuordnen. Bei den *Discours admirables* handelt es sich also keinesfalls um einen schweren Prachtband und ein prestigiöses Sammlerstück für begüterte Bibliophile, sondern es ist ein veritables Handbuch, schlicht und bescheiden, das auf Praktikabilität ausgelegt, mit äußerst reduzierten Mitteln produziert wurde (Abb. 14, Abb. 15, Taf. X und Taf. XIII).

3. Aufbau, Gliederung, Inhalt

Palissy veröffentlichte die *Discours* erst im hohen Alter von etwa 70 Jahren, etwa 10 Jahre vor seinem Tod. In der Widmung an Antoine de Pons, den Gouverneur der Saintonge, bezeichnet er die *Discours* als sein Vermächtnis an die Nachwelt und hofft, dass seine Erkenntnisse dieser nutzen werden. Womit beschäftigt sich dieses Vermächtnis von Palissy? Der Titel weist in eine für einen Künstler erstaunliche Richtung: „Discours admirables, außerordentliche Abhandlungen, über die Natur der Gewässer und Quellen, sowohl der natürlichen wie auch der künstlichen, über die Metalle, die Salze und Salinen, die Steine, über die Erden, über das Feuer und die Glasuren. Ergänzt durch eine Abhandlung über den Mergel, die sehr nützlich und notwendig für diejenigen ist, welche sich mit der Landwirtschaft beschäftigen. Das Ganze in Dialogen abgefasst, in denen die Theorie und die Praxis eingeführt werden."

Der lange Titel, der sich auch hier wie ein Inhaltsverzeichnis liest, steckt den Rahmen der *Discours admirables* ab, der ein Themengebiet bedeutend ausbaut, das schon im 1563 erschienen heterogenen Traktat *Recepte veritable* einen großen Raum einnahm, in dem Palissy erstmals viele seiner Thesen formulierte. Doch während dieses gleichberechtigt mehrere Schwerpunkte setzte, stellt Palissy in den *Discours* konzentriert die Ergebnisse seiner naturkundlichen Untersuchungen vor, deren Fokus auf Themen der Bodenkunde liegen, einem Forschungsgebiet, das es in dieser umfassenden Form bis dahin nicht gab.

Ein Manuskript oder handschriftliche Aufzeichnungen zu den *Discours* sind nicht vorhanden. Es ist auch nicht bekannt, wann Palissy tatsächlich mit der Niederschrift der *Discours* begann, der zeitliche Rahmen dürfte jedoch zwischen seiner im Jahr 1575 anzunehmenden Rückkehr aus Sedan nach Paris und dem Erscheinen der *Discours* im Jahr 1580 liegen. Als einziges einigermaßen fixiertes Datum wird von Palissy dort die Fastenzeit 1575 angegeben.[41] An diesen Tagen hielt er drei naturkundliche Konferenzen vor einem Fachpublikum in Paris ab, mit dem Ziel, seine Argumente für die Formulierung der *Discours* zu schärfen.

Doch die *Discours* sind kein Projekt der siebziger Jahre. Die Vorplanungen scheinen bereits auf die Zeit der Arbeit am *Recepte* zurückzugehen, wird doch dort eine Fortsetzung angekündigt.[42] Palissys drittes Buch sollte, wie im *Recepte* zu lesen ist, von einem Palast als Zufluchtsort für Protestanten und von verschiedenen Bodenarten, insbesondere dem Mergel, handeln. Weiterhin beabsichtigte Palissy über die Maßverhältnisse antiker Gefäße, über Glasuren, Feuer und Brand von Keramiken zu sprechen; auch war schon geplant, eine polemische Abrechnung mit den Alchemisten einzuschließen. Ein erstes, anfangs ebenfalls noch sehr breit angelegtes Konzept der *Discours* war zu diesem Zeitpunkt, also im Jahr 1563, in groben Zügen somit bereits fixiert. Obwohl im *Recepte* umfänglich behandelt, schienen geologische Fragestellungen und deren Verknüpfung mit der Keramik Palissy darin offensichtlich noch nicht umfassend und systematisch genug erörtert worden zu sein. Eine weitere Veröffentlichung machte er indes von

41 Palissy 1996, Bd. 2, S. 231.
42 Palissy 1996, Bd. 1, S. 221.

der Resonanz auf das Buch abhängig.[43] Die tatsächliche Entscheidung zu einem thematisch eng begrenzten Werk, zu einem Fachbuch, scheint erst in Paris nach der Übersiedlung aus Saintes stattgefunden zu haben. Es lässt sich zusammenfassend festhalten, dass Pläne Palissys zur Publikation eines ausschließlich naturwissenschaftlichen Werks sich bereits im *Recepte* finden, aus dem er große Teile in den Folgeband übernimmt. Obwohl in den *Discours* vieles aus dem *Recepte* wieder aufgegriffen ist, gibt es doch keine wörtlich übernommenen Passagen, selbst andere Erläuterungsbeispiele werden gewählt.

Die *Discours admirables* sind zwar das Buch eines Künstlers, aber sicher kein Künstlerbuch. Jeder, der von Palissy ein Buch über Kunsttheorie oder ein Manual der Töpferkunst erwartet, wird enttäuscht. Durch Titel und Inhaltsverzeichnis gibt es sich eindeutig als naturwissenschaftliches Fachbuch zu erkennen. Im Buchtitel ist die Kunst vollständig abwesend, nur der Hinweis auf die Behandlung der Glasuren deutet an, dass womöglich auch das Töpferhandwerk im Buch angesprochen werden könnte. Die Verwendung der Begriffe „Discours" und „Traité" verspricht gar ein Lehrbuch, ja sogar ein hochspezialisiertes, da es sich ausschließlich mit Fragen des Bodens beschäftigt, also mit der Bodenkunde, der Geologie und der Hydrologie.[44] Und dennoch sind die Künste nicht abwesend, an einigen Stellen scheinen sie durch, an anderen blitzen sie hervor.

Der Titelanfang *Discours admirables* ist im 16. Jahrhundert nicht ungebräuchlich, Bücher vieler Genres beginnen so. „Discours" wird von Palissy aber in einer modernen, umfassenden Wortbedeutung verwendet. Der Begriff soll das Werk als wissenschaftliche Abhandlung kenntlich machen, als Fachbuch, als ein Diskurs, wie der Begriff „Traité" in *Traité de la Marne*, Abhandlung über den Mergel, präzisiert. Er nimmt aber auch Bezug auf die literarische Form des Textes, der in Dialogform abgefasst ist, als ein Gespräch zwischen den Personen Theorie und Praxis. „Theorique" nimmt meistens die Rolle eines neugierigen, aber überheblichen Fragers ein, während „Practique" der Lehrende ist und aufgrund seiner Erfahrung meist Recht behält. „Discours" verweist zudem konkret auf die real geführten Gespräche zwischen Palissy und seinen Zuhörern im Rahmen der von ihm in Paris gehaltenen Vorträge und Seminare. Die Dialogform mag auf den ersten Blick für ein derartiges Werk etwas befremdlich erscheinen, war aber im

43 Palissy 1996, Bd. 1, S. 221.

44 Geologie, Paläontologie, Hydrologie, Hydraulik usw. sind sehr viel spätere Begriffe, entstanden im Zuge der Herausbildung als separate Fachgebiete im 18. und 19. Jh., als eine Quantifizierung der Forschungsergebnisse möglich wurde. Die Verwendung der Termini ist dennoch gerechtfertigt, da die Materie hier in einem engen schon als Spezialisierung zu bezeichnenden Sinne behandelt wird.

15. bis 17. Jahrhundert für wissenschaftliche Werke durchaus üblich und sogar ein beliebtes Stilmittel.[45]

Man könnte sagen, die Richtung, die hier von Palissy eingeschlagen wird, ist so erstaunlich, dass er selbst sie mit „admirable" in den Titel einführt. „Admirable": erstaunlich, außerordentlich, großartig, bewundernswert, aber auch wunderbar im Sinne von schön. Vielleicht meint „admirable" die bewundernswerte Natur selbst, vielleicht sind Palissys eigene Entdeckungen angesprochen, die möglicherweise als so erstaunlich empfunden wurden, dass sie Bewunderung hervorriefen, aber wohl noch häufiger Verwunderung, blieben sie doch bis weit ins 18. Jahrhundert ohne Resonanz. Worauf sich „admirable" genau bezieht, ob auf das geführte Gespräch, also die Form, oder den Gegenstand, das Thema der Abhandlung, oder gar auf beides, bleibt offen. Vielleicht benutzt Palissy „admirable" aber auch nur, weil es ein Modewort war, welches Aufmerksamkeit versprach. Die Gliederung der *Discours* unterscheidet sich deutlich von den wenigen anderen geologischen Schriften der Zeit, die, wie Agricolas *De re metallica,* entweder auf den Bergbau oder wie Gesners *De omni rerum fossilium* auf die Mineralogie ausrichtet sind.[46] Vielen Werken, etwa denen Agricolas, fehlt zudem eine eindeutige Gliederung, sie verwenden nur eine simple Nummerierung als alleinige Kapitelbezeichnung.

Der Gegenstand des Traktats wird in einem Inhaltsverzeichnis, betitelt „Die Hauptthemen, die in diesem Buch behandelt werden", präzisiert und gliedert das Stoffgebiet in elf Kapitel. Die Seitenzahlen sind korrekt angegeben und ermöglichen damit das gezielte Auffinden der einzelnen Kapitel. Ein Inhaltsverzeichnis, noch dazu mit der Angabe von Seitenzahlen, ist im 16. Jahrhundert fast ein Novum und keine Selbstverständlichkeit, selbst Agricolas vorbildlich ausgestattetes Werk *De re metallicum* verfügt nicht darüber. Das Inhaltsverzeichnis betrifft aber nur die Abhandlung an sich, die einleitenden Texte und der Anhang werden nicht aufgeführt.[47]

Am Beginn der *Discours*, nach Titelblatt und Druckprivileg, gefolgt von der Widmung, stehen als Vorwort ein „Hinweis an die Leser" und ein zusätzlicher

---

45 So wurden etwa Werke von Giardano Bruno und Galileo sowie Agricolas *Bermannus* als Dialoge abgefasst. Vgl. Ceard 1987, S. 77 ff.; Wilsdorf 1955, S. 37 ff.; Benouis 1976. Zur Form des Dialogs siehe auch Vulcan 2000 sowie Hempfer 2002.

46 Andere, nur punktweise geowissenschaftliche Themen anschneidende Schriften sind kaum zu vergleichen, da sie sich an der Idee vom Universalgelehrten orientieren und versuchen alle Wissenschaften gleichermaßen zu berücksichtigen.

47 Die Angabe der Titel im Inhaltsverzeichnis und die Kapitelüberschriften selbst sind nicht immer deckungsgleich. So ist z. B. das 2. Kapitel im Inhaltsverzeichnis ausführlich benannt mit: „Über die Alchemie, die Metalle, über ihre Entstehung und ihr Wesen", während die Kapitelüberschrift selbst kurz und bündig: „Abhandlung über die Metalle und die Alchemie" lautet.

kurzer Vermerk von Palissy. Diese einleitenden Abschnitte sind nicht nur eine zu jener Zeit übliche rhetorische Notwendigkeit des Textaufbaus, sondern enthalten bereits wichtige Aussagen für das Gesamtverständnis des Werks und zu Palissys Intentionen.

In seiner Widmung an Antoine de Pons legt Palissy Wert auf die Feststellung, dass er trotz seiner bescheidenen Bildung und Nichtbeherrschung des Lateins in den *Discours* wichtige neue, durch Beweise untermauerte Forschungsergebnisse präsentiere, die bisherige Kenntnisse revidieren und widerlegen würden. Dass diese in erster Linie die Frucht experimenteller praktischer Untersuchungen seien und nicht theoretische Spekulationen, ist ihm so wesentlich, dass er den Leser bereits frühzeitig gezielt darauf hinweist. In dem kurzen Einschub zwischen Vorwort und Inhaltsverzeichnis erklärt er überdies, dass jeder ihn aufsuchen könne, damit er selbst ihm das schwierige Sachgebiet persönlich erläutere und Nachweise vorlege.

Der wissenschaftliche Stoff des Hauptteils wird durch die Unterteilung in die einzelnen Kapitel in eine einfache Systematik gebracht und thematisch übersichtlich gegliedert, wenn auch ihre Reihenfolge nicht immer schlüssig ist. Die gewählte Gliederung hat damit eine ordnende Stringenz, die dem *Recepte* fehlt. Das Themengebiet wird grob in sechs Bereiche unterteilt: allgemeine chemische Grundlagen (Alchemie), das Wasser, die Erden und Steine, die Metalle, die Salze und die Töpferkunst. Eine entsprechend den Tituli der Kapitel angestrebte thematische Trennung kann allerdings innerhalb des Textes nicht durchgehalten werden. Da die Hauptthemen der einzelnen Kapitel stark voneinander abhängig sind, gelingt es Palissy nicht, und kann es ihm nicht gelingen, sie in dem jeweiligen, sie betreffenden Kapitel ausschließlich und abschließend zu behandeln. Sie werden deshalb über den gesamten Text verteilt mehrfach erörtert und in späteren Kapiteln verschiedentlich auch mit neuen Argumenten oder Beispielen versehen. Exempel aus Randgebieten ergänzen die eigentlichen Sujets. Der Diskurs *Über den Mergel* ist besonders reich an unterschiedlichen Problemstellungen und Beispielen, neben dem Mergel ist von Salzen, der Alchemie (als den chemischen Grundlagen), Muscheln, vom Wetter, verschiedenen Mineralen, Tonen, Pflanzen und einigen weiteren Dingen die Rede. In der heutigen Diskussion um Klima- und Umweltschutz wird deutlich, wie vielschichtig Boden, Wasser, Atmosphäre und Klima zusammenhängen, selbst für die moderne Forschung ist dies eine schwierige Herausforderung.[48]

Wegen der wiederholten Behandlung gleicher Sujets in den meisten Kapiteln des Buches wird eine thematische, an den inhaltlichen Schwerpunkten der *Discours* orientierte Kommentierung einer kapitelweisen Kommentierung vor-

---

48 Grepe 2012, S. 41.

gezogen. Im Vorwege soll eine kurze Übersicht hier einen Überblick der Abfolge des behandelten Stoffes geben.

1. Kapitel: *Über das Wasser und die Brunnen* behandelt zuerst die technischen Installationen der Wasserwirtschaft und Hydraulik, wie Brunnen, Zisternen, Pumpen und Rohrleitungen. Der Begriff Brunnen schließt für Palissy sowohl Bauwerke, wie gebohrte Tiefbrunnen und künstliche Springbrunnen, als auch natürliche Brunnen oder Quellen ein. Ein Exkurs beleuchtet die antiken Konstruktionen der Viadukte[49] und Zisternen. Ausgehend von einem Vergleich stehenden und fließenden Wassers und einer Schilderung der Vorzüge von Letzterem kommt Palissy ausführlich auf die Wasserqualität, insbesondere die Verunreinigungen, zu sprechen. Die vom Wasser durchflossenen umgebenden Gesteinsschichten beeinflussen entscheidend die Trinkwasserqualitäten, dabei könnten Schadstoffe im Wasser zur Gesundheitsgefährdung führen.[50] Die „Wasseranalyse" erfordert es bereits in diesem Kapitel, die chemischen Grundlagen inklusive der Salze relativ ausführlich zu behandeln, obwohl dies dem Titel nach erst im nächsten *Über die Metalle und die Alchemie* und im Kapitel 6 *Über die Salze* vorgesehen ist. Da die im Wasser enthaltenen Substanzen in Rohrleitungen zur Bildung von Kalkstein und anderen Ablagerungen führen, fühlt sich Palissy gezwungen, an dieser Stelle auch schon über Sedimentation und Gesteinsentstehung zu sprechen.[51] Im weiteren Verlauf werden Erdbeben, die Kurbäder, der Wind, sogar der ökonomische Nutzen von Obstgärten abgehandelt. Alle hydrologischen Prozesse und der komplette Wasserkreislauf einschließlich Wolkenbildung, Regenfälle, Grundwasseranreicherung, Ebbe und Flut usw. sind umfassend untersucht und richtig dargestellt. Auch hier scheint Palissy wieder ein Vorgriff unumgänglich, diesmal auf Kapitel 7 *Über das gewöhnliche Salz* – wenn vom Meer die Rede ist, kann das Meersalz nicht unerwähnt bleiben.[52] Ausgehend vom Problem der ungleichmäßigen Verteilung natürlicher Niederschläge, konzipiert Palissy ein Bewässerungssystem sowie einen Brunnen, welcher indes, wie der Gesprächspartner „Theorique" kritisch anmerkt, eher eine Zisterne ist.[53]

Den Abschluss dieses Kapitels bildet ein kleiner unabhängiger Paragraph *Über den Mascaret*. Mascaret ist eine lokale südwestfranzösische Bezeichnung für eine Welle, die sich bei auflaufender Flut in Mündungsdeltas von Flüssen plötzlich aufbaut und eine große Höhe erreichen kann. Abweichend vom Schema entsprechen hier Beschreibung und Begründung des Phänomens von „Theorique"

---

49 Palissy 1996, Bd. 2, S. 35 f. Hier kommt es erstmals zur Verwischung von Zisterne und Brunnen.

50 Palissy 1996, Bd. 2, S. 38.

51 Palissy 1996, Bd. 2, S. 39 f.

52 Palissy 1996, Bd. 2, S. 59 f.

53 Palissy 1996, Bd. 2, S. 72.

der Realität, während die Gegenpartei „Practique" eine haarsträubende Theorie vertritt.

Das Wasser, und zwar unter Einbeziehung der in ihm enthaltenen unsichtbaren Substanzen, der „Salze", wird in diesem ersten Diskurs als bedingendes Element allen Lebens und als sein Motor herausgearbeitet. Dies erklärt den Wunsch Palissys, die stofflichen Umwandlungsprozesse bereits an dieser Stelle begrifflich fassbar zu machen. *Über das Wasser und die Brunnen* wird damit zu einem zentralen Abschnitt der *Discours,* der die Grundlagen für das Verständnis alles Weiteren legt.

2. Kapitel: Die *Abhandlung über die Metalle und die Alchemie* beginnt mit einer Nennung alchemistischer, hermetischer Praktiken, von denen Palissy sich scharf distanziert, da er sie für betrügerisch und nutzlos erachtet. Der Diskurs beinhaltet eine Kritik der Herstellung von Gold und dem Stein des Weisen sowie von Verfahren, deren Ziel die künstliche Erzeugung von Metallen und Lebewesen ist. Durch die Ablehnung dieser alchemistischen Praktiken, deren Gewinnsucht und Geiz er geißelt, kann sich Palissy gleichzeitig als moralisch einwandfreier Protestant präsentieren.[54]

Palissy versucht zudem problematische Begriffe wie den „Samen", der sowohl eine mystische Bedeutung in der Alchemie besitzt als auch in der alltäglichen Sprache verwendet wird, von den üblichen Konnotationen abzugrenzen, um diese für seine Argumentation nutzbar zu machen.[55] Ein schwieriges Unterfangen. Innerhalb dieses Abschnitts werden die natürliche Vermehrung, die Zeugung und die Funktion der Samen bei Menschen und Pflanzen diskutiert. Palissy versucht sich an einer Begriffsbestimmung von belebter und unbelebter Natur, von Wachstumsprozessen bei Kristallen und Gesteinen sowie der Abgrenzung von göttlicher Schöpfung und natürlichen Veränderungsprozessen.[56] Ihm gelingt dabei eine sehr sorgsame Definition. In diesem Zusammenhang werden die Möglichkeiten künstlicher, das heißt menschlicher Gestaltung und Einflussnahme untersucht, aber gleichzeitig alle künstlichen Reproduktionsverfahren der Alchemie als unmögliches Unterfangen zurückgewiesen. Die Eigenständigkeit, mit der unscheinbare Schnecken und Muscheln ihre Häuser und Schalen konstruieren, wie auch deren Schönheit ist ihm eine längere Passage der Bewunderung wert, um sie wiederum der Unfähigkeit der Alchemisten, Leben und Materie zu erschaffen, entgegenzustellen.[57]

Es werden verschiedenste Stoffe, Minerale, Metalle, Diamanten, Salpeter, Schiefer, Quecksilber, Tonerde, Destillate, Staub, Bergkristall, diverse Wässer,

---

54 Palissy 1996, Bd. 2, S. 102.

55 Zum Begriff des Samens in der Alchemie siehe Priesner, Figala 1998, S. 121 ff.

56 Palissy 1996, Bd. 2, S. 124.

57 Palissy 1996, Bd. 2, S. 125 ff.

dazu zählen auch die Säuren, und technologische Fragen der Glasmalerei im Verlauf des Diskurses durchgesprochen,[58] wobei ein Schwerpunkt auf den Markasiten und den Kristallkonfigurationen liegt.[59] Ein Vorgriff auf Kapitel 8 stellt die natürlichen Gesteinstransformationen dar. Die Salze sind das zentrale Bindeglied aller Argumente. Palissys Definition des generativen Wassers, de facto eine Salzlösung, wird ausgebaut[60], um den Mechanismus von Ablagerungsprozessen, Kristallisationsvorgängen, Abscheidungen aus einer wässrigen Phase, Sedimentationsvorgängen und chemischen Fällungen zu erklären, denn für Palissy beruht alles hierauf. Auch die Fossilisation ist aus diesem Grund schon hier ausführlich behandelt.[61]

Palissy endet mit zwei pessimistischen Feststellungen: Er konstatiert die Unmöglichkeit der künstlerischen Wiedergabe der „wunderbaren" farbigen Zeichnungen von Schlangen, Raupen und Schmetterlingen,[62] wobei er abschließend seinen Gesprächspartner und Alter Ego „Practique" mit der resignativen Einsicht schließen lässt, dass wohl alle Erklärungsversuche nutzlos waren und nicht gegen die Alchemie ankommen werden.[63] Die folgenden zwei kurzen Kapitel behandeln zwei im 16. und auch noch im 17. Jahrhundert lebhaft diskutierte Themen der medizinischen Therapie, die mit der Iatrochemie und Alchemie verbunden sind.

3. Kapitel: Die *Abhandlung über das trinkbare Gold* untersucht die Wirksamkeit der Therapie von in Wasser gemischtem pulverisiertem Gold als Medikament zur Behandlung von Krankheiten, welches auch als Allheilmittel galt. Bezugnehmend auf die Ausführungen über Stoffumwandlungen im vorhergehenden Kapitel kommt Palissy zu dem eindeutigen Schluss, dass elementares Gold nicht im Magen umgesetzt werden kann, da es nicht mit anderen Stoffen reagiere und folglich als Heilmittel wirkungslos sei. Die Goldtherapie und die ebenfalls untersuchte Antimonbehandlung sind für ihn weitere Beispiele betrügerischer und unsinniger, ja sogar gefährlicher gesundheitsschädlicher alchemistischer Praktiken. In diesen Diskurs ist die amüsante Geschichte über einen Arzt integriert, der vorgibt die Krankheit seiner Patienten aus dessen Urin ablesen zu können.[64] Eine Untersuchungsmethode, die sich großer Beliebtheit zu erfreuen

58 Palissy 1996, Bd. 2, Säuren und Glasmalerei S. 131, Destillate S. 134, Staub S. 135, Bergkristall S. 143.

59 Palissy 1996, Bd. 2, Kristallstrukturen S. 130 u. 142.

60 Palissy 1996, Bd. 2, S. 143.

61 Palissy 1996, Bd. 2, S. 146 f., 147, dort auch Erwähnung des Bergbauortes Mansfeld im Ostharz, mit den bedeutenden Fossilienlagerstätten.

62 Palissy 1996, Bd. 2, S. 151.

63 Palissy 1996, Bd. 2, S. 151, 152.

64 Palissy 1996, Bd. 2, S. 162.

schien, da eine Anzahl von Bildern des 17. Jahrhunderts diese zum Bildmotiv machten.[65]

4. Kapitel: *Über das Mithridat oder Theriak* geht in die gleiche Richtung. Mithritat, benannt nach dem antiken Herrscher Mithridates in Kleinasien, der sich erfolglos zu vergiften versuchte, wurde als Allheilmittel oder Gegenmittel bei Vergiftungen eingesetzt. Es handelte sich dabei nicht um ein spezifisches Präparat, sondern dieses wurde mit Hinweis auf vorgebliche arabische oder antike Rezepturen aus einer Vielzahl immer wieder anderer Bestandteile zusammengemischt. Palissy weist nach, dass ein unspezifisches Präparat keine Wirkung für ein spezifisches Problem bieten kann, weshalb es auch kein alleiniges Mittel geben könne, das gegen alle Krankheiten wirksam sei. Ein wichtiges Argument ist für Palissy hierbei, dass die Ursachen vieler Krankheiten, er nennt als Beispiele Pocken, Pest und Lepra, nicht bekannt seien, aber wenn man deren Ursache nicht kenne, könne es auch keine Kenntnis eines gegen sie wirkenden Mittels geben.[66] Palissy vertritt damit bereits ein aufklärerisches, neuzeitliches Kausalitätsprinzip.[67]

5. Kapitel: *Über das Eis.* Das ebenfalls kurze Kapitel wirkt an dieser Stelle der *Discours* etwas deplatziert und hätte eher in den ersten Diskurs *Über das Wasser* integriert werden können. Möglicherweise wurde es an diese Stelle gesetzt, weil Palissy nach Trinkgold und Theriak mit einem weiteren nach seiner Aussage verbreiteten Irrglauben aufräumen wollte, nämlich, dass das Wasser auf dem Grund von Flüssen und Seen zuerst gefriere. Palissy weist nach, leider mit teils eher unglücklichen Beispielen, dass der Erstarrungsprozess des Wassers im Gegenteil an der Oberfläche beginnt und von dort aus fortschreitet.

6. Kapitel: *Über die verschiedenen Salze* führt verschiedene Salze wie etwa Salpeter oder Alkali auf. Die Salzbezeichnungen sind zeittypisch ungenau und ihre Anzahl ist beschränkt. Am Beginn steht die Feststellung, dass es nicht nur das gewöhnliche Salz oder Kochsalz gäbe, welches im darauffolgenden Kapitel behandelt ist, sondern dass deren Anzahl so groß sei, dass niemand sie alle kenne und es keinen Gegenstand gäbe, in dem nicht Salze enthalten wären. Salze sind demnach sowohl in belebten Organismen als auch in Steinen gebunden. Die Salze können aus dem Feststoff gelöst werden, indem zum Beispiel Steine vom Wasser ausgewaschen oder Pflanzen verbrannt werden. Sie lösen sich dann im Wasser und können aus dieser Lösung später wieder abgeschieden werden, Kristalle bilden oder von Pflanzen als Nährstoff aufgenommen werden. Palissy hebt die

---

65 Zum Beispiel: Gerard ter Borch (1617 Zwolle – 1681 Deventer), *Die Konsultation* (1635), Öl auf Leinwand, Gemäldegalerie Berlin, Kat.-Nr. 791C.

66 „Verole" kann sowohl Pocken (Variole) als auch Syphilis meinen. Vgl. Palissy 1996, Bd. 2, S. 176 und Cotgrave.

67 Vgl. Büttner 2009; Schülein, Reitze 2002; sowie Keil 2001, S. 563.

Bedeutung von Salzen für praktische Anwendungen hervor und nennt als Beispiele etwa das Bleichen von Wäsche, das Gerben von Leder und die Mumifikation von Leichen.[68] Diese Passage bildet einen Schwerpunkt dieses Diskurses. Die wesentlichen der hier beschriebenen Salzeigenschaften sind im Anschluss der Ausführungen separat in Form von kurzen Merksätzen zusammengefasst.[69] Das Vorhandensein von Salzen ist nach Palissy eine Lebensvoraussetzung. Im Zusammenhang der Salzaufnahme wird der Nährstoffhaushalt der Pflanzen beschrieben und die Problematik der Düngung mit Mist oder Jauche unter Berücksichtigung der Einflüsse des Regens untersucht.[70] Hierzu gehört auch ein Exkurs über das Salzkraut,[71] welches zur Herstellung von Pottasche Verwendung fand, die unter anderem zur Glasherstellung gebraucht wird. Das Salzkraut dient Palissy als Argument, dass Kochsalz nicht per se schädlich für Pflanzen ist.[72] Bemerkungen zur Landwirtschaft, Fruchtfolge und Mehrfelderwirtschaft, Brandrodung und Waldrodungen zur Gewinnung von Brennmaterial, verbunden mit der Forderung nach einer nachhaltigen Waldbewirtschaftung, ergänzen die Darlegung.[73] Erst am Ende versucht sich Palissy an einer Definition des Begriffs Salz.[74]

7. Kapitel: *Über das gewöhnliche Salz* beschreibt Einrichtung, Betrieb und Unterhaltung von Salzgärten oder Meerwassersalinen.[75] Ihnen ist der Großteil dieses Kapitels gewidmet. Die Salzgärten werden von deren Bau bis zur Verschiffung des Salzes erläutert. In einem Vergleich der Meerwassersalinen mit der Salzgewinnung aus Sole wird Letztere von Palissy, da sie einen großen Holzverbrauch zum Sieden des Salzwassers erfordert, sowohl als problematisch für die Wirtschaft als auch für die Landschaft eingestuft.[76] Die Wasserverdampfung durch Sonnennutzung in Salzgärten sei für die Salzproduktion vorzuziehen. Palissy schließt mit einer kurzen Betrachtung der Eigenschaften von Speisesalzen verschiedener Herkunft, insbesondere ihrer Reinheit und Weiße. Ein Epilog nimmt

---

68 Palissy 1996, Bd. 2, S. 188 f.

69 Palissy 1996, Bd. 2, S. 190.

70 Palissy 1996, Bd. 2, S. 191.

71 „Salicor", Salzkraut, auch als Kali-Salzkraut, Kalikraut oder Strandsalzkraut bezeichnet.

72 Palissy 1996, Bd. 2, S. 195.

73 Palissy 1996, Bd. 2, S. 197 und S. 212.

74 Palissy 1996, Bd. 2, S. 199.

75 Palissy verwendet zahlreiche regionale und zeittypische Fachausdrücke des Salinenbaus, einige werden dem Leser erläutert, von mehreren hat sich ihre genaue Bedeutung jedoch verloren.

76 Palissy 1996, Bd. 2, S. 212.

die Merksätze des Diskurses *Über die verschiedenen Salze* wieder auf, als Lobeshymne des Salzes in Listenform.[77]

8. Kapitel: *Über die Steine* behandelt die Gesteinsbildung, einschließlich der Erden, also des Lockergesteins. Palissy verweist stets explizit auf das bereits in den Diskursen *Über das Wasser* und *Über die Metalle und die Alchemie* Gesagte. Am Beginn steht erneut eine bedachte Definition von Leben und Wachstumsprozessen.[78] Ein Wachstum des Gesteins erfolgt für Palissy allein auf mechanistischem Weg durch einen Vorgang, den er „Zunahme durch Erstarrung“ nennt. Dies bezeichnet die fortlaufende weitere Erstarrung von neuem Material aus der flüssigen Phase, was zu einem kontinuierlichen Zuwachs an Gesteinsmaterial führt.[79] Das heißt, es findet ein Zuwachs an Feststoff durch fortwährende Kristallisation statt. Demonstrationsbeispiel hierfür ist herabtropfendes Wachs. In der Natur sei dies an Tropfsteinen zu beobachten, die ein zentrales Argumentationsbeispiel abgeben, weshalb die Besichtigung von Tropfsteinhöhlen als visueller Beweis empfohlen wird.[80] Da für alle diese Prozesse Wasser und „Salze“ unverzichtbar seien sowie Parallelen zu Metallen bestünden, werden diese Themen hier zusammen mit den chemischen Grundlagen wiederholt und mit neuen Beispielen angereichert. Die Benennung und Präsentation verschiedener Gesteinstypen, Minerale und Kristalle mit ihren zeittypischen Bezeichnungen konkretisiert die Darlegung. Palissy beschreibt die Erosion durch Wind, Wasser und Frost, den Abtransport des Gesteinsmaterials durch die Flüsse, die chemische Lösung der Gesteinssubstanz im Wasser, die Abscheidung und Kristallisation aus der wässrigen Phase und Prozesse der Sedimentation. Die Geologie ist damit eine Art Kreislaufsystem und das Wasser Vehikel und dominanter Faktor der Gesteinsumsetzung.

Mittelpunkt dieses Diskurses ist eine umfassende Beschreibung von Fossilien und Versteinerungsbedingungen.[81] Erstmals in der Literatur überhaupt wird die Existenz ausgestorbener Arten erörtert. Hierbei werden auch die damals gängigen Erklärungsmodelle wie Sintfluttheorie und Deutung als Spiel der Natur diskutiert und mit Verweis auf Palissys Gesteins- und Fossiliensammlung entkräftet. In diesem Zusammenhang berichtet Palissy ausführlich von seinen bodenkundlichen Vorträgen, die er in Paris abhielt.[82] Als Zeugen benennt er teil-

---

77 Palissy 1996, Bd. 2, S. 214 f., siehe dort Anmerkung 23 mit Verweis auf eine sehr ähnliche Passage bei Levin Lemnius, dessen Werk *Les occultes Merveilles et secrets de nature* 1574 von Jean Gohory ins Französische übersetzt wurde (vgl. Palissy 1996, Bd. 2, S. 190, S. 196, Anm. 33).

78 Palissy 1996, Bd. 2, S. 219.

79 Palissy 1996, Bd. 2, S. 220.

80 Palissy 1996, Bd. 2, S. 225.

81 Palissy 1996, Bd. 2, S. 227 ff.

82 Palissy 1996, Bd. 2, S. 230 f.

nehmende Persönlichkeiten.[83] Später werden weitere Gesteine, deren Adern und Maserungen, sowie mineralische[84] und pflanzliche Farbstoffe[85] besprochen, am Schluss auch Glas, Eisenerz und Gips.

Kapitel 9: *Über die Tone* vertieft den bereits in den Diskursen *Über das Wasser* und *Über die Steine* angerissenen Stoff. Palissy interessiert sich als Erstes für die Etymologie des Wortes „argile", Ton. Es gäbe zwei mögliche Herleitungen: den antiken griechischen Ortsnamen Argis, als Herstellungsort der ersten Gefäße aus Ton, oder die Behauptung, dass „argile" fette Erde bedeute. Palissy lehnt diese Bezeichnung als unsinnig ab und schlägt als Ersatz pastöse Erde vor. Im Folgenden versucht Palissy die Unterschiede zwischen den sehr unterschiedlichen Tonen herauszuarbeiten und deren Eigenschaften sowie ihr Verhalten beim Brennen zu beschreiben. Eigene Erfahrungen fließen wohldosiert ein, damit keine Verfahren und Werkstattgeheimnisse preisgegeben werden.

10. Kapitel: *De l'art de terre* enthält die bekanntesten Passagen der *Discours* mit den berühmten autobiographischen Details und Berichten zur Entwicklungen der Keramiken. Palissy erzählt ausführlich über die Töpferkunst, obgleich er gleich von Beginn an klarstellt, dass keine Details, Zusammensetzungen, Rezepturen und Produktionsverfahren mitgeteilt werden. Palissy gibt nur allgemeine Auskünfte. Die Urheberrechtskonflikte mit seinem Schwiegersohn in Sedan mögen ihn in dieser Haltung bestärkt haben. Palissy berichtet über Produktions- und ökonomische Rahmenbedingungen verschiedener künstlerischer und kunsthandwerklicher Berufe, wobei Abdruck- und Abgussverfahren verurteilt werden.[86] Er erläutert, was künstlerische und handwerkliche Tätigkeiten unterscheidet, und begründet, weshalb die Keramikherstellung Kunstschaffen und kein Handwerk ist.

In einen autobiographischen Abriss eingebettet sind seine mühevollen Versuche zur Etablierung einer Keramikproduktion mit ihren vielfältigen Fehlschlägen und leidvollen Erfahrungen bis zum Erfolg, geschildert von der Entwicklung der weißen Emaille über die Erfindung der Keramiken mit Edelmineralimitationen bis zu den Keramiken im „Stil rustique".[87] Am Beispiel der Keramikversuche exemplifiziert er die Bedeutung des Experiments für die wissenschaftliche Erkenntnis. Abschließend werden der Nutzen und die Dauerhaftigkeit von Keramikprodukten gewürdigt.[88]

83 Palissy 1996, Bd. 2, S. 232 ff.
84 Palissy 1996, Bd. 2, S. 257.
85 Palissy 1996, Bd. 2, S. 259.
86 Palissy 1996, Bd. 2, S. 288.
87 Palissy 1996, Bd. 2, Glasur: S. 297, Jaspis-Ware: S. 304, Keramiken im „Stil rustique": S. 305.
88 Palissy 1996, Bd. 2, S. 309 ff.

Kapitel 11: *Über den Mergel* ist reich an verschiedenen Stoffen und Beispielen. Der Einsatz von Düngemitteln in der Landwirtschaft wurde bereits im Kapitel 6, dem Diskurs *Über die verschiedenen Salze,* anhand von organischem Dünger behandelt, hier wird der Einsatz von mineralischem Dünger, nämlich Mergel, vorgeschlagen, um die Bodenerträge zu steigern. Palissy verweist zu Beginn auf Passagen gleichen Inhalts im *Recepte veritable* und erläutert, worauf die Wirkungsweise des Mergels als Dünger beruht, und erklärt dessen Anwendung.[89] Seine Definition von Mergel, welches ein Ton-Kalkstein-Gemisch ist, beschreibt diesen richtig als eine Varietät von Ton. Die Untersuchung der düngenden Wirkung von Mergel zeige, dass diese auf seinem Salzcharakter beruhe. Die Salze werden somit erneut behandelt. Da an dieser Stelle Probleme der Landwirtschaft examiniert werden, sind neben dem Mineralstoffgehalt der Böden auch das Pflanzenwachstum und das Wetter von Belang.[90] Palissy nimmt den Diskurs über die Steine wieder auf und spricht über Sedimentation und Stratifikation.[91] Ein interessanter Abschnitt widmet sich dem Auffinden des Mergels. Hierzu schlägt Palissy die Verwendung einer Bodensonde vor, die er im Folgenden entwickelt und beschreibt.[92] Hierbei handelt es sich um einen spiralförmigen Erdbohrer mit einem Hohlkörper zur Probenentnahme. Dies ist die erste bekannte Beschreibung dieses geologischen Erkundungsgeräts. Im Weiteren beschäftigt sich Palissy in Exkursen und Beispielen, verschiedentlich mit Verweis auf vorangegangene Kapitel, unter anderem mit folgenden Fragen: dem Kalkkreislauf, der Erfindung des Abdruckverfahrens, dem Salz als Konservierungsmittel, der weißen Tonerde, dem Wachstum der Bäume und der Humusbildung, den Versteinerungen, der Siegelerde, dem Wein, der Zeichenkreide, dem Trinkgold, der Porosität, dem Schmieden von Waffen und dem Luftgehalt von Wasser.[93]

Umweltproblematiken werden im gesamten Buch mehrfach behandelt, beginnend mit Wasserverunreinigungen im Diskurs *Über das Wasser.* Es ließe sich fast sagen, ein besonderes Augenmerk von Palissy liegt auf dem, was heute als Ökologie und Nachhaltigkeit bezeichnet wird.[94] Ein Beispiel hierfür sind sei-

---

89 Palissy 1996, Bd. 2, S. 317 f.

90 Palissy 1996, Bd. 2, S. 334.

91 Palissy 1996, Bd. 2, S. 327.

92 Palissy 1996, Bd. 2, S. 336 f.

93 Palissy 1996, Bd. 2 (*De la Marne*): zum Kalkkreislauf S. 319; zum Abdruckverfahren S. 332; zu Konservierungsmitteln S. 335, zur weißen Erde (Kaolin) S. 340; zum Baumwachstum S. 343 ff.; zu Fossilien 345 f.; zur Siegelerde S. 347; zu Weinen S. 349; zur Zeichenkreide S. 351; zum Trinkgold S. 352; zur Porosität S. 354; zu Schmiedearbeiten S. 355 f.; zum Luftgehalt von Wasser S. 358.

94 Vgl. Erenz, Gruber 2013, S. 20, aus Anlass der Neuherausgabe des Buchs von Hans Carl von Carlowitz, *Sylvicultura oeconomica oder Haußwirthliche Nachricht und Naturmäßige Anweisung zur Wilden Baum-Zucht.* Zu fragen wäre, ob die Idee der Nachhaltigkeit

ne Bedenken gegen die Abholzung von Wäldern. Vor noch nicht allzu langer Zeit als lächerlich abgetan, scheinen auch seine Argumente zur Ausrottung von Arten durch Überfischung heute angesichts knapper werdender Resourcen nachvollziehbar und ungeahnt aktuell.

An diesen Hauptteil schließt sich ein dreiteiliger Appendix an, bestehend aus: *Kopie der Schriften* unter den Ausstellungsobjekten, *Auszug der wichtigsten Sentenzen* und einer *Erläuterung der problematischsten Begriffe*. Die *Kopie der Schriften* unter den Ausstellungsobjekten ist eine Zusammenstellung der Texte Palissys, mit denen er die Ausstellungsstücke seiner Mineraliensammlung begleitete, welche er als Demonstrationsobjekte und Beweisstücke öffentlich zeigte. Die Präsentation ist einem musealen Führungsblatt vergleichbar. Sie ermöglicht eine grobe Abschätzung des Umfangs der Sammlung und der Art der Sammlungsobjekte. Im *Auszug der wichtigsten Sentenzen* fasst Palissy die nach seiner Meinung wichtigsten Aussagen und Erkenntnisse in Form von Merksätzen zusammen. Die *Erläuterung der problematischsten Begriffe* bietet eine lexikalische Aufstellung von Begriffen, die nach Palissys Meinung klärungsbedürftig sind. Die *Discours* sind für ein wissenschaftliches Werk im 16. Jahrhundert damit erstaunlich umfangreich ausgestattet.

4. Sprache und Anthropomorphismen

Ein Problem besonderer Art stellt die sprachliche Fassung der frühen wissenschaftlichen Publikationen dar. Dies gilt auch für Palissy, dessen Texte zwischen sprachlicher Poesie, kämpferischer Rhetorik und naturwissenschaftlicher Exaktheit schwanken. Dieser Spagat ist in vielen wissenschaftlichen Dialogen der Zeit wiederzufinden, auch bei Galilei, besonders wenn sie nicht in Latein, sondern in einer Landessprache verfasst sind. Eine Wissenschaftssprache im Französischen beginnt sich erst im 16. Jahrhundert herauszubilden. Palissy ist deshalb gezwungen innovativ zu sein und sich eine wissenschaftliche Sprache zu erfinden.[95] Eine Anzahl von Worten ist bei Palissy erstmals in der französischen Sprache nachzuweisen. Während er einerseits einige erst neu in den Wortschatz aufgenommene Begriffe verwendet, war es für ihn andererseits unvermeidlich, traditionelle, teilweise mittelalterliche Termini oder wenig bekannte regionale Ausdrücke zu verwenden. Dem gleichen Problem, in einer neuen wissenschaftlichen Dis-

---

nicht wesentlich älter ist. Zur aktuellen Problematik der Waldbewirtschaftung und zu vergleichen mit Palissy: Asendorf 2011, S. 39 und Jeska 2012, S. 17.

95 Zum Sprachgebrauch bei Palissy: Palissy 1996, Bd. 1, S. XI–XLVII; Fragona 2000; Legrand, 1992, S. 145–154. Siehe auch Dupuy 1902, Appendix S. 279–336 mit einem Lexikon der von Palissy verwendeten erklärungsbedürftigen Worte.

ziplin eine Terminologie zu entwickeln, allerdings in Latein, stand auch Agricola gegenüber.[96] Auch er war gezwungen, einerseits auf alte und traditionelle Begriffe zurückzugreifen und andererseits neue zu kreieren. Das wissenschaftliche Vokabularium dringt Mitte des 16. Jahrhunderts durch Übersetzungen in die französische Sprache ein, Palissy benutzt möglicherweise Worte, die ihm noch nicht geläufig sind, was manche typographischen Fehler erklären könnte.[97] Palissy ist in seinen Texten gezwungenermaßen der Sprache seiner Zeit verhaftet. Hierzu zählt auch der Gebrauch von Begriffen mit einer anthropomorphen Metaphorik und einer alchemistischen Tradition. Die Bedeutung der verwendeten Worte stimmt bei Palissy aber häufig nicht mehr mit der früher gebräuchlichen gängigen Konnotation überein. Um diesem, vielleicht vorhergesehenen Problem zu begegnen und ein größeres Maß an Klarheit zu erreichen, hängt er an die *Discours* eine „Erläuterung der problematischsten Begriffe" an.[98] Die Auswahl der Wörter erstaunt allerdings, da viele der aufgeführten Begriffe auch dem damaligen Leser keine Schwierigkeiten bereitet haben dürften und andere zum Verständnis der *Discours* wichtige Worte dagegen fehlen. Erschwerend bei der Abfassung der Traktate mag hinzugekommen sein, dass Palissy als Künstler, ja Kunsthandwerker, ursprünglich kein Intellektueller war und deshalb, wie er selbst häufig feststellt, nur über begrenzte sprachliche Fähigkeiten verfügte.[99] In dem Bestreben, einen an den Naturerscheinungen, den Naturgesetzen und der Empirie orientierten Text zu verfassen, der in ein System mündete, welches das gesamte Themengebiet der späteren Geowissenschaft abdeckte, waren die Möglichkeiten der Sprache ein Korsett, das zu sprengen quasi unmöglich war.

---

96 Agricola 1928, S. XXVII f.: „Allein je mehr der Wissenschaft vom Bergbau jede Feinheit der Rede fremd ist, umso weniger fein sind auch diese meine Bücher, wenigstens entbehren die Gegenstände, mit denen es unsere Wissenschaft zu tun hat, bisweilen noch der richtigen Bezeichnungen, teils, weil jene Dinge neu sind, teils, weil, wenn sie alt sind, die Erinnerung an die Namen, mit denen sie einst bezeichnet wurden, verschwunden ist. Deshalb war ich, was verzeihlich erscheint, gezwungen, einige Begriffe mit mehreren zusammengesetzten Wörtern zu bezeichnen, andere wieder mit neuen; … Einige Dinge habe ich mit alten Wörtern benannt,…. Wer diese Bezeichnungen nicht billigt, der schlage entweder geeignetere vor oder hole die in der Literatur der Alten gebräuchlichen hervor."

97 Fragonard in: Palissy 1996, Bd. 1, S. XXX f. Fragonard erwähnt, dass das nicht Palissy anzulastende Missverständnis mit der „fetten" Erde einem Übersetzungsfehler von Lateinisch „crassa", dick, zu Französisch „grasse", fett, geschuldet ist. Vgl. Kapitel II. 2. *Der Buchkörper.*

98 Palissy 1996, Bd. 2, S. 391–398 (*Explication des mots plus difficiles*).

99 An mehreren Stellen des *Recepte* und der *Discours* bemerkt Palissy, dass er weder Latein noch Griechisch und „kaum ein gutes Französisch beherrscht" (Palissy 1996, Bd. 2, S. 128). Im Vorwort zum *Recepte* bittet Palissy den Leser sich nicht an seiner „langage rustique", seiner schlichten Sprache, zu stören (Palissy 1996, Bd. 1, S. 54).

Tatsächlich bricht Palissy in wesentlichen Punkten mit der etablierten Leibmetaphorik und ihrer Theorie eines lebendigen Mikro- und Makrokosmos, die vor allem seit der Übersetzung des *Codex Hermeticum* durch Ficino in Florenz ab 1460 die Naturphilosophie der Renaissance beherrschte.[100] Diese Auffassung unterstellte, dass die gesamte „Welt lebendig sein müsse, weil sie als Ebenbild Gottes die Gesamtheit des Lebens darstelle. In ihr gäbe es nichts, das nicht lebe, denn Totes könne nicht Gott gemäß sein, alles bewege sich, Bewegung aber sei die Energie von Leben und Schöpfung schlechthin."[101] Die „sympathetische Wechselwirkung zwischen Mikro- und Makrokosmos"[102] fand ihre wirksamste künstlerische Ausprägung in den Gemälden anthropomorpher Natur von Guiseppe Archimboldo (1526–1593) im späten 16. Jahrhundert.[103] Aber auch in vielen weiteren Schriften wurde der nach dem Ebenbild Gottes geschaffene Mensch als in seiner äußeren und inneren Gestalt zum Symbol der Natur und einer Kopie des Makrokosmos definiert: „das Fleisch seines Körpers gleicht der Erde, seine Knochen den Bergen, das Haar der Vegetation, die Adern den Flüssen, seine inneren Organe den Minen."[104] Auch Leonardo da Vinci folgte noch diesen Analogien, denn für ihn war der „lebendige unterirdische Wasserfluss dem menschlichen Adersystem analog; die unterirdischen Ströme steigen ihm zufolge in die Spitzen der Berge und treten als Quellen hervor, wie Blut, das gegen die Schwerkraft in den Kopf gepumpt wird und Nasenbluten verursacht."[105] Die anthropomorphe Metaphorik hielt sich bis in die romantische Naturphilosophie von F.W. Schelling und Lorenz Orken um 1800, die von Alexander von Humboldt als eine Mischung aus kritischer Philosophie, mystischer Phantasie und Symbolik des Mittelalters kritisiert wurde.[106] Während bei Palissy die Gewässer ihrem Höhenunterschied entsprechend fließen und die Schwerkraft respektieren, führt die Leibmetaphorik dazu, dass die geologischen Sonderfälle von Druckwasserleitung und Fontäne zur Regel erhoben werden. Besonders die Höhlen, als Räume im Inneren des Erdleibes, besaßen eine ausgeprägte leibmetaphorische Symbolik. Sie waren nicht nur als Orte der Geburt und des Todes von Bedeutung, sondern die Erd-Leib-Höhlen entwickelten auch künstlerische Qualitäten; in Erdschößen, so nahm man an, wurden nicht nur Mineralien und Lebewesen, sondern auch Kunstwerke gezeugt. Solche Kunstwerke waren zum Beispiel Bildsteine und Ver-

---

100 *Corpus Hermeticum* ist eine Sammlung griechischer Traktate der Zeit zw. 100 und 300 n. Chr., 1463 übersetzt von Marsilio Ficino (1433–1499) für Cosimo de Medici (1389–1464).

101 Bredekamp 1982, S. 9.

102 Bredekamp 1982, S. 7.

103 Zu Archimboldo siehe: Kat. Wien 2008.

104 Bredekamp 1982, S. 9.

105 Bredekamp 1982, S. 10.

106 Siehe besonders: Jahn 2000, S. 290 ff.

steinerungen. Fossilien galten als Bilder der Natur par excellence in denen diese Lebewesen künstlerisch in Stein nachbildete. Als bevorzugte Orte dieser Metaphorik galten in der Renaissance deshalb künstlerische Nachbildungen von Grotten, die als externe Kunstkammern aufgefasst wurden.[107] Denn „im Innersten der Natur selbst verkörpert sich das Interesse an der Natur im Dreiklang von überliefertem Wissen, Experiment und praktischem Nutzen des Naturstoffs, und zugleich ergibt sich hier eine Art Außenposten dessen, was die Kunstkammern im inneren Bereich der Schlossarchitektur in größerem Maßstab fundieren."[108]

Hierdurch erklärt sich auch die Faszination der Grotte auf Palissy. Das metaphernreiche Bild der Grotte übernimmt aber nur noch eine symbolische Funktion, denn die reale Natur selbst ist die gigantische externe Kunstkammer. Sie bringt durch die ihr innewohnenden Gesetzmäßigkeiten Metalle, rohe Steine, wie auch formvollendete Kristalle in ihrem Inneren hervor, als vom Menschen nicht zu imitierende Produkte. Die Natur selbst ist Forschungsinstitut und Universität: „Ich hatte kein anderes Buch als den Himmel und die Erde, welches jedem bekannt ist, und es ist jedem möglich, in diesem schönen Buch lesen zu lernen. Nun, nachdem ich in ihm gelesen hatte, befasste ich mich mit den Wissenschaften von der Erde, denn ich hatte keine Astrologie studiert, um die Sterne betrachten zu können."[109] Palissy bewunderte die Natur als eine Schöpfung Gottes, wegen der in ihr verkörperten „bewundernswerten Perfektion" ihrer Prinzipien, und nicht mehr als personifizierte Natura. Die Grotte als Kunstobjekt entsteht hieraus als eine Poesie der Realität und eine Hommage auf die von Gott gegebenen Naturgesetze. Damit verabschiedet er sich gleichfalls von der als real vorgestellten Metapher des Erdleibes als anthropomorpher Gebärmutter, in der sich die Entwicklung der Metalle vollzog. Obwohl Palissy der Tradition entsprechend das Erdinnere weiterhin als Erdleib („ventre de la terre") und auch „matrice", Gebärmutter, bezeichnet, wendet er sich von der Ansicht ab, dass die gewonnenen Erze dort wieder nachwachsen, wie es etwa Agricola vorschwebte. Die anthropomorphe Vorstellung des Erdinneren als Gebärmutter, vor allem der Alchemisten, ist ihm bekannt, wird aber abgelehnt.[110] Dies erfordert eine Abgren-

---

107 Bredekamp 1982, S. 14 u. 20–22.

108 Bredekamp 1993, S. 52.

109 Palissy 1996, Bd. 2, S. 221 f.: „Je n'ay point eu d'autre livre que le ciel & la terre, lequel est conneu de tous, & est donné à tous de connoistre à lire ce beau livre. Or ayant leu en iceluy j'ay consideré les matieres terrestres, par ce que je n'avois point estudié en l'astrologie pour contempler les astres."

110 Zur „matrice" als künstlicher Gebärmuter der Alchemisten: Palissy 1996, Bd. 2, S. 107. Im *Recepte* verwendet Palissy Anthropomorphismen umfangreicher und unbeschwerter als in den *Discours*. Das *Recepte* gibt nicht sicher zu erkennen, welche Position Palissy diesbezüglich einnahm und ob er zu diesem Zeitpunkt möglicherweise noch reale Zeugung und Wachstum von Gesteinen im Erdinneren annimmt. Zwischen Veröffent-

zung vom Begriff der „Zeugung und des Wachstums der Gesteine“: „[Ich] streite auch weiterhin ab, [das die Steine wachsen,] denn die Steine haben keine lebende Seele, sondern sind empfindungslos. Deshalb können sie nicht durch einen lebendigen Prozess wachsen, sondern nur mittels Zunahme durch Erstarrung.“[111] Unter Erstarrung oder Verfestigung wird ausschließlich der chemisch-physikalische Vorgang des Auskristallisierens aus wässriger Lösung verstanden. Die Prozesse der Erdveränderungen sind nicht mehr die eines Lebewesens, sondern rein prozessuale Abläufe und mechanischer Natur.[112]

Die letzten Anthropomorphismen, wie etwa die Analogie der Gebirge mit dem menschlichen Skelett[113], deren sich Palissy bedient und die auch Goethe noch liebt, erscheinen fast wie Fossilien innerhalb seiner Schriften. Es existiert bei Palissy sprachlich weiterhin ein gewisses Nebeneinander von Leibmetaphorik und dezidierter Naturwissenschaft. Dieses Nebeneinander ist aber nicht ungewöhnlich, sondern geradezu typisch für viele wissenschaftliche Werke der frühen Neuzeit. Beispiele hierfür sind die Werke der Naturkundler Agricola und Gesner, in denen neben exakt wiedergegebenen lebenden Tieren Fabelwesen ebenso realistisch abgebildet sind. Wenn Palissy Ausdrücke wie „matrice“ (Gebärmutter, Leib, aber auch Form) für das Erdinnere verwendet, gebraucht er diese nicht in einer wortwörtlich gemeinten Bedeutung, sondern als Metapher, da ihm keine anderen Wörter zur Verfügung stehen. Die bisherige Analogie, die Erde als Lebewesen zu betrachten, befindet sich in Auflösung. Palissys Grotten und Gärten sind nicht mehr Orte der Kreation in diesem Sinne, sondern der „Rekreation“ als Möglichkeit der „Kontemplation“[114] und Erholung. Der Gott der Schöpfung hat die Welt in Gestalt der Naturgesetze geschaffen, aber seitdem ist die Erde in einem kontinuierlichen Prozess der Entstehung, Zerstörung und Veränderung sich selbst überlassen.[115] „Nichts unter dem Himmel ist in Ruhe. Alle Dinge verändern sich, während sie sich formen, und bei der Umformung verändern sie häufig ihre Natur und ihre Farbe.“[116] Der immanente Bewegungszustand ist nicht organischer Natur, sondern folgt wiederum einem rein prozessualen Charakter.

lichung des *Recepte* und der *Discours* hätte dann eine Neubewertung stattgefunden. Vgl. zum Beispiel Palissy 1996, Bd.1 (*Recepte*), S. 92 f.

111 Palissy 1996, Bd. 2, S. 220: „Je te le nie bien encores (que les pierres croissent): car les pierres n'ont point d'ame vegetative: mais insensible. Parquoy elles ne peuvent croistre par action vegetative: mais par une augmentation congelative.“ Mit „Zunahme durch Erstarrung“ ist die weitere Anlagerung von Material durch Kristallisation und Fällung gemeint.

112 Palissy 1996, Bd. 2, S. 220 Anm. 9.

113 Palissy 1996, Bd. 2, S. 64 f.

114 Siehe z. B.: Palissy 1996, Bd. 1, S. 162.

115 Palissy 1996, Bd. 2, S. 109, Bd. 1, S. 99.

116 Palissy 1996, Bd. 2, S. 218: „il n'y a nulle chose sous le ciel en repos, & que toutes choses se travaillent en se formant, & en se deformant tournent bien souvent de nature à autre,

Hierher gehört auch der Begriff des Samens, der eine Übertragung aus dem Bereich der Biologie in den der Mineralogie erfährt. Der Samen findet bei Palissy seine Entsprechung im Salz und vice versa. Das „Samenwasser“ entspricht dem salzhaltigen Wasser, dem generativen, erstarrungsfähigen Wasser nach der Definition von Palissy. Genauso wie der als kleinster Baustein des Lebens betrachtete Samen sei auch dem einzelnen Salzteilchen ein inhärenter Bauplan eingeschrieben, der die Form des entsprechend „wachsenden“ späteren Kristalls bestimme. Der heute noch übliche Begriff des Kristallkeims für diese erste Bildungsphase hat hier seinen Ursprung. Keim meint hier Keimling und Samen, also das embryonale Frühstadium. Die Begriffe sollen sich auch hier gegenseitig befruchten und helfen unsichtbare Dinge sichtbar und begreifbar machen.

Der Begriff Wasser ist ein Beispiel für die Schwierigkeiten, die Sprache in den Griff zu bekommen. Palissy spricht von Wässern, gibt es doch mehrere: das „verdunstungsfähige“ und das „erstarrungsfähige“. Palissy kann sich nicht entscheiden, wie er sie nennen soll, und verwendet diverse Synonyme: So nennt er das „verdunstungsfähige Wasser“ gleichzeitig „l’eau exhalative“, „l’eau evaporative“ oder „l’eau commune“, also „gewöhnliches Wasser.“ Für das „verfestigungsfähige“ oder „erstarrungsfähige Wasser“ benutzt er „l’eau congelative“, „germinative“, „essencive“ oder „l’eau salsitive“, salziges Wasser, aber auch entsprechend der alten alchemistischen Begriffe „humeur radicale“ oder „cinquième élément“.[117] Dies sind alles gleichwertige Synonyme, eine Mehrdeutigkeit gibt es nicht, das fünfte Element, die Quintessenz der Alchemisten und von Paracelsus, wird sinnentleert.[118] Die Zweiteilung des Wassers in das chemisch reine Wasser und die salzhaltige, wässrige Lösung ist eine geschickte Erklärung, eine fortschrittliche Auffassung, die einen deutlichen Bruch mit der aristotelischen Theorie darstellt. Doch die Mehrfachbenennung, die Synonymflut verwirrt den Leser, verunsichert ihn. Er fragt sich: Ist der Autor selbst auch noch unsicher, hat er sich in seiner frisch gewonnenen wissenschaftlichen Emanzipation vielleicht noch nicht völlig freigeschwommen?

Die Leibmetaphorik und Bedeutungsübertragung ist für Palissy eine sprachliche Illustration, um die Verständlichkeit des Textes zu erleichtern. Auch in der neueren Naturwissenschaft erleichtern Modell- und Analogienbildung das Verständnis von unzugänglichen, der menschlichen Wahrnehmung entzogenen Phänomenen. Berühmtestes Beispiel solcher Verwendung einer bildreichen Sprache ist vermutlich das Bohrsche Atommodell. Um analytische Exaktheit der Sprache bemüht, die den Erfordernissen eines wissenschaftlichen Textes Rech-

---

& de couleur à autre.“ Der Hinweis auf die Farbe bezieht sich zum Beispiel auf die Farbänderungen der Glasuren beim Brennen der Keramiken.

117 Fragonard in: Palissy 1996, Bd. 1, S. XXXI.

118 Zum fünften Element und der Quintessenz siehe Böhme 2004, S. 143 ff.

nung trägt, stößt Palissy häufig an die Grenze der Begrifflichkeit der Sprache und der etablierten wissenschaftlichen Terminologie. Die metaphernreiche Sprache hilft nicht nur bei dem Verständnis der Thematik, sondern erfährt eine Mehrdeutigkeit, die deren weitere Entwicklung hindert und gleichzeitig eine Barriere zur Akzeptanz der *Discours* als wissenschaftlichen Text bildet. Die Verwendung einer überholten Terminologie durch Palissy, so unvermeidlich sie war, ist somit nicht ohne Gefahren, nährte sie doch auch Zweifel an den Intentionen der Texte. Dies ist wahrscheinlich der Grund, Palissy manchmal in die Nähe der okkulten Seite der Alchemie zu rücken, obwohl er sich bemüht, die Alchemisten, die er auch Antiphilosophen nennt,[119] in den *Discours* zu widerlegen, und okkulte Tendenzen dort nicht nachweisbar sind.[120] Der wiederholte Hinweis von Palissy, seine begrenzten sprachlichen Fähigkeiten betreffend, sollte deshalb nicht als Floskel abgetan, sondern bei der Bewertung der Texte berücksichtigt werden.

119 Palissy 1996, Bd. 2, S. 134.

120 Palissy 1996, Bd. 1, S. XXXVIII. Edelsteinen wird von Palissy keine magische oder astrologische Bedeutung zugeschrieben, und Metalle, etwa Gold, besitzen für ihn keine Heilkräfte. Die tradierte Zuordnung von Planeten zu bestimmten Metallen und Gesteinen wird von ihm abgelehnt.

III. Naturwissenschaftliche Modelle

1. Bernard Palissys hydrologisches Modell

Den ersten Diskurs widmet Palissy den Wässern und Brunnen. Obwohl dieser Abschnitt Rückgriffe auf Plinius und besonders Vitruv[1] enthält, stellen die Gedanken Palissys zum Wasserhaushalt der Erde eine wirkliche Revolution im 16. Jahrhundert dar, räumen sie doch grundlegend mit früheren vorwissenschaftlichen Vorstellungen auf, die häufig im groben Gegensatz zu offensichtlichen Fakten stehen. Warum dieser Diskurs am Anfang steht, wird im Verlaufe des Traktats immer klarer: Ohne dass Palissy es ausdrücklich sagt, fungiert das Wasser für ihn als Motor des Lebens und aller geologischen Prozesse. Leonardo da Vinci formuliert es prosaisch: „Das Wasser ist der Fuhrmann der Natur."[2]

Palissy bespricht in diesem Diskurs alle relevanten Fragen der Hydrologie: Verdunstung, Winde, Bildung von Regenwolken, Abregnen am Gebirge, Anreicherung der Quellen, unterirdische Wasserläufe und Reservoirs, das heißt den kompletten hydrologischen Kreislauf; zudem Wassereinzugsgebiete, Gezeiten, heiße Quellen, artesische Brunnen. Für Palissy steht aber nicht so sehr die detaillierte Beschreibung der Einzelphänomene des Wasserkreislaufs im Vordergrund, sondern die Zusammenhänge, so dass erstmalig eine Gesamtdarstellung der Hydrologie entsteht. Zu Beginn sind Probleme der Hydraulik und die Installationen der Wasserwirtschaft wie Brunnen, Zisternen, Pumpen und Rohrleitungen behandelt; der Wassertransport in Rohrleitungen wird verglichen mit dem offener Gerinne. Druckrohrleitungen werden als kostspielig und wegen der hohen Materialbeanspruchung als reparaturanfällig eingestuft. Entsprechend den Vorlieben der Zeit erörtert er gesundheitliche und sanitäre Fragen, nämlich Ursachen für ungesundes Wasser, auch verhaltensbedingte Grundwasserverunreinigungen werden dabei nicht ausgeklammert; es wird festgestellt, dass mangelhafte Wasserqualität und Schadstoffe im Wasser zu gesundheitlichen Problemen und

---

1 Palissy 1996, Bd. 2, S. 20. Vitruv behandelt das Wasser im 8. Buch: Vitruv 1983, S. 393–430.

2 Leonardo da Vinci 1952, S. 569; Leonardo da Vinci 1942, t. II (Manuskript K2r.), S. 79.

Krankheiten führen. Seine kritische Analyse der Kur- und Heilbäder war mutmaßlich der Grund für den Erwerb der *Discours admirables* durch den Berliner Professor Emil Osann. Eine genaue Abgrenzung entsprechend heutigen Fachgebieten zwischen Hydrologie, Meteorologie, Hydraulik oder Hydromechanik nimmt Palissy nicht vor, ist eine strikte Trennung doch auch schwer zu ziehen. Mit einigem Recht können selbst Aspekte der Sedimentation, der Bodenkunde, Wetteränderungen und Ozeanographie in das Feld der Hydrologie einbezogen werden, wie Biswas betont.[3] In den Abhandlungen zur Geschichte der Geologie, auch im ausführlichen Werk von François Ellenberger, wird die Entwicklung der Hydrologie und Meteorologie meistens ausgeklammert. Umfassende Untersuchungen zur Geschichte der Hydrologie existieren bisher leider kaum.[4]

Eines der Hauptprobleme der Hydrologie in der Frühneuzeit war die Frage nach der Entstehung der Quellen. Bis zum 17. Jahrhundert galt es als erwiesen, dass durch unterirdische Kanäle und Adern, die bis hinauf in die Berge führen, die Quellen vom Meer gespeist werden.[5] Auch Leonardo da Vinci war noch ein Anhänger dieser antiken Vorstellung, genauso wie der deutsche Astronom Johannes Kepler (1571–1630), der sich 1619 vorstellte, die Erde nehme wie ein riesiges Tier das Meerwasser auf, verdaue es und speie es als Süßwasser über Quellen und Flüsse wieder aus.[6] Und auch in Anastasius Kirchners (1602–1680) *Mundus subterraneus*, erschienen 1664, gelangt das Meerwasser über unterirdische Schlünde und durch Kapillarwirkung von unten in das Innere der Berge.[7] Es fiel nicht auf, dass bei den großen Mengen hierfür ein Druckwassersystem erforderlich wäre. Woher das Quellwasser stammt, war seit dem Altertum eines der zentralen Rätsel der Naturkunde und eine im 16. und 17. Jahrhundert häufig diskutierte Frage. Verwunderung löste aus, dass, obwohl sich die Flüsse ins Meer ergießen, dieses weder überläuft, noch die Flüsse trockenfallen. Die Erklärung der Entstehung der Quellen und Flüsse durch die Sammlung von Niederschlagswasser findet sich seit der Antike erstmals bei Bernard Palissy in den *Discours admirables* wieder.[8] Wesentliche Anregungen zu Hydrologie und Hydraulik stammen aus Vitruvs Architekturtraktat, das in französischer Übersetzung vorlag und Palissy bekannt war.[9] Der natürliche Wasserkreislauf wird von Palissy

---

3 Biswas 1970, S. VI.

4 Zur Geschichte der Geologie: Ellenberger 1988, zur Geschichte der Hydrologie: Biswas 1970.

5 Perrig 1984 bezeichnet dies als „Adertheorem", vgl. dort S. 27, Anm. 35.

6 Hölting 1996, S. 9; Gohau 1990, S. 32 und Hölder 1960, S. 275. Leonardos Überzeugung in seinen letzten Lebensjahren ist unsicher, vgl. Kapitel VII.4 *Vorgänger, Vorbilder, Zeitgenossen*.

7 Hölder 1960, S. 275, Biswas 1970, S. 175 ff.

8 Hölder 1960, S. 275.

9 Palissy 1996, Bd. 1, S. 138 (*Recepte*): Palissy schreibt Victruve. Siehe Vitruv 1547.

ebenfalls erstmalig in der Neuzeit vollständig und richtig beschrieben[10], wobei eine Theorie der Salze hierin mit eingebaut ist. Zwar wurde der hydrologische Zyklus bereits in der Antike durch Anaxagoras (500–428) und Vitruv weitgehend richtig formuliert, in der Folge blieben jedoch die Ansichten von Plato (428–348) und besonders Aristoteles (385–322) maßgebend, der im Sinne der Vier-Elemente-Theorie annahm, dass die Luft durch Abkühlung in unterirdischen Kavernen in Wasser umgewandelt wird.[11]

Zur Widerlegung dieser Theorie konfrontiert Palissy die alten Erklärungen mit Argumenten aus verschiedenen Perspektiven, bevor er sein eigenes anhand verifizierbarer Naturerscheinungen etabliertes Modell präsentiert: „Wenn es so wäre, dass das Wasser, welches die Quellen speist, vom Meer kommt, wieso können sie dann im Sommer austrocknen, da doch das Meer nicht im Geringsten kleiner ist als im Winter?" Denn „man muss als gesichert annehmen, dass das Meer im Sommer den gleichen Wasserstand hat wie im Winter; [...] und wenn ich behauptete, sogar einen höheren, würde ich nicht lügen, denn die höchste Flut tritt bei Vollmond in den Monaten März und Juli ein. Zu dieser Zeit bedeckt das Meer weitere Teile des Landes der Küstenregionen und Inseln bei Saintes als zu jeder anderen Jahreszeit."[12] Palissy versichert als „allgemeine und sichere Regel", dass das Wasser nie höher steigen könne als die Quelle, von der es entstammt.[13] Anders ausgedrückt: Das Wasser, welches das Tal hinuntergeflossen ist, wird nie wieder nach oben steigen, denn es unterliegt der Schwerkraft. Die Quellen würden vielmehr durch den Regen gespeist.[14] Das Regenwasser, welches im Winter fällt, steige im Sommer wieder nach oben, um im Winter erneut zurückzukehren. Die gesamte Wassermenge bleibe dabei immer gleich. Die Trockenheit der Sonne und die Winde, welche die Erdoberfläche träfen, führten dazu, dass das

---

10 Perrig 1984, S. 27, Anm. 33.

11 Zur Geschichte der Hydrologie siehe: Nützmann 2000, S. 5–6; Biswas 1970; Fetter Jr. 2004 und Deming 2005. Dieser Vorgang wurde im Aristotelismus als Transmutation bezeichnet, vgl. Priesner, Figala 1998, S. 60.

12 Palissy 1996, Bd. 2, S. 58: „Si ainsi estoit que les sources des fonteines vinssent de la mer, comment pouroyent elles tarir en esté ?" „Il faut tenir pour chose certaine que la mer est aussi haute en esté comme en hyver, & quand je diroys plus, je ne mentirois point : par ce que le marrées les plus hautes sont en pleinne lune du mois de mars, & à celle du mois du Jullet : auquel temps elle couvre plus de terre és parties maritimes des insulaires Xaintoniques, que non en nulle autre saison." Auf S. 55 nennt Palissy weitere Einwände gegen die Auffassung, dass die Quellen durch Meerwasser gespeist werden. Palissy konstatiert zudem, dass Ebbe und Flut alle 12 Stunden wechseln.

13 Palissy 1996, Bd. 2, S. 58: „Je te dis pour une regle generale & certaine, que les eaux ne montent jamais plus haut que les sources d'ou elles procedent."

14 Palissy 1996, Bd. 2, S. 53. Hieraus erwächst die Idee zum Bau von Regenwassersammelbecken und zu einer Wasserversorgung durch gesunde künstliche Brunnen.

Wasser verdunste, sich in der Luft sammle und Wolken bilde.[15] Als augenscheinlicher Beweis und Demonstration der Verdunstung dienen Palissy die Salzgärten („marais salants") an der französischen Atlantikküste. Palissys Beschreibung des Verfahrens der Salzproduktion aus Meerwasser im Diskurs *Über das gewöhnliche Salz* ist ein Bericht aus erster Hand, da er im Auftrag des Connétable Anne de Montmorency die Vermessung der „marais salants" betrieb. Salzgärten werden zwar auch von Agricola treffend beschrieben, aber er dürfte sie nicht aus eigener Anschauung gekannt haben.[16]

Nach der Verdunstung des Wassers setzt sich der Kreislauf des Wasser kurzzeitig in der Atmosphäre fort: „Die Winde, die nichts anderes als eine Kompression der Luft sind, verursacht durch den Niederschlag",[17] würden „besagte Dämpfe weiter treiben, [bis] das Wasser wieder zurück auf alle Teile der Erde [fällt]. Und wenn es Gott gefällt, dass diese Wolken (die nichts anderes als eine Ansammlung von Wasser sind) sich auflösen, wandeln sich die genannten Dämpfe in Regen um, der auf die Erde fällt."[18] Das Regenwasser sammle sich in Hohlräumen der Erde auf wasserundurchlässigen Schichten aus dichtem Fels, wo es unterirdische Seen und Flüsse bilde oder um als Quelle wieder zu Tage zu treten.[19] Es gäbe mehr Quellen und Flüsse, die im Gebirge entspringen, als im Flachland, da die Berge eine Wasserscheide bilden, an der sich die Wolken abregnen.[20] Auch Ton bilde eine Sperrschicht für Wasser. Dies mache man sich in den künstlich angelegten Salzgärten zunutze und dies ermögliche, dass auch im Flachland Brunnen angelegt werden könnten. Beim Durchfluss des Bodens trete das Wasser in Interaktion mit der Erde und dem Gestein, wobei es Mineralien und Salze aufnähme, die es aus dem Gestein herauslöse. Es komme zu einer gegenseitigen Beeinflussung von hydrologischen und geologischen Phänomenen. Das Wasser enthalte aus diesem Grund gelöste Salze, die der Art der Böden entsprechen, die es durchflossen hat. Die Wasserqualität gestattet somit eine Aussage über das anstehende Gestein. „Das Salz des Meeres kommt [also] aus der Erde", es wird von den Flüssen dorthin getragen oder auch von der Brandung, die gegen die Felsen schlägt,

---

15 Palissy 1996, Bd. 2, S. 60f.

16 Agricola 1928, S. 467 ff.

17 Palissy 1996, Bd. 2, S. 62: „Les vents ne sont autre chose qu'une compression d'aër, engendrée par la descente des eaux."

18 Palissy 1996, Bd. 2, S. 60 f.: „Et les vents poussant lesdittes vapeurs, les eaux retombent par toutes les parties de la terre & quand il plait à Dieu que ces nuees (qui ne sont autres chose qu'un amas d'eau) se viennent à dissoudre, lesdittes vapeurs sont converties en pluies qui tombent sur la terre."

19 Palissy 1996, Bd. 2, S. 63, 65. Die hydrologischen Erkenntnisse sollten für den Bau von Springbrunnen auch praktisch angewendet werden.

20 Es ist interessant, die Beschreibungen Palissys den aktuellen hydrologischen Betrachtungen etwa von Gunnar Nützmann gegenüberzustellen und zu sehen, wie gering die Abweichungen im Basiswissen doch sind. (Nützmann 2000).

ausgewaschen.[21] Warum das Meerwasser salzig sei, war eine weitere viel diskutierte Frage, die hiermit als gelöst gelten konnte.[22]

In der Nähe von Flüssen liefert nach Palissy das Uferfiltrat ebenfalls einen Beitrag zur Grundwasserbildung.[23] Das mit Mineralien angereicherte, versickerte Regenwasser diene wiederum den Pflanzen als Nahrung und wirke als Gesteinsbildner. Artesische Brunnen werden erst später im Kapitel über den Mergel beschrieben,[24] so dass Palissy eine annähernd vollständige Beschreibung hydrologischer Phänomene verfasst.[25] Eis und der Vorgang des Gefrierens sind getrennt vom Wasser im Kapitel *Über das Eis* behandelt. Die Behandlung dieses Themas ist eine Rarität in Traktaten der Naturkunde. Nach der Schilderung von Palissy sei es eine gängige Überzeugung gewesen, dass das Wasser auf dem Grund der Gewässer zuerst gefriere und erst dann als Eis auftreibe. Er durchspielt verschiedene Konsequenzen, die aus dieser unrichtigen Behauptung resultieren, um so deren Unsinnigkeit manifest vor Augen zu führen. Palissy argumentiert, dass es die Kälte der Luft sei, die das Wasser zum Gefrieren bringe. Die Gewässer könnten deshalb erst bis zum Grund gefrieren, und das auch nur sukzessive, wenn die gesamte Oberfläche zugefroren sei.[26] Schnee, den Palissy in den Ardennen und den Pyrenäen erlebt, ist hingegen in Anlehnung an die aristotelische Theorie als aus Kavernen austretende gefrierende Ausdünstung beschrieben, ganz im Widerspruch zu seinem sonst kohärenten Modell.[27] Womöglich ist dies eine Reminiszenz an die „Lateiner", um in deren Augen nicht ganz unkundig dazustehen. In

21 Palissy 1996, Bd. 2, S. 59: „Le sel de la mer vient de la terre."

22 Dass das Wasser die Qualität des Ortes annimmt, welches es passiert, war auch die Erklärung der Anhänger des Theorems der Speisung der Quellen mit Meerwasser, inklusive Leonardo, allerdings verstanden sie den Vorgang spiegelverkehrt: Sie stellten sich vor, beim Durchfließen der unterirdischen Kanäle verliere das Wasser immer mehr von seiner Bitterkeit, bis es an der Quelle als Süßwasser austrete. Palissy stellte die Hydrologie also vom Kopf auf die Füße. Perrig 1984, S. 28, Anm. 45 zitiert diesbezüglich Leonardo: „... wie der Spiegel die Farbe des gespiegelten Gegenstandes annimmt, so nimmt das Wasser die Natur des Ortes an, den es passiert" (Cod. Arundel, 57rv) und Münster: „... indem das Meerwasser durch viel Adern und Genge der Erden laufft, wirdt es also zu reden geseechtet (*gewaschen, gereinigt*), und verleurt die bitterkeit, ehe es dann herfür bricht, daher dann die Erfahrung gibt, dass die Brunnen, so weit von dem Meer, süsser seind, dann die so demselbigen näher gelegen" (*Cosmographie*, 1553, S. 12).

23 Palissy 1996, Bd. 2, S. 29.

24 Palissy 1996, Bd. 2, S. 337.

25 Biswas 1970, S. 153.

26 Eis und der physikalische Vorgang des Gefrierens werden in Traktaten kaum erwähnt. Wissenschaftsgeschichtliche Untersuchungen zur Entwicklung der Vorstellungen vom Wesen des Eises konnten nicht ausfindig gemacht. Thompson, 1959 referiert nur die Argumentation von Palissy. Auch die Frostsprengung wird von Palissy in den *Discours* behandelt und findet sich selten in der Literatur, siehe hierzu Hall, Thorn 2010.

27 Palissy 1996, Bd. 2, S. 63.

den radikalen *Discours admirables* koexistieren so, wie in der Wissenschaftsliteratur der Frühneuzeit üblich, verifizierbare Fakten und unhaltbare Mutmaßungen.

Ähnlich wie bereits im *Recepte veritable,* wo dem Leser Bauprojekte eines Gartens und einer Festungsstadt unterbreitet werden, schlägt Palissy im Diskurs *Über das Wasser* den Bau eines neuartigen Brunnens vor. Dieser soll das Oberflächen- und Quellwasser am Berghang sammeln und in einen abgedeckten Behälter leiten. Der Diskutant Theorique hält ihn deshalb für eine Zisterne.[28] Palissy bezeichnet diesen Bau aber ausdrücklich als Brunnen und nicht als Zisterne. Dieser Brunnen kann ähnlich wie der Garten im *Recepte* als eine Natursimulation gelesen werden, oder als experimentalphysikalischer Versuch. Obwohl aus praktischen Erwägungen überirdisch angelegt, denkt Palissy ihn offenbar als Nachbildung eines natürlichen unterirdischen Wasserreservoirs, eben als Brunnen. Dies erklärte die vehemente Weigerung, ihn als profane Zisterne bezeichnet zu sehen. Das Projekt war dazu erdacht, die hydrologischen Schilderungen des Diskurses *Über das Wasser* experimentell zu verifizieren, und erst zweitrangig zu versuchen, sie praktisch nutzbar machen.

Zur Lösung der Frage nach der Herkunft des Quellwassers und Widerlegung der Behauptung, dass die Quellen durch Meerwasser gespeist werden, führt Palissy als ein Argument unter mehreren an, dass die Zeiten der Austrocknung der Flüsse im Sommer nicht mit den Tidewasserständen des Meeres koinzidieren, denn die höchsten Fluten würden in den Monaten März und Juli bei Vollmond eintreten, die sogenannten Springfluten.[29] Palissy erkennt, dass es einen periodischen Wechsel der Tidestände innerhalb des Jahres gibt, die Beteiligung des Mondes an diesem Phänomen hebt er ausdrücklich hervor. Die Gezeiten werden tatsächlich im Wesentlichen vom Mond bestimmt, aber auch Sonne, Gravitation und Topographie der Küste üben einen Einfluss aus. Die stärksten Tiden treten auf, wenn Sonne, Erde, Mond auf einer Geraden liegen, also bei Neu- und bei Vollmond.[30] Implizit wird durch die Nennung des Vollmondes auch der Sonne ein Einfluss auf die Gezeiten zugestanden; und das obwohl Palissy sonst Beeinflussungen der Gestirne und Planeten auf die Natur, etwa bei der Gesteinsentstehung, verneint,[31] was ihn erheblich von den meisten seiner Zeitgenossen,

28 Palissy 1996, Bd. 2, S. 72.

29 Palissy 1990, Bd. 2, S. 58. Zu den Gezeiten siehe: BSH, Bundesamt für Seeschiffahrt und Hydrographie: http://www.bsh.de/de/Meeresdaten/Vorhersagen/Gezeiten/809.jsp.

30 BSH, Bundesamt für Seeschiffahrt und Hydrographie: http://www.bsh.de/de/Meeresdaten/Vorhersagen/Gezeiten/809.jsp.

31 Palissy 1996, Bd. 2, S.165. Dass Palissy Kenntnisse der Abhängigkeit von Jahreszeiten, Sonnenstand etc. besaß, können aus Bd. 1, S. 176 (*Recepte*) gefolgert werden. Dass er magischen, okkulten Eigenschaften, etwa von Steinen ablehnend gegenübersteht,

etwa Cardano und Besson, unterscheidet. Tatsächlich ist im September mit einer höheren Springflut zu rechnen als im Juli, da die Erde aufgrund ihrer elliptischen Umlaufbahn während der Tag- und Nachtgleiche (Äquinoktium) der Sonne am nächsten steht.[32] Die Gezeiten werden auch heute weiterhin am zuverlässigsten durch örtliche Beobachtungen ermittelt,[33] die Palissy unter dem Begriff der Praxis erfasst.

Zu Fragen der Astronomie äußert Palissy sich an keiner Stelle der *Discours* und lehnt dies auch mit Hinweis auf seine mangenden Kenntnisse auf diesem Gebiet ausdrücklich ab.[34] Wir wissen folglich nicht, zu welchem der zwei Weltsysteme, dem ptolemäischen oder dem kopernikanischen, er sich bekannte. Es ist aber aus seinem Bericht zu entnehmen, dass er sich zum Beispiel mit Antoine de Pons über Fragen der Astrologie[35] unterhielt, und so dürfen wir annehmen, dass er über die Diskussion bezüglich des geozentrischen Weltbildes informiert war. Eine detailliertere Betrachtung der Ursachen der Gezeiten war aber deshalb von Palissy nicht zu erwarten. Der erste Versuch einer systematischen Untersuchung und Erklärung von Ebbe und Flut wurde erst durch Galilei in seinem *Dialog über die beiden hauptsächlichsten Weltsysteme*, erschienen 1632, unternommen. Voruntersuchungen zu diesem Thema lassen sich aber bereits in seinem Briefwechsel mit Kepler 1594 nachweisen.[36] Er führt darin die Tide auf die Erdumdrehung zurück und damit als Beweis sowohl für diese und als auch für das kopernikanische Weltsystem. Die Flut entsteht entsprechend seiner Theorie vereinfacht gesagt als resultierende Wasserbewegung in einem bewegten Gefäß. Den Einfluss des Mondes (oder gar der Sonne), der seit Langem durch empirische Beobachtungen bekannt war, berücksichtigt er nicht und – scheitert deshalb. Galilei scheint noch größere Angst davor gehabt zu haben, mit dem Okkultismus in Verbindung gebracht zu werden, als Palissy.[37]

---

ergibt sich u.a. aus dem *Recepte*, siehe Palissy 1996, Bd.1, S. 123. Cardano ordnet demgegenüber den Edelsteinen besondere auf die Planeten bezogene okkulte Kräfte zu, siehe Palissy 1996, Bd. 1, S. 115, Anm. 256. Cardan 1556, z. B. S. 127r, 151r, 165r.

32 Vgl. U.S. Navy, Astronomical Applications Department (AA): http://aa.usno.navy.mil/faq/.

33 Bundesamt für Seeschiffahrt und Hydrographie, www.bsh.de/de/Meeresdaten/Vorhersagen/ Gezeiten/809.jsp. Grundsätzlich ist aber auch die theoretische Berechnung schon mit einiger Genauigkeit möglich.

34 Palissy 1996, Bd. 2, S.165 und S.222 „Or ayant leu en iceluy j'ay considéré les matières terrestres, par ce que je n'avois point estudié en l'astrologie pour contempler les astres."

35 Palissy 1996, Bd. 2, S.13. In der Frühneuzeit wurde noch nicht zwischen Astrologie und Astronomie unterschieden.

36 Galilei 1982 und Drake 1999, Vol.2, S. 97–114.

37 Auch Leonardo weist sowohl Sonne als auch Mond einen bedeutenden Einfluss auf Ebbe und Flut zu, obwohl er die Ursachen von Ebbe und Flut nicht erkennt, Leonardo 1952, S. 231.

Zu diesem thematischen Komplex gehört auch die Gezeitenwelle, in Südwestfrankreich Mascaret genannt. Eine Welle, die sich bei auflaufender Flut in Mündungsdeltas von Flüssen rasant zu großer Höhe aufbauen kann. In keinem anderen Traktat außer den *Discours admirables* ist dieses Naturereignis beschrieben. Im Diskurs *Über den Mascaret* kommt es zu einer Massierung von Fehlern im Buchdruck: So trägt zum Beispiel Seite 79 die Seitenzahl 63. Diese gehen einher mit stilistischen Brüchen im Dialog: Abweichend vom sonstigen dramaturgischen Schema entsprechen in diesem Kapitel Beschreibung und Begründung des Phänomens von „Theorique" der Realität, der sich auf die Beobachtungen der Einwohner stützt.[38] Wenn Palissys Meinung auch hier mit der von „Practique" identifiziert wird, irrt er vollständig. „Theoriques" Argumentation ist auf Beobachtung und „praktische" Erfahrung aufgebaut, während sein Gesprächspartner „Practique" die spekulative Theorie vertritt, dass die Welle durch Wind in hypothetischen unterirdischen Kanälen ausgelöst werde und nicht durch die Flut. Es wäre denkbar, dass es hier zu einer Vertauschung und Verschiebung der Beiträge von „Theorique" und „Practique" gekommen sein könnte, dem widerspricht aber die Wiederholung dieser Aussage in Form eines Merksatzes im Anhang der *Discours*.[39]

Die einzige weitere Schrift zur Hydrologie stammt von Jacques Besson (ca. 1535–um 1572): *L'Art et Science de trouver les Eaux et Fontaines*,[40] erschienen in Orléans im Jahr 1569. Es liegt deshalb nahe, sie mit dem Diskurs *Über das Wasser* von Palissy zu vergleichen, sind doch beide, als Texte über Hydrologie, im 16. Jahrhundert eine Rarität. Besson geht im Vorwort auf den Erwerb von Wissen und spekulative Theoriebildung ein und vergleicht in diesem Zusammenhang auch kurz das ptolemäische mit dem kopernikanischen Weltbild. Am kopernikanischen weiß er die exaktere Berechnung der Planetenbahnen zu schätzen, aber dass die Sonne im Mittelpunkt steht und die Erde beweglich sein soll, erscheint ihm unnatürlich und widerwärtig.[41]

Jacques Besson möchte mit seiner Schrift eine Methode vorstellen, die eine Suche nach Wasser und neuen Quellen ermöglicht. Im ersten Buch ist die Entstehung von Wasservorräten und Quellen behandelt, das zweite ist der Suche nach Wasser und der Anlage von Brunnen und Zisternen gewidmet und das dritte Buch untersucht die Entstehung von Mineralen, Gesteinen und Metallen durch Infiltration von Wasser. Obwohl Besson das Wasser und die Quellen im ersten Teil grundlegend abhandeln möchte, werden abgesehen von Infiltration und

---

38 Palissy 1990, Bd. 2, S. 92.

39 Siehe Palissy 1996, Bd. 2, S. 377.

40 Besson 1569. Geburts- und Todesjahr von Besson sind unbekannt, es werden verschiedene Daten genannt: geboren zw. 1530–1540 in Colombières und gestorben um 1572–1573 in Paris.

41 Besson 1569, S. 7.

Zeugung von Wasser keine weiteren hydrologischen Phänomene untersucht, Meer, Ozean und Gezeiten finden keine Erwähnung. Jacques Besson, der wie Palissy Hugenotte war, schildert bereits 1569 die Bildung von Grundwasser aus Regenwasser,[42] und auch der hydrologische Kreislauf wird in Teilaspekten beschrieben. Verschiedentlich wurde deshalb gemutmaßt, dass Bessons Schrift ein Vorbild für Palissy gewesen sein könnte.[43] Die Beschreibung des Wasserkreislaufs durch Besson ist jedoch rudimentär und sonderbar. Diese besitzt nicht, wie die von Palissy, einen prozessualen, mechanistischen Charakter, sondern wird als Kommentar zur Genesis formuliert. Regenwolken (also das Wasser in der Atmosphäre) und Regenfälle sollen den Status quo der Schöpfung aufrechterhalten, da Gott bereits am Anfang der Schöpfung die Wasser auf der festen Erde von jenen über der Erde, in der „mittleren Region", nämlich der Luft, geschieden hatte.[44] Besson unterscheidet zwischen Grundwasser, welches in abgeschlossenen, unterirdischen Speichern durch Niederschlagswasser gebildet wird, und Quellwasser („eaux vives"), das durch Transmutation aus Luft in der Kälte innerhalb unterirdischer Gänge und Kammern gezeugt wird. Diese letzte Erklärung, die derjenigen Aristoteles' folgt, ist für ihn als Peripatetiker die Entscheidende für die Entstehung und Ergänzung der Quellen. Von diesem innerhalb der Erde gezeugten Wasser, das den überwiegenden Teil ausmache, ist jenes äußerliche, durch Niederschläge gebildete grundsätzlich zu unterscheiden. Für Besson ist diese zweite Art des Wassers die unbedeutendere und er geht sogar so weit, festzustellen: „Die einen [unterirdischen Gänge und Gefäße] enthalten das Quellwasser und die anderen, jenes von Regen und Schnee [...]. Und was jene betrifft, die nur gerade eben das Wasser von außen, aus Regen und Schnee, enthalten, ist zu empfehlen, diejenigen zu erkennen und aus dieser Wissenschaft auszuschließen.[45] Für Besson ist es eine Wissenschaft, die nicht vorrangig Beschreibung und Erklärung der Naturphänomene zum Ziel hatte, sondern lediglich eine praxistaugliche Schrift zur Erkennung von Quellwasservorkommen durch visuelle Analyse der Topographie und Morphologie der Landschaft sein sollte.[46] Dies ist seine eigentliche Intention.

Besson entwickelt indes einen ähnlichen Vorschlag zur Nutzung von Oberflächen- und Quellwasser wie Palissy und rät aus Kostengründen wenn irgend

42 Besson 1569; Thompson 1958.

43 Z.B. Biswas 1970, S. 158 ff und Hölder 1960, S. 510 (Anm.).

44 Besson 1569, S. 7–8.

45 Besson 1569, S. 47: „Les uns [des veines & receptacles] contiennent les eaux vives, & les autres à peine contiennent celles des pluyey et neiges [...] Et quant à celles qui à peine contiennent les eaux externes des pluyes, ou neiges, lesquelles il connvient discerner & exclure de cette science."

46 Besson 1569, S. 45, 49: Geräte zum Aufspüren des Wassers oder Erkunden des Untergrunds werden nicht präsentiert.

möglich zum Bau einer Zisterne anstatt eines Brunnens.[47] Die Ausbildung seiner baulichen Anlage weist eine deutliche Ähnlichkeit mit dem Projekt der *Discours* auf. In beiden Fällen wird das Wasser über ein offenes Gerinne mit einer wasserundurchdringlichen Pflasterung zum Reservoir geleitet.[48] Im Gegensatz zu Palissy beschreibt Besson aber kein komplettes Bauwerk, sondern entwickelt einzelne Komponenten, die an unterschiedlichen Stellen seines Textes beschrieben sind, etwa das Sammeln des Oberflächenwassers, das Reinigen von Schmutzwasser oder die Weiterleitung gesammelten Zisternenwassers durch Steinzeugrohre (Tonrohre) an entferntere Orte. Palissy könnte hierdurch inspiriert worden sein und die einzelnen Komponenten zu einer kompletten Anlage montiert haben. Steinzeugrohre erwähnt Palissy erstaunlicherweise nur am Rande, er kommt nur einmal, und erst am Ende der *Discours*, in *De l'art de terre*, im Verlauf einer umfangreichen Lobrede über die Vorzüge von Produkten aus gebranntem Ton, wirklich auf sie zu sprechen, um deren Qualitäten im Vergleich zu jenen aus Blei zu rühmen.[49] Der Diskurs *Über das Wasser* listet sie nur in einer Reihe möglicher Produkte auf, enthält aber keine Beschreibungen von Wasserleitungen aus gebranntem Ton. Die Beschreibung hydraulischer Bauwerke vergleicht lediglich ausgehöhlte Holzrohre mit Bleirohren. Dies erstaunt. Kannte Palissy vielleicht keine Steinzeugleitungen aus der eigenen Berufspraxis und hatte nur Kenntnis von ihnen aus dritter Hand?

Palissy erwähnt Besson in den *Discours* nicht, es ist aber sehr gut möglich, dass er Bessons Schrift kannte und ihn vielleicht auch persönlich traf. Die Parallele zwischen den Brunnenkonzepten ist zu offensichtlich. Ein Vorbild der Hydrologie wird die Schrift von Besson für Palissy allerdings kaum gewesen sein, bleibt sie doch als Gesamtdarstellung von Wasser und Brunnen weit hinter den *Discours* zurück. Es ist zudem kaum anzunehmen, das Besson Palissy 1569 noch etwas in Hydrologie beizubringen vermochte. In Palissys 1563 erschienenem Traktat *Recepte veritable* sind bereits zu viele seiner Thesen präfiguriert. Die verwendeten Argumente legen nahe, dass ihm auch der Wasserkreislauf bereits bekannt war, obwohl er dort nicht beschrieben ist.

Die Darstellung der Hydrologie durch Palissy wird komplettiert durch das in der Frühneuzeit äußerst selten präsentierte hydrologisch-atmosphärische Phänomen des Regenbogens, das in einer kurzen, aber exakten Theorie skizziert wird, ohne detailliert auf die Physik der Optik, auf Lichtbrechung und Spektren einzugehen.[50] Da sich Palissys Erklärungen nur auf die reinen Grundlagen der

---

47 Besson 1569, S. 61.

48 Besson 1569, S. 56–57.

49 Palissy 1990, Bd. 2, S. 311. In der Projektbeschreibung des Brunnens (S. 76) werden die verwendbaren Leitungstypen aufgezählt: Bleirohre, Tonrohre, Holzrohre.

50 Palissy 1996, Bd. 2, S. 127 (*Traité des metaux et alchimie*). Palissy bezieht sich evtl. auf Plinius, II. Buch, Kap. 60. Siehe Brunet 1950, S. 78. Zum Regenbogen vgl. Breidbach

Entstehung von Regenbogen beziehen, ist es offenkundig, dass sie einzig aus der Naturbeobachtung gewonnen wurden und nicht durch das Textstudium der Erstbeschreiber Witelo und Dietrich von Freiberg.[51]

Obwohl das hydrologische Erklärungsmodell Palissys überzeugt, verständlich formuliert ist und die Wirklichkeit zufriedenstellend abbildet, fand es keinen nachweisbaren Widerhall. Führte Ignoranz der Fachwelt oder mangelnde Verbreitung der *Discours* dazu, dass die Bedeutung von Palissy erst spät erkannt wurde? Seine Feststellung, dass sich Grundwasser durch versickerndes Regenwasser bildet, stieß möglicherweise auf Ablehnung.[52] Erst der französische Wissenschaftler Pierre Perrault (1608–1680) griff Mitte des 17. Jahrhunderts in seinem Buch *De l'origine des fontaines* auf die Erkenntnisse von Palissy zurück und untermauerte diese durch eine erste rechnerische Wasserbilanz für ein Teilgebiet der Seine.[53] Diese Ergebnisse wurden durch Edmé Mariotte (1628–1684) bestätigt, der auch die Prozesse der Infiltration und Grundwasserneubildung konkretisierte. Der Astronom Edmond Hailey (1656–1742) führte später als Erster genaue Verdunstungsmessungen durch, womit alle Behauptungen Palissys verifiziert und bestätigt waren.

Im Jahr 2010 wurde ein vergessenes Manuskript veröffentlicht. Dabei handelt es sich um eine elisabethanische Übersetzung von Bernard Palissys Diskurs *Über das Wasser.*[54] Die Auskopplung des ersten Kapitels der *Discours admirables* wurde um 1590 von dem englischen Dichter und Schriftsteller Thomas Watson (1555 – ca.1592) für Henry Percy, 9. Earl of Northumberland (1564–1632), ins Englische übertragen. Das einzig existierende handschriftliche Exemplar trägt das gräfliche Bibliothekssignet, einen Halbmond, umgeben von den Insignien des Hosenbandordens (Order of the Garter).[55] Henry Percy, einer der einflussreichsten und wohlhabendsten Männer Englands, besaß am Ende seines Lebens eine der bedeutendsten Bibliotheken Englands, spezialisiert auf wissenschaftliche Werke, überwiegend der Gebiete Medizin, Mathematik, Alchemie, Architektur, Kriegskunst und Geographie. Watson, ein bedeutender, aber doch wenig bekann-

---

2005, S. 66–70.

51 Witelo (um 1230 – nach 1275) publizierte zur Optik und der Phänomenologie des Regenbogens die Werke *Peri Optikes*, ca. 1274 und *Perspektiva*, 1535. Zu Witelo siehe: www-app.uni-regensburg.de/Fakultaeten/PKGG/Philosophie/Gesch_Phil/alcuin/work.php?id=1867, (Alcuin-Infothek der Scholastik, Uni Regensburg).
Dietrich von Freiberg (Theodoricus Teutonicus de Vriberg, um 1240 – nach 1310), Studien zum Regenbogen in *De iride et de radialibus impressionibus* aus dem Jahr 1304.

52 Hölting 1996, S. 9.

53 Nützmann 2000, S. 6. Siehe auch: Hölting 1996 und Hölder 1960, S. 275. Auch der französische Geistliche und Wissenschaftler Edme Mariotte (1620–1684) untersuchte den Wasserkreislauf und beschäftigte sich mit der Ernährung der Pflanzen.

54 Lees-Jeffries 2010.

55 Lees-Jeffries 2010, S. 12.

ter Dichter, der in den Kreisen Giordano Brunos verkehrte, führte noch weitere Arbeiten für Henry Percy aus.[56] Wer mit der englischen Übersetzung von Watson arbeitete und für welche Zwecke sie angefertigt wurde, ist unbekannt.[57] Lees-Jeffries vermutet, dass das Interesse Percys sich auf den Brunnenentwurf des Diskurses konzentrierte[58] und einen praktisch-rationalen Grund hatte. Der Earl of Northumberland wendete in den späten 1580-er Jahren nachweislich beträchtliche Summen für Unterhaltung und Reparaturen des „founteyne howse", seiner Besitzung in Petworth, West Sussex, auf.[59] Henry Percy habe deshalb eine kostengünstige Alternative zu der alten, reparaturanfälligen Brunnenanlage gesucht. Gegen dieses Argument wäre einzuwenden, dass der Entwurf Palissys, der seinen Nutzen aus seiner geographischen Lage am Fuß eines Berges zieht, nicht recht zur Topographie des Flachlands von Sussex passt.

Sowohl Watson als auch Percy unterhielten enge Beziehungen nach Frankreich. Während Henry Percy, der 9. Earl of Northumberland, gleichzeitig Kontakte zu Protestanten und Katholiken pflegte und später sogar des Atheismus bezichtigt wurde, unterhielt sein Vater gleichen Namens, der 8. Earl, als bekennender Katholik und Unterstützer von Mary, Queen of Scots, enge Beziehungen zum Duc de Guise nach Frankreich. England bot einerseits verfolgten Protestanten Asyl, andererseits existierten enge Verbindungen der katholischen, französischen und englischen Adelshäuser zur Stützung des Katholizismus in England und Schottland. Diese privilegierte Beziehung scheint die Verbreitung der *Discours* in den englischen Raum über Frankreich-Reisende befördert zu haben. Diese wechselseitige Beziehung stärkt auch die These einer Begegnung Francis Bacons mit Bernard Palissy. Sowohl Watson als auch Percy beherrschten die französische Sprache und bereisten in den Jahren zwischen 1580 und 1585 Frankreich. Beide hielten sich längere Zeit in Paris auf. Es ist deshalb naheliegend, dass Percy oder Watson das der Übersetzung zugrunde liegende Exemplar der *Discours admirables* persönlich in Paris erstand. Sie wären damit die einzig namentlich bekannten Erstkäufer des Buchs von Palissy. Beide sind jedenfalls seine frühesten namentlich bekannten Leser. Dieses von der Forschung bislang übergangene Dokument ist folglich in mehrfacher Hinsicht von Interesse. Es ist die erste bekannte Übersetzung eines Teils der *Discours admirables* überhaupt. Weiterhin verdeutlicht dieser Fund, dass, anders als bei den im Ausland ausgebildeten Akademikern, die französische Sprache auf englischem Boden eine Hürde darstellte

---

56 Lees-Jeffries 2010, S. 8, bezeichnet ihn als „major-minor writer".

57 Lees-Jeffries 2010, S. 7 spekuliert, dass die Übersetzung für den Verwalter des Anwesens bestimmt gewesen sein könnte, denn Percy selbst hätte sie nicht benötigt.

58 Lees-Jeffries lehrt Anglistik in Cambridge. Ziel seiner Veröffentlichung war, diese bislang nicht publizierte Arbeit von Thomas Watson publik zu machen.

59 Petworth House wurde durch den langen Aufenthalt William Turners auf Einladung des folgenden Besitzers, des Duke of Somerset, berühmt.

und die *Discours* übersetzt werden mussten. Es ist anzunehmen, dass sie in einer lateinischen Edition eine stärkere Verbreitung außerhalb Frankreichs erfahren hätten.

2. Salze und Kristalle

Ab Mitte des 16. Jahrhunderts entwickelte sich aus der Alchemie heraus langsam die Chemie zu einer rationalen Wissenschaft.[60] Alchemie war bis zum Ende der Frühneuzeit die alleinige und übliche Bezeichnung einer Wissenschaft, die sich mit der Lehre von den Stoffen und Stoffänderungen befasst.[61] Erst ab 1600 erscheint vereinzelt der Begriff Chemie. Innerhalb des Fachgebiets der Alchemie existierte ein Zweig, die praktische technische Chemie, die frei von esoterischen Zielen war und alleinig an der Herstellung chemischer Produkte arbeitete, etwa für die Bedürfnisse der Metallurgie.[62] Eine präzise Grenzziehung zwischen Chemie und Alchemie, die bis in die Neuzeit parallel existierten, ist problematisch, denn selbst Robert Boyle (1627–1691) und Isaac Newton (1642–1727) waren noch Adepten.[63] Ein „Lackmustest" zur Unterscheidung beider ist die Verwendung von in der Alchemie gebräuchlichen magisch-okkulten Praktiken und Theorien sowie die alchemische Idee der Transmutation.[64] Dementsprechend wird nach heutigem Sprachgebrauch als Alchemie zur klaren Abgrenzung von der Disziplin der wissenschaftlichen Chemie nur noch eine Stoffkunde bezeichnet, die spirituelle, magische und esoterische Methoden und Ansichten beinhaltet.

---

60 Als erstes chemisches Lehrbuch, das auf die mystische Sprache verzichtete und den Begriff „Chymia" popularisierte, gilt die „*Alchimya*" von Andreas Libavius (1550–1616). Siehe Libavius 1964. Doch erst seit Antoine Laurent de Lavoisier (1743–1794) existiert eine Chemie im neuzeitlichen Sinn. Zur Geschichte der Chemie siehe Partington 1970.

61 Definition nach Holleman-Wiberg 1976, S. 1.

62 Marx 1999, S. 1 erkennt in der frühen alten „Chemie" bis etwa 1550 drei Richtungen: die praktische Chemie, die Naturphilosophie und die Alchemie. Die praktische Chemie produzierte „Stoffe für den täglichen Bedarf", etwa für die Metallurgie und Pharmazie (auch bezeichnet als Chemiatrie oder Iatrochemie); die Naturphilosophie versuchte Entstehung und Aufbau der Welt zu erklären, während die Alchemie einen naturkundlichen und einen spirituellen Aspekt vereinte und „die Vervollkommnung unedler Metalle bis zur Stufe des Goldes sowie die Läuterung der Seele der Alchemisten" anstrebte. Zur praktischen und technischen Chemie: Engel 1997, S. 131–156.

63 Schütt 2000, S. 529 f.

64 Schütt 2000, S. 12, definiert Alchemie grob wie folgt: „Wir bezeichnen Alchemie als die Kunst, gewisse Materialien zu höherem Sein zu veredeln, und zwar derart, dass mit der Manipulation der Materie auch der um ihr Geheimnis ringende Mensch in einen höheren Seinszustand versetzt wird." Siehe auch S. 529 ff. Zur Definition von Alchemie auch Haage 2000, S. 10 f.

Palissy hat keine chemischen Substanzen entdeckt oder chemischen Verfahren entwickelt. Es ist weder belegt, noch lässt sich aus seinen Traktaten sicher entnehmen, dass er chemische Versuche durchführte. Palissy berichtet, dass er früher die Werke verschiedener Alchemisten gelesen hätte und „gelernt [habe] die Alchemie mit leerem Magen zu betreiben."[65] Dies scheint kaum ausreichend, um Palissy als Alchemisten zu bezeichnen, die in der Frühneuzeit alleinige und alle Tendenzen einschließende Bezeichnung für Wissenschaftler, welche die Eigenschaften, die Zusammensetzung und die Möglichkeiten zur Veränderung von Stoffen erforschten. Den alchemistischen Theorien steht Palissy sogar kritisch gegenüber, er erachtet sie als nutzlos und betrügerisch. Er wendet sich in den *Discours* mehrfach gegen deren Prinzipien und das „Verfahren" der Transmutation. Die Methoden der praktischen technischen Chemie, die nicht sein Metier ist, aber akzeptiert er: „Denn die ganze Macht, die dem Menschen über die Metalle gegeben wurde, besteht darin, die Unreinheiten zu beseitigen, sie zu reinigen, zu analysieren und aus ihnen die Arten von Gefäßen oder Geldstücken herzustellen, die ihm genehm sind."[66] Zu diesen chemisch-technischen Gewerken zählten neben der Metallurgie und dem Montanwesen auch die Gerberei, Weinbereitung, Bierbrauerei, Destillierkunst und Pyrotechnik.[67] Gewerke also, von denen Palissy viele als Beispiele in die *Discours* einbezieht.

Doch eine Geologie ohne ein grundlegendes Verständnis der materiellen Zusammenhänge der beteiligten Substanzen ist nicht in der Lage, geologische Bildungen zu erklären – Palissy war trotz seiner Kritik an Alchemie und axiomatischer Theoriebildung gezwungen, eine eigene Materietheorie vorzulegen. Diese konnte sich natürlich nur auf das vielfach spekulative Wissen seiner Zeit stützen, besonders die Vier-Elemente-Theorie des Aristoteles ist auch im 16. Jahrhundert weiterhin die Grundlage jeder Materietheorie.[68] Palissy unternimmt den Versuch, die gesamte mineralische Welt durch ein System einheitlicher Stoffbildungsvorgänge zu erklären. Mit dieser mineralischen Welt tritt die vegetabile und animalische insofern in Interaktion, als Ernährungs- und Zersetzungsprozesse nach Palissy gleichfalls über gelöste Salze funktionieren.[69] Da dieses für die Anschauungen von Palissy von nicht unerheblicher Bedeutung ist, wird im Fol-

65 Palissy 1996, Bd. 2, S. 292.

66 Palissy 1996, Bd. 2, S. 106. Zur Wechselbeziehung von Chemie und Alchemie: Haage 2000, S. 12 f. Begriffe und Bezeichnungen für chemische Verfahren waren in der Alchemie und der praktischen technischen Chemie, einem ihrer Teilgebiete, identisch; siehe Haage 2000, S. 16 f..

67 Engel 1997, S. 135.

68 Zur Vier-Elemente-Theorie siehe: Böhme 2004.

69 Pflanzenphysiologie sowie Boden- und Landschaftsökologie sind vergleichsweise neue Disziplinen, die eine enge Beziehung zur Bodenkunde haben. Dass Palissy in der Frühneuzeit hierzu Wesentliches beigetragen hat, fand erst unlängst Beachtung. Siehe:

genden hierauf eingegangen. Palissys Materietheorie beeindruckt weniger durch Neuigkeiten im Detail als durch ihre überzeugende Schlichtheit und Geschlossenheit. Trotz der Notwendigkeit, sich einer bildlichen, metaphernhaften Sprache zu bedienen, um einen unzugänglichen Sachverhalt anschaulich zu schildern, gelingt es der Darstellung, ein hohes Maß an Übereinstimmung mit der Wirklichkeit zu erreichen, und hierin ist sie durchaus innovativ. Das spezielle Wissen aller Gebiete der Geowissenschaften wird in den *Discours* von 1580 dadurch erstmals zusammenhängend und umfassend systematisiert. Sie gehen deutlich über das *Recepte veritable* von 1563 hinaus, in dem die meisten Themen bereits präfiguriert sind, das aber durch die Vermengung von wissenschaftlichen Themen mit künstlerischen Bauprogrammen, religiösen und gesellschaftspolitischen Inhalten eine weniger klare Zielrichtung aufweist. In der Beschreibung der stofflichen Grundlagen der Bodenkunde löst sich Palissy weitgehend von der Werkstattpraxis. Die im Keramikatelier verwendeten Materialien dienen ihm demgegenüber in der Argumentation als Beispiele geologischer Sachverhalte, während die handwerkliche Bearbeitung von Ton und Glasur als experimenteller Versuch herangezogen wird.

Auf die Vier-Elemente-Theorie geht Palissy nicht konkret ein. Unklar bleibt deshalb, wie weit er überhaupt an sie glaubt.[70] Der Kern seiner Theorie sind die Salze, und Salze kommen in nahezu allen Kapiteln der *Discours* vor, man möchte fast von einer Obsession sprechen. Er sieht in ihnen das zentrale Element allen Lebens und das Bindeglied zur mineralischen Welt, das Wasser ist ihr Transportmittel. So erläutert er gleich zu Beginn des ersten Kapitels im Zuge der Erörterung der Wasserqualität, dass Salze in allen Stoffen wie Gesteinen, Metallen, Pflanzen und Lebewesen vorhanden seien. Über die Salze werden Geologie, Hydrologie und Biologie miteinander verzahnt.[71] Diese Verknüpfung deutlich zu machen, ist das Anliegen von Palissy und ein didaktisches Ziel der *Discours*.[72] Die Verflechtung der einzelnen Fachgebiete über ein Wasser-Salz-Konstrukt zu erklären, führte dazu, sogar von einem System Palissy zu sprechen.[73] Die Salze enthaltende Lösung wird abwechselnd als „generatives Wasser", „verfestigungsfähiges Wasser", „zweites Wasser" oder sogar als das „fünfte Element" bezeichnet.[74] Die

---

Brevik, Hartemink 2010, S. 26 und Feller 2003, S. 288 f.: „He is generally considered as the brilliant precursor of the 'Mineral Theory' of plant nutrition by Liebig in 1840."

70 Palissy 1996, Bd. 2, S. 109 ist eine seltene Stelle, wo alle Elemente gemeinsam Erwähnung finden.

71 Palissy 1996, Bd. 2, S. 38 u. S. 199.

72 Palissy schreibt: „... diese ganzen Stoffgebiete [sind] so eng miteinander verzahnt, dass eins das andere verständlich macht." (Palissy 1996, Bd. 2, S. 199).

73 Brunet 1950, S. 76.

74 Palissy 1996, Bd. 2, S. 326 : „ce cinqiesme element, est une eau generative," sowie: „l'eau seconde laquelle j'appelle élément cinqiesme„ ; oder z. B. S. 143: „il y a deux eaux, l'une

Bezeichnung fünftes Element ist im System von Palissy rein numerisch zu verstehen. Es ist keinesfalls der Quintessenz einer spirituellen oder metaphysischen Sphäre des Äthers oder des Lichts zuzuordnen.[75] Diese salzhaltige Lösung oder „verfestigungsfähiges Wasser“ wird vom puren, „gewöhnlichen Wasser“ geschieden, dem „verdunstungsfähigen Wasser“. Wässerige Lösungen und Salze sind die zentralen Elemente der Materietheorie von Palissy und für alle Stoffbildungen verantwortlich. Palissy unterscheidet zwischen dem gewöhnlichen Salz, also dem Koch- oder Speisesalz (chem. NaCl), und allen anderen Salzen, von denen es unendlich viele gäbe, diese werden erst im sechsten Diskurs ausgearbeitet. Dem gewöhnlichen Salz widmet er mit dem siebten Diskurs einen eigenen Abschnitt, da dieses als Lebensmittel beträchtliche praktische Bedeutung besaß und im damaligen Sprachgebrauch als einziger Stoff den Namen Salz trägt. Dort wird detailliert die Salzgewinnung in den Meeressalinen der Charente geschildert, sozusagen aus erster Hand, da Palissy zwischen 1555 und 1556 als Vermesser die Region kartographierte.

Die wässrigen Lösungen heißen bei Palissy „erstarrungsfähiges Wasser“, da aus diesem die gelösten Salze ausfallen und erstarren können. Im zweiten Diskurs *Über die Metalle und die Alchemie* beschreibt Palissy erstmals den Kristallisationsvorgang. Kristalle und auch Diamanten sieht Palissy aus einer „kristallinen Substanz“[76] sich abscheidend kristallisieren und wachsen. Die gesamte Materie ist über die Salze quasi einem Wechsel von Lösung und Verfestigung unterworfen. Aus ihnen entstehen sämtliche mineralischen Substanzen, wie Metalle und Erze, Steine und Kristalle. Palissy beschreibt den Bildungsvorgang wie folgt: „Ich kann nichts anderes über die Metalle sagen, als dass deren Substanz ein im gewöhnlichen Wasser gelöstes und verflüssigtes Salz ist und dass dies Salz den Menschen unbekannt ist. Da es unter das gewöhnliche Wasser gemischt ist und von gleicher Farbe wie das flüssige, lichtdurchlässige oder transparente Wasser, ist es nicht zu erkennen und jedem unbekannt, es besitzt kein sichtbares Merkmal, durch das die Menschen es vom gewöhnlichen Wasser unterscheiden könnten.“[77] An anderer Stelle liest sich dies kurz und bündig: „Die Metalle werden von

est exalative & l‘autre essencive, congelative & generative.“

75 Zum fünften Element und der Quintessenz: Böhme 2004, S. 143 ff.

76 Palissy 1996, Bd. 2, S. 142.

77 Palissy 1996, Bd. 2, S. 109 f.: „je ne puis dire autre chose des metaux sinon que la matiere d’iceux est un sel dissoult & liquifié parmy les eaux comunes, lequel sel est inconneu aux hommes : d’autant qu’iceluy estant entremeslé parmi les eaux estant de la mesme couleur que les eaux liquides & diaphane ou transparentes, il est indistinguible & inconnu à tous : n’ayant aucun signe apparent, par lequel les hommes le puissent distinguer d’avec les eaux communes.“
Unter „Metalle“ verstehen Palissy und seine Zeitgenossen auch Erze und metallische Mineralien. Metalle kommen natürlich fast nie in reiner (gediegener) Form vor.

einem Wasser erzeugt, nämlich einem salzigen Wasser, oder um es genauer zu sagen, aus einem aufgelösten Salz."[78] „Die Substanzen der Metalle sind derart versteckt, dass es für den Menschen unmöglich ist, sie zu erkennen, bevor sie sich verfestigt haben.[79] Genauso wenig wie jemand von einem Wasser, in dem man Salz gelöst hat, sagen kann, dass es salzig ist, bevor man es mit der Zunge probiert hat."[80] Dies entspricht in vereinfachter Form auch der modernen Erklärungstheorie der Lösung von Substanzen in Wasser und anderen Flüssigkeiten: „Dabei entstehen Lösungen, in denen sich der aufgelöste Stoff so weit verteilt, dass von ihm nur noch Einzelmoleküle und Ionen [...] im Raume des Lösungsmittels vorliegen. [...] Die kleinen Teilchen des gelösten Stoffes sind auch durch das schärfste Mikroskop völlig unsichtbar; sie werden auch von Filterpapier nicht zurückgehalten."[81] Einige Elemente tragen deshalb den Namen Halogene (Salzbildner), weil „ihre Metallverbindungen den Charakter von Salzen von der Art des Kochsalzes (NaCl) haben."[82] Die erkennbaren Molekülverbände der Metallsalze dissoziieren in der Lösung zu unsichtbaren Ionen. Diese unsichtbaren Teilchen bezeichnet Palissy als Samen oder Keime, ein Begriff, der auch heute noch in der Chemie als Kristallisationskeim gebräuchlich ist.

Der Lösungsvorgang ist umkehrbar, denn ist die Lösung übersättigt oder ändern sich die Umgebungsbedingungen, fällt (oder kristallisiert) der gelöste Stoff wieder aus. Die Ionen oder Keime sondern sich aus der Lösung ab und fügen sich erneut zu erkennbaren Molekülverbänden zusammen, um allmählich Kristalle, Minerale oder Steine zu formen. Deshalb kann „kein Stein entstehen oder geformt werden ohne Wasser",[83] so Palissy, und kein Baum, keine Pflanze, weder die menschliche noch die tierische Natur könne ohne die Hilfe des Wassers und der darin gelösten mineralischen Salzen leben.[84] Alles Existierende hat also ent-

---

78 Palissy 1996, Bd. 2, S. 112: „les metaux sont engendrez d'une eau, à sçavoir d'eau salée, ou pour mieux dire d'un sel dissout."

79 D. h. bevor sie kristallisiert sind.

80 Palissy 1996, Bd. 2, S. 127: „les matieres des metaux sont en telle sorte cachée, qu'il est impossible à l'homme de les connoistre au paravant qu'elles soyent congelées, non plus qu'une eau en laquelle l'on auroit fait dissoudre du sel, nul ne sauroit dire qu'elle fust salée sans la taster à la langue." „Congeler" wird hier mit erstarren, verfestigen übersetzt. Agricola verwendet um 1550 für den gleichen Vorgang ebenfalls die Wörter erstarren und verdichten.

81 Jander, Spandau 1976, S. 102. Siehe: Herting-Agthe, Mineralogische Schausammlung der Technischen Universität Berlin o. J., a.

82 Holleman-Wiberg 1976, S. 161. Zu Ionen, Ionenbindung und Kristallisation: S. 110.

83 Palissy 1996, Bd. 2, S. 114: „nulle pierre ne peut estre congelée ny formée sans eau, & s'il y a de l'eau, c'est donc par humidité."

84 Palissy 1996, Bd. 2, S. 144 : „nul arbre, ny plante, ny nature humaine, ny brutale, ne sçauroit vivre sans l'ayde de l'eau commune, si est ce que parmi icelle, il y en a une germinative congelative, sans laquelle nulle chose ne pouroit dire je suis."

weder seinen Ursprung in den Salzen oder braucht sie zur Aufrechterhaltung seiner vitalen Lebensfunktionen und „deshalb wirst du mir beipflichten, dass der Anfang und Ursprung aller natürlichen Dinge das Wasser ist.“[85] Es gäbe Salze in allen Dingen und in den Wässern wären verschiedene Salze zur gleichen Zeit vorhanden.[86] Palissy antizipiert hier seine Kenntnisse der Salzgärten („marais salants“) an der französischen Atlantikküste, in denen sich die im Meerwasser enthaltenen Salze entsprechend ihrer Löslichkeit sukzessive abscheiden. Das Lösungs- und Kristallisationsverhalten von Salzen wird an einfachen Beispielen, anhand von Salpeter (Kaliumnitrat, KNO_3), der in Form rhombischer Prismen auskristallisiert, auch praktisch demonstriert.[87] Aus der Formähnlichkeit der Kristallstrukturen wird auf eine ähnliche Entstehung aller kristallinen Substanzen geschlossen. Alle Mineralerze, die eine „trianguläre, quadranguläre, pentagonale (oder ähnliche) Form“[88] aufweisen, wie das häufig in tonigen Böden und in Mergel vorkommende Markasit (FeS), aber auch Diamanten, müssen deshalb im Wasser entstanden sein. „Auf der Oberfläche dieser Metalle befindet sich eine Vielzahl von Spitzen, die auf natürliche Weise in Facetten geschnitten sind, wie von Künstlerhand bearbeitet. [...] Diese Spitzen sind aus kristallinen Substanzen gebildet.“[89] Auch die Einkieselung bei der Fossilisation, an der häufig Markasite beteiligt seien, werde durch den gleichen Mineralbildungsvorgang hervorgerufen.

Es scheint kaum vorstellbar, dass Palissy bei der Entwicklung dieser Theorie nicht durch Vorarbeiten anderer Wissenschaftler beeinflusst wurde. Welche

---

85 Palissy 1996, Bd. 2, S. 144: „(tu) me confessera que le commencement & origine de toutes choses naturelles est eau.“ Palissy spricht von „natürlichen Dingen“, die Aussage ist nicht auf „belebte Dinge“ beschränkt.

86 Palissy 1996, Bd. 2, S. 49, 51.

87 Palissy 1996, Bd. 2, S. 128. Auch Vitruv führt Versuche mit Wasserkesseln aus (zur Verdeutlichung des Entstehens von Erdbeben), siehe Vitruv 1983, S. 403. Vgl. Agricola 1928, S. 478 f. zum Einkochen von Salz und S. 480 ff. zur Salpeterherstellung. Agricola erwähnt die Kristallformen nicht. Hugo Strunz, Professor an der TU-Berlin, entwickelte im 20. Jh. eine Systematik und ein Klassifikationssystem, das heute weltweit als Ordnungsprinzip der Mineralogie und Kristallographie dient. Herting-Agthe 2013, TU-Berlin: www.mineralogische-sammlungen.de/.

88 Palissy 1996, Bd. 2, S. 128 u. 130. Siehe auch: Bd. 1, S. 106 u. 108. Im Mineralienkabinett von Palissy waren Beispiele ausgestellt, vgl. seinen „Sammlungskatalog“: Palissy 1996, Bd. 2, S. 362.

89 Palissy 1996, Bd. 2, S. 367: „tu trouveras sur la superficie du metal un nombre infini de pointes taillees par faces naturellement, comme si elles avoyent esté taillees par artifice: dont la plus part ...sont formees des matieres cristalines.“

Schriften oder Autoren ihm als Anregung und Grundlage gedient haben könnten, um dieses ganz individuelle System zu entwickeln, lässt sich aus dem Text der *Discours* allerdings nicht ermitteln. Die Theorie der Salze von Paracelsus, dessen Schriften erst im 17. Jahrhundert ins Französische übersetzt wurden, könnte er höchstens aus alchemistischen Texten seiner Schüler kennengelernt haben, die er aber, wie auch Paracelsus selbst, als Scharlatane bezeichnete.[90] Fakt ist indessen, dass es sich um nichts anderes als eine Theorie handelt, da mag Palissy noch so sehr widersprechen, auch wenn er in seinem Bemühen erfolgreich ist, sie im Einklang mit seinen experimentellen Beobachtungen zu halten. Die Diskussion dieses Themas ist de facto eine geschickte Synthese aus Theorie und Praxis.[91]

Als erste große Mineralogie gilt gemeinhin mit Recht Georgius Agricolas *De rerum fossilium*, erschienen 1546 in Basel in lateinischer Sprache.[92] Die Menge der dort genannten Minerale ist überwältigend. Er führt darin ein erstes System der Klassifikation ein, welches zwar auf den seit dem Altertum gebräuchlichen Beschreibungssystemen anhand der Sinneswahrnehmungen wie Geruch, Geschmack, Farbe, Glanz und ähnlichen beruht, die auch von Palissy genutzt werden, Agricola systematisiert diese aber. Dieser Materialfülle hat Palissy nichts entgegenzusetzen. Die Stärke seiner Schrift liegt woanders.

Für den Chemiker und Mineralogen A.-G. Monnet (1734–1817) waren die Darlegungen Palissys so herausragend, dass er ihn in seinem 1779 erschienenen Werk *Nouveau système de minéralogie …*[93] als „ersten Mineralogen Frankreichs" und „ersten Autor einer Mineralogie" würdigt.[94] Palissy erwähnt zwar die bis dahin üblicherweise genannten Steine und Minerale; eine Mineralienkunde, die Agricolas *De Natura Fossilium* vergleichbar wäre, sind die *Discours* aber nicht. Die Anzahl der von ihm aufgeführten Stoffe ist eher bescheiden. Ausschlaggebend für die Wertschätzung Monnets und später des Physikers Jean Orcel (1896–1978) ist vielmehr Palissys „bemerkenswerte rationale Theorie der Kristallisation und seine Beschreibung der Kristallformen."[95] Jean Orcel legte in seinem Vorwort zur Neuauflage der Gesamtausgabe 1961 Palissys Verdienste, der als Erster eine Beschreibung der Kristallstrukturen gibt, genauer dar.[96] Er habe

---

90 Palissy 1996, Bd. 2, S. 160–163. Palissy 1996, Bd. 2, S. 11. Siehe Kapitel VII.4, *Vorgänger, Vorbilder, Zeitgenossen*. Von Palissy selbst erwähnte Alchemistenschriften: Bd. 2, S. 104 f.

91 Vgl. Lees-Jeffries 2010, S. 7. Vgl. Kap. V.4 *Empirie und Theorie*.

92 Siehe: Ellenberger 1988, S. 203 f.

93 Monnet 1779, S. 3–5.

94 Ellenberger 1988, S. 146.

95 Ellenberger 1988, S. 146. Zu Kristallen: Haubold, Daber 1989, S. 210 ff.; Herting-Agthe, o. J., a.

96 Palissy 1961.

gezeigt, dass ihre Formen spezifisch seien und entsprechend der Art der Kristalle variieren. Diese Feststellung liefere eine erste Skizze zu einem der Kristallisationsgesetze. Es sei nicht entscheidend, dass er sich dabei in der exakten Form eines Kristalls täuschte.[97] Man könne ihn deshalb trotzdem als einen Vorläufer von Nicolas Sténon (1638–1687) betrachten.[98] Schlussfolgerungen aus der Experimentalkristallographie am Beispiel des Salpeters und Kristallisationsvorgängen in der Natur zieht er bereits ganz im Sinne einer modernen Wissenschaft, weshalb Palissy quasi als ein geistiger Zeitgenosse der Generation der Aufklärung gelesen werden kann.[99]

3. Bernard Palissys geologisches Modell

Das System aus Salzen und Lösungen, welches für die Mineralbildung verantwortlich ist, bildet die Grundlage für Palissys geologisches Modell.[100] Als grundlegende Prämisse nimmt Palissy an, dass Gott sämtliche aktuell auf Erden zu findende Substanzen im Laufe der Schöpfung kreierte, die Gestalt der Erde sich seitdem aber kontinuierlich verändert und einem steten Wandel unterliegt.[101] Grundstoffe sind für Palissy nur Luft, Wasser und eine unendliche Zahl von Salzen. Die Gestaltänderung der Erde vollzieht sich in einem komplexen Zyklus. Das Felsgestein wird durch die Erosion, die Einwirkungen der Flüsse und des Meeres, von Frost und Gletschern, aber auch durch die Winde abgetragen und mit dem

97 Brunet 1950, S. 78.

98 Ellenberger 1988, S. 146. Auch Palissys Unterscheidung zwischen der Kristallisation der Salze und dem Gefrieren von Eis wird von Orcel gewürdigt. Dies sind von den Alchemisten vermengte Phänomene. Vgl. die Verbindung zu Steno im Kapitel III.3 *Palissys geologisches Modell.*

99 Ellenberger 1988, S. 147.

100 Der Begriff Geologie wurde von Jean André Deluc (1727–1817) und H. B. de Saussure (1740–1799) 1778 bzw. 1779 als Fachterminus eingeführt. Im Mittelalter bildete „Geologia“ als irdische Ordnung den Gegenpol zur göttlichen Ordnung der Theologie (Hubmann 2009, S. 8). Aldrovandi verwendete 1605 „Geologia“ erstmals in seinem 1648 veröffentlichtem Musaeum Metallicum di Aldrovandus (Bromehead 1943, S. 89). Im 18. und 19. Jahrhundert waren die u. a. von Goethe benutzten Synonyme Geognostik und Geognosie gebräuchlich. Die Bezeichnung *„Geognosie“* wurde 1761 von Georg-Christian Füchsel geprägt und später von Abraham Gottlieb Werner aufgegriffen, zuerst als Synonym für *„Gebirgskunde“*. Geologie, Geowissenschaften, Geognostik werden hier als der Arbeit von Palissy angemessene, alle Teildisziplinen einschließende Oberbegriffe verwendet. Palissy entwickelt sein geologisches Modell in den Diskursen *Über das Wasser*, *Über die Steine*, *Über die Tonerden* und *Über den Merge*l.

101 Der stetige Wandel hat für Palissy, genauso wie für Jacques Besson, auch eine moralische Bedeutung, wiederholt betonen beide, dass nichts in der Natur untätig ist.

Wasser ins Meer gespült.[102] Von den Gewässern werden die Mineralstoffe aus Sand und Geröll herausgewaschen und als Salze im Wasser gelöst.[103] Die große Menge der dabei durch Wellen, Winde, Regenfälle, Frost und Menschenwerk zerstörtem Gestein wird, so Palissy, durch Wachstum anderenorts ersetzt, denn Steine und Metalle bildeten sich jeden Tag neu und sogar Lebewesen könnten sich in Stein umwandeln.[104] Diese Neuentstehung von Gesteinen wird ermöglicht durch das verfestigungs- oder erstarrungsfähige Wasser, „l'eau congelative", in welchem verschiedene Arten von Salzen gelöst sind. Die Art des Salzes bestimme unter anderem die Farbe, die Durchsichtigkeit, die Härte, die Porosität, die kristalline Struktur, das Gewicht und weitere Eigenschaften der Minerale. Alles Existierende hat für Palissy damit entweder seinen Ursprung in den Salzen oder braucht diese zur Aufrechterhaltung seiner vitalen Lebensfunktionen,[105] damit entstehen zugleich alle natürlichen Dinge auch aus dem Wasser. Aus dieser wässerigen Lösung kann nach dem oben beschriebenen Prinzip der Abscheidung die Materie auskristallisieren. Gesteine, Metalle und Kristalle entstehen auf ähnliche Art und Weise durch Ausfällen und Auskristallisieren gelöster Salze.[106] Aus der Betrachtung von Kristallbildung und Sedimentation wird die Basis des geologischen Modells entwickelt.[107] Palissy wäre damit der erste Neptunist – denn alle Gesteinsbildungen sind für ihn im Grunde im Wasser stattfindende Kristallisations- und Sedimentationsvorgänge.[108]

Durch Erosion konsumiertes Gestein entsteht auf diese Weise durch derartige Ablagerungsprozesse wieder neu. Die entstehenden Sedimente verfestigen sich im Laufe langer Zeiträume immer mehr.[109] Neben den unterschiedlichen Salzen seien Art und Zeitraum der Lagerung für die entstehende Gesteinsqualität von Bedeutung. So könne zum Beispiel eine Entwicklung von einem weichen, schluffigen Boden zu festem Fels stattfinden, die Anwesenheit von Überschusswasser sei hierfür notwendig – je mehr Wasser, desto härter der Stein. Palissy insistiert, dass Kälte, und nicht Hitze, für die Gesteinsentstehung erforderlich sei. Diese Schlussfolgerungen werden aus Beobachtungen und durch Vergleich von stark und gering verfestigtem Felsgestein im Pariser Becken, den Pyrenäen

---

102 Palissy 1996, Bd. 2, S. 218.

103 Palissy 1996, Bd. 2, S. 59.

104 Palissy 1996, Bd. 1, S. 99; Bd. 2, S. 109: „Et tout ainsi que l'eau & le feu dissipent d'une part, ils engendrent & produisent d'autre," sowie S. 218, 226.

105 Palissy 1996, Bd. 2, S. 144, dort auch Anm. 223.

106 Siehe z. B. Palissy 1996, Bd. 2, S. 114, 276.

107 Zu Sedimentation: Murawski 1983, S. 199; zu Kristallisation: Haubold, Daber 1989, S. 210.

108 Vgl. Brunet 1950, S. 77.

109 Palissy hat, wie seine Zeitgenossen, keine Vorstellung von der Dauer geologischer Prozesse.

und den Ardennen gezogen. Die beschriebenen elementaren, mikroskopischen Bildungsvorgänge Lösung und Kristallisation zeigen eine direkte Auswirkung auf die geologischen Makrostrukturen. Gesteinsbildungen können an Stalaktiten und Stalagmiten, die in ihrer Entstehung und Erscheinung Eiszapfen ähneln, sogar vor Ort beobachtet werden, wie Palissy hervorhebt.[110] Die sich in unterirdischen Höhlen bildenden Tropfsteine besaßen allgemein eine große Anziehungskraft. Palissy berichtet, dass eine große Anzahl natürlich gebildeter Stalaktiten, die aus einer Höhle bei Marseille herausgebrochen worden waren, in der berühmten für den Kardinal von Lothringen durch Primaticcio (1505–1570) entworfenen Grotte von Meudon eingebaut wurden.[111]

Um die Genese von Steinen, Metallen und Kristallen zu erklären, werden zwei verschiedene Arten der Gesteinsbildung untersucht, die nach dem gleichen Modell im Inneren der Erde ablaufen, aber im Ergebnis ein anderes Erscheinungsbild zeigen. Die erste Art beschreibt die Genese singulärer Objekte, infolge „Zunahme durch Erstarrung".[112] Beispiele hierfür seien Mineralien wie Markasit und alle Sorten Kristalle.[113] Der Vorgang, der an den „Stalaktiten und Eiszapfen" erkennbar sei, wird an einem alltäglichen Stoff bildhaft demonstriert: „Ich bezeichne als Zunahme durch Verfestigung [einen Vorgang], so etwa wie wenn geschmolzenes Wachs auf eine bereits erstarrte Wachsmasse tropft und dann auf dieser Masse zusammen mit ihr erstarrt, diese wird sich dadurch entsprechend vergrößern."[114]

Auch die zweite Art der Gesteinsbildung vollzieht sich im feuchten Milieu. Palissy erläutert, dass Regenwasser, welches in den Böden versickert, große Mengen an Salz herauslöst: „Das Regenwasser, welches durch die Erde sickert, nimmt die Salze, die nicht wahrnehmbar sind, in sich auf. Diese Salze oder metallischen

110 In der Hamburger Kunsthalle läuft seit 1996 ein künstlerisches Simulationsprojekt von Bogomir Ecker (geb. 1950), in dem auf künstliche Weise ein Tropfstein wächst: siehe Kat. Hamburg 1999 und http://www.hamburger-kunsthalle.de/manson/catalog/ecker.htm.

111 Palissy 1996, Bd. 2, S. 225. Der Vergleich mit Eiszapfen taucht auch schon S. 222 auf. Zu Grotte und Chateau de Meudon siehe Hautecoeur 1943.

112 Palissy 1996, Bd. 2, S. 219: „augmentation congelative". Dieser Ausdruck beschreibt die Kristallisation und das Kristallwachstum; „augmentation" bedeutet hier zunehmende Volumenvergrößerung; für „congelative" sind neben verfestigen, auch verdichten und erstarren mögliche Übersetzungen. Zur Verwendung des Wortes, siehe: Legrand 1992, S. 145–154. Synonym werden von Palissy die Ausdrücke erhärten und versteinern gebraucht.

113 Zu Kristall, Mineral, Gestein, siehe Herting-Agthe, TU-Berlin o. J., a.

114 Palissy 1996, Bd. 2, S. 220: „J'appele augmentation congelative comme qui jetteroit de la cire fondue sur une masse de cire desja congelée, & que icelle se vint congeler avec ladite masse, laquelle seroit augmentée d'autant que l'addition y auroit esté mise." Vgl. Palissy 1996, Bd. 1, S. 108; Bd. 2, S. 139 u. 252.

Stoffe sind fließfähig und strömen zusammen mit dem Wasser, das in die Erde eindringt, bis sie auf irgendeinen Untergrund treffen, wo sie sich stauen. Und falls sie über einem Steinbruch oder einer Lagerstätte zurückgehalten werden, durchdringen die Stoffe, da sie flüssig sind, die Erdschichten und werden, wenn sie auf eine undurchlässige Schicht stoßen, sich verfestigen und erhärten und einen Körper bilden und eine Masse mit dem anderen [dort bereits vorhandenen] Gestein."[115] Wenn die Perkolation abwärts also durch das Vorhandensein von festem Fels gestoppt wird, können die im Wasser gelösten Salze kristallisieren oder ausfallen, sich im Laufe der Zeit zu neuem Gestein verfestigen und ein neues Stratum bilden. „Dies führt dazu", so Palissy weiter, „dass alle aneinanderstoßenden Lager immer nur quer verlaufende Fugen,[116] Adern und Schichtungen aufweisen, aber niemals senkrecht von oben nach unten abfallende. Das ist eine wirkliche Bestätigung dafür, dass die Verfestigung dieser Gesteine nicht auf einen Schlag erfolgte."[117] Eine bemerkenswerte Feststellung! Durch die Anwesenheit „schlammiger" Stoffe würde die Verbindung mit dem bereits existierenden Fels unterbunden und eine wahrnehmbare Fuge zwischen der alten und neuen Schicht entsteht. Vertikale und schräg verlaufende „Fissuren" entständen gleichfalls durch lokale Unterschiede in den Verfestigungsbedingungen.

Die Wahrnehmung der Existenz von Fugen und Schichten im Gestein liefert das entscheidende Indiz zur Kritik der biblischen Schöpfungsgeschichte. Mineral- und Gesteinsbildungen durch Sedimentation und Kristallisation finden auch in Rissen und Spalten des Grundgesteins statt, sodass sich ferner auch Metalle und Erze entsprechend ihren beteiligten Salzen ablagern. Ton- und Schluffschichten bildeten wegen ihrer Wasserundurchlässigkeit gleichfalls gute Bedingungen für eine darüber stattfindende Gesteinsbildung. Wenn die Oberfläche einer wasserundurchlässigen Schicht aber geneigt sei, würde das Wasser ablaufen, und es komme nicht zur Grundwasseransammlung und Reservoirbildung und damit auch nicht zu einer Gesteinsneubildung. Das Grundwasser könne als Quelle an anderer Stelle wieder austreten, wenn kein Ort zur Staubildung vor-

115 Palissy 1996, Bd. 2, S. 220f.

116 „les fins", auch Begrenzungen, Lagerstöße, Grenzflächen oder Trennfugen, d.h., die Fugen etc. verlaufen waagerecht oder schräg.

117 Palissy 1996, Bd. 2, S. 220f. : „les pluyes qui passent au travers des terres prennent les sels qui sont aussi inconnuz, lesquels sels ou matieres metaliques, sont fluentes & se laissent couler avec les eaux qui entrent dens le terre jusques à ce qu'elles ayent trouvé quelque fonds pour s'arrester : & si elles s'arrestent sus une carriere, ou miniere de pierre, lesdites matieres estant liquides passent au travers des terres & ayant trouvé lieu pour s'arrester, se viennent à congeler & endurcir & faire un corps & une masse avec l'autre pierre. (...) & cela fait que toutes carrieres contigues ont les fins, veines & assemblages de travers, et non point descendantes du hautes en bas, qui est vraye attestation que la congelation desdites pierres n'a pas esté faitte tout en un coup."

handen wäre. Das Vorhandensein eines Grundgesteins ist also eine Voraussetzung für das Vorkommen von Quellen. Die Prozesse der Geologie und Hydrologie sind erneut zu einem einheitlichen Geschehen verknüpft.[118]

Palissys Beschreibung ermöglicht ein Verständnis der Entstehung von Sedimentgesteinen. Die detritische Sedimentation von Erosionsmaterial findet bei Palissy indes nur insoweit Berücksichtigung, als er durch Beobachtung feststellt, dass Sandstein durch die Zusammenfügung und zunehmende „Verfestigung" einzelner Sandkörner entsteht, also durch Ablagerung und Kompression von Sand.[119] Doch er beschränkt sich nicht auf die isolierte Betrachtung von Erosion und Sedimentation, wie etwa Leonardo, sondern ist bemüht, ein Verständnis der Gesamtzusammenhänge zu entwickeln.[120] Nach Palissy bilden sich die Schichtenfolgen der Gesteine infolge sukzessiver Kristallisierungs- und Ablagerungsvorgänge heraus. Solche Schichtungen beschreibt er genau, wenn auch nicht ebenso detailliert wie Agricola in *De re metallica,* der diese für ein Gebiet bei Mansfeld beispielhaft auflistet.[121] Diese Schichten sind auch bei der Steinbearbeitung im Steinbruch und in der Bildhauerwerkstatt zu beachten, da sich die Steine sonst an diesen Lagerfugen ungewollt spalten.[122] Die Gesteinsschichten lagern sich nach dem Superpositionsprinzip übereinander ab. Damit nimmt, wie Palissy beiläufig konstatiert, das Alter von einer Schicht zur anderen nach oben hin ab, da sich immer jüngere Schichten auf älteren ablagern. Diese zeitliche Abfolge ist dem geologischen Prinzip der Stratigraphie immanent und bereits implizit in den Überlegungen Palissys enthalten. Es erstaunt, dass er nicht gezielt auf diesen zeitlichen Aspekt hinweist. Auch nach ihm fiel dies keinem auf, bis der Däne Nicolaus Steno (1636–1686), den Wilhelm von Humboldt als Vater der Geologie bezeichnete, dieses fundamentale geologische Prinzip als Erster ausformulierte.[123]

Bei der Bildung ganzer Lagerstätten nimmt das auf diese Weise gebildete Gestein, so Palissy, im Gegensatz zu dem der ersten Art, keine bestimmte Form ein, sondern bilde eine kontinuierliche, „gestaltlose Masse". Die Kontinuität der Steinbildung könne sogar so weit gehen, dass selbst „große Gebirge zu einem Stein

---

118 Da sich diese wechselseitig bedingenden Vorgänge thematisch nur schwer trennen lassen, sind sie in den einzelnen Abschnitten der *Discours* mehrfach behandelt.

119 Zur Sedimentation von Sand Palissy 1996, Bd. 2, S. 246, 250 f., 267. Ellenberger 1988, S. 146 ist zu widersprechen, da er behauptet, die detritische Sedimentation werde von Palissy überhaupt nicht erwähnt. „Detritus", allgemeine Bezeichnung für Gesteinsschutt und zerriebenes organisches Material. Siehe Haubold, Daber 1986, S. 105.

120 Brunet 1950, S. 77

121 Agricola 1556, S. 96 f.

122 Palissy 1996, Bd. 2, S. 221.

123 Gohau 1990, S. 74. Nicolaus Steno, lateinischer Name von Nils Stensen, geb. in Kopenhagen.

werden."[124] Obwohl die wenig bekannte Textstelle Hiob 14, 18–19 die Existenz von Erosion und geologischen Veränderungen anerkennt, ist doch für die Bibel der Zustand der Erde seit dem Schöpfungsakt allgemein unverändert und entsprechend Moses 49, 26 sind Berge und Hügel ewig. Die Feststellung Palissys, dass alle Steine nicht gemeinsam zur gleichen Zeit entstanden seien, ist ein erster harter Schlag, der gegen die Glaubwürdigkeit der biblischen Schöpfungsgeschichte als historischer Ereignisbericht geführt wird. In dieser Feststellung ist bereits eine Neuorientierung in Richtung einer geologischen Entwicklungsgeschichte der Erde im Keim enthalten. Eine weitere Historisierung, diesmal der gesamten Schöpfung, wird durch Palissys Interpretation der Fossilien, wie zu sehen sein wird, unausweichlich.

Durch die Beschränkung auf die chemische Fällung, auf Sedimentation und Kristallisation leidet das System von Palissy indes an einer Verallgemeinerung. Obgleich sehr viele Minerale tatsächlich, die entsprechenden Bedingungen vorausgesetzt, im wässerigen und feuchten Milieu entstehen können, ignoriert Palissy, dass sich in der Natur Bildungs- und Umbildungsprozesse häufig nur aus der Schmelze vollzogen haben.[125]

Die verschiedenfarbigen Adern in Gesteinen wie Marmor oder Jaspis entstehen im Modell von Palissy gleichfalls durch Perkolation. Deren Zeichnungen und Bänder rühren vom Gerinne versickernden Wassers her und variieren aufgrund unterschiedlicher Wassermengen.. Wie auch in den Edelsteinen werden ihre mannigfachen Farben durch Metallsalze (Metalloxide) hervorgerufen, die bei der Kristallisation der Steinsubstanz aus dem Wasser mit abgeschieden werden.[126] Palissy kann sie kaum benennen, denn die tatsächlich in den Mineralen enthaltenden farbgebenden Metalloxide waren im 16. Jahrhundert großenteils noch unbekannt. Die Farbverläufe der Glasuren von Palissys Jaspis-Keramiken simulieren diesen Vorgang (Abb. 3, Abb. 4 und Taf. III). Tonerde, mineralische Farbstoffe und edle Steine, wie Jaspis und Lapislazuli, stellen in den *Discours* die Verbindung mit der Praxis der Keramikproduktion her und bringen wissenschaftliche Überlegungen in Zusammenhang mit den Kunstwerken. Der Lapislazuli (Lasurit) soll, so Palissys Vorstellung, durch „saphre" (Kobaltblau, Kobaltoxid) seine „azurblaue Farbe" erhalten. Saphre,[127] dessen Name vom Farbton des Edelsteins Saphir herrührt, war die einzige Palissy bekannte Farbe, um Glasuren blau zu tönen, und wurde bereits seit dem Mittelalter in der Glasmalerei verwendet.[128]

---

124 Palissy 1996, Bd. 2, S. 251, 268.

125 Hierzu auch: Palissy 1996, Bd. 2, S. 252.

126 Palissy 1996, Bd. 2, S. 253 f., 262. Palissy will dies in seinen Pariser Seminaren im Versuch auch praktisch nachgewiesen haben (Palissy 1996, Bd. 2, S. 263).

127 Andere Schreibweise: „safre".

128 Vgl. Theophilus Presbyter, hg. von Brepohl 1999, Bd. 1, z. B. Kap. 19, S. 156. Zu den verwendeten Farben und Pigmenten Bd. 1, S. 88 ff.

Blaue Edelsteine sind generell sehr selten und auch heute ein bewundertes Schmuckstück jeder mineralogischen Sammlung.[129] Palissy beschreibt diesen Edelstein folgendermaßen: „Betrachte einmal die Steine, die man Lapis Lazuli nennt, sie haben eine azurblaue Farbe, wie es sie so lebendig sonst nicht noch einmal auf der Welt gibt. In diesem Stein befinden sich mehrere Adern und kleine goldene Einsprenkelungen, auch findet sich an einigen Stellen ein Grün, das an das Chrysocolla der Alten erinnert."[130] Diese Beschreibung des natürlichen Edelsteins gibt genauso treffend den von ihm hergestellten prächtigen Kelch aus gebranntem Ton wieder, der den Lapislazuli unter Verwendung einer Glasur mit Kobaltblau nachahmt (Abb. 5 und Taf. V).

Palissy unterscheidet zwei Gesteinsgruppen, die „unvollkommenen" und die „vollkommenen" Steine, zudem zwei Vorgänge der Umwandlung: die „Calzination" der „unvollkommenen Steine" und die „Vitrifikation" von „vollkommenen Steinen".[131] Diese zwei Gruppen finden ihre heutige Entsprechung in den Sedimentgesteinen und den Metamorphiten. Die „unvollkommenen Steine" sind eher weiche und poröse Steine. Hierzu rechnet Palissy Karbonate, wie zum Beispiel Kalkstein, oder Silikate, wie Sandstein, aber auch Kreide und Mergel.[132] Als Beispiel der natürlichen „Calzination" dient die unterirdische Reduktion von Marmor zu Kalk. Auf eine Darstellung des kompletten Kalkzyklus wurde verzichtet, da dieser zusammen mit der künstlichen Produktion von gebranntem Kalk bereits im *Recepte veritable* enthalten war.[133] Alle sehr harten und kaum spaltbaren Steine werden nach Palissy zu den „vollkommenen Steinen" gerechnet. Das Erdfeuer kann diese Mineralien schmelzen und die Steine verflüssigen; dies führt bei den Silikaten zu deren „Vitrifikation",[134] bei der sie aus der Schmelze glasig erstarren. Palissy kann hier eigentlich nur an grobkristalline Gesteine auf Basis von Feldspat, wie Gneis oder Granit, denken, nennt sie aber nicht. Die vollkommenen Steine wären somit Metamorphite, und da diese aufgeschmolzen wurden, sogar definitionsgemäß Magmatite.[135] Zwar akzeptiert Palissy damit

129 Herting-Agthe 2013.

130 Palissy 1996, Bd. 2, S. 255. Vgl. Strübel, Zimmer 1991, S. 197; Haubold, Daber 1989, S. 376. Chrysocolla wird auch als Kieselkupfer oder Kieselmalachit bezeichnet.

131 Palissy 1996, Bd. 2, S. 50–51: „...il peut avoir plusieurs especes de sels, qui seront entremeslez avec du sable ou caillous, entelle sorte que la violence du feu les aura contrains se vitrifier : comme ainsi soit que cela soit advenu par accident à ceux qui premierement ont inventé le verre." Die Steine bzw. Metalle sind „perfaits" oder „imperfaits". Die Begriffe entsprechen denen der Alchemie.

132 Palissy 1996, Bd. 2, S. 382.

133 Siehe Palissy 1996, Bd. 1, S. 89 u. 101.

134 Palissy gibt folgende Definition von „Vitrifikation", Verglasung, Sintern: „Vitrifier se dit des choses qui prennent polissement & lustre de verre, quand elles sont asprement chauffées dedens les fornaises." (Palissy 1996, Bd. 2, S. 398).

135 Stanley 1994, S. 5. Vgl. Herting-Agthe, TU-Berlin o. J., a.

indirekt auch die Möglichkeit der Umwandlung von Gesteinen und Mineralen durch Erdfeuer,[136] die als unterirische Verbrennungsvorgänge der vier bekannten brennbaren Stoffe Schwefel, Stein- oder Braunkohle, Torf und Bitumen aufgefasst werden, die dabei eintretenden Reaktionen bleiben aber obskur.

In der Frage der Umwandlung von Gesteinen und Mineralen ist Palissy unbestimmt und unsicher. Zwar kennt er verschiedene „Metamorphosen", denn in der Natur würden Gesteine pausenlos umgewandelt:[137] Muschelkalk und Kreide sind Abbauprodukte einer Unmenge von Muschelschalen[138], Tonerden entstehen durch die Verwitterung von Hartgestein, seien aber sehr unterschiedlich, je nachdem mit welchen anderen Stoffen sie vermengt sind.[139] Nach Palissys Auffassung entstehen alle „vollkommenen", sehr harten Gesteine besonders tief im Erdinneren, wo es ein Überangebot an Wasser gibt, das für deren äußerst starke Erhärtung verantwortlich ist.[140] Auch das Erosionsmaterial Ton könnte sich erneut verfestigen und harte Steine wie Marmor, Jaspis oder Chalcedon bilden. Tatsächlich ist in der Natur vieles möglich, sogar die in den *Discours* nicht erwähnten Gneise können bei einer Regionalmetamorphose aus tonigen Sedimenten hervorgehen.[141] Derartige Umbildungen unter extrem hohen Drücken und Temperaturen während eines langen Zeitraums waren natürlich im 16. Jahrhundert unvorstellbar. Die Genese dieser Mineralien aus wässerigen Lösungen im hydrothermalen Stadium, bei der auch beeindruckende Drusen oder Geoden entstehen,

---

136 Palissy 1996, Bd. 2, S. 42, 50, 51. Vgl. Bd. 1, S. 92 (*Recepte*).

137 Erstaunlicherweise spielten die Metamorphosen des Ovid und seine darin enthaltene, von theologischen Bindungen freie Schöpfungsgeschichte (Ovid 1958, 1998, 1. Buch, S. 23 ff.), obwohl seit Jahrhunderten bekannt, als Anregung keine nachvollziehbare Rolle in den geologischen Diskussionen. (In der französischen Übersetzung von Walleys, Mansion und Valois, um 1470, wird sie als „La bible des poëtes" bezeichnet) Ovid äußert sich im XV. Buch auch zu geologischen Themen: Ovid 1998, XV. Buch ab ca. Zeile 230, S. 489 ff. Siehe auch Ellenberger 1988, S. 13 ff. Das Essenzielle findet sich in den Zeilen 262–269 und beschreibt in einer wunderbar poetischen Sprache Stoffumwandlungs- und metamorphische Prozesse, die, wenn auch nicht nachweisbar, möglicherweise doch eine Inspiration für Palissy gewesen sein könnten (vor allem Aussagen über die kontinuierlichen Umwandlungen). Ellenberger 1988, S. 14 legt eine Neuübersetzung vor, die den geologischen Charakter dieser Zeilen deutlich hervortreten lässt. S. Ovid 1998 und Ovide ca. 1556. Vgl. Brunet 1950, S. 74. Palissy verwendet das Wort „Metamorphose" nicht.

138 Palissy 1996, Bd. 1, S. 94f.

139 Palissy 1996, Bd. 2, S. 275, 293. Verwitterung von Festgestein auf der Basis von Feldspat.

140 Palissy 1996, Bd. 2, S. 265.

141 Palissy 1996, Bd. 2, S. 251. Vgl. Bd. 1, S. 115 f. Zum Gneis: Haubold, Daber 1989, S. 166. Jaspis gehört zu den Quarzen und ist genauso wie Ton ein Silikat. Quarze können im Magma, durch Metamorphose oder durch Kristallisation wie auch durch chemische Fällung aus wässriger Phase entstehen.

erfordert anfänglich ebenfalls höhere Temperaturen.[142] Palissy hingegen insistiert auf einem niedrigen Temperaturniveau. Obwohl Palissy mehrfach hervorhebt, dass keine Gesteine durch das „Feuer“ (d. h. bei hohen Temperaturen) gebildet werden können, impliziert der fast beiläufige Gebrauch des Wortes „Vitrifikation“, dass Steine wie in den Brennöfen der Glashütten auch in der Natur sintern, verglasen und umgewandelt werden.[143] Zudem ist nicht nur die Schmelze von Metallen, sondern auch die von Gesteinen Palissy durchaus bekannt, wie folgende Passage zeigt, kann er sie doch in seinem eigenen Brennofen beobachten: „Ich [habe] dieses große Stück aus gebranntem Ton vor deine Augen hingelegt, welches wie ein großes Gefäß[144] geformt war, aber als es mit dem Feuer in Berührung kam, verflüssigte sich [das Material], verbog sich und verlor völlig seine Form, derart als wenn es heiß geschmiedet worden wäre [und] es sich ohne zu zerbrechen ausgebreitet hätte, wie es alle schmiedbaren Dinge tun.“[145] Eine Argumentationspanne? Palissy trennt in dieser Frage nicht scharf genug umgewandelte Gesteine von neu entstandenen und unterscheidet nicht klar zwischen Hoch- und Tieftemperaturgenese.

Neben der Sedimentation wird somit auch die Gesteinsmetamorphose kurz angerissen, diese besitzt aber keine Bedeutung für die Argumentation, die sich vollständig auf Mineralbildungsvorgänge im Wasser stützt. Da nach Palissys Auffassung alle Kristallisationsvorgänge nur im Wasser vor sich gehen, würden sie zwangsläufig nur bei „sehr geringer Wärme“[146] ablaufen. Eine gewisse Temperatur sei, wie in den Salzgärten, nur zur Verdunstung des Wassers notwendig. Die Gesteinsgenese vollzieht sich für Palissy ausschließlich durch das Zusammenwirken von Wasser und Salzen. Damit existiert eine Beschränkung von Palissys ansonsten kohärentem geologischem Modell.

Die Funktion der umgebenen Gesteinsschichten als Form oder Matrix für Gesteinsbildung und Fossilisation ist ebenfalls ein wichtiger Punkt, dem Palissy Aufmerksamkeit widmet, da sie in ganz ähnlicher Weise für seine Kunstpraxis der Naturabformung im Atelier von Bedeutung ist und dort praktische Anwendung findet: „Genauso wie alle Arten von Metallen und andere schmelzbare Stoffe die Gestalt der Hohlräume oder Gussformen annehmen, in die sie hineingege-

---

142 Palissy beschreibt Steine, bei denen es sich eindeutig um Drusen, auch Geoden genannt, handelt. Siehe Palissy 1996 Bd. 2, S. 223, 372 (*Discours*) und Bd. 1, 106 (*Recepte*). Vgl. Herting-Agthe, TU-Berlin o. J., b.

143 Palissy 1996, Bd. 1, S. 104 (*Recepte*). Zu Glasschmelzöfen: Brepol 1999, Bd. 1, S. 177 ff.

144 „grande vase“: Vase oder allgemein Gefäß. Es könnte sich um einen misslungenen Krug gehandelt haben. Palissy zeigte in seiner mineralogischen Sammlung also auch Artefakte.

145 Palissy 1996, Bd. 2, S. 370 (*Copie des escrits*).

146 Palissy 1996, Bd. 2, S. 107, d. h. bei geringer Temperatur.

ben oder hineingegossen werden (selbst auf die Erde gekippt, nehmen sie die Form des Ortes an, wo der Stoff ausgekippt oder ausgegossen wurde), genauso nehmen auch sämtliche gesteinsbildenden Substanzen die Form des Ortes an, an welchem sie erstarren, ... denn auch die steinbildenden Substanzen sind in ihrem ursprünglichen Zustand flüssig, fließfähig und wässrig."[147]

Palissy stellt ausführlich Böden und Gesteinsbildung dar, auf die Frage der Entstehung der Gebirge und die Morphologie der Erde geht er hingegen nur kurz ein, seine Ausführungen hierzu bleiben vage und allgemein. Wie für viele seiner Zeitgenossen entstehen die Berge und das Relief der Erde hauptsächlich durch Erosion. Den Flüssen fällt eine zentrale Rolle bei der Gestaltung der Erdoberfläche zu, da sie sich in langen Zeiträumen in den Boden fräsen und so Täler und Bergkuppen hervorbringen.

Zur Entstehung von Bergen würden aber auch Erdbeben führen, durch die es zu gewaltigen Geländeumbrüchen kommen kann. Die Ursachen und Auswirkungen von Erdbeben beschreibt Palissy im *Recepte veritable* von 1563 folgendermaßen: „[...] es geschieht sehr häufig, dass sich im Bauch der Erde ein Feuer durch irgendeine Kompression entzündet. Und wenn das Feuer eine Lagerstätte von Bitumen, Schwefel oder Kohle findet, wird das Feuer genährt und in der Erde unterhalten; es geschieht zudem häufig, dass innerhalb eines langen Zeitraums einige Berge durch ein Erdbeben, welches durch die große Vehemenz des Feuers hervorgerufen wird, zu Tälern werden oder sogar dass die Steine, Metalle und andere Minerale, welche die Kuppe des Berges bilden, verbrennen und durch das Feuer verzehrt werden. Der besagte Berg kann sich neigen und langsam kleiner werden. Auch können andere Berge, durch die Vergrößerung der Felsen und Minerale, die in ihnen wachsen, zutage treten und sich erheben. Oder es geschieht, dass eine Landschaft in die Tiefe rutscht oder sich absenkt, und dann wird das,

147 Palissy 1996, Bd. 2, S. 361: „Tout ainsi que toutes especes de metaux, & autres matieres fusibles, prenants les formes des creux, ou moules, là où ils sont mis, ou jettez, mesmes estans jettez en terres prennent la forme du lieu où la matiere sera jettée ou versée, semblablement les matieres de toutes especes de pierres, prennent la forme du lieu où la matiere aura esté congelée. [...] autant en est il des matieres lapidaires, lesquelles en leur premier essence, sont liquides, fluides & aqueuses."
Die Formulierung zeigt die Analogie zwischen dem künstlerischen Verfahren des Metallgusses und dem Erstarren einer beliebigen Flüssigkeit in der Natur auf (ergo die Gesteinsgenese). „Creux" oder „moules", Hohlräume oder Gussformen, sind beides Schlüsselworte der Abgusstechnik. Die Gegenüberstellung von „moule" (neben dem Sinngehalt Form oder Matrix, auch Mulde) kann in der Wortbedeutung von Gussform (Modell), als einer geometrisch bestimmten Form, im Verhältnis zu „creux", dem unbestimmten Hohlraum, auch einen Gegensatz bezeichnen. Die Beschreibung von Palissy hätte auch auf geschmolzenes Gestein, Magma und Lava, zutreffen können und ihm die Möglichkeit geboten, auch diesen geologischen Vorgang hier zu behandeln.

was verbleibt, bergig erscheinen."[148] Eine vergleichbare Erklärung, wie Gesteinsbildungsprozesse im Erdinneren die Entstehung von Gebirgen beeinflussen und ob durch diese Neubildungen das bestehende Material nach außen gedrückt wird und sich die Erdoberfläche dadurch hebt, bleibt Palissy in den *Discours admirables* schuldig.

Palissy ist nicht der Einzige, auch andere Autoren, wie Leonardo oder Agricola, beschreiben Erdbeben auf ähnliche Weise.[149] Die gewaltigen Erschütterungen im Erdbauch wurden traditionell mit Geburtswehen assoziiert.[150] Die unter Tage entzündeten Erdfeuer könnten eine Verdampfung des unterirdisch vorhandenen Wassers bewirken, mit der Folge eines sich aufbauenden Überdrucks, wie in einem Wasserkessel, der sich dann in einem Erdbeben entlädt. Auch die vulkanische Aktivität wird hierauf zurückgeführt. Erdfeuer können zwar Gesteine umwandeln und Erdbeben auslösen, welche die Gestalt der Erde stark verändern,[151] von Vulkanausbrüchen und Magmaaustritten, also geschmolzenen ober- und unterirdischen Gesteinsflüssen, weiß Palissy indes nichts zu berichten, abgesehen von der wagen Anspielung auf „verzehrte Steine und Metalle", die sich mit Lava assoziieren ließe. Wahrscheinlich gehören Vulkane, Erdbeben und Eruptivgesteine nicht zum Erfahrungsbereich von Bernard Palissy. Die von ihm präsentierten Ergebnisse bezieht er fast ausschließlich aus seiner unmittelbaren Anschauung. Feuerspeiende Berge gehören offensichtlich nicht dazu und werden folglich in den *Discours* nicht beschrieben.[152]

Palissy entwickelt in den *Discours admirables* nicht nur ein geologisches Modell, sondern präsentiert im Diskurs *Über den Mergel* auch ein Handinstrument zur Erforschung des Untergrundes auf einfache Weise.[153] Der von ihm vor-

---

[148] Palissy 1996, Bd. 1, *Recepte*, S. 92: „... et advient souvent, que dedans la matrice de la terre, s'allumera du feu par quelque compression, et quand le feu trouve quelque miniere de bitumen, ou de souffre, ou de charbon de terre, ledit feu se nourrist, et entretient ainsi sous la terre : et advient souvent, que par un long espace de temps, aucunes montagnes deviendront vallees par un tremblement de terre, ou grande vehemence que ledit feu engendrera, ou bien , que les pierres, metaux, et autres mineraux qui tenoyent la bosse de la montagne se pourra encliner et baisser petit à petit : aussi autres montagnes se pourront manifester et eslever, pour l'accroisement des roches et mineraux, qui croissent en icelles, ou bien il adviendra, qu'une contree de pays sera abysmee, ou abaissee par tremblement de terre, et alors, ce qui restera, se trouvé montueux." Vgl. S. 44.

[149] Leonardo 1952, S. 596. Ellenberger 1988, S. 117 schreibt unrichtigerweise, dass Leonardo sich nicht für Erdbeben und Vulkane interessieren würde. Vgl. Perrig 1984, S. 15.

[150] Perrig 1984, S. 14 f.

[151] Palissy 1996, Bd. 1, S. 92; Bd. 2, S. 44.

[152] Der moderne Begriff des Vulkanismus wurde erst nach 1650 eingeführt (Agricola 1956, S. 52). Als Begriff für „feuerspeiende Berge" wird „Vulkan" 1779 von Nicolas Desmarest (1725–1815) gebraucht (Gohau 1987, S. 124).

[153] Palissy 1996, Bd. 2, S. 336 f. (*Über den Mergel*).

geschlagene Erdbohrer ist eine Peilstange oder Bodensonde, die es gestattet, mittels eines zylindrischen Hohlraums eine Bodenprobe in Form eines Bohrkerns aus der Tiefe zu entnehmen. Auch zur Wassersuche sei das Gerät, so Palissy, geeignet.[154] Palissys Formulierung ist sprachlich unpräzise. Doch ihm gelingt der Entwurf eines zur Bodenerkundung unentbehrlichen Instruments. Eine Bodensonde ist eines der grundlegenden Geräte zur Probenentnahme in der Geologie und findet bis zum heutigen Tage Verwendung. Bis in die Neuzeit lässt sich keine vergleichbare Werkzeugbeschreibung finden. Erste technische Gerätebeschreibungen gibt es erst Ende des 18. Jahrhunderts,[155] so dass davon auszugehen ist, dass sie ab etwa 1750 für Bodenuntersuchungen eingesetzt wurde. Während Agricola aufwendige Suchschachtungen zum Geländeaufschluss und Wünschelruten zur Wassersuche vorschlägt, preist Palissy ein Gerät, das mit geringem Aufwand eine effektive Aussage über die anstehenden Bodenschichten gestattet und das noch immer standardmäßig in den Bodenwissenschaften Verwendung findet. Dies ist bislang in der wissenschaftsgeschichtlichen Forschung vollkommen unberücksichtigt geblieben. Palissys Bodensonde ist kein einfacher Bohrer, wie die Spiralbohrer der Schreiner oder Leonardos Bohrturm, der wahrscheinlich für den Brunnenbau konzipiert wurde, aber weder dafür vorgesehen noch ausgerüstet war, den Untergrund zu erkunden oder Bodenproben zu entnehmen.[156] Wie auch Gewindestangen und Förderschnecken beruhen diese auf der archimedischen Spirale, die seit dem Altertum bekannt war. Noch Diderots und d'Alemberts *Encyclopédie* erwähnt 1765 den „tarriere", die früher gebräuchliche, allgemeine Bezeichnung für Bohrer, nur als Werkzeug der Mineure – der Erdbohrer war ein Kriegsinstrument im Belagerungskampf.[157] Auch hier war der Schaft verlängerbar. Die Peilstange in den *Discours* ist offensichtlich die früheste Beschreibung eines geologischen Analysegeräts zum Bodenaufschluss in der Literatur. Palissy könnte ihr Erfinder gewesen sein. Héricart de Thury (1776–1854), der einzige Autor, dem diese Passage Palissys überhaupt auffiel und sie einer Erwähnung wert erachtete, war davon überzeugt.[158]

---

154 Vgl. Besson 1569. Besson bietet kein Gerät zur Untergrunderforschung an.

155 Geiß und Glaser 1770.

156 Leonardo da Vinci Erdbohrer/Bohrturm, in: Ash. 2037 (Ms. B), fol. 65 r., Institut de France, Paris.

157 Diderot, d'Alembert 1765, Bd. 15, S. 917. Diese Art „tarriere" wurde 1683 bei der zweiten Belagerung Wiens eingesetzt.

158 Héricart de Thury 1829, S. 18. De Thury versucht als Erster, eine Historie der Bodensonde zu schreiben.

4. Glas, Glasur und Ton

Die französische Sprache unterscheidet nicht zwischen Emaille und Glasur. Was in der Keramik als Glasur bezeichnet wird, ist der Emaille der Goldschmiedekunst gleichzusetzen.[159] Und schon im Namen offenbart sich, dass die Glasur ein Glas ist. Emaille, Glasur und Glas sind im Prinzip identisch, da Emaille und Glasur Schmelzgläser sind. Palissy hat sich diesbezüglich nicht allzu weit von seinem Lehrberuf des „verrier" entfernt; das grundlegende Wissen, diese Stoffe betreffend, müsste ihm bereits bekannt gewesen sein.[160] Palissy äußert sich nur kurz und allgemein über seine Glasuren: „Die Glasuren, mit denen ich arbeite, bestehen aus Zinn, Blei, Eisen, Antimon, Kobaltoxid, aus der Asche des Salzkrautes, [...] und dem Stein aus Périgord. Dies sind die charakteristischen Stoffe, aus denen ich meine Glasuren bereite."[161] Er gibt weder Rezepturen an, noch unterscheidet er zwischen Trägersubstanzen und hinzugesetzten mineralischen Farbstoffen (Metalloxide). Tatsächlich sind es nur sehr subtile Unterschiede in der chemischen Zusammensetzung, die Emaille oder Glas sogar von Tonen und vielen anderen Mineralen oder Gesteinen trennen. Neben der Gewichtung der Mischungsbestandteile sind vor allem die Bedingungen des Herstellungs- oder Entstehungsprozesses, also physikalische Faktoren, wie Temperatur, Druck und besonders die Abkühlungsgeschwindigkeit für die offenkundig großen Materialunterschiede in Erscheinung und Verhalten verantwortlich.[162] Die praktischen Probleme, mit denen er konfrontiert war, beschreibt Palissy ausführlich in *Über die Tone* und *De l'art de terre*.

Es ist schwer, das Wesen von Glasuren, Tonerden und Mineralien ohne moderne chemische Grundkenntnisse zu verstehen, da sehr subtile Unterschiede in der Zusammensetzung und Struktur zu weitreichenden Unterschieden in den Eigenschaften führen. Erst durch die Möglichkeit, komplexe Vorgänge in chemischen Formeln und Gleichungen zu beschreiben, wurden im 19. Jahrhundert die Voraussetzungen zu einem wirklichen theoretischen Verständnis nicht nur chemischer, sondern auch geologischer Prozesse geschaffen. Die Grundlagen dafür legten das 1808 von Joseph Louis Gay-Lussac (1778–1850) veröffentlichte

---

159 Zur französischen Emaillekunst siehe: Netzer 1999.

160 Zu Glasherstellung und Glasgestaltung im Mittelalter und in der Frühneuzeit: Theophilus Presbyter, Hg. Brepohl 1999, Bd. 1, Buch 2, S. 145 ff.

161 Palissy 1996, Bd. 2, S. 308: „Les emaux dequoy je fais ma besogne, sont faits d'estaing, de plomb, de fer, d'acier, d'antimoine, de saphre de cuivre, d'arene, de salicort, de cendre gravelée, de litarge, de pierre de perigord. Voila les propres matieres desquelles je fais mes esmaux." Vgl. Palissy 1996, S. 308, Anm. 47. Die Stoffbezeichnungen waren noch nicht exakt und allgemein festgelegt, sie entsprechen deshalb selbstverständlich nicht den modernen. Bei „plomb", Blei beispielsweise, handelt es sich natürlich um Bleioxid.

162 Holleman-Wiberg 1976, S. 570–575.

allgemeingültige chemische Volumengesetz und die 1814 durch den schwedischen Chemiker Jöns Jakob Berzelius (1779–1848) eingeführten Elementsymbole. Die Probleme der sprachlich genau unterscheidbaren Beschreibung der Elemente und ihrer quantitativen Erfassung erklären vielleicht die Schwierigkeiten der Chemie, erst zum Ende des 19. Jahrhunderts zu einer fundierten Materietheorie gelangt zu sein, die die Wirklichkeit annähernd genau erfasste. Neben der Unmöglichkeit einer korrekten Beschreibung der Oxidation, denn die Entdeckung des Sauerstoffs gelang erst im letzten Viertel des 18. Jahrhundert, sind dies wahrscheinlich die Hauptursachen für den sehr späten Durchbruch der Chemie als Naturwissenschaft.

Eine der großen Herausforderungen der Mineralogie besteht in dem Umstand, dass kaum ein Stoff in reiner Form im Boden vorliegt, auch nicht die Rohmaterialien der Keramiken, sondern immer nur in einem Gemenge. Diese sind in ihrer Zusammensetzung sehr verschieden und großen regionalen Unterschieden unterworfen, abhängig von der geologischen Beschaffenheit, wie Palissy feststellt.[163] Gerade deshalb bieten scheinbar einfache und seit Jahrtausenden bekannte Baustoffe wie Ziegel und Beton bis ins 20. Jahrhundert Schwierigkeiten der präzisen wissenschaftlichen Beschreibung und der exakten rechnerischen Erfassung. Diese künstlichen Stoffe sind genauso schwer zu bestimmen wie die Bildungen von Mineralien, da sie auf eine Vielzahl von Faktoren zurückzuführen sind und ihnen kein einheitlicher Entstehungsprozess zugrunde liegt.

Trotz vieler technischer Fortschritte und einer heute üblicherweise großtechnischen Produktion hat sich die Keramikherstellung seit Palissy in ihrem Wesen kaum verändert. Alle Tonwaren oder keramischen Erzeugnisse bestehen nicht nur aus den durch Wasserzugabe bildsamen Tonen, sondern erfordern die Zugabe von sogenannten Magerungsmitteln wie etwa Quarzsand, damit der Ton beim Brennen nicht zu stark schwindet und reißt. Zusätzlich werden häufig noch Flussmittel, wie etwa Flussspat, zugesetzt, um die Brenntemperatur zu senken.[164] Zudem enthalten Tone viele Verunreinigungen, etwa den unerwünschten Glimmer oder Eisenoxid, das den Farbton des Scherbens mitbestimmt. Die unerwünschten Beimengungen bereiteten Palissy erhebliche Schwierigkeiten bei der Keramikherstellung und machten eine Analyse der Rohstoffe notwendig. Er nennt primär die auch im Mergel zu findenden Markasite, die wegen ihrer Kristallstruktur Bewunderung auslösten, aber zu verheerenden Problemen im Ofen führten.[165] „Mager" und „fett" sind bis heute übliche, aber im wissenschaftlichen

---

163 Palissy 1996, Bd. 2, S. 275 f.

164 Zur Keramik: Holleman-Wiberg 1976, S. 572 ff.; Radczewski 1968; Riederer 1994, S. 105 ff. Plastische Tone mit hohem Anteil an Tonmineralien werden als „fetter Ton", die anderen als „magerer Ton" bezeichnet. Zusatz von Sand: Palissy 1996, Bd. 2, S. 280.

165 Palissy 1996, Bd. 2, S. 281.

Sinn unrichtige Bezeichnungen zur Charakterisierung von Ton. Das Wort „fett" löst am Beginn des Diskurses *Über die Tone* heftigen Widerspruch von Palissy aus, der darlegt, weshalb Ton nicht fett oder ölig sein könne. Als passende Alternative schlägt er „pastös" vor.[166] Die Rohstoffanalyse konnte nur visuell und durch Probebrand vorgenommen werden, hierfür war eine lange praktische Erfahrung erforderlich.

Chemisch bestehen Tone hauptsächlich aus Aluminiumsilikaten, die sich als Mischkristalle aus Aluminiumoxid und Siliciumdioxid auffassen lassen und in dieser Gruppierung keine räumlichen Einzelkristalle, sondern sehr reaktionsfähige Blattstrukturen bilden. Die häufigste kristalline Erscheinungsform von Siliciumdioxid ist der Quarz, der in natürlichen Abarten wie Bergkristall, Amethyst oder Chrysopras existiert.[167] Wenn Siliciumdioxid dagegen zum Beispiel in einem Gemenge mit Kaliumoxid und Bleioxid vorliegt und nicht kristallisiert, sondern amorph erstarrt, entstehen aus den gleichen Verbindungen keine Kristallstrukturen, sondern die Gläser. Im Gegensatz zum Kristall, der eine geordnete Atomstruktur hat und ein definiertes, streng strukturiertes Gebilde ist, zwar transluzent, aber nicht klar durchsichtig, ist Glas ein in der Schmelze flüssiges und fließfähiges Gestein, das amorph zu neuer Form völlig durchsichtig erstarrt.[168] Es galt daher als wasserähnliches Material. Glas zeigt eine Ambiguität, denn in eine entsprechende äußere Form gebracht, durch Schliff oder Guss, täuscht es einen Kristall vor, obwohl es diesem praktisch entgegengesetzte Strukturen und Eigenschaften aufweist. Diese Ambiguität manifestiert sich scharf in der widersprüchlichen Benennung Kristallglas.

Die in der Keramik verwendeten Glasuren fallen auch unter die Gläser.[169] Der gebrannte, meist poröse Tonscherben wird durch eine Glasur wasserundurchlässig. Dies geschieht zum Beispiel durch Auftragen einer Bleiglasurmischung, welche beim zweiten Brand, dem so genannten Glattbrand, ein Bleiglas ergibt, das den vorher porösen Tonscherben vollständig einhüllt und alle Poren verschließt. Die Glasur wird durch zugesetzte Metalloxide eingefärbt, wobei die erzielte Färbung stark von der Brenntemperatur abhängt. Palissy weist darauf hin, dass sich die Farben in Abhängigkeit von der Brenntemperatur verändern. Auch in diesen Glasuren, die mit den Kali-Blei-Gläsern, wie sie für die

---

166 Palissy 1996, Bd. 2, S. 274 f. Marie-Madeleine Fragonard in Palissy 1996, Bd. 1, S. XXX f. erwähnt, dass das Missverständnis mit der „fetten" Erde einem Übersetzungsfehler von Lateinisch „crassa": dick zu Französisch „grasse", fett, geschuldet ist und nicht Palissy angelastet werden kann.

167 Holleman-Wiberg 1976, S. 545; Strübel, Zimmer 1991 S. 285.

168 Holleman-Wiberg 1976, S. 568: Glas ist eine „ohne Kristallisation erstarrte, also unterkühlte ... Schmelze."

169 Glasur und Emaille siehe: Holleman-Wiberg 1976, S. 571 f.

Glasherstellung verwendet werden, identisch sind, ist Siliziumdioxid neben Bleioxid, Kaliumoxid in einem komplexen chemischen Gemenge enthalten.

Die Glas- und Glasurherstellung ist die künstliche Umsetzung des von Palissy erörterten natürlichen Prozesses der Vitrifikation der Gesteine durch die Erdfeuer im Erdinneren. Wenn dort auch der unmittelbaren Beobachtung unzugänglich, mussten ihm Prinzip und Existenz von Gesteinsflüssen und einer beim Erwärmen allmählich erweichenden Schmelze, die sich in einen quasi flüssigen Zustand begibt, durch die Glasherstellung natürlich bekannt sein. Auch Steine und Mörtel des Brennofens sieht Palissy in der großen Hitze des Feuers an der Oberfläche sintern oder verglasen.[170] Der auf Plinius zurückgehende Erfindungsmythos von Glas wird bereits im Kapitel *Über das Wasser* beschrieben, Emaille oder Glasuren, die für ihn dem Glas ähnlich sind, aber im Diskurs *De L'art de terre*.[171] Die Emaille bzw. die Glasur ist für Palissy ein „künstlicher Stein" und wird gleichfalls in der Masse durch die Zugabe von Metalloxiden getönt.[172] In der Entwurfsbeschreibung seines Gartens im *Recepte veritable* wird ein „Cabinet" mit einer weißen Glasur überzogen, die darüber liegend in verschiedenen Farben marmoriert, gesprenkelt oder jaspiert ist.[173] Der von Palissy imaginierte natürliche Vorgang, bei dem „gefärbtes" Wasser über eine weiße Ablagerungsschicht läuft und dabei „verschiedene Figuren, Zeichnungen und Damaszierungen auf dem Jaspis-Stein hinterlässt", wird nicht nur ästhetisch, sondern auch technisch kopiert (Abb. 3, Abb. 4 und Taf. III).[174] Da einige edle Steine wie beispielsweise Jaspis bereits ihren geologischen Anfang im Ton hätten, ließe sich von einer durchgängigen Verwandtschaft von Natur- und Kunstprodukt sprechen und die keramische Imitation von Mineralien, obwohl unscheinbarer und weniger spektakulär, als ebenso bahnbrechend wie die Bassins rustiques ansehen.

Dem 16. Jahrhundert war es unmöglich, Gemeinsamkeiten und Unterschiede zwischen den Stoffen auf atomarer und elementarer Ebene festzustellen, sie mussten den Forschern der Frühneuzeit noch verschlossen bleiben. Beziehungen, wie Palissy sie behauptet, wurden mehr erahnt als gewusst, waren aber deshalb nicht weniger real: Das reine Siliciumdioxid kommt in der Natur in verschie-

---

170 Palissy 1996, Bd. 2, S. 301. Vgl. Kapitel III.3 *Palissys geologisches Modell*, Palissy 1996, Bd. 2, S. 370 (*Copie des escrits*).

171 Palissy 1996, Bd. 2, S. 51 f., weitere Stellen zu Glas: S. 63, 159.

172 Palissy 1996, Bd. 2, S. 293, 260.

173 Palissy 1996, Bd. 1, S. 133. Palissy plant, die „Vitrifikation", das Schmelzen und glasig Erstarren der Glasuren durch ein Feuer, erst im Inneren der im Rohbau fertigen Grotte auszuführen, damit die Glasuren, im Fließzustand die Stein- und Kachelfugen überdeckend, eine einheitliche Oberfläche erzeugen. Ein Verfahren, das alle Fugen eliminierte, musste zu einem Bauschaden führen.

174 Palissy 1996, Bd. 1, S. 115 f.: „et ainsi, l'eau teinte tombant sur la blanche, a fait plusieurs figures, ydees, ou damasquinees en ladites pierre de jaspe." Vgl. Bd. 2, z. B. S. 262 u. 264.

densten Formen vor, als Seesand, Kieselstein, Quarz, Bergkristall, Amethyst usw. Die Erscheinungsform ist nur abhängig von den Bedingungen des Entstehungs- oder Umwandlungsprozesses, der allein die Struktur und Kristallmodifikation festlegt. Wenn sich in der Genese keine Mischkristalle bilden, können aus den gleichen chemischen Verbindungen auch einige veritable Kristalle hervorgehen, so der Korund aus Aluminiumoxid oder der Bergkristall aus Siliziumdioxid. Aus dem sehr harten Kristall Korund wird durch die Verunreinigung mit einer Spur Chrom der rote Edelstein Rubin, oder durch eine geringe Modifikation der Kristallstruktur der blaue Saphir. Die Bedingungen des Bildungsvorganges und die chemische Substanz definieren die Kristallstruktur. Auch bei dem künstlichen Erzeugnis der Keramik bestimmen die Art des Tongemenges und die Bedingungen des Entstehungsprozesses, vor allem die Brenntemperatur, die physikalischen Eigenschaften des Erzeugnisses, weshalb die Keramikerzeugung für Palissy als Mittel zur Naturerkenntnis taugte.

Die einzige Möglichkeit der Erkenntnisgewinnung zur Zeit Palissys bestand in einer genauen Beobachtung der Naturphänomene und ihrer Auswirkungen. Diese war vor allem beschreibender Natur, komplettiert durch wenige einfache experimentelle Versuche, da es keine Möglichkeit gab, in die Tiefe der Materie einzudringen. Messungen und quantifizierte Datenerhebungen in Form von Zahlen waren nicht möglich. Die oberflächliche Untersuchung und Beschreibung der Stoffe (d. h. von Oberfläche oder Bruchflächen) und ihrer Qualitäten (genannt werden Form, Farbe und Transparenz, Geschmack, Gewicht und Porosität) sowie der Vergleich mit anderen Substanzen nährten die Hoffnung, Rückschlüsse auf verwandtschaftliche Beziehungen zwischen den Stoffen und auf ihr Reaktionsverhalten ziehen zu können, um daraus den dem menschlichen Wahrnehmungsvermögen entzogenen Aufbau der Materie spekulativ zu konstruieren. Man ging also wie bei einem Puzzle vor, wo die in Formen und Farben unterschiedlichen Einzelteile stimmig miteinander verbunden werden. Aus ähnlichen Formen und Farben wird nicht nur von Palissy auf eine ähnliche Genese und eine gleiche Zusammensetzung der Gesteine und Minerale geschlossen. Noch Goethe entwickelte ausgehend von Ähnlichkeitsstudien eine Gesteinstypologie, die zu einer Entwicklung der Erdepochen ausgebaut wird.[175] Tatsächlich führt der rein morphologische Ähnlichkeitsvergleich, der in der Biologie sehr gute Resultate erzielt, in der Mineralogie leicht zu Fehlern. Durch die Überprüfung der visuellen Qualitäten eines untersuchten Gegenstandes mittels eines Experiments gelang es Palissy aber immerhin trotzdem, die alte Irrlehre, dass der klare Bergkristall mit dem gewöhnlichen Wasser und dem Eis verwandt sei, zu widerlegen.[176]

---

175 Jahn 2000, S. 276 f.

176 Palissy 1996, Bd. 2, S. 222.

Die Beziehung zwischen bewundernswerten Edelsteinen und Kristallen einerseits sowie ungestalten Sanden und Tonen andererseits entzog sich dem menschlichen Wahrnehmungsbereich und blieb, da nicht durch technische Hilfsmittel sichtbar zu machen, lange Zeit obskur. Im 16. Jahrhundert war es noch nicht möglich, eine Kenntnis der subtilen Unterschiede elementarer Strukturen, die zu gravierenden Abweichungen in Erscheinungsbild und Eigenschaften führen, zu erwerben. Immerhin spannte Palissy durch die Feststellung, dass „alle Tonerden der Anfang von Steinen (sind)" und dass „diese Steine häufig zu Marmor, Jaspis, Chalcedon und anderen harten Steinen umgewandelt werden",[177] einen weiten Bogen gegenseitiger Abhängigkeiten und Beziehungen auf. Die staunenswerten Erzeugnisse der Natur werden mit ihren dreckigen „Exkrementen",[178] die er als Künstler verarbeitet, in Beziehung gesetzt. Die Schlussfolgerung, dass die verschiedenen Tonerden Sedimentationsprodukte aus der Verwitterung von Felsgestein sind und dass sich wiederum der gebrannte Ton, die Keramik, als künstlicher Stein beschreiben lässt, eröffnet eine weitere Perspektive: Es bildet sich eine familiäre Kette zwischen Edelsteinen und Tonen, Kunstprodukt und Naturprodukt. Durch die Transformation des Erdbodens in Keramik gliedert sich der Mensch in den permanenten Entstehungs- und Veränderungsprozess der Natur ein, der aus Fels Erde schafft und aus dem lockeren Boden wieder Stein.

---

177 Palissy 1996, Bd. 2, S. 382: „Toute terre argile sont commencement des pierres." ; Palissy 1996, Bd. 2, S. 251: „Ce sont les pierres qui sont engendrées des terres argileuses, lesquelles sont bien souvent reduittes en marbres, jaspe, & en calcedoinne, & autre pierres dures."

178 Palissy 1996, Bd. 2, S. 106.

IV. *L'Art de Terre* – Objekte der Kunst und Natur

1. Mineralienimitationen

Etwa um 1538[1] sah Palissy, möglicherweise bei dem von einem längeren Italienaufenthalt aus Ferrara zurückgekehrten Gouverneur der Saintonge, Antoine de Pons[2] (1510–1586), dem die *Discours* gewidmet sind, einen gedrehten und glasierten Keramikpokal von besonderer „Schönheit",[3] bei dem es sich um eine italienische Majolika gehandelt haben könnte. Die von diesem Pokal ausgehende Faszination wurde zum Ausgangspunkt für Palissys künstlerische Neuorientierung. Es existierte in Saint-Porchaire bereits eine künstlerisch hochwertige Fayenceherstellung und es gab verschiedene Versuche, eine der italienischen Majolika vergleichbare Ware in Frankreich herzustellen.[4] Das Herstellungsgeheimnis der Zünfte und Handwerksmeister zwang Palissy indes, die Zusammensetzung der Tonmassen und Glasuren wieder neu zu erfinden.[5] Es ist eher unwahrscheinlich,

---

1 Dieses Datum ergibt sich ausgehend von den Zeitangaben in den *Discours*. Palissy berichtet, dass dieses Ereignis 25 Jahre zurückliege (Palissy 1996, Bd. 2, S. 294). Das Ausgangsdatum kann kaum das Erscheinungsjahr der *Discours* 1580, sondern muss jenes des *Recepte* sein, erschienen 1563. Amico nennt als Jahr der Rückkehr von Antoine de Pons aus Ferrara 1539 (Amico 1996, S. 18), Fragonard gibt 1538 an (Palissy 1996, Bd. 2, S. 9, Anm. 3. Abweichend hiervon wird auf S. 294, Anm. 25 wahrscheinlich irrtümlich das Datum 1543 genannt). Amico untersucht die zeitlichen Angaben genau, eine von ihm behauptete zeitliche Relation zwischen Palissys Konferenzen und den Keramiken lässt sich indes durch nichts belegen.

2 Zu Antoine de Pons: Palissy 1996, Bd. 2, S.9 Anm. 3.

3 Palissy 1996, Bd. 2, S. 294.

4 Siehe Kat. Écouen, 1997. Amico 1996, S. 19. Saint-Porchaire liegt genauso wie La Chapelle-des-Pots in unmittelbarer Nachbarschaft von Saintes, das somit ein Zentrum der Keramikfabrikation war. Amico, 1996, S. 135 ff. Es wurde bislang im Zusammenhang mit Palissy nicht betrachtet, dass Ferrara (s. o.) ein Zentrum der Naturabformung gewesen war. Denkbar wäre, dass der von dort zurückkehrende Antoine de Pons auch ein möglicher Ideengeber für die Schöpfung der Bassins rustiques gewesen sein könnte. Vgl. Gramacinni 1986, S. 216 ff.

5 Die wesentlichen autobiographischen Angaben macht Palissy in den *Discours*, im Kapitel *De l'art de terre*. (Palissy 1996, Bd. 2, S. 285 ff.). „...je vay penser que si j'avois trouvé

dass er in La Chapelle-des-Pots, einem Vorort von Saintes, in dem es bereits hochentwickelte Werkstätten gab, Spezialisten für seine Glasuren engagieren konnte.[6]

Die anschließenden Versuche von Palissy zur Etablierung einer eigenen Keramikproduktion lassen sich in den Kapiteln *Über die Tone* und *De l'art de terre* anhand der dort vor allem beschriebenen Misserfolge nachvollziehen, wobei sich mehrere Etappen herausdestillieren. Ausgehend von den zeitlichen Angaben in den Texten Palissys und unter Berücksichtigung der bekannten Dokumente und den Ergebnissen der archäologischen Grabungen im Jardin du Louvre ergibt sich ein zeitlicher Rahmen, der in einigen Daten von den bekannten Befunden abweicht, sofern die Informationen Palissys ernst genommen werden. Palissy berichtet von fünfzehn bis sechzehn Jahren harter Arbeit, also beginnend 1538 bis zu den Jahren 1553/1554.[7] Als Jahr des Verkaufs eines Bassin rustique an Henri II. wird allgemein 1555 bzw. 1556 angenommen. In der 1563 erschienenen Beschreibung im *Recepte* spricht Palissy von sieben Jahren Arbeit an der Grotte, somit hätte um 1556 die Arbeit an ihr begonnen.[8] Aus den *Discours* ergibt sich als Reihenfolge der Keramikentwicklung: 1. Weiße Glasur, 2. Medaillenarbeiten, 3. Jaspis-Ware, 4. Bassins rustiques.[9] Die etwa 15 Jahre beziehen sich also auf die Zeit bis zur ersten erfolgreichen Herstellung der Bassins rustiques, wahrscheinlich im Jahr 1554, und nicht wie allgemein angenommen schon 1550. Von hieraus rückwärts gerechnet ergäbe sich folgende Zeitschiene: Etwa um 1551 beginnt die erste Produktion der Jaspis-Ware, die Palissy „einige Jahre ernährte".[10] Die ersten Medaillenkeramiken werden somit frühestens aus dem Jahr 1547, möglicherweise 1549 stammen.[11] Die Jaspis-Keramik entstand etwas später, schreibt Palissy, also frühestens 1550. Aus den *Discours* ergibt sich eindeutig, dass die Jaspis-Keramiken nicht zeitgleich mit den Bassins rustiques entstanden, wie verschiedentlich geschrieben, sondern einige Jahre früher.[12]

---

l'invention de faire des emaux que je pourois faire des vaisseaux de terre..." (Palissy 1996, Bd. 2, S. 294).

6 Klier 2004, S. 98 behauptet, Kris 1926 zitierend, das Gegenteil. Palissy selbst gibt sich in den *Discours* alle erdenkliche Mühe, keine konkreten Details preiszugeben. Wären die Rezepturen Allgemeingut gewesen, hätte sich diese Anstrengung erübrigt. Vgl. Fragonard 2000, S. 32.

7 Palissy 1996, Bd. 2, S. 304 (*Discours*).

8 Palissy 1996, Bd. 1, S. 5 f (*Grotte*). Die Zeiten stimmen also überein und sind plausibel.

9 Palissy 1996, Bd. 2, S. 297 (Glasuren), S. 298 (Ofenbau), S. 300 (Medaillenkeramiken), S. 304 (Jaspis-Ware), S. 305 (Bassins rustiques).

10 Palissy 1996, Bd. 2, S. 304 (*Discours*).

11 Dufay, Poulain u. a. (1987), S. 52. Poulain 1992, S. 187–201. Palissy 1996, Bd. 2, S. 300. Kat. Saintes 1990, S. 76: Die Grabungen im Louvre zeigten, dass viele der zur Abformung verwendeten Originale der Medaillenkeramiken etwa aus dem Jahr 1549 stammen.

12 Amico 1996, S. 20 unterstellt die Zeitgleichheit. Die Herausgeber der Palissy-Werkausgabe vermuten als Datum 1549 für die Jaspis-Glasuren und 1550 für die Bassins rustiques (Palissy 1996, Bd. 2, S. 402).

In einem ersten Schritt führte Palissy Versuche zur Herstellung von Glasuren durch, wobei er sich vorläufig auf die weiße Glasur konzentrierte.[13] Weiße Keramik war ein ausgesuchtes Luxusgut, besondere Bewunderung galt den Porzellanen aus Südostasien. Es ist nicht ausgeschlossen, dass anstatt einer Majolika chinesisches Porzellan der Ausgangspunkt für Palissys Recherche gewesen sein könnte, es deutet indes auch nichts darauf hin.[14] Allgemein wird angenommen, dass Majolika und Fayence die ursprünglichen Vorbilder Palissys waren. Anders als die für Fayencen verwendeten weißen Zinnglasuren, die Palissy als zu dick und für seine Zwecke unbrauchbar charakterisiert, verwendete er überwiegend transparente, dünne Bleiglasuren.[15] Tatsächlich gelang Palissy sogar die Produktion eines weißen Scherbens, da er Lagerstätten von Kaolin entdeckte und für seine Objekte nutzte, die erreichten Brenntemperaturen gestatteten allerdings nicht die Fabrikation von Porzellan. Die Entwicklung der sehr schwierig herzustellenden weißen Bleiglasur dürfte ihm etwa 1547 gelungen sein.[16] Die Glasurproben wurden auf Tonscherben gekaufter und dann zerbrochener Töpfe aufgebracht, um ihr Verhalten beim Brand zu erforschen. Diese Glasurversuche scheinen über einen langen Zeitraum durchgeführt worden zu sein, da es Palissy, wie er schreibt, erst sehr spät gelang, alle verwendeten Glasuren bei gleicher Temperatur schmelzbar zu gestalten. Parallel wurden von ihm geeignete Öfen und Hilfsmittel entwickelt, da die von anderen Töpfern und Zieglern genutzten Öfen sich als unbrauchbar erwiesen. Erst nach dem Erreichen eines Mindestmaßes an Perfektion begann er in einem zweiten Schritt mit Versuchen zur Herstellung von Objekten aus gebranntem Ton. Nachdem auch hier ein gewisser Erfolg zu verzeichnen war, wurden zur Herstellung von glasierten Waren als dritter Schritt beide Prozesse nacheinander ausgeführt, da zweimal gebrannt werden musste, zuerst das irdene Objekt allein, anschließend mit aufgetragener Glasur.

---

13 Palissy 1996, Bd. 2, S. 295 u. Anm. 27: Die Fixierung auf die weiße Glasur erstaunt, wenn Majoliken sein Vorbild gewesen sind, denn für diese ist kein Weiß als Grundauftrag erforderlich. Palissy schreibt, dass er „gehört habe", dass Weiß die Basis aller Glasuren wäre. Möglicherweise ist hierin ein Rest alchemistischer Lehre zu sehen, da die Farbe Weiß alle Farben einschließt und mit ihrer Herstellung ein erster Abschluss des Großen Werks erreicht wird. (Siehe: Priesner, Figalla, 1998, S. 132).

14 Deming 2005, S. 970 hält das für am wahrscheinlichsten.

15 Palissy 1996, Bd. 1, S. 21 (Grotte): „Or sçay-je bien que l'esmail est une incrusture laquelle porte pour le moins l'espesseur de deux fueilles de papier quand il est posé & applicqué sur ledict œuvre. Donc s'ensuit a que toutes les escailles des animaux, & refentes de petites fueilles, & autres choses subtiles, sont couvertes, & offencées à cause de l'espesseur et couverture desdicts esmails. Et qu'ainsi ne soit, regarde les œuvres des Italiens, & de ceux de Pisé, & de Valance, & mesme des ouvriers de Lyon." Vgl. Klier 2004, S. 97.

16 Vgl. Amico 1996, S. 19.

Medaillen sind die Objekte, die von Palissy in *L'art de la terre* als Erste namentlich erwähnt werden. Medaillen, Medaillons und mit diesen verzierte Platten werden somit um 1547 die ersten künstlerischen Produkte aus Palissys Werkstatt gewesen sein.[17] Die Medaillenreplikate bildeten technisch wie künstlerisch quasi einen Zwischenschritt, allerdings einen profitablen, da Palissy sie auch später in Paris sehr erfolgreich weiterproduzierte.[18] Die Numismatik war seit den ersten Büchern mit Münzbildern berühmter Persönlichkeiten der Antike und der römischen Kaiser durch Andrea Fulvio (ca. 1470–1527) und Enca Vico (1523–1567) ein beliebtes Sammelgebiet, dem auch Persönlichkeiten wie Anne de Montmorency nacheiferten, indem sie eigene Medaillen auflegten.[19] Bereits das erste Erzeugnis Palissys nutzte die Technik von Abformung und Abdruck, um Kopien dieser Originale herzustellen.[20] Später in Paris wurde die auf die Wünsche des Hochadels ausgerichtete Produktpalette um die Reproduktion von Kameen, Arabesken oder Figurinen erweitert, die sich sogar bis zur komplizierten Abformung von Blüten ausdehnte. Wegen der zu Grunde liegenden Originalwerke und der Kleinteiligkeit wird dieser Typus als „orfèvrerie de terre", Goldschmiedearbeiten in Ton, bezeichnet.[21] Es entstanden ornamental verzierte und mit figürlichen Reliefs versehene Gefäße und Platten, nach Vorbildern von Goldschmiedearbeiten seiner Zeitgenossen François Briot und Jean Goujon.[22] Häufig sind dies Assemblagen mehrerer Kunstwerke oder Medaillons. Während Palissy in Saintes eine regionale Berühmtheit war und weitgehend den eigenen Vorstellungen folgte, musste er sich in Paris in ein bestehendes System integrieren und war nur einer unter vielen „Werktätigen", die für die Luxusindustrie des Hofes arbeiteten. Auf die veränderten Produkte des Ateliers von Palissy deuten auch die Funde im Bereich des Louvre hin, die nur wenig von der Produktion der Bassins rustiques zu Tage förderten, aber neben den Fragmenten der Grotte viele dieser Abformungen von Medaillen und Goldschmiedearbeiten anderer Künstler.[23]

Ausgehend von dem Versuch, die weiße Glasur neu zu erfinden, führte die Keramikentwicklung von Palissy über diesen Zwischenschritt aber weder zu dem ästhetischen Vorbild der Majolika noch direkt zur Repräsentation belebter Natur, den Bassins rustiques. Die Neuerfindung der weißen Glasur bildete vielmehr die

---

17 Palissy 1996, Bd. 2, S. 300.

18 Kat. Saintes 1990, S. 66 f.

19 Kat. Berlin 2012; www.smb.museum/ikmk; www.census.de; hhtp://tn.khi.fi.it.

20 Kat. Saintes 1990, S. 76.

21 „Orfèvrerie de terre" ließe sich frei mit Schmuck- oder Geschmeidearbeiten in Ton übersetzen.

22 Kat. Saintes 1990, S.80. Zum Beispiel als Auftrag eines Sammlers: „Grand plats aux médaillons moulé en plâtre ovale, 61 × 35 × 10 cm, réalisé à partir des médaillons, ... au milieu un médaillon d'Antoine de Bourbon."

23 Dufay u. a. 1987, S. 46. Vgl. Kris 1926, S. 186.

technische Voraussetzung zur Realisierung seiner zeitlich ersten „Intention“[24] und zweiten Produktserie, der sogenannten Jaspis-Keramik und den Mineralienimitationen. Die Entwicklung der Jaspis-Ware dürfte auf der Basis der bis dahin entwickelten Glasurtechniken um 1550 gelungen sein.[25] Diese nur technisch mit den Fayencen oder Majoliken zu vergleichende Keramik bedeutete eine wirkliche Innovation und übertrifft vielleicht sogar die zweite „Invention“, die „rustiques figulines“ der Naturabdrücke, mit denen er berühmt wurde. Obwohl er sich dessen nicht rühmte, sondern sie wohl ebenfalls als eine Etappe auf dem Weg zu seinem berühmten Produkt betrachtete,[26] scheint er der alleinige Erfinder der „céramiques jaspes“ zu sein, denn andere Keramikateliers, die im 16. Jahrhundert eine ähnliche Ware produzierten, oder Kopisten sind unbekannt.[27] Imitate von edlen Materialien waren zwar auch in der Antike bekannt, erlangten aber erst etwa einhundert Jahre nach Palissy, mit dem Geschmack des Trompe-l’œil, im Barock eine umfassende Bedeutung, als Architekturelemente in Marmorimitation ausgeführt wurden und Tische aus Kunststeinen in Scagliola-Technik entstanden. Jaspis, Türkis, Lapislazuli und Achat waren die bevorzugt von Palissy imitierten Minerale. Häufig wird der Name Jaspis-Keramik als Sammelbegriff für alle Mineralienimitationen von Palissy gebraucht, da Imitationen dieses Edelsteins die Mehrheit der bekannten Produktion von keramischen Mineraliennachahmungen darstellten. Leider gibt es kaum Beispiele dieser seltenen Stücke in öffentlichen Sammlungen, da nur wenige erhalten blieben, obwohl eine große Stückzahl dieses Typs produziert wurden. Sie sind deshalb heute kaum bekannt. Die Jaspis-Keramiken erhielten ihr Dekor, indem Glasuren verschiedener Farben vermengt wurden, um so den typischen marmorierten, geäderten oder gesprenkelten Eindruck kostbarer Mineralien zu erzeugen. Auch die Volumetrie dieser Keramiken wurde mit Hilfe von Matrizen erzielt. Die weiße Glasur ist bei der Jaspis-Ware von großer Bedeutung, da diese sozusagen die Grundschicht bildet und farbige und weiße Glasur ineinander verlaufen. Für Palissy ist dies die künstlerische Simulation eines geologischen Vorgangs. Das künstlerische Ergebnis wird in der *Grotte*[28] beschrieben, der geologische Prozess in den *Discours*.[29] Die Grotte als Abbildung des Erdinneren schien der geeignete Ort für dieses Vor-

---

24 Palissy 1996, Bd. 2, S.296.

25 Amico 1996, S. 19; Palissy 1996, Bd. 2, S.402.

26 „Durant ces temps là je fis plusieurs fourneaux lesquels m’engendoyent de grandes pertes au paravant que j’eusse connaissance du moyen pour les chaufer egallement: en fin je trouvay moyen de faire quelques vaisseaux de divers esmaux entremeslez en maniere de jaspe : cela m’a nourri quelques ans …“ (Palissy 1996, Bd. 2, S. 304.)

27 Amico 1996, S. 21.

28 Siehe z. B. Palissy 1996, Bd. 1 (*Grotte*), S. 24, 29. Vgl. Kap. III.4, Glas, Glasur und Ton u. Palissy 1996, Bd. 1, S. 133 (*Recepte*).

29 Siehe z. B. Palissy 1996, Bd. 2 (*Discours*), S. 262, 264.

haben zu sein. Eindrucksvoll ist die Beschreibung im *Recepte*, da hier der geologische Ablauf die Umsetzung in der künstlerischen Herstellung zu suggerieren scheint: „Der Jaspis [...] ist ein Wasser, das durch vielerlei Böden floss, bei der Passage deren salzige Substanz aufnahm und in ein umgrenztes Sammelbecken gelangte. Und nachdem es so hinabgeflossen war und bevor es erstarrte, gelangten andere Wassertropfen hinunter, die beim Durchfluss der Bodenschichten auf verschiedene Arten von Markasiten oder [...] Metallen trafen und dabei die Farbstoffe aus diesen [mineralischen] Dingen aufnahmen. Die so gefärbten Wassertropfen fielen auf das andere Wasser, und so, indem gefärbtes Wasser auf klares Wasser stieß, schuf es verschiedene Figuren, Ideen und Damaszierungen[30] in besagtem Jaspisstein. Und weil ein Teil des Wassers die Substanz eines metallischen Salzes mit sich führte, erfolgte die Verfestigung des Steines zu bewundernswerter Härte. Und seine Härte ist die Ursache dafür, dass der Stein glänzt. Dieser Glanz ist wunderschön und seine Zeichnungen äußerst reizvoll."[31]

Unter den wenigen erhaltenen Objekten findet sich auch eine Schale (Abb. 3 und Taf. III), die in ihrer Form leicht an ein Blatt gemahnt; sie zeigt das für diese Ware typische weiß-bräunliche Dekor. Die ockerfarbenen Adern und fließenden Linien sind mit einer transparenten, leicht getönten Glasur überzogen, die die natürliche Farbwirkung des Tons erhält, während die weißen Flächen mit der von Palissy erneut erfundenen opaken weißen Zinnglasur bedeckt sind.[32] Andere Objekte sind zudem aus verschiedenfarbigen Tonen hergestellt. Das Atelier Palissy stellte ein komplettes Geschirrprogramm der Jaspis-Keramiken her: Kelche, Flaschen, Salzfässchen, Teller, Tassen und sogar Löffel sind bekannt (Abb. 4). Einen Hinweis auf den großen Umfang der Jaspis-Erzeugnisse und der besonderen Wertschätzung, die diese genossen, gibt das Inventarverzeichnis des Pariser Stadtschlosses der im Januar 1589 verstorbenen Königinmutter Catherine de

---

30 Mit Damaszierungen bezeichnet man ornamentale Muster und Arabesken, etwa Einlegearbeiten in Metall (Metalltechnik), auch als „Tauschieren" bezeichnet. In der Heraldik versteht man darunter das Verzieren von Wappenflächen mit Schnörkeln und Rankenmuster.

31 Siehe z. B. Palissy 1996, Bd. 1 (*Recepte*), S. 115 f: „Le Jaspe, qui est une desdites pierres, est une eau qui a passé par beaucoup de terres, et en passant, elle a prins la substance salcitive, et est tombée sur un certain réceptacle, et estant ainsi cheute, devant qu'estre congelée, sont tombées autres gouttes d'eau, qui en passant à travers des terres, ont trouvé quelque espèce de marcacites, ou métaux parfaits, et ayant prins teinture es choses susdites, les gouttes d'eau, qui estoyent ainsi teintes, sont cheutes sur l'autre eau : et ainsi, l'eau teinte tombant sur la blanche, a fait plusieurs figures, ydees ou damasquinées en ladite pierre de jaspe. Et parce qu'une partie de l'eau a apporté avec soy [...] une substance de sel métallique, la congélation de la pierre, s'est faite merveilleusement dure, et sa dureté est cause, que quand ladite pierre est polie, le polissement est merveilleusement beau, et ses figures fort plaisantes." Siehe auch: S. 133 f und S. 145.

32 Vgl. Amico 1996, S. 20 und 27; Kat. Saintes 1990, S. 80–82.

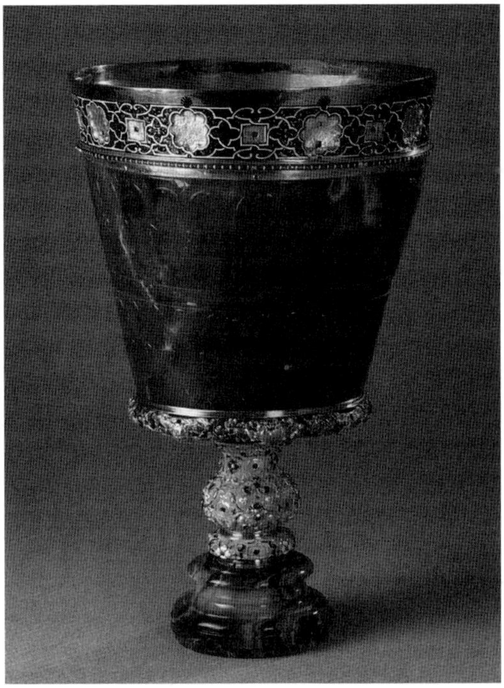

Abb. 16 Richard Toutain, Pokal aus Sardonyx, in Goldblech gefasst, teilweise emailliert, etwa 1560, H: 24,6 cm, Paris, Musée du Louvre.

Médicis, das in der umfangreichen Liste an Geschirr dieser Art auch große Keramikplatten und Gefäße aufführt.[33]

Eine ähnliche Ausführung zeigt das Fragment eines weiß-bläulich gesprenkelten Kelchs, einer Imitation von Lapislazuli, der wegen seiner aufgesetzten geschliffenen Edelsteine fasziniert, ein Dekor mit Motiven von Rubinen und Smaragden in Goldfassungen (Abb. 5 und Taf. V).[34] Ein Vorbild für diese Arbeit sind die hinsichtlich ihrer Gestaltung vergleichbaren Kelche aus Naturmineralien, die von kostbaren Goldschmiedearbeiten gefasst werden. Nur noch wenige Gefäße dieser Art erinnern an diesen am Hofe Henris II. sehr beliebten Typ von Edelstein- und Goldschmiedearbeiten. Auch in der Sammlung von Catherine de Médicis haben sich solche Kunstobjekte befunden. Ein vergleichbarer wie der im Louvre bewahrte Kelch (Abb. 16 und Taf. VI) aus dem edlen Mineral Sardonyx, der mit emailliertem Goldblech gefasst ist und mit Edelsteinen besetzt war, könnte als Vorbild des Lapislazuli-Kelchs aus gebranntem Ton von Palissy gedient

33 Bonnaffe 1874; das Inventar wurde am 25. Aug. 1589 erstellt; siehe auch: Amico 1996, S. 237 f.

34 Lestringant (Hg.) 1992, S. 197 u. Abb. 25.

haben.[35] Dieses Stück illustriert besonders gut die manchmal evozierte Vorstellung dieser Keramik als „orfèvrerie de terre", als „Goldschmiedekunst in Tonerde".[36]

Diese Lapislazuli-Imitation könnte direkt von einer Goldschmiedearbeit abgeformt worden sein. Tatsächlich ist sie aber eine Assemblage aus Abformungen von mehreren verschiedenen unabhängigen Elementen, die zu einem neuen Kunstwerk kombiniert wurden. In der Werktypologie des Ateliers von Palissy kann der Kelch deshalb sowohl der zweiten Gruppe, den Mineralimitationen, als auch der dritten Gruppe, den Abformungen von Kunstwerken oder Medaillenimitaten, zugeordnet werden. Im Gegensatz zu den „Gebrauchs-Kunstwerken" aus kostbarem und seltenem, aber empfindlichem echtem Jaspis, die ausschließlich begehrte Sammlungs- und Kunstobjekte waren, bewahrten die Imitate ihre Gebrauchsfähigkeit, denn ihr Material verschaffte ihnen mehrere Vorteile: große Unempfindlichkeit, leichte Pflege und Reproduzierbarkeit in größeren Stückzahlen. Die Jaspis-Keramiken waren damit ein Beispiel für die Ingeniosität des Menschen, die Produkte der Natur zu verbessern.

Der Simulation der zwei belebten Naturreiche in den Bassins rustiques geht die Simulation des mineralischen Reiches voraus. Auch der *Psalm 104*, der Palissy als Konzept seines Gartenentwurfs diente, beginnt mit einer Schilderung der Herrlichkeit der steinigen Natur, der Berge und des Wassers. Palissys Keramikimitationen von Gefäßen aus begehrten und teuren Schmucksteinen erreichten zwar nicht die täuschende Echtheit seiner Naturabgüsse, waren aber leichter zu produzieren und konnten, da sie ein Gebrauchsgut waren, in größerer Stückzahl verkauft werden.[37] In dieser Doppelfunktion von symbolischer Form und Gebrauchsgegenstand liegt eine Besonderheit der Mineralienimitationen. Im Gegensatz zu diesen wurden die Bassins rustiques als Einzelexemplare hergestellt und vertrieben. Sie waren ausschließlich Sammlungsobjekte, die zwar mit wissenschaftlichem Anspruch glänzten, aber keinen funktionalen Nutzen besaßen.

Die Nachahmungen von Mineralien in Keramik standen nicht nur in einem direkten, materialbedingten Vergleich zu den echten, edlen Natursteinen, sondern auch in einer unmittelbaren Konkurrenzsituation zu den Kunstwerken aus ihnen, den Steinschnitt- und Goldschmiedearbeiten. Trotz überzeugender künstlerischer Leistung und erfolgreicher Vermarktung der Ware äußert sich Palissy enttäuscht über die ausbleibende Anerkennung und der geringen Wert-

---

35 Zu französischen Emaillearbeiten siehe Netzer 1999.

36 Zur „*Orfèvrerie de terre*", siehe: Kat. Écouen 1997, vor allem S. 125 f.

37 Kat. Saintes 1990 S. 80: „Vaisselle de « façon jaspé »: décor obtenu uniquement par le jeu de la glaçure polychrome et (ou) par l'utilisation de pattes de différentes couleurs." Es handelt sich um eine „imitation [...] de certaines pièces d'apparat taillés, dans différentes variétés de calcédoines comme l'agate ou le jaspe."

schätzung der Keramik, verglichen mit dem großen Renommee der Künstler, die den künstlerischen Steinschnitt und die Goldschmiedekunst ausübten: „Was ihre Wertschätzung betrifft, war es nicht immer so, dass sie so missachtet wird wie heute. Die Historiker versichern uns, dass, als die Töpferkunst erfunden wurde, Gefäße aus Marmor, Alabaster, Chalcedon und Jaspis wenig geschätzt wurden, sogar für den Dienst in den Tempeln wurden verschiedene Gefäße aus Ton verwendet.“ [38]

2. Die *Bassins rustiques*

Etwa im Jahre 1555 kauft der französische König Henri II. während eines Aufenthalts in Saintes ein „bassin rustique“ für „cinquante escuz“ bei Palissy.[39] Mit diesem Ankauf beginnt der beispiellose Aufstieg von Bernard Palissy. Auch dieses erste erfolgreich hergestellte Becken, über das wir keine genaue Kenntnis besitzen, dürfte bereits alle weiteren für diese Keramiken typischen Elemente aufgewiesen haben. Die „bassins rustiques“ oder „rustiques figulines“[40] sind große Zierschüsseln mit einem Gewimmel von Schlangen, Eidechsen, Krebsen, Kröten und anderen Kleintieren auf einem mit Kieselsteinen, Muscheln, Farnen und anderen Pflanzen feuchter Orte belegten Bett. Die Lebewesen des Bodens sind in natürlicher Größe darstellt, da sie mittels der Methode des Naturabdrucks hergestellt wurden. Die Bassins bilden ein längliches Oval, das in der Mitte abgesenkt ist. Bereits im Jahre 1556 sind mehrere „céramiques rustiques“ im Inventar des Stadtschlosses des Connétable de Montmorency aufgeführt.[41]

Die für diese Bassins typische künstlerische Behandlung zeigt ein Hauptwerk aus dem Musée des Beaux-Arts in Lyon (Abb. 1 und Taf. I), dessen Provenienz als Einziges geklärt werden konnte und das eindeutig dem Atelier von Palissy zuzuordnen ist.[42] Die grob ovale Grundrissform des etwa 75 × 45 cm großen Bassins ist an ihren Extremitäten stark eingeschnürt und hat dadurch einen lang

38 Palissy 1996, Bd. 2, S. 312, „vaisseaux de terre“, auch irdene Gefäße.

39 Palissy 1996, Bd. 1, S. 6 u. dort Anm. 10.

40 „Bassin“, mögliche Übersetzungen sind: Schüssel, Schale, Platte, Becken. Die als „bassin“ bezeichneten Schüsseln haben im Allgemeinen eine runde oder ovale Form. Besonders sei auch auf die weiteren Bedeutungen für „bassin“, als Wasserbecken und Flussbett, hingewiesen (Petit Robert, a. a. O.). Im Folgenden wird das auch im Deutschen als französisches Lehnwort existierende Wort „Bassin“ verwendet. „Bassin rustique“, ein Becken im „Stil rustique“, siehe Kris 1926. „Rustique“: naturnahe, ländlich.

41 Zu den Inventarlisten von de Montmorency siehe: Amico 1996, S. 229 f. Zur Datierung vgl. Kapitel Mineralienimitationen.

42 Lyon, Musée des Beaux-Arts, inv. H 475. Poulain 1993, S. 24–47; Amico 1996, S. 97. Amico datiert das Bassin auf „um 1556.“

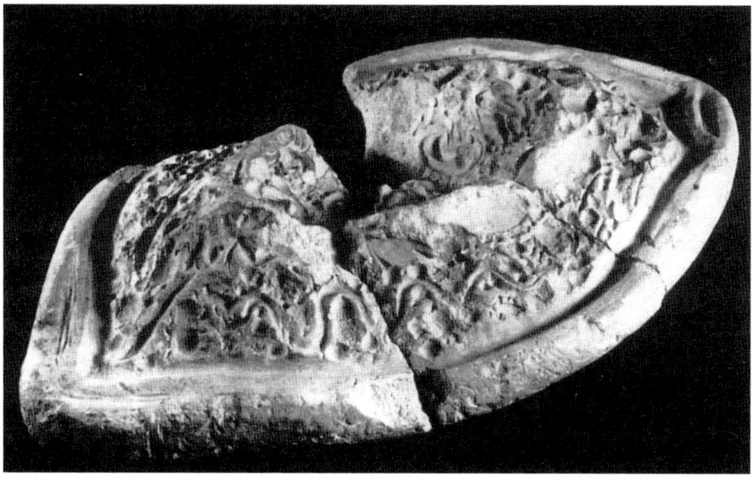

Abb. 17 Bernard Palissy, Gipsform für ein Bassin „en forme de nacelle", L: 90 × B: 58 × H: 16 cm, Paris, Musée du Louvre. Eine Gipsform dieser Art diente zur Herstellung des Bassins der Abb. 1.

gestreckten, unregelmäßigen Zuschnitt. Diese Form wird deshalb auch „nacelle", bootförmig, genannt.[43] Aufgrund ihrer Geometrie lässt sich eine Herstellungsform aus Gips aus dem Grabungsfund des Louvre zuordnen (Abb. 17). Der mittlere Teil des Bassins bildet eine kleine ovalförmige Senke oder Mulde, so dass der Rand außergewöhnlich breit und ausgedehnt ist. Ein teils trockener, teils feuchter, mit einer Menge unterschiedlicher Muscheln und Kieseln bedeckter moosiger Boden wird von einer Vielzahl von Kleintieren bevölkert. In der Senke ruhen drei zu Knoten verschlungene Schlangen, zwischen die Frösche platziert sind. Auf dem Tellerrand schlängeln sich zwei Schlangen von der Mitte aus zu einer der Schmalseiten, während zwei Eidechsen ihnen entgegengesetzt der anderen Schalenspitze, auf der sich ein Frosch breitgemacht hat, zustreben. Die Mitte der überbreiten Fahne[44] wird von zwei Krebsen beherrscht, die dort still verharren. Über das ganze Bassin sind mehrere kleine Fische verstreut – sind sie durch das bei Ebbe zurücklaufende Wasser auf dem jetzt noch feuchten Land gestrandet? Palissy zeigt hier das typische Bild der artenreichen Küstenlandschaft der heutigen Charente-Maritime. Die perfekte Illusion der fühlbar naturalistischen Landschaft, die durch die direkte Naturabformung entstand, wird nur durch die stark arrangierte Anordnung der Lebewesen als artifizielle Komposition enttarnt. Das Arrangement ist durch Symmetrien, sowohl um die Längs- wie auch um die

43 Kat. Saintes 1990, S. 42.

44 Als Fahne wird der abgesetzte Platten- oder Tellerrand bezeichnet.

Querachse des Bassins, geprägt. Die Anordnung der zwei Krebse auf der Querachse und von einem Frosch und einem Fisch an den Spitzen der Bassin-Längsachse akzentuiert noch diese Axialsymmetrie. Die Schlangen auf dem Rand der einen Tellerseite reflektieren wie in einem Spiegel die Eidechsen auf der anderen Seite. Sowohl die ausgesprochen symmetrische Anordnung der Reptilien wie auch eine noch nicht so perfekte technische Ausführung bei der Abformung der Tiere sprechen für einen frühen Entstehungszeitpunkt um 1556.[45] Ist es ein Bassin dieser Art, welches Henri II. erwarb?

Bei einem später entstandenen Bassin aus dem Pariser Louvre (Abb. 2 und Taf. II) ist die Technik der Naturabformung bereits weiter entwickelt.[46] Das Bassin, dessen Provenienz und Zuschreibung nicht gesichert sind, hat eine Länge von 52,5 cm, eine Breite von 40,3 cm bei einer Höhe von 7,4 cm und wurde 1898 für das Musée du Louvre erworben.[47] Die Schüssel zeigt ein Feuchtbiotop mit Wasserflächen, in dem verstreut einige weiße Muscheln und Schnecken liegen. Im Gegensatz zur Technik der Abformung, die für die Gestaltung der Kreaturen angewendet wurde, sind die Wasserflächen von Hand modelliert. Tiere und Pflanzen verblüffen gleichermaßen durch die erstaunliche Genauigkeit der Naturabformung, die sie räumlich erlebbar machen. Die Blätter sind nicht starr mit dem Untergrund verbunden, sondern wölben sich leicht nach oben. Die kleinsten Details der Schuppen und winzigste Unebenheiten der Oberflächen der Tiere sind sichtbar, so dass die Tiere belebt wirken und sich zu bewegen scheinen. In Längsrichtung schlängelt sich im vertieften Grund eine hellbraune Schlange in neun Mäandern über die gesamte Länge des Bassins und füllt dessen ganze Tiefe aus. Ihr Kopf hat bereits den ansteigenden Rand erreicht, während sich das Schwanzende noch auf dem anderen Tellerrand windet. Vorne schwimmen beidseitig zwei Fische auf ihren Kopf zu und in der Nähe des Schwanzendes bewegt sich ein größerer Fisch in die Gegenrichtung, indes ihm gegenüber ein großer Krebs auf Beute wartet. Das Fischpaar blickt in Richtung des Schlangenkopfes, während die zweite Gruppe zu ihrem Schwanzende ausgerichtet ist. Einander diagonal gegenüber, auf dem äußersten Schalenrand, verharren zwei grüne

45 Amico 1996, S. 97.

46 Paris, Musée du Louvre, Inv. MR 2293. Vgl. Kapitel I.4, *Kopie oder Original*. Amico 1996, S. 110 und S. 112 ff. Amico weist das Bassin der „Ecole Bernard Palissy" oder einem anonymen Nachfolger „Ende des XVI. – Anfang des XVII. Jahrhunderts" zu. Datierung des Louvre bis zum Jahr 2013 etwa 1565. Seit 2014 wird das Bassin nicht mehr Palissy zugeschrieben, sondern, Amico folgend, einem anonymen Nachfolger „Ende des XVI. – Anfang des XVII. Jahrhunderts" (http://www.louvre.fr/oeuvre-notices/bassin-rustiques-figulines). Plaziat 2011, S. 261 ordnet die Platte dem Typ „snake on an island with fossils" zu und sieht einen Kopisten Ende des 18. Jahrhunderts am Werk. Vgl. die Anm. 52 zum Bassin der Wallace Collection.

47 Amico 1987, S. 63–65.

Eidechsen in höchster Anspannung, mit wachsam nach oben gerecktem Kopf, bereit, im nächsten Moment loszuflitzen. Zwei Frösche sonnen sich, auf dem Rand des Bassins hockend, auf der anderen langen Diagonalen. Der eine ist dem Schaleninneren zugewendet, wie in einem Zwiegespräch mit der Schlange, während der andere Frosch im nächsten Augenblick aus der Schale hüpfen könnte. Das Bassin atmet eine friedliche und harmonische Stimmung, die keinen Kampf der Arten um Nahrung kennt. Im Gegensatz zum Bassin in Lyon wirkt die Anordnung der einzelnen Elemente auf demjenigen des Louvre asymmetrisch[48] und ungeordnet gestaltet, doch bei genauerem Studium enthüllt der kompositorische Aufbau eine komplexe Symmetrie: Die Schlange bildet als Symmetrieachse das Rückgrat und Gerüst der Komposition. Das Motiv der Eidechsen und Frösche auf dem Schüsselrand wird durch eine diagonale Spiegelung, erst um die Längs- und dann um die Querachse auf den anderen Rand der Schüssel geworfen. Auch für die anderen Lebewesen lassen sich vergleichbare Operationen durchführen, analog zur Bearbeitung der Themen einer Fuge mittels Wiederholung, Spiegelung und Umkehrung, die allerdings erst gegen Ende des 17. Jahrhunderts entstand. Sind vielleicht deren Vorläufer, das Madrigal und Ricercar, die sich im 16. Jahrhundert zuerst in Frankreich und den Niederlanden entwickelten, das „von einer Art Fugenexposition über ein von ihm abgeleitetes Thema kontrapunktiert"[49], Ideengeber der Komposition?

Doch nur in wenigen Passagen im *Recepte* beschäftigt sich Palissy mit musikalischen Formen und bindet sie in sein Konzept ein, immerhin an zwei wichtigen, intensiven Stellen: im Lied der Jungfrauen im Tal der Charente und im Gesang der Vögel der Gartenutopie, für die er eigens eine vom Wasser betriebene Orgel imaginiert.[50] In den *Discours* ist die Musik abwesend. Inwieweit tatsächlich ein Zusammenhang zwischen der Motivik von Palissy und der musikalischen Entwicklung besteht, lässt sich nicht sagen. Aber auch in der Musik beginnt „die Jagd nach malerischen und bildlichen Wendungen, an der die ästhetische Theorie von der «Imitatione della natura» zweifellos ihren Anteil hat."[51]

Das Gemeinsame aller „céramiques rustiques" ist ihr enormer Detailreichtum, ihre lebendige Farbigkeit und der große Naturalismus. Das Interesse von Palissy war es, die Natur möglichst perfekt nachzubilden, jede Ader, jede Schuppe sollte zu sehen sein, die Farben und auch die Lichtreflexionen. Eine Kröte musste in jedem Detail eine Kröte sein. Lebensecht! Ein Bassin aus der Wallace

---

48 Amico 1996, S. 113.

49 Adler 1980, S. 391, siehe auch S. 278 und 541 f. Ist die kompositionelle Ähnlichkeit mit der musikalischen Form der Fuge ein Indiz für eine späte Datierung?

50 Palissy 1996, Bd. 1, S. 167 f., 143 f. (*Recepte*).

51 Adler 1980, S. 367.

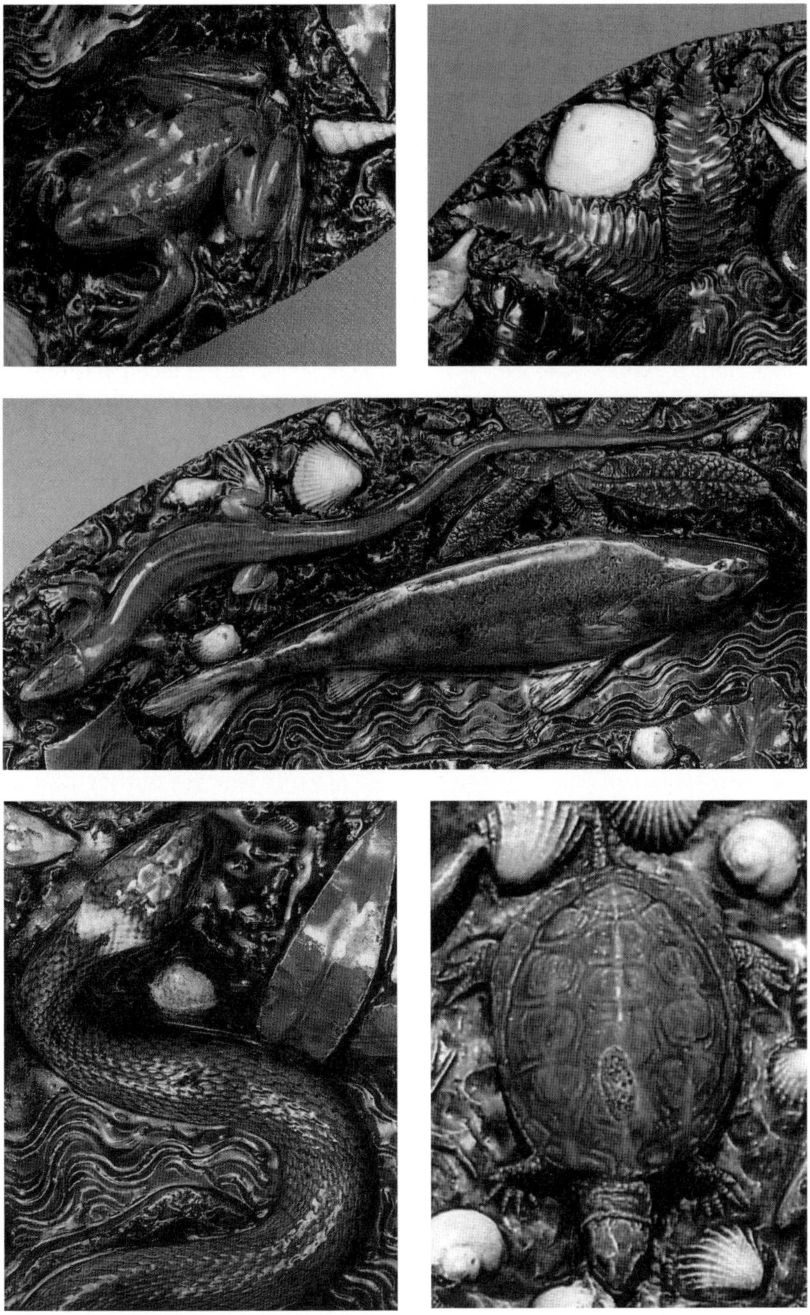

Abb. 18 Atelier Palissy oder Nachfolger, Terrarium und Aquarium, Tierpräparate des Bassin rustique aus der Londoner Wallace Collection, Frosch, Farn, Schlange, Fisch, Eidechse und Schildkröte eines Bassins des Pariser Louvre.

Collection in London (Abb. 18 und Taf. VII),[52] das starke Parallelen zu demjenigen des Pariser Louvre zeigt, dessen Zuschreibung zum Atelier Palissy allerdings ebenfalls nicht gesichert ist, könnte die naturalistischen Intentionen Palissys verdeutlichen: In einem dichten Dekor bildet diese Schüssel die Fauna und Flora eines klaren Flusses nach. Rund um eine in starker Vorwärtsbewegung mäandernde Schlange im Tellerzentrum fließt über Schlick und Muscheln Wasser, in dem sich Flussfische und Flusskrebse tummeln. Die Fahne stellt das reich belebte, vom Wasser überspülte Ufer dar.[53] Als ästhetisches Entwurfskonzept von Bassin und Grotte lassen sich sowohl die *Hypnerotomachia Poliphili* als auch der *Psalm 104* schlüssig nachweisen.[54] Die Tier- und Pflanzenschüsseln zeigen einen ähnlichen Charakter, soweit dies aufgrund der unsicheren Situation der Objektzuschreibung zu beurteilen ist.[55] Auf ihnen sind eine Vielzahl Pflanzen und Kleintiere des Landes und des Wassers dargestellt, wobei Rand und Eintiefung trockene und feuchte Lebensräume repräsentieren.[56] Die Bassins von Palissy simulieren künstlerisch ein Feuchtbiotop, wie es für die Küste der Saintonge, heute Charente-Maritime,[57] mit ihren Salzteichen, Flüssen, Tümpeln und den Gezeiten des Meeres typisch ist. Es ist eine flache Landschaft mit Brachwasser, das durch die Vermischung von Süß- und Salzwasser entsteht. In den Bassins findet sich die ganze Flora und Fauna dieser vielfältigen Landschaft wieder. Es sind Arten von Pflanzen und Tieren wiedergegeben, die sowohl in Süßwasser wie auch in Salzwasserhabitaten leben. Aus dieser Artenvielfalt wählte Palissy einige typische aus, die sich durch eine gut strukturierte und reliefierte Oberfläche auszeichnen, deshalb waren etwa Vipern und Nattern die bevorzugt von ihm

---

52 London, Wallace Collection, inv. C 174. Amico 1996, S. 109 schreibt das Bassin „Bernard Palissy und seinem Atelier oder ihren direkten Nachfolgern" zu und datiert es auf „nach 1580." Nach Plaziat 2011 wäre es gleichfalls dem „snake on an island with fossils"-Typ zu zuordnen und ins 18. Jh. zu datieren. Auch die von Hand modellierten Wellen des Untergrundes würden für ihn dafürsprechen. Das von Klier 2004 beschriebene Hamburger Bassin (S. 99 u. Taf. 7) wäre auch diesem Typ eines möglichen Kopisten zuzurechnen. Siehe auch: Brinckmann 1894, S. 238–293.

53 Vgl. Hofmann 1987, S. 360.

54 Palissy beruft sich auf den Psalm 104, beide Texte werden im *Recepte* erwähnt. Die Metamorphosen des Ovid könnten gleichfalls von Bedeutung gewesen sein, werden aber nicht thematisiert. Der Psalm 104 lag in einer poetischen Übersetzung vor (Palissy 1996, Bd. 1, S. XLVII f.), genauso wie die *Hypnerotomachia Poliphili* in der guten französischen Übersetzung von Jean Martin, siehe Colonna 1546. Zur *Hypnerotomachia* siehe auch Stewering 1996.

55 Eine Charakterisierung von Palissy-Keramiken ist aufgrund der unsicheren Situation der Objektzuschreibung nur noch bedingt möglich.

56 Hofmann 1987, S. 360, Kris 1926, S. 186.

57 Zur Beschreibung der Übertragung des Landschaftscharakters in das Projekt der Grotte z. B. Palissy 1996, Bd. 1, S. 18.

abgeformten Schlangen. Trotz der Illusion der Lebendigkeit ist die Künstlichkeit jedoch nicht aus den Bassins rustiques verbannt, denn obwohl die Lebewesen in einer lebendigen und natürlichen Haltung in einem naturnahen Lebensraum inmitten von Pflanzen, Schlick, Steinen und Wasser dargestellt wurden, sind sie nach künstlerischen Vorstellungen in Gruppen angeordnet und unter Berücksichtigung verschiedener Symmetrien arrangiert.

Ein Unterschied zwischen den beiden beschriebenen Keramiken existiert in der Behandlung des Wassers. Während das Bassin in Lyon eine Landschaft mit einem nur leicht feuchten Boden wiedergibt und die kleinen Wasserflächen zwischen den Steinen, Blättern und Muscheln ausschließlich mittels einer changierenden blauen Glasur nachahmt, ist in dem Bassin des Louvre das Wasser plastisch, reliefartig modelliert.[58] Es ist denkbar, dass die Senken der Bassins mit Wasser gefüllt wurden, um die Lebensechtheit und Natürlichkeit der Naturillusion zu steigern. Diese Absicht ist für die Grotten bezeugt, in denen Lebensechtheit mittels eines technischen Verfahrens noch gesteigert werden sollte, um die Illusion zu erzeugen, dass sich die Fische tatsächlich bewegen. Palissy plante das Wasser so über die Nachbildungen der Fische laufen zu lassen, dass dem Betrachter durch die Bewegung des Wassers und der Lichtbrechung der Eindruck vermittelt würde, die Fische schwämmen tatsächlich.[59] Sie sollten dadurch von echten Lebewesen nicht zu unterscheiden sein. Amico stellt deshalb die Hypothese auf, dass zu jedem Bassin auch ein Wasserkrug gehört haben könnte, um Wasser in die Becken füllen zu können, wie es bei Objekten von Goldschmieden, wie zum Beispiel Wenzel Jamnitzer (1508–1618), der Fall ist.[60] Bei den Goldschmiedearbeiten findet der Fuß des Kruges aber immer eine entsprechend ausgearbeitete Aufbewahrungsposition in der Mitte des Bassins, was bei den Keramiken von Palissy nicht der Fall ist. Da darüber hinaus kein Bassin mit einem Krug eine motivische Übereinstimmung zeigt, scheint die Hypothese von einer direkten Objektzusammengehörigkeit wenig wahrscheinlich.

Beschreibungen seiner Kunstwerke im „Stil rustique" gibt Palissy in den *Discours* nicht, er setzt dies als bekannt voraus, wie auch die Kenntnis seiner zwei vorhergehenden Schriften *La Grotte rustique* und *Recepte veritable*,[61] in denen die angestrebte ästhetische Wirkung bereits imaginiert wurde. Erstaunlich hingegen ist, dass er seine realisierte Grotte im Jardin des Tuileries, die als sein

58 Die Intervention in traditionellen bildhauerischen Techniken des „Abformers" Palissy beschränkt sich nur auf solche kleinen Bereiche. Hierzu Abschnitt 4.2, *Naturabformung und Bildhauerei*.

59 Palissy 1996, Bd. 1, S. 17 (*Grotte*).

60 Amico 1996, S. 86. Werkbeispiele bei Kris 1926.

61 Hinweise auf die zwei Schriften finden sich an mehreren Stellen in den *Discours*, so etwa Palissy 1996, Bd. 2, S. 315. In *Copie des escrits*, Palissy 1996, Bd. 2, S. 370 findet eine missratene „Vase" Erwähnung.

Hauptwerk zu bezeichnen gewesen wäre, mit keinem Wort erwähnt. Natürliche Grotten werden in den *Discours* mehrfach angesprochen und Palissy widmete dem Konzept seiner künstlichen Grotte 1563 noch stolz eine eigene Schrift, aber nun, da sie realisiert ist, ist sie ihm noch nicht einmal eine Andeutung wert. Dies ist ein starkes Indiz dafür, dass Palissy mit dem Ergebnis seines Werkes, der perfekten geologisch-künstlerischen Symbiose, möglicherweise selbst nicht zufrieden war und sie nicht mehr als eine geeignete Referenz seines Könnens verstanden wissen wollte. Die zwei einzigen bekannten Augenzeugenberichte aus den Jahren 1575 und 1579, die die Existenz der Grotte belegen, beschreiben auch deren schlechten Zustand.[62] Es ist bekannt, dass Catherine de Médicis kein Interesse mehr an dem Palais des Tuileries hatte und sich überwiegend auf ihrem Besitz in Saint-Germain aufhielt. Die Berichte, dass die vielleicht nie vollendete Grotte in den Tuileriengärten 1575 bereits stark verfallen war, sind von daher glaubwürdig.[63] Die Grotte also eine Bauruine?

3. Abformung und Bildhauerei

Durchgängig alle Keramiken von Palissy wurden mit der Technik der Abformung hergestellt, im speziellen Fall der Bassins rustiques durch den Naturabdruck. Abgussverfahren waren schon zur Zeit der Römer bekannt, wo sie zur Herstellung von Totenmasken und zur Vervielfältigung antiker griechischer Skulpturen Verwendung fanden. Wahrscheinlich ist ihre Geschichte sogar noch sehr viel älter. Es sind vor allem Palissys Bassins im „Stil rustique" mit Naturabdrücken von Schlangen, Krebsen und Muscheln, denen er seine Berühmtheit verdankte und die ihn in eine Linie mit Künstlern von Lorenzo Ghiberti (1378–1455) bis Wenzel Jamnitzer (1507–1585) stellen. Palissy ordnet sich in eine Tradition des

---

62 Siehe Amico 1996, S. 234 u. 237 f. Der Bericht der Schweizer Botschafter von 1575 über ihren Besuch des Tuileriengartens erwähnt das Werk im Zusammenhang mit Brunnenbauten. Dies führte zu der Annahme, dass es sich um ein weiteres Werk Palissys, einen Brunnen oder ein kombiniertes Bauwerk aus Grotte und Brunnen gehandelt haben könnte. Siehe Dufay u. a. 1987, S. 42 f.

63 Es wurde bereits erwähnt, dass Palissy plante, das Schmelzen der Glasuren durch ein Feuer im Inneren der im Rohbau fertigen Grotte auszuführen, damit die Glasuren im flüssigen Zustand, die Kachelfugen überdeckend, eine einheitliche Oberfläche erzeugen. (Palissy 1996, Bd. 1, S. 133). Nicht nur dass der Erfolg eines derartigen Brandes fraglich erscheint, er hätte in jedem Fall umfangreiche Versuche und Probebrände an einem Modell in Naturgröße erfordert. Selbst bei einem positiven Ergebnis hätte eine Eliminierung aller Fugen fast zwangsläufig zu Bauschäden führen müssen, besonders bei einem unterirdischen Bauwerk. Dies deutet daraufhin, dass Palissy die baukonstruktiven Herausforderungen eines solchen Baus womöglich unterschätzte.

Naturabgusses ein, die vom italienischen Maler Cennino Cennini (um 1370–ca. 1440) mit seinem *Libro dell'arte*[64] um 1400 neu begründet worden war und den vor allem Goldschmiede wie Wenzel Jamnitzer und Benvenuto Cellini (1500–1571) mit großem Können praktizierten. Die von ihnen angewendeten Techniken sind mit denen Palissys vergleichbar, aber Bernard Palissy ist bislang der einzige namentlich bekannte Künstler, welcher Keramiken mit der Technik der Naturabformung produzierte. Das 15. und 16. Jahrhundert ist sehr arm an Quellen, was diese Techniken betrifft.[65] Den Goldschmieden standen für ihre Arbeit Handbücher der Anwendung des Naturabgusses zur Verfügung. Auch in Frankreich existierte zumindest ein derartiges illustriertes Manuskript eines anonymen Goldschmieds und Gießers des 16. Jahrhunderts.[66] Dieses in die Jahre 1570 bis 1590 datierte Dokument verblüfft durch eine profunde Kenntnis der Abformtechnik von Kleintieren in Ton. Da der Schreiber kurz auf Palissy hinweist, wäre es denkbar, dass er durch dessen künstlerische Praxis beeinflusst worden ist. Auch wenn die Naturabformung bereits seit Langem bekannt war, darf es als sicher gelten, dass Palissy ihre Methoden erstmals auf die Keramik übertrug und ihre technischen Möglichkeiten dadurch bedeutend erweiterte. In seinem umfassenden Handbuch der Goldschmiedekunst *De diversis artibus* erwähnt Theophilus Presbyter im 12. Jahrhundert keine Naturabgusstechniken,[67] weshalb davon ausgegangen werden kann, dass sie sich erst in der frühen Renaissance etablierten. In Cennino Cenninis etwa um 1390 geschriebenem einflussreichen Traktat, das eine der ersten Abhandlungen in der „lingua volgare" war, erklärte Cennini die vollkommene Naturwiedergabe zu einer entscheidenden Komponente der Kunst und widmete die letzten neun Kapitel den Abdrucktechniken.[68] Cennini beschreibt darin die Technik des Lebendabgusses von menschlichen Porträts, die unwillkürlich an die antiken und mittelalterlichen Totenmasken denken lässt. Es fehlt aber eine Anleitung zum Abformen von Kleinlebewesen

64 Cennini 1970. Vgl. zu Cennini Kat. Berlin 2008, dort zu Biographie und dem *Libro dell'arte* S. 133–137 und S. 225–229.

65 Amico 1996, S. 86. Zur Geschichte der Naturabformung siehe Gramaccini 1986, Kris 1926, Didi-Huberman 1999 und Klier 2004. Kris und Klier vergleichen Werke von Palissy und Jamnitzer. Diese Vergleiche sind mittlerweile problematisch, da die angeführten Werke aktuell nicht mehr Bernard Palissy oder seinem Atelier zugeschrieben werden.

66 Anonym, (16. Jh.), *Recueil de recettes et secrets concernant l'art du mouleur, de l'artificier et du peintre*, Manuskript der Bibliothèque Nationale de France, Département des manuscrits, Paris, Français Ms. 640, (anc. 7107), siehe Amico 1996, S. 86 f. und 88.

67 Theophilius Presbyter, Brepohl (Hg.) 1999.

68 Hofmann 1987, S. 367; Didi-Huberman 1999, S. 59, 67. Zu Cennini auch die Einträge in: *Encyclopédie de l'Art*, Paris 1991, S. 193 f., Gramacinni 1986, Kris 1926, S. 138, Kat. Berlin 2008.

und Blattwerk, wie sie Lorenzo Ghiberti kurz danach in der bronzenen Baptisteriumstür in Florenz schuf.

Die früheste bekannte Monographie über die Töpferkunst in einer europäischen Sprache ist das von Cipriano Piccolpasso (1524–1579), einem Militärarchitekten, herausgegebene Traktat *Li tre libri dell'arte del vasaio [...]*, welches etwa 1556–1559, vermutlich für den Herzog von Urbino, geschrieben wurde.[69] Der Autor übernimmt die Kenntnisse von seinem Bruder, einem Töpfer, ohne sie aber vollständig zu verstehen.[70] Im Gegensatz zu Palissy gibt Piccolpasso Mischungsverhältnisse und Rezepturen zur Herstellung von Glasuren an. Das auf Italienisch verfasste Lehrbuch hat Palissy mit Sicherheit nicht gekannt, zum Zeitpunkt seiner Niederschrift wäre es für ihn auch bereits ohne praktischen Nutzen gewesen, da er bereits seit langem erfolgreich Keramiken produzierte.

Die Darstellung der Feuchtbiotope auf den Bassins ist kein abstraktes Projekt, sondern Resultat der Landschaft und Natur der Saintonge mit ihrer reichen Flora und Fauna, die Palissy auf Wanderungen als auch bei der Vermessung der Salzgärten erkundete. Dort sammelte Palissy Muscheln, Eidechsen, Frösche, Farne und andere Lebewesen, Kieselsteine, Mineralien und Fossilien. Doch um die Lebewesen abformen zu können, war es zu allererst natürlich wichtig, diese überhaupt erst einmal zu fangen.[71] Dazu musste sehr vorsichtig vorgegangen werden, denn die Tiere durften beim Fang nicht verletzt werden, da Verletzungsspuren unweigerlich das Endprodukt beeinträchtigt hätten. Palissy wird bei seinen Spaziergängen immer die Augen auf den Boden gerichtet gehabt haben, um Tiere und Pflanzen zu erspähen, die sich zum Abformen eignen.[72] Wahrscheinlich achtete er auch auf die Anwesenheit von Bodenzeigerpflanzen, um Hinweise auf Ton- und Mineralienvorkommen unter der Oberfläche zu erhalten, denn die geeigneten Tone verschaffte sich Palissy ebenfalls selbst in der Nähe von Saintes.

Das Verfahren des Naturabdruckes ermöglicht es, Tiere und Pflanzen in einem Negativ-Positiv-Verfahren in ihrer äußeren Form und Oberflächenstruktur zu kopieren.[73] Um einen detailreichen Abdruck zu erhalten, war es wichtig, Objekte auszuwählen, die sich durch ein ausdruckstarkes, gutes strukturiertes Oberflächenrelief auszeichneten. Die Behandlung mit einer farbigen Glasur schloss das Verfahren ab, um ein dem Lebendzustand nahes Abbild zu erzeugen. Die Produktion der Bassins rustiques verlief etwa in folgenden Schritten: Zuerst wurde ein Abdruck der Originale, also der gesammelten Tiere und Pflanzen,

---

69 Piccolpasso 1860.

70 Partington 1996, S. 77–80.

71 Amico 1996, S. 87.

72 Z. B. Palissy 1996, Bd. 2, S. 129.

73 Mit dem Verfahren des Naturabgusses bei Palissy wurde sich bereits verschiedentlich auseinandergesetzt, so Amico 1996 und Klier 2004.

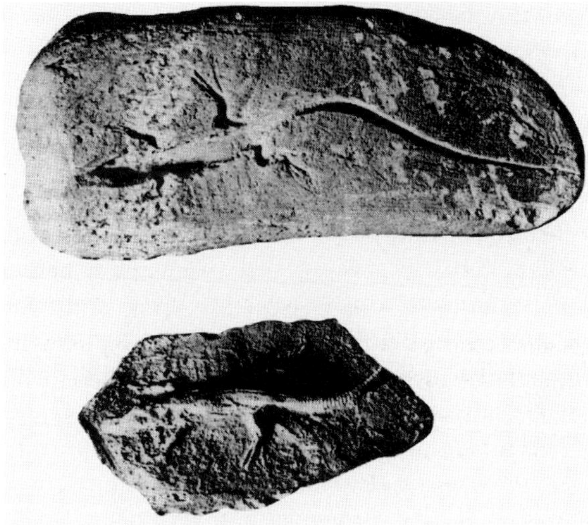

Abb. 19 Bernard Palissy, Kleine Eidechse, Form und Abdruck in gebranntem Ton, Länge der Eidechse 8,6 cm, Musée du Louvre.

angefertigt, um die Negativ-Form zu erstellen. Hierzu wurden sie auf einer festen Unterlage, wie einer Zinnschüssel oder einem Holzbrett, angeordnet und mit dünnen Fäden befestigt und anschließend mit flüssigem Gips zur Herstellung einer Hohl- oder Negativform übergossen. Einige Formen bestanden auch aus Ton, in den die Tiere direkt eingedrückt wurden. Gipsformen ermöglichten einen größeren Detaillierungsgrad des Abgusses, während Tonformen dauerhafter waren.[74] Es kamen zwei verschiedene Verfahren zur Anwendung. Die Naturalien wurden entweder einzeln oder bereits zu einem Arrangement komponiert abgeformt. Bei der individuellen Formabnahme gestatteten die nach obigem Verfahren hergestellten Negativformen die Herstellung von Positivabdrücken, die als Modelle bezeichnet werden (Abb. 17 und Abb. 19).[75] Die einzelnen Positivabdrücke oder Modelle konnten dabei in einem wechselnden Zusammenhang mehrfach verwendet werden. Zu verschiedenen Kompositionen arrangiert, dienten die einzelnen Tier- und Pflanzenmodelle fortan zur Herstellung von Matrizen aus Gips oder gebranntem Ton für die reliefierten Oberseiten der Bassins. Es entstand so eine Assemblage nach dem Prinzip der Montage, die ebenfalls zur Prozedur des Abgusses gehörte.[76] Neben diesem Verfahren in zwei Schritten kam

74 Eine ausführliche Darstellung des Abformungsvorganges bringt Amico 1996, S. 86–96. Von Goldschmieden wurde zum Abformen häufig auch Sand verwendet. Siehe auch Klier 2004, S. 96 f.

75 Dufay, u. a. 1987, S. 45; Amico 1996, S. 94.

76 Didi-Huberman 1999, S. 100 erweitert den Begriff der Assemblage zu einer das Heterogene verbindenden, vom Künstler erfundenen, komplexen Form eines völlig neuen Organismus.

auch ein direktes Negativ-Positiv-Verfahren der Gips- oder Tonabformung zur Anwendung, bei der die Matrize in einem Arbeitsgang entstand, ohne Umweg über ein Positivmodell, in dem die echten Lebewesen zu einer Komposition arrangiert und direkt dupliziert wurden. Die Naturalien konnten bei diesem Verfahren aber nur für eine Keramik verwendet werden, die Fragilität der Gipsmatrizen schloss deren Wiederverwendung aus. Von den fertigen Matrizen konnten anschließend Abdrücke in Ton genommen werden, welche die Rohkeramik darstellen. Matrizen wurden auch für die Herstellung der einfachen Geometrie der Bassinunterseiten benutzt, die teilweise den Jaspis-Keramiken ähneln.[77]

Der Begriff Matrix oder Matrize ist von seiner Etymologie und Bedeutung her interessant. In der konkaven Form „findet die Institution der Bilder ein Modell – ein Phantasma – der natürlichen Entstehung, der Embryogenese."[78] Diese Beschreibung von Georges Didi-Huberman führt direkt von der einen Bedeutung zu ihrer zweiten, der Gebärmutter. „Matrice" wird in diesen zwei Bedeutungen auch von Palissy verwendet und verbindet „lebende" und „tote" Materie. In der Fertigungsmatrize wird das Vorbild von Mulde und Abdruck der Geologie verfügbar gemacht.

Untersuchungen an den von Palissy realisierten Abgüssen ergaben, dass einige von lebenden Tieren, andere von frischen Kadavern genommen wurden, Gleiches gilt für die Abgüsse von den menschlichen Körperteilen der Grotten. Die betäubten, aber noch lebenden Tiere verloren bei diesem Abformungsprozess ihr Leben.[79] Die Abformtechnik wird auch als „moulage sur le vif", also als Lebendabguss bezeichnet, obwohl die Tiere dabei starben oder vorher getötet werden mussten. Damit der Tötungsprozess keine Spuren auf dem Abdruck hinterließ und die Körper ihre Vitalität bewahren konnten, musste dies mit allergrößter Sorgfalt geschehen. Die Repräsentation des Lebens setzte also den Tod voraus. Diese „Metamorphose", bei der der atmende Körper sein Leben aushauchte, um sein versteinertes Bild zu hinterlassen, war schon recht makaber.[80] Palissy selbst erwähnt in seinen Büchern die Naturabformung und ihre Methoden mit keinem Wort, er behandelte sie ebenfalls als Werkstattgeheimnis.[81] Damit gliederte er sich de facto in das Zunftwesen ein, dem er als ehemals werkstattungebundener, liberaler Künstler eigentlich fernstand.

---

77 Amico 1987, S. 62; Klier 2004, S. 110.

78 Didi-Huberman 1999, S. 31. Zu der Vielzahl relevanter Bedeutungen der Begriffe matrice, Matrix, Matrize, hervorgegangen aus dem lateinischen matrix, siehe z. B. PR und Duden. Form bzw. Gussform ist der Bedeutungen von Matrize. Zum Begriff der Form vgl.: Kapitel III.3 *Palissys geologisches Modell*, und Palissy 1996, Bd. 2, S. 361.

79 Willesme 1999, S. 100; Dufay, u. a. 1987, S. 45. Auch wirkliche Muscheln und Kieselsteine sollen von Palissy in die Tonrohmasse integriert worden sein: Amico 1987, S. 63.

80 Kris 1926, S. 143, spricht von einem „skurrilen Brauch."

81 Vgl. Palissy, 1996, Bd. 2, S. 305).

Palissy hat alle Naturalien sehr sorgfältig gejagt oder gesammelt, getötet, konserviert und anschließend abgeformt. Ihnen anschließend ihre natürliche Farbe wiederzugeben stellte eine neue Schwierigkeit dar. Voraussetzung für das Gelingen einer perfekten optischen Illusion mit dem Ziel größter Naturnähe war es, zuerst die für die jeweilige Farbwirkung optimale Tonmasse, mit einer geeigneten Grundfarbe von Rot bis Weiß, herzustellen. Die ungebrannten und unglasierten Keramiken hatten deshalb eine uneinheitliche Farbgebung. Nachdem von der Matrize ein Abdruck in Ton hergestellt und dieser ein erstes Mal im Ofen gebrannt worden war, wurden auf den Scherben die Glasuren aufgetragen, um den Replikaten auch natürliche Farbigkeit zu verleihen. Die Glasuren mussten sowohl untereinander abgestimmt sein als auch mit dem Tonmaterial harmonieren. Um die äußerst feinen Oberflächendetails nicht zu überdecken, verwendete Palissy bei der Produktion seiner Bassins rustiques überwiegend die transparente Bleiglasur. Die Bleiverbindung wurde mit unterschiedlichen, fein gemahlenen mineralischen Pigmenten versetzt, um verschiedene Farbnuancen zu erzielen. Auch Unterschiede in der Oberfläche, wo Bereiche zwischen transparent und transluzid oder glänzend und matt variieren, die zum Teil produktionstechnisch bedingt waren, tragen sehr zum Naturalismus der Keramiken bei. Alle Färbungsnuancen sind aufgeboten, um den Eindruck der Natürlichkeit zu verstärken.[82] Palissy verzichtet bewusst auf die Verwendung der opaken Zinnglasuren, deren Nachschöpfung ihm sehr viel Mühe bereitet hatte und die für die italienische Majolika, wie sie von Girolamo de la Robbia[83] (1488–1566) und Masséot Abaquesne (1500–1564), ebenfalls Protegés von Anne de Montmorency, verwendet wurden, typisch sind.[84] Nur Muschelschalen oder Kieselsteine wurden mit der Zinnverbindung weiß emailliert, wenn nicht ein weißlicher Keramikscherben Verwendung fand, der matt hervortritt, um Muscheln oder Kiesel unbehandelt zu belassen. Nachdem alle Glasuren aufgetragen waren, wurde die Keramik einem zweiten Brand unterzogen.

Vom Künstler waren die Rezepturen, das heißt die Glasurzusammensetzung, sehr genau zu studieren, da die Mineralien durch den Brand ihre Farbe veränderten. Wie schwierig besonders die Herstellung der „céramiques rustiques" war und wie viel Zeit es bis zur vollkommenen Beherrschung des Herstellungsverfahrens bedurfte, beschreibt Palissy an mehreren Stellen: „Nachdem ich das Verfahren erfunden hatte, Rustikastücke herzustellen, hatte ich mehr Schwierigkeiten und Sorgen als [jemals] zuvor. Denn nachdem ich eine gewisse Anzahl an

82 Kris 1926, S. 186.

83 Palissy zu della Robbia: Palissy 1996 Bd. 1, S. 21 und 32. Masséot Abaquesne: Amico 1996, S. 19, 23 und 52.

84 Palissy 1996, Bd. 2 (*De l'art de terre*), S. 297 f. Bei dem „l'esmail blanc" handelt es sich um Glasuren auf Zinnbasis, die ungefärbt opak weiß sind.

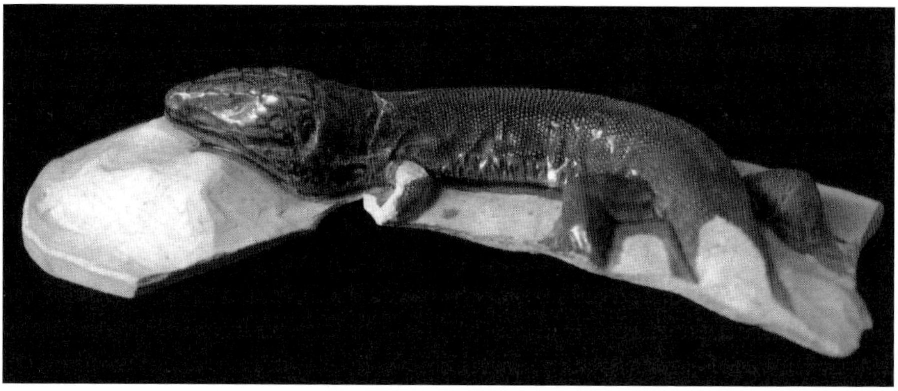

Abb. 20 Bernard Palissy, Grüne Eidechse, gebrannter und teilweise glasierter Ton, L: 16,0 × B: 9,8 cm, Écouen, Musée de la Renaissance.

Bassins rustiques hergestellt und gebrannt hatte, erwies sich, dass einige meiner Glasuren sehr schön und gut, andere aber schlecht geschmolzen waren, und wieder andere waren sogar verbrannt, weil sie aus verschiedenartigen Substanzen bestanden, die unterschiedliche Schmelzpunkte besaßen. Das Grün der Eidechsen war verbrannt, bevor die Farbe der Schlangen schmolz (Abb. 20 und Taf. IV). Auch die Farbe der Schlangen, Krebse, Schildkröten und Krabben war geschmolzen, bevor das Weiß überhaupt seine Schönheit entwickelt hatte. Diese ganzen Fehler bereiteten mir viel Arbeit und versetzten mich in große Schwermut, bevor es mir gelang, meine Glasuren bei der gleichen Temperatur schmelzbar zu machen, so dass ich meinte, bereits mit einem Fuß im Grab zu stehen."[85] Kein anderes künstlerisches Verfahren aber war in der Lage, die Naturabformung an Genauigkeit zu übertreffen. Auch die kleinsten Pflanzen und Tiere der Bassins von Palissy weisen eine Präzision und Lebendigkeit auf, „die keine andere Nachbildung wiederzugeben vermöchte, Formen, deren Zufälligkeit allein das Wachstum des Organischen auszubilden vermag."[86]

85 Palissy 1996, Bd. 2, S. 305: „Quand j'eus inventé le moyen de faire des pieces rustiques, je fus en plus grande peine & en plus grande peine qu'au paravant. Car ayant fait un certain nombre de bassins rustiques & les ayant fait cuire, mes esmaux se trouvoyent les uns beaux & bien fonduz, autre autres mal fonduz, autres estoyent brulez, à cause qu'ils estoyent composez de diveres matieres qui estoyent fusibles à divers degrez, le verd des Lezards estoit bruslé premier que la couleur des serpens fut fondue, aussi la couleur des serpens, escrevises, tortues & cancres.estoit fondue au paravant que le blanc eut reçeu aucune beauté. Toutes ces fautes m'ont causé un tel labeur & tristesse d'esprit, au'auparavant que j'aye eu rendu mes esmaux fusibles à un mesme degré de feu."

86 Kris 1926, S. 187.

Auch der erste Keramiktyp, den Palissy produzierte, die Medaillenimitationen, den er in seiner Pariser Werkstatt zu einem umfassenden Produkttyp, der „orfèvrerie de terre“, ausbaute, entstand ausschließlich mittels der Abformtechnik. Die originäre Modellierung eines Kunstwerks findet sich bei Palissy nicht. Von Hand ausgeführte Modellierungsarbeiten dienen ihm nur zur Korrektur oder betreffen kleinere, nicht durch die Abformtechnik darzustellende Bereiche, wie etwa Wasseroberflächen (Abb. 18 und Taf. VII).[87] Es ist schwierig zu entscheiden, an welchem Punkt der Komposition Palissy und seine Mitarbeiter die traditionelle Rolle eines Bildhauers innehatten oder ob Palissy überhaupt als „sculpteur“ bezeichnet werden kann.[88] Es ist aufschlussreich, die unterschiedlichen Berufsbezeichnungen und Titel für Palissy zu vergleichen. Zuerst findet Palissy als „Töpfer“ Erwähnung, später als „Architekt und Erfinder der ‚rustiques figulines‘“ und zuletzt als „Bildhauer von Tonwaren“ oder sogar nur als „Bildhauer“.[89]

Palissy selbst erwähnt in Zusammenhang mit seiner Kunst nie, dass sie durch Abformung entstanden ist, er spricht nur von Skulptur oder Malerei. Das keramische Werk „sera fait de terre cuite, insculpee et esmaillee“, für den Entwurf machte Palissy sich daran, „à faire quelques peintures“, oder er führte eine „pourtraiture“, ein Bildnis, aus.[90] Sicher fertigte er am Beginn der Arbeit zu einem Bassin oder einer Medaillenassemblage Zeichnungen an, aber er könnte mit „pourtraiture“ auch auf die Matrize oder die fertige Keramik hinweisen. Der überwiegend von Palissy verwendete Begriff für seine künstlerische Arbeit ist „insculper“, skulptieren, ein Bild „hauen”. Im speziellen Fall der Keramik ließe sich auch eine ungenaue Übersetzung mit „modellieren“ rechtfertigen. Dies möchte Palissy aber wohl gerade vermeiden, ihm hätten hierfür die Verben „modeler“ oder „former“ zur Verfügung gestanden. Doch auch „Modellieren“ ist eine dezidiert bildhauerische Tätigkeit, stimmt aber mit der Technik der Naturabformung nicht überein. Auch wenn Wasserflächen und kleine Details tatsächlich von Hand modelliert wurden, sind dies doch im Gesamtobjekt dem Naturabdruck untergeordnete Bereiche. Dass seine Keramiken durch Abformung entstanden – er verschweigt es. Es scheint, als wolle er die problematische Frage des Herstellungsverfahrens umgehen. Fürchtete er, nicht als schöpfender Künstler anerkannt zu werden?

Seit jeher wurde die Frage, ob es sich bei durch Abformung entstandenen Bildwerken überhaupt um Kunst handele, widersprüchlich diskutiert. Der

87 Amico 1996, S. 113.

88 Amico 1996, S. 92.

89 Amico 1996, S. 92.

90 Palissy 1996, Bd. 1, S. 135: „. . .werden aus gebrannter Erde sein, skulptiert und glasiert“. Palissy 1996, Bd. 2, S. 294, 303: „einige Bilder machen“. Palissy 1996, Bd. 2, S. 291: „pourtraiture“, eigentlich Portrait, wurde früher auch für andere Formen zeichnerischer Darstellungen verwendet.

Abdruck wird in der humanistischen Ästhetik „notorisch" den „mechanischen" Mitteln der Reproduktion zugerechnet, die Tätigkeit der Abformung wäre also den „ars mechanica" zuzurechnen gewesen.[91] „Die durch Abdruck hergestellte Form widersetzt sich dem Ideal der Kunst, wenn sie zu unmittelbar aus der vorgegebenen Materie hervorgeht und nicht aus der „Idea".[92] Die durch Abbild hergestellte Form bringt zudem das Abbild mit dem Tod, da die lebendigen Kreaturen erstarrt sind, und mit dem Tod der Kunst in Verbindung, da die Idea missachtet scheint. Die Idee überträgt sich scheinbar direkt von Materie zu Materie, ohne sich zuvor im Geist des Künstlers gebildet zu haben. Ihr Ausgangspunkt ist unter Zugrundelegung der Vasarischen Ästhetik weder in der Idea noch im „disegno" oder in der „invenzione" zu finden.[93] Ist der Tod der Lebewesen und die Abformung also auch der Tod der Kunst?

Palissy verheimlicht nicht nur, dass er selbst zu den Abformern gehört, ja, er wettert sogar gegen die Abformer und Kopisten und agitiert in einer ausgreifenden Polemik gegen sie.[94] In seinem Diskurs *De L'art de terre* macht er sie dafür verantwortlich, dass durch die Massenproduktion an Abgüssen von Skulpturen der Preis der Originale und in Folge das Ansehen der Bildhauerei und der Künstler gesunken sei.[95] Dies Argument wird an weiteren in großen Stückzahlen hergestellten Objekten wie Knöpfen, Statuetten oder Glasprodukten untermauert. Palissy zeigt sich ganz als Ökonom: Vervielfältigung und massenhafter Vertrieb führen zu einem zu großen Angebot, das den Preis drückt und die Hersteller in den Ruin treibt. Als eine andere Ursache von Überproduktion wird auch die Nichtgeheimhaltung von Fertigungsverfahren und Erfindungen ausgemacht. Da der Holzschnitt nach Palissy gleichfalls ein Mittel zur Kopie und Massenproduktion darstelle, führe auch dieser zur Entwertung, nämlich der Zeichen- und Porträtkunst.

Palissy stellte zwar keine Massenprodukte her, er unterschlägt aber bewusst, dass auch er zu den „mouleurs", den Abformern, gehört. Palissy scheint in den

---

91 Didi-Huberman 1999, S. 74.

92 Ebenda. Zu Nachahmung und Abformung auch: Gerchow (Hg.) 2002, S. 265–282.

93 Ebenda.

94 Palissy 1996, Bd. 2, S. 289f.: „Vois tu pas aussi combien la moulerie a fait dommage à plusieurs sculpteurs savans, à cause qu'apres que quelqu'un d'iceux aura demeuré long temps à faire quelque figure de prince & de princesse ou quelque autre figure excelente, que si elle vient à tomber entre les mains de quelque mouleur il en fera si grande quantité que le nom de l'inventeur ny son oeuvre ne sera plus connue, & donnera on à vil pris lesdites figures à cause de la diligence que la moulerie a amenée au grand regret de celuy qui aura taillé la premiere piece. J'ay veu un tel mespris en la sculpture, à cause de laditte moulerie, que tout le pays de la Gascongne & autres lieux circonvoisins estoyent tous pleins de figures moulées, de terre cuite, lesquelles on portoit vendre par les foyres & marchez, & donnoit on pour deux liards chascune."

95 Palissy 1996, Bd. 2, S. 289.

Discours von 1580 seine eigene Arbeit, die „orfèvrerie de terre", zu verdammen. Dieser Typ der Keramiken, der sich für eine Vervielfältigung eignete, entspricht etwa dem Verhältnis von einem Gemälde zu einer Reproduktion durch einen Stich. Doch diese Praxis sei abzulehnen, wie Palissy am Beispiel des Holzschnitts ausführt, den er für eine Erfindung „eines Deutschen mit Namen Albert" hält, gemeint ist Albrecht Dürer (1471–1528).[96] Die „Kopie" wird, da weder durch den Geist des Künstlers erdacht noch durch die Hände des Künstlers modelliert, per Definition als minderwertig eingestuft. Aber die Kopie ist nicht nur selbst minderwertig, sie entwertet durch ihre massenhafte Verbreitung auch das Original. Das aus dem Abdruck hervorgegangene Objekt (die „Kopie") gilt weder als originär, das heißt ursprünglich, noch als Original. „Der Begriff des Originals ist im Abdruck annihiliert, da jedes Objekt [...] die Gewissheit vermittelt, dass es weder ein , «Ersterzeugnis» noch eine «Erfindung» ist, sondern der Repräsentant einer Serienproduktion (oder einer virtuellen Serienproduktion)."[97] Damit entsteht ein Paradoxon: Das durch Abformung entstandene Werk kann in der akademischen Kunstbewertung einerseits durch die übergroße Nähe zum Original, da es durch unmittelbare Berührung mit dem abgeformten Gegenstand entstand, andererseits aber auch wegen seiner mangelnden Ursprünglichkeit und künstlerischen Originalität abgewertet werden.[98] Die durch Abformung entstandene steinerne, lebensechte Schlange ist danach weder ein originäres Kunstwerk noch eine veritable Schlange. Selbst der verblüffende Detailreichtum ihrer Haut gereicht der künstlichen Schlange zum Nachteil. Durch die direkte Übertragung von Materie zu Materie, durch das Abdrücken in eine Form, erfüllte die Schlange weder die Merkmale des Bildhauens noch des Modellierens, und sie war demgemäß für Vasari keine Skulptur, da nur die Übertragung von Idee zu Form dieses Kriterium erfüllte.[99] Für Vasari materialisierte sich die geistige Idee unter beständiger Entfernung von Materie aus einem formlosen Block und fand so zu ihrer gestalthaften Form. Die Frage, ob Palissy ein Bildhauer war, bleibt bis heute wegen dieser begrifflichen Schwierigkeiten unbeantwortet, auch Georges Didi-Huberman mag in seiner grundlegenden Untersuchung über Abformung und Abdruck Bernard Palissy nicht als „realistischen" Bildhauer bezeichnen, sondern umschreibt

---

96 Palissy 1996, Bd. 2, S. 288 f.: „As-tu pas veu aussi combien les imprimeurs ont endommagé les peintres & poutrayeurs sçavants ? J'ay souvenance d'avoir veu les histoires de nostre dame imprimées de gros traits apres l'invention d'un allemand nommé Albert, lesquelles histoires vindrent une fois à tel mespris, à cause de l'abondance qui en fut faite, ..., combien que la pourtraiture fut d'une belle invention." Albrecht in Französisch Albert. Vgl. Palissy, 1996, Bd. 2, S. 289, Anm. 15.

97 Didi-Huberman, 1999, S. 73.

98 Ebenda.

99 Didi-Huberman, 1999, S. 62.

ihn als „experimentellen" Künstler, der das Verfahren der Abformung nicht als stilistisches, sondern als epistemologisches Prinzip nutzt.[100]

Das Verhältnis von Kopie und Original, in Beziehung gesetzt zu Belebtheit und Künstlichkeit, wird auch von Palissy angesprochen: „Wenn du die Säulen aus Stein genauso wertschätzt oder sie denen vorziehst, die aus den Stämmen der Bäume gemacht sind, sage ich dir, dass dies allen göttlichen und menschlichen Bestimmungen entgegenläuft, denn die Werke des Obersten Herrschers und Ersten Baumeisters müssen die größte Achtung erfahren und nicht die der menschlichen Baumeister. Du weißt, dass ein Gemälde, welches nach dem Vorbild eines anderen Gemäldes kopiert wurde, als Kopie oder als nachgemachtes Gemälde nie so sehr geschätzt wird wie das Original, von dem man das Bild abnahm."[101] Das lebende und natürliche Objekt ist also höherwertig als das tote oder künstliche und das Original geschätzter als die Duplikation.[102]

Die kontroverse Diskussion um den Status der Abformung, deren Künstlichkeit oder Natürlichkeit, setzt sich von Donatello über David d'Angers bis zu Rodin und in die Gegenwart fort, wobei die Abformung überwiegend negativ bewertet wird. Auch Rodin, der selbst viele Gipsabgüsse anfertigte, allerdings nur von seinen eigenen bildhauerisch angefertigten Arbeiten, war tief getroffen, als ihm der Vorwurf gemacht wurde, dass seine Plastik „Das eherne Zeitalter" nur eine Naturabformung sei.[103] Den Kritikern war es unmöglich zu glauben, dass ein Bildhauer in der Lage sei, eine dermaßen natürliche und lebendige Skulptur zu schaffen. Dabei lehnte Rodin künstlerische Abformtechniken ab, da „der Abguss minder «wahr» ist. Der Abguss gibt nur das Äußere wieder, ich arbeite außerdem den Geist heraus, der doch wohl auch einen Teil der Natur ausmacht. Ich sehe die ganze Wahrheit, nicht nur die Oberfläche."[104] Die Skulptur ist einerseits so realistisch und wahrhaftig wie eine das Original duplizierende Abformung, andererseits aber auch vergeistigt und mit inneren Werten ausgestattet. Klingt in die-

---

100 Didi-Huberman, 1999, S. 68.

101 Palissy 1996, Bd. 1, S. 138 f.: „Si tu veux tant honorer celles (les colomnes) des pierres, que tu les vueilles preferer à celles qui seront faites de jambes d'arbres, je te diray, que c'est contre toute disposition de droit Divin et humain : car les oeuvres du Souverain et premier edificateur, doivent estre en plus grand honneur, que non pas celles des edificateurs humains. Item, tu sais qu'une pourtraiture qui aura esté contrfaite à l'exemple d'une autre pourtraiture, la contrefacture ou pourtraiture qui aura esté faite, ne sera jamais tant estimee comme l'original, sur lequel on aura prins pour le pourtrait." Vgl. S. 25, Zitat Palissy 1996 Bd. 2, S. 312.

102 Bei dem von Palissy praktizierten Verfahren entsteht indes keine banale Kopie, sondern ein Werk mit einem eigenständigen Charakter. Kopie (originale Kopie des Originals) und Original stehen beide gleichberechtigt nebeneinander.

103 Didi-Huberman 1999, S. 100; Kris 1926, S. 138. Zu Rodin auch Gerchow (Hg.), 2002, S. 269.

104 Rodin 1912, zitiert nach Didi-Huberman 1999, S. 98.

ser Äußerung Rodins das Ideal des Bildhauers an, einen perfekten Androiden schaffen zu wollen?

Die Fabrikation von Kunstwerken durch Abgüsse mittels Formen ermöglichte erstmals die Serienfertigung. Palissy verwendet seine Naturabgüsse mehrmals, etwa für die Keramikauskleidungen seiner Grotten, welche aus einzelnen Elementen, vergleichbar Kacheln oder Fliesen, bestehen. Auch für die Produktion von Jaspis-Geschirr (Abb. 3, Abb. 4 und Taf. III) mit seiner einfachen Geometrie ließen sich die Abgussformen mehrfach verwenden, was die Produktion von größeren Stückzahlen erheblich vereinfachte. Aber für die Bassins rustiques gilt dies nicht, denn die Technik des Naturabgusses war zu kompliziert und der Anteil des Ausschusses so hoch, dass es sich bei allen Stücken der „rustiques figulines" um Einzelexemplare handelte.[105] Palissy demonstriert, dass ihm das Prekäre der Vervielfältigungsmethoden von Abguss, Abdruck und Serienproduktion bewusst ist, das Revolutionäre der durch die Abformtechniken ermöglichten neuen Produktionsmethoden erschloss sich ihm aber offensichtlich nicht, da er sie nur einseitig problematisierte.

4. Bodenkunst und Bodenkunde

So wie die Bassins rustiques durch ihre bevorzugte Darstellung der Pflanzen- und Tierwelt eine fast natürliche Verbindung zu den Wissenschaften der zwei Naturreiche, der Botanik und der Zoologie, herstellen, kann die Jaspis-Keramik als eine künstlerische Parallele zur Mineralogie und Geologie aufgefasst werden. Eine direkte Verbindung beider Gruppen, der belebten und unbelebten Natur, ergibt sich durch die „metamorphischen" Transformationen, denen die Lebewesen und Gesteine, sowohl in der künstlerischen Repräsentation bei Palissy im Material der Keramik als auch in der Natur durch Silifizierung – Einkieselung und Verkieselung – unterworfen sind. Während sich Palissy in seinen Büchern kaum zu Fragen der Botanik und Zoologie äußert, nimmt das Fachgebiet der Geologie, das auch die Rohstoffe der Keramik einschließt, einen bedeutenden Umfang ein.

Kaum eine menschliche Tätigkeit lässt sich weiter zurückverfolgen als das Töpferhandwerk, und kaum eine andere Kunst zeigt gleichzeitig eine größere Kontinuität in ihrem Erscheinungsbild. Wo auch immer archäologische Grabungen unternommen werden, fördern sie fast immer Keramikerzeugnisse zu Tage.

---

105 Kat. Saintes 1990, S. 83: „Le travail nécessaire à la réalisation d'un tel ouvrage, tant pour sa composition et le moulage sur nature, que pour la mise en couleur, laisse supposer le caractère exceptionnel de ce genre de production." Die Schlussfolgerung lautet, dass es sich um eine „production coûteuse de commande et non commercialisable" gehandelt habe (Kat. Saintes 1990, S. 82).

Das Spektrum der Produkte reicht von alltäglichem Gebrauchsgut bis zu künstlerisch hoch verfeinerten Keramiken. Die Vielseitigkeit keramischer Produkte dokumentiert in eindrucksvoller Weise der dtv-Atlas zur Keramik,[106] der neben den traditionellen Töpferprodukten auch neue High-Tech-Erzeugnisse wie Zahnimplantate und die Kacheln des Hitzeschutzes von Weltraumfähren aufführt. Dies zeigt überaus deutlich, dass die Entwicklung der Keramik auch heute noch lange nicht abgeschlossen ist.

Inspiriert vom biblischen Vorbild entsteht im Atelier Palissy aus der „Erde des Ackers“[107] durch Abformung ein Ebenbild des Salamanders, ein „versteinerter“ Salamander. Erde wird hierbei zu Keramik – unter Einwirkung der starken Hitze des Feuers. Für hohe Temperaturen wurde früher allgemein als Synonym nur das Wort Feuer verwendet, da diese nur durch Feuer erzeugt werden konnten; Erde (französisch „terre“) bezeichnet hier speziell die Tone. Der allgemeine und heute übliche aus dem Griechischen stammende Begriff Keramik (von keramon, Ton) ist im französischen Sprachraum erst nach 1800 gebräuchlich[108] und damit relativ neu. Früher wurden die Bezeichnungen „terre cuite“, gebrannte Erde, oder „poterie“, Töpferei, von Topf, pot, als Oberbegriffe verwendet. Diese Bezeichnung, die auf einen Gebrauchsgegenstand rekurriert, konnte Palissy als „liberaler“ Künstler natürlich nicht zusagen, er prägte deshalb den Begriff „l'art de terre“ für die Keramikherstellung.

Palissy bearbeitet und verändert die Natur sowohl in ihrer konkreten Form als Materie wie auch in ihrer symbolischen Form als Kunstobjekt. Die Naturform wird in die Kunstform überführt. Plastische, weiche und formbare Erde wird in geformte und hart gebrannte Keramik verwandelt. Das Wesen der in der täglichen künstlerischen Praxis verarbeiteten Materialien und ihre Stellung in den geologischen Transformationsprozessen machen einen wesentlichen Teil des wissenschaftlichen Interesses von Palissy aus und prägen die Schriften des Forschers. In diesem Zusammenhang werden neben künstlerisch bearbeiteten Edelsteinen, Korallen, Bergkristallen auch rohe Gesteine und Erze, vor allem aber Fossilien untersucht. Gleiche Schwerpunkte setzten auch die Lapidarien in den Kunstkammern und Kuriositätenkabinetten, in denen sich in einem Nebenraum auch die Erzeugnisse des Künstlers Palissy befunden haben könnten, da ein weiteres festes Sammelgebiet die Keramik bildete. Besonders wertvoll war das aus China kommende Porzellan,[109] das wegen der leuchtend weißen Farbe seines dünnen Scherbens bewundert wurde. Die frühesten erhaltenen Exemplare chinesischen Porzellans in Europa aus der Mitte des 16. Jahrhunderts befinden sich in

106 Frotscher 2003, siehe auch Gauckler 2005.

107 1. Moses 1.2,7; vgl. Hiob 10,9.

108 Siehe PR.

109 Zur Sammlung von Porzellan: Schleicher 1979, S. 30.

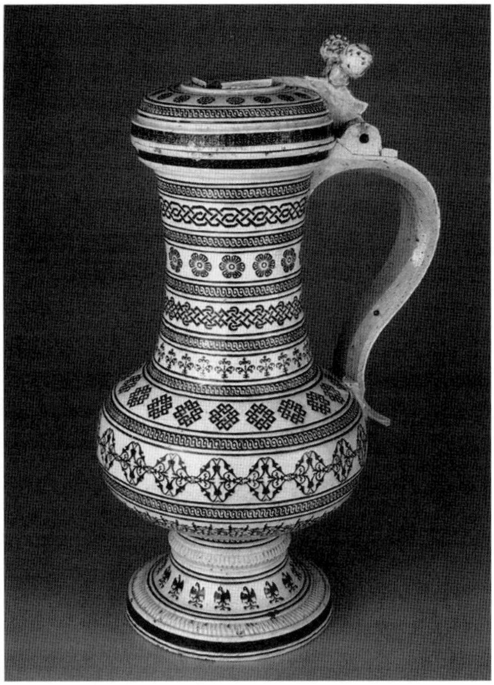

Abb. 21 Werkstatt von Saint-Porchaire, Krug, porzellanähnliche Ware, etwa 1535–1540, H: 29,2 cm, Paris, Musée du Louvre.

der Kunstkammer auf Schloss Ambras. Von besonderem Interesse ist in diesem Zusammenhang die Tatsache, dass Palissy bereits um 1550 einen weißen Tonscherben herstellte und auch die weiße Tonerde in den *Discours* erwähnt: „Es gibt auch weiße Tonerde. Ich erinnere mich, in Partenay vorbeigekommen zu sein, als ich nach Bresuyre im Poitou ging, und von Bresuyre weiter nach Thouars, und in allen diesen Gegenden war die Erde blendend weiß.“[110] Es gibt aber auch „schwarze Erden, die, nachdem man sie gebrannt hat, weiß wie Papier sind.“[111] Doch die Ehre, die weiße Keramik in Europa eingeführt zu haben, gebührt nicht Palissy, sondern der Keramikwerkstatt von Saint-Porchaire, einem Ort in unmittelbarer Nachbarschaft der von Palissy erwähnten Dörfer. Dort wurde bereits seit etwa 1530 eine Keramik hergestellt, die sonst nirgendwo in Europa zu finden war. Mit ihrem hochweißen Scherben war die Ware von Saint-Porchaire eine Art Weichporzellan und kann als ein direkter Vorläufer des veritablen Porzellans gelten.

---

110 Palissy 1996, Bd. 2 (*De la marne*), S. 340: „Il y a (aussi) de la terre argileuses blanches. Il me souvient avoir passé de Partenay allant à Bresuyre en Poitou, & de Bresuire vers Thouars, mais en toutes ses contrées, les terres argileuses sont fort blanches.“

111 Palissy 1996, Bd. 2 (*Des terre d'argile*), S. 277: „Il y a autres especes de terres qui sont noires en leur essence, & quand elles sont quittes elles sont blanches comme papier.“

Ihre Qualität übertrifft sogar das sogenannte Frittenporzellan („biscuit"), welches nach 1675 hauptsächlich in der Nähe von Rouen und Paris hergestellt wurde, aber eigentlich kein Porzellan im eigentlichen Sinn war, da es kein Kaolin enthielt.[112]

Während die wenig bekannte Keramik von Saint-Porchaire (Abb. 21) den weißen Ton ästhetisch nutzte und zu einem in Europa technisch wie ästhetisch singulären Produkt machte, gebrauchte Palissy die weiße Farbe des Scherbens fast ausschließlich als Grundlage für eine leuchtkräftige Farbgebung, da der überwiegende Teil seiner Keramiken mit einer farbigen Glasur überzogen wurde. Die Außergewöhnlichkeit dieses Materials scheint weder den namenlosen Keramikern von Saint-Porchaire noch Bernard Palissy recht bewusst gewesen zu sein. Sonst nicht zurückhaltend mit Eigenlob, erwähnt Palissy diese revolutionäre Entwicklung nur nebenher in der Auflistung der verschiedenen gebräuchlichen Tone. Die weiße Tonerde von Palissy ist jedoch nichts anderes als das hochfeine Kaolin, aus dem auch die echten Porzellane bestehen. Es hat den Anschein, als ob Palissy die Existenz des weißen Scherbens so „alltäglich" erschien, dass er sie für nicht weiter bemerkenswert hielt. Dies lässt vermuten, dass ihm die besondere Attraktion von chinesischem Importporzellan, welches etwa ab dem ersten Viertel des 16. Jahrhunderts in Europa eingeführt wurde,[113] unbekannt war. Ja, dass er vielleicht sogar nie chinesisches Porzellan zu Gesicht bekommen hat. Die Einzigartigkeit der Keramik von Saint-Porchaire und Saintes aus der südwestlichen französischen Provinz wird besonders deutlich, wenn man bedenkt, dass ab 1584 die bedeutendsten Repliken chinesischen Porzellans aus Delft kamen, bei denen allerdings der weiße Scherben nur von einer weißen Zinnglasur imitiert wurde.[114] Diese weißopaken Zinnglasuren erschienen im 15. Jahrhundert erstmals bei der italienischen Majolika und dann im 16. Jahrhundert in der französischen Fayence. Diese herstellungstechnisch gleichen Produkte galten als das Nonplusultra des guten Geschmacks und der Technik der Keramikproduktion, sie waren deshalb ein Vorbild sowohl für die Delfter Produktion als anfänglich auch für Palissy.

Versuche, die Rezeptur zur Herstellung des weißen Keramikscherbens aus Ostasien zu entdecken, das auch als das „weiße Gold" bezeichnet wurde, absorbierten in den folgenden Jahrhunderten viel Energie. Dieser Aufgabe hatten sich auch einige Alchemisten verschrieben. Ihr Interesse an der Töpferkunst war alt, da bereits Biringuccio 1540 über die Keramik seiner Zeit schrieb: „Die Töpferkunst

---

112 Hierzu: König (Hg.) 1997, Bd. 3, S. 183 und Charleston 1981, S. 215. Zur Keramik von Saint-Porchaire und ihrem Verhältnis zur Arbeit von Palissy: Kat. Écouen 1997. Zur Verwendung des Kaolins bei Palissy und in der Keramik von Saint-Porchaire: Kat. Écouen 1997, S. 30 ff.

113 Schleicher 1979, S. 30.

114 König (Hg.) 1997, Bd. 2, S. 461.

baut sich auf zwei Pfeilern auf, nämlich auf dem künstlerischen Entwurf und auf verschiedenen alchemistischen Geheimverfahren und Mischungen."[115] Es dauerte aber bis 1707, dass das echte Porzellan in Europa neu erfunden wurde.[116] Dies gelang durch die interdisziplinäre Zusammenarbeit des kursächsischen Naturwissenschaftlers Ehrenfried Walther von Tschirnhaus (1651–1708), des Bergrates Gottfried Pabst von Ohain (1666–1729) und des Alchemisten Johann Friedrich Böttger (1682–1719) in der Stadt Meißen in Sachsen. Die Besonderheit des Porzellans besteht in seiner Zusammensetzung aus den Mineralien Kaolin, Feldspat und Quarz. Es ist in dieser Masse das hochfeine Kaolin, das, abgesehen von den zwei erwähnten französischen Werkstätten, bis ins 18. Jahrhundert unentdeckt geblieben war und welches dem Porzellan seine besondere Härte, Hitzebeständigkeit und Unempfindlichkeit verleiht. Der Unterschied zu der Ware von Saint-Porchaire besteht lediglich darin, dass diese im 16. Jahrhundert noch nicht so hoch gebrannt werden konnte, da erst bei über 1400 °C die Porzellanmasse sintert und der für echtes Porzellan typische harte und dichte Scherben entsteht.

Die Verbindung zwischen Kunst- und Naturprodukt in der Porzellanherstellung ist sprachlich noch im Wort Porzellan kenntlich, das sich vom italienischen Wort „Porcella", Muschel, herleitet. Muschelschalen bestehen aus zwei Lagen Kalkstein (Kalziumkarbonat), die, wie auch das Porzellan, häufig leicht durchscheinend sind. Die äußere Schicht hat einen rein weißen Grund, auf dem sich ein zartes Muster in farbiger oder schwarzer Zeichnung entwickelt. Das Innere ist perlmuttartig. Das „keramische" Porzellan erschien wegen der verwandten Ästhetik deshalb diesen ähnlich. Besonders die fein gezeichneten Schnecken und Muscheln aus dem neu erschlossenen südamerikanischen Raum zeigten die Natur-Kunst-Verbindung deutlich: Sie wurden reziprok, in Analogie auf das menschliche Kunstprodukt, auch Porzellanschnecken genannt. Es ist deshalb verständlich, dass auch Muscheln und Schnecken ein beliebtes Sammelobjekt (Conchologie) waren und ein reger Handel mit ihnen betrieben wurde.[117] Diese überaus dekorative Variation des Kalksteins ist auch der Grund, dass Muschel- und Schneckenschalen tausende von Jahren, nachdem das Tier verstarb, „überleben" konnten. Da die Mollusken gleichzeitig eine erdgeschichtlich sehr alte Gattung sind, haben sie als Fossilien eine große Bedeutung in der Paläontologie. Wie der Fund von Tonwaren die Datierung des Grabungshorizontes ermöglicht, wird durch den Fossilienfund die erdgeschichtliche und geologische Entwicklung datierbar. Keramik und Geologie rücken auch in diesem besonderen Punkt zusammen.[118]

---

115 König (Hg.) 1997, Bd. 2, S. 455.

116 Vgl. König (Hg.) 1997, Bd. 3, S. 183 ff. und Charleston 1981, S. 216 f.

117 Impey, MacGregor (Hg.) 1985, S. 188.

118 Zur Datierung geologischer Entwicklungsstadien durch Fossilien: Stanley 1994, S. 21.

Gerade die porzellanähnliche Ware von Saint-Porchaire ist wegen ihres feinen kontrastvollen geometrischen Dekors (Abb. 21), das an diese exotischen Porzellanschnecken denken lässt, ein gutes Beispiel für die neuerliche Analogie zwischen Kunst und Natur beziehungsweise anorganischer und organischer Welt. Die Schnecken und Muscheln galten denn auch, hinsichtlich ihrer äußeren Form und dekorativen Zeichnung, als ein ideales Exempel für die Kunstfertigkeit der Natur.[119] Auch für Palissy waren sie eines der am weitesten entwickelten Produkte, mit denen die niederen Lebewesen ihre Ebenbürtigkeit mit den höheren Lebensformen demonstrieren konnten, denn selbst dem Menschen würde es nie gelingen, ein einfaches Schneckenhaus zu erschaffen: „Der Fisch, der solche Gehäuse baut, ist nicht so glorreich wie der Mensch, das ist ein Tier, das wirklich wenig Gestalt besitzt, und doch weiß es etwas zu erschaffen, was der Mensch nie fertigbringen könnte."[120] Muschelschalen, Korallen und Schneckenhäuser demonstrieren ein weiteres Mal, dass nicht kategorisch zwischen anorganischer und organischer Welt geschieden werden kann, sondern dass sie vielfältig ineinander verzahnt und aufeinander bezogen sind.

Für diese Verzahnung lassen sich weitere Beispiele finden. Nicht nur der anorganische Kalkstein, sondern auch das bereits erwähnte Silizium, ein weiterer chemischer Bestandteil aus dem „Reich der Mineralien" von Glas und Ton, kommt im Pflanzen- und Tierreich vor. „Die Gräser und Halme verdanken z. B. ihre Schärfe [...] sehr harten Siliziumdioxid-Kriställchen. Niedere Tierchen, wie Infusorien (Aufgusstierchen), bauen aus Siliziumdioxid Schalen und Skelette auf. Ablagerungen solcher zerfallener Skelette bilden die Kieselgur- oder Infusorienerde."[121] Die Trennung zwischen organischer und anorganischer Welt ist weniger streng als oftmals gedacht. Dieser enge Zusammenhang zwischen belebter und unbelebter Welt wird auch in den seit alters her als Bodenzeiger bekannten Pflanzen deutlich, welche besonders für Bergleute und Töpfer von Bedeutung waren. Bodenzeiger sind Indikatoren für in der Erde vorhandene Bodenschätze und weisen auf bestimmte Standorteigenschaften und Bodenqualitäten hin.[122] So deutet beispielsweise Wolfsmilch auf Eisenerz, Streifenfarn auf Dolomit und

---

119 Rembrandt stellte eine solche Rarität aus dem Südpazifik 1650 in einer seltenen Radierung dar. Kupferstichkabinett Berlin, Inv. Nr. 242-16, in: Kat. Berlin 2006 b, S. 118, Berlin.

120 Palissy 1996, Bd. 2, S. 125 f. : „Le poisson qui fait laditte coquille n'est si glorieux que l'homme, c'est un animal qui a bien peu de forme, & toutesfois il sçait faire ce que l'homme ne sçauroit faire." Im Weiteren beschreibt Palissy die ästhetischen Qualitäten der perlmutfarbenen Schneckenhäuser. Siehe auch: S. 127. Als Fische werden alle im Wasser lebenden Wesen bezeichnet, auch solche, die harte Panzer und Schalen konstruieren, also neben Muscheln und Schnecken auch Krebse, selbst Krokodile oder Flusspferde. In der Renaissance wurden die Arten noch nicht klar unterschieden.

121 Holleman-Wiberg 1976, S. 533.

122 Bodenzeiger werden heute in der Biologie auch als Indikatorpflanzen bezeichnet.

Huflattich auf Ton oder Lehm hin. Pflanzen werden deshalb nicht nur zum Abformen für Palissy von Interesse gewesen sein, sondern erleichterten es, Tonlagerstätten und Mineralvorkommen für Glasuren aufzuspüren. Bodenzeigerpflanzen sind eine faszinierende Symbiose von mineralischer und vegetabiler Natur, die auf dem Mineralstoffwechsel zwischen Boden und Pflanzen beruht. Dieses Zusammenspiel, von Palissy im *Recepte* und *Discours* beschrieben, beruht auf strikt naturwissenschaftlichen Fakten und nicht auf, wie man vielleicht glauben könnte, mystischem Glauben oder magischer Pflanzenkunde.

„L'art de terre" beschreibt nicht nur die Töpferkunst, sondern ist bei Palissy als eine Einheit mit der Bodenkunde als wissenschaftlichem Fachgebiet aufzufassen, denn die in dieser Kunst „erfahrenen Männer schaffen nicht … unbedacht, sondern achten darauf, zuerst das Naturell des Bodens kennenzulernen."[123] Bodenkunde beinhaltet die Kenntnis der chemischen und physikalischen Eigenschaften der Böden, ihrer Herkunft und Struktur, aber auch die Kenntnis der Bodenbiologie, Bodengenetik und Klassifikation sowie deren Kartierung. Die Bodenkunde, als ein Teilgebiet der Geologie, beschreibt das Forschungsgebiet von Palissy somit recht gut. Obwohl Botanik und Zoologie nicht gerade die Forschungsschwerpunkte von Palissy waren, setzte er sich doch mit einigen Aspekten auseinander. Auf die enge Verwandtschaft zwischen Präparaten von Naturalien und der Naturabformung ist hinzuweisen, auch die Entwicklungsgeschichte der Lebewesen, dokumentiert durch den Fund von Fossilien, berührt selbstverständlich ebenfalls die Biologie. Die naturwissenschaftliche Neugier von Palissy stößt aber noch tiefer ins Zentrum der Erde vor, um sich die gesamte Geologie und Hydrologie zu erschließen. Diese Ausweitung der Kenntnisse über die rein mechanischen Fähigkeiten der Glas- und Keramikherstellung hinaus, zu einem naturwissenschaftlichen Verständnis der Stoffbeziehungen, war für Palissy gleichbedeutend mit der Überwindung des einfachen Handwerkerstatus. Die Keramikherstellung wird intellektualisiert und zum naturwissenschaftlichen Grundlagenversuch. Die Beschäftigung mit den Grundstoffen der Keramikproduktion generierte quasi Fragen zum Wesen der Materie und ihrer Entstehung, die dann zwangsläufig die Geschichte und Gestalt der Erde problematisieren mussten.

De l'Art de terre ist keine Kunsttheorie und handelt eigentlich auch nicht „über die Töpferkunst", sondern es ist eher eine Werkstoffkunde. Da Palissy aber keine Produktionsverfahren und Rezepturen der von ihm verwendeten Glasuren verrät, taugt dieser Abschnitt nicht als Lehrbuch der Kunst des Töpferhandwerks, wie es vergleichbar Theophilus Presbyter für die Goldschmiedekunst und Glasmalerei verfasste. Der Töpferton wird erstmals in eine Beziehung zu allen anderen

123 Palissy 1996, Bd. 2 (*Des terres d'argile*), S. 279: „Les homme experimentez en l'art de terre ne besongnent pas … inconsiderement, ains premierement, ils tachent de connoistre le naturel de la terre."

Gesteinen gesetzt und mit einer einheitlichen Gesteinsbildungstheorie verbunden. Erst in der neueren Geologie wird dies eindeutig formuliert: „Die Keramik gehört sowohl mit ihren Rohstoffen als auch mit ihren Erzeugnissen in das Gebiet der Steine und Erden, weil die Rohstoffe weitgehend natürliche feste und lockere (Erden) Gesteine sind und ihre Erzeugnisse als künstliche Gesteine aufgefasst werden müssen.“[124] Keramiken – gebrannter Ton und Porzellan – sind demnach künstliche Steine!

Keramik und Steine stehen damit in einem engen verwandtschaftlichen Verhältnis zueinander, was sich sowohl im künstlerischen als auch im wissenschaftlichen Werk von Palissy niederschlägt, bezeichnete doch bereits Palissy die Tonerden als Abbauprodukte und Erosionsmaterial von Steinen.[125] Die Keramik lässt sich somit als angewandte Bodenkunde beschreiben. Beziehungen zwischen der Keramik und ihren Rohstoffen sowie den Gesteinen, Erzen oder Kristallen, also Naturalia und Arteficia, von denen das Werk Palissys lebt, werden weder von den Forschern seiner Zeit noch in den Kunstkammersammlungen hergestellt. Für Palissy waren Kunst und Wissenschaft eins. Nur vor ihm, bei Leonardo da Vinci, hatte eine ebenso enge Verbindung zwischen diesen beiden Welten bestanden.[126] Eine vergleichbare Verknüpfung von Naturkunde und künstlerischer Praxis findet sich nicht nur bei keinem der im „Stil rustique“ erfolgreichen Künstler wie Jamnitzer oder Riccio (um 1470–1532), sondern auch diejenigen, welche, wie Hoefnagel, mehr in das wissenschaftliche Leben ihrer Zeit einbezogen waren, bleiben überwiegend ihrer künstlerischen Praxis verbunden.

Die Keramik ist aber nicht die einzige Kunst, mit der Palissy den Boden Veränderungen unterwirft, auch Gartenutopie und Grottenbau fallen in die Kategorie „Bodenkunst“. Bodenkunst ist buchstäblich allumfassende „Land Art“. Der Begriff „l'Art de terre“ bezeichnet bei Palissy also nicht speziell die „Kunst der Herstellung von Objekten aus gebrannter Erde“, also die Keramik, sondern ist die Wissenschaft von der „Art der Böden“, deren Entstehung und Veränderung. „Art“ meint also nicht nur Kunst im engeren neuzeitlichen Sinn, sondern impliziert nach altem Sprachgebrauch im Sinne von „ars“, als Kunstfertigkeit, auch die Kenntnis und Beherrschung der Materie. „L'art de terre“ verbindet durch die Zusammenführung von Bodenkunst und Bodenkunde die Kunst mit der Naturwissenschaft.

---

124 Radczewski 1968, S. 1.

125 Palissy 1996, Bd. 1, S. 92 (Steinwachstum); Bd. 2, S. 385 (Alle Erden können zu Ton werden).

126 Pochat 1986, S. 249–256.

V. Forschung und Lehre

1. Kunstkammersammlung und Naturdarstellung

Untrennbar mit dem Beruf des Künstlers und der naturwissenschaftlichen Praxis verbunden war immer das Sammlungswesen. Der Sammler ist Abnehmer der Produkte des Künstlers und häufig Auftraggeber. Palissy produzierte zu Beginn seiner Karriere auf eigenes Risiko und ohne Auftrag, denn erst nach jahrelangen Versuchen gelang ihm die Keramikherstellung. Erst durch das Zusammentreffen mit dem Connétable Anne de Montmorency änderte sich seine finanziell prekäre Situation. Wie er in Kontakt zu seinem Förderer und Mäzen geriet, ist nicht bekannt, aber die Beziehung zwischen dem militanten Protestanten und dem konservativen katholischen Militär war so privilegiert, dass Erlang-Brandenbourg sogar die These vertritt, dass „Palissy von Montmorency erfunden und lanciert wurde.“[1] Wie aus den Inventaren des Pariser Stadtschlosses von Anne de Montmorency in der Rue de Saint-Avoye (der heutigen Rue du Temple) der Jahre 1556 und 1568 ersichtlich, befanden sich in seiner Sammlung mehrere „rustiques figulines”, von denen eines sogar mit genauen Maßen angegeben wurde.[2] Als Kunden oder Auftraggeber erwähnt Palissy neben Montmorency nur den französischen König Henri II. und die Königinmutter Catherine de Médicis. Es ist aber wahrscheinlich, dass auch andere der einflussreichen Personen, die namentlich in den *Discours* genannt sind, Keramiken von ihm besaßen. Ein weiteres erhaltenes Verzeichnis, welches 1590 das Inventar des Château de Bourgtheroulde des Herrn Charles de Roux auflistet, verzeichnet „eine große Anzahl von großen Bassins und Krügen wertvollen Geschirrs in der Art des Meister Bernard Palissy...“.[3] Auch das Inventar des Pariser Besitzes von Catherine de Médicis, welches nach ihrem Tode 1589 registriert wurde, nennt viele Objekte. Die Liste führt insgesamt

---

1 Alain Erlande-Brandenburg, Direktor des Musée de la Renaissance in Écouen, in: Bedos Rezak 1990, S. 6.

2 Amico 1996, S. 86, 229, 231; Kat. Écouen 1997, S. 23.

3 „Grand nombre de grands bassins et vases de vaisselle de valeur, de la façon de Messire Bernard Palissy ...“, zitiert nach: Amico 1996, S. 86.

141 Stücke von Keramiken in Jaspis-Art auf, darunter Schalen, Platten, Salzfässchen und Kelche.[4] Alle erhaltenen Inventare sind weder präzise noch umfassend, da sie nicht die gesamten, meist auf verschiedene Anwesen verteilten Besitztümer aufführen und keine detaillierte Beschreibung der Kunstobjekte enthalten. Vom gesamten Besitz Montmorencys sind nur die Gegenstände aus der Rue de Saint-Avoye überliefert, aber nicht das Inventar seiner Hauptresidenzen in Écouen und Chantilly. Es lässt sich deshalb kein einziges bekanntes Objekt von Palissy direkt auf diese Inventarlisten beziehen. Zudem ist aus ihnen nicht ersichtlich, ob die Keramiken von Palissy verstreut als Dekorationsobjekte in den Gebäuden platziert waren oder ob sie in einem bestimmten Sammlungszusammenhang standen.

Sammlungen waren seit dem 15. Jahrhundert sehr beliebt und ein Statussymbol. In der Renaissance sind dies ausschließlich nicht öffentliche Sammlungen, vor allem der Fürsten- und Königshöfe. 1556–1560 unternahm der belgische Stecher und Kunsthändler Hubert Goltz umfangreiche Reisen in ganz Europa, wobei er die verschiedensten Sammlungen besuchte, die er in einer Liste mit 968 Namen festhielt.[5] Sammler von Kunstwerken im 16. Jahrhundert waren neben den Fürstenhäusern aber auch bedeutende meistens Handel treibende Privatpersonen. Bei einem Preis von 50 Ecus, wie ihn Henri II. zahlte, waren die Bassins rustiques von Palissy aber nur für sehr wohlhabende Sammler erschwinglich. Krzysztof Pomian nennt die hohen Preise auch als einen Grund, warum viele Sammler auf das Sammeln von preisgünstigeren Naturalien auswichen. Es gab nur Privatsammlungen, und mit ihren Objekten wurde auch Handel betrieben.[6] Sammlungen und Kabinette standen nur Mitgliedern einer höheren sozialen Schicht offen, ausschließlich kirchliche Sammlungen waren allgemein zugänglich.[7] Erst 1675 öffnete der englische Sammler Elias Ashmole als Erster seine umfangreiche Sammlung den Studenten der Oxford University.[8] Die größeren Sammlungen der Fürstenhäuser waren ein komplexes Gebilde und formten häufig einen Organismus, der seine heterogenen Bestandteile unter dem Namen Kunstkammer zusammenfasste und ein Vorläufer unserer heutigen spezialisierten Museen war. Ausgefallene künstlerische Erzeugnisse wie die von Palissy waren prädestinierte Objekte für derartige Kunstkammersammlungen.

Die Vielfalt der dort ausgestellten Objekte bedeutete keine Konfusion, denn sie unterlag einer Systematik, die aber von Sammlung zu Sammlung variierte. Als übergeordnetes Prinzip sollte die Kunstkammer die kosmische Ordnung des Universums widerspiegeln und das freie kreative Spiel der Assoziationen ermög-

4 Amico 1996, S. 86, 238 ; Kat. Écouen 1997, S. 23, 45.
5 Pomian 1987, S. 49; siehe auch: Schleicher 1979, S. 177.
6 Pomian 1987, S. 53.
7 Pomian 1987, S. 55–56.
8 Siehe Felfe, Wagner (Hg.) S. 3–22 und 207–242.

lichen.[9] Seine „richtungweisende Formulierung erfuhr dieser Sammlungstyp“[10] durch Traktate, wie sie der Sammlungstheoretiker Samuel Quiccheberg (1529–1567) 1565 in den *Inscriptiones vel tituli theatri amplisimi* und Robert Fludd (1574–1637) 1617 in *Utriusque cosmi […] historia* vorschlugen und propagierten.[11] Die Sammlungsgegenstände unterlagen in der Kunstkammer einem einfachen Ordnungsschema, das unterscheidet in Naturalia, als den Zeugungen der Natur, und in Artefakte, das die von den Menschen gefertigten Produkte zusammenfasst. Dermaßen geordnet markieren Naturalia und Artefakte Anfang und Ende einer Entwicklung, dessen Ursprung und Ursache auf Gott als den Schöpfer von Himmel und Erde zurückgeführt wurde.[12] Diese Hierarchie, in der die Naturalia weiter in die drei Naturreiche Mineralia, Vegetabilia und Animalia und die Artefakte in die Untergruppen Artes mechanicae und Artes liberales geschieden wurden, ist deutlich in einem Stich von Matthäus Merian (1593–1650) im genannten Traktat von Robert Fludd ablesbar.[13] Diese Ordnung kann ebenfalls als ein Rückgriff auf den Psalm 104 gelesen werden, der Palissy als Idee für Gartenkonzept, Bassins rustiques und Jaspis-Keramiken diente. Naturalien und Artefakte existierten in der fürstlichen Kunstkammer aber nicht ausschließlich in einem unabhängigen Nebeneinander, „sondern gingen mancherlei Verbindungen ein, die zum Teil additiver Art waren.“[14] Ein Beispiel hierfür ist die Goldschmiedearbeit des bereits erwähnten Kelches aus Sardonyx (Abb. 16 und Taf. VI), der bei Palissy, wie beschrieben, zu einer Kombination aus Naturalia-Imitation und Imitation eines Artefakts wird (Abb. 3, Abb. 5, Taf. III und Taf. V). Eine ähnliche „Vernebelung“ göttlich-natürlicher und menschlicher Gestaltungskraft fand sich auch schon bei antiken Skulpturen, „die zwischen der Formkraft der Natur und menschlichem Gestaltungsvermögen pendeln.“[15]

In den Kunstkammern wurden von seltenen und kostbaren Mineralien, Fossilien, Muscheln, präparierten Tieren und Pflanzen, über Altertümer, wie antike Skulpturen, Münzen und Gemmen, von Goldschmiedearbeiten und Porzellanen, kalligraphischen Handschriften, technischen Instrumenten bis hin zu Automaten so ziemlich alles gesammelt, was die Natur und der Mensch hervorgebracht hatten oder im Begriff waren hervorzubringen. Integriert in diese Kabinette wurden häufig auch Laboratorien zur Durchführung von Experimenten.[16] „Im Sinne eines vertikalen, längs der Zeitachse gezogenen Tiefenschnittes erwei-

9 Zur Kunstkammer besonders: Bredekamp 1993 und Schleicher 1979.
10 Bredekamp 1993, S. 33.
11 Zu Quiccheberg siehe Quiccheberg 1996, Diss. Harriet Hauger (Roth).
12 Schleicher 1979, S. 12.
13 Bredekamp 1993, S. 69 und Abb. 30.
14 Bredekamp 1993, S. 69.
15 Bredekamp 1993, S. 19.
16 Klein 2008, S. 772.

tert sich die Transformation der bildschöpferischen Natur über die Antike und das nachantike Kunstwerk um das Produkt der Mechanik zur Kette: Naturform – antike Skulptur – Kunstwerk – Maschine."[17] Die Kunstkammer war also keine nur historische, sondern immer auch eine permanent aktuelle Sammlung, die der neuesten Entwicklung in Kunst und Wissenschaft folgte. Die vielleicht umfangreichste fürstliche Sammlung und „bedeutendste Ausprägung einer manieristischen Kunstkammer"[18] ist die ab etwa 1563 auf Schloss Ambras am Hofe der Habsburger aufgebaute Sammlung, über deren Sammlungsaufbau, der unter Materialgesichtspunkten organisiert war, wir durch einen 1596 etablierten Sammlungskatalog unterrichtet sind. Neben den in Schaukästen präsentierten Originalen waren größere ausgestopfte Tiere, wie ein Krokodil, von der Decke abgehängt. Die Sammlung in Ambras berücksichtigte an mehreren Stellen Kunstwerke mit Naturabformungen wie das silberne Schreibutensilkästchen von Wenzel Jamnitzer oder die animierte vorgebliche Natursimulation eines so genannten Schüttelkastens.[19] „Das «Lernen durch Anschauung» wurde in Ambras zum ästhetischen Vergnügen, das Publikum, zwar durchaus elitär [...], war in einem «Theatrum» wie es unterhaltsamer und belehrender nicht sein konnte."[20] Ein Lernen durch Anschauung war es, was Palissy vorschwebte, wenn er im Diskurs *Über die Steine* schreibt, dass die Erde sein Lehrbuch gewesen sei. Seit dem 16. Jahrhundert wird die Kunstkammer zu einem „Theatrum mundi" oder Welttheater in Abwandlung der aus *Psalm 104* ableitbaren Definition der Erde als „Gottes Kunstkammer".[21] Ein Prinzip, das Leibniz 1675 in seinem Entwurf des *Drôle de pensée, touchant une nouvelle sorte de Représentations*[22] grandios zu einem enzyklopädischen System ausarbeitete.

Naturabformungen, die nichts anderes als künstliche Naturalien sind, standen in einem Sammlungszusammenhang mit den echten Naturalien. Naturdarstellungen von extremer Wirklichkeitsnähe ließen sich in verschiedenste Beziehungen setzen. So wurden in Illuminationen Insekten, Schmetterlinge und Eidechsen, umzingelt von Schlingpflanzen, mit rein dekorativen Elementen, wie etwa Bordüren, kombiniert.[23] „Niederländische Künstler glaubten, ihre eigene wundersame Geschicklichkeit sei, vor allem, wenn sie Abbildungen von Naturwundern schufen, eine Nachahmung und zugleich eine Würdigung der wun-

---

17 Bredekamp 1993, S. 33.

18 Schleicher 1979, S. 84. Zu Ambras siehe auch: Schleicher 1983 und Impey, MacGregor 1985, S. 28–38.

19 Siehe Kat. Innsbruck/Wien 2006/2007: zum Naturabguss S. 77, zu Schüttelkasten und Hoefnagel S. 43 f. und S. 95, zu Mineralien S. 157 ff.

20 Schleicher 1979, S. 81.

21 Schleicher 1979 , S. 12.

22 In: Leibniz 1923 ff., Reihe IV, Bd. 1, Nr. 49, S. 562–568, siehe Bredekamp 2004.

23 Amico 1996, S. 24; zu Hoefnagel: Vignau-Wilberg 1994.

dersamen Erfindungsgabe der Natur."[24] Dies trifft auch auf Palissy zu. Naturnachahmungen entwickelten sich aus dem Bedarf, Gegenstände durch ihre Abbildungen zu ersetzen. Solche Naturillustrationen hatten als Ersatzbilder in den Naturalia-Sammlungen der Kunstkabinette einen besonderen Zweck: Sie waren ein Surrogat für Musterstücke, die nicht haltbar waren.[25] Die Mehrfachbedeutung von Naturaliendarstellung und Blumenmalerei schildert auch Erasmus von Rotterdam: „Wir freuen uns doppelt, wenn wir eine schöne Blume mit einer lebendigen im Widerstreit sehen und bei dem einen über die Kunstfertigkeit der Natur staunen, bei dem anderen über die Begabung des Malers, und bei beiden über die Güte Gottes, der alles das zu unserem Gebrauch beschert, in allem gleich wunderbar und liebenswürdig. Schließlich ist der Garten nicht immer grün, nicht immer leben die Blumen. Dieser Garten dagegen grünt und erfreut auch mitten im Winter."[26] Perfekte Simulacra wie jene von Palissy konnten deshalb als Höhepunkte jeder Sammlung gelten.

Von besonderem Interesse in Zusammenhang mit Palissy sind die naturalistischen Darstellungen in Wasserfarbenmalerei des in Antwerpen geborenen Künstlers Georg Hoefnagel (1542–1600), von denen sich sechzehn Blätter im Kupferstichkabinett in Berlin befinden. Sie waren Teil eines vierbändigen naturgeschichtlichen Werks über die vier Elemente, das Hoefnagel für Rudolf II. in Prag zwischen 1575 und 1582 anlegte.[27] Lebensecht gemalte Muscheln, Blumen, Kleintiere, Insekten und Pflanzen sind harmonisch zusammen arrangiert; durch gemalte Schattenwürfe wird den Lebewesen eine fabulöse räumliche Tiefe gegeben. Auffallend an der Darstellung von Hoefnagel ist, dass er die versammelten Lebewesen durch Zusammenführung in einem ovalen Rahmen zu einer Komposition von individuellen Naturstudien mit ausgeprägtem „Stillebencharakter"[28] macht und einen Naturgarten, ein kleines „theatrum naturae", schafft. Die Begrenzung, mit anderen Worten der Zaun dieses Gartens (ein hortus conclusus?), wird durch eine ovale Linie gebildet. Andere Blätter, die sich ganz auf die Darstellung von Kleintieren, wie etwa Frösche, konzentrieren, sind im Sinne eines zoologischen Gartens sozusagen Terrarien. Obwohl in der Art der versammelten Natur unterschiedlich, lässt die Komposition gleich an die ovale Form der

---

24 Daston, Park 2001, S. 334 f.; Kat. Berlin 2003, S. 11 bestätigt beide Aussagen am Beispiel des Hamburger Blumenmalers Hans Simon Holtzbecker.

25 Daston, Park 2001 S. 335.

26 Erasmus von Rotterdam, *Colloquia familiaria – Vertraute Gespräche*, zitiert nach: Kat. Berlin 2003, S. 11.

27 Prag war im 16.–17. Jh. eines der bedeutendsten botanischen Zentren. Eine Reihe von prominenten niederländischen Botanisten wie Carolius Clusius und Rembert Dodoens waren zur gleichen Zeit wie Hoefnagel am Hof beschäftigt.

28 Kat. Berlin 2003, S. 23. „Hoefnagel's images not only collect and classify nature; they also investigate its underlying structure." (Hendrix, Vignau-Wilberg 1997, S. 53.)

„bassins rustiques" von Palissy denken, ebenfalls eine Darstellung des Gartens der Natur. Auf einem Blatt aus dem dritten Band, der die Wasserlebewesen behandelt, wird zusammengefasst durch einen ovalen, tellerförmigen Rahmen die Präsentation der Naturstudien von Muscheln mit einem Landschaftspanorama der spanischen Küstenstadt Cadiz verbunden (Abb. 22). Die Muscheln sind nummeriert, um sie in einem begleitenden Text auflisten und beschreiben zu können.[29] Es lag ein zweifacher Sammlungsgrund für solche Kunstwerke vor, zum einen als Beispiel der Kunstfertigkeit des Menschen in der Beherrschung der Nachahmung und zum anderen im Wunsch, ein Abbild eines Naturobjektes zu besitzen, welches sich nicht im Original bewahren ließ.

Die Existenz dieses Kompositionstyps bei Hoefnagel braucht nicht zufälliger Art zu sein. Der gebürtige Flame Gustav Hoefnagel hatte in seiner Jugend als bereits ausgebildeter Stecher halb Europa bereist. Die auf diesen Reisen angefertigten Stiche mit Ansichten europäischer Städte, zu denen auch Cadiz gehörte, wurden dem von Georg Braun und Franz Hogenberg zwischen 1572 bis 1618 herausgegeben Werk *Civitates orbis terrarum* beigegeben. Von 1560 bis 1562 hielt sich Hoefnagel in Frankreich auf. 1560 war er in Saintes und fertigte eine Ansicht der Stadt an.[30] Es erscheint kaum vorstellbar, dass der junge ausländische Künstler in der kleinen französischen Provinzstadt nicht von Palissy Notiz nahm, der an der Grotte für den Connétable Anne de Montmorency arbeitete und eine lokale Berühmtheit war. Eine Begegnung beider ist spekulativ, aber nicht unwahrscheinlich.

Die Illuminationen Hoefnagels sind Teil eines allgemeinen Versuchs unter Rudolph II., bekanntes Wissen, besonders der Naturgeschichte, anzuhäufen und zu ordnen. Arbeitsmittel dieser Forschungstätigkeit waren unter anderem die Anlage von botanischen Gärten zur Dokumentation und Züchtung von Pflanzen als auch die Gründung einer Kunstkammer, in der früher auch Hoefnagels Manuskripte aufbewahrt wurden und die naturkundliche Sammlung ergänzten.[31] Wie in Florenz, Prag und Wien ließen sich im Sinne von Leibniz die Kunst- und Wunderkammern mit botanischen Gärten, Menagerien und astrologischen Laboratorien zu großen wissenschaftlichen Forschungseinrichtungen kombinieren. Diese Zusammenfassung von Kompetenzen war allerdings selten und erst seit dem 17. Jahrhundert üblich. Menagerien und botanische Gärten aber existierten schon seit dem Altertum. Der Ankauf lebender Tiere und die Unterhaltung einer Mena-

---

29 Kat. Berlin 1994, S. 141.

30 Braun, Hogenberg 2008. Saintes lag auf einem der Pilgerwege nach Santiago de Compostela (Saint-Jacques-de-Compostelle) und mag deshalb als abbildungswert für einen Stadtplan erachtet worden sein.

31 Hendrix, Vignau-Wilberg 1997, S. 53. Schleicher 1979, S. 166. Siehe auch Kat. Innsbruck/Wien 2006/2007, S. 43 f.

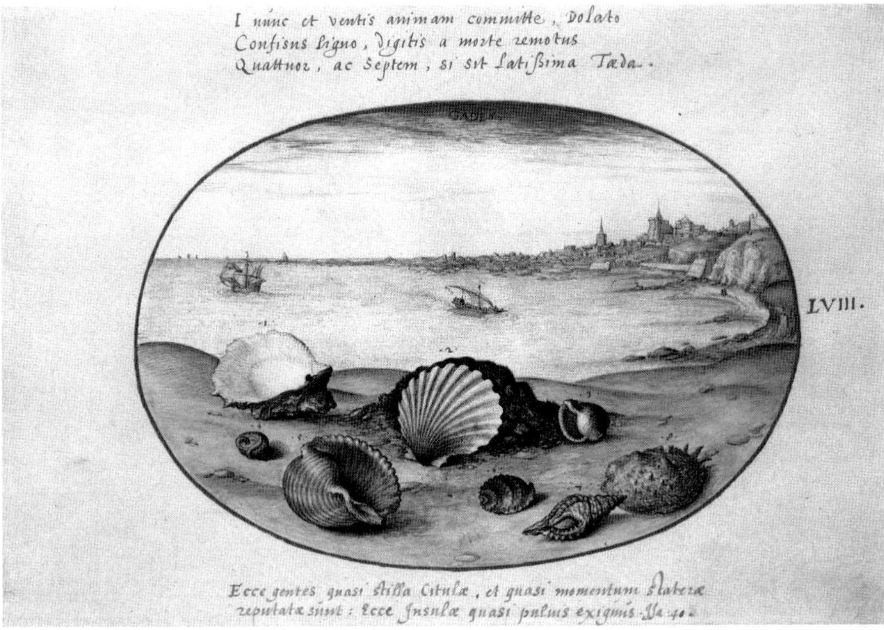

Abb. 22 Georg Hoefnagel, verschiedene Muscheln vor einer Stadtansicht von Cadiz, mit einer Goldlinie im Queroval umzogen, Wasserfarben auf Pergament, um 1580, L: 19,5 cm × B: 14,4, Berlin, Kupferstichkabinett.

gerie waren sehr kostspielig und bis zum 18. Jahrhundert das Privileg von Fürstenhäusern, „während die Anlage von Botanischen Gärten verbunden mit der Anlage von Naturalienkabinetten und Sammlungen von Tierskeletten schon um 1700 an europäischen Universitäten üblich wurde, wie zum Beispiel in Leiden."[32] Auch Catherine de Médicis unterhielt in ihrem Schloss Chenonceaux um 1576 eine Menagerie, in der sogar Reptilien gehalten wurden.[33]

Die Lebensbedingungen und Vermehrungsmöglichkeiten vieler Tierarten waren aber im 16. Jahrhundert sehr schlecht, Haltbarkeit und Lebenserwartung daher beschränkt. Deshalb bildeten künstlerische Reproduktionen einen Ersatz für die Bewahrung lebender und toter Originale. Die Tiere, die etwa Rudolph II. in seiner Menagerie hielt, wurden durch die Reproduktionen in Gestalt zeichnerischer Illustrationen seines Hofmalers Gustav Hoefnagel in der angegliederten Kunstkammer dauerhaft aufbewahrt (Abb. 22).[34] Nicht nur die Haltung lebender

32 Jahn 1994, S. 11.

33 Mariéjol 1979, S. 343.

34 Jahn 1994, S. 11. Die Miniaturen Hoefnagels im Kupferstichkabinett Berlin sind Teil dieses Projekts.

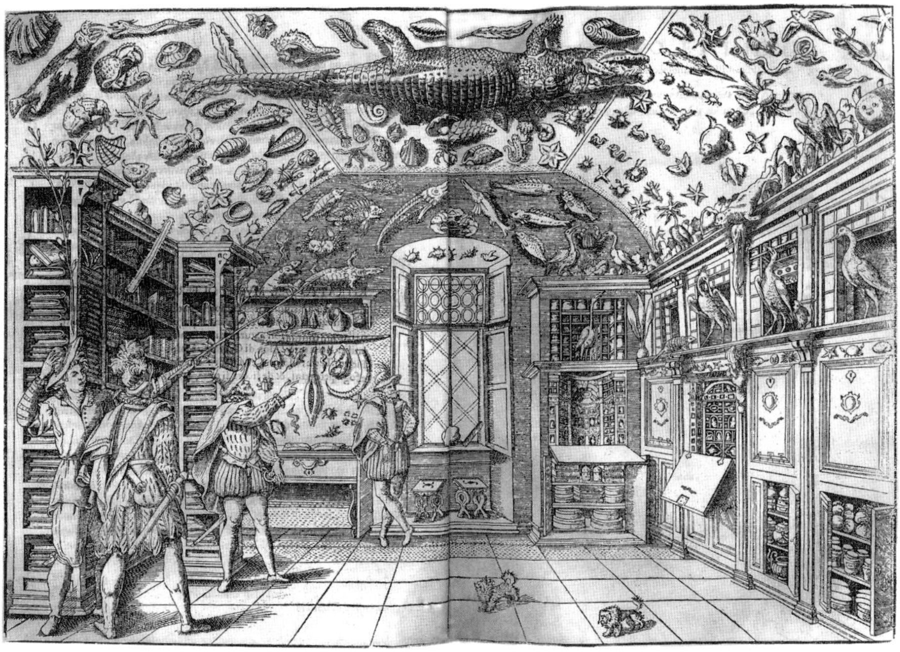

Abb. 23 Museum des Ferrante Imperato in Neapel, Kupferstich, aus: Ferrante Imperato, *Dell'historia naturale di Ferrante Imperato napolitano Libri XXVIII*, Neapel, 1599.

Tiere war mit Schwierigkeiten verbunden, auch Tierpräparate wiesen im 16. und 17. Jahrhundert eine äußerst geringe Haltbarkeit auf, weshalb auch hier häufig Tierbilder anstelle von Präparaten in den Kabinetten gezeigt wurden.[35] Der italienische Mediziner Ulisse Aldrovandi (1522–1605) benutzte als Universitätslehrer in Bologna für seine Studenten neben dem von ihm geleiteten botanischen Garten, einem Herbarium und den Präparaten seines Naturalienkabinetts, schon 1595 auch eine Sammlung von „rund 8000 Temperabilder[n], die er bei zeitgenössischen Künstlern in Auftrag gab."[36] Abbildungen und Präparate von Fischen und Schlangen erhielt er unter anderem von dem bürgerlichen Museumsgründer und Apotheker Ferrante Imperato (1550–1625) in Neapel, die dieser vermutlich lebend hielt.[37] Ferrante Imperato verfasste mit seiner *Historia naturalis* 1599 auch einen Katalog seiner Exponate. (Abb. 23) In den Naturalienkabinetten wurden

35 Zu Tierpräparaten und Abbildungen von diesen siehe Kat. Dortmund, Gotha 2003, Bd. 1, S. 79–91.

36 Jahn 1994, S. 11; Alessandrini, Ceregato (Hg.) 2007.

37 Jahn 1994, S. 12. Jahn 1986 behandelt ausführlich die Geschichte der biologischen Präparationstechniken.

damals überwiegend unverderbliche Objekte wie Muscheln- und Schneckenschalen, Seeigel, getrocknete Gliedertiere (z.B. Insekten und Krebse) und Tierhäute aufbewahrt. Häute und Felle wurden mit Gerbsalzen und Pflanzenextrakten haltbar gemacht. Diese Methoden der Lederbearbeitung waren seit langer Zeit bekannt und werden auch von Palissy in *Recepte* und *Discours* beschrieben.[38] Diese dermaßen konservierten, so genannten ausgestopften Tiere waren bereits im Mittelalter ein beliebtes Sammelobjekt, wobei sich vor allem Reptilien, wie etwa Krokodile, eines besonderen Interesses erfreuten und sogar in Kirchen an der Decke aufgehängt wurden.[39] Auch Mumien, von Palissy als Anwendungsbeispiel von Konservierungsstoffen behandelt, sind hier einzuordnen.[40] Aber „erst mit der zunehmenden Kenntnis der Präparations- und Konservierungstechniken konnten gegen Ende des 17. Jahrhunderts zoologische Sammlungen und Museen systematisch angelegt werden und die langdauernde Verfügbarkeit der Objekte für wissenschaftliche Studien gewährleisten."[41]

Ob die Sammlungen von Anne de Montmorency oder Catherine de Médicis auch den Charakter einer Kunst- und Wunderkammer hatten, ist leider nicht überliefert. In den Kunstkammern hätten die Keramiken von Palissy jedenfalls gleich in mehreren Sammlungszusammenhängen Platz gefunden: natürlich in der Abteilung Porzellan, Keramik und neben den künstlerischen Goldschmiedearbeiten, bei Mineralien und Fossilien, bei den Vegetabilia und Animalia sowie schließlich auch bei den Automaten. Durch die Polyvalenz der Palissyschen Keramiken wird die Kette Naturform – antike Skulptur – Kunstwerk – Maschine kurzgeschlossen.

2. Palissys Sammlung

Auch Bernard Palissy besaß eine eigene Sammlung, bei der es sich ausschließlich um eine Stein- und Fossiliensammlung handelte. Die Exponate der Sammlung dienten nicht nur den eigenen mineralogischen Studien, sondern sollten auch als augenscheinlicher Beweis und Anschauungsobjekt der in den *Discours* formulierten Thesen fungieren. Die Sammlung war integraler Bestandteil der *Discours*

---

38 Palissy 1996, Bd. 1, S. 88.

39 Daston, Park 2002, S. 98–99 zeigt zwei Exemplare ausgestopfter Krokodile aus der Kathedrale von Sevilla und der Schlosskapelle von Oiron. Vgl. auch Abb. 27, Museum Wormianum und Abb. 23, Museo Imperato.

40 Palissy 1996, Bd. 2, S. 189 (*Des sels divers*). Mumien waren gleichfalls ein begehrtes Sammlungsobjekt, doch auch als Heilmittel, klein portioniert, waren sie begehrt. Vgl. Abb. 25 und Taf. IX, *Le Livre des Simples medecines,* Ms. Fr. 12322, folio 191v.

41 Jahn 1994, S. 14. Zu zoologischen Gärten auch Loisel 1912 und Baratay, Hardouin-Fugier 2000.

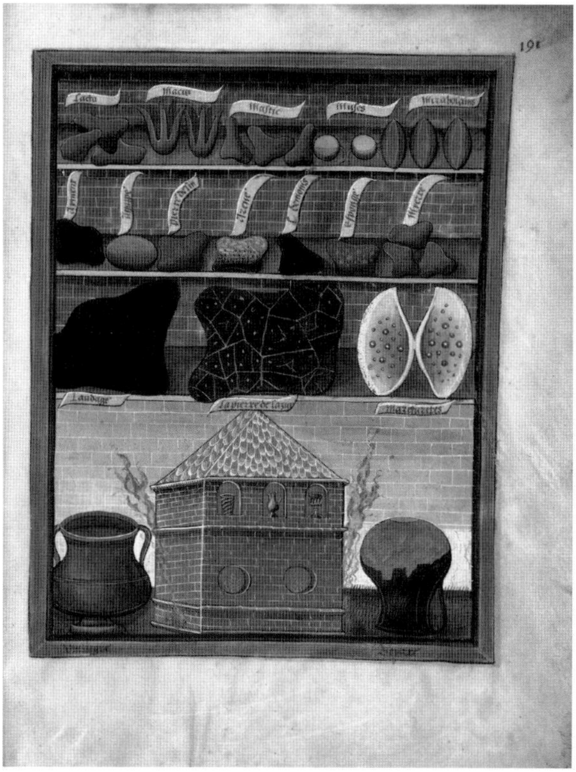

Abb. 24 *Le Livre des Simples médecines*, französisches Manuskript, ca. 1520, nach Matthaeus Platearius' *Circa Instans*, Buchmalerei wahrscheinlich von Robinet Testard (aktiv ca. 1475–1523), Bibliothèque National de France, Paris, Ms. Fr. 12322, folio 191r.

admirables, weshalb sie auch interessierten Besucher offen stand. Da die *Discours* aus Kostengründen nicht wie schon bei vielen wissenschaftlichen Publikationen üblich mit Stichen versehen waren, sollten die Sammlungsobjekte als Beispiele und reale Abbildungen zum Traktat dienen. Palissy verweist deshalb häufig auf sie und lädt den „ungläubigen" Leser an mehreren Stellen zu einem Besuch der Sammlung ein: Die Beweise „kann jeder in weniger als zwei Stunden sehen und hören, vorausgesetzt er macht sich die Mühe, meine Sammlung[42] zu besuchen, in der man erstaunliche Dinge sehen kann, welche dort als Zeugnis und zum Beweis meiner Schriften ausgestellt sind. Alle Exponate sind in Reihen und Spalten geordnet und mit genauen Erklärungen unter jedem Stück versehen, so dass sich jeder selbst instruieren kann."[43] Der Beweis der Thesen wird durch die Realität

42 „cabinet": Kabinett, Ausstellung, Sammlung. Die Bezeichnung Kabinett von Palissy wird beibehalten, da sie auch im Deutschen gebräuchlich ist.

43 Palissy 1996, Bd. 2, S. 16: „...comme chascun pourra voir & entendre en moins de deux heures, moyennant qu'il vueille prendre la peine de venir voir mon cabinet, auquel l'on

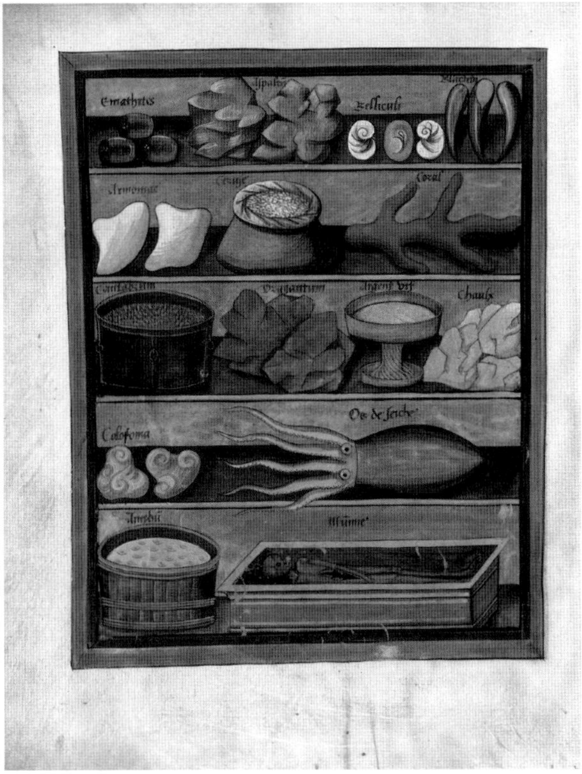

Abb. 25 *Le Livre des Simples médecines*, französisches Manuskript, ca. 1520, nach Matthaeus Platearius, *Circa Instans*, Buchmalerei wahrscheinlich von Robinet Testard (aktiv ca. 1475–1523), Bibliothèque National de France, Paris, Ms. Fr. 12322, folio 191v.

und per Induktion geführt.[44] Die Ausstellungsstücke wurden nicht wegen ihres wundersamen Aussehens gesammelt, sondern um die Wirkungsmechanismen und Gesetzmäßigkeiten der natürlichen Bildungsprozesse zu erforschen, und waren zu Dokumentationszwecken sorgsam geordnet und etikettiert. Palissy präsentierte seine Sammlung in offenen Regalen.[45] Durch die höhenmäßige Staf-

verra des choses merveilleuses qui sont mises pour tesmoignage & preuve de mes escrits, attachez par ordre ou estage, avec certains escriteaux au dessoux : afin qu'un chacun se puisse instruire soy-mesme." Vgl. z. B. auch: Palissy 1996, Bd. 1, S. 107 (*Recepte*) und Bd. 2, S. 12 f., 252, 360 (Anm.) u. 361.

44 Zur Induktion siehe Kapitel V.4. *Empirie und Theorie*; zum Beweis durch die Realität vgl. Palissy 1996, Bd. 2, S. 244.

45 Vgl. Palissy 1996, Bd. 2, S. 369 und dort Anm. 17. Die Verwendung „ordre ou estage" im Zitat Palissy 1996, Bd. 2, S. 16 gibt einen Hinweis auf die Präsentation der Exponate: „ordre" meint nicht nur Ordnung, sondern auch Reihenfolge, „estage", Etage, Rang, verweist eindeutig auf eine höhenmäßig gestaffelte Anordnung. Die Objekte waren also in Reihen und Spalten geordnet. „Estage" wird zu étagère, Bücherregal, Bücher-

felung übereinanderliegender Regalbretter ließen sich die Objekte geordnet und systematisch präsentieren, sowohl kleinere als auch größere Dinge waren so gut sichtbar unterzubringen. Ein einfaches System, welches heute noch, als mit schützenden Glastüren versehene Vitrinen, in mineralogischen Sammlungen genutzt wird. Einen ganz ähnlichen Aufbau zeigt bereits der Heilmittelfundus, den Robinet Testard im Kräuterbuch des Platearius *Le Livre des Simples medecines* von etwa 1520 abbildet.[46] (Abb. 24, Abb. 25, Taf. VIII und Taf. IX) Dort sind auf schmucklosen Holzbrettern überwiegend typische als Medizin genutzte Mineralien, wie der Judenstein, Lapislazuli, Magnetstein und ein Kalkkristall gelagert, die in keiner Mineralienkunde der Zeit fehlten, aber neben Muscheln sind ebenso ungewöhnliche Dinge wie ein Tintenfisch, eine Mumie oder einfach Butter zu sehen. Auch die Kunstkammerregale in der Darstellung von Georg Hinz zur Auf-

---

brett. Dass tatsächlich „étagère" gemeint ist, wird durch den Begriff „parquet" (Palissy 1996, Bd. 2, S. 369, Anm. 17) gestützt, der „planche" oder „présentoir", also ebenfalls Regalbrett, bedeutet. Es kann hieraus auf eine offene Präsentation in Regalen geschlossen werden, wie sie auch heute noch in Naturkundemuseen anzutreffen sind.

46 *Le Livre des Simples médecines*, ca. 1520, Bibliothèque National de France, Paris, Ms. Fr. 12322, folio 191r, 191v, französisches Manuskript nach Matthaeus Platearius (gest. ca. 1161) Kräuterbuch *Circa Instans*, Buchmalerei wahrscheinlich von Robinet Testard (aktiv ca. 1475–1523). Das Traktat beinhaltet einen 220 Seiten langen Text, der in fünf Abschnitte unterteilt ist: Pflanzen und Blumen, Bäume und deren Gummi und Harz, Metalle und Minerale, Tierprodukte und andere Stoffe. Dem Text folgt ein Atlas von 116 Seiten, mit 386 Abbildungen. Der Codex wurde für Louise de Savoie, Gemahlin von Charles d'Orléans, Comte d'Angoulême, und Mutter des späteren französischen Königs François I., angefertigt. In den abgebildeten Regalen befinden sich folgende Substanzen und Objekte: folio 191r: Gummi, Muskatnuss, Harz, Früchte, Myrobolan, Magnetstein, Judenstein, Luchsstein, armenischer Stein, Dämonenstein, Schwamm, Myrrhe, Ladanum, Lapislazuli, Perle, Essig, Glas, Butter. Folio 191v: Hämatit, Bitumen, Muscheln, Bernstein, Bleiweiß, Koralle, Kleie, Vitriol, Quecksilber, Kalk, Kolophonium, Tintenfisch, Stärke, Mumie. Alle Stoffe sind in der adäquaten Aufbewahrungsform dargestellt: Quecksilber in einem Tiegel, Getreide in einem Sack, etc., siehe Abb. 24, Abb. 25, Taf. VIII und Taf. IX.

Es existiert ein fast identisches Exemplar in St. Petersburg, Russische Nationalbibliothek, Fr.Fv.VI, 1, Größe ca. 355 × 260 mm, Abbildung des Regals auf folio 166. Die Russische Nationalbibliothek nennt eine frühere Entstehungszeit, nämlich um 1470. In diesem Fall kann nicht Louise de Savoie die Auftraggeberin gewesen sein. (vgl. http://www.moleiro.com/infoplus.php?p=LMS/de).

Die Illuminationen werden zwar Robinet Testard zugeschrieben, doch sind sie von ganz unterschiedlichem Charakter und Stil. Einige sind sehr präzise und detailliert mit subtiler Hand gezeichnet, dem beginnenden wissenschaftlichen Naturalismus des 16. Jh. verpflichtet, andere schematisch, grob und flächig, mit starken Farbkontrasten in der Art mittelalterlicher Buchillustration, so dass davon ausgegangen werden kann, dass an der Illumination der Handschrift mehrere Buchmaler beteiligt waren.

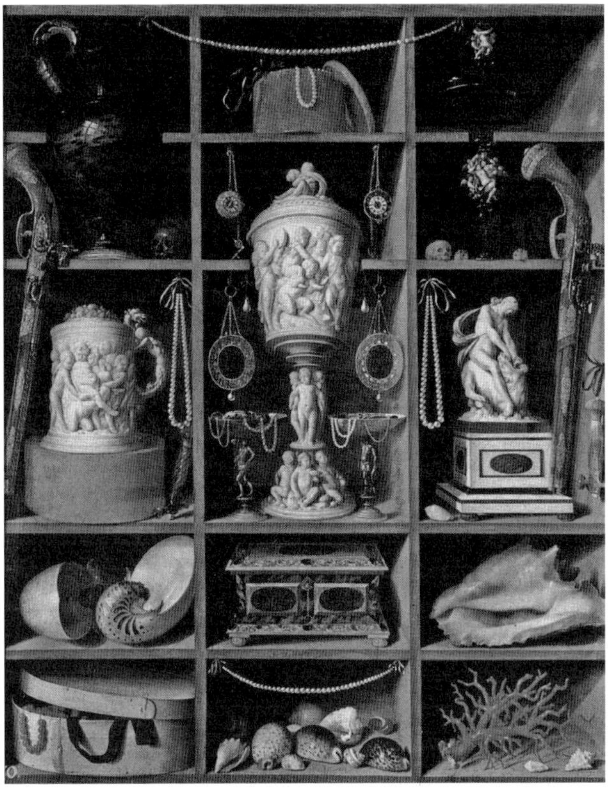

Abb. 26 Georg Hinz, *Kunstkammerregal mit Pistolen*, um 1665, Öl auf Leinwand, 127,5 × 102 cm, Stiftung Preußische Schlösser und Gärten Berlin-Brandenburg, Schloss Sanssouci, Potsdam.

nahme kunstgewerblicher Objekte und Naturalien waren ähnlich organisiert, in gleicher schlichter Ausführung (Abb. 26).[47] Dass dies eine übliche Präsentationsform von Kollektionen war, und nicht kunstvoll mit Intarsien verarbeitete Edelholzschränke und kostbare Raumensembles, demonstriert 1635 Ole Worms Titelkupfer seines Museum Wormianum in Kopenhagen (Abb. 27).[48]

Eine Auswahl der den Ausstellungsobjekten von Palissy beigegebenen Erläuterungen wird im Kapitel „Coppie des Ecrits", *Kopie der Schriften* der *Discours,*

47 Heinrich 1996, besonders S. 8–32: Das Hamburger Kunstkammerregalbild malte Georg Hinz (1630–1688) im Jahr 1666. Heinrich weist auf die Abstammung vom Schrankbildtypus hin, wie ihn auch Georg Flegel (1563–1638) verwendete. Auch Testards Regal, obwohl wesentlich früher entstanden, zeigt Verwandtschaft zu diesem Typ.

48 Worm 1655. Ole Worm (1588–1654), dänischer Arzt und Archäologe. Heinrich 1996, S. 6–7. Ein Beispiel für Erstere ist der Kunstkammerschrank von Matthäus Wallbaum von 1595, aufbewahrt im Grünen Gewölbe Dresden (Kat. Dresden 1976, S. 56–57) und das großformatige Interieur der Sammlung Michele Mercati ein Exempel einer Prestigeanlage (Mercati 1719, S. xLvii–xLviii).

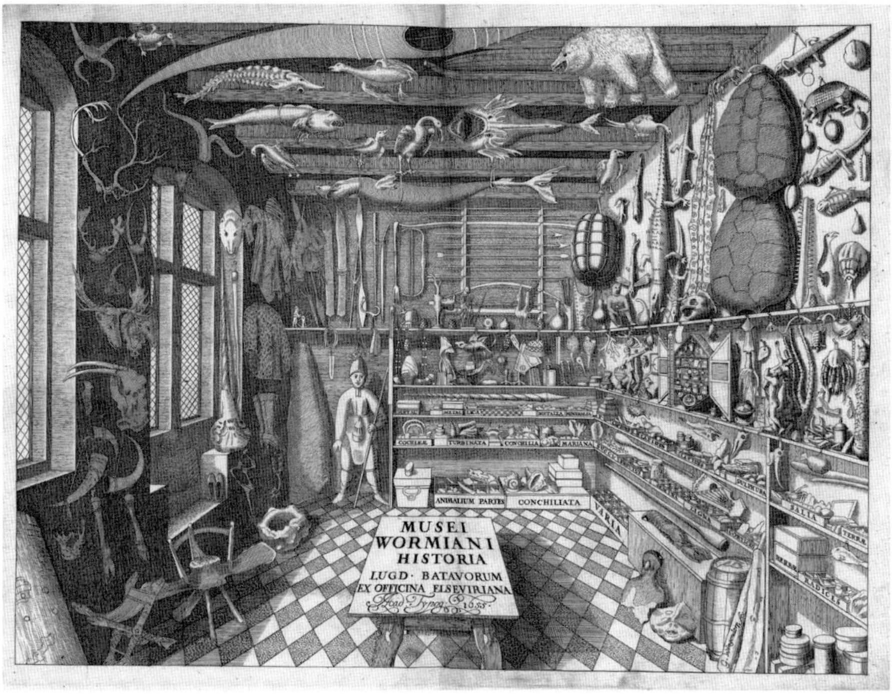

Abb. 27 Ole Worm, Titelkupfer des Museum Wormianum in Kopenhagen, in: *Museum Wormianum seu Historia rerum rariorum*, Amsterdam, 1655.

wiedergegeben.[49] Dieser Abschnitt ist insofern ein embryonaler Sammlungskatalog und ein Führungsblatt durch das Museum von Palissy. Die Exponate waren entweder eigene Fundstücke oder Schenkungen von Freunden und Kunden. Vielleicht pflegte er mit anderen Sammlern nicht nur einen intellektuellen Austausch, sondern auch den von Objekten. Seine Sammlung unterschied sich sehr von denjenigen seiner Auftraggeber wie Anne de Montmorency oder von anderen Kunst- und Wunderkammern, sie war eine spezialisierte Sammlung, vielleicht war sie sogar das erste mineralogische Museum überhaupt. Sie gilt als erste und einzige in Frankreich vorhandene Fossiliensammlung.[50] Palissy selbst berichtet indes von anderen, heute unbekannten Kabinetten, so die des Chirurgen Race, in der er einen Kupferschieferfisch studierte.[51]

---

49 Palissy 1996, Bd. 2, S. 361–372.

50 Ellenberger 1988, S. 141. Dufay, Trombetta 1987, S. 45.

51 Palissy 1996, Bd. 2, S. 147 u. 125. Zum Pariser Chirugen Race siehe Verryn-Forrer 1968. Es existieren verschiedene Schreibweisen des Namens Race, selbst bei Palissy. Siehe Kap. VII.3. *Der Mansfelder Kupferschiefer.*

Die Erläuterungstexte der Ausstellung fokussieren allerdings mehr auf die Genese, anstatt exhaustiv Objekte und Stoffe aufzulisten. Tatsächlich ist deren Anzahl eher gering und die Benennung unpräzise. Sie geben deshalb nur einen begrenzten Hinweis auf Inhalt und Umfang der Sammlung. Genannt werden unter anderem: Tropfsteine, verschiedene Muschelarten, zum Beispiel Herzmuschel und Dreiecksmuschel, nicht genauer bezeichnete kristalline Minerale und Kristalle, ein Silbermineral, Markasite, Erze, Drusen, Halbedelsteine wie Achat und Chalzedon sowie Tonklumpen. Deutlich wird, dass ein Schwerpunkt der Sammlung auf den Fossilien lag: Es wurden versteinerte Meerestiere, Pflanzen, Holz, fossile Muschelbänke und versteinerte Früchte gezeigt. Bei der Beschreibung eines Fossils in Form einer Spirallinie handelt es sich zweifellos um einen Ammoniten, von denen er mehrere besessen haben muss. Palissy identifiziert sie als ausgestorbene Gattung, erkennt ihre Bedeutung, und reserviert ein ganzes Regalbrett für sie.[52] Da das Fossil unbekannt ist, kann er es nicht benennen, gibt ihm aber auch keinen eigenen Namen. Auch ein deformiertes Tongefäß aus einem missratenen Brand ist unter den Exponaten aufgeführt und wird als Vergleichsobjekt genutzt. Es liegt somit nahe, zu unterstellen, dass auch ordinäre Stoffe wie Ton, Sand, Gips und Kieselsteine Bestandteile seiner Schausammlung waren. Auf den Mergel, der häufig faszinierende Markasitkristalle enthält und dem Palissy ein gesamtes Kapitel widmet, konnte keinesfalls verzichtet werden. Zum Vergleich mit fossilen Arten waren rezente Muscheln als zoologische Exponate vorhanden.[53] Denkbar wäre auch das Vorhandensein von Bruchstücken antiker Bauten, da die römischen Ruinen von Saintes im Diskurs *Über das Wasser* Erwähnung finden. Es ist nicht bekannt, ob in diesem „cabinet", neben Mineralien und Fossilien auch seine „céramiques rustiques und jaspées" ausgestellt waren, vielleicht zu Werbezwecken, sie hätten in seiner privaten „Kunstkammer" aber sicher ihren Platz gehabt.

Stein- und Fossiliensammlungen waren im 16. Jahrhundert nicht selten und eine Abteilung vieler Kunstkammern. Einzigartig ist aber, dass die Sammlung von Palissy nicht mehr als Kuriositätensammlung, sondern auf diesen Schwerpunkt beschränkt als wissenschaftliche Forschungssammlung aufgebaut wurde, die noch dazu öffentlich war – ein Museum. Als einzige vergleichbare Spezialsammlung ist nur die Steinsammlung von Johann Kentmann (1518–1574), einem Schüler von Gesner, bekannt.[54] Über Sammlungsaufbau und Präsentation sind

---

52 Im Diskurs *Über die Steine*, Palissy 1996 Bd. 2, S. 244, wird der Ammonit ebenfalls erwähnt.

53 Der Vergleich von fossilen und rezenten Arten wird heute noch in den Galeries d'Anatomie comparée et de Paléontologie des Muséum national d'histoire naturelle in Paris vorgenommen.

54 Impey, MacGregor (Hg.) 1985, S. 205. Spätere Lapidarien nennt Partington 1970, S. 101–104.

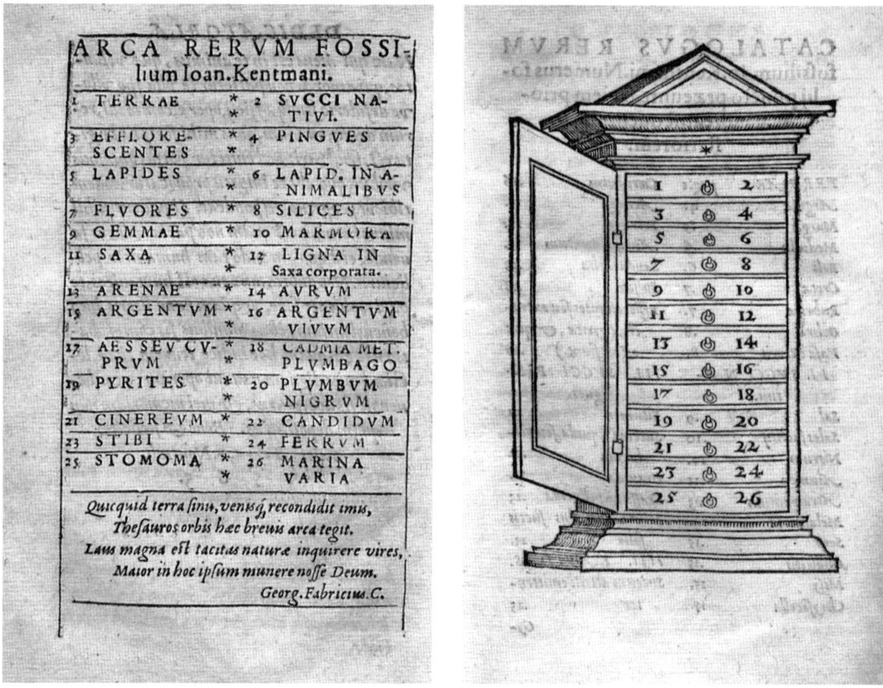

ARCA RERVM FOSSIlium Ioan. Kentmani.

1 TERRAE *	2 SVCCI NATIVI.
3 EFFLORESCENTES *	4 PINGVES
5 LAPIDES *	6 LAPID. IN ANIMALIBVS
7 FLVORES *	8 SILICES
9 GEMMAE *	10 MARMORA
11 SAXA *	12 LIGNA IN Saxa corporata.
13 ARENAE *	14 AVRVM
15 ARGENTVM *	16 ARGENTVM VIVVM
17 AES SEV CVPRVM *	18 CADMIA MET. PLVMBAGO
19 PYRITES *	20 PLVMBVM NIGRVM
21 CINEREVM *	22 CANDIDVM
23 STIBI *	24 FERRVM
25 STOMOMA *	26 MARINA VARIA

Quicquid terra sinu, venisq; recondidit imis,
Thesauros orbis hæc breuis arca tegit.
Laus magna est tacitas naturæ inquirere vires,
Maior in hoc ipsum munere nosse Deum.
Georg. Fabricius. C.

Abb. 28 Anonym, Sammlungsschrank von J. Kentmann, Holzschnitt aus Johannes Kentmann, *Nomenclaturae rerum fosilium*, in Conrad Gesner (Hg.), *De omni rerum fossilium genere, gemmis, lapidibus, metallis, et huiusmodi, libri aliquot*, Zürich, 1565, S. 4v. und 5r.

wir aufgrund der 1565 von Kentmann veröffentlichten Schrift *Nomenclaturae Rerum Fossilium quae in Misnia praecipue et in allis quoque regionibus inveniuntur* gut informiert. Kentmann bewahrte seine Sammlung in einem großen Schrank mit 13 Schubladen.[55] Sie war eine rein private Studiensammlung. Die Objekte wurden verwahrt und gehütet wie kostbare Kupferstiche in einem Planschrank (Abb. 28). Die Präsentation unterscheidet sich stark von derjenigen Palissys, da sie dem Blick verschlossen war, während die Objekte von Palissy offen vor dem Auge des Besuchers ausgelegt waren.

Die Funde Kentmanns kamen überwiegend aus der Gegend von Meißen, beinhalteten aber darüber hinaus, wie auch die Sammlung von Palissy, besondere Steine wie Gallen- und Blasensteine, die sich durch den menschlichen Stoffwechsel bilden. Die Gesteinskunde sah keine wesentlichen Grenzen zwischen

55 In: Gesner 1565, S. 2r–95v. Die Abbildung des Sammlungsschrankes befindet sich auf S. 5r. Vgl. Impey, Mac Gregor (Hg.) 1985, S. 20–206; Daston, Park 2002, S. 183–185.

Natur-, Kunst-, Mineral- und Erzform,[56] aber Lockergesteine fanden sich in den vornehmen Kunstkammersammlungen nicht. Kentmann und Palissy bildeten eine Ausnahme. Es ist nicht weiter verwunderlich, dass „einfache“ gestaltlose und „dreckige“ Erden, also Ton, Sand, Schlick und so weiter, keinen Einzug in die Kunstkammer fanden, da sie nicht als bewundernswert galten und als „Rohmasse“ keinen ästhetischen Reiz boten. Dies änderte Palissy, indem er die festen Gesteine mit den Lockergesteinen, Ton, Mergel, Lehm, Löß, Sand, Schlick, in einen direkten Zusammenhang brachte. Diese Stoffe lagerten vermutlich in kleinen Holzkästchen, vielleicht auch in Glas- oder Tonschälchen auf den Holzborden, ähnlich wie es bereits im Medizinregal Testards oder später im Museum Wormianum zu sehen ist (Abb. 24, 25 und 27). Kentmann und Palissy waren zwei Pioniere, die im 16. Jahrhundert ihre Sammlungstätigkeit nutzten, um die geologische Forschung und Lehrtätigkeit voranzutreiben,[57] doch scheint Palissy, und hier unterschied er sich von Kentmann, der Einzige gewesen zu sein, der versuchte die gesamte Geologie und Hydrologie, inklusive der ordinären Stoffe, in ein zusammenhängendes System zu bringen. Die Lockergesteine, insbesondere die Tone mit ihren vielfältigen Verunreinigungen, sind das Arbeitsmaterial für den Künstler Bernard Palissy. Aus diesen formt und brennt er seine Bildwerke. Der formbare schmierige Stoff Ton lässt sich durch den Brennprozess in einen künstlichen Stein umwandeln. Die keramischen Kunstwerke von Palissy sind, wie auch Ziegel, solche künstlichen Steine. Die Bassins rustiques können unter diesem Blickwinkel sogar als künstliche Fossilien verstanden werden. Womit sie sich unter mehreren Kategorien innerhalb einer Sammlung einordnen ließen.

3. Palissys Pariser Akademie

Die mineralogische Sammlung besaß damit für die *Discours admirables* eine herausragende Bedeutung. Palissy erklärte sich deshalb auch zu persönlichen Führungen durch sein Museum bereit, denn „seitdem dieses Buch in den Druck gegeben wurde, haben mehrere Personen angefragt, ob ich nicht eine Vorlesung darüber halten könne, damit sie eine zuverlässigere Kenntnis dieser schwierigen Dinge erlangen. Dies hat mich dazu veranlasst, das Folgende zu schreiben: Wenn sich nach dem Druck dieses Buches jemand meldet, der sich nicht damit zufrieden gibt, die Dinge nur schriftlich bei sich zu Hause zu sehen, und er eine bescheidene Interpretation wünscht, kann er sich an den Verleger wenden, und dieser wird ihm meinen Wohnort nennen, wo man mich jederzeit zu einem kleinen

56 Bredekamp 1982, S. 14.
57 Impey, Mac Gregor (Hg.) 1985, S. 206.

Vortrag und einer Demonstration der im Buch enthaltenen Dinge bereitfindet."[58] Das Angebot beschränkt sich also nicht allein auf die Führung, sondern hat die Form eines Privatseminars.

Als Quellennachweis der Exponate werden wiederholt die Fundorte und die sie umgebenen Bodenformationen beschrieben. Um die Demonstration zu vervollständigen, wird der Leser zu einer Besichtigung der Lager- und Fundstätten aufgefordert, wobei Palissy sich wiederum bereit erklärt, sogar selbst Führungen zu den Lagerstätten zu übernehmen, um eine Inaugenscheinnahme der Gesamtfundsituation zu ermöglichen und eine Überprüfung der Behauptungen zu gestatten.[59] Die realen Objekte und die direkte Anschauung ersetzen auch hier die fehlenden Abbildungen.

Ab 1575 hielt Palissy in seinen Museumsräumen in Paris Vorlesungen zur Geologie und Naturkunde ab, welche er durch kleinere von ihm durchgeführte Experimente unterstützte.[60] Die Vorlesungen, die durch Plakate angekündigt wurden, die Palissy an Straßenkreuzungen in Paris aufstellen ließ, begannen bereits fünf Jahre vor Veröffentlichung der *Discours* und sie scheinen anfänglich einen fast dialektischen Anlass gehabt zu haben. Palissy wollte seine Argumente erproben und hoffte auf Widerspruch. Um nur ein ausgewähltes Publikum von Gelehrten zu haben, erhob Palissy einen hohen Eintritt von einem Ecu pro Vorlesung: „Da es ein anspruchsvolles Stoffgebiet ist, welches auch nur von wenigen Menschen beherrscht wird, wollte ich mich [beim Abfassen der *Discours*] keiner zu großen Unsicherheit aussetzen, da ich nicht wusste, ob die Lateiner vielleicht umfangreichere Kenntnisse darin besaßen als ich. Ich war in großer Sorge, denn ich hatte noch nie die Meinung dieser Philosophen gesehen, um zu wissen, ob sie über jene Dinge schrieben. Es hätte mir es sehr erleichtert, Latein zu verstehen und die Bücher der besagten Philosophen lesen zu können, um von den einen zu lernen und den anderen zu widersprechen. Aus diesen inneren Überlegungen heraus ließ ich Plakate an den Straßenkreuzungen von Paris aufstellen, um die herausragendsten Mediziner und andere Gelehrte zu versammeln. Ich versprach ihnen in drei Unterrichtsstunden alles zu zeigen, was ich über Brunnen, Steine, Metalle und andere Naturphänomene wusste. Und damit sich bei mir nur die Gelehrtesten und Wissbegierigsten einfänden, gab ich auf meinen Plakaten bekannt, dass keiner Zugang erhielte, der nicht einen Ecu Eintritt am Beginn

58 Palissy 1996, Bd. 2, S. 18: "A sçavoir que si apres l'impression dudit livre, il se presente quelqu'un qui ne se contente d'avoir veu les choses par escrit en son privé, & qu'il desire avoir une ample interpretation, qu'il se retire par devers l'imprimeur, & il luy dira le lieu de ma demeurance, auquel on me trouvera tousjours prest à faire lecture & demonstration des choses contenues en iceluy."

59 Palissy 1996, Bd. 2, S. 224 f., 264 und 360.

60 Palissy 1996, Bd. 2, S. 263. Zur Pariser Akademie von Palissy vgl. Amico 1996, S. 42 f.

jeder Unterrichtsstunde entrichtete. Dies machte ich teilweise, um zu sehen, ob ich nicht durch meine Zuhörer einige Widersprüche erfahren könnte, die mir eine größere Sicherheit bezüglich des Wahrheitsgehaltes böten als die von mir angeführten Beweise. Denn ich wusste sehr wohl, dass, wenn ich Unrecht hätte, es die Griechen und Lateiner mir gegenüber gäbe, die mich nicht schonen würden, einerseits wegen des Ecu, den ich von jedem genommen hatte, andererseits auch wegen der Zeit, die ich sie amüsiert hatte. Es gab unter meinen Zuhörern sehr wenige, die nicht von irgendeiner Sache profitiert hätten während der Zeit, die sie meinem Unterricht beiwohnten. Das ist der Grund, warum ich sage, wenn sie mich als Lügner entlarvt hätten, wäre ich ganz schön in Verlegenheit geraten, denn ich setzte auf meine Plakate, dass, wenn sich die versprochenen Behauptungen als nicht wahrheitsgemäß herausstellten, ich ihnen das Vierfache erstatten würde. Aber Gott sei Dank widersprach mir niemand auch nur mit einem Wort."[61] Die Vorträge wurden von namhaften Gelehrten und Medizinern besucht, die Palissy in einer umfassenden Liste im Diskurs *Über die Steine* aufführt, unter ihnen Ambroise Paré (1510–1590), der Erste Chirurg des Königs und Vater der modernen Chirurgie, sowie der Gelehrte Pierre Pena (um 1520–um 1600), ein Schüler des Naturkundlers Rondelet.[62] Das Seminar umfasste drei Termine. Es spricht indes nichts dagegen zu unterstellen, dass es sich um einen Zyklus han-

61 Palissy 1996, Bd. 2, S. 230 f.: „Mais d'autant que se sont matieres hautes & connues de peu d'hommes, je n'ay osé me hazarder, que premierement je n'eusse senti si les latins en avoyent plus de connaissance que moy : et j'etois en grand peine, par ce que je n'avois jamais veu l'opinion des philosophes, pour sçavoir s'ils avoyent escrit des choses susdittes. J'eusse esté fort aisé d'entendre le Latin, & lire les livres desdits philosophes, pour apprendre des uns & contredire aux autres : Et estant en ce debat d'esprit je m'avisay de faire mettre des affiche par les carrefours de Paris, afin d'assembler les plus doctes medecins & autres, ausqueles je promettois monstrer en trois leçons tout ce que j'avois conneu des fonteines, pierres, metaux & autres natures. Et afin qu'il ne s'y trouvast que les plus doctes & des plus curieux, je mis en mes afiches que nul n'y entroit qu'il ne baillast un escu 'a l'entree desdites leçons. & cela faisoy-je en premier partie pour voir si par le moyen de mes auditeurs je pourois tirer quelque contradiction, qui eust plus d'asseurance de verité que non pas le preuves que je mettois en avant : sachant bien que si je mentois il y en auroit de Grecs & Latins qui me resisteroyent en face, & qui ne m'espargneroyent point, tant à cause de l'escu que j'avois pris de chascun, que pour le temps que je les eusse amusez : car il y avoit bien peu de mes auditeurs qui n'eussent profité de quelque chose, pendant le temps qu'ils estoyent à mes leçons. Voila pourquoy je dis que s'ils m'eussent bien rembarré : Car j'avois mis par mes afiches que partant que les choses promises en icelles ne fussent veritables, je leur rendrois le quadruple. Mais graces à mon Dieu, jamais homme ne me contredit d'un seul mot." Die Vorträge sind somit sicherlich in die *Discours* eingeflossen und haben sie beeinflusst.

62 Palissy gibt eine Aufstellung von ihm namentlich bekannten Gelehrten, die seinen Seminaren beiwohnten: Palissy 1996, Bd. 2, S. 232 f.

delte, der regelmäßig durchgeführt wurde. Palissys Angebote in den *Discours* und die Bezeichnung Akademie sprechen genauso dafür wie ein Bericht im *La Croix du Maine* 1584, dass Palissy in Paris lebt und „Seminare in seiner Wissenschaft und seinem Beruf gibt."[63] Ab etwa 1576 ist nur noch die wissenschaftliche Tätigkeit von Palissy bezeugt.[64] Ob sein Pariser Keramikatelier in den Tuilerien nach 1576 noch arbeitet, ist fraglich. Die öffentlichen Vorlesungen in seiner mineralogischen Sammlung hält Palissy vermutlich von 1575 bis wenigstens 1584 ab. Palissy scheint, wie Marie-Madeleine Fragonard mit einigem Recht feststellt, das dritte Mal seinen Beruf gewechselt zu haben.[65] Hat sich Palissy also ab 1576 ausschließlich seiner akademischen Tätigkeit gewidmet? Es ist ein Vorhaben der öffentlichen Wissensvermittlung mit pädagogischem Ansatz, das der vom Individualismus geprägte Künstler, sonst darauf bedacht, seine Werkstattgeheimnisse zu hüten, in seiner „petite Academie" umsetzt.[66]

Die Bezeichnung „Académie"[67] wird von Palissy selbst eingeführt, um die Verbindung von Forschungsstätte und Lehranstalt zu bezeichnen. Es existierten bereits zwei so bezeichnete Einrichtungen in Paris. Der Dichter Jean-Antoine de Baïf und der Komponist Joachim Thibault de Courville gründeten mit Approbation von Charles IX. 1570 die „Académie de musique et de poésie", auch „Académie du Palais Royal" genannt. Diese könnte Palissy angeregt haben, diesen ganz neuen Begriff zu verwenden und für seine Zwecke zu erweitern. Auch Jacques Gohory[68] der die Iatrochemie und Medizin von Paracelsus in Frankreich

63 La Croix du Maine 1772, Tome 1, S. 73 : „Il florit à Paris, âgé de soixante ans & plus & fait leçons de sa science & profession." Vgl. Palissy 1996, Bd. 2, S. 408. Der Bericht im *La Croix du Maine* könnte auch ein Hinweis darauf sein, dass Palissy nach Erscheinen der *Discours* keine Keramiken mehr produzierte. La Croix du Maine ist eine Art Autorenkatalog, verfasst von François Grudé, sieur de La Croix du Maine (1552–1592) und Antoine du Verdier (1544–1600); vollständiger Titel : *Les bibliothèques françoises de La Croix-du-Maine et de Du Verdier.* Das Werk erschien erstmals 1584 und ist somit zeitgenössisch. Eine Bekanntschaft von Grudé mit Palissy ist von daher möglich. Der Eintrag im *La Croix du Maine* zu Palissy gibt auch den Hinweis, dass er in der Diozese von Agen in Aquitaine geboren sei.

64 Palissy 1996, Bd. 2, S. 406f.

65 Palissy 1996, Bd. 1, S. XV.

66 Die pädagogische Stoßrichtung erkannte bereits Amico 1996, S. 42. Palissy 1996, Bd. 2, S. 17: „...comme tu verras lors que tu me viendras voir en ma petite Academie."

67 Palissy 1996, Bd. 2, S. 17, vgl. dort Anm. 21. Der Begriff ist erst nach 1508 erstmals in der französischen Sprache nachweisbar. Die ab 1577 erschienene Enzyklopädie der Moral *L'Académie francaise* von Pierre de La Primaudaye benutzt ebenfalls den Begriff. Die 1591 publizierte erweiterte 4. Auflage von Bd. 1 bezeichnet das Werk am Ende S. 870v sogar als „Discours Academique".

68 Jacques Gohory (1520–1576), Pseudonyme: Orlande de Suave und Leo Suavius. Zur Biographie: http://galileo.rice.edu/Catalog/NewFiles/gohory.html. Da Gohory gleichfalls Kontakte zum Connétable Anne de Montmorency unterhielt, ist eine persönliche

zu popularisieren versuchte, betrieb zu diesem Zwecke seit 1571 bis zu seinem Tod 1576 eine kleine Lehr- und alchemistische Experimentiereinrichtung mit angeschlossenem botanischem Garten, das „Lycium philosophal“ in seinem Haus im Paris. Gohory berichtet in seinem *Introduction sur l'herbe petum* aus dem Jahr 1572 darüber und nennt Freunde, die seine Interessen teilten, darunter Jacques Besson und Ambroise Paré.[69] Dieses könnte Palissy inspiriert haben, seinerseits eine an seinen Vorstellungen und Zielen ausgerichtete Institution zu gründen. Allerdings ist auch diese Hypothese vorsichtig zu behandeln, da Palissy den Großteil dieses Zeitraums, nämlich seit der zweiten Hälfte 1572 bis spät ins Jahr 1575, im Exil in Sedan verbrachte.[70]

Den *Discours admirables* fällt in dem Konzept von Palissy die Rolle als zentrales Instrument der Lehre zu. Sie waren neben ihrer Eignung als Führungsblatt und Vorlesungsskript vor allem ein veritables Lehrbuch der Geowissenschaften und Hydrologie. Der Anhang stellt in seiner Vollständigkeit eine Innovation in diesem Genre dar. Es findet sich dort neben den Erklärungen zu den Ausstellungsstücken (*Kopie der Schriften*) eine *Erläuterung der problematischsten Begriffe* und eine Sammlung von Lehrsätzen (*Auszug der wichtigsten Sentenzen*), die in ihrer Summe eine Zusammenfassung des Textes ist, welche durch die Angabe der Seitenzahlen auch als Register funktioniert. Die „Erläuterung der Begriffe“ kann als ein embryonales Wörterbuch gelten. Wobei zu fragen wäre, warum Palissy gerade diese Begriffe wählte. Das berühmte 1556 erschienene Lehrbuch *De re metallica libri XII* von Georg Agricola bietet dagegen weder das eine noch das andere; an den Text schließt sich nur ein kurzes Verzeichnis der von Agricola konsultierten Schriftsteller an, welches allerdings den *Discours* fehlt.[71]

Das Museum von Palissy erhält durch seine Seminare den erweiterten Charakter eines „Institute for Advanced Studies“ oder einer „Akademie der Wissenschaften“. Da sich diese dreitägigen Seminare gezielt an Gelehrte richteten, schwebte ihm vielleicht auch eine Form wissenschaftlicher Gesellschaft vor, deren Ziel eine Einheit von Lernen und Forschen gewesen sein könnte. Komplettiert wird dieses Angebot durch die Ausweitung der Sammlung auf die externen Orte von Fund- und Lagerstätten und deren Einbeziehung in das Gesamtsystem der „Academie“. „Im Gegensatz zur starren und damit implizit toten Welt der

---

Bekanntschaft mit Palissy denkbar. Gohory war nicht nur als Alchemist aktiv, sondern auch als Übersetzer, so übertrug er gemeinsam mit Jean Martin 1554 die *Hypnerotomachia* von Francesco Colonna in die französische Sprache.

69 Zittel u. a. 2008, S. 11 f.; zu Gohory und Paracelsus: Walker 2000, S. 99 ff.; siehe auch Kamil 2005, S. 183 ff.; zu Gohory und seinem Lycium: Deramaix u. a. 2008, S. 553–588.

70 Vgl. Kapitel VII.4. *Vorgänger, Vorbilder, Zeitgenossen*.

71 Agricola 1928, S. 510. Die *Discours* können also sowohl als eine eigenständige durch die Vorträge beeinflusste Schrift wie auch als erweiterte publizierte Vorträge gelten.

Bibliotheken,"[72] die für Palissy nur Gestalt gewordener Ausdruck von ihm ständig kritisierter Theoriegebilde gewesen sein müssten, sollte sein Akademieprojekt „lebendige Eindrücke und Kenntnisse von allen Dingen ermöglichen,"[73] wie fast einhundert Jahre später Leibniz formulierte, und zwar durch eigene direkte Anschauung.

Palissy betreibt um 1580 eine komplette fachlich spezialisierte Einrichtung mit einem Angebot von aufeinander bezogenen Leistungen: Forschungsinstitut, Museum mit Führungen und Exkursionen, Lehrbuch und Ausstellungskatalog sowie Vorlesungen und Seminare mit der Demonstration von Experimenten. Es ist nicht bekannt, ob Leibniz die Schriften Palissys kannte, es gibt jedoch einige Berührungspunkte. Denn auch Leibniz betrachtet das Gebirge als „natürliche Außenstelle der Kunstkammer" und wünschte, dass alle verschiedenen Arten von Erzen und Mineralen, mitsamt ihren Unterarten, zur Untersuchung an die fürstliche Kunstkammer zwecks detaillierter Untersuchung eingesendet würden.[74] Anders als die nicht realisierten oder späteren Projekte von Samuel Quiccheberg und Gottfried Wilhelm Leibniz, bei denen theoretische konzeptuelle Überlegungen am Anfang standen, entwickelte sich Palissys Einrichtung ohne theoretischen Rahmen sukzessive aus der Praxis. Sein Anliegen sei es einzig, schreibt er in der Widmung an Antoine de Pons, das von ihm mit Gottes Hilfe erworbene Wissen an die Nachwelt weiterzugeben.[75] Mit dem Aufbau einer öffentlichen Spezialsammlung und Lehranstalt übernimmt Palissy eine Vorreiterrolle für das Museumswesen. Dass dies indes auch seinen eigenen Ruhm beförderte, dürfte ihm bewusst gewesen sein.

4. Empirie und Theorie

Der gesellschaftliche Status der Töpfer in der Hierarchie des Zunftwesens war weit unterhalb dem der Glasmaler angesiedelt.[76] Viele Stellen der *Discours* zeugen von dem Bemühen Palissys, das Renommee seiner neuen Profession zu erhöhen, um aus dem Bereich des Handwerks, den „artes mechanicae", zu den freien Künsten aufzusteigen.[77] Die Tätigkeit des „artisan" oder Handwerkers wurde in der Renaissance im Gegensatz zum „artiste" weitgehend durch dessen mechanische Arbeit definiert, was dem Selbstverständnis Palissys, der sich als „inven-

72 Bredekamp 2004, S. 24.
73 Leibniz 1923 ff., zitiert nach Bredekamp 2004, S. 24.
74 Bredekamp 2004, S. 27.
75 Palissy 1996, Bd. 2, S. 10.
76 Palissy spricht sogar von einer Missachtung der Keramikkunst (Palissy 1996, Bd. 2, S. 312), vgl. Kapitel IV.1. *Mineralienimitationen*.
77 Zu „artes mechanicae" und „artes liberales" vgl. Pochat 1986, u. a. S. 97 f. und 129 ff.

teur" und „concepteur" verstand, also als Erfinder, Künstler und Intellektueller, wenig entsprach. Er grenzt sich deshalb permanent von der praktischen, manuellen Tätigkeit eines „einfachen Töpfers" ab, um den konzeptuellen Aspekt seiner Arbeit zu betonen.[78] Das Konzept erringt die Vorherrschaft über die manuelle Ausführung. Das italienische Modell mit seinem Kult der Einzigartigkeit der künstlerischen Schöpfung zerbricht auch in Frankreich das Modell der traditionellen Korporationen.[79] Palissy preist in seinen Schriften wiederholt die Einzigartigkeit seiner Erfindungen. Um diese herauszustellen, grenzt er sich von der Gebrauchskeramik ab und unternimmt es, sowohl Projekt als auch Herstellungsprozess zu intellektualisieren. Er gesteht zwar zu, „dass diese Kunst [die Rede ist von der Töpferkunst] einige mechanische Arbeitsschritte, wie etwa das Schlagen des Tones, hat. Es gibt einige, die nur Gefäße für einfaches Küchengeschirr herstellen, ohne dass irgendwelche Proportionen eingehalten werden müssen, diese können «mechanische» [Tätigkeiten] genannt werden. Aber was die Regelung des Feuers betrifft, kann sie nicht am Maßstab der artes mechanicae gemessen werden."[80] Das Feuer müsse mit einer sorgsamen „Philosophie" gelenkt werden. Dies erforderte eine genaue Beobachtung, da die Temperatur in Schmelz- und Brennöfen anhand der Flammenfarbe abgeschätzt wurde,[81] wie später der ph-Wert mit dem Lackmustest. Für die künstlerische Keramikherstellung sei, so Palissy, zudem eine „ausgezeichnete Kenntnis der Geometrie erforderlich."[82] Dies betrifft sowohl die Form der Keramiken selbst als auch deren Disposition im Ofen.[83] Die Geometrie wird zum Synonym für die Beherrschung der gestalteten Materie, als deren Parameter Zeichnung, Form, Gewicht und besonders die Maße stehen. Speziell die Bodenvermessung und der Beruf des Vermessers oder Geometers, den Palissy selbst ausgeübt hatte, standen in hohem Ansehen. Es ist der Versuch, diese angewandte Geometrie auf die anderen Bodenkünste zu übertragen, um hierdurch ihr Renommee zu erhöhen. „Jedenfalls die Künste, für die der Zirkel, Lineale, Zahlen, Gewichte und Maße erforderlich sind, dürfen nicht mechanische genannt werden."[84] Dass seine Art Keramikherstellung keine „ars mechanica"

78 Palissy 1996, Bd. 2, S. 300. Gerade bei den Bassins von Palissy sind Erfindung bzw. Konzept von ihrer manuellen Ausführung, die maßgeblich von ihm selbst erledigt wurde, nicht zu trennen. Deshalb steht diese schematische Trennung eigentlich im Widerspruch zu seinem eigenen Werk.

79 Palissy 1996, Bd.1, S. XVIII. Vgl. Warnke 1985, S. 10 u. 52 f. (franz. Ausgabe: Martin Warnke, *L'artiste et la cour*, Paris 1989, S. 45 f.).

80 Palissy 1996, Bd.2, S. 309. Aus dieser Aussage Palissys lässt sich zudem der Rückschluss ziehen, dass die Bassins rustiques nicht für den praktischen Gebrauch bestimmt waren, sondern ausschließlich als künstlerisches Objekt konzipiert waren.

81 Breidbach 2005, S. 150.

82 Palissy 1996, Bd.2, S. 309 f.

83 Palissy 1996, Bd.2, S. 310.

84 Palissy 1996, Bd. 2, S. 310.

sei, versucht Palissy explizit mit der Notwendigkeit von geometrischen Kenntnissen für den Keramikentwurf und die Produktion zu begründen, wissend, dass die Geometrie als die bedeutendste Kunst der „artes liberales" galt. Ein Vergleich mit der gestaltenden göttlichen Schöpferkraft im Topos, der in der Renaissance gebräuchlichen Metapher, von Gott als oberstem Geometer war ebenfalls Anreiz für Palissy zur Herleitung der (nicht gerade auf der Hand liegenden) Nähe der Geometrie zur Töpferkunst, verglich er doch ganz ungeniert seinen Gartenentwurf mit dem Garten Eden.[85] Viel zwingender wäre in der Tat der Vergleich des produzierenden Künstlers mit dem Schöpfergott als Töpfer gewesen, mit Bezug auf Genesis 1. Mose 2.7, in welcher der Mensch nach dem Ebenbild Gottes aus der „Erde des Ackers" geformt wird.

Die verbissenen praktischen Versuche von Palissy, die Keramik- und Glasurherstellung zu meistern, scheinen im Widerspruch mit der Zurückweisung der Töpferkunst als einer manuellen Tätigkeit zu stehen. Auch wäre zu vermuten gewesen, dass der Wunsch nach Integration in die „artes liberales" zu einer Bevorzugung der Theorie als Ausdruck intellektueller Tätigkeit geführt hätte. Tatsächlich kommt es aber zu einer überraschenden kreuzförmigen Verknüpfung der „artes liberales" mit Empirie und Praxis und der „artes mechanicae" mit der Theorie. Die Erste wird durchweg positiv und die Zweite als irrend gewertet. Dieser scheinbare Widerspruch löst sich erst auf, sobald der Charakter der systematisch durchgeführten Versuche als wissenschaftliches Experiment hervortritt. Die intellektualisierte Keramikherstellung wird zum naturwissenschaftlichen Grundlagenversuch, nach der Erhöhung der „céramiques rustiques" vom Gebrauchsgut zum Kunstobjekt werden diese so ein zweites Mal geadelt.

Palissys Untersuchungen betreffen alle Fachgebiete, die mit dem Aufbau der Erde zusammenhängen. Seiner Erzählung folgend, war nur die Erde seine Lehrmeisterin, sie sei wie ein aufgeschlagenes Buch, in dem jeder aufmerksame Mensch lesen könne.[86] Besondere Bedeutung maß er den Versteinerungen und Fossilien zu, die als die Quintessenz seiner Forschung anzusehen sind. Die wissenschaftlichen Disziplinen, die sich in irgendeiner Form mit dem Boden beschäftigen, erkennen deshalb in Palissy einen ihrer Ahnherren, hierzu zählen die Geologie, die Hydrologie, die Mineralogie oder die Paläontologie.[87] Alexander

---

85 Palissy 1996, Bd. 1, S. 46.

86 „Je n'ay point eu d'autre livre que le ciel & la terre, lequel est conneu de tous, & est donné à tous de connoistre à lire ce beau livre." Palissy 1996 Bd. 2, S. 221 f. (*Des pierres*).

87 Sogar in der Chemie, die sehr lange brauchte, um sich als Naturwissenschaft zu etablieren, ist Palissy nicht ohne Bedeutung, weshalb er in der umfassenden *A History of Chemistry* von J. R. Partington in dem Kapitel *Technological Treatises* gemeinsam mit Agricola und Gesner genannt wird, während Leonardo da Vinci zusammen mit Cardano noch der vorhergehenden wissenschaftlichen Entwicklungsphase des *Empirical Prelude* zugerechnet wird. Partington 1970, Bd. 2; zu Palissy: S. 69–77. Allerdings ist Parting-

Bruno Hanschmann und Sir Thomas C. Allbutt sahen in ihm sogar den Vater der von Francis Bacon begründeten induktiven Wissenschaftsmethode, da Versuch, Experiment und Beobachtung, aber nicht philosophische Spekulationen und die Scholastik seine Methoden der Erkenntnisgewinnung waren.[88]

Gesteine und ihre Strukturen wurden früher ausschließlich nach den überlieferten Texten der Antike gedeutet, dem biblischen Schöpfungsbericht kam dabei eine besondere Bedeutung zu. Erst im 17. und 18. Jahrhundert wandte man sich nach und nach von solch deduktivem Naturverständnis ab, das heißt von der als Deduktion bezeichneten Methode, die auf der Ableitung wissenschaftlicher Aussagen, von nicht anzuzweifelnden oder zu beweisenden Lehrsätzen beruht. Auch die Alchemie war in dieser Hinsicht eine deduktive Lehre, da sie sich in ihren Begründungen immer auf die absolute Gültigkeit besitzenden Schriften der großen Meister berief. Als genauer Beobachter der Naturphänomene und Experimentator ging Palissy umgekehrt vom konkreten Objekt aus. Nach seiner Auffassung waren Beobachtung und Experiment die einzig sicheren Wege, um Wissen über die Natur zu erwerben. Es wurden systematische Beobachtungen angestellt, diese rational erklärt und aus ihnen allgemein gültige Regeln abgeleitet, de facto „Naturgesetze", was einen Vorgriff auf das 17. Jahrhundert darstellt. Dieses philosophische Verfahren, aus einer begrenzten Zahl von Einzelfällen auf die Gesamtheit aller möglichen Fälle zu schließen, wird Induktion genannt. Die Induktion ermöglicht es damit, auch Voraussagen auf das zukünftige Verhalten von Stoffen zu treffen.[89]

Die systematische und präzise Durchführung von Versuchen, über die er vermutlich genau Buch führte, wie es auch für den modernen wissenschaftlichen Experimentator unabdingbar ist, findet sich so ausführlich erstmals bei Palissy beschrieben. Penible Versuchsdurchführungen sind für Palissy kein Selbstzweck, sondern sie ermöglichen die Wiederholbarkeit der Versuche und sind Voraussetzung zur erfolgreichen Herstellung der Keramiken. Das induktive Verfahren, von Bacon erstmals theoretisch formuliert, entwickelte sich bei Palissy aus der Praxis heraus und wird in einer allgemeinen empirischen Form, ohne theoretische Fundamentierung, schriftlich formuliert.[90] Palissy betont, dass er durch die Erfahrung, das heißt aus der Praxis, lernte, gerade auch aus Misserfolgen.

Der Umgang mit dem Tonmaterial gab den Anstoß, dessen Aufbau genauer zu untersuchen, dies ermöglichte Rückschlüsse auf die komplexen Vorgänge von

---

ton der Ansicht: „Whilst important in the history of literature and the technical arts, the works of Palissy contain little of direct interest to chemistry, and no actual discovery can be attributed to him." (Partington 1970, Bd. 2; S. 71).

88 Hanschmann 1903; Nature Nr. 93, 1914; Allbutt 1919.

89 Zum Induktionsschluss in der Chemie siehe Breidbach, 2005, S. 152, 155.

90 Hanschmann 1903, S. 173.

Gesteinsbildung und Versteinerung. Der Herstellungsprozess der Keramiken wurde so für Palissy zu einer Art wissenschaftlichem Experiment. Hieraus ergibt sich eine faktische Bevorzugung von induktiver Methode und Empirie, die von Palissy auch als „Praxis" bezeichnet wird, da nur durch sie eine gesicherte Naturerkenntnis möglich sei, während die Theorie mit rein spekulativer Lehre und dem deduktiven Verfahren gleichgesetzt wird. Dies findet seinen formalen Ausdruck in der äußeren Form der *Discours* als Dialog, in dem sich „Theorique" und „Practique" gegenüberstehen.[91] Während „Theorique" die Lehrmeinung der „Alten Meister", also die deduktive Methode, verteidigt, leitet „Practique" seine Anschauung aus der Beobachtung der Naturphänomene und aus Experimenten ab – und führt die Induktion in die Naturkunde ein. Palissy strebt mit den *Discours* an, ein rein an Beobachtung und Empirie orientiertes Lehrbuch zu verfassen. Dennoch entsteht in der Summe eine Theorie, man kann sie auch ein Modell nennen, schon aufgrund der Notwendigkeit, auch nicht wahrnehmbare Vorgänge und Eigenschaften erklären und Vorstellungen spekulativ entwickelt zu müssen, etwa die der Kristallkeime. Die Formulierung dieser Theorie vollzieht sich aber aus der Praxis heraus, sie muss sich an ihr beweisen und auch in der Zukunft beständig einer empirischen Überprüfung standhalten, an der entsprechend Palissy alle Sinnesorgane, das heißt Auge, Ohr, Tast- und Geschmacksinn, zu beteiligen sind. Der Beweis der Thesen der *Discours* wird also durch die Realität geführt, wobei die gesammelten Objekte eine jederzeitige Überprüfung ermöglichen sollten. Durch konsequente Anwendung der Forderung, dass Wissen über die Natur nur durch die Praxis, durch Beobachtung und Experiment; zu erwerben sei, folgt letztendlich die Methode der vollständigen Induktion. Als kritischer Einwand wäre zu vermerken, dass diese, obwohl induktiver Natur, trotzdem ein theoretisches Verfahren ist. Theorie und Empirie bedingen einander.[92] Bereits vor Beginn einer Beobachtung, eines Experiments, einer Versuchsanordnung, hierzu kann auch der Bau eines Ofens zählen, müssen gedankliche Prädispositionen getroffen werden, welche das Kriterium einer Theoriebildung erfüllen.[93] Art und Umfang der Beobachtung bestimmen ihr Ergebnis.[94] Am Ende steht immer

---

91 Zur Form des Dialogs im 16. und 17. Jh. siehe Vulcan 2000. Vgl. Kapitel II.3. *Aufbau, Gliederung, Inhalt.*

92 Grundlegend hierzu ist Breidbach 2005, vor allem S. 49–96. Breidbach 2005, S. 159 f. zeigt, dass Experimente nicht nur Erfahrungs-, sondern auch Theoriebestimmt sind.

93 Breidbach 2005, S. 71 u. 97 f.

94 Breidbach 2005, S. 50 weist zum Beispiel darauf hin, dass einige Erkenntnisse des in späteren Jahrhunderten zum kanonisierten dogmatischen Theoretiker mumifizierten Philosophen Aristoteles durchaus auf der Beobachtung von Naturphänomenen, das heißt auf Empirik, beruhten, denn er sei auch „ein minutiös registrierender Beobachter" gewesen. Als Beispiel nimmt Breidbach seine berühmte Lebensgeschichte des Aals: Aristoteles habe sehr wohl die Aale beobachtet, da er aber weder Lebendgeburt noch

ein Abgleich zwischen experimentellem Ergebnis und theoretischer Erwartung, die Analyse ihrer Stimmigkeit sowie Beschreibung und Modellierung des Naturphänomens.[95] Auch die mit Beobachtung, Experiment, mit Versuch und Irrtum arbeitende Empirik Palissys erfordert solch ein gedankliches Grundgerüst, um überhaupt tätig zu werden.

Für die Theorie des Schönen war zwar schon im 15. Jahrhundert bei Alberti die Berufung auf das empirische Studium kennzeichnend und auch der skulpturale Realismus wäre „unvollständig ohne die Gesamtheit der Operationsketten, die ihn zum Experiment befähigten“,[96] doch erst von Palissy wird es zum Verfahren systematisiert und als Methode der Naturerkenntnis verallgemeinert. Ausgangspunkt ist die Keramikherstellung. Palissy beschreibt Reihenversuche mit Versuchskörpern. Bei diesen Tests wurden beispielsweise die Farbveränderungen der Glasuren beim Brennvorgang und die Erhärtung verschiedener Tone erkundet. Wegen des starken Reliefs der Bassins rustiques und der vielen Glasuren zur Erzielung der Polychromie ließ sich das Verhalten der Ware nur durch vorhergehende Versuche annähernd bestimmen. Auch müssen Glasur und Tonmaterial des Scherbens genau aufeinander abgestimmt sein.[97] Die Bestandteile des Tons und deren Anteile an der Rezeptur, die Brenndauer und die Temperatur, Belüftung und Rauchabführung des Ofens sind genau zu kontrollieren. Da es noch keine Möglichkeit der Temperaturmessung gab, konnte die Ofentemperatur nicht überwacht werden und die Steuerung der wenigen beeinflussbaren Parameter des Brennvorganges war nur durch sehr lange praktische Erfahrung möglich. Der Brand war deshalb ein äußerst riskantes Unterfangen, das bis zuletzt immer mit dem Risiko des Misserfolgs behaftet war. Palissy dürfte der Erste gewesen sein, der, aus seinen Misserfolgen lernend, Versuchskörper entwickelte, deren Verhalten vorher ungefähr durch Experimente bestimmt worden war. Indem er sie zusammen mit seiner Ware brannte, konnte er aus den Veränderungen der Versuchskörper beim Brennen auf die Brennbedingungen im Ofen rückschließen.[98] Palissy verwendete als Versuchskörper überwiegend kleine

---

Eiergelege feststellen konnte und Aale im Schlamm zu leben schienen, schlussfolgerte er, dass Aale sich durch Umformung, Metamorphose aus Schlamm bilden. Nicht zugängliche, dem Auge entzogene Fakten führen folglich zu verkehrten Schlussfolgerungen und Theorien.

95 Siehe Breidbach 2005, S. 68 und S. 71.

96 Pochat 1986, S. 229; Didi-Huberman 1999, S. 59.

97 Charleston 1981, S. 9.

98 Palissy stellte fest, dass seine Tonwerke nicht in den herkömmlichen Öfen der Töpfer gebrannt werden konnten, deshalb benutzte Palissy Öfen der „tuiliers“ (Öfen zum Ziegelbrand), die er später in Paris für seine besonderen Bedürfnisse veränderte. Vergleichbare Öfen wie derjenige, der im Atelier Palissys im Louvre ausgegraben wurde, finden sich erst im 18. Jahrhundert in Deutschland (Kat. Saintes 1990, S. 60–63). Es gelang ihm damit eine nicht unbedeutende Ingenieursleistung der Verfahrenstechnik. Zu den Ver-

zylinderförmige Vasen oder flache Tiegel. Auch heute wird ein vergleichbares Verfahren in der Keramikproduktion in Gestalt der Segerkegel angewendet. Diese von Hermann Seger (1839–1893) an der Königlichen Porzellanmanufaktur Berlin 1885 entwickelten und in systematischen Versuchen erprobten Schmelzkörper sind die einfachste und zuverlässigste Form der Temperaturmessung im Ofen und heute in einer internationalen Norm standardisiert.[99]

Der Ort für Experimente war nicht wie heute meist nur das Laboratorium, sondern diesen Zweck erfüllten auch Produktionsstätten wie Werkstätten, Ateliers oder Bodegas. Diese „Laboratorien" produzierten nicht nur Wissen, sondern zu allererst auch Artefakte.[100] Versuche werden nicht nur in akademischen Kreisen, sondern zunehmend auch von Künstlern und Handwerkern an deren Produktionsstätten durchgeführt.[101] Die Entwicklung der Orte für Forschung verlief von Werkstätten und in Kabinetten integrierten Einrichtungen zu ersten richtigen Laboratorien im 18. Jahrhundert.[102] Auch in Salons oder Vortragssälen wurden von frühen Naturkundlern Versuche durchgeführt.[103] Palissy in einer zeitlichen Umbruchphase nutzte beide Lokalitäten, sowohl die Werkstatt als auch sein „cabinet", zur Durchführung von Versuchen und Experimenten.

Bereits Gelehrte des Mittelalters wie Roger Bacon oder Albertus Magnus führten experimentelle Studien durch, möglicherweise in eigenen akademischen Labors oder in ihren Studierstuben,[104] selbst Vitruv, der römische Baumeister, notierte elementare physikalische Experimente.[105] Experimente sind mithin nichts Neues, doch änderte sich deren Stellenwert innerhalb des Erkenntnispro-

---

suchskörpern von Palissy siehe: Kat. Saintes 1990, S. 68–69. Die Schutzhauben, „les lanternes", um die Ware während des Brennens im Ofen zu schützen, sind eine weitere Erfindung von Palissy (Palissy 1996, Bd. 2, S. 304). Zu den Öfen der Glasmacher und Goldschmiede siehe Brepohl 1999.

99 Liebscher, Willert 1955, S. 86 f.; Radczewski 1968, S. 106.

100 Klein 2008, S. 770 u. 779. Palissy erwähnt nirgends das Wort Laboratorium. Sein „Cabinet" ist der einzige von ihm namentliche bezeichnete Raum und neben der Werkstatt der Ort für Versuche. Auch Atelier oder Werkstatt gebraucht Palissy kein einziges Mal in den *Discours*.

101 Klein 2008, S. 774.

102 Siehe Klein 2008. Klein weist speziell darauf hin, dass das alchemistische Laboratorium, auf das häufig verwiesen wird, ein Sonderfall und kein Modell für die frühen modernen Experimentalwissenschaften ist (Klein 2008, S. 779).

103 Klein 2008, S. 772.

104 Siehe Bacon 1974 und Albert le Grand 1974. Auch von Theophilus Presbyter kann angenommen werden, dass er in seiner Werkstatt experimentierte.

105 Vitruv 1983, S. 403. Schon Alexander von Humboldt zeigte auf, dass bereits Roger Bacon in seinem „*Opus maj.*, pars. VI, cap. I" auf der Notwendigkeit von Experimenten besteht, die bis dato von den Gelehrten ignoriert würden. Die von Humboldt zitierte Stelle kann als ein früher Hinweis auf die induktive Methode angesehen werden (Humboldt 2009, S. 451).

zesses, auch wenn viele Gelehrte selbst im 18. Jahrhundert noch nicht über spezielle Räume zur Durchführung von Versuchen verfügten.[106] Das Philosophieren, das heißt die rationale kontemplative Überlegung und das Textstudium, generierte bis dato Wissen, doch zur Zeit von Palissy ändert sich dessen Bedeutung: Beobachtung und Experiment, wenn auch für lange Zeit noch ausschließlich qualitativ, schieben sich in den Vordergrund. Die alte Trennung zwischen Handarbeit und geistiger Tätigkeit begann sich um 1600 langsam aufzulösen und es entwickelte sich eine Gruppe von Hybridexperten, die sowohl über „Wissen" als auch über „Geschick" verfügten.[107] Hierzu zählten unter anderem Goldschmiede, Architekten, Töpfer und Botaniker, Berufe, die Handarbeit mit fortgeschrittenen Expertenkenntnissen und textbasiertem Wissen verbanden.[108] Alle diese Experten waren unternehmerische Praktiker und gebildete Männer, einige Autoren wissenschaftlicher Texte oder von Zeichnungen. Ursula Klein stellt fest, dass die neue Experimentalmethode der Naturphilosophie, beginnend im 17. Jahrhundert, gleichermaßen artisanale und akademische „Laboratorien" nutzend, vorrangig von diesen sogenannten „Hybrid-Experten" entwickelt wurde.[109] Bernard Palissy wäre somit ihr erster Vertreter gewesen.

Im Bereich des Handwerks, und hierzu zählten auch Kunsthandwerk und Kunst, war bedeutendes Wissen vorhanden, das aber kaum seinen Niederschlag im Schrifttum fand. Diese andere Art von begrifflichem Wissen sind Kenntnisse, die traditionell nur oral im engen Werkstattkreis weitergegeben wurden.[110] In solcher Handarbeit waren schöpferische Fähigkeiten und Expertenkenntnissen eng verflochten. Während bislang das Praktisch-Empirische mit stumpfer, manueller Tätigkeit gleichgesetzt und gering geschätzt wurde, stellt Palissy erstmals deren Bedeutung stark heraus, indem er Theorie und Praxis einander frontal gegenüberstellt und in diesem Konflikt der Praxis den Vorrang vor dem Kontemplativen der Theorie einräumt. Die Empirie wird bewundernswert. Hybridexperten überbrücken die Kluft zwischen dem intuitiven, eingegrenzten, empirisch erlernten Handwerk und dem rationalen textbasierten Wissen an der Universität

106 Klein 2008 S. 780. Dies stützt Breidbach 2005, S. 160, schränkt es aber weiter ein, da er das Experiment ausschließlich als eine erweiterte Form der Beobachtung begreift. Selbst das Experiment sei in der Geschichte der Naturwissenschaften nichts wirklich Neues gewesen. Neu sei „nach 1800 nur eine Disziplinierung des Sehens."

107 Klein 2008, S. 780, „who possessed both «knowledge» and «skill»."

108 Ebenda.

109 Es ließe sich allerdings fragen, ob nicht auch bereits Leonardo oder Dürer zu diesen Experten gerechnet werden müssten. Die Herausbildung dieses Typs von praktisch geschulten und tätigen Experten und Wissenschaftlern wäre dann bereits in der Renaissance, also 100 Jahre früher, anzusetzen. Bereits Mitte des 16. Jh. sind zudem der Bergbau, aber auch Botanik und Zoologie Ausgangspunkt der beginnenden systematischen Ordnung des vorhandenen Erfahrungswissens.

110 Renn, Valleriani 2001, S. 27. Fragonard 2000, S. 32.

ausgebildeter Gelehrter. Die Arbeit von Palissy ist ein frühes Beispiel dafür. Mit der Publikation der *Discours* und der Lehrtätigkeit an seiner Pariser Akademie erreicht er endgültig das Niveau eines Wissenschaftlers.

Ein Präludium hierzu ist die um 1500 entstehende Bergbauliteratur, die, zwar nicht von Bergleuten selbst geschrieben, aber doch die Erfahrungen der Praktiker wiedergebend, von Akademikern verfasst wurde, denen die Bedeutung dieses empirischen Wissens bewusst war. Zu ihnen zählt Agricola, der die Kenntnisse von Bergleuten und Hüttenarbeitern 1556 in seinem *De re metallica* zusammenträgt. Dass solche Praktiker über umfangreiches, bislang nicht theoretisch formuliertes Expertenwissen verfügen, das jenes von Gelehrten übertreffen und sogar deren theoretischen Überlegungen widersprechen kann, zeigen exemplarisch Galileis Untersuchungen zum Antrieb der Galeeren:[111] Die Kernidee seiner neuen Theorie der Hebelgesetze und Materialfestigkeit geht auf die Schiffbaukonstrukteure des venezianischen Arsenals zurück, deren Wissen in die Formulierung von Galileis neuen Wissenschaften einfließt, die er in seinen *Discorsi* 1638 präsentiert.[112] Der Austausch zwischen den Praktikern und dem Theoretiker verlief nach mehreren Volten am Ende sehr erfolgreich. Galileis Leistung wurzelt so im praktischen Wissen der venezianischen Handwerker, Galilei verschweigt dies nicht und erwähnt sie in der Einleitung der *Discorsi*.[113]

Künstler und Architekten gehören dagegen zu den Praktikern, die selbst zur Feder greifen und publizieren, um sich zu emanzipieren. In ihren wissenschaftlichen Texten liegt der Fokus überwiegend auf Mathematik, Geometrie und Perspektive. Palissys Beschäftigung mit der Geologie ist eine Ausnahme, da dieses Fachgebiet, anders als im Falle Leonardos, die materielle Grundlage seiner Kunst bildet.

Schon Leonardo, der sich in der zweiten Hälfte der 80er Jahre des Quattrocento autodidaktisch in Geometrie und lateinischer Grammatik auszubilden bemühte, widmete sich ähnlich wie Palissy, mit dem es einige Parallelen gibt, in fortgeschrittenem Alter verstärkt wissenschaftlichen Studien. Was für Palissy die bodenkundlichen Untersuchungen, sind Leonardo seine anatomischen Forschungen.[114] Genau der gleiche Wunsch nach Anerkennung und der Gedanke einer Aufwertung künstlerischer Tätigkeiten durch die Wissenschaften standen auch am Anfang von Leonardos 1489 begonnener „Vermessung des Menschen."[115] Die anthropometrischen Studien mündeten in einer zeichnerischen Neuinter-

---

111 Renn, Valleriani 2001. Galilei schlägt erstaunlicherweise dem Vertreter des Arsenals vor, den Hebelarm der Ruder zwischen dem Kraftangriffspunkt der Ruderer und dem Drehpunkt zu verkürzen, um die größtmögliche Ruderwirksamkeit zu erreichen.

112 Renn, Valleriani 2001, S. 5.

113 Renn, Valleriani 2001, S. 3 und 27.

114 Zöllner 2006 S. 9.

115 Zöllner 2006 S. 6.

pretation der von Kreis und Quadrat umschriebenen männlichen Proportionsfigur Vitruvs, die einen ersten Triumph der Empirie über die unbesehene Autorität antiker Schriftsteller darstellt.[116] Aus welchen Ressourcen oder mit welchen Aktivitäten Leonardo in dieser Zeit Lebensunterhalt und Forschungen bestritt, ist bis heute genauso unklar[117] wie bei Palissy, dessen entgeltliche Konferenzen hierfür kaum ausgereicht und erst recht nicht die Produktionskosten der *Discours* gedeckt haben dürften. Auch am Beginn von Leonardos Karriere in der Werkstatt Andrea del Verrochios stand eine künstlerisch-praktische, also eine handwerkliche Ausbildung und keine wissenschaftliche. Dieser Ausbildung zum Praktiker ist es geschuldet, dass sich Leonardo später als „[u]omo senza lettere" bezeichnete,[118] als ungebildete Person, die nicht in den „artes liberales" geschult war. Ebenso Palissy, der sich dauernd für seine „langage rustique", seine einfache bäuerliche Sprache, entschuldigt[119] und dafür, nicht des Lateins und Griechischen mächtig zu sein, und befürchtet, die *Discours* könnten als Werk eines „armen Handwerkers"[120] von der Kritik abgewiesen werden.

Die Konkurrenz zwischen Intellektuellen, das heißt Naturwissenschaftlern und Literaten, auf der einen Seite und Künstlern und Kunsthandwerkern andererseits arbeitet Frank Zöllner am Beispiel von Leonardos Projekt des Reiterdenkmals Francesco Sforzas scharf heraus.[121] Leonardos Arbeit an dem nie fertiggestellten Denkmal schien durch Giovanni Simonettas Lobschrift auf Sforza *De gestis Francisci Sportiae*, welches gerade von Francesco Puteolano ins Italienische übertragen worden war, in Frage gestellt. Puteolano betonte in der Widmung seiner Übersetzung den „absoluten Vorrang literarischer Schöpfungen gegenüber den Werken der bildenden Kunst."[122] Darin stellt er die Frage nach Wirksamkeit und Haltbarkeit eines Kunstwerks und betont, dass die geschichtlich bedeutenden Herrscher nicht aufgrund von Kunstwerken oder Monumenten, sondern durch die Schriften von Historiker und Poeten unvergessen seien. Selbst kleine Bücher garantierten letztlich den dauerhaftesten Schutz vor dem Verges-

116 Zöllner 2006 S. 4.

117 Ebenda.

118 Leonardo, Codex Atlanticus f. 119v-a, zitiert nach Zöllner 2006, S: 6. Die deutsche Übersetzung des gesamten Abschnittes findet sich in Leonardo 1952, S. XXI–XXII. Er weist große Ähnlichkeiten mit Äußerungen Palissys auf: Auch Leonardo bedauert seine mangelnden sprachlichen Fähigkeiten, beruft sich aber auf seine Erfahrung: „Nun wissen sie denn nicht, dass meine Lehren nicht so sehr aus den Worten anderer gezogen werden, als aus der Erfahrung, die doch die Lehrmeisterin derer war, die gut geschrieben haben? So nehme ich sie zur Lehrmeisterin und werde mich in allen Fällen auf sie berufen."

119 Palissy 1996, z. B. Bd.1, S. 48 u. 55.

120 Palissy 1996, z. B. Bd.2, S. 12.

121 Zöllner 2006, S. 5 f.

122 Zöllner 2006, S. 5.

sen,[123] dagegen wären Statuen, Bilder und Gebäude Einzelobjekte und hätten nur eine begrenzte Haltbarkeit oder würden mutwillig zerstört. In Anbetracht des drohenden Auftragsverlustes orderte Leonardo 1489 bei dem Humanisten Piatti Gedichte zur Verherrlichung seines noch zu schaffenden Werkes. Ähnliche Gedanken mögen Palissy bewogen haben. In den *Discours* setzt er sich ausführlich mit der Haltbarkeit von Kunstwerken auseinander, wobei er mit Hinweis auf die Pyramiden in Ägypten zum Schluss gelangt, dass Kunstwerken aus gebranntem Ton die längste Haltbarkeit beschieden sei, was natürlich nicht erstaunen kann.[124] Dennoch verfasst er 1563 die Schrift *Architecture et Ordonnance de la Grotte Rustique,* um seine Arbeit zu beschreiben und der Nachwelt zu überliefern, angesichts der drohenden Zerstörung durch gegenreformatorische Übergriffe. Für Künstler und Kunsthandwerker schien die Hinwendung zur Wissenschaft und eine Intellektualisierung der Kunst eine zunehmende Notwendigkeit, um im gesellschaftlichen Leben zu bestehen.

Indem Palissy 1580 in den *Discours* vertritt, dass Beobachtung und Experiment die einzig sicheren Wege sind, um Wissen über die Natur zu erwerben, und das Verfahren der Induktion de facto ab etwa 1545 in der Praxis erprobte, griff er Francis Bacon (1561–1626) vor, der die methodische Induktion erstmals in seinem „Novum Organum" 1620 formulierte und damit den modernen Empirismus begründete.[125] Auch Francis Bacon grenzte sich, wie vor ihm schon Palissy, mit dieser Methode gegenüber der auf deduktiven Prinzipien beruhenden aristotelisch-scholastischen Philosophie und der klassischen Methode der Spekulation ab. Die Beziehung zwischen Palissy und Bacon ging möglicherweise über eine reine Parallelität der Ideen hinaus. Der junge Francis Bacon hielt sich im Gefolge des englischen Gesandten Sir Amyas Paulet, der starke Sympathien für den calvinistischen Glauben hatte, von 1576 bis Ende 1579, also für drei Jahre, in Paris auf[126] und könnte während dieser Zeit gut die Bekanntschaft von Bernard Palissy gemacht haben. Für den jungen, noch unbekannten Bacon müsste der Besuch der Vorlesungen von Palissy und seiner musealen Sammlung von überaus großem Reiz gewesen sein. Palissy war um 1580 eine bedeutende und markante Persönlichkeit, die im gesellschaftlichen Leben in Paris nicht ohne Bedeutung war, so

---

123 Ebenda.

124 Palissy 1996, Bd. 2, S. 311.

125 Zur Methode der Induktion bei Bacon: Hanschmann 1906, vor allem S. 174–180. Vielleicht waren sowohl Francis Bacon wie auch Palissy ähnliche Ideen von Roger Bacon (1214–1294) geläufig, der bereits im 13. Jahrhundert erste Ansätze zu einer Empirie der Wissenschaften formuliert hatte.

126 Partington 1970, Bd. 2, S. 72; Hanschmann 1906, S. 150; Zittel u. a. 2008, S. XXVii u. S. 4; Dawkins 2009. Vgl. die Biographien des Palissy-Übersetzers Thomas Watson und dessen Auftraggebers Henry Percy in Lees-Jeffries 2010.

dass es nicht ungewöhnlich wäre, dass der wissbegierige Bacon ein Zusammentreffen für lohnenswert hielt.

Bereits kurz nach seiner Rückkehr nach England, wahrscheinlich um 1585,[127] schrieb Bacon einen Aufsatz mit dem Titel *Temporis partus maximus*, der seine späteren Ideen präfigurierte. Dieses verlorene Traktat wird in einem Brief Bacons an Fulgentius vom Oktober 1625 erwähnt und als „juvenile work" bezeichnet, das erstmals das „subject" der späteren Werke *The Advancement of Learning* und *Novum Organum* behandelt und deshalb als deren Skizze angesehen wird.[128] Die enge zeitliche Verbindung des Aufenthalts in Paris mit dieser Schrift scheint die These von Allbutt und Hanschmann zu untermauern, dass ein Zusammentreffen mit Palissy die entscheidende Anregung für Bacon gewesen sein muss. Hanschmann hält es für „unzweifelhaft", dass die Methode Bacons, „die Gesetze der Natur und des Geistes nur vermittelst der strengen Beobachtung zu studieren, aus Palissys naturwissenschaftlichen Konferenzen geschöpft waren."[129] Bacon könnte also direkt von Palissy beeinflusst worden sein. Die durch Allbutt und Hanschmann erwogene persönliche Begegnung von Bacon und Palissy kann von ihnen zwar nicht bewiesen werden, ist aber durchaus plausibel. Wenn diese möglichen, aber nicht beweisbaren Umstände zuträfen, wären die Lehren von Palissy bei dem erst ungefähr achtzehnjährigen Bacon auf fruchtbaren Boden gefallen.[130]

Auch das 1627 erschienene Fragment „Neu-Atlantis" von Bacon[131] deutet in seiner Vision einer Wissenschafts- und Kunstakademie auf das Vorbild Palissy hin, da dessen Verbindung von mineralogischer Sammlung, naturwissenschaftlichen Vorlesungen und praktischen Versuchen, ganz abgesehen vom Lehrbuch *Discours admirables*, im übrigen Europa noch ohne Vorbild war. Die in dieser Verbindung offenbar werdende umfassende Forschungstätigkeit deutet bereits die 1662 gegründete Royal Society in London an.[132] Was Palissy von den anderen Gelehrten seiner Zeit unterscheidet, ist nicht nur, dass er vorrangig Künstler war, sondern seine Spezialisierung auf Probleme, die in irgendeiner Form im Zusammenhang mit der Bodenkunde und Geologie standen. Palissy dürfte deshalb der

---

127 Die Forschung ist hinsichtlich des Datums uneins, vgl. Krohn, 2006. 1585 gilt als wahrscheinlichstes Datum. Als frühestes Datum wird 1582, als spätestes 1600 genannt. Sicher ist, dass die Schrift deutlich vor dem 1605 erschienenen *The Advancement of Learning* niedergeschrieben wurde.

128 Hanschmann 1906, S. 81f.

129 Hanschmann 1906, S. 150; Nature Nr. 93, 1914, S. 518; Zittel u.a. 2008, z. B. S. 12.

130 Zittel u. a. 2008, S. 12 festigen diese Annahme. Die Entdeckung von Thomas Watsons um 1590 entstandener englischer Übersetzung von Palissys Diskurs *Über das Wasser* stützt diese Hypothese gleichfalls, da sich im 16. Jh. ein besonders intensiver Austausch zwischen England und Frankreich abzeichnet. Vgl. Kapitel III.1. *Palissys hydrologisches Modell.*

131 Zu Bacon und *Neu-Atlantis*: Bredekamp 1993, S. 63–74; Zittel u. a. 2008, z. B. S. 197.

132 Partington 1970, S. 72; Jahn 1994, S. 14.

erste weitgehend spezialisierte Wissenschaftler gewesen sein. Bereits als das System der Kunstkammer, in der „das Chaos der Welt komplex erfasst wurde",[133] seiner Blütezeit entgegenging, wurde hier der Keim zu deren Zergliederung in Spezialsammlungen gelegt.

Vieles in Bacons später Utopie „Neu-Atlantis" scheint auf die mögliche Jugendlehre an der „académie" von Palissy zurückzuweisen. Im Zentrum seiner Inselutopie steht die „domus salomonis", die nicht nur als eine gigantische Kunstkammer und Erdsimulation, sondern auch als eine Kunst- und Wissenschaftsakademie anzusehen ist. Alle Sammlungen und Experimente im Haus Salomons dienen nicht ausschließlich der Erforschung der Natur, sondern sie sind immer anwendungsbezogen und sollen zur Verbesserung der menschlichen Lebensbedingungen führen. Als Krone des animalischen, dritten Reiches der Natur und der Schöpfung ist der Mensch, wie im Psalm 104, Beherrscher und Nutznießer der Natur.[134] Die Gründung des Hauses Salomon hat nach Bacon „den Zweck, die Ursachen des Naturgeschehens zu ergründen, die geheimen Bewegungen in den Dingen und die inneren Kräfte der Natur zu erforschen und die Grenzen der menschlichen Natur so weit auszudehnen, um alle möglichen Dinge zu bewirken."[135] Nicht nur diese allgemeine Zielsetzung, sondern vieles, was Palissy in den *Discours* oder in seiner Gartenutopie des *Recepte veritable* konkret anspricht, wird hier aufgenommen und visionär weiterentwickelt: „Außerdem gibt es unter der Erde noch andere Räume für natürliche und andere Stoffe, keine eigentlichen Höhlen, sondern offene Gruben. Wir machen dort keramische Massen in der Art des von den Chinesen hergestellten Porzellans. (...) Dort lagern auch Düngemittel der verschiedensten Art, ferner andere Massen, die den Boden fett und fruchtbar machen."[136] Der Verweis auf die Düngemittel ist besonders charakteristisch, da die frühen Vorschläge Palissys zur Verbesserung der Erträge in der Landwirtschaft ein Novum darstellten. In der Baconschen Utopie wird dem Vorbild Palissy folgend die Imitation und Simulation der drei Naturreiche zur Blüte getrieben: „Wir können die Bewegungen der Menschen, der Vierfüßler, der Vögel, der Fische und der Schlangen im Bilde nachahmen. Schließlich haben wir auch noch weitere Möglichkeiten, Bewegungen in [...] außerordentlicher Genauigkeit zu erzeugen." Die Simulationskunst im Hause Salomons geht so weit, „dass es uns, die wir es in der Naturerkenntnis und -beherrschung so wunderbar weit gebracht haben, ein leichtes wäre, den menschlichen Sinnen sehr viel vorzuspiegeln, wenn

133 Bredekamp 1993, S. 80.

134 Den Psalm 104 nutzt Palissy als erzählerisches Konzept des Gartenprojekts im *Recepte veritable*.

135 Bacon 1982, S. 43. Vgl. Bredekamp 1993, S. 70 (besonders zum „Erdball als Kunstkammer Gottes").

136 Bacon 1982, S. 44. Die Beschreibung Bacons ähnelt stark den in die Felsen gehauenen Räumen im Gartenentwurf des *Recepte veritable* von Palissy.

wir natürliche Dinge mit dem Nimbus des Wunders ausschmücken und aufbauschen würden."[137]

Die Elemente des wissenschaftlichen Interesses von Bacon, formuliert in seiner Schrift „Neu-Atlantis", entsprachen in weiten Teilen den Forschungsgebieten Palissys. Diese Elemente werden von ihm im Sinne einer Kunstkammer geordnet. In der Gliederungsübersicht von Bacon, wie sie im Vorwort zu seiner *Instauration magna* dargelegt ist, spielt zudem die Integration der Künste eine wegweisende Rolle: „Hinsichtlich aber der Sammlung bringen wir nicht nur die Geschichte der freien und ungehinderten Natur, zu der die Geschichte von Himmel, Meteoren, Wasser und Land, Mineralien, Pflanzen und Tieren gehört, zusammen, sondern weitaus mehr noch die der gebundenen und strapazierten Natur, folglich also, wie sie durch die menschliche Kunst und Verrichtung aus ihrem Zustand verdrängt und gedrückt und geformt wird. Sodann würden wir alle Experimente der mechanischen und des angewandten Teils der freien sowie der vielen praktischen Künste, die noch nicht mit den Künsten verbunden sind, aufnehmen [. . .], denn die Natur der Dinge zeigt sich eher über die Eingriffe durch die Kunst als in der ihr eigenen Freiheit."[138] In der Anspielung auf die Experimente der mechanischen und angewandten Fertigkeiten, die noch nicht mit den Künsten verbunden worden sind, ist es schwer, nicht an die keramischen Künste und das mögliche Vorbild Palissy zu denken, da sich gerade durch den Eingriff der Kunst in die Natur bei der Bearbeitung der Tonmassen und die in diesem Zusammenhang durchgeführten Experimente für Palissy erstmals die Natur der Dinge erschloss.

---

137 Bacon 1982, S. 54. Zu Bacon auch Daston, Park 2002, S. 341 ff.

138 Francis Bacon, *Distributio Operis*, in Bacon 1857, S. 141, zitiert nach Bredekamp 1993, S. 63. Siehe dort auch die Anm. 117 und 121. Bacon inventarisiert entsprechend der Kunstkammersammlung in Prag nach Naturalia, Artificialia und Scientifica.

VI. Morphologie und Metamorphosen

1. Schöpfung und Geologie

Wie war die Welt entstanden? Die Frage nach der Erdentstehung war für die Gelehrten des 16. Jahrhunderts noch nicht von zentraler Bedeutung, da sie durch die biblische Schöpfungsgeschichte beantwortet schien. Geologische und hydrologische Fragestellungen führten aber bereits bei Palissy zu Entdeckungen, welche die biblische Schöpfungsgeschichte zweifelhaft erscheinen ließen. Von Palissys Argumenten ausgehend kommt man nicht umhin, eine Entwicklung der Erde zu konstatieren, denn geologische Erkenntnisse mit so weitreichenden Konsequenzen mussten zu einer Historisierung der Erde führen. Die biblische Schöpfungsgeschichte dagegen zementierte ein statisches Verständnis der Natur, da sie seit ihrer Schöpfung als unveränderlich betrachtet wurde. Die einzige Entwicklung durchlief die Erde während der sechs Tage ihrer Schöpfung, als Gott die einzelnen Bereiche der Welt, Himmel, Wasser und Erde, sowie die Kreaturen in einer zeitlichen Abfolge nacheinander schuf. Nach diesem vollendeten Schöpfungsakt war der Zustand der Erde hinsichtlich der vorhandenen Erdstruktur und der Arten ein ahistorischer. Naturkunde konnte also nur Naturbeschreibung, aber nicht Naturgeschichte sein.[1]

Praktisch alle Autoren bis ins 19. Jahrhundert waren mehr oder weniger bemüht, die geologischen Fakten irgendwie mit den Schilderungen der Bibel in Einklang zu bringen, oder zumindest nicht zu unterlassen, darauf hinzuweisen, dass die Welt Gottes Schöpfung sei. Die Schöpfungslehre des Alten Testaments schließt das Wirken von Naturgesetzen und Selbstorganisation oder autonomes Wirken sowohl des Belebten als auch Unbelebten prinzipiell aus.[2] Dies stand in offensichtlichem Widerspruch zu den Feststellungen Palissys, für den kein auf Dauer festgelegter Schöpfungszustand existiert, der sich bis in seine Zeit erhalten

1 Hierzu: Bredekamp 1993, S.16.

2 Jahn (Hg.) 2000, S. 96 ff., 235, 272 f. Zur Bedeutung der Sintflutlehre im 16. Jh. Ellenberger 1988, S. 166 ff. Schöpfungs- und Sintflutlehre postulierten ein Entstehungszentrum aller Tierarten.

haben könnte. Die Erde sei vielmehr seit ihrer Entstehung permanenten Veränderungen unterworfen. Trotz mehrerer provozierender Thesen in Palissys geologischem Modell entwickelte sich indes kein Disput unter den Gelehrten, sie blieben ohne Wirkung in der Forschungsliteratur und vorerst unbeachtet. Obwohl im darauffolgenden Jahrhundert wesentliche Fortschritte im Bereich der Geowissenschaft gemacht wurden, waren grundlegende Fragestellungen der terrestrischen Entwicklung bis zum Ende des 18. Jahrhunderts weitgehend unbeantwortet. Erst um 1800 änderte sich die Einstellung zur biblischen Schöpfungsgeschichte unter dem Einfluss der zunehmenden Einwicklung der Naturwissenschaften und sie mutierte zu einem Schöpfungsmythos. Die Fragen nach der Entstehung der Welt und dem Ursprung der Erdgestalt konnten jetzt ungeniert gestellt werden.

Die geologischen Betrachtungen schienen die Möglichkeit zu eröffnen, das Erdalter rechnerisch bestimmen zu können. Die enge zeitliche Verbindung von nur insgesamt sechs Tagen zwischen der göttlichen Zeugung des Makrokosmos und der Erschaffung aller Lebewesen schien es nahezulegen, dass auch auf das Alter und die Geschichte der Menschheit geschlossen werden könnte. Nach der Berechnung von Erzbischof Ussher (1581–1656) aus dem Jahre 1650 wurde die Erde in der Nacht vor dem 23. April des Jahres 4004 v. C. erschaffen.[3] Diese und ähnliche Berechnungen besaßen bis ins 19. Jahrhundert Gültigkeit, so dass das Erdalter mit etwa 5000 bis 6000 Jahren angegeben wurde. Palissy macht sich in seinen Traktaten keine Gedanken über das Erdalter. Er ist sich der Zeit als Variabler bei der Genese durchaus bewusst, sagt aber deutlich, dass es „unbekannt" sei, in welcher zeitlichen Dauer sich Gesteine und Erze bilden.[4] Eine Simulation wie die Tropfsteinmaschine in Hamburg, zur Klärung der zeitlichen Dauern mit einem Zeitmaß von fünfhundert Jahren für das Experiment bemessen, „das auf der Grenze zwischen maßloser Unbestimmtheit und beherrschbarer Dauer liegt",[5] könnte zwar dem Geiste Palissys entsprungen sein, wäre aber um 1600 undurchführbar gewesen und heute als bizarre Science-Fiction der Frühneuzeit zugerechnet worden. Obwohl Palissy die Fossilien implizit als einen Indikator für zeitliche Veränderungen erkannte, versuchte er nicht diese zu quantifizieren. Er scheint sich noch nicht über die großen geologischen Zeiträume im Klaren gewesen zu sein, zu häufig erwähnt er Versteinerungen, die im Verlauf von nur einigen Generationen eintreten. Zwar steht auch dies im Einklang mit aktuellen geologi-

3 Gohau 1990, S. 49; Busch 1994, S. 486.

4 Palissy 1996, Bd. 2, S. 133, 134.

5 Bredekamp 1999, S. 7. *Die Tropfsteinmaschine* ist ein künstlerisches Simulationsprojekt in der Hamburger Kunsthalle von Bogomir Ecker (geb. 1950), bei dem auf künstliche Weise ein Tropfstein wächst. Das Projekt ist auf einen Zeitraum von 1996 bis 2496 angelegt. Der Tropfstein wird am Ende nach Ablauf von 500 Jahren eine Länge von etwa 5 cm haben.

schen Modellen, zum Beispiel dem „beach rock“, diese sind aber Sondererscheinungen. Auch der Fund von ausgestorbenen Arten, wie sie nach Palissy auch Robert Hooke (1635–1703) konstatierte, führte erst nach 1800 durch die Arbeiten der Schweizer Brüder Jean-André und Guillaume-Antoine Deluc (1729–1812) weiter, indem sie die stratigraphische Rolle der Fossilien und ihre Eignung als Index für zeitliche geologische Prozesse erstmals explizit benannten.[6] Die Entdeckung von Palissy, dass mehrere Tierarten ausgestorbenen sind, wurde erst durch Hooke posthum 1705 in ihren Konsequenzen noch rigoroser dargestellt.[7]

Wie die Schöpfungslehre hatte auch die Sintflutlehre bis ins 18. Jahrhundert Bestand, da für John Woodward noch 1726 „die Überschwemmung bis zu den Gipfeln, das Vorkommen gleichartiger Strata auf den höchsten Bergen und tief in der Erde, auch das Vorkommen versteinerter Muscheln im Gebirge (erklärt).“[8] Besonders ausgeprägt zeigt sich dies am Beispiel des Schweizer Naturforschers Johann Jakob Scheuchzer (1672–1733), der mit seinem 1709 erschienen Katalog fossiler Pflanzenabdrücke *Herbarium diluvianum* zum Begründer der Paläobotanik wurde, aber andererseits diese als „Naturspiele“ oder Überreste der Sintflut erklärte. In seiner ab 1731 erschienen *Physica sacra* folgte er Woodward und erklärte, „das Zeugnis der Sünd-Fluth ist in die harten Felsen eingeschrieben“[9], indem die Lager, Schichten und Brüche der Bergmassive auf Verformungen durch den hohen Wasserdruck der Sintflut zurückgeführt werden. Die Sintflutlehre löst hier sogar die Schöpfungsgeschichte als Erklärung für die Bergentstehung ab. Es ist nicht bekannt, ob Scheuchtzer die *Discours* kannte, doch dies wäre anzunehmen, denn eine interessante Konstellation stellt der Umstand dar, dass sein Sohn Johann Caspar Scheuchtzer (1702–1729) von 1723 bis zu seinem frühen Tod als Privatbibliothekar Sammlung und Bibliothek von Sir Hans Sloane in London betreute.[10] Sloane, der ein großer Sammler insbesondere von Naturalia war, stand in wissenschaftlichem Austausch mit Robert Boyle, Edmond Halley und Isaac Newton, dem er 1727 als Präsident der Royal Society nachfolgte, aber eben auch mit Woodward.[11] Eine der Aufgaben von J. Caspar Scheuchtzer bestand darin, die

6 Gohau 1987, S. 142 ff. und Busch 1998, S. 487.

7 Busch 1998, S. 487. Zu Hooke: Ellenberger 1994, S. 82–92.

8 Zitiert nach Busch 1998, S. 487.

9 Johann Jacob Scheuchzer, *Jobi Physica Sacra*, zitiert nach Weyl 1960: „Das Zeugnis der Sünd-Fluth ist in die harten Felsen eingeschrieben; Beschaue die in ordentliche Lager getheilte, und aus denselben gleichsam aufgebaute Berge, so sind sie augenscheinlich von irdischen Theilen entstanden, welche durch eine sehr hohe Wasser-Säule sich anfänglich gesetzet, so dann aber wieder gebrochen und aufgehoben wurden. Dieser Schluß folget richtig auß dero gleich-lauffenden Ordnung, Brüchen, vielfältigen Bügen und Krümmungen...“ Siehe auch Hölder 1960, S. 130 ff.

10 Zur Bibliothek von Sloane: Walker, A. 2009.

11 Jahn, M. E. 1974, S. 19–27.

Bibliothek zu katalogisieren, und Sloane besaß – die *Discours admirables*. Dies ist durch eine Notiz seines Nachfolgers als Bibliothekar, Cromwell Mortimer (1693–1752), bekannt: Just auf der Seite gegenüber dem Eintrag „k 49 Bernard Palissy, *Discours admirables de la Nature des Eaux et Fontaines* (Paris 1580)" notierte er: „here I began after Dr Scheuchzer to examine the books."[12]

Allerdings spielte im 16. Jahrhundert, wie Ellenberger feststellte, die Sintflutlehre, anders als es die *Discours* suggerieren, nur eine untergeordnete Rolle. Sie wurde erst in der zweiten Hälfte des 17. Jahrhunderts populärer, während vorher die Zeugung in situ und das Spiel der Natur die bevorzugten Erklärungen für die Existenz von Fossilien darstellten.[13] Viele grundsätzliche und immer offenkundiger werdende Fehlbeurteilungen hielten sich trotz der bahnbrechenden Arbeiten von Palissy und Hooke bis ins 19. Jahrhundert, da sie ihre Legitimation durch die Autorität von Kirche und Bibel bezogen. Selbst der bedeutende Freiberger Geologe Abraham Gottlob Werner (1749–1817), ein Experte auf seinem Gebiet, war von diesen wörtlichen Übertragungen der Heiligen Schrift nicht frei, wie Werner Busch durch die sich im Nachlass Werners befindliche Schrift *Physisch-chemische Betrachtungen über den Ursprung der Welt* des Neptunisten J. G. Wallerius zeigt, welche die zweite Epistel Petri zitiert, nach der die Erde aus Wasser entstand.[14]

Werner geht, wie schon Palissy zweihundert Jahre vor ihm, grundsätzlich davon aus, dass der allergrößte Teil der geologischen Bildungen sich im Wasser vollzog und der Steinbildungsprozess ausschließlich im wässrigen Milieu ablief. In einem unbelebten „Urozean", der die Erde vollständig bedeckte, befanden sich nach seiner Überzeugung viele Bildungsstoffe in gelöster Form, aus denen die kristallinen Urgesteine wie Granit und Gneis in chemischen Prozessen entstanden.[15] Nach der Hypothese von Werner schieden sich die im Wasser gelösten Mineralstoffe und Salze aus dem Urozean ab. Der Urozean, der anfänglich die ganze Erdoberfläche bedeckte, überflutete auch später noch, als sich bereits Landmassen gebildet hatten, immer wieder periodisch das Land. Zu den so entstandenen kristallinen „Urgesteinen" rechnete Werner Granit, Gneis und Basalt. Da in diesen Gesteinen, anders als in den Sedimentgesteinen, aber keine Fossilien eingeschlossen waren, konnte der Urozean nicht belebt gewesen sein.[16] Auch der

---

12 Blakeway 2011, S. 33 f.; Sloane MS. 3792C, i, f. 48v. Zu Sloane: MacGregor (Hg.) 1994.

13 Ellenberger 1988, S. 166.

14 Busch 1998, S. 486 (Zweite Epistel Petri, Kapitel 3, Verse 4–8). Zu Werner: S. 487f.

15 Busch 1998, S. 488.

16 Die Theorie Werners wurde 1787 in dessen Buch *Kurze Klassifikation und Beschreibung der verschiedenen Gebirgsarten* veröffentlicht. Busch 1998, S. 488; Stanley 1994, S. 3. Auch Leonardo vertrat das durch die Bibel legitimierte Konzept des Urozeans, ohne allerdings eine Vorstellung von chemischer Gesteinsbildung zu entwickeln (Perrig 1983, S. 11 und Brunet 1950, S. 77).

Begriff der Sedimentation erfuhr gegenüber Palissy kaum Änderungen, sondern wird auf Grundlage der neuen Forschungen nur präzisiert. Der Gesteinsbildungsprozess fand wie schon bei Palissy ausschließlich durch Kristallisationsvorgänge im Wasser statt und nicht durch vulkanische Aktivität. Werner sind vulkanische Aktivitäten durchaus geläufig, aber für ihn sind dies nur sehr lokale Erscheinungen, entstanden durch Entzündungen in unterirdischen kohlehaltigen Teilen der Flözgebirge. Damit lehnte er ein dauerndes tief im Inneren brennendes Erdfeuer ab.[17] Auch dies stimmt im Wesentlichen mit den Anschauungen Palissys überein, der ja die Wirkung unterirdischer Erdfeuer beschreibt, aber keinen Vulkanausbruch oder Lavafluss.

Der neptunistischen Gesteinsbildungstheorie widersprachen um 1787 Carl W. Voigt, ein Schüler Werners, und der Franzose Georges Louis de Buffon (1707–1788) vehement, da sie die Basalt- und Gebirgsbildung durch ein inneres Erdfeuer hervorgerufen sahen, eine Theorie, der sich später auch Alexander von Humboldt (1769–1859) anschloss. Hauptstreitpunkt zwischen Neptunisten und Plutonisten war die Frage, ob die „Urgesteine", hierzu wurden Granit und Basalt gerechnet, durch neptunistische oder plutonistische, das heißt vulkanistische Vorgänge entstanden waren. Das dem Streit zugrunde liegende Problem war die Verschiedenartigkeit der Gesteinsbildungsvorgänge. Diese wurden erstmals 1788 durch den schottischen Geologen und Landwirt James Hutton (1726–1797) in seiner *Theory of the Earth* ihrer ganzen Komplexität dargelegt. Mit dieser Schrift begründete Hutton gleichzeitig den modernen Aktualismus und ermöglichte eine Lösung des Streits.[18] Tatsächlich können eine Reihe von Gesteinen und Mineralen, die entsprechenden Bedingungen vorausgesetzt, nicht nur als Tiefengesteine, sondern auch im feuchten Milieu entstehen. In der Ausschließlichkeit ihrer Ansichten standen sowohl die Neptunisten als auch die Vulkanisten letztendlich nicht im Einklang mit der Vielfalt der Naturphänomene. Es sollte nicht unbeachtet bleiben, dass auch heute im 21. Jahrhundert noch keine zuverlässigen Aussagen zur Formung der Erdoberfläche in der Frühzeit und zur Entstehung des Lebens gemacht werden können.

Palissy hat keine zusammenhängende Erdentstehungslehre entworfen, Elemente hierzu sind aber verstreut implizit in den *Discours* enthalten. Wie sahen die „ersten Stunden" der Erde aus? Palissy erläutert wiederholt, dass grundsätzlich alle Steine, Metalle und Kristalle durch chemische Kräfte aus wässrigen Lösungen auskristallisieren. Doch an einer einzigen Stelle der *Discours* gesteht Palissy einen Schöpfungsurzustand der Erde zu: „Ich sage nicht, dass Gott am Anfang nicht die Berge und Täler geschaffen hätte, diese Berge, die nur aus Felsen

---

17 Busch 1998, S. 488.
18 Stanley 1994, S. 3.

bestehen."[19] Die ursprünglichen Gebirge hätten sich aber durch von Erdbeben verursachte Geländeverwerfungen und vielfältige Einflüsse der Erosion stark verändert.[20] Palissy gebraucht hier die Bezeichnung Felsen („rochers") und es ließe sich vermuten, dass das harte Gestein der „rochers" möglicherweise von diesem hier durch Palissy zugestandenden Schöpfungsurzustand herrührt[21] und es sich bei diesen um die nicht erwähnten vulkanischen Gesteine und Granite handelt, also eine Art „Urgestein" der Schöpfung.[22]

Im Widerspruch zu dieser Aussage steht allerdings die konträre Feststellung Palissys, dass die Gesteine nicht am Beginn der Welt geschaffen wurden.[23] Es wurde bereits darauf hingewiesen, dass nach Auffassung von Palissy die Gesteine und Minerale nicht mit einem Schlag entstanden, sondern in langsamen, permanenten Bildungen aus salzhaltigem Wasser. Eine Auffassung, die einen ersten harten Schlag gegen die biblische Schöpfungsgeschichte darstellte.[24] Hat die Erde also, wie später bei Werner, am Anfang nur ein riesiger Ozean bedeckt, aus dem sämtliche Steine auskristallisierten und durch ihre Schichtung die Gebirge entstehen ließen? Obwohl auch die „rochers" mit den Kristallisations- und Sedimentationsvorgängen in wässrigem Milieu in Verbindung gebracht werden[25] und zu den „vollkommenen Steinen" zählen, könnte sein Felsgestein andererseits auch zu den Metamorphiten gerechnet werden, die unter Hitzeeinwirkung schmolzen und sich veränderten (also definitionsgemäß zu den Magmatiten). In der Behandlung dieser Frage ist Palissy unbestimmt. Denn er kennt die weitere Möglichkeit der Gesteinbildung, die ja Analogien zu den Vorgängen in seinem Brennofen bei der Keramikproduktion aufweist, die er aber wegen der Kohärenz

19 Palissy 1996, Bd. 2, S. 219: „Je ne di pas que Dieu n'ait crée des le commencement & montaignes & vallées, lesquelles montaignes ne sont causées que des rochers." Diese einmalige Bestätigung Palissys der gängigen biblischen Schöpfungslehre in den *Discours*, nachdem er in großer Länge das Gegenteil ausgeführt hat, liest sich wie eine Beschwichtigung der Traditionalisten und Scholastiker.

20 Zu Erdbeben u. Verwerfungen: Palissy 1996, Bd. 2, S. 46, zur Erosion: S. 218.

21 Vgl. Busch 1998, S. 487 mit dem Hinweis, dass Joh. Christian von Lehmann in seiner *Geschichte von den Flözgebürgen* im Jahr 1756 die Granitgebirge einer ersten Entwicklungsstufe zugerechnet habe.

22 In Sebastian Münsters *Cosmographie* von 1552 ist der allein und frei stehende Vulkan auf der Insel Teneriffa als „rocher" bzw. Fels bezeichnet – sowohl in der französischen wie auch in der deutschen Ausgabe, siehe Münster 1552, Kap. V, S. 1374 und Kap. VI, S. 1420.

23 Palissy 1996, Bd. 2, S. 381: „Ceux qui disent que les pierres estoyent crées des le commencement du monde errent, ne l'entendant pas." Siehe auch Palissy 1996, Bd. 2, S. 217–218. Vergleiche die gegenteilige Aussage Palissys auf der vorherigen Seite bzw. in Bd. 2, S. 219.

24 Vgl. Kapitel VI.3. *Fossilien*.

25 Palissy 1996, Bd. 2, S. 39.

und Schlüssigkeit seiner Beweisführung und in Abgrenzung gegenüber den von ihm kritisierten alchemistischen Praktiken zurückdrängt. Palissy erwähnt zwar keinen Vulkan oder Feuer speienden Berg, verwendet aber einmalig den Begriff „vulcanistes", der für die Metallverarbeitung durch das Feuer steht.[26] Auch Palissy scheint schon die Komplexität und Vielfältigkeit der geologischen Bildungsprozesse zu ahnen, die Diskussion findet aber noch auf einem anderen Niveau statt. Ein letztendlich fruchtbarer Streit zwischen Neptunisten und Vulkanisten findet im 16. Jahrhundert noch nicht statt.[27] Palissy belässt es im Unbestimmten, welche konkrete Gestalt die Erde am Beginn, nach dem initialen Schöpfungsakt, hatte. Ihre aktuelle Oberfläche ist jedenfalls nicht durch die Schöpfung bestimmt, sondern durch Erosion und Gesteinsneubildungen, Deformationen und Verwerfungen geformt.

Diese Uneindeutigkeit, die sich auch in einigen anderen Positionen der *Discours* findet, ist nicht nur hinderlich, sondern sie ist es, die auch weiterhilft. Diese Uneindeutigkeit zeigt: Der biblische Schöpfungsbericht ist kein Dogma mehr! Palissy zweifelte nicht grundsätzlich an der Schöpfungsgeschichte und einer Autorschaft Gottes. Sie gilt aber nicht mehr uneingeschränkt. Die Sintflutlehre wird sogar vollständig, als nicht mit den Naturerscheinungen vereinbar, zurückgewiesen. Palissy argumentiert auch bei der Interpretation der Schöpfungsgeschichte immer ausgehend von den aktuell wahrnehmbaren Naturerscheinungen; dies ist eine phänomenologische Betrachtungsweise, die bereits dem geologischen Aktualismus sehr nahekommt. Anders als bei den meisten seiner Zeitgenossen richten sich die aus der Naturbeobachtung gezogenen Erfahrungen nicht mehr am biblischen Schöpfungsbericht aus, sondern dieser muss sich der Überprüfung durch die Naturphänomene stellen. Eine naturwissenschaftliche Vorstellung, nach der Gesteine und Erze ausschließlich durch einen „langsamen", aber permanenten chemischen Prozess entstehen, steht im Widerspruch zu einem personellen Willkürakt, der geologische Makrostruktur mit einem Fingerzeig kreiert. Da die Autorschaft Gottes im Schöpfungsakt sich also nicht auf eine Erdgestalt beziehen kann, die permanenten Veränderungen unterworfen ist, muss die Schöpfung etwas anderes zum Ziel gehabt haben.

Für Palissy vollzieht sich der Schöpfungsakt auf einer fundamentaleren Ebene und nicht in Form geologischer Makrostrukturen. Palissy beschreibt den Schöpfungsakt folgendermaßen: „Alles Wasser auf der Welt, das es gab und geben wird, [wurde] an einem einzigen Tag erschaffen. [...] Ich sage dir, dass die Samen [Keime] der Metalle, aller Minerale und aller Steine auch an einem einzigen Tag erschaffen wurden. Genauso verhält es sich mit der Erde, der Luft und

---

26 Palissy 1996, Bd. 2, S. 131. Siehe auch das Kapitel *Palissys geologisches Modell*.

27 Zum Neptunisten und Vulkanisten Streit im 18. Jahrhundert sowie Angabe weiterführender Literatur: Busch 1998.

dem Feuer, denn der oberste Schöpfer hat nichts leer gelassen,[28] und da er vollkommen ist, hat er nichts unvollkommen gelassen. Aber er hat der Natur befohlen zu arbeiten, zu produzieren und zu erzeugen, sich zu verbrauchen und zu zerstören. So wie das Feuer verschiedene Dinge aufzehrt, so nährt und unterhält es verschiedene andere. Die über die Ufer tretenden Gewässer verderben und zerstören viele Dinge, und trotzdem könnte ohne sie kein Ding existieren".[29] Dass Gott alles Wasser an einem Tag geschaffen hat, wie auch die in ihnen enthaltenen, nicht wahrnehmbaren „Samen" aller Metalle und aller Steine, deutet ebenfalls auf eine ähnliche Hypothese wie die vom Wernerschen „Urozean" hin, aber der Kern der Aussage von Palissy liegt in den Samen oder Keimen. „Obwohl das Land und das Meer täglich neue Kreaturen und verschiedene Pflanzen, Metalle und Mineralien hervorbringen, hat doch Gott bei der Erschaffung der Welt alle Samen in die Erde gelegt, die existieren und jemals existieren werden."[30] Hier greift wieder das Modell des Zusammenwirkens von Wasser und Salzen, denn unter „Samen", die hier nicht mit den lebenden metallischen Samen der Alchemisten oder Cardanos verwechselt werden dürfen, versteht Palissy die im Wasser gelösten Grundsubstanzen, die heute Ionen genannt würden. Die Samen beinhalten das göttliche Programm, das heißt die Programmierung oder die Struktur der Materie, dies, was bei Lebewesen heute als Gen-Code und Erbinformation bezeichnet wird. Palissy gibt eine sehr moderne Definition, wenn er an anderer Stelle dies weiter ausführt: „[Wenn etwa] Kastanien, Nüsse und alle anderen Früchte in der Erde ausgesät werden, sind in den Samen bereits die Wurzeln, die Zweige, die Blätter sowie alle weiteren Bestandteile, [nämlich] Eigenschaften, Gerüche und Farben angelegt, die der Baum zu entwickeln vermag, wenn er geboren wird. Auch im Samen der Menschen und Tiere sind die Knochen, das Fleisch, das Blut und alle weiteren Teile enthalten. Und da du ja siehst, dass keines dieser Dinge seine ursprüngliche Farbe behält, sondern sie während des Wachstums ihre Farbe ändern, heißt das, dass in einem Ding mehrere Farben angelegt sind. Genauso musst du also annehmen, dass die Samen der Metalle (die flüssige und wässrige Substanzen sind) Farbe, Gewicht und Härte ändern. Die erste Kenntnis von diesen Dingen erlangte ich in einer Abbaugrube für Tonerde ..."[31]

Unter Zuhilfenahme der Metaphorik des Samens oder Keims versucht Palissy die in einer Lösung unsichtbaren Salze zu beschreiben. Aus den Samen oder den gelösten Salzen, als den „mikroskopischen" Bausteinen, entstehen, als etwas äußerlich von ihnen Unterschiedliches, die „makroskopischen" Natur-

28 D. h. sowohl, er hat keine Leere gelassen, als auch, dass er nichts unbestimmt gelassen hat.

29 Palissy 1996, Bd. 2, S. 109 f. (*Über die Metalle*).

30 Palissy 1996, Bd. 2, S. 378. Siehe auch S. 134: „Car c'est Dieu lui mesme qui a jetté la semence des metaux en la terre."

31 Palissy 1996, Bd. 2, S. 139, siehe auch: Palissy Bd. 2, S. 109 Anm. 29 und Palissy Bd. 2, S. 124, Anm. 63.

objekte. Die Genese der Naturobjekte vollzieht sich folglich nach einem ihnen inhärenten Bauplan. Genauso wie die im Wasser gelösten Substanzen, von Palissy metaphorisch als Samen umschrieben, nicht erkannt werden können, verhält es sich auch mit der Programmierung oder den Bauplänen. „Das muss dich überzeugen, dass die metallischen Substanzen sich verbinden und verfestigen nach der Ordnung und den bewundernswerten Eigenschaften, die Gott ihnen zugewiesen hat.“[32] Die wirkliche Leistung der Schöpfung Gottes besteht für Palissy folglich in der Etablierung von Prinzipien, welche die Funktionsweise des Systems „Raumschiff Erde“[33] regeln, also von Relationen, die etwa seit dem 17. Jahrhundert als Naturgesetze bezeichnet werden. Dieser Begriff umreißt allgemein die durch Palissy beschriebene beständige Korrelation zwischen Naturphänomenen, die durch Experimente verifizierbar sind.

Schon für Bernard Palissy zeigte sich also im Grunde deutlich, ohne dass er es explizit ausspricht, dass die biblische Geschichtsvorstellung nicht mit den wahrnehmbaren Naturerscheinungen in Übereinstimmung zu bringen ist. Der verbissene Versuch, aufgrund der Bedeutung des Wassers für die Sintflutlehre an der biblischen Schöpfungsgeschichte festzuhalten und sie in einer Hypothese des Ausgleichs mit einer wissenschaftlichen Entstehung der Erde aus dem Wasser, wie es die späteren Neptunisten um Werner versuchten, in Einklang zu bringen, war von vornherein zum Scheitern verurteilt. Im Gegensatz zu manchen Neptunisten stellte aber für Palissy der biblische Text keine „Legitimierungsurkunde des Neptunismus“[34] dar.

2. Die Gestalt der Erde

Eine „Theorie“ der Entstehung der Gebirge und Felsen entwickelte der Sekretär des englischen Königs Thomas Burnet in seiner 1681 in lateinischer Sprache erschienenen und bis ins 19. Jahrhundert immer wieder aufgelegten *Telluris Theoria Sacra*. Für Burnet (1635–1715), der ebenfalls ein Schöpfungsdatum berechnete, waren „die Berge das Resultat der Sintflut, und zwar als Gottes Warnzeichen: Als Strafe verhässlichte Gott die Erdoberfläche.“[35] Als Inbegriff dieser Verunstaltung galten die Alpen. 1646 schrieb ein englischer Reisender über sie, dass „die Natur den gesamten Abfall der Erde in die Alpen gekehrt hätte“ und ihre Gipfel befremdlich, abstoßend und furchterregend aussähen.[36] Noch Herder soll

---

32 Palissy 1996, Bd. 2, S. 135.

33 Begriff von Buckminster Fuller in seiner *Bedienungsanleitung für das Raumschiff Erde und andere Schriften*, siehe Fuller 1973.

34 Busch 1994, S. 486.

35 Busch 1998 S. 486, Gohau 1990, S. 47f. Zu Burnet auch Bredekamp 1993, S. 75.

36 Gohau 1990, S. 50.

die Vorhänge vorgezogen haben, als er die Alpen durchquerte.[37] Nicht nur die erdgeschichtliche Genese der Gesteinsformationen, auch die ästhetischen Qualitäten der Gestalt der Erdoberfläche waren damit in die geologische Diskussion eingeführt. Palissy kannte das Hochgebirge nur von Reisen in die Pyrenäen.[38] Die Alpen waren ihm unbekannt. Auch hatte er nie, wie etwa später Goethe, das Hochgebirge vollständig durchquert. Sein Eindruck blieb also fragmentarisch. Es war für Palissy aber undenkbar, das Gebirge als abstoßend zu empfinden, da Gott als Inbegriff der Vollkommenheit nichts Unvollkommenes geschaffen haben konnte. Die gesamte Schöpfung und die ihr zugrunde liegenden Prinzipien waren „admirables"; die Berge waren ebenso wenig ein Schandfleck der Natur wie die „unförmigen" Meerestiere, Fische und Schlangen.

Palissy bewertet die Berge unter dem Gesichtspunkt von Notwendigkeit und Nutzen: „Ich möchte, dass du zugibst, dass ohne die Berge, Klüfte und Felsen es für mich unmöglich wäre, einen Garten zu errichten, der die geforderten Annehmlichkeiten böte. Du hast weiter oben gesehen, in welch vielfältiger Form mir Felsen in dieser Angelegenheit dienlich sind, und nun musst du festhalten, dass alle meine Bäume und Pflanzen, welche frostempfindlich sind, am Fuß, entlang der erwähnten Berge gepflanzt werden. Und das aus dem Grund, weil das Gebirge sie vor der Kälte des Nord- und Westwindes schützt. Diese Winde sind die unangenehmsten im Gebiet von Saintes",[39] schreibt er 1563 im *Recepte veritable*. Als weitere positive Einflüsse der Berge nennt Palissy den Schutz der Pflanzen vor übermäßiger Sonneneinstrahlung und deren ausgewogene Versorgung mit Wasser und Nährstoffen. Auch der natürliche Wasserkreislauf wäre ohne die Berge undenkbar.[40] Aus diesen Gründen plant Palissy seinen Gartenentwurf auch in einer „gebirgigen Landschaft" zu realisieren, so dass die Berge Teil des irdischen Paradieses werden. Mit dieser Sichtweise befindet sich Palissy in Ein-

37 Busch 1998, S. 486.

38 Palissy 1996, Bd. 2, S. 47. Palissy berichtet, dass er sich mehrere Jahre in Tarbes, dem Hauptort des Départements der Hautes-Pyrénées, aufgehalten habe. Palissy war aber wesentlich vertrauter mit der Morphologie der Mittelgebirge, wie den Ardennen.

39 Palissy 1996, Bd. 1, S. 155 f.: „Mais je veux à present que tu me confesses, que sans les montagnes, terriers, et rocher, il me serait impossible d'eriger un jardin, qui eust ses commoditez requises. Tu as veu ci-dessus en combien de sortes lesdits rochers me servent à cest affaire, et à present te faut noter, que tous mes arbres et plantes qui seront sujets aux gelees, seront plantez du long, et au pied du bas desdites montagnes. Et ce, pour cause que lesdites montagnes les garentiront des froidures du vent de Nord et Ouëst, qui sont les vents les plus fascheux qui regnent en ce pays de Xaintonge." Im Anschluss erweitert Palissy diese Gedanken noch.

40 Zum Wasserkreislauf: Palissy 1996, Bd. 2, S. 21–96. Palissy bemüht sich insgesamt um eine treffende und ausgewogene Charakterisierung der Berglandschaften: Einerseits ist das Klima rau und „malplaisante" (Palissy 1996, Bd. 2, S. 266), andererseits haben die Gipfel eine erstaunliche, „merveilleuse" Höhe (Palissy 1996, Bd. 2, S. 268).

klang mit den Naturwissenschaftlern des 17. Jahrhunderts, wie Pierre Perrault.[41] Auch Goethe äußert sich in seiner 1829 veröffentlichten *Italienischen Reise* in ähnlicher Weise. Die Bergreihen der großen Alpenkette bestimmen Klima und Witterung des Landes und auch Goethe bemerkt, dass durch Witterungseinflüsse und Feuchtigkeit „das mannigfaltigste Pflanzenreich" hervorgebracht wird und die Berge begünstigte Lagen schaffen, wo Obst und Getreide mit viel „Gewinn" angebaut werden können.[42] Die Physiognomie der Landschaft wird bei Palissy durch Erosion und kontinuierliche Gesteinsbildungen aufgrund chemischer Kräfte bestimmt und nicht durch die Willkür Gottes. Die Gestalt der Erde ist also zufälliger Natur und dem „Chaosprinzip" unterworfen. Er erteilt damit einem physiognomischen Gestaltprinzip, durch das sich die morphologische Struktur der Erde formt, eine Absage. Palissys Theorie von der Bildung aus dem Wasser dürfte noch Goethes Auffassung entsprochen haben. Goethe, der ein Anhänger der neptunistischen Theorie Werners war, fasste die Erdgeschichte als einen gesetzmäßig-organischen Entwicklungsprozess auf, bei dem die chemischen Kräfte eine größere Rolle spielen als die mechanischen.[43]

Nicht nur für sein Gartenprojekt versucht Palissy sich die Morphologie der Erdoberfläche zunutze zu machen. Im Diskurs *Über das Wasser* konzipiert er einen Brunnen, der gleichfalls die Existenz von Bergen zur Voraussetzung hat. Zwar wendet bereits „Theorique" gegenüber seinem Gesprächspartner ein, dass es sich eher um eine Zisterne denn um einen Brunnen handelt, doch das Interesse von Palissy scheint weniger in dieser rhetorischen, begrifflichen Auseinandersetzung zu liegen, als aus der Bereitstellung von Frischwasser ein gigantisches Simulationsprojekt mit wissenschaftlichem Hintergrund zu initiieren, um seine hydrologischen Behauptungen experimentell zu untermauern. Den als furchterregend und nutzlos geltenden Bergen fällt in diesem Konzept die wichtige Aufgabe als Wetterscheide zu. Das Gebirge wird dergestalt positiv besetzt.

Wie bereits im Kapitel *Palissys geologisches Modell* entwickelt, bleibt Palissy detaillierte Erläuterungen über die Gestaltänderungen der Erdoberfläche, insbesondere die Entstehung der Gebirge, schuldig. Eine verschiedentlich, so bei Leonardo, zu findende Erklärung, dass etwa die Alpen dadurch entstanden, dass das Meer, welches früher auch diese bis dahin noch flachen Regionen bedeckte, sich zurückzog und es durch den Fortfall der durch das Wasser verursachten Bodenpressung zu Hebungen des Geländes kam, findet in den *Discours* keine Erwähnung. Genauso wenig ein von Leonardo entwickeltes Alternativkonzept, bei dem sich das durch „innere Erosion" anfallende Material auf dem Boden eines mit der Bibel kompatiblen Urozeans, der ursprünglich die ganze Erdoberfläche

---

41 Gohau 1990, S. 52.
42 Goethe HA 1998, Bd. 11, S. 19 f.
43 Jahn 2000, S. 276 f.

bedeckte, zu Gebirgen aufgetürmt habe, aus dem schließlich die Kontinente erwuchsen.[44] Solch großformatige Spekulationen über Morphologie und Gestaltänderungen der Erde in einem frühen schöpfungsnahen geologischen Zeitalter leistet sich Palissy nicht. Erosionsmechanismen zählen für ihn zu den wesentlichen die Oberfläche verändernden Einflüssen. Seine Beschreibungen der Erosion unterscheiden sich nicht wesentlich von denen anderer Quellen. Aber auch durch Eingriffe des Menschen, wie großflächige Rodungen, vollziehen sich gravierende Wandlungen der Topographie. Die Problematik anthropogener Veränderungen bringt Palissy treffend zum Ausdruck und appelliert, im Sinne der modernen Landschaftsökologie, für einen reflektierten, nachhaltigen Umgang mit den Ressourcen.[45]

Allgemein stellt Palissy fest, dass sich die Erde seit der Schöpfung kontinuierlich verändert. Ihre jetzige Gestalt ist somit nicht gottgegeben. Fast alle geographischen Beschreibungen betreffen ihm persönlich bekannte Gegenden. Die Küste seiner Wahlheimat Charente-Maritime ist ihm vertraut, so dass er erkennt, dass die Küstenlinien in früherer Zeit nicht die gleichen waren wie heutzutage.[46] In einigen Regionen sind Landgewinne zu verzeichnen, während andere weiträumig dauerhaft als Folge einer Transgression vom Meer überflutet wurden. Palissy schildert dies exemplarisch an konkreten mit Ortsnamen belegten Beispielen der Saintonge. Er beschreibt sowohl Transgression als auch Regression als reguläre Phänomene. Eine spekulative Aussage, dass diese Bewegungen sogar kontinentale Ausmaße besitzen könnten, wagt er nicht, obwohl diese sich auf starke Indizien von Funden mariner Fossilien weit im Landesinneren, im Pariser Becken und in den Ardennen, hätte stützen können.

3. Fossilien

Fossilien bilden den Forschungsschwerpunkt von Palissy.[47] Er diskutiert sie in mehreren Kapiteln, ihrem Material entsprechend am ausführlichsten im Diskurs „Über die Steine". Neben der erstmaligen Beschreibung des hydrologischen Zyklus sind besonders diese Untersuchungen über Fossilien wegweisend und

---

44 Perrig 1983, S. 11.

45 R. Buckminster Fuller forderte um 1969 in seiner *Bedienungsanleitung für das Raumschiff Erde* eine „komprehensive antizipatorische Design-Initiative" zur Entwicklung „synergetischer Strategien." Buckminster Fuller 1973, S. 95 und S. 55.

46 Palissy 1996 Bd. 2, S. 242. Siehe auch das folgende Kapitel *Fossilien*.

47 Der Begriff Fossilien wird hier ausschließlich entsprechend dem heutigen Sprachgebrauch verwendet und hierunter Versteinerungen verstanden, siehe Haubold, Daber 1989, S. 147. Früher, auch zur Zeit von Agricola und Palissy, bezeichnete der Begriff allgemein das Ausgegrabene.

bilden ein zentrales Bindeglied von Kunstschaffen und Naturerforschung. Die Frage nach Wesen und Ursprung der Fossilien stand im 16. Und 17. Jahrhundert im Zentrum aller geologischen Diskussionen, da die Existenz von Lebewesen ähnelnden Bildern im Fels die Phantasie anregte und verstörte.

Seit Plinius (~24–79 n. C.) wurden Fossilien aufgrund ihres Materials zu den Steinen gerechnet. Seine *Historia naturalis* „versorgte Künstler und Naturforscher mit wundersamen Geschichten darüber, wie die Kunst die Natur imitierte oder umgekehrt die Natur die Kunst.“[48] Innerhalb von Kunstkammern und Kabinetten bildeten Versteinerungen in der Abteilung „Steine und Kunstwerke daraus“[49] gemeinsam mit metallischen Mineralen, Kristallen, Achat und Jaspis als sogenannte Bildsteine eine zusammenhängende Kategorie, da sie alle bemerkenswerte und kunstreiche Formen zeigten, die auf natürliche Weise hervorgebracht waren.[50] Der Begriff „Fossil“ geht auf den deutschen Arzt und Mineralogen Georg Agricola (1494–1555) zurück, der 1546 zwischen den oberirdischen Fundstücken (in der Schrift: *De natura eorum quae efflunnt ex terra*) und den unterirdischen (in *De natura fossilium*) unterschied.[51] Hierin führte er erstmals den Begriff Fossilien ein, der aber noch nicht die heutige Bedeutung Versteinerung besaß, sondern allgemein „das Ausgegrabene“ bezeichnete. Auch Palissy verwendet den Ausdruck Fossilien in diesem Sinne. Der Schweizer Naturforscher Conrad Gesner (1516–1565) trennte die Fossilien, das „Ausgegrabene“, genauer in geologische, archäologische und menschliche Artefakte. In seinem Werk *De rerum fossilium lapidum et gemmarum,* das im Jahr 1565, also kurz nach Palissys *Recepte veritable* von 1563 erschien, teilte Gesner die von ihm gesammelten Steine in vierzehn Klassen ein, je nach Ähnlichkeiten brachte er „Versteinerungen“ unter, die der Kunst glichen. „Versteinerungen“ waren für ihn noch von der Natur gestaltete Bildwerke und keine ehemals lebenden Organismen. In ähnlicher Weise verfuhr auch Aldrovandi in seinem 1648 publizierten „Museaum metallicum“, in dem er neben kristallinen Mineralien, Zufallsbilder auf Bruchsteinen von Katzen, Hunden, Fischen oder Menschen, die „von der Natur gestaltet“ waren, abbildete.[52] Für Agricola, den großen Spezialisten des Minenwesens, sind Versteinerungen ebenfalls nur Steine, die etwas anderem ähneln, weshalb er fossile Muscheln und andere Lebewesen in Zusammenhang mit den Mineralien

48 Daston, Park 2002, S. 338.

49 Titel, Ordnung und Systematik wurden von Plinius *Historia naturalis* abgeleitet.

50 Vgl.: Schleicher 1978, S. 43; Bredekamp 1993, S. 21 u. 38. Neben den Naturalia wurden, wie in der Prager Kunstkammer, wegen des Materialzusammenhanges häufig auch antike Skulpturen gezeigt.

51 Beringer 1954, S. 21; Agricola 1928; Palissy 1996, Bd. 2, S. 394.

52 Bredekamp 1993, S. 38 u. Daston, Park 2002, S. 337. Siehe auch Alessandri, Ceregato (Hg.) 2007.

beschrieb.[53] Ausschlaggebend für die Einordnung ist neben der Materialzugehörigkeit die Frage der bildlichen Ähnlichkeit; die Frage nach Ursprung und Entstehung der Fossilien wird ignoriert.[54] Selbst Robert Plot (1640–1696), der erste Direktor des Ashmolean Museums, hielt Fossilien noch für eigenwillig geformte Steine, die die Natur zu ihrer Unterhaltung innerhalb der Erde als Ornament anfertigte.[55]

Palissy hingegen war sich bereits 1563 gewiss, dass es sich bei den Objekten unzweifelhaft um ehemalige Lebewesen handelt und dass sie an dem Ort lebten, an dem sie versteinert aufgefunden werden, und ihre Veränderung auf einem natürlichen Vorgang durch die Infiltration von „verfestigungsfähigem", salzhaltigem Wasser beruhe: „Ich bin mir ganz sicher, wenn ein Körper an einem Ort begraben liegt, wo es ruhendes...[salzhaltiges] Wasser gibt, dass der Körper dann versteinern wird. Da der verfestigungsfähige Samen die Natur eines Salzes hat, werden sie von den Salzen im Körper [des Lebewesens] angezogen, wegen der Affinität der beiden Arten zueinander. [...] Sie werden erstarren, erhärten und den toten Körper versteinern."[56] Diese Einsicht, dass steinerne Objekte tierischer oder pflanzlicher Anmutung nur frühere Lebewesen gewesen sein können, ermöglichte ihm die aus dem Studium von Böden und Mineralien in Zusammenhang mit der Keramikherstellung gezogene Kenntnis hydrogeologischer Prozesse.

Palissy spricht von „petrification", Versteinerung, da der Vorgang demjenigen der Gesteinsbildung ähnlich ist. Die umgebenen Erdschichten, wie auch die toten Lebewesen, werden von der salzhaltigen wässrigen Lösung durchdrungen, erstarren sukzessive, versteinern und konservieren den Abdruck des Objekts. Die Lebewesen saugen sich durch das Liegen auf dem Grund des Sees oder des Meeres mit dessen Salzen voll, die sich mit dem in ihren toten Körpern enthaltenen verbinden. Die Lebewesen müssen während dieser Zeit vollständig von Erd-

53 Agricola 2006 (*De natura fossilium*); Ellenberger 1988, S. 160 f. Der einzige Hinweis, dass Agricola später zu einer tieferen Einsicht gekommen sein könnte, findet sich in einem Halbsatz, wo kurz auf „Abdrucke verschiedener Arten von Lebewesen" im Kupferschiefer von Mansfeld hingewiesen wird, Agricola 1928, S. 97 (*De re metallica*).

54 Langer 1994, mit einem kurzen Überblick zu Kenntnissen über Fossilien im 16. Jahrhundert.

55 Impey, MacGregor (Hg.) 1985, S. 209.

56 Palissy 1996 Bd. 2, S. 227: „Je me tiens tout asseuré que si un corps estoit enterré dans un lieu où il y eust quelque eau dormante, parmi laquelle y eust de l'eau congelative, de laquel se forme le cristal & autres matieres metaliques & pierreuses, que ledit corps se petrifieroit : par ce que la semence congelative est d'une nature salcitive, & que le sel du corps ... atireroit à soy la matiere congelative, qui est aussi salcitive, à cause de l'afinité que les deux especes ont, elles viendroyent à congeler, endurcir & petrifier le corps mort." Siehe z. B. auch: Palissy 1996, Bd. 1, S. 95 f. (*Recepte*) und Palissy 1996 Bd. 2, S. 242 f.

reich bedeckt sein. Die Salze führen zu einer fortlaufenden Verfestigung des Naturobjekts bis zu dessen Versteinerung. Es kommt zu einer Substitution des organischen Materials durch anorganisches. Bei diesem metamorphischen Austauschvorgang bewahren die Naturobjekte ihre ursprüngliche Form.[57] Die Tiere konnten deshalb nur am gleichen Ort gelebt haben, wo sie auch ihre Natur änderten und versteinerten. Der sie umgebende Sand- und Schlickboden verfestigte sich bei diesem Vorgang ebenfalls und bewahrte so „ihre Form, die sie auch zu ihren Lebzeiten hatten."[58]

Die Weichteile verwesten bei dieser Umwandlung, die nicht Metamorphose genannt wird, häufig. In den *Discours* taucht der Begriff der Metamorphose nirgends auf, meint er doch in der Geologie etwas grundlegend anderes.[59] Der von Palissy beschriebene Vorgang der Versteinerung entspricht im Kern der auch heute üblichen Erklärung.[60] Die das Objekt umgebene Materie erfüllt bei diesem natürlichen Vorgang der Versteinerung die Rolle der „matrice" oder Form in der Keramikherstellung und zeigt Analogien zum Verfahren des Abdrucks und der Naturabformung. Leibniz übernimmt 1706 Palissys Vorstellung der Fossilienentstehung nach dem Prinzip der verlorenen Form, doch in einer rein bildlichen

---

57 Palissy 1996 Bd. 1, S. 94, 97 u. 112; Bd. 2, S. 148, 227 f. u. 240 ff.

58 Palissy 1996 Bd. 2, S. 244: „lesdits poissons ont esté engendrez au lieu mesme où ils ont changé de nature, tenans la forme mesme qu'ils avoyent estants vivans." Die von Palissy gegebene Beschreibung der Umwandlung von Tieren in Fossilien ist in ihrem Prinzip konform mit den aktuellen Theorien (Palissy Bd. 2, S. 148, Anm. 107).

59 Der Begriff der Metamorphose wurde 1365 in die französische Sprache eingeführt und geht auf Ovids *Metamorphosen* zurück, der fasziniert von Umwandlungen jeder Art war. Dass dieses einflussreiche Werk keine Erwähnung bei Palissy findet, ist deshalb erstaunlich. Ovid äußert sich im XV. Buch auch zu geologischen Themen (das Essenzielle findet sich in den Zeilen 262–269) und beschreibt in einer wunderbar poetischen Sprache Stoffumwandungs- und metamorphische Prozesse. (Ovid 1958, 1998, XV. Buch ab ca. Zeile 230, S. 489 ff. Siehe auch Ellenberger 1988, S. 13 ff.). Auch die Steinwerdung der Korallen zählt Ovid zu den Metamorphosen (Ovid 1958, 1998, IV. Buch Zeile 750–752, S. 148 f.). Horst Bredekamp 2008, S. 216 zieht eine Verbindung zwischen der Metamorphosenlehre und dem Prinzip der Evolution. In der modernen Geologie bezeichnet Metamorphose etwas vollständig anderes. Bei der Gesteinsmetamorphose werden im Gegensatz zur Diagenese die ursprünglichen Gesteinsmerkmale wie Schichtung und auch Fossilien ausgelöscht. Vereinfacht gesagt wird Sandstein zu Quarz und Tonstein zu Schiefer. Siehe: Murawski 1983, S. 140. f.; eine sehr gute Definition mit Abgrenzung zum biologischen Metamorphosebegriff gibt: Haubold, Daber 1989, S. 241 f. Der Begriff der Metamorphose scheint sich an einen Gestaltwandel geknüpft zu haben. Die Fossilisation ist keine Metamorphose, denn das Fossil ist gestalterhaltend. Hat Palissy deswegen, solch moderne Definition antizipierend, auf die Verwendung verzichtet? Die allgemeine Begrifflichkeit Ovids als Ausdruck des Prinzips der Wandelbarkeit der Natur hat Platz gemacht zugunsten einer eingeschränkten Definition mit ihrem Einzug in die Naturforschung (siehe Bredekamp 2008, S. 212 u. 213 f.).

60 Stanley 1994, S. 9 ff.

Weise, ohne chemische Fundierung sieht er die Erde als Goldschmiedin am Werke.[61] Sind die Fossilien nicht mit Exaktheit abgebildet, und dies trifft auf die Mehrzahl der Versteinerungen zu, wie sich unschwer in naturkundlichen Museen feststellen lässt, bleibt er seinen früheren Überzeugungen treu, diese „Bildsteine" als „Spiel der Natur" zu werten.[62] Leibniz' Deutung des Ursprungs der Fossilien bleibt somit ambivalent. Eindrucksvoll ist, dass Palissy Steinkern- und Schalenerhaltung sehr genau unterscheidet, eine neue Entdeckung, die ihm als erstem Forscher gelang. Die Versteinerungen verlieren damit bei Palissy ihre bisherige Bedeutung als künstlerisches Produkt der Natur und werden ein naturwissenschaftliches Phänomen.

Die Beschreibung von Palissy widersprach den drei gängigen Lehrmeinungen, wonach die Versteinerungen entweder spielerische Bildwerke der Natur, „lusus naturae", Urzeugungen in situ im Fels oder Überreste der von Gott durch die Sintflut hinweggerafften Lebewesen wären. Es ist erstaunlich, dass Palissy und Leonardo sich besonders mit dieser dritten Meinung, der Sintflutlehre, auseinandersetzten und sich vehement von ihr abzugrenzen suchten, obwohl diese, wie François Ellenberger feststellte, noch keine große Bedeutung besaß.[63] Denn nur ein Autor war im 16. Jahrhundert ein radikaler Diluvianist: Luther.[64] Palissy erzählt, dass er einst in dem Buch *De subtilitate* des italienischen Universalgelehrten Girolamo Cardano (1501–1576) gelesen habe, dass die Fische und Muscheln des Meeres durch die Sintflut auf die höchsten Gipfel gespült wurden und dort verblieben und versteinerten, nachdem das Meer sich zurückgezogen hatte. Der Erklärung des Gelehrten für diese Funde widerspricht Palissy scharf,[65] indem er mit seinem geologischen Modell argumentiert. Als interessante zoologische Zusatzbegründung führt er an, dass viele Meerestiere Organe besitzen, um sich auf Felsen festzusaugen, und aus diesem Grund nicht von den Wellen fortgespült werden könnten.[66] Doch Palissy lässt seine Erinnerung im Stich: Cardano ver-

---

61 Bredekamp 2004, S. 122; Leibniz 1749. Ob Leibniz Palissy und die *Discours admirables* kannte, ist nicht bekannt.

62 Ebenda.

63 Leonardo 1952, S. 233 ff. Leonardo setzt sich seitenlang mit der Widerlegung von Argumenten der Sintflutlehre auseinander. Ellenberger 1988, S. 166.

64 Zur Position von Luther: Martin Luther Werke, *Kritische Gesamtausgabe*, Bd. 42, Genesisvorlesung (cap. 1–17) 1535/38, Weimar 1911; zu Calvin: Calvin 1554; Zuchman 2006. Calvin nahm eine ambivalente, pragmatische Haltung ein: Er erklärte, die Erzählung Mose sei nicht wörtlich zu nehmen.

65 Palissy 1996, Bd. 2, S. 235 ff. Zu Cardano vgl. Palissy 1996, Bd. 1, S. 94, Anm. 189.

66 Palissy stellt klar, dass die Sintflut durch heftige Regenfälle und nicht durch Überschwemmungen der Meere verursacht worden sei. Palissy 1996, Bd. 2, S. 213; vgl. 1. Moses, 7,1–8,12. Leonardo sieht dagegen auch die Fluten durch aufberstende Wasseradern hervorgerufen. Siehe Perrig 1983, S. 14 f. und Anm. 65. Cardano behandelt kaum Überschwemmungen. Eine der raren Passagen findet sich bei Cardano 1566, S. 474 r

tritt in seinem erfolgreichen 1556 erstmals in französischer Übersetzung erschienen Traktat diese Meinung nicht, wie schon Duhem und Ellenberger feststellten – die Quellenangabe ist falsch.[67] Rudwick hält es deshalb für wahrscheinlich, dass er Cardano schlicht missverstanden hat.[68] Dass Palissy diese Argumentation Cardano vorsätzlich in den Mund gelegt hat, wie Duhem meint,[69] erscheint hingegen unwahrscheinlich, denn das in mehreren Auflagen erschienene Werk von Cardano war eines der am meisten gelesenen Bücher des 16. Jahrhunderts,[70] Palissy hätte damit rechnen müssen, sich vor seinen Lesern und den Zuhörern seiner Konferenzen zu blamieren. Welchen Autor Palissy hier zitiert, bleibt genauso ungeklärt wie die Frage, gegen wen beide, Palissy und Leonardo, polemisieren.[71]

Tatsächlich stimmen Cardano und Palissy darin überein, dass es sich bei den Versteinerungen nicht um eine Imitation von in der Erde gebildeten Simulacra, sondern um versteinerte, früher reale Lebewesen handele, die an der Stelle lebten, wo sie versteinert aufgefunden werden.[72] Palissy gelingt es sogar, durch Vergleich mit aktuellen Spezies die Fossilien zu bestimmen. Die von ihm benannten Fossilienfunde stammen überwiegend aus Lagerstätten der Saintonge,[73] der Ile-de-France, Paris, den nördlich angrenzenden Regionen Oise und Aisne sowie den Ardennen, also Landschaften, die er aus eigener Anschauung kennt. In der Nähe von Soissons findet er versteinerte Muschel zu Tausenden, „die bezeugen,

---

und 474 v. Dass er mit „deluges" die Sintflut meint, darf stark bezweifelt werden (vgl. S. 385 v f.).

67 Duhem 1906, S. 247–253, Ellenberger 1988, S. 138 f., 147 f. Die Lektüre dieses über 1000 Seiten starken, unklar strukturierten und unübersichtlichen Werks ist schwierig, die verschiedenen Auflagen sind zudem nicht identisch. Cardano kommt nur an wenigen Stellen kurz auf die Existenz von versteinerten Meeresmuscheln zu sprechen, an einem weiteren Ort untersucht er temporäre Überschwemmungen ohne gleichzeitige Erwähnung von Fossilien. Der Kontext legt sogar eher nahe, dass er nicht an die Sintflut glaubt. Cardano, Ausgabe 1556, S. 151 b f., 63 b f. und Ausgabe 1566 S. 89 r f., 189 v, 474 v, 476 v.

68 Rudwick 1976, S. 41.

69 Duhem 1906, 1984, S. 251 f., 252.

70 Duhem 1906, S. 229.

71 Möglicherweise ist Alessandro degli Alessandri derjenige, welcher diese Theorie entwickelte. Ellenberger bezeichnet ihn zwar als gemäßigten Diluvianisten, das *Handbuch zur Geschichte der Naturwissenschaften und der Technik* von Ludwig Darmstaedter führt Alessandri aber als Urheber dieser Theorie an. Bereits im Jahr 1510 soll Alessandri in einer „*Rhapsodie*" die ausdrücklich von der Kirche unterstützte Ansicht ausgesprochen haben, dass alle Versteinerungen von der Sintflut herstammen (Darmstaedter 1908, S. 1510).

72 Palissy 1996 Bd. 2, S. 237. Für Cardano ist es ebenfalls klar, dass sich das Meer an der Stelle des Fundortes befunden haben muss und es sich von dort zurückgezogen hat; eine wenig verbreitete These, der auch Andrea Cesalpino 1596 im seinem Buch *De Metallicis liber tres* beipflichtet (Ellenberger 1988, S. 175).

73 Jetziges Département Charente-Maritime.

dass sie nicht aus dem Meer kamen, sondern an diesem Ort entstanden sind und zur gleichen Zeit wie der Boden versteinerten, und das Wasser indem sie lebten, versteinerte ebenfalls."[74] Die Aussage ist so zu verstehen, dass die Muscheln nicht durch ein sintflutartig das Land überschwemmendes Meer, nämlich die Sintflut, angespült worden seien. Palissys Argumentation schließt aber nicht aus, dass die Gegend um Soissons in früheren Zeiten möglicherweise nicht doch längere Zeit dauerhaft vom Meer bedeckt gewesen sein könnte. Dennoch ist nicht vollkommen auszuschließen, dass gemeint ist, dass die versteinerten Muscheln nicht aus dem Meer stammen, so dass es sich um ehemalige Süßwasserarten handeln müsste. Die Muscheln lebten nach Auffassung von Palissy in jedem Fall in einem Gewässer, das zu der Zeit dauerhaft die Gegend um Soissons bedeckte, um was für ein Gewässer es sich gehandelt haben könnte und von welcher Größe, wird nicht mitgeteilt.

Palissy weist ausdrücklich darauf hin, dass auch im Süßwasser eine gewisse, wenn auch geringere Menge an Salzen als im Ozean vorhanden ist und dort ebenfalls große Quantitäten Muscheln und Schalentiere leben, weshalb auch ehemalige Binnengewässer zu Lagerstätten von Fossilien werden könnten. An den heutigen Fossilienfundorten befanden sich, so schlussfolgert Palissy, früher entweder große Seen,[75] die durch Einwirkung der Sonne oder der Erdwärme verdunsteten, oder der Ozean, der sich später von dort zurückzog. Palissy erkennt, dass die Küstenlinien in früherer Zeit nicht die gleichen waren wie heutzutage.[76] Fossile Muscheln aus der Küstenregion werden deshalb eindeutig problemlos als frühere Meereslebewesen erkannt.[77] Liegt der Fundort in einer Meeresregion oder identifiziert er die Fossilien als Süßwasserorganismen,[78] ist der Fall somit unkompliziert. Doch werden sie als Lebewesen erkannt, die das „ozeanische Meer" bevölkerten, und liegt die Lagerstätte weit im Binnenland oder im Gebirge, wird Palissys Position unklarer. Es werden mit Wasser gefüllte „réceptacles"[79], Becken, als ehemalige Lebensorte der Tiere ermittelt oder ein großer See, wie bei der Lagerstätte Faubourg Saint Marceau in Paris.[80]

In den Ardennen seien sehr viele Versteinerungen sowohl in tiefen als auch in großen Höhenlagen vorhanden.[81] Palissy erkennt in den aufgefundenen Fossilien Spezies, die im Ozean lebten, also musste sich am Fundort, an denen die Tie-

---

74 Palissy 1996 Bd. 2, S. 246 f. (*Über die Steine*).

75 Palissy 1996 Bd. 2, S. 243.

76 Palissy 1996 Bd. 2, S. 242.

77 Palissy 1996 Bd. 2, S. 241.

78 Palissy 1996 Bd. 2, S. 238.

79 Palissy 1996 Bd. 2, S. 243.

80 Palissy 1996 Bd. 2, S. 241.

81 Palissy 1996 Bd. 2, S. 240–248. In den Ardennen finden sich „keine modernen Arten, wie sie im Ozean leben." (Bd. 2, S. 247). Noch Ernst Jünger legt beim Stellungsbau im

re verendeten, Wasser befunden haben. Er zögert aber zu behaupten, dass sich das Meer bis hierher in die Ardennen ausgedehnt haben könnte, sondern spricht von „réceptacle“, Becken, oder nimmt Zuflucht zu „vaisseau“[82], Gefäß, als Synonym, ein Wort, welches dem Keramiker Palissy geläufig ist. Eine genaue Klärung des ehemaligen Habitats der Fossilien und der geologischen Verhältnisse bleibt er in diesem Fall schuldig. Darüber, wie ein großer See sich auf einem Berggipfel befinden konnte, lässt er den Leser genauso im Unklaren wie Cardano, der dem Leser nicht erläutert, wie Meereswasserstand und Fundorthöhe auf Gipfelniveau zu vereinbaren sind, wenn sich das Meer am Ort der Fossilienfundorte befunden haben soll. Die Erklärung, dass die „Fische“ möglicherweise sogar in „Mulden“ am Bergrücken gelebt haben, kann auch ihm nicht plausibel erschienen sein und ihn nicht befriedigt haben. Möchte Palissy seine Behauptungen abschwächen, um einen minimalen Konsens mit den Angaben der Bibel zu retten? Die eng mit den geologischen Veränderungen verknüpfte Frage des Fundorts der Fossilien und die Beschaffenheit ihres ehemaligen Lebensraums bleiben vorerst ungelöst.

Seine zögerliche Haltung, eindeutige Aussagen zu großen Verlagerungen der Meere und dem Vorhandensein von Fossilien im Gebirge zu treffen, ließe sich damit erklären, dass er befürchtete, der von ihm scharf kritisierten Sintflutlehre ein argumentatives Schlupfloch zu bieten. Ein weiträumig das Land überschwemmendes Meer von fast kontinentalen, also sintflutartigen Ausmaßen war ihm deshalb möglicherweise eine suspekte Vorstellung. Die Problematik präsentiert sich ähnlich wie bei Palissys Beschränkung auf eine ausschließlich im kalten, wässrigen Milieu sich vollziehende Gesteinsgenese, aus Furcht, mit den Alchemisten in Verbindung gebracht zu werden.

Leonardo besitzt in dieser Frage am Ende seines Lebens eine weit größere Imagination und ist expliziter. Während bezüglich Bedeutung und Entstehung der Fossilien kaum Unterschiede zu Palissy erkennbar sind, bemüht Leonardo sich zumindest um Klärung der Frage, wieso sich Fossilien auch hoch oben, innerhalb des Bergmassivs finden. Grundsätzlich geht er davon aus, dass sich das Mittelmeer aus seiner alten Lage, dort wo Fossilien vorhanden sind, zum Beispiel in den Apenninen, zurückgezogen hat. Leonardo führt zwei Erklärungen an: Es sei möglich, dass die Apenninen in der Frühzeit Inseln gewesen seien: „Der Mittelmeerbusen nahm wie ein Becken die Hauptgewässer aus Afrika, Asien und Europa auf, soweit sie dorthin gerichtet waren, und seine Gewässer stiegen bis zu den Hängen der Berge, die ihn umgaben und eindämmten. Und die Gipfel des Apennin ragten aus dem Meer in Form von Inseln, die von salzigen Gewässern umgeben waren. [...] Und über den Ebenen Italiens, wo heute die Vögel in

1. Weltkrieg Fossilienlagerstätten in den Ardennen frei: Jünger 1994, Bd. 1, *In Stahlgewittern*, S. 187.

82 Palissy 1996 Bd. 2, S. 265.

Schwärmen fliegen, schwammen früher die Fische in großen Zügen."[83] Es sei aber ebenfalls möglich, sagt Leonardo, dass der Rückzug des Meeres zu einer geringeren Bodenpressung durch den Abzug der Wassermassen geführt habe, was eine Hebung der Erdoberfläche und „des Grundes des Meeres" nach sich zog.[84] Leonardo akzeptiert geologische Umwälzungen großen Ausmaßes.

Interessant ist, dass für Leonardo die Landmasse das Mittelmeer als Becken oder Gefäß umschließt: „Das Meer ist in den großen Senken der Erde eingeschlossen. Die Erde dient dem Meer als Gefäß, und die Ränder des Gefäßes sind die Ufer der Meere."[85] Auch Jacques Besson spricht vom „vaisseau de la mer",[86] dem Gefäß des Meeres. Palissys Nutzung dieses Begriffs bedeutet also keineswegs, wie Ellenberger meint, dass Palissy zwangsläufig der Meinung war, die Funde im Pariser Raum und in den Ardennen stammten aus früher dort existierenden kleinen Binnengewässern.[87] Nichts schließt aus, dass es sich für ihn bei dem „großen See" und bei dem „Becken" oder „Gefäß" um eine Wasserfläche von der Größe der Ostsee, des Schwarzen Meeres oder des Mittelmeeres handelte. Palissy lässt diese für ihn nicht zu beantwortende Frage vielleicht bewusst offen.

Ursprung und Arten der von ihm untersuchten Fossilien ermittelte Palissy durch Vergleich mit der Population ähnlicher lebender moderner Arten. Auf diese Weise bestimmte Palissy fossile Purpurschnecken und andere große Meeresschnecken als Verwandte von lebenden Arten, die Seefahrer aus Indien und Guinea mitbrachten.[88] Die Analyse der Versteinerungen leitet so in einen Diskurs über, der bereits als ein erster Ansatz zur Entwicklung des Fachgebiets der Landschaftsökologie bezeichnen ließe, wie sie sich ab Mitte des 19. Jahrhunderts entwickelte, die vielleicht ihren Ursprung in der als Physiognomik bezeichneten Lehre Alexander von Humboldts oder Goethes hat.[89] Palissy versichert, dass jedes Lebewesen den ihm angepassten klimatischen Raum braucht, um zu leben. So wie Orangen-, Feigen- und Olivenbäume oder Gewürze nie in kalten Ländern überleben könnten, so fänden auch Fische nur in den ihnen gemäßen Gegenden Nahrung und geeignete Bedingungen zu ihrer Fortpflanzung.[90] Palissy unterscheidet deshalb Süß- bzw. Brackwasserarten von solchen, die nur im Ozean leben können. Salzwasserkrebse und -muscheln können folglich nicht im Süß-

---

83 Leonardo 1952, S. 243.
84 Leonardo 1952, z. B. S. 234 f. und 249.
85 Siehe auch Leonardo 1952, S. 245.
86 Besson 1569, S. 12.
87 Ellenberger 1988, S. 143. Vgl. das Kapitel VII.3. *Der Mansfelder Kupferschiefer.*
88 Palissy 1996 Bd. 2, S. 248.
89 Jahn 2000, S. 602; vgl. Humboldt 1969. Interessant ist ein Vergleich mit Lamarcks „hydromechanischer Entwicklungslehre" und den französischen Materialisten, siehe Jahn 2000, S.286–287 bzw. 290.
90 Palissy 1996 Bd. 2, S. 246.

wasser leben. Wo versteinerte Salzwassertiere aufgefunden werden, müssen diese auch gelebt haben, und an dem Fundort kann sich zwangsläufig nur das Meer oder ein Gewässer mit entsprechend hohem Salzgehalt befunden haben.

Palissy argumentiert über die gesamten *Discours* äußerst kohärent, bis zu dem Punkt wo er, wie bereits festgestellt, tief ins Binnenland und ins Gebirge vordringt und dort fossile Meerestiere vorfindet. Er versucht diese Klippe zu umschiffen und das sich auftuende Definitionsproblem zu umgehen: „Und deshalb müssen wir annehmen, dass in verschiedenen Gegenden des Festlandes die Gewässer salzig sind, wenn auch nicht so stark wie das Meer, aber sie sind ausreichend salzig, um alle Arten von gepanzerten Fischen hervorzubringen."[91] Bereits früher hatte er festgestellt, dass auch Süßwasser genügend Salze zur Versteinerung enthält. Nun sollen Binnengewässer aber ausreichend Salz enthalten, um das Überleben von Purpurschnecken, Austern und Seesternen zu ermöglichen? Zwar gibt es eine Reihe von Meerestieren; die auch im Brackwasser leben oder überleben; selbst im Süßwasser existieren verschiedene Arten von Krebsen, Krabben und Muscheln. Dies ist Palissy bekannt. Doch ein Binnengewässer mit einem so hohen Salzgehalt, dass es den von ihm bestimmten Tieren einen Lebensraum geboten haben könnte, kennt er offensichtlich nicht. Die Begründung überzeugt ihn selbst nicht vollständig. Bereits im nächsten Satz nimmt er sie mit der Feststellung wieder zurück, dass „auch das Meer in einer Gegend Fische hervorbringt, die in einer anderen nicht leben könnten", um dann exakt dieselben Meerestiere aufzulisten, die er gerade im Landesinneren fand. Es wird keine Auflösung des Paradoxons angeboten: Für das Problem der Meeresfossilien im Gebirge hat Palissy offenbar keine Lösung.

Der Fund von Fossilien offenbart, dass die Gestalt der Erdoberfläche großen Veränderungen unterworfen ist, und führt indirekt die Fossilen als Indikator geologischer Veränderungen, das heißt als Leitfossilien, ein. Analoges gilt für die Lebewesen: Auch bei den Arten und ihrem geographischen Vorkommen konnten zeitliche und örtliche Veränderungen konstatiert werden. „Die Erde selbst war damit nochmals als ein der Kunstkammer vergleichbares, gigantisches Gefäß begriffen, das auch als historisches Archiv zu lesen war."[92]

Die Population der in der Erde aufgefundenen Arten an „Versteinerungen von Fischen und Muscheln übersteigt die der im Ozean lebenden modernen Gattungen",[93] konstatiert Palissy. „Und was für eine große Zahl von versteinerten Muschelschalen von Austern, Miesmuscheln, [...] und vieler Arten von Schne-

---

91 Palissy 1996 Bd. 2, S. 244.

92 Bredekamp 1993, S. 75. Vgl. die Ansicht von Buffon, siehe Jahn 2000, S. 248.

93 Palissy 1996 Bd. 2, S. 247: „en fin j'aye trouvé plus d'especes de poissons ou coquilles d'iceux, petrifées en la terre, que non pas des genres modernes, qui habitent en la mer Oceane."

cken, die den Ozean bevölkerten, fand ich an den unterschiedlichsten Orten, wie im Flachland der Saintonge, in den Ardennen oder der Champagne, darunter auch einige Arten, von deren Gattungen wir keine Kenntnisse besitzen."[94] Palissy besitzt „eine große Anzahl davon [in seiner Sammlung], die versteinert und deren Samen ausgestorben sind."[95] Diverse Arten sind ausgestorben und deren Erbinformationen mit ihnen verloren gegangen. Palissy leistet hier Pionierarbeit. Es ist nicht bekannt, dass irgendjemand vor ihm Fossilien als ausgestorbene Spezies erkannt hätte. Diese Entdeckung gelingt ihm ebenfalls durch Vergleich mit modernen Arten. Auf dieses Verfahren weist er im Anhang der *Discours* gezielt hin.[96] Palissy beschreibt in den Erläuterungstexten seines Museums ein Exemplar, bei dem es sich ohne Zweifel um einen großen Ammoniten handelte: „Aus diesem Grunde reservierte ich ein ganzes Regalbrett für diese Arten [die Fossilien ausgestorbener Arten] Von dieser Art, die du hier siehst, welche in Gestalt einer Spirallinie geformt ist, habe ich ein Exemplar gesehen, welches einen Durchmesser von 45 cm besaß."[97] Bereits in dem im Jahr 1563 erschienenen *Recepte* beschreibt Palissy eine Spezies, die er in der Nähe von Saintes fand und bei der es sich trotz der abweichenden Beschreibung ebenfalls um Ammoniten gehandelt haben wird: „Ich ging entlang der Felsen der Stadt Saintes spazieren, und in Betrachtung der Natur bemerkte ich in einem Felsen einige Steine, die wie das Horn eines Schafes aussahen, nicht so lang, nicht so gebogen, aber wie üblich geschwungen, und sie waren etwa einen halben Fuß lang. [...] Man muss urteilen, dass diese Art von Fisch, früher das Meer der Saintonge bevölkerte, denn es finden sich eine große Zahl dieser Steine, aber diese Fischart ist ausgestorben [...]."[98] Palissy muss also bereits seit langer Zeit Fossilien besessen haben und erkannte deren Wesen sehr früh. Palissy vergibt jedoch keine Namen für neue unbekannte Arten. Er belässt es bei einer kurzen Beschreibung, der Bezeichnung der vergleichbaren modernen Art und der Feststellung, dass nicht nur das Fossil ausgestorben, sondern auch sein Name unbekannt sei.

94 Palissy 1996 Bd. 2, S. 247: „Et combien que j'aye trouvé des coquilles petrifées d'huitres, sourdons, availlons, jables, moucles,..., & toutes especes de limaces, qui habitent en ladite mer Oceane, si est ce que j'en ay trouvé en plusieurs lieux, tant és terres douces de Xaintonge que des Ardennes, & au pays de Champagne d'aucunes especes, desquelles le genre est hors de nostre connoissance." Zu den ausgestorbenen Arten auch: Palissy 1996, Bd. 1, S. 96 ; Bd. 2, S. 239. Vgl. Gohau 1990, S. 59, 92 u. 126.

95 Palissy 1996, Bd. 2, S. 365 (*Kopie der Schriften*).

96 Palissy 1996 Bd. 2, S. 369 (*Kopie der Schriften*).

97 Palissy 1996 Bd. 1, S. 96 ; Bd. 2, S. 369: „Et pour ces causes j'ay mis un parquet à part & du genre que tu voy estre formé en façon de ligne spiral, j'en ay veu un qui avoit seize poulce de diametre." Vgl. dort Anm. 18. Aufschlussreich ist auch: Palissy 1996 Bd. 2, S. 365: „a semence (de ces especes) en est à present perdue, & mesmes, nous ne sçavons à present comment il les faut nommer:....."

98 Palissy 1996 Bd. 1, S. 95 f. (*Recepte*).

Neben diesen ausgestorbenen Arten „fanden sich in der Champagne und den Ardennen aber auch andere, die sich nicht im Ozean (*gemeint ist natürlich die europäische Küste*)[99] finden, die aber einigen Arten von Purpurschnecken,[...] und anderen großen Schnecken ähneln, wie sie von Seefahrern aus den südamerikanischen Tropen mitgebracht werden."[100] Es kam in der Natur also auch zu einer örtlichen Verschiebung der Artenpopulation. „Die Steine, in denen die Fische versteinerten und ihren Abdruck hinterließen, dienen uns in der Gegenwart als Verzeichnis oder als Original der Formen der entsprechenden Fische."[101] Es ließ sich also eine Fortentwicklung der Lebewesen in der Zeit konstatieren. Dies ist der zweite schwere Schlag, der durch Palissys naturwissenschaftliche Forschungen gegen die biblische Schöpfungsgeschichte geführt wurde![102]

Diese Indizien hätten die Frage nach der Evolution nahe gelegt, denn wenn sich in verschiedenen Schichten fossile Muscheln ausgestorbener Spezies finden und in der Gegenwart des 16. Jahrhunderts „offenbar erst später entstandene Arten, dann haben wir eine Evolution anzunehmen, die der Schöpfungsgeschichte grundsätzlich widerspricht."[103] Doch obwohl Palissy eine geschlossene Beweiskette aufzieht und die Beweise ausgebreitet vor ihm auf dem Tisch lagen, werden die naheliegenden Schlüsse nicht ausgesprochen. Fürchtete er die letztendliche Konsequenz oder verbauten Rücksichten auf religiöse Traditionen ihm den Blick auf die Lösung?

Beschreibungen des Fossilienproblems von größerer Klarheit als bei Palissy finden sich erst 1780 in der *Histoire naturelle de la France méridionale* des Abbé Giraud-Soulavie (1751–1813), die sowohl von Herder als auch Goethe studiert wurde und die in die ebenfalls „empirisch ermittelte Möglichkeit" einer Gliederung der Erdgeschichte durch Leitfossilien mündete.[104]

---

99 Anmerkung des Verfassers.

100 Palissy 1996 Bd. 2, S. 248: „Il s'en treuve en la Champagne & aux Ardenne de semblable à quelques especes d'aucuns genres de poupres, de buccines, & autres grandes limaces, desqueles genres ne s'en trouve point en la mer Oceane, & n'en void on sinon par le moyen des nautonniers, qui en apportent bien souvent des Indes & de la Guinée." D. h., in Frankreich waren die Arten zwar als Versteinerungen nachzuweisen, lebten aber dort nicht mehr im Meer.

101 Palissy 1996 Bd. 2, S. 248: „les pierres où ils ont esté petrifiez en mesme temps qu'elles ont esté congelées, nous servent à present de registre ou originale des formes desdits poissons." „Original de forme" wird bei der Naturabformung auch die erste Form in Gips oder Ton genannt, die den Lebendzustand des Naturobjektes einfriert. Diese Form wird ebenfalls als Ur- oder Mutterform bezeichnet, da sie der Erstabdruck des Naturobjekts ist.

102 Vgl. Kapitel VI.1. *Schöpfung und Geologie*.

103 Busch 1994, S. 487. Vgl. Fragonard 2000, S. 34.

104 Hölder 1960, S. 434 f., 439.

4. Simulacra und Simulation

Den Umwandlungsvorgängen in der Natur verstorbener Lebewesen früherer Zeiten und deren Abdrücken in Stein entsprechen die von Palissy mittels der Abformungstechnik auf künstliche Weise versteinerten oder „fossilisierten" Tiere und Pflanzen seiner Zeit. Ersteres wird im Diskurs *Über die Steine,* Letzteres im darauffolgenden *L'art de la terre* behandelt. Es kann sicher davon ausgegangen werden, dass die Anwendung dieses Verfahrens mit Abdruckformen zum Verständnis der Prinzipien der Fossilisation beitrug.[105] In der künstlerischen Praxis greift Palissy damit der Natur voraus, da er moderne lebende Spezies künstlich versteinert. Gleichzeitig wird der Naturvorgang der Fossilisation künstlich verbessert, da die „Versteinerungen" von Palissy im Gegensatz zu den wirklichen Fossilien immer vollplastische Replikate sind, bei denen Farbe und lebendige Haltung der Tiere und Pflanzen übertragen werden. (Abb. 18 und Taf. VII). Fossilien dagegen können nicht, ähnlich wie zoologische Flüssigpräparate oder Herbarien, die vollständige natürliche Form und Farbe der Lebewesen konservieren, wie es die Bassins rustiques vermögen. So gesehen erstaunt die von P.-J. Trombetta konstatierte Abwesenheit von Fossilienabformungen nicht.[106] Die Bassins im „Stil rustique" offenbaren sich als eine künstliche und künstlerische Fossilisation, indem die Struktur von lebenden Wesen in einem künstlichen Stein eingefroren wird.

Die Keramiken von Palissy sind somit das Ergebnis einer doppelten Schleife: Die Lebewesen auf dem Bassin rustique sind künstliche Fossilien, wie das Material, die Keramik, ein künstlicher Stein ist. Die künstlichen Kreaturen sind eine Art „Lebendversteinerungen", einerseits „erstarrt" wie Fossilien, andererseits täuschend vital. Es sind Objekte, in denen Tod und Leben zu Simulacra aufs Engste ineinander verwoben sind.[107] Diese zwei Schichten, fossilienhafte Erstarrung und Schein bewegter Lebenskraft, demonstriert das Fragment einer grünen Eidechse aus der Grotte höchst eindrucksvoll (Abb. 20 und Taf. IV).[108] In anderer Form lässt sich der doppelte Aspekt an dem Fragment einer Muschelbank beob-

---

105 Shell 2004, S. 15. Shell hebt ebenfalls die Bedeutung der Keramikproduktion für Palissys Naturverständnis hervor. Shell sieht das *Bassin rustique* sogar als künstliche Umsetzung eines Teichs oder allgemein einer natürlichen Wasserfläche (Shell 2004, S. 19).

106 Dufay u. a. 1987, S. 45. Das Abformen von Fossilien mittels Gips und Ton bietet wegen des geringeren Reliefs der Fossilien viele praktische Schwierigkeiten.

107 Simulacra allgemein: Baudrillard 2012, S. 31 konstatiert, dass „sich im Spiel zwischen Leben und Tod [...] ein Strukturmerkmal des Lebens selbst [spiegelt]." Vgl. dort auch S. 37.

108 Grüne Eidechse: Erwähnung in: Palissy 1996, Bd. 2, S. 306 (*L'Art de terre*).

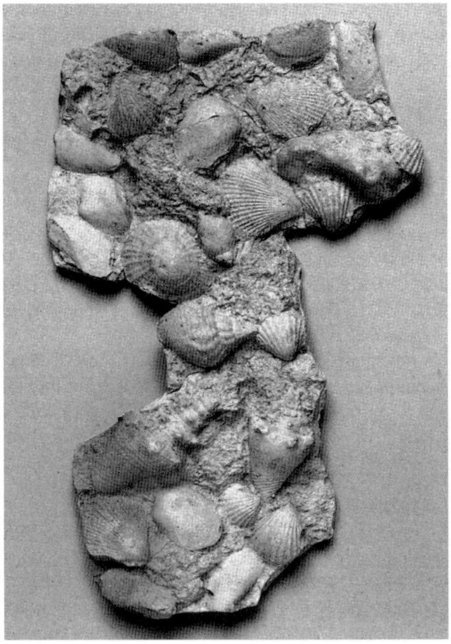

Abb. 29 Bernard Palissy, Assemblage von Muscheln auf felsigem Grund, Grottenfragment, gebrannter Ton, H: 26,0 × B: 17,2 cm, Écouen, Musée de la Renaissance (Depot).

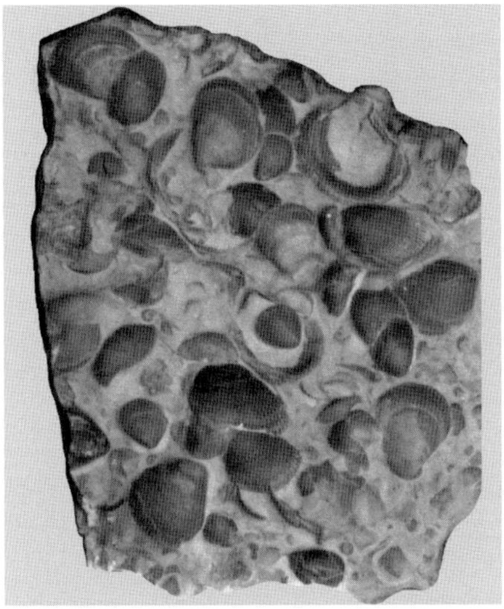

Abb. 30 Fossile Muscheln, Schalenpflaster mit Lima lineata, Mittlere Trias, Rüdersdorf bei Berlin, Museum für Naturkunde Berlin (Depot).

achten, die durch Abformung von Muscheln entstand, die Palissy an der französischen Atlantikküste sammelte (Abb. 29).[109] Das Objekt kann sowohl eine Kolonie lebender Muscheln an der Küste als auch ein fossiles Muschelschalenpflaster verkörpern. Reale Muscheln werden durch den künstlerischen Abbildungsvorgang zu versteinerten Muscheln im doppelten Sinn, wie ein Vergleich mit einem realen Fossilienfundstück (Abb. 30) im Berliner Naturkundemuseum zeigt. In gleicher Weise sind die Mineralienimitationen und Jaspis-Keramiken künstliche Steine in diesem zweifachen Sinn, da nicht nur der Prozess der Steinverfestigung simuliert wird,[110] sondern auch das visuelle Simulationsergebnis ebenfalls ein Stein, nämlich zum Beispiel Jaspis, ist. Die Keramiken befinden sich so in einem

109 Amico 1996, S. 18 benennt die verwendeten Muschelarten und gibt weiterführende Hinweise.

110 Palissy geht fälschlicherweise davon aus, dass Jaspis durch Umwandlung und Sedimentation von Tonmineralen entsteht; siehe z. B. Palissy 1996, Bd. 2, S. 251 (*Über die Steine*).

eigentümlichen Spannungs- und Schwebezustand, indem Leben und Tod, Artefakt und Naturalia, Original und Kopie oszillieren.

Nicht nur die Simulationen der keramischen Naturdarstellung bei Palissy stellen den Betrachter vor grundlegende Fragen zur Qualität von Leben, auch die *Discours* werfen sie in einigen Passagen auf. Der Problematik einer Definition ist sich Palissy dabei durchaus bewusst gewesen, dennoch stellt er sich ihr. Schon um sich von den Alchemisten abzugrenzen, bedurften einige Fragen einer Antwort – und Palissy versucht sich daran, wie auch wir heute immer noch: An welchem Punkt setzt Leben ein? Leben Kristalle? Ist Bewegung ein Kriterium für Leben? Wann hört das Leben auf? Ist bereits ein einzelner Samen, eine einzelne Zelle lebendig zu nennen? Heißt lebendig beseelt oder intelligent? Ist es die Kapazität zu komplexen, logischen Gedankengängen, die Fähigkeit zur Reproduktion oder zu Selbstorganisation, die Leben definiert? Solange wie der Traum, neues Leben zu schaffen, existiert, fallen auch die möglichen Antworten zu jeder Zeit anders aus.[111]

Wie im Zusammenhang mit dem Anthropomorphismus zu sehen war, galt die anorganische Natur noch weit über das 16. Jahrhundert durchaus als belebt. In der Leibmetaphorik war die Erde ein riesiges Lebewesen, es existierte eine Korrespondenz zwischen Mikro- und Makrokosmos, ein Konzept, das nicht die Zustimmung Palissys fand. Dennoch ist die Grenzziehung zwischen belebter und unbelebter Natur nicht vollkommen eindeutig. „Ich sage, dass die gesamte mineralische Materie (welche man als tote Körper bezeichnet) genauso wie die vegetative erschaffen wurde und sich bemüht, Keime[112] zu produzieren, um aus ihnen weitere zu erzeugen. Auch die Mineralien sind nicht so tot, als dass sie sich nicht reproduzieren und sich stufenweise vervollkommnen würden."[113] Palissy führt mit der Reproduktion ein weiteres mögliches Kriterium für das Leben in die Diskussion ein. In Bezug auf die Mineralien (die Bildung von Metallen, Mineralien und Gesteinen erfolgt für Palissy in analoger Weise) denkt er natürlich an die Kristalle, die auf natürlichem Wege, entsprechend ihrer molekularen Struktur

---

111 Hierzu siehe Fehrenbach 2012, S. 34–38.

112 Palissy gebraucht häufig das Wort „semence". Diese alte Bezeichnung beschreibt noch allumfassend sowohl den pflanzlichen, tierischen und menschlichen Samen als auch den Kristallkeim. Keim ist auch heute noch ein gebräuchlicher Begriff in der Chemie und Botanik. Palissy gebraucht den Begriff nicht als Anthropomorphismus im Sinne der Alchemisten, dieser Wortsinn wird explizit abgelehnt: „Voila l'un des points par lequel je preuve que les Alchemistes usent de ce mot de semence & autres termes." (Palissy 1996, Bd. 2, S. 108).

113 Palissy 1996, Bd. 2, S. 124: „je dit que toutes les matieres minerales (que tu appelles cors mors) furent aussi crées comme les végétatives, se travaillent à produire semences pour en engendrer d'autres. Aussi les minerales ne sont pas tellement mortes qu'elles n'enfantent & produisent de degré en degré choses plus excellentes."

Kristallisationskeime darstellend, wachsen. Die in den *Discours* beschriebene Kristallbildung entspricht in den Grundzügen auch der heutigen Auffassung, wobei selbst der Sprachgebrauch kaum abweicht, da die Bildung aus einer übersättigten Lösung durch einen Keim erfolgt und die verbleibende gesättigte Lösung als Mutterlauge bezeichnet wird.[114] Die Kristalle sind damit die kleinsten Substanzen, die zur Selbstorganisation fähig sind. Auch unser heutiger Sprachgebrauch ist also noch von Anthropomorphismen durchsetzt.

Wie Horst Bredekamp zeigt, finden sich anthropomorphe Gedanken noch im alpinen Animismus Goethes. Dass die prinzipielle Annahme von belebter und vielleicht sogar vernunftbegabter anorganischer Materie kein vollkommen abwegiger Gedanke zu sein braucht, macht er am intelligenten solarischen Ozean in Stanislaw Lems Zukunftsroman *Solaris* deutlich.[115] Chemiker, wie der französische Nobelpreisträger Jean-Marie Lehn, schließen nicht aus, dass Leben auf Grundlage des anorganischen Siliciums, das auch am strukturellen Aufbau von Ton beteiligt ist, möglich sein könnte.[116] Zu diesem Problemgebiet ist auch die Schalenmorphogenese zu zählen, der selbstgesteuerte Bau ihrer Schalen durch die Mollusken. Deren Schalen sind Verbundwerkstoffe, die neben den anorganischen, wie Calcit und Siliciumdioxid, auch aus komplexen organischen Komponenten bestehen. Diese dienen „der Regulation von Keimbildung und Kristallwachstum"[117] der kristallinen anorganischen Bestandteile. Obwohl es „ziemlich formlose Tiere" seien, bewunderte Palissy sie, denn es gelänge ihnen mit ihren Gehäusen etwas Einzigartiges herzustellen, wozu der Mensch nicht in der Lage sei.[118] Nach wie vor ist es „eines der ungelösten Rätsel der Natur, wie eine ursprünglich strukturlose Substanz in eine komplexe makroskopische Form gebracht wird, die unserm Empfinden nach wesentliche Merkmale einer «bewußt» gegliederten Architektur zeigt."[119] Der Anthropomorphismus früherer Jahrhunderte einer als lebendiges Wesen vorgestellten Erde erscheint uns heute als rückständige und lächerliche Vorstellung. Aber Lems Zukunftsroman *Solaris* eröffnet eine vollkommen neue Sichtweise: Indem er Überlegungen von belebten, vielleicht anorganischen Makrostrukturen als wissenschaftliche Fiktion im 20. Jahrhundert wieder ernsthaft in die Diskussion bringt, erscheint der Anthropomorphismus als eine mögliche Science-Fiction des 16. Jahrhunderts. Die gezielte Manipu-

---

114 Siehe z. B. Beyer 1976, S. 5 und Holleman-Wiberg 1976, S. 249.

115 Bredekamp 1982, S. 5. Zu Goethes Animismus: Goethe 1998, Bd. 11, *Die Italienische Reise*, S. 17 f.

116 Vgl. Holleman-Wiberg 1976, S. 530.

117 Volkmer 1999, S. 6.

118 Palissy 1996, Bd. 2, S. 125 f. Siehe auch Palissy 1996, Bd. 1, S. 210 ff. (*Recepte*). Die bewundernswerte spiralförmige Form der Häuser von Meeresschnecken inspirierte Palissy zum Entwurf einer Festungsstadt.

119 Volkmer 1999, S. 7.

lation des Erbgutes, die Veränderung von Arten durch laborgerechtes Design und die künstliche Herstellung von Diamanten, Utopien in Francis Bacons Studie *Neu-Atlantis,* sind heute Realität. Dies zeigt, dass als Ergänzung zu rationaler Naturerkundung und -beschreibung auch das spekulative, kreativ spielende Denken eine Notwendigkeit für die Naturwissenschaften ist. Aber auch mit ihren heutigen verfeinerten Methoden können diese bislang keine Antworten auf die grundlegenden Fragen nach dem Leben geben. Wie sich zeigt, reichen weder das Kriterium der Bewegung noch die Unterscheidung zwischen organischer und anorganischer Substanz zur Definition von Leben im naturwissenschaftlichen Sinn aus.

In der Vorstellung von Palissy folgt die Natur den durch Gott festgelegten Prinzipien oder Bauplänen, das heißt den verifizierbaren Naturgesetzen. Palissy beschreibt nur Regelfälle. Neu sich bildende Steine in einem bereits bestehenden Milieu werden zwar immer individuell verschieden und nie vollkommen gleich sein, aber sie sind trotzdem immer eine genaue Umsetzung der „göttlichen" Ordnung. Abirrungen der Natur, sogenannte Monster, kommen nicht vor,[120] was mit der postulierten Vollkommenheit der Schöpfung zusammenhängen dürfte. Verschiedene Umgebungsbedingungen führen zwar zu individuell unterschiedlichen Formen von Steinen und Kristallen, misslungene Experimente oder „errors" kann es aber nur bei Objekten von Menschenhand geben, etwa in der Keramikproduktion, wenn Fehler bei ihrer Herstellung begangen wurden, aber nicht in der Natur. Es gibt Umweltbedingungen, die Versteinerungen ermöglichen, und andere, die dies nicht zulassen, genauso wie es für die Menschen ungeeignete

120 Zu Monstern siehe Céard 1977 und Ambroise Paré, *Des monstres et prodiges* in: Paré 1970, Bd. 3. Paré behandelt im Kapitel 35 maritime Monster. Auch Conrad Gesner bildet neben realen Fischen imaginierte Seemonster, Chimären, ab (siehe Breidbach 2005, S. 65). Palissy verwendet nirgendwo den Begriff „monstre", Monster. Das Denken beider ist in dieser Frage fundamental unterschiedlich. Im Traktat über die *Grotte* nutzt er „monstreuse" und „monstruosité". Nach Andrea Klier (Klier 2004, S. 109) ist die dortige Verwendung dem kunsthistorischen Diskurs der Groteske zuzuordnen und damit dem Bereich der Phantasie unterstellt, der deutlich von Parés Begriff unterschieden ist. Lebensechte Fragmente und Objekte würden demnach inszeniert in einen neuen künstlichen Zusammenhang gebracht. Dies trifft auf die *Discours* nicht zu. Dort verwendet Palissy den Begriff „monstreuse" im Ganzen nur dreimal: Palissy 1996, Bd. 2, S. 12 („choses admirables et monstreuses"), S. 231 („pierres minerals & formes monstreuses") u. S. 243 („pierres monstreuses"), nicht im Zusammenhang mit einem Kunstwerk, sondern als Charakterisierung von Naturobjekten. Der *Dictionaire François Allemand* von Levinus Hulsius, Nürnberg 1602 nennt als Übersetzung seltsam, unnatürlich, wunderlich. Der Kontext stützt dies. Mögliche Synonyme: sonderbar, eigentümlich, bewundernswert, bizarr. Auf S. 243 verwendet Palissy „pierres monstreuses" dort als allgemeine Bezeichnung für Fossilien, wie er selbst schreibt.

Lebensbedingungen gibt, die zu Krankheiten oder zu umweltbedingten Körperveränderungen führen können.[121] Missgestaltete Lebewesen und Missgeburten werden von Palissy nicht erwähnt, da es sie nicht geben kann, denn dies könnte auf einen Fehler in der Programmierung schließen lassen. „Gott ist vollkommen", und deshalb kann sein Werk nicht unvollkommen sein.[122] Auf Defekte oder Variationen im genetischen Code beruht aber gerade die moderne Wissenschaft von der Evolution der Lebewesen. Palissy bemerkt zwar, dass Arten ausgestorben sind und andere sich verändert haben; er hat somit eine Ahnung der Evolution, die richtigen Schlüsse daraus kann er aber nicht ziehen. Dennoch wäre hierin eine Etappe der Vorgeschichte des evolutionären Denkens zu sehen.[123] Die Vorstellungen von Palissy, so modern sie einerseits sind, führen auf der anderen Seite, durch den Ausschluss des Spiels, das Bacon als „time and chance"[124] charakterisierte, zu einer rein mechanistischen Vorstellung der Natur. Die Zusammenstellung von Elementen aus Naturwirken, menschlichem Schöpfungswillen und Erkenntnisstreben, wie sie in der Naturauffassung von Palissy zum Ausdruck kommt, findet sich ähnlich später in der Verbindung des mechanistischen Weltmodells Descartes mit der gedanklichen Ordnung der Kunstkammer[125] wieder.

Das mechanistische, präkartesianische Denken Palissys[126] wurde durch den Illusionismus seiner künstlerischen Arbeiten und Konzepte in gewisser Weise kompensiert. Die Illusion natürlicher Lebendigkeit, also die Illusionierung von Natur und Leben, gehörte quasi zum klassischen Bestand der Kunsttheorie und fand sich auch in der Sammlungsstruktur der Kunstkammern wieder. Das Arrangement der Naturabdrücke, dargestellte Positur und Bewegung der Lebewesen, obwohl hoch artifiziell, mussten glaubwürdig ausgeführt sein, die dargestellten Tiere sollten natürlich und lebendig wirken, so „als lebten sie, laufeten sie oder, was sie machen sollen."[127] Die Vorspiegelung der Lebendigkeit vollendete sich schließlich in der Imagination des Betrachters. Die Plastik des Naturabgusses konnte diese Täuschung perfekt vollbringen, da sie direkt aus dem Naturobjekt hervorging. Deshalb bildeten Abgüsse von Pflanzen und Tieren, etwa von Andrea Riccio, Wenzel Jamnitzer oder Bernard Palissy, eine Illusionswelt lebendiger Kreaturen,[128] die auch in Quichebergs Handbuch der Kunstkammer einen Para-

121 Palissy 1996 Bd. 2, S. 39.
122 Palissy 1996 Bd. 2, S. 53.
123 Siehe Bredekamp 2008, S. 210.
124 Bredekamp 1993, S. 67.
125 Vgl. Bredekamp 1993, S. 48, dort der Stich *Die Philosophie* von J. Arrivet u. C. P. Marillier, 1762.
126 Fragonard 2000, S. 34.
127 Kunstsammler Fürst Karl E. von Lichtenstein (1611–1684) zitiert nach: Bredekamp 1993, S. 49.
128 Siehe Gramacinni 1986, S. 198–225.

graphen mit dem Titel „Gegossene Tierplastiken aus Metall, Gips, Lehm und jeglicher Art von künstlichem Material" ausmachen. „Die so hergestellten Nachbildungen sehen alle lebendig aus; so die Eidechsen, Schlangen, Fische, Frösche, Krebse, Insekten, Muscheln und was dieser Art ist. Man wird gewöhnlich noch mit Bemalung nachhelfen, damit sie echt wirken."[129] In Palissys Grottenprojekt, als gigantischer Natursimulation und Monumentalisierung der Bassins rustiques und Mineralienkeramiken, „empfindet der Besucher deshalb höchstes Vergnügen an den Langusten und Eidechsen, da sie so naturähnlich sind, dass ihnen nur die Bewegung fehlte."[130] (Abb. 20 und Taf. IV)

Die erreichte Genauigkeit der Details und Farben der Naturabformung bei Palissy, bei der „auch die kleinsten Pflanzen und Tiere Formen aufweisen, deren Zufälligkeit allein das Wachstum des Organischen auszubilden vermag"[131], suggerierte Lebendigkeit und Bewegungsfähigkeit der Naturobjekte (Abb. 1, Abb. 18, Taf. I und Taf. VII). Dies ließ sich so weit treiben, dass der Betrachtende vollkommen getäuscht wurde und nicht mehr zwischen Wirklichkeit und Nachbildung unterscheiden konnte. Der Anschein von Leben entsteht hier also durch eine große Detailgenauigkeit der Objekte. Auch die Bewegung wird als mögliches Kriterium für Leben getestet: In der Grotte sollte ein künstlicher Felsen mit umgebendem Wassergraben realisiert werden, der mit einer großen Zahl von Schlangen, Nattern, Vipern, Salamandern und Eidechsen bevölkert war. „Diese Tiere werden so naturnah skulptiert und emailliert, dass die anderen lebenden Eidechsen und Schlangen häufig kommen werden, um sie zu bestaunen, [...] da sie denken, sie seien natürlich. Von dem Felsen ergießt sich eine große Anzahl von kleinen Wasserfällen in den Graben, in dem sich eine größere Anzahl von lebenden Fischen, Fröschen und Schildkröten befindet. Und da es dort, und auf dem umgebenden Erdreich, auch viele Fische und Frösche geben wird, die in meiner Keramikkunst [‚L'art de terre'] skulptiert sind, glauben [die Besucher, welche diesen Ort] aufsuchen werden, dass diese Fische, Schildkröten und Frösche real seien, [...] da es im besagten Graben auch lebendige gibt."[132] Wie aus anderen Textstel-

[129] Samuel Quiccheberg, *Inscriptiones vel tituli theatri amplissimi ...*, zitiert nach Bredekamp 1993, S. 49. Vgl. Quiccheberg 1996, Roth 2000.

[130] Palissy 1996, Bd. 1, S. 18: „tu prendroys grand plaisir à veoir les langrottes, & lyzards, & ce pour cause qu'ils adprochent si pres du naturel, qu'il ne leur reste que le mouvement." Zu den Mineralien und Steinen z. B.: Palissy 1996, Bd. 1, S. 18

[131] Kris 1926, S. 187.

[132] Palissy 1996, Bd. 1, S. 136 f.: „et tous lesdits animaux seront insculpez et emaillez si prez de la nature, que les autres lizers naturels et serpents, les viendront souvent admirer, ... pensant qu'il fust naturel: et dudit rocher distillera un grand nombre de pisseures d'eau, qui tomberont dedans le fossé, qui sera dans ledit cabinet, auquel fossé y aura un grand nombre de poissons naturels, et des grenouilles et tortues. Et parce que sur le terrier joignant ledit fossé, il aura plusieurs poissons et grenouilles insculpees de mon art de

len hervorgeht, war das Gestein genauso naturnah dargestellt wie die Fauna. Durch den Verismus der Darstellung wird das tierische und menschliche Auge getäuscht und die Artefakte für bewegt, also auch für belebt, gehalten. Ähnliches wurde durch sogenannte Schüttelkästen, wie dem in der Sammlung Schloss Ambras, erreicht.[133] Eine weitere Steigerung über diese nur scheinbare Animation hinaus bot nur die tatsächliche äußere und innere Beweglichkeit der Figuren selbst, in Form maschinell bewegter Automaten.[134]

Die menschliche Wahrnehmung zu täuschen ist aber nicht einfach. Dies war nur aus einer gewissen Entfernung möglich – oder es musste zu technischen Hilfsmitteln gegriffen werden. In den Grotten von Palissy wurden die Bewegung des Wassers und Unterschiede in der Lichtbrechung dazu benutzt, keramische Fische im Wasser in einen kinematischen Zustand zu versetzen, also im übertragenen Sinne die Abbildung „zum Laufen zu bringen". Dazu sollte in einem Wasserbecken durch wasserspeiende Tierskulpturen oder Wasserfälle eine bewegte Wasseroberfläche geschaffen werden, „dergestalt dass man die [sich im Wasser befindlichen] Fische, wegen der durch den Wasserstrahl verursachten Wasserbewegung, in gewissen Intervallen aus dem Auge verliert [...], so dass es scheint, als wenn sich die Fische im Becken bewegten."[135] Ein ähnlicher Effekt ließ sich vielleicht auch in den Bassins rustiques und den Weihwasserbecken Antonio Federighis[136] (ca. 1420–1483) in der Toskana erzielen, wenn sie mit etwas Wasser gefüllt wurden. Dies war ein geschickter Täuschungsversuch, da die visuelle Wahrnehmung sich im Wasser nicht leicht durch einen anderen Sinn überprüfen ließ.[137]

Der Realismus der Darstellung führt beim Betrachter zu einer angenommenen Beweglichkeit der Figuren, einer Scheinbewegung. Die Illusion von Leben sollte durch die Imagination vervollständigt werden. Die Komposition wurde, in

terre, ceux qui iront voir ledit cabinet, cuideront que lesdits poissons, tortues, et grenouilles soyent naturelles."

133 Anonym, 16. Jh. Wien, Kunsthistorisches Museum, Inv. P 5432. Zum Schüttelkasten: Schleicher 1979, S. 126 und Kat. Innsbruck/Wien 2006/2007, S. 95 u. 100.

134 Zu Automaten vgl. Bredekamp 1993, S. 11 u. 49, sowie Gerchow, Jan (Hg.), 2002, S. 245–264.

135 Palissy 1996, Bd. 1, S. 17: „Il te faut icy noter que ce grand nombre de pissure d'eaus qui tombent de la guelle des poissons, font mouvoir l'eau qui est dedans le fossé, de sorte qu'on perd le poisson de veue par intervales, à cause du mouvement de l'eau. & de certaines circulations que causent lesdictes pissures, de sorte qu'il semble que le poisson se remue dans ledict fossé."

136 Zu Federighi: Richter 1984 und Amico 1996, S. 97.

137 Alle naturwissenschaftlichen Behauptungen mussten für Palissy den Überprüfungen durch alle Sinnesorgane, d. h. Auge, Ohr und Tastsinn, standhalten (Palissy 1996, Bd. 2, S. 16 f.).

einem sehr modernen Sinne, im Auge des Betrachters vollendet.[138] Bewegungsfähigkeit aber galt als eines der entscheidenden Kriterien für Lebendigkeit, da das Leben seit Platons *Timaios* durch seine Fähigkeit zur Selbstbewegung definiert war.[139] Der Verismus in der Naturabformung ist damit Mittelglied zwischen der immutablen Skulptur und dem maschinenbewegten Androiden, als künstlichem Lebewesen. Als Höhepunkt seines Gartenprojekts hatte Palissy deshalb Naturabformungen von Menschen vorgesehen. Die Herstellung von Personen aus Keramik und von menschlichen Automaten sollte das Werk des Künstlers, als einer Imitation der Schöpfung, vervollständigen.[140] Der Sehnsucht nach den Automaten lag das Streben nach Vervollkommnung der Schöpfertätigkeit des Menschen zugrunde, um die Gottgleichheit des Menschen unter Beweis zu stellen.

Gartenprojekt und Grotte von Palissy,[141] die in den *Discours* nicht mehr erwähnt werden, laufen sogar auf eine Simulation der gesamten Erde hinaus, ein Miniaturuniversum oder eine totale Kunstkammer, in der Realität und Imitation koexistieren. Aber auch der Brunnenentwurf im Diskurs *Über das Wasser* dient nicht nur der Wassergewinnung, sondern ist ein mächtiges Simulationsprogramm, eine Demonstration der Hydrologie.[142] Eine ähnliche Vermengung von Wirklichkeit und künstlicher Realität, also auch von Naturalia und Artefakta, erleben wir zurzeit gleichsam in der Durchsetzung der greifbaren Welt mit einer virtuellen Welt, indem innerhalb des realen Raumes durch Elektronenrechner und digitale Informationen erzeugte simulierte Räume entstehen. Gott wird in den Traktaten von Palissy verschiedentlich als „oberster Geometer" oder „erster Baumeister" bezeichnet. Mit der Schöpfung des Garten Eden wäre Gott zudem der erste Gärtner und bei der Erschaffung des Menschen aus Erde auch der erste Töpfer. In seiner eigenen Tätigkeit als Geometer, Gärtner, Bildhauer und Töpfer aber agierte Palissy selbst als Schöpfer, dem Bild Gottes vergleichbar.[143]

Palissy befand sich hier im gefährlichen Fahrwasser, da sowohl mechanistische Philosophie als auch okkulte Bestrebungen als gegensätzliche Denkansätze in Versuchen mündeten, künstliches Leben zu erzeugen.[144] „Aber dieser Demiurg [Palissy] kannte seine Grenzen: er war es nicht der Leben einhauchen konnte

---

138 Zu diesem Konzept z. B.: Rosenblum 1975 und Imdahl 1971. Vgl. Fehrenbach 2012, S. 32 u. 34.

139 Bredekamp 1993, S. 49.

140 Lecoq 1990, S. 71.

141 Gartenentwurf in: Palissy 1996, Bd. 1 S. 124–169 (*Recepte*) und Lecoq 1990, Zur Grotte: Palissy 1996, Bd. 1 S. 2–37 (*Grotte*) und Amico 1996, S. 46–81.

142 Mit der *Tropfsteinmaschine* wird eine Simulation ähnlichen Geistes, die Palissy sicher gefallen hätte, seit 1997 in der Hamburger Kunsthalle betrieben, siehe Kapitel VI.1. *Schöpfung und Geologie*.

143 Z. B.: Palissy 1996, Bd. 1, S. 138; Lecoq 1990, S. 71.

144 Bredekamp 1993, S. 49.

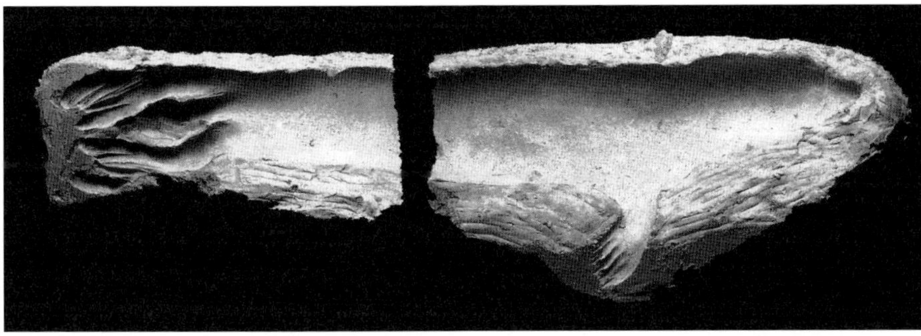

Abb. 31 Bernard Palissy, Seehund, Gipsform, L: 126 cm, Écouen, Musée de la Renaissance (Depot).

und die Natur in Bewegung setzen konnte."[145] Derartige okkulte Tendenzen lassen sich in den Schriften von Palissy nirgendwo nachweisen. Die Bewegung der Lebewesen in den Werken von Palissy ist von vornherein als scheinbare konzipiert, weshalb von ihm hervorgehoben wird, dass es sich um eine Täuschung, ein Trompe-l'œil, handele. Hierin unterscheidet er sich grundlegend von alchemistischen Praktiken, die anstreben „die Gebärmutter einer Frau oder eines Tieres zu imitieren,"[146] um so zu versuchen, Metalle oder Leben künstlich zu erzeugen. Diesen Vorstellungen steht Palissy nicht nur moralisch abweisend gegenüber, sondern er hält solch künstliche Generatio für prinzipiell unmöglich.

Die Bassins rustiques sind aber nicht nur ein Beispiel unübertroffener Lebensnähe, sondern manifestieren in umgekehrter Betrachtungsweise auch den Tod der Lebewesen. Sowohl in Naturabdruck wie auch bei der Fossilisation sind Leben und Tod untrennbar verbunden. Auf diesen Umstand wurde in Untersuchungen zu Palissy bislang kaum hingewiesen. In den rohen Ton- und Gipsformen, den „matrices", kommt dieser Aspekt besonders deutlich zum Ausdruck: einerseits Tod und Totenmaske des Lebewesens und andererseits Geburtshöhle ihres keramischen Nachlebens. Für Palissy waren die Matrizen zwar nur technisches Mittel, können unter diesem Gesichtspunkt indes als gleichwertiges Kunstobjekt gewertet werden. Dies zeigen die leeren, höhlenartigen Körper der von Toten genommenen Ganzkörperabdrücke der mexikanischen Künstlerin Teresa Margolles deutlich, die als Negative den Stellenwert des Kunstwerks beanspruchen.[147] Auch Fossilien sind Totenmasken, die der Kreaturen. Das Leben wandelt sich in beiden Fällen in Nichtleben und hinterlässt seine Form oder seinen Abdruck.

145 Lecoq 1990, S. 71.
146 Z. B.: Palissy 1996, Bd. 2, S. 107–108.
147 Siehe Kittelmann, Görner 2004.

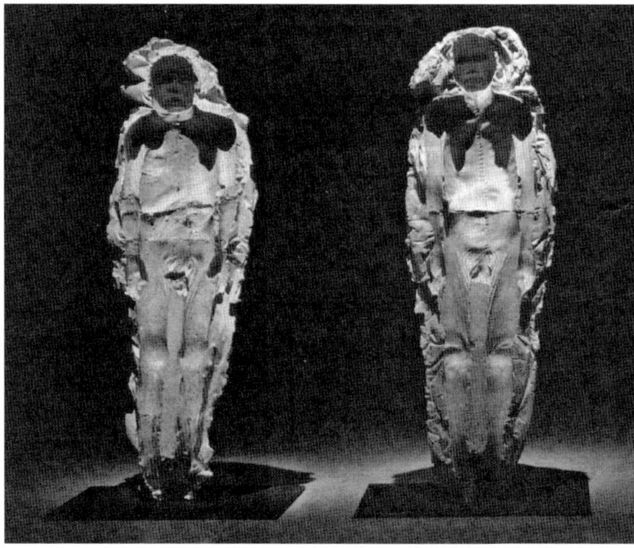

Abb. 32 Teresa Margolles, *Muerte sin fin*, Abformungen von Leichen, Gips, lebensgroß, 2001.

(Abb. 31 und Abb. 32) Das Nichtleben, der Abdruck, ist hier wie dort ohne das vorangegangene Leben nicht denkbar.

Die Nachahmung geht bei Palissys möglichem Schüler Francis Bacon aber weit über die Sinnestäuschung hinaus, sie will nicht nur Automaten, sondern veritable lebendige Nachbildungen von Naturobjekten und Menschen kreieren. Damit stößt Bacon in eine Zone vor, die jener nie beschritten hätte. Aber hier macht der Drang Bacons zur Science-Fiction immer noch nicht halt, das belebte natürliche Artefakt, der Klon, soll weiter künstlich so verändert werden, dass „[wir] manche Tiere größer und schlanker [machen], als sie es von Natur aus sind." „Auch in Bezug auf Farbe, Körperform und Aktivität können wir sie auf verschiedene Weise verändern. Wir sind auch imstande Kreuzungen [...] verschiedener Tierarten hervorzubringen." „Außerdem erzeugen wir verschiedene Arten von Schlangen, Würmern, Fliegen und Fischen, [...], sie sind auch geschlechtliche Wesen und pflanzen sich fort. Und zwar lassen wir uns bei diesen Versuchen nicht vom Zufall leiten, sondern wissen sehr wohl, von welchen Stoffen wir ausgehen müssen und welche Tiere wir so erzeugen können."[148] Nicht nur Tier- und Pflanzenzüchtungen, sondern auch die Synthetisierung und Schaffung neuer Metalle und Homunculi wird an anderer Stelle erwogen, so dass im Unterschied zu Palissy durch Kunst und Wissenschaft nicht das Paradies wiedererlangt wird, sondern der Mensch in einem futuristischen Eifer über die vorgefundene

148 Bacon 1982, S. 47. In diesem Zusammenhang erwägt Bacon auch die Durchführung von Tierversuchen, um den menschlichen Körper besser zu schützen.

Schöpfung hinausgeht.[149] Für Palissy sind die Naturgesetze ein Synonym der Schöpfung Gottes. Zwar ermögliche das genaue Studium der Natur, diese zu imitieren,[150] Neues wird nach Palissy aber ausschließlich von der Natur in einem äußerst langsamen Prozess hervorgebracht, der nicht von Menschen zu kopieren sei. Während Palissy von seiner Entdeckung berichtet, dass Arten aussterben, enthalten die *Discours* keinen Hinweis darauf, dass im Gegenzug neue Arten oder Substanzen auf natürliche Weise entstünden. Dies auf künstlichem Wege erreichen zu wollen, ist für ihn allerdings ausgeschlossen.[151]

Dass auch die Keramik, als künstlicher Stein, ein synthetisches Produkt ist, welches in der Natur so nicht vorkommt, und ihre Erschaffung dem Menschen nur durch die konsequente Anwendung der Naturgesetze ermöglicht wurde, übersieht Palissy. Diese in ihrer letzten Konsequenz von ihm so nicht vorhergesehene Tatsache treibt Bacon durch die spekulative Anwendung der Naturgesetze bis ins kleinste Detail, etwa durch Vorschläge, die auf eine Manipulation des Gen-Codes hinauslaufen, auf die Spitze. Bei Bacon verliert der Mensch endgültig seine Unschuld! Einzig die Naturbeobachtung in Verbindung mit der Anwendung der Methode der Induktion gestattet es für Bacon, Gesetzmäßigkeiten im Verhalten der Natur zu erkennen, die es dem Menschen ermöglichen, in Anwendung dieser Naturgesetze auch gottgleiche Schöpferqualitäten zu entwickeln. Es entscheidet sich hier, ob die ersten zwei Menschen im Paradies wirklich vom Baum der Erkenntnis aßen.[152] Die Schaffung vollkommen neuer Lebensformen wird zum Prüfstein der gottgleichen Schöpferqualitäten des Menschen. Während die menschliche Erkenntnisfähigkeit bei Bacon grenzenlos zu sein scheint und ihr auch eine ebensolche Schöpfungsfähigkeit zuerkannt wird, sind diese bei Palissy beschränkt.[153] Eine exakte Erkenntnis der chemo-physikalischen Eigenschaften und Bindungen der Elemente auf atomarer Ebene ist nach Palissy ausgeschlossen, woraus folgt, dass eine künstliche Veränderung und Erzeugung von Lebewesen oder eine synthetische Herstellung von Metallen und Mineralen ebenfalls unmöglich ist.

149 Bredekamp 1993, S. 62.
150 Palissy 1996, Bd. 2, S. 53.
151 Palissy 1996, Bd. 2, S. 108.
152 Bredekamp 1993, S. 62.
153 Palissy 1996, Bd. 2, S. 134.

VII. Die *Discours admirables* im Kontext

1. Geologische Schriften bis 1600

Der Fokus der *Discours admirables* liegt auf den Geowissenschaften. Es soll deshalb hier die zur Zeit Palissys vorhandene Literatur zu diesem Thema in einem kurzen Überblick vorgestellt werden.[1] Zu fragen ist, auf welche Schriften Palissy hätte zurückgreifen können und welches deren inhaltliche Schwerpunkte sind, zudem wäre die Relevanz der *Discours* zu beleuchten.[2] Die Bedeutung einer wissenschaftlichen Schrift lässt sich nicht nur am Wahrheitsgehalt der vorgetragenen Argumente und Fakten festmachen, nicht nur daran, wie exakt die behandelten Phänomene modelliert und beschrieben wurden, sondern sie muss auch in Relation zu den zeitgleich vorhandenen und entstandenen Publikationen gesehen werden.

Spezielle Fachliteratur zur Geologie ist im 16. Jahrhundert nur wenig vorhanden. Der interessierte Leser war gezwungen, auf die antiken Schriftsteller, vor allem Plinius und Aristoteles, die Schriften der Alchemisten[3] oder die mittelalterliche Literatur, wie zum Beispiel Albertus Magnus[4], zurückzugreifen. Bis in die Renaissance hinein entstanden noch sogenannte Steinbücher oder Lapidarien, die eine mit magisch-alchemistischen Gedanken durchsetzte naive Weitergabe ungenannter antiker Quellen waren[5] und der therapeutischen Mineralogie oder Edelsteintherapie, wie sich sagen ließe, dienten. Hierzu zählt Konrad von Megenbergs (1310–1374) *Buch der Natur* und sein erst handschriftlich kopiertes

---

1 Eine umfassende Übersicht bietet Ellenberger 1988. Eine sehr kompakte Darstellung mit Nennung einiger Autoren, die man woanders nicht findet, Bromehead 1945.

2 Die *Discours admirables* vermitteln kein genaues Bild der von Palissy benutzten Literatur.

3 Agricola 1928, S. XXVI nennt eine große Zahl alchemistischer Autoren, die er zweifellos selbst las.

4 Im 13. Jh. erschien Albertus Magnus *Liber aggregationis de de virtibus herbarum, lapidum et animalium* und *Libri V de mineralibus*.

5 Agricola 1955, S. 3. Siehe auch: Haas u.a. 2004, S. 84 ff.; Partington 1970, S. 101–104 und von Hahn 2006.

und dann 1470 im Druck erschienenes *Hortus sanitatis*.[6] Diese entsprechen in vielem den seit der Spätantike bekannten Kräuterbüchern. Dies sind Nachschlagewerke, die zur medizinischen Literatur zählen, Heilpflanzen und sonstige Arzneidrogen beschreiben sowie deren Anwendung erläutern. Pflanzen sind zwar die bestimmende Gruppe, es werden aber auch für die Therapie verwendete Steine und Minerale behandelt, in einigen Büchern sind selbst tierische Produkte, ja sogar Mumien aufgeführt. Ein bemerkenswertes Beispiel eines solchen Kräuterbuchs ist die vermutlich um 1520 in Paris entstandene Ausgabe des *Livre des simples médecines* nach Matthaeus Platearius.[7] Auch dieses führt Minerale und Steine auf, die zu Heilzwecken Verwendung finden (Abb. 24, Abb. 25, Taf. VIII und Taf. IX). Obwohl ähnliche Bücher durchaus von Gelehrten konsultiert wurden, sind sie nur bedingt als Fachbücher zu bezeichnen, da ihre Klassifikationssysteme noch nicht auf definierten nachvollziehbaren wissenschaftlichen Methoden fußten. Eine brauchbare moderne Literatur fehlte Anfang des 16. Jahrhunderts völlig.[8]

Erst durch das florierende Montanwesen entwickelte sich um 1500 eine Nachfrage nach Schriften, welche das vorhandene Wissen auf diesem Gebiet zusammenfassten. Die Landschaft Zentraleuropas, die sich zwischen Böhmen und dem Harz ausdehnt, besaß damals die ertragreichsten Erzvorkommen und die am weitesten fortgeschrittene Bergbautechnologie in Europa.[9] Es überrascht deshalb nicht, dass hier die früheste Spezialliteratur entstand, der französische Geologe François Ellenberger spricht sogar von einer „sächsischen Wissenschaft".[10] Von Anbeginn wurde neben der Darstellung der griechisch-römischen Überlieferung das praktische Wissen der Minenarbeiter integriert. Die geologisch-mineralogischen Disziplinen sind in den frühen Traktaten als Teil der Montanwissenschaften behandelt, wobei auch einzelne Aspekte der Wasserhaltung, der Hydraulik und der Hydrologie vereinzelt mit behandelt wurden.[11] Wer Bergbau betreibt, muss sich auch für die Beschaffenheit des Untergrundes, für die Geologie interessieren.

Das erste und bekannteste dieser Werke ist jenes des Ulrich Rülein von Calw (1465–1523), das erstmals um 1500 unter dem Titel *Ein nützlich Bergbüchlein* in

---

6 Wichtige mittelalterliche Steinbücher waren neben Albertus Magnus *De mineralibus* der *Liber de lapidibus seu de gemmis* des Marbod de Rennes und Hildegard von Bingens *Physika*.

7 Platearius ca. 1520, Paris, Bibliothèque nationale de France, Ms. Français 12322, Paris; siehe Kapitel V.2 *Palissys Sammlung*.

8 Agricola 1956, S. 53. Ein Gesamtüberblick findet sich in der Einführung zu Agricola 1955.

9 Ellenberger 1988, S. 195.

10 Ellenberger 1988, S. 199.

11 Agricola 1956, S. 47.

Leipzig erschien.[12] Die nur in zwei Exemplaren bekannte Erstausgabe wurde bis 1539 in mehreren Ausgaben in veränderter Form und leicht geänderten Titeln nachgedruckt. In der Ausgabe von 1518 wurde ein Verzeichnis der „Bergnamen“ angehängt, das als ältestes bergbauliches Wörterbuch gilt.[13] 1523 publizierte der Joachimthaler Volksdichter Hans Rudhart als eine Überarbeitung das *Joachimsthaler Bergbüchlein,* welches die erste detaillierte Beschreibung einer Lagerstätte, nämlich Joachimsthal, enthält.[14] Da von allen Ausgaben des *Bergbüchleins* nur einzelne Exemplare erhalten sind, ist anzunehmen, dass nur extrem kleine Auflagen gedruckt worden sein dürften und die Verbreitung sehr begrenzt war. Rülein und Rudhart schrieben in Mittelhochdeutsch, ihrer Muttersprache, in der damaligen wissenschaftlichen Welt eine Rarität.[15] Den Kern des Textes bildet der Vortrag eines Bergbauexperten, der gerahmt wird durch einen Dialog zwischen diesem und seinem „Knappen“. Sprache und Form entsprechen somit perfekt der Intention nach Weitergabe von Praxiswissen und Vermittlung der Kenntnis der alten Gelehrten. Sprache und handliche Größe kamen bei dieser ersten Bergbauschrift in deutscher Sprache einem Bedürfnis von Bergbauinteressierten nach einem Buch für Praxis und Lehre entgegen. Trotz der geringen Auflagenhöhe ist Rüleins *Bergbüchlein* dadurch „ein wahres Volksbuch geworden.“[16]

Georg Agricola (1494–1555), dessen Werke zur Mineralogie und zum Bergbau wegweisend wurden, erwähnt das *Bergbüchlein* mehrfach als Vorgänger, nutzte es und übernahm einiges aus ihm, stellte aber mit Recht fest, dass der Gegenstand nicht „erschöpfend behandelt“ sei.[17] Helmut Wilsdorf kommt in seiner Einleitung zu Agricolas erstem bedeutenden Traktat *Bermannus oder über den Bergbau* von 1530 zusammenfassend zu dem Schluss, dass das, was Georg Agricola, der Mineralogie, Bergbau und somit Geologie als Erster als eigenständi-

---

12 Pieper 1955; Ellenberger 1988, S. 197. Rülein 1505, fol. 1 (Titel): „*Ein wolgeordnetz : unnd nutzlichs büchlin wie man bergwerck suche und erfinder sol von allerley mettal die deñ die siben planeten generiren und würcken yeglicher nach seiner natur uñ ein fluß nach irem streichen der lufft gegen dem auffgang nydergang:mitag und mittnacht auch wie die geschicklichait der geng in den bergen erfündlich seind nach gelegenhait der gebürg als dañ das aigentlich anzaigt wirdt mit figuren uñ geschrifft und ob in ettliché bergwercken:in iren tailungen andern amen wären dañ diß büchlin in seiner tailung von kucks aufweißt:so wirt doch hierin gesagt auff alle land bergwerck zú erkünen wie hernachuolgt in disem büchlin.*“ Vgl. Pieper 1955, S. 140.

13 Pieper 1955, S. 150.

14 Wilsdorf 1954. Die Biographie von Rudhart ist nahezu unbekannt, vgl. S. 7–11. St. Joachimsthal, Stadt im Erzgebirge, heute Jáchymov, früher reiche Silbervorkommen.

15 Zu Dialogform und Sprache Pieper 1955, S. 182 f.

16 Pieper 1955, S. 185, siehe auch S. 197 f.

17 Agricola 1928, S. XXV. (*De re metallica*, Widmung). Beide Schriftsteller wurden vorher kurz erörtert. Agricola stellt zusammenfassend fest: „Indes hat keiner von beiden den Gegenstand, den er sich erwählt hat, erschöpfend behandelt.“

ges Fach behandelte, an „moderner" Literatur zur Verfügung stand, „herzlich wenig war, was sich wirklich verwenden ließ."[18] Agricola selbst schreibt 1556, also nur sieben Jahre vor Palissy: „Das andere Schriftsteller [außer Rülein von Kalbe und Biringuccio] mehr über das Bergwesen geschrieben haben, ist mir nicht bekannt."[19] Der *Bermannus*, der eigentlich einen ähnlichen Ansatz wie Rüleins Traktat verfolgte, konnte, da in Latein verfasst, die Ansprüche der Praktiker nicht in gleicher Weise wie das *Bergbüchlein* erfüllen. Auch alle folgenden Schriften Agricolas, *De ortu et causis subterraneorum* (1546), *De natura eorum quae effluant ex terra* (1546), *De natura fossilium* (1546), und *De re metallica* (1556), die in rascher Folge zu unterschiedlichen Teilgebieten von Bergbau, Geologie und Mineralogie erschienen, wobei die ersten drei als ein geschlossenes Ganzes zu betrachten sind, waren, da in Latein verfasst, nur einer akademischen Leserschaft zugänglich.[20] Der Ausgangspunkt Agricolas als Arzt war ein ähnlicher, aus dem heraus die Stein- und Kräuterbücher des Mittelalters entstanden: Aus medizinischen Gründen wollte er die Schätze der Natur, speziell die Mineralien, therapeutisch nutzbar machen[21] – ein Ansatz, dem Palissy in den *Discours* skeptisch gegenübersteht. In den drei Traktaten von 1546 kompiliert Agricola vor allem die verstreut vorliegenden Schriften der antiken Schriftsteller und fasst diese erstmals thematisch zusammen. Er stellt die mannigfachen Philosophenansichten einander gegenüber,[22] gewichtet sie, aber ohne ihnen ein eigenes Urteil zur Seite zu stellen. Nur in den zwei Schriften zum Bergbau *Bermannus* und *De re metallica* nimmt er zusätzlich die Hilfe der Joachimsthaler Bergleute zur Kommentierung der alten Texte in Anspruch. Er notiert deren Praxiserfahrungen und „die beträchtlichen Kenntnisse der Bergleute" in vielen Wissenschaften, um sie „im Schrifttume bleibend festzuhalten."[23] Agricola unterstreicht, was auch die *Discours* vermitteln, dass die Kenntnisse chemischer Grundlagen und technischer Bergwissenschaft nicht voneinander zu trennen sind, denn die Prinzipien, durch die sich Lösungen verfestigen, seien in der „Kunst" und in der Natur identisch. Diese Auffassungen Agricolas decken sich mit denen Palissys. Der Bergmann müsse deshalb viele Künste und Wissenschaften und zuallererst die Philosophie beherrschen.[24] Doch Agricola belässt es bei der Feststellung und erörtert im Folgenden die stofflichen Grundlagen nicht weiter. Stattdessen konzentriert er sich darauf, eine beschreibende Mineralsystematik zu entwickeln, die erste überhaupt. Diese ging zwar weiterhin von etablierten Materialeigenschaf-

18 Agricola 1955, S. 6.
19 Agricola 1928 (*De re metallica*, Widmung), S. XXV.
20 Agricola 1956, S. 53.
21 Agricola 1955, S. 6.
22 Pieper 1955, S. 187.
23 Agricola 1928, S. XXIV.
24 Agricola 1928, S. 1.

ten wie Edelmetallgehalt und Farbe aus,[25] ordnete aber die bekannten Stoffe unter einheitlichen Kriterien und nennt für verschiedene Mineralien zugängliche, prüfbare Lagerstätten und nicht nur mythische antike Fundorte. Ein herausragendes Beispiel technischer Beschreibungskunst in *De re metallica* ist die Darstellung der Fabrikation des Seesalzes. Allerdings war auch dieses letzte Werk nur in lateinischer Sprache geschrieben, erst später folgten Übersetzungen in andere Sprachen. Agricola führt die Arbeit von Rülein fort, indem er eine seit Ausklang des Mittelalters existierende, praktisch orientierte Wissenschaft des Untergrundes unter Verwendung einer traditionellen Terminologie schriftlich fixiert und in den akademischen Bereich überführt, wodurch die Grundlagen der Geologie als akademischer Wissenschaft gelegt wurden.[26] Agricolas Intention war es dabei, „ein beschränktes Ganzes wissenschaftlich auszubilden", wie Goethe sagte.[27] Seine Ideen über die Genese der Minerale reflektieren sowohl praktische Erfahrung als auch hermetisch-aristotelisches Gedankengut. Über Versteinerungen äußert sich Agricola nirgends detailliert und ausführlich, sie verdienen nicht sein besonderes Interesse. Fossilien sind für ihn auch nur Steine. Steine, die etwas anderem ähneln und durch eine spielende Natur, eine „vis plastica", erzeugt wurden.[28]

Die zehn Bücher über die Feuerwerkskunst (*De la Pirotechnia*) des Ingenieurs für Bergbau- und Hüttenwesen Vannocio Biringuccio (1480–1539), erschienen posthum 1540 in italienischer Sprache, müssen ebenfalls zu den großen dem Montanwesen gewidmeten Schriften des 16. Jahrhunderts gerechnet werden. Das Buch erschien 1556 auch in einer französischen Ausgabe, 1572 folgte eine zweite Auflage.[29] Zeitlich hätte Palissy die *Pirotechnia* also heranziehen können. *De la Pirotechnia* ist im engeren Sinn ein technologisches Traktat der Metallurgie und des Hüttenwesens, aber weiter gefasst eine Abhandlung aller technischen Prozesse, die mit Hilfe des Feuers durchgeführt werden. Es behandelt die Verhüttung von Erzen und den Bronzeguss, nicht nur den von Geschützen, sondern

---

25 Agricola 1955, S. 7.

26 Vgl. Ellenberger 1988, S. 196. Über die Problematik der verwendeten Sprache äußert sich Agricola im Vorwort zu *De re metallica*.

27 Goethe 1988, Bd. 14 (Farbenlehre), S. 93.

28 Z. B. Agricola 2006, S. 164 f. u. 336 f. Nur für einen kleinen Teil, etwa versteinerte Baumstämme, scheint er ihren organischen Ursprung anzuerkennen, vgl. Agricola 2006, S. 265 ff. Zu Versteinerungen bei Agricola siehe auch Langer 1994.

29 Biringuccio 1925: Die französische Ausgabe 1556: *La Pyrotechnie ou Art du Feu [...] „traduite d'Italien en François, par feu maistre Jaques Vincent.*" Biringuccio 1925, S. X f.: Nach Johannsen, dem Herausgeber der deutschen Ausgabe, wird Vincent „als verstorben bezeichnet, vermutlich damit man ihn wegen seiner schlechten Arbeit nicht mehr fassen konnte." Die französische Ausgabe zeige, „dass ihr Verfasser zwar etwas italienisch verstanden, aber den Inhalt nicht beherrscht hat. Viele Stellen hat er ganz fortgelassen."

auch von Kunstwerken. Das Herstellen der Gussmodelle nimmt dabei einen bedeutenden Raum ein. Daneben behandelt es Destillationen, die Kalkbrennerei und die Glasherstellung. Auch die Töpferkunst wird kurz gestreift. Dies alles sind Themen, die auch Palissy abhandelt, aber lange nicht so ausführlich und brauchbar für die Praxis, wie es Biringuccio tut. Das Buch schließt mit einer Beschreibung der Herstellung von Schießpulver und Feuerwerkskörpern, von der es seinen Titel bezog. Technische Verfahren sind detailliert und sachkundig erörtert, verschiedenste Erze und Mineralien werden untersucht, genauso die Salzgärten; Geologie und Hydrologie streift es dagegen kaum. In den chemischen Grundlagen der *Pirotechnia* ist Biringuccio noch ganz der alten Lehre des Aristoteles, der Alchemie und dem Einfluss der Gestirne verpflichtet. Immerhin hält Biringuccio es genauso wie Palissy für unmöglich, die komplizierten Prozesse der Metallbildung im Labor künstlich zu wiederholen.[30] Obwohl der Adressat der *Pirotechnia* ein Adliger und die Präsentation aufwendig und kostspielig ist, weist die Wahl der italienischen Volkssprache doch darauf hin, dass Biringuccio primär ein Lehrbuch für den Praktiker zu schreiben gedachte.[31] Wahrscheinlich konsultierte er bei der Niederschrift Rüleins *Bergbüchlein* und den *Bermannus* von Agricola.[32] Biringuccio verkörperte selbst „ganz den Typ des Ingenieurs und Virtuoso der Renaissance."[33] Ihm ging es, über die praktische Nutzung seines Buches hinaus, genauso wie Agricola und Palissy darum, Anerkennung für die gewerbliche Praxis zu wecken.[34] Agricola erwähnt in der Widmung zur *De re metallica* Biringuccios Werk, das ihm für seine letzte Veröffentlichung vorlag, zeigte sich aber von dessen Arbeit nicht befriedigt. Nur die Salzproduktion war ihm deutlich genug ausgeführt.[35] Eines der Hauptthemen, die Methoden zum Ausschmelzen von Erzen, war ihm dagegen zu „kurz berührt" und die übrigen Dinge, über die er, Agricola, schreibe, „hat er entweder nur nebenbei oder gar nicht berührt".[36] Trotz mancher Einschränkungen blieb die *Pirotechnia* als „erste planmäßige Darstellung der Metallurgie" die wichtigste Schrift über die Gieß- und Feuerwerkskunst bis zur *Encyclopädie* von Diderot und d'Alembert.[37]

---

30 Biringuccio 1925, S. XIV; Partington 1970, S. 32 ff., siehe auch Klein 1994.

31 Biringuccio 1925, S. 250 ff. Biringuccio setzt sich mit der Empirie im Kapitel über die Gießkunst ausführlich auseinander. Biringuccio Übersetzer Otto Johannsen hält das Buch wegen der Widmung und dem Adressaten für ein „Fürstenbuch" oder ein „Lehrbuch ... ähnlich dem Hausbuch" für „Edelleute ... oder vornehme Ingenieure" (S. XII f.).

32 Biringuccio 1925, S. XIII. Zum Verhältnis von Biringuccio und Agricola siehe Lippmann, Partington 1936.

33 Klein 1994, S. 109.

34 Klein 1994, S. 102.

35 Biringuccio 1925, Zweites Buch, Kapitel 8, S. 125 f.

36 Agricola 1928, S. XXV (Widmung, *De re metallica*).

37 Biringuccio 1925, S. XIV.

Neben den Schriften von Agricola war das vom Züricher Biologen Konrad Gesner (1516–1565) im Jahr seines Todes herausgegebene *De Omni Rervm Fossilivm Genere* die bedeutendste ausschließlich der Mineralogie gewidmete Schrift im 16. Jahrhundert. Im Gegensatz zu den großformatigen Quart- und Folio-Bänden Agricolas ist das Klein-Oktav-Format geradezu winzig, verblüfft aber gleichzeitig durch seine enorme Dicke mit fast 1100 Seiten Umfang. Gesners Arbeit *De rerum fossilium, lapidum et gemmarum maximè, figuris & similitudinibus Liber, cum iconibus plurimis* ist nur ein Beitrag in diesem umfangreichen Buch, das die Werke mehrerer Autoren enthält. Durch die geringe Größe konnten die Kosten vermutlich moderat gehalten werden. Auch Gesner bemühte sich um eine systematische Einteilung der Mineralien und Fossilien, welche er in 15 Klassen entsprechend den 15 Kapiteln des Buches einteilte.

Gesners Werk ist als Mineralogie, aber nicht als Traktat der Geologie zu verstehen, da geologische Prozesse nicht behandelt werden, weder im Großen die Erdmorphologie noch die Gesteinsbildung im chemisch Kleinen. Gesner listet alle ihm bekannten Minerale, Steine, Erden und Metalle auf. Wie auch Agricola kennt er diese nicht unbedingt aus eigener Anschauung, sondern übernimmt sie aus den Texten alter Gelehrter. Sein lateinischer Text verweist dabei wiederholt auf die zeitgenössischen Autoren Kentmann, Agricola und Cardano. Gesners Klassifikation basiert auf einem Prinzip der Ähnlichkeit, je nachdem ob die Objekte zum Beispiel geometrischen Figuren, Sternen, Steinen, Pflanzen oder Artefakten ähneln. Am Werk von Gesner interessiert besonders seine Behandlung der Fossilen. So ordnet er eine Abbildung der vieldiskutierten Glassopedrae oder Zungensteine, die Palissy nicht erwähnt, dem Bild eines Haifisches zu.[38] In seinem anderen großen naturkundlichen Werk, der *Historia Animalium* von 1559, vergleicht er ebenfalls fossile Muscheln mit den noch lebenden Arten.[39] Hieraus lässt sich indes nicht schließen, dass Gesner den Ursprung der Fossilien erkannte. Vielmehr interessierte er sich nur für ihre Figürlichkeit. Dies zeigt die Einordnung der drei im *De Omni Rerum Fossilium Genere* aufgeführten Ammoniten, welche er unter anderem als „Hammonis cornu", Ammonshörner, bezeichnet. Der erste Ammonit wird in die Rubrik der Menschen oder Vierfüßler aufgenommen, der zweite erscheint richtig in der Klasse *Steine die Meerestieren ähneln*,[40] der dritte in der Klasse 15: *Steine die Insekten und Schlangen ähnlich sehen*, was nicht verwundert, da Ammoniten das Bild eines aufgerollten Reptils vermitteln (Abb. 33).[41] Die versteinerten Seeigel, Cidaris oder Judensteine wer-

---

38 Glassopedrae sind versteinerte Haifischzähne.

39 Ellenberger 1988, S. 162 f.

40 Nach Ellenberger 1988, S. 163 könnte es sich bei diesem auch um einen Nautilus handeln. Gesner 1565, S. 159v, 164r und 167v.

41 Gesner 1565, S. 167v: „De lapidibus qui serpentes & insecta referũt. Cap. XV."

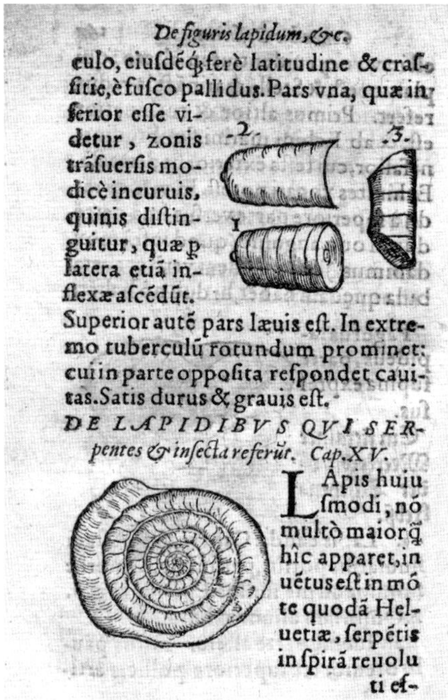
De figuris lapidum, &c.
culo, eiusdēq; ferè latitudine & craſ-
ſitie, è fuſco pallidus. Pars vna, quæ in-
ferior eſſe vi-
detur, zonis
trāſuerſis mo-
dicè incuruis,
quinis diſtin-
guitur, quæ p
latera etiā in-
flexæ aſcēdūt.
Superior autē pars læuis eſt. In extre-
mo tuberculū rotundum prominet:
cui in parte oppoſita reſpondet caui-
tas. Satis durus & grauis eſt.
*DE LAPIDIBVS QVI SER-
pentes & inſecta referūt. Cap. XV.*
Lapis huiu-
ſmodi, nō
multò maiorq̄
hîc apparet, in
uētus eſt in mō
te quodā Hel-
uetiæ, ſerpētis
in ſpirā reuolu
ti eſ-

Abb. 33 „De lapidibus qui serpentes & insecta referut" („Stein der einer Schlange ähnelt", Ammonit), Holzschnitt, in: Conrad Gesner, *De omni rerum fossilium genere, Cap. XV*, folio 167v., Zürich, 1565, erschienen 1566.

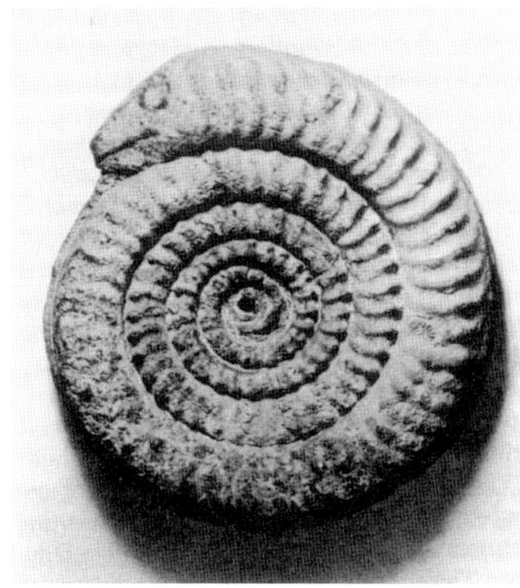

Abb. 34 Ammonit mit Schlangenkopf, Unterer Jura bzw. Lias, Württemberg, Süddeutschland, D: 36 cm, Naturhistorisches Museum Wien.

den ebenfalls nicht der Gruppe *Steine die Meerestieren ähneln* zugeordnet, sondern gleichfalls in die Klasse 15 eingeordnet, da sie den Schlangeneiern von Plinius gleichen. Gesner präsentiert die Fossilien als einfache Steine mit skulpturalen Eigenschaften.[42] Die Interpretation der Fossilien geschieht dabei mit textlichen Mitteln. Ein ganz anderes Herangehen demonstriert ein Ammonit im Kunsthistorischen Museum Wien, bei dem das Objekt selbst seine Auslegung mit skulpturalen Mitteln erfuhr, indem das Ende zum Schlangenkopf ausgearbeitet wurde (Abb. 34).[43]

Dem Vorwort ist zu entnehmen, dass Gesners Ziel vor allem didaktischer Natur war und die Rückbesinnung auf den Philosophen Aristoteles zum Ziel hat-

[42] Fischel 2009, S. 30.

[43] Kat. Innsbruck/Wien 2006/2007, S. 189 ff., Wien, Kunsthistorisches Museum, Inv.-Nr. 1880/C/998, Ammonit aus dem Unteren Jura o. Lias von Württemberg. Vgl. Zapfe 1987, S. 210 ff.

te, welcher die Form als die vierte Qualität der Dinge bezeichnete.[44] Dieser formalistische Ansatz ordnet und beschreibt die Steine nach ihrer äußeren Erscheinung, ohne ihre Materialität zu berücksichtigen, als platonische Körper: Steine in der Gestalt von Tieren oder Pflanzen, Steine, dekoriert mit Mustern, Steine, gestaltet wie Organe oder Sterne. Dass nur die äußere Erscheinung der Objekte interessiert, wird programmatisch durch den Seitentitel *De figuris lapidum* angezeigt. Gesner behandelt deshalb auch nicht Ursprung und Natur der Fossilen. Er hält sie wie Agricola für Bildsteine, die durch ein launiges Spiel der Natur entstehen.

Dem Text Gesners ist die Auflistung der mineralogischen Sammlung Kentmanns vorangestellt. Kentmann verwendet wie auch Agricola eine „klassische" Ordnung, die nach der Art der Substanz sortiert und die Stoffe in Steine, Erden, Succi (Säfte), Pyrite und Metalle unterteilt. Eine grundlegende Unterteilung, die, soviel wie man diesbezüglich aus den *Discours* ableiten kann, wohl auch Palissy in ähnlicher Form gewählt hätte. Kentmanns Beitrag ist ausschließlich ein Sammlungskatalog, in dem nur die Bezeichnungen der Stoffe aufgenommen sind, manchmal mit kurzen ergänzenden Beschreibungen in lateinischer Sprache. Zu einigen Mineralien gibt es zusätzlich deutsche Übersetzungen. Zeitlich wird Gesners Schrift aus dem Jahr 1565 vom Werk Palissys gerahmt, dessen *Recepte veritable* 1563 noch kurz vor Gesner veröffentlicht wurde. Die 1580 herausgekommenen *Discours admirables* sind schon eine der letzten den Geowissenschaften gewidmeten Schriften, die vor 1600 erscheinen.

Vor Ende des Jahrhunderts im Jahr 1596 wurde *De metallicis libri tres* gedruckt, eine Abhandlung des italienischen Biologen Andrea Cesalpino (1519–1603) über die mineralische Welt. Nicht unbedingt als spezialisiertes Buch der Geowissenschaften zu bezeichnen, aber doch mit einem ausdrücklichen Schwerpunkt auf Mineralogie und Alchemie versehen, veröffentlichte noch 1599 Ferrante Imperato (1525–1615), ein bereits zu Lebzeiten berühmter Naturwissenschaftler, seine Naturkunde *Dell'historia naturale di Ferrante Imperato napolitano Libri XXVIII*. Imperato besaß eine bedeutende Naturaliensammlung, das Museo Imperato, welches durch das Frontispiz in seinem Buch bekannt ist, eines der ältesten Bilddokumente einer Sammlung der Frühneuzeit (Abb 23).[45] Fast zwanzig Jahre nach den *Discours* herausgekommen, sind einige Übereinstimmungen in formalen Aspekten mit diesem festzustellen, so gibt es Ähnlichkeiten in der Gliederung und in der Verbindung von Buch und Museum.

---

44 Ellenberger 1988, S. 161 f.; Fischel 2009, S. 31. Fischel hat dort den Charakter der Fossilienabbildungen bei Gesner umfangreich analysiert.

45 Siehe Imperato 1599. Der Museumsraum ist unmittelbar nach der Widmung, am Anfang des Buches, abgedruckt.

Betrachtungen und Informationen zur Geologie der Erde fanden sich aber auch in Schriften, die ganz anderen Themen gewidmet waren. Hierzu zählt das bereits mehrfach erwähnte, 1550 erstmals erschienene *De subtilitate* von Gironimo Cardano ebenso wie die Kosmographie *Homocentrica* von 1538 des italienischen Arztes und Gelehrten Girolamo Fracastoro (1478–1553) und Sebastian Münsters (1488–1552) *Cosmographia*. Münsters kolossales Werk fand eine außergewöhnlich weite Verbreitung. Erschienen erstmals 1544 in Basel bei Froben in deutscher und lateinischer Sprache, folgte eine französische Übersetzung bereits 1552 ebenfalls bei Froben und die zweite Auflage schon 1556. 1575 legte De Belleforest eine stark veränderte französische Neubearbeitung vor.[46] Auch die gleichfalls 1575 gedruckte berühmte Chronik von André Thevet (1516–1590),[47] an der wiederum De Belleforest beteiligt war, basiert auf dem Werk von Münster. In Münsters *Cosmographia* wird die Morphologie der Erde als göttlicher Schöpfungsakt dargestellt, zu sehen ist die Entstehung der Berge als Hammerschlag Gottes. Johann Hubinsack, einer der Berichterstatter Münsters, äußert sein Bedauern, dass kaum Literatur über den Bergbau existiert. Münster vermehrt daraufhin seine Beiträge über dieses Gebiet.[48] Verstreut in dem etwa 1200-seitigen großformatigen Band behandelt Münster verschiedenste geologische Phänomene wie Erdbeben und Vulkane, Wasserstandsänderungen, Thermalquellen, Felsformationen und auch Versteinerungen. Die *Cosmographia* war ein Buch mit umfassendem Anspruch. Während Agricola nur Autoren des Altertums und des Mittelalters berücksichtigt, ist es Münsters Ambition, auch die neueste Literatur mit in sein Werk einzuarbeiten, so dass er Agricola in Einzelheiten zuvorkommen und überbieten konnte.[49] Allerdings systematisiert und verallgemeinert Münster die von ihm genannten Phänomene kaum, sondern notiert sie als spezielle Erscheinungen.[50]

Kurze, aber hellsichtige Analysen der Fossilienfrage verstecken sich in Alessandro degli Alessandris (1461–1523) dem römischen Altertum gewidmeten *Genialium fierum libri sex*[51] (Sechs Bücher über das Gewohnheitsrecht), erschienen 1518, eingeschoben zwischen zwei den römischen Bräuchen gewidmeten

---

46 François de Belleforest (1530–1583) widmete 1576 seine Übersetzung von Polydor Virgils *De rerum inventoribus* ebenfalls Antoine de Pons. Zu Münster siehe Wessel 2004.

47 Thevet, André, *La Cosmographie universelle d'André Thevet, [...] illustrée de diverses figures des choses plus remarquables veuës par l'auteur [...]*, tome 1–4, Paris.

48 Münster 1552, *Das dritt Buch*, S. drrviij, vgl. Wilsdorf 1954, S. 97: „Dann ich hab vil gelerter Leüt gefragt wie es doch zugehe oder was die ursach sey / das man so wenig in den historien vonn Bergwercken geschriben findt / dieweil es meins beduнckens ein trefflich wunderbarlich ding ist."

49 Wilsdorf 1954, S. 79, 80.

50 Wilsdorf 1954, S. 117.

51 Ellenberger 1988, S. 169 f., siehe auch Gould 2002c. Es existieren verschiedene Schreibweisen des Namens, gebräuchlich sind auch Alessandro ab Alessandro oder Alexander de Alexander.

Kapiteln, sowie innerhalb eines der Geschichte Antwerpens gewidmeten 1569 publizierten Buchs, *Origines Antwerpianae*, des wenig bekannten flämischen Arztes und Linguisten Johannes Goropius Becanus (1518–1572). In dem über tausendseitigen Buch sind knapp zehn Seiten diesem Thema gewidmet. Goropius studierte, anders als Agricola und Gesner, nicht die Fossilien in Mineraliensammlungen, sondern vorrangig am Fundort selbst. Interessant ist, dass ein Teil der Fundorte in den Ardennen und im Pariser Becken liegen, wo auch Palissy forschte.[52] Beide Autoren entwickeln aber, anders als Palissy, keine präzisen Vorstellungen der Fossilisation. Während für Alessandri die Fossilien Relikte der Sintflut sind,[53] entwickelt Goropius ein kompliziertes Modell der Entstehung „in situ", bei der die Objekte unter dem Einfluss der Gestirne, eines „Opifex", das heißt eines göttlichen Wesens, und dem Vorhandensein geeigneter Säfte direkt im Gestein entstehen. Wenn genügend erzeugende Säfte verfügbar seien, entständen im Fels belebte Schalentiere. Ist dies nicht der Fall, bildeten sich nur deren Gehäuse oder eventuell auch nur Steine, die wie diese aussehen. Für Goropius ist, mittelalterlichen Ideen folgend, weiterhin eine Art „vis plastica" aktiv. Dies verhindert, dass er die Funde durchgängig als frühere Lebewesen zu identifizieren vermag. Alle diese sehr umfangreichen Werke sind Bestandteil der Gelehrtenkultur des 16. Jahrhunderts, ein speziell an Fragen der Geologie Interessierter hätte jedoch wohl kaum in ihnen recherchiert und erwartet, sich hierzu instruieren zu können. Innerhalb akademischer Kreise wurden die entsprechenden Abschnitte durchaus wahrgenommen, doch nur die Kosmographie Münsters erreichte ein breiteres Publikum.

Neben diesen im 16. Jahrhundert publizierten Schriften entstanden auch einzelne Untersuchungen, die erst sehr viel später gedruckt erschienen. Hierzu zählen die Aufzeichnungen Leonardo da Vincis (1452–1549), die hier exemplarisch genannt werden. In seinen Notizheften findet sich eine Fülle von Aufzeichnungen zu geologischen und hydrologischen Problemen. Die ab etwa 1490 bis zu seinem Lebensende 1519 entstandenen ungeordneten und chaotischen Notizen gedachte Leonardo für Traktate zu verwenden. Sie zeigen, dass er ein *Traité des Eaux*[54] und offensichtlich auch ein Traktat zu geologischen Phänomenen zu schreiben plante.[55] Leonardos Formulierung legt nahe, dass diese in Dialogform

---

52 Siehe Ellenberger 1987, S. 184 f.

53 Alessandris Abhandlung erschien nur auf Latein, sodass es unsicher ist, ob Palissy von ihr Kenntnis hatte und sich seine scharfe Kritik an der Sintfluttheorie auf ihn bezogen haben kann.

54 Siehe Leonardo 1952, S. 496 ff.; Biswas 1970, S. 146 f.

55 Leonardo 1952, S. XXIII. Zu möglichen Traktaten siehe Leonardo 1990, S. 119. Es existieren Teile zu Vorreden, die er als „Proeme" bezeichnete. Vgl. Werkübersicht in: TRE, 1991, Bd. 21, Stichwort Leonardo da Vinci, S. 2. Leonardo argumentiert ebenfalls seitenlang mit dem Ziel der Widerlegung der Sintflutlehre, siehe Leonardo 1952, S. 233 ff.

angelegt werden sollten – wie die Traktate von Palissy. Trotz dieser Strukturüberlegungen, deutet sich in einer Notiz Leonardos vom 22. März 1508 an, dass sie weiterhin „eine regellose Sammlung" ohne Ordnung geblieben wären.[56] So entstehen Fragmente, Bruchstücke einer geologischen Wissenschaft,[57] von Gewicht erst zu einem viel späteren Zeitpunkt für eine sich konstituierende Disziplin. Alle Autographen Leonardos blieben zu seinen Lebzeiten unveröffentlicht, kursierten aber möglicherweise in Auszügen, wie Duhem zeigt.[58] Doch auch wenn Abschriften einzelner Notizen existierten, konnten sich die Auffassungen Leonardos anfänglich nicht verbreiten. 1651 erschien sein *Traité de la peinture* als erstes aus dem Nachlass veröffentlichtes Manuskript.[59] Mit einer Auswahl seiner Aufzeichnungen zur Natur des Wassers begann 1824 die Veröffentlichung seiner naturwissenschaftlichen Notizen.[60] Auch die sehr elaborierten Unternehmungen von Aldrovandi und Mercati konnten in die Diskussion um die Fossilien und Transformationen der Erdoberfläche nicht mehr eingreifen, da sie unvollendet und lange Zeit unpubliziert blieben.[61]

2. Das Verhältnis von Bild, Schrift und Objekt bei Palissy

In den *Discours* werden hydraulische Einrichtungen wie Pumpen und Wasserleitungen erklärt, ein Brunnen entworfen, das System der Salzproduktion aus Meerwasser erläutert, eine Vielzahl von Muscheln, Fossilien, Steinen und Metallen genannt, die Töpferkunst vorgestellt, doch den ausführlichen Beschreibungen sind keine Abbildungen beigeben. Nur wenige Buchdruckornamente strukturieren den Text. Dies erstaunt zuerst bei einem Künstler, der keramische Naturbilder von großer Lebendigkeit schuf und der seinen Mineralienimitationen den Prunk und Glanz von edlen, natürlichen Materialien zu geben vermochte. In der Abwesenheit von Bildern eine Tendenz zum Ikonoklasmus vermuten zu wollen und eine negative Einstellung zum Bild, wie sie im calvinistisch-reformierten Glauben nicht ungewöhnlich wäre, ist deshalb unsinnig. Der Verzicht auf Bilder innerhalb des Textes ist auch keine Ausnahmeerscheinung, waren doch die meisten von Agricolas geologischen Schriften nicht bebildert.

---

56 Leonardo, Code AR. 1r. zitiert nach Leonardo 1990, S. 121. An diesem Tag beginnt er mit den mathematischen und naturwissenschaftlichen Aufzeichnungen Cod. Arundel und Ms. Cod. F (vgl. TRE, 1991, Bd. 21, S. 2).

57 Leonardo 1970, S. 119, 121 und Leonardo 1952.

58 Duhem 1906.

59 Zu den Ausgaben siehe Leonardo 1970, S. 104.

60 Leonardo 1952, S. XX.

61 Ulisse Aldrovandi (1522–1605), *Musaeum Metallicum*. 1648. Michele Mercatis (1541–1593), *Metallotheca*, 1716–1719 von Lancisi herausgegeben.

Ausstattung und Ausgestaltung von Büchern zur Naturphilosophie waren im 16. Jahrhundert sehr unterschiedlich. Viele Publikationen hatten weiterhin keine Abbildungen. Besonders bei den antiken und alten Schriftstellern wie etwa Plinius (~23–79 n. C.) und Albertus Magnus (~1200–1280) wurde darauf verzichtet.[62] Aber auch das erwähnte aktuelle Buch über die Hydrographie *L'art et science de trouver les eaux* von Jacques Besson besitzt keine einzige Abbildung. Dass der kompakte Blocksatz das Lesen und Auffinden von Textstellen sehr erschwerte, war schon bei Agricola bemängelt worden. Selbst Andrea Cesalpinos *De metallicis libri tres*, ein Druck von 1596, unterschied sich im Äußerlichem kaum von den fast zwanzig Jahre jüngeren *Discours*. Cesalpinos bilderloses Buch im strengsten Satz war sogar noch puristischer, verzichtete es doch weitgehend auf Buchschmuck. Andererseits gab es bereits früh auch kleine Schriften wie das *Bergbüchlein,* die eine Vielzahl wenn auch sehr einfach ausgeführter Holzschnitte enthielten.[63] Cardanos *De la subtilité,* obwohl von beträchtlichem Umfang, hatte nur eine bescheidene Zahl von kleinen Abbildungen und Diagrammen, denen es jedoch gelang, den Gegenstand zu verdeutlichten und den Text aufzulockern.[64] In Giordano Brunos (1548–1600) Dialog über Probleme der Astronomie *Das Aschermittwochsmahl* mit zwar nur neun schematischen Zeichnungen waren diese doch so platziert, dass sie die wichtigsten Fragestellungen gut veranschaulichten.[65] Gerade technische und mathematische Probleme ließen sich ohne Skizzen nicht verständlich erörtern. Die Sachzeichnung wurde deshalb mit Beginn der Herausbildung einer wissenschaftlichen Literatur als eine neue Form des Bildes ins Buch eingebunden. Sie sollte „eine möglichst exakte optische Darstellung dessen sein, was sich in Worten nur sehr ungenau, umständlich und abstrakt ausdrücken lässt."[66] Mitte des Jahrhunderts wurden deshalb auch Werke antiker Schriftsteller verstärkt mit neu produzierten fachkundigen Stichen versehen, wie die Vitruv-Ausgabe Paris 1547 in der Übersetzung von Jean Martin, illustriert von Jean Goujon. Palissy dürfte sie gekannt haben. Während weiterhin illuminierte Handschriften entstanden, wie das alchemistische *Splendor solis* mit kryptischen Farbbildern hermetischen Inhalts,[67] wurde jetzt gleichzeitig selbst die gedruckte, von Palissy als unbrauchbar bezeichnete alchemistische Literatur, die früher meist unbebildert war, mit großartigen Abbildungen von Laborgeräten überzeugend präsentiert. Ein Beispiel dafür ist die Schrift *Philosophie perspicassimi summa perfectionis* aus dem Jahr 1542 von Geber (737–

62 Plinius der Ältere 1562; Albert le Grand o. J., ca. 1535; Gould 1999, S. 5.

63 Pieper 1955, Rülein 1505.

64 Cardano 1566.

65 Giordano Bruno, *La cena de le ceneri*, veröffentlicht 1584, siehe Bruno 1969.

66 Janzin, Güntner 2006, S. 162.

67 Splendor Solis 1531, siehe Kat. Berlin 2005 und Canella 2003, S. 107–116.

815).[68] Gerade in der Qualität der Abbildungen zeigt sich der Wandel in der Auffassung der Welt, von einer magisch, esoterisch orientierten Betrachtungsweise in Richtung einer exakten Naturwissenschaft.

Während Darstellungen in frühen Kräuterbüchern, die etwa auf dem *De materia medica* des Dioskurides basierten, nur symbolischen Charakter besaßen und schematisch wiedergegeben oder gar erfunden sind, entstehen in den ersten Jahrzehnten des 16. Jahrhunderts immer mehr botanische Schriften, deren Autoren die Wiedererkennbarkeit und Identifizierbarkeit der Pflanzen in ihren Darstellungen wichtig ist.[69] Leonhart Fuchs notierte im Vorwort seines berühmten Kräuterbuchs *De historia stirpium* von 1542: „Ich frage mich, welche Person bei klarem Verstand ein Bild ablehnen könnte, welches mit Sicherheit Objekte besser auszudrücken vermag als die beredsamsten Worte? In der Tat hat es die Natur so eingerichtet, das wir alle gefesselt werden durch ein Gemälde und jene Dinge, die auf Leinwand und Papier dargestellt und gebannt sind, prägen sich unserem Geist viel tiefer ein als jene, die nur durch Worte beschrieben werden."[70] Diesen Sätzen des berühmten Biologen stellte Walter Lack, ehemaliger Direktor des Botanischen Gartens Berlin, die folgenden zur Seite, welche das Spannungsfeld Bild und Schrift ergänzen: „465 Jahre danach müssen wir nur das Wort Gemälde durch «Abbildung» ersetzen und Leinwand und Papier den «Bildschirm» zur Seite stellen, damit diese Worte ihre Gültigkeit behalten. Zu dem Zeitpunkt als Fuchs handkolorierte Holzschnitte auf Papier benutzte, stellte dies eine Neuerung auf dem Gebiet dar. [...] Und das gleiche gilt für ihr eigentliches Ziel, die genaue Wiedergabe und Verbreitung von botanischen Informationen."[71] In seinem Text nimmt Leonhart Fuchs Bezug auf die kolorierten Abbildungen. Erst Abbildungen ermöglichten es, die Pflanzen vor Ort zu bestimmen und die Spezies auch innerhalb des Buches unterscheiden zu können und ihre jeweiligen Merkmale präzise und schnell zu erkennen.

Waren illustrierte Bücher bis dahin kostspielige und aufwendig ausgemalte Einzelexemplare, ermöglichten seit dem 15. Jahrhundert Buchdruck und Holzschnitt eine Integration von Bildern in den Text und deren Vervielfältigung in immer höheren Auflagen. Die Produktion der Holzstöcke, die Beschäftigung von Zeichnern und Holzschneider hielten die Kosten allerdings weiterhin sehr hoch. Im Vergleich zu dem ihn ablösenden Kupferstich waren die Linien dick, die Umrisslinie des Dargestellten dominant und seine Gesamterscheinung eher grob,

---

68 Vgl. Roger Bacon (1214–1294) zugeschrieben, *Speculum alchemiae* (*Le miroir d'alchimie*), siehe Bacon, R. 1974.

69 Toresella 2001 untersucht dies detailliert.

70 Fuchs 1546, zitiert nach der Übersetzung von Walter Lack, März 2007, siehe folgende Anmerkung. Fuchs *De historia stirpium* erschien 1546 auch in französischer Sprache.

71 Prof. Dr. H. (Hans) Walter Lack, März 2007 anlässlich der Ausstellung *Digital Diversity* von Niki Simpson im Botanischen Museum der FU-Berlin, Berlin-Dahlem.

sodass Mitte des 16. Jahrhunderts die Zeit des Holzschnittes auslief.[72] Auf die hohen Kosten und „großen Mühen", das heißt den hohen Zeitaufwand, weisen sowohl Fuchs als auch Agricola hin.[73] Der präzise Kupferstich steigerte den Aufwand noch einmal deutlich. Einen Höhepunkt der Buchillustration mit Holzschnitten bildet sicherlich das mit fast 300 Abbildungen ausgestattete fünfhundertseitige *De re metallica* von Agricola aus dem Jahr 1556. Es wurde ein Referenzwerk der Fachliteratur. Durch die Verwendung von zahlreichen Illustrationen will Agricola den Text anschaulicher machen, „damit die mit Worten beschriebenen Dinge [...] keine Schwierigkeiten für das Verständnis bereiten."[74] Bis zum März 1553 fertigte er selbst, unterstützt von dem Zeichner Blasius Weffringer[75] aus Joachimsthal, 292 Skizzen an, die den Holzschneidern Hans Rudolf Manuel genannt Deutsch (1525–1571) und Zacharias Specklin (1530–1576) als Vorlage dienten.[76] Die Autorenschaft dieser zwei Künstler wurde von der Kunstgeschichte bisher kaum bemerkt.[77] Ausschlaggebend für die Qualität der Schnitte war neben der Sorgfalt, die der Wiedergabe kleinster technischer Details beigemessen wurde, indes das große Folioformat. Dies zeigt sich im Vergleich mit einem anderen zeitgleich gedruckten Buch des Bergbaus, dem *Schwazer Bergbuch*.[78] Die Abbildungen forderten ihren Preis, und das nicht nur monetär. Agricola hatte nach zwanzigjähriger Arbeit sein Manuskript zwar bereits Anfang 1550 fertiggestellt, es vergingen aber weitere Jahre für die Beschaffung und Erstellung der Holzschnitte, so dass erst 1556, ein Jahr nach Agricolas Tod, die lateinische Erstausgabe von *De re metallica* in Basel bei Froben verlegt werden konnte.[79]

Viele der Abbildungen im dritten Buch des *De re metallica* gehen auf das Beispiel der Holzschnitte im *Bergbüchlein* Rüleins von Calws zurück. Das *nützlich*

---

72 Hofstätter 1970, S. 20.

73 Fuchs 1563, S. 2r; Agricola 1928, S. XXVII.

74 Agricola 1928, S. XXVII.

75 Naumann 2006, S. 22; Prescher 1994a, S. 88; Prescher 1994b, S. 32. Zur Autorschaft Weffringers siehe: Petrus Albinus, *Meißnische Land- und Berg-Chronica*, Dresden 1589, S. 353. In der *Chronica* wird Weffringer als Wefringburger genannt, siehe: Naumann 2006, S. 23. Im Artikel zu *De re metallica* vom Deutschen Museum München wird Weffringer als Bergmann bezeichnet: www.deutsches-museum.de/bibliothek/unsere-schaetze/technikgeschichte/agricola/die-re-metallica/.

76 Naumann 2006, S. 28; Prescher 1994 b, S. 32. Nach Hans Prescher kann es „keine Zweifel darüber geben, dass Agricola selbst bei seinen Besuchen in den Bergwerken vor Ort und in den Hütten skizzierte." Einen Beleg dafür führt Prescher allerdings nicht an. Die Reinzeichnungen habe ihm der Joachimsthaler Künstler Basilius Weffringer angefertigt. Wilsdorf 1956, S. 257, siehe auch: Janzin 2006, S. 162.

77 Bredekamp 2004, S. 127, Abb. 59.

78 Lefévre 2010, S. 6.

79 http://www.deutsches-museum.de/bibliothek/unsere-schaetze/technikgeschichte/agricola/.

Bergbüchlein als wahrscheinlich früheste Druckschrift zum Bergbau überhaupt zeigt je nach Ausgabe elf bis dreizehn Holzschnitte von Gängen und Stollen zum Abbau der Erze.[80] Die perspektivischen Ansichten ähneln noch Landschaftsdarstellungen, wie sie in der Spätgotik üblich waren. Auch die Schnitte zeigen einen einfachen, derben Stil. In der Ausgabe von 1505 der Bibliothek der Pariser École des Mines sind diese Schnitte handkoloriert. Dem Besitzer des Buches wurden detaillierte Angaben dazu gemacht, wie die Schnitte zu kolorieren seien, eine Art frühes Do-it-yourself-Painting.[81] Das Kolorieren der Abbildungen durch den Käufer oder einen von ihm beauftragten Künstler ist in der Frühneuzeit ein gebräuchliches Verfahren. Die Farbkombinationen waren deshalb immer andere. Auf diesen Bildtafeln waren somit die Objekte und Spezies nicht anhand ihrer Farbgebung zu bestimmen.[82] Bei vielen Werken existierten auch verlagsseitig handkolorierte Buchexemplare, diese mussten aber gesondert geordert werden und waren nur für sehr vermögende Käufer erschwinglich.[83] Die ausdruckstarken, aber schematischen Bilder hatten die Aufgabe, den für den Praktiker geschriebenen belehrenden Text zu ergänzen. Ihre Bedeutung besteht zudem darin, dass auch ein Analphabet anhand der Bilder durch einen Lesekundigen in der Materie instruiert werden konnte.[84] Es handelte sich folglich um Unterrichtsmaterial. Dieser Lesekundige musste aber ein im Bergbau Erfahrener gewesen sein, denn für einen nicht mit der Materie vertrauten Autodidakten sind die Bilder nicht aussagekräftig genug. Hier greift Palissys Argument, dass, auch wenn jemand „fünfzig Jahre Bücher über Kosmographie und Meeresnavigation studiert hätte“, er ohne praktische Erfahrung nicht zum Führen eines Schiffes befähigt wäre.[85]

Die beiden Holzschneider Agricolas, Manuel Deutsch und Specklin, konnten gegenüber dem *Bergbüchlein* ihre Bildqualität in *De re metallica* deutlich stei-

---

80 Zu den Abbildungen im Bergbüchlein siehe: Pieper 1955, S. 194 ff. Die Holzschneider der ersten Ausgabe sind unbekannt, es wird aber angenommen, dass Ulrich Rülein die Zeichnungen, die als Grundlage dienten, selbst anfertigte. Dieses sehr seltene Werk existiert in verschiedenen Drucken, wobei besonders die Holzschnitte signifikante Unterschiede aufweisen.

81 Daubrée 1890, 2005, S. 10. Koch 2005b, S. 10. Die Angaben zur Kolorierung der Holzschnitte finden sich in der Ausgabe von 1518: „si quelqu'un, pour faire ressortir plus nettement les montagnes, désire avoir les gravures peintes ou coloriées : jaune pour les veines, couleur de fumée pour la brume et les émanations, bleu pour l'eau,“ siehe „Présentation du Bergbüchlein“, http://bib.mines-paristech.fr.

82 Martin 2000, S. 259 ff. Martin demonstriert dies an Abbildungen von Enten in verschiedenen Exemplaren von Pierre Belons *Histoire de la nature des oyseaux*, Paris, 1555. Aus einer Gravur eines Vogels werden so völlig verschiedene Individuen.

83 Ogilvie 2003, S. 155.

84 Pieper 1955, S. 195.

85 Palissy 1996, Bd. 2, S. 15.

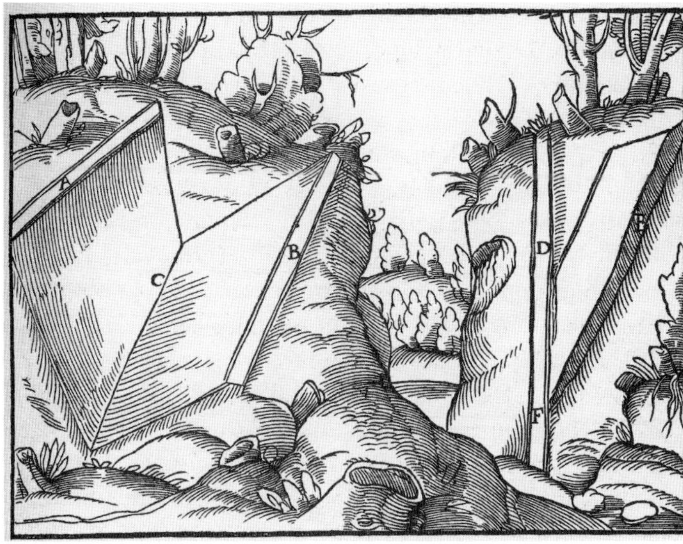

Abb. 35 Hans Rudolf Manuel Deutsch und Zacharias Specklin, „Einander zufallende Gänge“, Holzschnitt, in: Georg Agricola, *De re metallica libri XII*, Basel, 1556, 3. Buch.

gern. Die Darstellungen im dritten Buch, die geologischen Grundlagen betreffend, orientieren sich allerdings noch stark an den vergleichbar roh,[86] fast „expressionistisch“ anmutenden Holzschnitten im Bergbüchlein.[87] Diese Abbildungen sind stark vereinfacht und schematisch, Ansichts- und Schnittdarstellung werden in einem Bild zusammengefasst, was die Darstellung verunklart. In einem perspektivischen Sektorialschnitt, der zwei schräg verlaufende Gänge im Berginneren darstellen soll, vermeint der Betrachter ein halb geöffnetes, auf dem

86 Pieper 1955, S. 197.

87 Zum Holzschnitt: Hofstätter, Diedrich 1970 und Koschatzky 2003. Der Holzschnitt war die Standardtechnik für Abbildungen. Die systembedingten, eher breiten Linien, die zu Ungenauigkeiten und zu großer Simplifikation neigen, wurden bereits früh kritisiert. Dass dem auch positive Aspekte abzugewinnen sind, meint der Botaniker Ludolph Treviranus in seiner 1855 in Leipzig publizierten Schrift *Die Anwendung des Holzschnitts zur bildlichen Darstellung der Pflanzen*. „Nicht die detaillierte kolorierte Darstellung, sondern der Holzschnitt mit seiner oft schemenhaften Konturierung des ... Objektes stellt für ihn die adäquate Technik zur Dokumentation anatomischer Beobachtungen dar.“ (zitiert nach Breidbach 2005, S. 110) Es gehe nicht darum, Details wiederzugeben, die den Blick auf das Wesentliche verwischen würden, sondern Holzschnitte würden es ermöglichen, den Betrachter so zu leiten, dass er das Charakteristische erkennt. Allein in dem schematisierenden Bild des Holzschnittes würden die Dinge interpretiert (Breidbach 2005, S. 110). Siehe auch Ogilvie 2003, S. 156.

Bergrücken zu liegendes Buch zu erblicken (Abb. 35).[88] Entstehung und Charakteristika geologischer Formationen werden in diesem Kapitel weder bildlich noch textlich hinreichend untersucht. Im *Zweiten Buch* demonstriert eine Abbildung das Auffinden der Gänge. Agricola empfiehlt hierfür im Text zwar kurz die Beachtung äußerer Anzeichen, wie das Vorhandensein von Quellen oder das Anlegen von Schürfgruben, doch anstatt sie mit deutlichen Worten als unbrauchbar abzulehnen, folgt eine mehrseitige detaillierte Anwendung der Vorzüge der Wünschelrute in Text und Bild.[89] Agricola offenbart, dass auch er nicht ganz frei von Aberglauben ist.[90] Überzeugend ist die Beschreibung und Darstellung der Salzherstellung, selbst die Produktion in Meeressalinen wird vorbildlich erläutert (Abb. 36). Agricola gelingt es, in den bergmännisch technischen Darstellungen eine enge Verbindung zwischen Text und Bild herzustellen. Die sonst häufig anzutreffende autonome Funktion der Bilder im Text wird von ihm fallengelassen. Der Wunsch Agricolas, den Text anschaulicher zu machen, findet hier einen überzeugenden Ausdruck. Bild und Textbeschreibung formen eine Einheit. Palissy müsste beeindruckt gewesen sein, denn solch ein Bild der Salzgärten fehlt in seinen *Discours admirables* ungemein. Die Bilder Agricolas stellen den zeittypischen erzbergischen Bergbau lebendig dar, das technische und handwerkliche Instrumentarium ist vollständig und präzise wiedergegeben. Dass trotz fortschreitender Technik *De re metallicum* über 150 Jahre ein Standardwerk blieb, ist sicher auch ein Verdienst der graphischen Ausgestaltung.[91]

Vorbildcharakter, nicht nur für die Abbildungen der *De re metallica*, sondern allgemein für die wissenschaftliche Buchillustration, übte lange die sehr populäre *Cosmographia* von Sebastian Münster (1489–1552) aus, die ab dem Jahr 1544 in unzähligen Ausgaben erschien.[92] Die Holzschnitte in Sebastian Münsters Werk wurden von den Künstlern Urs Graf, David Kandel, Jacob Klausner und Rudolf Manuel Deutsch angefertigt, der anschließend die Arbeiten für Agricolas *De re metallica* ausführte.[93] Da viele Abbildungen nicht signiert sind, können diese

88 Agricola 1928, S. 51. Vgl. auch S. 35. Die Doppellinie, befindet sie sich auf der Bergflanke oder stellt sie ein Flöz im Berginneren dar?

89 Agricola 1928, S. 32. In der Person des Wünschelrutengängers hat sich Agricola möglicherweise selbst darstellen lassen (Naumann 2006, S. 30). Von Palissy wird die Wünschelrute, die auch zum Aufsuchen von Grundwasser im Gebrauch ist, nicht erwähnt; Besson polemisiert gegen sie.

90 Naumann 2006, S. 30.

91 Naumann 2006, S. 30.

92 Münster 1552. Zur *Cosmographia* von Sebastian Münster siehe Wilsdorf 1954, mit einer Liste aller bekannten Auflagen.

93 Wilsdorf 1954, S. 81 Anm. und 82. Da viele Bilder unsigniert und vom Stil nicht zugeordnet werden können, waren möglicherweise noch weitere Künstler beteiligt. Ein Problem stellt zudem der Nachschnitt der Druckstöcke bei späteren Auflagen dar; auch

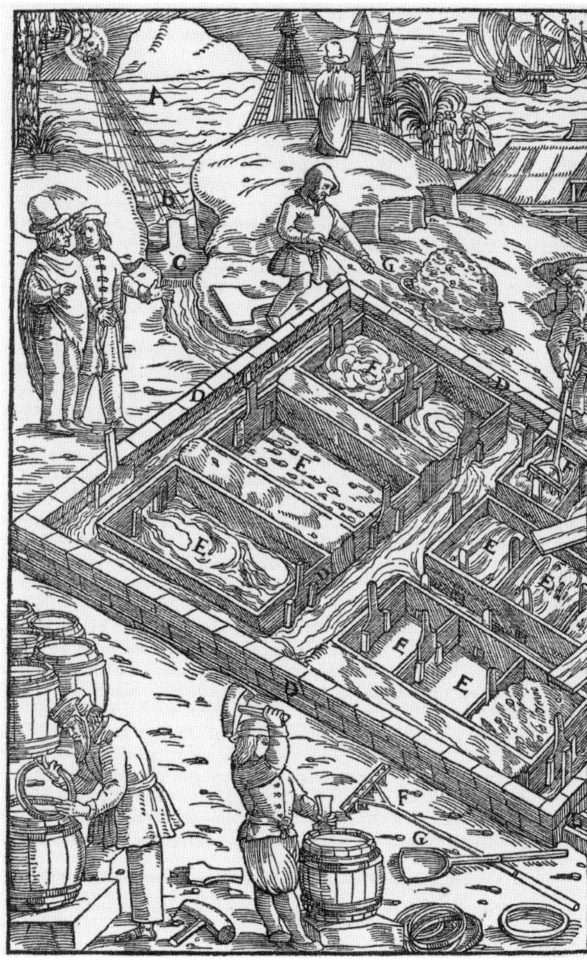

Abb. 36 Hans Rudolf Manuel Deutsch und Zacharias Specklin, „Salzgarten am Meer“, Holzschnitt, in: Georg Agricola, *De re metallica libri XII*, Basel, 1556, 12. Buch.

nicht einem bestimmten Künstler zugeordnet werden. Ihnen gelingt es, die von Münster geschilderten geologischen Ereignisse bildlich zu dramatisieren und die Aktivitäten bergmännischer Arbeit nachvollziehbar, fast erlebbar zu machen.[94] Es war diese überzeugende Leistung, die sie für Agricolas Fachbuch qualifizierte. Münster diente für sein monumentales Werk zwar Schedels *Liber chronicarum*

wenn das Bildmotiv erhalten blieb, wurden vielfach Elemente abgeändert oder hinzugesetzt. Wilsdorf demonstriert dies am Beispiel des Vulkanbilds (Wilsdorf 1954, S. 123 ff.).

94 Es wurde spekuliert, ob Sebastian Münster und Johann Hubinsack selbst Skizzen und Bilder, vor allem die Bergbau- und Hüttentechnikbilder, der *Cosmographia* anfertigten (Wilsdorf 1954, S. 88).

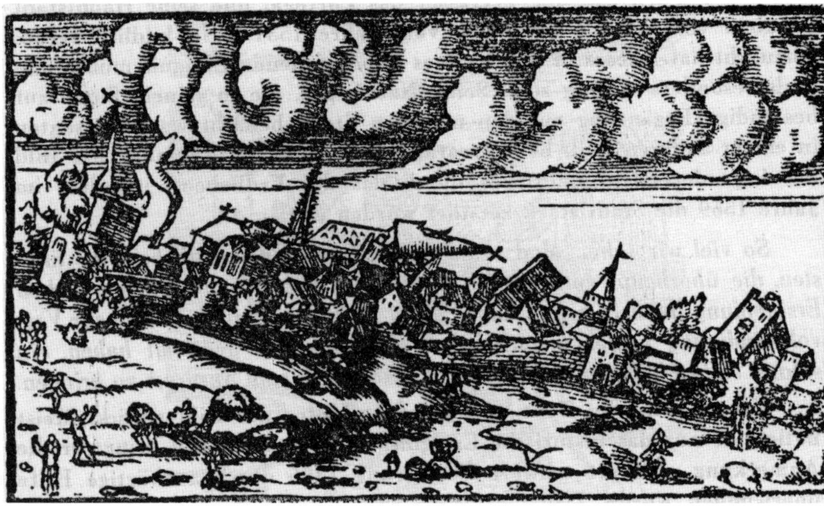

Abb. 37 Anonym, „Ein Erdbeben zerstört die Stadt Nördlingen 1517", Holzschnitt, in: Sebastian Münster, *La cosmographie universelle…*, In-4, Basel, 1552, Kap. III, S. 674.

von 1493, auch Nürnberger Chronik genannt, als Vorbild, aber dort wurden 645 Holzschnitte mehrfach verwendet, so dass „dieses Riesenwerk auf 1809 Illustrationen" kommt.[95] Besonders für Stadtansichten, die meist reine Phantasiedarstellungen sind, wurden wiederholt dieselben Druckstöcke benutzt. Münster ließ solche Mängel nicht zu. Die Geologie wird von Münster überwiegend im ersten Buch behandelt, welches „die Figur der ganzen Welt (erklärt)".[96] Ausgehend von der Schöpfungsgeschichte in Kapitel I, bei der bereits naturwissenschaftliche Fakten, wie der Erdumfang genannt sind,[97] erörtert er alle wesentlichen Themengebiete, die Metalle, das Wasser, Bergwerke und Lagerstätten, Felsformationen, Versteinerungen, Erdbeben und Vulkane. Konkrete erdgeschichtliche Ereignisse und geologische Phänomene werden bei den einzelnen Landes- und Erdteilen besprochen.[98] Eine Abbildung zeigt dramatisch inszeniert die verheerende Ver-

95 Schedel, 1493. Die Zeichnungen für die Holzschnitte wurden von Hans Pleydenwurffs, Michael Wolgemuts und vielleicht Albrecht Dürer angefertigt. (Angabe Bayrische Staatsbibliothek München) Die Stadtansichten von Verona (fol. LXVIII r) und Tolosa (fol. LXXI v) verwenden die gleichen Schnitte. Hierzu auch: Toresella 2001, S. 36–37. Zu Münster u. Schedel: Wilsdorf 1954, S. 204–205.

96 Münster 1553, S. 10 (Vorrede).

97 Wilsdorf 1954, S. 91; Münster 1553, Kapitel 1, S. 2.

98 So hebt Münster den Bergbauort Schwaz in Tirol besonders hervor, dort wo 1556 das *Bergbuch* entsteht. (siehe: Wilsdorf 1954, S. 201; Lefévre 2010).

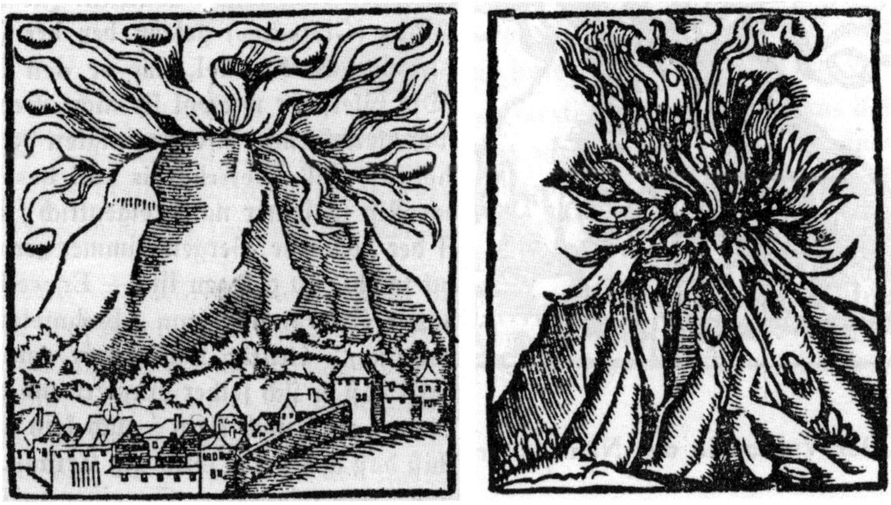

Abb. 38 Anonym, „Vulkanausbruch auf Teneriffa", Holzschnitt, in: Sebastian Münster, *La cosmographie universelle...*, In-4, Basel, 1552, links: Kap. V, S. 1374, rechts: Kap. VI, S. 1420.Od conum te, ninatia moere, es re, co

nichtung einer Stadt durch ein Erdbeben, drei andere „feuerspeiende Berge", aus denen Aschenwolken und Felsbrocken herausgeschleudert werden, und Lava, welche die Hänge hinunterrinnt. (Abb. 37 und Abb. 38) Gerade die Darstellung der Vulkane ist bei Münster sehr eindringlich. Die meisten Leser dürften derartige Naturereignisse nicht miterlebt haben, hier bekommen sie sie wirklichkeitsnah präsentiert und können sich einen Begriff von dem Phänomen bilden.[99] Der Text geht nicht konkret auf die Abbildungen ein, sondern liefert unabhängig von ihnen geographische oder historische Fakten. Die Bilder sind autark und entwickeln eine eigene Dramatik. Verweise sind selten, so dass Bild und Text autonom voneinander nebeneinander koexistieren.[100] Münster stellt klar und eindringlich Lesern Dinge vor Augen, und zwar in ganz Europa, die anderswo kaum oder gar nicht erwähnt wurden.[101] Er kann deshalb als ein direkter Vorgänger Agricolas auf geologischem Gebiet gelten, der noch dazu einiges behandelt, was

99 Wilsdorf 1954, S. 123 ff. und S. 204. Vgl. Münster 1556, franz. Ausgabe, livre II, S. 275 (Vulkan) und livre III, S. 425 (Erdbeben zerstört die Stadt Basel). In Bücher sind Bilder von Vulkanen eine Seltenheit, eines der wenigen findet sich in Georg Hoefnagels Werk, das er für Kaiser Rudolph II. in Prag anfertigte. Siehe: Kat. Berlin 1994, S. 140 f.

100 Wilsdorf 1954, S. 123.

101 Wilsdorf 1954, S. 204.

Agricola nicht thematisiert.[102] In späteren Ausgaben der *Cosmographia* nimmt Münster seinerseits einiges aus den dann bereits veröffentlichten Werken Agricolas auf, so dass man von einer veritablen Zusammenarbeit beider Autoren sprechen kann.[103] 1552 erschien die erste französische Ausgabe, deren Übersetzung Münster noch selbst besorgte. Angesichts ihres großen Erfolgs und der thematischen Kongruenz scheint es nahezu ausgeschlossen, dass Palissy nicht von ihr Kenntnis nahm.

Im Gegensatz zu Agricola und Münster zeigt Gesners Gesteinskunde *De omni rerum fossilium genere* 1565 erstmals umfassend Steine, Mineralien und ähnliche Objekte im Bild. Der Beitrag von Kentmann im gleichen Buch präsentiert zudem einen Aufbewahrungsschrank für solch eine mineralogische Sammlung (Abb. 28).[104] Dies sind allerdings nicht die ersten Abbildungen von Mineralien in Traktaten, denn die wahrscheinlich von Robinet Testard (aktiv ca. 1475–1523) wunderbar illuminierte Handschrift des Matthaeus Platearius (gest. um 1161) *Le Livre des simples médecines* von circa 1520 zeigt neben Kräutern auch allerlei Mineralien, die Heilzwecken dienten (Abb. 24, Abb. 25, Taf. VIII und Taf. IX).[105] Auch ein Beispiel eines Sammlungsregals wird darin vorgestellt, dem dasjenige von Palissy geähnelt haben könnte. Die Holzschnitte Gesners stellen unter anderem Geoden, Bezoarsteine, geschliffene Edelsteine und Versteinerungen wie Trochiten oder Ammoniten dar (Abb. 33 und Abb. 39); ohne die zugeordneten Bildlegenden wären viele der Darstellungen allerdings nicht zu identifizieren. Eine Ausnahme hiervon bilden nur Objekte, die durch eindeutige Kristallstruktur und Gestalt erkennbar sind, wie zum Beispiel Basaltsäulen, die eine singuläre äußere Form aufweisenden fossilen Seeigel oder der auffällige Mühlstein.[106] Gestaltloses Gestein, das sich nur in mikroskopischen Unterschieden der Kristallstruktur und kleinen Farbabweichungen unterscheidet, ist zeichnerisch und malerisch nicht akkurat abzubilden. Eine Mineralbestimmung nach Bildern ist nur möglich, wo eine makroskopisch eindeutige Kristallfigur vorliegt. Sande und Tone sind bildlich kaum exakt wiederzugeben, Gesner versucht es erst gar nicht.

Wie unterschiedlich die Qualität von Abbildungen gewertet wird, zeigen zwei Kommentare zu Gesners *De omni rerum fossilium genere*. Während Angela Fischel die Abbildungen als für Holzschnitte sehr detailgenau beurteilt, bei denen besonders innere Muster deutlich herausgearbeitet seien, stellen sie für François Ellenberger zwar eine große ikonographische Innovation dar, obwohl nur 39 von

---

102 Wilsdorf 1954, S. 80 u. 89. Bilder geologischer Naturereignisse finden sich bei Agricola nicht.

103 Wilsdorf 1954, S. 81.

104 Gesner 1565.

105 Platearius 1520, Ms. Français 12322, Paris, Bibliothèque nationale de France. Vgl. Kapitel V.2. *Palissys Sammlung.*

106 Gesner 1565, S. 21r und 30r.

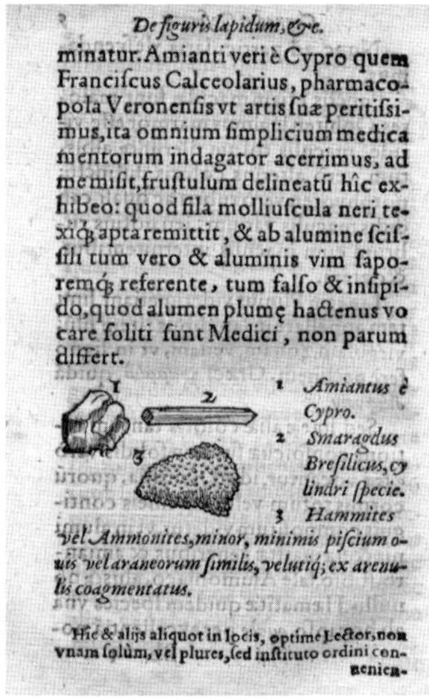
De figuris lapidum, &c.

minatur. Amianti veri è Cypro quem Franciscus Calceolarius, pharmacopola Veronensis vt artis suæ peritissimus, ita omnium simplicium medicamentorum indagator acerrimus, ad me misit, frustulum delineatũ hîc exhibeo: quod fila molliuscula neri texiq́; apta remittit, & ab alumine scissili tum vero & aluminis vim saporemq́; referente, tum falso & insipido, quod alumen plumę hactenus vocare soliti sunt Medici, non parum differt.

1 Amiantus è Cypro.
2 Smaragdus Bresilicus, cylindri specie.
3 Hammites vel Ammonites, minor, minimis piscium ouis vel araneorum similis, velutiq; ex arenulis coagmentatus.

Hic & alijs aliquot in locis, optime Lector, non vnam solùm, vel plures, sed instituto ordini conuenica-

a) 1. „Amiantus“ (Asbest),
2. „Smaragdus“ (Smaragd),
3. „Ammonites“ (Rogenstein),
Kap. I, folio 5v.

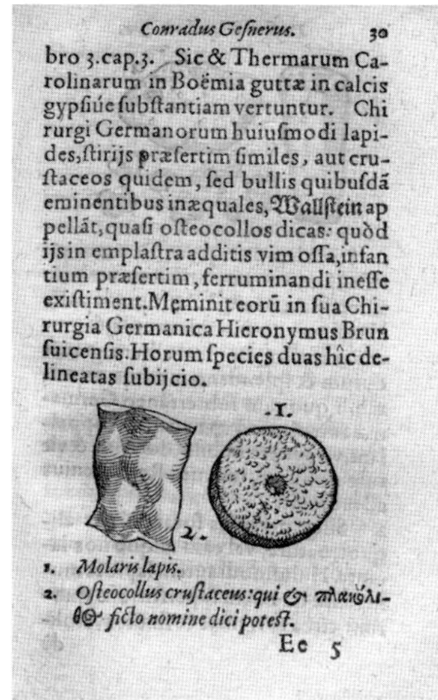
Conradus Gesnerus. 30

bro 3. cap. 3. Sic & Thermarum Carolinarum in Boëmia guttæ in calcis gypsiúe substantiam vertuntur. Chirurgi Germanorum huiusmodi lapides, stirijs præsertim similes, aut crustaceos quidem, sed bullis quibusdã eminentibus inæquales, Wallstein appellãt, quasi osteocollos dicas: quòd ijs in emplastra additis vim ossa, infantium præsertim, ferruminandi inesse existiment. Meminit eorũ in sua Chirurgia Germanica Hieronymus Brunsuicensis. Horum species duas hîc delineatas subijcio.

1. Molaris lapis.
2. Osteocollus crustaceus: qui & πλακώδης ficto nomine dici potest.

Ee 5

b) 1. „Molaris lapis“ (Mühlstein),
2. „Osteocollus crustaceus“ (Knochenklebestein),
Kap. I, folio 30r.

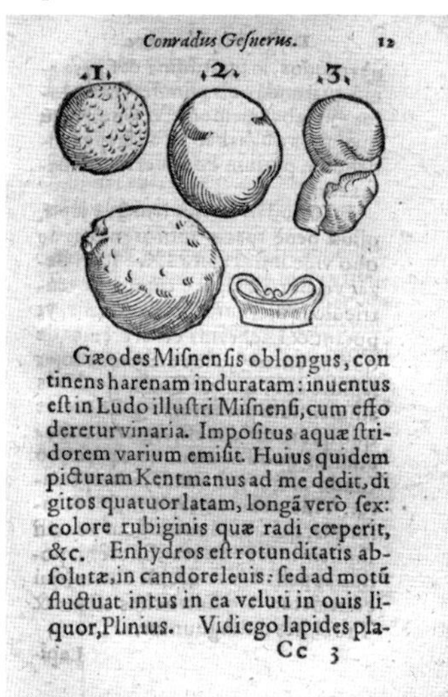
Conradus Gesnerus. 12

Gæodes Misnensis oblongus, continens harenam induratam: inuentus est in Ludo illustri Misnensi, cum effoderetur vinaria. Impositus aquæ stridorem varium emisit. Huius quidem picturam Kentmanus ad me dedit, digitos quatuor latam, longã verò sex: colore rubiginis quæ radi cœperit, &c. Enhydros est rotunditatis absolutæ, in candore leuis: sed ad motũ fluctuat intus in ea veluti in ouis liquor, Plinius. Vidi ego lapides pla-

Cc 3

c) 1.–3. „Geodes“ (verschiedene Geoden), Kap. I, folio 12r.

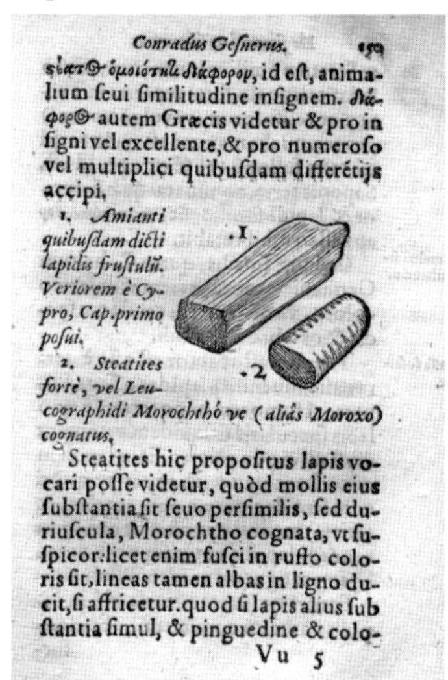
Conradus Gesnerus. 150

στέατος ὁμοιότητι διάφορον, id est, animalium seui similitudine insignem. διάφορος autem Græcis videtur & pro insigni vel excellente, & pro numeroso vel multiplici quibusdam differẽtijs accipi.

1. Amianti quibusdam dicti lapidis frustulũ. Veriorem è Cypro, Cap. primo posui.
2. Steatites forte, vel Leucographidi Morochthó ve (aliàs Moroxo) cognatus.

Steatites hic propositus lapis vocari posse videtur, quòd mollis eius substantia sit seuo persimilis, sed duriuscula, Morochtho cognata, vt suspicor: licet enim fusci in rufo coloris sit, lineas tamen albas in ligno ducit, si affricetur. quod si lapis alius substantia simul, & pinguedine & colo-

Vu 5

d) 1. „Amiantus“ (Asbest),
2. „Steatit“ (Speckstein),
Kap. XII, folio 150r.

Abb. 39 Anonym, Holzschnitte, Abbildungen aus Conrad Gesners *Librum de Lapidum, Gemmarum ac Metallorum figuris*, in: Conrad Gesner (Hg.), *De omni rerum fossilium genere*, Zürich, 1565.

den 182 abgebildeten Objekten Fossilien seien, doch werden die Holzschnitte als klein und sehr rudimentär gewertet.[107] Die Intentionen Gesners sieht Fischel in einer „neuartigen wissenschaftlichen Aufmerksamkeit für die Formen und Gestalten."[108] Dagegen ließe sich einwenden, dass die Orientierung auf das Figürliche, rein Äußerliche eher ein Einfrieren der alten Konventionen und des überkommenen mittelalterlichen Kräuter- und Steinbuches ist. Die große Frage der Zeit war demgegenüber die nach der Bedeutung der Fossilien.[109] Indem Gesner die Steine nach ihrer Erscheinung sortiert und nicht die Frage nach ihrem Ursprung stellt, interpretiert er sie weiterhin als Bildsteine und ignoriert ihr wahres Sein. Beide Autoren, Fischel und Ellenberger, sind sich immerhin einig, dass die von Gesner gewählten Eigenschaften für eine Klassifikation der Minerale vollkommen ungeeignet sind.[110]

Seit Beginn des Buchdrucks wurden wissenschaftliche Werke, die Abbildungen enthielten, immer zahlreicher. Die Leser scheinen Abbildungen verlangt zu haben. Und Verleger befanden, dass sich illustrierte Bücher besser verkauften.[111] Dem Bild fiel eine zunehmend unverzichtbare Funktion für das Textverständnis zu, da es Dinge wiedergeben kann, welche sich im Wort nicht oder nur undeutlich ausdrücken lassen. Es hatte das Erforschte wissenschaftlich präzise wiederzugeben. Fachbücher mit Abbildungen wurden in der zweiten Hälfte des 16. Jahrhunderts deshalb immer mehr zum Standard. Dies konnte auch Palissy nicht entgehen. Das Vorwort der *Discours* bringt zum Ausdruck, dass die Leser mit dem gänzlich abbildungslosen Text nicht vollständig zufriedengestellt waren.[112] Es ist berechtigt, im Wunsch nach einer „Vorlesung" durch den Autor zum besseren Verständnis des Stoffes auch ein Verlangen nach visuellen Darlegungen zu sehen. Palissy beschreibt alle Gegenstände zwar genau und einprägsam, trotz seiner, wie er selbst sagt, zu „holprigen" und „rustikalen" Sprache.[113] Dennoch ist seine Sprache tatsächlich oft nicht präzise genug für „diese schwieri-

---

107 Fischel 2009, 29. Angela Fischel überträgt den Begriff „fossilium", für das Ausgegrabene mit Fossilien direkt ins Deutsche und verwendet ihn nach altem Sprachgebrauch. Der Begriff „Fossilien" ist heutzutage jedoch paläontologisch gebunden, diese Übersetzung kann deshalb gravierende Missverständnisse zur Folge haben. Vgl. Ellenberger 1988, S. 161. Bei Fischels Bewertung der Graphiken Gesners ist die Relativierung „obwohl" zu beachten: „Obwohl es sich um Holzschnitte handelt, sind die Abbildungen sehr detailgenau." Vgl. Scott 2001, S. 93; Breidbach 2005, S. 110 und Anm. 87 zu Ludolph Treviranus in diesem Kapitel.

108 Fischel 2009, S. 22.

109 Vgl. Ellenberger 1988, S. 148.

110 Fischel 2009, S. 30; Ellenberger 1988, S. 148.

111 Ogilvie 2003, S. 155.

112 Palissy 1996, Bd. 2, S. 18.

113 Palissy 1996, Bd. 2, S. 13 u. Bd. 1, S. 54.

ge"[114] und komplizierte Materie, um auf Abbildungen verzichten zu können. Bilder im Text hätten Unklarheiten beseitigen und naturkundliche oder technische Beschreibungen deutlicher machen können. Ihr Fehlen ist besonders bei der Schilderung des Erdbohrers und der Fossilien schmerzlich. Palissy ist sich dieses Mankos durchaus bewusst.

Es finden sich im Text verschiedene Hinweise, dass Abbildungen vorgesehen waren. Der von Palissy verwendete Wortschatz für Tätigkeiten künstlerischer Darstellung umfasst die Begriffe: „figurer", „faire une figure", „faire un pourtrait", „faire une pourtraiture", „dessiner", „insculpter". „Pourtrait", „sculpture", „insculpture", „figur", „dessin", „traict" sind entsprechend die für Bildwerke verwendeten Begriffe. Bei einigen Begriffen ist eine gewisse Doppeldeutigkeit gegeben: So kann „dessin" sowohl Zeichnung als auch den Entwurf, das ganze Projekt, bezeichnen. „Pourtrait" bzw. „pourtaiture" werden als Synonyme für „dessin" benutzt, und verweisen in der Regel auf eine auf Papier fixierte Zeichnung.[115] Dass wirklich eine Zeichnung oder Abbildung, etwa ein Holzschnitt oder Kupferstich, gemeint ist, ergibt sich zweifelsfrei aus einer Stelle des Kapitels *Über das Wasser*, wo von einem kürzlich im Druck erschienenen Bild der Stadt Rom berichtet wird.[116] Palissy plante nicht nur Zeichnungen anzufertigen, sondern führte sie auch tatsächlich aus. Dies ergibt sich aus zwei eindrücklichen Passagen: Palissy berichtet, dass er mehrere „figures" von versteinerten Muscheln in den Ardennen angefertigt habe, um den Behauptungen Cardanos „entgegenzutreten". Etwas weiter heißt es: „Ich zeige dir hier die Abbildung eines Felsens aus den Ardennen nahe der Stadt Sedan. In diesem Fels und mehreren weiteren finden sich Muscheln von allen Arten, die hier auf diesem [Blatt] Papier dargestellt sind."[117] Dass es sich um Darstellungen auf Papier handelt und nicht oder nicht nur um Tonabformungen von Fossilien, wie manchmal spekuliert wurde, ergibt sich hieraus zweifelsfrei.[118] Auch Mineralien und Gesteine wurden von Palissy dargestellt.[119] Die von Palissy fabrizierten Bilder oder Zeichnungen wurden von ihm möglicherweise so wie im Dialog der *Discours admirables* vor-

114 Palissy 1996, Bd. 2, S. 18.

115 Zu Zeichnungen in den Traktaten von Palissy, vgl. Kommentare der Herausgeber der Palissy-Ausgabe 1996, Bd. 1, S. 46, Anm. 14, 15 und S. 43, Anm. 5. Vgl. Wooldridge 1998 und 2010.

116 Palissy 1996, Bd. 2, S. 36.

117 Palissy 1996, Bd. 2, S. 244: „je te monstreray presentement la figure d'un rocher; [...] figurées en ce papier".

118 Ellenberger 1988, S. 142; Amico 1996. „Figure" bezeichnet Abbildungen in Texten. Nach altem Sprachgebrauch und allgemeiner Bedeutung kann er sich aber auch auf plastische Objekte beziehen. Auf die künstlerische Praxis Palissys angewendet, wäre also denkbar, dass Palissy manchmal eine keramische Figur, eine Naturabformung, gemeint hat. Plaziat 2011 schränkt letztere Möglichkeit drastisch ein.

119 Palissy 1996, Bd. 2, S. 361.

geführt, als Schautafeln in seinen Seminaren eingesetzt. Skizzen oder Zeichnungen von Palissy sind aber weder überliefert noch bekannt. Im Diskurs *Über das Salz* verspricht „Practique“ eine Abbildung („figure“) der Meersalzproduktion in den Salzgärten zu zeigen – doch ein Bild oder ein Plan ist nicht vorhanden.[120] Gerade hier fehlt eine Visualisierung zum Verständnis.

An einigen Stellen weist Palissy gezielt auf diese offene Wunde, die Abwesenheit von Abbildungen im Traktat, hin. Die von ihm angeführten Gründe dafür sind unterschiedlich. Das Nichtvorhandensein von Illustrationen eröffnet ihm die Möglichkeit, eine zeichnerische Ausarbeitung oder das Herstellen von Modellen nur schriftlich formulierter Bauprojekte, wie den Gartenentwurf und die Festungsstadt im *Recepte veritable* und das Brunnenkonzept im *Discours*, als eine zusätzliche Dienstleistung zu offerieren, für die eine formelle Beauftragung erforderlich ist, mit der sich natürlich auch eine gesonderte Entlohnung verbindet.[121] Die Interessen künstlerischer Verschwiegenheit zur Verhinderung von Nachahmungen und das Verlangen nach eindeutiger Kommunikation des Inhalts stehen hier einander entgegen, beide Interessen widersprechen sich. Der wesentliche Grund für den Verzicht liegt aber in den hohen Herstellkosten für Graphiken begründet. Zu den Kosten der Stecher sind noch die wegen der Stiche wesentlich höheren Druckkosten hinzuzurechnen. Noch Samuel Soemmering (1755–1830), der deutsche Anatom und Paläontologe, veröffentlichte um 1800 mehrere Lehrbücher ohne Abbildungen, um die Herstellungskosten niedrig zu halten.[122]

---

120 Palissy 1996, Bd. 2, S. 201. Vgl. auch S. 75 mit einem Hinweis zu einer Zeichnung des Brunnenentwurfs.

121 Siehe z. B. Palissy 1996, Bd. 1, S. 56, u. S. 221 (*Recepte*): Am Ende des *Recepte* kommt Demande, der Novize in diesem Dialog, auf dieses Thema zurück und fragt: „Warum hast du denn keine Ansicht und keinen Grundriss dieser Stadt [*der Festungsstadt*] in diesem Buch abgebildet? Denn dadurch könnte man beurteilen, ob deine Behauptungen [*das neue Stadtkonzept betreffend*] der Wahrheit entsprechen.“ Worauf Reponse, der kein anderer als Palissy ist, antwortet: „Du hast meine Ausführungen nicht richtig behalten, ich habe dir nicht gesagt, dass man mit Grundriss und Ansicht das Ganze beurteilen könnte, sondern ich fügte hinzu, dass zusammen mit Grundriss und Ansicht auch ein Modell erforderlich ist, aber dass es keinen Grund gibt, dieses auf meine Kosten anzufertigen. Ich habe dir oft genug gesagt, dass diese Sache eine Entlohnung verdient, denn es ist gerecht, dass der Erbauer des Modells auf Kosten desjenigen bezahlt wird, der es haben möchte. So, wenn du also jemanden kennst, der ein Modell meines Entwurfes haben möchte, kannst du ihn zu mir schicken, was du hoffentlich tun wirst.“ Zum Brunnenkonzept: Palissy 1996, Bd. 2, S. 18.

122 Breidbach 2005, S. 112. Auch Druckwerke zu Kunstkammern mit Titeln wie *Theatrum Naturae* von Philander Colutius, *Incriptiones vel Tituli Theatri Amplissimi* von Samuel Quiccheberg, oder *Universae naturae Theatrum* von Jean Bodin, denen es um das „Zur-Schau-Stellen“, die bildliche Repräsentation geht, waren selbst „keineswegs illustriert“ (Bredekamp 2004, S. 36).

Auch die geringe für die zeichnerische Dokumentation zur Verfügung stehende Zeit wird von Palissy als Grund angeführt. Er spricht davon, dass weder seine beruflichen Pflichten ein Ausführen von Textabbildungen zeitlich zugelassen, noch seine Armut dies finanziell gestattet hätte.[123] Palissy schreibt: „Ich weiß, dass sie [die Seigneurs] es seltsam finden werden, das ich dem Buch überhaupt keine Abbildung des Gartens und auch nicht der Festungsstadt beigegeben habe. Aber darauf antworte ich, dass meine Armut und die [beruflichen] Verpflichtungen meiner Kunst mir dies nicht ermöglichten.“[124] Der zeitliche Aspekt wird in folgender Passage ebenfalls deutlich: „Einige Zeit nachdem ich verschiedene versteinerte Muscheln und Fische entdeckt hatte, beschloss ich, die von mir versteinert aufgefundenen [...] in einer Zeichnung festzuhalten. [...] Aber da mir die Zeit nicht erlaubte mein Vorhaben[125] auszuführen, [...] verschob ich die Anfertigung dieser Zeichnungen um einige Jahre und sammelte im Rahmen meiner Möglichkeiten immer mehr Versteinerungen.“[126] Da Palissy auf Textabbildungen Bezug nimmt, muss er ursprünglich noch davon ausgegangen sein, wenigstens einige Bilder in die *Discours* integrieren zu können. Die Rohfassung des Textes wird deshalb bereits längere Zeit fertiggestellt gewesen sein und Palissy hat sich möglicherweise relativ kurzfristig entschlossen, auf Stiche zu verzichten.

Dass ein Buch mit Holzschnitten oder Kupferstichen tatsächlich nicht nur teuer, sondern auch langwierig zu realisieren war, zeigen folgende Beispiele: Sebastian Münster brauchte 18 Jahre für die Fertigung der Holzschnitte;[127] Agricola arbeitete 25 Jahre an der *De re metallica* und erlebte ihre Veröffentlichung nicht mehr; Michele Mercatis (1541–1593) beispielhafte Mineralogie *Metallotheca* mit ihren unübertroffenen Kupferstichen wurde nie fertig und erst etwa einhundertvierzig Jahre später posthum veröffentlicht.[128] 1580 war bereits der präzise, aber noch aufwendigere Kupferstich neuer Stand der Technik in der Buchillus-

---

123 Palissy 1996, Bd. 1, S. 46.

124 Palissy 1996, Bd. 1, S. 56. “Je say qu‘ils trouveront estrange, que je n‘ay point mis en ce livre le pourtrait du jardin, ni aussi de la Ville de forteresse, mais à ce je respons, que mon indigence, et l‘occupation de mon art ne l‘a voulu permettre. J‘ay aussi trouvé une telle ingratitude en plusieurs personnes, que cela m‘a causé me restraindre de trop grande libéralité.“

125 „mettre en execution mon dessein“.

126 Palissy 1996, Bd. 2, S. 247.

127 Wilsdorf 1954, S. 75.

128 Michele Mercati, Arzt und Leiter der Vatikanischen Gärten, arbeitete an der *Metallotheca* wahrscheinlich ab 1575 bis zu seinem Tod 1583. Zu diesem Zeitpunkt war der Abschnitt mit der Beschreibung des 9. Schrankes vollendet und der 10. und 11. von 19 Sammlungsschränken in Angriff genommen. Die *Metallotheca* blieb folglich unvollendet, sie wurde erst etwa einhundertvierzig Jahre später, 1716–1719 von Lancisi, dem Leibarzt des Papstes, posthum publiziert. Mercati, 1719. Siehe Bredekamp in Kat. Berlin 2006 a, S. 61–63.

tration, an dem sich auch die *Discours* hätten messen lassen müssen. Palissy musste also angesichts seines hohen Alters mit Recht befürchten, die Veröffentlichung der *Discours admirables* nicht mehr zu erleben, wenn diese aufwendig produziert würden. Da Palissy nach der Trennung von seiner Frau und den Gerichtsstreitigkeiten in Sedan, wo er sein Atelier zurückließ, nach Paris zurückkehrend Geldsorgen geplagt haben dürften, darf für die *Discours* dasselbe angenommen werden wie für das *Recepte veritable* von 1563. Palissy hatte damals, um den Druck des *Recepte veritable* bezahlen zu können, Geld bei dem reichen Kaufmann François Barbot aufnehmen müssen. Es dürfte für ihn tatsächlich kaum möglich gewesen, zusätzlich aufwendige Illustrationen zu finanzieren.[129]

Über seine Geldsorgen berichtet Palissy ausführlich in *L'art de terre*, auch, dass das Anfertigen von Bildern („pourtraits") ihm eine Zeitlang den Lebensunterhalt ermöglichte und die Ausübung der Keramikproduktion gestattete.[130] Palissy erzählt, dass er „einiges von der Zeichenkunst verstehe" und dass er damals „Bilder malte" („peindois les images").[131] Interessant ist sein Hinweis, dass er allgemein als ein begabter Maler („sçavant en l'art de peinture") angesehen worden sei, er selber seine Fähigkeiten aber eher als bescheiden einstufte.[132] Als Beispiele seiner Tätigkeiten finden die Anfertigung von Zeichnungen bei Gerichtsprozessen, Vermesserarbeiten in den Salzgärten und die Glasmalerei Erwähnung. Der Begriff „l'art de peinture" ist präzise, doch die Beispiele verwirren. Welcher Art waren die von ihm angefertigten Bilder, waren es Katasterpläne, Porträts oder Heiligenbilder auf Glas? Auch wenn keine derartigen Arbeiten von ihm bekannt sind, muss als gesichert angenommen werden, dass Palissy als Künstler selbstverständlich sowohl vorbereitende Skizzen seiner Keramiken als auch detaillierte zeichnerische Projektentwürfe anfertigt haben wird. Entsprechend seiner Schilderung in *L'art de terre* engagierte Palissy einen einfachen Töpfer und gab ihm einige Zeichnungen seiner Kompositionen zur Ausführung.[133] Dies werden Ausführungszeichnungen der endgültigen Keramikform gewesen sein. Zusammenfassend kann festgehalten werden, dass Palissy sicherlich Zeichnungsentwürfe, Skizzen und Abbildungen in Vorbereitung der *Discours* mit eigener Hand ausführte, diese aber nicht von Graveuren für die Publikation ausarbeiten ließ. Die *Discours admirables* erschienen insofern nur als bescheidenes, kompaktes Handbuch ohne Abbildungen – aber sie erschienen!

Palissy wünschte Bilder in seinem Traktat und schien deren Abwesenheit als ein Manko empfunden zu haben. Aus der Not macht Palissy indes eine Tugend:

---

129 Palissy 1996, Bd. 1, S. 43, Anm. 5 und S. 46, Anm. 15. Siehe Amico 1996, S. 230 f.

130 Palissy 1996, Bd. 2, S. 291.

131 Palissy 1996, Bd. 2, S. 294.

132 Palissy 1996, Bd. 2, S. 291.

133 Palissy 1996, Bd. 2, S. 300. Dass sich „pourtrait" auch speziell auf die Zeichenkunst bezieht, geht aus Palissy 1996, Bd. 2, S. 350–351 hervor.

Die umfangreiche Stein- und Fossilienkollektion, die er in einer Zeit von über vierzig Jahren zusammengetragen hatte, sollte als Illustration des Traktats fungieren. Palissy weist im Text mehrfach auf sie hin und lädt den Leser zu einem Besuch seiner Sammlung ein. Die Exponate dieser Sammlung dienten so nicht nur mineralogischen Studien, sondern auch als Referenzobjekt und augenscheinlicher Nachweis der schriftlich formulierten Feststellungen. Die Beweise, schreibt Palissy „kann jeder in weniger als zwei Stunden sehen und hören, vorausgesetzt er macht sich die Mühe mein Kabinett zu besuchen, wo man bemerkenswerte Dinge sehen kann, welche dort als Zeugnis und zum Beweis meiner Schriften ausgestellt sind. Alle Exponate sind in Reihen und Spalten geordnet und mit genauen Erklärungen unter jedem Stück versehen, so dass sich jeder selbst instruieren kann.“[134] Palissy weiß, dass selbst die besten Gravuren von Mineralien und Gesteinen nicht den Gegenstand selbst ersetzen können. Das auf der Empirik fußende Anliegen der *Discours* ist es, deutlich zu machen, dass ohne ein Studium der Objekte keine Geowissenschaft möglich ist; die Analyse des Gesteins und der Lagerstätten ist unerlässlich. Auch wenn geplant war, entsprechend eines quasi nunmehr etablierten Standards für wissenschaftliche Abhandlungen den Text mit Zeichnungen zu versehen, wurde von vornherein dem einzelnen realen Objekt neben den Textabbildungen das entscheidende Gewicht zugesprochen. Um Einwänden von Personen zu begegnen „die nur meine Schriften kennen oder nur meine Zeichnungen gesehen haben“,[135] erklärt Palissy, „habe ich hier an diesem Ort[136] eine große Anzahl von Steinen als Beweisstücke ausgestellt, mittels derer du leicht erkennen kannst, dass die Behauptungen und Beweise, die ich in der Abhandlung über die Steine niedergelegt habe, der Wahrheit entsprechen.“[137] Texte und Bilder vermögen das konkrete Objekt also nicht zu ersetzen. Die mineralogische Sammlung avanciert zum Mittelpunkt geognostischer Forschung und Wissensvermittlung. Aus der Beschränkung erwächst eine besondere Stärke der *Discours admirables*, nämlich deren Ausrichtung auf das reale dingliche Studienobjekt, die Gesteinsprobe und die Lagerstätte. Seine mineralogische Sammlung war für Palissy nicht nur museale Sammlung, sondern auch wissenschaftliches Arbeitsinstrument. Es ist einer der stärksten Momente der *Discours*, wo Palissy mitteilt, dass er keine andere Lehrmeisterin als die

134 Palissy 1996, Bd. 2, S. 16.

135 „mes escrits & plattes figures“.

136 D. h. in den Ausstellungsräumen.

137 Palissy 1996, Bd. 2, S. 361, sowie Anm. 1. Blaise de Vigenère (1523–1596) verwendete den Ausdruck „platte peinture“ für Gemälde: *Les images, ou Tableaux de platte peinture de Philostrate Lemnien, mis en françois par Blaise de Vigénère*, Paris 1596. Siehe Wooldridge 2010. Palissy geht offensichtlich zu diesem Zeitpunkt noch davon aus, dass die *Discours* bebildert werden.

Erde besessen habe und in ihr gelesen habe wie in einem Buch.[138] Studium der Geowissenschaften heißt Studium am Objekt.[139] Dieses bildet auch heute noch deren Fundament, da Gesteine und Minerale nur durch genaue Untersuchung von Proben sicher bestimmt und unterschieden werden können. Für Geologen ist das Objekt, was für andere Wissenschaften das Buch ist, und die geologische Sammlung entspricht der Bibliothek.[140] Kenntnisse werden nicht primär durch Texte oder Abbildungen der Gesteine und Gesteinsschichten erlangt, sondern an Mineral- und Gesteinshandstücken.[141] Auffindung und Erkundung von Lagerstätten im Gelände sind integrale Bestandteile von Forschung und Lehre, auch schon für Palissy. Sein Leser wird mehrfach dazu angehalten, die benannten Fundorte und Lagerstätten selbst zu inspizieren. Palissy erweist sich hierin bereits als echter Geologe.

3. Der Mansfelder Kupferschiefer – Erste Bilder von Fossilien

Die Intention, Fossilien abzubilden, äußert Palissy in den *Discours* und im *Recepte* besonders eindringlich. Seine fertiggestellten Zeichnungen wurden, wie im Diskurs *Über die Steine* beschrieben, möglicherweise von ihm in seinen Konferenzen und Seminaren als Schautafeln im Unterricht verwendet.[142] Unglücklicherweise sind sie nicht erhalten. Im ganzen 16. Jahrhundert sind Publikationen mit der Darstellung von Fossilien eine Seltenheit. Es gibt nur vier oder fünf gedruckte Traktate, die Bilder von Versteinerungen enthalten.[143] Es ist erstaunlich, dass über eine Problematik, welche die akademische Welt so sehr beschäf-

138 Palissy 1996, Bd. 2, S. 221–222: „Je n'ay point eu d'autre livre que le ciel & la terre, lequel est conneu de tous, & est donné à tous de connoistre à lire ce beau livre. Or ayant leu en iceluy j'ay consideré les matieres terrestres, par ce que je n'avois point estudié en l'astrologie pour contempler les astres."

139 Herting-Agthe 2013.

140 Prof. Dr. Wilhelm Heinrich, Institut für Mineralogie, TU-Berlin, Vortrag am 31.1.2013 aus Anlass der Wiedereröffnung der Mineralogischen Sammlung. Herting-Agthe, Pätzold 2013.

141 Die Belege in einem Herbarium besitzen die gleiche dokumentarische Funktion. Flüssig- und Trockenpräparate organischer Proben verlieren, anders als Mineralien, indes einen Teil ihrer Informationen.

142 Palissy 1996, Bd. 2, S. 244.

143 Gould 1999, S. 5, „... and only two of these works [...] could be called either extensive or systemetic." Bilder von Fossilien sind im 16. Jh. in folgenden Werken enthalten: Christophorus Encelius, *De re metallica;* Conrad Gesner, *De rerum fossilium lapidum* und *Historia animalium,* Sebastian Münster, *Cosmographia*; Johann Bauhin, *Historia novi et admirabilis fontis balneique Bollensis: in ducatu Wirtembergico*. Bis 1600 nicht fertiggestellt und gedruckt wurden: Michele Mercati, *Metallotheca* und Ulisse Aldrovandi, *Musaeum Metallicum.*

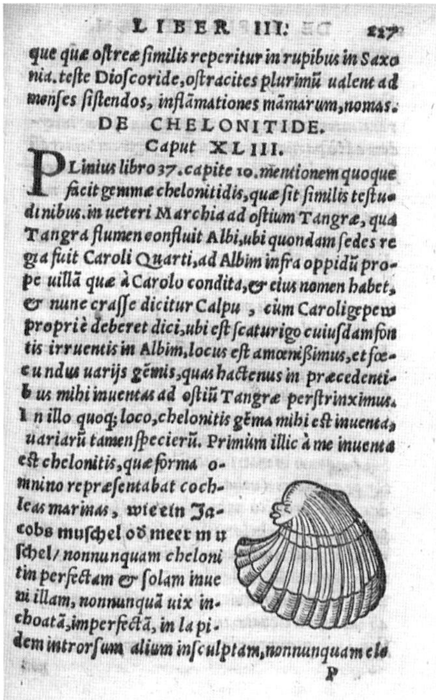

LIBER III. 227

que quæ oſtreæ ſimilis reperitur in rupibus in Saxonia. teſte Dioſcoride, oſtracites plurimũ ualent ad menſes ſiſtendos, inflãmationes mãmarum, nomas.

DE CHELONITIDE.

Caput XLIII.

PLinius libro 37. capite 10. mentionem quoque facit gemmæ chelonitidis, quæ ſit ſimilis teſtudinibus. in ueteri Marchia ad oſtium Tangræ, quà Tangra flumen confluit Albi, ubi quondam ſedes regia fuit Caroli Quarti, ad Albim infra oppidũ prope uillã quæ à Carolo condita, & eius nomen habet, & nunc craſſe dicitur Calpu, cùm Caroligepew propriè deberet dici, ubi eſt ſcaturigo cuiuſdam fontis irruentis in Albim, locus eſt amœniſſimus, et fœcundus uarijs gẽmis, quas hactenus in præcedentibus mihi inuentas ad oſtiũ Tangræ perſtrinximus. In illo quoq; loco, chelonitis gẽma mihi eſt inuenta, uariarũ tamen ſpecierũ. Primum illic à me inuenta eſt chelonitis, quæ forma omnino repræſentabat cochleas marinas, wie ein Jacobs muſchel oď meer muſchel / nonnunquam chelonitim perfectam & ſolam inueni illam, nonnunquã uix inchoatã, imperfectã, in lapidem introrſum alium inſculptam, nonnunquam cla

P

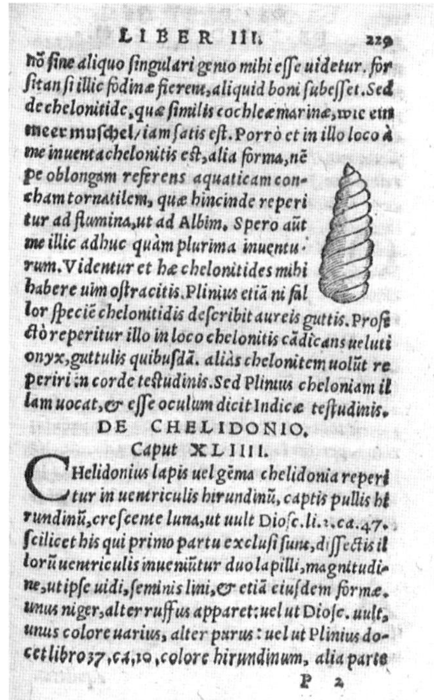

LIBER III. 229

nõ ſine aliquo ſingulari genio mihi eſſe uidetur. forſitan ſi illic fodinæ fierent, aliquid boni ſubeſſet. Sed de chelonitide, quæ ſimilis cochleæ marinæ, wie ein meer muſchel / iam ſatis eſt. Porrò et in illo loco à me inuenta chelonitis eſt, alia forma, nẽpe oblongam referens aquaticam concham tornatilem, quæ hincinde reperitur ad flumina, ut ad Albim. Spero aũt me illic adhuc quàm plurima inuenturum. Videntur et hæ chelonitides mihi habere uim oſtracitis. Plinius etiã ni fallor ſpeciẽ chelonitidis deſcribit aureis guttis. Profectò reperitur illo in loco chelonitis cãdicans ueluti onyx, guttulis quibuſdã. aliàs chelonitem uolũt reperiri in corde teſtudinis. Sed Plinius cheloniam illam uocat, & eſſe oculum dicit Indicæ teſtudinis.

DE CHELIDONIO.

Caput XLIIII.

CHelidonius lapis uel gẽma chelidonia reperitur in uentriculis hirundinũ, captis pullis hirundinũ, creſcente luna, ut uult Dioſc. li. 2. ca. 47. ſcilicet his qui primo partu excluſi ſunt, diſſectis illorũ uentriculis inueniũtur duo lapilli, magnitudine, ut ipſe uidi, ſeminis lini, & etiã eiuſdem formæ. unus niger, alter ruffus apparet: uel ut Dioſc. uult, unus colore uarius, alter parus: uel ut Plinius docet libro 37, ca, 10, colore hirundinum, alia parte

P 2

Abb. 40 Anonym, „Chelonitis“, a) fossile Meermuschel, b) fossile Seeschnecke, Holzschnitte, in: Christophorus Encelius, *De re metallica…*, In-8, Frankfurt a. M., 1551, Buch III, Kap. XLIII, links: S. 227, rechts: S. 229.

tigte, nicht umfangreicher publiziert wurde. Im Vergleich mit den vielen bis 1580 erschienenen elaborierten botanischen Bildwerken war das Ausmaß der Schriftproduktion der Geowissenschaft sehr bescheiden und entwickelte auch nur geringe künstlerische Ambitionen. Für die visuelle Darstellung fossiler Objekte gab es keine Vorbilder. Selbst die zeichnerische Abbildung moderner Arten von Meerestieren debütierte um 1550. Guillaume Rondelet (1507–1566) und Pierre Belon (1517–1564), von Palissy dafür kritisiert, dass sie nicht die Fossilien und die lokale Meeresfauna, sondern die Fische vor Venedig untersucht hätten, gehörten zu den Ersten.[144]

Bislang gelten meist die zwei in der kleinen, wenig bekannten Schrift *De re metallica* von Christopher Encelius/Entzelt (1517–1583) aus dem Jahr 1551 vorgestellten Bilder einer Muschel und einer Schnecke als erste Fossilienabbildungen

---

144 Palissy 1996, Bd. 2, S. 247. Rondelet, *L'histoire entière des poissons*, Lyon 1558; Belon, *Histoire naturelle des estranges poissons marins*, Paris 1551.

überhaupt (Abb. 40).[145] Sie erschien ein Jahr nach Agricolas Abhandlung gleichen Titels mit einem Vorwort Philipp Melanchthons (1497–1650) und enthielt insgesamt nur fünf Holzschnitte. Die Benennung der Muschel und ihre Identifizierung im Text als *Chelonitis*, als Schildkrötenstein des Plinius, zeigt, dass Encelius ihren animalischen Ursprung nicht erkennt.[146] Die Ausführung der Abbildung gestattet es dem aktuellen Leser nicht, die Art von Muschel und Fossil zu bestimmen. Gesner übernahm das Bild in sein *De rerum fossilium lapidum*, widerspricht aber der Bestimmung durch Encelius.[147] Im Vergleich mit Rondelets *L'histoire des poissons* erkennt er, dass sie die Form der von Rondelet *Conchae striatae* genannten lebenden Spezies besitzt.[148] Gesner wendet das gleiche innovative Verfahren der Bestimmung an, das auch Palissy praktizierte, den Vergleich mit modernen, lebenden Arten. Bemerkenswert ist, dass Gesners Bestimmung ausschließlich über den Vergleich zweier Abbildungen erfolgt, und er dadurch Eigenname und Kategorie des Objekts von Encelius identifiziert.[149] Erstaunlich bleibt indes, dass Gesner nicht den organisch-animalischen Ursprung der Fossilien erkennt. Die Fakten sind so erdrückend. Ist es die Autorität der großen alten Gelehrten, allen voran Aristoteles, die den großen modernen Gelehrten bindet?[150]

Palissy konnte das sehr seltene und auf Latein geschriebene Buch des deutschen Theologen und Lehrers Encelius nicht lesen und wird es kaum gekannt haben. Dessen aristotelisch-alchemistische Theorien zur Gesteins- und Fossilienentstehung hätte Palissy möglicherweise als irreführende Zeitverschwendung verworfen, beschreibt er selber sie doch auf damals völlig neuartige Weise. Im Diskurs *Über die Metalle* weiß Palissy zudem über eine ganz andere Art von in Deutschland gefundenen Fossilien zu berichten, von metallisierten Fischen: „Im Kabinett von Herrn Race[151], dem berühmten Chirurgen der Stadt Paris, gibt es einen Stein aus einem Kupfermineral[152], in dem ein Fisch aus dem gleichen Mate-

145 Rudwick 1976, S. 6 f. Christopher Encelius bürgerlicher Name war Christoph Entzelt.

146 Plinius, *Naturkunde*, 37. Buch, 56, 155.

147 Gesner 1565, Kap. XIIII, folio 165 r.

148 Gould 2002a, S. 8. Gould nennt den Holzstich von Encelius „a crude image" (Gould 2002b, S. 179).

149 Gould 2002a, S. 8 f.

150 Vgl. Gould 2002b untersucht das Verhältnis zu den antiken Gelehrten am vergleichbaren Fall des zweiten von Encelius abgebildeten Fossils. Palissy lässt sich von den Texten der antiken Schriftsteller weniger beeindrucken: Nicht die Lektüre der Werke von Gelehrten, sondern Beobachtung und Experiment müssten in der Naturerforschung im Vordergrund stehen.

151 François Rasse des Nœuds, Chirurg in Paris († 1588). Es existieren unterschiedliche Schreibweisen des Namens, z.B. de Neus. Zur Biographie von Rasse des Nœuds ist wenig bekannt, siehe Verryn-Forrer, 1968, S. 389–417. Vgl. Palissy 1996, Bd. 2, S. 125 und 251.

152 „pierre de mine d'airain".

rial enthalten ist. Im Land von Mansfeld[153] befindet sich eine große Menge von Fischen, die sich in Metall verwandelt haben, und dies finden all diejenigen seltsam, die ohne Philosophie leben; sie werden nie zu einer Erkenntnis der Ursachen dieses Phänomens gelangen können, obgleich es ziemlich einfach ist, wie ich anschließend zeigen werde."[154] Dieses goldglänzende Objekt dürfte in Frankreich ein ganz besonderes Wunder gewesen sein, liegen doch die einzigen bekannten Lagerstätten in Deutschland und England.[155] Woher hat Palissy Kenntnis des Kupferschiefers in Mansfeld, einem Ort im Ostharz, der von Palissy noch dazu richtig geschrieben wird? Fragonard vermutet Agricola als Quelle der Information.[156] Dies ist sehr unwahrscheinlich, da Agricola nur an einer Stelle in seinem umfangreichen Gesamtwerk die Lagerstätte Mansfeld mit den ohnehin selten von ihm erwähnten Versteinerungen in Verbindung bringt. Im zehnten Buch von *De natura fossilium* schreibt er: „Die Platten derartiger Steine, wie man sie im Harzwald[157] findet, zeigen dadurch, daß goldfarbene Kiesfunken an ihnen hängen und durcheinanderlaufen, mannigfaltige Arten von Tieren, wie in der Gattung der Fische Plattfische, Hechte und Barsche, in der Gattung der Vögel Haushähne, bisweilen auch Salamander. Ja man hat das Bild eines römischen Papstes mit Bart und Tiara auf dem Haupte gefunden, [...].[158] *De re metallica* erwähnt diese Funde ebenfalls, aber in nur einem kurzen Satz und ohne Nennung von Mansfeld.[159] Nicht nur dass Palissy das nur in Latein erhältliche, unbebilderte *De natura fossilium* nicht zu lesen vermochte, die Fundobjekte Agricolas decken sich auch nicht mit seinen Angaben; sie sind zu bunt und phantastisch. Kein Schriftsteller in der Renaissance hätte derartig märchenhafte Geschichten und Anekdoten übergangen und nicht weitererzählt.

Eine verblüffende Parallele ergibt sich indes zu Sebastian Münsters *Cosmographie*. Ende der vierziger Jahre dürfte Münster einen Leserbrief des Elsässischen Landrichters Johann Hubinsack (aktiv ca. 1545–1598)[160] erhalten haben. Hubin-

---

153 Mansfeld, alte Bergbaustadt im Ostharz in Sachsen-Anhalt, in der Nähe von Eisleben.

154 Palissy 1996, Bd. 2, S. 147 f.

155 In England wird der Kupferschiefer „Marl Slate" genannt. Lagerstätten befinden sich in der Grafschaft Durham.

156 Palissy 1996, Bd. 2, S. 147, Anm. 106.

157 Agricola gibt vorher die Lagerstätten mit Eisleben, Mansfeld und Hettstedt an.

158 Agricola 2006 (*De Natura Fossilium*), S. 336. Das *Erste Buch* führt in einer ausgedehnten Auflistung verschiedener Bildsteine ebenfalls diese Tiere an und bezeichnet diese Art als „Stein von Eisleben" (Agricola 2006, S. 28).

159 Agricola 1928, S. 97: „Darunter endlich liegt der schwarze Kupferschiefer, der bisweilen, wie ich es bereits anderwärts beschrieben habe mit ganz zarten Blättchen goldglänzenden Kieses gleichsam wie mit dicht aufgesprengten Fünkchen überzogene Abdrucke verschiedener Arten von Lebewesen birgt."

160 Angabe laut CERL Thesaurus, http://thesaurus.cerl.org/record/cnp01125045. Vgl. Wessel 2004, S. 278 f.

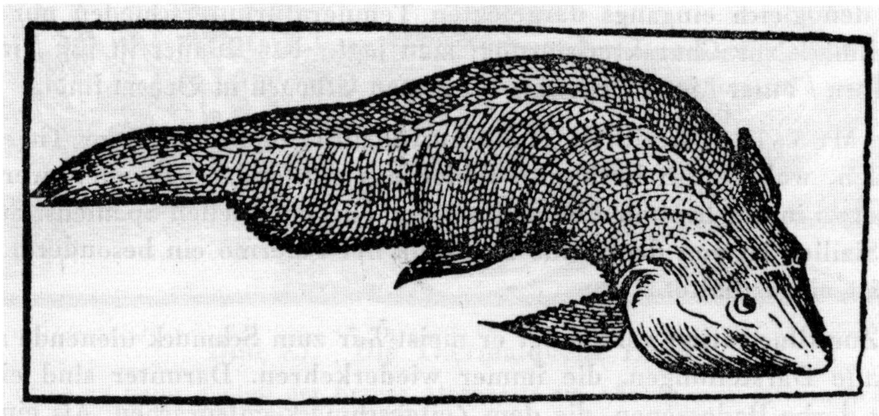

Abb. 41 „Die natur malet fisch im schyffer." Kupferschieferfisch aus Mansfeld, Holzschnitt, in: Sebastian Münster, *Cosmographei oder beschreibung aller länder*, In-4, Basel, 1553, Buch III, S. drrviij.

sack, der sich offensichtlich gut im sächsischen Bergbau auskennt, zeigt sich verwundert, dass so wenig über den Bergbau publiziert wird, und gibt Münster in seinem Brief präzise Beschreibungen vom Erzabbau in Sachsen und im Tal der Leber (Lièpvrette) im Elsass. Münster übernimmt den Brief 1550 im Wortlaut in die nächste Auflage seiner *Cosmographie,* um diesem Mangel abzuhelfen. Besonders beeindruckt ist Hubinsack von den Kupferschiefervorkommen in Mansfeld: „Ein wunderlich Ding hab ich daselbst gesehen. Es ist ein See ettliche Meil wegs lang und breit im Landt / die gebiert der Schyffer ein gleichnuß in ihm mit gedignem angeflognem Kupffer / daß man es klarlich erkennen kann / was jedes für ein Fisch Bildnuß oder Figur ist. Ich schick euch derselben eins / dß ist ein Oltrupp oder Risolck / oder Trist / wie man hie zu Landt nennet / daselbs wird dß Wasser / so dem Bergwerck zugeht / mit Künsten und vielen Pferden erhalten."[161] Ob Hubinsack das fossile Objekt selbst oder nur eine Zeichnung an Münster schickte, lässt sich aus dem Text nicht sicher ersehen.[162] Münster ließ einen Holzschnitt des Fisches für den Druck anfertigen und produziert so die erste bekannte Abbildung eines Fossils in einem gedruckten Buch (Abb. 41). Das Münster über-

161 Hubinsack in Münster 1553, *Cosmographie, Das dritt buch.* Von dem Teütschenlandt, S. drrvij, vgl. Wilsdorf 1954, S. 88, siehe dort auch S. 127. In der französischen Ausgabe der *Cosmographie* von 1556 befindet sich der Beitrag auf S. 476 f.

162 Ziegenbalg 1993, S. 315 u. 322 f. berichtet, dass Johann Hubinsack zusammen mit Jobst Heilmann die Informationen für Sebastian Münster zusammengetragen hat. Die von Münster abgedruckte Karte des Leberthals (Münster 1553, S. drrri) könnte auf eine ältere noch existierende Fassung der Zeichnung Hubinsacks für Münster zurückgehen (s. dort Map. 2, S. 317).

reichte Stück muss sich in einem bemerkenswerten Erhaltungszustand befunden haben, da Schuppen und Flossen deutlich erkennbar sind. Ob der meist verlorene Kopf allerdings wohlerhalten war, wie Wilsdorf meint, ist angesichts dessen merkwürdiger Form zweifelhaft.[163] Der Kopf hat eine nahezu wieselartige Schnauze mit schalkhaft eingefügten Augen, denen das Bemühen anzusehen ist, das Tier lebendig wirken zu lassen. Auch der Verzicht, die umgebende Steinplatte wiederzugeben, spricht für den Wunsch nach Verlebendigung. Kopf und Körper haben einen deutlich unterschiedlichen Detaillierungsgrad. Da die nur kleine Rückenflosse dieser Art nicht sichtbar ist und dem Kopf fischähnliche Züge fehlen, könnte der Holzschnitt auch entfernt einen Molch vorstellen. Der rudimentär ausgearbeitete Kopf lässt somit eine zeichnerische Ergänzung vermuten, um dem Objekt in der Darstellung zu einer ästhetischen Geschlossenheit zu verhelfen, ähnlich wie mit mutilierten antiken Skulpturen verfahren wurde. Es ist denkbar, dass der Salamander Agricolas im „Stein von Eisleben" dieser versteinerte Fisch ist.[164]

Im Gegensatz zu Agricolas nur in Latein vorliegendem Traktat übersetzte Münster 1552 die *Cosmographie* vor seinem Tod noch eigenhändig in die französische Sprache. Sein Bericht deckt sich auch in seinem reduzierten Charakter, der auf ausschweifende Ausmalungen verzichtet, mit dem der *Discours*. Dies ist ein starkes Indiz, dass Palissy seine Angabe von Münster bezog und dessen *Cosmographie* studierte. Palissy sah folglich auch die Abbildung des später als *Palaeoniscum freiesleben*i bezeichneten Fisches, der das Leitfossil des Mansfelder Kupferschiefers ist.[165] Der früher als Kupferschieferhering bezeichnete Fisch ist verwandtschaftlich dem heutigen Stör oder dem in Afrika lebenden Flösselhecht zuzuordnen und lebte im Zechsteinmeer, einem Binnen- oder Randmeer, vergleichbar mit der Ostsee oder dem Mittelmeer.[166] In den späteren durch François de Belleforest (1530–1583) bearbeiteten französischen Ausgaben der *Cosmographie* existiert die Abbildung des *Palaeoniscum freieslebeni* nicht mehr. Belleforest verdreifacht den Textumfang und reduziert die Abbildungen Münsters dramatisch. Aus dieser Ergänzung ist indes zusätzlich zu erfahren, dass Hubinsack Richter und Superintendent der Minen von Leberthal gewesen sei und er Münster „den Stein auf dem sich das Bild solch eines Fisches findet" zugeschickt habe, der davon dann die Abbildung erstellte. „Im vergangenen Jahr" habe er dann „ähn-

163 Wilsdorf 1954, S. 127.

164 Agricola 2006, S. 28, siehe Anm. 159.

165 Vgl. Haubold; Daber 1989, S. 214; Krumbiegel, Walter 1984, S. 233. In der französischen Ausgabe der *Cosmographie* von 1556 befindet sich die Abbildung auf S. 477.

166 Bundesanstalt f. Geowissenschaften u. Rohstoffe: www.bgr.bund.de/DE/Themen/Sammlungen-Grundlagen/GG_Sammlungen/Objekt_Monat/0804_kupferdrama.html; Krumbiegel, Walter 1984, S. 310 f. Vgl. Haubold, Daber 1989, S. 434 u. Murawski 1983, S. 247.

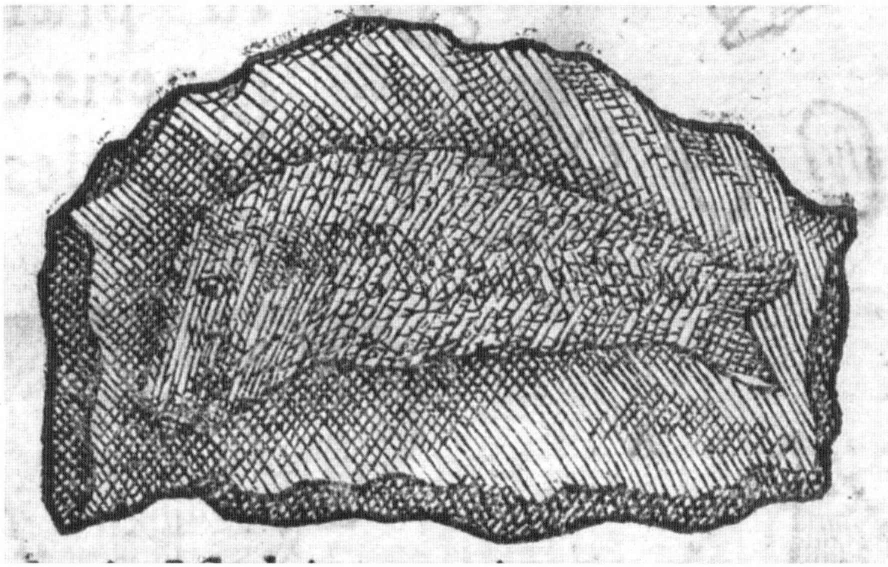

Abb. 42 Anonym, „Lapis islebianus" („Stein aus Eisleben", Kupferschieferfisch), Holzschnitt, aus Conrad Gesners *Librum de Lapidum, Gemmarum ac Metallorum figuris*, in: Conrad Gesner (Hg.), *De omni rerum fossilium genere*, Zürich, 1565, Kap. XIIII, folio 165 r.

liche Figurensteine in Augsburg im Haus der Fugger [gefunden], mir Gedanken über ihr Alter machend."[167] Johann-Jakob Fuggers Sammlung wurde bis 1559 von dessen Bibliothekar, dem späteren Sammlungstheoretiker Samuel Quiccheberg, betreut.[168] Johann-Jakob Fugger (1516–1575) war eng mit Gesner befreundet und zusammen mit Quiccheberg die treibende Kraft beim Aufbau der Münchner Kunstkammer Herzog Albrechts V.[169] In seinem *De rerum lapidum* bildete 1565 auch Gesner einen Kupferschieferfisch ab, den er als „Lapis islebianus" bezeichnet. In seinem Betrag bezieht sich Gesner auf Angaben von Agricola.[170] Anders als Münster stellt er das gesamte Objekt, also den Fisch mitsamt der umgebenen Gesteinsplatte, dar (Abb. 42). Bei diesem von Gesner dargestellten Fisch könnte es sich um eines der Exponate der Fugger gehandelt haben. Es ist denkbar – wenn

167 Münster 1575, *La cosmographie universelle de tout le monde…, auteur en partie Munster; mais beaucoup plus augm., ornée, et enrichie par François de Belle-Forest*, Bd. 1–2, S. 1141.

168 Segelken 2011, S. 4 und Roth 2000, S. 6.

169 Diemer 2008, S. 10.

170 Gesner 1565, S. 162, Kapitel XIIII (Steine die wie Wassertiere aussehen). Der „Lapis islebianus" ist der „Stein von Eisleben" Agricolas (vgl. vorstehende Anmerkung zu Agricola).

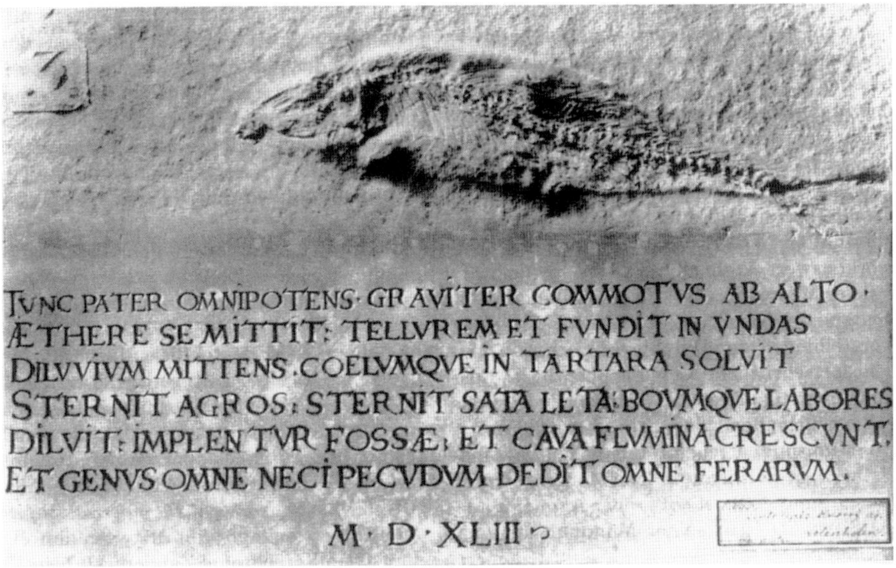

Abb. 43 Fossiler Fisch (Leptolepis) mit in die Gesteinsplatte eingeschnittenen Hexametern, die den Fisch als Relikt der Sintflut ausweisen, 1543, Plattenkalk (Malm/ Oberer Jura), Solnhofen, Bayern, 24 × 33 cm, Ambraser Kunstkammer, Naturhistorisches Museum Wien.

auch höchst spekulativ –, dass über Johann-Jakob Fugger die Kupferschieferfische den Weg in die Pariser Sammlungen fanden.

Während Palissy den metallisierten Fisch als ehemals organisch erkennt und durch Infiltration mit „metallischem Wasser" und nachfolgender Auskristallisierung entstanden erklärt, hielten Hubinsack und Münster das Steinbild für ein „Gleichnis", das die Natur „gebiert", für eine Spielerei der Natur.[171] Belleforests eigene Vorstellung ist 1575 verschwommen: Mit der Stimme Münsters sprechend ist es möglicherweise er, der die weiteren Auskünfte zum Mansfelder Kupferschiefer gibt, sich Gedanken über das Alter der Objekte machend, obwohl „die Bilder gemalt und auf natürliche Art im Kupfer entstanden sind."[172] Der Kupferschiefer in der Grafschaft Mansfeld und seine Mirakel waren lokal schon länger bekannt. Die älteste Mitteilung stammt 1535 von Luther: „Es brechen zu Eißleben, wie ihr wisset, schwartze Schiefer, die Kupfer und Silber halten, und wie Gott und die Natur ihre lustige Kurtzweile auch unter der Erde haben, bilden sich

171 Palissy 1996, Bd. 2, S. 146 f.; Münster 1553, (*Cosmographie*), S. drrvij.

172 Münster 1575, *La cosmographie universelle de tout le monde…, auteur en partie Munster; mais beaucoup plus augm., ornée, et enrichie par François de Belle-Forest*, Bd. 1–2, S. 1141.

allerley Fisch-Gestalt in den Schieffer – was die Ursach sey solcher Impressionen, disputiren die Gelehrten. Ich zweifle nicht, daß es Reste der Sintflut gibt, da man, wo heute Erzgruben sind, nicht selten in Stein abgedrückte Hölzer findet. In eben diesen Steinen werden auch verschiedene Arten von Fischen und anderen Tieren entdeckt."[173] Eisleben, der Geburtsort Luthers, liegt in unmittelbarer Nachbarschaft von Mansfeld und Luther kann als im Bergbau kundig eingestuft werden, da sowohl sein Vater Hans Luder als auch sein Bruder Bergwerk- und Hüttenbetreiber in Möhra und Mansfeld gewesen waren.[174] Eine ähnliche Interpretation wurde kurze Zeit später 1543 von dem unbekannten Sammler eines der ältesten erhaltenen Fossilienfunde direkt in die Gesteinsplatte eingraviert (Abb. 43). Der einzigartige in der Sammlung der Ambraser Kunstkammer konservierte fossile Fisch *Leptolepis* eines Solnhofener Plattenkalks aus Bayern trägt in Hexametern ein Vergil-Cento, der den Fisch als Relikt der Sintflut ausweist: „Hierauf begibt der allmächtige Vater in wildem Zorn sich vom hohen Äther: Er gießt in die Wogen das Land, schickend die Flut, und löst den Himmel zur Tiefe. Nichtend die Äcker, vernichtend die Fluren, die Mühe der Stiere macht er zunicht. Es füllen die Gräben sich, Flußläufe schwellen, und alles Leben dem Tod übergibt er."[175] Beide Auslegungen erkennen den organischen Ursprung der Fossilien und machen die Sintflut für deren Tod verantwortlich, eine Auffassung, die um 1700 von Jacob Scheuchzer und den Diluvianern popularisiert wurde.[176]

Der deutsche Arzt und Botaniker französischen Ursprungs Johann Bauhin (1541–1613) versuchte sich aus dieser Diskussion um den Ursprung der Versteinerungen herauszuhalten. In seiner mehrere Jahre nach Palissys Tod, kurz vor Ende des Jahrhunderts 1598 erschienenen Abhandlung *Historia novi et admirabilis fontis balneique Bollensis: in ducatu Wirtembergico* behandelt er neben den regionalen Heilquellen und den dort angebauten Früchten auch die um Bad Boll in Württemberg vorkommenden außergewöhnlichen Gesteine. Bauhin möchte alle dort anzutreffenden Minerale und Gesteine mit Besonderheiten auflisten und zeichnerisch erfassen. Die Objekte, darunter etwa zweihundert Fossilienzeichnungen,[177] umfassen Ammonite, verschiedene Arten von Muscheln sowie Varietäten von Pyriten und Markasiten.[178] Kupferschieferfische sind nicht darunter, da es in

173 Luther 1911/2000 ff., Bd. 42, cap. 1–17 (Genesisvorlesung 1535/38), zitiert nach Brandt 1997, S. 3. Vgl. Kapitel VI. 3 *Fossilien.*

174 Fessner 2008, S. 82 ff.

175 Zitiert nach Zapfe 1987, S. 212 (Übersetzung H. Schwabl). Siehe auch Zapfe 1958, S. 93–96 und Kat. Innsbruck/Wien 2006/2007, S. 185 f., Kat.-Nr. 3.26.

176 Zapfe 1987, S. 212; Ellenberger 1988, S. 166.

177 Bauhin 1598, S. 55.

178 Pyrit und Markasit galten bis ins 19. Jh. als nur ein Mineral, vgl. Strübel, Zimmer 1991, S. 219.

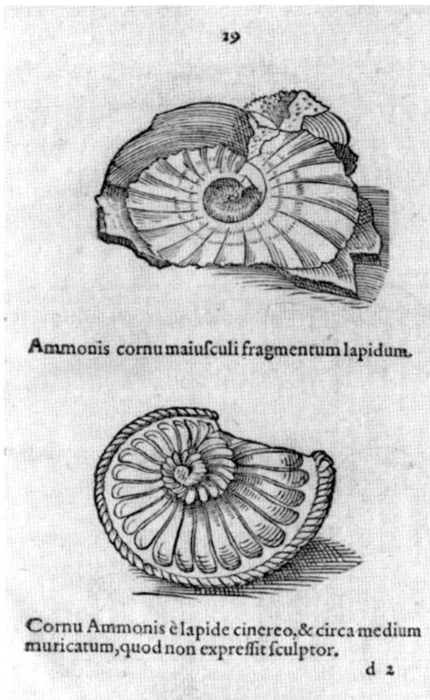

a) „Cornu Ammonis" (Ammonit), S. 19.

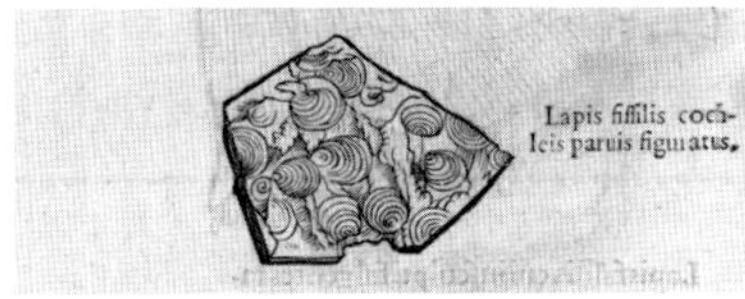

b) „Lapis fissilis cochleis parvis figuratus" (Schiefer mit kleinen Schneckenhäusern) S. 10, Ausschnitt.

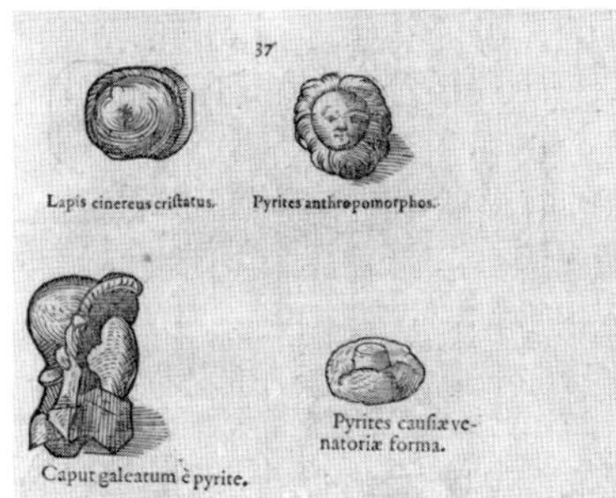

c) „Pyrites anthropomorphos" (Pyrit mit menschlichem Gesicht), S. 37, Ausschnitt.

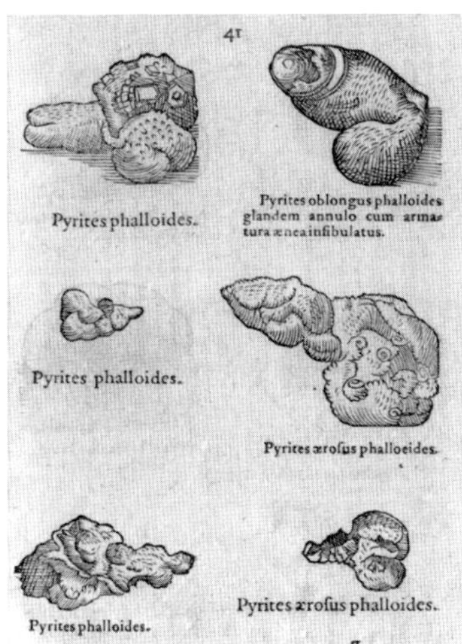

c) „Pyrites phalloides" (Pyrit/Feuerstein in Form eines Phallus), S. 41.

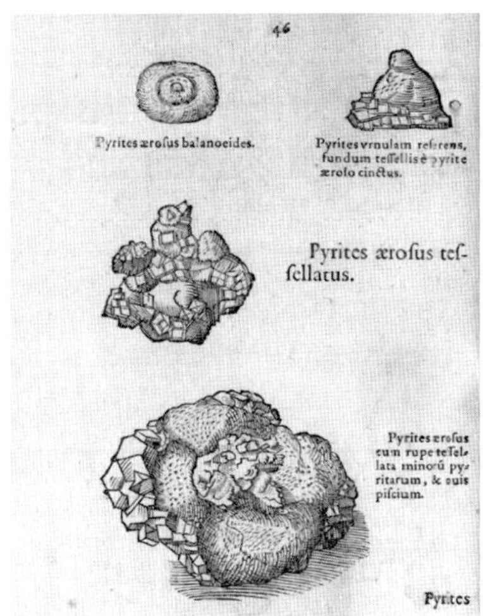

d) „Pyrites aerosus tessellarus" (würfelförmige kupferhaltige Pyrite), S. 46.

Abb. 44 Anonym, Bildsteine, verschiedene Mineralien und Versteinerungen, Holzschnitte, aus: Johann Bauhin, *De Lapis variis*, in: *Historia novi et admirabilis fontis balneique Bollensis: in ducatu Wirtembergico*, Mömpelgard, 1598.

Württemberg keine Fundorte gibt. Solch eine Gesamtdarstellung ist ein zu der Zeit vollkommen neuer Ansatz. Sie sollte sich auf eine rein zeichnerische Darstellung beschränken und nur das wiedergeben, was er, Bauhin, sah (Abb. 44).[179] Auf einen beschreibenden Text wurde vollkommen verzichtet. Bauhin verfolgt damit ein diametral entgegengesetztes Konzept wie Agricola mit *De natura fossilium*. Er hofft auf diese Weise wohl einer Interpretation der Fossilien, die auf Widerspruch treffen könnte, zu entgehen. Am Schluss des zweiten Abschnitts verweist er den Leser deshalb weiter: „Diejenigen, die diese Dinge vertiefen möchten, können die Gelehrten Agricola, Gesner und Encelius konsultieren. Diese werden ihre Neugierde befriedigen."[180] Bauhin weigert sich, die brennendste Frage der Frühneuzeit zu beantworten. Doch die Hoffnung Bauhins erweist sich als trügerisch, die Abbildungen entlarven ihn. Sie zeigen, Bauhin interpretiert die Objekte nicht als Gehäuse alter Organismen.[181] Diverse Ammoniten scheinen wie Velouten und Kanneluren eines imaginären Architekturartefakts aus dem Stein gehauen; Ruinen vergangener Zeiten. Auch die Integration von Phallussteinen, *Pyrites phalloides*, in den Katalog oder seine Bildlegenden, Beispiel *Pyrites anthropomorphos*, weisen Bauhin als Anhänger eines Konzepts der Leidenschaften der Natura für das künstlerische Spiel aus.[182] Ein Teil des Katalogs von Bauhin deckt sich mit in den *Discours* genannten Objekten, nämlich Ammonite, Pecten und Pyrite. Besonders die hervorragend gelungene Darstellung der *Pyrites aerosus tessellatus* wäre zweifellos eine Bereicherung der *Discours* gewesen.[183]

Es sind genau diese Kupferfische aus Mansfeld, am Rande des Ostharzes, von denen Münster, Gesner und Palissy berichten, die Leibniz zur Revidierung seiner alten Vorstellungen der Versteinerungen als „lusus naturae" veranlassen und die Forschungsergebnisse Nils Stensens (1638–1686) über die biologische Herkunft der Fossilien zu akzeptieren.[184] In Leibniz' Schrift *Protogaea*, niedergelegt 1693, finden sie zu einer Art Wiederauferstehung. Es ist Leibniz' Ziel, durch Abbildungen seine Behauptungen, dass die Fossilienentstehung nach dem Prinzip der verlorenen Form wirkliche Lebewesen mineralisch umformte, zu untermauern, etwas, was Palissy nicht vergönnt war. Indes erlebte auch Leibniz,

---

179 Gould 1999, S. 7. Siehe auch Gould 2002a, S. 1.

180 Bauhin 1598, S. 55; „penitius ista qui scire volet, is consultis doctißimis Agricolae, Gesneri, Encelij aliorumq, [...] inveniet quod vel curiositatem expleat vel ... satufaciat."

181 Gould 1999, S. 7. Vgl. Kapitel VII.1. *Geologische Schriften*, vgl. Abb. 34 Ammonit im KHM Wien aus dem Württembergischen.

182 Bauhin 1598, S. 16 (*Cornu ammonis*), S. 41 (*Pyrites phalloides*), S. 37 (*Pyrites anthropomorphos*).

183 Bauhin 1598, S. 46.

184 Siehe Bredekamp 2004, S. 118, 120 und Métraux 2003, S. 181–193. Zu Stensen (auch Nicolaus Steno genannt): Rudwick 1976, S. 49–53.

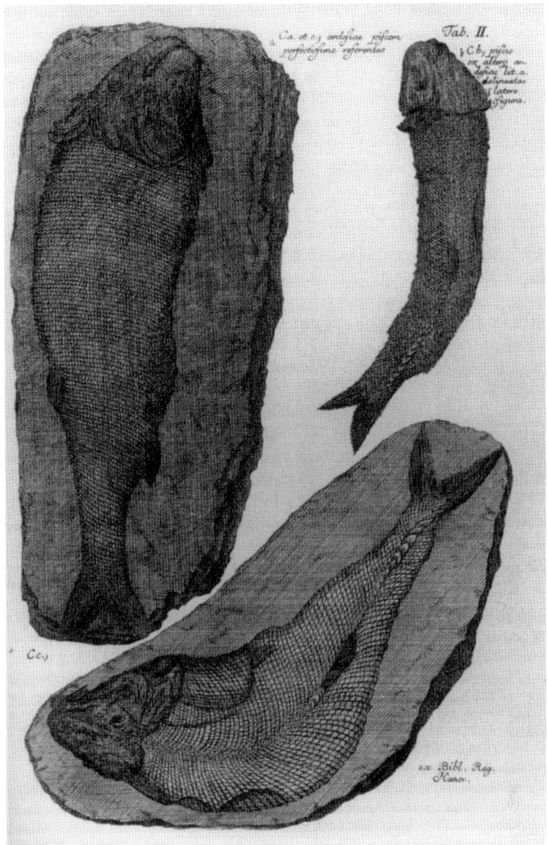

Abb. 45 Nikolaus Seeländer, Kupferschieferfische, Stich, in: Gottfried Wilhelm Leibniz, *Protogaea*, Göttingen, 1749, Tafel II.

wie viele vor ihm, die Veröffentlichung seiner mit beeindruckenden Kupferstichen von Nikolaus Seeländer (1682–1744) ausgestatteten Schrift nicht mehr, da sie erst dreiunddreißig Jahre nach seinem Tod im Jahr 1749 gedruckt vorlag (Abb. 45).[185] Bei der deutschsprachigen Ausgabe wurde wegen der Kosten allerdings auf die Kupfer verzichtet, mit dem interessanten Hinweis, dass die „Steinfreunde" sowieso die Naturobjekte selbst besitzen.[186] Bei den abgebildeten

185 Leibniz 1749a, Tafel 2.

186 Leibniz 1749b, S. A 2, „Vorbericht des Uebersetzers": „Man wird hier keine weitläufige Entschuldigung finden, warum diese Blätter ins teusche übersetzt worden. Es ist genug, wenn wir sagen: es sey deswegen geschehen, damit eine so gedankenreiche Schrift von jedermann möge gelesen werden. Denn es giebt heute zu Tage sehr viele Steinliebhaber, die sich mit dem lateinischen nicht begeben. Dieser Uebersetzung fehlen die Kupferstiche. Zu der Zeit, da Herr von Leibniz seine Gedanken aufsetzte waren

Objekten handelt es sich augenscheinlich ebenfalls um das Leitfossil des Mansfelder Kupferschiefers, den *Palaeoniscum freieslebeni*.[187] Es sind diese goldglänzenden fossilen Fische, die Leibniz hier die Natur als Goldschmiedin am Werke sehen ließen. Die Körperhaltung des einen abgebildeten Fossils ohne umgebene Gesteinsplatte erinnert leicht an das von Münster abgebildete Exemplar. Welche Exponate Leibniz für seine Untersuchung *Protogaea* vorlagen, lässt sich anhand der Illustrationen Seeländers gut nachvollziehen, während dies im Fall der *Discours* unklar bleibt, denn Palissys Sammlung, die die Rolle als Buchillustration übernahm, ist verloren.

Man möchte vermuten, dass die kunstpraktisch geprägten Ideen Leibniz' auf die *Discours admirables* von Palissy zurückgehen könnten, so stark ähneln sie in vielen Punkten seinen Vorstellungen. Bislang ist nicht bekannt, ob Leibniz Kenntnis von ihnen besaß, seine intensive Beschäftigung mit der Deutung der Fossilien hätte es nahegelegt. Leibniz unterhielt enge Kontakte nach London und Paris und es ist bekannt, dass er über Jahre eine regelmäßige Korrespondenz mit Sir Hans Sloane pflegte, in dessen Bibliothek sich nachweislich die *Discours* befanden.[188] Vielleicht kannte er ihn von seinen Londonaufenthalten sogar persönlich. Sollten wirklich in den intensiven Diskussionen zwischen Hooke, Stensen, Leibniz, Sloane und Scheuchzer die *Discours admirables*, eine doch bekannte Schrift mit weiterhin aktuellen Thesen, ungelesen und undiskutiert geblieben sein?

4. Vorgänger, Vorbilder, Zeitgenossen

Bei Ergrabung des Tons stieß Palissy immer wieder auf darin enthaltene zuerst ihm seltsam vorkommende Kristallformen und Steine. Um sich Klarheit über deren Herkunft und Entstehung zu verschaffen, bemühte er sich erst, entsprechende Fachliteratur zu konsultieren. Ebenso erhoffte er sich durch sie Zugang zu

sie nötig. Jzo dienen sie nur zur Zierde. Denn in vielen Schriften, die Herr Scheid in seiner Vorrede anführet, findet man die meisten. Ja die Steinfreunde besitzen das Vornehmste in Natur. Wenigstens geschieht durch die Weglassung der Kupfer denienigen ein Dienst, welche diese lesenswürdige Schrift um die Helfte wohlfeiler kaufen wollen. B. den 1. Julii 1749. M.W.L.S."

187 Siehe Kapitel VI.3. *Fossilien*. Zu Leibniz und seiner *Protogaea*: Ellenberger 1994, S. 137–148.

188 Leibniz 2011, I. Haus Braunschweig-Lüneburg Jan.–Dez. 1703, N. 52, S. 79: In einem Brief an „Mons. le Baron de Schuz" vom 26 Juillet 1703 informiert Leibniz diesen, dass Sloane ihm Bücher besorgen könne: „Au reste serois[-]je supplier V. E. de faire acheter pour moy les *philosophical-Transactions* qui me manquent, suivant le memoire cy joint. Si vous avés la bonté, Monsieur d'envoyer quelcun de vos gens à Monsieur Hans Sloane secretaire de la societé royale il aura la bonté de me procurer ces livres, ..." Sloane, MS. 3792C, i, f. 48v; Blakeway 2011, S. 33 f.; vgl. Kapitel VI.1. *Schöpfung und Geologie*.

Wissen, das ihm Hilfe für die Keramikherstellung bitten könnte. In Vorbereitung der Publikation von *Recepte* und *Discours admirables* wird er erneut verstärkt Literatur gesichtet haben. Bernard Palissy befand sich in engem Austausch mit anderen Sammlern mineralogischer Objekte und gebildeten Kunden, dies bezeugt die Widmung an Antoine de Pons und die Erwähnung weiterer Sammler. Eingebunden in Diskussionen mit diesen über naturphilosophische Fragen standen ihm vermutlich deren umfangreiche Bibliotheken offen.[189] Dies hätte ihm ermöglicht, auch von Büchern Kenntnis nehmen zu können, deren Erwerb für ihn zu kostspielig war, denn es ist anzunehmen, dass Palissy selbst nur eine kleine Bibliothek besaß. Schriften in lateinischer Sprache hätte er so zumindest durchblättern und deren Abbildungen studieren können. Trotz seiner Nichtbeherrschung der Wissenschaftssprache Latein vermitteln die *Discours* das Bild eines belesenen Mannes, der die einschlägigen französischsprachigen Drucke studiert hatte.[190] Welche Bücher Palissy persönlich besaß, entzieht sich unserer Kenntnis, doch gestattet die Lektüre der *Discours* zu ermitteln, aus welchen Wurzeln sich deren Wissen speist?[191]

Die ersten Autoren, die Palissy nach eigener Aussage las, waren die Bücher der Alchemisten und großen Gelehrten des Mittelalters, wie Albertus Magnus. Auch Agricola scheint seine Forschungen von deren Texten ausgehend begonnen zu haben, nennt er doch in *De re metallica* die große Zahl von zweiunddreißig alchemistischen Autoren, die er zweifellos selbst las.[192] Die alchemistische Literatur ist schlicht unübersehbar groß. Diese Literatur war neben den Schriften der antiken Gelehrten der einzige Zugang zum Erwerb elementarer Kenntnisse über die Materie und die Stoffchemie. Palissy schreibt, dass er die Werke von Geber, Raimundus Lullus, den Rosenroman sowie Arbeiten von Paracelsusschülern studiert habe.[193] Welche Schüler dies sind, verrät er leider nicht. Auf Paracelsus und dessen Theorie der Salze konnte nicht direkt zurückgegriffen werden, da dessen Schriften erst im 17. Jahrhundert ins Französische übersetzt wurden. Für das residuale alchemistische Gedankengut in den *Discours* und deren Terminologie vermutet Céard das 1568 erschienene *Theophrasti Paracelsi philosophiae et*

---

189 Vgl. Pomian 1988, S. 62.

190 Amico 1996, S. 14 denkt, dass Palissy bis zur Publikation des *Recepte* 1563 kaum zwölf Bücher gelesen hatte und auch danach nur wenige Schriften wirklich studierte. Vgl. Deming 2005, S. 971.

191 Siehe M.-M. Fragonard in Palissy 1996, Bd. 1, S. XXXI–XXXVIII und Céard 1992.

192 Agricola 1928, S. XXVI. Agricola setzt sich an dieser Stelle kritisch mit der Alchemie auseinander.

193 Palissy 1996, Bd. 2, S. 11; Bd. 2, S. 160–163. Der *Rosenroman* (*Roman de la Rose*) wurde um 1230 von Guillaume de Lorris (ca. 1200–1238) verfasst. Gegen 1275 komponierte Jean de Meung (1240–1305) zusätzliche Verse für einen weitaus umfangreicheren zweiten Teil. Siehe Anm. 11 zur Übersetzung der *Widmung*.

medicinae ... compendium von Jacques Gohory (1520–1576), einem mit Alexandre de la Tourette in Verbindung stehenden Gelehrten, der zu den Paracelsusschülern gerechnet wird, als Ursprung. Durch dieses unübersichtliche, schwierige Werk verbreiteten sich die paracelsischen Gedanken in Frankreich.[194] Doch angesichts seines späten Erscheinens nach 1563 und seiner lateinischen Sprache ist dies sehr fraglich. Zwar vertieft Palissy im Vergleich zum *Recepte* in den *Discours* die Behandlung der chemischen Grundlagen und verstärkt die Betonung auf die Bedeutung der Salze, das Modell ist aber bereits 1563 im *Recepte* im Grundsatz deutlich formuliert. Eine persönliche Bekanntschaft des gleichfalls in Paris lebenden Gohory mit Palissy wäre indes denkbar und wurde versucht nachzuweisen, denn auch Ambroise Paré unterhielt Kontakte zu Gohory.[195] Der mögliche Einfluss Gohorys könnte eventuell in einer allgemeinen Anregung bestanden haben, den stofflichen Grundlagen im künftigen Text der *Discours* stärkere Beachtung zu schenken. Die Annahme einer inhaltlichen Beeinflussung durch Gohory, der in den *Discours* namentlich keine Erwähnung findet, ist dagegen sehr spekulativ und wenig wahrscheinlich, war doch Palissy zu diesem Zeitpunkt bereits seit Langem auf Distanz zur Alchemie gegangen, wie schon das *Recepte veritable* dokumentiert, enttäuscht, dass die alchemistischen Schriften nicht das erwartete Wissen vermittelten.[196] Es sei die Feststellung gewesen, dass die Aussagen der Gelehrten sich in der Praxis als falsch erwiesen hätten, die ihn dazu brachten, eigene Forschungen zu unternehmen und die Erde „während

194 Céard 1992, S. 160 u. 156. La Tourette veröffentlichte 1575 eine Abhandlung über das trinkbare Gold mit dem Titel *Bref Discours Des Admirables Vertus de L'Or Potable.* Palissy mischt sich mit seinem kritischen Beitrag in die noch 1580 aktuelle Debatte über dessen therapeutischen Nutzen ein. Er entgegnet damit La Tourette, auf dessen Traktat er möglicherweise in den Discours anspielt (Palissy 1996, Bd. 2, S. 136 u. 160. Gohory hatte unter dem Pseudonym Leo Suavius Solitarius bereits 1575 mit den *Discours responsif à celui d'Alexandre de la Tourrete sur les secrets de l'art chymique et confection de l'or potable...* auf de La Tourette geantwortet. Zur Biographie von Gohory siehe: *The Complete Dictionary of Scientific Biography,* Chicago, 2008. Zu Paracelsus und Gohory siehe Walker 2000, S. 96–106. Zur Biographie von de la Tourette ist kaum etwas bekannt. Einige Angaben finden sich auf http://www.amis-arbresle.com.preview11.oxito.com/article.php?id_article=112. De la Tourette war der erste „Président de la cour des monnaie à Paris" und „Conseiller du roi, président des ses monnoyes". Zu den Anhängern von Paracelsus in Frankreich: Kahn 2007, hierin zu Palissy S. 8. Zu Gohory vgl. Kapitel V.3. Palissys Akademie.

195 Kamil 2005, S. 179–180. Fragonard (Palissy 1996, Bd. 1, S. XXXVIII) schließt eine Begegnung Palissys mit den Paracelsisten, darunter Gohory, allerdings aus.

196 Palissy 1996, Bd. 2, S. 11. Agricola 1928, S. XXVI f. schildert ähnliche Erfahrungen und setzt sich kritisch mit der Alchemie auseinander.

eines Zeitraums von 40 Jahren zu durchwühlen."[197] Gerade an Paracelsus, den er als Scharlatan bezeichnet, lässt er kein gutes Haar.[198]

Die einzigen Autoren, die neben Cardano, Paracelsus und den genannten Alchemisten in den *Discours* Erwähnung finden, sind Plinius, Antipater, Belon, Rondelet und Aristoteles, von dem er aber sagt, dass er ihn wegen der lateinischen Sprache nicht zu lesen vermochte.[199] Jeder dieser Autoren wird nicht mehr als ein oder zwei Mal erwähnt. In den *Discours* verwendete Beispiele zeigen Parallelen zur *Naturkunde* des Plinius und Vitruvs *Zehn Bücher über Architektur.* Beide Schriften lagen bereits früh in französischer Übersetzung vor und sie behandeln sowohl Themen der Geologie als auch der Hydrologie. Palissy weist besonders auf Vitruvs Traktat als der „vernünftigsten" Schrift des Altertums hin.[200] Plinius und Vitruv lassen sich als Vorbilder deshalb sicher identifizieren.[201] Die größte Bedeutung mag der Architekt und Ingenieur Vitruv für Palissy gehabt haben, der durch sein Traktat als ausgewiesener Praktiker galt und den er vielleicht als Geistesverwandten angesehen haben mochte. Die Geschichten von Plinius werden in den allermeisten Traktaten des 16. Jahrhunderts nacherzählt. Ein derartiger Rückgriff war nicht nur allgemein üblich, sondern zeugte auch von der Belesenheit des Autors. Agricolas *De natura eorum quae efflunt ex terra* aus dem Jahr 1545 ist im Wesen kaum etwas anderes als eine großartige Kompilation, die auf der Frucht der Lektüre von über 60 Autoren beruht, die im Vorwort genannt werden.[202] Ein großer Teil der naturkundlichen Bücher bis ins 17. Jahrhundert hinein sind vor allem solche Kompilationen des antiken Wissens, es wurde immer wieder voneinander abgeschrieben. Dies demonstriert Ellenberger am Beispiel der *konchites lithon* aus Megara sehr schön.[203] Quellenangaben sind meist nicht vorhanden, so dass die Wissenschaftsgeschichte des 16. und der ersten Hälfte des 17. Jahrhunderts als Epoche des massenhaften, ungenierten Plagiats gelten kann.[204]

---

197 Palissy 1996, Bd. 2, S. 11: „Solche schädlichen Bücher [*z. B. der Alchemie*] haben mich dazu veranlasst in der Erde zu scharren, und während eines Zeitraums von vierzig Jahren ihre Eingeweide zu durchwühlen, um zu erkennen, was sie in ihrem Inneren herstellt." Die Aussage ist eindeutig. Wie Céard diesen Satz als Hinweis dafür sehen kann, dass Palissy während eines Zeitraums von vierzig Jahren Alchemie betrieb, bleibt ein Rätsel. Siehe Céard 1992, S. 155.

198 Philippus Theophrastus Aureolus Bombastus von Hohenheim, genannt Paracelsus (1493–1541).

199 Palissy 1996, Bd. 2, S. 252.

200 Palissy 1996, Bd. 1 (*Recepte*), S. 138 und Bd. 2 (*Discours*), S. 74, Palissy schreibt „Victruve".

201 Für eine umfassende Aufstellung siehe Palissy 1996.

202 Agricola 1956, S. 213–331; Ellenberger 1988, S. 203. Gould 1999 vergleicht Literaturangaben dreier geologischer Schriften zwischen etwa 1550 und 1650.

203 Ellenberger 1988, S. 173.

204 Duhem 1984, S. 225.

Die antiken Gelehrten galten als uneingeschränkte Autoritäten und erst langsam wurde es möglich, ihre häufig nicht mit der Wirklichkeit in Einklang zu bringenden Erkenntnisse zu kritisieren.[205]

Außer den *Discours* existierte im 16. Jahrhundert als einzige Veröffentlichung zur Hydrologie und Hydraulik nur das Traktat von Jacques Besson *L'Art et Science de trouver les Eaux et Fontaines* aus dem Jahr 1569.[206] Das Erscheinungsjahr zwischen dem *Recepte veritable* und den *Discours* lässt eine Bekanntschaft beider Autoren und eine gegenseitige Bezugnahme möglich erscheinen. Es ist aber anzunehmen, dass Palissy sein hydrologisches Modell bereits früher als 1563, dem Veröffentlichungsjahr des *Recepte veritable,* und damit mindestens sechs Jahre vor Besson entwickelte.[207] Gegen eine Beeinflussung durch Besson spricht auch, dass dessen Werk eine vollständige und eindeutige Beschreibung des Wasserkreislaufs und des Ursprungs der Quellen schuldig bleibt und damit in entscheidenden Fragestellungen hinter den *Discours* zurückbleibt.

Leonardo da Vinci ist der Autor, der Palissy in seinen Aussagen zur Geologie am nächsten steht. Seine nur als ungeordnete Notizen vorliegenden, in mittelitalienischer Regionalsprache und in Spiegelschrift abgefassten handschriftlichen Aufzeichnungen standen Palissy indes nicht zur Verfügung. In einem wesentlichen Punkt gibt es keine Übereinstimmung zwischen beiden Forschern: Leonardo fasst die Erde noch anthropomorph als Lebewesen auf und denkt die Quellen entsprechend dem Aderntheorem als durch das Meer gespeist.[208] Darüber, ob diese Vorstellung auch noch am Ende seines Lebens Bestand hatte oder ob einzelne Aussagen von ihm als generelle Revidierung dieses Konzepts zu werten sind, besteht kein Konsens in der Forschung.[209] Man möchte Leonardos Position in hydrologischen Fragen deshalb als ambivalent bezeichnen. Andererseits entwickelte er eine ausgesprochen kohärente Vision der geologischen Prozesse von Erosion, Sedimentation und Fossilisation.[210] Herauszuheben ist, dass Leonardo in seiner Hypothese versucht, Fossilienfundorte im Gebirge und die Meeresgeo-

205 Der Geologe Stephen Jay Gould erinnert daran, dass der Ausgangspunkt der Renaissance die Wiedernutzbarmachung antiken Wissens war (Gould 2002a, S. 4).

206 Besson 1569.

207 Biswas 1970, S. 158 meint, dass es letztendlich unentschieden bleiben muss, wer wen beeinflusst hat. Die Herausgeber der Palissy-Gesamtausgabe von 1996 erwähnen dieses Traktat von Besson erstaunlicherweise gar nicht.

208 Zum Aderntheorem: Perrig 1983, S. 26, Anm. 30. Perrig weist darauf hin, dass Ebbe und Flut in dieser Vorstellung als Reaktion des „Atmens der Welt" verstanden werden und Leonardo noch 1510 versucht das „Lungenvolumen" der Erde zu berechnen (Perrig 1983, S. 26, Anm. 28). Es besteht eine Korrespondenz zwischen Mikro- und Makrokosmos. Zur Vorstellung von Mikro- und Makrokosmos: Perrig 1983, S. 26, Anm. 29 und Priesner, Figala 1998, S. 201 f.

209 Perrig 1983, S. 27, Anm. 34.

210 Ellenberger 1988, S. 130. Vgl. Brunet 1950, S. 77.

graphie in einem großen Gedankenbogen miteinander zu vereinbaren. Seine Beschreibungen versieht er dazu für den eigenen Gebrauch mit Zeichnungen und Skizzen, um sich der Tragfähigkeit seiner Behauptungen zu versichern.[211] Text und Bild bilden indes nicht immer eine Einheit, sondern sind unabhängig voneinander zu lesen, auch wenn nebeneinanderliegend und zum gleichen Thema.[212]

Den Versuch, eine Verbindung zwischen Palissy und Leonardo aufzuzeigen, unternimmt Pierre Duhem in seiner umfassenden Arbeit über die Aufzeichnungen Leonardo da Vincis.[213] Er weist nach, dass Cardano aufgrund familiärer und freundschaftlicher Beziehungen Zugang zu den Notizheften da Vincis besessen hat. Diese könnten ihm als Vorlage für Teile seines erstmals 1550 erschienen Werks *De subtilitate* gedient haben. Vor allem durch Missverständnisse seien von Cardano jedoch viele Fehler in seiner Bearbeitung begangen worden, weshalb der Text häufig unverständlich oder unklar sei.[214] Auch die Ideen Leonardos zur Geologie wurden durch Cardano in konfuser Form reproduziert.[215] Dennoch versucht Duhem im Weiteren zu zeigen, dass Palissys Wissen über die Fossilien auf Leonardo, vermittelt durch die Lektüre Cardanos, zurückgeht und Palissy nur ein „Plagiatist“ sei.[216] Es lässt sich hingegen ebenso zeigen, dass Cardano vor allem auf Agricola rekurriert, den er auch namentlich als Referenz erwähnt.[217] Ein weiterer Einwand wäre, dass Palissys Argumente auf der Interpretation örtlicher Fossilienfunde beruhen und seine Beschreibungen auf eigner Beobachtung fußen. Cardano dagegen stützt sich auf antike Fundorte und Quellen, die er teils wiederum von Agricola bezieht.[218] Dies zeigt eine fundamental andere Form des Herangehens. Da Palissys Quellenangabe zu Cardanos *De la subtilité* überdies falsch ist, stellt sich die Frage, ob er dieses unzusammenhängende Werk überhaupt in Gänze gelesen hat. Das fälschlicherweise Cardano zugeschriebene Zitat wäre zudem ein Indiz, dass Palissy dessen Buch *De la subtilité* nicht selbst besaß und das Zitat nicht überprüfen konnte. Es ließen sich zwar lexigraphische Begriffe finden, die beiden Autoren gemein sind, aber dies kann zum Nachweis einer Textquelle nicht ausreichen. In der Summe wird die Zahl der Nichtübereinstim-

---

211 Breidbach 2005, S. 139; Perrig 1983, S. 16.

212 Perrig 1983, S. 29, Anm. 66.

213 Pierre Duhem, *Etudes sur Léonard de Vinci. Ceux qu'il la lus et ceux qui l'ont lu*, Band 1 bis 3. Siehe Bd. 1, Paris 1906, 1984, *Léonard de Vinci, Cardan, Bernard Palissy*, S. 223–256. Obwohl es Übereinstimmungen zwischen Leonardo und Palissy, etwa in ihrer Argumentation gegen die Sintfluttheorie, gibt (ein Thema, das von Cardano nicht behandelt wird), ist eine Kenntnis Palissys der Notizen Leonardos praktisch ausgeschlossen.

214 Duhem 1984, S. 233, 234.

215 Duhem 1984, S. 237.

216 Duhem 1984, S. 253.

217 Ellenberger 1988, S. 248.

218 Cardano 1566, z. B. S. 89v und 189v.

mungen vermutlich sogar größer ausfallen, angefangen mit der magischen Wirkung der Steine und Planeten bei der Gesteinsentstehung, von deren Einfluss Cardano noch überzeugt ist.[219] Die Herleitung einer Beziehung von Leonardo über Cardano zu Palissy ist daher nicht überzeugend. Cardanos Schrift liefert ferner weniger verwertbare Fakten und Anekdoten als Plinius, den beide als wichtige Quelle heranziehen.

In Biringuccios erstmals 1556 in französischer Übersetzung verlegtem Lehrbuch *De la Pirotechnia* finden sich einige mit den *Discours* vergleichbare Auffassungen, etwa die Feststellung, dass Glas ein künstlich hergestelltes Gestein sei[220] und sich Glasur und Emaille als Gläser bezeichnen lassen. Doch was hätte Palissy Neues daraus ziehen können? Die Gieß- und die Feuerwerkskunst interessiert Palissy in den *Discours* nicht und Geologie und Hydrologie sind kaum von Belang für Biringuccio. Theoretisch bietet *De la Pirotechnia* nichts, was über Plinius hinausginge, und in seiner Berufspraxis, zuerst als Glaser, dann als Keramiker, war Palissy bereits sehr viel weiter fortgeschritten. Methodischer Aufbau und konsequente Gliederung sind die besonderen Stärken des Buchs von Biringuccio. Die Systematik, nämlich zuerst die Metalle, dann Minerale und Salze und anschließend technischen Anwendungen, darunter die Töpferkunst, zu behandeln, könnte einzig als Vorbild für die *Discours* getaugt haben.

In Palissys Beschreibung der Ausbildung von Schichtenfugen im Gestein zeigen sich Parallelen zu Vorstellungen Agricolas. Ein Einfluss Agricolas lässt sich hieraus jedoch nicht unbedingt ableiten. Wie Palissy Agricola gelesen haben sollte, dessen Schriften nur in lateinischer Sprache vorlagen, bleibt fraglich.[221] Agricola besaß zwar die umfassenderen Kenntnisse im Montanwesen, dennoch geht Palissy bei verschiedenen Problemen einen Schritt weiter. Das verfestigungsfähige Wasser Palissys, als Grundlage der Gesteinsbildung, ist den „succus lapidescens", den versteinernden Säften Agricolas, sowohl begriffssprachlich als auch theoretisch überlegen. Während diese weiterhin an die alte aristotelische Elementenlehre mit den ihnen zugeordneten Qualitäten gekoppelt sind, entwickelt Palissy unter Durchführung elementarer Experimente den Begriff aus einer schon modern zu nennenden Modellvorstellung von Salzen und Kristallen. Dieses hierdurch entwickelte Verständnis der Kristallisations- und Sedimenta-

219 Cardano 1566, z. B. S. 23v und 123r.

220 Biringuccio 1925, S. 149.

221 Fragonard in Palissy 1996, Bd. 1, S. XXXVII; Agricola 1956, S. 152 ff. Anders als Fragonard es zum Ausdruck bringt, sind die Differenzen deutlich: Die den Elementen entsprechend der aristotelischen Lehre zugeordneten Qualitäten bei Agricola, insbesondere die Bedeutung der Wärme (dem Element Feuer zugeordnet) für die Steinentstehung, führen zu einem wesentlichen Unterschied in der Betrachtung der Steinentstehung. Die Rolle des gemeinsamen Nenners von Cardano und Palissy, wie Fragonard sagt, kann Agricola deshalb nicht spielen.

tionsvorgänge sowie die Fähigkeit zur genauen Betrachtung der Gesteinsstruktur sind ausreichend, um eine Idee der Entstehung von Schichtenfugen zu entwickeln, ein Bücherstudium war hierfür nicht notwendig. Zur Beschreibung der maritimen Salzproduktion ist Palissy gleichfalls nicht auf die Kenntnisse anderer Autoren angewiesen, da er sein Wissen aus erster Hand bezieht, den Salzwiesen Olerons, direkt vor seiner Haustür. Alle wegweisenden Abhandlungen Agricolas, außer *De re metallica*, sind hochgradig kompiliert und lassen dessen eigenen Standpunkt vielfach nicht deutlich werden. Als weitere Schwäche wirkt, dass die einzelnen Gebiete der Geowissenschaften im Œuvre Agricolas aufgesplittet und in einzelne Traktate getrennt sind. Es gelingt Agricola deshalb kaum, zusammengehörende Vorgänge in ihrer Abhängigkeit voneinander zu beschreiben. Gerade der Versuch, Gesetzmäßigkeiten[222] der Natur und deren Regelmäßigkeit, also ihre Allgemeingültigkeit, aufzuzeigen, das heißt die Natur in der wechselseitigen Abhängigkeit unterschiedlicher Prozesse zu begreifen, ist eine große Leistung der *Discours admirables.*

Es sind die Kupferschieferfische in Mansfeld, die einen der wenigen genaueren Hinweise auf die von Palissy studierten Bücher geben. In der französischsprachigen Literatur finden diese nur in die *Cosmographie universelle* Eingang. Die reich bebilderte ursprüngliche Ausgabe von Sebastian Münster zeigt die größte Übereinstimmung mit dem Bericht der *Discours*. Die Bearbeitungen von Belleforest und André Thevet sind zu weitschweifig und liegen zeitlich zu spät. Münster liefert Palissy die Angabe über die Lagerstätte dieser phantastischen Objekte und durch ihn könnte Palissy auch Zugang zu Kenntnissen Agricolas erlangt haben.

Eine verlässliche Aussage auf verwendete Quellen, insbesondere geologischer Schriften, die über die von Palissy erwähnten Autoren hinausgehen, lässt der Text praktisch nicht zu. Die meisten Autoren der Frühneuzeit publizierten zudem ausschließlich in lateinischer Sprache. Fremdsprachige Schriften dürften Palissy nur aus zweiter oder dritter Hand bekannt gewesen sein.[223] Palissy wusste sehr wohl verschiedene Quellen für sich nutzbar zu machen, ein Nachweis dieser Quellen aber ist kaum möglich. Anders als Agricola kompiliert Palissy nicht, er kombiniert verschiedene Quellen, dies waren sicher sowohl schriftliche wie auch mündliche. Dabei konnte Palissy nur auf dem aufbauen, was in der Frühneuzeit als gesicherte Grundlage galt, etwa die Lehre von den vier Elementen. Benutzte Literatur wurde sehr geschickt komponiert, von jeder Quelle offensichtlich nur das wirklich Geeignete extrahiert, mit den eigenen Erfahrungen, Experimenten und Forschungen in Einklang gebracht und zu einem originären, einheitlichen Ganzen verbunden. Die künstlerische Praxis gab ihm dafür entscheidende Impulse. Dieses ist in dieser Geschlossenheit einmalig. Als „Praktiker“ ist es für

222 Fragonard (Palissy 1996, Bd. 1, S. XXXVI) nennt sie „lois de fonctionnement“.

223 Palissy 1996, Bd. 1, S. XXXVIII.

Palissy nur folgerichtig, den Schwerpunkt seiner Argumentation auf Naturbeobachtung und Experiment zu legen.[224] Das aus Schriftquellen stammende Wissen musste mit diesem in Einklang stehen. Vor allem in den theoretischen Grundlagen ist diese Kombination verschiedener Quellen spürbar. Die von Palissy entwickelten Grundlagen der Stoffchemie sind zweifellos von anderen Forschern beeinflusst, insbesondere sein Konzept der Salze.[225] Diese lassen sich indes nicht bestimmen. Der Wunsch von Jean Céard, durch intensives Studium der *Discours* die von Palissy produktiv benutzten Schriften, besonders die alchemistischen, identifizieren zu können, wird sich wahrscheinlich nicht erfüllen.[226]

---

224 Ellenberger 1988, S. 148 stützt die Glaubwürdigkeit der diesbezüglichen Äußerungen Palissys.

225 Aus unterschiedlichen Bestandteilen, wie traditioneller Vier-Elemente-Lehre und moderner Theorie der Salze, scheint Palissy ein funktionierendes Materiemodell kombiniert zu haben, das in dieser konkreten Form einmalig zu sein scheint.

226 Céard 1992, S. 155 f.; Palissy 1996, Bd. 1, S. XXXVII. Vgl. Kirsop 1961, S. 148 f., der ausführt, dass Palissy sich eher in Diskussionen über die Alchemie austauschte, als Kenntnisse aus Büchern zu erwerben; seine Anleihen an alchemistische Schriften seien rein formal-stilistischer Natur.

VIII. Schluss

Eine spezielle Fachliteratur der Geowissenschaften in französischer Sprache ist im 16. Jahrhundert nicht vorhanden. Darüber musste sich auch Palissy schnell klar geworden sein. Sicherlich war das Ringen um gesellschaftliche Anerkennung eine Motivation für die schriftstellerische Tätigkeit von Palissy, genauso wie der Wunsch, nicht von der Nachwelt vergessen zu werden. Das Ausfüllen der publizistischen Lücke aber ist überzeugend der eigentliche Impetus.[1] Das Vorhaben zu einer entsprechenden Buchpublikation mit geologisch-hydrologischem Schwerpunkt war bereits lange Zeit vor Veröffentlichung der *Discours* gefasst worden. In Palissys zweiter Schrift *Recepte veritable* von 1563 findet sich an zwei Stellen die Ankündigung eines nachfolgenden Buchs.[2] Ein Großteil der Thesen Palissys in den *Discours* ist dort bereits vorformuliert.

Es wäre zu erwarten gewesen, dass die *Discours admirables* aufgrund der 1580 bahnbrechend zu nennenden Ergebnisse und ihrer singulären Stellung prägend wirken und einen Schub in der Forschung auslösen würden. Doch trotz ihrer Innovativität erreichten die *Discours* keine messbare Resonanz während der für die Entwicklung der Wissenschaften entscheidenden einhundert Jahre, die auf ihre Veröffentlichung folgten. Sie übten keinen nachweisbaren Einfluss aus, fanden keinen Nachhall in der wissenschaftlichen Literatur. Tatsächlich war selbst noch Athanasius Kircher (1602–1680) davon überzeugt, dass die Quellen der Flüsse durch unterirdische Kanäle vom Meer versorgt würden, und die Sintfluttheorie blühte nach 1700 mit Scheuchzer erst richtig auf. Was war der Grund dafür, dass die *Discours admirables* nicht durchdrangen? Hielt man Palissy tatsächlich für einen Phantasten? Die Beschränkung auf die französische Sprache war es jedenfalls nicht, wurde sie doch von den meisten Wissenschaftlern und Intellektuellen gesprochen, wie die Beispiele Henry Percy und Sir Hans Sloane zeigen. Aber mit Abbildungen wären Wirkung und Einfluss des Buches womög-

1 Palissy 1996, Bd. 2, S. 9 f.

2 Palissy 1996, Bd. 1, S. 55 und 221. Aus Palissys Zeitangabe, er habe 40 Jahre lang Grabungen durchgeführt, folgt, dass er bereits vor 1540 begonnen haben muss, naturkundliche Studien zu betreiben (Palissy 1996, Bd. 2, S. 11).

lich ungleich größer gewesen. Die *Discours admirables* hätten dann in ihrer Erscheinung der Mineralogie von Conrad Gesner, *De omni rerum fossilium genere,* oder dem Lehrbuch der Bergbaukunst, *De re metallica* von Georg Agricola, ähneln können. Sie hätten seine besondere Stellung hervorheben können, die darin bestand, mehrere Teilgebiete zu einem Handbuch der kompletten Geowissenschaften zusammenzufassen – als einzigem Buch auf dem Markt.

Erst nach 1700 werden die *Discours* von Réaumur (1683–1757) oder Buffon (1707–1788) zitiert und überschwänglich gelobt.[3] Réaumur vermisste Abbildungen in den *Discours* aber offensichtlich nicht. Er war der Meinung, dass Bilder von Fossilien nutzlos seien.[4] Antoine-Grimoald Monnet (1734–1817) sieht in Palissy sogar den ersten französischen Mineralogen und bezeichnet die *Discours* als erste Mineralogie.[5] Im 19. Jahrhundert wird Palissy dann zu einem regelrechten Mythos aufgebaut. Seit seinem vierhundertjährigem Todesjahr 1990 und einer einsetzenden verstärkten Beschäftigung mit seinem Œuvre ist eher die umgekehrte Tendenz einer überkritischen Bewertung zu verzeichnen. Die französische Historikerin Marie-Madeleine Fragonard, die französischen Geologen François Ellenberger und Jean-Claude Plaziat messen ihn an den harten Fakten wissenschaftlicher Erkenntnisse des 20. Jahrhunderts. Sie zeigen dadurch, dass sie Palissy als Wissenschaftler ernst nehmen. Gleichzeitig führt dies aber zu einer übermäßig strengen Beurteilung, die der exzeptionellen Aufbruchssituation in der Frühneuzeit nicht ausreichend Rechnung trägt.[6] Wissenschaft kann immer nur mit den vorhandenen Möglichkeiten ihrer Zeit arbeiten.

Neben einzelnen wirklichen Neuerungen (Fossildiagenese), der Verbreitung wenig bekannter Tatsachen (mineralische Düngung) ist es vor allem die empirische und induktive Arbeitsweise, die Palissy auszeichnet. Diese verfeinerte Palissy seit den 1530er Jahren, als seine naturkundlichen Recherchen begonnen haben

---

3 Siehe Ellenberger 1994, S. 179. René-Antoine Ferchault de Réaumur (1683–1757), französischer Naturwissenschaftler, bekannt für seine Neuerungen auf dem Gebiet der Temperaturmessung und Papierherstellung, leistete auch einen bedeutenden Beitrag zur Kenntnis der Entstehung der Schalen der Schalentiere. Georges-Louis Leclerc de Buffon (1707–1788), französischer Mathematiker, Physiker und Botaniker, Mitherausgeber der *Histoire naturelle générale et particulière* und Gründungsdirektor des Königlichen Botanischen Gartens in Paris, heute Jardin des Plantes.

4 Ellenberger 1994, S. 179.

5 Antoine-Grimoald Monnet (1734–1817), bedeutender französischer Mineraloge und Ingenieur für Bergbau und Hüttenwesen, auch in Deutschland aktiv. Ellenberger 1988, S. 146. Voltaire machte sich hingegen über Palissy in seinem 1768 erschienen Pamphlet *Les Colimaçons Du Reverend Pére L'Escarbotier* über Palissy lustig (3. Lettre), siehe Voltaire 1768. Zu Voltaire, Réaumur, Buffon, Cuvier und Palissy vgl. Brunet 1950 S. 73.

6 Siehe z. B. Fragonard in Palissy 1996, Bd. 1, S. XI–XLVII; Ellenberger 1988, S. 131–148; Plaziat 2011. Gould 2002a, b, c demonstriert, wie eine respektvolle Analyse frühneuzeitlichen geologischen Schrifttums aussehen kann.

dürften, immer weiter, bis sie nach über vierzig Jahren in den *Discours* ihre endgültige Form fanden. Alles Wissen bedarf grundsätzlich eines empirischen Nachweises. Diese Forderung Palissys bricht mit der bis dahin fast bedingungslosen Autorität gegenüber den alten Gelehrten. Geologisches Denken ohne Verkörperlichung bleibt leer, Palissy weiß dies aus seiner künstlerischen Praxis. Diese ebnete den Weg zum Verständnis der Fossilienentstehung, die den Schnittpunkt der *Discours admirables* bildet. Das Studium am Objekt und im Gelände, der Aufbau einer mineralogischen Sammlung und die Gründung einer Akademie für Lehre und Fachdiskussion weisen ihn als ersten wirklichen Geologen und Bodenkundler aus. Es gelingt ihm, durch Zusammenführung der Einzeldisziplinen, unter Einbindung chemischer Grundlagen zur Erklärung der Stoffumwandlungen, ein kohärentes verständliches Konzept der gesamten Geowissenschaften zu entwickeln. Lithosphäre, Hydrosphäre und Biosphäre werden darin in einen naturgesetzlich legitimierten Funktionszusammenhang gestellt. Dies ist das entscheidende Verdienst Palissys. Trotz der vielfältigen Fehler im Detail, gemessen an den heutigen Kenntnissen, der zeittypischen unpräzisen Ausdrucksweise, seiner Schüchternheit, radikale Erklärungen in Erwägung zu ziehen,[7] und seiner Beschränkung auf den Neptunismus beeindruckt die Freiheit von Palissy, mit der verfügbares Wissen und Techniken eingesetzt werden, um zu neuen Einsichten zu gelangen.

Geologie und Hydrologie sind die Hauptthemen der *Discours*, aber doch nicht die einzigen. Ansichten Palissys, die noch vor zwanzig, dreißig Jahren Heiterkeit bei Wissenschaftlern erregten, können heute als bahnbrechend und hellsichtig gelten. Die Auffassungen zum Artensterben durch Überfischung und zur Baumbewirtschaftung in der Forstwirtschaft zeigen ihn als einen Vorläufer der noch jungen Wissenschaften der Landschaftsökologie und Bodenkunde.[8] Palissys Konzentration und Beschränkung auf nur ein Fachgebiet bedeutet eine Abkehr vom Ideal des Universalgelehrten. Die Vollständigkeit, mit der dieses Konzept vollumfänglich ausgearbeitet ist und seinen Ausdruck in dieser Schrift fand, machen die *Discours admirables* einzigartig. Erst jetzt, 500 Jahre nach Palissys Geburt und 200 Jahre nach der Etablierung der Geologie als eigenständiger Wissenschaft, gelingt es allmählich, einen unverstellten, ausgewogenen Blick auf das Schaffen von Bernard Palissy zu werfen. Diese Arbeit soll einen Beitrag dazu leisten.

---

7 Vgl. Brunet 1950, S. 75 und 78.

8 Brevik und Hartemink sind die ersten und bisher einzigen Wissenschaftler, die dies feststellten. Siehe: Brevik, Hartemink 2010, S. 26.

Literaturverzeichnis

Adler, Guido (Hg.) (1980), Handbuch der Musikgeschichte, München

Agricola, Georg (1928), De Re Metallica Libri XII, (neu übersetzt von Carl Schiffner, Hg.: Agricola-Gesellschaft beim Deutschen Museum München, Nachdruck o. J. der Ausgabe von 1928, ca. 2004), Berlin

Agricola, Georg (1955), Bermanus oder über den Bergbau. Ein Dialog (Hg.: Helmut Wilsdorf), Berlin

Agricola, Georg (1956), Schriften zur Geologie und Mineralogie I (Hg.: Georg Fraustadt und Hans Prescher), Berlin

Agricola, Georg (2006), De Natura Fossilium. Handbuch der Mineralogie (1546) (Übers.: Georg Fraustadt, Hg.: Fritz Krafft), Wiesbaden

Albert le Grand (o. J., ca. 1535), Le grant Albert des ecretz des vertus des herbes, pierres et bestes, et aultre livre des merveilles du monde, [...] item a este ajouste de nouveau ung traictie de Pline determinant aulcuns secretz et merveilles daulcunes choses naturelles..., Lyon

Albertus Magnus (Albert Le Grand) (1974), Le Composé des Composés (Hg.: Archè, Bibliotheca Hermetica V), Milano

Albinus, Petrus (1589), Meißnische Land- und Berg-Chronica, Dresden

Alciat, André (1574), Emblemes d'Alciat, en Latin et Francois vers par vers. [...], Paris

Alessandrini, Alessandro und Alessandro Ceregato (Hg.) (2007), Natura Picta. Ulisse Aldrovandi, Bologna

Allbutt, Sir Thomas C. (1919), Palissy, Bacon and the revival of natural Science, London

Amico, Léonard N. (1987), Les céramiques authentiques de Bernard Palissy, in: Revue de l'Art, Bd. 78, S. 61–69

Amico, Léonard N. (1996), A la recherche du paradis terrestre. Bernard Palissy et ses continuateurs, Paris

Amphoux, Henri (1969), Michel de L'Hôpital et la liberté de conscience au XVIe siècle, Genf

Asendorf, Dirk (2011), Sieben Milliarden mal Wachstum, in: Die Zeit, Nr. 47, 17. Nov. 2011, S. 39

d'Aubigné, Agrippa (1616), Histoire universelle du sieur d'Aubigné, Maillé

Audiat, Louis (1864), Bernard Palissy. Étude sur sa vie et ses travaux, Saintes

Babelon, Jean-Pierre (1987), D'un fossé à l'autre. Vingt ans de recherches sur le Louvre, in: Revue de l'Art, Bd. 78, S. 5–25

Bacon Roger (1974), Miroir d'alchimie (Speculum Alchimie) (Hg.: Archè, Bibliotheca Hermetica V), Milano

Bacon, Francis (1857), Works, Bd. 1, London

Bacon, Francis (1982), Neu-Atlantis, Stuttgart
Baratay, Eric und Elisabeth Hardouin-Fugier (2000), Zoo. Von der Menagerie zum Tierpark, Berlin
Barre, Aurélie (Hg.) (2010), Le Roman de Renart, édité d'après le manuscrit O (fr. 12583), Berlin
Baudrillard, Jean (1996), Simulacra and Simulation (Übers.: Sheila F. Glaser), Ann Arbor, Michigan
Bauhin, Johann (1598), Historia novi et admirabilis fontis balneique Bollensis in ducatu Wirtembergico, Mömpelgard (Montbéliard)
Bautier, Robert-Henri und Geneviève Bresc-Bautier (1987), Un faux du XIXe siècle: „Devys d'une grotte pour la Royne, Mère du Roy", in: Revue de l'Art, Bd. 78, S. 84–85
Bedoz Rezak, Brigitte (1990), Anne de Montmorency. Seigneur de la Renaissance, Paris
Belon, Pierre (1551), L'Histoire naturelle des estranges poissons marins, avec la vraie peincture [...], observee par Pierre Belon du Mans, Paris
Belon, Pierre (1555), Histoire de la nature des oyseaux, avec leurs descriptions, naïfs portraicts retirez du naturel par Pierre Belon du Mans, Paris
Benjamin, Walter (1963), Das Kunstwerk im Zeitalter seiner technischen Reproduzierbarkeit, Frankfurt am Main
Bénouis, M. K. (1976), Le dialogue philosophique dans la littérature française du seizième siècle, Den Haag
Beringer, Carl Christoph (1954), Geschichte der Geologie und des Geologischen Weltbildes, Stuttgart
Bernal, M.A., J. Diaza, A. Ros Barcelób und F. Merino de Cáceresa (1994), Peroxidase isoenzyme gradients in Capsicum annuum leaves and their expression in vegetative and flowering plants, in: Agronomie, Vol. 14, No 3, S. 205–210
Besson, Jacques (1569), L'Art et Science de trouver les Eaux et Fontaines cachées soubs terre, autrement que par les moyens vulgaires des Agriculteurs & Architectes, Orléans
Beyer, Hans (1976), Lehrbuch der Organischen Chemie (18. Auflage), Stuttgart
Bibliothèque municipale de Lyon, Information possesseur: Girardot de Préfond, Base provenance des livres anciens, http://sged.bm-lyon.fr/Edip.BML/Publiimg/PROV/PROV879.HTML
Biringuccio, Vanocio (1925), De la Pirotechnia. Biringuccios Pirotechnia (Hg.: Otto Johannsen), Braunschweig
Biringuccio, Vanocio, (1556), La Pyrotechnie ou Art du Feu [...] traduite d'Italien en François, par feu maistre Jaques Vincent, Paris
Biswas, Asit K. (1970), History of hydrology, Amsterdam
Blakeway, Amy (2011), The Library Catalogues of Sir Hans Sloane: Their Authors, Organization, and Functions, in: Electronic British Library Journal, eBLJ 2011, Article 16
Böhme, Gernot und Hartmut (2004), Feuer, Wasser, Erde, Luft. Eine Kulturgeschichte der Elemente, München
Böhme, Hartmut (2011), Der Körper als Bühne. Zur Protogeschichte der Anatomie, in: Spuren der Avantgarde: Theatrum anatomicum. Frühe Neuzeit und Moderne im Kulturvergleich (Hg.: Helmar Schramm, Ludger Schwarte, Jan Lazardzig), Berlin und New York 2011, S. 28–53
Bonnaffé, Edmond (1874), Inventaire des meubles de Catherine de Médicis en 1589. Mobilier, Tableaux, Objets d'art, Manuscrits, Paris

Brandt, Silvio (1997), Von historischen Deutungen der Kupferschieferfossilien bis zur wissenschaftlichen Interpretation, in: Verein Mansfelder Berg- und Hüttenleute, Mitteilung 29, 5/1997, S. 2–7, Lutherstadt Eisleben; www.kupferschiefer.de

Braun, Georg und Frans Hogenberg (2008), Civitates orbis terrarum, mit Kupferstichen von Joris Hoefnagel (Hg.: Stephan Füssel), Köln

Bredekamp, Horst (1981), Die Erde als Lebewesen, in: Kritische Berichte, 9/4–5, S. 5–37

Bredekamp, Horst (1993), Antikensehnsucht und Maschinenglauben. Die Geschichte der Kunstkammer und die Zukunft der Kunstgeschichte, Berlin

Bredekamp, Horst (1999), Die Tropfsteinmaschine, in: Kat. Hamburg (1999), S. 6–15

Bredekamp, Horst (2000), Die Kunst des perfekten Verbrechens, in: Die Zeit, Nr. 50, 7. Dezember 2000

Bredekamp, Horst (2004), Die Fenster der Monade. Gottfried Wilhelm Leibniz' Theater der Natur und Kunst, Berlin

Bredekamp, Horst (2008), Das Prinzip der Metamorphosen und die Theorie der Evolution, in: Jahrbuch der Berlin-Brandenburgischen Akademie der Wissenschaften, Berlin

Bredekamp, Horst, Jochen Brüning und Cornelia Weber (Hg.) (2000), Theater der Natur und Kunst. Theatrum naturae et artis, Berlin

Breidbach, Olaf, (2005) Bilder des Wissens. Zur Kulturgeschichte der wissenschaftlichen Wahrnehmung, München

Brepohl, Erhard (Hg.) (1999), „De Diversis Artibus." Theophilus Presbyter und das mittelalterliche Kunsthandwerk, Köln

Brevik, Eric C. und Alfred E. Hartemink (2010), Early soil knowledge and the birth and development of soil science, in: Catena, Bd. 83, S. 23–33

Brinckmann, Justus (1894), Führer durch das Hamburgische Museum für Kunst und Gewerbe, 1. Band, Hamburg

Bromehead, C. E. N. (1945), Geology in Embryo (Up to 1600 A.D.), in: Proceedings of the Geologists' Association, Vol. LVI, Part 2, S. 89–134

Brunet, Pierre (1950), Les premiers linéaments de la science géologique: Agricola, Palissy, George Owen, in: Revue d'histoire des sciences et de leurs applications, T. 3 n°1, S. 67–79

Bruno, Giordano (1969), Das Aschermittwochsmahl (Übers.: Ferdinand Fellmann), Frankfurt am Main

Buchner, Otto (1913), Einführung in die europäische Meeresmollusken-Fauna, Stuttgart

Buckminster Fuller, Richard (1973), Bedienungsanleitung für das Raumschiff Erde und andere Schriften, Hamburg

Busch, Werner (1994), Der Berg als Gegenstand von Naturwissenschaft und Kunst. Zu Goethes geologischem Begriff, in: Goethe und die Kunst (Hg.: Sabine Schulze), Frankfurt am Main, S. 485–518

Büttner, Philippe (2009). Die Wahrnehmung von Ursache und Wirkung, in: MMI Interaktiv, www.mmi-interaktiv.de/uploads/media/MMI_Kausalitaet-Die_Wahrnehmung_von_Ursache_ und_Wirkung.pdf, Sonderausgabe FJS 2009, Berlin

Calvin, Jean (1554), Commentaire de M. Jean Calvin sur le premier livre de Moyse, dit Genese, Genf

Canella, Anne-Françoise (2003), Alchemical Iconography at the Dawn of Modern Age. The Splendor solis of Salomon Trismosin, in: Lefèvre, Renn, Schoeflin (Hg.) (2003), S. 107–116

Cardano, Gironimo (Cardanus) (1556, 1566), (De la Subtilité) Les livres de Hierome Cardanus Medecin Milannois, intitulez de la Subtilité, & subtiles inventions, ensemble ses causes occultes, & raisons d'icelles. Traduit de Latin en Françoys, par Richard le Blanc. À Paris par Guillaume le Noir, Paris

Carlowitz, Hans Carl von (2013), Sylvicultura oeconomica oder Haußwirthliche Nachricht und Naturmäßige Anweisung zur Wilden Baum-Zucht (Hg.: Joachim Hamberger), München

Catalogue des Livres de feu M. Bouquot, Docteur en Médecine de Montpellier, à Troyes. De l'imprimerie de V. André et fils ainé (1809), Imprimeurs-Libraires de l'Évêché, Grand Rue à Troyes, Troyes

Céard, Jean (1977), La Nature et les Prodiges. L'insolite au XVIe siècle en France, Genf

Céard, Jean (1987), Relire Bernard Palissy, in: Revue de l'Art, Bd. 78, S. 77–83

Céard, Jean (1992), Bernard Palissy et Alchimie, in: Lestringant 1992, S. 155–166

Cellini, Bienvenuto (2000), Mein Leben (Übers.: Jacques Laager), Zürich

Cennini, Cennino (1970), Das Buch von der Kunst oder Traktat der Malerei, erschienen in der Reihe Quellenschriften für Kunstgeschichte und Kunsttechnik des Mittelalters und der Renaissance (Hg.: Alfons Ilg), Osnabrück

Cesalpino, Andrea (1596), De Metallicis libri tres, Rom

Chambrier, Joachim und Geofroy le Tellier (1561), Retardement de la mort par bon regime ou conservation de santé, jadis envoié par l'escolle de Salerne, au Roi d'Angleterre. Traduict de Latin en rithme Françoyse par Geofroy le Tellier […] Faict en Latin par Joachim Chambrier, et depuis mis en rithme Françoise par le mesme traducteur, Verlag und Druckerei Martin Le Jeune, Paris

Charleston, Robert J. (Hg.) (1981), Keramik: vom gebrannten Ton zum Porzellan, Leipzig

Charon, Annie (Hg.), Catalogue des livres du cabinet de Mr G… D… P… par Guillaume-François de Bure, le jeune. Informations sur le possesseur de la bibliothèque Girardot de Préfond, Paul. Éditions en ligne de l'École des chartes (ELEC) n° 2, Esprit des livres. Base de données des catalogues de vente de l'époque moderne conservés dans les bibliothèques parisiennes, http://elec.enc.sorbonne.fr/cataloguevente/notice23.php

Chatelain, Jean-Marc und Laurent Pinon (2000), L'intervention de l'image et ses rapports avec le texte à la Renaissance, in: Henri-Jean Martin, Mise en page et mise en texte du livre français. La naissance du livre moderne (XIVe–XVIIe siècles), Paris, S. 234–270

Colonna, Francesco (1546), Hypnerotomachie ou Discours du Songe de Poliphile, übersetzt von Jean Martin und Jacques Gohory, illustriert von Jean Cousin und Jean Goujon, Paris

Colonna, Francesco (1971), Le Songe de Poliphile (Übers.: Claudius Popelin), Paris 1853, Genève

Collet, Dominik (2007), Die Welt in der Stube. Begegnungen mit Außereuropa in Kunstkammern der Frühen Neuzeit, Göttingen

Daber, Rudolf und Jochen Helms (1983), Fossil Treasures, Leipzig

Darmstaedter, Ludwig (1908), Handbuch zur Geschichte der Naturwissenschaften und der Technik, Berlin

Daston, Lorraine (2001), Wunder, Beweise, Tatsachen. Zur Geschichte der Rationalität, Frankfurt am Main

Daston, Lorraine und Katharine Park (2002), Wunder und die Ordnung der Natur, Berlin

Daubrée, Gabriel Auguste (mit Adolf Gurlt) (2005), La génération des minéraux métalliques, dans la pratique des mineurs du moyen âge, d'après le Bergbüchlein (mit einer Teilübersetzung des Bergbüchleins durch Adolf Gurlt), in: Journal des Savants, Juni/Juli, Paris 1890. École Nationale Supérieure des Mines de Paris, 2005, www.cri.ensmp.fr/buechlein/daubree.html

Dauterman, Carl Christian (1968), Snakes, Snails and creatures with tails in the Metropolitan Museum, in: The American Connoisseur, Nov. 1968, S. 185–193

Dawkins, Peter (2009), Francis Bacon's Life. A Brief Historical Sketch. The Francis Bacon Research Trust, Internet Publikation, http://www.fbrt.org.uk/pages/essays/essay-fb-life.html

De Bure, Guillaume-François, le jeune (1757), Catalogue des livres du cabinet de Mr G... D... P... (Girardot de Préfond), Paris

Deming, David (2005), Born to Trouble: Bernard Palissy and the Hydrologic Cycle, in: Ground Water, Vol. 43, No. 6, Nov.–Dec. 2005, S. 969–972

Deramaix, Marc, u.a. (Hg.) (2008), Les académies dans l'Europe humaniste. Idéaux et pratiques, Genf

Diderot, Denis und Jean Baptiste le Rond d'Alembert (1751–1765), Encyclopédie ou Dictionnaire raisonné des sciences, des arts et des métiers, Paris

Didi-Huberman, George (1993), L'imitation comme mythe à la Renaissance, in: Thomas W. Gaethgens (Hg.), Künstlerischer Austausch. Akten des XXVIII. Intern. Kongresses für Kunstgeschichte, Berlin, S. 493–502

Didi-Huberman, George (1999), Ähnlichkeit und Berührung, Köln

Diemer, Dorothea und Peter (2008), Die Münchner herzogliche Kunstkammer des 16. Jahrhunderts. Akademieabhandlung, in: Akademie aktuell, Nr. 4, München

Dietrich von Freiberg (Theodoricus Teutonicus de Vriberg) (1304), De iride et de radialibus impressionibus

Drake, Stillman (1999), Essays on Galileo and the History and Philosophy of Science, Vol. 2, Toronto

Droz, Eugénie (1960), Barthelemy Berton, 1563–1573, L'imprimerie à La Rochelle, Bd. 1, Genf

Dufay, Bruno, Yves de Kisch, Dominique Poulain, Yves Roumégoux und Jean-Pierre Trombetta (1987), L'atelier parisien de Bernard Palissy, in: Revue de l'Art, Bd. 78, S. 33–60

Dufey, P. J. S. (1824), Œuvres complètes de Michel l'Hospital, Chancelier de France, Bd. 1, Paris

Duhem, Pierre (1906, 1984), Etudes sur Léonard da Vinci. Ceux qu'il la lu et ceux qui l'ont lu. Bd. 1, Paris, S. 223–256 (Léonard de Vinci, Cardan, Bernard Palissy)

Dupuy, Ernest (1902), Bernard Palissy. L'Homme- l'Artiste- le Savant- l'Écrivain, Paris

Einstein Forum (2001), Vom Verständnis der Natur. Jahrbuch 2000, Berlin

Ellenberger, François (1987), Jan van Gorp (Goropius Becanus), 1518–1572: un pionnier méconnu de l'étude des fossiles au XVIème siècle, in: Travaux du Comité Français d'Histoire de la Géologie, 3° série, tome 1, n° 2, S. 9–27

Ellenberger, François (1988, 1994), Histoire de la Géologie, tome 1 (1988), tome 2 (1994), Paris

Encelius (Entzelt), Christoph (1551), De Re Metallica [...], Libri III, Frankfurt am Main

Engel, Michael (1997), Auf dem Wege zur Modernen Chemie – Chemie und Alchemie 1550–1750. Innovation, Repräsentation, Diffusion, in: Lindgren 1997, S. 131–156

Erenz, Benedikt und Ulrich Gruber (2013), Nachhaltigkeit: Ein Wort geht um die Welt. Fragen [von Benedikt Erenz] an den Kulturhistoriker Ulrich Gruber. Aus Anlass der Neuherausgabe des Buchs von Hans Carl von Carlowitz, „Sylvicultura oeconomica oder Haußwirthliche Nachricht und Naturmäßige Anweisung zur Wilden Baum-Zucht" (Hg.: Joachim Hamberger), München, 2013, in: Die Zeit, Nr. 17, 18. April 2013, S. 20

Falguières, Patricia (2009), Les inventeurs des choses. Enquêtes sur les arts et naissance d'une science de l'homme dans les cabinets du XVIe siècle, in: Histoire de l'art et anthropologie und in: Les actes de colloques en ligne du musée du quai Branly: http://actesbranly.revues.org/94, Paris

Fehrenbach, Frank (2012), Quasi animata forma. „Lebendige Kunst" in der Frühen Neuzeit, in: Bios. Konzepte des Lebens in der Zeitgenössischen Kunst. Kat. Berlin, Georg Kolbe Museum, S. 30–39

Felfe, Robert und Kirsten Wagner (2010), Museum, Bibliothek, Stadtraum. Räumliche Wissensordnungen 1600–1900, Berlin

Felfe, Robert und Natascha Adamowsky (2011), Ludi Nauturae – Spiele der Natur in Kunst und Wissenschaft, in: Ludi Nauturae – Spiele der Natur in Kunst und Wissenschaft (Hg.: Natascha Adamowsky, Hartmut Böhme, Robert Felfe), München, S. 7–30

Felfe, Robert (2014), Figurationen im Gestein. Ko-Produktionen zwischen Kunst und Natur, in: Paragone als Mitstreit (Hg.: Joris van Gastel, Yannis Hadjinicolanu, Markus Roth), Berlin, S. 153–175

Feller, Christian L. u.a. (2003), „The principles of rational agriculture" by Albrecht Daniel Thaer (1752–1828). An approach to the sustainability of cropping systems at the beginning of the 19th century, in: Journal of Plant Nutrition and Soil Science, Vol. 186, S. 687–698

Fessner, Michael (2008), Die Familie Luder in Möhra und Mansfeld. Archivalische Überlieferungen zum Elternhaus von Martin Luther, in: Harald Meller (Hg.), Fundsache Luther. Archäologen auf den Spuren des Reformators. Landesmuseum für Vorgeschichte Halle/Saale, S. 79–85

Fetter Jr., C. W. (2004), Hydrogeology: A Short History, Part 1, in: Ground Water, Vol. 42, No. 5, Sep.–Oct. 2004, S. 790–792

Fischel, Angela (2009), Natur im Bild, Zeichnung und Naturerkenntnis bei Conrad Gessner und Ulisse Aldrovandi, Berlin

Fragonard, Marie-Madeleine (1992), Les Meubles de Palissy. Biographie d'Artiste, Légende et Mythes, in: Lestringant 1992, S. 25–37

Fragonard, Marie-Madeleine (2000), Bernard Palissy: Héritage de la science écrite et transmission des connaissances techniques, in: Marie Roig Miranda (Hg.), La transmission du savoir dans l'Europe des XVIe et XVII siècles (Reihe: Colloques, congrès et conférences sur la Renaissance, Nr. 19), Paris, S. 27–42

François, Alexis (1947), Le Magnifique Meigret, Genf

Friese, Karl (1910), Geschichte der Königlichen Universitäts-Bibliothek zu Berlin, Berlin

Frotscher, Sven (2003), dtv-Atlas Keramik und Porzellan, München

Fuchs, Leonhart (1546), De historia stirpium commentarii insignes, Paris

Galilei, Galileo (1982), Dialog über die beiden hauptsächlichen Weltsysteme. Das Ptolemäische und das Kopernikanische. Übersetzt und erläutert von Emil Strauss. Mit einem Vorwort von Albert Einstein und Stillman Drake (Hg.: Roman Sexl und Karl von Meyenn), Stuttgart

Gauckler, Ludwig J. (2005), Materialwissenschaft 1, Keramik, Vorlesungsskript ETH-Zürich D-Matl, Zürch, www.nonmet.mat.ethz.ch/education/courses/Materialwissenschaft1/DownloadsHS2007/manuscript_chap_1.pdf

Geiß, Anton Ferdinand von und Johann Friedrich Glaser (1770), Beschreibung des von A. F. v. Geiß vollkommen verbesserten und auf alle vorkommenden Fälle eingerichteten Bergbohrers, wie auch eines Erdbohrers für den Landmann nebst beygefügter, gleich-

falls grosser Verbesserung des von Mersenno ohndeutlich entworfenen, und fehlerhaften Brunnenbohrers mit nöthigen Kupfern, Wien
Gerchow, Jan (Hg.) (2002), Ebenbilder. Kopie von Körpern – Modelle des Menschen, Ostfildern-Ruit und Essen
Gesner, Conrad (Hg.) (1565), De omni rerum fossilium genere, gemmis, lapidibus, metallis, et huiusmodi, libri aliquot, Zürich
Goethe, Johann W. von (1998), Werke, Hamburger Ausgabe, München
Gohau, Gabriel (1987), Une histoire de la géologie, Paris
Gohau, Gabriel (1990), History of Geology, New Brunswick
Golson, Lucile M. (1971), Serlio, Primaticcio and the Architectural Grotto, in: Gazette des Beaux-Arts, Nr. 113, S. 95–108
Gould, Stephen Jay (1999), When fossils where young, in: Natural History, Oct. 1999, Durham, NC. http://www.naturalhistorymag.com/
Gould, Stephen Jay (2002a), Both Neonate an Elder: The First Fossil of 1557 (Conceptual Index Fossils: Number 1), in: Paleobiology, 28 (1), S. 1–8
Gould, Stephen Jay (2002b), Drawing a gloriously false inference (Conceptual Index Fossils: Number 2), in: Paleobiology, 28 (2), S. 179–183
Gould, Stephen Jay (2002c), A Renaissance victory for the dual Alessandro (Conceptual Index Fossils: Number 3), in: Paleobiology, 28 (3), S. 304–307
Gramacinni, Norberto (1986), Das genaue Abbild der Natur – Riccios Tiere und die Theorie des Naturabgusses seit Cennini, in: Kat. Frankfurt a. M. 1986, S. 198–225
Grepe, Cristiane (2012), Erdet Euch! Forscher und Politiker diskutieren über den Schutz der Böden, in: Die Zeit Nr. 40, 22. Nov. 2012, S. 41
Griep, Wolfgang (2006), Durchs glückliche Arabien, in: Die Zeit, Nr. 52, 20. Dez. 2006

Haage, Berhard Dietrich (2000), Alchemie im Mittelalter. Ideen und Bilder – von Zosimos bis Paracelsus, Düsseldorf und Zürich
Haas, Alois, Ludwig Hödl und Horst Schneider (2004), Diamant. Zauber und Geschichte eines Wunders der Natur, Berlin
Hahn, Walther von (2006), Anfänge der Fachsprache, (Uni-HH) http://nats-www.informatik.uni-hamburg.de/~vhahn/German/Fachsprache/vHahn/Geschichte/Texte/Geschichte.html, Hamburg
Hall, Kevin und Colin Thorn (2010), The historical legacy of spatial scales in freeze-thaw weathering: Misrepresentation and resulting misdirection, in: Geomorphology 2010, doi:10.1016 /j.geomorph. 2010.10.003 www.esci.keele.ac.uk/people/pgk/Dissertation/Hall%20and%20Thorn%202010.pdf
Hanschmann, Bruno Alexander (1903), Bernard Palissy, der Künstler, Naturforscher und Schriftsteller, Leipzig
Haubold, Hartmut und Rudolf Daber (1989), Fossilien, Minerale und Geologische Begriffe, Leipzig und Frankfurt am Main
Hausmann, Franz Josef (1980), Louis Meigret: humaniste et linguiste, Tübingen
Hautecœur, Louis (1924), Le Louvre et les Tuileries, Paris
Hautecœur, Louis (1948), Histoire de l'architecture classique en France, vol. 2, Paris
Heinrich, Christoph (1996), Georg Hinz. Das Kunstkammerregal. Hamburger Kunsthalle, Hamburg
Hempfer, Klaus W. (Hg.) (2002), Möglichkeiten des Dialogs: Struktur und Funktion einer literarischen Gattung zwischen Mittelalter und Renaissance in Italien, Stuttgart

Hendrix, Lee und Thea Vignau-Willberg (1997), Nature Illuminated. Flora and Fauna from the court of the Emperor Rudolf II., Los Angeles
Herbst, Arnulf (2000), Auf allen Stühlen. Kunsthandwerk am Scheideweg, in: Die Kunstzeitung, Dezember 2000, S. 13
Héret, Mathurin (1555), Les problemes d'Alexandre Aphrodisé [...], Verlag Martin Le Jeune, Paris
Héricart de Thury, Louis-Etienne-François (1829), Considérations géologiques et physiques sur la cause de jaillissement des eaux des puits forés ou fontaines artificielles, Paris
Herting-Agthe, Susanne (o.J., a), Kristall, Mineral, Gestein (Hg.: Mineralogische Schausammlung der Technischen Universität Berlin), Berlin
Herting-Agthe, Susanne (o.J., b), Die große Amethystdruse (Hg.: Mineralogische Schausammlung der Technischen Universität Berlin), Berlin
Herting-Agthe, Susanne (2013), Mineralogische Sammlungen seit 1781. Von der Bergakademie zur TU-Berlin, Berlin
Herting-Agthe, Susanne und Patricia Pätzold (2013), Himmlische und irdische Schätze. Wiedereröffnung der Mineralogischen Sammlung der TU-Berlin nach siebenjähriger Bauzeit, in: TU-intern, Nr. 1, Januar 2013, S. 4
Hirsch, August (1887), „Osann, Emil", in: Allgemeine Deutsche Biographie, Bd. 24, S. 458–459 [Onlinefassung], http://www.deutsche-biographie.de/pnd117150126.html?anchor=adb
Hofmann, Isabelle (2000), mak macht's möglich, in: Die Kunstzeitung, Dezember 2000, S. 14
Hofmann, Werner (Hg.) (1983), Luther und die Folgen für die Kunst, München
Hofmann, Werner (Hg.) (1987), Zauber der Medusa. Europäische Manierismen, Wien
Hofstätter, Hans und Hans H. Diedrich (1970), Hochdruck und Kunst, München
Hölder, Helmut (1960), Geologie und Paläontologie in Texten und ihrer Geschichte, Freiburg und München
Hölder, Helmut (1989), Kurze Geschichte der Geologie und Paläontologie, Berlin
Holleman-Wiberg (1976), Lehrbuch der Anorganischen Chemie (81.–90. Auflage), Berlin
Hölting, Bernward (1996), Hydrogeologie – Einführung in die Allgemeine und Angewandte Hydrogeologie, Stuttgart
Hubmann, Bernhard (2009), Die großen Geologen, Wiesbaden
Humboldt, Alexander von (1969), Ansichten der Natur (Hg.: Adolf Meyer-Abich), Stuttgart
Humboldt, Alexander von (2009), Kritische Untersuchung der historischen Entwicklung der geographischen Kenntnisse von der Neuen Welt (Hg.: Otmar Ette), Frankfurt am Main

Imdahl, Max (1971), Who's afraid of red yellow and blue III. Eine Einführung, Stuttgart
Imperato, Ferrante (1599), Dell'historia naturale di Ferrante Imperato napolitano Libri XXVIII., Neapel

Jahn, Ilse (1986), Geschichte der Präparationstechnik. Schriftenreihe des Museums für Naturkunde Berlin, Berlin
Jahn, Ilse (1994), Zoologische Gärten – Zoologische Museen. Parallelen ihrer Entstehung. In: Bongo, Bd. 24, S. 7–30
Jahn, Ilse (Hg.) (2000), Geschichte der Biologie, Berlin
Jahn, Melvin E. (1974), John Woodward, Hans Sloane, and Johann Gaspar Scheuchzer: a re-examination, in: Journal of the society for Bibliography of Natural History, Volume 7, S. 19–27

Jakobshagen, Arndt, Götze, Mertmann, Wallfas (2000), Einführung in die geologischen Wissenschaften, Stuttgart

Jander, Gerhart und Hans Spandau (1976), Kurzes Lehrbuch der Allgemeinen und Anorganischen Chemie, Berlin und New York

Janzin, Marion und Joachim Güntner (2006), Das Buch vom Buch. 5000 Jahre Buchgeschichte, Hannover

Jeska, Andrea (2012), Der Mann der die Wüste aufhielt, in: Die Zeit, Nr. 49, 29. Nov. 2012, S. 17

Jünger, Ernst (1994), Auswahl aus dem Werk, Stuttgart

Kahn, Didier (2007), Alchimie et Paracelsisme en France à la fin de la Renaissance: 1567–1625, Paris

Kamil, Neil (2005), Fortress of Soul: Violence, Metaphysics, and Material Life in the Huguenots' New World, 1517–1751, Baltimore

Kat. Berlin (1994), Das Berliner Kupferstichkabinett, Berlin

Kat. Berlin (2003), Georg Flegel. Die Aquarelle, München

Kat. Berlin (2005), Splendor Solis oder Sonnenglanz. Auf der Suche nach dem Stein der Weisen, Berlin

Kat. Berlin (2006a), Bilder im Wortfeld. Siebzig Einsichten in die Bibliothek des Kunsthistorischen Instituts (Hg.: Wolf-Dietrich Löhr und Michael Thimann), Freie Universität Berlin, Berlin

Kat. Berlin (2006b), Rembrandt. Ein Virtuose der Druckgraphik, Kupferstichkabinett, Staatliche Museen zu Berlin, 4. Aug. bis 5. Nov. 2006, Berlin

Kat. Berlin (2008), Gemäldegalerie. Fantasie und Handwerk. Cennino Cennini und die Tradition der toskanischen Malerei von Giotto bis Lorenzo Monaco. Berlin, 10. Jan. 2008 bis 13. April 2008, Berlin

Kat. Berlin (2012), translatio nummorum. Die ersten zwölf Caesaren in der Renaissance. 35 Bücher. 5.300 Münzen. 15.000 Datensätze. Ausstellung im Bodemuseum, Staatliche Museen zu Berlin, vom 23.11.2012 bis 15.3.2013, Berlin

Kat. Dortmund, Gotha (2003), Museum für Kunst- und Kulturgeschichte Dortmund, Schlossmuseum Gotha, Palast des Wissens. Die Kunst- und Wunderkammer Zar Peters des Großen. Dortmund, München

Kat. Dresden (1976), Einführung in das Grüne Gewölbe, Dresden

Kat. Écouen (1997), Musée National de la Renaissance, Château d'Écouen (Hg.: T. Crepin-Leblond), Une Orfèvrerie de terre: Bernard Palissy et la céramique de Saint-Porchaire, Paris

Kat. Essen (2002), Ruhrlandmuseum, Ebenbilder. Kopien von Körpern – Modelle des Menschen, Essen

Kat. Frankfurt am Main (1985), Liebighaus. Natur und Antike in der Renaissance. 5. Dez. 1985 bis 2. März 1986, Frankfurt am Main

Kat. Hamburg (1984), Hamburger Kunsthalle, Leonardo da Vinci. Natur und Landschaft. Naturstudien aus der Königlichen Bibliothek in Windsor Castle, Hamburg

Kat. Hamburg (1999), Bogomir Ecker. Die Tropfsteinmaschine 1996–2496. Hamburger Kunsthalle, Hamburg

Kat. Innsbruck/Wien (2006/2007), Die Entdeckung der Natur. Naturalien in den Kunstkammern des 16. und 17. Jahrhunderts. Schloss Ambras, Innsbruck, 22. Juni bis 31.Oktober 2006, Innsbruck und Wien

Kat. Magdeburg (1994), Museum für Naturkunde, Magdeburg, Taxidermie zwischen Kunst & Natur. Tierpräparation im Museum, Magdeburg

Kat. Potsdam (2012), Friederisiko: Friedrich der Große, 2 Bände, Potsdam, 28. April – 28. Oktober 2012, München

Kat. Saintes (1990), Musée de l'Echevinage, Bernard Palissy. Mythe et Réalité, Saintes, Juni-September 1990, Paris

Kat. Wien (2008), Arcimboldo 1526–1593 (Hg.: Sylvia Ferino-Pagden), Kunsthistorisches Museum Wien, 12.2. bis 1.6.2008, Wien

Keil, Geert (2001), Wo hat Kant das Prinzip vom nomologischen Charakter der Kausalität begründet?, in: Volker Gerhardt u. a. (Hg.), Kant und die Berliner Aufklärung: Akten des IX. Internationalen Kant-Kongresses, März 2000, Berlin

Kemp, Wolfgang (1974), Material und bildende Kunst. Zu einem ungelösten Problem der Kunstwissenschaft, in: Prisma, Bd. 9, S. 25–34

Kirsop, Wallace (1961), The Legend of Bernard Palissy, in: Ambix, Bd. 9, S. 136–154

Kittelmann, Udo und Klaus Görner (2004), Teresa Margolles. Muerte sin fin, Ostfildern-Ruit

Klein, Axel (2005), Materialkunde – Anorganische Materialien, Vorlesungsskript Uni Graz, http://www.uni-graz.at/~kleinaxe/Mat_Kapitel3.pdf, Graz

Klein, Ursula (1994), Verbindung und Affinität: die Grundlegung der neuzeitlichen Chemie an der Wende vom 17. zum 18. Jahrhundert, Basel

Klein, Ursula (2008), The Laboratory Challenge. Some Revisions of the Standard View of Early Modern Experimentation, in: Isis, Bd. 99, S. 769–782

Klier, Andrea (2004), Fixierte Natur. Naturabguß und Effigies im 16. Jahrhundert, Berlin

Koch, Louis (2005a), Le Bergbüchlein de Ulrich Rülein von Calw, Ecole Nationale Supérieure des Mines de Paris, Paris, http://www.cri.ensmp.fr/buechlein/, http://fonds-ancien.ensmp.fr/ Ouvrages_rem/ Bergbuchlein/Trad_Koch/article_Koch.pdf

Koch, Louis (2005b), Le Petit livre de la Mine : nouvelle traduction (Le Bergbüchlein de Ulrich Rülein von Calw), Ecole Nationale Supérieure des Mines de Paris, Paris, http://fonds-ancien.ensmp.fr/Ouvrages_rem/Bergbuchlein/Trad_Koch/Breg_trad_Koch.pdf

König, Wolfgang (Hg.) (1997), Propyläen Technikgeschichte (PTG), Berlin

Koschatzky, Walter (2003a), Die Kunst der Graphik. Technik, Geschichte, Meisterwerke, München

Koschatzky, Walter (2003b), Die Kunst der Zeichnung. Technik, Geschichte, Meisterwerke, München

Kris, Ernst (1926), Der Stil „rustique". Die Verwendung des Naturabgusses bei Palissy und Jamnitzer, in: Jahrbuch der kunsthistorischen Sammlungen in Wien, N.F. Bd. 1, S. 137–208

Kris, Ernst (2012), Erstarrte Lebendigkeit. Zwei Untersuchungen, vorgestellt von Bettina Uppenkamp (Hg.: Pablo Schneider), Zürich

Kris, Ernst und Otto Kurz (1995), Die Legende vom Künstler, Frankfurt am Main

Krohn, Wolfgang (2006), Francis Bacon, München

Krumbiegel, Günther und Harald Walther (1984), Fossilien. Urkunden vergangenen Lebens, Leipzig

Kühn, Hermann, Heinz Roosen-Runge, Rolf E. Straub und Manfred Koller (2002), Reclams Handbuch der künstlerischen Techniken, Stuttgart

La Croix-du-Maine (1584, 1772), François Grudé, sieur de und Antoine du Verdier, Les bibliothèques françoises de La Croix-du-Maine et de Du Verdier, Paris

Langer, Wolfhart (1994), Kenntnisse über Fossilien im deutschen Kulturraum zur Agricola-Zeit, in: Friedrich Naumann (Hg.), Georgius Agricola 500 Jahre, Basel, S. 123–130

Le Baillif de La Rivière, Roch (1578), Le Demosterion de Roch le Baillif [...] auquel sont contenuz trois cens aphorismes latins & françois sommaire veritable de la medecin paracelsique [...], Rennes

Le Bars, Fabienne (2013), Notiz zu: Paul Girardot de Préfond (17.–1765), Reliures de la Bibliothèque nationale de France, http://reliures.bnf.fr/ark:/12148/cdt9x562

Lecoq, Anne-Marie (1987), Morts et résurrections de Bernard Palissy, in: Revue de l'Art, Bd. 78, S. 26–32

Lecoq, Anne-Marie (1990), Der Garten der Weisheit, in: Monique Mosser und Georges Teyssot, Die Gartenkunst des Abendlandes, Stuttgart, S. 65–76

Lees-Jeffries, Hester (2010), An Elizabethan translation of Bernard Palissy's „On Waters and Fountains", in: Studies in the History of Gardens and Designed Landscapes, Jg. 30, S. 1–56

Lefèvre, Wolfgang (2010), Picturing the world of mining in the renaissance. The Schwazer Bergbuch (1556). Preprint 407, Max-Planck-Institut für Wissenschaftsgeschichte, Berlin

Lefèvre, Wolfgang, Jürgen Renn und Urs Schoeflin (Hg.) (2003), The Power of Images in Early Modern Science, Basel

Legrand, Dominique (1992), Notes sur le Lexique de Bernard Palissy, in: Lestringant 1992, S. 145–154

Leibniz, Gottfried Wilhelm (1749a), (Protogaea), Summi polyhistoris Godefridi Guilielmi Leibnitii Protogaea, sive de Prima facie telluris et antiquissimae historiae vestigiis in ipsis naturae monumentis dissertatio, ex schedis manuscriptis... in lucem edita a Christiano Ludovico Scheidio, Göttingen

Leibniz, Gottfried Wilhelm (1749b), (Protogaea), Gottfried Wilhelm Leibnizens Protogaea oder Abhandlung von der ersten Gestalt der Erde und den Spuren der Historie in den Denkmaalen der Natur, herausgegeben von C. L. Scheid, Leipzig und Hof

Leibniz, Gottfried Wilhelm (1923 ff.), Sämtliche Schriften und Briefe, Reihe IV, Bd. 1, Berlin

Leibniz, Gottfried Wilhelm (2011), Sämtliche Schriften und Briefe, Erste Reihe, Allgemeiner Politischer und Historischer Briefwechsel, 22. Band, Jan.–Dez. 1703, Berlin

Lemery, Nicolas (1675, 1690), Cours de Chymie contenant la maniere de faire les operations [...], Paris

Lemnius, Levinus (1567), Les occultes merveilles et secretz de nature : avec plusieurs enseignements des choses diverses tant par raison probable que par conjecture artificielle, nouvellement traduit de latin en françois par J. G. P. [Jacques Gohory, Parisien], Paris

Leonardo da Vinci (1942), Cahiers (Hg.: P. Valery), Paris

Leonardo da Vinci (1952), Tagebücher und Aufzeichnungen (Hg.: Theodor Lücke), Leipzig

Leonardo da Vinci (1970), The Notebooks of Leonardo da Vinci (Hg.: Jean Paul Richter), London

Leonardo da Vinci (1990), Sämtliche Gemälde und die Schriften zur Malerei (Hg.: André Chastel), München

L'Estoile, Pierre de (1825), Mémoires de Pierre de L'Estoile pour servir à l'histoire de France et Journal de Henri III et de Henri IV., Reihe Collection complète des mémoires relatifs à l'histoire de France, Bd. 45–48 (Hg.: M. Petitot), Paris

Lestringant, Frank (Hg.) (1992), Bernard Palissy 1510–1590, L'écrivain, le reformé, le céramiste. Actes du Colloques Bernard Palissy 1510 – 1590, Saintes Juni 1990, Mont-De-Marsan

Libavius, Andreas (1964), Die Alchemie. Ein Lehrbuch der Chemie aus dem Jahre 1597. Zum ersten Mal in deutscher Übersetzung (Hg.: Friedemann Rex), Weinheim/Bergstr

Liebscher, Imfried und Franz Willert (1955), Technologie der Keramik, Halle

Lindgren, Uta (Hg.) (1997), Naturwissenschaft und Technik im Barock. Innovation, Repräsentation, Diffusion, Köln

Lippmann, E. O. von und J. R. Partington (1936), Biringuccio und Agricola, in: Isis, Bd. 26, No. 1, Dec. 1936, S. 37–38

Loisel, Gustave (1912), Ménageries, Paris

Luther, Martin (1883 ff., 2000–2007), Martin Luthers Werke. Kritische Gesamtausgabe. Weimarer Ausgabe, Stuttgart und Weimar

MacGregor, Arthur (Hg.) (1994), Sir Hans Sloane: Collector, scientist, antiquary, London

Mariéjol, Jean-H. (1979), Catherine de Médicis 1519–1589, Paris

Martin Warnke (1985), Hofkünstler. Zur Vorgeschichte des modernen Künstlers, Köln

Martin, Henri-Jean (1987), Le livre français sous l'Ancien Régime, Paris

Martin, Henri-Jean (Hg.) (2000), Mise en page et mise en texte du livre français. La naissance du livre moderne (XIVe–XVIIe siècles), Paris

Marx, Günter (1999), Chemie zur Zeit Agricolas. Vortrag im Rahmen des 5. Agricola-Gesprächs des Agricola-Forschungszentrums Chemnitz, am 20.11.1999, Internationales Begegnungszentrum, TU-Chemnitz. http://www-user.tu-chemnitz.de/~fna/05-marx.pdf

Mc Nab, Jessie (1987), Palissy et son „école" dans les collections du Metropolitan Museum of Art de New York, in: Revue de l'Art, Bd. 78, S. 70–76

Meinel, Christoph (1992), Okkulte und exakte Wissenschaften, in: August Buck (Hg.), Die Okkulten Wissenschaften in der Renaissance, Wiesbaden, S. 21–44

Mensching, Günther (2009), Roger Bacon. Zugänge des Denkens im Mittelalter, Bd. 4, Münster

Mercati, Michele (1719), Metallotheca. Opus Posthumum (Hg.: Lancisi, J. M.), Rom

Mesme, Henri de (1970), Mémoires inédits de Henri de Mesmes, suivi de ses Pensées inédites, écrites pour Henri III (Hg.: E. Frémy), Genf

Michon, Louis-Marie (1957), Les Faïenceries fines de Saint-Porchaire, in: Gazette des Beaux-Arts, Bd. 49, S. 257–265

Miquel, Pierre (1980), Les guerres de religions, Paris

Monnet, Antoine-Grimoald (1779), Nouveau système de minéralogie, ou Essai d'une nouvelle exposition du règne minéral, Paris

Münster, Sebastian (1550, 1552, 1553), Cosmographei oder beschreibung aller länder, herrschafften, fürnemsten stetten, geschichte[n], gebreüchen, hantierungen[...], Basel

Münster, Sebastian (1552, 1556), La Cosmographie universelle, contenant la situation de toutes les parties du monde, avec leurs propriétés et appartenances [...], Basel

Münster, Sebastian (1575), La cosmographie universelle de tout le monde [...], auteur en partie Munster; mais beaucoup plus augm., ornée, et enrichie par François de Belle-Forest, Paris

Murawski, Hans (1983), Geologisches Wörterbuch, Stuttgart

Museum für Naturkunde Berlin (1991a), Tierpräparation (Faltblatt)

Museum für Naturkunde Berlin (1991b), Einheimische Säugetiere – Dioramen (Faltblatt)

Museum für Naturkunde Berlin (1992), Stammesgeschichte der Landpflanzen (Faltblatt)

Museum für Naturkunde Berlin (1994), Einheimische Fische (Faltblatt)

Nacke, Claudia (2012), Kristallzüchtung eisenbasierter Pniktidverbindungen, Diss. TU-Dresden, Dresden

Nature (1914), Palissy as a pioneer of scientific method, in: Nature, Nr. 93, S. 518
Naumann, Friedrich (2006), 450 Jahre „De re metallica libri XII“ – das Hauptwerk Georgius Agricolas, in: Die Technikgeschichte als Vorbild moderner Technik, Heft 31, 2006: Von Georgius Agricola zum Mitteldeutschen Braunkohlenbergbau. Aspekte der Montangeschichte, Chemnitz, S. 9–40 http://www-user.tu-chemnitz.de/~fna/15naumann.pdf, Agricola-Forschungszentrum Chemnitz, http://www.georgius-agricola.de/downloads.htm
Naumann, Friedrich (Hg.) (1994), Georgius Agricola – 500 Jahre. Wissenschaftliche Konferenz vom 25.–27. März 1994 in Chemnitz, Basel
Netzer, Susanne (1999), Maleremails aus Limoges. Der Bestand des Berliner Kunstgewerbemuseums, Berlin
Nützmann, Gunnar (2000), Einführung in die Hydrologie, Vorlesungsskript von TU-Berlin, HU-Berlin und IGB, Berlin

Ogilvie, Brian W. (2003), Image and Text in Natural History, 1500–1700, in: The Power of Images in Early Modern Science (Hg.: Wolfgang Lefèvre, Jürgen Renn, Urs Schoeflin), Basel, S.141–166
Orme, Antony R. (2002), Shifting paradigms in geomorphology: the fate of research ideas in an educational context, in: Geomorphology, Bd. 47, S. 325–342
Osann, Emil (1829, 1832), Physikalisch-medicinische Darstellung der bekannten Heilquellen der vorzüglichsten Länder Europa‘s, Berlin
Ovid (Publius Ovidius Naso) (1998), Metamorphosen (Übers. u. Hg.: Hermann Breitenbach), Stuttgart
Ovide (ca. 1556), Les 15 livres de la métamorphose d’Ovide, interprétés en rimes françoises, par François Habert, Rouen

Palissy, Bernard (1563), Recepte veritable, par laquelle tous les hommes de la France pourront apprendre à multiplier et augmenter leurs thresor. [...], La Rochelle
Palissy, Bernard (1580), Discours admirables, [...], Paris
Palissy, Bernard (1636), Le moyen de devenir riche, et la manière véritable par laquelle tous les hommes de la France pourront apprendre à multiplier et augmenter leurs thrésors et possessions, [...], Paris
Palissy, Bernard (1777), Œuvres de Bernard Palissy revues sur les exemplaires de la Bibliothèque du Roi (Hg.: Faujas de Saint-Fond und M. Gobet), Paris
Palissy, Bernard (1961), Œuvres complètes de Bernard Palissy, avec des notes et une notice historique par Paul-Antoine Cap. Nouveau tirage augmenté d’un avant-propos de M. Jean Orcel, Neudruck der Ausgabe von 1844, Paris
Palissy, Bernard (1988), Recepte veritable (Hg.: Keith Cameron), Genf
Palissy, Bernard (1996), Œuvres Complètes (Hg.: Keith Cameron, Jean Céard, Marie-Madeleine Fragonard, Marie-Dominique Legrand, Frank Lestringant und Gilbert Schrenck), Mont-De-Marsan
Palissy, Bernard (2010), Œuvres Complètes, 2. édition (Hg.: K. Cameron, J. Céard, M.-M. Fragonard, M.-D. Legrand, F. Lestringant und G. Schrenck), Paris
Paré, Ambroise (1970), Œuvres Complètes (Hg.: Joseph-François Malgaigne), Genf
Partington, James R. (1970), A History of Chemistry, London
Pelletier, Monique (2007), National and Regional Mapping in France to About 1650, in: A History of Cartography, Vol. 3: Cartography in the European Renaissance (Hg.: David Woodward), Chicago, S. 1480–1503

Perrin, Isabelle (1998, 2002) Les techniques céramiques de Bernard Palissy, Paris und Lille
Perrig, Alexander (1984), Leonardo. Die Anatomie der Erde, in: Jahrbuch der Hamburger Kunstsammlungen, Bd. 25, 1980, S. 50–80; sowie Supplementband zu Kat. Hamburg 1984
Petit, Theodorides (1962), Histoire de la Zoologie, Paris
Pfannkuche, Bernd (1984), DuMont's Handbuch der Keramikglasur, Köln
Piccolpasso, Cipriano (1860), Les troys libvres de l'art du potier : esquels se traicte non seulement de la practique, mais briefvement de tous les secretz de ceste chouse. Translatés de l'italien en langue françoyse par maistre Claudius Popelyn, Paris
Pieper, Wilhelm (1955), Ulrich Rühlein von Calw und sein Bergbüchlein, in: Freiberger Forschungshefte, Kultur und Technik D 7, Berlin
Pinon, Lauren (1995), Livres de zoologie de la renaissance, Straßburg
Platearius, Matthaeus (ca. 1470?), Le Livre des simples médecines, (Circa instans), Fr.Fv.VI, 1. Russische Nationalbibliothek, St. Petersburg. Reprint (Hg.: Manuel Moleiro), Barcelona, 2006, www.moleiro.com/infoplus.php?p=LMS/de
Platearius, Matthaeus (ca. 1520?), Le Livre des simples médecines, Illumination wahrscheinlich von Robinet Testard, Ms. Français 12322, Bibliothèque nationale de France, Paris
Plaziat, Jean-Claude (1990), Les fossiles du Tertiaire parisien dans l'œuvre de Bernard Palissy (1510? –1590), en commémmoration du quatriéme centenaire de sa mort, in : Travaux du Comité Français d'Histoire de la Géologie, 3° série, T.IV, p. 131–151, 1990. www.annales.org/archives/cofrhigeo/ fossiles-palissy.html
Plaziat, Jean-Claude (2011), Bernard Palissy (1510–1590) and the French geologists: a critical reappraisal concerning the founding naturalist and his rustic ceramics, in: Bulletin Soc. Géol. France, Bd. 182, N° 3, S. 255–267
Plinius der Ältere (1562), L'Histoire du monde de C. Pline Second [..]. À quoy a esté adjousté un traité des pois et mesures antiques, réduites à la françoise [...] Le tout fait et mis en françois par Antoine Du Pinet, seigneur de Noroy, Lyon
Plinius der Ältere (1978–1994), Naturkunde (Hg. und Übers.: R. König), München
Plinius der Ältere (1840), Cajus Plinius Secundus. Naturgeschichte (Hg.: Philipp Hedwig Külb), Stuttgart
Pochat, Götz (1986), Geschichte der Ästhetik und Kunsttheorie, Köln
Polizzi, Gilles, L'integration du modele : Le *Poliphile* et Le Discours du jardin dans la *Recepte veritable*, in: Lestringant 1992, S. 65–92
Pomian, Krzysztof (1987), Collectionneurs, amateurs et curieux. Paris, Venise: XVIe–XVIII siècle, Paris
Pomian, Krzysztof (1988), Der Ursprung des Museums. Vom Sammeln, Berlin
Postel, Claude (1992), Les écrits de Guillaume Postel publiés en France et leurs éditeurs, 1538–1579, Paris
Postel, Guillaume, dict Rorisperge (1579), Les premiers éléments d'Euclide chrestien, Paris
Poulain, Dominique (1993), Les rustiques figulines du Musée des Beaux-Arts de Lyon, in: Bulletin des Musées et Monuments Lyonnais, Nr. 3/4, S. 24–47
Prescher, Hans (1994a), Dr. Georgius Agricola 1494–1555. A Eurpoean Scientist and Humanist from Saxony, in: GeoJournal, Bd. 32.2, S. 85–89
Prescher, Hans (1994b), Georgius Agricola – Ein sächsischer Humanist und Naturforscher von europäischer Bedeutung, in: Friedrich Naumann (Hg.), Georgius Agricola – 500 Jahre. Wissenschaftliche Konferenz vom 25. bis 27.März 1994 in Chemnitz, Basel, S. 11–34

Priesner, Claus und Karin Figala (Hg.) (1998), Alchemie. Lexikon einer hermetischen Wissenschaft, München
Prinz, Wolfram und Andreas Beyer (Hg.) (1987), Die Kunst und das Studium der Natur vom 14. zum 16. Jahrhundert, Weinheim

Quiccheberg, Samuel (ca. 1997), Incriptiones vel, Tituli Theatri Amplissimi von 1565 oder der Anfang der Museumslehre in Deutschland, übersetzt von Harriet Hauger (jetzt Roth). Diss. Humboldt-Universität Berlin, ohne Dat., ca. 1997, Berlin

Raček, Milan (1975), Vom Raritätenkabinett zur Dermoplastik, in: Der Präparator, Jg. 21
Radczewski, O. E. (1968), Die Rohstoffe der Keramik. Minerale und Vorkommen, Berlin und New York
Raff, Thomas (1961), Die Sprache der Materialien. Prolegomena zu einer Ikonologie des Materials, München
Renn, Jürgen und Matteo Valleriani (2001), Galileo and the Challenge of the Arsenal, MPI-WG preprint 179, Florenz und Berlin
Richter, Elinor M. (1984), The sculpture of Antonio Federighi, Diss. Columbia University, New York
Riederer, Josef (1994), Echt und falsch. Schätze der Vergangenheit im Museumslabor, Berlin
Rival, Michel (1995), Les Montmorency, Seigneurs de Xe siècle – 1632, Cholet
Rodin, Auguste (1912), Auguste Rodin 1911. Die Gespräche des Meisters, Leipzig
Rosarius (de Rosier), Simon (1578), Antithese des faicts de Iesus Christ et du pape : mise en vers françois; ensemble les traditions et decrets du pape opposez aux commandements de dieu; item, la description de la vraye image de l'Antechrist... Imprimé l'an de grace 1578, Genf
Rosenblum, Robert (1975), Modern Painting and the Northern Romantic Tradition, New York
Rössler, Hellmuth (1956), Europa im Zeitalter von Renaissance, Reformation und Gegenreformation. 1450–1650, München
Roth, Harriet (Hg.) (2000), Der Anfang der Museumslehre in Deutschland: das Traktat „Inscriptiones vel tituli theatri amplissimi" von Samuel Quiccheberg, Berlin
Rudwick, Martin J. S. (1976), The meaning of fossils, New York
Rühlein, Ulrich (1505), Ain wohlgeordnetz : unnd nützlichs Büchlin wie man Bergwerck suche [...] (Bergbüchlein), Augsburg. Exemplar der Bibliothèque de l'Ecole des Mines, ParisTech. https://patrimoine.mines-paristech.fr/document/Bergbuchlein

Schedel, Hartmann (1493), Liber Chronicarum, Nürnberg
Schedel, Hartmann (1500) Das Buch der Chroniken und Geschichten (Liber chronicarum), übersetzt von Hieronymus Münzer, Augsburg
Schleicher, Elisabeth (1979), Die Kunst- und Wunderkammern der Habsburger, Wien
Schleicher, Elisabeth und Alfred Auer (1987), Das Museum Erzherzogs Ferdinand II. in Schloss Ambras, Ried und Innsbruck
Schlosser, Julius von (1978), Die Kunst- und Wunderkammern der Spätrenaissance, Braunschweig
Scholl, Stephan und Robert Goedecke (2011), Verfahrenstechnisches Labor – Kristallisation. Kühlungskristallisation von Kaliumsulfat aus einer wässrigen Lösung. ICTV, TU-Braunschweig, Braunschweig. www.ictv.tu-bs.de/tl_files/Laborskripte/SkriptKristallisation.pdf

Schrenck, Gilbert und Eric Surget (1992), Bernard Palissy dans l'œuvre d'Agrippa d'Aubigné, in: Lestringant 1992, S. 17–23

Schroeder, Klaus-Henning (1996), Geschichte der französischen Sprache im Überblick, Bonn

Schülein, Johann August und Simon Reitze (2002), Wissenschaftstheorie für Einsteiger, Wien

Schütt, Hans-Werner (2000), Auf der Suche nach dem Stein der Weisen. Die Geschichte der Alchemie, Berlin

Scott, Andrew C. (2001), Frederico Cesi and his field studies on the origin of fossils between 1610 and 1630, in: Endeavour, Vol. 25(3), S. 93–102

Secret, François (1964), Guillaume Postel le Pantopaeon, in: Revue de l'histoire des religions, tome 165, n°2, S. 203–235

Segelken, Barbara (2011), Sammeln, ordnen, darstellen. Verfahren frühneuzeitlicher Sammlungspraktiken. Internet Publikation, www.dhm.de/datenbank/symposium/segelken.pdf

Shearman, John (1965), Manierismus. Das Künstliche in der Kunst, London

Shell, Hanna Rose (2004), Casting Life, Recasting Expierience: Bernard Palissy's Occupation between Maker and Nature, in: Configurations, Vol. 12,1, S. 1–40

Simonyi, Karoly (1990), Kulturgeschichte der Physik, Leipzig, Budapest und Frankfurt am Main

Sloane, Sir Hans, Sloane MS. 3792C, Manuskripten-Katalog Sloane, British Library, London

Smith, Pamela H. (2006), Art, Science, and the Visual Culture in Early Modern Europe, in: Isis, Bd. 97, S. 83–100

Soubise, Jean de Parthenay-Larchevêque (1879), Mémoires de la vie de Jean de Parthenay-Larchevêque, sieur de Soubise [...] (Hg.: Jules Bonnet), Paris

Stanley, Steven M. (1994), Historische Geologie, Heidelberg

Stewering, Roswitha (1996), Architektur und Natur in der Hypnerotomachia Poliphili, Hamburg

Strobl, Thomas (2005), Wissenswertes über Beton. Grundlagen der Betontechnologie. BASF Construction Chemicals, Krieglach

Strübel, Günter und Siegfried H. Zimmer (1991), Lexikon der Minerale, Stuttgart

Thevet, André (1584) La Cosmographie universelle d'André Thevet, [...] illustrée de diverses figures des choses plus remarquables veuës par l'auteur [...], tome 1–4, Paris

Thompson, H. R. (1959), Bernard Palissy on Frost Shattering and River Ice, in: Journal of Glaciology, vol. 3, issue 25, S. 363

Timm, Tobias (2010), Verrückt nach Schätzen. Mit Blechkrebs und Dürer: Die Dresdner Kunstsammlungen feiern ihr 450. Jubiläum, in: Die Zeit, Nr. 16, 15. April 2010, S. 58

Toresella, Sergio (2001), Die Ikonographie antiker Pflanzenbücher und die Überlieferung botanischer Kenntnisse, in: Einstein Forum, Vom Verständnis der Natur. Jahrbuch 2000, Berlin, S. 31–55

Tourette, Alexandre de la (1575), Bref discours des admirables vertus de l'or potable, [...], Lyon

Vergile, Polydore (Vergilius, Polydorus) (1576), Les memoires et histoire de l'origine, invention & autheurs des choses [...] et traduicte par Francoys de Belle-Forest, Paris

Verryn-Forrer, J. (1968), Un collectionneur peu connu: François Rasse de Neus, chirugien parisien, in: Studia bibliographica in honorem herman de la vervey (Hg.: S. Van der Woude), Amsterdam, S. 389–417

Vignau-Wilberg, Thea (1994, 1997), Archetypa Studiaque patris Georgii Hoefnagel 1592. Natur, Dichtung und Wissenschaft in der Kunst um 1600, München und Los Angeles

Vitruv, Marcus Vitruvius Pollio gen. (1547), (De l'architecture), Architecture, ou Art de bien bastir de Marc Vitruve Pollion, mis de latin en françoys par Jean Martin (illustr. v. Jean Goujon), Paris

Vitruv, Marcus Vitruvius Pollio gen. (1983), Zehn Bücher über Architektur (Übers.: Jakob Prestel, Nachdruck der Ausgabe Straßburg 1912), Baden-Baden

Volkmer, Dirk (1999), Von Biomineralien zu biomimetischen Materialien: Der Weg ist das Ziel, in: Chemie in unserer Zeit, 33. Jg., Nr. 1. http://www.ak-tremel.chemie.uni-mainz.de/ChiuZ/ Von%20Biomineralien%20zu%20biomimetischen%20Materialien%20CHIUZ%201999.pdf

Voltaire, François Marie Arouet de (1768), Les Colimaçons Du Reverend Pére L'Escarbotier (anonym publiziert, ohne Ortsangabe)

Vulcan, Ruxandra Irina (2000), Le Dialogue humaniste, un instrument idéal de diffusion du savoir, in: Marie Roig Miranda (Hg.), La transmission du savoir dans l'Europe des XVIe et XVII siècles (= Colloques, [...] et conférences sur la Renaissance, Nr. 19), Paris, S. 229–232

Walker, Alison (2009), The Library of Sir Hans Sloane (1660–1753): creating a catalogue of a dispersed library. Vortrag auf dem World Library an Information Congress: 75th IFLA General Conference and Council, 23–27 August 2009, Mailand, Italien. 78. Library History SIG. Internet Publikation, www.bl.uk, conference.ifla.org/past/ifla75/78-walker-en.pdf

Walker, Daniel Pickering (2000), Spiritual and Demonic Magic. From Ficino to Campanella, University Park, PA, USA

Wallat, Hendrik (2009), Roger Bacon oder Tradition und Fortschritt im Mittelalter. Rezension zu Mensching, Günther: Roger Bacon, Münster. Internet Rezension, http://www.rote-ruhr-uni.com/cms/IMG/pdf/Roger_Bacon_oder_Tradition_und_Fortschritt_im_Mittelalter.pdf

Weiß, Gustav (1984), Keramik Lexikon. Praktisches Wissen griffbereit, Berlin

Wessel, Günther (2004), Von einem der daheim blieb, die Welt zu entdecken. Die Cosmographie des Sebastian Münster, Frankfurt

Weyl, Richard (1960), Johann Jacob Scheuchzers „Physica Sacra", Gießener Hochschulblätter, 8. Jhg., Nr. 1. http://www.geologie.uni-freiburg.de/root/people/andSrias/scheuchzeri.html

Willesme, Jean-Pierre (1999), La grotte de B. Palissy d'après les fragments conservés au Musée Carnavalet, in: Bulletin de la Société de l'Histoire de Paris et d'Ile de France, Bd. 122–124, 1995–1997 (1999), S. 89–105

Wilsdorf, Helmut (1954), Präludien zu Agricola. I. Das Joachimsthaler Bergbüchlein des Hans Rudhart 1523. II. Die Cosmography des Sebastian Münster 1544, in: Freiberger Forschungshefte, Kultur und Technik D 5, Berlin

Wilsdorf, Helmut (1956), Georg Agricola und seine Zeit, Berlin

Witt, Karl J. (2007), Tonmineralische Abdichtungselemente in Oberflächenabdichtungssystemen, in: H.-G. Ramke, K. J. Witt, W. Bräcker, M. Tied, H. Düllmann und S. Melchior (Hg.), Anforderungen an Deponie-Oberflächenabdichtungssysteme. Höxteraner Berichte zu angewandten Umweltwissenschaften, Band 6, Weimar

Wolfram, Ludwig Friedrich (1833), Vollständiges Lehrbuch der gesammten Baukunst: Bd. 1, Lehre von den Baustoffen, Zweite Abtheilung, Lehre von den künstlichen Bausteinen und Verbindungsstoffen [...], Stuttgart und Wien

Woolbridge, Kenneth (1986), Princely Gardens. The origins and development of the French formal style, London

Worm, Ole (1655), Museum Wormianum, Seu Historia Rerum Rariorum, Tam Naturalium, quam Artificialium, tam Domesticarum, quam Exoticarum, quae Hafniae Danorum in aedibus Authoris servantur: Variis & accuratis Iconibus illustrata, Amsterdam

Zapfe, Helmuth (1958), Ein Dokument zur Geschichte der Paläontologie, in: Natur und Volk. Bericht der Senckenbergischen Naturforschenden Gesellschaft, Bd. 88,3, S. 93–95 Nachdruck in: Arbeitskreis Paläontologie Hannover, 13. Jg., 6, S. 160–162

Zapfe, Helmuth (1987), Materialien zu einer Geschichte der Paläontologie in Österreich, in: Catalogus Fossilium Austriae, Heft XVa, S. 209–242

Ziegenbalg, Michael (1993), An interdisciplinary co-operation: painters of landscape, cartographers, surveyers of land and mountain in the renaissance, in: Histoire & Mesure, vol. 8, n° 3–4, S. 313–324

Zittel, Claus, Gisela Engel, Romano Nanni und Nicole C. Karafyllis (Hg.) (2008), Philosophy of Technology. Francis Bacon and his Contemporaries, Leiden und Boston

Zöllner, Frank (2006), Leonardo da Vinci: Die Geburt der Wissenschaft aus dem Geiste der Kunst. Internet-Publikation, http://archiv.ub.uni-heidelberg.de/artdok/volltexte/2006/170/

Zuchman, Randall C. (2006), Calvin as commentator on Genesis, in: Calvin and the Bible (Hg.: Donald K. McKim), Cambridge

Verwendete Lexika und Wörterbücher

Académie: Le Dictionnaire de L'Académie Françoise, dedié au Roy. (1694), Paris

AFW: Altfranzösisches Wörterbuch (1925–2002), (Hg.: Adolf Tobler, Erhard Lommatzsch und Hans Helmut Christmann), Leipzig, Wiesbaden, Stuttgart

Becherelle: Becherelle, Louis-Nicolas (1856), Dictionnaire national ou Dictionnaire Universel de la Langue Française, Paris

BH Biologie: Brockhaus ABC der Biologie (1986), Leipzig

BH Technik: Brockhaus ABC der Naturwissenschaft- und Technik (1960), Leipzig

Corneille: Corneille, Thomas (1694), Le Dictionnaire des arts et des sciences, par M. D. C., de l'Académie françoise, Paris

Cotgrave: Cotgrave, Randle (1611), A Dictionarie of the French and English Tongues, London

DAG (1975 ff.): Dictionnaire onomasiologique de l'ancien gascon (Hg.: Kurt Baldinger), Heidelberg

DMF: Dictionnaire du Moyen Français (2012), Internet-Ausgabe: http://www.atilf.fr/dmf/

Duden: Duden (1996). Deutsches Universalwörterbuch A–Z. 3. neubearbeitete Auflage, Mannheim

DudenG: Der große Duden (1968), Bd. 1, Rechtschreibung der deutschen Sprache und der Fremdwörter, Mannheim

DWB: Grimm, Jacob und Wilhelm, u. a. (Hg.) (1854–1971), Deutsches Wörterbuch, Leipzig, Göttingen, Berlin. Internet-Publikation: http://woerterbuchnetz.de/DWB/

EWFS: Gamillscheg, Ernst (1969), Etymologisches Wörterbuch der Französischen Sprache, Heidelberg

FEW: Wartburg, Walter von (1928 ff.), Französisches Etymologisches Wörterbuch, Basel

Fuchs, Volker (2001), Taschenlexikon der französischen Grammatik, Tübingen und Basel

Furetière: Furetière, Antoine (1690), Dictionnaire universel, La Hague

GdH: Grandsaignes d'Hauterive, R. (1947), Dictionnaire d'ancien Français. Moyen Age et Renaissance, Paris

Godefroy: Godefroy, Frédéric (1881–1902), Dictionnaire d'ancienne langue Française et tous les dialectes du IXe au XVe Siècle. Bd. 1–10, Paris

Hahnemann, Samuel (1773–1798), Samuel Hahnemanns Apothekerlexikon, Leipzig

Huguet: Huguet, Edmond (1925–1967), Dictionnaire de la langue française du seizième siècle, Paris

Hulsius: Hulsius, Levinus (1596, 1602), Dictionnaire françois allemand et allemand françois. Non paravant vue ni imprimé, Nürnberg

James, Robert (1746–1748), Dictionnaire universel de médecine, de chirurgie, de chymie, de botanique, d'anatomie, de pharmacie, d'histoire naturelle, etc. traduit de l'anglais par Mrs Diderot, Eidous et Toussaint, Paris

Krünitz, Johann Georg (Hg.) (1773–1858), Oekonomische Encyklopädie, Berlin. Internet-Ausgabe: http://www.kruenitz1.uni-trier.de/

Larousse: Petite Larousse illustré 1990 (1989), Paris

Lemery, Nicolas (1721) Vollständiges Materialien-Lexicon, Leipzig

Littré: Littré, Émile (1873–1874), Dictionnaire de la langue française [...] par É. Littré, Paris

Ménage: Ménage, M. (1750), Dictionnaire Etymologique de la Langue Française, Paris

Mèry: Mèry, M. C. de (1828), Histoire Générale des Proverbes, Adages, Sentences, Apophthegmes, dérivés des mœurs, des usages, de l'esprit et de la morale [...], Paris

Meyers: Meyers Großes Konversationslexikon (1905–1909), 6. Auflage, Leipzig und Wien, Internet-Ausgabe, http://woerterbuchnetz.de/Meyers/

Nicot: Nicot, Jean (1606), Thresor de la langue francoyse, tant ancienne que moderne, Paris

Occitan: L'European Occitan Academia, Le dictionnaire Occitan-Français, Internet-Publikation, http://dobloc.free.fr/dobloc/Frances/index.htm

Patois Oléronais: Nadreau, Michel, Patois Oléronais und Cabuzel, Didier, L'île d'Oléron, Internet-Publikationen: http://www.cabuzel.com/oleron/content/view/33/66/

Pons FD: Pons (1985) Französisch-Deutsch, Deutsch-Französisch (Hg.: Erich Weis, Heinrich Muttutat und Christian Nugue), Stuttgart

Pons LD: Pons (1998). Lateinisch-Deutsch. Wörterbuch für Schule und Studium, Stuttgart

PR: Le Nouveau Petit Robert (1993), Dictionnaire alphabétique et analogique de la langue française (Hg.: Josette Rey-Debove und Alain Rey), Paris

Pradez: Pradez, Elisabeth (1933), Dictionnaire des Gallicismes les plus usités, Paris

TLF: Le Trésor de la langue française (1971 ff.), (Hg.: Paul Imbs, Paris. Internet-Ausgabe: http://atilf.atilf.fr/tlf.htm

TRE: Theologische Realenzyklopädie (1991), (Hg.: Gerhard Krause und Gerhard Müller), Bd. 21, Berlin, New York

Wooldridge, Terence Russon (1998), Bases dictionnairiques, bases philologiques, bases de connaissances culturelles. Le „Triomphe de Henry": étude lexicologique et métalexicographique. Internet-Publikation, http://homes.chass.utoronto.ca/~wulfric/articles/nan595/fr_tabl.htm#res und http://homes.chass.utoronto.ca/~wulfric/articles/tdh/index.html, Uni Toronto

Wooldridge, Terence Russon (2010), Les Débuts de la lexicographie française. Estienne Nicot et le Thresor de la langue françoyse 1606. Internet-Publikation, http://www.etudes-francaises.net/dossiers/wooldridge_debuts/, Toronto

Dank

Mein besonderer Dank gilt Prof. Dr. Horst Bredekamp, der die Arbeit betreut und unterstützt hat, dem ich viele wertvolle Hinweise verdanke und der eine große Geduld während der langjährigen Arbeit bis zur Fertigstellung bewies. Prof. Dr. Robert Felfe danke ich für seine Bereitschaft, als Zweitgutachter die Arbeit zu prüfen. Prof. Dr. Jürgen Trabant gilt mein herzlicher Dank für die Prüfung der Übersetzung der *Discours admirables*. Weiter danke ich PD Dr. Bettina Uppenkamp für hilfreiche Anstöße und den Mitarbeitern der Abteilung Historische Drucke der Staatsbibliothek zu Berlin für ihre Unterstützung, ganz besonders aber William Dixon für seine Hilfe bei der Übersetzung und deren anschließende Durchsicht und Henrike Brust für ihren Rat in Fragen der Biologie und den vielfältigen Diskussionen und Anregungen

Abbildungsnachweis

Aus Publikationen entnommen: Abb. 2/Taf. II: Amico 1996, S. 111; Abb. 3/Taf. III: Amico, 1996, S. 27; Abb. 4: Dufay u. a. 1987, S. 49; Abb. 5/Taf. V: Kat. Écouen 1997, S. 125; Abb. 10: Palissy 1580, S. 1; Abb. 11: Palissy 1580, S. XV, Palissy 1996, S. 9, 17, 18, 273; Abb. 12: Palissy 1580, S. 156 u. Postel 1579, S. 28; Abb. 13: Heret 1555, Titelseite; Abb. 16/Taf. VI: Kat. Écouen 1997, S. 129; Abb. 17: Kat. Saintes 1990, S. 83; Abb. 18/Taf. VII: Amico 1996, S. 102 u. 109; Abb. 19: Dufay u. a. 1987, S. 46; Abb. 20/Taf. IV: Kat. Saintes 1990, S. 89; Abb 21: Kat. Écouen 1997, S. 65; Abb. 22: Kat. Berlin 1994, S. 141; Abb. 23: Imperato 1599, Titelstich; Abb. 26: Heinrich 1996, S. 16; Abb. 27: Worm 1655, Titelstich; Abb. 28: Gesner 1565, folio 4v. u. 5r; Abb. 29: Amico 1996, S. 18; Abb. 31: Amico 1996, S. 24; Abb. 32: Die Kunstzeitung Nr. 93, Mai 2004, S. 3; Abb. 33: Gesner 1565, folio 167v; Abb. 34: Zapfe 1987, S. 211; Abb. 35: Agricola 1928, S. 51; Abb. 36: Agricola 1928, S. 468; Abb. 37: Wilsdorf, Friedrich 1954, S. 119; Abb. 38: Wilsdorf, Friedrich 1954, S. 123 u. 125; Abb. 39: Gesner 1565, folio 5v, 12r, 30r u. 150r; Abb. 40: Encelius 1551, S. 227 u. 229; Abb. 41: Wilsdorf, Friedrich 1954, S. 127; Abb. 42: Gesner 1565, folio 165r; Abb. 43: Zapfe 1987, S. 211; Abb. 44: Bauhin 1598, S. 10, 19, 37, 41 u. 46; Abb. 45: Bredekamp 2004, S. 119.

Image © Lyon MBA – Photo Alain Basset: Abb. 1/Taf. I
Staatsbibliothek zu Berlin: Abb. 7
Bibliotheque National Français: Abb. 24–25/Taf. VIII–IX
Foto Verfasser: Abb. 6/Taf. XI, Abb. 8–9, Abb. 14/Taf. X, Abb. 15/Taf. XIII, Abb. 30, Taf. XII

Verzeichnis der Abbildungen

Abb. 1 Bernard Palissy, Bassin rustique „en forme de nacelle“ (in Form eines Kahns), gebrannter und glasierter Ton, L: 75,5 × B: 45,5 cm, Lyon, Musée des Beaux-Arts (Inv.-Nr. H. 475)

Abb. 2 Atelier Palissy oder Nachfolger, Ovales Bassin rustique, gebrannter und glasierter Ton, L: 52,5 × B: 40,2 cm, Paris, Musée du Louvre (Inv.-Nr. MR 2293)

Abb. 3 Bernard Palissy, Schale in Jaspis-Imitation, gebrannter und glasierter weißer Ton, L: 27,5 × B: 21,3 cm, Écouen, Musée de la Renaissance (Inv.-Nr. EP 2231)

Abb. 4 Bernard Palissy, Löffel in Jaspis-Imitation, gebrannte, unglasierte und glasierte marmorierte Tonmasse, Paris, Musée du Louvre (Inv.-Nr. 20940, 212337, 21329, 20412, 21325)

Abb. 5 Bernard Palissy, Pokalfragment in Lapislazuli-Imitation, gebrannter und glasierter Ton, H: 14,5 cm, Écouen, Musée de la Renaissance (Inv.-Nr. 245443)

Abb. 6 Bernard Palissy, *Discours admirables*, Paris, 1580, innerer Buchdeckel und Vorsatzpapiere, buntes Kammpapier, mit Exlibris Nachlass Emil Osann und darüber am oberen Rand Goldprägung des Namens von Girardot de Préfond, Staatsbibliothek zu Berlin – PK, Abt. Historische Drucke, Signatur: Jr 1050 : R

Abb. 7 Bernard Palissy, *Discours admirables*, Paris, 1580, Titelblatt, Staatsbibliothek zu Berlin – PK, Abteilung Historische Drucke, Signatur: Jr 1050 : R

Abb. 8 Bernard Palissy, *Discours admirables*, Paris, 1580, fliegende Vorsatzblätter mit Signaturen, Tintenspritzer und Abdrücken auf gegenüberliegender Seite, rechts

Detailausschnitt, Staatsbibliothek zu Berlin – PK, Abteilung Historische Drucke, Signatur: Jr 1050 : R

Abb. 9 Bernard Palissy, *Discours admirables*, Paris, 1580, fliegendes Vorsatzblatt gegenüber Titelblatt, handschriftliche Eintragungen in schwarzer Tinte, oben: „Bouquot d.m.m.“, Mitte: „Cet ouvrage devenu Tres rare est Tres récheché et tres éstimé des physiciens.“, Staatsbibliothek zu Berlin – PK, Abteilung Historische Drucke, Signatur: Jr 1050 : R

Abb. 10 Bernhard Palissy, *Discours admirables*, Paris, 1580, S. 1, Kapitel *Des eaux et fontaines*, Buchschmuck

Abb. 11 Bernhard Palissy, *Discours admirables*, Paris, 1580, Buchschmuck: a) Initiale « L » der Widmung an Antoine de Pons, b) Initiale « D » des Vorwortes, c) Initiale « T », S. 254, *Des terres d'argiles*, d) Cul-de-lampe am Schluss vom *Hinweis an den Leser*

Abb. 12 Gleiche Ornamentbordüren in Bernard Palissy, *Discours admirables*, *Des glaces*, Paris, 1580, S. 156 (links) und Guillaume Postel, *Les premiers éléments d'Euclide chrestien*, Paris, 1579, S. 28 (rechts), beide gedruckt im Verlag Martin Le Jeune Paris

Abb. 13 Verlagssignet des Verlegers Martin Le Jeune, Paris, auf der Titelseite von M. Heret, *Les problemes d'Alexandre Aphrodisé*, Paris, 1555

Abb. 14 Bernard Palissy, *Discours admirables*, Paris, 1580, Buchkorpus, Staatsbibliothek zu Berlin – PK, Abteilung Historische Drucke, Signatur: Jr 1050 : R

Abb. 15 Bernard Palissy, *Discours admirables*, Paris, 1580, Doppelseite 6 und 7, *Des eaux et fontaines*, Staatsbibliothek zu Berlin – PK, Abteilung Historische Drucke, Signatur: Jr 1050 : R

Abb. 16 Richard Toutain, Pokal aus Sardonyx, in Goldblech gefasst, teilweise emailliert, etwa 1560, H: 24,6 cm, Paris, Musée du Louvre (Inv.-Nr. OA 8)

Abb. 17 Bernard Palissy, Gipsform für ein Bassin „en forme de nacelle“, L: 90 × B: 58 × H: 16 cm, Paris, Musée du Louvre (Inv.-Nr. 24087). Eine Gipsform dieser Art diente zur Herstellung des Bassins der Abb. 1

Abb. 18 Atelier Palissy oder Nachfolger, Terrarium und Aquarium, Tierpräparate des Bassin rustique aus der Londoner Wallace Collection (Inv.-Nr. C 174), Frosch, Farn, Schlange, Fisch und Eidechse, Mitte rechts: Schildkröte eines Bassins des Pariser Louvre (Inv.-Nr. MR 2295)

Abb. 19 Bernard Palissy, Kleine Eidechse, Form und Abdruck in gebranntem Ton, Länge der Eidechse 8,6 cm, Musée du Louvre (Inv.-Nr. 21317 und 24563)

Abb. 20 Bernard Palissy, Grüne Eidechse, gebrannter und teilweise glasierter Ton, L: 16,0 × B: 9,8 cm, Écouen, Musée de la Renaissance (Inv-Nr. EP 871)

Abb. 21 Werkstatt von Saint-Porchaire, Krug, porzellanähnliche Ware, etwa 1535–1540, H: 29,2 cm, Paris, Musée du Louvre (Inv.-Nr. OA 10 588)

Abb. 22 Georg Hoefnagel, verschiedene Muscheln vor einer Stadtansicht von Cadiz, mit einer Goldlinie im Queroval umzogen, Wasserfarben auf Pergament, um 1580, L: 19,5 cm × B: 14,4, Berlin, Kupferstichkabinett (KdZ 4818)

Abb. 23 Museum des Ferrante Imperato in Neapel, Kupferstich, aus: Ferrante Imperato, *Dell'historia naturale di Ferrante Imperato napolitano Libri XXVIII*, Neapel, 1599

Abb. 24 *Le Livre des Simples médecines*, französisches Manuskript, ca. 1520, nach Matthaeus Platearius' *Circa Instans*, Buchmalerei wahrscheinlich von Robinet Testard (aktiv ca. 1475–1523), Bibliothèque National de France, Paris, Ms. Fr. 12322, folio 191r

Abb. 25 *Le Livre des Simples médecines*, französisches Manuskript, ca. 1520, nach Matthaeus Platearius, *Circa Instans*, Buchmalerei wahrscheinlich von Robinet Testard (aktiv ca. 1475–1523), Bibliothèque National de France, Paris, Ms. Fr. 12322, folio 191v

Abb. 26 Georg Hinz, *Kunstkammerregal mit Pistolen*, um 1665, Öl auf Leinwand, 127,5 × 102 cm, Stiftung Preußische Schlösser und Gärten Berlin-Brandenburg, Schloss Sanssouci, Potsdam

Abb. 27 Ole Worm, Titelkupfer des Museum Wormianum in Kopenhagen, in: *Museum Wormianum seu Historia rerum rariorum*, Amsterdam, 1655

Abb. 28 Anonym, Sammlungsschrank von J. Kentmann, Holzschnitt aus Johannes Kentmann, *Nomenclaturae rerum fosilium*, in Conrad Gesner (Hg.), *De omni rerum fossilium genere, gemmis, lapidibus, metallis, et huiusmodi, libri aliquot*, Zürich, 1565, S. 4v. und 5r

Abb. 29 Bernard Palissy, Assemblage von Muscheln auf felsigem Grund, Grottenfragment, gebrannter Ton, H: 26,0 × B: 17,2 cm, Écouen, Musée de la Renaissance (Depot)

Abb. 30 Fossile Muscheln, Schalenpflaster mit Lima lineata, Mittlere Trias, Rüdersdorf bei Berlin, Museum für Naturkunde Berlin (Depot)

Abb. 31 Bernard Palissy, Seehund, Gipsform, L: 126 cm, Écouen, Musée de la Renaissance (Depot)

Abb. 32 Teresa Margolles, *Muerte sin fin*, Abformungen von Leichen, Gips, lebensgroß, 2001

Abb. 33 „De lapidibus qui serpentes & insecta referut" („Stein der einer Schlange ähnelt", Ammonit), Holzschnitt, in: Conrad Gesner, *De omni rerum fossilium genere, Cap. XV,* folio 167v., Zürich, 1565, erschienen 1566

Abb. 34 Ammonit mit Schlangenkopf, Unterer Jura bzw. Lias, Württemberg, Süddeutschland, D: 36 cm, Naturhistorisches Museum Wien (Inv.-Nr. 1880/C/998)

Abb. 35 Hans Rudolf Manuel Deutsch und Zacharias Specklin, „Einander zufallende Gänge", Holzschnitt, in: Georg Agricola, *De re metallica libri XII*, Basel, 1556, 3. Buch

Abb. 36 Hans Rudolf Manuel Deutsch und Zacharias Specklin, „Salzgarten am Meer", Holzschnitt, in: Georg Agricola, *De re metallica libri XII*, Basel, 1556, 12. Buch

Abb. 37 Anonym, „Ein Erdbeben zerstört die Stadt Nördlingen 1517", Holzschnitt, in: Sebastian Münster, *La cosmographie universelle…*, In-4, Basel, 1552, Kap. III, S. 674

Abb. 38 Anonym, „Vulkanausbruch auf Teneriffa", Holzschnitt, in: Sebastian Münster, *La cosmographie universelle…*, In-4, Basel, 1552, links: Kap. V, S. 1374, rechts: Kap. VI, S. 1420

Abb. 39 Anonym, Holzschnitte, Abbildungen aus Conrad Gesners *Librum de Lapidum, Gemmarum ac Metallorum figuris*, in: Conrad Gesner (Hg.), *De omni rerum fossilium genere*, Zürich, 1565. a) 1. „Amiantus" (Asbest), 2. „Smaragdus" (Smaragd), 3. „Ammonites" (Rogenstein), Kap. I, folio 5v. b) 1. „Molaris lapis" (Mühlstein), 2. „Osteocollus crustaceus" (Knochenklebestein), Kap. I, folio 30r. c) 1.–3. „Geodes" (verschiedene Geoden), Kap. I, folio 12r. d) 1. „Amiantus" (Asbest), 2. „Steatit" (Speckstein), Kap. XII, folio 150r

Abb. 40 Anonym, „Chelonitis", a) fossile Meermuschel, b) fossile Seeschnecke, Holzschnitte, in: Christophorus Encelius, *De re metallica…*, In-8, Frankfurt a. M., 1551, Buch III, Kap. XLIII, links: S. 227, rechts: S. 229

Abb. 41 „Die natur malet fisch im schyffer." Kupferschieferfisch aus Mansfeld, Holzschnitt, in: Sebastian Münster, *Cosmographei oder beschreibung aller länder*, In-4, Basel, 1553, Buch III, S. drrviij und *La cosmographie universelle*, In-4, Basel, 1552, Buch III, S. 477

Abb. 42 Anonym, „Lapis islebianus" („Stein aus Eisleben", Kupferschieferfisch), Holzschnitt, aus Conrad Gesners *Librum de Lapidum, Gemmarum ac Metallorum figuris*, in: Conrad Gesner (Hg.), *De omni rerum fossilium genere*, Zürich, 1565, Kap. XIIII, folio 165 r

Abb. 43 Fossiler Fisch (Leptolepis) mit in die Gesteinsplatte eingeschnittenen Hexametern, die den Fisch als Relikt der Sintflut ausweisen, 1543, Plattenkalk (Malm/ Oberer Jura), Solnhofen, Bayern, 24 × 33 cm, Ambraser Kunstkammer, Naturhistorisches Museum Wien, Inv.-Nr. 1880/C/995

Abb. 44 Anonym, Bildsteine, verschiedene Mineralien und Versteinerungen, Holzschnitte, aus: Johann Bauhin, *De Lapis variis*, in: *Historia novi et admirabilis fontis balneique Bollensis: in ducatu Wirtembergico*, Mömpelgard, 1598. a) „Cornu Ammonis" (Ammonit), S. 19; b) „Lapis fissilis cochleis parvis figuratus" (Schiefer mit kleinen Schneckenhäusern) S. 10, Ausschnitt; c) „Pyrites anthropomorphos" (Pyrit mit menschlichem Gesicht), S. 37, Ausschnitt; d) „Pyrites phalloides" (Pyrit/ Feuerstein in Form eines Phallus), S. 41; e) „Pyrites aerosus tessellarus" (würfelförmige kupferhaltige Pyrite), S. 46

Abb. 45 Nikolaus Seeländer, Kupferschieferfische, Stich, in: Gottfried Wilhelm Leibniz, *Protogaea*, Göttingen, 1749, Tafel II

Farbtafeln

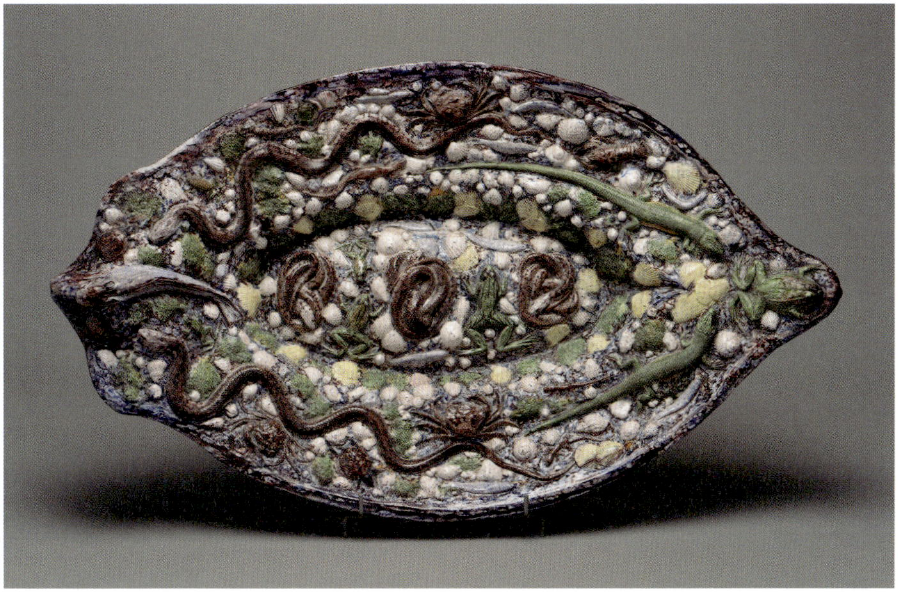

Taf. I Bernard Palissy, Bassin rustique „en forme de nacelle“ (in Form eines Kahns), gebrannter und glasierter Ton, L: 76,1 × B: 45,4 cm, Lyon, Musée des Beaux-Arts (Inv.-Nr. H. 475)..

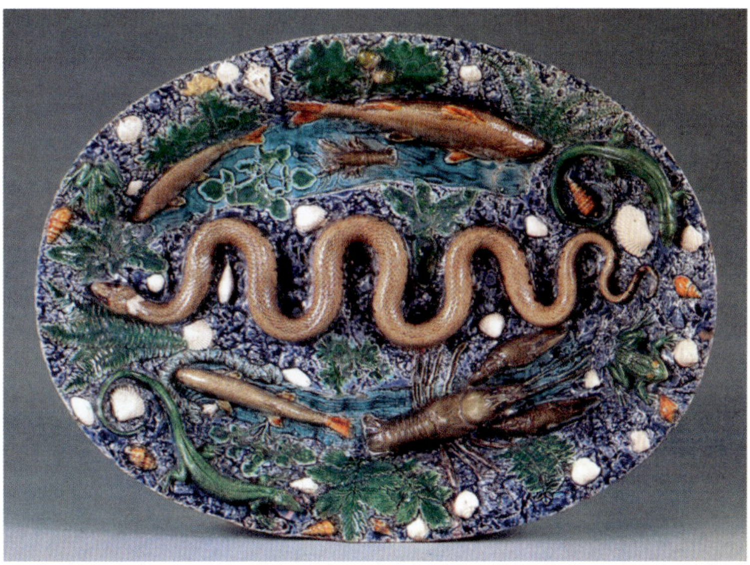

Taf. II Atelier Palissy oder Nachfolger, Ovales Bassin rustique, gebrannter und glasierter Ton, L: 52,5 × B: 40,2 cm, Paris, Musée du Louvre (Inv.-Nr. MR 2293).

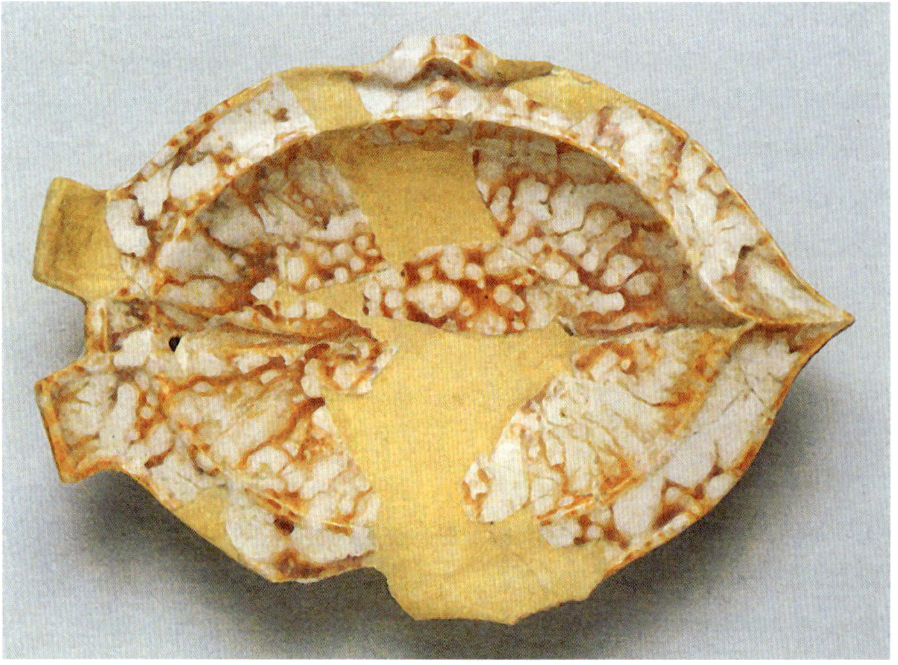

Taf. III Bernard Palissy, Schale in Jaspis-Imitation, gebrannter und glasierter weißer Ton, L: 27,5 × B: 21,3 cm, Écouen, Musée de la Renaissance (Inv.-Nr. EP 2231).

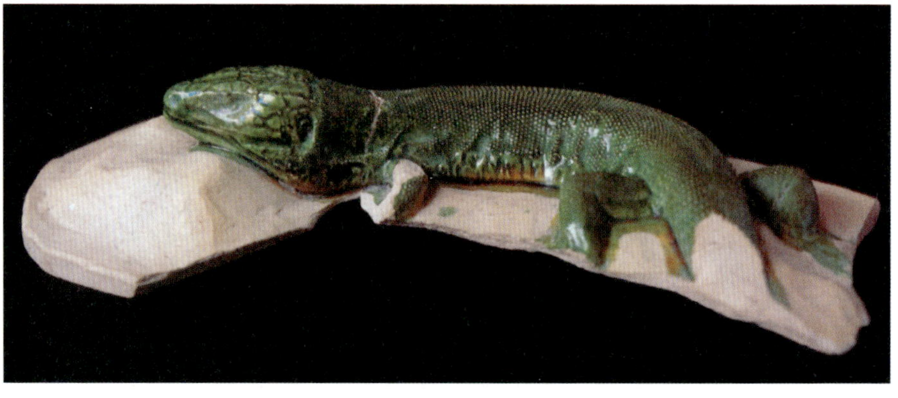

Taf. IV Bernard Palissy, Grüne Eidechse, gebrannter und teilweise glasierter Ton, L: 16,0 × B: 9,8 cm, Écouen, Musée de la Renaissance (Inv-Nr. EP 871).

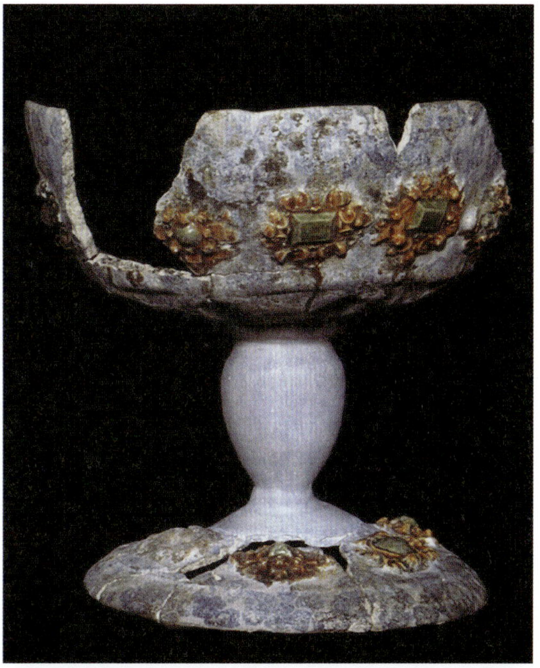

Taf. V Bernard Palissy, Pokalfragment in Lapislazuli-Imitation, gebrannter und glasierter Ton, H: 14,5 cm, Écouen, Musée de la Renaissance (Inv.-Nr. 245443).

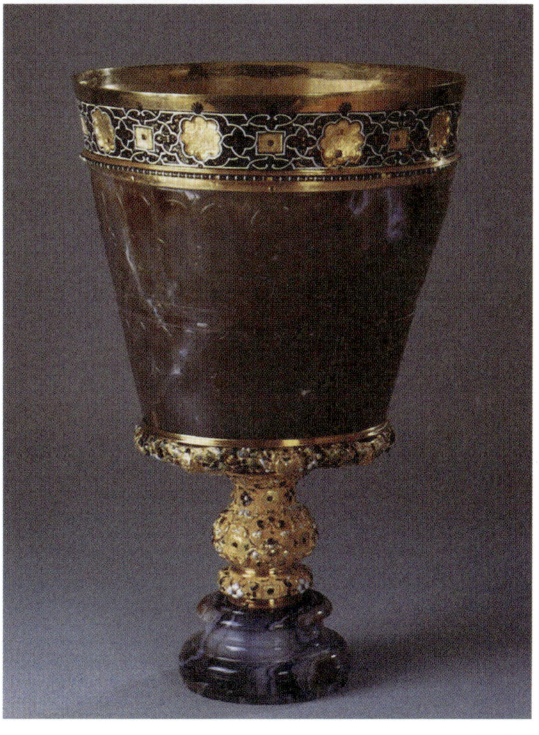

Taf. VI Richard Toutain, Pokal aus Sardonyx, in Goldblech gefasst, teilweise emailliert, etwa 1560, H: 24,6 cm, Paris, Musée du Louvre (Inv.-Nr. OA 8).

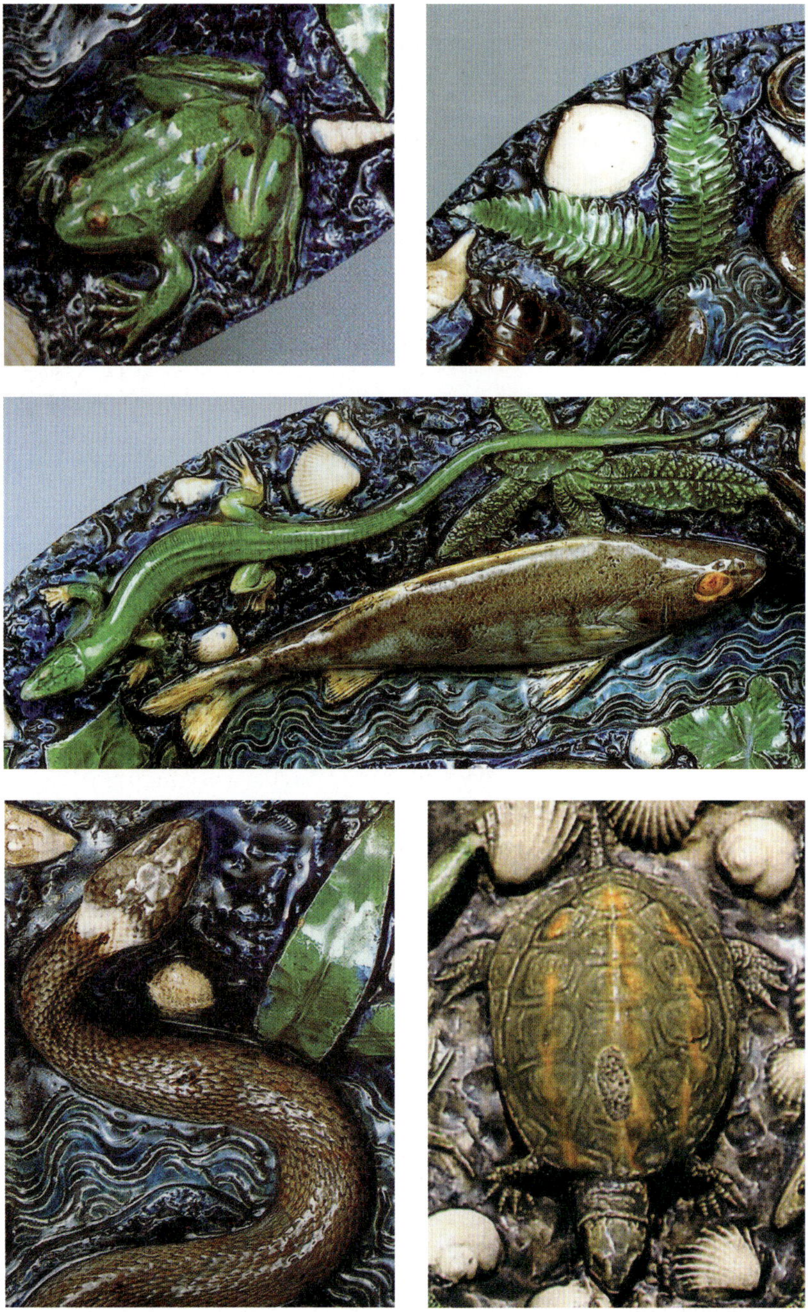

Taf. VII Atelier Palissy oder Nachfolger, Terrarium und Aquarium, Tierpräparate des Bassin rustique aus der Londoner Wallace Collection, Frosch, Farn, Fisch und Eidechse, Schlange, Schildkröte eines Bassins des Pariser Louvre (Inv.-Nr. MR 2295).

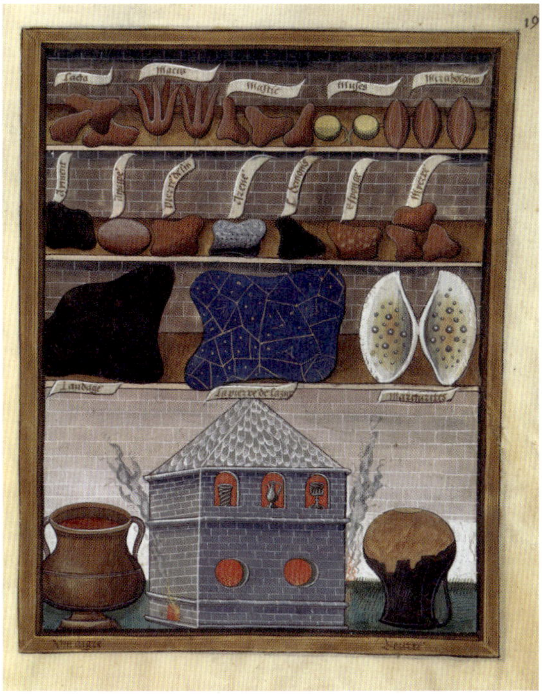

Taf. VIII *Le Livre des Simples médecines*, französisches Manuskript, ca. 1520, Buchmalerei wahrscheinlich von Robinet Testard, Bibliothèque National de France, Paris, Ms. Fr. 12322, folio 191r.

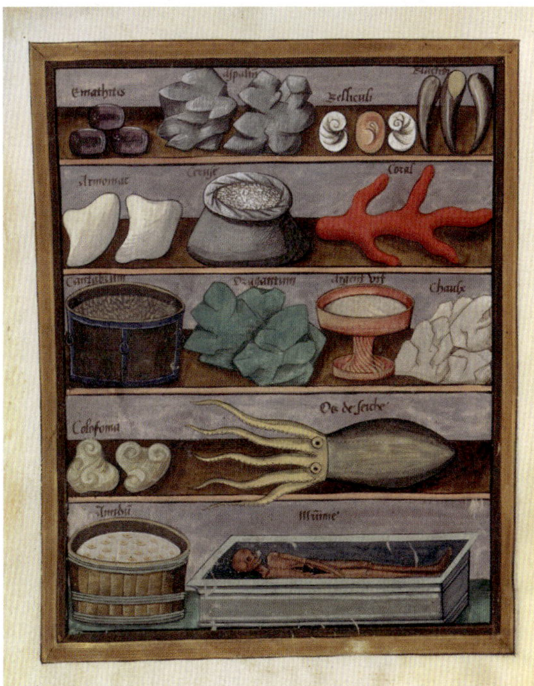

Taf. IX *Le Livre des Simples médecines*, französisches Manuskript, ca. 1520, Buchmalerei wahrscheinlich von Robinet Testard, Bibliothèque National de France, Paris, Ms. Fr. 12322, folio 191v.

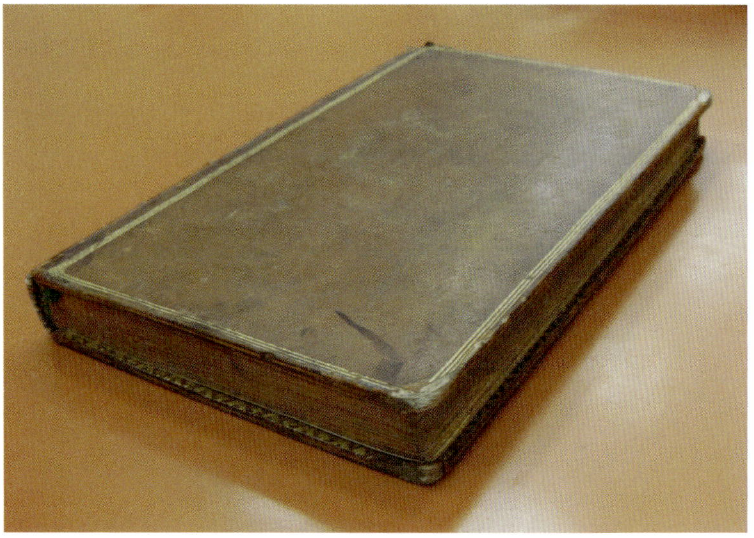

Taf. X Bernard Palissy, *Discours admirables*, Paris, 1580, Buchkorpus, Staatsbibliothek zu Berlin, Abt. Historische Drucke, Signatur: Jr 1050 : R.

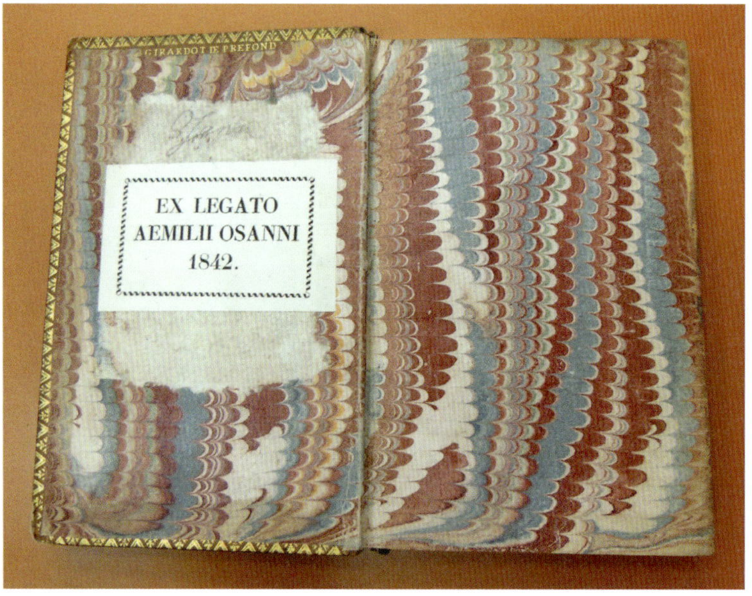

Taf. XI Bernard Palissy, Bernard Palissy, *Discours admirables*, Paris, 1580, innerer Buchdeckel und Vorsatzpapiere, buntes Kammpapier, mit Exlibris Nachlass Emil Osann und darüber am oberen Rand Goldprägung des Namens von Girardot de Préfond, Staatsbibliothek zu Berlin.

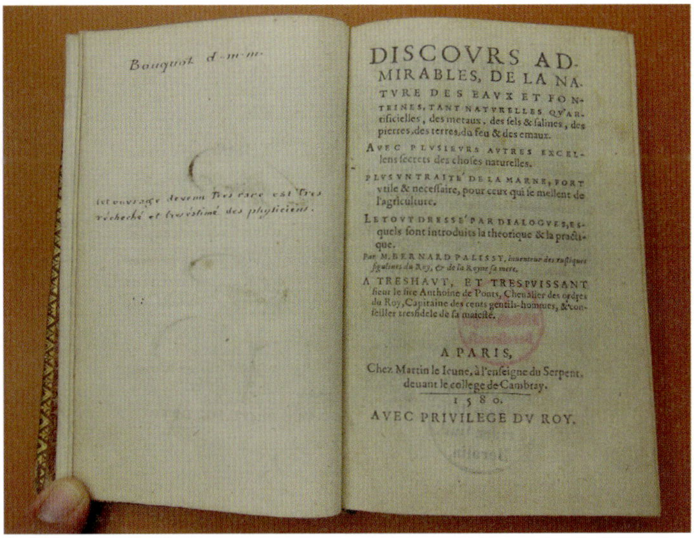

DISCOVRS ADMIRABLES, DE LA NATVRE DES EAVX ET FONTEINES, TANT NATVRELLES QV'ARtificielles, des metaux, des sels & salines, des pierres, des terres, du feu & des emaux.

AVEC PLVSIEVRS AVTRES EXCELlens secrets des choses naturelles.

PLVS VN TRAITÉ DE LA MARNE, FORT vtile & necessaire, pour ceux qui se mellent de l'agriculture.

LE TOVT DRESSÉ PAR DIALOGVES, esquels sont introduits la theorique & la practique.

Par M. BERNARD PALISSY, *inuenteur des rustiques figulines du Roy, & de la Royne sa mere.*

A TRESHAVT, ET TRESPVISSANT sieur le sire Anthoine de Ponts, Cheualier des ordres du Roy, Capitaine des cents gentils-hommes, & conseiller tresfidele de sa maiesté.

A PARIS,

Chez Martin le Ieune, à l'enseigne du Serpent, deuant le college de Cambray.

1580.

AVEC PRIVILEGE DV ROY.

Taf. XII Bernard Palissy, *Discours admirables*, Paris, 1580, Titelblatt und links fliegendes Vorsatzblatt mit handschriftlichen Eintragungen, Staatsbibliothek zu Berlin

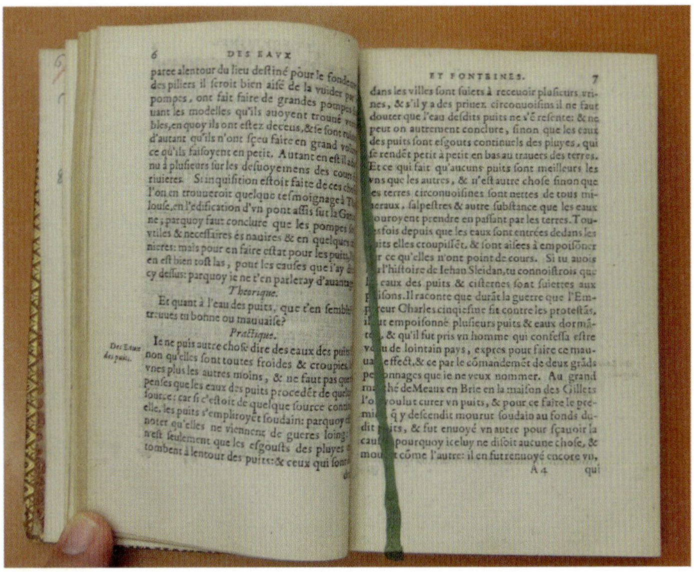

6 DES EAVX

ET FONTEINES. 7

Taf. XIII Bernard Palissy, *Discours admirables*, Paris, 1580, Doppelseite 6 und 7, *Des eaux et fontaines*, Staatsbibliothek zu Berlin